FORTSCHRITTE DER BOTANIK

UNTER ZUSAMMENARBEIT MIT
MEHREREN FACHGENOSSEN

HERAUSGEGEBEN VON

ERNST GÄUMANN u. OTTO RENNER
ZÜRICH · MÜNCHEN

ZWÖLFTER BAND
BERICHT ÜBER DIE JAHRE 1942—1948

MIT 64 ABBILDUNGEN

BERLIN · GÖTTINGEN · HEIDELBERG
SPRINGER-VERLAG
1949

ISBN-13: 978-3-540-01383-9   e-ISBN-13: 978-3-642-94559-5
DOI: 10.1007/978-3-642-94559-5

Inhaltsverzeichnis.

---

[1] Der Beitrag folgt im Band XIII.

[1] Der Beitrag folgt im Band XIII.

A. Morphologie.

1. Morphologie und Entwicklungsgeschichte der Zelle.

Von Lothar Geitler, Wien.

Protisten. Probleme der Zellpolarität behandelte an einem großen Material von Chlorophyceen Kostrun. Die Schwärmer setzen sich mit dem Vorderende oder mit der Flanke fest; das Verhalten ist bei einer Art konstant, kann aber innerhalb einer Gattung wechseln. Bei manchen einzelligen Formen *(Characium)* überschlägt sich der mit dem Vorderpol das Substrat berührende Schwärmer und setzt sich dann endgültig mit dem Hinterende fest (das gleiche Verhalten beobachtete auch Tschermak für *Pulvinococcus* n. gen.). Bei fadenförmigen Vertretern sind hinsichtlich des Polaritätsverhalten der Keimlinge drei Typen zu unterscheiden: 1. der Schwärmer setzt sich mit der Flanke fest und wächst in querer Richtung aus — die erste Teilung ist in bezug auf den Schwärmer eine Längsteilung; 2. der Schwärmer heftet sich mit dem Vorderpol an — es erfolgt eine Drehung des Inhalts um 90⁰, so daß die erste Teilung wieder einer Längsteilung des Schwärmers entspricht; 3. bei Festheftung mit dem Vorderpol ist eine Drehung der Polaritätsachsen nicht erkennbar — die erste Teilung erscheint in bezug auf den Schwärmer als Querteilung —, offenbar der abgeleitetste Fall. Bei einer *Ulothrix-* und einer *Chaetophora*-Art, die Drehungen besitzen, ließ sich zeigen, daß die Drehungen unabhängig von der Richtung des Lichteinfalls und auch im Dunkeln erfolgen.

Bei einer polar gebauten einzelligen Grünalge (*Myrmecia* n. sp.) zeigt der polar-topfförmig gebaute Chromatophor bei seiner Teilung das unerwartete Verhalten, daß er sich aufeinanderfolgend längs und quer teilt (Tschermak-Woess und Plessl). Bei der Bildung von vier Autosporen nehmen die vier Chromatophorenteile von vornherein tetra-edrische Gleichgewichtslage ein. Im übrigen ist bemerkenswert, daß die sukzedane Zoo- und Autosporenbildung nach zwei verschiedenen Typen abläuft: bei der Zoosporenbildung sind Chromatophorenteilung, Mitosen und Cytokinesen gekoppelt; bei der Autosporenbildung werden zuerst die Chromatophorenteilungen zu Ende geführt, dann erst folgen Kern- und Zellteilungen.

Zellteilung. Mit Hilfe fortlaufender Lebendbeobachtungen an markierten Arealen untersuchte Brumfield das Zell- und Gesamtwachstum in Wurzelspitzen vom Meristem bis zur Dauerzone von *Phleum pratense* und gelangt zu dem Schluß, daß die einzelne Zelle kein posttelophasisches Streckungswachstum, kein vorprophasisches Teilungswachstum und keine Wachstumsruhe während der Teilung und zwischen diesen Wachstumsperioden durchmacht, wie ältere Untersuchungen ABELES (Protoplasma **25**, 1936) angeblich zeigten und was gleitendes Wachstum zur Folge hätte, sondern daß das Wachstum kontinuierlich und gleichmäßig erfolgt. Das Fehlen eines Wachstumsrhythmus und das Ablaufen des Wachstums auch während der Mitose wird durch eine einzige Kurve (Fig. 4) belegt. Die Beobachtungen widersprechen früheren Befunden und manchen Erwartungen. Wenn das „Wachstum" tatsächlich während der Mitose ungestört fortläuft, wäre die Frage zu prüfen, ob es sich um echtes Wachstum handelt; gemessen wurde nur die Verlängerung der Zelle (der Abstand der Querwände). In der Kurve sind nur $1^1/_2$ Teilungen dargestellt (das Ende einer Teilung und eine vollständige andere Teilung); nach jeder dieser Teilungen ist ein deutlicher Anstieg, der sich dann wieder verflacht, sichtbar.

Zur Erforschung der Ursachen der Festlegung bestimmter Teilungsrichtungen scheinen Pollenmutterzellen, die sich teilen, ohne zu wachsen, geeignete Objekte. Die Analyse der Teilungen in PMZ verschiedener Angiospermen ergab nicht immer eine einfache Beziehung zur Zellform (GEITLER u. VOGL, VOGL). Im allgemeinen steht im Falle ungleichachsiger PMZ die erste Spindel parallel zur Längsachse, die zwei zweiten Spindeln orientieren sich dann wieder entsprechend der Raumgestaltung in den Tochterzellen, und zwar verschieden je nachdem, ob die PMZ ein 2- oder 3 achsiges Ellipsoid darstellen. Da im ersten Fall in einer Ebene beliebig viele gleichwertige Stellungen raummechanisch möglich wären, sollte man erwarten, daß die beiden Schwesterspindeln zufallsgemäß beliebige Lagen einnehmen. Das gleiche sollte erst recht für kugelige PMZ gelten; rein mechanisch betrachtet müßten die Schwesterspindeln zwar senkrecht zur Stellung der ersten Spindel liegen, könnten aber untereinander beliebig viele gleichwertige Lagen einnehmen. Es überwiegen aber manchmal doch genaue Quadrantenstellungen, d. h. die Schwesterspindeln liegen parallel. Es zeigt sich also in manchen Fällen ein nicht rein mechanisch erklärbarer zusätzlicher Faktor, der in einer inneren Plasmaarchitektonik begründet sein muß. In anderen Fällen starker Abweichungen — so entspricht bei gewissen Araceen schon die Lage der ersten Spindel nicht den mechanischen Erwartungen, sie steht z. B. senkrecht auf die längste Zellachse — läßt sich erkennen, daß die Spindel im Vergleich zu der Größe der Zelle so klein ist, daß sie von ihr mechanisch nicht direkt beeinflußt zu werden braucht und es auch tatsächlich nicht wird. In den typischen Fällen sind die Spindeln dagegen so groß, daß sie in einer anderen als der durch die Zellgestalt gegebenen Richtung sich gar nicht entwickeln könnten. Kommen Quadrantenstellungen vor, so sind sie durch die Abflachung der ellipsoidischen PMZ gewissermaßen erzwungen, d. h. die beiden Schwesterspindeln werden in eine Ebene „gedrückt" (doch besteht, wie oben erwähnt, vielfach eine größere Neigung zu Quadrantenstellungen als nach der Wahrscheinlichkeit zu erwarten wäre). — Auch bei der Blau-alge *Chroococcus*, die aber zwischen den Teilungen Wachstum zeigt, hängt der Wechsel der Teilungsebenen in den drei Raumrichtungen offenbar mit einer Abplattung der relativen Mutterzelle zusammen, welche die Tochterzellen zwingt, sich in dieser Ebene zu teilen und die Querwände senkrecht auf die vorherigen zu orientieren. Da hier keine Kerne und Spindeln vorhanden sind, an welchen die Raumverhältnisse unmittelbar angreifen könnten, kann es sich nur um eine indirekte Wirkung handeln. Eine solche ist in gewissem Sinn auch für die PMZ anzunehmen; denn die Spindeln entstehen ja nicht beliebig und werden nicht erst während ihres Wachstums entsprechend den Raumverhält-nissen ausgerichtet, sondern werden von Anfang an in der „richtigen" Lage angelegt.

Obwohl auf ein zoologisches Objekt bezüglich, scheint es doch ganz allgemein interessant, welch außerordentlich hohe Werte der Kern-teilungsfrequenz erreicht werden können (SONNENBLICK). Während der Furchungsteilungen im befruchteten Ei von *Drosophila* laufen in 120 Min. 12 Teilungen ab, die $\pm$ 3500 Kerne ergeben (die Zahl $2^{12} = 4096$ wird infolge von Asynchronie gewisser Kerne in den späteren Teilungen nicht erreicht). Die einzelne Teilung dauert 8—9 Min. (bei der superfiziellen Furchung unterbleibt die Zellteilung). Den Interphasekernen fehlen Nukleolen, es kommt also offenbar zu keiner, auch nicht relativen Kernruhe.

Chondriosomen. Die Chondriosomenfrage in ihrer ganzen Aus-dehnung wird von NEWCOMER in einem Sammelreferat behandelt. Das Literaturverzeichnis umfaßt 322 Nummern. Dabei fehlen aber noch welche, so die Untersuchungen CHADEFAÜDs über Chlorophyceen und die DANGEARDs und des Ref. über Diatoméen. Sehr zum Schaden der Behandlung des Gegenstands! Denn die klaren Verhältnisse bei den Protisten werden zu wenig berücksichtigt und nicht entsprechend beachtet. Andernfalls wäre die Behauptung der Identität von Chondrio-somen und Plastiden nicht aufrecht zu erhalten gewesen. Diese Frage kann überhaupt nur für die abgeleiteten Metaphyten aufgeworfen werden; ihre Lösung ist gewiß nur bei ursprünglichen Typen zu suchen und zu finden. Der Auffassung, daß die Chondriosomen „leblose" Plasmabestandteile seien, wird man bedingt beipflichten können, indem man sich der Grenzen des Erkenntniswertes solcher Aussagen bewußt bleibt. — Die Besprechung der Hypothesen über die Funktion der Chondriosomen zeigt von neuem das Fehlen jeden gegenständlichen Wissens.

Endomitotische Polyploidisierung[1].

Nach Behandlung mit Indol-3-Essigäure in starker Dosis durch kurze Zeit findet HUSKINS in den Dauergeweben der Wurzel von *Rhoeo* und der Gerste im Unterschied zu den Meristemen, in welchen nur diploide Mitosen vorkommen, neben diploiden Mitosen auch tetra- und oktoploide, ferner, wenn auch nur sehr vereinzelt, auch hexaploide und

---

[1] Vgl. dazu die vorhergehenden Berichte.

vermutlich pentaploide. Außerdem treten diploide Mitosen mit 4, mit 6 (1 Fall unter mehr als 3000 Mitosen) und 8 Chromatiden (5 Fälle) statt mit 2 Chromatiden, und tetraploide mit 4 (statt mit 2) Chromatiden auf (vermutlich handelt es sich um noch nicht g a n z getrennte endomitotische Tochterchromosomen). Diese anscheinend prophasische und bis zur Metaphase beibehaltene Vereinigung scheint identisch mit der von anderen Objekten her bekannten zu sein, wenn sie auch weiter geht. Ob ein Zusammenhalt am Centromer besteht, geht aus den Mitteilungen nicht klar hervor. HUSKINS und HUSKINS u. STEINITZ bezeichnen die Erscheinung als Polytänie und machen keinen scharfen Unterschied gegenüber der so benannten Bündelbildung in den Riesenchromosomen der Dipterenlarven. HUSKINS gelangt vielmehr zu der Auffassung, daß grundsätzlich kein Unterschied zwischen Polytänie, Endopolyploidie und Polymerie der Chromosomen besteht und daß diese alle nur verschiedene Erscheinungsformen des gleichen Prinzips wären: fortlaufende identische Reproduktion, solange die Zelle lebt.

Das Gesetz von der Zahlenkonstanz der Chromosomen in den Körperzellen von Vielzellern ist jedenfalls endgültig hinfällig geworden. Es bleibt zu prüfen, wieweit diese Vorgänge unmittelbar mit der Differenzierung verbunden sind. Die Untersuchungen des Ref. waren HUSKINS bis zur Veröffentlichung seiner Ergebnisse unbekannt geblieben. Seit dem letzten Bericht wurde endomitotische Polyploidisierung festgestellt: an saftigen Früchten (GEITLER und LAUBER, LAUBER), in sukkulenten Blättern (JÄHNL), in Wurzeln von Chenopodiaceen (WITTE), im besonderen der Zuckerrübe [LEVAN (1)], bei *Allium* (BERGER und WITKUS) bzw. auf indirektem Wege erschlossen in Elaiosomen [GEITLER (3, 5)] und Trichocyten [zuletzt GEITLER (5)].

Weiterhin stellt HUSKINS die Arbeitshypothese auf, daß die Chromonemen grundsätzlich vielstrangig (polymer) gebaut wären und der Einheit des Gens, wie sie im Vererbungsversuch erscheint, keine cytologische Einheit entspräche. Es müsse auch nicht immer eine Zweiteilung eines Chromosoms mit der Verteilung 1:1 eintreten; es kann vielmehr auch eine Teilung in 3 Teile erfolgen (Hinweis auf noch nicht publizierte Ergebnisse RHONA LEONARDs). Unter diesem Gesichtspunkt würde auch das Auftreten penta- und hexaploider Mitosen verständlich und lassen sich auch eventuell andere von der Zahlenreihe 2, 4, 8, 16 . . . abweichende Zahlen erklären (im endopolyploiden Gewebe der Früchte von *Blumenbachia* fand LAUBER zwei Mitosen mit ungefähr 12 ploider Chromosomenzahl). Eine andere Erklärungsmöglichkeit läge in einer Asynchronie des endomitotischen Ablaufs. Diesen reklamiert BARIGOZZI für verschiedene tierische Gewebe, u. a. die der Heuschrecken, für die auch Ref. Endopolyploidie feststellte, ohne aber Abweichungen von der Verdoppelungsreihe 2, 4 usw. beobachten zu können. Die Frage der Asynchronie erscheint aber noch nicht spruchreif. Denn es ist noch in keinem — der s e h r w e n i g e n — abweichenden Fälle festgestellt worden, daß jedes Chromosom des Satzes etwa verdreifacht, verfünffacht usw. wäre oder daß einzelne Chromosomen sich asynchron vermehrt hätten [vgl. dazu meine Zusammenfassungen 1941 und 1948 (4)].

Die Untersuchungen von Huskins eröffnen weite Perspektiven. Auf die mit dem Genkonzept, der Sexualitätsentstehung und sonstigen Problemen zusammenhängenden Ausführungen kann hier nicht eingegangen werden. Hervorzuheben sind aber Huskins' Hinweise auf somatische Reduktionsteilungen (die endgültigen Mitteilungen liegen noch nicht vor). Angegeben werden Chromosomenpaarungen in diploiden somatischen Kernen, welche Paarungen allerdings nicht immer zur Entstehung haploider Kerne führen. Daß die Paarung aber nicht bloß zufälliger Natur ist, wird aus dem Auftreten von Chiasmen geschlossen. Bei *Rhoeo* findet sich zudem, wie in der Meiose, Kettenbildung. Diese Befunde wurden an Wurzelspitzen erhoben, und zwar, abgesehen von *Rhoeo*, an solchen von Küchenzwiebeln, die mit Natriumribosenukleat behandelt worden waren. Huskins meint, daß es sich unter der Einwirkung dieser Substanz nur um die Steigerung eines an sich normalen Verhaltens handelt und führt dazu die Angabe Browns über somatische Reduktionen bei der Baumwolle an. Dieser Fall erscheint aber nicht gesichert: die angebliche Reduktion besteht in einer Herabsetzung der tetraploiden Zahl auf die diploide und ereignete sich im Verlaufe einer Pfropfung; möglicherweise war von Anfang an diploides Gewebe mitbeteiligt. Einwandfrei sind dagegen die Beobachtungen von Witkus und Berger, die im Keimling von *Mimosa pudica* diploide Kerne mit der gleichen Art der metaphasischen Paarbildung fanden, wie sie in endomitotisch entstandenen tetra- und oktoploiden Kernen auftritt. Man wäre also versucht anzunehmen, daß diese diploiden Kerne endomitotisch aus haploiden entstanden wären, die ihrerseits durch somatische Reduktion gebildet worden sein müßten. Gegen diese Deutung spricht aber die von den Autoren ausdrücklich hervorgehobene Tatsache, daß diploide Kerne niemals prophasische Paarung aufweisen; dies müßte aber der Fall sein, wenn sie endopolyploidisierte haploide Kerne wären. Die Deutung der Paarung in diploiden Kernen steht also noch aus[1].

Die Endomitoseforschung befindet sich somit in regem Fluß, ein gewisser Grundstock von Kenntnissen ist erarbeitet, und die Hypothesenbildung hat bereits eingesetzt. Doch bleiben noch viele rein deskriptive Tatsachen zu erheben. So wurde noch in keinem Fall die Endomitose selbst in pflanzlichen Geweben beobachtet. Gewisse anscheinend rhythmisch wiederkehrende Verfeinerungen der Kernstruktur in euchromonematischen „Ruhe‟kernen der wachsenden Trichocyten von *Helobiae*

---

[1] Den einzigen sicheren Fall einer somatischen Herabregulierung einer polyploiden Chromosomenzahl stellt das seinerzeit von Berger festgestellte, neuerdings von Grell weiter untersuchte Verhalten der Hinterdarmzellen von *Culex* dar. — Nichts zu tun mit einer somatischen Reduktion (in diesem Sinn) hat dagegen das Verhalten einer Form von *Hieracium hoppeanum* mit verdoppelter Chromosomenzahl, welche, neben Nachkommen aus einem aposporischen Embryosack mit gleicher Chromosomenzahl, auch solche mit der einfachen Zahl hervorbringt (M. Christoff und M. A. Christoff). Diese Nachkommen entstehen aus entsprechend vergrößerten Zellen des Integuments, welche eine Meiose durchlaufen. Es handelt sich offensichtlich um eine versprengte Makrosporenmutterzell- und Embryosackbildung.

sind als Endomitosen deutbar [GEITLER, zuletzt (4, 5)]. Der Aufbau
solcher Kerne spricht im übrigen unmittelbar gegen die Vermengung
der Begriffe Polytänie und Endopolyploidie: die Chromosomen (genauer:
ihre Querschnitte) erscheinen nicht gebündelt (auch wenn ein Zusammenhalt an den Centromeren gegeben wäre, was nicht beobachtet ist). Bei
den höheren Pflanzen spielt sich die Endomitose jedenfalls sehr unauf-
fällig ab: im Fall von Chromozentrenkernen gehen die Vorgänge im
Heterochromatin unter, im Fall euchromonematischer Kerne erkennt
man zwar die Chromosomen, sie erfahren aber, soweit die derzeitigen,
in dieser Hinsicht aber nicht ganz geringfügigen Beobachtungen reichen,
keine wesentliche Kontraktion durch Spiralisierung und Matrixbildung.
Der endomitotische Chromosomenformwechsel unterscheidet sich hier
also sehr stark vom mitotischen. Eine Ausnahme, die aber nur scheinbar
ist, gibt WITKUS für die polyploidisierten Tapetumzellen von *Spinacia*
an. In diesem Fall handelt es sich aber gar nicht um eine echte Endomitose, sondern um eine defektiv abgeänderte Mitose in der Art
gewisser Restitutionskernbildungen; tatsächlich bestehen im Tapetum
von *Spinacia* individuell alle Übergänge zwischen normal durchgeführter
Mitose, Mitose mit Brückenbildung und Mitose mit inaktivem Spindel-
apparat; im letzteren Fall durchlaufen die Chromosomen, wie im Fall
der Colchizinmitose, einen ungefähr normalen mitotischen Formwechsel.
In der stabilisierten und obligaten Endomitose an einer anderen Stelle
der Entwicklung des Organismus tun sie dies aber nicht[1]. Daß im
weiteren Sinn alle diese Vorgänge — Mitose, Colchizinmitose, Polymerie der Chromosomen und Endomitose — wesentlich zusammenhängen, steht außer Zweifel (über die Polymerie ist übrigens noch so
gut wie nichts sicher bekannt); nichtsdestoweniger oder erst recht eben
deshalb scheint eine differenziertere Behandlung der Erscheinungen
vorzuziehen zu sein, wenn es sich, wie dies für die endomitotische Polyploidisierung noch immer gilt, darum handelt, ein brauchbares Tatsachenmaterial zusammenzubringen. — In einer neuen Zusammenfassung, die teils kriegsbedingt, teils auch sonst sehr unvollständig ist,
verfällt LORZ in den gegenteiligen Fehler, indem er die allgemeinen Zusammenhänge überhaupt nicht heraushebt.

Mitosemechanik. In einer großen zusammenfassenden Darstellung
zeigt SCHRADER (1), was wir über den Mitoseablauf Tatsächliches
wissen und was sich daraus für das Verständnis der Mechanik ergibt.
Das Schlußkapitel hebt mit den Worten an: „The present survey of past
attempts to solve the puzzle that is mitosis may well seem disheartening.
Not one of the many hypotheses that have been broached has in it the
definite promise of a final solution.“ Diese Folgerung ergibt sich aus
einer sehr eingehenden Analyse der keineswegs geringfügigen Beobachtungstatsachen und aus der Konfrontierung aller Erklärungsversuche.
Die Folgerung zu ziehen ist SCHRADER auf Grund jahrzehntelanger
eigener Erfahrungen und außerordentlich genauer, zu weit gehenden

---

[1] Ganz ähnlich wie bei *Spinacia* verhält sich das Tapetum von *Adoxa* (GEITLER
1940, vgl. Fortschr. Bot. **10**, 16); polyploide somatische Kerne entstehen eben nicht
immer durch Endomitose.

Spekulationen abholder Untersuchungen wie niemand anderer in der Lage. Auch standen ihm — und seiner Frau SALLY HUGHES-SCHRADER — zoologische Objekte mit ihrer viel größeren Mannigfaltigkeit zur Verfügung [vgl. dazu Fortschr. Bot. 11, 4 und SCHRADER (2)]. — Nach einer übersichtlichen Darstellung der Beobachtungstatsachen werden die Hypothesen diskutiert und kritisiert. Die Deutungen beruhen im wesentlichen auf folgenden Annahmen. 1. Kontraktion und Zug der Spindelfasern; 2. Ausdehnung und Schub der Spindelfasern; 3. kombinierte Zug- und Schubwirkung (DRÜNER, MEVES, in neuerer Zeit BELAR); 4. Viskositäts- und Hydratationsveränderungen (WASSERMANN); 5. elektrostatische Kräfte (LILLIE, ausgebaut von DARLINGTON und Mitarbeitern); 6. Diffusionskräfte auf Grund von Diffusionspotentialen (TEORELL, ausgebaut von RASHEWSKY); 7. Strömungen (SCHAEDE); hydrodynamische Kräfte (Modellversuche von BJERKNES mit oszillierenden Körpern in Flüssigkeiten); 9. Taktoide (BERNAL; in einem Elektrolyt bringen interionische Kräfte vorübergehend bestimmte Strukturen hervor; so orientieren sich langgestreckte Partikel zu ,,Taktoiden" von Spindelform); 10. autonome Bewegungen der Chromosomen (in Kombination mit einem Spindelmechanismus; METZ, BLEIER u. a.). — Wenn man bedenkt, wie vielfältig die Mitosebewegungen sind — handelt es sich doch nicht allein um die Anaphasebewegung, ganz zu schweigen von den Bewegungen während der Meiose —, und wie verhältnismäßig wenig noch immer in rein deskriptiver Beziehung über das Verhalten der Chromosomen im einzelnen bekannt ist (Einordnung in die Metaphaseplatte, prometaphasische Dehnung — ,,stretch" —, heterochromatische Anziehung, Kontraktion der Chromosomen selbst, Anziehung der Centromeren u. a. m.), so kann die Schwierigkeit nicht wundernehmen, die die Anwendung physikalisch-chemischer Vorstellungen auf die Chromosomenbewegung bereitet. SCHRADER selbst hat neuerdings an zoologischen Objekten mit zahlreichen bisher unbekannt gebliebenen Teilvorgängen bekannt gemacht; es fehlen zweifellos noch viele weitere derartige Untersuchungen. Zwar ist es sicher, daß die in den verschiedenen Hypothesen in Anspruch genommenen Kräfte mit eine Rolle spielen, daß also z. B. elektrostatische Kräfte beteiligt sind oder daß Hydratation, Dehydratation und Diffusion, wie bei anderen Abläufen in der Zelle, auch bei der Mitose mitwirken usw.; die ungelöste Schwierigkeit besteht aber darin, zu verstehen, wie diese Kräfte zusammenwirken. SCHRADER meint, daß es verfehlt ist, eine einzige Kraft oder einige wenige Kräfte für den gesamten Mitoseablauf verantwortlich zu machen Und es verspräche wohl mehr Erfolg, die einzelnen Teilabläufe unter Ausnutzung aller methodischen Möglichkeiten erschöpfend zu untersuchen, als, wie meist beabsichtigt, die Analyse der gesamten Mitose in Angriff zu nehmen.

Zu den neuerdings bekanntgewordenen Eigentümlichkeiten gehört auch das Auftreten einer zweiten spindelaktiven Stelle (,,sekundäres Centromer") an bestimmten Chromosomen in der Mitose (vgl. Fortschr. Bot 11, 5). Ein solcher Fall wurde nun auch in der I. und II. meiotischen Anaphase der Pollenmutterzellen bestimmter *Zea*-Pflanzen beobachtet

(RHOADES und VILKOMERSON). — Die früheren Befunde an ingezüchtetem *Secale cereale* (Fortschr. 11) erweitern ÖSTERGREN und PRAKKEN. Aus dem Verhalten der zusätzlich aktiven Chromosomenabschnitte und aus der Art der Einordnung der Trivalente von triploidem *Anthoxanthum aristatum* in der I. Metaphase schließt ÖSTERGREN (2), daß die Centromeren vom Spindelpol, und zwar nur von dem Pol, dem sie zugekehrt sind, angezogen werden, und dies um so stärker, je größer der Abstand zwischen Centromer und Spindelpol ist. Dazu entwickelt ÖSTERGREN (3) folgende allgemeine Vorstellungen: die Einordnung der Chromosomen in die Metaphaseplatte erfolgt durch die Anziehungskräfte, die zwischen Spindelpol und Centromer bestehen; diese Kräfte sind bestrebt, die Chromosomen in der Mitte des Äquators anzusammeln. Die Spindel hat aber als „Taktoid" (s. oben) das Bestreben, die als Fremdkörper wirkenden Chromosomen, die das spontane dynamische Gleichgewicht des Taktoids stören, hinauszubefördern, und zwar, da die Chromosomen zwischen den Spindelpolen festgehalten werden, in transversaler Richtung; die tatsächliche Lage jedes Chromosoms ist durch die Resultierende beider Kräfte bestimmt. — Manche Gestaltseigentümlichkeiten der mitotischen Chromosomen lassen sich aus ihrer Elastizität erklären [ÖSTERGREN (1)].

Bei *Zea* bewirkt ein rezessiver Faktor, daß in der I. meiotischen Teilung die Spindelfasern an den Polen divergieren (CLARK). Als Folge entstehen statt eines Tochterkerns mehrere Kleinkerne, die aus einem Chromosom oder aus wenigen Chromosomen aufgebaut sind. In der II. Teilung entstehen entsprechend viele Spindeln, das Ergebnis sind aus einem Chromosom oder aus wenigen Chromosomen aufgebaute Kerne, die nicht wie in anderen Fällen pyknotisch werden. Ein gewisser Teil der Pollenkörner ist entwicklungsfähig. Der Grund für die in diesem Fall normale Weiterentwicklung der Kleinkerne liegt wohl darin, daß sie an der „richtigen" Stelle, nämlich an den Spindelpolen, rekonstruiert werden; wahrscheinlich wird in jedem sich normal rekonstruierenden Kern Spindelsubstanz miteinbezogen.

Eigenartige Verhältnisse hinsichtlich der Mitosemechanik (wie auch des Verhaltens der Chromosomen überhaupt) zeigen die Ciliaten. Dementsprechend herrschen die widersprechendsten Angaben. Wie sich nunmehr herausstellte (DEVIDÉ und GEITLER), wurden vielfach die Chromosomen gar nicht erkannt. In den somatischen Mitosen sind die Chromosomen weitgehend durch Matrixsubstanzen maskiert, die sie auch zu klumpigen Aggregaten verbacken (in der Ausdrucksweise DARLINGTONs könnte man sagen, daß exzessiv nichtpolymerisierte Thymonukleinsäure ausgebildet ist); in diese Massen greift die longitudinal organisierte Spindel ein, welche die Klumpen gewissermaßen „durchkämmt". Die wahre Morphologie der Chromosomen tritt — an günstigen Objekten — in der Meiose in Erscheinung, in welcher die Chromosomen schwächer mit Matrix beladen sind. In der Meiose läßt sich auch ein Centromerenmechanismus erschließen, der in den somatischen Mitosen unmittelbar nicht erkennbar wird. Bei manchen Objekten ist allerdings auch das Verhalten in der Meiose durch exzessive Matrixbildung stark oder ganz verschleiert. Nach diesen Befunden ist zunächst kein Anlaß gegeben, für die Ciliaten so aberrante Verhältnisse hinsichtlich der Mitosemechanik wie im Fall der Homo- und Heteropteren anzunehmen (diffuse Centromeren, vgl. Fortschr. Bot. 11, 4). Die Beobachtungen sind möglicherweise auch von Bedeutung für das Verständnis botanischer Objekte wie *Spirogyra*, bei der in der Mitose kein Centromerenmechanismus erkennbar ist; die Untersuchung der Meiose, die noch aussteht, wäre hier dringend nötig.

Chromosomengröße. Als maßgebend für die unterschiedliche Größe metaphasischer Chromosomen verschiedener Arten kann man dreierlei Faktoren betrachten: 1. strukturelle Unterschiede, 2. genotypische Bedingtheit, 3. Ausbildung „akzessorischen Materials," für die die Chromosomen selbst verantwortlich sind (Håkansson). Dieser letzte Fall allein kommt nach Håkansson für die Größenunterschiede der Chromosomen von *Godetia deflexa* und *G. Bottae* in Betracht, die im Bastard erhalten bleiben. Denn strukturelle Unterschiede könnten nicht so bedeutend sein, und bei genotypischer Kontrolle müßte im Bastard ein Größenausgleich stattfinden. In manchen anderen Bastarden nehmen die Chromosomen entweder eine intermediäre Größe an (soweit es scheint; es liegen wohl in keinem Fall exakte Messungen vor) oder sie sind einheitlich verkleinert (vgl. die Zusammenstellung bei Håkansson). Da der klassische Fall von im Bastard festgehaltenen Größenunterschieden *(Aesculus carnea)* durch die Nachuntersuchung Upcotts hinfällig wurde, sind neue derartige Fälle von Interesse. Einen solchen stellt außer *Godetia deflexa* × *Bottae* auch der F_1-Bastard *Crepis fuliginosa* × *neglecta* dar (Togby). Besonders bemerkenswert ist, daß die Größenunterschiede, die in den Mitosen und mittleren Meiosestadien der Eltern und des Bastardes sehr auffallend sind (die Chromosomen von *neglecta* sind in der mitotischen Metaphase 1,5 mal dicker und 1,8 mal länger als die von *fuliginosa)*, im Pachytän fehlen: die Partnerchromosom sind hier gleich lang. Togby nimmt daher an, daß die beiderlei Chromosomen in verschiedenen Stadien eine verschieden starke „Kontraktion" erfahren (im Pachytän eine geringere als in der Metaphase) und daß die beiden Arten in dieser Hinsicht sich konstitutionell verschieden verhalten. Was als „Kontraktion" zu verstehen ist, bleibt offen: mit verschiedener Spiralisierung ohne Zuhilfenahme „akzessorischen Materials" wird man wohl nicht auskommen. Bemerkenswert ist, daß manchmal unter „günstigen Bedingungen" im F_1-Bastard ein Unterschied in der Größe und Färbbarkeit der Partnerchromomeren sichtbar wird; um welchen der beiden Eltern es sich handelt, wurde nicht festgestellt (S. 79). Die Entscheidung der Frage wäre aber auch deshalb von Bedeutung, weil *Cr. neglecta* vermutlich mehr Heterochromatin als *fuliginosa* besitzt (S. 73). — Die Angaben stimmen zum Teil mit der Auffassung Darlingtons und La Cours überein, die meinen, daß für Größenunterschiede verwandter Arten fast nie strukturelle Unterschiede maßgebend sind, sondern daß es sich um ein unterschiedliches Verhalten in der Prophase handelt, welches seinerseits genotypisch kontrolliert ist (allerdings könnten sich dann die Unterschiede

1 a

im Bastard nicht halten). — An den *Godetia*- und *Crepis*-Fall schließt sich das Verhalten der verschieden großen (breiten und langen) metaphasischen Chromosomen von *Mahonia aquifolium* und *Berberis Sargentiana* im Bastard an [LEVAN (2)]. Auch hier werden die Größenunterschiede beibehalten und benehmen sich somit unabhängig vom Gesamtgenotypus. Es bliebe zu untersuchen, ob die Autonomie der Chromosomengröße in diesen Fällen eine Ausnahme von der Regel oder nur eine extreme Variante darstellt.

Isochromosomen. Nach der Auffassung DARLINGTONs ist das Centromer eine zusammengesetzte Bildung. Es kann daher auch „misdivision" eingehen und u. a. sich „quer" statt, wie normal, „längs" teilen. Dadurch entstehen zwei telozentrische Tochterchromosomen (mit echt terminalem Spindelansatz) oder weiterhin bei Vereinigung der Schwesterarme Chromosomen mit identischen Armen (Isochromosomen; vgl. Fortschr. Bot. 9, 6; 10, 6, sowie MÜNTZING, S. 245 ff.). Beim Roggen wurden vermutliche Iso*fragmente* beobachtet (MÜNTZING, l. c.). Einen eigenartigen Fall stellt *Nicandra physaloides* dar. Bei dieser isolierten Reliktform enthält der natürliche Chromosomensatz 1 Paar von Isochromosomen (DARLINGTON und JANAKI-AMMAL). Die *fa. typica* und alle untersuchten Varietäten besitzen gewöhnlich $2n = 20$ Chromosomen, und zwar 9 Paare gewöhnlicher Chromosomen und 1 Paar Isochromosomen. Die Isochromosomen sind gleichzeitig SAT-Chromosomen, wodurch sich die Identität der Arme auch morphologisch leicht feststellen läßt. Das Centromer erscheint, trotz Permanenz dieser Chromosomen, insofern etwas defekt, als in der meiotischen Prometaphase und Anaphase wie auch in Wurzelspitzen, Antherengewebe und Samenanlagen Nachhinken erfolgt. Dies stimmt mit seiner Natur als falsch halbiertes „schwaches" Centromer überein. Die Art ist in bezug auf das Isochromosomenpaar tetrasomisch (4 identische Arme), während sie im übrigen normal disomisch ist. In der Meiose paaren sich die Isochromosomen miteinander, oder es paart sich dank der Homologie der beiden Arme jedes in sich, oder es erfolgt in einem Arm In-Sich-Paarung, im anderen „Fremd"paarung. Bei Insichpaarung ergeben sich Univalente, die wähend der Meiose verloren gehen können. Es entstehen so Pollenkörner und Eizellen ohne Isochromosomen. Die defekten Pollenkörner gehen zugrunde; die $n = 10 - 1$-Eizellen können dagegen befruchtet werden und es entstehen so Pflanzen mit $2n = 19$ und nur 1 Isochromosom. Die $2n - 1$-Samen keimen zum Teil langsamer, und die Pflanzen besitzen oft Zwergwuchs, sind aber unter Umständen normal lebensfähig; es genügt also die doppelte statt der „normalen" 4fachen Quantität der Isochromosomenarme. DARLINGTON vertritt die Meinung, daß dieser einzigartige Chromosomenformwechsel für die Art insofern von Bedeutung ist, als homozygote Individuen eine heterogene Nachkommenschaft mit verschiedener Keimungsgeschwindigkeit hervorbringen, wodurch die Verbreitung in Zeit und Raum besser gewährleistet wird. — In der Meiose von Tri- und Tetraploiden zeigen die Isochromosomen das zu erwartende Paarungsverhalten.

Einen neuen Fall der Entstehung von Isochromosomen während der Meiose durch „misdivision" glaubte GILES JR. (1) an einer *Gasteria*-Pflanze beobachtet zu haben. Es handelte sich um eine Tetrade eines Chromosomenpaars mit ungleich langen Armen. Die Dyaden dieser Tetrade zeigten in der I. Anaphase folgenderlei Bau: 1. beide Dyaden besaßen, wie normal, 2 lange und 2 kurze Arme, wobei die Arme zu je zwei normalen Chromatiden vereinigt waren oder so miteinander in Verbindung standen, daß je 2 lange und 2 kurze Arme Isochromosomen ergaben, also 2 Chromosomen mit 2 kurzen und 2 mit 2 langen Armen vorhanden waren; 2. die eine Dyade besaß 1 kurzen Arm und 3 lange Arme, die andere 3 kurze und 1 langen Arm, so daß in der II. Anaphase 2 normale Chromosomen und 1 kurzarmiges und 1 langarmiges Iso-chromosom entstanden; 3. die eine Dyade besaß 4 lange, die andere 4 kurze Arme, was 2 langarmige und 2 kurzarmige Isochromosomen ergab. Eine erneute Untersuchung, die auf Vorschlag McCLINTOCKs vorgenommen wurde [GILES JR. (2)], machte es aber wahrscheinlich, daß es sich nicht um durch Fehlteilung entstandene Isochromosomen handelte, sondern daß crossing-over in einer heterozygotischen peri-zentrischen Inversion (mit Einschluß des Centromers) vorlag, wobei die Inversion in beiden Armen ungefähr gleich lange Abschnitte um-faßte. In diesem Fall lägen nicht, trotz gleichem Aussehen, Isochromo-somen (mit identischen Armen) vor; vielmehr wären die Arme, weil durch crossing-over entstanden, genetisch nicht identisch. Der Fall ist lehrreich im Hinblick auf die Unsicherheit der Interpretation der-artiger Fälle.

Spiralbau der Chromosomen. Einen sehr umfassenden Versuch, den mitotisch-meiotischen Chromosomenformwechsel zu verstehen, unter-nimmt NEBEL und gelangt, wie schon früher berichtet, auch neuerdings zu der Auffassung, daß die mitotischen Telophasechromosomen — zu-mindest an ihren Enden — vierteilig sind; die Zahl der Chromonemen und ihre Anordnung im ganzen Chromosomenkörper unmittelbar exakt festzustellen, ist aber kaum möglich. Zum Zwecke der leichteren Ausdeu-tung zieht NEBEL Glasspiralenmodelle zu Hilfe, studiert deren Re-flexions-, Absorptions- und „Interferenz"bilder und vergleicht sie mit den mikroskopisch beobachtbaren Bildern. Diese sehen vielfach über-einstimmend mit bestimmten aus mehreren Glasspiralen aufgebauten Modellen aus; ob aber die gleichen Strukturen in beiden Fällen wirklich zugrunde liegen, erscheint dem Ref. fraglich. Denn so bedeutende Lichtbrechungsunterschiede, wie sie für die Entstehung der Abbildung der Glasmodelle in einer Ebene wesentlich sind (Auslöschung ganzer Schraubenumgänge usw.), spielen bei der Chromosomenabbildung keine Rolle. Unabhängig von dieser Kritik ergibt sich aber aus der unmittelba-ren mikroskopischen Beobachtung die Tatsache, daß in einer Anaphase-chromatide jedenfalls mehr als 1 Chromonema, also wenigstens 2 Chro-monemen vorhanden sein müssen; denn die mikroskopischen Bilder sind unter der Annahme nur eines Chromosoms nicht deutbar [vgl. GEITLER (1) und Fortschr. Bot. **11**, 8]. Die 2 Chromonemen, deren jedes vielleicht doppelt ist, sind dicht gewickelt und besitzen zahlreiche, niedrige Umgänge, seien sie nun ineinandergeschoben oder als 2 Halbchromatiden auseinandergerückt. Der immer wieder behauptete Doppelbau anaphasischer Chromosomen in Gestalt lose gewundener Chromonemen mit wenigen, hohen Umgängen (z. B. D'AMATO, Taf. II, Fig. 15a) erscheint völlig unannehmbar; wenn nicht artifizielle Veränderungen solchen Bildern zugrunde liegen, so kann es sich nur um zwei parallel auseinandergeschobene Halbchromatiden handeln, deren jede dicht (und schwer sichtbar) gewickelt ist und die relationale Spiralen besitzen (vgl. auch die früheren Berichte). — Die straffe Spiralisierung eines (evtl. doppelten — oder nach NEBEL vierfachen) Chromonemas läßt sich in der gleichen Ausbildung wie bei Pflanzen auch bei Heuschrecken außerhalb der Meiose beobachten [Behandlung der Spermiogonien mit destilliertem Wasser; GEITLER (2)].

In der Meiose bestehen infolge der Zusammenschiebung zweier Teilungszyklen kompliziertere Verhältnisse. KEEFFE untersucht erneut die Meiose von *Trillium*. Von der I. Metaphase bis zur II. Telophase läßt sich völlig klar eine Kleinspirale beobachten; die ersten Anfänge derselben erkennt man schon in der Diakinese. Die Beobachtungen bestätigen die Angaben COLEMANs und HILLARYs, stehen aber im Gegensatz zu der Auffassung von HUSKINS und SMITH (1935), derzufolge keine Spirale, sondern eine wellige Zick-Zack-Struktur vorhanden wäre. Die Anlage der Großspirale wird ins Leptotän verlegt; der optisch einheitliche (nicht gespaltene) Leptotänfaden erscheint aus einer feinsten Spirale aufgebaut, wie dies mit mehr oder weniger Überzeugungskraft schon von anderen Autoren behauptet wurde (vgl. SWANSON und weiter unten). Das Maximum der Großspiralisierung wird im späten Diplotän erreicht. Aus den meiotischen Kleinspiralen gehen die Hauptspiralen der postmeiotischen Teilung im Pollenkorn hervor und sind in gewissem Sinn die Reliktspiralen dieser. Dabei findet KEEFFE im Gegensatz zu SPARROW in den anaphasischen Chromatiden nicht ein Chromonema, sondern zwei Chromonemen, die unabhängig voneinander gewickelt sind. Die photographischen Abbildungen (Zeichnungen fehlen) belegen, wie häufig in solchen Fällen, das Gesagte gar nicht oder nur sehr unvollkommen. — Die allgemeine Frage, ob je Chromatide eine Spirale oder zwei Spiralen vorhanden sind, dürfte in dieser Form wohl gar nicht mehr zu diskutieren sein: ist in Meta- oder Anaphasechromatiden nur eine einzige Spirale zu sehen, was sehr oft der Fall ist, so muß doch aus der telophasischen Struktur, die mit dem Vorhandensein nur eines Chromonemas nicht deutbar ist, geschlossen werden, daß zwei (eventuell doppelte), aber ineinandergeschobene und daher optisch nicht erkennbare spiralisierte Chromonemen vorhanden sind.

SWANSON findet in der I. meitotischen Teilung von *Tradescantia*, daß die Zahl der Umgänge der Großspiralen genetisch kontrolliert ist. Die Anlage der Großspiralen wird im frühen Diplotän erkennbar; die weiteren Veränderungen bestehen in einer Verkürzung der Chromosomen unter Verminderung der Zahl der Umgänge und Vergrößerung ihres Durchmessers. Es ist demnach zwischen einer frühen Spiralisierungsund einer späten Entspiralisierungsphase zu unterscheiden. Der Grad der Entspiralisierung ist temperaturabhängig, und zwar wird durch hohe wie tiefe Temperaturen die Zahl der Umgänge herabgesetzt und ihr Durchmesser vergrößert, es erfolgt also bei hoher wie bei tiefer Temperatur stärkere Kontraktion der Chromosomen als bei mittleren Temperaturen. — Dieser Spiralisierungsformwechsel unterscheidet sich in mancher Hinsicht von dem für *Trillium* typischen (SPARROW, HUSKINS und WILSON): bei *Trillium* fehlt die starke Verkürzung der Chromosomen, namentlich im Diplotän und in der Diakinese; die Großspiralen bleiben, wenn sie einmal maximal ausgebildet sind, unverändert erhalten; ferner geht die Bildung der Kleinspiralen der der Großspiralen sichtbar voraus, während sich *Tradescantia* umgekehrt verhält (sofern man nicht in den frühen Stadien submikroskopische Kleinspiralen annimmt).

Spiralbau und Chromomeren. Eine sehr extreme Auffassung vertritt RIS auf Grund von Untersuchungen der Meiose in den Spermatocyten von Heuschrecken: die Chromosomen sind in allen Entwicklungsstadien spiralisiert und die Spiralisierung täuscht in bestimmten Fällen das Vorhandensein von Chromomeren vor. Alles, was bisher als Chromomeren angesehen wurde (auch die ultimate chromomeres BELLINGs und die Chromomerenaggregate in den Riesenchromosomen) wären Stellen, und zwar bestimmte Stellen, lokal verdichteter Spiralisierung. Ganz allgemein wären die Chromomeren entweder falsch gedeutete Abbildungen von Schraubenumgängen (so im Leptotän und der somatischen Prophase) oder von sich überschneidenden Umgängen (im Diplotän); oder sie wären heterochromatische Abschnitte, wobei das Heterochromatin selbst nichts anderes wäre als eine Stelle besonders dichter Wickelung. Die Bildbelege, welche diese Auffassung belegen sollen, sind ungenügend; ebenso sind die als Stütze angeführten Literaturzitate und manche (aber nicht alle!) kritischen Bemerkungen zu den gegenteiligen herrschenden Auffassungen nicht überzeugend. Dennoch kann die Meinung von RIS das Richtige treffen. Es scheint aber zunächst vergeblich, alle gegenteiligen Beobachtungen diskreditieren zu wollen, wenn man nicht seine Zuflucht zum submikroskopischen Feinbau nimmt. Bemerkenswert ist, daß neuerdings (RIS noch unbekannt) der Versuch unternommen wurde, den Chromomerenscheibenbau der Riesenchromosomen als Ausdruck einer Spiralstruktur zu verstehen (KOSSWIG und SENGÜN). RIS selbst verweist auf zusammen mit HELEN CROUSE unternommene (noch unpublizierte?) Untersuchungen, die das gleiche Ergebnis brachten. KOSSWIG und SENGÜN geben außerdem an, daß die Chromomerenscheiben in verschiedenen Geweben des gleichen Tieres inkonstant wären. Die Tragweite dieser Angabe läßt sich unschwer erkennen. Gegen die Realität der Chromomeren spricht sie aber nicht zwingend. Ebensowenig fällt die Realität der Chromomeren (und nicht einmal die Auffassung, daß sie Gene enthalten) mit der Feststellung (McCLINTOCK), daß bei ZEA zumindest ein Gen in dem Abschnitt zwischen terminalem „knob" und dem ersten (sichtbaren) Chromomer lokalisiert ist.

Heterochromatin, Allozyklie, Thymonukleinsäure. Die im letzten Bericht (S. 5ff.) referierten Untersuchungen DARLINGTONs und LA COURs ergaben u. a. die Auffassung, daß die Spezialsegmente (die bei

Kältewirkung unterkondensierten Chromosomenabschnitte) identisch mit dem Heterochromatin wären und daß diese hinsichtlich der Nukleinsäure unter einer Art von Hungerbedingungen, die durch Kälte hervorgerufen wird, ständen: bei zu geringem Angebot an Nukleinsäure zögen die heterochromatischen Abschnitte in der Konkurrenz mit dem Euchromatin gewissermaßen den kürzeren. Demgegenüber betonen WILSON und BOOTHROYD auf Grund sehr eingehender Untersuchungen an *Trillium erectum*, daß 1. die Auffassung, die Allozyklie hinge unmittelbar mit dem Nukleinsäureformwechsel zusammen, rein spekulativer Natur wäre, und daß 2. die Annahme, die unterkondensierten Abschnitte wären mit dem Heterochromatin identisch, unbewiesen ist. Inzwischen haben weitere, sehr vielseitige Untersuchungen DARLINGTONs und seiner Mitarbeiter beide Annahmen doch sehr wahrscheinlich gemacht, ja, sie ließen sich zu einer ganz allgemeinen Theorie des Formwechsels der Chromosomen auf chemisch-physiologischer Grundlage ausbauen, wobei die Nukleinsäure den „gemeinsamen Nenner" abgibt. Allerdings ist zu berücksichtigen, daß es außer dem von DARLINGTON allein in Betracht gezogenen Nukleinsäureformwechsel auch einen Proteinformwechsel gibt. So erfolgt in der Prophase nicht nur eine Thymonukleinsäure-Synthese, sondern auch eine solche basischer Proteine (SERRA; SERRA und LOPEZ; vgl. auch D'AMATO), und diese umfaßt auch die Matrixsubstanzen. (Wenn DARLINGTON von „proteine structure" spricht, meint er nur das Chromonema oder eigentlich das Genonema.) Auch hinsichtlich der Identifizierung der unterkondensierten Abschnitte mit dem Heterochromatin ist festzuhalten, daß noch immer in keinem einzigen Fall eine genaue und vollständige Zuordnung durchgeführt wurde (vgl. dazu auch RESENDE (2)].

Aus dem Studium der unterkondensierten Abschnitte — die außer auf Kälte auch auf Hungerdiät und Alter (bei Tieren), auf Röntgenbestrahlung und auf Behandlung mit Berylliumnitrat reagieren (vgl. JOHN INNES Hort. Inst. Ann. Rep. **1946**, 19) —, sowie aus der Wirkung von Röntgenstrahlen und aus verschiedenen anderen Beobachtungen erschließen DARLINGTON, DARLINGTON und LA COUR und DARLINGTON und KOLLER folgende Zusammenhänge (vgl. dazu auch Fortschr. Bot. **11**, 6).

Die Chromosomen sind im Ruhekern in ihren heterochromatischen Abschnitten mit Thymonukleinsäure (TNS.) beladen; im Euchromatin fehlt die Beladung (cum grano salis zu verstehen). Die TNS. des Heterochromatins ist im Ruhekern unpolymerisiert; daher die Klebrigkeit, das leichte Zusammenfließen und die vakuolige Fixierung. In der Prophase wird die TNS. des Heterochromatins polymerisiert, im Euchromatin wird polymerisierte TNS. gebildet; in den mittleren Stadien einer normalen Mitose ist das ganze Chromosom (abgesehen vom Centromer und sekundären Einschnürungen) gleichmäßig mit polymerisierter TNS. bedeckt und überzogen. Gerade die Ausbildung der sauberen, „trockenen" Fibrillenhülle der polymerisierten TNS. erscheint wesentlich notwendig für die normale Abwicklung der mitotischen Vorgänge. Erfolgt im Heterochromatin Unterkondensierung (z. B. durch Kältewirkung), also Unterdrückung der Ausbildung einer Hülle von polymerisierter TNS., so wird die Chromosomenteilung nicht normal durchgeführt; im besonderen unterbleibt die Trennung an den Enden und es entstehen in der Anaphase Brücken[1].

Röntgenbestrahlung erhöht das TNS.-Angebot im Kern und führt zu einer Überbeladung der Chromosomen mit TNS. Diese wird aber, auch im Euchromatin, nicht polymerisiert, was zu einer flüssig-klebrigen Oberflächenausbildung der Chromosomen führt und einen entsprechenden sticky-Effekt nach sich zieht; bei gleichzeitiger Kältewirkung tritt allerdings kein Ausgleich zwischen Über- und Unterbeladung ein, vielmehr sind die Chromosomen stellenweise über-, stellenweise unterbeladen (?). Die stickiness führt wieder zu anaphasischer Brückenbildung, die wieder als gehemmte Teilung (welcher Art ?) der Chromosomenenden aufgefaßt wird. Das gleiche wird für die Endvereinigungen von Schwesterchromatiden angenommen, wie sie nach Röntgenbrüchen auftreten und seit langem bekannt sind; im Gegensatz z.B. zu McClintock werden solche sister reunions neuer Bruchenden als Nicht-Teilung aufgefaßt [Darlington (2) S. 259: „non-division or „sister reunion"). Die nicht polymerisierte TNS. vermag auch nicht, im Gegensatz zu der polymerisierten, die richtige Spiralisierung zustandezubringen: es tritt unregelmäßige Spiralisierung auf. — Röntgenbrüche treten am häufigsten gegen das Ende der Kernruhe auf und in Zellen mit maximaler Teilungsfrequenz, also in solchen Chromosomen, die nach Caspersson geringste Beladung mit TNS besitzen[2]. Umgekehrt ist die Bruchhäufigkeit im Heterochromatin und in den Prophasechromosomen praktisch gleich Null. Die Beladung mit TNS., ob polymerisiert oder unpolymerisiert, hindert also das Brechen und erleichtert im übrigen auch die Wiedervereinigung von Bruchstellen. Auch die Centromeren, die matrixlos sind, sind leicht brüchig, und dies auch in der Prophase, wenn der übrige Chromosomenkörper mit TNS. beladen ist (über das Verhalten sekundärer Einschnürungen wird nichts mitgeteilt). Das Verhalten ergibt sich besonders deutlich aus Versuchen mit Senfgas, das die gleichen Wirkungen wie schwache Röntgendosen hervorbringt (Darlington und Koller; in den Röntgenversuchen wird über das Verhalten der Centromeren nichts mitgeteilt)[3].

Darlington zieht noch viele andere Schlüsse. Diese wie das große dazugehörige Beobachtungsmaterial können hier nicht gebracht werden.

---

[1] In ihrer ersten Mitteilung (vgl. Fortschr. Bot. 11) sprechen Darlington und LaCour von einem „sticking", welches sie gleichsetzen mit einer non-reproduction of *genes*. Im Schema (l. c. Fig. 14) sieht man aber nicht ein nichtverdoppeltes Gen, sondern zwei, bloß nicht auseinandergerückte Gene dargestellt. Später spricht Darlington (2), S. 259, von „failure of division of an end gene", scheint aber an anderen Stellen doch nur eine gestörte mikroskopische Chromatidentrennung zu meinen.

[2] Anm. b. d. Korr.: A. H. Sparrow [Nature **162**, (1948) 651, 652] findet dagegen in der Metaphase viele, in der frühen Interphase wenige Brüche.

[3] Aus der Übereinstimmung in der Wirkung von Giftgasbehandlung und Röntgenbestrahlung schließen übrigens Darlington und Koller, daß auch die Wirkung ionisierender Strahlung wie die chemischer Beeinflussung indirekter Natur sein muß.

Gegen die Auffassung des sticky-Effektes im Falle der Brückenbildung wurden verschiedentlich Einwände erhoben. RESENDE (1) und D'AMATO weisen darauf hin, daß es auch Pseudobrücken gibt, die auf bloßer oberflächlicher Verklebung, nicht auf chromonematischer Vereinigung beruhen.

Meiose und Chiasmata. Die auf DARLINGTON zurückgehende, fast allgemein angenommene Auffassung, derzufolge die Chiasmabildung die conditio sine qua non für die Metaphasepaarung und geregelte Spaltung wäre, wird allmählich immer stärker erschüttert, da sich die Fälle mehren — es handelt sich vorläufig um zoologische Objekte —, wo diese Vorgänge ohne Chiasmabildung ablaufen (vgl. dazu auch Fortschr. Bot. 11, 10). Der Stand der Dinge läßt sich am besten durch die Worte HUGHES-SCHRADERs (1), S. 137 kennzeichnen: ,,The absence of chiasmata in the *Callimantis* meiosis[1] need not of necessity imply that no crossing-over occurs. We may admit with WHITE that crossing-over cannot be finally established on cytological evidence alone, for it is at least conceivable that it may occur without the formation of chiasmata (compare MATSUURA). The visible chiasma is a necessary sequel to crossing-over only if we assume the universality of repulsion by pairs in a four strand configuration. In the absence of such repulsion in *Callimantis* it is conceivable that crossing-over might occur at pachytene and the resulting, invisible, chiasmata be completely resolved before the end of pachytene without disturbing the parallel association fo the chromatids." [Vgl. auch HUGHES-SCHRADER (2).] Auch COOPER kommt auf Grund seiner genetischen Untersuchungen am X-Chromosom von *Drosophila* zu dem Schluß, daß Chiasmabildung nicht die notwendige Voraussetzung einer normalen I. Metaphase mit normaler Spaltung ist und entwickelt folgende Vorstellungen (S. 481): ,,Any mechanism which makes possible almost invariable separation of homologous kinetochores (hence chromosomes) to alternative cells at meiosis will guarantee segregation. There can be little doubt that crossing-over with resulting chiasma formation supplies a means for doing just this. But neither can there be any doubt that the primary mechanism which brings about synapsis itself may likewise provide a device ensuring segregation if the paired condition is retained until metaphase. Very possibly the paired synaptic state can persist to metaphase in organisms having very small or little-coiled chromosomes at meiosis, whether or not chiasmata are formed. The principal significance of crossing-over is that it provides both a mechanism giving recombination for genes as well as a means for preventing too great genetic divergence of initially identical chromosomes." Es wäre notwendig, nun einmal auch Pflanzen mit kleinen Chromosomen in dieser Hinsicht näher zu untersuchen. Zumindest für viele dürfte die Auffassung DARLINGTONs aber wohl zu Recht bestehen.

Verschiedenes. Der Mikrofibrillenbau pflanzlicher Zellwände läßt sich dadurch deutlich sichtbar machen, daß dünne Membranstücke mit einer Metallbedampfungsmethode präpariert werden. FREY-WYSSLING,

---

[1] *Callimantis* ist eine Mantide (Orthoptera).

MÜHLETALER und WYKOFF geben vier außerordentlich instruktive elektronenoptische Abbildungen. Besonders eindrucksvoll ist die Auflockerung der Struktur in einer wachsenden Primärwand (vgl. den nächsten Abschnitt).

HEILBORN überprüft meine Auffassung, daß das massenhafte Auftreten von Inversionen bei *Paris* dafür spräche, daß die Inversionen ein relativ hohes phylogenetisches Alter besäßen, an schwedischem Material. Er findet, wenn auch weniger häufig, als ich an alpinen Pflanzen, ebenfalls Inversionen, und meint mit Recht, daß meine Interpretation nicht zwingend ist (was ich aber auch nicht behauptete). Doch argumentierte ich nicht allein aus der ungewöhnlich hohen Zahl der Inversionen, sondern auch aus der Wiederkehr bestimmter Inversionen in verschiedenen Pflanzen. Ich versuchte weiterhin an zwei anderen 120 km entfernten Standorten bestimmte Inversionen mit den schon bekannten zu identifizieren, was in einigen Fällen dem Anschein nach auch gelang [Öst. bot. Z. 88 (1939); diese Mitteilung blieb HEILBORN unbekannt]. In 5090 PMZ. in I. Ana- bis Telophase fanden sich 198 Inversionsbrücken, von welchen 48 identifizierbar waren. Die Schwierigkeit besteht aber darin, daß keine Gewähr dafür gegeben ist, daß gleich aussehende Inversionen auch wirklich identisch sind; denn ihre Erkennung auf Grund der Konfigurationen in der I. Anaphase bleibt, im Vergleich mit den in den Riesenchromosomen der Dipteren gegebenen Möglichkeiten, recht unexakt.

THOMAS und REVELL finden für *Cicer arietinum*, daß die sekundäre Paarung in der Meiose auf einen unspezifischen Zusammenhalt heterochromatischer Abschnitte im Pachytän zurückgeht (vgl. auch JOHN INNES Hort. Inst. Ann. Rep. 1945, 11).

Literatur[1].

D'AMATO, F.: (1) N. Giorn. bot. ital. 54 (1948). — (2) Hereditas (Schwed.) 34 (1948).

BERGER, CH. A., u. E. R. WITKUS: Amer. J. Bot. 33 (1946). — BERNAL, J. D.: Publ. amer. Assoc. Adv. Sci. 1940, 14*. — BRUMFIELD, R. T.: Amer. J. Bot. 29 (1942). — BROWN, META: Amer. J. Bot. 34 (1947).

CLARK, F. J.: Amer. J. Bot. 27 (1940). — CHRISTOFF, M., u. M. A. CHRISTOFF: Genetics 33 (1948). — COLEMAN, L. C., u. B. B. HILLARY: Amer. J. Bot. 28 (1941). — COOPER, K. W.: Genetics 30 (1945).

DARLINGTON, C. D.: Nucleic acid and the chromosomes. Symposia Soc. exper. Biol. 1, Nucleic acid, 1947. — DARLINGTON, C. D., u. E. K. JANAKI-AMMAL: Ann. Botany 9 (1945). — DARLINGTON, C. D., u. L. F. LA COUR: J. of Gen. 46 (1945). — DARLINGTON, C. D., u. P. C. KOLLER: Heredity 1, part II (1947). — DEVIDÉ, Z. u. L. GEITLER: Chromosoma 3 (1947).

FREY-WYSSLING, A., K. MÜHLETALER u. R. W. G. WYKOFF: Experientia 4, 475 (1948).

GEITLER, L.: (1) Chromosoma 2 (1943). — (2) Ibid. 2, 531 (1944). — (3) Ibid. 2, 544 (1944). — (4) Österr. bot. Z. 95 (1948). — (5) Chromosoma 3, 271 (1948). — GEITLER, L., u. HENRIETTE LAUBER: Naturwiss. 32 (1944). — GEITLER, L., u. ELISABETH VOGL: Ibid. — GILES, N. H. jr.: (1) Genetics 28 (1943). — (2) Proc. nat. Acad. Sci. 30 (1944). — GRELL, MARY: Genetics 31 (1944).

---

[1] Mit * versehene Veröffentlichungen konnten nicht im Original gelesen werden.

HÅKANSSON, A.: Hereditas (Schwed.) **29** (1943). — HEILBORN, O.: Hereditas (Schwed.) **29** (1943). — HUGHES-SCHRADER, SALLY: (1) J. Morph. **73** (1943). — (2) Biol. Bull. **85** (1943). — HUSKINS, C. L.: (1) Amer. Naturalist **81** (1947). — (2) Nature **161** (1948). — (3) Roy. Soc. Canada, biol. Sci. **1948.** — HUSKINS, C. L. u. LOTTI N. STEINITZ: J. Hered. **39**, 35 u. 67 (1948).

JÄHNL, GERTRUD: Chromosoma **3** (1947).

KEEFFE, MARY M.: Amer. J. Bot. **35** (1948). — KOSSWIG, C.. u. A. SENGÜN: J. Hered. **38** (1947). — KOSTRUN, GERTRUD: Österr. bot. Z. **93** (1944).

LAUBER, HENRIETTE: Österr. bot. Z. **94** (1947). — LEVAN, A.: (1) Hereditas. (Schwed.) **29** (1944). — (2) Ibid. **30** (1944). — LORZ, A. P.: Bot. Rev. **13** (1947).

McCLINTOOK, BARBARA: Genetics **29** (1944). — MÜNTZING, A.: Hereditas (Schwed.) **30** (1944).

NEBEL, B. R.: Cold Spring Harb. Symp. Quant. Biol. **1941,** 9. — NEWCOMER, E. H.: Bot. Rev. **6** (1940).

ÖSTERGREN, G.: (1) Hereditas (Schwed.) **29** (1943). — (2) Ibid. **31** (1945). — (3) Bot. Notiser **1945.** — ÖSTERGREN, G., u. R. PRAKKEN: Hereditas (Schwed.) **32** (1946).

RASHEWSKY, N.: (1) Advanced applications of mathematical Biology, Chicago, Univ. Press, 1940*. — (2) Bull. math. Biophys. **3** (1941)*. — RHOADES, M. M. u. H. VILKOMERSON: Proc. nat. Acad. Sci. **28** (1942)*. — RESENDE, F.: (1) Bol. Soc. Broth. **15** (1941). — (2) Portugal. Acta biol. **1** (1944). — RIS, H.: Biol. Bull. — **89.** (1945).

SCHRADER, F.: (1) Mitosis. The movements of chromosomes in cell division. New York, Columbia Univ. Press, 1944. — (2) Chromosoma **3** (1947). — SERRA, J. A.: Bol. Soc. Broth. **19** (1944). — SERRA, J. A., u. A. QUEIROZ-LOPEZ: Chromosoma **2** (1944). — SENGÜN, A., u. C. KOSSWIG: Chromosoma **3,** 194 (1948). — SONNENBLICK, B. P.: Genetics **33** (1948). — SPARROW, A. H.: Canad. J. Res. **20** (1942). — SPARROW, A. H., C. L. HUSKINS, u. G. B. WILSON: Ibid. **19** (1941). — SWANSON, C. T.: Amer. J. Bot. **30** (1943).

THOMAS, P. T., u. S. H. REVELL: Ann. Botany **10** (1946)*. — TOGBY, H. A.: J. of Gen. **45** (1943). — TSCHERMAK, ELISABETH: Planta (Berl.) **33** (1943). — TSCHERMAK-WOESS, ELISABETH, u. ANNEMARIE PLESSL: Österr. bot. Z. **95** (1948).

VOGL, ELISABETH: Österr. bot. Z. **94** (1947).

WILSON, G. B., u. E. R. BOOTHROYD: Canad. J. Res. **19** (1941). — WITKUS, E. R.: Amer. J. Bot. **32** (1945). — WITKUS, E. R., u. Ch. A. BERGER: Bull. Torrey bot. Club **74** (1947). — WITTE, MARIE B.: Bull. Torrey bot. Club **74** (1947).

II. Morphologie einschließlich Anatomie.

Von Wilhelm Troll und Hans Weber, Mainz.

Mit 19 Abbildungen.

Vorbemerkung.

Der vorliegende Bericht umfaßt Arbeiten, die seit 1944 erschienen sind, muß aber wiederholt auch auf frühere Untersuchungen zurückgreifen, die infolge der Kriegsverhältnisse im vorhergehenden Beitrag noch nicht berücksichtigt werden konnten. Aber auch so kann das Referat keinen Anspruch auf Vollständigkeit erheben, weil die ausländischen Arbeiten uns bis zu diesem Augenblick nur in beschränktem Umfang zugänglich waren. Dies gilt insbesondere für eine größere Zahl der neueren amerikanischen Untersuchungen über die Sproß-Vegetationspunkte, auf die zwar hingewiesen werden konnte, deren Einsichtnahme aber nicht immer möglich war.

I. Sproßbildung.

1. Bau der Sproß-Vegetationspunkte. Das Sproß-Scheitelgewebe ist in jüngster Zeit mehrfach Gegenstand von Untersuchungen gewesen. Zu den Arbeiten, die schon in Fortschr. Bot. 9, 14 ff. referiert wurden, sind zahlreiche Untersuchungen, vor allem für die Gymnospermen, hinzugekommen (Crafts, Cross, Foster, Gifford, Gunckel und Wetmore, Hsü, Johnson, Kemp, Sterling). Über angiosperme Pflanzen liegen Arbeiten von Ball, Esau, Majumdar, Miller und Wetmore sowie von Reeve vor. Zuletzt hat Philipson (1—4) die Gliederung des Scheitelgewebes in Tunica und Corpus für eine weitere Reihe von Dikotylen nachgewiesen. Bei *Valeriana officinalis* erkannte er die Tunica als einschichtig, bei *Succisa pratensis, Bellis perennis* u. a. als zweischichtig. Vom Corpus hebt er besonders hervor, daß es kein homogenes Meristem darstellt. Es zeigt vielmehr eine Zonierung in einen großzelligen zentralen Teil und einen peripheren Abschnitt, der aus kleineren Zellen besteht. Wie Philipson (6) weiterhin in einem Überblick über die neueren, zum großen Teil amerikanischen Arbeiten dartut, scheint dieses Verhalten nicht nur bei den Angiospermen sondern auch bei den Gymnospermen verbreitet zu sein. Für die Dikotylen wird insbesondere am Beispiel von *Succisa pratensis* (2) gezeigt, daß der Vegetationspunkt beim Übergang von der vegetativen zur reproduktiven Phase einen Formwechsel erfährt, derart, daß aus dem ursprünglich flach gewölbten Scheitel ein zylindrischer Körper mit kuppelförmigem Ende entsteht. Dabei geht allerdings die Zonierung des Corpus verloren, so daß nunmehr

"

auch die zentral gelegenen Zellen in ihrer Beschaffenheit den peripher gelagerten gleichen.

Diese Befunde bedeuten indes keineswegs eine Stütze für die von GRÉGOIRE geäußerte Auffassung, nach der in den Vegetationspunkten der Blütenstände Neubildungen vorliegen sollen, die mit den Vegetationspunkten des vegetativen Systems keine Gemeinsamkeiten haben (vgl. Fortschr. Bot. 9, 39!). Die vegetative Phase der Vegetationspunktentwicklung geht vielmehr kontinuierlich in die reproduktive Phase über. In diesem Zusammenhang erfahren auch die Begriffe „Meristemdecke" (manchon méristématique, meristematic mantle) und „Meristemträger" (porte-méristème, parenchymatous core), die GRÉGOIRE für die Gliederung des Infloreszenzscheitels gebraucht, eine Klärung. Danach wird die Meristemdecke in ihren äußeren Schichten von der Tunica, in den inneren Schichten dagegen vom Corpus gebildet, während der Meristemträger nach PHILIPSON aus den sich differenzierenden Markzellen der Infloreszenzachse besteht. Die Homologisierung von Meristemdecke und Tunica sowie von Meristemträger und Corpus, die SCHÜEPP und nach ihm ENGARD vorgenommen haben, wird damit widerlegt. Freilich bedürfen diese Feststellungen eines endgültigen Beweises auf breiterer Grundlage.

Mit dem Bau des Vegetationspunktes bei den Arten der Gattung *Streptocarpus* hat sich auf Anregung TROLLs hin SCHENK in einer eingehenden Studie befaßt. Bis in die jüngste Zeit hinein ist von einigen Autoren für einzelne Arten das Vorhandensein eines Vegetationskegels und damit einer Achsenbildung überhaupt geleugnet worden (OEHLKERS, BEUTTEL). Demgegenüber konnte SCHENK feststellen, daß sich, sobald das Embryonalstadium verlassen ist, in allen Fällen ein Scheitelmeristem nachweisen läßt. Während dieses bei den cauleszenten Arten am Beginn der Keimung von vornherein als kegelförmige Erhebung in Erscheinung tritt, bietet es sich bei den rosulaten und unifoliaten Formen anfänglich als wenigzelliger Herd dar (punktiert in Abb. 1, I). Dieser Herd vergrößert sich allmählich zu einem regelrechten Vegetationspunkt, der bei den rosulaten Arten *(Streptocarpus Rexii)* noch kegelförmige Ausbildung annimmt mit deutlicher Gliederung in eine zweischichtige Tunica und ein Corpus (Abb. 2). Bei den unifoliaten Arten dagegen *(Streptocarpus Wendlandii)* kommt er nicht über das Stadium in Abb. 1, II hinaus. Das Festhalten der Pflanze an der Jugendform drückt sich also schon in der Reduktion des Vegetationspunktes aus. Bei den Arten mit Rosettenbildung entstehen die Blattorgane nicht etwa „adventiv" jeweils aus der embryonalen Basis des vorhergehenden Blattes (OEHLKERS), sondern sie stellen Ausgliederungen des Vegetationspunktes dar, der dabei zwar jedesmal weitgehend verbraucht, aber nachher regelmäßig restauriert wird.

Nach der Länge des Vegetationskegels teilt SHARMAN (2) die Gräser in drei Gruppen ein, von denen die erste etwa durch *Lolium multiflorum* und *Melica altissima* vertreten wird, die sich durch einen relativ langen Kegel (mit 12 bis 20 Blattprimordien) auszeichnen; bei anderen Gräsern, vor allem den Getreidearten, erscheint dieser auffallend kurz (mit nur 1 bis 2 Primordien). Zwischen beiden Gruppen vermitteln als dritte zahlreiche Wiesengräser, so etwa *Anthoxanthum,*

Dactylis, Holcus u. a. Es muß aber betont werden, daß diese Gruppen nicht scharf voneinander abgegrenzt, sondern durch fließende Übergänge verbunden sind.

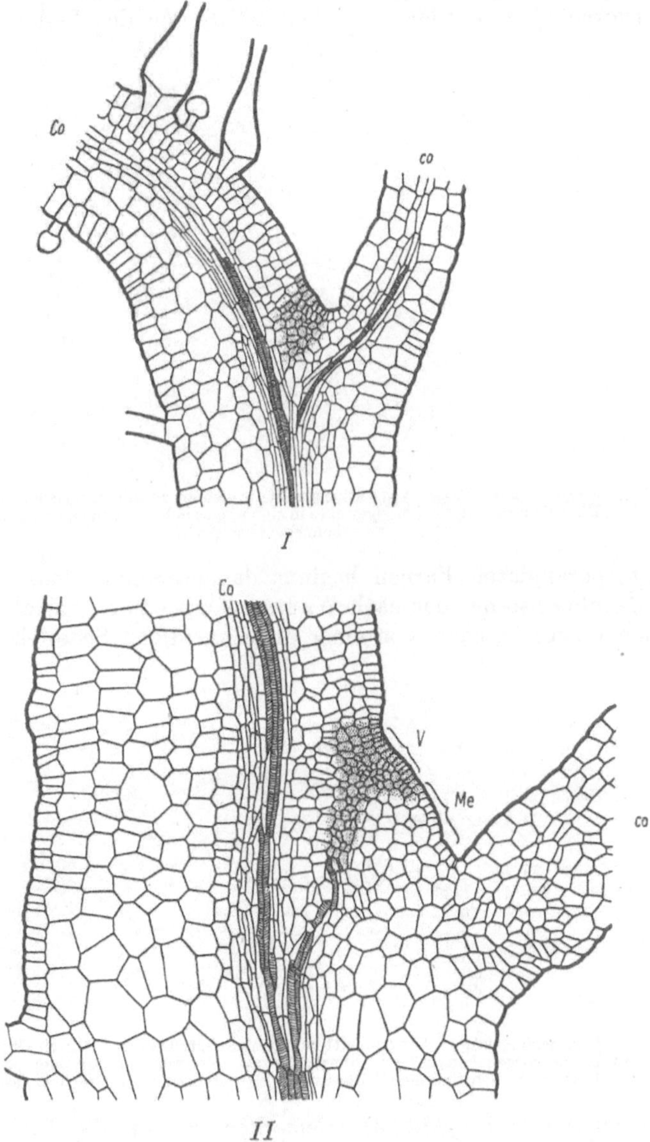

Abb. 1. *Streptocarpus Wendlandii.* Median zu den Kotyledonen geführte Längsschnitte, I durch eine junge, II durch eine etwas ältere Keimpflanze, die das Mesokotyl zu entwickeln beginnt. Das Scheitelmeristem ist durch Punktierung hervorgehoben. Co Makrokotyledo, co Mikrokotyledo, V Vegetationspunkt, Me Mesokotyl. (Nach SCHENK.)

2. Stelenentwicklung.

In einer Reihe wertvoller Mitteilungen berichtet WARDLAW über Beobachtungen am Sproß-Scheitel von Pterido-

phyten, die vor allem in Hinblick auf die Stelenentwicklung angestellt
wurden. Von den zahlreichen, zum Teil auf experimentell-morphologi-
scher Grundlage gewonnenen Befunden können hier nur einige wenige
hervorgehoben werden. Die Differenzierung des Leitgewebes bei den

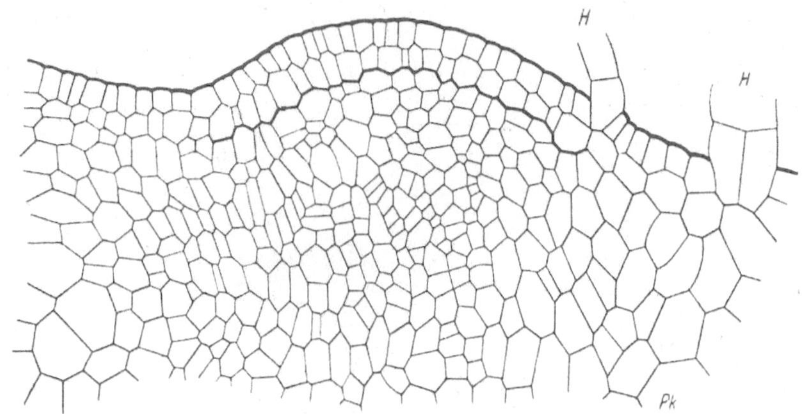

Abb. 2. *Streptocarpus Rexii.* Vegetationspunkt in median zu den Kotyledonen geführtem Längsschnitt. Die Gliederung des Scheitelgewebes in eine zweischichtige Tunica und ein Corpus ist deutlich
zu erkennen. (Nach Schenk.)

leptosporangiaten Farnen beginnt danach unmittelbar unterhalb des
Scheitelmeristems, das nach WARDLAW aus einer einzigen Lage plasma-
reicher zylindrischer, von einer dreischneidigen Scheitelzelle gebildeter

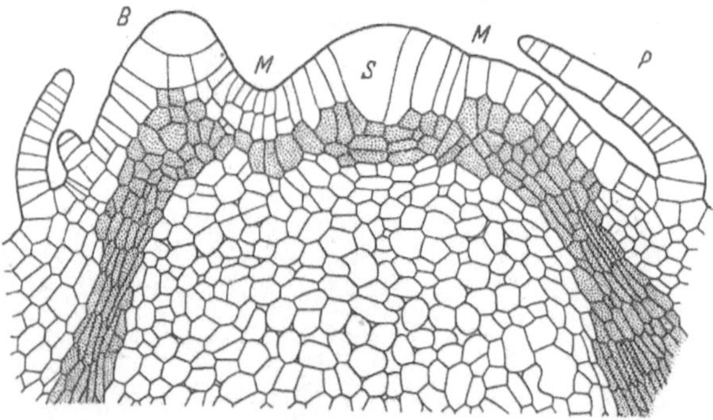

Abb. 3. *Dryopteris aristata.* Längsschnitt durch eine Sproß-Spitze. Durch Punktierung ist das
Leitgewebe hervorgehoben dessen Differenzierung unmittelbar unter dem Scheitelmeristem (M)
beginnt. S Scheitelzelle, B Blattanlage, P Spreuschuppe. (Nach WARDLAW (3)).

Elemente besteht (Abb. 3). Bemerkenswert ist die Tatsache, daß bei
frühzeitiger Entfernung der Blattprimordien die Bildung der Blattlücken (gaps) unterbleibt. Anstelle einer Diktyostele (Polystele) entwickelt
sich in solchen Fällen eine Solenostele (Siphonostele). Damit ist zugleich
ein Hinweis darauf gegeben, daß die Stele bei den Farnen im wesentlichen axialen Ursprungs ist und sich nicht etwa aus den herablaufenden
Blattspurbündeln zusammensetzt.

3. Mesokotyl. Mit dieser Bezeichnung hat Fritsch den zwischen dem Mikro- und dem Makrokotyledo gelegenen Sproßteil von *Streptocarpus* belegt. Nach Schenk handelt es sich dabei um einen komplexen Achsenabschnitt, an dessen Bildung außer dem Kotyledonarknoten sowohl das Hypokotyl als auch das Epikotyl beteiligt sind. Seine Bildung steht in Beziehung zur Anisokotylie. Der auf der Seite des Makrokotyledos verstärkten und länger anhaltenden Wachstumstätigkeit des interkalaren Hypokotylvegetationspunktes korrespondiert auf der gegenüberliegenden Seite die Tätigkeit des terminalen Vegetationspunktes, durch die eine einseitige Epikotylverlängerung bewirkt wird (Abb. 4).

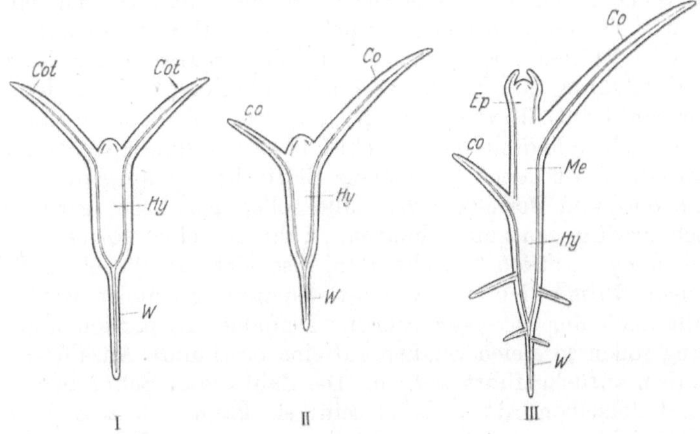

Abb. 4. Entwicklung von *Streptocarpus caulescens*, schematisch. I typische dikotyle Keimpflanze; II, III aufeinanderfolgende Entwicklungsstadien von *Str. caulescens*. Cot Kotyledonen, Co Makrokotyledo, co Mikrokotyledo, Hy Hypokotyl, Me Mesekotyl, Ep Epikotyl, W Primärwurzel. (Nach Schenk.)

Bemerkenswert erscheint in diesem Zusammenhang *Chirita Horsfeldii*, von der auf Grund von Beobachtungen Trolls berichtet wird, daß die Ränder des Makrokotyledos als feine Säume am Mesokotyl herablaufen und so eine einseitige Streckung des Kotyledonarknotens anzeigen.

4. Erstarkungswachstum bei *Streptocarpus*. Wie Schenk hervorhebt, ist dieses auf das Hypokotyl beschränkt und greift im Gegensatz zu dem Verhalten der Monokotylen nicht auf die epikotylen Sproßteile über. Es führt zu der aus den schematischen Figuren (Abb. 4) ersichtlichen verkehrtkegelförmigen Gestalt der Keimachse und beruht anatomisch, wenigstens bei den cauleszenten Arten *(Streptocarpus caulescens)* auf beträchtlicher Erweiterung des Markes, der die peripheren Gewebe mit Einschluß der Epidermis durch Dilatationswachstum folgen. Hand in Hand damit vollzieht sich ein schwacher sekundärer Zuwachs, der aber im ganzen gesehen bedeutungslos bleibt. Es scheinen hier Verhältnisse vorzuliegen, die in ähnlicher Weise auch bei Balsaminaceen wiederkehren, wo ihre genauere Untersuchung freilich noch aussteht. Bei *Streptocarpus Wendlandii*, bei dem das Hypokotyl nur eine unbedeutende Längenentwicklung erfährt, erfolgt ebenfalls eine Erweiterung des Zentralzylinders, aber auch das Rindengewebe vermehrt seine

Zellenzahl. Insbesondere erfährt die primäre Rinde eine Verstärkung durch eine aus radial angeordneten Zellreihen bestehende „Innenrinde", deren Bildung SCHENK auf tangentiale Teilungen der Endodermis zurückführt.

5. Blattstellung. In der sog. klassischen Blattstellungstheorie, die seit ihren Anfängen aufs engste mit den Namen SCHIMPER und BRAUN verknüpft ist, spielen die Begriffe der Grundspirale und der Divergenz eine entscheidende Rolle. Diese Begriffe werden von PLANTEFOL (1, 2) einer Kritik unterzogen, der darüber hinaus die Grundlagen einer neuen Theorie der „multiplen Schrauben" (hélices foliaires multiples), zu entwickeln und damit alle Blattstellungsverhältnisse auf einen einheitlichen Nenner zu bringen versucht. Nach PLANTEFOL existiert eine genetische Spirale, die die einzelnen Blattorgane in der Reihenfolge ihrer Entstehung miteinander verbindet, überhaupt nicht. Jeder Vegetationspunkt enthält vielmehr ein oder, was weit häufiger der Fall ist, mehrere — histologisch freilich nicht faßbare — Bildungszentren (centres générateurs), von denen jeweils eine Blattschraube ausgeht. Die Blattorgane ein- und derselben Schraube sollen genetisch, gewissermaßen perlschnurartig, zusammenhängen, während eine solche Beziehung zwischen zwei seitlich benachbarten, also nicht zu derselben Schraube gehörigen Primordien am Vegetationspunkt geleugnet wird. Damit entfällt auch der Divergenzbegriff. Distichie, Dispersion und Wirtelstellung sollen so gleichermaßen auf eine bestimmte Anzahl von Blattschrauben zurückgeführt werden. Die Zahl dieser Schrauben kann bei ein und derselben Art variabel sein; sie kann sich z. B. im Verlauf der Entwicklung vermehren, und zwar dadurch, daß neue Bildungszentren, sei es durch Teilung vorhandener oder durch Bildung neuer, hinzukommen. Bei den Dikotylen existieren nach PLANTEFOL typisch zwei derartige Blattschrauben, die sich jeweils bis auf einen der Kotyledonen als Ausgangsglied zurückverfolgen lassen, namentlich dort, wo die den Achsenkörper berindenden Blattbasen deutlich ausgebildet sind.

Ohne einer eingehenden Würdigung bzw. Kritik dieser neuen Theorie vorgreifen zu wollen, muß darauf hingewiesen werden, daß sie steht und fällt mit der Möglichkeit ihrer entwicklungsgeschichtlichen Fundierung. Um diese ist es bei PLANTEFOL schlecht bestellt. Zwar versucht er, in einer weiteren Studie (3) diesem Mangel abzuhelfen. Es geschieht dies aber nicht durch den Aufweis entwicklungsgeschichtlicher Tatsachen, sondern in der Hauptsache auf konstruktivem Wege und an Hand von Beispielen, die der Literatur entnommen sind. PLANTEFOL postuliert vor allem einen sog. Initialring (anneau initial), den er in den Bereich des Vegetationspunktes verlegt und von dem er annimmt, daß er distinkte Zentren für die einzelnen Schrauben enthalte. Die Zentren sollen mit den jüngsten und nächstfolgenden Primordien jeder Schraube in meristematischem Konnex stehen. Diese Individualität der einzelnen Schrauben, die sich so in den Vegetationspunkt hinein verfolgen ließe, wird aber nicht etwa nachgewiesen, sondern vorausgesetzt. Denn ein meristematischer Konnex besteht am Vegetationspunkt natürlich auch zwischen den Primordien benachbarter Schrauben.

Plantefol hätte also zum mindesten zeigen müssen, daß es sich bei den von ihm angenommenen Schraubenlinien auch abgesehen von der Blattbildung um Bereiche erhöhter meristematischer Tätigkeit handelt.

Im übrigen erhebt sich die Frage, ob die Theorie der multiplen Schrauben, wenigstens sofern es sich dabei um zweizählige Systeme handelt, wirklich einen neuen Weg in der Blattstellungsforschung bezeichnet. Haben doch für die zerstreut beblätterten Monokotylen schon Goebel und Hirmer nachgewiesen, daß sich ihre Blattstellung von Distichie ableitet, die sich über Spirodistichie, also im gedoppelten Schraubensystem, in Dispersion verwandelt. Goebel hat in diesem Zusammenhang auch den Begriff der Scheiteltorsion eingeführt, den Plantefol bekämpft, der aber durch seine Ausführungen eher gefestigt als widerlegt wird. Was sodann die Dikotylen anlangt, so haben Troll und Haccius den Nachweis erbracht, daß sich auch in diesem Verwandtschaftsbereich die Dispersion weithin aus Distichie herleitet. Troll hat in diesem Zusammenhang auch nachdrücklich darauf hingewiesen, daß der sog. Grundspirale nur eine orientierende, keinesfalls aber eine erklärende Bedeutung zukomme, und daß Gleiches von den Divergenzbestimmungen gelte. Unentbehrlich ist für das Verständnis der Blattstellungsverhältnisse die Berücksichtigung von Symmetrie und Erstarkungswachstum des Achsenkörpers (vgl. Fortschr. Bot. 9, 21 und 11, 17). Plantefol nimmt jedoch hierauf keinen Bezug.

Im Rahmen seiner Untersuchungen streift Plantefol u. a. das Phänomen der Fasciation. Er möchte es auf eine abnormale Vermehrung der Blattbildungszentren zurückführen, die ihrerseits ein Zerreißen (rupture) des Vegetationspunktes veranlassen soll. Mit dieser Deutung dürfte freilich nichts gewonnen sein, wie es überhaupt im höchsten Maße unwahrscheinlich ist, daß die Blattbildung die Beschaffenheit des Achsenkörpers prägt. Auch die phytonistischen Vorstellungen, die Plantefol allgemein seinen Ausführungen unterlegt, sind im Grunde längst überwunden (vgl. S. 31).

Sehr beachtlich sind die experimentellen Untersuchungen, die Wardlaw (11) am Vegetationskegel von *Dryopteris aristata* ausgeführt hat. Sie haben ihm die Folgerung nahegelegt, daß die jüngsten Blattprimordien jeweils dort entstehen, wo die geringste Gewebespannung herrscht. Diese Auffassung, die in den neuen Arbeiten von M. und D. Snow eine Stütze zu finden scheint, nähert sich also wieder der alten Hofmeisterschen Erklärung, nach der die Blattstellungsverhältnisse auf mechanische Ursachen zurückzuführen wären. Allerdings fragt man sich, wieso es kommt, daß die den Ort der Primordienbildung bezeichnenden Stellen geringster Gewebespannung die bekannten Blattstellungsgesetzmäßigkeiten zeigen. Auf deren Erklärung käme es doch an. Denn daß im Rahmen dieser Regeln wirkende spezielle Ursachen die Blattanlagen hervortreten lassen, ist klar. Eine mechanische Theorie der Blattstellungen dürfte also auch in diesen Arbeiten kaum irgendwelche Stütze finden.

Schaeppi (3) wirft die Frage auf, ob *Korthalsella Opuntia* (Loranthaceae) zu den wenigen Pflanzen gehört, bei denen eine echte Superposition der Blattwirtel vorliegt. Ohne zu einer Entscheidung hierüber zu gelangen, weist er in Übereinstimmung mit Troll doch auf die Tatsache hin, daß schon der Sproß-Scheitel superponierte Blattanlagen besitzt. Dem entspricht, daß in der Leitbündelanordnung der Sproßachse im Gegensatz etwa zu der dekussiert beblätterten *K. Dacrydii* keine Alternanz herrscht.

6. Flachsprosse. In einer vergleichenden Betrachtung der Sproß-Systeme einer Reihe von *Viscum*- und *Korthalsella*-Arten weist Schaeppi (1) auf deren verschieden stark ausgeprägte Flachsproß-Natur hin. Besonders auffallend ist die Platycladienbildung bei *Viscum articulatum* und *Korthalsella Opuntia*. Die Verbreiterung der

Internodien erfolgt dabei jeweils in der Medianebene des nächst höheren Blatt-
wirtels. Bei *K. Opuntia* entstehen infolge der Superposition der Wirtel
einheitlich abgeflachte Triebe. Im übrigen kommt zur Abflachung des Achsenkörpers noch eine Berindung der Internodien von seiten der an ihnen fast bis zum
Grunde herablaufenden Blattbasen hinzu.

7. Längenperiode der Internodien. Die typische Längenperiode der Internodien,
die sich durch eine ein- oder auch zweigipfelige Kurve darstellen läßt, weisen im
ganzen auch solche Pflanzen auf, die sich durch etagierte Beblätterung auszeichnen.
Dies hat GOEBEL bereits am Beispiel von *Euphorbia Schlechtendalii* dargetan.
Neuerdings hat SCHAEPPI (2) *Polygonatum verticillatum* und *Lilium Martagon*,
beides ebenfalls scheinwirtelig beblätterte Pflanzen, mit dem gleichen Ergebnis
auf die Längenperiode der Internodien hin untersucht. Bemerkenswert ist, daß die
Laubtriebe von *Veratrum album* ebenfalls eine
derartige eingipfelige „Internodienkurve" zeigen,
wenn auch von echten Internodien hier keine
Rede sein kann (Abb. 5). Wenn man aber die
Abstände je zweier aufeinander folgender Sprei-
tenabschnitte mißt, d. h. die Längendifferenzen
zwischen je zwei der röhrig ineinander geschach-
telten Scheidenteile der Blattorgane, so ergeben
sich ganz ähnliche Gesetzmäßigkeiten, wie sie
bei echten Sproßachsen vorliegen.

8. Anatomisches. Aus Schälversuchen, die
ROSNER an den *Suberosa*-Varietäten von *Acer
campestre*, *Evonymus europaea* und *Ulmus campestris* durchgeführt hat, geht hervor, daß nach
Verletzung regelmäßig ein neues, tiefer gelegenes
Phellogen entsteht, das alsbald zur Phellem-
bildung übergeht und darüberliegende Reste des
Rindengewebes abdrängt. Dieser Vorgang, der
vom Lichteinfluß unabhängig zu sein scheint,
vollzieht sich auch in der typischen Weise, wenn
die Sprosse mit einem Gipsmantel umgeben
werden. Der dadurch hervorgerufene abnorme
Druck hat lediglich eine Deformation der Zell-
formen zur Folge.

Im Sekundärholz von *Uragoga*-Arten hat
LEMESLE „offene Tracheiden" gefunden, die für
die Wurzel dieser Pflanzen unter der Bezeichnung „gefäßähnliche Tracheiden" allerdings
schon seit langem bekannt sind. Es handelt
sich dabei um tracheidale Zellelemente, die
untereinander durch einfache, meist kreisförmige
Wanddurchbrüche verbunden sind und Übergangsbildungen zu Tracheen darstellen. Auch
im Rhizom von *Hydrastis canadensis* findet man

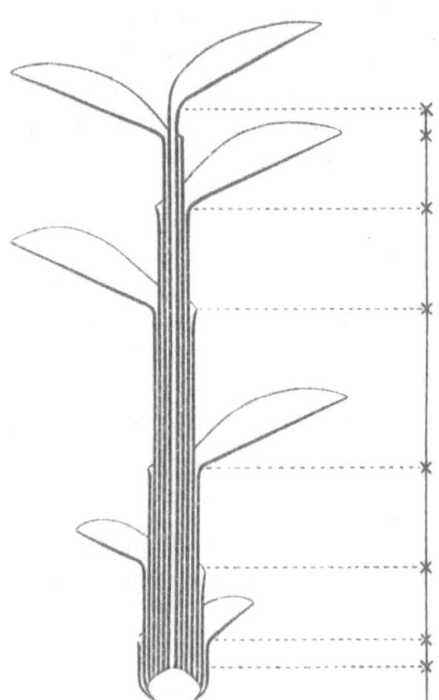

Abb. 5. *Veratrum album*. Laubtrieb
(„Scheinsproß") schematisch. Die Abstände zwischen den Ansatzstellen je
zweier aufeinanderfolgender Blattspreiten ergeben eine der Längenperiode der Internodien vergleichbare
eingipflige Kurve (Original).

ähnliche Elemente. Über den anatomischen Bau der Internodien einiger Zuckerrohr-
Varietäten haben KHANNA und SHARMA vergleichende Angaben gemacht. Von
SHARMAN schließlich liegen Beobachtungen über die Anatomie des Mais-Sprosses vor.

Über die anatomischen Veränderungen, die zur Bildung der sog. Kron- oder
Wurzelhalsgallen (crown-galls) führen, wissen wir bis heute verhältnismäßig wenig.
Es ist deshalb begrüßenswert, daß JONES diese Frage für einen speziellen Fall aufgegriffen und sich mit diesen Vorgängen bei *Rubus procerus* befaßt hat. Unter der
Einwirkung von *Bacterium tumefaciens* entstehen an der Sproßbasis dieser Pflanze
Wucherungen, die vom Pericykel ausgehen. Auf diese Weise kommt ein „Sekundär-
parenchym" zustande, in dem sich bald zahlreiche kambiumartige Gewebezonen
herausbilden, die in lebhafte Teilungstätigkeit treten und neben Parenchymzellen
auch die das Gallengewebe durchsetzenden Tracheiden erzeugen. Durch Spannungs-
zustände hervorgerufene Rißbildungen im angrenzenden Gewebe der Wirtspflanze
werden wieder geschlossen durch Zellteilungsvorgänge, die insbesondere von den

Markstrahlzellen, aber auch von anderen unverholzten Zellelementen ausgehen.
Auf Rißbildungen, und zwar im Bereich des Kambiums, beruht auch die Entstehung der sog. Harztaschen bei Nadelbäumen. In diesem Zusammenhang
berichtet FREY-WYSSLING von abnormen, zugewachsenen Taschen bei der Fichte.
Hier hatte sich ein „Taschenkambium" mit zentripetaler Wachstumsrichtung entwickelt und einen Gewebezuwachs erzeugt, der gewissermaßen eine „innere"
Gallenbildung darstellt („In-elgallen", „Harzgallen").

II. Blatt.

1. Nieder- und Hochblätter. Die Auffassung, daß sowohl Nieder-
als auch Hochblätter als Hemmungsformen von Laubblättern ange-

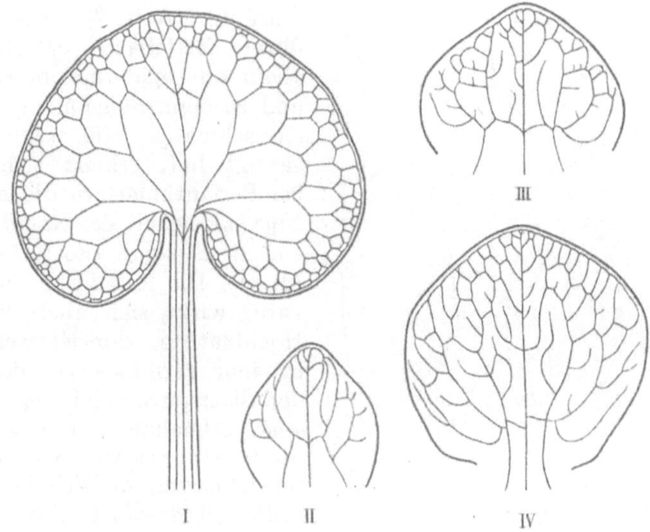

Abb. 6. *Asarum europaeum.* I Laubblatt; II—IV. Niederblätter. Nervatur in I unvollständig, in
II--IV vollständig wiedergegeben. (Nach MÜLLER-HOEFS).

sehen werden müssen, kann heute auf Grund umfangreicher entwicklungsgeschichtlicher, anatomischer und vergleichender Untersuchungen
als gesichert gelten. Es war daher zu vermuten, daß die Homologie
zwischen Laubblättern einerseits und Nieder- und Hochblättern andererseits auch in den Nervaturverhältnissen ihren Ausdruck finden würde.
Diese Vermutung konnte MÜLLER-HOEFS für die Dikotylen auf Grund
eines reichen Beobachtungsmaterials vollauf bestätigen. Was zunächst
die Niederblätter anlangt, so ist ihre Nervatur gegenüber der Laub-
blattnervatur stark vereinfacht. Mit der Hemmung des Randwachstums
hängt es u. a. zusammen, daß die randlichen Nerven vielfach nicht
den Anschluß an benachbarte Nervenendigungen finden und somit
frei endigen, besonders in den zuletzt angelegten und entwickelten Blatt-
teilen. Es geht also die für den Spreitenteil des Dikotylenlaubblattes
so charakteristische Geschlossenheit der Nervatur verloren. Es sei
auf das Beispiel von *Asarum europaeum* in Abb. 6 verwiesen, wo die
marginale Nervenverbindung im Extrem auf die Spitzenregion als den

ältesten Spreitenabschnitt beschränkt bleibt (Abb. 6, II). Anatomisch dürfte die Öffnung der randlichen Nervenmaschen vor allem auf die Steigerung des epidermalen Randwachstums bzw. auf die damit verbundene Mesophyllreduktion zurückzuführen. sein.

Diese Auffassung wird durch das Verhalten der Hochblätter bestätigt. So konnte MÜLLER-HOEFS zeigen, daß die Involucralblätter von *Helipterum roseum* nur in der mittleren Region ihres Basalteiles Mesophyll aufzuweisen haben. Demgemäß ist auch ihre gesamte Nervatur auf diese Zone beschränkt (Abb. 7). Die ganze übrige Blattfläche besteht hier allein aus epidermalem Gewebe und ist demzufolge nur ein- oder zweischichtig. Wie KAUSSMANN gezeigt hat, erklärt sich auch bei Perianthblättern die häufige Nervenlosigkeit der Randbezirke auf diese Weise (Fortschr. Bot. **11**, 41). Die Reduktion der Nervatur wirkt sich aber bei den Hochblättern zumeist weiterhin in einer Verminderung der Zahl der Blattspurbündel aus, die mit einer Abnahme der Insertionsbreite einhergeht. Als Beispiel sei *Helleborus foetidus* herausgegriffen, in dessen Laubblatt nach dem plurilakunären Typ sieben bis elf Bündel eintreten; bei den Übergangsblättern verringert sich deren Zahl auf drei; die Hochblätter endlich, zumal die unge-

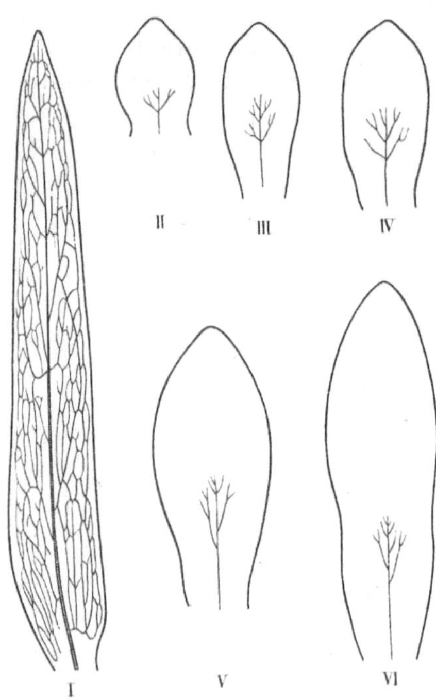

Abb. 7. *Helipterum roesum*. I Stengelblatt; II—IV Involucralblätter, in der Reihenfolge von außen nach innen. Nervatur überall vollständig wiedergegeben. (Nach MÜLLER-HOEFS.)

gliederten Formen derselben, sind durch Einspurigkeit ausgezeichnet. Abb. 8 gibt diese Verhältnisse schematisiert wieder. Es sei schließlich noch darauf hingewiesen, daß bei manchen Pflanzen, z. B. *Callitriche*, auch die Laubblätter in Form und Nervatur Verhältnisse zeigen, die mit denen der Nieder- und Hochblätter anderer Gewächse übereinstimmen, was ebenfalls für die Homologie zwischen diesen verschiedenen Blattorganen spricht.

Über eigenartige, schon von IRMISCH beschriebene Hochblattbildungen bei einigen *Haemanthus*-Arten (*Haemanthus coccineus* u. a.) hat ORTH (2) berichtet. An der Basis des terminalen Infloreszenzschaftes befinden sich zwei kleine Blattorgane, die von den normalen, alljährlich in Zweizahl hervorgebrachten, Laubblättern stark abweichen, und die auf Grund entwicklungsgeschichtlicher Studien als *stipulare Hochblätter* gedeutet werden. Während das erste aus einem Spreitenrudiment und zwei sog. Gegenstipeln (Stipularlappen) besteht, die untereinander durch einen gemeinsamen kurzen Scheidenabschnitt verbunden sind, ist beim

zweiten Hochblatt der Spreitenteil völlig unterdrückt, so daß allein die beiden
Gegenstipeln in Erscheinung treten. Diese lassen sich der Anlage nach auf frühem
Entwicklungsstadium auch beim normalen Laubblatt nachweisen. Man vergleiche
hierzu den in Abb. 9 gezeigten diagrammatischen Querschnitt durch eine *Haemanthus*-Zwiebel, aus dem zugleich deren sympodialer Gesamtaufbau hervorgeht.

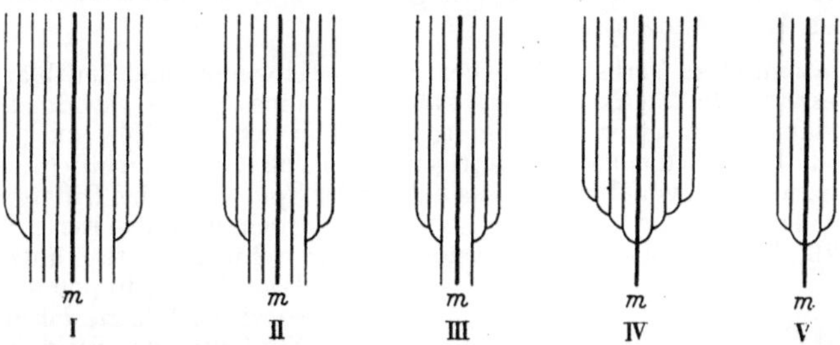

Abb. 8. *Helleborus foetidus.* Schematische Darstellung der Innervierung von Laub- und Hochblatt-
basen. I Laubblatt; II, III Übergangsblätter; IV, V Hochblätter. Mittelnerv der leichteren
Vergleichbarkeit wegen überall in gleicher Stärke gezeichnet. (Nach MÜLLER-HOEFS.)

2. Blattanatomie. Eine eingehende Untersuchung des Transfusionsgewebes der Kiefernnadel *(Pinus austriaca)* hat HUBER vorgelegt, der
das Ziel verfolgt, eine Verfeinerung
unserer Vorstellungen von den Bahnen
des Transpirations- und Assimilations-
stromes in diesen Blattorganen zu gewinnen. Von dieser Fragestellung ausgehend gelangt er, teilweise unter stati-
stischer Auszählung, zu einer wesentlichen Vertiefung unserer Kenntnis
dieses schon viel untersuchten Objektes.
,,Transfusionsparenchym'' und ,,Trans-
fusiontracheiden'' treten danach in der
Hauptsache in alternierenden Platten
auf, deren Zahl doppelt so groß ist
wie die der angrenzenden Endodermis-
Zellen. Dabei ist zu bemerken, daß die
Parenchymzellen vorwiegend der Mitte
der Endodermiszellen aufsitzen, während die Tracheiden in der Mehrzahl
der Fälle auf die Radialwände der
Endodermis stoßen (Abb. 10). Durch
das Vorkommen von Brückenzellen
kann diese Regel allerdings verwischt
werden. In radialer Richtung nimmt
der Parenchymanteil von der Endodermis her nach innen ab, so daß die

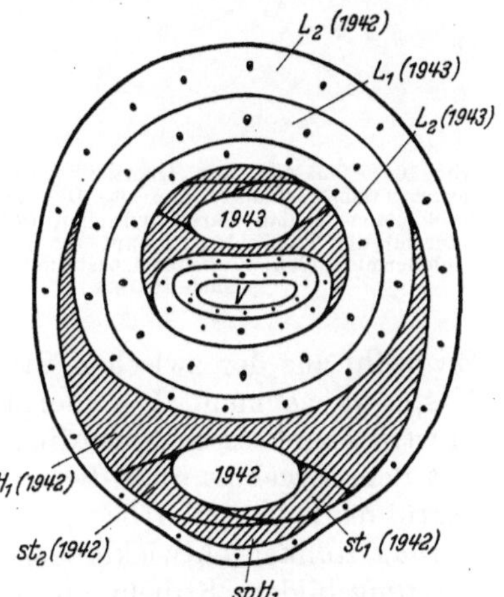

Abb. 9. *Haemanthus coccineus.* Schema-
tischer Querschnitt durch eine 2½ Jahr-
gänge umfassende Zwiebel. L_n Laubblätter
der betreffenden Vegetationsperiode; H_1
Hochblatt 1; st_1, st_2 Stipularlappen des
Hochblattes 2; spH_1 Spreite des Hochblattes 1; 1942, 1943 in den betr. Jahren
gebildete Infloreszenzachsen; V Vegetationspunkt in der Achsel des Blattes L_2
(1943) mit 2 Laubblattanlagen.
(Nach ORTH.)

Tracheiden am Sklerenchymring eine mehr oder weniger zusammenhängende Schicht bilden. Diese Tatsache könnte als Stütze für die vor
50 Jahren von WORSDELL aufgestellte Hypothese angesehen werden,
nach der beide Gewebe histogenetisch verschiedenen Ursprungs sind.

In der Ausbildung des Transfusionsgewebes an den Flanken der Nadel ist gegenüber Ober- und Unterseite insofern ein Unterschied festzustellen, als hier die einzelnen Elemente besonders stark durchflochten sind und die sonst vorhandene Längsstreckung vermissen lassen. Eine Sonderung der beiden Gewebe erfolgt hier erst in unmittelbarer Umgebung des Leitbündels.

Den anatomischen Verhältnissen der Band-, Schwimm- und Luftblätter von *Caldesia parnassifolia (Alismataceae)* hat MAYR eine Studie gewidmet. Unter anderem gelangt er zu einer Bestätigung des schon von F. J. MEYER gezogenen Schlusses, daß die schmalen bandartigen Primärblätter hinsichtlich der anatomischen Strukturen, vor allem der Ausbildung der Epidermis, eine Differenzierung in einen stielartigen und einen spreitenartigen Abschnitt aufweisen (Fortschr. Bot. **11**, 28). Sie sind als Hemmungsformen der Schwimmblätter aufzufassen. Was die Hydropoten anlangt, so wird gefolgert, daß diese der Stoffaufnahme aus dem Wasser dienen. Ein experimenteller Beweis dafür wird freilich nicht erbracht. PHILIPSON (5) hat auf die sehr frühzeitige Entwicklung und Differenzierung der Hydathoden an den Blattorganen von *Lobelia dortmanna* hingewiesen. Einen Bericht über die Spaltöffnungsverhältnisse bei heterotrophen Blütenpflanzen hat unter Auswertung von Beobachtungen LINSBAUERs ZIEGENSPECK vorgelegt.

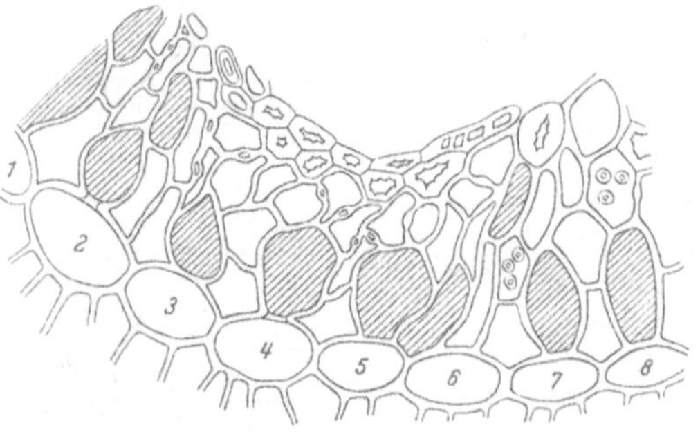

Abb. 10. *Pinus austriaca.* Querschnitt durch das Transfusionsgewebe der Nadel-Unterseite. Den Endodermiszellen 1—8 sitzen median Parenchymzellen (schraffiert) auf, während die Tracheidenzüge auf die Radialwände der Endodermis stoßen; nur bei Zelle 6 ist die Folge vertauscht. (Nach HUBER.)

3. Blattranken. Die Laubblätter der Liliaceengattung *Smilax* zeichnen sich durch Ranken aus, die stets in Zweizahl aus der zwischen Stiel und Scheidenteil gelegenen Zone ihren Ursprung nehmen. Der morphologische Wert dieser Organe ist bisher umstritten gewesen. Neuerdings ist ORTH (1) dieser Frage nachgegangen mit dem Ergebnis, daß die schon von MIRBEL und A. P. DECANDOLLE herrührende Stipulartheorie zu Recht besteht. Danach gehören die *Smilax*-Ranken entwicklungsgeschichtlich dem Unterblatt an und sind als umgebildete Stipeln zu werten. Die Rankenanlagen stellen „die direkte Fortsetzung der Scheidenränder dar", eine Tatsache, die allerdings am erwachsenen Blatt nicht mehr nachweisbar ist, vor allem dann nicht, wenn die Scheidenflügel über den Ansatzpunkt der Ranken hinaus stipelartig verlängert sind (*Smilax macrophylla* u. a.). Hiernach wären also die *Smilax*-Ranken den Nebenblattdornen von *Acacia* und *Robinia* homolog, von denen sie lediglich durch ihre starke Längenentwicklung abweichen sollen.

4. Blattverzweigung. In Anknüpfung an die Darstellungen HEIDENHAINs hat SCHÜEPP an fertig entwickelten Blättern die „Teilungsverhältnisse" statistisch untersucht, um auf diese Weise einen Fortschritt in der Erfassung der die Blattgliederung beherrschenden Formgesetze zu erzielen. Wie schon in Fortschr. Bot. **11**, 26 ausgeführt wurde, ist eine solche Beschreibung der Blattformen natürlich möglich, und sie wird bei Sichtung eines größeren Materials auch zu interessanten Ergebnissen führen. Es ist aber doch sehr die Frage, ob sie dem wirklichen Wesen der Blattgestalt überhaupt näher kommt. Auf jeden Fall ist es abwegig, wenn aus solchen Untersuchungen Schlüsse gezogen werden, die mit der Entwicklungsgeschichte der betreffenden Organe in Widerspruch stehen. Ein solcher Widerspruch liegt vor, wenn aus der Betrachtung eines erwachsenen *Aspidium*-Blattes gefolgert wird, daß die „Teilungen" „ontogenetisch anfänglich alle Gabelungen in gleich starke Äste" darstellen, daß aber den relativen Hauptachsen eine größere Entwicklungsfähigkeit zukommt als den Seitenachsen. Von einer solchen Gabelung im ontogenetischen Sinne kann hier keinesfalls gesprochen werden. Dichotomie mit Übergipfelung kommt zwar bei zahlreichen Farnen vor, bei *Aspidium Filix-mas* herrscht aber seitliche Blattverzweigung. Ebenso unglücklich ist es, wenn beim *Delphinium*-Blatt von einer „Trichotomie" gesprochen wird, auf die an der Hauptachse der Spreite eine zweite folge, während die Seitenglieder „dichotom" verzweigt sein sollen. Der Begriff der Dichotomie ist entwicklungsgeschichtlich festgelegt und bedeutet echte Gabelung, die hier aber keinesfalls vorliegt.

5. Theorienbildungen Wiederholt sind Versuche unternommen worden, der wohlbegründeten Auffassung A. BRAUNs entgegenzutreten, nach der es sich bei Sproßachse, Blatt und Wurzel um Grundorgane handelt, die als solche zwar in gesetzmäßiger Verbindung miteinander stehen, sich aber nicht voneinander ableiten lassen. Auf der einen Seite steht der Phytonismus, der die Existenz eines morphologisch selbständigen Achsenkörpers leugnet und sich den Sproß aus einzelnen, jeweils von einem Blatt und gewissen Begleitorganen repräsentierten Baugliedern zusammengesetzt denkt. Die Kaulomtheorie ist demgegenüber der Auffassung, daß das Blatt Sproßnatur besitze und als umgebildete Sproßverzweigung anzusehen sei. TROLL hat in seiner „Vergleichenden Morphologie" beide Richtungen an verschiedenen Stellen (u. a. S. 172ff. und S. 957ff.) einer Prüfung unterzogen, mit dem Ergebnis, daß sie einer morphologischen Kritik nicht standzuhalten vermögen. Hieran wird auch durch neuere Ausführungen von CUÉNOD, PLANTEFOL und ARBER nichts geändert, wie schon daraus hervorgeht, daß diese einen hochgradig spekulativen Charakter tragen.

PLANTEFOL knüpft an CHAUVEAUDs Phyllorhizen-Theorie (vgl. TROLL, Vergl. Morph. 1, 3. Teil, S. 2153ff.) an und ist der Ansicht, daß sich zum mindesten bei den Keimpflanzen der Vegetationskörper aus bloßen Phyllorhizen zusammensetze. Später allerdings, namentlich im Gefolge des Dickenwachstums, soll sich ein autonomer, also unabhängig von den Blättern existierender Achsenkörper herausbilden ("la tige prend alors un charactère vraiment autonome"). Zur Stützung seiner Auffassung bedient sich PLANTEFOL der Leitbündelanordnung, die aber hierfür völlig ungeeignet ist und selbst einer Erklärung aus der Gesamtorganisation bedarf. Entscheidend ist die Berücksichtigung der entwicklungsgeschichtlichen Zusammenhänge, namentlich der am Achsenscheitel sich abspielenden Bildungsvorgänge. Gerade diese aber werden von PLANTEFOL gänzlich vernachlässigt. Noch viel weiter ist CUÉNOD gegangen, der in seiner Phyllomtheorie die Existenz einer Sproßachse überhaupt leugnet und sich damit über alle empirischen Befunde hinwegsetzt.

ARBER knüpft an Ideen von C. DE CANDOLLE an, der das Angiospermenblatt als Sproß zu deuten versuchte und somit zu den Vertretern der Kaulomtheorie gehört. Nach ARBER wäre das Angiospermenblatt ein „partial shoot which has an inherent urge towards the development of whole-shoot characters". Selbstverständlich bestehen zwischen einem beblätterten Sproß und einem Fiederblatt mancherlei Ähnlichkeiten. So kann man, wenn die Fiedern als Blätter oder Seitenäste gelten sollen, in der Rhachis eine Sproßachse erblicken; man kann ferner die Stipeln zu Vorblättern in Parallele bringen und was dergleichen vage Vergleiche mehr sind. Jedenfalls handelt es sich bei solchen Ähnlichkeiten um bloße Analogien, nicht um Homologien. Diese allein aber vermögen morphologische Erkenntnis zu begründen, die geradezu an die Voraussetzung geknüpft ist, daß streng zwischen homologer und anologer Ähnlichkeit unterschieden wird. Geschieht dies nicht, so schwindet jeder methodische Halt und ist der Willkür Tür und Tor geöffnet. Zu welch verstiegenen Auffassungen man dabei gelangen kann, lehren die von ARBER geäußerten Gedanken über die morphologische Natur der Wurzel. Sie wird als Achsenorgan angesehen und zu Sproßachsen in Beziehung gesetzt, unter der Annahme, daß deren Gewebe nach dem Muster von Periclinalchimären aus einem Zentralkörper und einem Mantel bestehe. Die Wurzel soll nun allein dem Zentralkörper entsprechen, wohl deshalb, weil sie durch Blattlosigkeit ausgezeichnet ist. Freilich ist sich ARBER selbst dessen bewußt, daß sie sich hier in bloßen Spekulationen ergeht. Es fragt sich nur, was damit überhaupt gewonnen werden soll. Denn schwerlich wird man Mutmaßungen von so vager Art auch nur irgendeinen heuristischen Wert zusprechen wollen.

III. Wurzel.

1. Wurzelvegetationspunkt. Zu beachtenswerten Ergebnissen haben Untersuchungen geführt, über die v. GUTTENBERG (2) berichtet hat. Entgegen den bisherigen Vorstellungen konnte wahrscheinlich gemacht werden, daß die Wurzelentwicklung aller Dikotylen, sowohl im Embryo als auch in der wachsenden Wurzel, stets einem einheitlichen Grundschema folgt, indem sie von einer zentralen Schlußzelle ausgeht, die als Scheitelzelle aufgefaßt werden muß. Diese Scheitelzelle liegt im Zentrum des Vegetationspunktes, wo sie sich unter Abschneidung von Segmenten immer wieder restauriert. Die Deszendenten liefern die Histogen-Initialen, die hufeisenförmig um die Zentralzelle gelagert sind. Während die Plerom-Initialen im allgemeinen eine strahlige Anordnung zur Wurzelbasis hin zeigen, legen sich die weiteren spitzenwärts anschließenden Initialen mehr und mehr quer zur Wurzelachse und geben der Reihe nach Periblem, Dermatogen und Haube ihren Ursprung (Abb. 11). Somit hängen alle Histogene entwicklungsgeschichtlich zusammen. Die Teilungen der Scheitelzelle selbst verlaufen noch unregelmäßig und ohne bestimmte Ordnung. Erst durch das Verhalten der Deszendenten wird der weitere Entwicklungsablauf bestimmt, wobei jedes Histogen für sich einen charakteristischen Teilungs- und Streckungsmodus zeigt. Auf dieses Verhalten der Abkömmlinge, dagegen nicht auf das eigentliche Bildungszentrum, beziehen sich nach v. GUTTENBERG die bisher in der Literatur beschriebenen Entwicklungstypen.

Für die Monokotylen liegt eine Arbeit von GOODWIN und STREPKA vor, die sich mit den Wachstumsvorgängen in der Wurzelspitze von

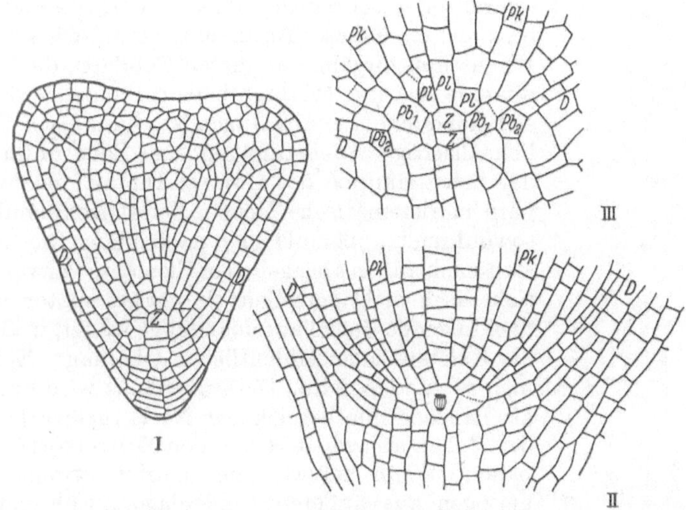

Abb. 11. I. *Cucurbita Pepo*. Medianer Längsschnitt durch einen jungen Embryo. II, III *Helianthus annuus*. Axiale Längsschnitte durch den Wurzelvegetationspunkt. D Dermatogen; Pb_1 u. Pb_2 innere und äußere Peribleminitialen; Pk Perikambium; Pl Plerominitialen; Z Zentralzelle, in III nach erfolgter Teilung. (Nach v. GUTTENBERG.)

Phleum pratense befaßt. Auf sie wird auf S. 40 noch einmal vergleichend hingewiesen.

2. Grenzwurzeln Unter diesem Begriff hat WEBER solche Wurzeln zusammengefaßt, die ihren Ursprung aus der Grenzzone zwischen Hypokotyl und Primärwurzel (Hauptwurzel) nehmen, einer Zone, die auch als Wurzelhals bezeichnet wird. Derartige Grenzwurzeln treten in den verschiedensten Pflanzenfamilien mit größter Regelmäßigkeit auf, z. B. bei *Balsamina-*, *Euphorbia-* und *Cyclamen*-Arten, vor allem aber bei Ranunculaceen. Von diesen erscheint eine in der Ukraine beobachtete Form von *Ranunculus orthoceras (Ceratocephalus orthoceras)* besonders bemerkenswert, weil ihre Radikation zeitlebens auf eine schwache Primärwurzel und zwei in die Mediane der Kotyledonen fallende unverzweigte Grenzwurzeln beschränkt bleibt (Abb. 12)[1], während bei

---

[1] Aus Herbarstudien ergab sich inzwischen, daß an kräftigen Exemplaren von anderen Standorten (z. B. in Österreich) zu diesen beiden Grenzwurzeln noch zwei weitere hinzukommen können, die dann vielfach gekreuzt zu den ersteren stehen.

zahlreichen anderen *Ranunculus*-Arten dieses Bild nur als vorübergehendes Entwicklungsstadium auftritt. Bei diesen Arten treten sehr früh sproßbürtige, aus den oberen Teilen des Hypokotyls und aus den unteren Stengelknoten entspringende Wurzeln hinzu, die, zumal sie von vornherein kräftiger entwickelt sind, die schwach bleibende Primärwurzel samt Hypokotyl ablösen.

3. Wurzelknollen. Als solche faßt v. GUTTENBERG (1) die Vegetationsorgane der Balanophoraceen auf. Er kommt damit zu einer anderen Deutung, als sie im Anschluß an GOEBEL zuletzt RAUH und TROLL geäußert haben, die den Knollen Hypokotyl-Charakter zuschrieben. Was v. GUTTENBERG im besonderen zu dieser Auffassung veranlaßt, sind die Wachstumsvorgänge an diesen Gebilden, die durch ihn eine Klärung erfahren haben. Danach verlagert sich nach einem ersten Jugendstadium das anfänglich allseitige Wachstum auf eine Zone unterhalb der Scheitelkuppe des Organs. Die hier nachweisbare meristematische Region liefert Abkömmlinge sowohl nach außen als auch nach innen. Die äußersten nach außen abgegebenen Elemente verwandeln sich rasch in Dauerzellen; sie werden später durch nachfolgende Zellen auseinander gedrängt, wodurch die Existenz einer einheitlichen Oberhaut (Epidermis) verhindert wird. Die Außenhaut wird deshalb als Rhizodermis bezeichnet. Nach rückwärts werden Zellen abgegliedert, die den Wurzelkörper aufbauen. Wenn Verzweigung einsetzt, erfolgt diese mesogen aus äußeren Rindenlagen, während die endogen entstehenden Infloreszenztriebe als Wurzelsprosse aufgefaßt werden müssen.

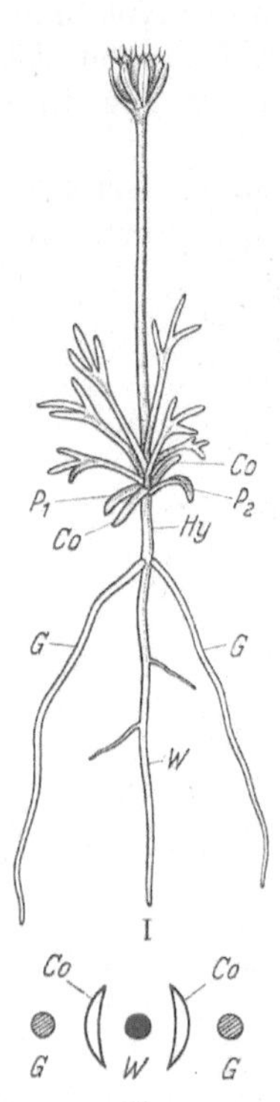

Abb. 12. *Ranunculus orthoceras.* I Pflanze, die sich zur Fruchtbildung anschickt. Das Wurzelsystem' bleibt auf die Primärwurzel (W) und die beiden Grenzwurzeln (G) beschränkt. II Diagramm des Wurzelsystems, das auch für zahlreiche andere Ranunculaceen-Keimpflanzen zutrifft. Co Kotyledonen, P Primärblätter, Hy Hypokotyl. (Nach WEBER.)

Daß die untersuchten Bildungen Wurzelnatur haben, scheint somit erwiesen, zumal noch andere Gründe dafür sprechen. Ob das aber in allen Fällen für die primäre Knolle zutrifft, kann aus den Ausführungen v. GUTTENBERGs noch nicht geschlossen werden. Hier müßte ein näheres Studium der Keimungsgeschichte, die bisher nur in einem einzigen Fall durch WEDDELL bekannt geworden ist, näheren Aufschluß bringen. Auch die Auffassung v. GUTTENBERGs, nach der in den *Orobanche*-Knöllchen verdickte Wurzeln vorliegen sollen und keine Hypokotylbildungen, läßt sich mit den mitgeteilten anatomischen Befunden zwingend nicht begründen.

An die Untersuchungen von IRMISCH, STOJANOW u. a. anknüpfend, hat sich SHARMAN (1) mit der Knollenbildung von *Orchis mascula* befaßt. Eine ähnliche Knospenwurzelung, wie sie bei den Ophrydeen vorliegt, zeigt auch *Valeriana tuberosa,* von der WEBER zeigen konnte, daß die Knollenwurzel ihrer Erneuerungstriebe anfangs einen fadenartigen Endabschnitt aufweist, der später zugrunde geht. Damit wird eine von IRMISCH mitgeteilte Beobachtung korrigiert.

IV. Infloreszenzen und Blüte.

1. Infloreszenzentwicklung. Hier sind noch einmal die Arbeiten von PƄILIPSON (1—4) zu nennen, die schon auf S. 19 bei der Behandlung der Sproß-Scheitelmeristeme herangezogen worden sind. Unter anderem weist PHILIPSON darauf hin, daß die Infloreszenzanlagen kontinuierlich, wenn auch teilweise sehr rasch, aus typisch gebauten Sproßvegetationspunkten hervorgehen und nicht etwa Neubildungen im Sinne GRÉGOIREs darstellen. In diesem Zusammenhang wird ferner mit Nachdruck der Auffassung von GRÉGOIRE entgegengetreten, nach der Braktee und Blütenanlage auf ein gemeinsames Primordium zurückgehen sollen. Wie besonders deutlich am Beispiel von *Dipsacus fullonum* gezeigt werden konnte, stehen Braktee und Blüte vielmehr in demselben Verhältnis zueinander, wie Laubblatt (Tragblatt) und Achselknospe, d. h. beide entstehen selbständig aus den äußeren Zellagen des Infloreszenzscheitels (Abb. 13). Fälle, in denen sie einem einheitlichen Primordium entstammen, sind als abgeleitet zu betrachten (TROLL, Vergl. Morph. 1, 1. Teil. S. 521).

Von weiteren in den Arbeiten PHILIPSONs mitgeteilten Beobachtungen soll nur die Tatsache herausgezogen werden, daß die Involucralblätter der Kompositen im Gegensatz zu dem Verhalten von *Dipsacus* kein Achselmeristem aufweisen. Bei *Hieracium boreale* tritt in jedes dieser Blattorgane ein Leitbündel ein, das bald darauf zwei Seitenäste abgibt. Wie sich diese Erscheinung von dem Verhalten der Laubblätter herleitet, in die drei Blattspuren eintreten, geht aus Abb. 14 hervor. Die Anlage der einzelnen Blüten im Körbchen erfolgt, wie auch SCHAEPPI (4) betont, und wie es nicht anders zu erwarten ist, akropetal.

Die schon von WEBER (vgl. Fortschr. Bot. **9**, 32) für zahlreiche Gramineen beschriebene auffallende Verlängerung des Vegetationskegels beim Übergang zur Infloreszenzbildung wird in den Arbeiten von EVANS und GROVER sowie von SHARMAN (2, 4) bestätigt.

2. Infloreszenz- und Blütenbildung bei Palmen. Nachdem schon GASSNER (vgl. Fortschr. Bot. **11**, 43) den männlichen Blüten einiger Palmen seine Aufmerksamkeit geschenkt hatte, ist es sehr zu begrüßen, daß nunmehr unsere bislang noch recht lückenhaften Kenntnisse über die Morphologie von Infloreszenzen und Blüten der Palmen in zwei weiteren Arbeiten, von RAWI sowie von BOSCH, vertieft werden. Was zunächst die Infloreszenzen anlangt, so handelt es sich dabei fast durchgehend um Rispen mit ährigen Partialblütenständen, die freilich durch Verkürzung der Hauptachsen und der Seitenäste zweiter Ordnung in verschiedener Weise modifiziert sein können. Die Reduktion der Seitenachsen zweiter Ordnung kann so weit gehen, daß diese nur noch als halbkugelige Höcker erscheinen, auf denen die Blüten inseriert sind *(Livistona chinensis*, Abb. 15, III). Völlig unterdrückt sind diese Seitenäste unter gleichzeitiger starker Verkürzung der Hauptachse z. B. bei *Phoenix pusilla*. Die Blüten, die zahlenmäßig jeweils auf drei beschränkt sind (Triaden), erscheinen hier unmittelbar an der Mutterachse, wo sie zudem infolge von Konkauleszenz noch mehr oder weniger voneinander entfernt sein können (Abb. 15, IV).

3*

Nur die wenigsten Palmen besitzen zwittrige Blüten; die Mehrzahl
zeichnet sich durch Diklinie der Blüten aus bei meist monoecischer und

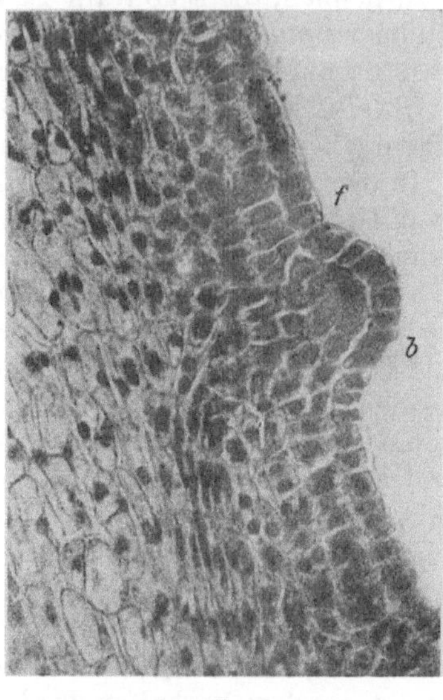

I

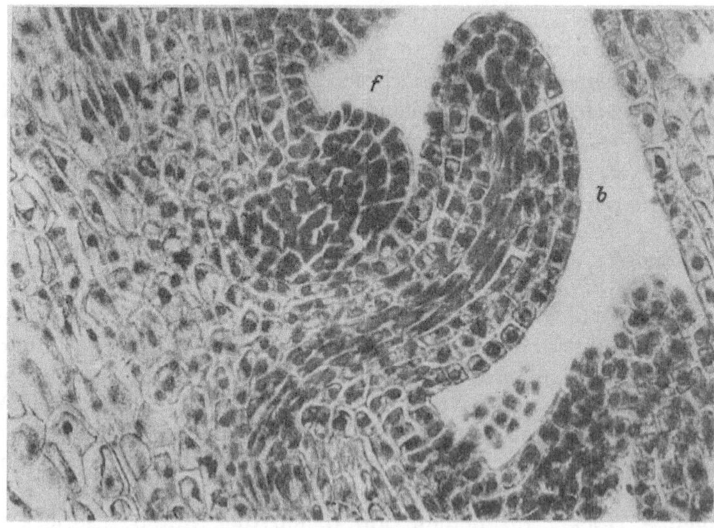

II

Abb. 13. *Dipsacus fullonum*. I Längsschnitt durch die junge Anlage einer Braktee (b); II älteres
Stadium. In der Achsel der Brakteenanlage hat sich ein Blütenprimordium (f) gebildet.
(Nach Philipson 2).

nur selten dioecischer Verteilung. Für die *Ceroxyloideae* gibt Rawi eine
Übersicht über die Verteilung der Geschlechter an den Infloreszenzästen

(Abb. 16). Meistens sind dabei die Blüten zu Triaden vereinigt, wobei bemerkenswert ist, daß die mittlere Blüte stets weiblich, die seitlichen dagegen stets männlich sind. In der Entfaltung (aber natürlich nicht in der Anlegung) eilen die letzteren der weiblichen Blüte voraus.

Im Blütenbau der Palmen ist der Monokotylentyp vorherrschend (P 3 + 3, A 3 + 3, G 3). Größere Abweichungen treten, wie schon GASSNER berichtet hat, nur im Androeceum auf, vor allem im Sinne

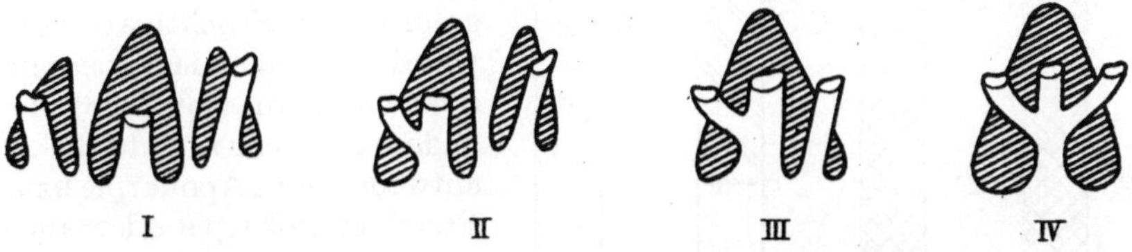

Abb. 14. *Hieracium boreale.* Schematische Darstellung des Leitbündeleintritts I in Laubblätter, II—IV in aufeinanderfolgende Involucralblätter. Schraffiert sind die Blattlücken. (Nach PHILIPSON.)

einer starken Polyandrie. Die von GASSNER behauptete enge Beziehung zwischen Staubblattzahl und Reduktion des Gynoeceums konnte jedoch weder von RAWI noch von BOSCH bestätigt werden. Bemerkenswert ist,

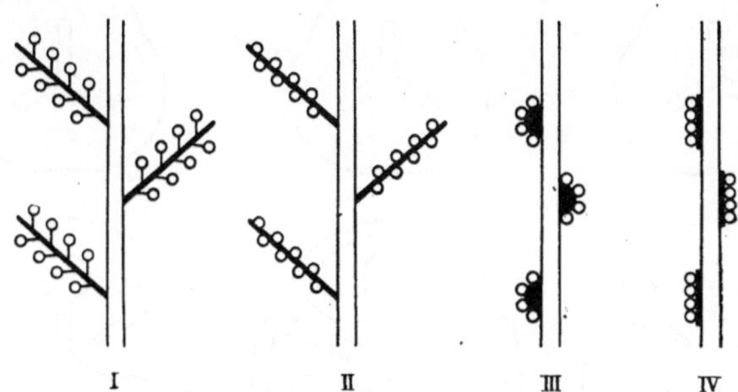

Abb. 15. Schema zur Veranschaulichung der Reduktion der Seitenachsen 2. Ordnung in Palmen-Infloreszenzen. Näheres im Text. (Nach BOSCH.)

es aber, daß in den weiblichen Blüten, von ganz wenigen Ausnahmen abgesehen (z. B. *Actinorhytis* mit 2—3), stets 6 Staminodien in zwei Kreisen anzutreffen sind, die in ihrer Ausbildung freilich bei den einzelnen Arten alle Übergänge von fast vollkommener Entwicklung bis zu nahezu totaler Reduktion zeigen.

3. Infloreszenzen von *Liquidambar styraciflua*. Die köpfchenartigen weiblichen Infloreszenzen sitzen im Gegensatz zu den männlichen einzeln an langen Stielen. Als seltene Abnormität fand KIRCHHEIMER (2) verzweigte Fruchtstände, derart, daß an einer Hauptachse 2—10 Köpfchen vereinigt waren. Diese Tatsache könnte unter Umständen für die Bestimmung von fossilen Funden Bedeutung erlangen.

4. Gynoeceum. Das stets aus drei Karpellen bestehende Gynoeceum der Palmen weist eine beachtenswerte Mannigfaltigkeit auf. Verhältnismäßig einheitlich gestaltet ist es bei den von RAWI untersuchten *Ceroxyloideae*, wo es als echt coenokarp angesprochen werden muß. Der

fertile Basalteil (Fruchtknoten), der meist ohne scharfe Grenze in einen
dicken Griffel übergeht, ist entweder dreifächrig *(Maximiliana, Elaeis)*

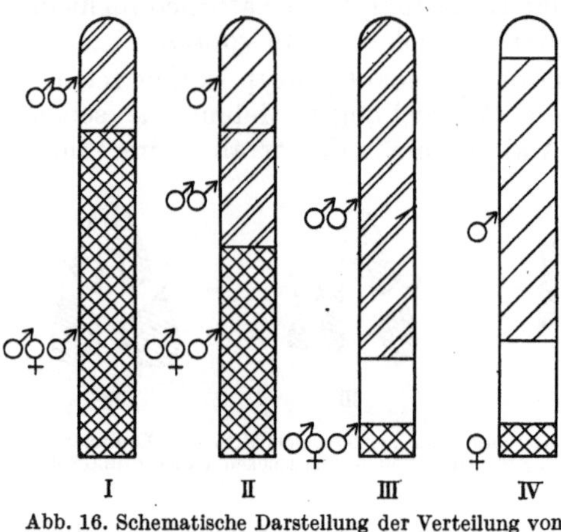

Abb. 16. Schematische Darstellung der Verteilung von
männlichen (♂) und weiblichen (♀) Blüten an den
Infloreszenzästen von Palmen. (Nach Rawi.)

mit je einer zentralwinkel-
ständigen Samenanlage, oder
einfächrig mit einer parietalen
Samenanlage. Hier leiten Fälle
wie *Areca*, *Stevensonia* und
Cyrtostachys mit *einem* stark
geförderten Fruchtblatt zum
pseudomonomeren Gynoeceum
über (Fortschr. Bot. 7, 28). Bei
anderen Palmen konnte Bosch
entweder reine Apokarpie bzw.
Pseudocoenokarpie oder auch
„modifizierte Apokarpie" feststellen. Bei der letzteren handelt es sich um verschiedenartige partielle Verwachsungen
der Karpelle, wie sie aus dem

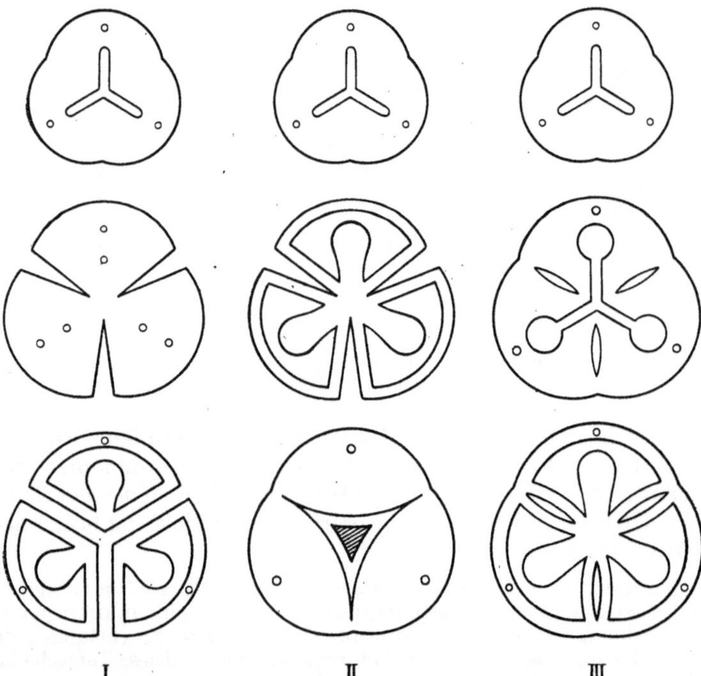

Abb. 17. Querschnitte (schematisch) in verschiedener Höhe, von oben nach unten, durch das Gynoeceum von I *Livistona chinensis*, II *Sabal Palmetto*. III *Hyphaene coriacea*. Blütenachse schraffiert
(in II unten). Die Bilder zeigen die partielle Verwachsung der Karpelle. (Nach Bosch.)

Schema in Abb. 17 ersichtlich sind. Was schließlich das rudimentäre
Gynoeceum in den männlichen Blüten anlangt, so existieren hier ähnlich

wie im reduzierten Androeceum alle möglichen Übergangsformen vom fast fertilen Organ bis zum gänzlich unterdrückten.

Bei den Loranthaceen herrscht im Bau des Gynoeceums insofern Übereinstimmung, als es in allen Fällen parakarp gestaltet ist. Eine apokarpe und synkarpe Zone, wie sie bei den Santalaceen noch wahrgenommen werden kann, läßt sich nach umfangreichen Untersuchungen von SCHAEPPI und STEINDL an Loranthoideen (1) und Viscoideen (2) nur noch in ganz wenigen Fällen nachweisen. Die Fruchtknotenhöhlung ist auf frühen Entwicklungsstadien noch vorhanden, zumindest wird sie, wie bei den Viscoideen, als schmaler Spalt angelegt. In der Folge aber verschwindet die Höhlung durch das Heranwachsen der sie begrenzenden Zellen, so daß nunmehr der Fruchtknoten nur noch als kompaktes Gewebe erscheint (solider Fruchtknoten, vgl. die soliden Karpelle von *Triglochin palustre*, s. EBER: Fortschr. Bot. 4, 19). Im übrigen zeigen beide Unterfamilien eine stufenweise Reduktion, die vor allem die zentrale Placenta und die Samenanlagen betrifft, so daß es im Extremfall auch nicht mehr andeutungsweise zur Bildung dieser Organe kommt (*Dendrophtoë, Scurrula, Helixanthera, Viscum* u. a.). In diesen Fällen entwickeln sich die Embryosäcke unmittelbar aus dem Gewebe des Fruchtknotengrundes, wo sie aus

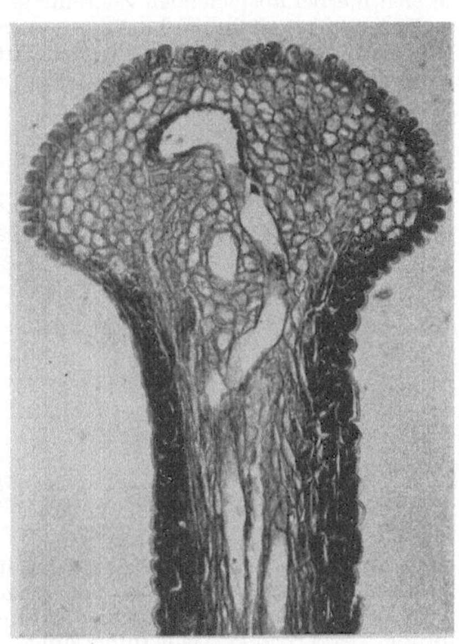

Abb. 18. *Helixanthera Hookeriana.* Längsschnitt durch die Narbe und einen Teil des Griffels, den Weg und das Umbiegen des Embryosackes zeigend. (Nach SCHAEPPI u. STEINDL.)

subepidermalen Zellen ihren Ursprung nehmen. Hingewiesen sei noch auf die Eigentümlichkeit der Loranthoideen, daß die Embryosäcke in den Griffel hineinwachsen. Einen Höhepunkt in diesem Verhalten zeigt zweifellos *Helixanthera*, bei der SCHAEPPI und STEINDL den Eiapparat dicht unter der Papillenschicht der Narbe feststellen konnten (Abb. 18).

Die Fälle von Pseudocoenokarpie, die TROLL aus verschiedenen Verwandtschaftsbereichen geschildert hat, konnte SCHAEPPI (1) um ein weiteres Beispiel aus der Familie der Rosaceen vermehren. Es handelt sich um die Spiraeoidee *Exochorda grandiflora*. Die Verwachsung der Karpelle wird, ähnlich wie bei *Nigella*, durch die zapfenförmig vorragende Blütenachse bewirkt, die die Fruchtblätter an ihrer Basis miteinander verbindet (Abb. 19). Pseudocoenokarpen-Bau hatte ursprünglich BUXBAUM auch für Kakteen angenommen. In einer neueren Arbeit revidiert er jedoch diese Ansicht und kommt zu der Auffassung, daß diese Familie sich durch echt coenokarpe Gynoeceen auszeichnet, wenn auch enge Beziehungen zu Formen mit apokarpem Fruchtknoten zu bestehen scheinen. Als echt coenokarp wurden ferner von Tarnavschi und Isăcescu die Gynoeceen der Aristolochiales erkannt. Allerdings sind die Karpelle teilweise nur am Grund miteinander verwachsen. Diese Tatsache kann als Hinweis darauf gelten, daß die Unterbringung der Familie bei den Polycarpicae (Wettstein) nicht ganz unbegründet ist.

5. Gynophor von *Arachis hypogaea*. In diesem Organ liegt bekanntlich ein dem Gynoeceum vorausgehendes Internodium vor, durch dessen interkalare Verlängerung der junge Fruchtknoten in den Boden gebracht wird. Jacobs hat die sich hierbei abspielenden Zellteilungsvorgänge einer genaueren Analyse unterworfen und festgestellt, daß die meristematische Zone sich in einer Entfernung von etwa 1,3 bis 6 mm unterhalb des Scheitels des Organs befindet und im medianen Längsschnitt ungefähr H-förmige Gestalt aufweist. Die Intensität der Zellteilungen

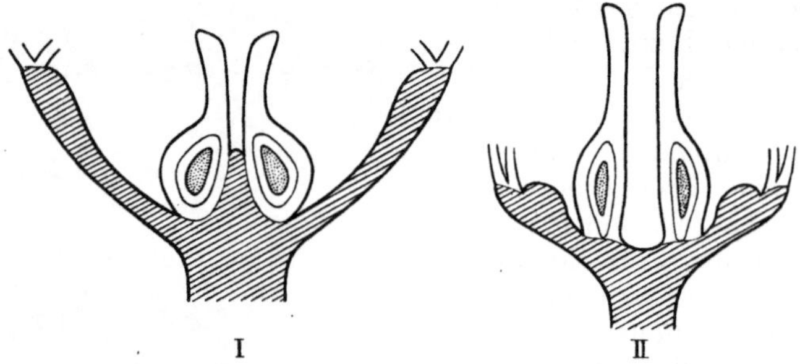

Abb. 19. Längsschnitt durch Blütenachse und Gynoeceum von I *Exochorda grandiflora* und II *Holodiscus discolor*. Das Achsengewebe ist schraffiert. (Nach Schaeppi.)

zeigt also in den einzelnen Gewebeabschnitten (Mark, innere und äußere Rinde, Epidermis) Verschiedenheiten. Im ganzen entspricht die Zone des maximalen Längenwachstums der Region der häufigsten Zellteilungen, eine Beziehung, die Goodwin und Strepka neuerdings auch in den Wurzelspitzen von *Phleum pratense* festgestellt haben, wenigstens was die Zellteilungen in der Epidermis anlangt.

V. Frucht und Samen.

Pascher hat uns mit den Verbreitungseinheiten einiger Dünengräser vertraut gemacht. Während bei *Ammophila arenaria* und *Elymus arenarius* jeweils die von Deck- und Vorspelze umschlossene Karyopse als Verbreitungseinheit angesehen werden muß, handelt es sich bei *Agropyrum junceum* stets um das ganze Ährchen samt dem darunter befindlichen Internodium der Ährenachse, mit dem es verbunden bleibt. Später allerdings, oft schon während des Transportes durch den Wind, fallen auch hier die einzelnen von den Spelzen umhüllten Karyopsen aus. Bei *Carex arenaria* werden ebenfalls die vom Utriculus umgebenen Einzelfrüchte verbreitet, deren Windtransport zudem durch eine Flügelung des Schlauches begünstigt wird. Alle diese Verbreitungseinheiten sind sehr leicht und enthalten zwischen der Frucht und den Spelzen bzw. dem Urticulus noch einen mehr oder weniger großen Luftraum.

Um die Klärung der anatomischen Verhältnisse der Samen bei einer größeren Anzahl von *Veronica*-Arten hat sich Riek-Häussermann bemüht. Kirchheimer (1) hat über die Kantigkeit der *Ginkgo biloba*-Samen Erhebungen angestellt mit dem Ergebnis, daß dreikantige Steine regelmäßig neben zweikantigen auftreten. Das Zahlenverhältnis zwischen beiden Formen schwankt je nach Herkunft und Jahrgängen. Eine Beziehung der Kantigkeit zum Blütenbau konnte nicht festgestellt werden.

Literatur.

ARBER, A.: Biol. Rev. **16**, 81 (1941).

BALL, E.: Amer. J. Bot. **28**, 820 (1941). — BOSCH, E.: Ber. schweiz. bot. Ges. **57**, 37 (1947). — BUXBAUM, F.: Bot. Arch. **45**, 190 (1944).

CRAFTS, A. S.: (1) Amer. J. Bot. **30**, 110 (1943). — (2) Amer. J. Bot. **30**, 383 (1943). — CROSS, G. L.: (1) Amer. J. Bot. **30**, 130 (1943). — (2) Bull. Torrey bot. Club **70**, 335 (1943). — CUÉNOD, A.: (1) Bull. Soc. bot. France **85**, 698 (1938). — (2) Bull. Soc. bot. France **89**, 47 (1942).

ENGARD, C. J.: Univ. Hawaii Res. Publ. **21** (1944). — ESAU, K.: Bot. Rev. **9**, 125 (1943). — EVANS, M. W., u. F. O. GROVER: J. agricult. Res. **61**, 481 (1940).

FOSTER, A. S.: (1) Amer. J. Bot. **27**, 487 (1940). — (2) Bull. Torrey bot. Club **68**, 339 (1941). — (3) Amer. J. Bot. **28**, 557 (1941). — (4) Amer. J. Bot. **30**, 56 (1943). — FREY-WYSSLING, A.: Schweiz. Z. Forstw. **3**, 1 (1946).

GIFFORD, E. M.: Bull. Torrey bot. Club **70**, 15 (1943). — GOODWIN, R. H., u. W. STREPKA: Amer. J. Bot. **32**, 36 (1945). — GUNCKEL, J. E., u. R. H. WETMORE: (1) Amer. J. Bot. **33**, 285 (1946). — (2) Amer. J. Bot. **33**, 532 (1946). — GUTTENBERG, H. v.: (1) Planta (Berl.) **34**, 193 (1945). — (2) Planta (Berl.) **35**, 360 (1947).

HUBER, B.: Planta (Berl.) **35**, 331 (1947). — HSÜ, J.: Amer. J. Bot. **31**, 404 (1944).

JACOBS, W. P.: Amer. J. Bot. **34**, 361 (1947). — JONES, S. G.: Phytopath. **37**, 613 (1947). — JOHNSON, M. A.: (1) Bot. Gaz. **106**, 26 (1944). — (2) Torreya **44**, 52 (1945).

KHANNA, K. L., u. S. L. SHARMA: Proc. Indian Acad. Sci. B. **26**, 13 (1947). — KEMP, M.: Amer. J. Bot. **30**, 504 (1943). — KIRCHHEIMER, F.: (1) Ber. schweiz. bot. Ges. **55**, 304 (1945). — (2) Planta (Berl.) **35**, 106 (1947).

LEMESLE, R.: Rev. gén. Bot. **54**, 138 (1947). — LINSBAUER, K. u. H. ZIEGENSPECK: Biol. generalis (Wien) **17**, 511 (1943).

MAJUMDAR, G. P.: Ann. Botany, N. s. **6**, 50 (1942). — MAYR, F.: Beih. Bot. Zbl., Abt. A **62**, 61 (1943). — MILLER, H. A., u. R. H. WETMORE: Amer. J. Bot. **33**, 1 (1946). — MÜLLER, geb. HOEFS, E.: Bot. Arch. **45**, 1 (1944).

OEHLKERS, F.: Ber. dtsch. bot. Ges. **58**, 76 (1940). — ORTH, R.: (1) Bot. Arch. **44**, 70 (1943). — (2) Bot. Arch. **44**, 306 (1943).

PASCHER, A.: Beih. Bot. Zbl. Abtl. A **62**, 333 (1944). — PHILIPSON, W. R.: (1) Ann. Botany, N. s. **10**, 257 (1946). — (2) Ann. Botany **11**, 285 (1947). — (3) Ann. Botany **11**, 409 (1947). — (4) Ann. Botany **12**, 65 (1948). — (5) Ann. Botany **12**, 147 (1948). — (6) J. Linnean Soc. Bot. **53**, 187 (1947). — PLANTEFOL, L.: (1) Ann. Sci. nat. Bot., 11. sér. **7**, 157 (1946). — (2) Ann. Sci. nat. Bot., 11. sér. **8**, 1 (1947). — (3) Rev. gén. Bot. **54**, 49 (1947).

RAWI, A. al.: Arb. Inst. allgem. Bot. Univ. Zürich. 3. Ser. **6** (1945). — REEVE, R. M.: (1) Amer. J. Bot. **29**, 697 (1942). — (2) Amer. J. Bot. **30**, 608 (1943). — RIEK-HÄUSSERMANN, C.: Beih. Bot. Zbl., Abt. A **62**, 1 (1943). — ROSNER, A.: Beih. Bot. Zbl., Abt. A **62** 241 (1944).

SCHAEPPI, H.: (1) Vjschr. naturf. Ges. Zürich **89**, 109 (1944). — (2) Ebenda **90**, 92 (1945). — (3) Mitt. naturwiss. Ges. Winterthur **24**, 59 (1945). — (4) Arch. J. Klaus-Stiftg. **20** (Erg.-Bd.), 315 (1945). — SCHAEPPI, H. u. F. STEINDL: (1) Vjschr. naturf. Ges. Zürich **87**, 301 (1942). — (2) Ebenda **90** (Beih. 1), 1 (1945). — SCHENK, W.: Bot. Arch. **44**, 217 (1942). — SCHÜEPP, O.: (1) Verh. schweiz. bot. Ges. Sitten, **1942**, 120. — (2) Verh. naturf. Ges. Basel **56** (2. Teil), 261 (1945). — (3) Arch. J. Klaus-Stiftg. **20** (Erg.-Bd.), 326 (1945). — SHARMAN, B. C.: (1) J. Linnean Soc. Bot. **52**, 145 (1939). — (2) Nature **149**, 82 (1942). — (3) Ann. Botany, N. s. **6**, 245 (1942). — (4) New Phytologist **46**, 20 (1947). — SNOW, M. u. R.: (1) New Phytologist **46**, 5 (1947). — (2) Exper. Biol. Symposium, Oxford, 1947. — STERLING, C.: Amer. J. Bot. **32**, 118 (1945).

TARNAVSCHI, I. T., u. R. ISĂCESCU: Bull. Sect. Sci. Acad. Roumaine **25**, 1 (1943).

WARDLAW, C. W.: (1) Ann. Botany, N. s. **7**, 26 (1943). — (2) Ebenda **7**, 357 (1943). — (3) Ebenda **8**, 173 (1944). — (4) Ebenda **8**, 387 (1944). — (5) Ebenda **9**, 217 (1945). — (6) Ebenda **9**, 383 (1945). — (7) Ebenda **10**, 97 (1946). — (8) Ebenda **10**, 117 (1946). — (9) Ebenda **10**, 223 (1946). — (10) Ebenda **11**, 203 (1947). — (11) Ebenda **12**, 97 (1948). — (12) Ebenda **12**, 157 (1948). — (13) Phil. Trans. roy. Soc. London, Ser. B **232**, 343 (1947). — WEBER, H.: Bot. Arch. **45**, 248 (1944).

III. Entwicklungsgeschichte und Fortpflanzung.

Von OTTO JAAG, Zürich

Mit 6 Abbildungen.

I. Allgemeine Entwicklungsgeschichte.

a) Zellteilung. Bei niederen und höheren Pflanzen und Tieren findet sich wiederholt die Erscheinung, daß die Ebenen nacheinanderfolgender Zellteilungen und damit auch die Scheidewände senkrecht aufeinander stehen. Verschiedene Ursachen sind hierfür verantwortlich gemacht worden. Einen neuen Versuch zur Abklärung dieses Problems unternimmt E. VOGL (1946), indem sie Teilungsrhythmus und Wandbildung bei der Bildung von Pollentetraden aus Mutterzellen zahlreicher Pflanzen untersucht und mit entsprechenden Teilungsmechanismen der einfachen Blaualge *Chroococcus turgidus* vergleicht. Bei den Sporenmutterzellen findet Wandbildung ohne, bei der Zellteilung von *Chroococcus* mit nachfolgendem Größenwachstum statt. Im ersteren Fall ergibt sich die Wandbildung zwangsläufig aus der Stellung der Kernspindeln, zu denen sich die Scheidewände immer senkrecht einstellen. Die Stellung der Spindeln aber unterliegt einer großen Variabilität. So können z. B. die homoeotypischen Spindeln parallel zueinander in derselben Ebene oder gekreuzt in verschiedenen Ebenen oder schief zueinander in einer Ebene oder schließlich schief in verschiedenen Ebenen liegen. Wie die Befunde nun zeigen, ergibt sich als Regel, daß sich die heterotypischen und homoeotypischen Spindeln mit ihrer Längsachse in die Richtung der jeweils größten Längenstreckung, d. h. der längsten Achse der Zelle, einstellen. Die sog. Quadrantenstellung, der häufigste Fall der Zellenlage, ergibt sich daraus, daß die homoeotypischen Spindeln parallel zueinander und zur ersten Scheidewand und demgemäß in einer Ebene liegen. Die Scheidewände aufeinanderfolgender Teilungen stehen dann senkrecht aufeinander. Diese Anordnung findet sich in der Regel dort, wo die Mutterzelle dreiachsig-ellipsoidische Form besitzt *(Paris quadrifolia, Yucca filamentosa, Hordeum hexastichon, Lilium Henryi)*. Umgekehrt fehlt oder tritt die Quadrantenstellung zurück in kugeligen Pollenmutterzellen, da die homoeotypischen Spindeln hier nicht zwangsläufig „eingeebnet" werden *(Allium narcissiflorum, Agapanthus africanus, Vriesia Morreniana, Anthericum liliago, Tradescantia virginica, Allium ursinum)*. In diesen Fällen stellt sich jede homoeotypische

Spindel für sich zwar parallel zur langen Achse der Zelle, zueinander aber nehmen die homoeotypischen Spindeln zufallsgemäß schiefe Stellungen ein. Stellt die Pollenmutterzelle ein asymmetrisches abgeplattetes Ellipsoid dar, so steht zwar die erste Wand wiederum senkrecht auf der längsten Achse in den Tochterzellen; liegen aber die jeweils längsten Achsen in verschiedenen Ebenen beliebig schief zueinander, so führt dies zu unregelmäßiger Anlage der Scheidewände.

Aus diesem Verhalten geht hervor, daß die Scheidewandstellung in den Pollenmutterzellen in der Regel unmittelbar von mechanischen Faktoren bestimmt wird. Doch gibt es auch Fälle, die diese Regel nicht erkennen lassen und für die offenbar innerplasmatische Bedingungen maßgebend sind. Besonders auffallend verhält sich beispielsweise *Pistia stratiotes*, bei der schon die heterotypische Spindel senkrecht zur längsten Achse der Mutterzelle angelegt werden kann. Hier spielt offenbar das Verhältnis Zellvolumen zu Spindelvolumen die entscheidende Rolle. Ist es groß, so fällt die „Raumbehinderung" und damit der richtende Einfluß der Zellgestalt weg. Bei den kernlosen *Chroococcus*-Zellen, bei denen zwischen Teilungen Zellwachstum erfolgt, sind Spindeln nicht vorhanden. Trotzdem wird die Scheidewandbildung offenbar durch dieselben mechanischen Faktoren gesteuert wie bei den Pollenmutterzellen. In ihnen stehen die Wände immer senkrecht zur längsten Zellachse und zur Abflachungsebene.

b) Gametophytenreduktion Zwei chemische „Erfindungen", die bei den Archegoniaten erstmals auftreten, waren die Voraussetzung für den Versuch des Pflanzenlebens, das trockene Land zu erobern: die Bildung kutinartiger Stoffe, um den Vegetationskörper vor Austrocknung zu schützen, und die Bildung von Ligninsubstanz, um ihm eine Stütze zu verleihen. Darüber hinaus aber zeigt sich schon bei den Braunalgen *(Cutleria — Dictyota — Laminaria — Fucus)* und bei den Rotalgen *(Chantransia — Galaxaura)*, bei den Landpflanzen, insbesondere den Pteridophyten und Spermaphyten aber ganz eindrücklich die Tendenz, die Reduktionsteilung örtlich und zeitlich hinauszuschieben, das Hauptgewicht der vegetativen Entwicklung also auf die Diplophase, d. h. auf den Sporophyten zu verlegen. Was hat dies zu bedeuten?

SVEDELIUS (1921) wies darauf hin, daß durch die Zwischenschaltung einer Sporophytengeneration infolge der größeren Zahl der Reduktionsteilungen bei der Sporenbildung die Möglichkeit unterschiedlicher Genkombinationen stark erhöht ist. Bei der Eroberung neuer Lebensräume, wie dies z. B. im Extrem beim Übergang vom Wasser- zum Landleben der Fall ist, sind nun jene Formen im Vorteil, welche die meisten Genkombinationen aufweisen, da bei ihnen auch die Wahrscheinlichkeit am größten ist, daß eine dieser Kombinationen den neuen Bedingungen gut angepaßt ist. Welcher Sinn kann nun in der fortschreitenden Reduktion des Gametophyten liegen?

F. GESSNER (1948) macht auf die Befunde HAGERUPs (1933), TISCHLERs (1942) und ROHWEDERs (1938) aufmerksam, wonach in Gebieten mit extremen Lebensbedingungen die polyploiden Formen gegenüber den diploiden im Vorteil und demgemäß auch prozentual stärker vertreten seien. Dabei erinnert er an die Mitteilung von Melchers (1946), nach der die Wirkung der Gene mit ihrer Menge anwachse. Der Gesamtbestand an Allelen ist bei den Polyploiden gegenüber den Diploiden erhöht, so daß auch die Wirkung der Auslese eine tiefergreifende sein muß. Hieraus leitet Gessner den Schluß ab, daß auch die Diplophase einer generationswechselnden Pflanze gegenüber der Haplophase im Kampf um einen neuen Lebensraum im Vorteil sein kann. Es sei beispielsweise angenommen, der Sporophyt einer Pflanze habe das Allelenpaar FF, welches durch Mutation in Ff abgeändert werde, wobei f erhöhte Trockenresistenz bedingen würde. f wäre nun in einfacher Zahl noch nicht wirksam, weil seine Wirkung durch F kompensiert würde. Von den nach der Reduktionsteilung entstehenden Sporen wird die Hälfte F, die andere Hälfte f enthalten. Der Annahme gemäß würden sich die entstehenden Gametophyten hinsichtlich der Trockenresistenz nicht unterscheiden. In den bei der Befruchtung entstehenden Kombinationen wird aber eine Anzahl von Sporophyten entstehen, welche ff enthalten, also resistenter sind als die Ausgangsformen und demgemäß einen neuen Lebensraum leichter zu erobern vermögen. Die Abkürzung der (ungeschützten) Haplophase, bzw. die Frühreife wäre ihrer Erhaltung im neu besiedelten Raum förderlich, was einer natürlichen Selektion in der Richtung einer Reduktion des Gametophyten und einem immer vollkommeneren Übergewicht des Sporophyten gleichkäme.

Die Schaffung neuer, besser angepaßter Formen kann über die Mutationen auf zwei Wegen erfolgen: durch den Erwerb neuer Fähigkeiten oder durch die erhöhte Plastizität hinsichtlich bereits vorhandener Eigenschaften. Nun zeigen die Befunde Györffys (1941) an *Lycopersicum*-Pflanzen, daß diese Plastizität bei den tetraploiden Pflanzen größer ist als bei diploiden. So steigt beispielsweise in der Trockenkultur der osmotische Wert bei diploiden Formen von 9,56 auf 9,88 Atm., bei den tetraploiden Formen dagegen von 8,34 auf 11,71 an. Es stellt sich demnach die Frage, ob nicht diese höhere Plastizität beim Diplonten ganz allgemein höher sei als beim Haplonten.

II. Spezielle Entwicklungsgeschichte.

Schizomycetes. a) Begeißelung. Wohl war die Begeißelung der Bakterien bei der Behandlung systematischer und phylogenetischer Fragen immer wieder Gegenstand der Diskussion. Über die Existenz von Geißeln und ihre Bedeutung als Bewegungsorgane des Bakterienkörpers aber schien niemand mehr im Zweifel zu sein. Da bekam die alte Auffassung van Tieghems (1897) durch die Arbeiten A. Pijpers (1946, 1947) neuen Auftrieb. Dieser Autor bezeichnet die durch Geißelfärbung erhaltenen Bilder der Bakterienbegeißelung als Artefakte und stellt die Existenz von Geißeln als lebenswichtigen Organen des Bakterienkörpers in Abrede. Nach seinen, an mikrokinematographischen Aufnahmen gemachten Beobachtungen kommen die Schwimmleistungen der Bakterien durch spiralförmige Bewegungen des Zellkörpers zustande. Dieser

Auffassung stellt T. Y. K. Boltjes (1948) exakte Beobachtungen und instruktive Elektronenphotos entgegen, die an der Wirklichkeit der Existenz von Geißeln, polar stehend oder peritrich über die Körperoberfläche verteilt, sowie über ihre Bedeutung als Fortbewegungsorgane der Bakterien Zweifel kaum mehr übrig lassen. Nach Boltjes ist der Bakterienkörper fest und steif und nimmt an der Erzeugung der Fortbewegung keinen unmittelbaren Anteil. Geißellose Bewegung mancher Mikroorganismen (Blaualgen, Fadenbakterien, wie *Beggiatoa* usw.) haben ja in der Tat mit der raschen Lokomotion mancher begeißelten Bakterien nichts zu tun.

b) Chromatinstrukturen. Schritt für Schritt wurde im Laufe der letzten 10 Jahre die Auffassung von der Kernlosigkeit der Bakterien und Blaualgen erschüttert. Delaporte (1939), Badian (1935), Piekarski (1937, 1939, 1940) und Neumann (1935, 1941) wiesen in Bakterienkörpern nicht nur Chromatinsubstanzen (Thymonukleinsäure), sondern auch bestimmt geformte organartige Bildungen nach, die eine Entwicklung und eigenartige Teilungserscheinungen zeigen und die Vorgänge bei der Zellteilung offenbar wesentlich beeinflussen. Badian spricht von „Chromosomen", Piekarski und Neumann von „Nukleoiden"; Robinow (1942, 1944,

Abb. 20. Begeißelung von Spirillum serpens (Müller) Winter. Elektronenphoto; etwa 15 000mal vergr. Aus: J. Path. a. Bacter. 15, Taf. XLVI. (1948).

1946) deutet beide als Stadien desselben Entwicklungsganges. Die leichte Färbbarkeit des Bakterien-Zellplasmas überdeckte lange Zeit die Farbeffekte an der Chromatinsubstanz. Nachdem aber Robinow und seine Schüler Piekarskis Technik ausbauten, Bakterien aus ganz jungen Kulturen mit normaler Salzsäure bei 60° C vorbehandelten und nach Giemsa oder mit Löfflers Methylenblau färbten, ergaben sich auffallend klare Bilder von Chromatinkörpern und deren Veränderungen im Laufe der Zellvermehrung. Die ursprünglich hantelförmige Chromatinsubstanz teilte sich, und in weiteren Längsteilungen entstanden in den Zellen von *Escherichia coli* und zahlreichen anderen Bakterienarten, je nach der Raschheit der Querwandbildung 2, 4 oder 8 Chromatinkörper, über deren Bedeutung als Äquivalente der Chromosomen höherer Pflanzen und Tiere kaum Zweifel bestehen können. Die von Robinow als „Chromosomen" bezeichneten Gebilde teilen sich in jungen Kulturen wie es scheint andauernd weiter, so daß in den vegetativen Zellen „Ruhekerne" nicht beobachtet werden konnten. Neuerdings aber deuten die in ruhenden und keimenden Sporen nachgewiesenen Chromatinkörper auf die Existenz von Ruhe-„Kernen" hin. Werden (nach KLIENEBERGER-NOBEL und ROBINOW) Bakteriensporen mit verdünnter Salzsäure behandelt, so läßt die zuvor undurchlässige Membran Chromatin-Farbstoffe ins Sporenplasma durchtreten; der „Ruhekern" wird gefärbt. Aber schon in ungefärbtem Zustande ist er als ein stark

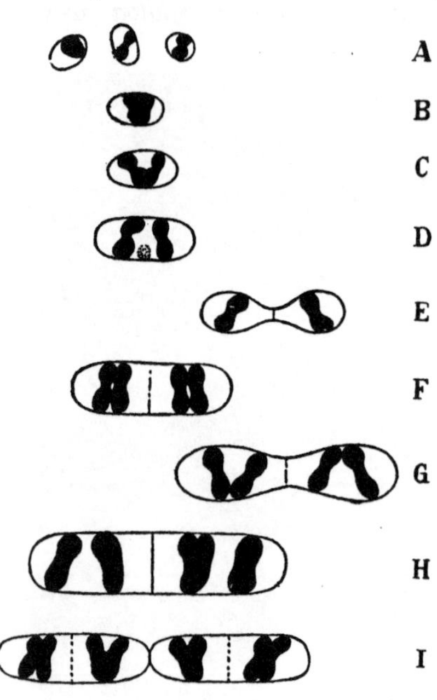

Abb. 21. Chromatinstrukturen („Chromosomen") in ruhenden und sich teilenden Zellen von Escherichia coli (Migula) CASTELLANI et CHALMERS. Aus: R. J. DUBOS, The Bacterial cell. 1946.

lichtbrechender Körper im Zentrum der Zelle erkennbar. Er ist erythrocytenförmig und nach FEULGEN, GIEMSA oder mit Krystallviolett leicht färbbar. Vielleicht ist er durch eine perinucleare Plasmaschicht vom Cytoplasma getrennt. ROBINOW (1946) bezeichnet ihn als „Sporenkern". Bei der Sporenkeimung verteilt sich die Kernsubstanz im Plasma, wird aber kurz darauf wieder deutlicher sichtbar und teilt sich in der für vegetative Zellen beschriebenen Weise. BADIAN und ROBINOW betonen die Ähnlichkeit der nachgewiesenen Chromatinkörper mit Chromosomen und Kernen von Hefen und anderen höheren Pilzen.

Durch Differentialfärbungen gelang es ROBINOW nachzuweisen, daß die Querwandbildung der Chromatinteilung nicht unmittelbar folgt. Zwischen die Tochterkerngebilde lagert sich eine Plasmaschicht, und erst später erfolgt von der Innenseite der Zellwand, diaphragmaartig vordringend, die Bildung einer Querwand. Diese entsteht unabhängig von der „Zellkapsel", welche die Zellwand einhüllt. ROBINOWs bedeutungsvolle Feststellungen lehren uns, daß die Chromatinsubstanz, die bei anderen Pflanzen und Tieren Träger der Erbeigenschaften sind, nicht diffus, sondern in organartig festgeformten Gebilden in den Bakterienzellen vorhanden sind, daß sie auch Teilungen durchmachen, die mit dem Rhythmus der Zellvermehrung in einem engen Zusammenhang stehen und diese offenbar steuern. Ist aber damit die so oft gesuchte Brücke von den „kernlosen" zu den „kernhaltigen" Organismen geschlagen? Bedenken wir, wie hoch morphologisch und physiologisch differenziert der Kern der Zellen höherer Pflanzen und Tiere ist, so fragen wir uns doch unwillkürlich, ob bei Bakterien von Zellkernen überhaupt gesprochen werden kann. Wäre es nicht vorzuziehen, bis zur eventuellen Entdeckung weiterer, wirklich kernartiger Strukturen, statt von „Kernstrukturen" von „Chromatinstrukturen", statt von „Kernen" von

„Chromatinkörpern" zu sprechen ? Uns will scheinen, daß die überaus bedeutungsvollen Entdeckungen Robinows und seiner Schule die alte These nicht zu erschüttern vermochten, wonach eine klare Differenzierung des Zellinhalts in Plasma und Kern bei den Schizophyten nicht, zum mindesten aber nicht bis zu derselben Höhe stattgefunden habe, wie bei den übrigen Stämmen des Pflanzen- und Tierreiches. Oder haben wir in der scheinbaren Primitivität der Zellorganisation der Schizophyten das Ergebnis von Rückbildungserscheinungen zu sehen ?

c) **Systematik.** Einen groß angelegten Versuch, Übersichtlichkeit in die große Zahl der bis heute deutlich genug beschriebenen Bakterienarten zu bringen und sie in einem möglichst natürlichen System zu ordnen, stellt Bergeys „Manual of determinative Bacteriology" dar. Dieses Werk erscheint bereits in seiner, von R. S. Breed, E. G. D. Murray und A. P. Hitchins bearbeiteten 6. Auflage (1948). Gegenüber der 5., 1939 erschienenen Auflage fällt auf, daß die *Caulobacteriales* und die *Thiobacteriales* als eigene Ordnungen fallen gelassen und als Unterordnungen unter die *Eubacteriales* gestellt wurden. In diese Ordnung werden auch die *Corynebacteriaceae* aufgenommen, während die *Beggiatoaceae* in richtiger Erkenntnis ihrer Cyanophyceen-ähnlichen Beschaffenheit zu den eigentlichen Fadenbakterien, den *Chlamydobacteriales* übergeführt wurden. Die Zahl der in der neuesten Auflage aufgenommenen Species ist von 1335 auf 1630 angewachsen. Verglichen mit den bedeutsamen Erweiterungen und taxonomischen Umwertungen, die die 5. gegenüber der vorhergehenden 4. Auflage erfuhr (damals stieg die Zahl der unter den *Eubacteriales* aufgeführten Familien von 3 auf 12), zeigt sich bereits eine Stabilisierung in den großen Umrissen und Gliederungen des Bakteriensystems. Dieses dürfte aber auch in der neuen Form den wirklichen genetischen Zusammenhängen nur bedingt nahekommen. Durch die ausgedehnte Verwendung physiologischer Merkmale zur systematischen Gliederung und Gruppierung der Arten zu Gattungen, Familien und noch höheren Einheiten, besteht die Gefahr, daß auf Grund physiologischer Konvergenz Formen zusammengefaßt werden, die entwicklungsgeschichtlich kaum zusammengehören (Gattung *Erwinia*), während wirklich verwandte Arten im System weit auseinander zu stehen kommen, wie z. B. *Serratia marcescens* Bizio (= *Bacterium prodigiosum* Schröter) und dessen durch Verlustmutation farblos gewordene Stämme. Doch wird angesichts der relativ geringen morphologischen Differenzierung des Bakterienkörpers die Beiziehung physiologischer Merkmale in der Bakteriensystematik nie ganz zu umgehen sein.

In die Nähe der Schizomyceten, aber ohne tiefere Kenntnis der Verwandtschaft werden gestellt:

1. Die Ordnung der *Rickettsiales:* Stäbchen und coccoide Mikroorganismen, mit Anilinfarben leicht färbbar, gramnegativ; Parasiten von Gewebezellen und Erythrocyten, hauptsächlich von Vertebraten und Arthropoden. Die Ordnung ist in drei Familien unterteilt: *Rickettsiaceae, Bartonellaceae* und *Chlamydozoaceae.*

2. Die Ordnung der *Virales*, umfassend 248 als „Species" bezeichnete Virusstoffe, die in 32 Genera und 13 Familien gruppiert sind. Die

Ordnung ist unterteilt in drei Unterordnungen, gemäß der Affinität
der Viren:

a) zu Bakterien: *Phygineae*, alle Bakteriophagen einschließend,

b) zu höheren Pflanzen: *Phytophagineae* und

c) zu Tieren: *Zoophagineae*.

Da es sich bei Viren um Eiweißstoffe handelt, die sich auf Kosten
körperfremder Substanz vermehren, mutierfähig sind und sich nicht
de novo bilden, dürfte ihrer Annäherung an Organismen von der Natur

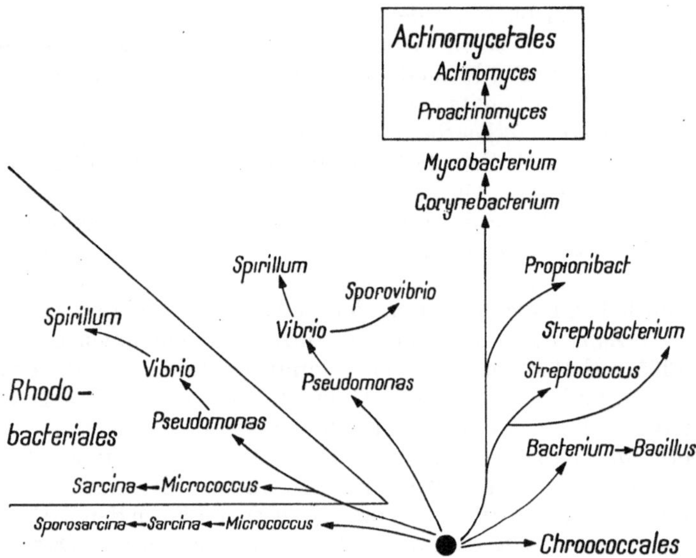

Abb. 22. Phylogenie der Eubacteriales und verwandter Gruppen nach KLUYVER, vanNIEL u. R. J.
DUBOS. Aus: R. J. DUBOS, The Bacterial cell. 1946.

der Bakterien eine gewisse Berechtigung nicht abzusprechen sein. In der
systematischen Gliederung dagegen darf zur Zeit wohl nicht viel mehr
gesehen werden als der Versuch einer übersichtlichen Gruppierung für
praktische Zwecke.

d) Phylogenie. Finden in der Bakteriologie bei der Charakterisierung und Umgrenzung von Familien, Gattungen und Arten der
Übersichtlichkeit halber (also aus praktischen Rücksichten) physiologische Merkmale weitgehende Berücksichtigung, so müssen sich doch
phylogenetisch-systematische Überlegungen möglichst vollständig auf
morphologische Gegebenheiten stützen. Der Versuch, auf dieser Grundlage ein möglichst natürliches System der Bakterien zu schaffen, wird
von STANIER und VAN NIEL (1941) unternommen. Die Auffassungen
dieser Autoren, leicht abgeändert durch DUBOS (1946), kommen in
nachstehendem Stammbaum zum Ausdruck.

Den Ausgangspunkt bildet eine hypothetische coccoide Form, von
der die Entwicklung nach 5 Richtungen hin ausgeht. Dabei werden in
4 Reihen die *Eubacteriales* erfaßt, während eine fünfte Linie zu den

Chroococcales, also nach den Blaualgen weisen würde. Die erste Bakterienlinie führt über *Micrococcus-Sarcina* zu sporenbildenden Sarcinen, die zweite, hauptsächlich die lophotrich begeißelten Formen umfassend, über *Pseudomonas und Spirillum* zu sporenbildenden *Vibrionen*. Die dritte Entwicklungsreihe enthält u. a. *Streptococcus, Corynebacterium* und *Mycobacterium* und führt zu den *Actinomycetales*. Sie enthält also ausschließlich Gramnegative und Nicht-Sporenbildner. Die vierte Reihe erfaßt schließlich die peritrich begeißelten und zur Hauptsache die sporenbildenden Formen.

Natürlich wird die Aufstellung eines solchen Systems in hohem Maße erschwert durch die z. T. große Plastizität dieser Organismen in Abhängigkeit von Ernährung und Umweltbedingungen und durch die verschiedenen „Phasen" der Entwicklung, die sie zu durchlaufen vermögen. Vielleicht ist es unrichtig, die Ableitung der Bakterien von einer einzigen Stammform aus zu suchen. Vieles spricht in der Tat für einen polyphyletischen Ursprung, nicht nur im gesamten Formenkreise der Bakterien, sondern auch bei den im STANIER-VAN-NIEL-DUBOSschen System berücksichtigten *Eubacteriales*, worauf auch DUBOS selbst hinweist.

Cyanophyceae. In einer variationsstatistischen Bearbeitung verschiedener *Oscillatoria*-Arten stellt JAAG (1941) fest, daß die Trichombreite innerhalb nur geringer Grenzen schwankt und demgemäß bei den *Hormogonales* im allgemeinen ein gutes Merkmal zur Charakterisierung und Abgrenzung von Arten darstellt. Zu demselben Ergebnis gelangt er anläßlich einer auf breiter Grundlage durchgeführten Untersuchung über die Algenvegetation des nackten Gesteins, in der er (O. JAAG, 1945) u. a. auch die umweltbedingte Variabilität und Plastizität von Blaualgen aus mehreren Gattungen prüft. Verschiedene Merkmale aber erwiesen sich als von den Wachstumsbedingungen, insbesondere vom Belichtungsgrad, pH-Wert und Benetzungsgrad in einem so hohen Maße abhängig, daß sie als systematische Merkmale nur mit größter Vorsicht verwendet werden können. Dies wird in einer Untersuchung von *Scytonema myochrous* (Dillw.) Ag. nachgewiesen (JAAG, 1943). Diese Blaualge zeigt an Wuchsorten mittlerer Feuchtigkeit das bekannte Bild mit mittelweiten Scheiden und zahlreichen doppelten Fadenverzweigungen. Nun wird nachgewiesen, daß *Scytonema crustaceum* (Ag.) Kirchn. die Wuchsform extrem trockener Wuchsorte des *Sc. myochrous* darstellt. *Petalonema alatum* Berk. dagegen wird als die Wuchsform derselben Art von Standorten mit extrem hoher Feuchtigkeit gedeutet. Erweist sich die Dicke der Gallertscheiden abhängig vom Benetzungsgrad, so nimmt der Grad der Pigmentierung mit steigender Belichtungsintensität zu.

Auf experimentellem Wege, d. h. durch die Reinkultur auf künstlichen Nährböden beweist JAAG (1943) die überraschend weitgehende Abhängigkeit in der Ausgestaltung der Kolonie und der Thallusbildung einer anderen Blaualge *Scytonema polymorphum* nov. spec. von den Umweltbedingungen. In der nachstehenden Tabelle sind die Ergebnisse der Kultur bei 5 verschiedenen Belichtungsstufen dargestellt. Dabei

stehen die Werte des Lichtgenusses der 5 Serien in folgendem Verhältnis
zueinander: 1,0 (Versuchsreihe 1) : 2,5 (V.R. 2) : 7,5 (V. R. 3) : 73
(V.R. 4) : 136 (V.R. 5).

Ver-suchs-reihe	Größe der Kolonie in cm². Mittelwert aus 10 Kulturén.	Fadenverzweigung		Hetero-cysten	Farbe der Trichome	Farbe der Faden-scheiden	Beschaf-fenheit der Scheiden-Oberfläche
		einfach	doppelt				
5	5,06 ± 0,20	keine	sehr reichlich	sehr reichlich	braun-grün bis gelblich	gelb-braun	rauh
4	6,76 ± 0,21	keine	reichlich	sehr reichlich	braun-grün bis gelblich	gelb-braun	rauh
3	1,96 ± 0,16	spärlich	ziemlich reichlich	spärlich	blaugrün bis grün-braun	farblos	glatt
2	0,48 ± 0,07	spärlich	keine	keine	frisch blaugrün	farblos	glatt
1	0,04 ± 0,01	sehr spärlich	keine	keine	frisch blaugrün	farblos	glatt

Durch die Intensität der Belichtung werden also beeinflußt: 1. Die
Wachstumsintensität (Flächenausdehnung der Kolonie); sie wird ge-

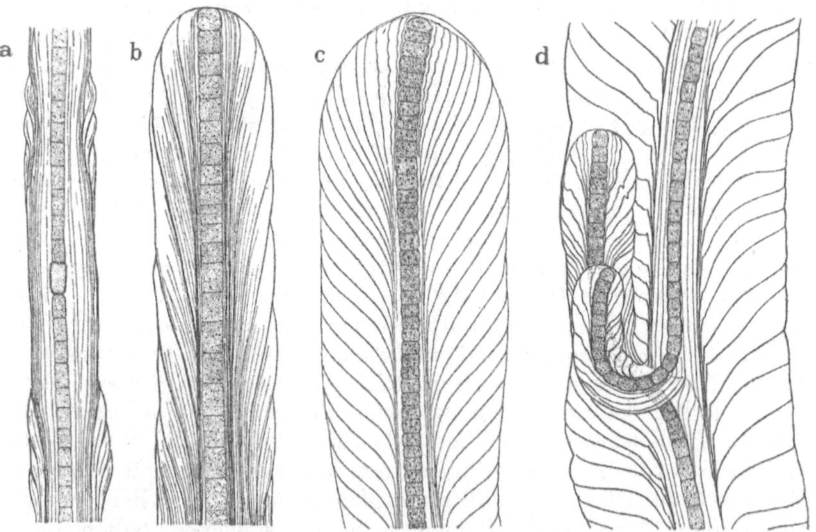

Abb. 23. Die Variabilität in der Ausbildung der Fadenscheide bei Scytonema myochrous an dauernd
benetzten Wuchsorten. a Mittelstück eines Fadens mit Beginn der Aufblätterung der Lamellen,
b und c Fadenenden mit petalonemoider Ausgestaltung der Scheiden (Zwischenformen), d Mittelstück
eines Fadens echt petalonemaartig ausgebildet (Endzustand) Vergr. etwa 250mal. Aus: O. JAAG,
Boissiera VII, 447 (1943).

steigert vom ein- bis zum 169fachen und erreicht ihr Optimum bei der
vierten Belichtungsstufe. 2. Die Art der Fadenverzweigung; bei ge-
geringem Belichtungsgrad bilden sich spärliche einfache Scheinverzwei-

gungen, mit steigendem Lichtgenuß aber in immer reichlicherem Maße und bei den höchsten Belichtungsgraden sogar ausschließlich Doppelverzweigungen. 3. Die Heterocystenbildung; bei geringen Belichtungsgraden unterbleibt sie vollkommen, in den Stufen 4—5 ist sie sehr reichlich. 4. Die Pigmentierung der Trichome variiert von blaugrün (schwache Belichtung) bis grün und gelblich (starke Belichtung); die Pigmentierung der Fadenscheiden wird mit zunehmender Belichtung intensiver; 5. die Beschaffenheit der Scheidenoberfläche wird rauher. Dagegen unterliegt die Trichombreite nur ganz geringen Schwankungen. In den 5 Serien liegen die Mittelwerte von je 200 gemessenen Trichomen zwischen 10,05 und 10,69 μ. Unter geringem Lichtgenuß herangewachsene Lager der untersuchten Alge müßten also nach der heute geltenden Gattungsumgrenzung zu *Tolypothrix*, unter intensiver Belichtung entwickelte Thalli dagegen zu *Scytonema* gestellt werden. Daraus geht hervor, daß die Charakterisierung und Umgrenzung von Gattungen und Arten in manchen Formenkreisen der Blaualgen noch durchaus provisorisch ist und daß die Grundlagen, auf denen sie aufgebaut sind, einer gründlichen Überprüfung bedürfen.

Nicht weniger umweltabhängig ist die Thallus-Ausgestaltung bei *Gloeocapsa* und verwandten Gattungen. So wies JAAG (1945) nach, daß, zum mindesten im Bereich der *Gl. sanguinea, Gl. alpina, Gl. Ralfsiana* und verwandter Formen, weder die Intensität der Hüllenpigmentierung, noch die Hüllenfarbe und Hüllenweite erlauben, die Arten zu umgrenzen und sie als Untergattungen *Rhodocapsa* bzw. *Cyanocapsa* auseinanderzuhalten. Denn bei *Gloeocapsa* wie bei den bereits erwähnten *Hormogonales (Scytonema)* intensiviert sich die Pigmentierung und die Deutlichkeit der Schichtung mit zunehmender Belichtungsintensität; die Hüllenweite nimmt zu mit dem höheren Benetzungsgrad des Wuchsortes, und die Rot- bzw. Violettfärbung erfolgt in Abhängigkeit von der Reaktion des Wuchsortes, indem ein saures Substrat mit pH-Werten unter etwa 6,8 zur Rotfärbung der Gallerthüllen führt, während ein höherer pH-Wert die Violettfärbung der Hüllen auslöst. JAAG (1945) zeigt, daß sich *Gloeocapsa*-Gonidienalgen im Flechtenthallus, entsprechend den speziellen Gegebenheiten am Wuchsort, in durchaus derselben Weise verhalten.

Myxomycetes. Nachdem COHEN (1939) die Reinkultur eines Schleimpilzes gelungen war, galt es abzuklären, ob Myxomyceten auf rein synthetischen Substraten ernährt werden könnten, oder ob Mikroorganismen als Träger bestimmter Wirkstoffe unerläßlich seien. J. C. SOBELS (1947) konnte nun nachweisen, daß ersteres ohne weiteres möglich ist, denn auf einem mit 0,27% Asparagin und 0,1% Trehalose versetzten gewaschenen Agar-Substrat gelang die Kultur von *Licea flexuosa* ausgezeichnet. Ein Zusatz von Hefeextrakt vermochte das Wachstum in nur unwesentlichem Maße zu steigern. Der Schleimpilz ist also Vitaminautotroph.

Diatomeae. a) Zellwand und Kieselschalenstruktur. Neue Impulse erhielt die Kieselalgenforschung durch die Elektronenmikroskopie.

In ihr spielen die Diatomeen, ähnlich wie in der Lichtmikroskopie, ihre Rolle als Testobjekte, haben dabei aber auch ihrerseits, insbesondere hinsichtlich des Feinbaues ihres Kieselskeletts und der Kammermembranen, eine bessere Durchleuchtung erfahren (MÜLLER und PASEWALDT, 1942; KOLBE und GÖLZ, 1943; GÖLZ und GERLOFF, 1944; MÜHLETHALER und BRAUN, 1946). Die im Lichtmikroskop als Linien, Punktreihen, Skulpturen usw. erscheinenden Schalenzeichnungen lösen sich im Elektronenmikroskop auf in ein hochkompliziertes System von Kammerbildungen verschiedener Art und verschiedener Ordnung. Nach dem Zellinnern scheinen sie, gemäß den Untersuchungen von R. W. KOLBE (1948), offen zu sein, nach außen hin aber sind sie durch eine feinste Membran abgeschlossen. „Kammern" sind also Tüpfel in der verkieselten Zellwand. Die „Schließhaut" der Tüpfel scheint ihrerseits von feinsten Poren durchbrochen zu sein. Homogene Membranen liegen dagegen im Innern der Zellen in den Septen vor. Membranporen, durch die Gallerte ausgestoßen wird, lassen sich bei manchen Formen deutlich sichtbar machen, ebenso die Raphe, die aber wegen ihrer Schräglage und ihres manchmal komplizierten Baues in vielen Fällen nicht abgebildet werden kann.

    b) **Vegetative Vermehrung.** Während bei manchen Kieselalgen asexueller und sexueller Entwicklungszyklus in einem regelmäßigen Rhythmus ablaufen (4jähriger Zyklus bei *Melosira* nach F. NIPKOW, 1927), ist die Auxosporenbildung bei vielen, mitunter überaus häufig und in Massenentfaltung auftretenden Diatomeen selten oder überhaupt noch nie beobachtet worden. Dies ist überraschend, denn infolge des Kleinerwerdens der Zelle im Lauf der fortschreitenden vegetativen Teilung sollte erwartet werden, daß schließlich jene extreme Kleinheit der Kieselschale erreicht werde, welche die Auxosporenbildung auslöst. Nun scheinen aber manche Arten der Größenabnahme ihrer Zellen entrinnen zu können, so daß in monate-, jahre-, ja sogar jahrzehntelanger Kultur (WILSON, 1946) die mittlere Zellenlänge ohne die Zwischenschaltung einer sexuellen Phase praktisch konstant bleibt. Solches Verhalten wurde bereits früher nachgewiesen von ALLEN und NELSON (1910) an *Nitzschia closterium* (Ehrh.) W. Sm. f. *minutissima* sowie an *Eunotia pectinalis* var. *minor* (Kütz.) Rabh. Über neue ähnliche Ergebnisse experimenteller Untersuchung weiß S. WIEDLING (1948) zu berichten. In seinen Kulturen zeigten *Nitzschia Kützingiana* var. *exilis* Grun. und *Nitzschia communis* Rabh. einen vollständigen „normalen" Entwicklungsgang mit Diplo- und Haplophase, unter fortschreitender Zellverkleinerung in der ersteren. Im Gegensatz dazu entwickelten sich *Nitzschia subtilis* var. *paleacea* und *N. palea* (Kütz.) W. Sm. var. *debilis* ausschließlich und ohne Größenabnahme in der Diplophase. *N. palea*, *N. palea* var. *debilis* und *N. Kützingiana* var. *exilis* (bestimmte Stämme) gingen nach mehrere Jahre andauernder fortschreitender Größenabnahme in ein Stadium konstant bleibender Zellgröße über, ohne daß Auxosporenbildung eintrat. Das umgekehrte Verhältnis mit Größenkonstanz in der ersten, Größenabnahme in der darauffolgenden Phase zeigten *N. subtilis* var. *paleacea* und *N. Kützingiana* (bestimmte Stämme).

Besonderes Interesse verdienen in diesem Zusammenhang zweifellos jene Formen, deren Entwicklung ohne Größenverminderung der Zellen ganz in der Diplophase verläuft. Eine andauernde vegetative Fortpflanzung scheint demnach bei den Kieselalgen, wie bei vielen Grünalgen, durchaus möglich zu sein.

c) **Auxosporenbildung.** 1. *Navicula halophila* (Grun.) Cl. Obschon die Untersuchungen von KLEBAHN, KARSTEN, GEITLER, CHOLNOKY u. a. überAuxosporenbildung, Sexualvorgänge und Kernteilungen bei pennaten Diatomeen ein recht klares Bild lieferten, fehlte bisher eine lückenlose Beobachtungsserie der Kieselalgenentwicklung von der ruhenden, vegetativ sich vermehrenden Zelle durch alle Stadien der geschlechtlichen Phase, der Auxosporenbildung und -keimung.SUBRAHMANYAN(1946) füllt dieseLücke durch seine eingehenden Studien an *Navicula halophila* (Grun.) Cl. In „Erdschreiber-Lösung" nach FÖYN (1934) zeigte die Kieselalge ein gutes Wachstum; Auxosporen aber bildeten sich hauptsächlich in einem durch Beigabe von destilliertem Wasser auf $^{1}/_{10}$—$^{1}/_{5}$ verdünnten sterilisierten Teichwasser. Am Morgen des 4. Tages nach der Übertragung in diese Lösung legten sich je zwei Zellen aneinander, und unter starker Schleimabsonderung teilten sich in ihnen Kerne und Plasma, so daß je zwei abgerundete Gameten die Kieselschalen füllten. Nun nähern sich die Gameten der einen, offenbar ♂-determinierten Zelle den gegenüberliegenden Gameten der anderen Zelle und verbinden sich im Zeitraum von ungefähr einer halben Stunde mit diesen. Acht Stunden nach der Paarung der Zellen liegen also bereits zwei Auxosporen vor. Diese Vorgänge scheinen nur beim Einnachten einzutreten. Die ursprünglich auffallend großen Zygoten schrumpfen und bilden eine Wand; in ihnen bleiben die von den Gameten erhaltenen Chromatophoren erhalten. Am folgenden Morgen keimen sie, trennen sich und liefern je eine Zelle, doppelt so groß als die Zellen, die rund 24 Stunden zuvor in Paarung traten. Die cytologische Analyse ergab, daß die Gametenbildung durch zwei aufeinanderfolgende Kernteilungen in beiden sich paarenden Zellen eingeleitet wird. Die erste ist die Reduktionsteilung, während deren die Chromosomenzahl $n = 24$—26 festgestellt werden konnte. Schon während dieser Kernteilung schnürt sich der Protoplast jeder Zelle in der Richtung der Längsachse ein, teilt sich und liefert je zwei nebeneinanderliegende längsgestreckte Gameten. Nach einiger Zeit folgt in jedem Gameten die zweite (homoeotypische) Kernteilung. Von den Tochterkernen bleibt aber nur je einer erhalten, während der andere allmählich resorbiert wird. Nun ziehen sich die Protoplasten in der Richtung der Zellpole zusammen und runden sich ab, so daß es schließlich aussieht, als ob eine Querteilung der Protoplasten stattgefunden hätte. Bis zur Keimung der Zygote bleiben in der Auxospore die beiden Kerne getrennt. Bei ihrer Streckung aber fusionieren sie, und nun bilden sich die Schalen um den nackten Protoplasten. Im Gegensatz zu den von GEITLER bei *Cymbella lanceolata*, *Nitzschia subtilis* und *Gomphonema parvulum* var. *micropus* festgestellten monözischen Geschlechtsverteilung liegt bei *Navicula halophila* Diöcie vor. Denn beide Gameten der einen (männlich determinierten) Zelle suchen ja die gegenüberliegenden Gameten der (weiblich determinierten) Zelle auf, so daß beide Auxosporen in derselben (weiblichen) Zelle gebildet werden. Eine Verschmelzung von Brudergameten (Automixis), wie sie durch GEITLER bei *Synedra ulna* als atypische Erscheinung nachgewiesen wurde, scheint bei *Navicula halophila* nie vorzukommen.

2. *Cocconeis placentula* Ehrb. *Cocconeis placentula* ist eine außerordentlich polymorphe Art, die in einer großen Zahl ± gut definierbarer Varietäten und Rassen auftritt. Die Formen unterscheiden sich teils in vegetativen Merkmalen (Schalenzeichnung, Schalenumriß, Bau des Chromatophors), teils in der Art der Auxosporenbildung (isogam, anisogam, parthenogenetisch) und wohl auch in ökologischer Hinsicht.

Abb. 24. Cocconeis placentula var. euglypta. Aufwuchs auf Cladophora crispata. a–f verschieden alte Kopulationsstadien im Oberflächenbild; zwei nebeneinander liegende Kopulationspaare mit verschieden weitem Abstand der Partner. h, i Profilansichten einer Zygote und einer Auxospore. Etwa 1000mal. Aus: L. GEITLER, Bot. Not. (Lund) 1948, 87.

In den Urgesteinbächen südlich von Schladming (Niedere Tauern) beobachtete L. GEITLER (1948) zwei Formen, die eine zur var. *euglypta* (Ehrh.) Cleve, die andere zur var. *clinorhaphis* Geitl. gehörig, die reichlich Auxosporen bildeten. Bei der ersteren erfolgt die Auxosporenbildung auf sexuellem Wege, bei der letzteren ausschließlich parthenogenetisch. Bemerkenswert ist, daß var. *euglypta* auf wachsenden *Cladophora*-Fäden und Blättchen von Wassermoosen, var. *clinorhaphis* dagegen nur auf letzteren vorkommt. Es besteht demnach eine deutliche Gebundenheit an das Substrat. Schicken sich Zellpaare der var. *euglypta* auf jungen (sich streckenden) *Cladophora*-Zellen zur Kopulation an, so werden die beiden Partner auseinandergezogen. Das hat zur Folge, daß sich der Kopulationsschlauch, der bemerkenswerterweise nur von der einen Zelle ausgestreckt wird, entsprechend der Auseinanderbewegung (bis zur zweieinhalbfachen Schalenlänge) ausdehnt. Auf unbeweglicher Unterlage (ausgewachsene *Cladophora*-Zellen oder ausgewachsene Moosblättchen) findet dagegen Kontaktkopulation statt. Offenbar ist diese aber nicht notwendig, denn meiotische Kernteilung und darauffolgende

Bildung eines Kopulationsschlauches finden auch auf beträchtliche Entfernung der Partner hin statt. Eine chemische Fernwirkung scheint die Meiose und damit die Kopulation auszulösen. Nach Auflösung der die kopulierenden Zellen trennenden Membran klappen die Schalenpaare auseinander. Die Protoplasten der beiden Zellen mit ihren (normal reduzierten) Kernen bewegen sich aufeinander zu, und die Zygote bildet sich in der Mitte der Mutterschalen. Die Befruchtung ist also isogam. Daß die untersuchte Form auf der beweglichen Unterlage der sich streckenden *Cladophora*-Zellen zu leben, zu kopulieren und Auxosporen zu bilden vermag, ist bemerkenswert und steht im Gegensatz zum Verhalten anderer Formen, die nach CHOLNOKYs Untersuchungen hierzu nicht befähigt sind.

Siphonocladiales. Die durch Mehrkernigkeit der Zellen ausgezeichneten fädigen Grünalgen wurden erstmals von SCHMITZ (1878) in der Familie der *Siphonocladiaceae* zusammengefaßt. WILLE (1897) trennte sie in zwei Familien *Cladophoraceae* und *Valoniaceae* und wies auf die Verwandtschaft der ersteren mit den *Ulotrichaceae* hin. BLACKMAN und TANSLEY (1903) führen diese coenocytisch-septierten Formen als *Siphonocladiae* neben *Siphoneae* unter den *Siphonales* auf und unterteilen die ersteren in die vier Familien *Valoniaceae, Gomontiaceae, Cladophoraceae* und *Sphaeropleaceae*. OLTMANNS (1904) trennt von der erstgenannten Familie diejenige der *Siphonocladiaceae* ab, schließt dagegen unter seinen *Siphonocladiales* auch die *Verticillatae* BLACKMANs und TANSLEYs *(Dasycladaceae)* ein. Diese Formen werden zusammengehalten durch die Eigenschaft der Vielkernigkeit ihrer Zellen. Nun weist aber F. E. FRITSCH (1947) darauf hin, daß Vielkernigkeit der Zellen im Laufe der Algenentwicklung nicht nur einmal, sondern mehrmals auftritt *(Hydrodictyon* unter den *Protococcales, Griffithia* unter den höheren Rotalgen), so daß dieser Tatsache nicht zuviel taxonomisches Gewicht beigemessen werden darf. Unter kritischer Wertung der Hauptcharaktere, die bei den vielkernigen fädigen Grünalgen auftreten, gelangt er zu der Auffassung, ähnlich wie WILLE dies tat, die Cladophoraceen aus der Reihe der *Siphonales* herauszunehmen und neben die *Ulotrichales* zu stellen. Dabei macht FRITSCH insbesondere folgende Gründe geltend:

1. Wiewohl Vielkernigkeit bei Cladophoraceen die Regel darstellt, erweisen sich die Zellen mancher einfachen (unverzweigten) Formen, wie *Rhizoclonium* und höher differenzierter Gattungen mit verzweigtem Thallus *(Spongomorpha)*, als einkernig. So können die mehrkernigen Zellen entstanden sein infolge eines fortschreitenden Anachronismus zwischen Kernteilung und Querwandbildung; die letztere vollzieht sich im übrigen gleich wie bei den anderen grünen Fadenalgen; ebenso gleichen sich ihre Keimlinge, während diejenigen der septierten *Siphonales* (im Sinne FRITSCHs) wie *Siphonocladus* den unseptierten Siphoneen weit ähnlicher sind.

2. Auch in der Entwicklung der Chromatophoren nähern sich die Cladophoraceen mehr den *Ulotrichales* als den *Siphonales*, läßt sich doch der Chloroplast der erstgenannten aus einer einfachen parietalen Form, wie er bei den *Ulotrichales* vorhanden ist, und der sich erst mit der

Zunahme des Zellvolumens netzförmig aufteilt, herleiten, während sich bei den septierten *Siphonales (Valonia* u. a.) der Chromatophor von Anfang an aus einer Großzahl von kugeligen Plastiden zusammensetzt, die sich einzeln weiterteilen.

3. Hinsichtlich der Vermehrung zeichnen sich die *Cladophoraceae* aus durch die Bildung von hauptsächlich viergeißeligen (diploiden) Zoosporen und zweigeißeligen (haploiden) Gameten, die beide in Vielzahl in den Fadenzellen entstehen und durch eine vorgebildete Wandöffnung entlassen werden. Auch hierin tritt die Verwandtschaft mit einkernigen Fadenalgen, in erster Linie also mit *Ulotrichales*, in Erscheinung. Demgegenüber geschieht die Vermehrung von *Valonia* und anderen septierten *Siphonales* vornehmlich durch diploid-zweigeißelige Zoosporen, die durch mehrere Wandöffnungen frei werden.

So sprechen zahlreiche schwerwiegende Gründe dafür, die septierten *Siphonales (Siphonocladiales)* von den völlig unseptierten *(Siphonales* sens. strict.) abzuleiten, die *Cladophoraceae* aber als Formen anzusehen, die mit den *Ulotrichales* einer gemeinsamen Wurzel entsprangen.

Von einer ähnlichen Wurzel aus müssen auch die *Sphaeropleaceae* ihren Ursprung genommen haben. Beide, Sphaeropleaceen und Ulotrichaceen sind Haplonten, die durch Bildung von vier zweigeißeligen Zoosporen aus der Zygote sich gleich verhalten. Auch hinsichtlich der Chloroplastengestaltung und der Wandbildung besteht weitgehende Übereinstimmung. *Sphaeroplea* kann als eine *Ulothrix* betrachtet werden, bei der die Querwandbildung in weitgehendem Maße unterdrückt ist. Auch die Befruchtung einer in undifferenzierter Fadenzelle ruhenden Eizelle durch bewegliche zweigeißelige Spermatozoiden rückt *Sphaeroplea* nahe an *Ulothrix* heran, namentlich wenn die Beobachtungen PASCHERs, nach denen die Eizelle von *Sphaeroplea cambrica* gelegentlich als zweigeißeliger Gamet ausschwärmen kann, sodann die von FRITSCH beschriebenen Verhältnisse bei *S. tenuis* mitberücksichtigt werden.

Fucales. Obwohl wir über die Beschaffenheit und das Verhalten der Eizellen der Fucaceen während und nach der Befruchtung verhältnismäßig gut unterrichtet sind, wissen wir kaum etwas über die Oberflächenschichten und Membranbildungen derselben. Nun konnte T. LEVRING (1947) nachweisen, daß die Oberfläche des reifen *Fucus*-Eis vor der Befruchtung von einer äußerst dünnen und darum mittels optischer Methoden nicht erkennbaren, aus Lipoid- und Eiweißmolekülen bestehenden Grenzschicht gebildet ist (Eimembran). Unter ihr läßt sich durch Färbung mit Eisenalaun eine Körnerschicht nachweisen, die sowohl dem unreifen wie auch dem befruchteten Ei fehlt. Aus dem Verhalten im polarisierten Licht ergibt sich, daß Lipoid- und Proteinmoleküle an der Eioberfläche senkrecht zueinander stehen. Unmittelbar nach der Befruchtung durch ein Spermatozoid schrumpft das *Fucus*-Ei ein wenig, wird durchsichtiger und schon wenige Minuten später wird eine Zygotenmembran sichtbar, von der sich bei Plasmolyse das Zellplasma leicht abhebt, während sie durch Eintauchen der Zygoten in destilliertes Wasser nicht mehr zum Platzen zu bringen ist. Sie muß also fest sein und wird auf Grund der Doppelbrechung und der Blaufärbung durch Chlorzinkjod als, zum mindesten teilweise, aus Cellulose bestehend bezeichnet. Behandelte LEVRING nun die Eioberfläche mit Trypsin und befruchtete sie, so traten wohl in der normalen Weise Zygotenteilungen ein, aber eine Zellwand bildete sich nicht. Offenbar ist die Grenzfläche des reifen unbefruchteten Eis aus Eiweiß gebildet, das durch Trypsin leicht zerstört wird und das normalerweise zwar nicht in der Befruchtung, jedoch in die Bildung der Zygotenmembran eingreift. Ähnlich wie auf Seeigeleier (RUNNSTRÖM und Mitarbeiter, 1946) wirkt Forapin (verdünnte Lösung von Bienengift) auch auf unbefruchtete *Fucus*-Eier. Es löst die Bildung einer, freilich weniger festen und cellulosefreien, aber doch durchPlasmolyse deutlich erkennbarenZellwand aus.

Hepaticae. a) *Marchantia* L. An einem umfangreichen Material einheimischer und tropischer Arten untersucht H. BURGEFF (1943) die Plastizität der Lebermoosgattung *Marchantia* L. An Hand von langjährigen Kulturen analysiert er sie in ihrem morphologisch-entwicklungsgeschichtlichen und genetischen Verhalten und beschreibt eine verhältnismäßig große Zahl von Mutanten, sowie ihre Kreuzungsprodukte.

1. **Bau und Entwicklungsgang, Phasenwechsel.** Aus der keimenden Spore entsteht durch die regelmäßige Tätigkeit einer zweischneidigen Scheitelzelle ein prothalliumähnlicher Vegetationskörper, dessen Scheitelkantenzelle in regelmäßigem Teilungsrhythmus Segmente nach unten abgibt, welche die Ventralschuppen und Rhizoiden liefern, während die nach oben abgegebenen Segmente das Assimilationsgewebe erzeugen. In diesem bilden sich die Luftkammern, von deren Boden die Assimilatoren ausgehen, während sich in der die Decke bildenden Epidermis, nach strengem Teilungsrhythmus der Zellen, die für *Marchantia* charakteristischen, von Art zu Art aber leicht verschiedenen Stomata entwickeln. Schließlich geht der dünne, feinzellige, großkammerige Jugendthallus über in den dickeren Folgethallus mit deutlicher Mittelrippe, kleineren Zellen und Kammern und dichtstehenden dunkelgrünen Assimilatoren. Mit der Geschlechtsreife wird das Längenwachstum des Thallus eingestellt. Der Vegetationspunkt wird zu einer horizontalen Scheibe, in deren gleichen Abständen gebildete Initialengruppen die bekannten, in Stiel und Hut gegliederten Gametangienstände ergeben. Diese sind diözisch verteilt.

Ausreichender, verhältnismäßig hoher Lichtgenuß und periodisch eintretende tiefe Temperaturen scheinen bei den meisten europäischen und tropischen Arten die Anlage der Fortpflanzungsorgane auszulösen. In dem Umwachsen der oberflächlich angelegten Antheridien durch das Grundgewebe der Schirmlappen des männlichen Standes, wie auch das Abwärtsbiegen der entsprechenden, die Archegonien tragenden Lappen des weiblichen Schirmes sieht BURGEFF bereits sexuell induzierte Entwicklungen. Aus befruchteten Archegonien entsteht der diploide Sporophyt, in dem bei der Sporenbildung die Reduktionsteilung erfolgt.

Bedeutungsvoll sind nun die von diesem Entwicklungsgang abweichenden Verhältnisse der spontan auftretenden Mutanten, die BURGEFF in seinen Kulturen beobachtete. Er beschreibt aus dem Formenkreis der *Marchantia polymorpha* L. die folgenden:

1. Mut. *bavarica*, auffallend durch die grob-rhombische Kammerung und den langsamen Wuchs ihres Jugendthallus; Brutbecher breit, mit grobgezähntem, unregelmäßigem Rand; Folgethallus flach wachsend, nie aufgerichtet, derb und lederähnlich, feinkammerig. Die Zellen sind, insbesondere im Speichergewebe, im Vergleich zur Ausgangsform stark vergrößert, ebenso die Zellen der Assimilatoren; die Stomata zeigen in ihren Berandungszellen eine erste Stufe der Reduktion.

2. Mut. *mollis* zeigt an einem stark verbreiterten, krausrandigen Folgethallus zahlreiche stumpf kegelförmige Papillen auf der Epidermis, die einen eigentümlichen Samtglanz der Thallusoberfläche verursachen.

3. Mut. *violacea* ist erkennbar an einem auffallend blauvioletten Schimmer der Oberfläche, die das Grün des Folgethallus überdeckt, sowie an den stark abgeflachten Kammern mit verkürzten Assimilatoren.

4. Mut. *rugosa* (dreimal entstanden) zeigt übernormal große Kammern zu beiden Seiten einer kammerlosen Mittellinie, was dem Folgethallus eine unruhige, rauhe Oberfläche verleiht.

5. Mut. *heterogenea:* Thallus buckelig, wellig; Kammern demgemäß auf der Außenseite erweitert, auf der Innenseite dagegen zusammengedrängt. Die Gametangienstände zeigen Wachstumsanomalien.

6. Mut. *lucens:* Thallus glasig-durchsichtig, smaragdgrün, stark aufgerichtet; Kammern ausgesprochen gerundet, Assimilatoren um ein Mehrfaches größer als bei der Ausgangsform; die Stehwände der Kammern und die Zellen der Epidermis enthalten grüne Chromatophoren.

Bei Mut. *bavarica* ist die Fertilität vermindert, alle übrigen Mutanten sind voll fertil.

Diese Mutanten wurden aus normalen aus Tetradensporen hervorgegangenen Haplonten gewonnen.

2. Die Sporogone mancher Arten. Nun zeigen aber manche Sporogone der *Marchantia polymorpha* ausnahmsweise, andere häufig und wieder andere in überwiegender Mehrzahl Sporendyaden, die offenbar unter dem Einfluß lokal wechselnder Entwicklungsbedingungen im Sporogon entstanden. Die Sporen sind sexuell differenziert und entstehen, wenn nach der zweiten (homoeotypischen) Teilung der Meiose die Wandbildung unterbleibt, enthalten also je 2 ♂ oder 2 ♀ Genome. Aus solchen Dyadensporen hervorgegangene Thalli nennt Burgeff bivalent. Da sie beschränkt fertil sind, lassen sich durch Kreuzung mit uni- und bivalenten Thalli auch tri- und quadrivalente Thalli erhalten. Im Bau der bi- und plurivalenten Thalli zeigt sich eine der Vermehrung der Genommasse parallel gehende Größenzunahme der Zellen, insbesondere derjenigen des Speichergewebes und der Assimilatoren. Trotzdem sind die Folgeformen der bivalenten Thalli von kleineren Ausmaßen als die univalenten, die quadrivalenten von kleineren als die bivalenten, was also auf eine Verminderung der Zellenzahl hinausläuft. In der Tat erweisen sich die Assimilatoren, die Kammerwandzellen und die Stomata reduziert, und im quadrivalenten Zustande kommen Stomata überhaupt nicht mehr zur Ausbildung. Dieselbe Entwicklungsrichtung zeigen auch die Anhängsel der Ventralschuppen, wo die Zahl der Zellen von

280 (haploid, 9 Chromosomen) auf 140 (diploid, 18 Chr.), ja bis auf 30 (hyperdiploid, 21 Chr.) zurückgeht.

Aus bivalenten Gametophyten entstanden die Mutanten *subtilis* und *carnosa*, aus hyperhaploiden (9 + 1 Chr.) Mut. *parmelioidea* und *corynophora*, an sterilen Mutanten mit normalem Chromosomensatz Mut. *crispa* und *arcuata*. Als Chlorophyllmutation wird die Mut. *flavescens* bezeichnet; sie liefert einen gelblichgrünen Thallus mit — namentlich unter starker Belichtung — rasch vergilbenden Chromatophoren. An tropischen *Marchantia*-Arten wurden 19 Mutanten nachgewiesen und beschrieben. Sie entstanden aus reinem Material der univalenten Arten *calcarea*, *multiradia*, *stenolepida* und *palmatoides*, sowie an Hybriden dieser Arten.

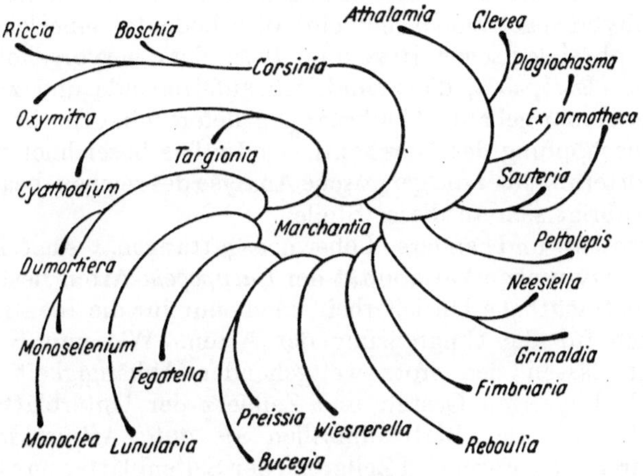

Abb. 25. Schema der Marchantiales nach GOEBEL-BURGEFF. Aus H. BURGEFF, Marchantia, S. 241. Jena 1943.

Nun unternimmt BURGEFF den Versuch, die gewonnenen Erkenntnisse in evolutionistisch-phylogenetischem Sinne auszunützen. Er legt seinen Überlegungen das GOEBELsche System der Marchantiaceen zugrunde, in dem die Gattung *Marchantia* als hochentwickelte Form in der Mitte steht, von der aus sich die übrigen Gattungen durch Merkmalsverlust und Vereinfachung im Bau der Atemöffnungen, der Epidermis und des assimilierenden Gewebes ableiten ließen. In der Tat liegen in den verschieden weit durchgebildeten rudimentären Anlagen der Stomata, Kammern und Assimilatoren, namentlich bei den Arten der Gattung *Dumortiera*, gewichtige Beweise einer derartigen Entwicklung. So ließen sich auch die einfacher gebauten Gattungen *Monoselenium* und *Cyathodium* als Endglieder solcher Entwicklungsreihen deuten.

Neue Möglichkeiten der Evolutionsforschung liefern nun die Mutanten der Gattung *Marchantia*; insbesondere die als Mut. *bavarica*, *subtilis* und *dumortierioides* bezeichneten Neubildungen weisen den für *Dumortiera* zurechtgelegten Weg. Er führt zum reduzierten Kammernetz.

Ähnlich kann die Reduktion der Gametangienstände (*Monoselenium*, *Dumortiera*, *Corsinia*) aus der hochentwickelten *Marchantia* abgeleitet werden. So zeigt Mut. *acaulis* die Reduktion des Gametangienstiels bis zur Stiellosigkeit, wie sie in der altbekannten Art *Marchantia acaulis* Gr. verwirklicht ist; bei Mut. *quadripes* wird überdies die Zahl der Schirmlappen reduziert. Ein Teil der Mutationen der *Marchantia polymorpha* Mut. *dumortieroides, picturata, hyala* und die Kombinationen *vitrea* und *acaulis-quadripes-brevis* fallen also in die direkte Richtung der GOEBELschen Reduktionsreihen.

Lassen sich neben den von BURGEFF festgestellten Verlust-Mutationen auch progressive Mutanten erkennen? BURGEFF erwähnt als solche Mut. *farinosa*, deren Epidermiszellen ungehemmt Stomarandzellen liefern, denen (am unrichtigen Platz) zwar keine sinnvolle Funktion zugesprochen werden kann, die aber dem Thallus eine rauhere und demgemäß leichter benetzbare Oberfläche schaffen. Auf ihr stellt sich eine reiche Epiphytenvegetation leicht ein; dies bedeutet eine leichte Umstellung in physiologischer Hinsicht. Besonders hervorgehoben wird sodann Mut. *blastophora*, die zylindrisch aufstrebende und z. T. mehr oder weniger radiär gebaute Thalluslappen liefert, eine Erscheinung, die als eine Neuschöpfung des Marchantiaceenthallus bezeichnet wird.

Eine Erörterung über die genetische Analyse des reichen bearbeiteten Materials erübrigt sich an dieser Stelle.

b) *Calypogeia* und andere Lebermoosgattungen. Angesichts der weiten phaenotypischen Variabilität der *Calypogeia*-Arten besteht noch heute eine beträchtliche Unsicherheit, nicht nur für die Identifizierung, sondern auch für die Umgrenzung der Arten. Wie nun K. MÜLLER (1947) zeigt, lassen sich trotz weitgehender Abhängigkeit von den Wachstumsbedingungen Gestalt und Zellnetz der Unterblätter, sowie die Beschaffenheit der Blattsaumzellen als gute Artmerkmale ausnützen, während der Form und Zellgröße der Seitenblätter nur bedingter Wert zukommt. Ein wichtiges, allerdings nur bei frischem Material anwendbares Unterscheidungsmerkmal bieten die in den Zellen der Blätter und dem Sporogonstiele eingeschlossenen Ölkörper, deren Beschaffenheit K. MÜLLER an den europäischen *Calypogeia*-Arten prüfte. Sie unterscheiden sich insbesondere durch Größe und Farbe. Weitere Merkmale liegen in der Beschaffenheit der Kapselklappen und der zweischichtigen Kapselwand, deren Zellen auf Längs- und Querwänden knotige Verdichtungen zeigen, ferner in der Sporenbreite, der Geschlechtsverteilung und im Chromosomensatz *(C. arguta* und *C. suecica* mit 9, alle übrigen Arten mit 18 Chromosomen). Auf Grund dieser Merkmale ordnet K. MÜLLER die europäischen Calypogeien in 7 Arten, von denen insbesondere *C. suecica, C. neesiana* und *C. mülleriana* neu gefaßt erscheinen.

Besonderen Schwierigkeiten scheint die systematische Bearbeitung der außerordentlich kleinwüchsigen Gattung *Cephaloziella* zu begegnen. Außer CH. DOUIN und K. MÜLLER haben sich nur wenige Hepatikologen mit ihr beschäftigt. Die beiden Autoren aber gelangen zu in sehr vielen Punkten auseinandergehenden Auffassungen sowohl in der Umgrenzung und Benennung der Arten, als auch in deren systematischer Zusammenordnung. Jedenfalls erklärt K. MÜLLER: „Die für Europa neu aufgestellten DOUINschen *Cephaloziella*-Arten stellen wahrscheinlich ausnahmslos Modifikationen, jedoch keine Arten dar." In ihrer neuen Form umfaßt die Gattung 17 europäische Arten, die in Anlehnung an die DOUINschen Vorschläge in 5 Untergattungen gruppiert werden: A. *Cephaloziopsis* (Spr.) Jörg *(C. Paersoni)*, B. *Eucephaloziella* K. Müll. *(C. subdentata* Westf., *C. elachista* [Jack]. Schiffn., *C. elegans* [Heeg.] K. Müll., *C. rubella* [Nees] Warnst., *C. Hampeana* [Nees] Schiffn., *C. arctica* Br. et Dou., *C. Baumgartneri* Schiffn., *C. grimsulana* [Jack.] K. Müll., *C. stellulifera* [Tayl.] Schiffn., *C. phyllacantha* [Mass et Dar.] K. Müll., *C. Massalongoi* [Spr.] K. Müll., *C. Starkei* [Raddi] K. Müll.), *C. Evansia* Dou. *(C. dentata* [Raddi] K. Müll.), D. *Prionolobus* Spr. *(C. Turneri* [Hook.] K. Müll.), E. *Dichiton* Mont. *(C. calyculata* [Mont. et Dur.] K. Müll., *C. integerrima* [Lindb.] Warnst.).

In weiteren Untersuchungen stellt K. MÜLLER verwandtschaftliche Beziehungen zwischen den Lebermoosen *Crossocalyx* (Nees) Meyl. und *Eremonotus myriocarpus* (Carr.) Pears. mit *Sphenolobus minutus* fest. Trotzdem läßt er sie als eigene Gattungen bestehen und stellt *Crosso-calyx* neben *Eremonotus* in die Familie der Lophoziaceen.

Dürfen *Pellia borealis* Lorb. und *P. epiphylla*, von denen bisher nur bekannt war, daß sie sich durch einfachen *(P. borealis)* bzw. doppelten Chromosomensatz *(P. epiphylla)* und durch die Größe des Zellnetzes unterscheiden, zusammengezogen werden? K. MÜLLER verneint die Frage auf Grund des distinkten Verbreitungsareals, das die erstgenannte Art als eine ausgesprochen nordische, die zweitgenannte als eine mittel-europäische Art erkennen läßt, die nur bis in die Küstenländer Skandi-naviens vorzudringen vermag.

In seiner Deutung der in der Gattung *Madotheca* auftretenden Ast-bildung tritt K. MÜLLER der Ansicht SCHIFFNERs entgegen und zeigt an Hand klarer Bilder, daß Sproßäste sich nicht aus den Winkeln zwischen Blattoberlappen und Unterlappen herausentwickeln, sondern daß die Astbildung auf Kosten des Blattunterlappens (Blattohrs) erfolgt, in derselben Weise wie bei *Frullania* und anderen Jungermanniaceen.

Die von LINK Ende des 18. Jahrhunderts in Portugal gesammelte und als *Riccia bullosa* Link bezeichnete Lebermoosprobe deutet K. MÜLLER als eine *Exormotheca*, die sich von den in der Familie der Marchan-tiaceen zusammengefaßten Gattungen durch wesentliche Merkmale unterscheidet und für die darum eine eigene Familie der Exormotheca-ceen geschaffen wird. Die in ihr vertretenen Formen unterscheiden sich durch eine spezielle Ausbildung der Sporenexine sowie die Gestalt der Assimilationsfäden und durch die eigenartigen Luftkammern von der Familie der Cleveaceen. Von den Marchantiaceen ausgehend, würden Exormothecaceen, Corsiniaceen und Ricciaceen eine Regressionslinie darstellen.

Gnetales In der reifen Samenanlage der Blüten von *Ephedra foliata* Boiss., die KHAN (1944) untersucht hat, umschließen zwei Tegumente den Nucellus; an seinem Scheitel ragt das Archegonien tragende Pro-thalliumgewebe in die große Pollenkammer hinein. Im Plasma der Eizelle beobachtete KHAN zunächst zwei Kerne, in der Mitte den Eikern, dann an dem der Mikropyle zugekehrten Pol, von einer Schicht dichteren

Plasmas umschlossen, den Bauchkanalkern, und neben beiden je einen Spermakern. Es liegt also offenbar eine doppelte Befruchtung vor in dem Sinne, daß je ein Spermakern mit dem Eikern bzw. dem Bauchkanalkern verschmilzt. Nach erfolgter Befruchtung werden die Zellen der das Archegonium umschließenden Deckschicht auf mitotischem Wege zweikernig, und oft dringen ihre Kerne ins Plasma der Eizelle ein. Nach dreimaliger Teilung des befruchteten Eikerns entstehen in der Regel 8, in dichtere Plasmasubstanz eingeschlossene proembryonale Kerne; es können aber auch weniger (6) oder mehr (bis 13) sein. Sie umhäuten sich, und die Zellen strecken und verteilen sich im Eiplasma. Nun wandert der Kern an den sich streckenden Pol jeder Zelle und teilt sich. Eine Querwand legt sich zwischen die Tochterkerne, und die kleine polständige Zelle wird zur Embryoinitiale, die andere zur Suspensorinitiale. Beide teilen sich weiter, aus der einen entsteht der sich immer weiter differenzierende Embryo, aus der anderen der sekundäre Suspensor. Von den im Eiplasma zahlreich angelegten Embryonen gelangt nur einer zur vollen Entwicklung. Während der Samenbildung werden viele Zellen des Prothalliumgewebes zwei-, die am Mikropylenpol liegenden Nucelluszellen sogar vielkernig; diese werden dickwandig und bleiben im Samen erhalten, während, im Gegensatz zum Nucellus und Tegumentgewebe bei *Ephedra bifurca*, die übrigen Zellen des Nucellus zu einer dünnen, dem Prothalliumgewebe anliegenden Schicht zusammengedrückt werden. Die innere Zellschicht des inneren Teguments wird dickwandig, ebenso die Zellen des äußeren Teguments, das sich so zu einer schützenden Hüllschicht des Samens ausbildet. Schließlich wird dieser von fleischigen Deckblättern umschlossen.

Doppelbefruchtung in der Art, wie sie für *Ephedra foliata* von KHAN nachgewiesen wurde, ist übrigens seit langem bekannt bei einigen anderen Gymnospermen, so bei *Pinus laricio* (CHAMBERLAIN 1899), *Tsuga* (MURILL 1900), *Thuja* (LAND 1902), *Ephedra bifurca* (LAND 1907), *E. distachya* (BERRIDGE und SANDAY 1907) und *Abies balsamica* (HUTCHINSON 1915). So kann an der Doppelbefruchtung in dem beschriebenen Sinne als Ausnahmeerscheinung bei den Gymnospermen wohl nicht mehr gezweifelt werden. In der Tat erscheint die Fusion eines männlichen Kerns mit dem Bauchkanalkern nicht überraschend, wenn berücksichtigt wird, daß dieser einen Schwesterkern des Eikerns im Archegonium darstellt.

Angiospermae. Drei Haupttypen der Embryosackentwicklung stehen heute bei der Klassifikation zuoberst: 1. der aus einer, 2. der aus zwei und 3. der aus vier Kernen der Makrosporenmutterzelle sich bildende Embryosack. Innerhalb dieser 3 Typen zeigen sich zahlreiche Abwandlungen hinsichtlich der weiteren Kernteilungen sowie des endgültigen Schicksals der gebildeten Kerne. MAHESHWARI (1948) stellt sie übersichtlich und unter kritischer Wertung der reichlichen neueren Literatur zusammen. Eine graphische Zusammenstellung der verschiedenen Typen findet der Leser in Bd. 8 (1939) p. 38 dieser Zeitschrift.

In dem aus einer Makrospore entstandenen Embryosack lassen sich der 8- und der 4 kernige Typus unterscheiden. Der erstere ist der weitaus häufigst vertretene. Er wurde bisher bei 70% aller untersuchten Angiospermen nachgewiesen und wird deshalb als Normaltypus bezeichnet. Meist entwickelt sich die am Chalaza-Pol gelegene Makrospore. Durch drei Teilungsschritte ergibt sich jenes bekannte Bild des dreizelligen Eiapparates am Mikropylenpol, der beiden Polkerne in der Mitte der Zelle und der 3 Antipoden am Chalaza-Pol. Bei *Balanophora* (FAGER-LIND, 1945) und *Rosa* gelangt die am Mikropylenpol gelegene Makrospore, bei *Aristotelia racemosa* die dritte in der Viererreihe zur Entwicklung. Schließlich können bei *Juglans regia* die oberste und die unterste Makrospore Embryosäcke bilden, wobei freilich der eine meist degeneriert. Bei *Moringa oleifera* können nach PURI (1941) die Antipodenkerne frühzeitig degenerieren. Weitere Abänderungen.in der definitiven Kernzahl, und zwar ebensowohl Verminderungen wie Vermehrungen, sind innerhalb des Normaltypus in beträchtlicher Zahl nachgewiesen worden.

Nach H. SCHÄPPI und F. STEINDL (1942) weist die Embryologie der *Loranthoideen* in bezug auf die Lage der befruchtungsfähigen Embryosäcke einige Besonderheiten auf. Nach dem Normaltyp entwickeln sich die Embryosäcke bei folgenden Arten: *Lepeostegeres gemmiflorus* Blume, *Elytranthe parasitica* (L.) Danser und *Helixanthera Hookeriana* (W. et A.) Danser. Bei *Macrosolen cochinchinensis* v. Tieghem wird nur eine Zellentriade gebildet, aber ein Kern teilt sich nochmals, so daß vier Kerne in drei Zellen vorhanden sind. Normale Eiapparate wurden festgestellt bei *Lepeostegeres gemmiflorus*, *Macrosolen cochinchinensis*, *M. formosus* Miq., *M. pseudoperfoliatus* Miq., *Helixanthera Hookeriana*, nach K. v. RAUCH (1936) auch bei *Dendrophthoe pentandra* Miq. und *Scurrula atropurpurea* Danser. Die Lage der Eiapparate ist eine verschiedene; in der Höhe der Ansatzstelle des Griffels liegen sie bei *Macrosolen cochinchinensis*, *M. formosus* und *M. pseudoperfoliatus*; oberhalb der Griffelmitte bei *Taxillus tomentosus*. Bei *Helixanthera Hookeriana* befinden sie sich unmittelbar unter der Narbe. Ein Suspensor hilft, den Proembryo aus seiner hohen Lage wieder in das Gewebe des Fruchtknotens zurückzuführen. Bei allen Gattungen werden mehrere Eiapparate entwickelt; in der Frucht wurde jedoch nur ein Embryo festgestellt. Die Antipoden zeigen verschiedenartiges .Verhalten. K. v. RAUCH stellte bei *Scurrula* drei degenerierte Zellen fest; bei *Macrosolen formosus* entstehen 2 Antipodenzellen, bei *Lepeostegeres* nur drei freie Kerne. Bei *Macrosolen cochinchinensis*, *M. pseudoperfoliatus*, *Helixanthera Taxillus* und *Dendrophthoe* unterbleibt die Bildung der Antipoden. — Bei der normal verlaufenden Pollenentwicklung wurden durch SCHÄPPI und STEINDL folgende haploide Chromosomenzahlen gefunden: *Lepeostegeres gemmiflorus* 12, *Macrosolen cochinchinensis* 12, *Amyema gravis* 9; bei *Scurrula atropurpurea* und *Dendrophthoe pentandra* stellte K. v.RAUCH 8 Chromosomen fest.

Der 4kernige *Oenothera*-Typus scheint der Familie der Oenotheraceen eigentümlich zu sein. Gelangen im Embryosack ausnahmsweise zwei oder drei Makrosporen zur Entwicklung, so können Zwillings- oder sogar Drillingsembryosäcke entstehen (BETH, 1938).

Adoxa-Typus. Nach der dritten Teilung liegen vier größere und vier kleinere Kerne im Embryosack, die ersteren an seinen beiden Polen, die letzteren mehr im Innern. Die Kleinkerne am Mikropylenpol ergeben die beiden Synergiden, der eine der größeren Mikropylenkerne verschmilzt mit dem einen der Großkerne am Chalaza-Pol zum sekundären Embryosackkern, während der zweite Mikropylengroßkern die Eizelle liefert. Die übrigen beiden Chalaza-Kleinkerne, sowie der dort noch vorhandene Großkern ergeben Antipodenzellen (FAGERLIND, 1938). Verschiedene *Sambucus-*, *Erythronium-* und *Tulipa*-Arten zeigen nach MAHESHWARI (1946) eine Entwicklung des Embryosackes, wie er mit leichten Modifikationen für *Adoxa Moschatellina* beschrieben wurde. Eine große Zahl von Gattungen, für die der *Adoxa*-Typus angegeben wurde, sind durch MAHESHWARI (1946) zu anderen Typen gestellt worden.

Plumbago-Typus. Bei verschiedenen Arten der Gattung *Plumbago* ergibt die Teilung vier Kernpaare, die an die Pole und die beiden Seiten des Embryosackes zu liegen kommen. Der eine der an der Mikropyle gelegenen Kerne liefert die Eizelle; von jedem der vier Paare beteiligt sich je ein Kern an der Bildung des sekundären tetraploiden Embryosackkerns, die drei übrigbleibenden Kerne degenerieren oder bilden am Chalaza-Pol und zu beiden Seiten des Embryosackes je eine Zelle; Synergiden fehlen. *Ceratostigma* und *Vogelia indica* (K. L. MATHUR und R. KHAN, 1941) folgen ebenfalls diesem Typus.

Drusa-Typus. Von den 16 Embryosackkernen gruppieren sich vier am Mikropylenpol, die übrigen am Chalaza-Pol. Die ersteren ergeben Eiapparat und oberen Polkern, die letzteren 11 Antipoden und den unteren Polkern *(Drusa oppositifolia, Mallotus japonicus, Crucianella, Rubia, Majanthemum)*. Bei *Ulmus americana, U. campestris* und *U. glabra* kann (nach FAGERLIND, D'AMATO und EKDAAL) bei den am Antipodenpol liegenden Kernen der letzte Teilungsschritt unterbleiben, so daß statt 12 Antipodenzellen nur deren 10, 8 oder noch weniger sich bilden; oft degenerieren mehrere von ihnen nachträglich. Nach FAGERLIND (1941) werden *Tanacetum vulgare* und *Chrysanthemum parthenium*, nach TONGIORGI (1942) auch *Helichrysum bracteatum* in den *Drusa*-Typus eingeschlossen.

Fritillaria-Typus. Im Embryosack von *Fritillaria* und *Lilium* (MAHESHWARI, 1948) wandert der eine der vier Makrosporenkerne an den Mikropylenpol; die übrigen gruppieren sich am Chalaza-Pol. Alle teilen sich, aber bei den letzteren vereinigen sich die Kernspindeln zu einer einzigen (CARANO-BAMBACIONI-Effekt). So liegen am Mikropylenpol zwei haploide, am Chalaza-Pol aber zwei größere triploide Kerne, und als Produkt der weiteren Entwicklung schließt der reife Embryosack einen aus drei haploiden Zellen bestehenden Eiapparat, einen aus einem haploiden und einem triploiden Kern entstandenen tetraploiden sekundären Polkern und drei triploide Antipodenzellen ein. Bei *Clintonia* degenerieren nach F. H. SMITH (1943) und R. I. WALKER (1944) die am Chalaza-Pol gelegenen Makrosporenkerne, ohne Teilungen durchgemacht zu haben, während bei *Tulipa Gesneriana* die Spindeln nur zweier Makrosporenkerne fusionieren, wodurch nicht triploide, sondern diploide Antipodenzellen entstehen. Der *Fritillaria*-Typus ist nach MAHESHWARI (1947) bisher bei 7 dicotylen Pflanzenfamilien (Piperaceen, Euphorbiaceen, Berberidaceen, Tamaricaceen, Cornaceen, Plumbaginaceen und Compositen) und zuerst unter den Monocotyledonen bei den Liliaceen nachgewiesen worden.

Betrachten wir nun mit MAHESHWARI (1948) die Natur der Einzel-
bestandteile des Embryosackes.

Synergiden. In den Synergidenzellen handelt es sich im allgemeinen
um ephemere Gebilde, die meist nach, manchmal sogar schon vor der
Befruchtung zugrunde gehen. In einzelnen Fällen freilich, z. B. bei
Allium uniflorum und *A. rotundum*, bleiben sie noch während der Entwicklung des Embryos erhalten und übernehmen dann, insbesondere,
wenn in der Bildung des Endosperms eine Verspätung eintritt, Er-
nährungsfunktion.

Antipoden. Auch sie sind kurzlebig. Oft ist ihre Zahl vermehrt.
Bei *Euchlaena mexicana* und *Zea Mays* z. B. können ihrer bis zu 30, bei
Sasa paniculata sogar bis 300 entstehen. Auch kann sich eine der Anti-
poden *(Putoria* unter den Rubiaceen und *Kirengeshoma* unter den
Saxifragaceen) haustorienartig strecken. Auffallend ist die große Zahl
und die Mehrkernigkeit der Antipodenzellen bei den Compositen.
In *Rudbeckia bicolor* Nutt. (MAHESHWARI und SRINIVASAN, 1944) sind
sie größer als die Zellen des Eiapparates und triploid. Tetra-, ja sogar
Oktoploidie ist nachgewiesen für *Caltha palustris* (GRAFL, 1941).

Polkerne. Nicht immer sind zwei Polkerne vorhanden. Der eine
(untere) kann fehlen, und aus der Befruchtung durch den einen männlichen Kern entsteht statt eines triploiden ein diploider primärer Endospermkern. Dies ist beispielsweise der Fall bei allen Oenotheraceen.
Bei *Peperomia, Penaea* und *Plumbago* sind mehrere Polkerne gefunden
worden, bei *Fritillaria* deren zwei, wovon der eine haploid, der andere
triploid ist, so daß der primäre Endospermkern pentaploid wird. Noch
komplizierter liegen die Verhältnisse bei *Pandanus*, wo neben den Pol-
kernen des Embryosacks Kerne des angrenzenden Nucellusgewebes in
Aktion treten.

Embryosäcke mit gestörter Polarität. Bei einer Reihe von
Pflanzen *(Rhopalocnemis phalloides, Atamosco texana, Fuchsia marinka,
Lindelofia longiflora, Saccharum officinarum, Woodfordia floribunda,
Eriodendron anfractuosum, Heptapleurum venulosum* und *Crinum asiati-
cum)* differenziert sich der Eiapparat am chalazalen, die Antipoden dagegen am Mikropylenpol, und in anderen Fällen zeigen die Antipoden
einen Eiapparat ähnlichen Habitus. Bei *Nigella arvensis* kann überdies
eine Antipodenzelle vom Pollenschlauch befruchtet werden.

Systematischer Wert der Embryosack-Typen. Da der einsporige,
achtkernige Embryosack unter den Angiospermen der weitaus meist-
verbreitete ist und da überdies der weibliche Gametophyt bei Pteridophyten und Gymnospermen aus einer Makrospore hervorgeht, vertreten
SCHNARF und zahlreiche andere Autoren die Auffassung, daß dieser
Typus der primitivste sei. Nun wies aber FAGERLIND (1941) bei *Gnetum
gnemon ovalifolium* einen viersporigen Embryosack nach, und unter den
Angiospermen erscheinen die verschiedenen Typen ohne erkennbare
Bindung an primitivere oder höherentwickelte Familien. Bei den
Liliaceen sind beispielsweise ein-, zwei- und viersporige Embryosack-
typen nebeneinander vertreten. So eignet sich die Embryosackentwick-
lung für sich allein betrachtet nur in beschränktem Maße zur Abklärung

phylogenetischer Fragen. Der Gametophyt scheint weit konservativer zu sein als beispielsweise der Bau der Blüte, deren höhere Differenzierung im Embryosack nicht erkennbar wird (MAHESHWARI, 1948). Bemerkenswert ist immerhin die Familie der Oenotheraceen, in der einheitlich und exklusiv der *Oenothera*-Typus vertreten ist.

Homologien des Embryosacks. Nach SCHÜRHOFFs Theorie würde das Mikropylen-Kernquartett zwei Archegonien entsprechen, Eikern und die eine der Synergiden dem einen, ein Polkern und die andere Synergide dem anderen Archegonium. LANGLET und andere haben indessen schon früh darauf hingewiesen, daß die Synergidenkerne einerseits und Eikern/Polkern je Schwesterzellen sind, daß demgemäß also SCHÜRHOFFs Auffassung zu verwerfen ist. Nach PORSCH würden die Kerne am einen und diejenigen am anderen Pol des Embryosackes je einem Archegonium entsprechen. Die Arbeiten von NILSSON (1941) und namentlich von SWAMY (1946), die nachwiesen, daß die Polarität bei *Crinum* und einigen anderen Pflanzen umgekehrt sein kann, würden in der Tat auf eine Verwandtschaft der beiden reduzierten Archegonien hindeuten und die Auffassung stützen, daß bei den Angiospermen der aktuelle Zustand aus zwei funktionsfähigen Archegonien hervorgegangen sein könnte. Gegen diese Theorie macht MAHESHWARI (1948), neben einer langen Reihe von Einwendungen, geltend, daß man sich kaum vorstellen könne, wie sämtliches Prothalliumgewebe hätte verschwinden, die beiden Archegonien als Reste des weiblichen Gametophyten aber hätten erhalten werden können, und er wendet sich der sog. *Gnetales*-Theorie zu, die, Schritt für Schritt entwickelt, durch FAGERLIND (1941) neue Stützen erhielt.

Literaturnachweis.

ALLEN, E., u. E. W. NELSON: J. Mar. biol. Assoc. U. Kingd. 8, 421 (1910). — BADIAN, J.: Arch. Mikr. 4, 409—418 (1933). — Bergeys Manual of determinative Bacteriology, fifth Edition, 1032 p. Baltimore 1939; sixth Edition, 1529 p., Baltimore 1948. — BERRIDGE, E. M., u. E. SANDAY: New Phytol. 6, 127 bis 134, 167—174 (1907). — BETH, K.: Planta (Berl.) 28, 296—343 (1938). — BLACKMAN, F. F., u. A. G. TANSLEY: New Phytol. 1, 17 (1903). — BOLTJES, T. Y. K.: J. Path. a. Bacter. 60/2, 275—287 (1948). — BURGEFF, H.: Marchantia, 296 S. Jena 1943.

CHAMBERLAIN, C. J.: Bot. Gaz. 27, 268—279 (1899). — COHEN, A. L.: Ebenda 101, 243—276 (1939).

DELAPORTE, B.: Rev. gén. Bot. 51, 615, 689, 748 (1939). — DUBOS, R. J.: The Bacterial cell, 460 p. Cambridge (Mass). 1946.

FAGERLIND, F.: (1) Kung. Svenska Vet.-Akad.Hdl. 19/8, 1—55 (1941). — (2) Sv. bot. Tidskr. 35, 157—176 (1941). — (3) Ebenda 39, 65—82 (1945). — FÖYN, B.:, Arch. Protistenk. 83, 1—56 (1934). — FRITSCH, F. E.: J. indian bot. Soc. 26, 29—48 (1947)

GEITLER, L.: Bot. Not. (Lund) 1948, 84—92. — GESSNER, F.: Biol. Zbl. 67, 213—222 (1948). — GÖLZ, E., u. I. GERLOFF: Hedwigia 81, 283—297 (1944). — GRAFL, J.: Chromosoma 2, 1—11 (1941). — GYÖRRFFY, B.: Planta (Berl.) 32, 15 (1941).

HAGERUP, O.: Hereditas (Lund) 18, 122 (1933). — HUTCHINSON, A. H.: Bot. Gaz. 60, 457—472 (1915).

JAAG, O.: (1) Z. Hydrol. 9, H. 1/2, 16—33 (1941). — (2) Boissiera 7, 437—454 (1943). — (3) Verh. nat. Ges. Basel 56/2, 28—40 (1945). — (4) Beitr. Krypt. Flora Schweiz 9, H. 3, 1—560 (1945).

KHAN, R.: Proc. nat. Acad. Sci. India **13**, 357—375 (1944). — KOLBE, R. W.: Ark. för Bot. **33** A, 1—21 (1948). — KOLBE, R. W. u. E. GÖLZ: Ber. dtsch. bot. Ges. **61** (1943).

LAND, W. J. G.: (1) Bot. Gaz. **34**, 249—259 (1902). — (2) Ebenda **44**, 273—292 (1907). — LEVRING, T.: Medd. Göteb. bot. Tr. **17**, 97—105 (1947).

MAHESHWARI, P.: (1) J. indian bot. Soc. **20**, 229—261 (1941). — (2) Lloyda **9**, 73—113 (1946). — (3) Ebenda **10**, 1—18 (1947). — (4) J. indian bot. Soc. **26**, 101—119 (1947). — (5) Bot. Rev. **14**, 1—56 (1948). — MAHESHWARI, P., u. A. R. SRINIVASAN: New Phytol. **43**, 135—142 (1944) — MATHUR, K. L., u. R. KHAN: Proc. indian Acad, Sci. B. **13**, 360—368 (1941). — MELCHERS, G.: Z. Naturforsch. **1**, 160 (1946). — MÜHLETHALER, K. u. R., BRAUN: Ber. schweiz. bot. Ges. **56** (1946). — MÜLLER, H. O., u. C. PASEWALDT: Naturwiss. **30** (1942). — MÜLLER, K.: (1) Beitr. Krypt. Flora Schweiz **10/2**, 55 S (1947). — (2) Sv. bot. Tidskr. **41**, 411 bis 430 (1947). — MURILL, W. A.: Ann. Botany **14**, 583—607 (1900).

NEUMANN, F.: Zbl. Bakter. II, **103**, 385—400 (1941). — NILSSON, H.: Bot. Not. (Lund) **1941**, 50—58. — NIPKOW, H. F.: Z. Hydrol. **4**, 71—120 (1928).

OLTMANNS, F.: Morphologie und Biologie der Algen, 1. Aufl., Jena 1904.

PIEKARSKI, G.: (1) Arch. Mikr. **8**, 428—438 (1937). — (2) Zbl. Bakter. Abt. I, 144 (1939). — (3) Arch. Mikr. **11**, 406 (1940). — PIJPER, A.: (1) J. Path. a. Bacter. **58**, 325 (1946). — (2) J. Bacter. **48**, 257 (1947). — PURI, V.: J. indian bot. Soc. **20**, 263—284 (1941).

RAUCH, K. VON: Ber. schweiz. bot. Ges. **45**, 5—61 (1936). — ROBINOW, C. F.: (1) Proc. roy. Soc. London B **130**, 299—324 (1942). — (2) J. Hyg. Cambridge **43**, 413—423 (1944). — (3) DUBOS, R. J.: The Bacterial Cell, p. 355—377. 1946. — ROHWEDER, H.: Planta (Berl.) **26**, 500 (1938). — RUNNSTRÖM, J., L. MONNÉ u. E. WICKLUND: J. Colloid Sci. **1** (1946).

SCHAEPPI, H., u. F. STEINDL: (1) Vjschr. rat. Ges. Zürich **87**, 301—372 (1942). — (2) Ebenda **90**, 1—46 (1945). — SCHMITZ, F.: Sber. naturf. Ges. Halle, 17—24 (1878). SMITH, F. H.: Bot. Gaz. **105**, 263—267 (1943). — SOBELS, J. C.: Proc. Sect. Sci. Acad. We'ensch. Amsterd. **5**, 1—8 (1947). — STANIER, R. Y., and C. B. VAN NIEL: J. Bacter. **42**, 437—466 (1941). — SUBRAHMANYAN, R.: J. indian bot. Soc. **25**, 239—266 (1946). — SWAMY. B. G. L.: Ann. Botany N. S. **9**, 171—183 (1946). — SVEDELIUS, N.: Ber. dtsch. bot. Ges. **39**, 179 (1921).

TISCHLER, G. Naturwiss. **30**, 713 (1942). — TONGIORGI, E.: Nuovo Giorn., Bot. Ital. N. S. **49**, 205—220 (1942).

VAN TIEGHEM, P.: Bull. Soc. bot. France **26**, 37 (1879).

VOGL, E.: Österr. bot. Z. **94**, 1—29 (1946).

WALKER, R. I.: Bull. Torrey bot. Club. **71**, 529—535 (1944). — WIEDLING, ST.: Bot. Not. (Lund) **1948**, 322—354. — WILLE, N.: ENGLER u. PRANTL, Natürliche Pflanzenfamilien, 1. Aufl. 1897. — WILSON, D. P.: J. Mar. biol. Assoc. U. Kingd. **26**, 235 (1946).

4. Sublichtmikroskopische Morphologie.

Von A. FREY-WYSSLING, Zürich.

Die sublichtmikroskopische Morphologie ist durch die Entwicklung der Elektronenmikroskopie zu einer selbständigen Wissenschaft geworden, so daß es sich rechtfertigt, ihr in den „Fortschritten" einen besonderen Abschnitt einzuräumen. Das Bestreben, durch die Schaffung neuerer Wissenszweige wie „Molecular Biology" oder „Molecular Morphology" von der Cytologie her direkten Anschluß bei der Chemie zu finden, ohne vorher die Formgestaltungen im Bereiche der kolloiden Dimensionen abgeklärt zu haben, hat sich als verfrüht erwiesen. Die Formenmannigfaltigkeit der korpuskular dispersen Teilchen von Solen (z. B. Phagen), namentlich aber die erstaunlichen Texturen retikular disperser Biogele (z. B. Zellwände) zeigen, daß im sublichtmikroskopischen Gebiete Gestaltungskräfte am Werke sind, die uns vor ähnliche Rätsel stellen wie die Morphogenese im lichtmikroskopischen und makroskopischen Bereiche.

Der Referent hat die Entwicklung der sublichtmikroskopischen Morphologie während der Zeitspanne von 1938 bis 1947 in der zweiten Auflage seiner Monographie „Submicroscopic Morphology of Protoplasm and its Derivatives" (1948a) geschildert. Seither überstürzen sich jedoch die Entdeckungen mit Hilfe neuer Methoden in großartiger Reihenfolge, so daß hier über wesentliche Fortschritte im Berichtsjahre 1948 referiert werden kann; außerdem bietet sich Gelegenheit, auf zu wenig beachtete oder dem Berichterstatter entgangene Arbeiten zurückzugreifen.

Untersuchungsmethoden.

Elektronenmikroskop. Das Elektronenmikroskop ist als Hochspannungsgerät, das mit Hochvakuum arbeitet, für den Biologen ein ungewohntes Instrument. Doch muß er sich mit einigen Besonderheiten dieses neuartigen Mikroskops vertraut machen, wenn er die Möglichkeiten einer erfolgreichen Präparation und Abbildung der ihn interessierenden Objekte richtig beurteilen will.

An neueren Büchern (ZWORYKIN und Mitarbeiter 1945, BURTON und KOHL 1946) und aufklärenden Artikeln (OCKENDEN 1945; FREY-WYSSLING 1946; HILLIER 1946; BRETSCHNEIDER 1948a; COSSLETT 1948) fehlt es nicht. Dabei wird gewöhnlich die Analogie mit dem

Lichtmikroskop betont, da für die im luftleeren Raume sich geradlinig fortpflanzenden Elektronenstrahlen die Gesetze der geometrischen Lichtoptik gelten und wie bei einem Projektionsmikroskop Kondensor, Objektiv und Projektiv (Okular) vorhanden sind. Hier soll jedoch für den mikroskopierenden Biologen vor allem auf einige Unterschiede hingewiesen werden.

Die Elektronen-Lichtquelle (Kathode) liefert Strahlen, deren Wellenlänge von der Erregerspannung abhängig ist. Die meisten Elektronenmikroskope arbeiten mit 40000—60000 Volt Beschleunigungsspannung. Die Wellenlänge der Elektronenstrahlen besitzt dann den unvorstellbar kleinen Wert von etwa 0,05 Å. Eine Ausnahme bildet das holländische Modell in Delft, das mit 150000 Volt betrieben wird (LE POOLE 1947). Dadurch werden die Elektronenstrahlen noch kurzwelliger und durchdringender, so daß man dickere Objekte durchstrahlen kann; andererseits beansprucht aber der Hochspannungstransformator mehr Raum und größere Vorsichtsmaßregeln; ferner muß man dann den Beobachter gegen die Röntgenstrahlen schützen, die entstehen, wenn Elektronen auf Metall auftreffen, und um so durchdringender werden, je mehr die von der Kathode ausgesandten Elektronen beschleunigt sind. Ein amerikanisches Tischmodell, das nur mit 30000 Volt betrieben wurde, hat sich nicht bewährt. Die Geschwindigkeit der Elektronen ist bei dieser kleineren Beschleunigungsspannung zu gering; sie werden daher in der Objektträgerfolie stärker absorbiert und zerstören diese leichter als stärker beschleunigte Elektronen.

Nur ein Teil der Elektronen durchläuft das Objekt geradlinig und kann dann an der Bilderzeugung teilnehmen; die übrigen werden von den Atomen des Präparates gebremst und abgelenkt, so daß sie das Objekt in allen möglichen Richtungen mit veränderter Wellenlänge verlassen. Dieses Streulicht, das die Bilder verschleiern würde, muß durch Blenden abgefangen werden.

Hieraus folgt, daß die Elektronenmikroskopie nur mit kleinen Aperturen arbeiten kann. Ferner liefert bei elektrischen Linsen, wie bei unkorrigierten Glaslinsen, nur das innerste Zentrum fehlerfreie Bilder (SCHERZER 1947). Die Apertur wird daher im Gegensatz zur Lichtmikroskopie so klein als möglich gewählt, z. B. drei Bogenminuten, deren Sinus nur 0,001 beträgt. Die geringe Apertur bewirkt eine große Tiefenschärfe, so daß übereinanderliegende Objekte gleichzeitig scharf abgebildet werden können; andererseits beschränkt sie das Auflösungsvermögen. Nach der Formel von ABBÉ ergibt sich bei der oben erwähnten Wellenlänge und Apertur eine Auflösung von 0,05 Å : 0,001 = 50 Å. Dieser Wert stimmt mit der experimentell gefundenen Auflösungsgrenze überein. Nach einer Enquête der „Electron Microscope Society" in Amerika, wo über 200 Instrumente in Gebrauch sind, liegt das Auflösungsvermögen, das übrigens von der Dicke und Beschaffenheit der Objekte abhängt, zwischen 30 und 50 Å; nur vereinzelt werden kleinere Werte bis hinunter zu 15—20 Å erreicht (KINSINGER, HILLIER, PICARD und ZIELER 1946; GÖTZ und RECKNAGEL 1948). Vielfach wird bedauert, daß die Auflösung nicht besser sei; dies mag indessen eine Sorge des

Physikers sein. Für den Biologen ist das Auflösungsvermögen des Elektronenmikroskopes lange gut genug, denn es bringt eine 100fache Verbesserung gegenüber dem Immersions- und dem UV-Mikroskop. Wenn man bedenkt, daß die Hinausschiebung der Abbildungsgrenze des Lichtmikroskops von 0,5 μ auf 0,2 μ 50 Jahre dauerte und die großartigen Entdeckungen der Cytologie, besonders der Karyologie und der Bakteriologie ermöglicht hat, so ist mit dem plötzlich 100mal gesteigerten Auflösungsvermögen wohl genügend Arbeit für eine ganze Biologengeneration vorhanden.

Zufälligerweise stimmt die Auflösungsgrenze des Elektronenmikroskops ungefähr mit der Sichtbarkeitsgrenze von Goldteilchen im Ultramikroskop (etwa 60 Å) überein. Da jene Größe seinerzeit von ZSIGMONDY als untere Grenze der kolloiden Teilchengrößen erklärt worden ist, erlaubt die Elektronenmikroskopie somit, den gesamten Bereich der kolloiden oder sublichtmikroskopischen Morphologie zu erforschen. Aus diesem Grunde sollte man das Elektronenmikroskop statt Übermikroskop besser Submikroskop nennen, denn sein Auflösungsvermögen liegt nicht über, sondern unter jenem des Lichtmikroskops, und es umfaßt den gesamten sublichtmikroskopischen Bereich.

Elektronenmikroskopische Präpariertechnik.

Bei der Entwicklung des Lichtmikroskops war die Mikrotechnik den optischen Möglichkeiten stets voraus, und nur zögernd folgten die Verbesserungen des Auflösungsvermögens, die gestatteten, die feinsten Strukturen der vorhandenen Präparate abzubilden. Beim Elektronenmikroskop verhielt sich die Sachlage gerade umgekehrt. Das Auflösungsvermögen ist den mikrotechnischen Präpariermöglichkeiten vorerst weit vorausgeeilt. Es gelang anfänglich nicht, genügend dünne Präparate herzustellen, so daß meist nur Schattenbilder gewonnen wurden. Solche Schattenrisse sind zwar oft sehr aufschlußreich (siehe Diatomeen S. 76), aber sie können die Ansprüche, die wir an ein mikroskopisches Bild stellen, nicht befriedigen. Namentlich die Bakteriologen waren enttäuscht, daß nur die Umrisse ihrer Objekte untersucht werden konnten, nicht aber deren innerer Feinbau.

Da es zuerst nicht gelang, biologische Objekte genügend fein zu schneiden, um sie elektronenoptisch durchleuchten zu können, wurden allerlei Zerkleinerungsmethoden ausprobiert: Verquellung, Zerteilung mit Ultraschall (WUHRMANN, HEUBERGER und MÜHLETHALER 1946), Präparierung dünnster, in Entwicklung begriffener biogener Filme (FREY-WYSSLING und MÜHLETHALER 1946; CLAUDE, PORTER und PICKELS 1947; PORTER 1948), Verwendung eines Hochtourenmikrotoms, das Schnitte von 0,3—0,6 μ Dicke liefert (CLAUDE und FULLAM 1946), oder eines schnell rotierenden Zerkleinerungsapparates (Waring Blendor, MÜHLETHALER 1949a). Falls es gelingt, auf diese Weise dünnste Objekte zu gewinnen, die von den Elektronen durchstrahlt werden, erhält man trotzdem keine einwandfreien Abbildungen. Bei biologischen Präparaten sind nämlich solche Durchstrahlungsbilder sehr konstrastarm

und wirken dadurch flau. Dies rührt davon her, daß der Objektträger-
film von etwa 100 Å Dicke ebenfalls aus organischer Substanz besteht,
die zufolge ihrer Zusammensetzung aus C, O und N dieselbe Elektronen-
streuung wie das darauf aufgetragene Objekt bewirkt. Es entsteht
daher auf dem Leuchtschirm eine Untergrundschwärzung, die nur wenig
hinter der Schwärzung durch das abgebildete Objekt zurücktritt. Der
Kontrast wird nur groß, wenn das Präparat schwere Atome enthält.
Infolge ihrer hohen Kernladung wird durch diese der größte Teil des
Elektronenlichtes zerstreut, so daß solche Objekte schwarz erscheinen.
Hievon wird in der Mikrotechnik Gebrauch gemacht, indem man gewisse Zellbestandteile oder Strukturelemente mit schweren Metallen
wie Osmium oder Wolframphosphorsäure „anfärbt". Besonders Os-
miumtetroxyd wird als solcher Elektronenfarbstoff verwendet, da es
ja zugleich eines der besten Plasmafixierungsmittel ist (PORTER, CLAUDE
u. FULLAM 1945, PORTER 1948). Weil das Osmium vornehmlich in
lipoidhaltigen Partikeln gespeichert wird, bleiben die übrigen Zellbestandteile auf dem Bilde trotzdem flau und undeutlich.

All diese Unzulänglichkeiten vermeidet die Metallbeschattungs-
methode (shadow casting, WILLIAMS u. WYCKOFF 1944, 1946), die
von WYCKOFF zur heute erfolgreichsten Präpariertechnik ausgearbeitet
worden ist. Die Präparate werden in eine Vakuumglocke gelegt, wie
sie für die Metallbedampfung von Gläsern (Spiegel und Linsen) Verwendung findet. In einer gewissen Entfernung wird ein Metall (Al, Cr,
Au, Pd) über dem Präparat im Hochvakuum verdampft. Der Metall-
dampf fällt unter einem bestimmten Winkel auf das Präparat und
überzieht es mit einem 10—30 Å dicken Metallfilm, wobei man mit
um so dünnerer Beschattung auskommt, je höher die Atomnummer
des Metalles ist. Da die Metallatomstrahlen schief auffallen, bleiben
die Leeseiten hinter Erhöhungen im Präparate metallfrei; alle Vor-
sprünge werfen einen Schatten, gleich wie sich bei schief einfallendem
Regen hinter einem Haus ein Regenschatten bildet. Wird ein solches
Präparat im Elektronenmikroskop betrachtet, so sind alle Schatten für
die Elektronenstrahlen durchlässig und erscheinen auf dem Leuchtschirm hell, während die metallisierten Luvseiten der Erhöhungen dunkel
bleiben. Im photographischen Negativ, das gewöhnlich zur Reproduktion gelangt, sind umgekehrt die Schatten schwarz und die metallisierten Stellen hell. Man erhält auf diese Weise Bilder von erstaunlicher
Plastik, die am besten mit den schattenreichen Bildern einer Mond-
landschaft verglichen werden können.

Die beschatteten Präparate liefern nicht nur Bilder mit unerreicht
gutem Kontrast und tadelloser Schärfe, sondern sie weisen noch viele
weitere Vorteile auf. Durch den Metallfilm werden die elektrischen
Ladungen, welche die Elektronen auf das Objekt bringen, und die
Wärme, die sie darin erzeugen, in idealer Weise abgeleitet. Während
unbeschattete Objekte häufig verbrennen oder zufolge der sich an-
häufenden Ladungen aufgebläht und schließlich zerstört werden (MAHL
1947, ECKART 1948), sind die metallisierten Präparate gegen diese un-
erwünschten Begleiterscheinungen der Elektronenbestrahlung gefeit.

Alle Elektronen, die im Objekt gebremst werden, als verlangsamte Strahlen austreten und somit chromatische Bildfehler (Unschärfe) und Streulicht erzeugen würden, absorbiert der Metallfilm, der als letzte Schicht durchstrahlt werden muß. So gelangen nur die „rasanten" Elektronen als monochromatische Strahlung zur Bilderzeugung, wodurch die erwähnte große Bildschärfe erreicht wird. Führt man die Bedampfung unter einem Winkel von 45⁰ durch, ist die Schattenlänge gleich der Objekthöhe (MÜLLER 1942), so daß man die Objektdicke direkt ablesen kann. Gewöhnlich wird indessen unter viel flacheren Winkeln 1:5 oder 1:6 beschattet, so daß sehr plastische Schiefbeleuchtungen zustandekommen, wie man sie in einer Landschaft vom Flugzeug aus kurz nach Sonnenaufgang oder bei entsprechender Abendbeleuchtung beobachten kann. Zur Stabilisierung des gewonnenen Beschattungsreliefs kann nachträglich noch Metall (Silicium, Aluminium oder Beryllium) senkrecht von oben in dünnster Lage aufgedampft werden (EDWARDS u. WYCKOFF 1947).

Von größter Bedeutung für die sublichtmikroskopische Cytologie ist die Tatsache, daß sich die Beschattungsmethode nicht nur für die Darstellung korpuskular disperser Kolloidteilchen, sondern auch für die Abbildung des Feinbaues der retikularen Gele eignet (MÜHLETHALER 1949 a—c).

Für die Bedampfung verwendete man zuerst Gold oder Aluminium, ist dann aber zu Metallen mit höherer Verdampfungstemperatur wie Chrom und Palladium übergegangen, die einen sinterfreien Film liefern (WYCKOFF 1947a, MARKHAM, SMITH u. WYCKOFF 1948). Die Verdampfung wird in einer elektrischen Glühdrahtspirale aus Wolfram, das einen noch höheren Schmelzpunkt besitzt, vorgenommen. Die Dicke des aufgedampften Metallfilms wird aus der genau abgewogenen Menge des zu verdampfenden Metalles und dem Abstand der Verdampfungsquelle berechnet.

Die Metallbeschattung kann mit der Abdruck- oder Replica-Methode (MAHL 1948) kombiniert werden. Die Oberfläche des Objektes wird mit einer Lage von Kollodium in Amylacetat oder Formvar in Aethylendichlorid überdeckt. Der entstandene Film wird dann abgezogen und nachher beschattet (SCOTT u. WYCKOFF 1947). Oder man läßt das Objekt auf Glas eintrocknen, gewinnt von dieser Oberfläche einen Replica-Film und beschattet ihn. Mit dieser Methode hat WYCKOFF (1947b) seine erstaunlichen Bilder über die Kristallgitterordnung der Eiweißmakromoleküle gewonnen und den sichtbaren Nachweis der Richtigkeit des SVEDBERGschen Multipelgesetzes beim Hämocyanin erbracht, wo sich bei einem bestimmten p_H je vier Stabmoleküle parallel zu kubischen Übereinheiten von 400 Å Seitenlänge vereinigen (POLSON und WYCKOFF 1947).

Da die Eintrocknung der Präparate die natürliche Morphologie der hydratisierten Strukturen beeinträchtigt, ist man dazu übergegangen, Replica von frischen Objekten wie Bakterien (HILLIER und BAKER 1946) oder Phagen (EDWARDS und WYCKOFF 1947) abzuziehen. Eine andere Methode zur Vermeidung von Trocknungsartefakten ist die Gefriertrocknung, indem aus gefrorenen Objekten das Eis im Vakuum wegsublimiert wird (Wyckoff 1946).

Indirekte Methoden.

Die verschiedenen indirekten Untersuchungsmethoden, auf welche die sublichtmikroskopische Morphologie früher allein angewiesen war, treten neben der Elektronenmikroskopie etwas in den Hintergrund. Immerhin behalten sie ihre alte Bedeutung bei für die Untersuchung von Objekten, die der Präparation für das Elektronenmikroskop noch nicht zugänglich sind, und zur Überprüfung der Ergebnisse der Elektronenmikroskopie. Wenn z. B. den Hämocyanin-Makromolekülen, nach den Sedimentationskonstanten in der Ultrazentrifuge berechnet, Durchmesser zwischen 100 und 20 Å zukommen, während im Elektronenmikroskop abgeplattete Kugelteilchen von 165 Å Durchmesser gefunden werden (Williams und Wyckoff 1945), so muß dieser Widerspruch zuerst abgeklärt werden, bevor man die Teilchengröße als erschlossen betrachten kann.

In der Röntgenometrie ist die Kleinwinkelstreuung für die Erschließung von Teilchenbreiten und Großperioden in Fasern wichtig geworden (Bear 1944, 1945; Kratky 1948). Bei der Röntgenspektrographie liefern enggescharte periodische Bauelemente (z. B. Netzebenen) Interferenzen mit großen Ablenkungswinkeln, große Perioden dagegen solche mit sehr kleinen Beugungswinkeln. Um diese auf dem Film in der Nähe des Primärstrahl-Durchstoßpunktes liegenden Interferenzen zu entdecken, muß man außerordentlich feine Blenden verwenden. Mit Vorteil braucht man sehr enge Spaltblenden. Sind die Kleinwinkelinterferenzen scharf, so deuten sie auf Großperioden im Objekt hin, während diffuse Interferenzen in verdünnten Systemen von sich wiederholenden Phasengrenzen herrühren, so daß man aus ihrer Anordnung und dem Maximum der Kleinwinkelschwärzung auf Form und Größe vorhandener Teilchen schließen kann. So wurde in Kollagenfasern eine Großperiode von 640 Å entdeckt (Kratky und Sekora 1943), die mit der elektronenmikroskopisch sichtbaren Querstreifung übereinstimmt (Bear 1944). Für Hämocyaninmoleküle wurde ein Durchmesser von 260 Å gefunden (Kratky, Sekora und Friedrich-Freksa 1946), der keinem der oben angegebenen Werte entspricht; neuerdings wird auf perlschnurartige Assoziationen geschlossen (Kratky 1948). Für Edestin ist eine Kugelform mit 91,2 Å Durchmesser nachweisbar (Kratky 1946), was die Ergebnisse früherer Untersuchungen mit Hilfe der Ultrazentrifuge bestätigt. Dervichian, Fournet und Guinier (1947) finden in den roten Blutkörperchen eine Periode von 62 Å, woraus auf eine regelmäßige Anordnung der Hämoglobinmoleküle geschlossen wird; da diese nur 54 Å Durchmesser besitzen, dürften 2 bis 3 Schichten Hydratationswasser am gesetzmäßigen Aufbau beteiligt sein.

Im Zusammenhang mit dem Nachweis von Großperioden, d. h. Perioden kolloider Abmessungen ($>$ 50 Å), stehen Untersuchungen über molekulare Fernkräfte (long range forces), die man als

Ursache solcher gesetzmäßiger Anordnungen annimmt. Wenn sich die 200 Å breiten und 2000 bis 4000 Å langen Teilchen des Tabakmosaik-Virus in hoher Konzentration zu einem gitterartigen Verbande zusammenlagern, wie dies im Elektronenmikroskop sichtbar gemacht werden kann (WYCKOFF 1947c), so ist dies ein ähnlicher Vorgang wie die Parallellagerung stabförmiger Mikromoleküle in Flüssigkeiten (z. B. Paraffinketten), die als Ordnung in kleinen Bereichen (short range order) bezeichnet wird. Es ist indessen ein wesentlicher Unterschied, ob solche Ordnungskräfte, wie die VAN DER WAALSschen Kohäsionskräfte, auf amikroskopische Distanzen (wenige Å) oder als Fernkräfte auf sublichtmikroskopische Entfernungen (über 50 Å) wirken.

Die Fernwirkungen werden mit Hilfe multimolekularer Filme gemessen. Man zieht biologisch aktive Eiweißstoffe (Antigene, Enzyme) als molekulare Schichten auf Metallobjektträger auf. Dann werden diese aktiven Eiweißfilme mit einem Lipoidfilm verschiedener Dicke abgedeckt. Als sehr geeignet hierfür hat sich Bariumstearat erwiesen. Durch wiederholtes Eintauchen in einen Langmuir-Trog können Filme von beliebig vielen bimolekularen Molekülschichten aufgebaut werden. Die Dicke des abdeckenden Sperrfilmes wird polarisationsoptisch interferometrisch (TRURNIT und BERGOLD 1942) oder ellipsometrisch (ROTHEN 1945) gemessen. Tropft man auf einen solchen Sperrfilm, unter dem sich ein Antigen befindet, eine Lösung des entsprechenden Antikörpers, so macht sich die Immunreaktion (Fällung des Antikörpers) durch eine Bariumstearatschicht von über 200 Å hindurch geltend (ROTHEN 1947). Analoge enzymologische Versuche zeigen, daß auf den Stearatfilm gebrachtes Substrat gespalten wird, trotzdem es durch die Sperrschicht vom Ferment getrennt ist. Über die Deutung dieser interessanten Versuche wird z. Z. heftig diskutiert, da sie den bisherigen Anschauungen der chemischen Kontaktreaktion widersprechen und für die Cytophysiologie revolutionären Charakter tragen. Es wird geltend gemacht, daß die Stearatfilme möglicherweise nicht absolut dicht seien.

Schließlich muß darauf hingewiesen werden, daß in allen Laboratorien, die sich mit pflanzlichen Eiweißen befassen, die neuen Trennungsmethoden durch Zerkleinerungsmaschinen (BONNER und WILDMAN 1946), Hochleistungszentrifugen (CLAUDE 1946), Gefriertrocknung (WYCKOFF 1946), zweidimensionale Chromatographie (CONSDON, GORDON und MARTIN 1944), (POLSON, MOSLEY und WYCKOFF 1947; POLSON 1948a), Elektrophorese (FRAMPTON und TAKAHASHI 1944) und Diffusionsmessungen (FRITZEMEIER und HERMANS 1948; POLSON 1948b) eingeführt werden, wobei die isolierten Komponenten mit Vorteil laufend licht- und elektronenmikroskopisch verfolgt werden.

Untersuchungsergebnisse.

Zusammenfassende Darstellungen der Untersuchungsergebnisse findet man bei BRETSCHNEIDER (1948b), FAURÉ-FREMIET (1948, Elektronenmikroskop) und FREY-WYSSLING (1948a, b indirekte Methoden).

Anfänglich brachte das Elektronenmikroskop keine Neuentdeckungen, sondern es wurden lediglich die mit indirekten Methoden gewonnenen morphologischen Deutungen des sublichtmikroskopischen Feinbaus bestätigt: so der vorausgesagte (FREY-WYSSLING 1938) Retikularbau der Gele, der sublichtmikroskopische Fibrillenbau von Pflanzenfasern (WUHRMANN, HEUBERGER und MÜHLETHALER 1946), die stäbchenförmigen Tabakmosaik-Virusteilchen (s. d.), die Siebstruktur der Diatomeenschalen (s. d.); Bakteriengeißeln, die früher nur durch starke Beschwerung mit Farbstoffen sichtbar gemacht werden konnten, wurden in ihrer wirklichen sublichtmikroskopischen Dicke abgebildet, usw. Trotzdem diese erste Phase der Elektronenmikroskopie das naturwissenschaftliche Bild und die Auffassungen über das Reich der „vernachlässigten Dimensionen" keineswegs änderte, hat sie doch der sublichtmikroskopischen Morphologie einen großen Dienst geleistet, indem das Interesse für dieses Forschungsgebiet bei den Biologen gewaltig zunahm. Denn diese sind gewöhnt, mikroskopische Bilder zu interpretieren und nicht wie die Chemiker auf Umwegen indirekt eine Struktur abzuklären. Deswegen hatte die Biologie sofort Vertrauen in das Elektronenmikroskop, was den indirekten Methoden gegenüber nicht durchwegs der Fall war. Heute ist außerdem die elektronenoptische Mikrotechnik so weit entwickelt, daß die Elektronenmikroskopie grundlegende Erkenntnisse vermittelt und in die Phase der Neuentdeckungen eintritt.

Faserfeinbau. (sublichtmikroskopische Segmentierung).

Eine dieser Entdeckungen ist die Feststellung (WOLPERS 1944), daß die meisten fibrillären Eiweißstoffe sublichtmikroskopisch segmentiert sind (Blutfibrin, Liquorfibrin, Kollagen, Muskelfasern usw.). Diese Großperioden können zwar auch mit der röntgenometrischen Kleinwinkelstreuung (s. d.) festgestellt werden. Aber das Elektronenmikroskop zeigt, daß die Perioden Querbänder größerer Elektronenzerstreuung vorstellen. Sie müssen also mehr Masse oder schwerere Atome (z. B. Phosphor) enthalten. Osmiumbehandlung läßt die Streifung deutlicher hervortreten. In Kollagenfasern mit der Großperiode von 640 Å konnte WOLPERS (1948) die schattendichten Segmente durch Osmiumeinlagerung in vier schwarze Lamellen unterteilen. Bei Liquor- und Blutfibrin findet er (1947) eine Periode von 180 Å, während HAWN und PORTER (1947) 250 Å angeben. Die zuletzt erwähnten Autoren beschreiben, wie die Fibrillendicke des Fibrins bei der Blutgerinnung vom pH abhängt. Bei hohem p_H 8,5 entstehen die dünnsten Stränge (unit fibre), die sich bei tieferem Gerinnungs-p_H 7,6 oder 6,3 zu gröberen Strängen zusammenlagern. Interessanterweise sind die Perioden von miteinander verassoziierten Elementarfibrillen nie gegeneinander verschoben, sondern sie stimmen seitlich genau überein, so daß eine sich über die ganze Strangbreite erstreckende Querstreifung entsteht. In diesem Zusammenhang darf darauf hingewiesen werden, daß die von SZENT-GYÖRGYI (1947) stammende Idee, die mikroskopische Querstreifung der Muskelfasern könnte ein Schraubenband vorstellen, heute widerlegt ist (GERENDÀS und MATOLTSY 1947); die Isotropie der nicht doppelbrechenden Querbänder wird durch die Einlagerung einer optisch negativen Substanz bedingt, welche die positive Doppelbrechung der Muskelfibrillen wegkompensiert (MATOLTSY und GERENDÀS 1948). Im Gegensatz zu den meisten übrigen fibrillären Eiweißstoffen besitzt das Seidenfibroin im Elektronenmikroskop keine Querstreifung. HEGETSCH-WEILER (1948) hat die optischen Konstanten des Seidenfibroins genau bestimmt (Δ n = 0,0506).

Übersichten über den Feinbau von Faserproteinen sind bei NOWACKI (1944) und KRATKY (1947) zu finden.

Bei den Zellulosefasern ist bis jetzt im Elektronenmikroskop kein periodischer Feinbau nachweisbar. Die Elektronenbilder von KIN-SINGER und HOCK (1948) mit sehr reichlicher Metallbeschattung oder fleckiger Bleiacetat-Färbung sind nicht überzeugend. Auf indirektem Wege ist jedoch wahrscheinlich gemacht worden, daß in den Zellulose-fadenmolekülen in Abständen von etwa 2500 Å Glukosidbrücken auf-treten, die 1000 bis 5000mal schneller abgebaut werden als die gewöhn-lichen Sauerstoffbrücken; die Zelluloseketten zerfallen daher bei der Hydrolyse vorübergehend in Teilstücke von etwa 500 Glukoseresten (HUSEMANN 1947). Die Frage wird nicht diskutiert, ob diese Locker-bindungen der Ketten durch die in der Zellulose vorhandenen Karboxyl-gruppen bedingt sind, dagegen wird angenommen, daß ein Langperioden-gitter vorliege, d. h. daß die Lockerbindungen in der kristallisierten Zellulose alle in der gleichen Gitterebene liegen.

Über das Verhältnis von kristallisierter und amorpher Zellulose in den Textilfasern hat sich eine große Diskussion entsponnen. PHILIPP, NELSON und ZIIFLE (1947) finden auf Grund der Hydrolysegeschwindig-keit, die für amorphe Zellulose größer ist als für kristallisierte, daß in Ramie und Baumwolle 78—83% und in Kunstseide 60—70% der Zellu-lose kristallin sind. Durch genaue Messung des diffus zerstreuten Rönt-genlichtes bei röntgenspektrographischen Aufnahmen kommt HERMANS (1947a) dagegen für Ramie auf 60% und für Viscoseseide sogar nur auf 25% Kristallinität. Soweit es sich um Pflanzenfasern handelt, muß diese Frage im Zusammenhang mit den in allen untersuchten Fasern nachgewiesenen Mikrofibrillen diskutiert werden (s. Zellwände).

Eine gute Zusammenstellung über die Erschließung der Textur der Faserstoffe durch indirekte Methoden stammt von WUHRMANN (1946).

Zellwände.

Die verkieselten Membranen der *Diatomeen* haben von jeher in der Mikroskopie als Testobjekte eine große Rolle gespielt. So sind sie auch heute am besten geeignet, um den gewaltigen Fortschritt des Auflösungs-vermögens durch das Elektronenmikroskop zu demonstrieren. Außer den bekannten Porensystemen sind weitere sublichtmikroskopische Einzelheiten entdeckt worden. Die Diatomeenschalen der Plankton-algen *Tabellaria, Fragillaria* und *Asterionella* zeigen im Profil (Gürtel-ansicht) feinste Kieselzähnchen, welche die Kanten säumen (MÜHLE-THALER und BRAUN 1946). Die von diesen Autoren veröffentlichten

Schattenbilder lassen ferner prachtvolle Porenmuster in der Schalenaufsicht erkennen, wobei die Schalenenden z. B. bei *Asterionella* mit kleineren, unregelmäßiger angeordneten Poren versehen sind als die Zellmitte zu beiden Seiten der Raphe. Dort liegen die Poren in querverlaufenden Reihen. Es läßt sich voraussehen, daß bei vielen Diatomeenarten durch Auszählung der Reihen und der Anzahl Poren je Reihe spezifische Unterschiede zur Charakterisierung von Lokalrassen oder Kleinarten gefunden werden können, wodurch das Elektronenmikroskop in den Dienst der Systematik treten würde. Möglicherweise kann auch die ontogenetische Entwicklungsgeschichte der Verkieselung mit diesem neuen Hilfsmittel erschlossen werden (PRÁT 1947).

Die wichtigste Entdeckung ist wohl mit dem Nachweis einheitlicher Mikrofibrillen (Elementarfibrillen, Grundfibrillen) in den pflanzlichen Zellulosewänden gemacht worden (FREY-WYSSLING, MÜHLETHALER und WYCKOFF 1948; MÜHLETHALER 1949a, b). Sowohl die bis jetzt untersuchten Sekundärwände höherer Pflanzen (Ramie-, Flachsfasern, Baumwolle, Haferkoleoptile) und der *Valonia* (PRESTON, NICOLAI, REED und MILLARD 1948) als auch die in die Fläche wachsenden Primärwände (Flachsfaser, Baumwolle, Haferkoleoptile, *Vicia Faba*-Wurzel) zeigen Zellulosefibrillen von auffallend gleichen Durchmessern zwischen 250 bis 300 Å. Die Existenz von Mikrofibrillen dieser Dicke in Sekundärwänden ist vom Referenten (1937) postuliert worden, doch hätte man für die Primärwände feinere Zellulosestränge erwartet. Daß diese in den zarten Primärwänden, deren Zellulosegerüst nur einen Bruchteil der gesamten Wandsubstanz ausmacht (WIRTH 1946), die gleiche Stärke erreichen wie in den Sekundärschichten aus fast reiner Zellulose, ist sehr bemerkenswert. Offenbar wird das Wachstum der Zellulosefibrillen vom lebenden Cytoplasma so geregelt, daß immer ungefähr gleich viele Kettenmoleküle gebündelt werden. Bei 250 Å dicken Fibrillen wären größenordnungsmäßig $50 \times 50 = 2500$ Zellulosemoleküle auf dem Querschnitt zu treffen. Man ist geneigt anzunehmen, daß im wandständigen Cytoplasma ein bestimmtes morphogenetisches Prinzip für die Gleichartigkeit der Zellulosefibrillen sorgt. Sehr merkwürdig ist der Befund, daß auch die sublichtmikroskopischen Stränge der Bakterienzellulose (B. xylinum) 200—300 Å dick erscheinen (MÜHLETHALER 1949c). Nach den Aufnahmen zu schließen, kristallisieren dort die Zellulosestränge aus einem elektronenoptisch amorphen, extrazellulären Schleim (FREY-WYSSLING und MÜHLETHALER 1946, MÜHLETHALER 1948). Die Dicke der Stränge ist daher von der Zufuhr von Zelluloseketten bei der Kristallisation abhängig und sollte deshalb nach Maßgabe des Zufalls eine entsprechende Variabilität aufweisen. Wahrscheinlich ist die regelmäßige Verteilung von Kristallisationszentren in der amikroskopischen Gallerte dafür verantwortlich, daß alle Stränge zu ungefähr gleicher Dicke heranwachsen. Für die Strangbildung in den Zellwänden kann eine solche Überlegung jedoch kaum gelten, da dort die Polymerisation der Glukose und die Kristallisation der Zellulose nicht als getrennte Vorgänge, sondern gleichzeitig erfolgen, indem die Glukosemoleküle direkt in die wachsenden Fibrillen eingebaut werden.

Es ist unwahrscheinlich, daß die Zellulosemikrofibrillen von 250 bis 300 Å Durchmesser ideal kristallisiert sind. Vielmehr darf man annehmen, daß in ihrem Kettengitter Fehler- und Lockerstellen vorkommen, wie sie bisher für den Faserfeinbau als ganzes diskutiert worden sind. Versuche, die Mikrofibrillen durch Ultraschall weiter zu spalten, gelingen nicht; vielmehr ergeben sich Anzeichen, daß eine zusammenhängende Struktur vorhanden ist. Die Streitfrage über das Mengenverhältnis von kristallisierter und amorpher Zellulose in den Pflanzenfasern (s. S. 76) bezieht sich daher auf den inneren Feinbau der Mikrofibrillen.

Über die Länge der Mikrofibrillen können vorläufig keine Angaben gemacht werden; in den Sekundär- und Primärwänden findet man selten deutliche Enden. Alles, was man aussagen kann, ist, daß sie verglichen mit ihrer Dicke außerordentlich lang sind. Ob einzelne Fibrillen eventuell „endlos", z. B. in den Primärwänden um den ganzen Zellumfang herumlaufend, und in sich geschlossen sind, läßt sich nicht entscheiden. Im Gegensatz zu der Bakterienzellulose, wo seitliche Verklebungen zu Bändern beobachtet werden (MÜHLETHALER 1949c), gibt es in den Zellwänden keine Assoziation oder Parallelverwachsungen von Fibrillen, sondern sie sind stets gut individualisiert.

Wundervoll sind die Texturen, die die Mikrofibrillen miteinander bilden. In den Sekundärwänden findet man die vorausgesagten Paralleltexturen und in den Primärwänden Streuungstexturen. Vor allem gewährt es Befriedigung, daß die Röhrentextur, die auf Grund indirekter Methoden in den wachsenden Primärwänden erschlossen und gegen Angriffe verteidigt worden war, nun abgebildet werden kann (MÜHLETHALER 1949b). Die Übereinstimmung mit dem gegebenen Schema der Röhrentextur (FREY-WYSSLING 1942, S. 714) ist direkt verblüffend. PRESTON (1946), der lange Jahre den optischen Nachweis von Streuungstexturen in den Primärwänden zu entkräften suchte und auch die Richtigkeit der Untersuchungen von BAILEY (Zusammenfassung 1947) über verschieden steile Schraubentexturen in vielschichtigen Sekundärwänden (BAILEY und BERKLEY 1942) bestritt, gibt 1947 und 1948 zu, daß Primär- und Sekundärwand verschieden texturiert sind, so daß diese Texturstreitfrage noch kurz vor der Erscheinung der entscheidenden Elektronenbilder beigelegt werden konnte. Auch ein weiterer Streitpunkt wird nun hinfällig. HERMANS (1946, 1947b) kam auf Grund genauer Messungen der Dichte und der Brechungsverhältnisse von Zellulosefasern in Abhängigkeit vom Wassergehalt zum Schlusse, daß die Zellulose entgegen der Ansicht des Referenten keinen porösen Feinbau aufweisen könne, sondern daß sie kompakt gebaut sei, wobei sogar Vergleiche mit der Struktur von Glas gezogen wurden. Mag einer solchen Betrachtung vielleicht für umgefällte Zellulose (Kunstseide) eine gewisse Berechtigung zukommen, so gilt sie sicher nicht für pflanzliche Zellwände, in denen heute die sublichtmikroskopischen „Poren" gesehen werden können.

Eine erstaunliche Feststellung ist die Tatsache, daß die Mikrofibrillen nicht nur streuen mit Betonung der Richtung quer zur Zellachse, sondern daß sie wie ein Geflecht durcheinander gewoben sind. Ein solches

Flechtwerk kann nur zustande kommen, wenn alle Fibrillen im wandständigen Cytoplasma gleichzeitig entstehen, wobei die Textur im Plasma vorbestimmt sein muß, oder wenn die Fibrillen ein Spitzenwachstum aufweisen. Im letzten Falle könnten sie als „Schuß" zwischen bereits vorhandenen, dem Zettel vergleichbaren Fibrillen eingezogen werden. Die Verwebung erklärt, warum man die Primärwände im Gegensatz zu den Sekundärwänden nicht spalten oder in feinere Lamellen zerlegen kann.

Beim Flächenwachstum der Primärwände (FREY-WYSSLING 1947a, 1948c, 1949) wird das Flechtwerk lokal gelockert (MÜHLETHALER 1949b), vermutlich durch Auflösung (Verdauung?) einzelner Stränge, so daß sich die Maschen der Textur ausweiten (FREY-WYSSLING, MÜHLETHALER und WYCKOFF 1948), worauf dann wieder neue Mikrofibrillen eingezogen werden. Es scheint, daß der Vorgang der Texturlockerung weniger Sauerstoff benötigt als die darauf folgende Wandverfestigung, so daß wachsende Zellen (Wurzelhaare, Pollenschläuche) platzen (Plasmoptyse), wenn man sie durch Sauerstoffentzug einem anaerobiotischen Milieu aussetzt (KOPP 1948).

Die viel umstrittene Plasmodesmenfrage dürfte ihre endgültige Lösung ebenfalls mit Hilfe des Elektronenmikroskops finden. Die aus der Wurzel von *Vicia Faba* abgebildeten Tüpfelschließhäute erweisen sich als die reinsten Siebplatten mit submikroskopischen Poren. Ferner kann man beobachten, wie solche Tüpfelschließhäute unter noch nicht abgeklärten Umständen durch Überlagerung von zusätzlichen Fibrillen nachträglich verschlossen werden (MÜHLETHALER 1949b). —

Verglichen mit diesen großen Fortschritten der Elektronenmikroskopie treten die Ergebnisse über den Feinbau der Zellwände mit Hilfe der indirekten Methoden zurück. Mit der Röntgenmethode konnte in den Zellwänden der Süßwasseralge *Chlorochytridion tuberculatum* W. Vischer neben kristallisierter Zellulose Calcit und Quarz nachgewiesen werden (BRANDENBERGER und FREY-WYSSLING 1947). Dies ist der erste Fall, wo Kieselsäure in biogenen Objekten in Form von Quarz gefunden worden ist; er verdient besondere Erwähnung, weil sich unter physiologischen Temperaturen und Drucken in vitro kein Quarz bilden kann.

Polarisationsoptische Untersuchungen geben Auskunft über den Feinbau der verschleimenden Membranen im Leinsamen (FAUCONNET 1948) und der Kollenchymzellwände von *Petasites* (PRESTON und DUCKWORTH 1946). ZIEGENSPECK (1948) untersucht systematisch die „Micellierung" der Zellwände der verschiedensten Gewebe; die gefundenen Orientierungsrichtungen dürften der Hauptausrichtung der oben erwähnten Mikrofibrillen entsprechen. WARDROP und DADSWELL (1947) machen Angaben über die Verschiebungslinien in Holztracheiden, die sich mit unseren bisherigen Kenntnissen decken. Bei der mikrochemischen Bearbeitung von Holzschnitten unterscheiden sie zwischen Delignifizierung, wobei mit Chlor nur das Lignin entfernt wird, und Macerierung durch stärkere Oxydationsmittel, welche die gesamte Mittelschicht auflösen, so daß das Gewebe in die einzelnen Zellen zerfällt; hieraus wird geschlossen, daß die Mittelschicht nicht aus reinem Lignin bestehen könne. Nach LINDEBERG (1948) ist neben Pektin noch eine oxalatunlösliche, alkaliempfindliche Membransubstanz vorhanden.

Untersuchungen über den Faserdichroismus zeigten, daß sublichtmikroskopische Silberteilchen andere Lichtabsorptionskonstanten aufweisen müssen als opake Silberschichten (FREY-WYSSLING und WÄLCHLI 1946), und daß der direkte Baumwollfarbstoff Kongorot (substantiver Farbstoff) nur quer, nicht aber parallel zur Faserrichtung diffundieren kann (anisotrope Diffusion, FREY-WYSSLING 1947b).

Cytoplasma und Mitochondrien.

Über pflanzliches Cytoplasma liegen keine neueren Angaben vor; dagegen ist tierisches Hyaloplasma aus Amöbocyten der Schnecke und Makrocyten des Molches im Elektronenmikroskop abgebildet worden. Man erkennt globuläre Teilchen von 100 mμ Durchmesser und ein retikulares Grundplasma (FAURÉ-FREMIET, BESSIS und THAUREAUX 1948). Das alkoholfixierte Plasma verschmierter Thrombocyten zeigt ein Fibrillennetzwerk, wobei die Fibrillen aus aufgereihten Kugelteilchen von 50—75 mμ Durchmesser zu bestehen scheinen (BESSIS und BRICKA 1948). WEIBULL (1948), der ähnlich granulierte Flagellen bei *Proteus vulgaris* abbildet, deutet diese Struktur als Beschattungsartefakt (vgl. die oft regelmäßige Krümelung bei Rauhreifbildung). Ferner enthalten die Blutplättchen freie Kügelchen, die isoliert werden können.

Ähnliche Teilchen sind von CLAUDE (1946) im Cytoplasma der Leber festgestellt und mit dem Namen *Mikrosomen* belegt worden. Die Wahl dieses Namens ist nicht glücklich, da in der botanisch-cytologischen Literatur lichtmikroskopisch sichtbare Partikel im Cytoplasma als Mikrosomen bezeichnet werden; eigentlich handelt es sich bei den neu entdeckten Teilchen um Submikrosomen. In der Leber sind diese Teilchen 150 mμ groß und heben sich deutlich von den 0,5 bis 0,2 μ großen Mitochondrien ab. Entsprechend ihrer Dicke erscheinen die Mitochondrien im Elektronenmikroskop schwarz, die sog. Mikrosomen grau; beide Partikelarten sind in ein Grundplasma von fibröser Textur eingebettet (CLAUDE und FULLAM 1946). Über die Natur der Plasmapartikel wird eifrig gearbeitet. Sie können durch fraktionierte Zentrifugierung isoliert (CLAUDE 1946) und auf ihre enzymatische Aktivität untersucht werden (HOGEBOOM, CLAUDE und HOTCHKISS 1946). Man findet wichtige Atmungsfermente wie die Bernsteinsäure-Dehydrase und die Cytochrom-Oxydase an die Mitochondrien gebunden. Die Mikrosomen sind stark färbbar und nach CLAUDE identisch mit der chromophilen „Grundsubstanz" der Leberzellen.

MONNÈ (1948) sucht die Mikrosomen mit den Chromidien nach HERTWIG zu identifizieren. Im Cytoplasma der Seeigeleier sitzen diese auf Plasmafibrillen von etwa 100 mμ Breite. Sie zeigen UV-Absorption bei 260 mμ Wellenlänge, enthalten also Nukleinsäuren, sind jedoch Feulgen-negativ, was auf eine Ribosenukleinsäure hindeutet. Sie sind mit Pyronin (UNNAs Farbengemisch) färbbar. Im Gegensatz dazu weisen die Mitochondrien keine Färbbarkeit mit Pyronin und keine UV-Absorption auf. Nach Behandlung mit Ribonuklease verlieren die Chromidien ihre Affinität zu Pyronin. Die von MONNÉ vorgeschlagene Identifizierung der Chromidien, die an der Grenze des lichtmikroskopischen Auflösungsvermögens liegen, mit den 0,15 μ großen Mikrosomen von CLAUDE scheint mir daran zu scheitern, daß man diese Teilchen auf den Elektronenmikrogrammen nirgends auf Fibrillen aufgereiht findet.

Chloroplasten.

Von verschiedenen Seiten ist gleichzeitig die Granenstruktur der Chloroplasten im Elektronenmikroskop abgebildet worden. ALGERA, BEIJER, v. ITERSON, KARSTENS und THUNG (1947) haben die stärkefreien Chlorophyllkörner der Tulpe bearbeitet, GRANIK und PORTER (1947) jene des Spinates und im Laboratorium von WYCKOFF sind unveröffentlichte Bilder von Tabakchloroplasten aufgenommen worden. Der Granenbau scheint daher bei den Chlorophyllkörnern der höheren Pflanzen die Regel zu sein. Das Stroma erscheint körnig und die Granen als schwarze Scheibchen. Vielfach ist deutlich eine Plastidenhaut zu erkennen, die übrig bleibt, wenn der Plastideninhalt ausfließt. Die Granen sowie die Körner des Stromas liegen dann voneinander isoliert auf der Objektträgerfolie. Die von KAUSCHE und RUSKA (1940) abgebildeten Lamellen im Kontakt mit Tabakchlorophyllkörnern werden von ALGERA, BEIJER, v. ITERSON, KARSTENS und THUNG (1947) als aus dem Chloroplasten ausgetretene Myelinsubstanzen gedeutet. REZENDE-PINTO (1948a) bildet die Granen im Chloroplasten von *Anthoceros* im Lichtmikroskop ab, nachdem er die Stärke durch Hungerkultur der Thalli im Dunkeln zum Verschwinden gebracht hat. Für den von ihm (1948b) behaupteten Schraubenbau der Chloroplasten lassen sich weder polarisations- noch elektronenoptisch Anhaltspunkte gewinnen.

Die Ursache des Quadranteneffektes der Chloroplasten im Polarisationsmikroskop konnte abgeklärt werden. Er besteht darin, daß die Chlorophyllkörner zwischen gekreuzten Nicols bei schwacher Kompensation zwei grüne und zwei tiefrote Quadranten aufweisen. Die Doppelbrechung dürfte, wie bei den Erythrocyten, von der Textur der Haut herrühren. Das Grün in den Additionsquadranten ist eine anomale Polarisationsfarbe, das Rot in den Subtraktionsquadranten stellt dagegen lediglich Streulicht vor. Die Doppelbrechung ist dort zu ungefähr null kompensiert, so daß das im Chloroplasten entstandene, sehr schwache depolarisierte Streulicht sichtbar wird (FREY-WYSSLING und STEINMANN 1948). In der gleichen Arbeit wird die Schichtentextur der großen Chloroplasten von *Mougeotia* durch den Nachweis der Lamellendoppelbrechung einwandfrei bewiesen. Diese Feststellung verdient Beachtung, weil man bei den Chlorophyllkörnern der höheren Pflanzen bisher elektronenoptisch keine Lamellentextur gefunden hat.

Viren und Phagen.

Die elektronenmikroskopischen Entdeckungen über die sublichtmikroskopische Morphologie der Zellwände und Chloroplasten sind

deshalb bemerkenswert, weil es gelungen ist, den Feinbau von Gelen
abzubilden, der den klassischen Untersuchungsmethoden der Kolloid-
chemie (Ultramikroskop, Ultrazentrifuge, Ultrafiltration) unzugänglich
war. Aber auch unsere Kenntnisse über korpuskular disperse biogene
Systeme sind ganz bedeutend bereichert worden. Hierüber soll abschließend berichtet werden.

Über die Viren liegen bereits zahlreiche elektronenmikroskopische
Untersuchungen vor. Neben dem zuerst abgebildeten, stäbchenförmigen
Tabakmosaik-Virus treten vorwiegend globuläre Viren auf, deren
Teilchen beim Eintrocknen die Neigung zeigen, sich zu pseudokubischen
Molekülgittern zusammenzulagern, wobei unter Umständen die Kugel-
teilchen an den Berührungsflächen etwas abgeplattet werden: Tabak-
nekrose-Virus mit 275 Å großen Teilchen (MARKHAM, SMITH und
WYCKOFF 1947), Bushy Stunt-Virus mit 225 Å Durchmesser (PRICE,
WILLIAMS und WYCKOFF 1946), Kartoffel-Gelbzwerg-Virus mit 500
bis 2000 Å großen Kugelteilchen (BLACK, MOSLEY und WYCKOFF 1948),
Kürbismosaik-Virus 300 Å (TAKAHASHI und RAWLINS 1947a) usw. Die
Flokulation von Bohnenmosaik-Virus oder Bushy Stunt Virus mit dem
entsprechenden Antigen kann im Elektronenmikroskop verfolgt werden
(BLACK, PRICE und WYCKOFF 1946).

Im Gegensatz zur ziemlich gleichartigen Größe der globulären
Virusteilchen ist die Länge der Tabakmosaik-Virusstäbchen sehr
variabel. Die Abweichungen von der typischen Länge von 3000 Å
wurden in Funktion der Entwicklungszeit nach der Infektion untersucht und ein Längenmaximum nach 5 Tagen gefunden (RAWLINS,
ROBERTS und UTECH 1946); später stellte sich heraus, daß die Assoziation zu längeren Stäbchen vom p_H abhängig ist (TAKAHASHI und
RAWLINS 1948). Die Mutante des Tabakmosaik-Virus, die gelbes
Mosaik erzeugt, kann elektronenmikroskopisch nicht von der Stammform
unterschieden werden (TAKAHASHI und RAWLINS 1947b). Das Kartoffel-
X-Virus läßt sich morphologisch an seinen schlankeren, bis 6000 Å
langen und flexibeln Stäbchen erkennen (TAKAHASHI und RAWLINS 1946).

In Sarkom- und Karzinom-Krebsgeweben (PORTER und THOMP-
SON 1947, 1948) lassen sich osmophile Teilchen von der Größenordnung
1000 Å nachweisen, die in gesunden Geweben fehlen. Es wird daher die
Möglichkeit einer Deutung der Krebsbildungen als Viruskrankheit
erörtert.

Daß die Bakteriophagen sublichtmikroskopische Teilchen sind,
war schon lange bekannt. WYCKOFF (1948) ist es jedoch gelungen, sie
so abzubilden, daß morphologisch verschiedene Rassen unterschieden
werden können. So zerfällt die Population des Bakteriophagen, der die
Lyse von *Escherichia (Bacterium) coli* bewirkt, in sieben verschiedene
Typen: T_1 (50 mμ) und T_5 (100 mμ) besitzen dicke, kugelige Köpfe
und geißelartige Schwänze; T_2, T_4 und T_6 haben längliche Köpfe
(65—80 mμ) und dicke, gerade Schwänze (120 mμ lang); T_3 und T_7
sind kleiner, kugelig (45 mμ) und schwanzlos. Der Nachweis eines
Schwanzes ließ vermuten, daß diesem Organell für die Lokomotion
Bedeutung zukomme; genaue Diffusionsmessungen zeigen jedoch, daß

die Phagen-Teilchen nur nach den Diffusionsgesetzen wandern und daß keine zusätzliche Propulsion durch den Schwanz bewirkt wird (POLSON 1948b). Weil die Versuche bei 22° C durchgeführt wurden, besteht immerhin die Möglichkeit, daß sich bei 37° C ein anderes Resultat ergeben könnte.

Da die Phagen offenbar keine aktive Bewegung zeigen, ist ihre Morphologie um so merkwürdiger. Diese Teilchen von der Größenordnung 1000 Å, die die Dimensionen großer Eiweißmakromoleküle von 400 Å (POLSON und WYCKOFF 1947) nur wenig überschreiten, sind bereits in Kopf und Schwanz gegliedert, zeigen eine deutlich differenzierte Haut mit fibrillärer Textur und einen körnigen Inhalt. Die morphogenetischen Probleme, welche die Biologie so stark beschäftigen, beginnen also bereits auf dieser Organisationsstufe, bei Teilchen, die nur unwesentlich größer sind als die größten bekannten globulären Makromoleküle! Die Hoffnung, biologische Formen und Gestaltungen aus den Erkenntnissen der „Molekular-Morphologie" herzuleiten, kann daher vorläufig noch nicht in Erfüllung gehen. Die sublichtmikroskopische Morphologie scheint mehr Berührungspunkte und Ähnlichkeit mit lichtmikroskopischen und makroskopischen Gestaltungsweisen zu haben (fibrilläre Texturen; Prinzipien des Flechtens, Webens, der Segmentierung, der Kontraktion u. a.; Tüpfelschließhäute als Siebe usw.) als mit der amikroskopischen molekularen Organisationsstufe, die von der Morphologie der Kristallstrukturen beherrscht wird.

Literatur.

ALGERA, L., J. J. BEIJER, W. VAN ITERSON, W. K. H. KARSTENS u., T. H. THUNG: Biochim. Biophys. Acta **1**, 517 (1947).

BAILEY, I. W.: The Walls of Plant Cells. Publ. amer. Assoc. Adv. Sci. **1947**, No. 14, 31. — BAILEY, I. W., u. E. E. BERKLEY: Amer. J. Bot. **29**, 231 (1942). — BEAR, R. S.: (1) J. amer. chem. Soc. **66**, 1297 u. 2043 (1944). — (2) J. amer. chem. Soc. **67**, 1625 (1945). — BESSIS, M., u. M. BRICKA: Biochim. Biophys. Acta **2**, 339 (1948). — BLACK, L. M., V. M. MOSLEY u. R. W. G. WYCKOFF: Biochim. Biophys. Acta **2**, 121 (1948). — BLACK, L. M., W. C. PRICE u. R. W. G. WYCKOFF: Proc. Soc. exper. Biol. a. Med. (Am.) **61**, 9 (1946). — BONNER, J., u. S. G. WILDMAN: Arch. Biochem. **10**, 497 (1946). — BRANDENBERGER, E., u. A. FREY-WYSSLING: Experientia **3**, 492 (1947). — BRETSCHNEIDER, L. H.: (1) Mikroskopie **3**, 12 (1948a). — (2) Mikroskopie **3**, 160 (1948b). — BURTON, E., F. u. W. H. KOHL: The Electron Microscope. New York 1946.

CLAUDE, A.: J. exper. Med. (Am.) **84**, 51 (1946). — CLAUDE, A., u. E. F. FULLAM: J. exper. Med. (Am.) **83**, 499 (1946). — CLAUDE, A., K. R. PORTER u. E. G. PICKELS: Cancer Res. **7**, 421 (1947). — CONSDON, R., A. H. GORDON u. A. J. P. MARTIN: Biochem. J. **38**, 224 (1944). — COSSLETT, V. E.: Recent Advances in Electron Microscopy in the United Kingdom Res. **1**, 293 (1948).

DERVICHIAN, D., G. FOURNET u. A. GUINIER: C. r. Acad. Sci. **224**, 1848 (1947).

ECKART, A.: Optik **3**, 53 (1948). — EDWARDS, O. F., u. R. W. G. WYCKOFF: Proc. Soc. exper. Biol. a. Med. (Am.) **64**, 16 (1947).

FAUCONNET, L.: Pharm. Acta Helv. **23**, 101 (1948). — FAURÉ-FREMIET, E.: Microscopie (Paris) **1**, 1 (1948). — FAURÉ-FREMIET, E., M. BESSIS u. J. THAUREAUX: Microscopie (Paris) **1**, 41 (1948). — FRAMPTON, V. L., u. W. N. TAKAHASHI: Arch. Biochem. **4**, 249 (1944). — FREY-WYSSLING, A.: (1) Protoplasma **27**, 372 (1937). — (2) Kolloid-Z. **85**, 148 (1938). — (3) Jb. wiss. Bot. **90**, 705 (1942). — (4) Verh. schweiz. naturf. Ges. Zürich **1946**, 146. — (5) Vakbl. Biologen (Nd.) **27**, 89 (1947a). — (6) J. Polymer Sci. **2**, 314 (1947b). — (7) Submicroscopic Morphology of Protoplasm and its Derivatives. New York a. Amsterdam 1948a. — (8) Schweiz. mineral. petrogr. Mitt. (NIGGLI-Festband) **28**, 403 (1948b). — (9) Vjschr. naturf. Ges. Zürich **93**, 24 (1948c). — (10) Growth 1949 (im Druck). — FREY-WYSSLING, A., u. K. MÜHLETHALER: J. Polymer Sci. **1**, 172 (1946). — FREY-WYSSLING, A., K. MÜHLETHALER u. R. W. G. WYCKOFF: Experientia **4**, 475 (1948). — FREY-WYSSLING, A., u. E. STEINMANN: Biochim. Biophys. Acta **2**, 254 (1948). — FREY-WYSSLING, A. u. O. WÄLCHLI: J. Polymer Sci. **1**, 266 (1946). — FRITZEMEIER, H. u. J. J. HERMANS: Bull. Soc. chim. Belg. **57**, 136 (1948).

GERENDÀS, M. u. A. G. MATOLTSY: Arch. biol. Hung. Ser. II **17**, 186 (1947). — GÖTZ u. RECKNAGEL: Arch. techn. Messen J 834/4 (1948). — GRANICK, S. u. K. R. PORTER: Amer. J. Bot. **34**, 545 (1947).

HAWN, C. V. ZANDT u. K. R. PORTER: J. exper. Med. (Am.) **86**, 285 (1947). — HEGETSCHWEILER, R.: Vjschr. naturf. Ges. Zürich **93**, 57 (1948). — HERMANS, P. H.: (1) Contribution to the Physics of Cellulose Fibres. Amsterdam 1946. — (2) J. Chim. phys. **44**, 135 (1947a). — (3) J. Textile Inst. **38**, P 63 (1947b). — HILLIER, J.: Bull. amer. Ceramic Soc. **25**, (11) 438 (1946). — HILLIER, J., u. R. F. BAKER: J. Bacteriol. **52**, 411 (1946). — HOGEBOOM, G. H., A. CLAUDE u. R. D. HOTCHKISS: J. biol. Chem. **165**, 615 (1946). — HUSEMANN, E.: Makromol. Chemie **1**, 140 (1947).

KAUSCHE, G. A., u. H. RUSKA: Naturwiss. **28**, 303 (1940). — KINSINGER, W. G., J. HILLIER, R. G. PICARD u. H. W. ZIELER: J. appl. Phys. **17**, 989 (1946). — KINSINGER, W. G., u. CH. W. HOCK: Industr. Engng. Chem. **40**, 1711 (1948). — KOPP, M.: Über das Sauerstoffbedürfnis wachsender Pflanzenzellen. Diss. E.T.H. Zürich 1948 u. Ber. schweiz. bot. Ges. **58**, 283 (1948). — KRATKY, O.: (1) Mh. Chemie **76**, 325 (1946). — (2) Mh. Chemie **77**, 224 (1947). — (3) J. Polymer Sci. **3**, 195 (1948). — KRATKY, O., u. A. SEKORA: J. makromol. Chemie **1**, 113 (1943). — KRATKY, O., A. SEKORA u. H. FRIEDRICH-FREKSA: Anz. Akad. Wiss. Wien, Math.nat. Kl. **1946**, Nr. 5, 30.

LE POOLE, J. B.: Rev. Techn. Philips **9**, 33 (1947). — LINDEBERG, G.: Experientia **4**, 476 (1948).

MAHL, H.: (1) Optik **2**, 106 (1947). — (2) Optik **3**, 59 (1948). — MARKHAM, R., K. M. SMITH u. R. W. G. WYCKOFF: (1) Nature **159**, 574 (1947). — (2) Nature **161**, 760 (1948). — MATOLTSY, A. G., u. M. GERENDÀS: Hung. Acta physiol. **1**, No. 4—5 (1948). — MONNÉ, L.: Adv. Enzymol. **8**, 1 (1948). — MÜHLETHALER, K.: (1) Elektronenoptische Untersuchungen über den Feinbau von Gelen. Diss. E.T.H. Zürich 1948 u. Makromol. Chemie **2**, 143 (1948). — (2) Biochim. Biophys. Acta **3**, 15 (1949a). — (3) Biochim. Biophys. Acta 1949b (im Druck). — (4) J. Polymer Sci. 1949c (im Druck). — MÜHLETHALER, K., u. R. BRAUN: Ber. schweiz. bot. Ges. **56**, 360 (1946). — MÜLLER, H. O.: Kolloid-Z. **99**, 22 (1942).

NOWACKI, W.: Schweiz. Chemiker-Ztg.-Techn. Industrie 1944, No. 17/18.

OCKENDEN, F. E. J.: J. Quekett Microsc. Club, Ser. 4, **2**, No. 2 (1945) (revised separate publication 1946).

PHILIPP, H. J., M. L. NELSON u. H. M. ZIIFLE: Textile Res. J. **17**, 585 (1947). — POLSON, A.: (1) Nature **161**, 351 (1948a). — (2) Proc. Soc. exper. Biol. a. Med. (Am.) **67**, 294 (1948b). — POLSON, A., V. M. MOSLEY u. R. W. G. WYCKOFF: Science **105**, 603 (1947). — POLSON, A., u. R. W. G. WYCKOFF: Nature **160**, 153 (1947). — PORTER K. P.: Anat. Record **100**, 72 (1948). — PORTER, K. R., A. CLAUDE u. E. F. FULLAM: J. exper. Med. (Am.) **81**, 233 (1945). — PORTER, K. R., u. H. P. THOMPSON: (1) Cancer Res. **7**, 431 (1947). — (2) J. exper. Med. (Am.) **88**, 15 (1948). — PRÀT, S.: Mündliche Mitteilung 1947. — PRESTON, R. D.: (1) Proc. roy. Soc. London B **133**, 327 (1946). — (2) Proc. roy. Soc. London B **134**, 202 (1947). — (3) Biochim. Biophys. Acta **2**, 370 (1948). — PRESTON, R. D., u. R. B. DUCKWORTH: Proc. Leeds Phil. Soc. (so. sect.) **4**, 343 (1946). — PRESTON, R. D., E. NICOLAI, R. REED u. A. MILLARD: Nature **162**, 665 (1948). — PRICE, W. C., R. C. WILLIAMS u. R. W. G. WYCKOFF: Arch. Biochem. **9**, 175 (1946).

RAWLINS, T. E., C. ROBERTS u. N. M. UTECH: Amer. J. Bot. **33**, 356 (1946). — REZENDE-PINTO, M. C. DE: (1) Portugal. Acta biol. A **2**, 11f. (1948a). — (2) Portugal. Acta biol. A **2**, 111 (1948b). — ROTHEN, A.: (1) Rev. sci. Instr. **16**, 26 (1945). — (2) J. biol. Chem. **168**, 75 (1947).

Scherzer, O.: Optik **2**, 114 (1947). — Scott, D. B., u. R. W. G. Wyckoff: U.S.A. Publ. Health Rep. **62**, 422 (1947). — Szent-Györgyi, A.: Vortrag, Kongreß für Experimentelle Zytologie, Stockholm 1947.

Takahashi, W. N. u. T. E. Rawlins: (1) Amer. J. Bot. **33**, 740 (1946). — (2) Amer. J. Bot. **34**, 271 (1947a). — (3) Phytopath. **37**, 73 (1947b). — (4) Phytopath. **38**, 279 (1948). — Trurnit, H. J., u. G. Bergold: Kolloid Z. **100**, 177 (1942).

Wardrop, A. B., u. H. E. Dadswell: Counc. Sci. Industr. Res. (Austral.) Bull. No. 221 (1947). — Weibull, Cl.: Biochim. Biophys. Acta **2**, 351 (1948). — Williams, R. C., u. R. W. G. Wyckoff: (1) J. appl. Phys. **15**, 712 (1944). — (2) Nature **156**, 68 (1945). - - (3) J. appl. Phys. **17**, 23 (1946). — Wirth, P.: Membranwachstum während der Zellstreckung. Diss. Zürich 1946 und Ber. schweiz. bot. Ges. **56**, 175 (1946). — Wolpers, C.: (1) Virchows Arch. **312**, 292 (1944). — (2) Klin. Wschr. **24/25**, 424 (1947). — (3) Makromol. Chemie **2**, 37 (1948). — Wuhrmann, K.: Schweiz. Arch. angew. Wiss. u. Techn. **12**, H. 1 u. 2 (1946). — Wuhrmann, K., A. Heuberger u. K. Mühlethaler: Experientia **2**, H. 3 (1946). — Wyckoff, R. W. G.: (1) Science **104**, 36 (1946). — (2) Psa J. **13**, No. 12 (Dec. 1947a). — (3) Proc. Soc. exper. Biol. a. Med. (Am.) **66**, 42 (1947b). — (4) Biochem. Biophys. Acta **2**, 139 (1947c). — (5) Biochem. Biophys. Acta **2**, 27 (1948).

Ziegenspeck, H.: Mikrosk. **3**, 72 (1948). — Zworykin, V. K., G. A. Morton E. G. Ramberg, J. Hillier u. A. W. Vance: Electron Optics and the Electron, Microscope. New York 1945.

B. Systemlehre und Pflanzengeographie.

5. Systematik.

Von JOHANNES MATTFELD Berlin-Dahlem.

Der Beitrag folgt im Band XII.

6. Paläobotanik.

Von MAX HIRMER, München.

Der Beitrag folgt im Band 6.

7. Systematische und genetische Pflanzengeographie[1].

Von FRANZ FIRBAS, Göttingen.

I. Allgemeine Fragen.

ST. A. CAIN (1) hat in seinen „Foundations of Plant Geography" ein Lehrbuch der genetischen Pflanzengeographie geschaffen, das einem ähnlichen Bestreben entstammt, wie es einst SOLMS-LAUBACH (1905) in seinen „Leitenden Gesichtspunkten einer allgemeinen Pflanzengeographie" bestimmt hat. In den Überschriften seiner 4 Kapitel (Paleoecology — Areography — Evolution and Plant Geography — Significance of Polyploidy) und ihrer begrifflichen Ungleichwertigkeit kommt der augenblickliche Stand des Gebietes vielleicht etwas verzerrt, aber doch zutreffend zum Ausdruck. Bezeichnend ist das Bestreben, in kritischen Überlegungen den Dingen auf den Grund zu gehen und so zu einer klaren Fassung der Begriffe zu gelangen und dabei die Hilfsquellen der Paläontologie und der experimentellen und vergleichenden Genetik voll auszuschöpfen. Daneben macht das Buch den europäischen Leser mit vielen nordamerikanischen Arbeiten vertraut, die ihm sonst leicht entgehen.

---

[1] Der Beitrag berücksichtigt im Anschluß an Bd. 11 rund 300 Arbeiten vorwiegend aus den Jahren 1943—1948. Von weiteren 180 Arbeiten wurden mir bisher nur die Titel bekannt; einige wenige davon wurden ins Literaturverzeichnis, in Klammer gesetzt, aufgenommen. Eine sehr große Zahl von Arbeiten ist mir sicher noch völlig unbekannt geblieben, besonders aus Rußland und den amerikanischen Ländern.

Sieht also CAINs Buch in einer kritischen kausalen Analyse der pflanzengeographischen Erscheinungen oder in ihrer eindeutigen Rückführung auf den Zustand vergangener Erdperioden die Aufgaben der Pflanzengeographie — klassischen Auffassungen folgend —, so möchte ihr H. MEUSEL im allgemeinen Teil seiner „Vergleichenden Arealkunde" andere, der idealistischen Morphologie nachgebildete Wege weisen. Nach ihm besteht das Ziel der Pflanzengeographie allein darin, eine Übersicht über die Mannigfaltigkeit der Verbreitungs- und Vergesellschaftungsformen zu gewinnen, was nur einer vergleichend-überschauenden Betrachtung gelinge. Historische und ökologische Untersuchungsrichtungen berührten den Kern der pflanzengeographischen Fragestellungen nicht. Denn der Arealbildung lägen kausal-analytisch nicht faßbare Gestaltungsgesetze zugrunde.

So unbegründet es ist, wenn gelegentlich die vergleichend-überschauende Arbeitsweise als „bloß beschreibend" herabgesetzt wird, so ist es doch unwahrscheinlich, daß die Pflanzengeographen sich mit einer solchen Einschränkung ihres Arbeitsgebietes einverstanden erklären werden. Es liefe auf seine Verarmung hinaus. Denn die Verbreitung der Pflanzen auf der Erdoberfläche ist kein Phänomen, das der kausal-analytischen Betrachtung unzugänglich oder auch nur nicht genügend zugänglich wäre. Und nur diese grundsätzliche Möglichkeit der kausalen Erklärung und historischen Rückführung, und nicht das vielfach durchaus berechtigte Unbehagen über vorschnelle und unkritische Erklärungsversuche sollte über den weiterhin einzuschlagenden Weg entscheiden. Doch wird man es begrüßen, wenn MEUSELs Thesen die Kritik fördern.

II. Areal- und Florenkunde.

1. Arealtypen, Elemente, Chorogenese. Der durch MEUSELs Arealkunde erreichte Fortschritt dürfte also nicht im Entwurf einer idealistischen Pflanzengeographie, sondern in folgendem bestehen: Durch eine Übersicht über die wichtigsten Arealtypen der mitteleuropäischen Flora, durch umfangreiche Listen und durch einen Kartenatlas, der auf 350 Karten eine große Zahl von Arealen darstellt, ist ein Nachschlagewerk entstanden, das alle bisherigen Versuche dieser Art weit übertrifft. Die Fassung der Arealtypen, die auch als Elemente bezeichnet werden, wird dabei nach den Grundsätzen eines „natürlichen" Systems erstrebt. Zum gleichen Arealtypus werden also Pflanzen gerechnet, deren Verbreitung in den wesentlichen Zügen übereinstimmt. Als solche gelten besonders die Grenzen und Richtungen der heutigen Gesamtverbreitung, die Häufigkeit innerhalb des Verbreitungsgebiets und das Verhalten der verwandten Sippen, besonders ihr Entfaltungszentrum. Zum gleichen Element können Sippen verschiedenen Ranges gehören.

Dieses Vorgehen ist sicher dem Gegenstand angemessen. Es steht den älteren Fassungen der Elemente nahe, als heutige Verbreitung und genetische Stellung noch nicht so scharf geschieden wurden (H. CHRIST und andere), aber auch der von BRAUN-BLANQUET vertretenen Anschauung, daß man die Florenelemente am besten nach den Florengebieten, denen sie eigen sind, abgrenzt, und unterscheidet sich jedenfalls wesentlich von dem weit verbreiteten, aber allzu äußerlichen Verfahren, die Arten in erster Linie nach ihrer zirkumpolaren, eurasiatischen, eurosibirischen usw. Verbreitung zu ordnen.

Die Haupteinteilung, die MEUSEL wählt, ist freilich starrer, als man nach diesen Grundsätzen erwarten möchte. Die zonale Gürtelung der Areale wird durchweg zum 1., ihre Bindung an ozeanische oder kontinentale Gebiete zum 2. Einteilungsgrund gemacht. Die regionale Verbreitung (in den Gebirgsstufen) wird der entsprechenden zonalen angeschlossen. So ergeben sich in der Holarktis 4 Arealgürtel, nämlich ein arktisch-alpiner, ein boreal-montaner, ein boreo-meridional-montaner und ein meridional-kolliner, die wiederum in je einen ozeanischen und einen kontinentalen Arealtypenkreis untergeteilt werden. (In der Praxis kommt dazu jeweils noch eine Gruppe von Sippen, die keine deutliche Bindung an die Ozeanität des Klimas erkennen lassen.)

Dieses Verfahren ist im Norden sicher das Gegebene. Hier steht die zonale Gürtelung in der Flora wie in der Vegetation tatsächlich ganz im Vordergrund. Weiter nach Süden aber wird sie abgeschwächt, und die Gegensätze in der Ozeanität bzw. Kontinentalität treten immer stärker hervor: in der Ausbildung der sommergrünen Laubwaldgebiete und der kontinentalen Steppengebiete sowie des Mediterrangebiets. Rückt man nun auch hier die zonale Gliederung an die erste Stelle, so werden etwa die Vertreter des kontinentalen Steppenelements bald dem boreo-meridionalen Arealgürtel (hier also zusammen mit dem Element der sommergrünen Laubwaldgebiete), bald dem meridionalen oder submeridionalen Gürtel zugeordnet und damit (bei aller Anerkennung der gegebenen Verschiedenheiten) mehr zerrissen als natürlich scheint. Ähnlich ergeht es den ozeanischen (atlantischen) Pflanzen. Es scheint daher zweckmäßiger, beide Einteilungsgründe gleichwertig nebeneinander zu stellen und, soweit es sich um Mitteleuropa handelt, 5 Hauptgruppen zu unterscheiden [FIRBAS (1)]:

1. Das alpine, arktisch-alpine und arktische Element.
2. Das boreale Element (des eurosibirischen und nordamerikanischen Nadelwaldgürtels).
3. Das boreo-meridionale Element des Laubwaldgürtels mit einer ozeanischen, einer gemäßigten („mitteleuropäischen“) und einer subkontinentalen Untergruppe, wobei zur ersteren auch die boreal-ozeanischen (nordatlantischen usw.) Sippen zu zählen sind.
4. Das pontisch-zentralasiatische Element der kontinentalen (vorwiegend submeridionalen und boreo-meridionalen) Steppengebiete.
5. Das mediterrane und submediterrane Element.

In einem skizzenhaften Überblick befaßt sich E. SCHMID (1) mit dem atlantischen Florenelement und betont dessen Heterogenität im Gegensatz zur ökologisch-physiognomischen Einheitlichkeit des *Quercus Robur-Calluna*-Gürtels. In einer weiteren Arbeit (2) teilt er das afrikanische Florenelement in Europa in 4 genetische Gruppen, wobei die Hypothese der Kontinentalverschiebung und Polverlagerung zugrunde gelegt, also ein recht unsicheres Moment eingeführt wird. Dem Pangaea-typus (ursprünglich über die ganze besiedelbare, noch weitgehend geschlossene Kontinentalmasse verbreitete Sippen) werden der Umbelliferentypus (von tropischen Entstehungsgebieten nach beiden Polen hin sich, oft konvergent, entwickelnd), der Ericoidentypus (ursprünglich tropisch-subtropische Gebirgspflanzen, später teils nach Süden gedrängt, teils sich im Norden ausbreitend) und der Palae-aridistypus (mit der Breitenverschiebung der Trockengürtel gewanderte Xerophyten) gegenübergestellt.

In seinem großen Werk über die Vegetation der Alluvialebene südlich des Edwardsees (Belgisch-Kongo) hat J. LEBRUN auch einen Abriß der Geschichte der zentralafrikanischen Flora und ihrer genetischen Elemente gegeben und vor allem zur Gliederung der afrikanischen Florengebiete und Florenelemente unter neuen Gesichtspunkten Stellung genommen. Er schlägt, z. T. an EIG anknüpfend, mit wohl guter Begründung vor, ENGLERS „Afrikanisches Wald- und Steppengebiet“ in 2 Regionen (Florengebiete) aufzuteilen, nämlich eine Région guinéenne, der Guineensischen Waldprovinz ENGLERs im wesentlichen entsprechend, vor allem die großen Regenwaldgebiete des westlichen äquatorialen Afrika umfassend und durch zahlreiche Endemismen bis zum Rang von Familien ausgezeichnet, und die b) Région soudano-zambézienne mit mehr oder weniger xerischer Vegetation, nicht so einheitlich wie die vorige, immerhin mit sehr vielen Gattungsendemismen und mehrere Provinzen ENGLERs umfassend, von den Steppen am Südrand der Sahara über

die Savannen, Trockenwälder und Gebirgswälder Ostafrikas vielleicht bis an die
Nordgrenze des Kaplands reichend. Die Florenelemente werden auf die Regionen,
die Subelemente auf ihre Provinzen bezogen und die übrigen Sippen, EIG folgend,
als „plantes de liaison" bzw. pluriregionale Arten (bis einschließlich der Kosmopoliten) behandelt.

Eine Gliederung des antarktischen Florenelements, die auf die meridionalen
Beziehungen stärker Rücksicht nimmt, schlägt in einer vergleichenden Studie über
die Vegetationszonen und Vegetationsstufen der Nord- und Südhalbkugel C.TROLL(2)
vor. Er unterscheidet eine „subantarktisch-andine" (bisher austral-antarktische)
Gruppe mit einer Verbreitung in der Subantarktis und in den hohen Lagen der
tropischen Anden, z. B. *Azorella, Fuchsia*; eine „subantarktisch-montan-pazifische"
mit einer Verbreitung in der Subantarktis und in den Gebirgen der tropischpazifischen Inseln bis Hawaii und Neuguinea, z. B. *Metrosideros, Astelia, Dacrydium*; und eine „subantarktisch-tropisch-montane" mit einer Verbreitung in der
Subantarktis und in den Gebirgen sowohl des tropischen Amerika wie auch des
westpazifischen Raumes, seltener in Afrika, z. B. *Gunnera, Weinmannia, Acaena,
Drimys*.

Unter den chorogenetischen Arbeiten des Zeitraums kommt eine
besondere Bedeutung wohl E. B. BABCOCKs Monographie von *Crepis*
insofern zu, als hier die Differenzierung und Ausbreitung einer Gattung
aufgeklärt wird, die sicher für viele Sippen arktotertiären Stammes als
typisch gelten kann, die Untersuchungen sich aber nicht nur auf die vergleichende Morphologie, die heutige Verbreitung und einen Vergleich
mit der geologischen Entwicklung zu beschränken brauchen, sondern
auch auf einen in 3 Jahrzehnten von vielen Seiten geförderten vergleichend-karyologischen und experimentell-genetischen Tatbestand
stützen können. Die Entstehung der im wesentlichen sicher monophyletischen Gattung kann auf Grund der heutgen Verbreitung ihrer
primitivsten Sektionen und der nächst verwandten Gattungen in
Zentralasien, sehr wahrscheinlich im Altai-Tien-Shan-Gebiet im Laufe
des frühen Tertiärs angenommen werden. Von hier aus erfolgte eine
Ausbreitung in 4 Hauptrichtungen, nämlich nach NO über das Beringsland nach Nordamerika, nach SO bis China und Vorderindien, nach
NW bis Fennoskandien und nach SW einerseits über Vorderasien nach
Mitteleuropa und ins Mediterrangebiet, andererseits über Arabien nach
Ost- und Zentralafrika. Zahlreiche primitive Reliktendemismen (ausdauernde Stauden) sind auf diesen Wegen in den Gebirgen zurückgelassen worden, zahlreiche progressive Endemismen (einjährige, an
Trockenheit angepaßte Kräuter) vor allem im Bereich der mediterranen
Küstenländer entstanden. Heute leben 196 Arten. Bei ihrer Bildung
waren in Verbindung mit äußeren und inneren, die Isolation fördernden
Faktoren Genmutationen entscheidend. Nur in sehr viel geringerem
Maße kamen Bastardierung und Apomixis dazu und, fast nur bei den
amerikanischen Arten, die sonst so beliebte Polyploidie. Überraschend
ist, daß Verf. eine von CL. & E. M. REID (1916) in der bekannten
pliozänen Flora von Reuver (an der deutsch-holländischen Grenze)
gefundene *Crepis*-Frucht mit Bestimmtheit *Cr. terglouensis* zuweisen
kann, einer heute auf die alpine und nivale Stufe der östlichen Kalkalpen beschränkten Art.

Nur eine kleine, allerdings in der Holarktis über größere und kleinere
Bezirke mannigfach und sehr bezeichnend verbreitete Artengruppe,

die sehr wahrscheinlich ebenfalls in den zentralasiatischen Gebirgen ihren Ursprung nahm, betreffen A. KALELAs Studien über die *Carex*-Subsektion *Alpinae*. Auf sie soll hier vor allem deswegen hingewiesen werden, weil der Verf. eine sehr große geologische, paläogeographische, klima- und vegetationsgeschichtliche Literatur herangezogen hat, so daß geradezu eine Einführung in die genetische Pflanzengeographie der Holarktis entstanden ist mit mancherlei kritischen und anregenden Bemerkungen zu alten und neuen Fragen.

Von besonderem methodischem Interesse sind SELLINGs Studien über die rezenten und fossilen Sporenformen der Gattung *Schizaea*. Der Sporencharakter variiert hier parallel zu den bisher auf vergleichend morphologischem Wege festgestellten Entwicklungslinien, wobei sich die abgeleiteten Formen durch Verringerung der Sporengröße und Reduktion des Exospors auszeichnen. Während die Entstehung der Gattung bisher in die südliche Hemisphäre verlegt worden ist — trotz der primitiven nordostamerikanischen *Sch. pusilla* — zeigt das Vorkommen einer der *pusilla*-Gruppe zugehörigen Spore im Miozän der Niederlausitz und wahrscheinlich zur Gattung *Sch.* gehöriger Sporen im deutschen Paläozän und Eozän sowie der Nachweis der besonders primitiv erscheinenden, lebend bisher unbekannten *Sch. Skottsbergii* im älteren und mittleren Postglazial der Hawaiischen Inseln, daß die Dinge verwickelter liegen. Wahrscheinlich ist die Gattung in der Kreidezeit in tropischen Gebirgsländern entstanden, so, wie heute noch die ebenfalls recht primitive *Sch. robusta* die Gebirgsmoore Hawaiis bewohnt — ein Ergebnis, das also auch einen Beitrag zur Auffassung der bipolaren Areale darstellt. Offenbar werden Sporen- bzw. Pollenstudien in günstigen Fällen über die Chorogenese von Gattungen wertvolle Aufschlüsse vermitteln können.

Für ein tieferes Verständnis der Chorogenese wird auch die Herausarbeitung der Oekotypen immer notwendiger. Daß vor allem die ausgedehnten Areale weit verbreiteter Arten auf einer Vielzahl von Oekotypen beruhen und (gleichgültig, ob diese scharf abzugrenzen sind oder ineinander übergehen) offenbar erst durch diese möglich werden, ist seit den zahlreichen Untersuchungen über die Klimarassen der Waldbäume und den klassischen Arbeiten TURESSONs wohl bekannt. Doch bleibt es weiterhin wünschenswert, diese Erscheinung an einem möglichst mannigfaltigen Material zu studieren. Einen solchen Beitrag bringt z. B. W. E. LAWRENCE (1, 2) durch Untersuchungen über Oekotypen von *Deschampsia* und vor allem über 2 nordamerikanische *Achillea*-Arten, die tetraploide *A. lanulosa* (n = 18) und die hexaploide *A. borealis* (n = 27), die sich bei ihren zahlreichen Oekotypen überhaupt nur durch die Chromosomenzahl scharf umgrenzen lassen. Auf diesem Gebiet verzahnen sich Taxonomie, Genetik und genetische Pflanzengeographie natürlich auf das engste. Auch der Pflanzengeograph ist daher an einem so großzügigen Arbeitsprogramm sehr interessiert, wie es CLAUSEN, KECK & HIESEY (1, 2) in ihren anderwärts besprochenen „Experimental studies on the nature of species" verfolgen.

Auch die Untersuchungen zur cytogeographischen Charakteristik der Floren sind hier anzuschließen. So hat TISCHLER eine lehrreiche Zusammenstellung des Anteils der Polyploiden auf Spitzbergen, Island, in Schleswig-Holstein und auf den Kykladen gegeben. Er beträgt 77,1 ($\pm$5,44)% bzw. 64,9 ($\pm$2,72)% bzw. 50,2 ($\pm$1,55)% bzw. 34,1 ($\pm$1,98)%, läßt also die Zunahme nach N sehr klar erkennen. Auch die von R. DE SOÓ (3) in dieser Beziehung geprüfte karpathisch-pannonische

Flora, von deren 2860 Arten 63,4% cytologisch bekannt sind, fügt sich mit 40,65% Polyploiden vorzüglich in die Tischlersche Reihe ein. In dieser Flora spiegelt sich die gleiche Gesetzmäßigkeit bis zu gewissem Grade auch noch innerhalb der Arealtypen wieder, besonders in dem geringen Polyploiden-Prozentsatz des mediterranen Elements (25%), das hier durch viele Einjährige vertreten ist. Innerhalb der nordischen Floren ist für solche Berechnungen auch eine neue Zusammenstellung der Chromosomenzahlen der Flora von Island, der Faer-Öer, Dänemarks, Norwegens, Schwedens und Finnlands von A. & D. Löve wichtig. Im übrigen kann aber auf das umstrittene Problem der größeren Resistenz und des größeren Ausbreitungsvermögens der Polyploiden hier nicht weiter eingegangen werden (vgl. z. B. Melchers). Soó äußert sich auf Grund der Berechnungen an den Arealtypen und Pflanzengesellschaften Ungarns ganz ablehnend, während z. B. G. Hermann in Studien über die Besiedlung von Neuland im Gebiet von Bremen positive Ergebnisse erhielt (vgl. dazu Tischler). Es ist offenbar sehr schwierig, wirklich vergleichbare Grundlagen zu gewinnen, und die statistische Unsicherheit ist groß. Soó weist z. B. darauf hin, daß der wechselnde Anteil von Familien mit verschiedener Neigung zur Polyploidie in den einzelnen Floren stört.

Zur Frage nach der Arealbildung bei niederen Pflanzen hat Santesson (1) einen interessanten Beitrag durch Studien über die südamerikanischen *Cladina*-Arten geliefert. Entgegen älteren Angaben über das kosmopolitische Auftreten mancher Cladonien zeigte es sich, daß hier nur Arten auftreten, die auf das südamerikanische Florengebiet beschränkt sind, und zwar teils auf die tropisch-subtropischen Waldgebiete, teils auf Moore der gemäßigten Zone. Es sind z. T. ausgesprochen vikariierende Sippen zu bekannten amphiborealen Arten wie *Cladonia rangiferina* und *silvatica*, die auch in der Vegetation Feuerlands, etwa in dessen Hochmooren, eine ganz ähnliche Rolle spielen. Auch die Verbreitung der für die patagonischen Regenwälder bezeichnenden *Mennegazzia*-Arten wurde vom gleichen Verf. (2) studiert. Sie deutet auf frühere Zusammenhänge mit Neuseeland. Für die Verbreitung der Flechten der Holarktis aber ist u. a. eine Arbeit von Degelius (1, 2) wichtig, die von der Flechtenflora von Maine (USA.) ausgeht. Danach sind die Beziehungen der nordamerikanischen und europäischen Flechtenflora recht eng, 80% der in Maine gefundenen Arten treten auch in Europa auf. Auch vikariierende Arten sind vorhanden bzw. Artenpaare, von denen eine oder auch beide Arten in beiden Gebieten vorkommen, wobei aber in einem Gebiet die eine Art gegenüber der anderen stark zurücktritt. Verf. spricht hier von „subvikariierenden Arten".

Ein weiterer Beleg für die durchaus mögliche geographische Beschränkung scheinbar leicht verbreitbarer niederer Pflanzen ist Hustedts Bearbeitung der Diatomeen-Flora verschiedener Seen und Quellen der Balkanhalbinsel, besonders aus dem Gebiet des Ochridasees und der Plitvitzer Seen. Von 441 aufgefundenen Formen sind 367 auch aus Mitteleuropa, 10 aus den Alpen, eine aus Nordeuropa, 4 aus den Tropen bekannt, während 59 vorläufig als endemisch gelten müssen, wobei freilich zu beachten ist, daß die vorderasiatische Diatomeen-Flora noch fast unbekannt ist.. Unter den Endemismen sind einige so auffällig, daß sie anderwärts nicht übersehen worden sein können. Am interessantesten darunter sind die in Massen auftretenden Planktonformen *Cyclotella fottii* und *C. plitvicensis* sowie das früher nur fossil aus den südlichen Karpathen bekannte *Gomphonema transsilvanicum*, das nunmehr an mehreren Orten lebend gefunden und hier wohl ein Tertiärrelikt ist. Der gesamte Charakter der untersuchten Flora ist offenbar durch das hohe Säurebindungsvermögen, die Abgeschlossenheit und das beträchtliche Alter der Seen bestimmt.

Die niederen Phycomyceten aber scheinen nach HARDER, in Übereinstimmung mit einer auch von SPARROW vertretenen Ansicht, unabhärgig von den großen Klimagürteln der Erde überall auftreten zu können. Von 20 in deutschen Böden nachgewiesenen Gattungen sind mit Ausnahme einer (des seltenen *Amoebochytrium*) alle auch aus den Tropen bekannt.

Neue Verbreitungskarten und wichtigere Verbreitungsangaben.[1]

Thallophyten. Funde der indopazifischen Algen *Cladophoropsis Zollingeri, Acetabularia Moebii, Sarconema furcellatum, Hypnea cornuta* und *Rhodymenia erythraea* an den Südostküsten des Mittelmeers gehen sehr wahrscheinlich auf junge Zuwanderungen aus dem Roten Meer durch den Suezkanal zurück (ALLEM).

Die Verbreitung des in Finnland streng an die Küsten gebundenen *Phallus impudicus* (2) wird wahrscheinlich durch mildes Klima, kalkhaltigen Boden und evtl. durch Anthropochorie bestimmt; 1 Pu [LUTHER (2)].

Cladonia mediterranea, eine neue mediterran-atlantische Art (DES ABBAYES & DUVIGNEAUD).

Finnland-Petsamo, Nachweis von 63 für Finnland neuen Arten (RÄSÄNEN). — Schweden-Gotland, Nachweis für Skandinavien neuer Arten, u. a. einiger *Collema*-Arten [DEGELIUS (3)] und der südlich-subozeanischen *Arthopyrenia cinereo-pruinosa* und *Pyrenula laevigata* [DEGELIUS (5)].—Boreal-montane und ozeanische Formen in der Nadelwaldstufe der Appalachen [DEGELIUS (2)].

Bryophyta. *Scapania,* verschiedene Verbreitungsangaben [K. MÜLLER (1)].

Bayern, Verbreitungskarten von *Sphagnum molle, Sphagnum imbricatum, Dicranum spurium, Calliergon turgescens* (PAUL). — Eisenach; eingehende Standortsangaben der Moosflora (KRÜGER). — Finnland, Kuusamo; Verbreitungskarten der Lebermoose *Leiocolea Kaurinii, Tritomaria scitula, Arnellia fennica, Diplophyllum albicans, Scapania gymnostomophila, Odontoschisma Macounii, Neesiella pilosa,* außerdem zahlreiche Neufunde (AUER). — Vogesen; Neufunde von Laubmoosen, u. a. des alpinen *Anomobryum filiforme* und des arktisch-alpinen *Plagiothecium piliferum* (F. & K. KOPPE); Neufunde seltener Lebermoose [K. MÜLLER (2)]. — Dalmatien; relative Armut der Lebermoosflora an atlantischen Arten [K. MÜLLER (4)].

Pteridophyten. *Dryopteris Borreri,* ein lange übersehener submediterraner Farn im Harz und in Ostthüringen (F. HERMANN; vgl. auch MAATSCH in Verh. Bot. Ver. Prov. Brandenburg 82 (1942) und ROTHMALER, Boissiera 7 (1943)]. — *Polystichum Lonchitis* in Schweden, 1 Pu, und Beispiele für Verbreitungssprünge geringen Alters [SELLING (1a)].

Spermatophyten, Europa. *Atriplex sabulosa,* eine westeuropäische Strandpflanze, in Schweden [DEGELIUS (4)]. — *Callitriche pedunculata,* erster Nachweis der mediterran-atlantischen Art in Dänemark an 2 Standorten in Südost-Jütland; Pu für Europa [JESSEN (2)]. — *Ceratophyllum submersum;* 3 Pu für Nordeuropa (BACKMAN).— *Compositae-Vernonieae;* Umrißkarten der argentinischen Arten (CABRERA). — *Cornus,* Umrißkarten der Untergattungen (HUTCHINSON).— *Eurotia ceratoides;* Entdeckurg der pontisch-zentralasiatischen Steppen- und Halbwüstenpflanze an einem zweiten Standort in Ungarn [DESOó (1)]. — *Glyceria maxima;* Pu für Finnland (LINKOLA). — *Juncaginaceae, Alismataceae, Hydrocharitaceae;* Verbreitung in Dänemark unter Berücksichtigung der Fossilfunde, 14 Pu (MIKKELSEN, V. M. (2)]. — *Leontodon* in Ungarn; Pu für 11 Arten und Varietäten (ZSONGOR). — *Leucosyke;* Umrißkarte der Gattung (UNRUH). — *Najas flexilis;*

---

[1] Pu = Punktkarte.

nähere Untersuchung der beiden finnischen Standorte; Begrenzung wohl durch passenden Nährstoffgehalt, Fehlen von Konkurrenten (die die Art in die Tiefe abdrängen) und durch eine gewisse Mindestwärme des Sommers [LUTHER (1)]. — *Narcissus stellaris*; Ausbreitungsgeschichte in Steiermark, Neufunde [LÄMMER-MAYR (2)]. — *Narthecium*; kritische, vielseitige Verbreitungsanalyse der europäischen Arten, besonders auch ihres soziologischen Verhaltens; Pu für *N. ossifragum, Reverchoni, scardicum*, Umrißkarte für alle Arten der Gattung (SCHUMACHER). — *Sisymbrium altissimum*; Pu für Finnland [ERKAMO (1)]. — *Thymus serpyllum* ssp. *angustifolius, arcticus* und *tanaensis* in Fennoskandien; eingehende Fundortslisten und Karten (JALAS). — *Vitis silvestris*; Nachweis von Standorten im nördlichen Teil des Oberrheinischen Tieflandes mit 1 Pu [KIRCHHEIMER (1)] und Zusammenstellung aller urwüchsigen Standorte im Oberrheingebiet [KIRCHHEIMER (2)].

Karelische Landenge; 121 Karten, vielfach Pu (HIITONEN). — Kreta, Neufunde (RECHINGER). — Mitteldeutschland; Pu von *Chimaphila umbellata, Pirola chlorantha, Myosotis sparsiflora, Asperula tinctoria, Luzula silvatica, L. nemorosa, Corydalis cava* [MEUSEL (2)]. — Niederhessen, Pu von *Chrysanthemum corymbosum, Pirus communis, P. Malus, Platanthera bifolia, P. chlorantha* (GRIMME). — Oberlausitz Pu für viele Arten (BARBER & MILITZER). — Peloponnes; Floristische Neufunde, [ROTHMALER(2)]. — Pyrenäen; verschiedene Neufunde aus den Ostpyrenäen [BRAUN-BLANQUET (2)]. — Rheingebiet; Verbreitung von Arten der Laubmischwälder im Mittelrheingebiet (SCHWIER) und von südamerikanischen Adventivpflanzen im rheinisch-westfälischen Industriegebiet (SCHEUERMANN). — Steiermark; ergänzende Angaben über atlantische Arten; 2 Pu (LÄMMERMAYR (1)].

Spermatophyten, außerhalb Europas oder in mehreren Erdteilen. *Achillea lanulosa, borealis*, Pu [LAWRENCE (2)]. — *Cakile maritima, edentula*, Pu (A. & D. LÖVE). — *Crepis*, Umrißkarten aller Arten der Gattung (BABCOCK). — *Deschampsia caespitosa* ssp. div. im pazifischen Nordamerika, 1 Pu [LAWRENCE (1)]. — *Eriophorum russeolum*, 2 Pu [LÖVE (2)]. — *Madia* (7 Arten), *Layia* (2 Arten), *Artemisia* (3 Arten), Umrißkarten (CLAUSEN, KECK & HIESEY). — Alaska und Jukon, weitere Pu in der Fortsetzung der großen Flora von HULTÉN. — Verschiedene Verbreitungskarten für Nordamerika aus anderen Arbeiten auch bei CAIN (1).

2. Floren- und Vegetationsgebiete. Zunächst ist eine wichtige Arbeit von DIELS über die südlichen Ausstrahlungen des holarktischen Florenreichs nachzutragen. Dessen Südgrenze ist nur im nordafrikanisch-vorderindischen Bereich scharf, wo sie von dem afrikanisch-arabischen Wüstengebiet und der Gangesebene gebildet wird; in Amerika und Südostasien hingegen ist sie durch zahlreiche Transgressionen der holarktischen Flora mehr oder weniger unscharf. Diese Transgressionen werden nun in der Regel nicht von besonderen Gattungen, sondern nur von einzelnen Arten weit verbreiteter holarktischer Genera gebildet, die keine besondere Fortentwicklung erkennen lassen. Das deutet auf ein relativ junges Alter der Erscheinung hin, d. h. darauf, daß im Laufe des spättertiären und diluvialen Klimawechsels Abkühlung und Steigerung der Niederschläge diese Ausstrahlungen bewirkt haben. Auch die Ausbreitungswege lassen sich noch erkennen, z. B. in engen Beziehungen der holarktischen Formen der Philippinen über Formosa nach China einerseits, jener von Java und Sumatra nach den westlichen Gebirgen Hinterindiens andererseits. Interessant ist auch, daß die nach Zentralamerika ausstrahlenden *Pinus*- und *Quercus*-Wälder eine vorwiegend neotropische Begleitflora aufweisen. Nicht geschlossene Gesellschaftsverbände, sondern einzelne, besonders kampfkräftige Arten haben also in diesen Fällen die Ausweitung des holarktischen Lebensraums erkämpft.

Zeigt diese Studie somit, daß bei der Begrenzung der Florengebiete Flora und Vegetation gesondert zu untersuchen sind, so kann doch nicht bestritten werden, daß sich Floren- und Vegetationsgebiete weitgehend decken und zumindest beide zu betrachten sind. Es muß daher für ihre Begrenzung von Wichtigkeit werden, wenn als Ergebnis der vielen, während der letzten Jahrzehnte auf die soziologische Systematik verwendeten Arbeit nunmehr die ersten annähernd vollständigen Verzeichnisse der floristisch umgrenzten Pflanzengesellschaften einzelner Länder zu erscheinen beginnen. Nach einer Übersicht der höheren Vegetationseinheiten Mitteleuropas, die bis zu den Verbänden hinuntergeht, von BRAUN-BLANQUET & TÜXEN liegt eine ähnliche für Frankreich von BRAUN-BLANQUET, EMBERGER & MOLINIER vor, während DE SOÓ (2) für den Bereich der karpathisch-pannonischen Flora auch die Assoziationen anführt, wie dies TÜXEN für Nordwestdeutschland schon 1937 tun konnte. Außerdem beginnt BRAUN-BLANQUET (3) mit einer Übersicht über die Pflanzengesellschaften Rätiens, also eines besonders interessanten Teils der Alpen. Welche allgemeinen Ergebnisse für die Abgrenzung der Floren- und Vegetationsgebiete und ihre gegenseitigen Beziehungen sich aus diesem erfolgreichen Fortschreiten der floristischen Soziologie ergeben werden, werden erst kommende Zeiten zeigen; einzelne Fragen können schon heute verfolgt werden.

Ein Beispiel dieser Art gibt OBERDORFER, indem er in die Erörterungen über die zweckmäßigste Abgrenzung der Mittelmeerregion auf der Balkanhalbinsel mit einer Studie über deren Klimaxgebiete eingreift. Er unterscheidet 2 Klimaxgebiete der Hartlaubwälder *(Quercetalia ilicis)*, nämlich von S nach N die *Ceratonia-* und die *Quercus ilex*-Zone, und daran anschließend 2 Klimaxgebiete laubwerfender Trockenwälder *(Quercetalia pubescentis)*, nämlich die *Quercus coccifera*-Zone (das Gebiet der *Carpinus orientalis-Pistacia terebinthus*-Assoziation) und die *Quercus cerris*-Zone. OBERDORFER tritt nun dafür ein, die Grenze der Mediterranregion erst an die Nordgrenze der laubwerfenden Trockenwälder, d. h. an die Linie Ibar — untere Donau zu verlegen; ein Vorschlag, der dann natürlich auch anderwärts zur Einbeziehung der *Quercetalia pubescentis* in die Mittelmeerregion führen muß und nicht zuletzt wegen deren Beziehungen zu den subkontinentalen Trockenwäldern weiterer kritischer Überprüfung bedarf.

Schon vorher hat REGEL seine Untersuchungen über die Grenzen der mediterranen Region auf der Balkanhalbinsel nach der in F. Bd. 11, S. 100 besprochenen Methode der Höhenstufen fortgesetzt. Danach sind die dalmatinische Küste und die an sie angrenzenden Gebirge noch als mediterran, die weiter landeinwärts gelegenen Gebirge (Velebit, Dinara) als mitteleuropäisch anzusehen. Eine Klimaxkarte des Peloponnes, die über der Hartlaubstufe *(Olea, Ceratonia, Quercus ilex, Pinus halepensis)*, die der sommergrünen Eichenwälder *(Quercus macrolepis, Frainetto* u. a.*)* und schließlich eine Nadelwaldstufe mit *Abies cephalonica* erkennen läßt, hat ROTHMALER (1) entworfen. Eine genauere Umgrenzung der mediterranen Vegetation in Frankreich hat besonders auf Grund einer näheren Analyse der Grenzen von *Olea* und *Quercus ilex* im Vergleich mit den Klimagrenzen EMBERGER gegeben.

III. Floren- und Vegetationsgeschichte seit dem Tertiär.

1. Methodik. Der Ausbau der Pollenanalyse schreitet in den letzten Jahren kräftig voran, da sich der Methode neben den hier nicht zu behandelnden Gebieten der Aerobiologie, Pollenallergie und Honiguntersuchung folgende Anwendungsbereiche immer weiter erschließen: 1. Die „Nichtbaumpollen" in den bisher ausschließlich oder in erster Linie nur hinsichtlich ihrer Gehölzflora untersuchten Ländern wie Mittel- und Nordeuropa. 2. Neue Florengebiete, auch solche der Tropen und Subtropen. 3. Präpleistocäne, besonders tertiäre Ablagerungen (Braunkohlen u. a.). Die Bestimmbarkeit der fossilen Pollen ist zweifellos größer, als man früher dachte, vorausgesetzt, daß die Untersuchungen mit sehr guter Optik — hier dürfte sich auch das Phasenkontrastmikroskop gut bewähren — sowie mit größter Sorgfalt betrieben werden. Vieles wird sich freilich erst erreichen lassen, wenn einmal eine vollständige kritische Pollenflora der Holarktis oder auch nur des extramediterranen Europa vorliegen und damit die Möglichkeit gegeben sein wird, bei gut charakterisierbaren Formen wirklich sicher zu sein, daß keine nicht unterscheidbaren Konvergenzen zu ihnen existieren. Von diesem Ziele sind wir immer noch weit entfernt. Es zu verfolgen, scheint aber auch deswegen heute lohnend, weil die Pollenmorphologie ein bisher offenbar viel zu sehr vernachlässigtes Merkmal von hohem taxonomischem Wert ist, dessen Heranziehung beim Ausbau des natürlichen Systems noch mancherlei Erfolge verspricht.

Das zur Zeit weitaus beste Lehrbuch der Pollenanalyse hat G. ERDTMAN (1a) herausgebracht. Es zeichnet sich durch zurückhaltende Kritik und durch eine sehr vollständige Berücksichtigung der Literatur aus. ERDTMAN führt auch seine sehr verdienstvollen Zusammenstellungen der neueren Literatur in 4 Beiträgen weiter (2, 12, 14, 17). Sie sind für jeden auf diesem Gebiete Arbeitenden unentbehrlich. Kürzere Einführungen in die Pollenanalyse und ihre Ergebnisse wurden außerdem von GODWIN (2, 9, 10) für England, FAEGRI (3) für Norwegen, LEMÉE (5) für Frankreich gegeben, weiter noch von ERDTMAN (1, 11, 16) in kleineren Beiträgen. Sehr bezeichnend für den Stand der Methode sind auch die Arbeiten, die 1944 in der Festschrift für L. v. POST (1) vereinigt worden sind. Das lebhafte Interesse, das Pollenuntersuchungen seit einigen Jahren in den Vereinigten Staaten finden, kommt in einem „Pollen and Spore Circular" zum Ausdruck, das SEARS und WILSON herausgeben. Für das ganze Gebiet der vorwiegend durch die Luft verbreiteten mikroskopischen Pflanzenteile, in erster Linie natürlich der Sporen und Pollen, haben HYDE & WILLIAMS (1) den Namen „Palynologie" (von $\pi \alpha \lambda \nu \nu \omega$ = streuen) vorgeschlagen. Der Name bürgert sich u. a. durch ERDTMAN ein. Auch H. GAMS (2) empfiehlt ihn und grenzt ihn gegen die reine Pollenstatistik ab.

Für die Pollentaxonomie ist zunächst der unmißverständliche und einheitliche Gebrauch klarer morphologischer Begriffe wichtig. Um ihn bemüht sich mit guten Vorschlägen, die zum Teil an POTONIÉ und WODEHOUSE anknüpfen, ERDTMAN in dem schon genannten Lehrbuch, das er neuerdings (15) durch den Entwurf eines Pollen- und Sporensystems ergänzt. Pollentaxonomische Themen betreffen weiter 8 kleinere Beiträge ERDTMANs (4—10 und 18). In ihnen werden auch mancherlei methodisch-terminologische Fragen erörtert. In einem weiteren Beitrag (3) hat sich ERDTMAN um eine eingehendere Kennzeichnung des Pollens der 4 Hauptgetreidearten sowie von *Triticale* bemüht. Paläontologisch wichtig ist weiterhin O. HEDBERGs eingehende, auf der Untersuchung von über 150 Arten beruhende Darstellung der Pollenformen von *Polygonum* und der gleichzeitig M. WELTEN (1) in der Schweiz und J. IVERSEN (3) in Dänemark geglückte Nachweis des Pollens von *Helianthemum alpestre* bzw. *oelandicum*. An ihn schließen sich weitere Pollenbestimmungen in spätglazialen Sedimenten, die S. 105 erwähnt werden. Mit der Unterscheidung von *Alnus*-Pollen befaßt sich eine Arbeit von KATZ, auf *Centaurea*-Arten, *Lonicera periclymenum* u. a. macht FAEGRI (1) aufmerksam.

Umfangreiche Vorarbeiten erforderten natürlich die im folgenden besprochenen Mooruntersuchungen auf Neuseeland und Hawaii. Sie sind von CRANWELL für Neuseeland und besonders eingehend von SELLING (2, 3) für Hawaii durchgeführt worden. SELLINGs Arbeiten enthalten so vollständige, kritisch gesichtete Angaben über viele weit verbreitete Familien und Gattungen, daß sie auch für Studien in Europa von größtem Wert sind.

Immer wieder von neuem versucht wird die größenstatistische Pollenbestimmung von Arten. CHRISTENSEN und WENNER (2) haben sie zusammenfassend behandelt, während u. a. Studien von CAIN (2, 3) und BUELL (1, 2) amerikanische *Pinus*-Arten, solche von KELLER amerikanische Gramineen betreffen. Wenn auch die alten Einwände (Einwirkung des Sediments und der Aufbereitungsmethode auf die Pollengröße) bestätigt werden, so ergeben sich doch auch in manchen schwierigen Fällen, wie bei der *Betula*-Analyse, brauchbare Indizienbeweise. Es wird daher die größenstatistische Abschätzung der Birkenanteile sowohl in Skandinavien [FAEGRI (5)] wie in Labrador [WENNER (2)] weiterhin verwendet, wenn auch mit steigender Zurückhaltung.

Auch über die Gesetzmäßigkeiten der heutigen Pollenerzeugung und Pollenverbreitung liegen einige vegetationsgeschichtlich wichtige Untersuchungen vor. So haben DENGLER und SCAMONI die Ergebnisse von groß angelegten Versuchen mitgeteilt, in denen sie in der Zeit vom 15. 5. bis 30. 6. 1931 den täglichen Pollenanflug an 8 über das damalige deutsche Reichsgebiet von Helgoland und dem Feuerschiff Adlersgrund in der Ostsee bis zur Zugspitze und Schneekoppe verteilten Stationen bestimmten. Das wichtigste Ergebnis ist, daß so große Pollenmassen von *Pinus* auf weite Strecken vertragen werden, daß eine Kreuzungsmöglichkeit z. B. zwischen norddeutschen und südskandinavischen Kiefern sicher besteht. Im übrigen wurden u. a. weitere Beweise für die Übervertretung und starke Verwehbarkeit von *Pinus*- und die mögliche Fernverbreitung von *Picea*-Pollen beigebracht. Solche ergaben auch verschiedene Untersuchungen von Oberflächenproben französischer Moore, über die DUBOIS (1, 4) und LEMÉE (5) berichten.

Von 3 Studien über die Gesetzmäßigkeiten der Pollenverbreitung von HYDE & WILLIAMS (1—3) ist vor allem die erste von Interesse, da sie die bisher wohl eingehendsten Bestimmungen des Jahresrhythmus unter Berücksichtigung zahlreicher Pollenformen und zwar nach Untersuchungen in Cardiff enthält. Die Beschränkung des *Artemisia*-Pollens auf die Monate August bis Oktober, die auch FIRBAS & SAGROMSKY fanden, sichert die Richtigkeit der Bestimmung dieses Pollentyps, Nichtbaumpollenwerte von $220^0/_0$ in dem zu $^1/_7$—$^1/_5$ von Wald bedeckten Gelände bestätigen neuerlich die Brauchbarkeit ihrer Heranziehung zur Bestimmung der Bewaldungsdichte.

FIRBAS & SAGROMSKY befaßten sich auch mit der Bestimmung der absoluten Größe des Pollenniederschlags; sie kann in einer etwa zu $^1/_3$ bewaldeten Landschaft Nordbadens auf den Quadratzentimeter mit einigen Tausend Baumpollen und einigen Tausend Nichtbaumpollen im Jahr angegeben werden. Das stimmt u. a. gut mit den Zahlen überein, die WELTEN (1) bei der Auszählung des fossilen Pollengehalts jahresgeschichteter Sedimente gefunden hat.

Daß man bei der Auswertung von Oberflächenproben vorsichtig sein muß, da sie in der Regel nur den Pollenniederschlag einiger weniger Jahre enthalten, bestätigt LÜDI (4) durch Untersuchungen am Katzensee bei Zürich. Durch GREGORY und ROMBAKIS ist neuerdings die Frage nach den allgemeinen meteorologisch-physikalischen Gesetzen der Pollen- bzw. Sporenverbreitung aufgegriffen worden, die seinerzeit durch die klassischen Untersuchungen von W. SCHMIDT schon weitgehend geklärt worden war. GREGORY findet, daß die Formeln von O. G. SUTTON den vorhandenen Gesetzmäßigkeiten besser gerecht werden als die bekannten von SCHMIDT, da sie auch den Umstand berücksichtigen, daß die Sporenmassen mit zunehmender Ausbreitung turbulenten Strömungen steigender Größenordnung ausgesetzt sind.

An Einzelarbeiten zu mehr technischen Fragen seien besonders genannt: Eine Arbeit von WENNER (1) über die Anreicherung von Pollen mit Hilfe schwerer Flüssigkeiten, 2 Arbeiten von WELTEN (2, 3) über die Anwendung der Pollenanalyse in alpinen Aufschüttungsböden und verschiedene weitere Angaben des gleichen Verf. in seiner großen Arbeit über das Faulenseemoos (1), Angaben zur Technik von Unterwasserbohrungen von KULLENBERG & FROMM und von PENNINGTON (hier auch ältere Literatur und besonders gute Ergebnisse). Auch auf die an anderer Stelle besprochenen Arbeiten von SCHÜTRUMPF (Höhlensedimente) und I. MÜLLER (2; Getreide, *Plantago*) muß hier wegen ihrer methodischen Fortschritte verwiesen werden. Für die exakte Bestimmung der Humifizierung von Torfen im Zusammenhang mit vegetations- und klimageschichtlichen Untersuchungen kann die Anwendung des von OVERBECK eingeführten Verfahrens sehr empfohlen werden.

Die Auswertung und Darstellung der Pollendiagramme betreffen neben ERDTMAN (1a, 1) auch verschiedene Vorträge auf einer Tagung des Geologenklubs in Stockholm, so besonders einer von FAEGRI (6). FAEGRI hat auch eine dankenswerte Tabelle der mittleren Fehler der Pollenhäufigkeitswerte veröffentlicht und eine neue Art von Stufendiagrammen eingeführt (2), die auch WENNER (2) verwendet. Studien zur mathematischen Analyse der Pollenstatistik von WESTENBERG waren Ref. leider bisher unzugänglich. Mit der wichtigen Frage des pollenanalytischen Nachweises von Waldgrenzen hat sich schließlich AARIO (3) beschäftigt. Berücksichtigt man sowohl die Menge wie die Zusammensetzung der Nichtbaumpollen, weiter die Pollendichte und die besonderen Standortsbedingungen der Ablagerungen, ist eine Unterscheidung von Wald und Tundra in den Diagrammen durchaus möglich.

2. Erd- und klimageschichtliche Grundlagen, Datierung. Von Arbeiten über die Geologie und Klimaentwicklung des Pleisto- und Holocäns können hier natürlich nur einige wenige genannt werden, deren Kenntnis für den Vegetationsgeschichtler besonders notwendig scheint. Eine neuerliche zusammenfassende Darstellung hat das Eiszeitalter in 2 Büchern F. E. ZEUNERs (1, 2) erhalten. Ihre besondere Bedeutung in unserem Zusammenhang besteht wohl in der ausführlichen Besprechung vieler Quartärprofile aus allen Erdteilen, um deren Parallelisierung und Deutung mit Hilfe der Strahlungskurve der Verf. besonders bemüht ist, wie überhaupt die Chronologie des Pleistocäns im Vordergrund des ersten Buches steht und das zweite der gesamten Geochronologie gewidmet ist. [Eine ausführliche Besprechung beider Werke gab M. SCHWARZBACH (2); kurze Ergänzungen finden sich auch bei ZEUNER, OAKLEY & GODWIN.] Die Strahlungskurve spielt auch sonst weiterhin eine große Rolle, so in dem auch in vielen anderen Beziehungen, z. B. für das Diluvium der Mittelmeerländer wichtigen Klimaheft der Geologischen Rundschau in vorzüglichen Einführungen in das Gebiet durch WUNDT & MEINARDUS. Dort, wo wir den Temperaturverlauf am besten überblicken können, in der Spät- und Nacheiszeit, befriedigt sie freilich nur teilweise [FIRBAS (2)]; denn sie macht zwar die postglaziale Wärmezeit weitgehend verständlich, steht aber zu der spätglazialen Allerödschwankung und der ihr folgenden jüngeren Tundrenzeit in stärkstem Gegensatz. Auch WOLDSTEDT nimmt im Hinblick auf die Gliederung des norddeutschen Diluviums mit nur 2 ausgeprägten Interglazialzeiten seit der Mindeleiszeit einen ablehnenden Standpunkt ein. Der Vegetationsgeschichtler wird sich also davor hüten müssen, mit der Strahlungskurve als einer bewiesenen Voraussetzung zu rechnen. (Auf eine Ref. bisher unzugängliche, offenbar sehr wichtige Darstellung des Quartärs der USSR von MIRTSCHINK sei hingewiesen.)

Aus dem eben erwähnen Klimaheft ist weiterhin eine Arbeit von J. BÜDEL über die morphologischen Wirkungen des Eiszeitklimas im gletscherfreien Gebiet und eine große Zusammenfassung C. TROLLS über die Strukturböden hervorzuheben, da sie wichtige Lebensbedingungen der glazialen Vegetation behandeln. Solche betreffen auch eine Arbeit TROLLs (1) über die Solifluktion und die periglaziale Bodenabtragung und besonders 2 interessante Aufsätze H. POSERs (1, 2) über das würmglaziale Klima, in denen die Ausbreitung des Dauerfrostbodens verzeichnet, älteren Versuchen SOERGELs folgend die winterliche Frostzerrung und sommerliche Auftautiefe bestimmt und schließlich bis zu einer kartographischen Darstellung der Luftdruckverhältnisse, einer Abschätzung der Winter- und Sommertemperaturen sowie der Niederschläge und einer Gliederung der europäischen Klimagebiete während des Hochglazials vorgestoßen wird. Offenbar wird also allmählich eine über die bisherige Beschränkung auf die Depressionen der Schneegrenze weit hinausgehende Rekonstruktion der physiogeographischen Verhältnisse während einer Eiszeit möglich. Sie ist für den Vegetationsgeschichtler gerade dort von besonderer Bedeutung, wo sie ohne jede Einbeziehung paläontologischer Befunde durchgeführt werden kann und so für einen kritischen Vergleich mit diesen zur Verfügung steht.

Die Kenntnis der spät- und postglazialen Küstenverschiebungen hat in den nordeuropäischen Ländern wieder große Fortschritte gemacht. Sie spiegeln sich, so weit es sich um das Ostseegebiet handelt, besonders in den großen, bewundernswert eingehenden Arbeiten von STEN FLORIN [(1, 2) mit ausgedehnten Diatomeenanalysen von M. B. FLORIN] wider. In ihnen werden nunmehr 8 Perioden, darunter 3 litorinazeitliche, scharf unterschieden und verfolgt. Dem gleichen Gebiet sind auch die meisten Vorträge, besonders von SAURAMO, V. POST, ASKLUND u. a. zum Teil im Anschluß an einen älteren Vortrag SAURAMOS, auf der schon erwähnten Tagung der nordeuropäischen Quartärgeologen gewidmet (Geologklubben), ebenso für Kurland eine Arbeit von DREIMANIS (1). [Eigene Wege geht nach wie vor A. CLEVE-EULER (2, 3); vgl. auch die Literaturzusammenstellung von LUNDQUIST.] Für die Datierung der Transgressionsphasen des Litorinameeres in Nordjütland ist auch eine Arbeit von IVERSEN (1) wichtig. .

Für das Nordseegebiet stellen Arbeiten von GODWIN (4, 6), NILSSON (2) und DITTMER die wichtigsten neueren Ergebnisse zusammen. . Hierbei ist vor allem der relativ rasche Wiederanstieg des während der Eiszeit eustatisch um mindestens 100 m abgesunkenen Meeresspiegels im Spätglazial und älteren Postglazial — zeitweise 1—2 cm im Jahrhundert — vegetationsgeschichtlich wichtig, während der viel umstrittene jüngere Verlauf der Küstenbewegungen mehr geologisches Interesse hat. GODWIN und NILSSON zeichnen auch Kurven, die den Stand des Nordseespiegels während der einzelnen Perioden angeben.

Für die Zuordnung des spät- und postglazialen Meeresanstiegs, der „flandrischen Transgression" G. DUBOIS', zur Vegetationsentwicklung wurden schließlich auch in Nordfrankreich neue Anhaltspunkte gewonnen. Im Mündungsgebiet der Orne unterhalb Caen stammt ein heute 13 m unter dem Meeresspiegel gelegenes Torflager noch aus der reinen Kiefernzeit, ein solches in 5,5 m Tiefe aus der Eichenmischwald-Haselzeit [LEMÉE (1)], ein weiteres Torflager, das zwischen 7,6 bis 3,1 m Tiefe liegen muß, aus der Buchen-Eichenzeit [G. & C. DUBOIS (5)]. In die Eichenmischwaldzeit fällt auch die heute 2 m unter dem Meeresspiegel liegende Basis eines Versumpfungsmoores im Mündungsgebiet der Seine [G. & C. DUBOIS (4)]. Nach G. DUBOIS (4 u. a.) bewirkte die flandrische Transgression in den von ihr betroffenen Versumpfungsmooren in Küstennähe einen jährlichen Zuwachs von 1 bis einigen wenigen mm, während der Zuwachs der französischen Gebirgsmoore gleichzeitig nur 0,5—0,6 mm im Jahr betrug.

Eine dankenswerte Übersicht über die diluvialen Küstenverschiebungen und Klimaveränderungen im zentralen Mittelmeergebiet hat A. C. BLANC gegeben, weitere Arbeiten zu dieser Frage von PFANNENSTIEL, JARANOFF und LOUIS enthält das oben genannte Klimaheft, im übrigen kann ZEUNER verglichen werden. Weittragende Ergebnisse für die Chronologie und Klimageschichte des Eiszeitalters sind von den Untersuchungen der Sedimente der Ozeane zu erwarten, auf die hier nicht eingegangen werden kann.

Im Hinblick auf die jüngere Geschichte der Gebirgswälder sei an dieser Stelle auch auf einen Sammelbericht von KURON über die Bodenerosion in den europäischen Gebirgen verwiesen.

Für die absolute Chronologie der europäischen Nacheiszeit ist zunächst wichtig, daß E. H. DE GEER eine neue, offenbar richtigere Verknüpfung der schwedischen mit der finnischen Skala gegeben hat. Danach entspricht das 0-Jahr SAURAMOS dem Jahr —1270 DE GEERS. Nunmehr ergibt sich also auf Grund der schwedischen Skala für den Beginn des Eisrückzugs vom 2. Salpausselkä, also für den Beginn der Nacheiszeit 8109 v. Chr., was mit den Zahlen SAURAMOS (8087 bzw. 8150 v. Chr.) sehr gut übereinstimmt. Wie weit die Chronologie im Ostseegebiet gediehen ist, zeigt im übrigen am eindrucksvollsten die schon erwähnte Arbeit FLORINS, die im östlichen Mittelschweden die Küstenverschiebungen erstaunlich weitgehend mit der vor- und frühgeschichtlichen Besiedelung verknüpft.

Von hohem Interesse ist weiter ein Versuch M. WELTENS (1), durch Auszählung von Jahresschichten in den Ablagerungen des Faulenseemooses, eines ehemaligen kleinen Sees in der Nähe des Thuner Sees, auch in den Alpen zu einer absoluten Chronologie zu gelangen. Seine Altersangaben reihen sich für die letzten 5000 Jahre gut an andere, als zuverlässig anzusehende Bestimmungen an. So werden etwa für den Beginn der Buchenausbreitung 3500—3200 v. Chr., für das Ende der neolithischen Tannenzeit 1800 v. Chr. angeführt. Für die älteren Abschnitte aber ergibt sich eine gegenüber unseren bisherigen, vor allem auf der Bändertonchronologie DE GEERS beruhenden Zahlen erstaunliche Verspätung, nämlich eine Verkürzung des Spät- und Postglazials um 2000—3000 Jahre. So soll die Ausbreitung von Hasel und Eichenmischwald erst um 5400—5000 v. Chr. begonnen haben, also erst zu Beginn der Litorinazeit. Nun ist zu beachten, daß WELTEN zwar von der Eichenmischwaldzeit an durch besondere Untersuchungen sehr wahrscheinlich machen konnte, daß die von ihm herangezogenen Bildungen wirklich Jahresschichten sind, daß er dagegen in den älteren Abschnitten nur eine ähnliche Schichtung ohne besonderen Beweis als Jahresschichtung herangezogen hat. Offenbar sind hierbei wesentliche Fehler unterlaufen, was um so mehr zu beachten ist, als der Verf. auf seiner Chronologie sehr weittragende Schlüsse nach verschiedenen Richtungen aufbaut. Zweifellos kommt ihm aber das Verdienst zu, sehr eindringlich gezeigt zu haben, daß hier noch ein wichtiger, außerhalb des Ostseegebiets aber noch unbegangener Weg zu einer absoluten Chronologie der Nacheiszeit offen steht.

Schließlich ist noch zu erwähnen, daß BR. HUBER die Herausarbeitung klarer Kriterien zur Beurteilung der Sicherheit jahrringchronologischer Datierungen gelungen ist. Er kann dabei als Beispiel für eine überraschend gute Synchronisierung auf die Feststellung einer weitgehenden Gleichaltrigkeit zweier bronzezeitlicher Siedlungen, nämlich des Pfahlbaus von Unteruhldingen im Bodensee und der Wasserburg im Federsee hinweisen, die sich aus dem Vergleich der Eichenpfähle in jenem mit den Kiefernpalisaden in dieser eindeutig ergeben hat.

3. Interglaziale. Auf dem Gebiet der Interglazialfloren sind Ref. nur einige Einzelarbeiten bekannt geworden, da über eine pollenanalytische Neubearbeitung der schweizerischen Interglaziale durch LÜDI bisher nur eine vorläufige Mitteilung vorliegt (3), ausgenommen einen genaueren Bericht über interglaziale gebänderte (wohl jahresgeschichtete) Mergel unterhalb Genf (2). Diese werden nach den geologischen Befunden in das Riß-Würm-Interglazial gestellt. Die pollenarmen Proben werden von *Picea* und *Pinus* beherrscht, zeitweise können auch *Corylus*, *Alnus* und *Quercus* häufig sein. Das ergibt ein von der postglazialen Entwicklung dieser Landschaften stark abweichendes Bild kalt-kontinentaler Tönung. Genauere Untersuchungen scheitern aber an der geringen Eignung des Materials.

Von hohem Interesse ist eine Mitteilung von MITCHELL (8) über zwei irische Interglaziale. Das eine davon, Ardcavan nahe Wexford, gehört offenbar der letzten Zwischeneiszeit an und zeigt über Tonen mit *Betula nana* und *Salix herbacea* Schichten mit viel *Alnus*, *Corylus* (über 2000%), *Betula*, daneben noch *Quercus*, *Salix*. Das andere Interglazial von Kilbeg, Co. Waterford, ist älter und durch das auch durch Großreste belegte Vorkommen von *Abies*, *Pinus*, *Taxus* ausgezeichnet. Ein weiteres irisches Interglazial, das neben *Abies* auch noch *Picea* enthält, ist schon seit 1865 aus der Nähe von Gort, Co. Galway, bekannt. Das Vorkommen beider Bäume wurde hier neuerdings durch KN. JESSEN bestätigt. Diese bisher kaum beachteten Vorkommen zeigen also noch besser als die aus England, Nordwestdeutschland und Dänemark bekannten Funde, wieviel weiter nach W das interglaziale Areal von *Abies* und *Picea* gegenüber dem postglazialen gereicht hat. Aus englischen Interglazialen ist *Abies* übrigens noch gar nicht bekannt.

Vor allem durch eine Verknüpfung der Pollenanalyse mit einer Schwermineralanalyse ist eine Interglazialarbeit von SCHÜTRUMPF von Interesse. Versuche, die Höhlenlehmablagerungen von Mauern (bei Landshut), die Funde der Moustier- und der Altmühlkultur enthalten, pollenanalytisch zu untersuchen, scheiterten an dem sehr geringen und seiner Herkunft nach zweifelhaften Pollengehalt. Aber ein im Talboden vor der Höhle erbohrtes Profil, das unter Löß humose Tone und zum Teil sogar Waldtorf führt, ermöglichte eine Untersuchung. Die humosen

Schichten gehören dem Ende eines, wohl des letzten, Interglazials an: subarktische Kiefern- und Fichtenwälder gehen nach eindeutigem Ausweis der Nichtbaumpollen, von einem vorübergehenden Waldvorstoß unterbrochen, in Tundra über, die vor allem seit dem Einsetzen der Lößablagerung völlig waldlos gewesen sein muß. Auf Grund von Schwermineralanalysen von BOHMERS durchgeführte Vergleiche dieser Ablagerungen mit jenen aus der Höhle zeigen nun, daß die Grenze zwischen dem Löß und dem liegenden Ton vor der Höhle der Oberkante des Höhlenlehms entspricht. Die Kulturschicht gehört somit in das Ende des Interglazials, in die Zeit der verschwindenden Kiefern- und Fichtenwälder. Eine Untersuchung der Chilchli-Höhle im Simmental durch WELTEN (2) mit jungpaläolithischen Funden führte zu keinen klaren Ergebnissen.

Eine Zusammenstellung der Lage der interglazialen Süßwassermergel und Kieselgurvorkommen in Niedersachsen hat SELLE gegeben. Ein neues Interglazial aus Schlesien, bei Trachenberg in der Bartschniederung [SCHWARZBACH (1)], unbekannten Alters lieferte nur Holzfunde von *Abies, Pinus* und *Carpinus*.

Von DREIMANIS (3) stammt eine kurze Übersicht über das Pleistocän von Lettland und Südestland. Danach gehört von den bekannten Interglazialen das von Ringen (THOMSON 1941, vgl. F. Bd. 11, S. 110), in das Riß-Würm-Interglazial, das von Kraslava in das Mindel-Riß-Interglazial. In dem Interglazial von Embute (Desele) in Südkurland, dessen Alter noch unbekannt ist, tritt *Abies*-Pollen mit Werten bis 60% auf [DREIMANIS (2)]. Damit erweitert sich das interglaziale *Abies*-Areal nach N.

Aus Polen liegt eine Riß-Würm-Interglazialflora von Leki Dolne vor, die im folgenden erwähnt wird. Im Gebiet des Niemen unterscheiden nach vorläufigem Vortragsbericht B. & A. HALICKI 5 Zwischeneiszeiten, die trotz gewisser Ähnlichkeiten (Eichenmischwaldperioden) auch gewisse selbständige Züge aufweisen sollen.

Verschiedene Untersuchungen von Interglazialen liegen aus Rußland vor (GRITSCHUK, nach freundl. Bericht von H. GAMS). Danach ist für das vorletzte Interglazial südwärts bis gegen Jurassowo Wald belegt, südlich vom Seim aber Waldsteppe, am Asowschen Meer mit nur 20% Baumpollen. Für das letzte Interglazial gilt folgende Gliederung der Vegetationsgürtel: an der Pinega-Mündung subarktischer Wald mit *Picea, Pinus, Betula* und *Alnus*. Er geht am Wag in Mischwälder über, die im oberen Wolgagebiet herrschten, so bei Pljoss mit 10—42% Eichenmischwald, bis 16% *Carpinus* und bis 205% *Corylus*. Die Nordgrenze der Laubwälder verlief etwas nördlich Wologda, die Südgrenze über die Desna zum oberen Don. Bei Jurassowo und am Asowschen Meer aber ist wiederum Waldsteppe belegt, ähnlich auch um den südlichen Ural. Danach lassen sich also in Rußland allmählich die großen interglazialen und (vgl. i. f.) glazialen Vegetationsgürtel herausarbeiten und auch schon in Karten darstellen — ein beträchtlicher Fortschritt, über den eine eingehendere Unterrichtung sehr erwünscht wäre.

Mit der pleistocänen Flora des westlichen Himalaja beschäftigen sich mehrere Arbeiten von PURI [Zusammenfassung in (5)], die die von jungen tektonischen Bewegungen bereits stark erfaßten Karewaschichten betreffen. Ein Teil dieser Ablagerungen enthält eine vorwiegend tropisch-subtropische Flora, die heute nicht über 6000 Fuß (etwa 1870 m) hinausgeht, deren Reste sich aber als Folge der jungen Auffaltung der Pir Panjal-Kette an deren Hängen noch in über 3300 m Höhe finden. Diese Schichten werden ins erste Interglazial gestellt. Eine andere Fundstelle enthält eine der gegenwärtigen ähnliche Flora und soll aus dem 2. Interglazial stammen. Diese Untersuchungen zeigen also eindrucksvoll, wie unter Umständen junge tektonische Bewegungen einer klimatischen Auswertung von Vegetationsverschiebungen große Schwierigkeiten bereiten können.

Schließlich ist zu erwähnen, daß die Frage nach der Pliocän-Pleistocän-Grenze auf dem Programm des internationalen Geologenkongresses in London (1948) stand. Die Vortragsberichte lassen eine allgemeine Neigung erkennen, die Grenze an den Beginn des Eiszeitalters „nahe unter die Günzeiszeit" (WOLDSTEDT) zu legen. Die berühmten Fundstellen von Cromer und Tegelen fallen damit bereits ins Pleistocän, sehr wahrscheinlich ins erste Interglazial. FLORSCHÜTZ & VAN SOMEREN berichten, daß sich Tegelen und das pliocäne Reuver auch pollenanalytisch gut unterscheiden lassen. Dieses ist durch die Pollen von *Sciadopitys*, *Sequoia* oder *Cryptomeria*, cf. *Taxodium, Tsuga, Carya, Fagus, Liquidambar, Nyssa, Phellodendron, Pterocarya* ausgezeichnet. In Tegelen erscheinen davon nur noch *Tsuga, Carya, Phellodendron* und *Pterocarya*.

4. Glazial und Spätglazial. a) Floristisch-systematische Arbeiten. BRAUN-BLANQUET (1) hat eine kritische Übersicht über die boreo-arktischen Orophyten gegeben, die bis zu den Pyrenäen, den mittelspanischen Gebirgen, der Sierra Nevada und sogar bis in den Großen Atlas vorgedrungen sind. Ihre großen Areal-Disjunktionen (z. B. bei der neu überprüften *Carex incurva*, Atlas-Savoyen, 2000 km; bei *Carex Lachenalii*, Sierra Nevada-Alpen, 1200 km) und die Ausbildung besonderer Sippen zeugen für ein höheres Alter ihrer Zuwanderung. Sie wird in die Zeit der größten Vergletscherung (Riß) verlegt. Während der Würm-Eiszeit fand wohl nur noch eine Ausbreitung bis zu den Pyrenäen statt. Für die Arealzerstückelung wird in erster Linie das Riß-Würm-Interglazial verantwortlich gemacht. (Man könnte aber wohl auch schon an die Mindel-Eiszeit bzw. an das „große" Mindel-Riß-Interglazial denken.)

Zur „Überwinterungstheorie" der arktisch-borealen Flora, die die Frage nach dem Überdauern von Arten in unvergletscherten Küstengebieten, auf Nunatakkern u. a. während der letzten oder auch während älterer Eiszeiten aufwirft, haben u. a. A. & D. LÖVE Beiträge aus Island geliefert, wodurch die bisher noch wenig bekannte Florengeschichte der Insel wesentlich gefördert wird. Man hat auch auf Island zunächst an eine postglaziale Einwanderung der gesamten Flora gedacht. Angeregt durch die vorgenannte Theorie HANSENs und seiner Nachfolger rechnen aber die Verf. nunmehr damit, daß von den heutigen etwa 510 Gefäßpflanzen nicht weniger als 55% teils die letzte Eiszeit, teils das ganze Eiszeitalter auf der Insel überdauert haben, während 25—30% erst durch die Besiedlung vom Beginn des 8. Jahrhunderts an aus Norwegen, Schottland und den Shetlands hinzugekommen sind, so daß nur etwa 15% ältere postglaziale Einwanderer wären. Genauer untersucht wurde das neu entdeckte *Eriophorum russeolum* [nächste Standorte in Skandinavien und Neufundland, A. LÖVE (2)] und besonders *Cakile* (A. & D. LÖVE), die sich dabei nicht als *C. maritima*, sondern als die autotetraploide amerikanische *C. edentula* herausgestellt hat, weiter auch die neu entdeckte *Poa arctica* [A. LÖVE (1)]. Die letztgenannte Art gehört offenbar zu jener Gruppe von „Überwinterern", die auf wenige Biotypen reduziert worden sind und sich so von ihren Refugien später kaum weiter ausbreiten konnt n, während andere, biotypenreicher gebliebene, im Postglazial eine neuerliche weite Verbreitung erlangt haben.

Erweist sich somit die Überwinterungstheorie für das Verständnis der isländischen Flora als sehr fruchtbar, so ist sie in einem ihrer klassischen Anwendungsgebiete, in Labrador, stark angegriffen worden. Hier hat bekanntlich M. L. Fernald vor allem auf Grund des disjunkten Vorkommens des sog. Kordillerenelements, besonders in den Torngat-Mts., ein Überdauern dieser Arten über die letzte Eiszeit angenommen. Nach einer kritischen Überprüfung von E. Tanner lassen die glazialgeologischen Untersuchungen weder das frühere Vorhandensein von Nunatakkern, noch von eisfreien Tieflandsrefugien erkennen. Tanner vermutet, daß auch das Kordillerenelement erst frühpostglazial als Nivalflora eingewandert ist und später zahlreiche Standorte verloren hat.

An der grundsätzlichen Berechtigung der Annahme glazialer Refugien an verschiedenen Stellen der arktischen und borealen Küstenländer wird durch die Kritik Tanners aber nichts geändert. In anregenden Überlegungen hat E. Dahl die Natur dieser Refugien näher zu kennzeichnen versucht. Er unterscheidet einen (1) Küstengebirgstyp (das Eis in Küstennähe durchstoßende Nunatakker), und zwar entweder als (a) Skandinavischer Typ unterhalb der Schneegrenze, mit ozeanischem Klima, reich an Gefäßpflanzen, oder als (b) Antarktischer Typ oberhalb der Schneegrenze, mit antarktischem Klima, ohne oder fast ohne Gefäßpflanzen, und einen (2) Tundratyp, unterhalb der Schneegrenze in Gebieten mit geringen Winterniederschlägen und kontinentalem Klima, reich an Gefäßpflanzen. Die mutmaßlich zu 1a und 2 gehörigen Pflanzen werden in Listen aufgeführt.

b) Paläontologische Arbeiten Solche haben in den letzten Jahren zu erheblichen Fortschritten in unserer Kenntnis der eiszeitlichen und späteiszeitlichen Vegetation geführt. Es handelt sich vor allem:

1. um die nähere Aufklärung der eiszeitlichen Vegetation, deren Kenntnis bisher fast allein auf den Funden von Großresten beruhte, durch solche, aber auch durch Pollenuntersuchungen, besonders um den Nachweis der „Steppenkomponente" in ihr.

2. um die Verfolgung der Allerödschwankung (vgl. F. Bd. 11, S. 111) über ganz Mittel- und Westeuropa hinweg. Diese interstadiale Wärmeschwankung ist mit dem ihr folgenden Klimarückschlag der jüngeren Tundrenzeit zweifellos das wichtigste Ereignis der Klima- und Vegetationsentwicklung des Würm-Spätglazials.

Zu 1 ist zunächst die Bearbeitung einer außerordentlich wichtigen, von Klimaszewski der Riß-Eiszeit zugerechneten Glazialflora von Leki Dolne bei Tarnow in Galizien durch Wl. Szafer zu erwähnen (Klimaszewski & Szafer). 35 sicher bestimmte Arten beleuchten den eigenartigen Charakter der eiszeitlichen Vegetation im nördlichen Vorland der Karpathen; es wurden nämlich neben einigen Moosen und weiter verbreiteten Arten gefunden:

Vom arktisch-subarktischen Element: *Salix polaris, Betula nana.* Vom arktisch-alpinen: *Arabis alpina, Astragalus alpinus, Cerastium alpinum, Dryas octopetala, Empetrum nigrum, Hedysarum obscurum, Loiseleuria procumbens, Polygonum viviparum, Salix herbacea, S. phylicifolia, S. reticulata, Saxifraga oppositifolia, Thalictrum alpinum.* Vom europäisch-alpinen: *Gypsophila repens, Helianthemum alpestre, Salix retusa.* Vom karpathisch-balkanischen: *Armeria Iverseni, Linum extraaxillare.* Vom karpathischen: *Thymus carpathicus.* An Arten mit höheren Wärmeansprüchen: *Eupatorium cannabinum, Lycopus europaeus.* An Xerothermen: Das pontisch-pannonische *Alyssum saxatile (A. Arduini),* sowie die eurosibirische Steppenpflanze *Draba nemorosa.* Schließlich die kosmopolitische Nitratpflanze *Chenopodium album.*

Vor allem der Fund von *Alyssum saxatile* ist ein eindeutiger und wohl der bisher schönste Beweis, daß sich Fels- und Steppenpflanzen, die heute auf den pontisch-pannonischen Bereich beschränkt sind und in Mitteleuropa in den warm-trockenen Tieflagen reliktartig auftreten, gleichzeitig mit der arktisch-alpinen Tundren- und Mattenflora ausbreiten konnten.

WL. SZAFER hat auch die fossilen *Armeria*-Funde Polens eingehend biometrisch untersucht. Das Interesse an dieser Gattung, die als Glazialelement schon seit 40 Jahren aufgefallen ist, ist bekanntlich noch beträchtlich gewachsen, seitdem IVERSEN (1940) ihren Pollendimorphismus genauer bearbeitet hat. Die polnischen *Armeria*-Funde gehören nach SZAFER zu einer ausgestorbenen pollendimorphen Art, *A. Iverseni*, die sich wahrscheinlich in der Rißeiszeit aus der balkanisch-illyrischen, ebenfalls dimorphen *A. canescens* entwickelt hat. Im Würm-Glazial dürfte dann die heute verbreitete monomorphe *A. sibirica (A. arctica* ssp. *labradorica)* aus *A. Iverseni* entstanden sein, entsprechend IVERSENs Theorie von der Entstehung der monomorphen aus den dimorphen *Armeria*-Formen. Hier bietet sich also die Möglichkeit, die Entwicklung einer Gattung im Diluvium auf Grund der Pollenmorphologie zu verfolgen. Es wäre sehr zu wünschen, daß ähnliche Untersuchungen bald auch in anderen Ländern ausgeführt werden. Eine vorläufige Mitteilung über den Nachweis dimorpher Formen in spätglazialen Schichten Schottlands und Irlands und im Glazial des Lea Valley liegt bereits vor (BAKER 1948).

In dem schon erwähnten Vortrag (S. 100) teilt GRITSCHUK auch die Ergebnisse mit, die sich für die Gliederung der eiszeitlichen Vegetation Rußlands aus der Untersuchung des Pollen- und Sporengehalts verschiedener vorwiegend minerogener Ablagerungen ergeben haben. Hierbei spielen die im folgenden noch zu erwähnenden Nichtbaumpollen eine große Rolle. Für die vorletzte, größte Eiszeit bezeugen Funde von Kachowka am unteren Dnjepr, von Taganrog und von Sarepta und Bjely Jar an der Wolga übereinstimmend Steppe: in der Gesamtsumme der Pollen und Archegoniatensporen nehmen Gehölze nur 5—14% ein, und zwar vorwiegend *Pinus* und *Betula*, am Dnjepr und an der mittleren Wolga ganz vereinzelt *Picea*, die Nichtbaumpollen hingegen 64—89%, und zwar besonders Gramineen, Chenopodiaceen, *Artemisia* und *Statice*. Aus der letzten Eiszeit wurden bei Wologda, Totma und am Wag altspätglaziale Tundrenfloren gefunden, in den Lößlehmen am Pljoß, bei Moskau und Lichwin Waldsteppenspektren mit 15—40% Gehölzpollen *(Betula, Salix, Pinus, Picea, Alnus)*, bei Jurassowo und am Asowschen Meer aber wieder eine gehölzarme, steppenartige Vegetation mit nur 10—11% Gehölzpollen und bis 25% *Artemisia*. Danach hat also offenbar ein Gürtel mehr oder weniger lichter subarktischer Wälder ein nördliches Tundrengebiet von einem südlichen Steppengebiet getrennt.

· Die Flora einer Mammutfundstelle mit Aurignacien-Geräten in Nevlje bei Stein (nördlich Laibach, am Südfuß der Steiner Alpen) hat BUDNAR-LIPOGLAVŠEK untersucht. Es herrschen Pollen von *Pinus, Salix* oder *Artemisia*, cf. *Larix* und

Betula. Daneben dürften noch *Picea*, Chenopodiaceen und *Selaginella selaginoides* sicher festgestellt sein. Das Gebiet war in der fraglichen Zeit wahrscheinlich waldarm, aber nicht gehölzfrei.

Weitere Untersuchungen beziehen sich auf die spätglaziale Vegetation in den ehemals vereisten Gebieten. Hier ist zunächst — neben dem Hinweis auf schöne Spätglazial-Diagramme aus Dänemark [IVERSEN (4), DEGERBØL & IVERSEN] — zu erwähnen, daß G. GRÜNIG [vgl. FIRBAS und Mitarbeiter (1, 2)] am Sewensee in den Südvogesen und I. MÜLLER (1) im westlichen Bodenseegebiet in 396 m Höhe der Nachweis eines eindeutigen, in eine ältere Birkenzeit und eine jüngere Kiefernzeit gegliederten interstadialen Waldvorstoßes gelungen ist, dem ein der postglazialen Entwicklung unmittelbar vorangehender Waldrückgang folgt, und der mit sehr guter Begründung der Allerödschwankung gleichgesetzt werden kann. Auf diesen und älteren Untersuchungen aufbauend, entwarf FIRBAS (2) ein zusammenfassendes Bild dieser großen spätglazialen Wärmeschwankung, das sich an einen ähnlichen, umfassenderen Versuch anschließen läßt, den IVERSEN (5) gleichzeitig für Dänemark gibt. Danach sind subarktische Birken- und Kiefernwälder [in den baltischen Ländern auch mit etwas Fichte, vgl. DREIMANIS (3)] während der jüngeren gotiglazialen Phase des Eisrückzugs, d. h. in der Allerödzeit, bereits soweit nach N vorgestoßen, daß die polare Baumgrenze etwa von Irland nach Südnorwegen, die Grenze geschlossener Wälder über Nordjütland nach Südsmåland zog und Kiefern mindestens bis Südholstein und Bornholm reichten, während die Waldgrenze in den Südvogesen nicht unter 700 m, im Südschwarzwald nicht unter 900 m lag. Während der folgenden jüngeren Dryas- oder Tundrenzeit aber konnten sich geschlossene Birken- und Kiefernwälder offenbar nur in den wärmsten Tieflagen Mitteleuropas, z. B. in Innerböhmen erhalten, während Landschaften wie das Untereichsfeld, die westpfälzische Moorniederung und das westliche Bodenseegebiet, also Höhenlagen zwischen 200—400 m, noch einen so kräftigen Waldrückgang erfuhren, daß man nunmehr schließen muß, daß damals der größte Teil Mitteleuropas, wenn auch nicht mehr völlig wald- und baumlos geworden, so doch wieder in einen breiten Gürtel einer Parktundra eingerückt ist. Der Klimarückschlag der jüngeren Tundrenzeit war also viel größer, als bisher angenommen worden ist, sie kann nach ihrer Wirkung auf die Vegetation geradezu mit einer kleinen Eiszeit verglichen werden. Zu den bei FIRBAS zusammengestellten Belegen ist nunmehr noch hinzuzufügen, daß W. PENNINGTON im See von Windermere (40 m S.H., am Südfuß der bis 978 m ansteigenden Cambrian Mts.) ein besonders wertvoller Nachweis der Allerödschwankung — der erste in England — gelungen ist, indem hier nicht nur die ältere, sondern auch die jüngere Tundrenzeit durch Bändertone belegt ist, ein Beweis, daß es in den Cambrian Mts. nochmals zur Bildung von Gletschern kam. Eine vorläufige Auszählung der Bändertone stützt mit 400—500 Jahresschichten die übliche Gleichsetzung der jüngeren Tundrenzeit mit dem Eishalt an den fennoskandischen Moränen. Die Allerödgyttja enthält Reste subarktischer Birken- und Espenwälder. Über zwei weitere interessante Nachweise der Allerödzeit — die Zuordnung ist jedenfalls sehr wahrscheinlich — im französischen Zentralplateau im Massiv von Cantal in Höhen von 950 und 1100 m berichten G. & C. Dubois (8, 9). Dort haben sich bezeichnenderweise in der Allerödzeit neben Birken und Kiefern in den tieferen Lagen auch schon Eichen kräftig ausgebreitet.

Eine Allerödschicht mit *Quercus, Corylus* und *Alnus* findet sich vielleicht auch in dem von G. & C. Dubois (13) untersuchten Moor von Bar am Ostfuß der Argonnen. Eine, wie sich nunmehr zeigt, die Allerödschwankung umfassende Schichtfolge hat schon 1873 J. A. Smith aus dem etwa 155 m hoch gelegenen Whitrig Bog in Berwickshire, Südschottland, beschrieben. Mitchell (7) hat sie wieder aufgefunden und aus den der jüngeren Dryaszeit entsprechenden tonigen Schichten, die eine allerödzeitliche Seekreide mit *Betula pubescens* überlagern, unter anderem *Betula nana, Salix herbacea, reticulata, Armeria* und *Artemisia* mitgeteilt. Der erste irische Fund von *Betula nana* stammt ebenfalls aus der Allerödzeit [Mitchell (4)].

Es ist nun sehr reizvoll, daß sich gleichzeitig mit dem weiteren Nachweis der Allerödschwankung auch das Bild von der Zusammensetzung der spätglazialen Vegetation durch die Pollenuntersuchungen vertieft. So läßt der schon erwähnte Nachweis des Pollens von *Helianthemum alpestre* in den Alpen (Welten) bzw. des heute noch in den Alvars von Gotland und Öland häufigen *H. oelandicum* in Dänemark (Iversen) auf eine beträchtliche Ausdehnung von Pflanzengesellschaften trockener Böden schließen. Im Faulenseemoos bei Thun kann Welten (1) sogar ein deutliches *Helianthemum*-Stadium unterscheiden, dem zunächst die Ausbreitung von *Betula nana* und dann die von *Hippophae* vor der ersten Wiederbewaldung gefolgt ist. Auch in den spätglazialen Schichten des Baldeggersees ist *Helianthemum* nach Härri sehr häufig. Die Bedeutung trockenheitsliebender Gesellschaften in der waldlosen spätglazialen Vegetation geht dann noch deutlicher aus der sich ebenfalls erst jetzt ergebenden, zeitweise erstaunlichen Häufigkeit des Pollens von *Artemisia* hervor. Nach den schon in F. Bd. 10 u. 11 besprochenen Arbeiten von Erdtman, Losert und Iversen haben das nunmehr auch v. Sarnthein (1, 2) für Nordtirol und Kärnten, Lüdi (1) für das Tessin, Härri für das Gebiet des Baldegger Sees, Grünig für die Südvogesen und I. Müller (1) für das Bodenseegebiet zeigen können. Eine nähere Auswertung und Ergänzung der letztgenannten Funde durch Firbas (4) ergibt, daß *Artemisia* besonders vor und zu Beginn der ersten Wiederbewaldung sehr häufig war (der Pollen kann am Bodensee bis 19% des Gesamtpollens ausmachen, am Lanser See bei Innsbruck nach v. Sarnthein bis 57% !) und daß sie auch während der jüngeren Tundrenzeit neuerlich gefördert wurde. Sind wir nun berechtigt, auf Grund dieser Funde von einer glazialen Steppe zu sprechen und in ihnen endlich das paläobotanische Gegenstück zu der seit Nehrings Zeiten so bekannten Steppenkomponente in der glazialen Fauna zu sehen? Da *Artemisia (borealis, Tilesii)* der heutigen Arktis nicht fehlt, ist Vorsicht nötig. In einer Arbeit über die Pionierphase in der ersten nacheiszeitlichen Ausbreitung äußert sich daher G. Erdtman (13) sehr zurückhaltend und möchte zunächst nur diesen Ausdruck gebrauchen, zu dem auch das zeitweise so häufige, längst bekannte Vorkommen der Pionierart *Hippophae* gut paßt. ERDTMAN bringt aber gleichzeitig weitere wichtige Beispiele dafür, daß die fossile Artenliste durch Pollenuntersuchungen noch wesentlich erweitert werden kann. So wird u. a. *Oxytropis campestris* nachgewiesen, und im ganzen zeigen die spätglazialen Proben aus einem Moor auf Öland eine auffällige Ähnlichkeit mit dem heutigen Pollenniederschlag im steppenähnlichen Alvar-Gebiet dieser Insel. IVERSEN fügt zu den Pollennachweisen *Saussurea alpina* hinzu, auch *Juniperus* und *Populus* werden jetzt von ERDTMAN und IVERSEN durch Pollenuntersuchungen verfolgt, und neuerdings kann IVERSEN (6) eigenartigerweise auch von einem sehr wahrscheinlichen spätglazialen Vorkommen von *Centaurea cyanus* auf Fünen berichten. (Eine Achäne von *Centaurea* cf. *cyanus* hat auch SZAFER in Leki Dolne gefunden. Bisher suchte man die Heimat dieser Unkrautpflanze im östlichen Mittelmeergebiet!) So lockt die weitere pollenanalytische Aufklärung der Glazial- und Spätglazialfloren heute in besonderem Maße. Zum Vergleich stehen auch schon Oberflächenproben aus der Arktis zur Verfügung, so aus Westgrönland [IVERSEN (5), DEGERBØL & IVERSEN] und Labrador [WENNER (2)].

Besonders interessant, aber noch nicht ganz befriedigend zu erklären sind die Verhältnisse in den Alpen, wo sich in Nordtirol und Kärnten nach v. SARNTHEIN (2) in Gebieten, die während des Bühlstadiums noch vergletschert waren, zunächst eine *Artemisia*-reiche Waldsteppenzeit (I) mit spärlichem Gehölzwuchs von *Pinus (Cembra, Mugo?, silvestris?)* und *Betula* nachweisen läßt, der eine Birken-Kiefernzeit (II) folgt, an deren Beginn höhere *Hippophaë*- und *Betula*-Werte stehen, und schließlich, nach neuerlich größerer Häufigkeit der Birke (III, IV), der Haselanstieg. In der „Steppenzeit" sind nun merkwürdigerweise Pollen, so gut wie aller anspruchsvollen Gehölze (Eichenmischwald, *Fagus*, *Abies* usw.) in beträchtlichen, aber recht regellosen Mengen vertreten. v. SARNTHEIN verlegt die Periode I ins Bühl-Gschnitz-Interstadial, II in die Schlußvereisung und glaubt unter Ausschluß anderer Erklärungsmöglichkeiten ein verstreutes Vorkommen der wärmeliebenden Holzarten in den tieferen Lagen der Alpentäler während I annehmen zu dürfen. Das ist mit den Ergebnissen im nördlichen Alpenvorland schwer vereinbar. Bleibt also diese Frage und die Datierung überhaupt noch weiter zu verfolgen, so ist doch v. SARNTHEINs Waldsteppenzeit sicher ein gut Teil dessen, was in den kontinentalen Zentralalpentälern seit BRIQUET u. a. als „xerotherme Periode" aus der heutigen Pflanzenverbreitung erschlossen worden war. In Kärnten [v. SARNTHEIN (1)] liegen die Verhältnisse ähnlich wie in Nordtirol, *Artemisia* kann bis zu 54% der Nichtbaumpollen ausmachen, der Anteil der Wärmeliebenden ist aber viel geringer, was ihre Deutung als autochthone Vorkommen erschwert.

Von stadialen Schwankungen im Schweizer Mittelland, die sich wahrscheinlich zum Teil in Verschiebungen des Verhältnisses von *Pinus Mugo* zu *P. silvestris* auswirkten, berichtet auch WELTEN (1, 4). Auch er findet in den untersten minerogenen Schichten ähnlich merkwürdige Vorkommen des Pollens wärmeliebender Gehölze. Die naheliegende Deutung, daß es sich um umgelagerten Pollen auf sekundärer Lagerstätte handelt, stößt in den Alpen auf erhebliche Schwierigkeiten. Vielleicht ist eher an angereicherten fernverbreiteten Pollen aus den Schmelzrückständen von Toteismassen zu denken.

IVERSEN hat, besonders in einer mit DEGERBØL verfaßten Untersuchung über die Wisentfunde Dänemarks näher ausgeführt, daß gerade die spätglaziale Parklandschaft, in der kleine Gehölze die im übrigen bald mehr tundren- und mattenartige, bald mehr steppenähnliche Vegetation unterbrochen haben, einer reichen Großtierwelt und damit auch dem diese jagenden Menschen besonders günstige Lebensbedingungen geboten hat. Nach MITCHELL (1, 2, 4), der die irischen Allerödfundstellen um weitere vermehren konnte, fallen auch die bisherigen Funde des berühmten Riesenhirsches *(Cervus megaceros)* in das Ende der Allerödzeit. Ein neuer Fund der oft genannten und rätselhaften Lyngby-Kultur Dänemarks aber gehört nach einem reichen Fundplatz bei Bromme auf Seeland in die Allerödzeit selbst [IVERSEN (4)].

AARIO (1) hat nochmals zu der von der seinigen nun nicht mehr so stark abweichenden Auffassung HYYPPÄs über die spätglaziale Vegetationsentwicklung Stellung genommen und die Frage zusammenfassend behandelt. Die in Fortschr. Bot. 11, 113, vorgetragene Behauptung, daß er einen breiten Tundrengürtel, HYYPPÄ nur einen schmalen annehme, ist dahin zu berichtigen, daß AARIO über die Breite des Tundrengürtels noch keine feste Aussage machen will. Die Hypothese HYYPPÄs von einer „spätglazialen Wärmezeit" kann jedenfalls als aufgegeben gelten.

5. Das Postglazial in Europa. Die Fortschritte der nacheiszeitlichen Vegetationsgeschichte sollen nach Ländern besprochen, die Behandlung einiger allgemeiner Fragen aber in etwas größerem Zusammenhang eingeschoben werden.

Unter den mitteleuropäischen Landschaften liegen aus dem moorreichen nordwestdeutschen Flachland interessante neue Beiträge vor. So hat OVERBECK seine Untersuchungen zur exakten Bestimmung des Humifizierungsgrades auf kolorimetrischem Wege und zum Teil auch mit dem Azetylbromidverfahren fortgesetzt. Er kann nunmehr 15 auf diese Weise genauer untersuchte Moorprofile vergleichen und so zu dem alten Problem des „Grenzhorizonts" und seiner klimatischen Deutung in neuer Weise Stellung nehmen. Durchweg zeigt sich, daß der Übergang vom stark zersetzten älteren zum schwach zersetzten jüngeren Moostorf viel allmählicher erfolgt, als früher angenommen wurde, und die höchste Zersetzung nicht im Grenzhorizont, sondern einige dm unter ihm gefunden wird. Da die Huminosität als ein Ausdruck der jeweiligen, vom Klima bestimmten Wachstums- und Zersetzungsbedingungen des Hochmoortorfs angesehen werden muß, ist also in Übereinstimmung mit den aus dem allmählichen Wandel der Wälder gezogenen Schlüssen auch danach der Übergang vom wärmezeitlichen zum nachwärmezeitlichen Klima im Großen gesehen allmählich erfolgt. Das schließt nicht aus, daß innerhalb dieses Zeitraums und auch später noch kürzere, trockenere und feuchtere Perioden zu unterscheiden sind, die schärfere, grenzhorizontartige Kontakte zwischen stärker und schwächer zersetztem Torf entstehen ließen. Solche Rekurrenzflächen sind ja bekanntlich zunächst von GRANLUND für Südschweden nachgewiesen worden. Der Grenzhorizont ist eine von ihnen, nämlich R. Fl. III um 600 v. Chr. GRANLUNDs System hat sich in Schweden gut bewährt, wenn es auch, wie v. POST (2) zeigen kann, nur die gröberen Klimaschwankungen erfaßt, zwischen denen noch kleinere ähnlicher Art unterschieden werden müssen. In den letzten Jahren wurden nun Belege dafür beigebracht, daß das GRANLUNDsche System auch außerhalb Schwedens Geltung hat. So sind nach HARDY, GODWIN (8 u. a.) und MITCHELL (6) in England und Irland nicht nur ein „Grenzhorizont" vielfach zu beobachten (und zwar über einem älteren Sphagnumtorf, dessen Zusammensetzung auf ein trockeneres Klima hinweist!), sondern auch Rekurrenzflächen von anscheinend ähnlichem Alter wie in Südschweden. Dabei scheint es, daß in Irland schon eine ältere von diesen am deutlichsten (als „Grenzhorizont") ausgebildet ist, nach einer anregenden Hypothese GODWINS (8) vielleicht deswegen, weil der zugrundeliegende, in Wellen vor sich gehende Klimaumschwung in ozeanischeren Gebieten schon früher zur vollen Wirkung kam als auf dem kontinentaleren europäischen Festland. Weitere Belege für Rekurrenzflächen hat MICHELSEN in Dänemark erbracht, und in jüngst erschienenen Arbeiten beschäftigt sich auch T. NILSSON (2, 3) mit dieser Frage in Dänemark und Nordwestdeutschland. Seine Arbeiten sind dem Versuch gewidmet, durch eine sehr eingehende Bearbeitung von 2 besonders geeigneten Moorprofilen in Dänemark (im südlichen Fünen und in Nordjütland) und einem in Nordwestdeutschland (Dannenberg bei Bremen) die von ihm 1935 ausgearbeitete, sehr eingehende pollenanalytische Gliederung der nacheiszeitlichen Vegetationsentwicklung Schonens auf diese Länder zu übertragen und mit den dort von KN. JESSEN einerseits, OVERBECK & SCHNEIDER andererseits ausgearbeiteten Gliederungen zu vergleichen. Das auch zur Zeichnung von Pollenniederschlagskarten des nordwestdeutschen Flachlands verwandte Ergebnis überzeugt von der Gleichaltrigkeit der unterschiedenen 9 postglazialen Hauptabschnitte — sie ergibt sich zum Teil auch aus der Verknüpfung mit archaeologischen Funden —, zeigt aber gleichzeitig, wie verschiedener Meinung auch sehr erfahrene und vorsicht.ge Forscher bei der Datierung von Pollendiagrammen im einzelnen sein können. In diesen Arbeiten setzt sich NILSSON auch mit der Frage der Rekurrenzflächen auseinander und glaubt deren in Dänemark 5, in Nordwestdeutschland 6 unterscheiden zu können. Sind seine Verknüpfungen richtig, dann fallen die Kontakte, die bisher als „der" Grenzhorizont angesprochen worden sind, in einen Zeitraum von nicht weniger als 2000 Jahren. Die ganze Frage ist nicht nur für den Nachweis der Klimaentwicklung und ihren Einfluß auf das Hochmoorwachstum wichtig, sondern auch deswegen, weil eine sichere Verknüpfung der Rekurrenzflächen einen Weg zur Datierung der Waldentwicklung über große Entfernungen hinweg liefern kann. Man wird daher auf weitere Untersuchungen in diesen und anderen Landschaften, besonders auch in den Gebirgsmooren, gespannt sein dürfen.

Für die Gliederung der nordwestdeutschen Diagramme ist wie in vielen anderen Landschaften das Alter der Buchenausbreitung besonders wichtig. Einen neuen Fixpunkt hierfür hat PFAFFENBERG am Dümmer gewonnen, wo der Beginn der geschlossenen Buchenkurve ganz eindeutig mitten in eine neolithische Kulturschicht (der Ganggräberzeit) fällt. Über die Entstehung des Steinhuder Meeres, des anderen großen Sees im nordwestdeutschen Altmoränengebiet, haben DIENEMANN & PFAFFENBERG eine vorläufige Mitteilung erscheinen lassen. Organogene Sedimente reichen in dem Seebecken, das in der Eiszeit ausgeweht worden sein soll, bis ins Präboreal zurück. Auf Rügen, im Peenetal und am Kummerower See in Westpommern hat HALLIK einige Profile untersucht. Im fruchtbaren Moränengebiet Rügens in rund 50 m Seehöhe ließ sich in der Nachwärmezeit eine ganz ausgeprägte Buchenherrschaft feststellen (bis 80% *Fagus*), aber auch in einem in der Höhe des Meeresspiegels liegenden Moor führt die Buche (bis 44%), wenn auch *Quercus* und *Carpinus* viel häufiger sind. Die Profile ergaben auch neue Fixpunkte für den Beginn der Litorihatransgression im Gebiet. Sie ist etwa an die Zonengrenze VII/VI NILSSONS zu setzen. Einen infolge Verlustes der Unterlagen leider nur sehr kurzen

Bericht über pollenanalytische Beweise für die Erhaltung von Steppen in den niederschlagärmsten Teilen des Warthegebietes bis zum Beginn der Nachwärmezeit hat Thomson gegeben.

Für die jüngste Waldgeschichte des Flachlandes ist schließlich noch eine sehr sorgfältige Arbeit von Olberg wichtig, die die Entwicklung der Wälder im preußischen Hochschulforstamt Chorin seit Einführung einer geregelten Forstwirtschaft um 1792—96 behandelt. Es zeigt sich, daß Ende des 18. Jahrhunderts auf den Geschiebemergelböden, aber auch auf allen nicht zu armen Sandböden noch Laubmischwälder geherrscht haben, in denen die Buche die Führung inne hatte, während Eichen bis zu $^1/_3$ beigemischt waren und erst in weitem Abstand auch Hainbuchen, Kiefern und Linden. Später ist es zu einer starken Ausbreitung der Kiefer und einem Rückgang der Laubhölzer gekommen, obwohl diese immer wieder neu einzudringen suchten. Auf den armen Sandböden aber hat schon um 1800 die Kiefer geherrscht, die Buche so gut wie völlig gefehlt. Doch waren, im Gegensatz zur Gegenwart, auch den armen Kiefernwäldern Eichen reichlich beigemischt, so daß man vielfach von Kiefern-Eichenwäldern sprechen konnte. Mit der Umwandlung zu reinen Kiefernforsten ging ein auffälliger Rückgang der Naturverjüngung einher. Der Verf. nimmt mit guter Begründung an, daß die Zusammensetzung der Wälder um 1800 trotz ihres schlechten Zustands noch weitgehend der natürlichen entsprochen hat.

Aus den Mittelgebirgslandschaften sind Untersuchungen an verlandeten Seen und Mooren der Vogesen durch Firbas, Grünig, Weischedel & Worzel (1, 2) zu erwähnen. Mit Hilfe der Siedlungszeiger unter den Nichtbaumpollen, eines Vergleichs mit der historischen Besiedlung des Gebirges und unter Auswertung der Schichtmächtigkeiten homogener Torfe ließ sich zeigen, daß die Buchen-Tannenzeit hier, wo man bisher mit einer besonders frühen Ausbreitung von Buchen und Tannen gerechnet hatte, doch erst mitten in der späten Wärmezeit bzw. gegen ihr Ende eingesetzt hat. Die subalpine Buchenstufe, die das Gebirge heute auszeichnet, war dabei offenbar von Anfang an angedeutet (mit der Höhe zunehmende Buchenpollenwerte). Ihre Ausbildung wurde aber im Laufe der Zeit verstärkt, zunächst nur allmählich, seit dem Beginn der Weidewirtschaft und der damit verbundenen teilweisen Entwaldung der Kämme im Mittelalter bedeutend. Die Fichte hat bis in historische Zeiten sehr wahrscheinlich vollständig gefehlt, wurde aber dann schon vor mehreren Jahrhunderten eingeführt. In den hochgelegenen Karseen hat die Sedimentation erst mit dem Beginn des Postglazials eingesetzt, vielleicht weil sich Toteisreste bis über die jüngere Tundrenzeit hinweg erhalten haben. Die heutigen nordatlantischen Arten dieser Seen haben sie also erst mit Beginn der Wärmezeit besiedeln können, sind aber in tieferen Lagen schon im Spätglazial nachweisbar, sind also als Ganzes sicher Glazialrelikte. Die Bildung ombrogener Moore reicht, soweit bisher bekannt, nicht über die Buchen-Tannenzeit zurück. Daher sind ein älterer Moostorf und ein deutlicher Grenzhorizont kaum zu erwarten. Auf dem Hochfeld ist gleichzeitig mit der Entwaldung des Kammes vor rund 1000 Jahren und vielleicht nur durch die damit zusammenhängenden Klimaänderungen bedingt, ein ombrogenes *Sphagnum magellanicum*-Hochmoor in ein weiterhin vollwüchsiges *Sphagna acutifolia*-Hochmoor (mit viel *Sphagnum fuscum*) übergegangen.

Eine pollenanalytische und archivalische Untersuchung seiner Waldgeschichte hat weiter das heute durch seine armen Kiefernwälder auf Diluvial- und

Keupersandböden bekannte Gebiet des Nürnberger Reichswaldes durch OTT-ESCHKE erfahren. Wir haben es hier tatsächlich mit einem Gebiete großer ursprünglicher Kiefernhäufigkeit zu tun, wenn die Kiefer vor Beginn der Waldnutzung auch kaum die Hälfte des Waldbodens eingenommen hat. Auch das ursprüngliche Vorkommen der Fichte und Tanne, die hier an ihren Verbreitungsgrenzen stehen, wird bestätigt. Ein von Natur aus besonders reichliches Vorkommen der Linde macht begreiflich, daß gerade hier eine schon aus dem 11. Jahrhundert belegte berühmte Zeidelwirtschaft entstehen konnte („des Reiches Bienengarten").

Über die natürlichen Wälder des nordrheinisch westfälischen Gebietes und seine jüngere Geschichte hat HESMER einen kurzen Überblick gegeben. Einige Holzkohlenbestimmungen vor- und frühgeschichtlichen Alters aus Mähren verdankt man wieder A. FIETZ. In einem gallischen Oppidum bei Prosnitz fanden sich u. a. cf. *Quercus ilex* und *Ostrya,* wahrscheinlich von eingeführten Gegenständen stammend (4), außerdem wurden die ersten Eibenfunde Mährens aus frühmittelalterlicher (slawischer) Zeit gemacht (3).

Im Alpenvorland haben die Arbeiten von I. MÜLLER (1, 2) auf Grund von Promillediagrammen neue Grundlagen zur Gliederung der Waldentwicklung im westlichen Bodenseegebiet und am Federsee beigebracht. Am Federsee ließen sich mit Hilfe der Gramineen-Pollen vom Getreidetyp 4 deutlich getrennte Perioden, somit eine auffällige Diskontinuität der vorgeschichtlichen Besiedlung nachweisen, so weit diese mit Ackerbau verbunden war. Die 2. und die 3. Periode fallen genau in jene Schichten, in denen die bekannten spätneolithischen und spätbronzezeitlichen Siedlungen des Gebietes liegen. Die 4. Periode dürfte mit der Karolingerzeit beginnen. Aus der ersten liegen vorgeschichtliche Funde noch nicht vor. Das Vorkommen von *Plantago*-Pollen ist nicht streng an die Getreidezeiten gebunden; dagegen hält sich das Auftreten der schon im Neolithikum vorhandenen Hainbuche *(Carpinus)* an sie und belegt somit deren Förderung durch die Besiedlung. MÜLLER hat auch methodisch wichtige Bestimmungen der Pollenstreuung der verschiedenen Getreidearten durchgeführt. Sie ist beim Roggen etwa 500mal so groß wie bei den übrigen Getreiden.

Belege für eine so tief greifende Beeinflussung der Wälder zu Beginn und im Laufe der neolithischen oder bronzezeitlichen Besiedlung, wie sie IVERSEN in Dänemark annimmt (vgl. F. 11, S. 122), ließen sich weder am Bodensee noch am Federsee auffinden. Das kann hier sowohl mit einer anderen Wirtschaftsweise wie mit ungünstigeren Untersuchungsbedingungen zusammenhängen. Doch bezweifelt T. NILSSON (3) die Richtigkeit von IVERSENs Theorie über den Hergang der neolithischen Landnahme und die mit ihr verknüpften ausgedehnten Waldrodungen überhaupt, u. a. deswegen, weil die zu Beginn der Besiedlung beobachteten Veränderungen im Pollenniederschlag — Rückgang von *Quercus*, Förderung von *Betula, Corylus, Alnus* — in einem weiten Gebiet auch außerhalb der Megalithkultur auftreten und so eher auf gleichzeitige klimatische Veränderungen zurückzuführen sein dürften. Daß solche in Dänemark zumindest mit den Siedlungseinflüssen bei der Veränderung der Wälder zusammengewirkt haben, hat schon FAEGRI betont (1, 2). In Südwestnorwegen (Jaeren, Bømlo) fand er in den Pollendiagrammen auch keine so deutlichen Spuren der Beeinflussung der Bewaldung durch die Besiedlung wie IVERSEN in Dänemark. (Er möchte nur einen mit dem Siedlungsbeginn gleichzeitigen Abfall von *Ulmus* durch die Nutzung des Baumes als Viehfutter erklären.) Es kann dies mit einer schwächeren Entwicklung des neolithischen Ackerbaus in Norwegen zusammenhängen. Der Siedlungsbeginn selbst, der wahrscheinlich in die Ganggräberzeit fällt, ist freilich in den norwegischen Diagrammen gut erkennbar, zunächst wohl durch eine Förderung von *Rumex*, dann durch das Erscheinen von *Plantago* und schließlich durch das von Getreide.

Mit den Beziehungen zwischen Vegetations-, Klima- und Siedlungsgeschichte hat sich auch R. GRADMANN neuerlich auseinandergesetzt. Er schließt sich der schon mehrfach (RUDOLPH 1930 u. a.) vertretenen Meinung an, daß die subborealen Trockenzeiten infolge ihrer geringen Dauer auf die Zusammensetzung der Wälder und damit auch auf den Pollenniederschlag im allgemeinen keinen deutlichen Einfluß ausgeübt haben, rechnet aber für die Altsiedlungsgebiete doch mit erheblichen Veränderungen der Vegetation während der Trockenzeiten und mit einer Ausbreitung der Steppenheide auch auf ebenem Gelände wie Lößböden u. a. (was freilich immer noch zu beweisen übrig bleibt). Unter den Versuchen zur Erklärung der getroffenen Siedlungswahl betont er u. a. den von ihm schon 1936 aufgeworfenen sicher sehr wichtigen Gesichtspunkt der Eignung der Landschaft für einen düngerlosen Getreidebau mit den im Neolithikum und in der Bronzezeit zur Verfügung stehenden Getreidearten.

Einen wesentlichen Einfluß des vorgeschichtlichen Menschen besonders in mesolithischer Zeit auf die Vegetationsentwicklung nimmt RAWITSCHER an, indem er die bekannte zeitweilige Häufigkeit der Hasel auf ihre große Resistenz gegenüber Waldbränden (ihre leichte Verjüngung aus Wurzelschößlingen nach Bränden) zurückführt.

Erhebliche Fortschritte hat die Vegetationsgeschichte während der letzten Jahre in den Alpen gemacht. Soweit es sich um die Moorforschung der Jahre 1932—1946 handelt, hat H. GAMS (1) darüber zusammenfassend berichtet. Hier sind zunächst die Arbeiten von WELTEN (1, 4, 5) über das Faulenseemoos und den Burgäschisee im Schweizer Mittelland nochmals zu erwähnen, da sie sehr anregende Ausführungen über die Abhängigkeit der Waldentwicklung und Seeverlandung vom postglazialen Klimaverlauf enthalten, indem der Verf. durch die Auswertung der Jahresschichtung der Sedimente hier neue Wege zu erschließen sucht, z. B. durch Diagramme mit Angabe der absoluten Pollenmengen. Freilich geht er bei der Ausdeutung der Befunde oft sehr weit.

Eine erste Mitteilung HÄRRIs über das Gebiet des Baldeggersees läßt erkennen, daß hier neolithische, und zwar auch frühneolithische Schichten in Sedimenten mit bereits sehr viel *Fagus* und *Abies* liegen. Die Stratigraphie ist wahrscheinlich infolge von Verschiebungen der oberen Sedimentationsgrenze sehr verwickelt. Die Entstehung eines 1300 m hoch gelegenen Hochmoores im Kt. Glarus hat A. HOFFMANN-GROBÉTY eingehend untersucht. Es ließ sich während der Tannenzeit, die der Buchenausbreitung voranging, eine starke seitliche Transgression nachweisen.

In den Savoyischen Alpen um Chamonix haben G. & C. DUBIOS (3) 6 Moore in Höhen zwischen 985—1650 m untersucht. *Abies* und *Fagus* erscheinen nur wenig später als die Bäume des Eichenmischwaldes, bleiben aber während der Hasel-Eichenmischwaldzeit noch sehr spärlich, bis dann auf diese zunächst eine sehr ausgeprägte Tannenzeit (*Abies* 70—90%) und schließlich eine nicht minder ausgeprägte Fichtenzeit folgt (*Picea* 70—90%). Die Datierung ist schwierig, die Verf. verlegen die Tannenzeit in den Zeitraum vom Ende des Atlantikums bis in den Beginn des Subatlantikums. Eine bis etwa an die Gegenwart reichende, ebenfalls sehr ausgeprägte Tannenzeit fand PETERSCHMITT auch noch am W-Rand der Alpen im Marais de Lavour, nahe dem Lac du Bourget. Hier bleibt die Fichte immer unter 10%. Nahe der Fichtengrenze liegt offenbar auch das von G. & C. DUBOIS & FIRTION (1) untersuchte Moor von Chaffois bei Pontarlier im französischen Jura. *Picea*-Pollen tritt nur in jüngeien Schichten in geringer Menge auf.

Eine eigenartige Waldentwicklung hat W. LÜDI (1) aus dem südlichen Tessin durch auch methodisch sehr lehrreiche Untersuchungen von verschiedenen Seeablagerungen und Torfen in Höhen zwischen 310—603 m bekannt gemacht. Hier herrschte nach dem Rückgang der Gletscher zunächst noch lange Zeit eine waldfreie Vegetation, in der Gräser, *Artemisia, Salix, Hippophaë* und *Alnus viridis* hervortreten, während das von *Pinus* beherrschte Baumpollenspektrum in geringer Menge so ziemlich alle übrigen Gehölze enthält, hinsichtlich seiner Herkunft aber noch fraglich bleibt. Die Bewaldung setzte dann mit einer Kiefern-Birkenzeit ein, in der an Stelle der vorher abgelagerten Tone und Mergel Seekreiden oder Gyttjen traten. Dann folgte eine Eichen-Erlenzeit, in der besonders in höheren Lagen *Alnus glutinosa* und *incana* und daneben auch *Abies, Fagus* und *Picea* häufig waren, stellenweise auch *Corylus.* Dieser Zeitabschnitt reichte wohl bis ins Neolithikum. Kurz vor seinem Ende begannen sich Edelkastanien, Hopfenbuchen und Walnüsse auszubreiten, und die Entwicklung endet somit mit einer bis zur Gegenwart reichenden *Castanea-Juglans-Ostrya-*Zeit, an deren Zustandekommen (seit der Bronzezeit) der Mensch sicher einen großen Anteil nahm. *Castanea*-Pollen kann bis 77%, solcher von *Ostrya* bis 94% der Baumpollen ausmachen. Die Niederwaldwirtschaft verursacht übrigens eigenartige Verzerrungen des Pollenniederschlags.

Gemeinsam mit JEANNET hat LÜDI auch einige sublakustrine Torfe im Luganer See untersucht, die einem um 5—7 m tieferen Seestrand entsprechen, der offenbar während der Eichen-Erlenzeit bestanden hat. In den Torfen herrscht allerdings der Tannenpollen, der wohl gleichzeitigen Vorherrschaft dieses Baumes in den höheren Berglagen entsprechend. Es handelt sich wahrscheinlich um den Zeitraum des jüngeren Mesolithikums und des Neolithikums. Der spätere Anstieg des Seespiegels dürfte auf den Aufstau von Schuttmassen zurückgehen, den die Rodung der Wälder und vielleicht auch eine Zunahme der Niederschläge bewirkt hat.

Zu diesen Ergebnissen passen auch recht gut jene, die F. LONA (1, 2) und LONA & TORRIANI in Südtirol, nordöstlich Trient und am Nordabfall der Lessinischen Alpen erhalten haben. Nach einer birkenarmen Kiefernzeit, in der der Eichenmischwald auftritt, aber nur eine geringe Rolle spielt, und einer anscheirend recht kurzen Fichtenzeit folgt eine ausgeprägte Tannenzeit mit Werten bis 60%, zu deren Beginn auch schon die Buche vorhanden ist, die aber erst in einer subrezenten Buchen-Kiefernzeit häufig wird.

In Nordtirol hat v. SARNTHEIN (2) seine ergebnisreichen Untersuchungen verschiedener Seen und Moore durch die Bearbeitung verschiedener Vorkommen aus tieferen Lagen nunmehr zum Abschluß gebracht. Abgesehen von der schon besprochenen spätglazialen Entwicklung werde die postglaziale (Eichenmischwald-Haselzeit — Fichtenzeit — Buchen-Tannenzeit — Fichten-Föhrenzeit) weiter herausgearbeitet, die durch die Höhenlage bedingten Abwandlungen genauer verfolgt und die Beziehungen zur Verlandung der Seen und zum Wachstum der Moore untersucht. Eine ausgeprägte Trockenperiode läßt sich vor allem zu Beginn der Eichenmischwald-Haselzeit nachweisen. Die

Fichtenzeit und besonders die Buchen-Tannenzeit sind überall mit einer kräftigen Hochmoorbildung verbunden, während in der jüngsten Periode, der Fichten-Föhrenzeit, ein weitgehender Stillstand des Hochmoorwachstums und Erosionsvorgänge beobachtet werden können, die an manchen Stellen sogar so kräftig waren, daß neuerlich offene Seenflächen entstanden. Ob die Fichten-Föhrenzeit, wie v. SARNTHEIN annimmt, dem ganzen Subatlantikum entspricht oder vielleicht nur seinem jüngeren Teil, bleibt wohl weiter zu prüfen.

Weitere Untersuchungen v. SARNTHEINS (1) liegen aus Kärnten vor. Hier läßt sich eine erheblich frühere Ausbreitung der Fichte als weiter im W erkennen, nämlich schon in der Kiefern-Birkenzeit. Nach der Ausbreitung des Eichenmischwaldes, dem vereinzelt schon *Ostrya* angehört, folgt eine Fichtenzeit mit beginnender Ausbreitung von *Abies* und *Fagus* und eine Tannen-Buchenzeit, die in ihrem jüngeren Teil auch durch geringe Vorkommen von *Carpinus, Ostrya* und *Juglans* ausgezeichnet ist. Der Verf. stellt sie ähnlich wie in Nordtirol in das jüngere Subboreal, sie mag aber auch noch das ältere Subatlantikum umfassen. Eine jüngste Fichten-Kiefernzeit schließt wiederum die Entwicklung ab. Beide Arbeiten v. SARNTHEINS sind reich an Bestimmungen verschiedener Pflanzen- und Tierreste, wie überhaupt die Tiroler Untersuchungen des Verf. zu den inhaltreichsten vegetationsgeschichtlichen Untersuchungen aus den Alpen gehören.

Insgesamt lassen die ganzen vorerwähnten Arbeiten trotz aller noch vorhandenen Unsicherheit in der Altersbestimmung die große Mannigfaltigkeit der Waldentwicklung in den verschiedenen Teilen der Alpen erkennen, im besonderen das auffällige Widerspiel zwischen der im W geförderten Tanne und der mehr im O betonten Fichte und die interessanten submediterranen Züge, die das Vorkommen von *Castanea, Ostrya* und *Juglans* am Südrand der Alpen hinzufügt.

Als Abschluß der Alpenarbeiten ist dann noch eine Studie von AARIO (3) aus dem Stubaital zu erwähnen, wo ein 2300 m hoch gelegenes Moor im Oberfernau, das aus der biogenen Verlandung eines Sees während der Eichenmischwald- und Fichtenzeit hervorging, in der Buchen-Tannenzeit durch einen Gletschervorstoß angerissen wurde. AARIO glaubt diesen — freilich in erster Linie auf Grund einer hypothetischen Schätzung der Wachstumsgeschwindigkeit der Sedimente — in die letzten Jahrhunderte v. Chr. verlegen zu müssen (und nicht etwa in die bekannte Vorstoßzeit der Alpengletscher um 1600 n. Chr.) und damit eine Parallele zur subatlantischen Klimaverschlechterung in Nordeuropa zu erhalten. Die Buchen-Tannenzeit hat jedenfalls noch länger angedauert als dieser Gletschervorstoß und ist schließlich in eine rezente Fichten-Föhrenzeit übergegangen. Die Bildung von Torflagern oberhalb der Waldgrenze hat nach AARIO entgegen der herrschenden Ansicht nicht nur während der Buchen-Tannenzeit, sondern auch noch während der Fichten-Föhrenzeit angehalten, bis schließlich zunehmende Trockenheit im Laufe der letzten Jahrhunderte, ähnlich wie in Lappland, den bekannten, auffälligen Stillstand der Moorbildung verursacht hat.

Man wird gut tun, diese Ergebnisse noch nicht zu verallgemeinern. Sie zeigen jedenfalls, daß die ganze Frage der jüngeren Klima- und Vegetationsveränderungen in den Alpen reif ist für neue Untersuchungen, in denen auch die Getreidepollen und die sonstigen Siedlungszeiger zur Erleichterung der Altersbestimmung stärker berücksichtigt werden sollten. Es wird interessant sein, hierbei auch die Ergebnisse zum Vergleich heranzuziehen, die K. MÜLLER (3) auf Grund einer kritischen Bearbeitung der Weinchroniken (Qualität, Ertrag) in der Frage der historischen Klimaschwankungen erhalten hat. Danach läßt sich vom Beginn zuverlässiger Nachrichten im 9. Jahrhundert bis zur Mitte des 16. Jahrhunderts ein im ganzen wärmerer Zeitraum unterscheiden, in dem 8 Wärmeabschnitten mit insgesamt 394 Jahren 7 Kühlabschnitte mit nur 285 Jahren gegenüberstehen, während sich von 1553 bis heute 10 Wärmeabschnitte mit nur 168 Jahren und 10 Kühlabschnitte

mit 225 Jahren erkennen lassen. Diese Ergebnisse stimmen sehr gut mit dem
bekannten Verhalten der Alpengletscher überein.

Alle Untersuchungen aus den Alpen beleuchten die großen Schwierigkeiten,
die Pollenanalysen im Hochgebirge entgegenstehen, wo verschiedene Waldstufen
den Pollenniederschlag jeder Untersuchungsstelle in einer schwer zu entwirrenden
Weise beeinflussen.

Zahlreiche Pollenuntersuchungen liegen nunmehr aus Frankreich
vor, wo während und nach dem Kriege besonders G. & C. Dubois
sowie G. Lemée mit verschiedenen Mitarbeitern eine rege Tätigkeit
entfaltet haben. Ein erheblicher Teil der Untersuchungsergebnisse ist
freilich vorerst nur in vorläufiger Form veröffentlicht, andere sind in
ihrem Wert dadurch begrenzt, daß sie sich auf Proben stützen, die zu
technischen Zwecken in großen Abständen gewonnen worden sind.
Immerhin sind wir nunmehr, wenn auch zum Teil nur in großen Zügen,
über die nacheiszeitliche Waldentwicklung vor allem Nordfrankreichs, des
Zentralmassivs, der Landschaften an der Ostgrenze Frankreichs und des
Vorlands der Pyrenäen unterrichtet. Zusammenfassende Darstellungen
hierüber finden sich bei G. Dubois (1, 1a, 2, 3, 4) und G. Lemée (5).

Nach S zu mindestens bis in die Sevennen herrscht die mittel-
europäische Grundsukzession, die Abfolge (Birken-Kiefernzeit →)
Eichenmischwald-Haselzeit → Buchen-Tannenzeit, verbunden mit einem
mehr oder weniger verspäteten Erscheinen von *Abies* und *Fagus* und
wohl Zeuge der weitgehenden oder vollständigen eiszeitlichen Verdrängung dieser Bäume. Ob gleiches auch noch für das Vorland der
Pyrenäen gilt, wo sowohl im W [Bearn; G. & C. Dubois (7)] wie im
Osten [Aude; G. & C. Dubois (17)] neue Untersuchungen vorliegen,
ist unklar. Immerhin läßt sich auch hier in den ältesten Schichten
eine Vorherrschaft von *Pinus* erkennen, hinter der der Eichenmischwald zunächst noch zurücksteht. Doch ist wenigstens im Moor von
Pinet (Aude) die Tanne frühzeitig neben Hasel und Eiche vorhanden.
Auch die Südgrenze des Gebiets, wo als älteste Ablagerungen Schichten
einer reinen (präborealen oder älteren) Kiefernzeit auftreten, läßt sich
noch nicht ziehen. Die höheren Lagen der Montagnes d'Aubrac (Lozère)
um 1200 m gehören ihm zweifellos noch an [Lemée (5)]. In den nörd-
lichsten Ausläufern der Sevennen, im Massif du Mezenc westlich Valence,
hat Lemée (5) aber als älteste Periode eine Birken-Kiefernzeit mit
ständigem Vorkommen von *Quercus* (bis 30%) gefunden. Das scheint
die schon früher von Braun-Blanquet und Firbas (1931) geäußerte
Ansicht vom eiszeitlichen Überdauern von Eichenwäldern am Südfuß
der Sevennen zu bestätigen, zum mindesten deren Erhaltung über die
jüngere Tundrenzeit.

Eine Zuordnung der großen Waldperioden zu den Hauptabschnitten
der Nacheiszeit läßt sich, im wesentlichen nach der Diagrammlage,
einigermaßen befriedigend durchführen. G. & C. Dubois (15) u. a. unterscheiden 6 Abschnitte und vergleichen sie (16) mit der in England durchgeführten Gliederung. Eine genauere Datierung steckt jedoch noch
in den Anfängen, da prähistorische Funde noch kaum ausgewertet
werden konnten. Lemée (5) erwähnt nur einige aus dem Lac de Chalain
im Jura. Die Verdrängung der Eichenmischwälder durch Buchen- bzw.

Tannenwälder wird wohl mit Recht in den Zeitraum vom Ende des Atlantikums bis zum Ende des Subboreals bzw. bis zum Beginn des Subatlantikums gestellt. In diesen Zeitraum fallen an einigen Stellen auch Zersetzungskontakte der Torflager, die sich dem „Grenzhorizont" vergleichen lassen, so in den Montagnes de la Madelaine [G. & C. Dubois (14)] und in den Monts du Forez (G., C. & F. Dubois). Im Moor von Noue Basse (Monts Dore) haben G. & C. Dubois, Firtion & Hartopp auch kolorimetrische Humifizierungsbestimmungen ausgeführt.

Für die Hasel- und Eichenmischwaldzeit sind allgemein sehr hohe Pollenwerte des Eichenmischwaldes (oft zwischen 60—80%) und der Hasel (häufig über 100%) bezeichnend. Die letztere läßt auch gegen Ende des Abschnitts in der Regel sekundäre Gipfel erkennen. *Quercus* und *Ulmus* breiten sich frühzeitig aus, *Tilia* folgt sehr viel später. Die Eichenmischwälder reichten in den Gebirgen sicher sehr hoch hinauf, in der Auvergne gingen sie nach Lemée bei 1400 m in einen Birkengürtel über. Die Birke hat sich auch auf den armen Böden der Bretagne während der Eichenmischwaldzeit reichlicher als sonst erhalten.

Man kann im übrigen schon in der Eichenmischwaldzeit und noch klarer in der Buchenzeit eine Gebirgs- und eine Tieflandsfazies unterscheiden [G. & C. Dubois (15)]. Die Grenze kann je nach der geographischen Lage zwischen 500 und 800 m liegen. Außerdem läßt sich der gegen W zunehmende Einfluß der Ozeanität verfolgen. Für das Tiefland sehr bezeichnend sind die hohen Werte von *Alnus*, besonders in den weiten Flach- und Bruchmooren des Nordwestens [Bass-Normandie und Perche nach Lemée (1)]. Die Erle erscheint zwar auch hier ziemlich spät, etwa zusammen mit der Linde, ihr Pollen herrscht aber dann oft mit Werten zwischen 60—90%. In der Normandie ist zudem die Kiefer schon vor der Ausbreitung der Erle so zurückgegangen, daß ihr Pollen in manchen Proben der Eichenmischwaldzeit ganz fehlen kann. Weiter im Osten behält sie begreiflicherweise höhere Werte bei, z. B. bei Busancy am Ostfuß der Argonnen [G. & C. Dubois (13)]. Ja selbst bei Lille werden zu einer Zeit mit beträchtlichem Buchenanteil noch (oder wieder?) regelmäßig 10—25% *Pinus* angegeben [G. & C. Dubois (2)].

Die Gebirgsmoore sind während der Hasel-Eichenmischwaldzeit durch noch höhere *Corylus*-Werte, einen sehr betonten, oft doppelten Haselgipfel, eine stärkere Beteiligung der Linde, ein auffällig spätes Erscheinen der Erle und durch höhere *Pinus*-Werte ausgezeichnet. Das Auftreten des Erlenpollens kann im Zentralmassiv, z. B. in den Monts Dore, Montagnes d'Aubrac, Monts du Velay fast bis zum ersten Erscheinen der Buche hinausgezögert sein [Lemée (2, 5)]. Für die etwas höheren Kiefernwerte kann man sowohl *Pinus silvestris* verantwortlich machen, die im Zentralplateau schon lange in einer eigenen Rasse bekannt ist („pin d'Auvergne") wie *Pinus Mugo ssp. uncinata*, die heute noch auf vielen Mooren eine beträchtliche Rolle spielt. Dubois wie Lemée versuchen sowohl auf morphologischem wie auf größenstatistischem Wege eine Trennung der *Pinus*-Pollenkörner mit dem Ergebnis, daß sich selbst in den Tieflagen der Normandie während der Kiefernzeit zweigipfelige Kurven ergeben, aus denen auf eine beträchtliche Beteiligung von *Pinus Mugo* geschlossen wird. Man wird aber gut tun, gegenüber diesen Schlüssen so lange zurückhaltend zu sein, bis eindeutige Funde von Großresten vorliegen, die sichere Artbestimmungen gestatten. Wie weit man die Hasel-Eichenmischwaldzeit oder aber eine ältere Phase Briquets „xerothermer Periode" gleichsetzen kann, haben G. & C. Dubois (12) erörtert.

Die Buchen-Tannenzeit brachte in den höheren Gebirgen eine völlige Vorherrschaft dieser Bäume mit sich, *Fagus* und *Abies* zusammen, das „Fagabietum", können oft 90% und mehr des Pollens stellen. Beide Bäume zusammen herrschen vor allem in den höheren Teilen des Zentralmassivs und im Jura. Aber schon im Plateau von Millevaches (westlich von den Monts Dore) und am Puy de l'Enfer tritt *Abies* stark zurück [G. & C. Dubois & Glangeaud, G. & C. Dubois & Firtion (')], ebenso mit wenigen Ausnahmen in den verschiedenen Gebirgen zwischen Allier und Loire, nämlich in den Montagnes de la Madelaine [G. & C. Dubois (14)] in den Bois Noirs und den Monts du Forez (G., C. & F. Dubois,

8*

G. & C. Dubois (10)]. Umgekehrt kann außer in den schon erwähnten Savoyischen Alpen auch am Nordostfuß der Pyrenäen *Abies* im Vordergrund stehen [G. & C. Dubois (17)]. *Fagus* herrscht hingegen z. B. in den Ardennen allein.

Das früher oft behauptete und zum Teil als Glazialrelikt gedeutete natürliche Vorkommen von *Abies* in der Normandie ließ sich nicht bestätigen. Lemée fand (1, 5), wie im übrigen schon vorher Hesmer [vgl. Forstarchiv **13**, 421—425 (1937)] unter 4300 Baumpollen nur 1 Pollenkorn von *Abies*. Doch berichten G. & C. Dubois (11), daß in dem über 5 m mächtigen, im Pollendiagramm von *Alnus* und *Quercus* beherrschten Moor von St. Michel de Braspars, Finistère, in der Normandie, Pollen von *Abies* und *Fagus* schon von Anfang an auftreten. Die Frage bedarf also doch wohl noch weiterer Untersuchung. Nicht bestätigen ließ sich auch das seinerzeit von P. Keller verzeichnete angebliche Vorkommen von *Picea* in dem Moor von Pinet am Fuß der Pyrenäen. Auch das stimmt mit der vorerwähnten Nachprüfung Hesmers überein. Es liegt also kein Grund vor, an dem ursprünglichen Fehlen der Fichte in den Pyrenäen zu zweifeln.

In den Tieflagen blieb neben der Buche vielfach die Eiche herrschend, sie trat auch innerhalb des Eichenmischwaldes gegenüber der Linde und Ulme stärker hervor. Man spricht hier also besser von einer Buchen-Eichenzeit. Das macht sich schon in etwas tieferen Lagen am Westrand des Zentralmassivs bemerkbar, so am Plateau von Millevaches und in dem etwas weiter östlich gelegenen Plateau d'Artense, wo nach J. Becker in 430 m Höhe die Eiche im Vordergrund bleibt, während sich oberhalb 850 m überall Buchen-Tannenwald einstellt. Sehr spät, nämlich erst im Laufe des Subatlantikums, breitete sich die Buche in der Normandie aus (1). Sie blieb hier bis in jüngste Zeit sehr spärlich, obwohl sie heute in den Wäldern eine starke Konkurrenzkraft entwickelt. Bei Lille aber geben G. & C. Dubois (2) wieder Werte bis über 60% an.

Nach Dubois und Lemée ist es vorläufig nicht möglich, das wechselnde Verhältnis von *Fagus* zu *Abies* befriedigend zu erklären. Zumindesten im Beginn der Buchen-Tannenzeit scheint auch die Reihenfolge in der Zuwanderung dieser Bäume für ihre Häufigkeit bestimmend gewesen zu sein, wie das ähnlich auch Firbas, Grünig und Mitarbeiter für die Vogesen vermuten. Auf die Mitwirkung von Klimaveränderungen deutet das 970 m hoch gelegene Moor von Noiretable in den Monts du Forez (G., C. & F. Dubois), wo einer ausgeprägten Buchenzeit, die sehr wahrscheinlich ins Subboreal gehört, eine nicht minder ausgeprägte Tannenzeit im Subatlantikum gefolgt ist.

Die jüngste, unter dem Einfluß der menschlichen Besiedlung stehende Waldzeit tritt in den Diagrammen nicht nur durch die Zunahme des Kiefernpollens hervor, sondern — auffälliger als in anderen Ländern — auch durch die neuerliche Förderung der Eiche. Nach Lemée spielt hierbei auch die leichtere Verwehbarkeit des Eichenpollens eine Rolle. In den Montagnes du Limousin ließ sich zeigen, daß die Entstehung der Calluna-Heiden auf die Rodung von Buchenwäldern gefolgt ist [Lemée (5)]. Verschiedentlich werden in den jüngeren Schichten auch die Pollenkörner von *Castanea* angeführt.

In einigen Arbeiten [G. & C. Dubois & Firtion (2), Lemée (3)] wurde auch die Bildung der alpinen Humusböden, die sich in den Gebirgen des Zentralmassivs unter Gras- und Zwergstrauchheiden finden, näher untersucht. Die Pollenzusammensetzung ist ähnlich wie in den Mooren; nur sind die Pollenkörner schlechter erhalten, *Tilia*, *Corylus* und *Pinus* etwas übervertreten, *Fagus* untervertreten, wie Lemée in einer lehrreichen Tabelle zeigen kann. In den Monts Dore wurden dabei Pollenspektren der Eichenmischwaldzeit unter 5 Profilen nur einmal im A_2-Horizont gefunden. Der stark zersetzte, 10—45 cm mächtige A_1 und der schwach zersetzte 5—35 cm mächtige A_0 gehören hauptsächlich der Buchen-Tannenzeit an, die obersten Schichten des A_0 mit starker Zunahme der Ericaceen auch der historischen Kiefern-Eichenzeit. Die Untersuchungen bestätigen, daß die Pollenverlagerung in diesen Humusböden, die hauptsächlich durch die Humusbildung, zum Teil auch durch äolische Einwehungen mineralischer Stoffe in die Höhe wuchsen, nur sehr gering sein kann. Setzt man für die Dauer der Buchen-Tannenzeit 4000 Jahre ein, so betrug der jährliche Zuwachs 0,055—0,16 mm.

Über zahlreiche Arbeiten der letzten Jahre, die die Vegetationsgeschichte der Britischen Inseln betreffen, hat Ref. an leicht zugänglicher Stelle berichtet [FIRBAS (3)]. Daher soll hier nur das Wichtigste kurz wiederholt werden.

Die Gliederung der Waldentwicklung ist besonders·in England und Wales weitgehend geklärt worden. GODWIN (1, 8) unterscheidet hier 8 Perioden, ähnlich, aber in etwas anderer Umgrenzung JESSEN und MITCHELL (5, 6) in Irland[1]. GODWIN (1) hat für England auch schon eine Reihe von Pollenniederschlagskarten (Sektorenkarten) veröffentlicht. Über die Datierung der Perioden mit Hilfe urgeschichtlicher Funde vgl. besonders GODWIN (3, 8) und MITCHELL (6). An interessanten Feststellungen seien erwähnt: In der Haselzeit Irlands kann *Corylus*-Pollen bis zu 30mal so häufig sein wie der aller übrigen Gehölze. *Pinus silvestris* hat sich vereinzelt in England und Wales wahrscheinlich bis nahe.an die Gegenwart erhalten. In der Bronzezeit waren Kiefern, wahrscheinlich als Folge eines neuen subborealen Vorstoßes, noch bis Westirland verbreitet. Das Indigenat der Rotbuche *(Fagus silvatica)* ist durch Holzkohlenfunde in einer vorrömisch-eisenzeitlichen Fundschicht in Wales wahrscheinlicher geworden (HYDE). Von SO gegen W läßt sich zu allen Zeiten eine auffällige Zunahme der Hasel, der Birke und der Ulme im Verhältnis zur Eiche erkennen. Die für den Beginn des Subatlantikums bezeichnende Förderung der Birke und der Rückgang von Linde und Erle („Revertenz") muß nach Untersuchungen in Somerset zum größten Teil auf die Klimaentwicklung zurückgehen. Auf die Wirkungen der menschlichen Besiedlung kann sie nur zu geringem Teil zurückgeführt werden (GODWIN in ZEUNER, OAKLEY, GODWIN).

Über die Zusammenhänge der Vegetationsentwicklung mit den Küstenverschiebungen und über die Bildung der Hochmoore und ihre Beeinflussung durch Klimaveränderungen vgl. S. 97 u. 107. Interessant ist, daß sich auf den Britischen Inseln viele vegetationsgeschichtliche Befunde gut in das BLYTT-SERNANDERsche System einfügen und vor allem mit der Annahme eines trockenen und kontinentalen subborealen Klimas gut übereinstimmen.

Zur Heidefrage zeigt eine wichtige Arbeit von GODWIN (5), daß das ostenglische Heidegebiet „Breckland" bis in die Zeit des Ulmenabfalls, d. h. bis ins Neolithikum dicht bewaldet war, dann aber nach Aussage der Nichtbaumpollen, unter denen nun *Plantago* erscheint und immer häufiger wird, seinen Waldbestand weitgehend zugunsten von Heide- und Grasland verloren hat. Dessen Entstehung kann also auf·die menschliche Besiedlung zurückgeführt werden. Auf den äußeren Hebriden stand der Wald hingegen spätestens seit dem Boreal in natürlichem und wechselndem Kampf mit Heide und Moor (BLACKBURN).

Wichtige paläofloristische Funde: Für die Britischen Inseln erster Nachweis von *Meesea triquetra,* und zwar in der mittleren Wärmezeit in Somerset (GODWIN & RICHARDS). Die im Postglazial von den Britischen Inseln bisher weder fossil

---

[1] Auch aus Schottland (FRASER) und von den Hebriden (BLACKBURN, HARRISON & BLACKBURN) liegen neue waldgeschichtliche Untersuchungen vor; vgl. auch PENNINGTON.

noch lebend bekannte *Trapa natans* auf den äußeren Hebriden, sehr wahrscheinlich in der Eichenmischwaldzeit (HARRISON & BLACKBURN). Das als nordamerikanisches Element berühmte, von manchen zu Unrecht auf menschliche Einschleppung zurückgeführte *Eriocaulon septangulare* in Irland schon in der späten Wärmezeit (JESSEN in TALANTIRE & WALTERS) u. a. *Buxus sempervirens* (zahlreiche Blätter und Sprosse) in einem spätrömischen Grab in Berkshire; heute in England selten und mehrfach gar nicht für ursprünglich angesehen (ALLISON).

LLOYD PRAEGER berichtet in einer Studie über die Irische See als Pflanzenbarriere, daß er auf der Suche nach einer natürlichen, vom Menschen unabhängigen Zuwanderung von Pflanzen von England und Schottland nach Irland in jüngerer Zeit keinerlei sichere Vorkommnisse unter den Samenpflanzen fand, daß dagegen die Standorte von 3 Farnen *(Cryptogramme crispa, Phegopteris dryopteris* und *robertiana)* so zu erklären sein dürften. Das stimmt recht gut mit den in Fortschr. Bot. **11**, S. 100 erwähnten Arbeiten von HASSELROT und KLEMENT überein.

Nordeuropa: In Dänemark hat T. NILSSON (1) neben seinen schon erwähnten Untersuchungen zur Verknüpfung der waldgeschichtlichen Zonengliederung noch eine besondere Untersuchung zur Nachprüfung des Alters der verhältnismäßig jungen Fundstelle der mesolithischen Mullerup-Maglemose-Kultur im Holmegaards Mose durchgeführt. Die Siedlung fällt in die ältere Hälfte der Zone VII Schonens ebenso wie manche anderen Fundstellen der gleichen Kulturstufe, während die übrigen älter sind und in VIII gehören. Insgesamt wird die bekannte Zugehörigkeit der Maglemose-Stufe im ganzen Raum von Holstein über Dänemark nach Schonen zur Kiefer-Hasel-Eichenmischwaldzeit bestätigt. Zwischen den Angaben verschiedener Verf. bestehen nur geringe, Einzelheiten betreffende Unterschiede.

Im Laufe der letzten Jahre sind in Jütland mehrere hölzerne Pflüge vom „Walle-Typus" gefunden worden. Nach TROELS-SMITH gehört der Fund von Hvorslev wahrscheinlich in das Ende der Bronzezeit (Ende des Subboreals), der von Sejback in den Beginn des Subatlantikums, also in die frühe Eisenzeit. In diese fallen auch die übrigen dänischen Funde, insbesondere der von Vebbestrup in Nordjütland, dem KN. JESSEN (1) eine besonders sorgfältige, in der Berücksichtigung der Nichtbaumpollen als Siedlungsanzeiger mustergültige Arbeit gewidmet hat. Da nun der Pflug von Walle in Ostfriesland bekanntlich von verschiedener Seite als neolithisch oder gar als frühneolithisch und als der älteste Pflug der Welt angesehen worden war, prüft JESSEN nochmals die für die Altersbestimmung dieses Pfluges vorhandenen Unterlagen mit dem Ergebnis, daß er nicht älter als frühbronzezeitlich sein könne. Das stimmt sehr gut mit einer mir im Manuskript freundlicherweise zur Verfügung gestellten neuen Untersuchung von F. OVERBECK überein, wonach der Pflug von Walle in die ältere Bronzezeit gehört. Auf die Arbeiten von JESSEN und NILSSON ist im übrigen ganz allgemein hinzuweisen, soweit es sich um die Datierung der Waldentwicklung handelt.

Von besonderem methodischen Interesse für die Ableitung der postglazialen Temperaturverhältnisse ist eine Arbeit von IVERSEN (2) über das Verhalten von *Hedera* und *Viscum,* deren an und für sich sehr seltene Pollen dank umfangreicher Zählungen in zahlreichen dänischen Mooren nachgewiesen werden konnte [weitere Funde auch bei NILSSON (2, 3)]. Beide Arten sind etwa im mittleren Boreal eingewandert, wurden rasch häufiger und erreichten während des Atlantikums ihre größten Pollenwerte. Während aber *Hedera* wenigstens als blühende Liane schon im Subboreal stark zurückgegangen sein muß, blieb *Viscum* noch recht häufig, um erst im Subatlantikum zu verschwinden. *Ilex-*Pollen wurde in den nacheiszeitlichen Ablagerungen Dänemarks nie gefunden. IVERSEN bestimmt nun durch sorgfältige Auswahl meteorologischer Stationen, die für das Klima der umliegenden Waldgebiete als bezeichnend gelten dürfen, die „Thermosphäre" der drei Arten, d. h. die Beziehungen ihres Vorkommens zu den Temperaturen des wärmsten und kältesten Monats. Die sehr anschaulichen, graphisch dargestellten Ergebnisse lehren, daß in Dänemark der wärmste Monat im Atlantikum und Subboreal etwas mehr als 2⁰ wärmer war als heute und die höchsten Werte wohl an der Wende der beiden Zeiten erreicht wurden. Die Winter aber waren im Atlantikum ein wenig wärmer, im Subboreal jedoch um etwa 1⁰ kälter als heute und näherten sich dann im Subatlantikum allmählich dem Wert der Gegenwart, während die Sommertemperaturen gleichzeitig zurückgingen. Man wird der Anwendung des gleichen Verfahrens auf andere Arten, besonders auf Waldbäume mit Interesse entgegensehen dürfen.

Aus Norwegen ist über mehrere sehr gründliche Arbeiten von FAEGRI zu berichten. Dieser hat im Anschluß an seine früheren, in F. Bd. 11, S. 115 besprochenen Untersuchungen auf Jaeren zunächst ein anderes Küstengebiet Südwestnorwegens, nämlich Bømlo, untersucht (F. 1). Ebenso ozeanisch wie Jaeren, unterscheidet es sich von diesem durch kalkreiche, felsige Böden und eine entsprechend reichere Flora. Die Waldentwicklung stimmt mit der in Jaeren weitgehend überein und bestätigt vor allem, daß die kräftigste Entfaltung der Eichenmischwälder und damit offenbar das postglaziale Klimaoptimum in beiden Landschaften und vielleicht im ganzen extrem ozeanischen Nordwesten ins Subboreal fällt. Im Subatlantikum setzte eine Verdrängung der Wälder und in diesen wieder der Eiche durch die Kiefer ein und eine Ausbreitung von Heiden und Weiden als eine durch die Klimaentwicklung geförderte Folge der Besiedlung. In einer weiteren Arbeit, die die Vegetations- und Klimaentwicklung Westnorwegens zusammenfaßt (4), wird dann noch vorläufig über eine Untersuchung aus dem inneren, subkontinentalen Fichtengebiet (aus Voss) berichtet. Hier ergaben sich bezeichnende Unterschiede zu den hochozeanischen Küstenlandschaften, nämlich geringere *Corylus*-Werte, besonders im Boreal, ein starkes Hervortreten von *Ulmus* gegenüber *Quercus* und vor allem keine deutliche Bevorzugung des Subboreals als der waldgeschichtlich optimalen Klimaperiode. Die Fichte begann sich erst relativ spät, etwa um 1200 n. Chr., auszubreiten und hat ihre größte Häufigkeit erst während der letzten 100 Jahre erlangt. Eine dritte Arbeit (5) behandelt dann ein 988 m hoch gelegenes Moor in der Hardangervidda in Zentralnorwegen, das heute im Birkengürtel liegt, aber bis zur jüngsten, wahrscheinlich subatlantischen Periode noch im Bereich der Kiefernwälder lag. Ob diese infolge der späteren Klimaverschlechterung oder infolge der Brennholznutzung seit der Besiedlung verschwunden sind, bleibt leider unentschieden. In diesem Gebiet ergeben sich Anhaltspunkte für 2 klimatische Optima, die im Anschluß an FLORIN ins Atlantikum und ins Subboreal gestellt werden.

Schweden. Mit *Hedera* als Klimazeugen beschäftigt sich eine Arbeit von FRÖMAN, der allgemeines Interesse für die Beurteilung von

Pflanzenrelikten zukommt. SERNANDER hatte schon 1893 darauf aufmerksam gemacht, daß in Skandinavien viele Arten und ganze Pflanzengesellschaften, die irgendwie an die Meeresküste und ihre Nähe gebunden sind, als Zeugen früherer Küstenlinien an ihren ursprünglichen Standorten erhalten geblieben sind. FRÖMAN hat nun daraufhin *Hedera* im östlichen Mittelschweden, im Gebiet um Stockholm, eingehend untersucht, da hier durch die Arbeiten STEN FLORINs der Verlauf der Strandverschiebungen sehr genau bekannt ist, und der Efeu sich hier nahe seiner Nordgrenze fast nur noch vegetativ vermehrt und so sehr standortbeständig ist. Eine genaue Vermessung der Meereshöhe von 68 Hedera-Standorten in diesem Landhebungsgebiet ergab nun, daß sie zum größten Teil an die Strandlinien von der jüngeren borealen bis zur älteren subborealen Zeit gebunden sind, und zwar besonders an diejenigen ehemaligen Strandzonen, die den Transgressionshöhepunkten und dem Beginn der Rückzugsphasen des Meeres innerhalb der postglazialen Wärmezeit angehören. Für diese ist aber schon aus anderen Gründen ein relativ warmes Klima wahrscheinlich. Die Ausbreitung des Efeus erfolgte also offenbar vor allem während dieser milden Abschnitte, und er wächst heute noch als Relikt und lebender Zeuge des Vorzeitklimas in der Nähe der zugehörigen Strandlinien, also z. T. seit 7000 Jahren oder länger.

Einen eingehenden Überblick über die nacheiszeitliche Waldgeschichte Bohusläns (Südwestschweden) hat auf Grund von 130 Untersuchungsstellen SANDEGREN gegeben. Als Leitniveaus für die Zeichnung von Pollenniederschlagskarten wurden der Beginn der *Alnus-* und *Tilia*-Kurve und die 5 Rekurrenzflächen GRANLUNDs verwendet. Einige wenige bezeichnende Züge seien auch hier hervorgehoben. Eichenmischwald: Maximum in der jüngeren Steinzeit; in der Bronzezeit geringer, im Übergang zur Eisenzeit deutlicher Abfall besonders im N. Ähnlich auch *Corylus,* wo das Maximum aber schon in der Ancyluszeit liegt. *Picea*: Während der Bronzezeit im W noch vielfach fehlend. Im O (Dalsland) bereits vorhanden, während der Eisenzeit starke Zunahme der Werte. *Fagus*: Während der Bronzezeit über das ganze Gebiet mit 1—5% verbreitet, vielfach aber auch fehlend; häufiger in der Eisenzeit. In der Gegenwart ist der Pollen wieder selten und fehlt in den Analysen zum Teil auch dort, wo Buchen noch vorkommen. Die Buche muß also in der Eisenzeit wesentlich häufiger gewesen sein als heute. *Carpinus*: In der Bronze- und Eisenzeit an verschiedenen Stellen, aber nur mit 1—2, seltener 3% verzeichnet, wird der Baum heute in Bohuslän nicht mehr für wild angesehen.

Zahlreiches auch waldgeschichtlich wichtiges Material enthalten die schon erwähnten Arbeiten ST. FLORINs (1, 2). In einer Arbeit von ÖSTER über Zeitbestimmungen in Hälsingland wird der Beginn der Haselausbreitung (rationelle Pollengrenze) mit 6350 v. Chr. bestimmt. WERENSKIOLD kann in einer interessanten Mitteilung auf Grund der Unterlagen von GRANLUND zeigen, daß zwischen der Mächtigkeit (Aufwölbung) der Hochmoore und der Niederschlagsmenge eine auffällig enge, mathematisch scharf faßbare Korrelation besteht.

Finnland. Auf die Bedeutung der Karelischen Landenge (zwischen dem Finnischen Meerbusen und dem Ladogasee) für die nacheiszeitliche Einwanderung der fennoskandischen Flora haben schon CAJANDER und LINKOLA aufmerksam gemacht. Eine sehr eingehende Untersuchung der heutigen Verbreitung von 442 Arten durch I. HIITONEN mit zahlreichen Punktarten zeigt aber, daß die Bedeutung dieser Landenge überschätzt worden ist. Von den 204 Arten, die auf diesem Wege von Süden her, aus Ingrien, vorgedrungen sind, haben schon 99 hier oder nur wenig weiter nördlich haltgemacht (vor allem aus edaphischen Gründen) und der Rest kann Ostfennoskandien ganz oder fast ganz auch noch auf anderen Wegen erreicht haben. Freilich haben etwa $^2/_3$ der gegenwärtigen spontanen Flora hier schon sehr bald nach dem Rückzug des Eises Fuß fassen können. Soweit der Isthmus durchwandert worden ist, waren die Meeresküsten und die Flußtäler die Hauptwanderwege.

Seiner Arbeit über *Najas marina* (vgl. F. Bd. 11, S. 116) hat A. L. BACKMAN eine ähnlich sorgfältige Studie über das Verhalten von *Ceratophyllum submersum* in Nordeuropa während der Postglazialzeit folgen lassen. Er hat die Art, deren N-Grenze heute in Dänemark und Schweden bei 56⁰ verläuft, und die heute in Finnland fehlt, fossil an 16 Standorten auf den Ålandsinseln und auch noch in Österbotten bei 64⁰ 15', also bis zu 8⁰ 15' (!) jenseits der heutigen N-Grenze gefunden. Die Art ist also offenbar ein Zeuge der Wärmezeit und zwar ein sehr später, da sie ihre größte Verbreitung erst an der Wende zum Subatlantikum, zur Zeit der beginnenden Fichtenausbreitung, gefunden hat.

Mit der Ökologie der Diatomeen und ihrer Auswertung auch für die Klimaentwicklung beschäftigt sich MÖLDER (1, 2). CLEVE-EULER (1) wendet sich freilich gegen diese Arbeiten mit dem Hinweis, daß subfossile und fossile Schalen auf sekundärer Lagerstätte nicht genügend getrennt worden seien. 2 neuere Arbeiten MÖLDERs hierzu (3, 4) waren Ref. bisher unzugänglich.

Baltische Länder. Über Untersuchungen der urgeschichtlichen Siedlungen im Sarnate-Moor im westlichen Kurland, deren Unterlagen leider durch den Krieg verloren gingen, berichtet DREIMANIS (1). Die von den Prähistorikern als wahrscheinlich bronzezeitlich angesprochene Siedlung fällt auch nach dem Pollengehalt und der Stratigraphie offenbar in die jüngere Bronzezeit zwischen 800—400 v. Chr. Die Fundstelle liegt etwas unterhalb des Minimums zwischen dem älteren subborealen und dem jüngeren subatlantischen *Picea*-Maximum, also in ähnlicher Stellung wie die von GROSS im Zedmarbruch in Ostpreußen untersuchte.

Über die Fortschritte der vegetationsgeschichtlichen Forschung in Rußland ist Ref., von der schon erwähnten Arbeit GRITSCHUKs abgesehen, noch nicht unterrichtet. Über die Vegetationsgeschichte Rumäniens hat POP an leicht zugänglicher Stelle einen kurzen Überblick gegeben. Die Untersuchung eines Bergsees im Jablanica-Gebirge (an der albanisch-serbischen Grenze) durch ČERNJAVSKI läßt junge Veränderungen, nämlich eine Herabdrückung der Waldgrenze um etwa 100 m und eine Verdrängung von *Abies* und *Pinus* erkennen, die wahrscheinlich auf menschliche Einflüsse zurückgeht.

6. Das Postglazial in den außereuropäischen Ländern. Die erfolgreiche Durchführung von Pollenuntersuchungen auch in außereuropäischen Ländern ist für die letzten Jahre besonders bezeichnend. Leitende Gesichtspunkte für sie hat L. v. POST (2) in einem Vortrag entwickelt, der die Bedeutung der Pollenanalyse zur Aufhellung der Klimageschichte der Erde zum Gegenstand hat. Im Vordergrund der nacheiszeitlichen Klimaentwicklung steht für v. POST die Erscheinung der „Revertenz", d. h. die seit einigen Jahrtausenden zu beobachtende Wiederausbreitung von Arten oder Pflanzengesellschaften, die schon einmal, zu Beginn der Nacheiszeit, die Vorherrschaft inne gehabt haben, während eines mittleren Zeitabschnitts aber anderen Arten oder Formationen gewichen sind. v. POST nennt die ersteren die terminokratischen, die letzteren die mediokratischen Elemente, wobei aber zu den terminokratischen auch solche Arten gezählt werden, die sich erst und lediglich nach der Herrschaft der mediokratischen ausgebreitet haben, wie z. B. in Mitteleuropa die Rotbuche nach der Vorherrschaft der Eichenmischwälder. Der mittlere Zeitabschnitt ist in Europa seit langem als „postglaziale Wärmezeit" bekannt. Damals waren die Wärmegrenzen gegenüber der Gegenwart um rund 5 Breitengrade nach N verschoben, um mit der allmählich in Wellen fortschreitenden „postglazialen Klimaverschlechterung" vor allem an der Wende von der Bronze- zur Eisenzeit wieder nach S gedrängt zu werden. Diese „Revertenz", die sich in Mitteleuropa freilich in verwickelter Weise mit den Wirkungen der menschlichen Wirtschaft auf die Vegetation verzahnt, die v. Post vielleicht zu gering einschätzt, ist nun offenbar auch in anderen Erdteilen das auffälligste Merkmal der Vegetationsentwicklung seit der letzten Eiszeit. Dabei erscheint sie aber, wie v. Post in eindrucksvollen Pollendiagrammen belegt, vorläufig nur in Nordamerika und Feuerland so wie in Europa als Ausklang eines Zeitabschnitts größerer Wärme. Anderwärts, nämlich im südlichen Neuseeland und wahrscheinlich in China, stand an Stelle der Wärmezeit eine Periode vermehrter Niederschläge. So waren z. B. auf der Südinsel Neuseelands während des mittleren Postglazials in Gebieten, die heute und z. T. schon im frühen Postglazial von Grasheiden und Gehölzen subantarktischer Buchen *(Nothofagus)* beherrscht werden, Regenwälder mit *Dacrydium*, *Podocarpus* u. a. verbreitet. Die unmittelbaren Ursachen für diese Klimaveränderungen, die sich wohl in eine Anzahl von Wellen verschiedener Amplitude auflösen lassen, sieht v. Post in Änderungen des Zirkulationssystems der Atmosphäre und der Ozeane. Sie scheinen den Rhythmus fortzusetzen, der schon während des ganzen Eiszeitalters den Wechsel von Eiszeiten und Zwischeneiszeiten bestimmt hat. Der Nachweis der eustatischen Schwankungen des Meeresspiegels, die von den jeweils in den Vereisungsgebieten der Erde gebundenen Wassermassen und somit vom Wärmehaushalt der Erde abhängig sind, wird es gestatten, die Erscheinungen auf eine einheitliche chronologische Grundlage zu beziehen.

Mit dem Versuch, die spät- und postglazialen Klimaveränderungen aus der Interferenz von Klimaperioden verschiedener Amplitude zu erklären und diese durch Vegetationsveränderungen nachzuweisen, befaßt sich im Anschluß an v. Post V. M. Conway. Doch sollte nicht übersehen werden, daß über diese Fragen zahlreiche meteorologisch-klimatologische Arbeiten vorliegen, über die etwa das bekannte Buch von Wagner (1940) unterrichtet.

Dem weitschauenden Vortrag v. Posts liegen also neben den Ergebnissen, die er und Auer in Feuerland gewonnen haben (vgl. F. Bd. 11, S. 119), auch Untersuchungen aus Neuseeland zugrunde, an denen L. Cranwell wesentlich mitbeteiligt war, und vor allem auch solche von den Hawaiischen Inseln. Zu diesen hat C. Skottsberg 1938 eine Reise unternommen, um die dort in der Regenwaldstufe gelegenen Moore zu untersuchen, und O. H. Selling hat nunmehr, nach vorhergehenden eingehenden Untersuchungen der dortigen Sporen- und Pollenflora (2, 3), in einer großen Arbeit über die Untersuchungsergebnisse berichtet (4). Zu ihrem Verständnis ist vorauszuschicken, daß man heute auf den Hawaiischen Inseln auf der Luvseite der Gebirge zunächst eine Stufe der Niederung und des Hügellandes unterscheiden kann, die bis etwa 600 m reicht, dann eine Stufe dichter montaner Regenwälder (mit *Metrosideros* u. a.), die bis etwa 2000 m steigen und dem Gürtel der überaus ergiebigen Passatregen entsprechen (Jahresniederschläge bis zu 15000 mm), dann eine bis 3000 m reichende, infolge der Abnahme der Niederschläge nach Durchstoßen des Passatgürtels xerophytische subalpine Stufe, in der in einem Grasland mehr oder weniger weiträumig einzelne Bäume von *Acacia*, *Sophora* u. a. stehen, und schließlich eine alpine Stufe. Auf der Leeseite ist hingegen zwischen dem Hügelland und der subalpinen Stufe ein Trockenwald entwickelt, in den nur Enklaven von Regenwald eingeschaltet sind. Moore finden sich in Höhen zwischen 1200—1800 m, also in der Stufe der höchsten Niederschläge, und zwar sind es soligene Versumpfungsmoore, in denen einzelne Bezirke zu kleinen ombrogenen Hochmooren mit der Cyperacee *Oreobolus furcatus* und dem Moos *Rhacomitrium lanuginosum* als Leitart aufwachsen. Sphagnen fehlen fast ganz.

Die Pollendiagramme lassen nun auch hier 3 große Abschnitte erkennen. Während des ersten war die Moorbildung offenbar noch stark eingeschränkt und erst gegen sein Ende häufiger. Die Moore lagen sehr wahrscheinlich noch in der trockeneren subalpinen Stufe. Während des zweiten macht sich eine betonte Vorherrschaft der Regenwälder geltend. Die Pollen ihrer Leitarten *(Metrosideros* u. a.) machen 90% und mehr der Baumpollensumme aus. Der dritte Abschnitt läßt dann in den höheren Lagen wieder eine Zurückdrängung der Regenwälder zugunsten einer xerophytischeren, offenbar subalpinen Vegetation erkennen, an der nun — im Gegensatz zum ersten Abschnitt — auch *Chenopodium oahuense* wesentlich beteiligt ist. In der Gegenwart scheint der Höhepunkt dieser trockeneren Zeit schon wieder überwunden zu sein, der im übrigen in tieferen Lagen, wie zu erwarten, eine Ausbreitung, d. h. eine Herabdrängung der Regenwälder entsprach.

Diese Dreigliederung entspricht so sehr der Erscheinung der Revertenz, daß man mit Selling kaum daran zweifeln kann, daß die drei Abschnitte annähernd die ganze Nacheiszeit umfassen, die hier also in ihrem mittleren Teil in den untersuchten Höhenlagen durch größere Niederschläge, vorher und nachher aber infolge einer tieferen Lage der Inversion, die die Stufe der Passatwinde nach oben begrenzt, durch größere Trockenheit ausgezeichnet war. Während der letzten Eiszeit, während der der Mauna Kea bis 3200 m hinunter Eis trug, war eine Moorbildung wahrscheinlich infolge zu geringer Niederschläge unmöglich. Freilich haben sich die Hochmoorpflanzen sicher wenigstens über die letzte Eiszeit erhalten; denn *Oreobolus furcatus* z. B. ist offenbar ein alter Endemismus.

Fesseln die Ergebnisse dieser Untersuchungen gerade durch ihren Gegensatz zu dem aus Europa Bekannten, so fragt man bei einer Arbeit über Labrador, wo C. G. Wenner (2) 52 Moore pollenanalytisch untersucht hat, vor allem nach Parallelen in der Entwicklung. Sie scheinen in überraschendem Maße vorhanden zu sein. Die Entwicklung beginnt hier offenbar ähnlich wie im nördlichen Skandinavien nach dem Verschwinden des Eises an der Wende von der borealen zur atlantischen Zeit mit der Ausbreitung einer tundrenartigen Vegetation mit Birken und Erlengebüsch *(Alnus viridis)*. Erst nach einiger Zeit stellten sich dann die Nadelwälder mit *Picea mariana, P. canadensis, Abies balsamea* ein, wie sie auch heute den südlichen Teil von Neufundland-Labrador beherrschen. Mit ihrer Ausbreitung begann auch eine starke Versumpfung und die Bildung von Sphagnum-Mooren, in denen sich fünf wahrscheinlich synchrone Verheidungshorizonte erkennen lassen. Vor und noch während der Bildung des dritten von diesen waren die Wälder am besten entwickelt, offenbar kräftiger als heute; und damals scheint auch der Birken-Erlengürtel weiter in die Tundra vorgestoßen zu sein, um später, nach einer „Klimaverschlechterung", wieder „revertent" nach S zu weichen.

Schon diese Beschreibung zeigt, daß man die 5 Horizonte den Rekurrenzflächen GRANLUNDs gleichsetzen kann, den dritten dem Grenzhorizont WEBERs, mit dem somit genau wie in Nordeuropa auch in Labrador die postglaziale Wärmezeit abschließt, die hier freilich lange nicht so ausgeprägt erscheint wie dort. Aber es bleibt zu bedenken, daß die Pollendiagramme in Labrador sehr eintönig und daher schwer zu deuten sind, daß also der endgültige Beweis für die Richtigkeit dieser Parallelisierung noch geführt werden muß.

Einige weitere Untersuchungen von mehr vorläufiger Art seien kurz erwähnt. HARRIS & FILMER haben ein etwa 2 m mächtiges Torfprofil von der Hauraki-Ebene (S-Auckland) in Neuseeland untersucht. Es ist aus der Verdrängung eines *Podocarpus dacrydioides*-Bruchwaldes durch ein *Carex* cf. *secta*-Riedmoor entstanden. Im Pollengehalt herrschen zuunterst *Podocarpus,* darüber Restionaceen und Cyperaceen. pH-Werte in den tieferen Schichten 5,5—6,7, in den oberen 5,0. G. & C. DUBOIS & P. JAEGER beschreiben einen von der horstbildenden Cyperacee *Eriospora pilosa* aufgebauten Humus, der im NO von Sierra Leone in 1300 m Höhe gesammelt wurde. G. & C. DUBOIS (18) haben außerdem 4 Torfproben von den Kerguelen untersucht und in ihnen verschiedene Pollen und Sporen (keine von Gehölzen) bestimmen können. Die gleichen Verf. (1) beschreiben auch ein 1,5 m mächtiges, 20 m überm Meer gelegenes Torflager aus Togo. Der stark zersetzte Torf scheint vor allem von Farnen gebildet zu sein, u. a. von *Ceratopteris thalictroides*.

Auf die zahlreichen in USA erschienenen pollenanalytischen Arbeiten kann Ref. in diesem Beitrag noch nicht eingehen, da sie ihm noch fast ganz unbekannt sind. Die Titel finden sich bei ERDTMAN (2, 12, 14, 17) und im „Pollen and Spore-Circular".

7. Kultur- und Adventivpflanzen. Zur Geschichte der **Kultur-pflanzen**, deren genetisch-systematische Seite außerhalb des Rahmens dieses Beitrags liegt, sind 2 wichtige, leicht zügängliche, zusammenfassende Darstellungen erschienen. Ein Buch von F. & K. BERTSCH, das außer den Getreiden noch 35 Obst-, Gemüse-, Öl- und Gespinstpflanzen oder sonstige Nutzpflanzen behandelt, und eine Abhandlung der Systematik, Geschichte und Verwendung von Weizen, Roggen und Gerste von E. SCHIEMANN (1). Das Buch von BERTSCH ist hier deswegen besonders hervorzuheben, weil es die paläontologischen Belege in annähernder Vollständigkeit in Listen und Karten zusammenstellt und dabei auch zahlreiche Neufunde und Bestimmungen der beiden Verf.

mitteilt, z. B. spätneolithische Funde von *Triticum spelta* vom Federsee u. a. Wer aber ein zuverlässiges Bild von dem heutigen Stand der Frage nach der Entstehung der Kulturpflanzen, besonders der Getreide gewinnen will, muß außerdem zu den Darstellungen Schiemanns greifen. Wie unsicher vieles noch ist, was bei Bertsch geklärt scheint, zeigt am augenfälligsten die Frage nach der Entstehung des Dinkels *(Triticum spelta)*. Bei Bertsch erscheint er fraglos in Südwestdeutschland aus der Kreuzung von Emmer *(Tr. dicoccum)* und Zwergweizen *(Tr. compactum = Tr. aestivum gr. aestivo-compactum* Schiemann) entstanden. Bei Schiemann (1) wird diese Ansicht als eine Hypothese neben einer z. Z. ebenso berechtigten zweiten angeführt (Entstehung durch Chromosomen-Mutation aus *Tr. aestivum,* das seinerseits ein *Aegilops*-Genom enthält). In einer weiteren Arbeit von Schiemann (2) aber erfahren wir, daß McFadden & Sears (1946) die Synthese von *Tr. spelta* als Amphidiploid der Kreuzung *Tr. dicoccum* × *Aegilops squarrosa* gelungen ist; ein Vorgang, der nach dem Areal der in Frage kommenden Arten (einschließlich *Tr. dicoccoides)* nur im äußersten Südosteuropa (Krim, Kaukasus-Gebiet) oder in Vorderasien erfolgt sein könnte. Dadurch wird die ganze Frage der Entstehung der hexaploiden Weizen neu aufgerollt. Bei dieser Sachlage ist es jedenfalls notwendig, alle floristischen Neufunde und besonders die paläobotanischen Funde unbeeinflußt von allen phylogenetischen Hypothesen zunächst für sich zu betrachten.

Eine wichtige Erweiterung unserer Kenntnisse bringt in dieser Beziehung eine in den vorgenannten Büchern noch nicht verwertete Bearbeitung vornehmlich der vor- und frühgeschichtlichen Getreidefunde der Britischen Inseln durch die dänischen Forscher Jessen & Helbaek. Sie stützt sich auf eine überraschend reiche Ausbeute, in erster Linie von Abdrücken, in zweiter von verkohlten Resten, die in 14 Museen gemacht wurde. Danach schließen sich die Britischen Inseln schon im Neolithikum an das durch Gersten, Emmer und Einkorn ausgezeichnete mitteleuropäische Kulturgebiet an. Von *Triticum monococcum* liegen ein neolithischer Fund aus Nordirland, bronzezeitliche aus Südengland vor, vom Emmer *(Triticum dicoccum)* 25 Fundstellen vom Neolithikum bis in frühchristliche Zeit. Nacktgersten und Emmer waren die Hauptgetreide des Neolithikums und der Bronzezeit, Emmer und bespelzte Gerste die der frühen Eisenzeit, in der dann auch Hafer, in römischer der Roggen hinzukamen. Interessant ist außerdem, daß vom Dinkel *(Tr. spelta)* mehrere Funde der frühen Eisenzeit in Südengland gemacht worden sind. Sie deuten auf eine Einführung aus dem Gebiet der Ardennen, ebenso wie Roggen und Hafer vom Osten gebracht sein müssen. Südlicher Herkunft sind hingegen offenbar der Rauhhafer *(Avena strigosa)* und die Pferdebohne *(Vicia faba f. celtica)*, beide aus der frühen Eisenzeit, so wie der Waid *(Isatis tinctoria)* aus angelsächsischer Zeit. Wichtig ist schließlich, daß Lein *(Linum sp.)* in Schottland und Irland schon in der mittleren Bronzezeit, in Holland (hier neu mitgeteilt) im Neolithikum nachgewiesen werden konnte, wohl aus dem Rheingebiet eingeführt. Somit erweitern sich die neolithisch-

bronzezeitlichen Areale verschiedener Kulturpflanzen erheblich nach NW
Für die Auffassung, daß die nachwärmezeitliche Klimaverschlechterung
einen entscheidenden Einfluß auf den Wandel der vorgeschichtlichen
Getreide ausgeübt habe (die man bei BERTSCH als Tatsache vorgetragen
findet), ergeben sich, wie die Verf. betonen, kaum Stützen. Man vergleiche etwa das zweite Maximum von Funden des Emmers in der Eisenzeit und den Umstand, daß dieser auch noch in römischer und früh-
christlicher Zeit in Schottland gebaut worden ist, während Roggen erst
im Mittelalter eine größere Bedeutung gewann, um dann gegen die
Gegenwart wieder zurückzugehen.

Einen interessanten Fund einer (vielleicht nur als Grünfutter genutzten)
spindelbrüchigen, bespelzten, mehrzeiligen Gerste, die dem *Hordeum agriocrithon*
weitgehend entspricht, von Lhasa hat FREISLEBEN mitgeteilt. Das zunächst in
Osttibet entdeckte *H. a.* kommt bekanntlich als Wildform der vielzeiligen Gersten
in Frage. Für die erste Inkulturnahme des Hafers im atlantischen Westeuropa,
und zwar schon in der Bronzezeit, trat WERTH nochmals ein. Er folgert aus den
Angaben VAVILOVs, wonach Wildhafer als Unkraut die Emmerfelder bevorzuge,
daß der Hafer im Laufe der postglazialen Klimaverschlechterung anstelle der durch
diese zurückgedrängten Emmerkultur getreten sei. Die oben erwähnten Funde
von JESSEN & HELBAEK sind dieser Auffassung freilich wenig günstig. Die
Haferfunde von Dobeneck im Vogtland und von Lenzer Silge werden genauer
beschrieben und abgebildet. Die ersten neolithischen Getreidefunde Norddeutsch-
lands sind K. PFAFFENBERG und K. BERTSCH am Dümmer gelungen: *Triticum
compactum, T. monococcum, T. dicoccum* und *Hordeum sativum*, daneben noch
verschiedene Unkräuter und Ruderalpflanzen.
Die Entstehung der Unkräuter des Kulturleins hat als Beispiel für Artentste-
hungen in historischer Zeit W. ROTHMALER kurz zusammengestellt unter Betonung
der Förderung konvergenter Merkmale durch die Selektion. Eine reiche spät-
bronzezeitliche Flora aus England (Minnis Bay, Kent) hat A. P. CONOLLY bekannt
gemacht; sie enthält u. a. *Coriandrum sativum*. Über hallstattzeitliche Funde
(*Panicum miliaceum, Hordeum sp., Allium sp.*) und mittelalterliche Bauopfer von
Brünn in Mähren berichtet A. FIETZ(1, 2). Eine eingehende Einbürgerungsgeschichte
von *Dicentra spectabilis* hat LAGERBERG gegeben.

Ein lehrreiches Beispiel für die Schwierigkeiten einer Einbürgerung
von Neophyten und gleichzeitig für chionochore Verbreitung teilte
ERKAMO (1, 2) aus Finnland mit. Hier wurde der ,,Bodenläufer“
Sisymbrium altissimum im Winter 1939/40 durch Weststürme über das
Eis des Finnischen Meerbusens an viele Stellen der Litoralregion östlich
Helsinki verbreitet und trat im Sommer 1940 zunächst zu Tausenden auf.
In den folgenden Jahren ging die Art aber schon wieder zurück, und zwar
sowohl in der Litoralregion, wohl als Folge von Überschwemmungen,
wie auf Kulturland. Ein anderes Beispiel beleuchtet die Wirksamkeit
anthropochorer Pflanzenverbreitung [ERKAMO (3)]: Ein nur zwei-
tägiger Aufenthalt deutscher Truppen in Helsinki im Juni 1944 hatte
auf den Rastplätzen die vorübergehende Einschleppung von mindestens
68 Arten zur Folge, vornehmlich aus der Flora der Getreidefelder und
offenbar durch das mitgebrachte Pferdefutter. Über die Einschleppung
von 226 fast ausnahmslos mediterranen Arten durch Südfruchttransporte
zur ,,Mitteldeutschen Großmarkthalle“ in Leipzig in den Jahren 1932/42
hat O. FIEDLER berichtet. Davon traten nur 16 Arten alljährlich auf.
Im Packmaterial wurden 513 bestimmt.

Literatur.

AARIO, L.: (1) Geol. Rdsch. 34, 695—712 (1944). — (2) Acta Geogr. Helsinki 9/2, 31 (1944). — (3) Geol. fören. Förh. (Stockh.) 66, 337—354 (1944). — ABBAYES, H. DES, u. P. DUVIGNEAUD: Rev. Bryol. et Lichénol. 16, 95—104 (1947). — ALEEM, A. A.: New Phytol. 47, 88—94 (1947). — ALLISON, J.: New Phytol. 46, 122 (1947). — AUER, A. V.: Ann. bot. Soc. Zool. bot. fenn. Vanamo 21/1, 1—46 (1944).

BABCOCK, E. B.: Univ. Calif. Publ. Botany 21, 22, 197 u. 1030 (1947). — BACKMAN, A. L.: Acta bot. fenn. 31, 1—38 (1943). — BAKER, H. G.: Nature 161, 770 (1948). — BARBER, E. u. M. MILITZER: Abh. naturforsch. Ges. Görlitz 33/2, 3 (1940ff.). — BECKER, J.: C. r. Acad. Sci. 227, 219—221 (1948). — BERTSCH, K. u. F.: Geschichte unserer Kulturpflanzen. Stuttgart 1947. — BLACKBURN, K.B.: New Phytol. 45, 44—49 (1946). — BLANC, A. C.: Geol. Meere u. Binnengewässer 5, 137—219 (1942). — BRAUN-BLANQUET: (1) Verh. naturforsch. Ges. Basel 56, 95—110 (1944). — (2) Commun. stat. int. Géobot. Médit. et Alp. Montpellier 87 (1945) (Soc. Pharmac. Montpellier, Séance 1944, 219—236). — (3) Vegetatio, Den Haag, 1, 29—41 (1948). — BRAUN-BLANQUET, J., L. EMBERGER & R. MOLI-NIER: Service de la Carte des groupements végétaux de la France, Montpellier 1947. — BRAUN-BLANQUET, J. & R. TÜXEN: Commun. stat. int. Géobot. Médit. et Alp. Montpellier 84, 1—11 (1943). — BUDNAR-LIPOGLAVŠEK, A.: Prirodoslovna Izv. Ljubljana 1, 93—188 (1944). — BUELL, M. (1). Elisha Mitchell Sci. Soc.) 62, 221—228 (1946). — (2) Amer. J. Bot. 33, 510—516 (1946).

CABRERA, A. L.: Darwiniana. Buenos Aires, 6, 265—379 (1944). CAIN, St. A.: (1) Foundations of Plant Geography, p. 556. New York a. London 1944. — (2) Ecology 25, 229—232 (1944). — [(3) Amer. Midl. Nat. (1944)]. — CERNJAVSKI, P.: Geol. Meere u. Binnengewässer 5, 254—261 (1942). — [CHRISTEN-SEN, B.: Danm. Geol. Unders. IV/3: 2, 1—22 (1946)]. — CLAUSEN, J., D. D. KECK u. W. M. HIESEY: (1) Carnegie Inst. Wash. Publ. 564, 174 S. (1945). — (2) A. gl. O. 581, 129 (1948). — CLEVE-EULER, A.: (1) Geol. fören. Förh. (Stockh.) 66, 383—410 (1944). — (2) Om den siste landisens bortsmaltning från Södra Sverige, den s. k. Baltiska issjön usw. S. 106, 1946. — (3) Bull. geol. Inst. Upsala 32, 65—104 (1947). CONOLLY, A. P.: New Phytol. 40, 299—303 (1941 . — CONWAY, V. M.: New Phytol. 47, 220—237 (1948). — [CRANWELL, L.: Rec. Auckland Inst. Mus., Auckland, N. Z. 2, 280—308 (1942)]. — CSONGOR, G.: Acta Geobot. hung. 6/1, 51—69 (1947).

DAHL, E.: New Phytol. 45, 225—242 (1946). — DE GEER, E. H.: Geol. fören. Förh. (Stockh.) 65, 225—239 (1943). — DEGELIUS, G.: (1) Ark. Bot. (Stockh.) 30/A/1, 1—62 (1942). — (2) A. gl. O. 30/A/3, 1—80 (1942). — (3) Sv. bot. Tidskr. 38, 178—184, (1944). — (4) A. gl. O. 38, 122—123 (1944). — (5) A. gl. O. 38, 27—63 (1944). — DEGERBØL, M. u. J. IVERSEN: Danm. Geol. Unders. II/73, 37—62 (1945). DENGLER u. SCAMONI: Z. ges. Forstwes. (Berl.) 76/70, 136—155 (1944). — DIELS, L.: Abh. preuß. Akad. Wiss. Berl., Math.-naturwiss. Kl. 1 (1942). — DIENEMANN, W. u. PFAFFENBERG, K.: Arch. Landes- u. Volkskde. Niedersachsen 1943 429—448. — DITTMER, E.: Forsch. u. Fortschr. 24, 214—216 (1948). — DREIMANIS, A.: (1) Contr. Baltic Univ., Pinneberg 23, 1—20 (1947). — (2) A. gl. O. 28, 1—9 (1947). — (3) Geol. fören. Förh. (Stockh.) 69, 465—470 (1947). — DUBOIS, G.: (1) Rev. géogr. Alp. 34/1, 57—68 (1946). — (1a) Ass. franc. l'avanc. Sci. 74/III, 606—622 (1945) — (2) La Géologie des terrains recents dans l'Ouest de l'Europe, Bruxelles 1947 S. 265—278. — (3) Bull. trim. Soc. forest. Franche-Comté, Salins-les-Bains, 26, 100—115. (1947) — (4) Vegetatio 1, 43—50 (1948). — DUBOIS, G. u. C.: (1) C. r. Acad. Sci. 208, 1421—22 (1939). — (2) Ann. Soc. géol. Nord (Lille) 64, 70—85 (1939). — (3) Rev. Sci. nat. Auvergne 6, 53—80 (1940). — (4) C. r. Soc. géol. France 9, 100—102 (1943). — (5) A. gl. O. 10, 116 (1943). — (6) Bull. Soc. géol. France 5/14, 29—36 (1944). — (7) C. r. Soc. géol. France 2, 14—16 (1944). — (8) A. gl. O. 5, 46—48 (1944). — (9) A. gl. O. 6, 61—63 (1944). — (10) C. r. Acad. Sci. 220, 534—535 (1945). — (11) C. r. Soc. géol. France 14, 204—205 (1945), (12) C. r. Soc. Biogéogr. 22, 41—45 (1945). — (13) Ann. Soc. géol. Nord (Lille) 65. 151—158 (1945). — (14) Bull. Soc. géol. France 5/16, 643—658 (1946). — (15) C. r, Soc. géol. France 13, 262—264 (1946). — (16) Ann. Soc. géol. Nord (Lille) 66, 313—320 (1946). — (17) C. r. Acad. Sci. 222, 455—456 (1946). — (18) A. gl. O. 226, 944—946 (1948). — DUBOIS, G., C. u. F.: Bull. Soc. géol. France 5/15, 89—109

(1945). — Dubois, G., C. u. F. Firtion: (1) Rev. Sci. nat. Auvergne N. S. 9. 44—50 (1943). — (2) C. r. Soc. géol. France 16, 178—179 (1944). — (3) A. gl. O. 13, 167—169 (1945). — Dubois, G., C., F. Firtion u. M. Hartopp: Rev. Sci. nat. Auvergne 9, 51—60 (1943). — Dubois, G., C. u. L. Glangeaud: A. gl. O. 8, 164—177 (1942). — Dubois, G., C. u. Jaeger, P.: C. r. Acad. Sci. 227, 217—218 (1948).

Emberger, L.: Bull. hist. nat. Toulouse 78, 159—180 (1943). — Erdtman, G.: (1a) An Introduction to Pollen Analysis. Waltham, Mass. 230 S. (1943). — (1) Geol. fören Förh. (Stockh.) 66, 411—416 (1944). — (2) A. gl. O. 66, 256—276 (1944). — (3) Sv. bot. Tidskr. 38, 73—80 (1944). — (4) Bot. Notiser (Lund) 1944, 80—84. — (5) Sv. bot. Tidskr. 38, 163—168 (1944). — (6—10) A. gl. O. 39, 187—191; 39, 279—285; 39, 286—297; 40, 70—76; 40, 77—84 (1945). — (11) Ymer: 130—138 (1945). — (12) Geol. fören. Förh. (Stockh.) 67, 273—283 (1945). — (13) Sv. bot. Tidskr. 40, 293—304 (1946). — (14) Geol. fören. Förh. (Stockh.) 69, 24—40(1947).— (15) Sv. bot. Tidskr. 41, 104—114 (1947). —(16) J. New York bot. Garden 48/575, 245—253 (1947). — (17) Geol. fören. Förh. (Stockh.) 70, 295—328 (1948). — (18) Bot. Notiser (Lund)(1948) 2. — Erkamo, V.: (1) Ann. bot. Soc. Zool. bot. fenn. Vanamo 17/4, 64 S. (1943). — (2) A. gl. O. 21, Notulae 1946 11—15. — (3) A. gl. O. 21, Notulae 1946 7—10.

Faegri, K.: (1) Bergens Mus. Årb., Nat. r. 8, 100 (1943). — (2) Geol. fören. Förh. (Stockh.) 66, 449—462 (1944). — (3) Viking, Oslo, 45—118 (1945). — (4)Medd. Dansk Geol. For. 10/5, 633—636 (1945). — (5) Norsk geol. Tidskr. 25, 99—126 (1945). — (6) Geol. fören. Förh. (Stockh.) 69, 55—66 (1947). — Fiedler, O.: Hercynia 3, 608—660 (1944). — Fietz, A.: (1) Verh. nat. Ver. Brünn 72, 71—75 (1941). — (2) A. gl. O. 72, 62—70 (1941). — (3) A. gl. O. 74, 94—96 (1942/43). — (4) A. gl. O. 74, 97—99 (1942/43). — Firbas, F.: (1) Pflanzengeographie, Lehrbuch der Botanik, 23/24. Auflage, Jena 1947. — (2) Naturwiss. 34, 114—118 (1947). — (3) A. gl. O. 34, 252—256 (1947). — (4) Biol. Zbl. 67, 17—22 (1948). — Firbas, F., G. Grünig, I.·Weischedel u. G. Worzel: (1) Nachr. Akad. Wiss. Göttingen, Math.-physik. Kl., 8—10 (1946). — (2) Bibl. Bot. Stuttgart 121, 76 S. (1948). — Firbas, F. u. H. Sagromsky: Biol. Zbl. 66, 129—140 (1947). — Florin, St.: (1) Geol. fören. Förh. (Stockh.) 66, 551—634 (1944). — (2) A. gl. O. 70, 17—204 (1948). — Freisleben, R.: Züchter 15, 25—29 (1943). — Fröman, I.: Geol. fören. Förh. (Stockh.) 66, 655—681 (1944). —

Gams, H.: (1) Oester. bot. Z. 94, 235—264 (1947). — (2) Mikroskopie (Wien) 2, 65—67 (1947). — Diluvialgeologie und Klima. Geol. Rdsch. 34 (1944). — Geolog-klubben vid Stockholms Högskola: Nordisk kvartärgeologisk möte 1945, Geol. fören. Förh. (Stockh.) 69, 205—252 (1947). — Godwin, H.: (1) New Phytol. 39, 370—400 (1940). — (2) Proc. geol. Assoc. 52/4, 328—361 (1941).—(3) New Phytol. 41, 165—170 (1942). — (4) J. Ecology 31, 199—247 (1943).'— (5) Nature 154, 6 (1944). — (6) New Phytol. 44, 29—69 (1945). — (7) A. gl. O. 44, 152—155 (1945). — (8) Proc. prehist. Soc. 1, 1—11 (1946). — (9) Science Progr. 138, 185—192 (1947). — (10) Adv. Science IV/16, 337—338 (1948). — Godwin, H. u. P. W. Richards: Rev. Bryol. et Lichénol. 15, 123—130 (1946). — Gradmann, R.: Studium Generale 1, 163—177 (1948). — Gregory, P. H.: Trans. brit. Mycolog. Soc. 28, 26—72 (1945). — Grimme, A.: Hercynia 3, 680—683 (1944). — [Gritschuk, W. P.: Trans. Inst. geogr. Acad. Sci. USSR. 37, 249—266 (1946)].

Härri, H.: Ber. Geobot. Inst. Rübel Zürich f. 1944, 1945, 113—123. — Hallik, R.: Neues Jb. Mineral. usw. B 88, 40—84 (1943). — Harder, R. Nachr. Ak. Wiss. Göttingen, math..phys. Kl., Biol. Abt., 5—7 (1948). — Hardy, E. M.: New Phytol. 38, 364—396 (1939).— Harris, W. F. u. D. W. Filmer: New Zeald J. Sci. a. Tech. 28, 1—19 (1947). — Harrison, J. W. H. u. K. B. Blackburn: New Phytol. 45, 124—131 (1946). — Hedberg, O.: Sv. bot. Tidskr. 40, 371—404 (1946). — Hermann, F.: Hercynia 3, 683—684 (1944). — Hermann, G.: Planta (Berl.) 35, 177—187 (1947). — Hesmer, H.: Decheniana Bonn 103, 92—106 (1948). — Hiitonen, J.: Ann. bot. Soc. Zool. bot. fenn. Vanamo 22/1, (1946). — Hoffmann-Grobéty, A.: Ber. Geobot. Forsch. Inst. Rübel Zürich f. 1945, 11—41 (1946). — Huber, B.: Holz 6, 263—268 (1943). — Hultén, E.: Lunds Univ. Årsskr. N. F. Avd. 2, 41/1 (1945). — Hustedt, Fr.: Arch. Hydrobiol. 40, 867—973 (1945). — Hutchinson, J.: Ann. of Bot. 6, 84—93 (1942). — Hyde, H. A.: New Phytol.

36, (1937). — HYDE, H. A. u. D. A WILLIAMS: (1) New Phytol. 43, 49—61 (1944).
— (2) A. gl. O. 44, 83—94 (1945). — (3) A. gl. O. 45, 271—277 (1946).
IVERSEN, J.: (1) Medd. Dansk. geol. Foren. 10, 324—328 (1943). — (2) Geol.
fören. Förh. (Stockh.) 66, 463—483 (1944). — (3) A. gl. O. 66, 774—776 (1944). —
(4) Aarb. Nord. Oldkyndighed Histor. 1946, 198—231. — (5) Geol. fören. Förh.
(Stockh.) 69, 67—78 (1947). — (6) Medd. Dansk. geol. Foren 11, 197—200 (1947).

JALAS, J.: Acta bot. fenn. 39, 1—92 (1947). — JEANNET, A. u. W. LÜDI: Ber.
Geobot. Inst. Rübel, Zürich, f. 1943, 72—89 (1944). — JESSEN, K.: (1) Acta Ar-
chaeol. (Dän.) 16/1—3, 67—91 (1945). — (2) Bot. Tidsskr. 46, 384—394 (1946). —
JESSEN, K.: u. H. HELBAEK: Kgl. Danske Vid. Selsk.biol. Skr. III/2, 1—68 (1944).

KALELA, A.: Ann. bot. Soc. Zool. bot. fenn. Vanamo 19/3, 218 S. (1944). —
[KATZ, S. V.: Bot. J. USSR 28/3 (1943)]. — [KELLER, C.: Butler Univ. bot. Stud.
6, 65—80 (1943)]. — KIRCHHEIMER, F.: (1) Wein und Rebe, 15—22 (1944). —
(2) Z. Naturforsch. 1, 410—413 (1946). — KLIMASZEWSKI, M. u. WL. SZAFER: Starunia (Kraków) 19, 34 S. (1945). — KOPPE, F. u. K.: Mitt. Naturkde. u. Naturschutz
(Freiburg i. Br.), N. F. 4, 417—430 (1944). — KRÜGER, E.: Hercynia 3, 345—413
(1944). — KULLENBERG, B. u. E. FROMM: Geol. fören. Förh. (Stockh.) 66, 501—510
(1944). — KURON, H.: Forsch.dienst 17, 546—554 (1944).

LAGERBERG, T.: Sv. bot. Tidskr. 38, 81—101 (1944). — LÄMMERMAYR, L.:
(1) Sber: Akad. Wiss. Wien, Math.-naturwiss. Kl. I, 151, 87—101 (1942). —
(2) Oesterr. Bot. Ztschr. 93, 148—162 (1944). — LAWRENCE, W. E.: (1) Amer. J.
Bot. 32, 298—314 (1945). — (2) A. gl. O. 34, 538—545 (1947). — LEBRUN, J.:
La Végétation de la Plaine alluviale au Sud du Lac Edouard. Bruxelles
1947. — LEMÉE, G.: (1) Bull. Soc. Linn. Normandie (Caen) 9. Ser. 1, 97—145
(1939). — (2) Bull. Soc. bot. France 92, 63—66 (1945). — (3) A. gl. O. 93, 402—407
(1946). — (4) C. r. Acad. Sci. 223, 956—958 (1946). — (5) Ann. Biol. 24, 49—75
(1948). — LINKOLA, K.: Ann. bot. Soc. Zool. bot. fenn. Vanamo 16/6, 39 S. (1942). —
LLOYD PRAEGER, R.: New Phytol. 45, 280—281 (1946). — LONA, F.: (1) Studi
Trentini, Trento, Sci. nat. 22, 149—172 (1941). — (2) N. Giorn. bot. Ital., n. s. 53,
576—600 (1947). — LONA, F. u. A. TORRIANI: A. gl. O. 51, 70—86 (1944). —
LÖVE, A.: (1) Natturfr. 17, Iceland (1947). — (2) Bot. Notiser (Lund) 1948,
103—107. — LÖVE, A. u. D.: Univ. Reykjavik Dep. Agricult. Rep. B/2, 1—29
(1947). — LÜDI, W.: (1) Ber. Geobot. Forsch. Inst. Rübel Zürich f. 1943, 12—71
(1944). — (2) A. gl. O. f. 1945, 88—97 (1946). — (3) Verh. schweiz. naturf. Ges.
Zürich 1946, 135—137. — (4) Ber. Geobot. Forsch. Inst. Rübel Zürich f. 1946,
82—91 (1947). — LUNDQUIST, G.: Geol. fören. Förh. (Stockh.) 68, 268—302
(1946). — LUTHER, H.: (1) Memor. Soc. pro Fauna et Flora fenn. 21, (1945).
— (2) A. gl. O. 23, (1947).

MELCHERS, G.: Z. Naturf. 1, 160—165 (1946). — MEUSEL, H.: (1) Vergleichende
Arealkunde, 2 Bde., 466 u. 92. S. Berlin 1943. — (2) Hercynia 3, 660—676 (1944). —
MIKKELSEN, V. M.: (1) Medd. Dans Geol. Fören. 10. 329—366 (1943). — (2)
Botan. Tidskr. 47, 65—93 (1943). — MIRCHINK, G. F.: Trans. Inst. geogr. Acad.
Sci. USSR (1946.) — MITCHELL, G. F.: (1) Proc. roy. Irish Acad. Dublin 46/B/2,
13—37 (1940). — (2) A. gl. O. 46/B/13, 14, 173—188 (1941). — (3) Nature 149, 502
(1942). — (4) J. County Louth Arch. Soc. 10/2, 97—99 (1942). — (5) New Phytol.
41, 257 ff. (1942). — (6) Proc. roy. Irish Acad. Sci., Sc. C 1, S. 1 (1945). — (7)
New Phytol. 47, 262—264 (1948). — (8) Proc. roy. Irish Acad. Dublin 52/B/1,
1—14 (1948). — MÖLDER, K.: (1) Ann. bot. Soc. Zool. bot. fenn. Vanamo 18/2
(1943). — (2) Geol. Meere u. Binnengewässer 6/2, (1943) — [(3) C. r. Soc. geol.
Finl. 16, 15—54 (1944). — (4) A. gl. O. 19, 41—76 (1946)]. — MÜLLER, I.: (1)
Planta (Berl.) 35, 37—69 (1947). — (2) A. gl. O. 35, 70—87 (1947). — MÜLLER,
K.: (1) Hedwigia 81, 238—282 (1944). — (2) Mitt. Naturkde u. Naturschutz
(Freiburg i. Br.) N. F. 4, 430—431 (1944). — (3) Weinbau (Mainz) 1, 83—103,
123—141 (1947). — (4) Oester. bot. Z. 94, 330—347 (1948).

NILSSON, T.: (1) Medd. Dansk. geol. Foren. 11/2, 201—217 (1947). — (2)
Lunds Univ. Årsskr. N. F. Avd. 2, 44/7, 80 S. (1948). — (3) Kgl. Danske Vid.
Selsk. Biol. Skr. V/5, 53 S. (1948).

OBERDORFER, E.: Ber. Geob. Forsch. Inst. Rübel Zürich f. 1947, 84—111
(1948). — OLBERG, A.: Schr. Akad. dtsch. Forstwiss. Frankfurt/M., 6/1, 342 (1943).

Öster, J. : Geol. fören. Förh. (Stockh.) 65, 241 (1943). — Ott-Eschke, M.: Diss. Erlangen, Manuskr. 1946. — Overbeck, F.: Planta (Berl.) 35, 1—56 (1947).

Paul, H.: Ber. bayr. bot. Ges. 26, (1943). — Pennington, W.: Phil. Trans. roy. Soc. London, B. N. 596, 233, 137—175 (1947). — Peterschmitt, R.: C. r. Acad. Sci. 227, 562—564 (1948). — Pfaffenberg, K.: Jber. naturhist. Ges. Hannover 94/98, 69—82 (1947). — Pop, E.: Forsch. u. Fortschr. 20, 157—158 (1944). — Poser, H.: (1) Naturwiss. 34, 10—18 (1947). — (2) A. gl. O. 34, 232—238 u. 262—267 (1947). — Post, L. v.: (1) Festschr. f. L. v. P., Geol. fören. Förh. (Stockh.) 66, (1944). — (2) New Phytolog. 45, 193—217 (1946), Übersetzung aus Ymer 1944. — Puri, G. S.: (1) J. Ind. bot. Soc. 26/3, 125—129 (1947). — (2) A. gl. O. 26/3, 131—135 (1947). — (3) A. gl. O. 26/3, 137—141 (1947). — (4) A. gl. O. 26/3, 177—182 (1947). — (5) Quarterly J. Geol. Min. Metall Soc. of India 20/2, 61—66 (1948). —

Räsänen, V.: Ann. bot. Soc. Zool. bot. fenn. Vanamo 18/1, 110 S. (1943). — Rawitscher, F.: Nature 156, 302—303 (1945). — Rechinger, K. H.: Denkschr. Akad. Wiss. Wien 105, 2/1, 184 (1943). — Regel, C.: Ber. Geobot. Forsch. Inst. Rübel, Zürich f. 1946, 15—22 (1947). — Rombakis, S.: Z. Meteorol. (Berl.), 1, 359—363 (1947). — Rothmaler, W.: (1) Intersilva, 329—342 (1942). — (2) Züchter 17/18, 89—92 (1946). — (3) Engl. Bot. Jahrb. 73, 418—452 (1944).

Sandegren, R.: Geol. fören. Förh. (Stockh.) 66, 525—535 (1944). — Santesson, R.: (1) Ark. Bot. (Stockh.) 30/A, N. 10, 27 (1943). — (2) A. gl. O. 30/A, N. 11, 35 (1943). — Sarnthein, R. Graf v.: (1) Carinthia II, Klagenfurt 136, 111—129 (1947). — (2) Oester. bot. Z. 95, 1—85 (1948). — Sauramo, M.: Geol. fören. Förh. (Stockh.) 64, 64—75 (1944). — Scheuermann, R.: Rev. sudamer. Bot. Krakau 7, 25—65 (1942). — Schiemann, E.: (1) Weizen, Roggen, Gerste, 102 S. Jena: 1948. (2) Züchter 17/18, 385—391 (1947). — Schmid, E.: (1) Ber. Geobot. Forsch. Inst. Rübel Zürich f. 1944, 124—140 (1945). — (2) A. gl. O. f. 1945, 42—61 (1946). — Schumacher, A.: Arch. Hydrobiol. 41, 112—195 (1945). — Schütrumpf, R.: Ber. üb. die Kieler Tagung 1939 der Forsch. u. Lehrgem. Ahnenerbe, Neumünster, 74—79 (1944). — Schwarzbach, M.: (1) Zbl. Miner. usw. B, 215—220 (1942). — (2) Geol. Rdsch. 35, 84—99 (1948). — Schwier, H.: Hercynia 3, 478—528 (1944). — Sears, P. B. u. L. R. Wilson: Pollen and Spore Circular. Dep. of Bot. Oberlin College, Oberlin, Ohio, 1—15, (1943—1948). — Selle, W.: Neues Arch. Landes- u. Volkskde Niedersachsen, 234—245 (1947). — Selling, O. H.: (1) Sv. bot. Tidskr. 38, 137—147 (1944). — (2) Bishop Mus. Spec. Publ. Honolulu (Göteborg) 37, 87 S. (1946). — (3) A. gl. O. 38, 430 S. (1947). — (4) A. gl. O. 39, 154 S. (1948). — (4) Medd. Göteborgs Botan. Trädg. 16, 112 S. (1944). — Soo, R. de: (1) Scripta bot. Mus. Transsilv. Debrecen 3, f. 1944, 139—140 (1945). — (2) in Soó: Növenyföldrajz (Geobotanica) Budapest, 185—196 (1945). — (3) Acta Geob. hung. 6/1, 104—113 (1947). — Steusloff, U.: Arch. Hydrobiol. 41, 205—224 (1945). — Szafer, Wl.: Starunia, Kraków, 20, 32 S. (1945).

Tallantire, P. u. S. M. Walters: Nature 159, 556—559 (1947). — Tanner, E.: Geol. fören. Förh. (Stockh.) 66, 682—694 (1944). — Thomson, P.: Geol. fören. Förh. (Stockh.) 69, 196—197 (1947). — Tischler, G.: Z. Naturf. 1, 157—159 (1946). — Troels-Smith, J.: Acta Archaeolog. (Dän.) 13/1—3, 269—272 (1942). — Troll, C.: (1) Erdkunde (Bonn) 1, 162—175 (1947). — (2) Ber. Geobot. Forsch. Inst. Rübel, Zürich, f. 1947, 46—83 (1948). — Unruh, M.: Engl. Bot. Jb. 73, 191—258 (1493).

Welten, M.: (1) Veröff. Geobot. Inst. Rübel, Zürich 21, 201 S. (1944). — (2) Ber. Geobot. Forsch. Inst. Rübel Zürich, f. 1943, 90—100 (1944). — (3) A. gl. O. f. 1946, 92—100 (1947). — (4) A. gl. O. f. 1946, 101—111 (1947). — (5) Jb. Solothurn. Geschichte 20, 116—132 (1947). — Wenner, C. G.: (1) Geol. fören. Förh. (Stockh.) 66, 695—698 (1944). — (2) Geogr. Ann. (Schwed.) 241 S. (1947). — Werenskiold, W.: Geol. fören. Förh. (Stockh.) 65, 304—305 (1943). — Werth, E.: Z. Pflanzenzücht. 26, 92—102 (1944). — [Westenberg, J.: Kgl. Nederl. Akad. Wetensch. Proc. 50/5, 6 (1947)]. — Woldstedt, P.: Geol. Rdsch. 35, 23—25 (1947).

Zeuner, F. E.: (1) The Pleistocene Period. 322 S. London 1945. — (2) Dating the Past. An Introduction to Geochronology, 444 S. London 1946. — Zeuner, F. E., K. Oakley u. H. Godwin: Adv. Science 4/16, 332—338 (1948).

8. Ökologische Pflanzengeographie[1].

Von HEINRICH WALTER, Stuttgart-Hohenheim.

Mit 2 Abbildungen.

I. Standortslehre.

1. Größere Werke. Das bekannte Werk von R. GEIGER „Das Klima der bodennahen Luftschicht" ist in zweiter, völlig umgearbeiteter Auflage erschienen (Braunschweig 1942), ebenso LAATSCH „Dynamik der deutschen Acker- und Waldböden" (2. Aufl., Dresden und Leipzig 1944). Auf die deutsche Übersetzung der 3. Auflage von G. W. ROBINSON „Die Böden, ihre Entstehung, Zusammensetzung und Einteilung" (499 Seiten, Berlin 1939) sei nachträglich hingewiesen, werden doch in diesem Buch die für den Ökologen so wichtigen Bodentypen der gesamten Welt ausführlich behandelt. Viele ökologisch wichtige Fragen findet man in der „Einführung in die Probleme der Agrarmeteorologie" von F. SCHNELLE (Ulmer, 1948) besprochen. Neu ist auch die darin enthaltene phänologische Karte der Winterweizenernte in Europa. Die allgemeine Standortslehre wird von H. WALTER in Band III der „Einführung in die Phytologie" behandelt, wobei in der 1. Lieferung der Wärmefaktor besprochen wird (Ulmer, 1949), während die 2. Lieferung dem Wasserfaktor vorbehalten bleibt. Einschlägige ausländische Werke konnten noch nicht eingesehen werden.

2. Der Wärmefaktor (Temperatur). Mikroklimatische Studien in den Frostmulden des nördlichen Alleghany-Plateaus führt HOUGH aus. Die Temperaturverhältnisse der Hochgebirge in der tropischen Zone behandelt C. TROLL (1—2). Sie erinnern weder an die der arktischen, noch an die der Gebirge in der gemäßigten Zone. In letzteren haben wir einen jahreszeitlichen Verlauf, im Hochgebirge der Tropen dagegen einen tageszeitlichen. TROLL zeigt das sehr anschaulich an Hand von Jahreskurven mit Angaben der Zahl der frostfreien Tage, der Eistage und der Frostwechseltage. In etwa 3000—5000 m Meereshöhe sind in den Tropen fast alle Tage Frostwechseltage, d. h. nachts hat man starken Frost, am Tage hohe Temperaturen das ganze Jahr hindurch (Abb. 26).

---

[1] Eine Reihe von Arbeiten, die vor 1945 erschienen waren und hier referiert werden sollten, sind durch die Kriegsereignisse in Verlust geraten. Sie konnten z. T. nicht wiederbeschafft werden. Die Verfasser werden um nochmalige Zusendung gebeten, damit die Besprechung im nächsten Band nachgeholt werden kann (Anschrift des Ref.: Botanisches Institut der Landw. Hochschule, (14a) Stuttgart-Hohenheim.). Dem Geobotanischen Forschungsinstitut Rübel in Zürich verdanke ich die Möglichkeit der Einsichtnahme in einige ausländische Zeitschriften.

Die Vegetation muß diese eigenartigen Standortsbedingungen aushalten.
Sie wird deshalb nicht den jahreszeitlichen Wechsel in der *Frosthärte*
aufweisen, den PISEK und SCHIESSL nochmals genauer bei Nadelhölzern
und Zwergsträuchern an der Waldgrenze in den Alpen untersuchen
[vgl. Fortschr. Bot. 9, 251 (1938)]. Es zeigt sich nämlich, daß sich die
Frosthärte künstlich verändern läßt. Hält man Zweige verschiedener

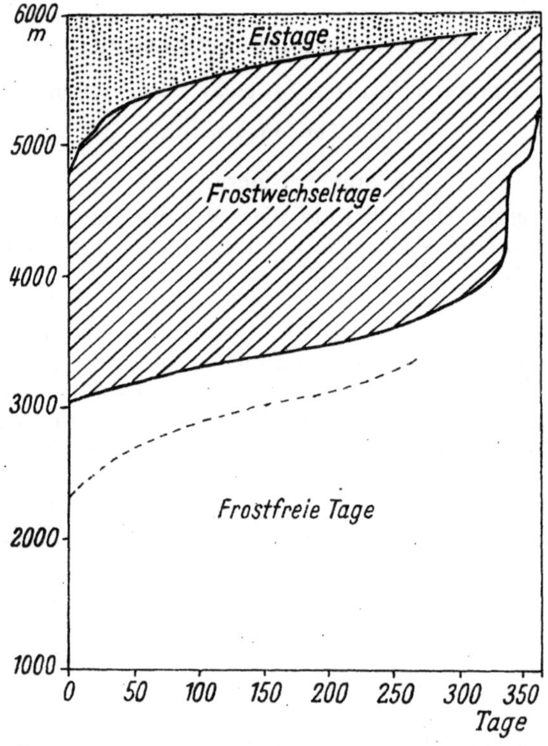

Abb. 26. Die vertikale Verteilung von frostfreien Tagen, sowie der Frostwechsel- und Eistage
in den südperuanischen Anden (nach C. TROLL, etwas verändert). Gestrichelt: Grenze der frostfreien Tage in der anormalen Zeit November 1888 bis Juni 1890 (aus H. WALTER: Grundlagen
der Pflanzenverbreitung. Stuttgart-Ludwigsburg: Verlag Ulmer 1948).

alpiner Holzarten einige Tage bei tiefen, nicht schädlichen Temperaturen,
so tritt Abhärtung ein, d. h. die Frosthärte nimmt zu, bei der Zirbe z. B.
im September von —8° auf —15°. Andererseits werden die Zweige durch
hohe Temperaturen verwöhnt. Z. B. hielten Zirbenzweige im März
noch Temperaturen von —47° aus, nach Verweilen bei +15° (7 Tage)
sank jedoch die Frosthärte auf —26°. Im allgemeinen läßt sich dabei die
Abhärtung am leichtesten im Herbst, die Verwöhnung im Spätwinter
erzielen. Eine Kälteperiode im Frühjahr nach vorhergehender warmer
Witterung kann deshalb oft verhängnisvoll werden, weil die Frosthärte
infolge von Verwöhnung verloren geht. Die einzelnen Arten zeigen
graduelle Unterschiede: Die Fichte vereint große Resistenz mit geringer

Beeinflußbarkeit, die Alpenrose geringe Resistenz mit großer Beeinflußbarkeit. In allen Fällen tritt jedoch ein bestimmter innerer Rhythmus
hervor.

Über die Ursache der Frostresistenzänderung gehen die Ansichten auseinander. Die einen neigen zur Annahme kolloid-chemischer
Änderungen des Plasmas, die anderen sehen die osmotischen Veränderungen, insbesondere die Zunahme der Zuckerkonzentration als besonders wichtig an, die dritten kombinieren beide Theorien. ANDERSSON
weist in diesem Zusammenhang auf die Tatsache hin, daß zwischen
Resistenz und Zuckergehalt eine Parallelität besteht und wirft die Frage
auf, wie die Zuckerzunahme zustande kommt. Versuche mit Wintergetreide zeigen, daß es sich um Neubildung durch Photosynthese handelt.
Die Assimilation ist viel weniger temperaturabhängig ($Q_{10} = 1,2$) als
die Atmung ($Q_{10} = 2$—3). Deshalb wird die Pflanze bei $+3°$ bis $+4°$
noch assimilieren, während die Atmung infolge des Wachstumsstill-
standes fast aufhört. Der Assimilationsüberschuß führt zur Zucker-
anreicherung. Die Abhärtung kann aus diesem Grunde nur am Licht
erfolgen und wird durch erhöhten CO_2-Gehalt der Luft gefördert.

Mit dieser Frage, der Assimilation grüner Pflanzenteile bei tiefen
Temperaturen, beschäftigt sich ZELLER. Sie arbeitet unter Feld-
bedingungen mit Wintergetreide, Winterspinat, Ackersalat und zum
Vergleich mit Fichte und Kirschlorbeer. Verwendet wird die sehr einfache und für ökologische Zwecke bei geringen Assimilationswerten
besonders geeignete Versuchsanordnung nach ÅLVIK [vgl. Fortschr. Bot.
9, 264 (1940)]. Die älteren Angaben von HENRICI werden nicht bestätigt.
Die Assimilation hört bei etwa —$3°$, die Atmung bei etwa —$7°$ völlig
auf. Da jedoch die Temperaturen im Winter tags immer höher als nachts
liegen, so kommt, extrem kalte Tage ausgenommen, noch immer positive
Assimilationsausbeute zustande, selbst unter Schnee. Die Trockengewichtszunahme der Pflanzen im Winter beweist das deutlich. Bei
Picea ist die Winterruhe ausgeprägter, bei *Prunus laurocerasus* ist
dagegen bei Frost oft CO_2-Unterbilanz zu beobachten.

BOJKO (1—3) weist auf die große Bedeutung des Neigungs-Expo-
sitionsfaktors für die Verbreitung verschiedener Arten in Palästina
hin; denn durch die Hanglage wird die Höhe der jährlichen Einstrahlung
bestimmt und diese beeinflußt wieder den Wasserhaushalt am Standort.
Es zeigt sich z. B. beim Lorbeer, der gegen Trockenheit empfindlich ist,
daß er nur in Hanglagen mit relativ geringer Einstrahlung vorkommt
(nicht über 40 kcal/cm² im Jahr bei 600 mm Niederschlag und nicht
über 190 kcal/cm² bei 900 mm). Im Gegensatz dazu findet man *Quercus
aegilops* nur in Hanglagen mit sehr hoher Einstrahlung (nicht unter
170 kcal/cm²). Ähnliche in bezug auf Einstrahlungsstandorte vikariierende Arten sind *Ononis natrix* (mediterranes Element) und *Limonium
thouini* (saharo-sindisches Element).

BOJKO leitet aus diesen Beobachtungen ein geo-ökologisches Gesetz der
Pflanzenverbreitung ab, nach dem die Mikroverbreitung der Pflanzen eine
enge Korrelation zur Makroverbreitung aufweist, da beide durch die ökologische
Amplitude einer Art bedingt werden. Ändert sich das Großklima, so erfährt die

lokale geo-ökologische Amplitude eine bestimmte Verschiebung. Diese Feststellungen entsprechen durchaus dem Gesetz der „Vorwegnahme" (Predwarenija) von ALECHIN [vgl. WALTER (2), S. 31] und dem für SW-Afrika von WALTER aufgestellten Gesetz der Standortsverschiebung, nach dem die Feuchtigkeit des Standorts, den eine Art beansprucht, umgekehrt proportional zur Feuchtigkeit des Klimas ist [zit. Fortschr. Bot. **9**, 278 (1940)]. Verf. schlägt eine internationale Zusammenarbeit vor, um das ökologische Verhalten der wichtigsten Arten in verschiedenen Klimagebieten festzustellen.

Auf eine merkwürdige Erscheinung macht HUMMEL aufmerksam. Bei Frost zeigen Blütenknospen von *Pulsatilla* und von *Helleborus*, aber auch Knospen von *Rheum* Übertemperaturen von 8—10°, die bei Tauwetter verschwinden. — Die Temperaturabhängigkeit bei Pflanzen der Californischen Wüste untersucht WENT. Bestimmte sommerannuelle Arten keimen und entwickeln sich während der Sommerregenzeit, andere Arten nur während der kühleren Winterregenzeit, eine dritte Gruppe von Arten keimt nach Sommerregen, gelangt jedoch erst im Frühjahr zur Blüte, während von einer vierten Gruppe Keimlinge nach jedem Regen zu beobachten sind; doch werden diese durch Frost abgetötet, wie z. B. *Cucurbita*-Arten. Büsche keimen meist nach Sommerregen und bilden gleich tiefe Wurzeln. Bei *Dalea spinosa* z. B. beträgt nach 2 Monaten die Sproßlänge 3 cm, die Wurzellänge 40 cm. Die Keimungstemperaturen wurden im Laboratorium geprüft. Sie waren sehr verschieden: *Pectis papposa* 30—20°, *Amaranthus fimbriatus* 30—25° *Palafoa linearis* 30—5°, *Baeria chrysostoma* 15—5°, *Yucca brevifolia* 25—20° und *Cercidium aculeatum* 25—20°. Die Keimungstemperaturen sind Familien- oder Triben-Eigenschaften, genau so wie bestimmte morphologische Merkmale. Sie sind für die Verbreitung der Arten oft in stärkerem Maße bestimmend als andere Eigenschaften.

Interessant ist, daß die Samen von *Pectis* 24 Stunden von Wasser ausgelaugt werden müssen, bevor sie keimen. In der Natur keimt diese Art deshalb nur nach starken, langen Regen. Bei *Cercidium* müssen die Samen angeritzt werden. Das geschieht in der Natur, wenn die Samen zwischen Geröll geraten, das von fließendem Wasser bewegt wird. Dieser Busch wächst deshalb nur am Rande von Erosionsrinnen oder von periodischen Flüssen.

Mit den Beziehungen der anatomisch-morphologischen Eigenschaften des Blattes zu seinem Wärmehaushalt beschäftigt sich ALSAC.

ARZT und LUDWIG prüfen am Aufblühen von Huflattich und Salweide die bereits 1735 von DE RÉAUMUR aufgestellte Temperatursummenregel und finden, daß gegen deren Verwendung keine Bedenken bestehen, solange keine hohen sich dem Optimum nähernden Temperaturen auftreten. LESSMANN gibt eine Methode an zur Voraussage des Blühbeginns bei Obstbäumen. Er stützt sich dabei auf die „Geisenheimer Methode" von RUDLOFF, HERBST und WEGER, die fanden, daß nur Temperaturen über einem Schwellenwert (5—6°) Wachstum auslösen, das zum Aufblühen führt. Für Birne ist dabei eine Stunden-Wärmesumme der Überschußtemperaturen von 3400° notwendig.

3. Der Wasserfaktor (Hydratur). Eine Zusammenfassung über das Tauproblem gibt STEPHAN. Er kommt zu dem Ergebnis, daß der Taufall für die Pflanzen nicht ohne Einfluß ist und für zahlreiche Pflanzen

des gemäßigten Klimas in regenlosen Zeiten von vitaler Bedeutung sein
kann. Solche Ausnahmefälle können sicher vorkommen, aber im allgemeinen wird der Tau als Wasserquelle für die Pflanze in letzter Zeit
stark überschätzt. Sicher wird der Tau noch häufig mit der sehr verbreiteten Guttation der Pflanzen verwechselt; eine merkliche Wasser-
zunahme im Boden durch Taukondensation käme nur bei einem so starken Gasaustausch zwischen Bodenluft und Atmosphäre in Frage, wie er
nach einfachen Berechnungen ganz undenkbar ist; auch die Tauauf-
nahme durch Blätter kann wohl eine gewisse Erfrischung für die Pflanze
bedeuten, aber niemals die Wasseraufnahme durch Wurzeln ersetzen.

Wie Versuche von KIRSCHMER und RIMKUS in Oberbayern zeigen, ist die Abnahme der Schneedecke im Winter nicht auf Schneeverdunstung zurückzuführen,
sondern durch Abschmelzen des Schnees von unten bedingt, weil die Bodentemperatur unter einer Schneedecke meist über Null liegt (z. B. +0,5°). Die Verdunstung der Schneedecke betrug in den Jahren 1937—1945 im Mittel 0,2—0,041 mm
pro Tag.

Eine sehr genaue Untersuchung über den Wasserhaushalt eines
Fichtenwaldes in Schweden in den Jahren 1938—1942 verdanken wir
STÅLFELT. Durch Benetzung der Kronen geht ein großer Teil der Niederschläge verloren, ohne die Bodenoberfläche zu erreichen, und zwar sind
es in den Sommermonaten 57,2 % und in den übrigen 52,3 % der Niederschläge auf freiem Feld. Die Moos- und Streuschicht am Boden hält
weitere 18,4 % in den Sommermonaten und 9,3 % in den übrigen zurück,
so daß nur 24 %, bzw. 38 % der Gesamtniederschläge den Wurzeln zur
Verfügung stehen. Es waren in den Sommermonaten 90 mm und in den
übrigen Monaten 202 mm, zusammen also 292 mm jährlich. Dieses Wasser wird hauptsächlich von den oberen 20 cm des Moränenbodens zurück-
gehalten; nur 35 mm drangen jährlich in die tieferen Schichten (70 bis
150 cm) ein. Durchwurzelt sind die oberen 50 cm, ganz ausnahmsweise
findet man Fichtenwurzeln in Tiefen über 80—100 cm. Zum Grundwasser sinkt praktisch kein Wasser ab; denn der gesamte Wasservorrat
wird durch die Transpiration des 40jährigen Fichtenbestandes verbraucht.
Diese erreicht in den Sommermonaten (Mai—August) 211 mm, an feuchten Standorten sogar 378 mm. Im letzteren Fall muß also ein Teil des
Transpirationsverlustes aus dem Grundwasser gedeckt werden. Verf.
macht darauf aufmerksam, daß Nadeln mit 15,7 % Wasserdefizit die
Fähigkeit besitzen, Wasser durch die Cuticula aufzunehmen und $^2/_3$ des
Defizits auszugleichen. Es scheint uns jedoch unwahrscheinlich, daß bei
der stenohydren Fichte so große Defizite unter natürlichen Bedingungen vorkommen.

Eine Reihe sehr interessanter Untersuchungen über die Transpiration verschiedener südafrikanischer Pflanzengesellschaften veröffentlicht HENRICI (1—6). Die Untersuchungen bezweckten, einen
Anhaltspunkt zur Beurteilung des Wasserverbrauchs der Pflanzendecke
zu erhalten, um in diesem Trockengebiet möglichst viel Wasser einzu-
sparen. Verglichen wurde die Transpiration des Graslandes und verschiedener Busch- und Waldgesellschaften. Es zeigt sich, daß Gräser
pro g Frischgewicht eine viel höhere Transpiration besitzen als Holz-

pflanzen. Unter diesen transpirieren Sklerophylle weniger als Arten mit zarten Blättern. Bäume schränken im Gegensatz zu den Gräsern ihre Transpiration bei Wassermangel sofort ein. Die mittägige Depression infolge von Spaltenschluß ist sehr ausgeprägt. Die Transpirationswerte sind abhängig vom Wassergehalt des Bodens, also den Nachschubmöglichkeiten. Berechnet man die Bestandestranspiration pro Bodenflächeneinheit, dann ändern sich die Verhältnisse. Grasland verbraucht nur etwa soviel Wasser wie ein Hartlaubbestand, während Bestände mit zartblättrigen Holzpflanzen das Fünffache an Wasser benötigen. Dasselbe gilt auch für die dichten Aufforstungen, die ohne sehr starke Durchlichtung an Wassermangel zugrundegehen. Der Wasserverbrauch steigt in der Reihenfolge: *Pinus insignis* (760—1110 mm), *Eucalyptus* (1185—1200 mm), *Acacia mollissima* (2500 mm).

Für die Wasseraufnahme ist die Entwicklung des Wurzelsystems von Bedeutung. KAUFMANN bestimmt den Wurzelzuwachs bei 25 bis 28 Jahre alten Bäumen von *Pinus banksiana* unter natürlichen Bedingungen. Er beträgt jährlich in den Monaten April-Oktober 25—30 cm. Das Wachstum erfolgt nur bei Temperaturen über 10° und hört auf, sobald der Boden weniger als 4% an ausnutzbarem Wasser enthält. Bei Getreide wachsen bekanntlich die Wurzeln viele Wochen hindurch im Mittel 1 cm pro Tag (bis 5 cm), ähnlich verhält sich auch der Kürbis.

Als Maß für die Aktivität des Wurzelsystems benutzt KRASSOVSKY die Menge des Blutungssaftes aus dem Stumpf abgeschnittener Sprosse. Für die Messung wird mit einem Gummischlauch eine horizontal gestellte in 0,01 cm³ eingeteilte Pipette an den Stumpf angeschlossen (Meniskus muß aus dem Schlauch herausragen, Ablesung alle 10—30 Minuten).

Ein unerwartetes Experiment hat im Sommer 1947 die Natur selbst in Mitteleuropa durchgeführt. Der erste heiße Tag fiel bereits auf den 15. April. Neben einer Reihe von warmen Tagen brachte der Sommer 5 Hitzetage mit den höchsten Tagesmitteln bis 30,3° (Mainz), den höchsten Maxima von 38—38,3° und den höchsten Minima mit 23,9° (Mainz). Alle Monate von April bis September zeigten positive Anomalien von 3,2—5,2°. Viele Tage im September brachten Rekordwerte seit 250 Jahren (Max. bis 36,1°). Erst am 10. Oktober fand der heiße Sommer sein Ende. Die Niederschläge in diesem Sommer waren unternormal, aber infolge von Gewittern sehr verschieden hoch. Gegenden mit sehr langen Trockenperioden wechselten mit niederschlagsreicheren, aber auch in letzteren machte sich infolge der hohen Temperaturen die Dürre bemerkbar (Frankfurt a. Main 99 Dürretage). Zusammenfassend war der Sommer 1947 in Mitteleuropa ein „Steppensommer", wie er für die Steppe in Osteuropa typisch ist (GREBE, GEIGER).

Über die Auswirkungen dieser extremen Verhältnisse auf die Vegetation sind bisher nur wenige vorläufige Berichte veröffentlicht worden (SCHMITHÜSEN und Bericht des Dtsch. Wetterdienstes für Nov. 1947). Im allgemeinen litten am meisten die Arten, deren Heimatgebiet am wenigsten demjenigen der Steppe entspricht; doch soll darüber erst referiert werden, wenn mehr Material vorliegt.

Die 1947 in Mitteleuropa ausnahmsweise eingetretenen Dürre-
schäden sind in Osteuropa eines der wichtigsten Probleme. Eine Übersicht über die russischen Arbeiten, die dieses Problem und seine Be-
kämpfung (Klimabeeinflussung durch Windschutzstreifen, Züchtung
dürreresistenter Sorten, Anbaumethoden, künstliche Bewässerung usw.)
behandeln, gibt H. WALTER (1). Einen besonderen Typus dürreresistenter Pflanzen beschreibt KILLIAN (1): Der annuelle *Bromus rubens* überdauert als Zwerggebilde von 3—4 cm Höhe in der nördlichen Sahara
lange Dürreperioden, ohne bestimmte xeromorphe Eigenschaften aufzuweisen.

Die Bodensaugkraft soll in seinem Wurzelbereich über 300 Atm. betragen,
bei einem osmotischen Wert von 22 Atm. Diesen Widerspruch will Verf. durch die
Annahme sehr hoher Wurzelsaugkräfte erklären, was jedoch noch schwerer verständlich wäre. *Bromus rubens* verträgt sehr starke Wasserdefizite. Der osmotische
Wert steigt bis 52 Atm. an (zum Vergl. W_{max} bei unseren Getreidearten im Be-
stockungsstadium über 60 Atm.). Da aber diese Art nicht zu den poikilohydren
Pflanzen gehört, muß sie die Möglichkeit haben, dauernd etwas Wasser aus dem
Boden aufzunehmen. Verf. denkt an Wasser, das sich in den kalten Nächten in
den oberen Bodenschichten kondensiert. Eine einfache Berechnung spricht jedoch
dagegen. Selbst wenn pro m² Bodenoberfläche 1 m³ Luft durchstreicht und beim
Abkühlen Wasser kondensiert, so wird diese Wassermenge noch nicht 0,01 mm
Niederschlag entsprechen. Auf welche Weise soll überhaupt ein reger Austausch
der Bodenluft zustande kommen? Ref. scheint es eher, daß der Wüstenboden
doch noch Spuren von aufnehmbarem Wasser führt, das wir mit unseren Methoden
nicht erfassen, die feinen Pflanzenwurzeln aber ausnutzen.

Derselbe Verfasser (2) untersucht die Wasserdefizite der Sahara-
Pflanzen. Sie sind sehr groß (20—50%); doch verhalten sich die einzelnen ökologischen Typen sehr verschieden. Bei Zwiebelpflanzen und
Dornsträuchern sind die Defizite gering und bei sukkulenten Halophyten
(Arthrocnemum, Nitraria) fehlen sie fast ganz. Es läßt sich also keine
allgemeine Regel aufstellen. In einer weiteren Arbeit (3) wird die Ökologie und Biologie der wenigen im zentral-saharischen Fezzan vorkommenden und auf die episodischen Regen angewiesenen Arten
besprochen. Es sind: *Zygophyllum simplex, Z. album, Fagonia Bruguieri,
Traganum nudatum, Cornulaca monacantha, Alhagi maurorum* und
Aristida pungens. Die Ausbildung der Sprosse (Blätter, Dornen) hängt
von den Wasserverhältnissen ab. Interessant sind die Sandhöschen um
die Wurzeln, die durch Ausscheidungen der Wurzelhaare gebildet
werden.

Einige Arbeiten beschäftigen sich mit Epiphyten: Die Wasseraufnahme durch Luftwurzeln tropischer Orchideen untersuchte WAL-
LACH. Allerdings wurden die Versuche in München mit Gewächshaus-
pflanzen durchgeführt und nicht unter natürlichen Verhältnissen. Eine
Kondensation von Wasserdampf durch das Velamen konnte nicht festgestellt werden. Da bei den Bromeliaceen die Wurzeln nur als Haftorgane
dienen, nehmen diese Pflanzen nicht nur das Wasser, sondern auch die
Nährsalze durch die Saugschuppen der Blätter auf, wie es HARBRECHT zeigt.
Es sind typische Ammoniumpflanzen. Auch die Kalium-Aufnahme ist
erheblich. POTTS und PENFOUND untersuchen den Wasserhaushalt des
epiphytischen Farns *Polypodium polypodioides.* Bei Wassermangel rollt

er seine Blätter ein. In feuchter Luft strecken sie sich wieder, ein
Zeichen, daß eine Wasseraufnahme durch die Blätter möglich ist; sie
allein genügt jedoch zur Aufrechterhaltung der Wasserbilanz nicht.
Dieser Farn dürfte schon zu den poikilohydren Formen überleiten.

Der Wasserhaushalt der Pflanzen darf nicht isoliert betrachtet
werden; denn er steht in engen Beziehungen zu der Gesamternährung
der Pflanzen. Das geht erneut aus der Arbeit von GESSNER und SCHU-
MANN-PETERSEN hervor: Stickstoffmangel erzeugte in Wasserkulturen
von *Tradescantia* und *Impatiens* Zunahme der Sukkulenz und gleichzeitig eine erhebliche Abnahme der Transpiration, obgleich die Mangelpflanzen eine Zunahme der Spaltöffnungen um 15—30% aufwiesen.
Eine genauere Nachprüfung zeigte, daß die Schließzellen die Fähigkeit
verloren hatten, sich ganz zu öffnen. Die Ursache dieser Erscheinungen
ist in bestimmten Plasmaänderungen zu suchen. Das Plasma der N-
Mangelpflanzen war stärker viskös und besaß eine größere Kälteresistenz.
Aber auch die kutikuläre Transpiration war erniedrigt, so daß man zur
Annahme gezwungen ist, daß Stickstoffmangel auch gewisse Änderungen
in der Struktur der Zellwände zur Folge hat. HÄRTEL hatte ja gefunden,
daß Beziehungen zwischen der Höhe der kutikulären Transpiration und
der Quellbarkeit der Membranen bestehen.

Stickstoffmangel wird auch für die Xeromorphie der Hochmoor-
Pflanzen verantwortlich gemacht. In unserem letzten Referat [Fortschr.
Bot. **10**, 233 (1941)] hatten wir darauf hingewiesen, daß MARTHALER
einen Zusammenhang zwischen Xeromorphie und N-Mangel bei
Hochmoorpflanzen verneinte. MÜLLER-STOLL kam aber neuerdings zu
entgegengesetzten Resultaten. Bei *Andromeda, Vaccinium vitis idaea,
V. oxycoccus* und *Eriophorum vaginatum* werden durch Stickstoffgaben,
insbesondere $(NH_4)_2SO_4$, alle xeromorphen Merkmale deutlich abgeschwächt. Bestätigt wurden diese Ergebnisse durch SIMONIS (1). Er
stellte fest, daß bei *Andromeda* sowohl in Trockenkulturen als auch insbesondere bei N-Mangel Xeromorphosen hervorgerufen werden. Interessant ist, daß feuchtgehaltene N-Mangelpflanzen noch xeromorpher
waren als trocken gehaltene. Das steht in Übereinstimmung mit den
von FIRBAS gemachten Beobachtungen [Fortschr. Bot. **1**, 196 (1932)],
daß Pflanzen auf nassen *Sphagnum*-Decken xeromorpher sind als auf
trockeneren Bulten. Die CO_2-Assimilation erfährt bei *Andromeda* durch
N-Mangel keine Hemmung. Trockenkulturen weisen allerdings immer
eine höhere Assimilationsleistung auf als Feuchtpflanzen. In dieser
Beziehung verhält sich *Andromeda* ebenso wie andere Arten [SIMONIS (2)],
von denen der Inkarnatklee besonders ausführlich untersucht wurde
[SIMONIS (3)]: Die Pflanzen wuchsen in Gefäßen bei einem Bodenwassergehalt einerseits von 80% und andererseits 30% der Wasserkapazität.
Die Assimilationsleistung wurde sowohl gasanalytisch als auch durch die
Blatthälftenmethode und durch die Trockensubstanzzunahme bestimmt.
Die Assimilationsleistung auf die Blattfläche bezogen war bei den
Trockenpflanzen mit ihren xeromorpheren Blättern größer, der Gesamt-
ertrag dagegen geringer. Das hängt mit der Verwertung der Assimilate
zusammen. Während Feuchtpflanzen hauptsächlich die Assimilate zur

Vergrößerung der Blattfläche und damit der Produktionsmittel benutzen, bauen Trockenpflanzen ein stärkeres Wurzelsystem auf. Auch ihr Quotient Blatt-Trockengewicht/Blattfläche ist größer. Damit kommen wir zum Problem des Assimilathaushaltes.

4. Assimilathaushalt. Eine kritische Zusammenfassung u. eigene Versuche zur Frage der Berechnung der Assimilationsleistung (A.L.) bringt WILLIAMS. Meist wird die Trockengewichtszunahme in einem bestimmten Zeitraum auf die Blattflächeneinheit berechnet; doch ist gerade die Bestimmung der Blattfläche oft sehr ungenau. Man kann deshalb als Bezugseinheit auch das Blatt-Trockengewicht oder die aktive assimilierende Substanz, also das Blatteiweiß oder den Blattstickstoffgehalt benutzen. Je nach der Bezugseinheit ändert sich das Verhalten der Werte für die A.L. Es ist bisher nicht gelungen, mit Sicherheit festzustellen, ob die A.L. vom Alter oder von bestimmten Außenfaktoren abhängt. Entnimmt man die Proben alle 28 Tage, dann wird die Abhängigkeit von den Witterungsfaktoren verwischt. Bei häufigerer Probenentnahme ist die Streuung zu groß.

WATSON (1) bestimmt die A.L. bei Weizen, Gerste, Kartoffel und *Beta*-Rüben. Er wendet sich gegen die Behauptung von HEATH und GREGORY, daß die A.L. bei den verschiedenen Arten keine großen Unterschiede aufweist. Bei Kartoffel und Rübe ist sie höher als bei Weizen und Gerste. Im Extremfall kann die A.L. bei Zuckerrübe doppelt so hoch sein wie bei Weizen. Sie ist aber auch bei einer Art nicht konstant, sondern zeigt einen jahreszeitlichen Gang, indem sie bei allen Arten bis Juni ansteigt und dann wieder abfällt. Sie beträgt beim Getreide im Mai-Juni 0,3—0,5 g/dm² pro Woche, bei Kartoffel, Zuckerrübe und Mangold im Juli-Oktober 0,35—0,51 g/dm² pro Woche[1]. Größere Unterschiede bei Weizensorten waren nicht festzustellen, bei Zuckerrüben scheinen dagegen solche zu bestehen. Deutliche Beziehungen zu Außenfaktoren sind schwer zu erkennen.

In einer weiteren Arbeit wertet WATSON (2) Feldversuche in Rothamsted mit wechselnder Düngung aus. Stickstoffdünger scheint die A.L. zu erhöhen. Im allgemeinen kann man aber sagen, daß die Ertragshöhe in verschiedenen Jahren oder bei verschiedener Düngung in viel höherem Grade von der Größe der Gesamtblattfläche abhängt und nur unwesentlich durch Unterschiede der A.L. beeinflußt wird.

Aus einer vorläufigen Mitteilung von WALTER (2) geht hervor, daß bei unserem Sommergetreide die Assimilate zunächst zum Aufbau der Blattfläche, die nach einer Exponentialfunktion ansteigt, benutzt werden: In den ersten 6 Wochen wird ein Viertel der maximalen Fläche gebildet, in der 7.—8. Woche das zweite Viertel und in der 9. Woche die restliche Hälfte. Dementsprechend findet auch die Hauptbildung der Trockensubstanz in dem Augenblick statt, wenn die Blattfläche beim Schossen das Maximum erreicht. 70% des Gesamtertrags werden beim Weizen in 3 Wochen von Mitte Juni bis Anfang Juli erzeugt.

---

[1] Bei *Oxyria digyna* bestimmen RUSSEL und WELLINGTON auf der Insel Mayen (Grönland-See 70° n. Br.) die A. L. ebenfalls zu 0,3 g/dm² pro Woche. Die Stomata sind dauernd offen, mittags am weitesten.

Man versteht, daß das eine kritische Zeit ist. Ungünstige Wachstumsbedingungen während dieses Wachstumsabschnittes müssen eine erhebliche Ertragsminderung zur Folge haben. Die Versuche mit anderen
Arten sind noch nicht ausgewertet.

Eine der wichtigsten Kulturpflanzen Nordamerikas ist der Mais.
Trotzdem war die CO_2-Assimilation dieser Art unter natürlichen Bedingungen noch nicht untersucht worden. Entsprechende Versuche
führen VERDUIN und LOOMIS durch, indem sie die gasanalytische
Methode verwenden. Es zeigt sich, daß die maximale Assimilation
schon bei einer Lichtintensität von 25% des vollen Sonnenlichts erreicht
wird. Das Temperaturoptimum liegt bei 35°, Schwankungen des
CO_2-Gehalts sind von geringer Bedeutung, dagegen hat Welken infolge
von Spaltenschluß eine starke Hemmung der Assimilation zur Folge.

In seinen früheren Arbeiten hat RUTTNER festgestellt, daß Wasserpflanzen bei der Photosynthese dem Wasser nicht nur das gelöste
Kohlendioxyd entziehen, sondern auch die HCO_3-Ionen aufnehmen und
$Ca(HCO_3)_2$ in Karbonat überführen, wobei der p_H-Wert 11 überschritten werden kann. Anders verhalten sich alle Wassermoose. Sie
entziehen dem Wasser das Kohlendioxyd genau so, wie ein CO_2-freier
Luftstrom. Infolgedessen steigt der p_H-Wert nur bis 9 an. Blätter von
Landpflanzen verhalten sich in untergetauchtem Zustand ebenso wie
Moose. Unbenetzbarkeit begünstigt dabei die Assimilation, weil der die
Blätter überziehende Luftfilm die Aufnahme der CO_2 durch die Stomata
fördert. Im allgemeinen ist jedoch die CO_2-Assimilation von Luftblättern
unter Wasser minimal. Deshalb werden bei amphibischen Pflanzen
unter Wasser besondere Wasserblätter mit sehr großer äußerer CO_2-aufnehmender Oberfläche ausgebildet, während bei Landblättern eine große
innere Oberfläche besteht. Ausschlaggebend für die Art der Blattentwicklung ist nach GESSNER (1), ob für die Blattknospen die Möglichkeit besteht, an der Luft zu assimilieren, oder ob das unter Wasser
infolge der dichten Lage der Blattzipfel nicht der Fall ist.

Zur Beurteilung der Assimilationsleistung des Phytoplanktons der Gewässer
wurde vorgeschlagen, den Chlorophyllgehalt des Planktons zu bestimmen unter
Zugrundelegung der Assimilationszahlen (Quotient zwischen Assimilation und
Chlorophyllgehalt). Voraussetzung für dieses Verfahren ist, daß die Assimilationszahlen verschiedener Gewässer und eines Gewässers im Laufe der Jahreszeiten
annähernd konstant bleiben. GESSNER (2) prüft die Frage und kommt zu einem
erfolgversprechenden Ergebnis.

5. Bodenverhältnisse. Die fortlaufende Bestimmung des Bodenwassergehalts, ohne den Boden durch häufige Probenentnahmen zu
stören, ist ein schwieriges ökologisches Problem. Wir hatten bereits
früher als besonders geeignet die Tensiometermethode beschrieben [vgl.
Fortschr. Bot. 9, 270 (1940)]. Jetzt geben BOUYOUCOS und MICK eine
noch bessere Leitfähigkeitsmethode an. Neu an derselben ist, daß die
Elektroden (gewöhnliche in flüssiges Zinn getauchte Kupferdrähte) in
einem kleinen Gipsblock (Streichholzschachtelgröße) eingelassen sind. Der
mit Wasser gesättigte Gipsblock wird im Boden eingegraben und seine
Saugkraft setzt sich ins Gleichgewicht mit der Bodensaugkraft. Im Gipsblock wird sich immer eine gesättigte Gipslösung befinden. Die Leit-

fähigkeit zwischen den Elektroden ist deshalb unabhängig von dem Ionengehalt der Bodenlösung und hängt nur von dem Wassergehalt des Gipsblocks ab. Der Meßbereich erstreckt sich zwischen 400 Ohm (Boden bei voller Wasserkapazität) und 100000 Ohm (Bodenwassergehalt nur wenig unter dem Welkungskoeffizient). Stellt man sich für den zu untersuchenden Boden eine Eichkurve her, so läßt sich nach Eingraben der Gipsblöcke in verschiedener Tiefe aus dem Widerstand fortlaufend der Bodenwassergehalt, bzw. nach besonderer Eichung die Bodensaugkraft berechnen.

Nach FLETCHER und MARTIN bilden sich in der Arizona-Wüste an der Bodenoberfläche Krusten aus Cyanophyceen und Pilzmycelien. Sie schützen den Boden vor Erosion und erleichtern die Wasseraufnahme. Vielleicht kommt auch eine Stickstoffbindung in Frage. — Eine ausführliche Studie über die Strukturböden und die Solifluktion, die für das Verständnis der Vegetationsbedingungen in der arktischen Zone und im Hochgebirge von Bedeutung sind, veröffentlicht C. TROLL (3).

Gestützt auf neuere chemische Forschungen und eigene Untersuchungen gibt LAATSCH einen Überblick über den derzeitigen Stand unserer Kenntnisse von der Humusbildung. Als Ausgangsmaterial dient das Lignin. Bei saurer Reaktion entstehen aus diesem die Huminsäure-Vorstufen (Fulvosäuren), aus denen sich der Rohhumus zusammensetzt. In leicht alkalischer Lösung (Anwesenheit von $CaCO_3$) bei Sauerstoffzutritt und Gegenwart von NH_3 bilden sich aus den Vorstufen die stabilen Huminsäuren, die den wertvollen Dauerhumus ergeben. Stickstoff (bis zu 5%) ist hier im Molekül fest eingebaut. Mit Ca und insbesondere mit Tonmineralien bilden sich Humuskomplexe, die dem Boden die Krümelstruktur verleihen. Pflanzenreste enthalten zu wenig Eiweiß, um das notwendige NH_3 zu liefern. Huminsäuren entstehen deshalb hauptsächlich durch Bodentiere, und zwar aus deren mit Bakterien angereichertem Kot oder um tierische Leichen herum. Aber auch aus den Kohlenhydraten der Pflanzenreste können Humusstoffe hervorgehen, jedoch nur auf indirekte Weise, indem sie Mikroorganismen (Actinomyceten, Schimmelpilzen) als Nahrung dienen. Als Stoffwechselprodukte werden dabei polyphenol- oder chinonartige Kohlenstoffringe ausgeschieden, und diese können zu Bausteinen für Humusstoffe werden. Im Ackerboden sind die Verhältnisse für die Humusbildung nicht günstig; deshalb ist hier die Humuszehrung selbst bei Stallmistdüngung im Gegensatz zum Grünland oder Waldboden sehr stark. WEAVER kann z. B. für Grünland zeigen, daß die für die Humusbildung in den Schwarzerdeböden der Prärie so wichtige Wurzelzersetzung sehr langsam verläuft. Viele Wurzeln bleiben noch 3 Jahre erhalten, andere sind allerdings schon nach 2 Jahren zersetzt. Ganz unbedeutend ist infolge der Trockenheit des Klimas und des hohen Salzgehalts die Humifizierung von *Tamarix*-Resten in der Zentral-Sahara [KILLIAN (7)]. Dagegen kann man unter dem Gebüsch von *Zizyphus lotus* auf den Sanddünen der Nord-Sahara eine richtige Humusbildung beobachten. Hier entsteht eine Streuschicht von bis zu 2 cm Mächtigkeit. Während der Winterregenzeit wird der Boden gut befeuchtet und es entwickelt sich ein reiches

Mikroben- und Tierleben. Der Boden erinnert an den der Regenwälder [KILLIAN (5)]. — Einen ganz neuen Weg einer biologischen Bodenforschung beschreibt W. KUBIENA in seiner „Entwicklungslehre des Bodens" (Springer-Berlin 1947). Ganz besonders sei auf seine Untersuchungen über die Entstehung der Kalksteinbraunlehme *(Terra fusca)* und ihre Beziehung zu den Rendsina-Böden und der *Terra rossa* hingewiesen. Das neue an der Arbeitsweise ist die direkte mikroskopische Beobachtung der Entwicklungsstadien verschiedener Bodentypen im Auflicht an frischen Profilen oder in Schliffpräparaten. Es läßt sich dabei die Anreicherung und Umbildung der Humuskomplexe verfolgen. Dieser Schritt von der „Morphologie" zur „Anatomie" dürfte in der Bodenkunde ähnliche neue Möglichkeiten eröffnen, wie es seinerzeit in der Biologie der Fall war. Erst dadurch kann die Bedeutung der Bodenkleintiere richtig erkannt werden.

Daß gewisse Pflanzenarten als Indikator für bestimmte Bodeneigenschaften dienen, ist seit langem bekannt. Wie aber ELLENBERG bei Unkrautgesellschaften zeigt, kann man viel sicherere Aussagen über den Säuregrad, den Verdichtungsgrad und andere Eigenschaften des Ackerbodens machen, wenn nicht nur wenige Indikatorpflanzen, sondern alle vorhandenen Unkräuter berücksichtigt werden. Er teilt die Pflanzen nach ihrem Verhalten dem Säuregrad gegenüber in 5 Klassen ein und gibt jeder Art eine bestimmte Reaktionszahl (R) von 1 auf stark saurem Boden bis 5 auf alkalischen Böden, wobei nur die wirklich indifferenten Arten eine Null erhalten.

Als Beispiel nennen wir:

R 1: *Scleranthus, Spergula, Rumex acetosella, Panicum lineare, Holcus mollis* usw.

R 2: *Spergularia rubra, Raphanus raphanistrum, Anthemis arvensis, Juncus bufonius* usw.

R 3: *Alchemilla arvensis, Oxalis stricta, Matricaria* (bis 4), *Poa annua, Vicia tetrasperma* usw.

R 4: *Alopecurus agrestis, Anagallis arvensis, Avena fatua, Cirsium arvense, Convolvulus arvensis, Euphorbia helioscopia, E. peplus, Fumaria, Galium aparine, Lamium purpureum, Ranunculus arvensis, Papaver rhoeas, Sonchus*-Arten, *Sinapis arvensis, Tussilago farfara* usw.

R 5: *Adonis aestivalis, Falcaria, Caucalis, Galium tricorne, Lathyrus tuberosus, Specularia, Scandix* usw.

R 0: *Achillea millefolium, Agrostemma, Apera, Arabidopsis Thalliana, Capsella, Centaurea cyanus, Equisetum arvense, Galeopsis tetrahit, Gnaphalium uliginosum, Knautia, Lapsana, Mentha arvensis, Myosotis arvensis, Polygonum*-Arten, *Setaria*-Arten, *Taraxacum, Trifolium repens, Vicia hirsuta* und *V. angustifolia, Viola tricolor* usw.

Hat man eine vollständige Artenliste eines Ackerbodens und setzt man für jede Art die Reaktionszahl ein (R_0-Arten bleiben unberücksichtigt), dann läßt sich eine mittlere Reaktionszahl berechnen, die in unmittelbarer Beziehung zum p_H-Wert des Bodens steht. Auf ähnliche Weise kann man den Unkrautarten auch eine Wasserhaushaltszahl, eine Stickstoffzahl usw. geben und somit die Unkrautgesellschaften zur raschen Beurteilung des Ackerbodens benutzen.

Mit den Bodenverhältnissen und den Indikatorpflanzen in dem weiten Gebiet von der nordafrikanischen Küste über die Sahara und das Niger-Gebiet bis zur Elfenbeinküste beschäftigen sich viele neuere

Arbeiten von KILLIAN. Der Verf. behandelt: a) Die Dünen an der algerischen Küste (6), ihre Böden, deren Mikrobiologie und Wasserhaushalt. b) Die als Indikator für die Bodenverhältnisse dienenden Pflanzenarten in der Umgebung der Oasen in der nördlichen Sahara (7) auf dem unbewässerten Kulturland. c) Die verschiedenen Böden der eigentlichen Sahara, wobei die Bedeutung der biogenen Elemente C und N betont wird (8, 9); diese werden durch die spärliche Vegetation geliefert, deren Bedeutung für die Wüstenböden bisher unterschätzt wurde; sie sind auch bestimmend für die mikrobiologischen Verhältnisse. d) Die Indikatorpflanzen der Halfasteppe (10), für die Spektren der physikalisch-chemischen Bodeneigenschaften am Standort und Spektren der Aschenzusammensetzung gegeben werden; dabei zeigt es sich, daß letztere bei verschiedenen Arten spezifisch ist und keine direkten Beziehungen zu dem Salzgehalt des Bodens aufweist. e) Die stets saueren Wald- und Savannenböden an der Elfenbeinküste, wobei wiederum auf die große Bedeutung des Mikrobenlebens hingewiesen wird; im Gegensatz zu den Böden der Trockengebiete befindet sich hier das Maximum der Bakterienzahl nicht an der Oberfläche, sondern in einiger Tiefe, was wohl mit dem absteigenden Wasserstrom zusammenhängt (Niederschläge 800—2000 mm). Verf. bestätigt die große Armut der tropischen Urwaldböden infolge der raschen Humuszersetzung und die gefährlichen Auswirkungen der Brandkultur. Interessant sind seine Messungen der Bodenatmung, die im Regenwald eine erhebliche und konstante Höhe erreicht. Von den Mikroorganismen sind die Pilze von besonderer Bedeutung. KILLIAN und SCAËTTA untersuchen einige alluviale Böden im Nigergebiet, die in verschiedener Tiefe lateritisiert sind. Unter dieser Lateritbildung haben wir ein Altern der Böden zu verstehen, bei dem der Boden allmählich aus einem kolloidalen in ein kristallines Stadium übergeht. Der Vorgang ist an ein bestimmtes wechselnd nasses und trockenes Klima gebunden, das heute diesem Gebiet fremd ist. Die Laterite sind deshalb dort als fossil zu betrachten. Gewisse Unterschiede der Lateritschichten sprechen dafür, daß in der Vergangenheit Klimaschwankungen auftraten (SCAËTTA und KILLIAN).

6. Halophyten. Eine Übersicht über die Verbreitung der afrikanischen Mangrovenwälder, ihre Zusammensetzung, Gliederung, aber auch wirtschaftsgeographische Bedeutung gibt GREWE mit einer Reihe von Karten. — PETERSEN zeigt, daß man aus der Zusammensetzung der Diatomeenflora die Salzverhältnisse im Wasser mit genügender Genauigkeit beurteilen kann. Er stützt sich dabei auf die ökologischen Studien an Diatomeen von KOLBE. Auf 35 Seiten findet man eine Liste der Diatomeen mit Angaben ihrer Halophilie in 5 Stufen. Der Grenzwert für eine Beeinflussung der Diatomeenflora durch den Salzgehalt liegt bei 100 mg/l an Chlorionen.

Die Fähigkeit einer *Ranunculus*-Art, im Brackwasser mit kurzfristigen Schwankungen des Salzgehalts vorzukommen, verdankt sie nach Untersuchungen von GESSNER (3) der geringen Salzpermeabilität ihres Plasmas. Während *R. aquatilis* und *R. flaccidus* rasch Salze in die Zelle aufnehmen und dann absterben, geht bei dem allein in salzigen

Gräben an den europäischen Küsten vorkommenden *R. Baudotii* die Salzaufnahme selbst im Lichte sehr viel langsamer vor sich. Diese Eigenschaft bleibt erhalten, auch wenn man diese Art lange Zeit in Süßwasser kultiviert.

Die Dünenpflanzen an der Meeresküste sind bekanntlich keine Halophyten. Sie kommen aber an Standorten vor, wo der Wind häufig Salzwassertröpfchen bei starker Brandung mitreißt. Wie Oosting zeigt, sind Dünenpflanzen im Gegensatz zu anderen Pflanzen unempfindlich gegen Besprühen mit Salzwasser.

Chapman untersucht die Ökologie der englischen Salzmarschen und vergleicht sie mit den nordamerikanischen bei Boston unter Berücksichtigung der Standortsbedingungen.

7. Mechanische Faktoren. Die Wirkung der Beweidung beruht darauf, daß die Pflanzen durch Verbiß oder Tritt geschädigt werden. Infolgedessen wird die Vegetationsdecke oft in einem für die Weidewirtschaft ungünstigen Sinn verändert. Zahlreiche nordamerikanische Arbeiten beschäftigen sich mit diesem Problem. Cottam und Evans vergleichen die Vegetationsverhältnisse in zwei Canyons bei Salt Lake City (Utah). Ursprünglich war die Vegetation in ihnen wohl gleich. Der eine Canyon wird nicht beweidet, durch den anderen ziehen jährlich 100000 bis 200000 Schafe; er ist kahlgefressen, stark erodiert, viele Arten sind verschwunden. Der wüstenhafte Charakter vieler Trockengebiete ist somit auf zu starke Beweidung des Graslands zurückzuführen. Bentley und Talbot zeigen, daß infolge der Beweidung das Grasland der Vorgebirgshügel in Kalifornien durch Bestände von Annuellen ersetzt wird. Der Weidewert könnte durch Aussaat bestimmter Gräser erhöht werden und dann vielleicht sogar den ursprünglichen Weidewert übertreffen. Will man den Weidewert in Gebieten mit viel Hartlaubgebüsch durch Abbrennen erhöhen, so ist der dadurch erzielte Vorteil nach Sampson nur von kurzer Dauer; denn nach dem Abbrennen setzt eine sehr starke Erosion der Hänge ein. In Nevada wird durch die Beweidung der Wermut-Strauch *(Artemisia tridentata)* begünstigt. Zur Verbesserung der Weide ist es notwendig, die Wettbewerbskraft dieses Busches zugunsten der Gräser abzuschwächen (Robertson).

Auch in der besonders üppigen Graswuchs aufweisenden Prärie werden durch starke Beweidung tiefgreifende Veränderungen hervorgerufen (Weaver und Darland). Zunächst nimmt die Triebkraft der Präriegräser ab, wie man es an ausgestochenen Rasenblöcken, die man im Laboratorium austreiben läßt, nachweisen kann, indem man die Sproß- und Wurzelgewichte bestimmt. Bei noch stärkerer Beweidung werden die hohen Präriegräser durch *Poa pratensis* ersetzt, schließlich treten Unkräuter in immer größerer Zahl auf.

Sehr starke Schäden hat die Prärievegetation in den Dürrejahren 1933—1940 erlitten. Weaver und Albertson beschreiben jetzt den Gang der Wiederherstellung der Pflanzendecke. Nach Cornelius kann dieser Vorgang beschleunigt werden, wenn man Gräser aussät und sich nicht auf die spontane Wiederbesiedlung verläßt.

II. Allgemeine Vegetationskunde.

Sowohl die Ökologie als auch die Pflanzensoziologie arbeiten mit Pflanzenarten in der üblichen Fassung. Wir wissen jedoch, daß die Pflanzen einer Art ökologisch gar nicht gleichwertig zu sein brauchen; denn die meisten Arten zerfallen in viele Ökotypen oder ökologische Rassen. In sehr eindrucksvoller Weise wird das durch die neueste Zusammenfassung der über 20jährigen Kulturversuche mit Rassen der Sammelart *Achillea millefolium* durch CLAUSEN, KECK und HIESEY (1) unterstrichen. Von dieser Art kommen zahlreiche Rassen, sowohl hexaploide *(A. borealis)* als auch tetraploide *(A. lanulosa)*[1], von der kalifornischen Küste bis über den Hauptkamm der Sierra Nevada vor. Sie wurden an drei Stationen bei Stanford (30 m) und im Gebirge (1400 m und 3050 m ü. M.) nebeneinander kultiviert. Sie weisen ökologische und z. T. morphologische Unterschiede auf. Die Rasse aus dem kalifornischen Längstal kann 2 m hoch werden, die alpinen Rassen bleiben immer zwergig (Abb. 2). Unter dauernd günstigen Wachstumsbedingungen treiben die einen ununterbrochen das ganze Jahr hindurch, die anderen behalten ihre Sommerruhezeit bei, die dritten ihre Winterruhezeit. Die alpinen Formen entwickeln sich im kurzen Sommer an der Baumgrenze in 3000 m Höhe viel besser als im milden Klima an der Küste. Ausschlaggebend für die Verbreitung sind die ökologischen Eigenschaften. Sie können mit morphologischen Merkmalen gekoppelt sein, dann haben wir unterscheidbare Ökotypen vor uns. Das braucht jedoch nicht der Fall zu sein. Entscheidend ist dann das Experiment. Ergänzt wurden die Kulturversuche durch Untersuchungen in Klimakammern bei verschiedenen konstanten oder wechselnden Temperaturen und bei verschiedener Tageslänge. Auch hier waren die Ergebnisse sehr unerwartete. Arktische Rassen aus Alaska oder von den Alëuten sowie europäische aus Dänemark und Lappland verhielten sich ganz anders als die kalifornischen Gebirgsrassen. Vergleicht man andere Arten *(Sisyrinchium bellum, Penstemon procerus, Viola purpurea, Potentilla glandulosa)*, so verhalten sie sich in diesem Gebiet von der Küste bis über die Sierra Nevada ebenso, d. h. sie weisen auch eine Anzahl Ökotypen auf. In anderen Fällen treten an Stelle der Ökotypen verschiedene vikariierende Kleinarten, z. B. bei der Gattung *Artemisia, Horkelia, Zauschneria*. Der einzige Unterschied in dem einen oder anderen Falle besteht nur darin, daß die Ökotypen sich kreuzen lassen, während die Kleinarten genetisch meist isoliert sind [CLAUSEN, KECK und HIESEY (2)]. Kreuzungsversuche (dieselben 3) mit verschiedenen Ökotypen ergaben z. B. bei *Potentilla glandulosa* folgendes: Die Eltern — eine alpine und eine Tieflandrasse — unterschieden sich in bezug auf 16 morphologische oder physiologische Eigenschaften. Die F_1-Generation ist intermediär, hält jedoch sowohl im Tiefland als auch im Hochgebirge aus. In F_2 und F_3 trat starke Spaltung auf. Interessant war die Kreuzung einer im Winter aktiven Küstenrasse mit der im Winter ruhenden alpinen.

---

[1] Vgl. dazu LAWRENCE (2).

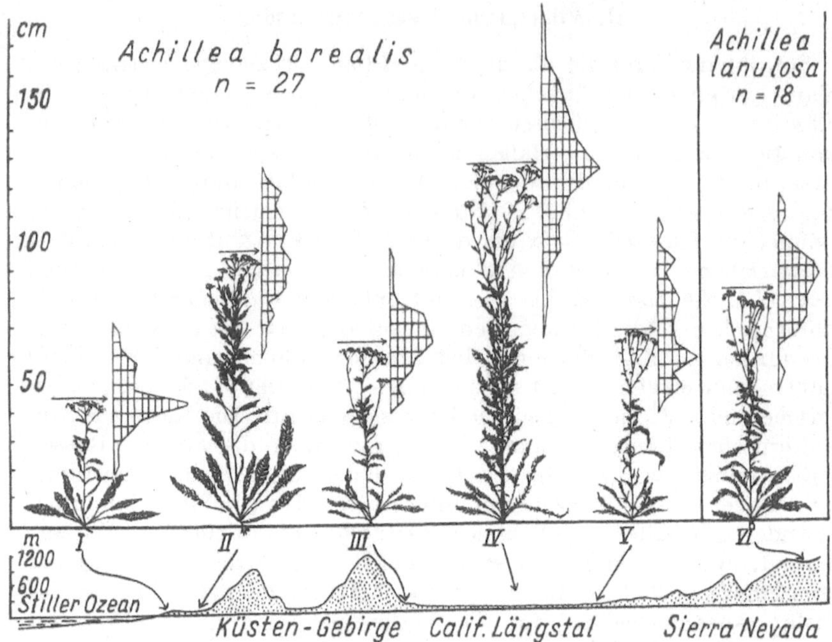

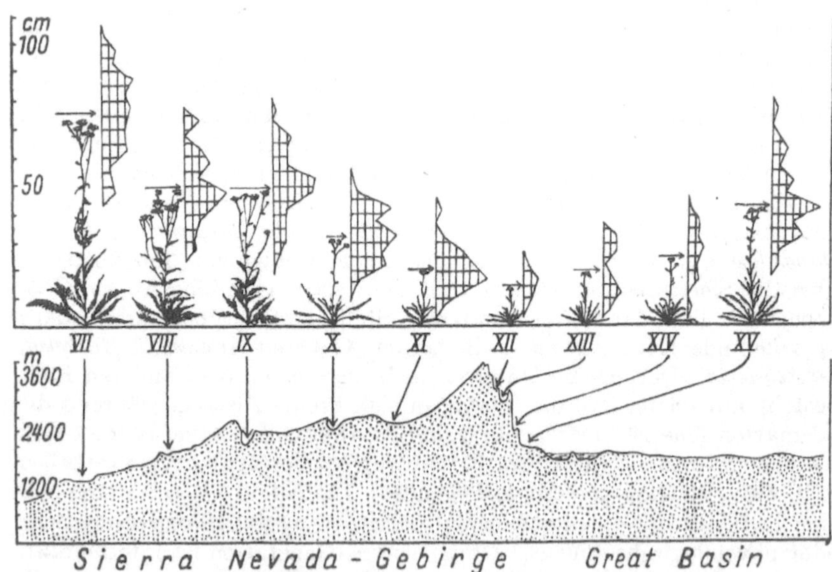

Abb. 27. Profil vom Pazifischen Ozean bis zum Great Basin mit Angabe der Fundorte, von denen die in Stanford kultivierten *Achillea millefolium*-Pflanzen stammen, die oben dargestellt sind (jeweils eine mittlere Pflanze mit Variationskurve). Sie wuchsen alle unter gleichen Bedingungen, behielten jedoch ihren ursprünglichen Habitus im wesentlichen bei (nach CLAUSEN, KECK und HIESEY; aus H. WALTER, Grundl. d. Pflanzenverbreitung, Verlag Ulmer, Stuttgart-Ludwigsburg 1949).

Von den 992 Individuen der F_2 waren 183 im Winter sehr aktiv, 600 wenig aktiv und 209 verfielen in Winterruhe.

Die vielen verschiedenen amerikanischen und einige europäische Ökotypen von *Deschampsia caespitosa* untersuchte LAWRENCE (1). Die Ergebnisse waren ähnliche. Interessant ist, daß alle Sierra-Nevada-Rassen im Tiefland durch Rost getötet wurden, während die Tiefland-rassen und die europäischen resistent waren. Weiterhin zeigten die europäischen Rassen in Kalifornien die Neigung, vivipar zu werden (ohne Genomänderung), eine Eigenschaft, die man sonst nur von der *subsp. littoralis* (Bodensee) und der *D. alpina* kennt.

Einen geschichtlichen Überblick über das Ökotypen-Problem von KERNER und BONNIER bis 1940 gibt HIESEY.

Für den Aufbau und die Gliederung der Pflanzengesellschaften ist neben der Umwelt der Wettbewerbsfaktor von Bedeutung. VARESCHI weist mit Recht darauf hin, daß dabei das eigentlich formende Element nicht die Umwelt, sondern der Wettbewerb ist. Diese so komplizierten Konkurrenzverhältnisse lassen sich nur sehr schwer exakt ermitteln, und Verf. betont mit Recht, daß der einzige Weg, in dieser Richtung vorwärts zu kommen, das Experiment ist. Er selbst macht einige Ansätze in dieser Richtung. Wie schwer es aber im einzelnen ist, die gegenseitigen Beziehungen der Pflanzen in einem Bestand zu durchschauen, zeigt die Beobachtung von RADEMACHER, daß Weizen und insbesondere Roggen eine direkte antagonistische Wirkung auf *Matricaria inodora* und insbesondere auf *Anthemis arvensis* ausüben. Unabhängig von der Wirkung der Beschattung werden sowohl die Keimung als auch das Wachstum der Keimpflanzen durch die Getreidearten gehemmt, so daß sogar ein Absterben eintreten kann. Wie dieser Antagonismus zustande kommt, ist allerdings noch nicht geklärt.

Überhaupt müssen wir unsere Ansichten über die Unkrautgesell-schaften revidieren [RADEMACHER (2)]. „Biologisch gesehen sind die Unkräuter Pflanzen, die gesellschaftsbildend mit den Nutzpflanzen auftreten, deren Kultur für sie erträglich, förderlich oder sogar lebens-notwendig ist." Es gibt ja „obligate Unkräuter", die nirgends mehr wild vorkommen, die ihre Wildeigenschaften (Hartschaligkeit, Spindel-brüchigkeit, Keimruhe, Verbreitungsvorrichtungen usw.) verloren und Kultureigenschaften erworben haben (z. B. *Bromus secalinus, Agrostemma, Lolium temulentum* und *L. remotum* u. a.). Verbesserungen der Bodenbearbeitung bedingen auch eine Änderung der Unkrautgesell-schaften. Einstellung der Kulturmaßnahmen führt zu ihrer raschen Degeneration. Die entsprechenden Sukzessionen sind von HERMANN verfolgt worden. Dabei zeigte es sich, daß das rasche Verschwinden der einjährigen Arten auf der Verdichtung der Bodenoberfläche beruht, die das Aufkommen neuer Keimlinge schon im zweiten Jahr verhindert. Unter den übrigbleibenden Arten erweisen sich die Polyploiden im Konkurrenzkampf überlegen. Allerdings haben die Untersuchungen der karpato-pannonischen Flora durch Soó (6) keinen Anhaltspunkt dafür ergeben, daß polyploide Rassen auf extremeren Böden oder unter extremeren klimatischen Bedingungen zahlreicher vertreten sind.

10*

Ein größeres Werk über die Fortpflanzungsfähigkeit der Pflanzen veröffentlicht SALISBURY. Wir erwähnen nur die Feststellung, daß Arten, die im Schatten keimen, oft wenig zahlreiche, aber große Samen besitzen. Dadurch ist die Wettbewerbskraft der Keimlinge erhöht. LAVRENKO weist darauf hin, daß die Arten, welche die Pflanzengesellschaften aufbauen und unter natürlichen Verhältnissen 90% der Erdoberfläche decken würden (Edifikatoren), anemogam und meist auch anemochor sind (z. B. auch *Artemisia* unter den Compositen).

Die Frage der raschen Besiedlung der Waldlichtungen durch eine typische Kahlschlagflora wird erneut durch OLMSTED und CURTIS angeschnitten. Sie finden im normalen Waldboden die Samen der wichtigsten Schlagpflanzen. Diese sind also schon vor der Durchlichtung vorhanden, brauchen jedoch nicht aus der Zeit einer früheren Lichtung zu stammen, da sie ständig von Säugetieren und Vögeln von den Schlägen in den Wald verschleppt und zum Teil vom Wind verweht werden.

Man nimmt allgemein an, daß sich in Mitteleuropa alle Flächen nach Aufhören der menschlichen Eingriffe rasch bewalden würden. Die Überprüfung einer großen Zahl von Dauerbeobachtungsflächen im Schweizerischen Nationalpark nach 30 Jahren zeigt jedoch, daß die Wiederbewaldung sich äußerst langsam vollzieht (LÜDI). Die Nachwirkungen der Nutzungseinflüsse dauern lange an. Die auf den Wiesen und Weiden vorhandene Vegetation vermag erfolgreich das Eindringen der Holzpflanzen abzuwehren. Zum Teil ersetzt das Wild den Weidegang. Stellenweise bilden sich auf den Wiesen Streudecken, die das Aufkommen der jungen Gräser erschweren und die Pflanzendecke verändern. Am leichtesten kommt der Wald in magerem, offenem Rasen auf.

Die Frage, inwieweit Urwälder unter Insektenkalamitäten leiden, wirft FRANZ auf. Gefährdet sind nur die Nadelwälder der nördlichen gemäßigten Gebiete, und in diesen zeigt die Gefahrenzone eine Nordgrenze weit südlich der nördlichen Waldgrenze, die durch die für die Insektenvermehrung ungünstigen Temperaturen bedingt wird. Gegen das südliche und ozeanische Gebiet hin dagegen steigert sich die Gefahr. Immerhin werden solche Insektenkalamitäten von den Urwäldern vertragen. TSCHASTUHINE findet, daß in den unter Naturschutz stehenden Fichtenwäldern Mittelrußlands nur die Arten stärker unter Pilzerkrankungen leiden, die mehr für Laubwälder bezeichnend sind. Der Befall hängt oft von den Außenfaktoren ab. Zum Beispiel war *Crepis paludosa* auf einer Wiese zu 65% rostkrank, am Waldrand nur zu 49% und im Walde überhaupt nicht befallen.

Instruktionen zu einer auf breitester Basis in Angriff genommenen Vegetationskartierung Frankreichs im Maßstab 1:20000 geben BRAUN-BLANQUET, EMBERGER und MOLINIER. Zugleich wird als Muster das Blatt im NO von Montpellier beigefügt. Die Hauptkarte gibt den heutigen Zustand der Vegetation wieder, kleine Nebenkarten einerseits die natürlichen Vegetationsverhältnisse mit ihrem Florenspektrum und andererseits die Bodenverhältnisse. Dazu kommt noch eine kurze Vegetationsbeschreibung. Die Instruktionen enthalten zugleich eine Übersicht über die Ordnungen der Vegetation von ganz Frankreich.

Für die Beurteilung der soziologischen Bedeutung einer Art führt BRAUN-BLANQUET den Begriff des Deckungswerts ein. Zur Berechnung setzt er an Stelle des in 5 Stufen geschätzten Deckungsgrads ein mittleres Deckungsprozent ein. Die dadurch entstehenden Fehler können über 10% betragen. Die Summe der Deckungsprozente einer Art in allen Einzelaufnahmen wird durch die Zahl der Aufnahmen dividiert und mit 100 multipliziert. Der erhaltene Deckungswert wird bis 0,01% genau berechnet und täuscht somit eine viel zu große Genauigkeit vor, da ja von groben Schätzungswerten ausgegangen wird.

Eine kurze Einführung in die Pflanzensoziologie gibt KNAPP (1). Heft 1 enthält eine Erläuterung der pflanzensoziologischen Begriffe, die Methode der Bestandesaufnahme und der Tabellenauswertung, sowie die Systematik und die Entwicklung der Gesellschaft u. a. In Heft 2 wird eine Übersicht der Ordnungen und Hauptassoziationen Mitteleuropas gegeben. Die Ausführungen werden dem Anfänger schwer ein abgerundetes Bild vermitteln oder ihn mit den Problemen vertraut machen. KNAPP gehört zur Schule von BRAUN-BLANQUET und TÜXEN, weicht aber in der Nomenklatur und Einteilung in vielen Einzelheiten ab, ohne eine Begründung dafür zu geben. (Man vergleiche dazu die Übersicht der höheren Vegetationseinheiten von BRAUN-BLANQUET und TÜXEN.) Durchaus beachtenswert ist der von KNAPP (2) eingeführte Begriff der Hauptassoziation, da die Assoziationen inzwischen eine zu weit gehende Zersplitterung erfahren haben. Die Klasse der *Vaccinio-Piceeta*, also der holarktischen Nadelholz- und Zwergstrauchheide-Verbände hat durch BRAUN-BLANQUET, SISSINGH und VLIEGER eine Bearbeitung erfahren.

Im scharfen Gegensatz zu der BRAUN-BLANQUETschen Schule stehen die Arbeiten von E. SCHMID (1—3). Er bringt sehr klar zum Ausdruck, daß die Pflanzengesellschaften oder Biocoenosen als eine Lebensgemeinschaft von verschiedenen Arten zu betrachten sind, die durch die Anpassung an die Standortsbedingungen zusammengehalten werden. Die Ökologie einer Biocoenose kann deshalb nur immer eine Ökologie der einzelnen Glieder sein. Die Analyse der Pflanzengesellschaften hat sich jedoch nicht nur auf die Einzelglieder zu beschränken, sondern muß sich auch auf die einzelnen Standortsfaktoren erstrecken, die ja die formende Umwelt bilden. Zugleich wendet sich SCHMID gegen die von den Pflanzensoziologen aufgestellte Gesellschaftssystematik, da diese von der Voraussetzung ausgeht, daß die Assoziation einer Species analog zu setzen ist. Stattdessen schlägt er die Unterscheidung von zweierlei Einheiten vor: der biocoenologischen und der chorologischen (4).

Unter den ersteren unterscheidet er die klimatischen Biocoenosen, die der zonalen Vegetation der russischen Forscher entsprechen, und die lokal bedingten Biocoenosen, die der extrazonalen Vegetation gleichzusetzen sind. Im Gegensatz dazu werden die chorologischen Einheiten, die Vegetationsgürtel, rein floristisch charakterisiert. Für die Schweiz kommen dabei folgende in Frage: *Fagus-Abies*-Gürtel, *Quercus-Tilia-Acer*-Laubmischwaldgürtel, *Quercus robur-Calluna*-Gürtel, *Quercus pubescens*-Gürtel, *Pulsatilla*-Waldsteppengürtel, *Stipa*-Steppengürtel, *Quercus ilex*-Gürtel, *Picea*-Gürtel, *Larix-Pinus cembra*-Gürtel, *Vaccinium uliginosum-Loiseleuria*-Gürtel, *Carex-Elyna*-Gürtel. Sie entsprechen den üblichen

Florenelementen, wie dem mitteleuropäischen (eumi und submi), atlantischen, submediterranen, pannonischen, pontischen, mediterranen usw. Diese Einteilung legt SCHMID seiner Vegetationskarte der Schweiz (1:200000) zu Grunde, auf die wir zurückkommen, wenn alle 4 Blätter erschienen sind.

Daß die Pflanzengesellschaften kein Organismus sind, geht sehr deutlich daraus hervor, daß man sie künstlich aus ihren einzelnen Teilen zusammensetzen kann. Auf ursprünglichem Ackergelände bei Hannover wurden vor etwa 15 Jahren durch künstliche Gestaltung der Standorte und Pflanzung bzw. Saat der einzelnen Arten 50 verschiedene NW-deutsche Pflanzengesellschaften begründet, deren Entwicklung und z. Z. bereits völlig natürliche Struktur TÜXEN (1) auf 175 Seiten beschreibt.

III. Spezielle Vegetationskunde.

Auf etwa 50 Seiten gibt GESSNER (4) einen sehr schön illustrierten Überblick über die Pflanzendecke der Erde und die Vegetation der Meere. Die Ausführungen sind knapp, aber bringen das Wesentliche.

Den asymmetrischen Aufbau der Vegetationszonen und Vegetationsstufen auf der Nord- und Südhalbkugel behandelt C. TROLL (4). Er weist auf die große Ähnlichkeit hin, die zwischen dem hochozeanischen kühlen Klima der Subantarktis einerseits und dem Klima der tropischen Hochgebirge andererseits besteht. Sie wird durch die Frostwechselhäufigkeit bestimmt. In der Vegetation dieser Gebiete spielt ein subantarktisches—tropisch-montanes Florenelement eine große Rolle. Extremer Polsterwuchs findet sich in der Subantarktis und in den tropischen Hochanden. Die Stamm-Schopfblattgewächse der afrikanischen Hochgebirge und der Hochanden treten außerdem auf den Kerguelen auf. Auch die nächsttiefere Stufe der tropischen Gebirge, der Nebelwald, kommt weiter südlich in geringer Höhe über dem Meer vor. Dagegen können wir keine einzige Klima- oder Vegetationszone der Nordhalbkugel mit den Höhenstufen der tropischen Gebirge vergleichen. Der asymmetrischen Verteilung von Land und Wasser auf der nördlichen und südlichen Halbkugel entspricht auch eine verschiedene horizontale Vegetationsgliederung. Die eigentliche gemäßigte Zone mit den ozeanisch und kontinental getönten Gebieten ist auf der Südhalbkugel nicht vorhanden. Bei Neuseeland und bei Südafrika berühren sich fast die polare Palmengrenze und die polare Waldgrenze, also die Tropen mit der Antarktis.

Die klimatischen Grenzen des Ackerbaus auf der Süd- und Nordhemisphäre stellt JÄGER kartographisch dar. Er bespricht genauer die polare Kältegrenze, die subtropische Trockengrenze gegen die gemäßigte Zone einerseits und die feuchte Tropenzone andererseits und die Höhengrenzen in den Gebirgen der verschiedenen Klimazonen. Am höchsten steigt der Ackerbau nicht in den Gebirgen der äquatorialen Zone hinauf, sondern in denen der Subtropen (bis 4600 m). Zum Vergleich werden die Grenzen der ewigen Gefrornis und die Pencksche Trockengrenze zwischen humiden und ariden Gebieten eingezeichnet. Der Ackerbau geht weit in das aride Gebiet hinein.

1. Europa. Aus Mitteleuropa liegen zwei neue stattliche Gebietsmonographien vor: E. ISSLER, „Vegetationskunde der Vogesen" und M. SCHWICKERATH, „Das Hohe Venn und seine Randgebiete". Eine sehr gründiche Darstellung der Morphologie und Vegetation der Kurischen Nehrung, in der vor allen Dingen das Dünenproblem auf über 350 Seiten genau behandelt wird, verdanken wir PAUL. Der zweite Teil ist nicht veröffentlicht. Weiterhin nennen wir eine Reihe von Bearbeitungen einzelner Pflanzengesellschaften, die teils rein beschreibendsoziologisch, teils ökologisch-soziologisch sind: Der Bültsee, ein kalkarmer und schwach saurer *Isoëtes*-See in Schleswig-Holstein (JÖNS), die Wasserpflanzen- und Moorpflanzengesellschaften des Naturschutzgebiets „Krumme Lanke" im Berliner Urstromtal (HUECK), Wasser- und Sumpfgesellschaften (TÜXEN und PREISING; PFEIFFER), die Zwischenmoore (PAUL und LUTZ), die Kammgras-Weide [TÜXEN (2)], *Bromus erectus*-Trockenrasengesellschaften der Nordwestschweiz (ZOLLER), größere Monographien der Goldhaferwiesen der Schweiz (MARSCHALL), des Lindenmischwaldes im Schweizer Föhn- und Seenbezirk (TREPP), sowie der Auenwälder in der Lobau bei Wien (SAUBERER) und der Flechten und Moosgesellschaften in den Nardeten bei Interlaken (FREY und OCHSNER). Auf die Flechtenvegetation des Dümmergebietes (NW-Deutschland) geht KLEMENT ein. Er beschreibt kurz die stein-, baum- und holzbewohnenden Gesellschaften und behandelt ausführlicher das erdbewohnende *Cladonietum mitis*, das von der Arktis weit nach Süden reicht und die vegetationslosen Flächen auf Sand- und Heideböden besiedelt. Auf abgeplaggter *Calluna*-Heide wachsen die durch den Wind zugeführten Thallus-Bruchstückchen der einzelnen Arten rasch aus.

In NW-Europa sind folgende Pflanzengesellschaften untersucht worden: Die Kalkvegetation von England (HOPE-SIMPSON), die Grasheiden auf verschiedenen Böden vom flachgründigen Kalk bis zu tiefgründigem Podsol, mit p_H-Werten von 8,0 bis 3,5 (WATT), die nordatlantischen Heiden auf den Faröern (BÖCHER), ebenso wie diejenigen der Hebriden, die vielleicht aus einem durch Schafe und Kaninchen zerstörten Eichen-Birkenwald hervorgegangen sind (ASPERY), die Tundra der höheren Gebiete in Zentral-Island (FALK), die Vegetation auf West-Spitzbergen (POLUNIN) und eines inneren Fjords auf trockenem Kalk mit *Dryas*- und *Cassiope*-Gesellschaften und den feuchten *Scheuchzeria*- und *Dupontia*-Assoziationen, sowie den *Hypnum-Carex subspathacea*-Sümpfen (ACOCK), die Vegetation der arktischen Insel Jan Mayen (70° n. Br.) in der Grönland-See (RUSSEL und WELLINGTON), deren Dichte parallel mit der Zahl der Bodenorganismen geht, wobei der N-Gehalt des Bodens (Nitrate fehlen) durch Vogelexkremente bedingt wird.

Aus dem karpato-danubischen Raum liegen mehrere Arbeiten von SOÓ vor. In einer allgemeinen Pflanzengeographie (200 Seiten) in ungarischer Sprache bringt er viele Beispiele und Aufnahmen sowie eine Aufzählung mit 68 Verbänden und vielen Assoziationen gerade aus diesem Gebiet (1). Weitere Arbeiten beschäftigen sich mit den Pflanzengesellschaften Ost-Siebenbürgens (2), der Verbreitung von Waldpflanzen im transsilvanischen Mezöség, einem Gebiet, das heute Steppencharakter trägt, aber ursprünglich eineWaldsteppe war (3), den Waldgesellschaften des mittleren Siebenbürgens (4) und den halophilen Gesellschaften des Donaubeckens (5). Außerdem veröffentlicht Soó in den Acta Geobotanica Hungarica **6** (1947) eine systematische Übersicht aller Assoziationen aus der Umgebung von Klausenburg, sowie eine Reihe von Arbeiten seiner Schüler über die Pflanzengesellschaften der Theiß-Aue und der Wiesen am Flusse Zala.

Die Vegetation des südlichen Urals (Baschkirien) beschreibt Kotov. Die obere Waldgrenze in 750 m Höhe bildet *Picea obovata* mit *Abies sibirica* und *Larix sibirica*. Darüber findet man Krummholz *(Juniperus sibirica, Betula humilis)* und dann die alpine Vegetation mit flechtenreichen Zwergstrauchheiden *(Vaccinium, Empetrum, Arctostaphylos)* und Grasheiden *(Juncus trifidus, Carex caucasica)*.

Eine Übersicht über die Vegetation Osteuropas unter Berücksichtigung von Klima, Boden und wirtschaftlicher Nutzung mit einer Vegetationskarte (nach Alechin) in 1. und 2. Auflage gibt Walter (3). Eine gesonderte Veröffentlichung ist vom selben Verf. der Krim gewidmet (4) mit ihren eigenartigen klimatischen Verhältnissen und der mediterranen Vegetation an der Südküste. Dieses durch das Jaila-Gebirge nach Norden abgeschirmte Gebiet nimmt eine ganz isolierte Stellung am Südrand der weiten osteuropäischen Ebene ein und gehört schon der ostmediterranen Vegetationszone an, mit deren Abgrenzung sich die Arbeiten von Regel und Oberdorfer befassen. Letzterer schlägt vor, das ganze Gebiet der submediterranen laubabwerfenden Trockenwälder *(Quercetalia pubescentis)* bis zur Linie Ibar—untere Donau noch mit in das Mittelmeergebiet einzubeziehen. Will man nur das Gebiet der immergrünen Eichenwälder *(Quercetalia ilicis)* dazu rechnen, dann bleibt auf der Balkanhalbinsel kaum etwas übrig. Auch auf der Appeninischen Halbinsel nehmen die submediterranen Wälder den weitaus größten Teil ein. Vegetationsbilder von den östlichen Ägäischen Inseln bringt Rechinger.

Anschließend nennen wir noch von Zohary die Vegetationsbeschreibung (mit Karte) von Palästina, das ja zu einem großen Teil auch zum ostmediterranen Gebiet gehört, und von Bojko (2) die Beschreibung der letzten verbliebenen Reste ursprünglicher Lorbeerwälder in Palästina. Ihre durch die Axt, Feuer und Beweidung (Ziegen) bedingte Degradation führt über die Stadien mit *Quercus calliprinos (Qu. coccifera var. calliprinos)* und *Pistacia lentiscus* zu *Cistus*-Gebüsch.

Außerdem erwähnen wir hier noch die Vegetationsbilder aus dem asiatischen Gebiet des Elbursgebirges in Nordiran von Gilli.

2. Nordamerika. Eine kurze Beschreibung des *Taxodium-Nyssa*-Sumpfwalds geben Hall und Penfound. *Lemna, Azolla, Riccia* und *Utricularia* bedecken die Wasseroberfläche; auf den Bäumen findet man als Epiphyten *Tillandsia, Polypodium polypodioides, Usnea* u. a.

Die Frage, inwieweit die Prärie-Halbinsel in Jowa, Indiana und den benachbarten Staaten klimatisch bedingt ist, wird von McComb und LOOMIS aufgeworfen. Die Waldinseln in diesem Gebiet haben die große Dürre 1930—39 gut überstanden. Sie breiten sich in letzter Zeit gegen das Grasland hin aus. In der Postglazialzeit ging die Vegetationsentwicklung über nordische Nadelwälder und Eichen-Hickory-Wälder zur Prärie. Erst seit 800 Jahren ist das Klima wieder für den Wald günstiger. Entscheidend sind heute im Kampf zwischen Wald und Prärie die Bodenverhältnisse. Auf den ebenen, schweren, undurchlässigen und schlecht durchlüfteten Böden, in denen der Kalk sich stark anreichert, hält sich das Grasland. Die groben, stark erodierten und deshalb ausgelaugten, sowie besser durchlüfteten Böden werden vom Baumwuchs erobert. Auf diese Weise durchdringen sich Wald und Prärie inselartig, und das Grasland kann sich praktisch unbegrenzt in einem Waldklima halten. Die Kultivierung des Bodens, durch die der Stickstoffgehalt der oberen gelockerten Bodenschichten herabgesetzt wird, müßte die Ausbreitung der Wälder begünstigen (LOOMIS und McCOMB). Diese Verhältnisse entsprechen ganz denen in der osteuropäischen Waldsteppe.

Einzelne Waldbestände findet man weit im eigentlichen Präriengebiet. Dabei bildet *Pinus ponderosa* Wälder auf Felsrücken, während längs der Flußauen reine Laubwälder vorstoßen (TOLSTEAD). Die Standortverhältnisse dieser Kiefernwälder (Black Forest in Colorado) und den Übergang zum Grasland untersuchen WILLIAMS und HOLD, während COSTELLO die Wiederbesiedlung von Brachland in Nord-Colorado über die Stadien 1. mit *Salsola kali, Amaranthus retroflexus, Chenopodium album* u. a. Annuellen, 2. mit perennen Kräutern, 3. kurzlebigen Gräsern und 4. *Aristida* spec. bis zur gemischten Prärie (hohe und kurze Gräser) verfolgt. TISDALE beschreibt die Prärie und Wermut-Halbwüste an ihrer Nordgrenze im südlichen Britisch-Columbien.

Eine Übersicht über die Pflanzengesellschaften der „Red Desert" (über 2¹/₂ Millionen ha) in Wyoming, die als Schafweide in den Wintermonaten dient, geben VASS und LANG. Die jährlichen Niederschläge betragen nur 160—290 mm und fallen meist im Winter als Schnee. Sehr verbreitet ist *Artemisia tridentata*, aber auch der Anteil der Salzböden ist sehr hoch. Der Weidewert schwankt sehr stark (im Mittel 45 Schafe pro Hektar).

Die Verbreitung der Zwerg-Coniferen-Stufe an der Grenze von Wüste und Gebirgsnadelwäldern in Utah behandelt WOODBURY. Die Höhenstufen in diesem Trockengebiet sind folgende: 1. *Covillea-* (Kreosot-Busch-) Stufe bis 1000 m, 2. Wermut-Halbwüstengesellschaft bis 1200 m, übergehend in 3. Zwerg-Coniferen-Stufe (große *Juniperus*-Arten, *Pinus edulis* und *P. monophylla)* bis 1900 m, 4. submontane Gebüsch *(Quercus Gambelii* u. a.) - und *Pinus ponderosa*-Stufe bis 2300 m, 5. subalpine Nadelwaldstufe bis 3100 m und darüber, 6. alpine Stufe. Die Grenzen liegen am Südhang einige hundert Meter höher, am Nordhang tiefer. Die Vegetationsverhältnisse von Arizona beschreibt SHREVE in der Flora dieses Staates von KEARNEY und PEEBLES.

3. Tropen und Subtropen. An erster Stelle wäre hier die große Monographie über die Vegetation des Senegalgebietes (433 Seiten mit 30 Tafeln) von TROCHAIN zu nennen. Sie umfaßt die sahelische, die sudanesische und die Guinea-Region. Verf. behandelt ausführlich das Klima, die Böden, die extrazonalen Pflanzengesellschaften (Süß- wasser-Vereine, Halophytengesellschaften, Gesellschaften des sauren Bodens, Strandgesellschaften) und die zonalen Gesellschaften der großen Vegetationsregionen und die durch besondere Standortsbedingungen oder durch den Menschen verursachten Veränderungen.

ROBERTY bespricht auf 167 Seiten die Pflanzengesellschaften im Tal des mittleren Niger und fügt eine detaillierte Vegetationskarte im Maßstab 1:61500 bei. Das Gebiet gehört zur sudanesischen Region und berührt nur im Norden die sahelische. Die Gesellschaften werden genau beschrieben, Listen der wichtigsten Arten angeführt und auch die öko- logischen Verhältnisse berücksichtigt. Zu bedauern ist nur, daß Verf. die wichtigsten Pflanzengesellschaften mit reinen Phantasienamen belegt *(Chudealium, Spinigralium, Angusteum, Dumosaeptum* usw.). Würde diese Methode nachgeahmt, dann wäre keinerlei Verständigung auf pflanzensoziologischem Gebiet mehr möglich.

Zahlreiche längere oder kürzere Zeitschriftenartikel beschäftigen sich mit den tropischen afrikanischen Pflanzengesellschaften: MORRI- SON, HOYLE und HOPE-SIMPSON bearbeiten die Boden- und Vegetations- reihen (Catena) im SW-Sudan. Die Ökologie eines tropischen Waldes an der Goldküste behandelt FOGGIE, und die Vegetation von Angola SHAW.

Ostafrikanische Pflanzengesellschaften werden von BURTT auf 80 Seiten geschildert. Auch Spezialmonographien aus diesem Gebiet liegen vor: Vegetation von Uganda [THOMAS (1)], Boden und Vegetation in Tanganyika (MILNE), Vegetationskarte von Kenya mit besonderer Berücksichtigung der Grasland-Typen (EDWARDS), Vegetations- und Bodenkarte von Nord-Rhodesien mit 20 Seiten Text (TRAPNELL, MARTIN und ALLEN). In West-Uganda breitet sich der tropische Regenwald (Budongo-Wald) aus, so daß man die verschiedenen Sukzessionsstadien verfolgen kann (EGGELING). Schließlich untersucht THOMAS (2) die ökologischen Verhältnisse auf den Sese-Inseln im Viktoria-See; der Wald ist hier scharf vom Grasland abgegrenzt, wobei letzteres an sehr arme Böden gebunden ist.

Bestandesaufnahmen auf 1000 qm im Urwald von Mauritius führen VAUGHAN und WIEHE durch. Die Holzpflanzen werden genau eingezeich- net und Profilbilder als Ergänzung gebracht. Die obere Baumschicht setzt sich aus 12 Arten zusammen. Eine kurze Beschreibung der Vege- tation auf den Seychellen und auf anderen Inseln des Indischen Ozeans gibt VESEY-FITZGERALD.

Eine biologische Reiseschilderung von den wenig bekannten Urwäl- dern Nordsumatras bringt BÜNNING. Zahlreiche ökologische Beob- achtungen in Mangroven und Moorwäldern, in ausgedehnten tropischen Kiefernwäldern *(Pinus Merkusii)*, an heißen Quellen oder an besonders interessanten Pflanzen wie *Rafflesia* und *Nepenthes* sind mit einzelnen Messungen der Temperatur, des Lichts usw. in anregender Weise wiedergegeben.

Wenden wir uns schließlich der Neuen Welt zu, dann wäre eine kurze, aber sehr übersichtliche Zusammenstellung der Klimax-Vegetation des tropischen Amerikas mit anschaulichen Profilbildern von BEARD (1) zu nennen. Vom selben Verf. (2) stammt eine Vegetationsmonographie mit farbiger Vegetationskarte der Insel Trinidad (152 Seiten), wie auch eine Beschreibung des *Mora excelsa*-Waldes daselbst (3) und eine Untersuchung über die Wiederbesiedlung der vulkanischen Insel St. Vincent (4). Nach dem Vulkanausbruch, der im Jahre 1902 und 1903 stattgefunden hat, war die Vegetation auf derselben vollkommen vernichtet; beschrieben werden die Verhältnisse im Jahre 1912 und 1942; die Sukzessionen gehen noch weiter, aber alles ist bereits besiedelt, durch Urwald in tieferen Lagen, durch Flechtengesellschaften am Gipfel.

Vegetationsbilder aus dem trockenen Teil des Nordwestens von Argentinien mit der Regenoase um Tucuman bringt KÜHN. Der subtropische Wald bildet einen starken Gegensatz zu den mit Säulenkakteen bestandenen Berghängen und der wüstenhaften Puma-Landschaft in 3600—4000 m Höhe. Eine sehr elementare Pflanzengeographie von Brasilien in portugiesischer Sprache hat SAMPAIO veröffentlicht.

<h2 style="text-align:center">Literatur.</h2>

ACOCK, A. M.: J. of Ecol. 28, 81 (1940). — ALSAç, N.: Bot. Cbl. Beih. Abt. A 61, 329 (1942). — ANDERSSON, G.: Gas change and frost hardening studies in winter cereals, Lund 1944. — ARZT, T., u. W. LUDWIG: Biol. Zbl. 65, 1 (1946). — ASPREY, G. F.: J. of Ecol. 34, 182 (1947).

BEARD, J. S.: (1) Ecology 25, 127 (1944). — (2) The natural vegetation of Trinidad, Oxford 1946. — (3) J. of Ecol. 33, 173 (1946). — (4) Ebenda 33, 1 (1946). — BENTLEY, J. R., u. M. W. TALBOT: Ecology 29, 72 (1948). — BÖCHER, T. W.: Kgl. Danske Vid.Selskab, Biol. Medd. 15, 3 (1940). — BOJKO, H.: (1) Palest. J. Bot. 5, 1 (1945). — (2) Ebenda 6, 1 u. 20 (1947). — (3) J. of Ecol. 35, 138 (1947). — BOUYOUCOS, G. J., u. A. H. MICK: Michigan State Coll., Agr. exper. St., Techn. Bull. 172 (1940). — BRAUN-BLANQUET, J.: Jber. naturf. Ges. Graubünden 80, 115 (1944—46). — BRAUN-BLANQUET, J., L. EMBERGER u. R. MOLINIER: Instruct. Etabl. carte d. groupments végétaux, Montpellier 1947. — BRAUN-BLANQUET, J., G. SISSINGH u. J. VLIEGER: Prodromus d. Pflges. 6 (1939). — BRAUN-BLANQUET, J. u. R. TÜXEN: Sigma, Commun. No 84 (1943). — BÜNNING, E.: In den Wäldern Nord-Sumatras, Bonn 1947. — BURTT, B. D.: J. of Ecol. 30, 65 (1942).

CHAPMAN, V. J.: J. of Ecol. 28, 118 (1940); 29, 69 (1941). — CLAUSEN, J., D. D. KECK, u. W. M. HIESEY: (1) Carnegie Inst. Wash. Publ. Nr. 581 (1948). — (2) Amer. Naturalist 75, 231 (1944). — (3) Ebenda 81, 114 (1947). — CORNELIUS, D. R.: Ecology 27, 1 (1946). — COSTELLO, D. F.: Ecology 25, 312 (1944). — COTTAM, W. P., u. F. R. EVANS: Ecology 27, 171 (1945).

EDWARDS, D. C.: J. of Ecol. 28, 377 (1940). — EGGELING, W. I.: J. of Ecol. 34, 20 (1947). — ELLENBERG, H.: Ber. Landtechn. Heft 4 (1948).

FALK, P.: J. of Ecol. 28, 1 (1940). — FLETSCHER, J. E., u. W. P. MARTIN: Ecology 29, 94 (1948). — FOGGIE, A.: J. of Ecol. 34, 88 (1947). — FRANZ, J.: Forstwiss. Cbl. 67, 38 (1948). — FREY, E., u. F. OCHSNER: Ber. Geobot. Forsch.-Inst. Rübel f. 1946, 23 (1947).

GEIGER, R.: Allg. Forstz. 3, 90 (1948). — GESSNER, F.: (1) Sber. Ges. Morph. u. Physiol. Münch. 49, 3 (1940). — (2) Z. Bot. 38, 414 (1943). — (3) Protoplasma 34, 593 (1940). — (4) Handbuch der Biologie 4, H. 2/3, 204 (1946). — GESSNER, F., u. M. SCHUMANN-PETERSEN: Z. Naturforsch. 3b, 36 (1948). — GILLI, A.: Vegetationsbilder 26, H. 1 (1941). — GREBE, H.: Wetter u. Klima 1, 224 (1948). — GREWE, F.: Wiss. Veröff. dtsch. Mus. Länderk., N. F. 9, 105 (1941).

HALL, T. F.. u. WM. T. PENFOUND: Ecology **24**, 208 (1943).—HARBRECHT, A.: Jb. Bot. **90**, 25 (1941). — HÄRTEL, O.: Protoplasma **37**, 350 (1943). — HENRICI, M.: (1) Sci. Bull. (S. Africa) No **185** (1940). — (2) Ebenda No **248** (1946). — (3) Ebenda No **247** (1946). — (4) Ebenda No **244**(1946). — (5) S. African J. Sci. **37**, 156 (1940).— (6) Ebenda **39**, 155 (1943). — HERMANN, G.: Diss. Kiel 1943; Planta (Berl.) **35**, 177 (1947). — HIESEY, W. M.: Bot. Rev. **6**, 181 (1940). — HOPE-SIMPSON, J. F.: J. of Ecol. **28** u. **29**, viele Beiträge (1940—41). — HOUGH, A. F.: Ecology **25**, 235 (1944). — HUECK, K.: Arb. Berl. Prvzst. Naturschutz, H. 3 (1942). — HUMMEL, K.: Meteorol. Rdsch. **1**, 147 (1947).

ISSLER, E.: Pflanzensoziologie **5** (1942). — JÄGER, F.: Schweiz. Naturforsch. Ges. **76**, Abh. 1 (1946). — JÖNS, K.: Schr. naturwiss. Ver. Schleswig-Holstein **20**, H. 2. (1934).

KAUFMANN, C. M.: Ecology **26**, 10 (1945). — KILLIAN, CH.: (1) Ber. Schweizer Bot. Ges. **52**, 215 (1942). — (2) Rev. gén. Bot. **54**, 81 (1947). — (3) Publ. Inst. Rech. Sahar. **4**, Teil 1 (1945). — (4) Ebenda, Teil 2—3 (1945). — (5) Publ. Centre nation. Alger (1944). — (6) Bull. Soc. Histoire natur. Afrique N. **33**, 190 (1942). — (7) Ebenda **32**, 301 (1941). — (8) Trav. Inst. Rech. Sahar. **2**, 1 (1943). — (9) Ann. agron. 1940. — (10) Ebenda 1948. — (11) Ebenda (1942). — KILLIAN, CH. u. H. SCAËTTA: Bull. Soc. Histoire natur. Afrique N. **31**, 115 (1940). — KIRSCHMER, O. u. K. RIMKUS: FIAT Rep. No 1008 (1946). — KLEMENT, O.: Naturf. Ges. Hannover **94—98**, 289 (1947). — KNAPP, R.: (1) Einführung in die Pflanzensoziologie, Stuttgart-Ludwigsburg (1948). — (2) Diss. Freiburg/Br. 1942. — KOTOV, M. J.: Sovet. Bot. (russ.) **15**, 145 (1947).— KRASSOVSKY, J.: Bot. Z. USSR (russ.) **32**, 101 (1947).— KÜHN, F.: Vegetationsbilder **26**, H. 2 (1942).

LAATSCH, W.: Beitr. Agrarwiss. H. III (1948). — LAVRENKO, E. M.: Sovet. Bot. (russ.) **15**, 5 (1947). — LAWRENCE, W. E.: (1) Amer. J. Bot. **32**, 298 (1945). — (2) Ebenda **34**, 538 (1947). — LESSMANN, H.: Wetter u. Klima **1**, 172 (1948). — LOOMIS, W. E.. u. A. L. MCCOMB: Proc. Iowa Acad. Sci. **51**, 217 (1944).—LÜDI, W.: Ber. Geobot. Forsch.-Inst. Rübel f. **1947**, S. 42 (1948).

MARSCHALL, F.: Beitr. geobot. Ldsaufn. Schweiz H. 26 (1947). — McCOMB, A. L. u. W. E. LOOMIS: Bull. Torrey bot. Club **71**, 46 (1944). — MILNE, G.: J. of Ecol. **35**, 192 (1948). — MORRISON, C. G. T., A. C., HOYLE, u. J. F. HOPE-SIMPSON: J. of Ecol. **36**, 1 (1948). — MÜLLER-STOLL, R.: Planta (Berl.) **35**, 225 (1947).

OBERDORFER, E.: Ber. Geobot. Forsch.-Inst. Rübel f. **1947**, 84 (1948). — OLMSTEDT, N. W., u. J. D. CURTIS: Ecology **28**, 49 (1947). — OOSTING, H. J.: Ecology **26**, 85 (1945).

PAUL, K. H.: Nova Acta Leopold. **13**, No. 96 (1944). — PAUL, H., u. J. LUTZ: Ber. bayer. bot. Ges. **25**, 1 (1941). — PETERSEN, J. B.: Kgl. Danske Vid. Selskab, Biol. Medd. **17**, Nr. 9 (1943). — PFEIFFER, H.: Beih. Bot. Cbl. Abt. B, **61**, 124 (1941). — PISEK, A., u. R. SCHIESSL: Ber. Nat.-med. Ver. Innsbruck **47**, 33 (1939 bis 1946). — POLUNIN, N.: J. of Ecol. **33**, 82 (1946).—POTTS, R., u. W. T. PENFOUND: Ecology **29**, 43 (1948).

RADEMACHER, B.: (1) Pflanzenbau **17**, 131 (1940). — (2) Z. Pflanzenkrkh. **55**, 3 (1948). — RECHINGER, K. H.: Vegetationsbilder **26**, H. 3 (1942). — REGEL, C.: Ber. Geobot. Forsch.-Inst. Rübel f. **1946**, 15 (1947).—ROBERTSON, J. H.: Ecology **28**, 1 (1947). — ROBERTY, G.: Veröff. geobot. Inst. Rübel, H. 22 (1946). — RUSSEL, R. S., u. P. S. WELLINGTON: J. of Ecol. **28**, 269 (1940). — RUTTNER, F.: Österr. bot. Z. **94**, 265 (1947).

SALISBURY, E.: The reproductive capacity of plants, London 1942. — SAMPAIO, A. J. DE: Fitogeogr. do Brasil, Brasiliana Ser. 5, **35** (1945). — SAMPSON, A.: Ecology **25**, 171 (1944). — SAUBERER, A.: Niederdonau, Natur und Kultur, H. 17 (1942). — SCAËTTA, H., u. CH. KILLIAN: Bull. Soc. Histoire natur. Afrique N. **32**, 225 (1941). — SCHMID, E.: (1) Ber. Schweiz. Bot. Ges. **51**, 461 (1941). — (2) Ber. Geobot. Forsch.-Inst. Rübel für 1941 (1942). — (3) Ebenda, für 1943 (1944). — (4) Ebenda, für 1939 (1940). — SCHMITHUIZEN, J.: Ber. dtsch. Landesk. **5**, 37 (1948). — SCHWICKERATH, M.: Pflanzensoziologie 6 (1944). — SHAW, H. K. A.: J. of Ecol. **35**, 23 (1948). — SHREVE, F.: U. S. Dep. Agricult., Misc. Publ. No 423 (1942). — SIMONIS, W.: (1) Biol. Zbl. **67**, 77 (1948). — (2) Ber. dtsch. bot. Ges. **59**, 52 (1941). — (3) Planta (Berl.) **35**, 188 (1947). — SOÓ, R.: (1) Növényföldrajz Budapest 1945. — (2) Miczeumi Füzetek **2**, 2(1944). — (3) Erdeszeti Kiserketek

46 (1945—46). — (4) Ebenda 47 (1947). — (5) Edit. Inst. Bot. Debrecen (1947). — (6) Acta geobot. Hungar. 6, 104 (1947). — Stålfelt, M. G.: Kgl. Lantbruksakad. Tidskr. 83, 1 (1944). — Stephan, J.: Biol. generalis (Wien) 17, 204 (1942). — Stocker, O.: Vegetationsbilder 26, H. 4 (1944).

Thomas, A. S.: (1) J. of Ecol. 31, 149 (1946); 33, 10 u. 153 (1946). — (2) Ebenda 29, 330 (1941). — Tisdale, E. W.: Ecology 28, 346 (1947). — Tolstead, W. L.: Ecology 28, 180 (1947). — Trapnell, C. G., J. D. Martin, u. A. W. Allen: Vegetation-soil map North. Rhodesia, Lusaka 1947. — Trepp, W.: Beitr. geobot. Ldsaufn. Schweiz, H. 27 (1947). — Trochain, J.: Mém. Inst. franç. Afrique N., Nr. 2 Paris (1940). — Troll, C.: (1) Peterm. geogr. Mitt. 1943. — (2) Meteorol. Z. 60 (1943). — (3) Geolog. Rdsch. 34, 546 (1944).—(4) Ber. Geobot. Forsch.-Inst. Rübel f. 1947, 46 (1948).—Tschastuhine, V. J.: Sovet. Bot. (russ.) 15, 17 (1947).— Tüxen, R.: (1) Naturf. Ges. Hannover 94—98, 113 (1947). — (2) Arb. Zentralst. Vegetkart. Nr. 5 1940). — Tüxen, R., u. E. Preising: Dtsch. Wasserwirtsch. 37, 10 u. 57 (1942).

Vareschi, V.: Pflanzensoziologie im Handbuch der Biologie 4, H. 2/3 (1946). — Vass, A. F., u. R. Lang: Univ. Wyoming Agricult. Exper. St. Bull. No 229 1938).— Vaughan, R. E., u. P. O. Wiehe: J. of Ecol. 29, 127 (1941) u. 34, 126 (1947).— Verduin, J. u. W. E. Loomis: Plant Physiol. 19, 278 (1944). — Vesey-Fitzgerald, D.: J. of Ecol. 28, 465 (1940).

Wallach, A.: Z. Bot. 33, 433 (1939). — Walter, H.: (1) Beitr. Kolonialforsch. 1, 45 (1942). — (2) Biol. Zbl. 67, 89 (1948). — (3) Die Vegetation Osteuropas, 2. Aufl. Berlin 1943. — (4) Die Krim, Berlin 1943. — Watson, D. J. (1) Ann. of Bot. 11, 41 (1947). — (2) Ebenda 11, 375 (1947). — Watt, A. S.: J. of Ecol. 28,. 42 (1940). — Weaver, J. E. Ecology 28, 221 (1947). — Weaver, J. E., u. R. W. Darland: (1) Ecology 28, 146 (1947). — (2) Ebenda 29, 1 (1948). — Weaver, J. E., u. F. W. Albertson: Ecology Monographs 14, 393 (1944).— Went, F. W.: Ecology 29, 242 (1948). — Williams, R. F.: Ann. of Bot. 10, 41 (1946). —Williams, T. E., u. A. E. Hold: Ecology 27, 139 (1946). — Woodbury, A. M.: Ecology 28, 115 (1947).

Zeller, O.: Diss. Stuttgart 1949. — Zohary, M.: J. of Ecol. 34, 1 (1947). — Zoller, H.: Ber. Geobot. Forsch.-Inst Rübel f. 1946, 51 (1947).

IX. Ökologie.

Von Theodor Schmucker, Göttingen.

Der Beitrag folgt im Band XIII.

C. Physiologie des Stoffwechsels.

10. Physikalisch-chemische Grundlagen der biologischen Vorgänge.

Von Erwin Bünning, Tübingen.

Unter Mitarbeit von Wilhelm Simonis, Tübingen[1].

Mit 7 Abbildungen.

Vorbemerkung.

Im diesjährigen Bericht wurde die Aufgabe etwas anders aufgefaßt als früher. Es war unmöglich, auch nur über einen größeren Bruchteil der 1942—1948 erschienenen Einzelarbeiten zu berichten, die zu den in den früheren Bänden bei diesem Abschnitt behandelten Problemen beitragen. Vielmehr mußte ich mich darauf beschränken, einen recht subjektiven Bericht über den gegenwärtigen Stand dieser Probleme zu geben, wobei es mein Ziel war, in erster Linie für die Leser der Länder zu schreiben, denen die nicht-deutsche Literatur während der Kriegsjahre nicht zugänglich war. Durch mehrere glückliche Umstände war es mir möglich, einen umfassenden Einblick in die Kriegszeitliteratur der außerdeutschen Länder zu gewinnen[2]. Ich hielt es, schon aus Gründen der Raumersparnis, für angebracht, im Literaturverzeichnis nicht alle von mir eingesehenen Originalarbeiten, sondern bevorzugt Übersichtsreferate zu zitieren. An vielen Stellen habe ich den aus den früheren Bänden der „Fortschritte" bekannten Rahmen dieses Berichts überschritten, um die Lücken in den anderen Beiträgen ausfüllen zu helfen. Außerdem ist wohl gerade bei diesem Abschnitt noch der Hinweis angebracht, daß der Bericht denen zur Orientierung dienen soll, die nicht auf dem behandelten Gebiet selber arbeiten. Mehrere Teilgebiete, namentlich solche, über die andere zusammenfassende Darstellungen vorliegen[3], wurden in diesem Jahr vernachlässigt.

I. Entwicklung der Grundanschauung über das Leben.

Die moderne Erforschung der Gene und der Viren führte zur Neubelebung der in der Biologie immer wiederkehrenden Vorstellungen über Grundelemente des Lebens, letzte Lebenseinheiten, aktive Zentren, die das übrige passive Material lenken sollen. Namentlich die weitverbreiteten Gedankengänge P. Jordans verfolgen eine solche Tendenz.

---

[1] W. Simonis hat den Abschnitt über Energiewanderung hinzugefügt.

[2] Vor allem danke ich Herrn Kollegen Stålfelt, Stockholm, und dem Stockholmer „Svenska Institutet" dafür, daß mir ein längerer Aufenthalt in Schweden ermöglicht wurde.

[3] Vgl. namentlich: Naturforschung und Medizin in Deutschland 1930—1946 (FIAT-Review), Bd. 21—22 Biophysik. Wiesbaden 1948.

Doch von biologischer Seite wird immer mehr betont, wie sinnlos es ist, solchen Einheiten „Leben" zuzuschreiben. Die zunehmende Forschung bestätigt, daß jene Einheiten ihre Leistungen, also das, was wir als Lebensprozesse bezeichnen, nur durch physikalische und chemische Wechselwirkungen mit anderen ebenso unerläßlichen Elementen vollbringen. Es ist so, wie SZENT-GYÖRGYI in seinem schönen Überblick über die neue Erforschung der Muskelphysiologie (er nennt den Überblick treffend „nature of life") sagt: „The biologist wants to understand life, but life, as such, does not exist: nobody has ever seen it. What we call ‚life' is a certain quality, the sum of certain reactions of systems of matter, as the smile is a quality or reaction of lips." Wie abwegig ist demgegenüber der Versuch, das Wesen des Lebens in „Willkürhandlungen" oder „Zufälligkeiten" letzter Lebenselemente zu suchen! Damit soll nicht behauptet werden, es gebe in der Zelle nicht auch Elemente, deren Reaktionsweise eine Unberechenbarkeit in das Lebensgeschehen hineinbringt. Wie weit wir hierbei gehen dürfen, ist in wohltuender Sorgfalt, die sich sympathisch von den die Öffentlichkeit irreführenden Fehlschlüssen anderer Autoren abhebt, im Buch von TIMOFÉEFF-RESSOVSKY und ZIMMER gesagt worden. Vor allem ist es die Zufälligkeit des Mutationsprozesses, die sich zu einer Zufälligkeit im Makrogeschehen, namentlich in der Phylogenese steigern kann (vgl. auch MÖGLICH, ROMPE und TIMOFÉEFF).

II. Strukturforschung.

Elektronenmikroskop. Als wichtiges Hilfsmittel der Strukturforschung findet das Elektronenmikroskop immer mehr Anwendung (vgl. dazu oben S. 68). Die (theoretisch bis 0,01 mμ, d. h. 0,1 Å mögliche) Auflösung ist bei den jetzigen Konstruktionen bis etwa 4, gelegentlich auch vielleicht bis 2 mμ, d. h. optimal bis etwa 20 Å erreichbar. Man darf, wie z. B. auch FREY-WYSSLING betont, die an diese wertvolle Bereicherung der Hilfsmittel zu knüpfenden Hoffnungen nicht überspannen. Vom Wasser werden die Elektronen sehr stark absorbiert, so daß die lebenden Zellstrukturen der Untersuchung nicht zugänglich sind. Aber auch die Strukturen der toten Zellen werden durch die Beobachtungsbedingungen (völlige Austrocknung, starke Erhitzung) oft noch sehr stark modifiziert. Es war z. B. mit dem Elektronenmikroskop nicht möglich, die Frage nach dem Zellkern der Bakterien eindeutig zu entscheiden. (VAN ITERSON, KNAYSI und Mitarbeiter, JOHNSON und Mitarbeiter). Dagegen sind z. B. Bakteriophagen und überhaupt Viren sehr erfolgreich im Elektronenmikroskop untersucht worden. Besonders geeignet sind natürlich stabile Strukturen, wie sie z. B. in den Diatomeenschalen vorliegen (KOLBE, vgl. auch oben S. 76). Dabei macht sich die große Tiefenschärfe der elektronenoptischen Aufnahme günstig bemerkbar. Die elektronenmikroskopische Untersuchung von Plastiden hat die Granastruktur bestätigt (ALGERA und Mitarbeiter; vgl. oben S. 81). Auch die Untersuchung von Zellulosemembranen hat neuerdings zu besseren Ergebnissen geführt (PRESTON und Mitarbeiter)

In den Wänden von *Valonia ventricosa* wurden Fasern von offenbar unbegrenzter bzw. unbestimmbarer Länge gefunden, deren Durchmesser immer recht übereinstimmend etwa 300 Å beträgt. Innerhalb einer Schicht laufen alle Fasern parallel. Im ganzen sind aber in der Membran infolge der guten Tiefenschärfe des Elektronenmikroskops in ein und demselben Bild gleichzeitig mehrere Schichten mit unterschiedlicher Faserrichtung erkennbar. (Weitere Einzelheiten oben S. 77.)

Röntgenanalyse. Die Erforschung der Struktur biologisch wichtiger Verbindungen mit Hilfe von Röntgenstrahlen hat große Fortschritte gemacht. Besonderes Interesse verdienen dabei weiterhin die Eiweiße, die seit längerer Zeit vor allem von Astbury und seiner Schule gründlich erforscht werden (vgl. auch Bull, Corry, Fankuchen). Allerdings ist die Auswertung der Röntgendiagramme immer noch in

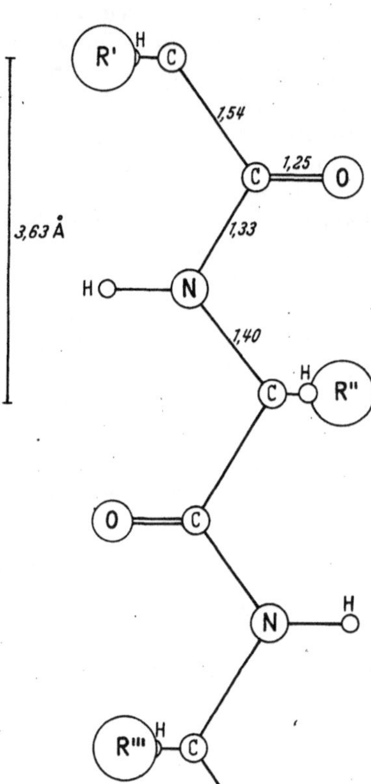

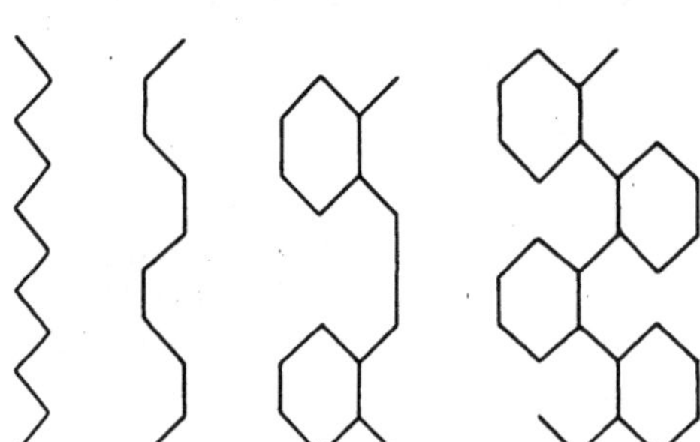

Abb. 28. Schema für die Hauptstadien, in denen fibrilläres Eiweiß vorliegen kann. (Nach Astbury.)

Abb. 29. Dimensionen in einer voll ausgestreckten Polypeptidkette. (Nach Corry.)

vielen Punkten umstritten. Auch eine so wichtige Grundfrage wie die, ob die fibrillären und globulären Proteine strukturell grundsätzlich verschieden sind, ist durchaus noch nicht endgültig beantwortet. Astbury meint, daß alle Eiweiße ursprünglich fibrillär strukturiert sind, und die globulären Strukturen (die nach mehreren Autoren im Plasma der Pflanzenzellen vorherrschen sollen) ein mit allen Übergängen zu den fibrillären Strukturen verbundener Grenzfall sind. Die von Astbury angegebenen Hauptstadien für die Struktur fibrillärer Proteine können das erläutern (Abb. 28). In den globulären Proteinen sind die Polypeptid-Ketten in sehr spezifischer Weise gefaltet. Verbreitet ist die Ansicht, daß die Denaturierung der Eiweiße (Anson) in erster Linie durch Änderungen der spezifischen Struktur, die bekanntlich für die verschiedensten physikalischen und chemischen Faktoren erzielbar ist, bedingt wird, vergleichbar etwa einer Umwandlung vom kristallinen zum amorphen Zustand. Wie weit die Ausmessung der Bausteine von Eiweißen auf Grund der Röntgenanalyse getrieben werden kann, möge ein Beispiel zeigen (Abb. 29, CORRY).

Struktur und Energiewanderung. Wir haben in diesen Berichten wiederholt betont, wie groß die Gefahr ist, daß wir das Objekt durch unsere Beobachtungsmittel verändern. So besteht auch bei der Strukturforschung der Eiweißkörper die Gefahr, daß wir mit unseren Methoden nicht alle Struktureigentümlichkeiten erfassen, die das Eiweiß im Plasma der lebenden Zelle aufweist. Auf einen solchen Punkt ist SZENT-GYÖRGYI bei seiner Untersuchung der Kontraktionsleistungen des Myosins im Muskel gestoßen. Um die zu Kontraktionen führenden Veränderungen im Innern der Teilchen verstehen zu können, müssen wir mit der Möglichkeit einer gleichmäßigen Verteilung der von außen zugeführten Energie im Innern der Teilchen rechnen. Diese Wirkung über einen größeren Bereich ist mit der Vorstellung einer einfachen Peptidkette aus diskreten Atomen nicht erklärbar; in einer solchen Struktur können Kräfte, die weiter als wenige Å reichen, nicht auftreten. SZENT-GYÖRGYI sieht hier ein sehr allgemeines biologisches Problem. Wir müssen mit der physikalisch gut begründeten Annahme einer Verschmelzung der Energieniveaus von Elektronen benachbarter Atome rechnen, so daß gemeinsame Niveaus entstehen, in denen sich die Elektronen mehr oder weniger frei bewegen können. Die Elektronen lassen sich also nicht mehr einzelnen Atomen der Moleküle, sondern nur dem ganzen System zuordnen. Diese „band-structure" würden die Eiweiße mit leitenden Metallen gemeinsam haben, mit dem Unterschied jedoch, daß die Anzahl von Elektronen nicht groß genug ist, um die den Metallen eigene hohe elektrische Leitfähigkeit zu ermöglichen. Tatsächlich liegen experimentelle Befunde zugunsten der Annahme vor, daß in den Eiweißen die Elektronen der aneinandergrenzenden N-, H-, O- und C-Atome keine feste Lokalisation haben. Bei der Denaturierung der Eiweiße würde diese spezifische Struktur und die durch sie bedingte Fähigkeit des einheitlichen Reagierens verloren gehen.

Derartige gemeinsame Energiekontinua, die sich selbst über eine größere Anzahl von Molekülen erstrecken können, müssen wir auch bei vielen anderen biologisch wichtigen Strukturen annehmen, um die Reaktionsweise erklären zu können (vgl. S. 179 ff).

Strukturerhaltung. Für die Erhaltung der labilen Struktur des lebenden Plasmas ist bekanntlich eine dauernde Energiezufuhr erforderlich; auch durch neuere Beobachtungen läßt sich das wieder bestätigen. So betont MONNÉ auf Grund seiner Versuche, daß sich das Plasma in einem dauernden Zerfall und Wiederaufbau befindet, eine Konsequenz, die auch Versuche mit radioaktiven Indikatoren bestätigen (SCHÖN-HEIMER). Wird (beim Seeigelei) die Atmung durch Gifte gehemmt, so ändert sich die Plasmastruktur. MONNÉ macht dafür speziell den Verlust der an Energiezufuhr gebundenen Bewegungsfähigkeit (fortgesetzte Kontraktion und Wiederausdehnung im normalen Plasma) der Plasmafibrillen verantwortlich. Derselbe Autor rechnet außerdem da-

mit, daß im Plasma Substanzen, namentlich Enzyme antagonistisch
wirken, einige streben zur Verflüssigung des Plasmas durch Zerstörung
von Fibrillen, während andere den Wiederaufbau von Fibrillen ermöglichen. So wird eine fortgesetzte Regulation des Plasmazustandes möglich:
Sofern Fibrillen, etwa durch mikrochirurgische Eingriffe, zerstört werden,
werden sie auch sofort wieder aufgebaut.

III. Die Leistungen der fibrillären Strukturen.

Die eben und vor allem in unseren früheren Berichten wiederholt
erwähnte große Bedeutung fibrillär strukturierter Eiweiße ist in neueren
Untersuchungen immer stärker hervorgetreten. Sehr stark und in
manchen Punkten hypothetisch, wird diese Bedeutung in einem Sammelreferat Monnés hervorgehoben.

Kontraktion, Plasmaströmung. Wir dürfen nach allen vorliegenden
Erfahrungen damit rechnen, daß fibrilläre Eiweiße im Plasma stark vorherrschen. Durch diese Fibrillenstruktur werden namentlich auch die
zahlreichen mit Kontraktionen verbundenen Leistungen der Zellen
möglich. Dahin gehören nicht nur Leistungen, die auf äußerlich sichtbaren Kontraktionen beruhen. Namentlich auch ein bisher so unerklär-
licher Vorgang wie die Plasmaströmung scheint auf dieser Basis dem
Verständnis nähergerückt zu werden. Daß Plasmaströmungen durch
rhythmische Kontraktionen fibrillärer Elemente möglich werden
können, ist schon vor mehreren Jahren betont worden. Vor allem kann
hierzu auf die Beobachtungen Seifriz' und die dort zitierten ähnlichen
Feststellungen Kamiyas an Myxomyceten-Plasmodien hingewiesen
werden. Es zeigen sich hier rhythmische Kontraktionen und Wieder-
ausdehnungen, wobei jede Pulsation etwa 95 Sekunden in Anspruch
nimmt.

Die Einrollung, Fältelung usw. von Fadenmolekülen kann aber
weiterhin auch wichtig werden, wo es auf Vorgänge feinerer Größen-
anordnung ankommt, etwa bei der Regulierung von Fermentaktivitäten
oder bei der Regulierung der Durchlässigkeit plasmatischer Membranen.
Jedoch werden wir darauf erst in einem späteren Abschnitt eingehen.

Geißeln. Deutlicher wird die Rolle der auf der Fibrillenstruktur
beruhenden Kontraktilität bei der Ausbildung besonderer Bewegungs-
elemente. Die Annahme, daß die Geißelbewegung durch rhythmische
Kontraktion und Wiederausdehnung fibrillärer Elemente ermöglicht
wird, erfährt durch den elektronenoptischen Nachweis der fibrillären
Struktur von Protozoengeißeln eine starke Stütze (Foster und Mitarbeiter). Bei einigen Formen lassen sich seilartig zusammengesetzte
Geißeln nachweisen. Die periodische Kontraktion der Einzelfasern
würde — so wie es schon früher angenommen wurde — die Bewegungs-
weise der Geißeln sehr gut erklären können.

Muskelfasern. Der Kontraktionsmechanismus selber ist am meisten
an den Gebilden untersucht worden, die ihn in höchster Vollendung
zeigen, also an den Muskelfasern. Da diese Ergebnisse sich sicher
wenigstens zum großen Teil auch auf die Kontraktion anderer plasmati-

scher Fasern usw. werden anwenden lassen, sei kurz auf einige Punkte eingegangen, wobei vor allem auf das schon erwähnte Buch Szent-Györgyis hingewiesen werden kann.

Das Myosin für sich (2—4000 Å lange und 25 Å breite Stäbchen) ist noch nicht kontraktil; es muß sich erst mit den Actinfäden zu Actomyosin vereinigen. An der Kontraktion ist weiterhin Adenosintriphosphat (gleichsam kleine Stückchen von Nukleinsäure) beteiligt. Bei der Kontraktion schrumpft der ganze Komplex. Die Schrumpfungskapazität der beiden Partner ist verschieden.
Die Myosinkomponente verkürzt sich stärker, so daß eine Einrollung (und außerdem ein Zerbrechen der Actinkomponente) eintritt (Abb. 30). Sehr viel bei diesen Vorgängen ist immer noch ungeklärt, so auch die mögliche Rolle von Ionen bei der Auslösung der Kontraktion. Die Myosinfaltung (und Muskelkontraktion) ist von K-Freisetzung begleitet und man kann auch experimentell durch KCl eine Verkürzung der Myosinfäden (und eine Muskelkontraktion) erreichen. Das Acto-Myosin ist als Ferment wirksam und kann Adenosin-Triphosphat spalten, wodurch es die Energie für seine Wiederausdehnung frei-setzt, ein Vorgang, auf den wir nochmals zurückkommen werden.

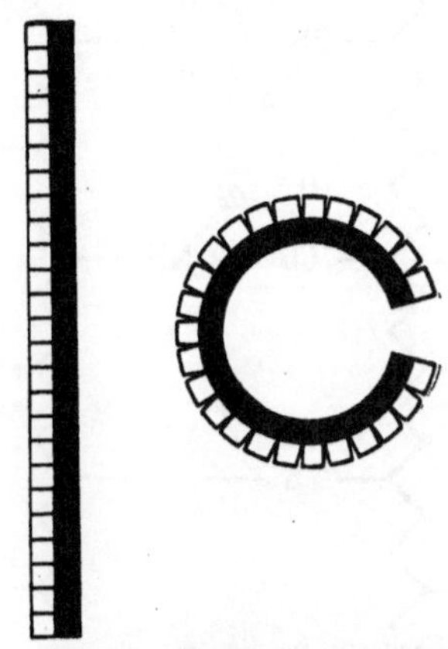

Abb. 30. Actomyosin gestreckt und gekrümmt. Myosin schwarz, Actin weiß. (Nach Szent-Györgyi.)

IV. Intramolekulare Kräfte.

Haftpunkttheorie. Auf die strukturelle Einfügung der Polypeptidketten im Plasma sind wir in diesen Berichten wiederholt eingegangen. Die dabei betonte Bedeutung der Vorstellung Frey-Wysslings über die Verknüpfung durch Haftpunkte hat sich bei vielen pflanzenphysiologischen Untersuchungen, die die Abhängigkeit der jeweiligen physiologischen Leistung vom Plasmazustand betreffen, sehr gut bewährt. Daher ist es wohl nützlich, hier auf Grund der zusammenfassenden Darstellung in dem eben in der 2. (englisch geschriebenen) Auflage des bekannten Buchs von Frey-Wyssling einen kurzen Überblick vom jetzigen Bild der Lehre von den Haftpunkten zu geben. Die Anziehungskräfte zwischen den Seitengruppen der Polypeptidketten können ganz verschiedenartiger Natur sein. Abb. 31 stellt die möglichen Verbindungen dar.

Die hetero- (III in Abb. 31) und homopolaren (IV) Bindungen durch Hauptvalenzen sind am leichtesten verständlich. Dagegen sei hier auf die homo- (I) und heteropolaren (II) Kohäsionsbindungen noch etwas eingegangen. Zu den homopolaren vermerkt Frey-Wyssling, es seien die gleichen Kräfte, die einen Paraffin-Kristall zusammenhalten, wobei die Ursache dieser Anziehung zwischen den lipophilen Gruppen noch wenig bekannt sei. Die Viskositätsabnahme des Plasmas bei steigender

Temperatur könne zum größten Teil durch Lösung solcher Lipoid-
bindungen erklärt werden. Zu II sei hier erläuternd bemerkt, daß
es sich um eine Anziehung zwischen Grup-
pen mit ausgeprägtem Dipol-Charakter
handelt.

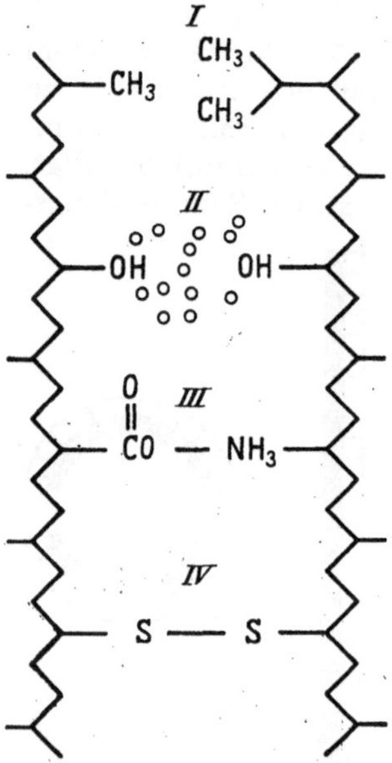

Dipol-Momente sind oft so stark, daß
sie als sekundäre oder Rest-Valenzen bezeichnet worden sind. Dipolcharakter zeigt
namentlich das Wassermolekül, in dem
zwei positive H-Atome vom doppelt negativ geladenen O-Atom getrennt sind (das
Wassermolekül wird daher im elektrischen
Feld ausgerichtet). Wo in den Seitenketten der Eiweiße Dipol-Gruppen mit
H-Atomen in der Oberfläche sind, kann
es zur elektrostatischen Anziehung durch
negative Ladungen der Nachbarmoleküle
kommen. Das H-Atom wirkt dadurch
als Bindeglied zwischen den beiden Molekülen und bildet so eine Brücke. Dieses
H-Atom wird etwas aus seiner ursprünglichen Lage verschoben und ein Teil
seiner Valenz auf das Nachbarmolekül
übertragen, so daß man die H-Brücke
zwischen Polypeptidketten nach FREY-
WYSSLING so darstellen kann:

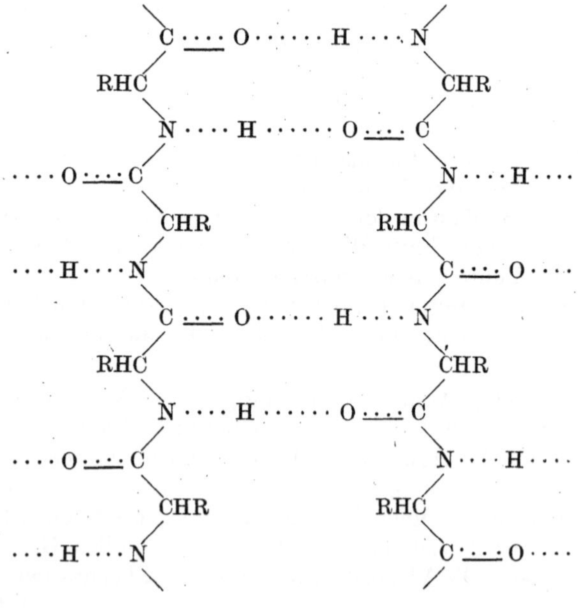

Abb. 31. Bindungen zwischen
Polypeptidketten infolge der Anziehungskräfte zwischen den Seitengruppen. Die kleinen Kreise bei II
bedeuten Wassermoleküle. (Nach
FREY-WYSSLING.)

Endlich wird noch erwähnt, daß sich zwischen den heteropolaren Gruppen Wasser ansammelt (Abb. 31 II), wenn sich die Gruppen aus sterischen Gründen nicht genügend nähern können. An Stelle der H-Brücken entsteht also eine Wasserschicht, und die Kohäsion zwischen den beiden Molekülen hängt von der Anzahl beteiligter Wassermoleküle ab.

Wir dürfen hier vielleicht noch ergänzend auf die erst neuestens bekanntgewordenen „long-range forces" hinweisen, auf die wir später noch eingehen werden und die uns zeigen, daß ein Aneinanderhaften auch ohne Berührung, sogar bei ziemlich großem Abstand möglich ist. Diese Befunde können die Auffassungen FREY-WYSSLINGs m. E. noch wertvoll bereichern und viele Einwände leichter widerlegen, z. B. die Möglichkeit einer leichten Trennung und Wiedervereinigung plasmatischer Teilchen, etwa bei der Plasmaströmung oder beim Hindurchbewegen fester Körper. Die Bedenken, die man gegen FREY-WYSSLINGs Annahme der leichten Lösung und Wiederverknüpfung von Haftpunkten sonst noch haben kann, werden durch diese Möglichkeit von Haftbereichen auf der Grundlage von „long range"-Kräften wohl noch mehr verringert.

Gelstruktur. Zu den wichtigsten Verknüpfungen zwischen den (bis zu 50 mμ langen) Polypeptidketten gehören jedenfalls die Wasserstoffbrücken; namentlich durch sie ist die Bildung festverknüpfter Netze möglich. Die große Bedeutung solcher Netzbildung tritt uns in den Gelen entgegen (vgl. das Sammelreferat von FERRY). Gelbildung durch Bindung des Wassers in Solvathüllen, die früher oft als sehr wesentlich angesehen wurde, spielt im biologischen Material wohl relativ selten eine größere Rolle, vielmehr können auf diese Weise von Eiweißen meist nur Wassermengen gebunden werden, die geringer sind als das Gewicht der betreffenden Proteinmenge (BULL und COOPER). Die Gelbildung, also Festsetzung des Wassers ist daher auf Grund der Entstehung solcher Solvathüllen bei Gelatine nur möglich, wenn das kolloide System 20—30% Eiweiß enthält. Demgegenüber sind aber bekanntlich auch Gele mit viel geringerem Eiweißanteil (nach FERRY bei Fibrinogen 0,004%) möglich. Die Bildung eines Netzwerks ist wie gesagt durch Hauptvalenzen oder durch andere an bestimmte Punkte der Proteinketten gebundene Kräfte möglich. Schließlich aber können — wie schon angedeutet wurde — die Polypeptidketten auch durch andersartige, nicht an bestimmte Punkte der Kette gebundene Anziehungskräfte in engste Beziehung zueinander treten und so ebenfalls die Gelbildung ermöglichen.

Die das Netzwerk zusammenhaltenden „Punkt-Kräfte", also die Haftpunkte, müssen bei einem System mit den physikalischen Eigenschaften des Kautschuks weit voneinander entfernt sein, beim Kautschuk etwa 1000 C-Atome. Das Verhalten eines solchen Gels beim Zutritt eines Lösungsmittels zeigt Abb. 32. Würden die Haftpunkte einander zu sehr genähert sein, so könnte natürlich keine so starke Aufquellung erfolgen.

Im Plasma sind wohl noch wichtiger Netze, bei denen die Haftpunkte nicht wie beim Kautschuk durch Hauptvalenzen, sondern durch andere,

aber auch an bestimmte und weit voneinander entfernt liegende Punkte
gebundene Kräfte ermöglicht sind. Denn im Plasma spielt naturgemäß
eine häufige Lösung und Wiederverknüpfung der Haftpunkte eine
größere Rolle. Als Modellversuch für solche Verknüpfung und Lösung
können die Beobachtungen von HILLS, WHITE und BAKER an bestimmten
Pektinsolen dienen. Durch Ca-Ionen ließ sich die Gelbildung (infolge
Vereinigung der Kationen mit ionisierten Carboxylgruppen zweier
Pektinmoleküle) erreichen. Das Netz, auf dessen Bildung diese Umwandlung zum Gel beruht, läßt sich durch Dissoziation der Calcium-
bindungen (erreichbar durch Temperatursteigerung) wieder lösen, das

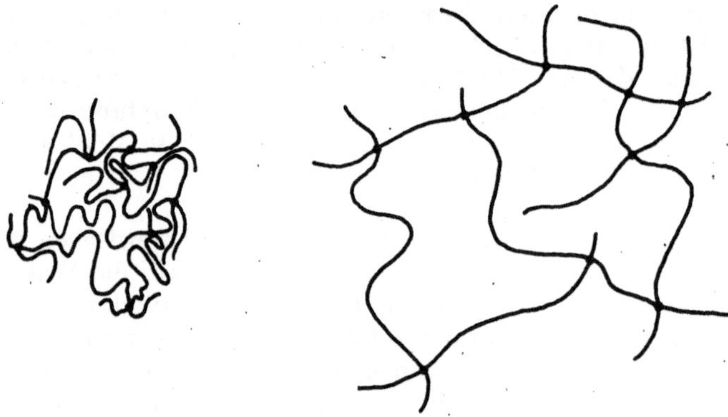

Abb. 32. Struktur eines Gels mit den Eigenschaften des Kautschuks im komprimierten Zustand
(links) und nach dem Zutritt des Lösungsmittels (rechts). (Nach FERRY.)

Gel also erneut verflüssigen. Das Gelatine-Gel gehört zweifellos zu den
Gelen, bei denen die Verknüpfung der Polypeptidketten durch Kräfte
der oben genannten Art möglich wird, also nicht auf Hauptvalenzen
beruht, denn durch Temperaturerhöhung ist ein leichtes Lösen der Haftpunkte erzielbar. Das Gelatine-Gel dürfte also weitgehend die im lebenden Plasma gegebenen Verhältnisse wiederspiegeln. Dazu sei noch
(wieder nach dem Bericht FERRYs) erwähnt, daß ein solches Netz sehr
wohl Doppelbrechung zeigen kann, wenn nämlich eine einseitige Schwel-
lung oder Streckung erfolgt, bei der eine bevorzugte Orientierung der
das Netz aufbauenden Ketten resultiert (KUHN und GRÜN, FERRY und
MORRISON).

Bei anderen Polypeptidgelen, etwa an Fibrin, treten aber auch
irreversible, also offenbar durch Hauptvalenzkräfte bedingte Verknüpfungen auf.

Resonanzkräfte. Besonders interessant ist aber nun, daß — wie schon
angedeutet wurde — auch Anziehungskräfte auftreten können, die nicht
an bestimmte Punkte der Polypeptidketten gebunden sind und daher
auch nicht zu Haftpunkten und Überkreuzungen führen, sondern lediglich eine enge Anziehung zwischen zwei oder mehreren Fadenmolekülen
bzw. bei sehr langen Polypeptidketten, einzelnen Teilen eines Moleküls
führen (Abb. 33). Diese Kräfte, denen offenbar Resonanzschwingungen

zugrunde liegen, scheinen im biologischen Geschehen eine große Rolle
zu spielen, namentlich PAULING hat sich mit ihnen intensiv befaßt.
Zunächst einmal sei einfach auf ihre Bedeutung bei der Gel-Bildung
hingewiesen. Nicht in allen Gelen machen sich solche Kräfte bemerkbar.
Wären sie etwa im Gelatine-Gel sehr bedeutend, so wären die elastischen
Eigenschaften nicht verständlich; hier müssen also die attraktiven
Kräfte, mit Ausnahme der an den weit voneinander entfernt liegenden
Haftpunkten bestehenden, gering sein (FERRY). Aber in anderen
Kolloiden sind solche entlang der ganzen Ausdehnung der Faden-
moleküle wirksamen Kräfte sehr wichtig. Die einzelnen Fäden können

dabei einen ziemlich großen Abstand einhalten; die Kräfte sind
also auf ansehnliche Entfernung
hin wirksam.

Diese Befunde können z. B.
lehren, daß ein Plasma sehr wohl
eine bestimmte Struktur haben
kann, ohne daß eine feste Verkettung und Berührung der einzelnen Polypeptidketten vorliegt,
ein Ergebnis, das uns wohl
manche Rätsel aufklären kann,
etwa solche, die durch die Erhaltung der spezifischen Lei-
stungsfähigkeiten trotz Plasmaströmung aufgegeben sind.

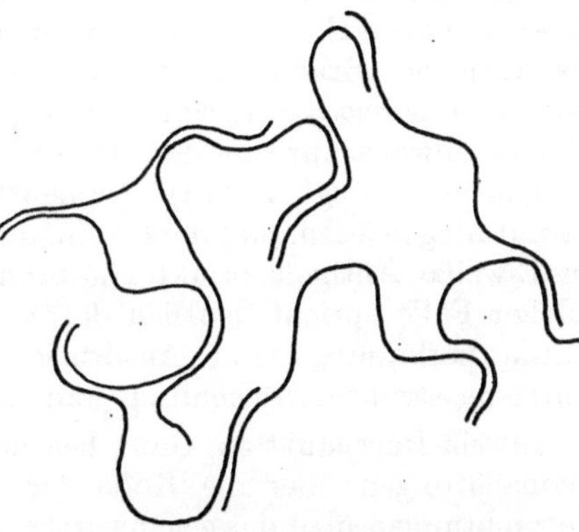

Abb. 33. Ordnung von Polypeptidketten durch
Anziehungskräfte, die entlang der ganzen Kette
wirken. (Nach FERRY.)

Hier können nur ganz kurz die weiteren möglichen Anwendungsbereiche der Entdeckung solcher Kräfte angedeutet werden. Zunächst
ist natürlich an die Vorgänge der Chromosomenpaarung zu denken.
Aber es kommen viele weitere Fragenkomplexe hinzu, die namentlich
von PAULING angedeutet und teilweise auch schon durchgearbeitet
worden sind. Zunächst einmal kann erwähnt werden, daß bei Anti-
körpern die Konfiguration der Moleküle sehr genau zur Oberfläche der
entsprechenden Antigene komplementär ist, d. h. ein Molekül wiederholt
gleichsam im Negativ die Oberfläche, die das andere im Positiv dar-
bietet. Diese Genauigkeit geht bis zur Dimension von 1 Å, d. h. bis zu
einer Ausdehnung, die $^1/_2$ bis $^1/_4$ Atomdurchmesser entspricht! Danach
wird es wahrscheinlich, daß für die Antigen-Antikörperreaktion zwischenmolekulare Kräfte der genannten Art verantwortlich sind. PAULING
möchte dieses Prinzip auch auf die Enzymwirkung ausdehnen.

An dieser Stelle sei auf höchst bemerkenswerte Befunde von ROTHEN
hingewiesen: Mehrere Fermente, Trypsin, Pepsin, und ein Polysaccharid
angreifendes konnten ihre Wirkung auch dann entfalten, wenn sie vom
Substrat durch dichte Filme aus Bariumstearat getrennt waren (vgl.
oben S. 74). Die Abstände durften dabei 100 Å und mehr betragen.
Auch die Antigen-Antikörper-Reaktion war über solche Trennschichten
hinweg möglich. Das sind Hinweise auf die Aktivität von Kräften

(Resonanzkräfte), die über Entfernungen wirken können, welche mit 100 und mehr Å erheblich größer sind als die Dimensionen eines einzelnen Atoms. Eine Nachprüfung der Befunde bleibt notwendig.

Es handelt sich bei solchen Resonanzschwingungen (nach LONDON) um Oszillationen des ganzen Moleküls oder doch großer Teile von ihm; die Frequenz entspricht der des extremen Infrarot.

Dazu muß aber nebenher bemerkt werden, daß es außer diesen und vielen anderen Beobachtungen, die für die physikalische Natur der Antigenwirkung sprechen, auch Beobachtungen zugunsten der Annahme einer Mitwirkung der chemischen Beschaffenheit sprechen. Wir gehen hier auf diese Befunde ein, weil sie noch in anderer Hinsicht interessant sind: Früher nahm man bekanntlich allgemein an, daß nur Eiweiße als Antigene wirken können. Aber beim Bacterium *Diplococcus pneumoniae (Pneumococcus)* ist der für die immunologische Spezifität der einzelnen, teilweise nur so unterscheidbaren Typen verantwortliche Stoff ein Polysaccharid (vgl. IRWIN). Namentlich LANDSTEINER hat ausführlich darauf hingewiesen, daß derart einfache Verbindungen durch Bindungen an Eiweiße Antigencharakter gewinnen können. Die weitere Analyse solcher Fälle spricht deutlich dafür, daß die (in der unterschiedlichen Antikörperbildung zum Ausdruck kommende) Verschiedenheit der Antigene strukturell-chemisch und nicht physikalisch bedingt ist.

Eiweiß-Reproduktion. Ganz besonders regen die oben besprochenen Beobachtungen über die Rolle der physikalischen Struktur aber zu Betrachtungen über das gegenwärtig so intensiv bearbeitete Problem der identischen Reproduktion bei Genen, Viren und anderen Eiweißen an. Bekanntlich spielen bei dieser identischen Reproduktion der Eiweißkörper Nukleinsäuren eine sehr entscheidende Rolle. Erläuternd sei hier zunächst auf einige Beobachtungen der vergangenen Jahre verwiesen, die diese Funktion der Nukleinsäure beleuchten.

Für die dem Gebiet Fernerstehenden sei daran erinnert, daß sich die Nukleinsäuren aus Nukleotiden (Purin- oder Pyrimidinbasen) aufbauen, indem sich die Basen mit einem Zucker vereinigen und durch Phosphorsäure zusammentreten, so daß ein Ausschnitt aus der Kette so aussieht:

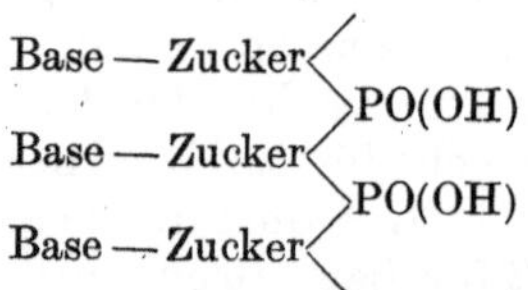

Der Zucker ist bei der cytoplasmatischen Nukleinsäure (auch Hefe-Nukleinsäure genannt) Ribose, bei der Thymo-Nukleinsäure der Kerne Desoxy-Ribose. Sehr viel der cytoplasmatischen Ribose-Nukleinsäure ist in Form von Mitochondrien, Mikrosomen usw. vorhanden, in der ausgewachsenen Zelle vielleicht überhaupt nur in dieser Form. Nach neuesten Angaben von SPARROW und Mitarbeitern kann in der meiotischen Prophase der Pollenmutterzellen und der Tapetumzellen mehrerer Pflanzen die Desoxyribose-Nukleinsäure aus dem Kern in das Cytoplasma übertreten. Die bekannteste Nachweismethode für die Desoxy-

Ribose-, also die Thymo-Nukleinsäure, ist die FEULGENsche Nuklealreaktion, die von der cytoplasmatischen, also von der Ribose-Nukleinsäure nicht gegeben wird. Alle Nukleinsäuren lassen sich durch ihre starke, vom Pyrimidinring bedingte Absorption bei 2600 Å nachweisen, und es ist CASPERSSON mit seiner Schule, dem wir die überaus erfolgreiche Anwendung dieser Besonderheit zur Aufklärung der Nukleinsäurefunktion in der Zelle verdanken. Besonders glücklich war der Gedanke, quantitative Messungen auszuführen, die durch Absorptionsmessungen mit dem vollständigen in Frage kommenden Teil des Spektrums, also durch Hinausgehen über die einfache Messung beim Absorptionsmaximum möglich wurden. Solche Messungen sind mit dem Ultraviolettmikroskop, also durch mikrophotographische Aufnahme unter Benutzung von Quarzoptik und mit Hilfe der im Prisma getrennten Spektralbereiche des Ultraviolett jetzt möglich, und für die Zukunft ist zu erwarten, daß diese Methode auch zur Bestimmung der Lokalisierung anderer Substanzen in steigendem Maße benutzt werden wird. Zu den mikrochemischen Nachweismethoden, die in der Nukleinsäureforschung regelmäßig angewendet werden, gehört auch noch die Verdauung mit den betreffenden Fermenten, also mit Ribose-Nuklease bzw. Desoxyribose-Nuklease.

Schon durch die Untersuchungen von CASPERSSON ist sehr deutlich geworden, daß die Reproduktion der Gene, aber auch die identische Reproduktion der Cytoplasma-Eiweiße, an die Gegenwart der Polynukleotide gebunden ist. Es ist unmöglich, hier auf alle diesbezüglichen Arbeiten verschiedener Autoren einzugehen, die dieses Ergebnis ganz eindeutig bestätigen. Nur einige Punkte seien erwähnt. Außer CASPERSSON hat auch BRACHET gezeigt, daß die Nukleinsäuremenge zunimmt, wenn die Vorgänge der identischen Reproduktion und des Plasmawachstums ablaufen. Während der Mitose lagert sich die Nukleinsäure an die Polypeptidketten, die den Chromosomenfaden bilden, wobei die maximale Anlagerung während der Spiralisierung in der Metaphase besteht, während in der Anaphase und Telophase wieder eine Loslösung der Nukleinsäure von dem sich dann entspiralisierenden Chromosomenfaden stattfindet. Alte, nicht mehr teilungsfähige Zellen sind arm an Nukleotiden oder sogar frei davon. Auch PAINTER hat auf den großen Nukleinsäurereichtum in schnell wachsenden Zellen hingewiesen. Werden die Nukleoproteide durch Acridine (Proflavin, Trypaflavin) unter Komplexbildung gebunden, hört das Wachstum auf, kann aber durch Zufügung von Nukleinsäure wieder stimuliert werden (MASSART). Auch auf diese Frage müssen wir noch in einem anderen Zusammenhang wieder zurückkommen, wollen aber zunächst an unsere Ausgangsbetrachtung, die Bedeutung zwischenmolekularer Kräfte, zurückkommen. Es sind verschiedene Vorstellungen darüber entwickelt worden, wie die Nukleoproteide bei der identischen Reproduktion wirken. Aber es verdient doch im Anschluß an unsere vorhergehende Betrachtung über die Rolle von Formähnlichkeiten der Moleküle Beachtung, daß (auch auf Grund der Analyse von Röntgendiagrammen) der Nukleotidabstand in den Nukleoproteiden 3,3—3,4 Å beträgt, also ebenso groß ist wie der Seitenkettenabstand gestreckter Polypeptide (vgl. Astbury 1947). Wir finden hier also wieder das für eine Wechselwirkung wesentliche Zueinanderpassen. Wie die Leistung der Nukleoproteide zu verstehen ist, können wir trotz vieler Diskussionen über diesen Gegenstand noch nicht übersehen. Die Fähigkeit der Nukleinsäuren überrascht vor allem darum, weil man früher den Nukleinsäuren keine große Spezifität zuschrieb und in den Nukleinsäure-Eiweißverbindungen der Gene den Ursprung der Spezifität im Eiweiß sah. Jetzt sprechen aber viele biologische Leistungen der Nukleinsäuren, auf die wir noch zurückkommen, dafür, daß wir bei ihnen eine große Vielheit spezifischer Kombinationen annehmen müssen; sie können als Träger erblicher Eigenschaften fungieren, und so muß vielleicht jedem Gen eine spezifische Desoxy-Ribosenukleinsäure zugeordnet werden. Zu ganz ähnlichen

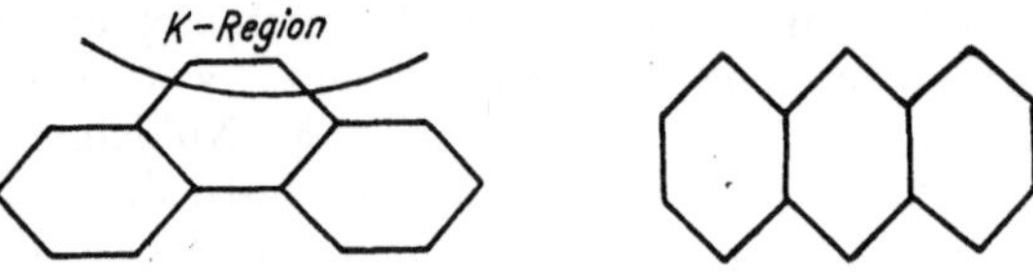

Abb. 34. Vgl. Text. (Nach Coulson.)

Konsequenzen führte auch die Analyse der identischen Reproduktion von Viruseiweißen, die ebenfalls Nukleoproteide sind.

Spiegelman betrachtet diese Fähigkeit der Nukleinsäuren vor allem von der energetischen Seite. Durch Benutzung von radioaktivem Phosphor (Spiegelman und Kamen) wurde gefunden, daß die Eiweißsynthese immer von einer Phosphatübertragung aus der Nukleinsäurekomponente begleitet ist, während diese Abspaltung beim Wachstum ohne Eiweißsynthese fehlt und außerdem eine Unterdrückung dieser Synthese durch Gifte auch von einer Unterdrückung jenes Phosphataustausches begleitet ist. Diese Befunde werden von Spiegelman im Zusammenhang mit der Erfahrung, daß bei Synthesen phosphorylierte Verbindungen als Energiespender dienen können, zur Unterstützung der Auffassung benutzt, daß die Nukleoproteide die Energie für die Eiweißsynthese liefern.

Friedrich-Freksa sieht dieses Problem mehr von der physikalischen Seite. Er vervollkommnet seine Vorstellung, daß die Nukleinsäure als plastisches Negativ die Reproduktion des Positivs der Eiweißstrukturen ermöglicht, indem durch Dipolkräfte basische Polypeptide vermöge ihrer positiven ·Gruppen von den negativen Phosphorsäuregruppen der Nukleoproteide angezogen werden. Mir scheint, daß zum mindesten eine Hinzuziehung solcher Vorstellungen unumgänglich ist, um die Spezifität der Leistung verständlich zu machen. — Die Spezifität der einzelnen Nukleinsäuren ist übrigens wahrscheinlich zum großen Teil rein physikalischer Art und beruht etwa auf Unterschieden der Faltung.

Nur ganz kurz soll hier darauf hingewiesen werden, daß anscheinend auch bei der Erklärung der Wirkung karzinogener Substanzen die physikalische Struktur zu berücksichtigen ist. Coulson bezeichnet die

Molekülregion, auf die es zur Verursachung von Krebs (offenbar wegen der besonderen Eigenschaften der Elektronen einer solchen Region) ankommt, als K-Regionen (Abb. 34).

Endlich ist hier noch ein kurzer Hinweis auf die dem Botaniker näher liegenden Wuchsstoffe angebracht. Das Rätsel der gleichartigen Wirkung chemisch ganz verschiedenartiger Verbindungen klärt sich vielleicht dadurch auf, daß die Struktur weitgehende Ähnlichkeiten aufweist. Die als Wuchsstoffe wirksamen Verbindungen besitzen einen 5-Ring mit mindestens 1 Doppelbindung. Die Seitenketten sind weniger wichtig. Außerdem sind alle als Wuchsstoff wirksamen Substanzen monobasische Säuren, in denen die COOH-Gruppe durch mindestens 1 C-Atom vom Ring getrennt ist. Vielleicht hängt die stimulierende Wirkung dieser Struktur mit deren Zusammenpassen zu einer Struktur des Protoplasmas zusammen (Literaturhinweise bei FREY-WYSSLING und STEINER).

V. Organisation und Regulation des Fermentapparates.

Auch die Aufklärung der in diesen Berichten früher mehrfach erörterten Regulierung enzymatischer Vorgänge in der Zelle ist durch viele neuartige Untersuchungen der vergangenen Jahre erheblich gefördert worden.

Denken wir zunächst an das alte Problem der Ordnung enzymatischer Prozesse, die offenbar daran gebunden ist, daß gleichzeitig wirkende Einzelfermente räumlich voneinander getrennt sind. Die verbesserten Untersuchungsmethoden ermöglichen es, die Lokalisierung einzelner Fermente zu bestimmen.

Selbständige Fermentapparate. Zunächst sei hier auf einige physiologische Befunde hingewiesen, die die Unabhängigkeit einzelner Fermentapparate voneinander demonstrieren. Schon früher ist in mehreren Abschnitten dieser ,,Fortschritte'' zum Ausdruck gebracht worden, daß die Zelle nicht gleichsam aus einem großen Reservoir die Energie an die einzelnen Verbrauchsorte verteilt, daß vielmehr einzelne Teilvorgänge wie etwa Wachstum und Teilung weitgehend selbständig sind und nur durch einen besonderen zusätzlichen Mechanismus koordiniert sind, solange die Bedingungen einigermaßen normal bleiben. Neuerdings sind besonders an Mikroorganismen weitere Beobachtungen gemacht worden, die namentlich die Zellteilung als einen solchen, hinsichtlich seines Fermentapparates selbständigen und z. B. vom Wachstum unabhängigen Prozeß erkennen lassen (HINSHELWOOD, NICKERSON). Vergiften wir den Fermentapparat der Teilung, etwa mit m-Kresol oder Proflavin, so läuft das Wachstum trotzdem weiter und es bilden sich (auch bei Bakterien) statt kurzer Zellen lange ungeteilte Fäden.

Wenn wir nun diese spezielle Selbständigkeit auch zellmorphologisch noch nicht begreifen, gibt es doch andererseits Erfahrungen, die uns zeigen, wie überhaupt, etwa schon aus räumlichen Gründen, Fermente voneinander unabhängig werden können, weil sie nämlich an bestimmte Zellstrukturen gebunden sind.

Räumliche Trennung durch besondere Lokalisierung. Nach Untersuchungen an der Hefe (MYRBÄCK und VASSEUR) sollen sich einige Enzyme an den Zelloberflächen befinden, während andere nur im Innern vorhanden sind. Erschlossen wird es daraus, daß einige Enzyme (nach jener Deutung die an der Oberfläche adsorbierten) durch die Acidität des umgebenden Mediums stark beeinflußt werden, während die Aktivität anderer ungeändert bleibt. So werden die Hydrolasen von der Acidität beeinflußt, die Enzyme der alkoholischen Gärung aber nicht. Aus großen Nervenfasern konnte das Plasma für sich isoliert und für sich untersucht werden (NACHMANSON und Mitarbeiter), wobei sich zeigte, daß sowohl der Kern als auch das Plasma Enzyme enthalten. In den Kernen von Leberzellen sind mehrere Enzyme nachweisbar, wobei hier offenbar einige reichlicher, andere weniger reichlich als im übrigen Plasma vorkommen (DOUNCE). Besonders eindringlich hat z. B. MONNÉ auf solche Verschiedenheiten hingewiesen. Die Lokalisierung von Fermenten ergibt sich übrigens auch schon aus dem bereits mitgeteilten Ergebnis, daß das Actomyosin als Adenosintriphosphatase wirksam ist. Dieses somit an die fibrillären Strukturen gebundene Ferment ist aber offenbar ein allgemeiner Bestandteil lebender Zellen (POTTER, MONNÉ) und dort wahrscheinlich ebenfalls an Fibrillen ähnlicher Natur gebunden. Daß Plastiden einzelne Fermente bevorzugt oder nur enthalten, ist schon länger bekannt. Besondere Beachtung ist in neuerer Zeit den Mitochondrien geschenkt worden, die aus Eiweißen und Lipoiden bestehen und manche Enzyme, z. B. Oxydase, proteolytische sowie diastatische Enzyme enthalten. Hinweise auf das Vorkommen von Atmungsfermenten und von Amylase in Mitochondrien finden sich in Arbeiten von CLAUDE, COOPER u. a. In Weizenkörnern konnten ENGEL und BRETSCHNEIDER allerdings keine Beziehung zwischen der in einer bestimmten Plasmamenge enthaltenen Anzahl von Mitochondrien und der Menge von Amylase, Proteinase und anderen Fermenten feststellen.

MONNÉ unterscheidet zwischen Chromidien und Mitochondrien. Wie weit diese Unterscheidung für die Pflanzenzelle anwendbar ist, soll hier nicht diskutiert werden. Die schon von HERTWIG gefundenen Chromidien (mikroskopische fibrilläre Strukturen) enthalten Ribose-Nukleinsäure, Phosphatide, Lipoide, Atmungs- und Gärungsfermente; abbauende und synthetische Aktivität sollen in ihnen Hand in Hand gehen. Den mikrochemischen Nachweis der Nukleïnsäure in ihnen hat BRACHET geführt und auch gezeigt, daß nur diese Chromidien, nicht die Mitochondrien, die Nukleïnsäure enthalten. Nach MONNÉ sind die Chromidien Teilabschnitte der Cytoplasmafibrillen, in denen immer ein nukleinsäurehaltiger Abschnitt, eben das Chromidium, mit einem nukleinsäurefreien abwechselt. Die unterschiedliche Dimensionierung der beiden Abschnitte sei dadurch bedingt, daß die Polypeptidketten in den Chromidien gefaltet sind, in den übrigen Abschnitten aber leicht gestreckt sein können (sich aber auch zu falten vermögen).

Trennung durch Lipoidfilme. Neben dieser Organisation durch Lokalisierung einzelner Fermente auf verschiedenartige Zellstrukturen mikroskopischer Größenordnung kommt nun noch als weiterer Umstand hinzu, daß auch eng benachbart lokalisierte Fermente voneinander, sowie vor allem von ihrem Substrat, durch besondere Strukturen getrennt sein können. Der schon früher oft vorgetragene experimentell begründete Gedanke intraplasmatischer Lipoidfilme hat sich weiterhin bewährt und konnte nach verschiedenen Richtungen hin ausgebaut werden. Durchaus in den Rahmen bereits früher hier gebrachter Beobachtungen fallen Untersuchungen NILSSONs: Die Fermentation mit Hefemazerationsextrakten nimmt einen ganz anderen Verlauf als die mit der (Trocken-) Hefe selber. Erst nach Behandlung der Hefe mit lipoidlöslichen Stoffen wie Alkohol, Aceton, Saponin gleicht sich die Fermentation der des Mazerationsextraktes an; offensichtlich sind also für den normalen Ablauf der Vorgänge Plasmastrukturen lipoider Natur als Bedingungen für die räumliche Trennung einzelner Vorgänge wichtig. Auch zu dem Problem der räumlichen Trennung hat MONNÉ einige Gedanken vorgetragen, die weitere Berücksichtigung verdienen. Wir sahen, daß in den Chromidien Nukleoproteide und auch Atmungsfermente vorhanden sind. Die enge räumliche Assoziation dieser beiden Bestandteile ist notwendig, weil die Nukleinsäure ja — wie erwähnt — für das Plasmawachstum unerläßlich ist, andererseits aber für dieses Wachstum energieliefernde Vorgänge, also die Tätigkeit des Atmungsvorganges notwendig ist. Diese antagonistischen (auf- bzw. abbauenden) Tendenzen bleiben aber nebeneinander nur vertreten, wenn eine Einrichtung vorhanden ist, die den Abbau der Nukleoproteide durch die Enzyme verhindert. Das können nach dem gegenwärtigen Stand unserer Kenntnisse nur Lipoidhüllen sein. Werden die Lipoide beseitigt oder die Hüllen teilweise zerstört, so beginnt zwangsläufig die Cytolyse bzw. bei milderer Beeinflussung eine verstärkte Tätigkeit der abbauenden Enzyme, die sich in einer gesteigerten Atmung (welche auch bei beginnender Cytolyse nachweisbar ist) äußert (MONNÉ, DRUCKREY). Solche Änderungen des Lipoidzustandes spielen nicht nur in der Pathologie eine Rolle, sondern auch bei normal physiologischen Vorgängen, beispielsweise ist die bei Seeigeleiern durch die Befruchtung induzierte Atmungssteigerung von einer Änderung des Lipoidzustandes begleitet (ÖHMANN). Solche Regulationsmechanismen sind wohl für viele Fermente anzunehmen, und es mag sehr wohl im Sinne der Ansicht MONNÉs zutreffen, daß die trennenden Lipoidfilme unter dem Einfluß von Außenreizen, aber auch aus inneren Ursachen fortgesetzten Änderungen (Zerfall und Wiederaufbau) unterworfen sind, wodurch sie die Enzymaktivität regulieren können.

Regulation im Muskel. Aber noch auf eine andere, ebenfalls mit den neueren Erkenntnissen über die physikalischen Eigenschaften der Eiweißmakromoleküle gut vereinbare Regulationsmöglichkeit der Enzyme kann hier genannt werden. Wir erwähnten schon, daß das Actomyosin als Ferment (Adenosintriphosphatase) wirksam ist[1]. Nun zeigte

---

[1] *Anm. bei der Korrektur:* Nach POLIS und MEYERHOF besteht nicht diese Identität, sondern es liegt ein Komplex von zwei Proteinen vor.

aber SZENT-GYÖRGYI weiterhin, daß diese fermentative Tätigkeit nur besteht, wenn die Actomyosinfaser kontrahiert, nicht aber, wenn sie langgestreckt ist. Mit der im kontrahierten Zustand ermöglichten fermentativen Wirkung, also der Phosphatspaltung, wird die Energie freigesetzt, die für den Rückgang der Faser in den energiereicheren Zustand der Streckung erforderlich ist; sobald diese dann wieder erreicht wird, hört die fermentative Tätigkeit automatisch auf! So wird immer gerade dann und in dem Umfang Adenosintriphosphorsäure gespalten, wie es für die Arbeitsleistung notwendig ist. Dieser überaus sinnvolle Regulationsmechanismus ist vielleicht nicht nur im Muskel verwirklicht. Wenn wir uns daran erinnern, daß sich anscheinend überall im Plasma, nicht nur dort, wo besondere Bewegungseinrichtungen wie Geißeln gegeben sind, Elemente finden, die der Actomyosinassoziation (die nur eine besondere Vervollkommnung und Spezialisierung darstellt) weitgehend entsprechen, dürfen wir sagen, daß hier ein ganz grundlegend wichtiger Vorgang enzymatischer Regulation aufgezeigt worden ist. Übrigens sei hier noch erwähnt, daß die Regulation des Energiestoffwechsels offenbar sehr allgemein in der geordneten Aufspaltung energiereicher Phosphate besteht, deren Bedeutung im Kohlenhydratstoffwechsel bekanntlich eingehend erforscht worden ist. Es sei etwa auf Untersuchungen von BROCKMANN und STIER über die Regulation des Glukosestoffwechsels bei der Hefe verwiesen.

Zeitliche Ordnung. So wie die räumliche ist natürlich auch die zeitliche Ordnung der Fermentprozesse von Plasmastrukturen abhängig; d. h. geänderte Stoffwechselbesonderheiten finden ihre Ursache in Änderungen der Plasmastruktur. Auf solche Verhältnisse ist ja bei Fragen, die außerhalb des Gebietes dieses Berichts liegen, z. B. bei den Untersuchungen STOCKERs über die plasmatischen Ursachen der Dürreresistenz, eindringlich hingewiesen worden. Hier sei nur erwähnt, daß es mit den jetzt zur Verfügung stehenden Methoden gelingt, in Entwicklungsabschnitten mit fortgesetzt sich ändernder Qualität der Leistung auch tiefgreifende Strukturänderungen im Plasma nachzuweisen. Zum Beispiel treten an Eiern von *Psammechinus miliaris* nach der Befruchtung, aber auch bei der Parthenogenese, zyklische Änderungen der Doppelbrechung auf, wobei der erste Zyklus 15—20 Min. nach der Befruchtung, der zweite am Ende der Metaphase der ersten Teilung zu beobachten ist. Diese Änderungen der Doppelbrechung verweisen auf submikroskopische Strukturänderungen in den corticalen Plasmaschichten (MONROY a. MONTALENTI). Und endlich möge hier noch erwähnt sein, daß auch die Alterungsprozesse an Pflanzenzellen mit Strukturänderungen im Plasma verknüpft sind, die in Permeabilitäts- und Viskositätsänderungen zum Ausdruck kommen. Die Permeabilität, gemessen am Elektrolyt-Austritt im Wasser, wird bei Blättern von *Vicia Faba* und *Avena sativa* mit zunehmendem Alter erst kleiner, dann wieder größer. Die Viskosität erfährt beim Altern eine irreversible Zunahme (MAXIMOV und MOZHAEVA).

Ferment-Adaptation. Hier sei ferner auf die merkwürdige Erscheinung der enzymatischen Adaptation eingegangen. In den vergangenen

Jahren sind viele weitere Beispiele bekannt geworden, und auch die Kausalanalyse wurde gefördert. Es handelt sich bekanntlich um die namentlich bei Mikroorganismen oft nachgewiesene Fähigkeit, ein Ferment, das zunächst nicht vorhanden ist, unter dem Einfluß des Substrats, auf das dieses Ferment zu wirken vermag, allmählich herzustellen. SPIEGELMAN hat versucht, diesen Vorgang näher zu analysieren. Offensichtlich liegt eine Umwandlung von einem Ferment zu einem andern vor. Der Adaptationsprozeß ist an das Vorhandensein eines (aeroben oder anaeroben) Stoffwechsels gebunden. Schon die Tatsache, daß hierbei keine N-Zufuhr notwendig ist, spricht für eine innere Umwandlung. Vor allem aber konnte bei Hefe gezeigt werden, daß während —'im untersuchten Beispiel der Anpassung an Galaktose — die Galaktozymase zunimmt, gleichzeitig Maltase verschwindet (sofern kein N geboten wird, sonst benutzt die Zelle dieses zum Aufbau de neuen Enzyms). Es liegen über dieses Thema weiterhin Arbeiten von WINGE und Mitarbeitern sowie LINDEGREN und Mitarbeitern vor, die beide stark zu genetischen Fragestellungen führen, bei LINDEGREN (vgl. SPIEGELMAN) zur Begründung der Annahme im Plasma liegender Gene (Cytogen-Theorie), während WINGE diese Konsequenzen ablehnt. Hierzu sei noch auf das sehr anregende Buch von HINSHELWOOD verwiesen, in dem u. a. verschiedene Adaptationsvorgänge ausführlich diskutiert werden (Erwerb und Verlust der Giftresistenz oder der Fähigkeit zum Verwerten neuer C- und N-Quellen). HINSHELWOOD faßt alle Enzyme als autosynthetische Strukturen auf und formuliert die Gleichung:

Enzym + Substrat = mehr Enzym + Stoffwechselprodukte.

Auf dieser Basis wird auch die Adaptation an Gifte erklärt. Als Beispiel für eine solche Adaptation sei etwa erwähnt, daß die durchschnittliche Generationsdauer von *Bacterium lactis aerogenes*, die unter den gewählten Versuchsbedingungen 33 Min. beträgt, durch andauernde Einwirkung von Proflavin (43 mg/l) zunächst stark erhöht wird, dann aber wieder abfällt:

		Mittlere Generationsdauer
	ohne Gift	32 Min.
mit Gift	Folgekultur Nr. 0	55 Min.
	11	41 Min.
	16	36 Min.
	32	34 Min.

Der Adaptationsprozeß äußert sich auch darin, daß nach der Gifteinwirkung auf Grund der alleinigen Hemmung des Teilungsprozesses fädige Bakterien auftreten (vgl. weiter oben), während in den späteren Generationen wieder die normale Form zu beobachten ist. Teilweise lassen sich solche Adaptationsprozesse bei Bakterienkulturen durch Selektion aus einem nicht einheitlichen Material erklären. Teilweise aber handelt es sich um eine wirkliche Adaptation des Plasmas, für die HINSHELWOOD folgende Theorie vorschlägt: Das Gift greift an irgendeiner Stelle in die Kette der Fermentprozesse ein, die für die Bildung der zum

Wachstum notwendigen Substanzen ablaufen müssen. Alle Vorgänge, die vor diesem vergifteten Glied der Kette liegen, laufen normal weiter, aber die späteren sind natürlich gehemmt. Jetzt tritt gemäß der oben wiedergegebenen Gleichung eine Neuproduktion von Enzym ein, es bildet sich ein neues Enzymgleichgewicht und diese größere Enzymmenge genügt, um den hinter der „vergifteten Zelle" der Prozeßkette liegenden Teilvorgängen trotz der anhaltenden Giftwirkung doch die nötige Menge von Stoffen zu liefern, so daß der Gesamtvorgang wieder so rasch wie normal ablaufen kann. Die Giftadaptation kann so als Sonderfall der Adaptation des Fermentapparates an neue Nährstoffquellen aufgefaßt werden. Doch muß nochmals darauf hingewiesen werden, daß sich viele „Adaptationen" als Resultat von Mutation und Selektion erklären lassen.

Diese ganzen Erscheinungen stehen mit einem anderen Fragenkomplex in engem Zusammenhang, nämlich mit dem der identischen Reproduktion eines einmal erworbenen Fermentapparates, ein Fragenkomplex, der uns im nächsten Abschnitt noch etwas beschäftigen wird.

VI. Differenzierung, Fermentadaptation und identische Reproduktion.

Der eben besprochene Vorgang der Fermentadaptation bei Mikroorganismen ermöglicht auch interessante Einblicke in die Fragen der Differenzierung bei vielzelligen Pflanzen. Hierzu kann vor allem auf Berichte SPIEGELMANs verwiesen werden.

Die nähere Analyse des Adaptationsprozesses lieferte etwa folgendes Bild. Beim Einwirken des Substrats (am meisten wurde die Wirkung der Galaktose auf die Bildung der Galaktozymase an Hefe untersucht) zeigt sich zunächst eine Verzögerungsphase, bevor das neue Substrat verarbeitet werden kann. Diese Verzögerung beruht nicht etwa auf dem langsamen Eindringen der Galaktose, sondern auf der Zeit, die für die Bildung des neuen Enzyms notwendig ist (REINER und SPIEGELMAN, Lit. bei SPIEGELMAN). Auch die Frage, ob der Adaptationsprozeß auf der Neubildung von Apoenzym (also Eiweißträger) oder Coenzym beruht, konnte beantwortet werden, indem die beiden Komponenten aus adaptierten und nicht adaptierten Zellen getrennt und nachher verschiedenartig wieder vereinigt wurden. Es zeigt sich, daß die wiedervereinigten Komponenten immer dann das aktive Enzym liefern, wenn das beteiligte Apoenzym aus adaptierten Zellen stammt, während das Coenzym auch aus nicht adaptierten Zellen stammen darf. Die Adaptation beruht also auf einer Modifikation der Eiweißkomponente. Aus diesen und zahlreichen anderen Beobachtungen, auch anderer Autoren, wird die Schlußfolgerung abgeleitet, daß durch ein bestimmtes Gen wohl die Potenz zur Bildung eines bestimmten Enzyms gegeben ist, aber andere Faktoren für die tatsächliche Bildung dieses Enzyms entscheidend sind. Die Eiweißvermehrung bei der Fermentadaptation ist offenbar ein autokatalytischer Vorgang. Das läßt sich leicht aus der Übereinstimmung des zeitlichen Verlaufs dieser Fermentneuproduktion mit dem unter der Annahme einer Autokatalyse errechneten Verlauf erkennen. Bei der genannten Adaptation der Hefe an Galaktose ergaben sich folgende Zahlen für die zunehmende Galaktozymaseaktivität:

Minuten	berechnete Aktivität	beobachtete Aktivität
60	4	2
90	11	10
120	26	25
150	48	48
180	87	91
240	152	156
300	181	181

Die Neubildung des Enzyms wird offenbar durch sog. Plasmagene gesteuert, also durch Einheiten mit der Fähigkeit zur Selbstreproduktion. Diese Plasmagene, deren Annahme auch durch viele andere Beobachtungen der neueren Zeit nahegelegt wird, bestehen aus Nukleoproteiden und haben ihren Ursprung in den Genen. Die Gene produzieren Einheiten ihresgleichen, die dann in das Cytoplasma gelangen können, wahrscheinlich vor allem dann, wenn (bei der Mitose) die Kernmembran verschwindet (WRIGHT).

Wie nun SPIEGELMAN weiter ausführt, kann man die normale Gewebedifferenzierung der vielzelligen Pflanzen auf der Basis dieser Ergebnisse begreiflich machen (vgl. Abschnitt „Entwickungsphysiologie").

Es ist unmöglich, hier alle Beobachtungen zu bringen, die die oben mehrfach angedeutete entscheidende Bedeutung der Nukleoproteide für die Synthese von Fermenten und damit für die Entstehung spezifischer Differenzierungen demonstrieren. Aber auf einige Beobachtungen muß doch noch hingewiesen werden. Zu den wichtigsten Entdeckungen auf diesem Gebiet gehört, daß es bei Bakterien gelingt, die für die Bildung von Eigenschaften notwendigen Faktoren zu übertragen. GRIFFITH beobachtete, daß ein kapselloser nichtvirulenter *Pneumococcus*typ durch tote Zellen, aber auch durch Extrakte eines virulenten kapselbildenden Typs wieder zur Entwicklung von kapselbildenden virulenten Zellen veranlaßt werden kann. Und zwar wird bei dieser Umwandlung g nau diejenige der verschiedenen (serologisch unterscheidbaren) virulenten Formen gebildet, die die toten Zellen bzw. den Extrakt geliefert hatte. Nach AVERY und Mitarbeitern ist für diese Umwandlung eine Desoxyribosenukleinsäure entscheidend, und wenn diese entscheidende Substanz zugesetzt worden ist, ist sie nachher auch aus den sich neubildenden Zellen wieder beliebig extrahierbar, wird also, nachdem sie einmal übertragen ist, vermehrt. Die Ergebnisse wurden von mehreren Autoren für andere Bakterien bestätigt. (vgl. Literaturhinweise bei LURIA).

Diese Beobachtungen sind ebenso wie die weiter oben erwähnten für die normalen Differenzierungsvorgänge so aufschlußreich, weil auch in der mehrzelligen Pflanze die Induktion zur Bildung bestimmter Gewebe durch Gewebe der gleichen Art eine große Rolle spielt. Es sei etwa an die Bildung von Gefäßbrücken und Siebröhrenbrücken bei Pfropfungen oder nach Einschnitten erinnert. Auch der mehr elementare Vorgang der induzierenden Wirkung begonnener Prokambiumstränge auf das vor ihnen liegende embryonale Gewebe kann hier genannt werden. Wenn wir dazu noch beachten, daß die Determinationsvorgänge sich allgemein durch eine hohe Stabilität auszeichnen, die nachweislich nicht auf Kernverschiedenheiten beruht, und daß eine so determinierte Zelle oftmals auch bei ihrer Teilung nur ihresgleichen erzeugt, ist es fast unumgänglich, anzunehmen, daß im Sinne der Ausführung SPIEGEL-MANs selbstreproduktionsfähige Einheiten (Nukleoproteide) sich nach der Determination stark vermehren und einerseits für die Stabilität der Determination, anderseits für die Möglichkeit zur Induktion des Gleichartigen in der Umgebung verantwortlich sind. Hierzu könnte vor allem auch noch auf die Induktion von Tumorgewebebildung ohne Gegenwart der induzierenden Bakterien hingewiesen werden. Auch hier lassen die bisher festgestellten Eigenschaften des induzierenden Agens, z. B. seine Abtötung durch Temperaturen zwischen 46 und 47° (BRAUN) die Möglichkeit offen, daß es sich um Stoffe vom Charakter jener Plasmagene handelt (vgl. auch DE ROPP u. Abschnitt Entwicklungsphysiologie).

Wir wollen hier wenigstens noch darauf hinweisen, daß die bisher vorliegenden Beobachtungen über die normalen Differenzierungsvorgänge auch auf Grund der cytologischen Beobachtungen die entscheidende Rolle der Nukleoproteide nahelegen. Das unterschiedliche Verhalten des vegetativen und des generativen Kerns im Pollenkorn findet auch im unterschiedlichen Verhalten der Nukleinsäuren in ihnen seinen Ausdruck (SUITA, KOLLER). Der stark wachsende vegetative Kern verliert bald seine Färbbarkeit mit Feulgens Reagens, seine chromatische Substanz verschwindet. Der generative Kern hingegen färbt sich stark. Im einzelnen erweist es sich, daß der generative Kern in der Telophase nicht die sonst übliche Abnahme der Nukleinsäurebindung, sondern im Gegenteil zunehmende Kondensation der Nukleinsäure zeigt (normalerweise ergibt sich die stärkste Verkettung der Desoxyribose-Nukleinsäure mit den Polypeptidketten während der maximalen Spiralisierung in der Metaphase, während in der Ana- und Telophase als Einleitung der Despiralisierung wieder eine Lösung der Nukleinsäure eintritt). Im Gegensatz zum generativen Kern, der anstelle der Despiralisierung eine weitere Kontraktion und starke Färbbarkeit zeigt, ist der vegetative Kern durch starke Abnahme der Thymonukleinsäure gekennzeichnet (nach KOLLER hängt dieses unterschiedliche Verhalten, für das nach manchen Autoren ein plasmatischer Gradient verantwortlich zu machen ist, entscheidend mit der unterschiedlichen Größe und der durch sie bedingten unterschiedlichen Verteilung der Nukleinsäure in den beiden Zellen zusammen). Solche Vorgänge sind sicher auch an der Differenzierung somatischer Gewebe überall stark beteiligt. LA COUR zeigte, daß bei der Blutbildung im Knochenmark die Ausgangszellen für die roten Blutkörperchen sich nach ihrer Abtrennung von den Mutterzellen gegenüber den weißen dadurch unterscheiden, daß sie reichlich, die zukünftigen weißen aber wenig Nukleotide enthalten. Die Bedeutung solcher Befunde wird von DARLINGTON ausführlich diskutiert. Aus dieser Diskussion sei hier nur hervorgehoben, daß sowohl Überschuß als auch Mangel an Nukleinsäure die Bildungsmöglichkeit der Mitosespindel einschränken. Bei einem Mangel unterbleibt die Chromosomenbewegung der Anaphase, so daß es zur Polyploidie kommt. Überschuß hingegen kann zur Bildung zahlreicher kleiner Kerne führen.

Wenn man sich im Bereich der pflanzlichen Differenzierungsvorgänge umsieht, kann man den Eindruck gewinnen, daß solche Effekte allgemein wichtig sind (vgl. Abschnitt „Entwicklungsphysiologie").

VII. Energiewanderung.

Bei verschiedenen biologischen Prozessen muß mit der Übertragung von Energie über Strecken der Größenordnung von 10 bis 100 Å gerechnet werden (eine Zusammenfassung zahlreicher Arbeiten der letzten Jahre findet man bei TIMOFÉEFF-RESSOVSKY und ZIMMER sowie bei SCHÖN). Die Annahme einer solchen Energiewanderung erwies sich zunächst bei den durch Strahlung induzierten Genmutationen, der Abtötung von Bakterien durch Strahlung (RIEHL, TIMOFÉEFF-RESSOVSKY, ZIMMER) und wahrscheinlich auch bei durch Röntgen-Strahlung hervorgerufenen Chromosomenbrüchen (Versuche an Tra-. descantia, vgl. LEA) als nötig, weil der Treffbereich der Strahlung größer ist als der empfindliche Bereich, an dem die Mutation, der Bruch bzw. der Letaleffekt hervorgerufen wird. Bei der Inaktivierung des Tabakmosaik-Virus durch Röntgenstrahlen in Lösung (BORN, MELCHERS und Mitarbeiter) liegt ebenfalls ein besonderer Fall von Energieübertragung vor. Auch bei Fermentprozessen nimmt man in vielen Fällen an, daß die Energie über einen räumlichen Abstand von Ferment zu Ferment geleitet wird, worauf besonders SZENT-GYÖRGYI hingewiesen hat und wofür von SCHMITT eine theoretische Deutung versucht wird, die aber nicht ohne Widerspruch geblieben ist (WIRTZ, vgl. unten). Von RIEHL ist ein solcher Fall bei den Redoxprozessen der Zellatmung am Cytochromsystem näher erörtert worden, wo die Energiewanderung mit der Verschiebung von Elektronen gekoppelt sein muß, da bekanntlich ein Valenzwechsel des Cytochromeisens vorliegt. Als Substrat der Wanderung wird hier das Eiweiß angesehen, ein Hinweis übrigens für eine weitere Bedeutung des Proteinanteils als Bestandteil von Fermenten. Das ist schon deshalb besonders naheliegend, weil durch BÜCHER und CASPERS bei der durch Strahlung ermöglichten Abspaltung von CO aus dem Kohlenoxydmyoglobin-Komplex, einem häminhaltigen Atmungsferment, gezeigt werden konnte, daß die am Eiweißanteil im Tyrosin und Tryptophan, bei 280 mμ, absorbierte Energie dazu verwendet werden kann, vom Hämin, das sich an einer bestimmten Stelle des Komplexes befindet, ein Molekül CO abzuspalten. Schließlich sei in diesem Zusammenhang die Photosynthese erwähnt, bei der erstens das von vielen (etwa 1000) Chlorophyllmolekülen absorbierte Licht zusammenwirken muß, um ein CO_2-Molekül zu reduzieren, wozu eine Energiewanderung als notwendig angenommen wird [FÖRSTER (2)]. Zweitens steht aber auch schon deshalb hier eine Energieübertragung zur Diskussion, weil die Reduktion des CO_2 anschließend an vorhergehende Belichtung im Dunkeln vor sich gehen kann (RUBEN, CALVIN und BENSON), so daß an eine Weitergabe der primär aufgenommenen Lichtenergie an langlebige Zwischenprodukte zu denken ist.

Welcher Art diese Energieübertragung ist, muß in jedem einzelnen Fall geklärt werden, da es nach neueren Untersuchungen hierfür eine ganze Reihe von Mechanismen gibt. Man unterscheidet zweckmäßig die eigentliche **Energiewanderung** vom **Energietransport**. Bei der ersteren, die ohne einen materiellen Energieträger vor sich geht, kommt zunächst die „elektronische Energiewanderung" dadurch zustande, daß gewisse Elektronen in e nem periodisch aufgebauten Gitter nicht dem einzelnen Atom, sondern in bestimmtem Ausmaß dem ganzen Gitter angehören. Eine Diskussion dieser Art von Wanderung wurde von RIEHL, ROMPE, TIMOFÉEFF-RESSOVSKY und ZIMMER durchgeführt. Auf Grund der Untersuchung von nachleuchtfähigen Stoffen, Kristallphosphoren (RIEHL und SCHÖN), die nach Bestrahlung mit Alphateilchen nur dann zur Luminescenz angeregt werden, wenn sie kleine Mengen von Fremdstoffen (Aktivatoren) enthalten, wobei das ausgesandte Spektrum wesentlich von der Art des Fremdstoffes abhängt, z. B. durch mit Kupfer „verunreinigtes" Zinksulfid, so daß also eine Energiewanderung zum Ort dieser Fremdstoffe stattfinden muß, nimmt man an, daß bei der Anregung durch Alphastrahlung einzelne Elektronen aus dem Grundzustand (Valenzband-Gesamtheit dicht nebeneinander liegender Energieniveaus) in einen höheren Energiezustand (Leitfähigkeitsband) gehoben werden. In diesem Zustand verhalten sie sich wie freie Elektronen, wobei sie zur „Störstelle" laufen können und dort ihre Energie in Form von Strahlung wieder verlieren, nachdem zuvor ein Elektron aus dem „Störterm" des Aktivatoratoms das im Valenzband durch die Einstrahlung entstandene „Loch" strahlungslos ausgefüllt hat. TIMOFÉEFF-RESSOVSKY und ZIMMER halten diese Art der elektronischen Energiewanderung auch bei Eiweißkörpern nicht für unmöglich (vgl. RIEHL, SZENT-GYÖRGYI). Eine weitere Form der Energiewanderung, die für die nach Bestrahlung auftretenden Genmutationen eine Rolle spielen könnte und ebenso für Chloroplastenfarbstoffe bei der Photosynthese (FÖRSTER) in Frage kommt, besteht in Analogie zu gewissen Fluorescenzerscheinungen in Farbstofflösungen (I. und F. PERRIN) darin, daß eine zwischenmolekulare Übertragung der Anregungsenergie durch Wechselwirkungskräfte benachbarter Moleküle, ähnlich einem Resonanzpendel, stattfindet, die man unter Verwendung quantenmechanischer Vorstellungen auch als Wanderung der Anregungsenergie (Exciton) nach Art der Bewegung eines Teilchens in der BROWNschen Molekularbewegung als „Excitonenwanderung" verstehen kann [FÖRSTER (1, 2)]. Die von SCHEIBE bei der Löschung der Fluorescenz von Farbstoffpolymerisaten durch Spuren von Fremdstoffen gefundene Form der Energiewanderung, deren Zustandekommen ebenfalls von FÖRSTER theoretisch geklärt wurde, kommt jedoch, obwohl verschiedentlich angenommen, bei biologischen Systemen nach den bisherigen Beobachtungen wahrscheinlich nicht vor. Schließlich kann eine Energieübertragung bei Proteinen auch durch Ladungsverschiebung bestimmter (π)-Elektronen sowie der zwischenmolekularen Protonen bei Wasserstoffbrücken als „Protonenverschiebung" (WIRTZ) gedeutet werden. Eine Elektronenwanderung, wie sie bei solchen Systemen mit Wasserstoffbrücken von SCHMITT vorgetragen wurde, der sie für die Energiewanderung bei Fermentsystemen als gegeben betrachtet, wird dagegen von WIRTZ (2) abgelehnt.

Der „Energiewanderung" im engeren Sinn steht der „Energietransport" gegenüber, der bei Strahlungsreaktionen in Lösungen festgestellt wurde. Hier wandern die Produkte der Primärreaktion der Strahlung durch Diffusion zum Ort ihrer Wirkung (Zusammenfassung zahlreicher Versuche, insbesondere von WEISS z. B. bei LEA, weiterführend aber ZIMMER und CRON). Die oben erwähnte Inaktivierung von Viren durch Strahlung in Lösung (BORN, MELCHERS u. Mitarbeiter) ist ein solcher Fall der Diffusion eines „Energiepunktes" in Lösung (PÄTAU). Nach Annahmen von GRAY (unveröfftl.) wird von LEA ein ähnlicher Mechanismus auch bei der Bestrahlung von Chromosomen — Bildung aktiver Radikale in der Zwischenflüssigkeit in unmittelbarer Nähe der Chromosomen und Übertragung der Energie zum Chromosom — noch für möglich gehalten; nach TIMOFÉEFF-RESSOVSKY und ZIMMER dürfte aber diesem Vorgang wegen der starken Schutzwirkung von seiten der übrigen in Lösung befindlichen Stoffe kaum Bedeutung zukommen.

Die Feststellung eines Energietransportes in Lösungen bildet den Übergang zu jenen Erscheinungen, wo die Annahme naheliegt, daß die Energie als chemische Bindungsenergie im Organismus gespeichert und dann an die Orte ihrer weiteren Verwendung transportiert wird. Als solches Transportsystem werden vor allem energiereiche Phosphatverbindungen (z. B. das Adenylsäuresystem) in Erwägung gezogen (LIPMAN, KALCKAR). Während bei einer energiearmen Phosphatbindung, etwa der Esterbindung, nur eine geringe Bindungsenergie von 2—3 Cal. vorliegt, ist bei den energiereichen Bindungen, z. B. Carboxylphosphat oder der Enol-Phosphatbindung, eine solche von 10—12 Cal. erforderlich. Als Beispiel sei zunächst die Übertragung von Energie bei autotrophen Schwefelbakterien *(Thiobacillus thiooxydans)* nach Untersuchungen von VOGLER, LE PAGE und UMBREIT angeführt. Im Anschluß an die in Abwesenheit von CO_2 hervorgerufene Oxydation von Schwefel findet hier eine Aufspeicherung des von der Schwefeloxydation herrührenden Energiebetrages unter Aufnahme von anorganischem Phosphat und wahrscheinlicher Bildung von energiereichem Adenosintriphosphat statt, die erst später bei Anwesenheit von CO_2 zu dessen Reduktion unter Bildung von anorganischem Phosphat führt, so daß also die im Adenylsäuresystem gespeicherte Energie zur Reduktion der CO_2 Verwendung fände. Hierher gehört weiter die Bindung von CO_2 in Milchsäure bei Clostridium gonococcus (BROWN, WOOD und WERKMAN) oder die Entstehung von Brenztraubensäure bei *Escherichia coli* (UTTER, LIPMAN und WERKMAN) bei Vorhandensein von energiereichen Phosphorverbindungen, deren Energie diese Synthesen ermöglichen soll und wiederum anderen energieliefernden Prozessen entstammt [LIPMAN (2)], wobei ein Energietransport naheliegt, da die energieliefernden Verbindungen nicht unmittelbar am Ort des späteren Verbrauches gebildet sein dürften. Schließlich sei hier die an anderer Stelle (vgl. Abschnitt „Photosynthese" S. 247) genauer zu erörternde Hypothese eines ähnlichen Energietransports durch energiereiche Phosphatbindungen bei der Photosynthese vom Ort der primären Lichtreaktion zum Ort der CO_2-Reduktion erwähnt, die von RUBEN und auch von EMERSON u. Mitarbeiter diskutiert wurde. Sollte dieses Schema richtig sein, so müßte der Energietransport hier aber ohne Aufnahme von anorganischem Phosphat erfolgen, da eine solche bei der Photosynthese nicht vorzuliegen scheint, wie gerade von ARONOFF und CALVIN bei verschiedenen Objekten festgestellt wurde.

Literatur.

a) Wichtige zusammenfassende Darstellungen, die in den Verzeichnissen b und c nicht genannt sind.

Advances in Enzymology [zuletzt Vol. 8 (1948)]. Advances in Protein Chemistry [zuletzt Vol. 4 (1948)]. Advances in Plant Physiology (werden zuerst 1950 erscheinen). Annual Review of Biochemistry [zuletzt Vol. 17 (1948)].

BOURNE, G.: Cytology and Cell Physiology. Oxford 1942 und 1945.

Cold Spring Harbor Symposia on Quantitative Biology. Zuletzt erschien Vol. 11 (Heredity and variations in microorganisms, 1946) und Vol. 12 (Nucleoproteins, 1947).

HEILBRONN, L. V.: An outline of general physiology. 2nd Ed. Philadelphia and London 1943. — HEVESY, L. V.: Radioactive indicators. New York 1948. — HÖBER, R.: Physical chemistry of cells and tissues. Philadelphia 1945.

KAMEN, M. V.: Radioactive tracers in biology. New York 1947. — KORTÜM G.: Lehrbuch der Elektrochemie. Wiesbaden 1948. (Namentlich auf das Kap. über die Solvatation der Ionen sei hingewiesen.) — KUHN, A.: Kolloidchemisches Taschenbuch. 3. Aufl. Leipzig 1948.

Naturforschung und Medizin in Deutschland 1939—1946 („FIAT-Reviews"). Etwa 85 Bände, von denen mehrere Beiträge zu unserem Gebiet enthalten. Wiesbaden 1947—1949.

Symposia of the Society for Experimental Biology. No. 1. Nucleic acids. Cambridge 1947. No. 2. Growth in relation to differentiation and morphogenesis. Cambridge 1948.

b) zu den Abschnitten I—VI.

ALGERA, L. u. Mitarbeiter: Biochim. Biophys. Acta 1, 517 (1947). — ANSON, M. I.: Adv. in Enzymol. 2, 361 (1945). — ASTBURY, W. T.: (1) Ann. Rev. Biochem. 8, 113 (1939). — (2) J. chem. Soc. London 1942, 337. — (3) Brit. Sci. News 1, 21 (1947). — AVERY u. Mitarbeiter: Cold Spring Harb. Symp. Biol. 1946, 11.

BENSLEY, P. R.: Biol. Symp. 10, 323 (1943). — BRACHET, J.: Embryologie Chim. Paris 1945. — BRAUN, A. C.: Amer. J. Bot. 30 (1943). — BROCKMANN, M. C., u. T. J. B. STIER: J. cellul. a. comp. Physiol. (Am.) 29, 159 (1947). — BROOKS, S. C.: Ann. Rev. Physiol. 7, 1 (1945); Adv. in Enzymol. 7, 1 (1947). — BULL, H. B.: Adv. in Enzymol. 1, 1 (1941). — BULL, H. B., u. J. A. COOPER: Amer. Soc. Adv. Sci. Publ. 21, 150 (1943).

CASPERSSON, T.: Symp. Soc. exper. Biol. 1 (1947). — CLAUDE, A.: J. exper. Med. 84, 51, 61 (1946). — COOPER, R. S.: J. exper. Zool. 101, 143 (1946). — CORBY: Adv. in Prot. Chem. 4, 385 (1948). — COULSON, C. A.: Sci. Progress 36, 436 (1948).

DARLINGTON, C. D.: Symp. Soc. exper. Biol. 1 (1947). — DAVSON, H., u. J. F. DANIELLI: The permeability of natural membranes. Cambridge 1943. — DOUNCE: J. biol. chem. 147, 685 (1943). — DRUCKREY, H.: Dtsch. med. Wschr. 35/36, 619 (1943).

ENGEL, C., u. L. H. BRETSCHNEIDER: Biochim. Biophys. Acta 1, 357 (1947)

FANKUCHEN, I.: Adv. in Prot. Chem. 2, 387 (1945). — FERRY, J. D.: Adv in Prot. Chem. 4, 1 (1948). — FERRY, J., D. u. A. P. R. MORRISON: J. amer. Chem Soc. 69, 400 (1947). — FOSTER, E. u. Mitarbeiter: Biol. Bull. 93, 114 (1947). — FREY-WYSSLING, A.: Submikroscopic morphology of protoplasm and its derivatives. New York, Amsterdam, London, Brüssel 1948. — FRIEDRICH-FREKSA, H.: Naturforsch. u. Med. 21, 44 (1948).

HEVESY, G.: Adv. in Enzymol. 7, 35 (1947); Ark. Bot. 33, 1 (1947). — HILLS, C. H. u. Mitarbeiter: Proc. Food Technol. 47 (1942). — HINSHELWOOD, C. M.: Biol. Rev. 19, 150 (1944); The chemical kinetics of the Bacterial cell. Oxford 1946. — HOLM-JENSEN, I. u. Mitarbeiter: Acta bot. fenn. 36, 1 (1944).

IRWIN, M. R.: Biol. Rev. 21, 23 (1946). — ITERSON, W. VAN: Biochim. Biophys. Acta 1, 527 (1947).

JOHNSON, F. H. u. Mitarbeiter: J. Bacteriol. 46, 147 (1943). — JORDAN, P.: Die Physik und das Geheimnis des organischen Lebens. 5. Aufl. Berlin 1943.

KNAYSI, G., u. S. MUDD: J. Bacter. 45, 349 (1943). — KOLBE: Ark. Bot. 34 (1948). — KOLLER, P. C.: Symp. Soc. exper. Biol. 1 (1947). — KUHN, W., u. F. GRÜN: Kolloid-Z. 101, 248 (1942).

LA COUR: Proc. roy. Soc. Edinburgh B. 62, 73 (1944). — LANDSTEINER, K.: The Specifity of Biological Reactions. Cambridge 1945. — LAWRENCE, J. H. u. Mitarbeiter: J. appl. Phys. 12, 333 (1941). — LONDON, F.: J. phys. Chem. 46, 305 (1942). — LURIA: Bacter. Rev. 11 (1947).

MASSART, L.: Experientia 3, 288 (1947). — MAXIMOV, N. A., u. L. V. MOZHAEVA: C. r. (Doklady) Acad. Sci. USSR 42, 277 (1944). — MONNÉ: Esperientia 2, 153 (1946); Ark. Zool. A. 39, 7 (1947); Adv. in Enzymol. 8 (1948). — MONROY, A. u. G. MONTALENTI: Biol. Bull. 92, 151 (1946). — MÖGLICH, F., R. ROMPE u. N. W. TIMOFÉEFF-RESSOVSKY: Naturwiss. 32, 316 (1944).

NACHMANSON u. Mitarbeiter: J. Neurophysiol. 5, 109 (1942); 6, 203 (1943). — NICKERSON, W. J.: Nature 162, 241 (1948). — NILSSON, R.: Ark. Mikrobiol. 12, 63 (1942).

ÖHLMANN, L. O.: Ark. Zool. A 36, 7 (1944).

PAINTER, T. S.: Bot. Gaz. 105, 58 (1944). — PAULING, L.: Nature 161, 707 (1948). — PAULING, L. u. Mitarbeiter: Physiol. Rev. 23, 203 (1943). — PRESTON, R. D. u. Mitarbeiter: Nature 162, 665 (1948). — POLIS D. B. a. MFYERHOF: J. Biol. Chem. 169 389, (1947). — POTTER, V. R.: Adv. in Enzymol. 4 (1944).

DE ROPP, R. S.: Amer. J. Bot. 34, 33 (1947). — ROTHEN, A.: Science 102, 446 (1945); J. biol. Chem. 163, 315 (1946); Adv. in Prot. Chem. 3, 123 (1947)

SCHÖNHEIMER, R.: The dynamic state of body constituents. Cambridge 1946. — SEIFRIZ, W.: A symposion on the structure of protoplasm, 1942; Bot. Rev. 11 (1945); Adv. in Enzymol. 7, 1 (1947). — SPARROW, A. H., u. M. R. HAMMOND: Amer. J. Bot. 34, 439 (1947). — SPIEGELMAN, S.: Cold Spring Harb. Symp. 1946, 11; Symp. Soc. exper. Biol. 2 (1948). — SPIEGELMAN u. M. D. KAMEN: Cold Spring Harb. Symp. 1947, 12. — STEINER, M.: Planta (Berl.), 36, 131 (1948). — SUITA, N.: Cytologia (Japan) Fujii-Jub.-Bd. 1937. — SZENT-GYÖRGYI: Nature of life. London 1948.

TIMOFÉEFF-RESSOVSKY, N. W., u. K. G. ZIMMER: Das Trefferprinzip in der Biologie. Biophysik Bd. 1. Leipzig 1947.

WINGE, O., u. C. ROBERTS: C. r. Lab. Carlsberg Sér. Physiol. 24, No. 22, 263 (1948). — WRIGHT, S.: Amer. Nat. 76, 289 (1945).

c) zu Abschnitt VII.

ARONOFF, S., u. M. CALVIN: Plant Physiol. 23, 351 (1948).

BORN, H. J., G. MELCHERS, K. PÄTAU u. K. G. ZIMMER: 1944, unveröffentlicht, zit. nach N. W. TIMOFÉEFF-RESSOVSKY u. K. G. ZIMMER. — BROWN, R. W., H. G. WOOD u. C. H. WERKMAN: Arch. Biochem. 5, 423 (1944). — BÜCHER, T., u. J. KASPERS: Naturwiss. 33, 93 (1946).

CALVIN, M., u. A. A. BENSON: Science **107**, 476 (1948).

EMERSON, R. L., J. F. STAUFFER u. W. W. UMBREIT: Amer. J. Bot. **31**, 107 (1944)

FÖRSTER, TH.: (1) Naturwiss. **33**, 166 (1946); (2) Z. Naturforsch. **2**b, 174 (1947).

KALCKAR, H. M.: Chem. Rev. **28**, 71 (1941).

LEA, D. E.: Actions of Radiations on Living Cells. Cambridge, New York. 1947. — LE PAGE, G. A., u. W. W. UMBREIT: J. biol. Chem. **147**, 263 u. **148**, 255 (1943). — LIPMANN, F.: (1) Adv. in Enzymol. **1**, 99 (1941); (2) Adv. in Enzymol. **6**, 231 (1946).

PÄTAU, K.: Naturwiss. **33**, 61 (1946).

RAJEWSKY, B., u. M. SCHÖN: Naturforschung und Medizin in Deutschland 1939—1946, Bd. 21, Biophysik Bd. I, 1948. — RIEHL, N.: Naturwiss. **31**, 590 (1943). — RIEHL, N., R. ROMPE, N. W. TIMOFÉEFF- RESSOVSKY u. K. G. ZIMMER: Protoplasma **38** 105 (1943). — RIEHL, N., u. M. SCHÖN: Z. Phys. **114**, 682 (1939). — RIEHL, N. TIMOFÉEFF-RESSOVSKY u. K. G. ZIMMER: Naturwiss. **29**, 625 (1941). — RUBEN, S.: J. amer. chem. Soc. **65**, 279 (1943). — RUBEN, S., W. Z. HASSID u. H. D. KAMEN: J. amer. chem. Soc. **61**, 661 (1939).

SCHMITT, W.: Z. Naturforsch. **2**b, 98 (1947). — SCHÖN, M.: Vgl. RAJEWSKY, B., u. M. SCHÖN. — SZENT-GYÖRGYI, A.: Nature **148**, 157 (1941).

TIMOFÉEFF-RESSOVSKY, N. W., u. K. G. ZIMMER: Das Trefferprinzip in der Biologie. Leipzig 1947.

UTTER, M. F., F. LIPMAN u. C. H. WERKMAN: J. biol. Chem. **158**, 521 (1945).

VOGLER, K. G., G. A., LE PAGE u. W. W. UMBREIT: J. Gen. Physiol. **26**, 89 (1942). — VOGLER, K. G. G. A., u. W. W. UMBREIT: J. gen. Physiol. **26**, 157 (1942).

WEISS, J.: Nature **153**, 748 (1944). — WIRTZ, K.: (1) Z. Naturforsch. **2**b, 94 (1947); (2) Z. Naturforsch. **3**b, 131 (1948).

ZIMMER, K. G., u. E. C. CRON: 1944, zit. nach TIMOFÉEFF-RESSOVSKY u. K. G. ZIMMER.

11. Zellphysiologie und Protoplasmatik.

Von Siegfried Strugger, Münster i. W.

Der Beitrag folgt im Band XIII.

12. Wasserumsatz und Stoffbewegungen.

Von Bruno Huber, München.

Mit 6 Abbildungen.

Vorbemerkung: Die Abfassung dieses Berichtes wurde durch eine Einladung des Schwedischen Institutes für kulturelle Verbindungen nach Stockholm ermöglicht, wo sich mir die einschlägige Weltliteratur der Kriegs- und Nachkriegsjahre in seltener Vollständigkeit erschloß. Besonderen Dank schulde ich auch Frl. Prof. Esau für Vermittlung wichtiger amerikanischer Arbeiten.

1. Allgemeines; Problem der „aktiven" Stoffbewegungen.

Die auf unserem Gebiet in den letzten Jahren zweifellos am meisten untersuchte Erscheinung ist die Tatsache von Stoffverschiebungen, welche dem erkennbaren osmotischen Gefälle entgegengerichtet und somit osmotisch nicht ohne weiteres verständlich sind. Sie werden daher im Schrifttum meist, aber nicht sehr glücklich als „aktiv" oder vital, besser als metabolisch (mit dem übrigen Stoffwechsel, insbesondere der Atmung verknüpft) oder adenoid (drüsenartig) bezeichnet [Collander (3)].

Daß es solche Vorgänge gibt, ist an sich altbekannt (man denke an die Sekretionen der Nektarien und Verdauungsdrüsen, Wurzeldruck u. ä.), und seit sich ihnen spezielle Aufmerksamkeit zuwendet, begegnet man ihnen plötzlich auf Schritt und Tritt. Der Zug unserer Zeit, auch in der Wissenschaft zugkräftigen Schlagworten nachzujagen, hat dieses Gebiet rasch zu einem Schwerpunkt pflanzenphysiologischer Forschung gemacht. Der gesunde Keim echten wissenschaftlichen Fortschrittes dürfte dabei darin liegen, daß sich die Analyse einst in weiser Selbstbeschränkung zunächst Erscheinungen zuwandte, welche nach Entdeckung der — doch schon reichlich komplizierten — Semipermeabilität „einfach" den Gesetzen der Osmose zu folgen schienen (the simple osmotic view), während man sich nunmehr an kompliziertere Erscheinungen wagt. Es sei aber doch daran erinnert, wie tiefgründig sich bereits Pfeffer mit solchen Sonderfällen auseinandersetzte.

a) Grunderscheinungen. Im Vordergrund der Betrachtungen steht die Stoffaufnahme der Wurzel, mit der sich eine Unzahl hier unmöglich einzeln aufzuführender Arbeiten beschäftigt. Fast jedes Heft von Amer. J. Botany und Plant Physiology enthält einschlägige

Arbeiten (vgl. Sammelreferat BROYER). Die Methodik ist aufs äußerste verfeinert (radioaktive Indikatoren, millimeterweise getrennte Untersuchung, Parallelbestimmung von Stoffaufnahme und Atmung, welche durch verschiedene Begasung — Stickstoff, Kohlensäure u. dgl. — sowie spezifische Atmungsgifte beeinflußt wird). Dabei zeigt sich als immer wiederkehrende Grunderscheinung, daß die Wurzeln — und zwar auch abgeschnittene Wurzelsysteme und Wurzelkulturen — aus niedrigen Konzentrationen bereits in wenigen Minuten ein Vielfaches der Außenkonzentration aufnehmen, aber nur unter aeroben Bedingungen. Besonders auffällig ist dieses Speichervermögen gegenüber Kalium, während Kalzium relativ viel weniger aufgenommen wird. Streng vergleichend hat dieses Wahlvermögen gegenüber äquimolaren Lösungen COLLANDER an 20 verschiedenen Phanerogamen mit spektralanalytischen Methoden untersucht. Er findet Aufnahme und Verteilung am reichlichsten und gleichmäßigsten bei Kalium (aber auch Rb und Cs), während Natrium allgemein schwächer, aber auch objektweise sehr verschieden aufgenommen wird (am meisten von Halophyten) und vorzugsweise in der Wurzel bleibt; Kalzium und Sr halten die Mitte und werden im Sproß angereichert.

Ein ganz ähnliches Speichervermögen zeigen aber auch Gewebescheibchen aus Kartoffeln, Rüben, Möhren u. dgl. (polarographische Untersuchungen von STILES) sowie die Blätter submerser Wasserpflanzen *(Elodea, Vallisneria)* und *Drosera*-Tentakeln (ARISZ). So nehmen Kartoffelscheibchen nur unter aeroben Bedingungen tagelang Wasser auf, und diese Tätigkeit wird durch schwache Heteroauxingaben noch bemerkenswert gesteigert (REINDERS).

Ein Lieblingsobjekt der Aktivitätsforschung ist naturgemäß der Wurzeldruck, auf dessen weite Verbreitung FREY-WYSSLING hinweist[1] und mit dem sich wieder eine ganze Reihe von Arbeiten beschäftigt. Die eingehendsten Untersuchungen verdanken wir LUNDEGÅRDH, welcher an dekapitierten Weizenkeimlingen spektralanalytisch Menge und Zusammensetzung des Exsudats mit der der Außenlösung vergleicht: Während in verdünnten Außenlösungen die Konzentration des Exsudates über der des Mediums liegt, kehrt sich von etwa 0,02 mol/Liter aufwärts das Verhältnis um (die Guttation selbst hört erst bei etwa 0,2 mol oder 4 Atm. Außenkonzentration auf). Mit dieser Feststellung allein wird bereits die einst von SABININ begründete Osmometerhypothese hinfällig, der anfänglich auch LUNDEGÅRDH (1943) sowie EATON zuneigten; nach dieser Hypothese sollte das (konzentriertere) Gefäßwasser selbst die (verdünntere) Außenlösung nachsaugen, während dem lebenden Wurzelgewebe nur die Rolle eines semipermeablen Diaphragmas zufiele. Was die Abhängigkeit der Blutungsmenge von der Außenkonzentration anlangt, so findet McDERMOTT in Erdkulturen

---

[1] Nachdem in MELINs Institut nunmehr auch die Kultur isolierter Koniferenwurzeln gelungen ist (SLANKIS), wäre es erwünscht zu hören, ob auch diese einen Wurzeldruck aufweisen; bisher ist nämlich bei Gymnospermen Wurzeldruck noch in keinem Falle sichergestellt, so daß diese Fähigkeit eine phylogenetische Neuerwerbung der Angiospermen sein könnte.

eine Optimumkurve, weil über einer gewissen Feuchtigkeit die Blutung infolge schlechter Durchlüftung wieder abnimmt, VAN OVERBEEK und EATON in Wasserkulturen isolierter Tomatenwurzeln konduktometrisch eine lineare, LUNDEGÅRDH bei Weizenwurzeln eine Abnahme mit der Wurzel aus der Außenkonzentration. Bei künstlicher Saugung gehen, wie schon von BREWIG festgestellt und von LUNDEGÅRDH erneut bestätigt, die Blutungsmengen infolge Ausdehnung der Filtrationszone sprunghaft hinauf, so daß bei Weizenkeimlingen bereits eine Saugung von 300 mm Hg den Transpirationsbedarf decken würde. Der vitale Charakter des Vorgangs ergibt sich erneut aus seiner Sauerstoffabhängigkeit und Narkotisierbarkeit (u. a. auch ROSENE) und seiner Abhängigkeit vom übrigen Stoffwechselgeschehen: So erlischt die Blutung von Tomaten bei Übertragung in N-, P- oder K-freie Nährlösungen und kehrt bei Rückübertragung in vollständige wieder (RALEIGH). Im Exsudat dominieren $K\cdot$ und NO_3^-.

In diesen Erscheinungskomplex gehört auch die von UNGER bereits 1862 entdeckte Wasserdurchströmung Submerser. Die ängstlich gewissenhafte Dissertation WILSONs ist aber dieser fesselnden Erscheinung nicht gewachsen gewesen, sondern hat so viele Fehlerquellen aufgedeckt (Trübung der Potometerwerte durch Schwankungen des interzellularen Gasvolumens; Atmungshemmung bei luftfreiem Einschluß ins Potometer, Nachsaugung beim Abschneiden usw.), daß er schließlich nicht einmal die Grunderscheinung, für welche doch so viele anatomische und physiologische Gründe sprechen, als endgültig bewiesen ansieht. Dagegen zeigt eine originelle Untersuchung von BURSTRÖM und KROGH, daß die treibenden Knospen von *Carpinus* die Nährstoffe aus dem Blutungssaft ähnlich aktiv an sich zu reißen vermögen wie Wurzeln aus der Nährlösung; zumal der Phosphor wird auf weite Strecken fast quantitativ entzogen und von den Knospen in mehr als hundertfacher Anreicherung gespeichert. Ebenso bestätigt RÖCKL in sorgfältigen plasmolytischen, kryoskopischen und refraktometrischen Untersuchungen die Angabe von MASON und PHILLIS, daß die osmotischen Werte von den Blattpalisaden über die Sammel- und Scheidenzellen nach den Siebröhren ansteigen, so daß die Assimilate auf dieser — freilich kurzen — Strecke dem osmotischen Gefälle entgegenwandern müssen (s. u.).

b) Analyse. Nur ein ganz kleiner Teil der einschlägigen Arbeiten versucht nun über solche Tatsachenfeststellungen hinaus Vorstellungen über die Mechanik der „aktiven" Stoffbewegungen zu entwickeln. Dabei gilt es, erst einmal festzustellen, ob die scheinbare Wanderung gegen das Konzentrationsgefälle nicht einfach darauf beruht, daß innerhalb der Pflanze das Aufgenommene gebunden, adsorbiert, rasch weitertransportiert oder sonstwie aus dem osmotischen Kräftespiel ausgeschieden wird, wie das beim Grundmodell aller Speichervorgänge, der Stärkespeicherung aus Zucker der Fall ist, welche kein Mensch zu den „aktiven" Stoffbewegungen rechnet. Ref. kann sich des Eindrucks nicht erwehren, daß diese Vorfrage in vielen Fällen unzureichend geprüft ist, ja daß im Gegenteil manches einer solchen einfachen Deutung zugänglich scheint. So stellen JACOBSON und OVERSTREET in einer eleganten Untersuchung mit radioaktivem Rubidium fest, daß dieses aus äthergetöteten Wurzeln an destilliertes Wasser ebenso schnell wieder abdissoziiert, während es lebende Wurzeln nur langsam wieder abgeben. Noch fester erweist sich radioaktiver Phosphor gebunden (OVERSTREET und JACOBSON). Auch ARISZ findet ohne Schädigung keine Exosmose

des „aktiv" aufgenommenen Chlors aus *Vallisneria*-Blättern. Das
deutet auf einen raschen Einbau in organische Bindung, für welchen
auch die häufige Lichtabhängigkeit der Speicherung (K-Exosmosen
im Dunklen nach Luttkus und Bötticher) spricht; da diese Lichtwirkung auch bei Ausschluß von Kohlensäure erhalten bleibt (Arisz),
kommen die Primärprodukte der Assimilation für diese Komplexbildung
nicht in Betracht. Gegen diese Bindungshypothese scheint allerdings zu
sprechen, daß nach Arisz die osmotischen Werte der betreffenden
Gewebe ansteigen, was eine Vermehrung der freien Moleküle erweist;
bei der Komplexheit der ganzen Erscheinung kann es sich aber, wie
Arisz selbst betont, durchaus um eine nur indirekt ausgelöste Anatonose handeln.

Beim Durchdenken solcher Möglichkeiten verdienen auch die jüngsten Erfahrungen über Vitalfärbung, insbesondere Fluorochromierung, Beachtung: Vital-
färbungen kommen im allgemeinen nur dadurch zustande, daß der Farbstoff
gegenüber der Außenlösung angereichert wird. Neben chemischer (Farblack-
Bildung) und pH -abhängiger adsorptiver Bindung (Membran, Plasma) spielen in
der Vakuole auch Polymerisierungen sowie der von Höfler entdeckte Mechanismus der „Ionenfallen" eine Rolle (Strugger, Drawert, Höfler). Einzelheiten
bitte ich Struggerss „Fiat"-Bericht (2) über „Zellphysiologie und Protoplasmatik" zu entnehmen.

Ganze Pflanzen zeigen gegenüber isolierten Wurzelsystemen ein ver-
stärktes Ionen-Aufnahmevermögen, wofür Alberda nicht nur die
Ionenabfuhr im Transpirationsstrom, sondern auch die Zuckerzufuhr
zu den Wurzeln verantwortlich macht. Überhaupt dürfte der Zufuhr
von Assimilaten aller Art (einschließlich Wirkstoffen) im Rahmen der
Wurzelaktivität entscheidende Bedeutung zukommen. Ein Teil dieser
Stoffe tritt sogar ins umgebende Medium über — Lundegårdh und
Stenlid weisen in diesen Wurzelausscheidungen[1] Nukleotide und
Flavonone, Virtanen bei Leguminosen Aminosäuren und andere
organische Stickstoffverbindungen nach — und ist u. a. an der An-
lockung der Mykorhizenpilze maßgeblich beteiligt: Ringelungen und
Abschnürungen der Sprosse vernichten die Mykorhiza (Björkman).
So erweist sich die gesamte Aufnahmetätigkeit der Wurzel in einem
vor kurzem noch kaum geahnten Maße mit dem ganzen übrigen Stoffwechsel verzahnt, was die Analyse einzelner Faktoren naturgemäß sehr
erschwert.

Durch Bennet-Clark und Brauner einwandfrei nachgewiesen
scheint nunmehr eine elektro-osmotische Komponente der Stoff-,
insbesondere Wasserbewegung: Beide Autoren arbeiten mit Salz- und
Zuckerlösungen, welche kryoskopisch auf genau gleiche Konzentration
abgestimmt sind; dabei zeigt sich stets, daß zur Erreichung der
Grenzplasmolyse mit Zucker etwas höhere Konzentrationen
erforderlich sind als mit Salzlösungen; der variationsstatistisch
gesicherte Unterschied beträgt i. a. wenige Prozent (1—2 Atmosphären),

---

[1] Hemmung des Sproßwachstums, Dunkelheit, Unterdrückung der Atmung
sowie Alkalisalze fördern diese Wurzelausscheidungen (Stenlid).

ist in Ca-Lösungen stärker als in K und auch objektweise verschieden[1]. Der Unterschied ist offenbar darauf zurückzuführen, daß die Membranladung über den osmotischen Wert der Zelle hinaus einen zusätzlichen elektro-osmotischen Wassereinstrom bewirkt. Elektrolytlösungen vernichten nun nachweislich durch adsorptive Absättigung dieses zusätzliche Potential (Messungen von STUDENER und DIANELLIDIS), so daß nunmehr der wahre (niedrigere) osmotische Wert der Zellen ermittelt wird. Für diesen Effekt bedarf es übrigens keineswegs der reinen Salzlösungen, sondern genügen bereits schwache Salzzusätze zu Zuckerlösungen. Durch diese gerade in ihrer methodischen Einfachheit vorbildlichen Versuche dürfte aber nicht nur die Tatsache, sondern auch die Größenordnung der elektro-osmotischen Kräfte in der Pflanzenzelle sichergestellt sein. Vorstellungen, welche auf diesem Wege bereits zwischen Cytoplasma und Zellsaft Konzentrationsunterschiede von 10 und mehr Atmosphären erhalten wollen (vgl. Fortsch. Bot. **11**, 150), müssen nach wie vor als unwahrscheinlich gelten. Das betont besonders LEWITT, welcher berechnet, daß Rüben während des Winters ihren gesamten Zucker veratmen müßten, wenn sie zwischen Cytoplasma und Vakuole den von BENNELT CLARK, MASON und PHILLIS u. a. zeitweilig angenommenen Sekretionsdruck erhalten sollten; energetisch möglich erscheinen dagegen nicht-osmotische Potentiale von 1—2 Atm. auf der größeren Strecke zwischen Wurzeloberfläche und Zentralzylinder.

Die unterschiedliche plasmolytische Wirksamkeit von Salz- und Zuckerlösungen zeigt sich nicht erst im Endgleichgewicht, sondern recht eindrucksvoll auch bei der Überführung: Überträgt man in KCl-Lösung von 27,9 atm plasmolysierte Zwiebelzellen in eine Rohrzuckerlösung von 31,6 atm, so erfolgt vorübergehend (für 15—30 min) Ausdehnung, bei Rückübertragung vorübergehend Kontraktion (BENNET-CLARK und BEXON); selbstverständlich argwöhnten die Verfasser dabei zunächst eine unterschiedliche Membrandurchlässigkeit gegenüber den beiden Plasmolytiken, doch bleibt der Effekt auch beim Arbeiten mit isolierten Protoplasten erhalten. — Als methodische Verfeinerung begrüßen wir, daß CURRIER einen Teil seiner grenzplasmolytischen Versuche graphisch in der Weise wiedergibt, daß über der Konzentration das Prozent plasmolysierter Zellen aufgetragen wird: Man erhält dabei S-Kurven und durch Differenzbildung die Streukurve der osmotischen Werte des betreffenden Gewebes. Freilich erfüllte sich dann nicht BENNET-CLARKs Erwartung, daß infolge dieser Streuung nahezu die Hälfte aller Zellen im Preßsaft des eigenen Gewebes plasmolysieren müßte; das verhindert nicht nur der Überdruck, den die Überwindung der Plasma-Adhäsion erfordert, sondern vor allem auch die Turgordehnung, welche bekanntlich O_n (des Preßsaftes) unter O_g liegen läßt.

Gegenstand lebhaftester Erörterung und Hypothesenbildung ist z. Z. die Frage, wie man sich den längst zweifelsfrei nachgewiesenen Einfluß der Atmung auf die Stoffaufnahme im einzelnen vorstellen soll, ob sie irgendwie unmittelbar den Motor darstellt, der die Wanderstoffe dem Konzentrationsgefälle entgegentreibt, oder ob sie nur indirekt für die Abfuhr und Weiterverarbeitung des Aufgenommenen und damit die Erhaltung eines Partialgefälles sorgt. Die erste Auf-

---

[1] Versuche mit nackten Protoplasten u. a. zeigen, daß die Unterschiede nicht durch die naheliegende Fehlerquelle verschiedener Membranpermeabilität vorgetäuscht sind (s. u.).

fassung vertritt vor allem Lundegårdh, der seine Theorie der Anionenatmung (vgl. Fortschr. Bot. **10**, 176) inzwischen weiter präzisiert und
gestützt hat; Robertson hat sich ihm auf Grund einer ganzen Reihe
sorgfältiger Einzeluntersuchungen angeschlossen. Die beiden Autoren
verweisen darauf, daß jede Salz- und nach Robertsons Feststellungen
auch Zuckeraufnahme von einer annähernd proportionalen und gleich
stark temperaturabhängigen Atmungssteigerung (Salz- bzw. Anionenatmung; Zuckeratmung) begleitet ist, welche im Gegensatz zur
„Grundatmung" bereits durch Cyanide vollständig unterbunden wird.
Mit der Narkotisierung dieser Atmung steht auch die „aktive" Stoffaufnahme still· es erfolgt nur osmotischer Konzentrationsausgleich.
Die Cyanidempfindlichkeit spricht dafür, daß dieser Teil der Atmung
über ein Cytochrom-Oxydasesystem läuft. Wahrscheinlich handelt es
sich um eine Eisen-Häminkatalyse, während die Grundatmung eine
Mangankatalyse darstellt. Lundegårdh entwickelt die Vorstellung,
daß im Rahmen des radialen Sauerstoffgefälles der Wurzel das zunächst
dreiwertige Eisen in zweiwertiges reduziert wird und dabei oberflächlich
aufgenommene Anionen im Zentralzylinder wieder abgibt (die Kationen
sollen dann zur Erhaltung des Ladungsgleichgewichts zwangsläufig
nachgezogen werden); die Atmung regeneriert dann das dreiwertige
Eisen.

Den Anhängern einer mehr indirekten Wirkung der Atmung (Steward, Hoagland und Mitarbeiter, Machlis) hat Lundegårdh ein-
geräumt, daß auch er niemals an eine streng chemisch stöchiometrische,
sondern nur eine „semi-quantitative" Beziehung zwischen aerober
Atmung und Anionenabsorption dachte[1] Einen sehr eindrucksvollen
Versuch über die Kompliziertheit, mit der man bei diesen Zusammenhängen zu rechnen hat, teilte Went mit: Eine vollständige, aber nicht
durchlüftete Nährlösung vermag bei Tomate Chlorose und Wachstumshemmung nicht zu verhindern; für optimales Wachstum genügt es aber,
wenn nach Spaltung des Hypokotyls die eine Hälfte des Wurzelsystems
in nichtdurchlüftete Nährlösung taucht, während die andere (auf 10 cm
getrennte) Hälfte in feuchter Luft atmen kann. Nach all dem kann
man der weiteren Entwicklung der von beiden Seiten mit bewunderns-
wertem Scharfsinn und allem experimentellen Raffinement geführten
Diskussion nur mit Spannung entgegensehen. (Ausführlicheres S. 216 ff.)

---

[1] In einer jüngsten Arbeit postuliert nun Lundegårdh (2) doch einen streng
stöchiometrischen Zusammenhang zwischen Ionenatmung und Ionenaufnahme:
Es sollen theoretisch viermal so viel einwertige Anionen aufgenommen als Sauer-
stoffmoleküle veratmet werden ($q_{an} : O_2 = 4$), ein Wert, den Robertson in günstigsten Fällen erreichte; daß praktisch meist viel kleinere Ionenaufnahmen gefunden werden, versucht Lundegårdh so zu erklären, daß neben den von außen
aufgenommenen auch „native" Ionen, insbesondere Karbonationen befördert
werden; auf der anderen Seite glaubt er neben der Grund- und Anionenatmung
nun noch eine „dritte Atmung" (third respiration) entdeckt zu haben, von der
außer abweichender Narkotisierbarkeit noch nichts Näheres bekannt ist. Jedenfalls wird dieser Versuch einer quantitativen Fassung der Zusammenhänge auf die
weitere Forschung stark anspornend wirken.

2. Osmotische Zustandsgrößen; Dürreresistenz.

Zur Terminologie der osmotischen Zustandsgrößen wäre zu berichten, daß im amerikanischen Schrifttum neuerdings am Ausdruck „Saugkraft" nicht nur bemängelt wird, daß es sich bekanntlich der Dimension nach nicht um eine Kraft, sondern einen Druck (Spannung) handelt, sondern auch, daß das Wasser in Wirklichkeit gar nicht angesogen wird, sondern vermöge einer größeren freien Diffusionsenergie einströmt. In strenger Anlehnung an moderne physikalisch-chemische Vorstellungen empfiehlt daher das Physical Methods Commitee der American Society of Plant Physiology die Bezeichnung diffusion pressure (Diffusionsdruck) für osmotischen Wert und diffusion pressure deficit (abgekürzt D.P.D.) für Saugkraft (MEYER, BROYER), während der Ausdruck Turgordruck für den aktuellen Druck beibehalten wird. Obwohl das Komitee diese Bezeichnungen nach sehr gewissenhafter Abwägung aller bisher aufgetauchten Bezeichnungen gewählt hat, wird man im stärker traditionsgebundenen Europa vermutlich an den historischen Bezeichnungen Saugkraft und osmotischer Wert festzuhalten wünschen, schon deswegen, weil man eine Terminologie nicht bei jedem Fortschritt unserer theoretischen Einsicht umzustoßen pflegt; wir scheuen uns ja auch nicht, die Wasserleitbahnen der Pflanzen weiterhin Tracheen zu nennen, obwohl sich die Meinung, es handle sich um den Luftröhren des Menschen, der Tiere und insbesondere der Insekten vergleichbare Bildungen, längst als Irrtum herausgestellt hat.

Einen wirklich fortschrittlichen Gedanken hat BURSTRÖM in die Debatte geworfen, wenn er darauf hinweist, daß die numerische Gleichheit von Wand- und Turgordruck nur für den Gleichgewichtszustand gelten könne, daß dagegen für eine sich dehnende, insbesondere auch eine wachsende Zelle der Turgordruck logischerweise größer als der Wanddruck, bei einer schrumpfenden kleiner angenommen werden müsse[1]. Im Bestreben, den Turgordruck nun auch zahlenmäßig unabhängig vom Wanddruck zu definieren, schlägt er die auf die Wanddehnung hinarbeitende Druckdifferenz Zelle—Umgebung (O—A) vor. Er faßt also den Turgordruck nicht mehr aktuell, sondern potentiell. Die Turgeszenz würde dann nur noch durch den Wanddruck gekennzeichnet, während BURSTRÖMS „Turgordruck" in der plasmolysierten Zelle bei Übertragung in Wasser ein Maximum, in der vollturgeszenten, welche ins Plasmolytikum kommt, ein Minimum darstellt. Es fragt sich deshalb, ob man für diese, zweifellos beachtenswerte Größe nicht zweckmäßiger einen durch seinen unmittelbaren Wortsinn und den bisherigen Sprachgebrauch weniger vorbelasteten neuen Ausdruck einführen sollte.

Bei der gravimetrischen Saugkraftmessung bedeutet die ungleichmäßige Infiltration der Interzellularen eine gefährliche Fehlerquelle; sorgt man im Vakuum für völlige Infiltration, so erhält man die gleichen

---

[1] Daß im übrigen beim Wachstum die Dehnbarkeit der Wand eine größere Rolle spielt als der Turgordruck, zeigen besonders eindringlich die Wurzelhaare mit ihrem trotz allseits gleichem Turgor so örtlich begrenzten Wachstum (BURSTRÖM).

Nullpunkte wie mit der refraktometrischen Methode, welche die Konzentrationsänderungen der Eintauchflüssigkeit (Zuckerreihe) verfolgt (ASHBY und WOLF). Bei solchen gravimetrischen Saugkraftbestimmungen von Rübenscheibchen macht SKENE eine originelle Beobachtung: Trägt man die Gewichtsänderungen über der Konzentration der Außenlösung auf, so wird die Saugkraft bekanntlich durch den Schnittpunkt mit der Abszisse (keine Gewichtsänderung) bestimmt. Meines Wissens noch nicht bekannt, aber einleuchtend ist, daß diese lineare Gewichtskurve beim Grenzplasmolysewert mit scharfem Knick in die Horizontale übergeht, weil beim Eintritt der Plasmolyse keine weitere Schrumpfung erfolgt, sondern an Stelle des weichenden Protoplasten die — offenbar annähernd gleich dichte — plasmolysierende Lösung die Vorräume erfüllt. Dieser von SKENE entdeckte Knick tritt aber innerhalb zweier Stunden nur in Salzlösungen auf, während in Zuckerlösungen das Gewicht auch im hypertonischen Bereich zunächst weiter sinkt, also Schrumpfelung eintritt, und sich der Knick erst nach etwa einem Tag herausbildet. Das bringt Verf. auf den Gedanken, die Volumen- und Gewichtsänderungen abgetöteter Gewebe zur Bestimmung der Wanddurchlässigkeit reiner Zellulosewände zu benützen mit dem Ergebnis, daß der halbe Konzentrationsunterschied bei Salzlösungen bereits in 2—4 Minuten, in Traubenzucker aber erst in 10, in Rohrzucker etwa 20 Minuten ausgeglichen ist. Zellulosewände hemmen demnach die freie Diffusion immerhin um das 40- (Salzlösungen) bis 80fache (Rohrzucker). Der Widerstand ist aber verschwindend gegenüber dem des Plasmas, der gegenüber Glyzerin 1500, gegenüber Rohrzucker bis zu 80000mal größer ist. Immerhin ist der Membranwiderstand gegenüber Zucker so groß, daß die Bestimmung der Wasserpermeabilität des Plasmas durch ihn beeinträchtigt werden kann. Für kutinisierte Wände gelten natürlich andere, höhere Widerstände. Diese Verhältnisse waren natürlich auch bei den oben referierten vergleichenden Salz- und Zuckerplasmolysen BENNET-CLARKs und BRAUNERs zu beachten; ersterer hat sich aber durch Versuche mit isolierten Protoplasten überzeugt, daß die geringere osmotische Wirksamkeit der Zuckerlösungen nicht nur durch Membranwiderstand vorgetäuscht wird.

Eine neue Saugkraft-Meßmethode beschreibt STOCKING: Er spritzt Zuckerlösungen in die Markhöhle von Kürbis-Blattstielen, wo sie sich bald mit der Saugkraft des Gewebes ins Gleichgewicht setzen; ihre Konzentrationsschwankungen können durch tropfenweise Entnahme tagelang mit dem Hand-Zuckerrefraktometer von Zeiß verfolgt werden.

Über eine Reihe neuerer Arbeiten zur Wasserpermeabilität des Protoplasmas soll erst das nächste Mal zusammenhängend berichtet werden.

Über die Fragen der Dürreresistenz liegt an leicht zugänglicher Stelle ein vorzüglicher Sammelbericht STOCKERs (1) vor, der auch unveröffentlichte Darmstädter Dissertationen einbezieht und zum Studium im Original empfohlen sei. Er bringt eindrucksvoll zum Bewußtsein, wie sehr sich unsere Vorstellungen seit der Behandlung der „Xerophyten" im Handwörterbuch der Naturwissenschaften durch den Ref. (1934) verfeinert haben. Die Fortschritte unserer Kenntnisse beziehen sich nicht nur auf die Latenz- und Letalpunkte, bei denen die Lebenstätigkeit eingestellt wird oder überhaupt erlischt und welche nun einschließlich ihrer beträchtlichen modifikativen Anpassungsbreite für zahlreiche Algen, Moose (HÖFLER und Mitarbeiter) und Blütenpflanzen bestimmt sind, sondern vor allem auch auf die feineren plasmatischen Grundlagen der Dürreresistenz. STOCKERs Vorstellungen darüber (2) berühren sich mit denen RUHLANDs und KESSLERs über Frost- und die BOGENs über Hitzeresistenz: Eine aus höherer Viskosität erschlossene „dicht geknüpfte und stabile Struktur des plasmatischen Eiweißgerüstes" wird als „Widerstand gegen den primären Dürreangriff" gewertet. Ganz ähnlich der mechanischen Beanspruchung beim Austrocknen löst auch einfaches Schütteln zugleich mit einer vorübergehenden Verflüssigung (Viskositätsminderung) und Permeabilitätserhöhung des Plasmas Transpirations- und Atmungssteigerung und Assimilationsrückgang aus (GÄUMANN 1942, KAHL). Daß freilich nicht alle Plasmaschädigungen und -Nekrosen derselben Mechanik folgen, lehren erneut und eindringlich HÖFLERs Nekrosefärbungen mit Akridin-Orange: Er stimmt mit STRUGGER darin überein, daß alle lebenden Plasmen in Akridinorange nur grün fluoreszieren und daß alle Plasmen, die den Konzentrations- und Polymerisationseffekt der Rotfluoreszenz zeigen, tot sind; es gelingt ihm aber mit Ammoniaklösungen die Kerne von Zwiebelzellen auch so abzutöten, daß sie weiterhin grün fluoreszieren. Er unterscheidet darnach zwischen Koagulations- und Quellungsnekrosen. Die Weiterbehandlung dieser Grundfragen muß dem Abschnitt „Zellphysiologie und Protoplasmatik" überlassen bleiben.

Ein großes natürliches Dürre-Experiment brachte uns das Trockenjahr 1947, das z. B. die Fichte unterhalb ihrer natürlichen Höhenverbreitung sogar bestandesweise zum Absterben brachte. Neben unmittelbarer Vertrocknung, welche besonders im Wettstreit mit tieferwurzelnden Holzarten, also entgegen sonstiger Erfahrung gerade im Mischwald verstärkt auftrat, erlagen die geschwächten Bestände vielfach dem Hallimasch *(Armillaria mellea)* und dem durch die Wärme katastrophal vermehrten Borkenkäfer als Sekundärschädlingen. Verschiedene Stellen (u. a. das Meteorol. Institut der Forstl. Forschungsanstalt München und der Geographie-Dozent der T. H. Karlsruhe Dr. SCHMITHÜSEN) sind damit beschäftigt, die weit verstreuten Erfahrungen (fast jede Nummer der Allgem. Forstzeitschr. bringt solche) zu sammeln und zu sichten.

Mit dem Problem der Xeromorphie beschäftigen sich erneut MÜLLER-STOLL sowie GESSNER und SCHUMANN-PETERSEN. Beide bestätigen die Angabe von MOTHES, daß Stickstoffmangel die Xeromorphie fördert, Stickstoffgaben sie abschwächen. GESSNER und SCHUMANN-PETERSEN finden außerdem, daß bei N-Mangel die Fähigkeit der Spalten, sich zu öffnen, weitgehend verlorengeht, was zu einer starken Transpirationseinschränkung führt. FILZER kommt auf Grund von Leitflächenmessungen zu der bemerkenswerten Ansicht, daß bereits die erste höhere Landpflanze *Rhynia* infolge der Unvollkommenheit ihres Leitungssystems mit physiologischer Trockenheit zu kämpfen hatte und dementsprechend ausgesprochen xeromorphe Züge aufweist.

3. Wasser- und Stoffaufnahme.

Nachdem die Probleme der aktiven Stoffaufnahme bereits im ersten Abschnitt gewürdigt wurden, soll hier nur noch eine methodisch bemerkenswerte Arbeit von WIERSUM nachgetragen werden, welche sich mit der Permeabilität der Aufnahmeregion der Wurzeln beschäftigt: Verf. spannt etwa 6 cm lange Stücke der Seitenwurzeln von *Vicia faba* so zwischen zwei Behälter A und C (Abb. 35) ein, daß sie vermittels der beiderseits angeschnittenen Gefäße von beliebigen Lösungen durchspült werden können. In einem dritten Behälter B wird die Wurzel von gleichfalls variabeln Außenlösungen umspült und wahlweise mit Luft, CO_2 und Stickstoff belüftet. Auf diese Weise kann sowohl der radiale Eintritt von Stoffen in den Zentralzylinder wie der Austritt aus ihm geprüft werden. Infolge der kniffligen Versuchsanstellung wurde die Durchlässigkeit vorläufig leider nur qualitativ geprüft, wobei sich

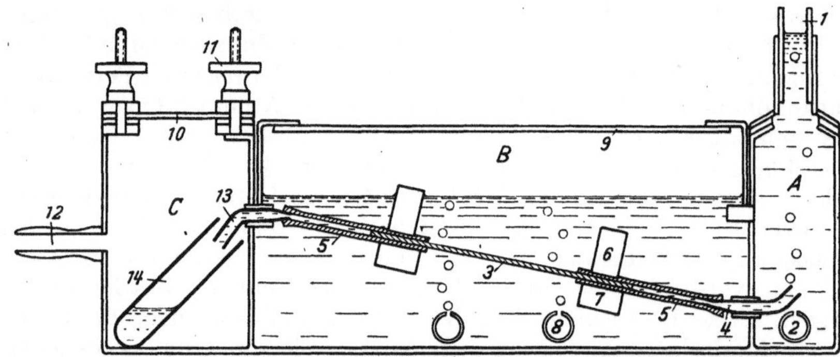

Abb. 35. Schema der Versuchsanordnung von WIERSUM zum Durchspülen von Wurzelstücken (*A* nach *C*) mit beliebigen Lösungen; die umspülende Lösung *B* ermöglicht eine Analyse des radialen Stoffdurchtritts, die Belüftungsrohre (8) eine beliebige Begasung. (Nach WIERSUM.)

die Wurzel unabhängig von der Belüftung (auch in Stickstoffatmosphäre) in beiden Richtungen für Kalium, NO_3, PO_4, Harnstoff und selbst Rohrzucker wegsam erwies. Erst recht gilt nach BREWIGs und neuerdings LUNDEGÅRDHs Feststellungen diese hohe, nicht polarisierte Durchlässigkeit gegenüber Wasser. Unbeschadet der eingangs gekennzeichneten „aktiven" Vorgänge ist demnach die Wurzel als Aufnahmeorgan durch eine hohe und nicht gerichtete Allgemeindurchlässigkeit ausgezeichnet. Dazu paßt auch LUNDEGÅRDHs Feststellung, daß Wurzelhaare in Kochsalzlösungen alsbald deplasmolysieren.

Zur laufenden Messung der Bodenfeuchtigkeit im Gelände bedient man sich nun in Amerika gerne eines elektrischen Widerstandsmessers (WHEATSTONsche Brücke), wie er bei uns zum Messen der Holzfeuchte eingebürgert ist. Da der Leitungswiderstand des Bodens außer von der Feuchtigkeit auch von der Dichte der Lagerung abhängig wäre, werden die Elektroden in einem Gipsblock montiert, der in den Boden vergraben wird und sich mit ihm ins Feuchtigkeitsgleichgewicht setzt (BOUYOUCOS und MICK).

4. Wasserabgabe.

a) Pathogenes Welken und verwandte Erscheinungen. Eine ganze Reihe von Pilzkrankheiten führt unter auffälligen Welkungserscheinungen $\pm$ rasch zum völligen Vertrocknen und damit zum Tode der betroffenen Pflanze. Schon aus dem guten Sammelbericht von HARRIS war hervorgegangen, daß irgendwelche giftige Stoffwechselprodukte das Welken verursachen, da es auch von Kulturfiltraten in gleicher Weise ausgelöst werden kann. LÜDTKE und AHMET hatten schon 1933 einen solchen Welkestoff isoliert. Nachdem nun auf GÄUMANNs Anregung die Chemiker CLAUSON-KAAS und PLATTNER aus *Fusarium*

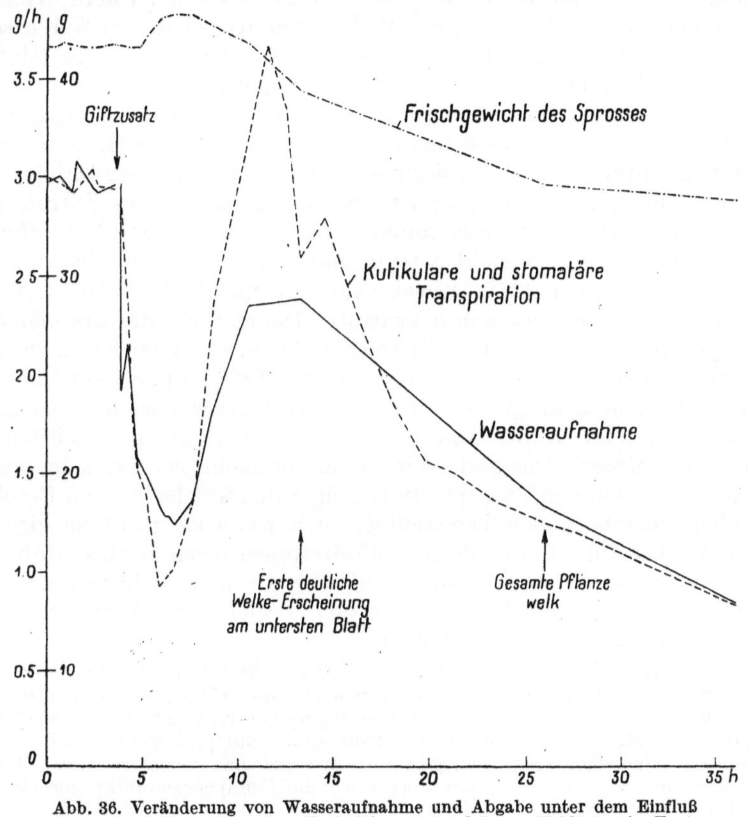

Abb. 36. Veränderung von Wasseraufnahme und Abgabe unter dem Einfluß von 0,01 mol Lycomarasmin. Nach GÁUMANN und JAAG. Erklärung im Text.

lycopersici, dem Erreger der infektiösen Tomatenwelke, einen neuen hochwirksamen Welkstoff, den sie Lycomarasmin nennen, isoliert und als ein Polypeptid $C\,H_{15}O_7N_3$ vom Molekulargewicht 177,3 identifiziert hatten, konnten GÄUMANN und JAAG mit ihrer bereits früher (Fortschr. Bot. **6**, 158; **7**, 199) beschriebenen selbstregistrierenden Versuchsanordnung den Welkevorgang durch Wasserbilanzversuche unter konstanten Pedingungen analysieren (Abb. 36).

Die Versuche wurden mit abgeschnittenen Tomatensprossen durchgeführt, deren Wasseraufnahme gleichzeitig mit der kontinuierlichen Wägung mittels Potometern verfolgt wurde. Dabei zeigte sich nach Verabreichung von 0,01 mol Lycomarasmin zunächst ein rascher Abfall von Wasserabgabe und Aufnahme, dem jedoch nach einigen Stunden ein ganz bedeutender Anstieg zumal der ersteren weit über das anfängliche Maß hinaus folgt. Bald darauf beginnt das Welken, der Blattstiel schrumpft zu einem dünnen Faden, die Blätter rollen sich stark ein, werden schlaff, schwarz, später spröde und dürr.

.Da das Welken bereits bei einem weit höheren Wassergehalt als sonst und in deutlicher Konzentrationsabhängigkeit vom Giftstoff erfolgt — während in 10^{-4} mol Wasserverluste von 43—56% noch kein Welken verursachen, tritt in 10^{-2} mol das Welken bereits bei 18—21% Wasserverlust, nach später mitgeteilten Versuchen sogar im dampfgesättigten Raum ein —, kommen Verff. zu folgender völlig überzeugender Deutung des pathogenen Welkens: Es beruht unmittelbar überhaupt nicht auf einer Störung der Wasserbilanz, sondern auf einer Schädigung und schließlich Tötung des Protoplasmas, welche im ersten Augenblick zu einer Erhöhung, sehr bald aber zu einer Zerstörung seines Filtrationswiderstandes, wie überhaupt seiner semipermeablen Struktur führt. Verff. stützen diese Ansicht weiter dadurch, daß auch ein anderes Pilzgift Patulin, das natürlicherweise gar kein spezifischer Welkstoff ist, ganz dieselben Erscheinungen hervorruft. Damit rückt die Erscheinung ins altbekannte Gebiet der Transpirationssteigerungen beim Abtöten. Beispielsweise hat Ref. schon 1923 für *Sequoja* solche Transpirationssteigerungen mit raschem Vertrocknen nach Aufsaugen von Alkohol oder Einwirkung von Ammoniakdämpfen beschrieben. Angesichts solcher Grenzfälle wird man nunmehr geneigt sein, auch schwächere Grade von Transpirationssteigerung, welche man im Gefolge fast aller Pilzinfektionen beobachtet, auch wenn sie nicht zu eigentlichem Welken führen, auf Permeabilitätssteigerungen zurückzuführen; diese Deutung wird um so wahrscheinlicher, als die anteilmäßig geringe Eigentranspiration der Pilze und grobe mechanische Verletzung als Erklärung ausscheiden (YARWOOD).

In einer Nachtragsanmerkung führen GÄUMANN und JAAG die Analyse der Welkstoffwirkung weiter: In Modellversuchen mit Hühnereiweiß erweist sich Lycomarasmin als Koagulase, welche schon in geringen Konzentrationen Eiweißfällung bewirkt. Darnach ist anzunehmen, daß beim pathogenen Welken zunächst das Wasserbindungsvermögen des Mesoplasmas zerstört wird (Transpirationssteigerung), wenig später aber auch die Semipermeabilität der Grenzschichten (Turgorverlust = Welken).

Angesichts dieser Befunde ist es vollauf begründet, wenn GÄUMANN und JAAG im Einklang mit der eingangs gekennzeichneten allgemeinen Abkehr von allzu einseitig physikalischen Vorstellungen wieder einmal nachdrücklich an die vitale Komponente der pflanzlichen Transpiration — und zwar nicht nur der stomatären! — erinnern; doch liegt ein offenkundiges Mißverständnis vor, wenn Verff. darin einen Gegensatz zu STRUGGERs und ROUSCHALs Feststellungen über den Membranweg des extrafaszikulären Transpirationsstromes erblicken. Gerade die Einsicht in die geringe Durchlässigkeit des lebenden Protoplasmas hat ja die genannten Verff. zur Erkenntnis geführt, daß in vielen Fällen der Membranweg den Locus minoris resistentiae darstellt und daher nach dem FIRCHHOFFschen Gesetz eingeschlagen werden muß. Daß dann der Wegfall des Plasmawiderstandes den physikalischen

Stoffbewegungen viel breitere Bahnen öffnet und zu einer Steigerung der Transpiration führt, ist auch von hier aus nicht überraschend, sondern selbstverständlich.

Bei dieser Gelegenheit mag noch nachgetragen werden, daß die Fortsetzung der selbstregistrierenden Wasserhaushalt-Untersuchungen GÄUMANN und JAAG zur Ansicht führt, daß die Höhe der Transpiration sehr wesentlich vom Nachlieferungsvermögen des Mesophylls mitbestimmt wird, während die Diffusionskapazität der Spalten nur zu wenigen Prozent ausgenützt wird. Modellmäßig hatte sich Ref. mit dieser Frage bereits 1924 S. 85ff. auseinandergesetzt. In vollem Einklang mit dieser Vorstellung steht die originelle Dissertation einer Schülerin FREY-WYSSLINGs E. HÄUSERMANN, welche durch systematische Penetzungsversuche der Blattinterzellularen zur Überzeugung kommt, daß diese allgemein von einer Innenkutikula ausgekleidet sind, was in günstigen Fällen ja auch schon anatomisch nachgewiesen wurde (ARZT, Ber. dtsch. bot. Ges. **51**, 470 [1933]). Auch sonst hat der Anteil des Mesophylls an der Transpiration stärkere Beachtung gefunden: GAGETTI weist rechnerisch darauf hin, daß angesichts der durchschnittlichen Überlegenheit der stomatären über die kutikuläre Transpiration das Transpirationswasser vorwiegend dem Mesophyll entstammen muß, und führt das darauf zurück, daß dessen Gaswechsel einen der Epidermis entsprechenden Membranschutz verbietet; dafür verfüge das Mesophyll über eine bessere plasmatische Resistenz, höhere osmotische Werte, höhere Viskosität und höhere Gehalte an Schleimstoffen (Mukoproteiden im Sinne TONZIGs). TURELL berechnet für die Blätter von *Vinca* eine 8mal, für die von *Nerium* eine 16mal so große innere Interzellularoberfläche, als der äußeren Blattoberfläche entspricht, und weist darauf hin, daß auch bei Sonnen- und Schattenblättern die Transpiration der Oberflächeneinheit in straffer Korrelation zur Interzellularoberfläche steht. THIELKE zeigt im Rahmen ihrer Untersuchungen über panaschierte Blätter mit Hilfe von Kobaltpapier und Aufstieg fluoreszierender Farbstoffe, daß die grünen Flächen etwa doppelt so stark transpirieren als die farblosen, was bei Chimären mit einheitlicher Epidermis die Bedeutung des Mesophylls für die Transpirationsgröße eindrucksvoll erweist.

Der amerikanische Pflanzenschutzdienst hat seit etwa 1930 eine Reihe von Wachs- und Öl-Emulsionen in den Handel gebracht, welche, aufgesprüht, die Transpiration in kritischen Lebensphasen, insbesondere unmittelbar nach dem Verpflanzen, herabsetzen sollen. Wenn sie auch diesen unmittelbaren Zweck erreichen — der Wasserverbrauch sinkt auf 30—70% der Kontrollen —, so sind sie doch keineswegs unbedenklich, sondern führen durch Verschmieren der Spaltöffnungen mindestens zu Assimilationsverlusten, z. T. sogar zu schweren Schädigungen (COMAR und BARR; BARR; MARSHALL und MAKI). Harmloser sind die Schutzüberzüge lagernder Früchte. Daß die kutikuläre Transpiration bei verschiedenem pH quellungsbedingte Schwankungen aufweist, berichtet HÄRTEL; auch Individuen aus verschiedenen Höhenlagen zeigen infolge unterschiedlicher Mizellardichte ungleiche Kutikular-Transpiration.

b) Physik der Transpiration. Auf dem nach der intensiven Bearbeitung um 1930 etwas erschöpften Gebiet der Physik der Transpiration ist eine bemerkenswerte Studie von MARTIN erschienen: Dunkelversuche (zur Ausschaltung des Strahlungseinflusses und der stomatären Transpiration) an Filtrierpapiermodellen und *Helianthus*blättern bei verschiedener Temperatur, relativer Feuchtigkeit und Wind ergeben durch ihren klaren funktionalen Zusammenhang infofern eine Erweiterung der bekannten Verdunstungsformeln, als bei Wind die Verdunstung der Flächeneinheit E der 0,2 ten Potenz der Breite B (quer zum Wind), der 0,3 ten Potenz der Länge L (mit dem Wind) folgt. Bei Gleichheit von B und L oder Windstille geht diese Formel in die bekannte Abhängigkeit von der Wurzel aus der Fläche (STEFANsches Durchmessergesetz) über. Auch die Windgeschwindigkeit W geht nur mit der 0,5 ten Potenz in die Verdunstungsformel ein, die danach folgende Form annimmt ($e - e_0 = $ Dampfdruckdifferenz):

$$E = \text{const} \,(e - e_0) \cdot B^{-0,2} \cdot L^{-0,3} \cdot W^{+0,5}.$$

Die Arbeit enthält auch ein reiches, zu klaren Funktionskurven gefügtes Material über die Untertemperatur der Blätter und Modelle und damit über ihren Wärmeaustausch mit der Umgebung. Dieser wird durch Wind und Temperatur gesteigert, d. h. die einer bestimmten Verdunstung entsprechende Untertemperatur gesenkt, während die relative Feuchtigkeit keinen Einfluß hat, so daß die Untertemperatur bei konstanter Temperatur und Luftbewegung der Transpiration proportional geht. Einer Transpiration bzw. Evaporation von 1 g/dm² · h entsprechen in „Ruhe" 5—8°, bei einer Windgeschwindigkeit von 250 cm/sec nur noch etwa 1,6° Untertemperatur. Auch die bekannte Abhängigkeit des Austausches und damit der Unter- und Übertemperaturen von der Organgröße (kleine Organe entfernen sich viel weniger von der Temperatur der Umgebung) wird durch schöne Modellversuche exakt erfaßt und in ihrer ökologischen Bedeutung gewürdigt.

Für die Flächenreduktion von Transpirationswerten ist es vielleicht bemerkenswert, daß sich Tomatenblätter geometrisch so weitgehend ähneln, daß ihre (einfache) Fläche mit ganz geringer Schwankung gleich 15% des Quadrats der Länge gesetzt werden kann (LYON). Wahrscheinlich gelten für viele Pflanzen ähnlich einfache Beziehungen, was bei Serienbestimmungen die Flächenmessung sehr vereinfachen würde (einmalige Eichung des Flächen-Längenquadrat-Index). Im Gegensatz zu *Helianthus* weist Cacao nur ganz geringfügige tagesperiodische Schwankungen der Blattgröße (unter 1%) auf (GOODALL).

c) Transpiration von Pflanzenbeständen. Das im vorigen Bericht erwähnte Verfahren, den Gaswechsel ausgedehnterer Pflanzenbestände durch Messung des Gasaustausches über ihnen zu bestimmen, hat inzwischen beträchtliche Fortschritte gemacht. Auf der einen Seite hat Ref. sein Versuchsmaterial von 1943 ausgewertet und veröffentlicht [HUBER (1)], auf der anderen Seite hat uns nunmehr auch das an die ersten Versuche von THORNTHWAITE und HOLZMAN anschließende amerikanische Schrifttum erreicht.

Bekanntlich ergibt sich der vertikale Wasserdampfstrom als Produkt aus Wasserdampfgefälle $\times$ Austausch.

Ersteres ermittelte Ref. mit Hilfe von Absorptionsröhren oder eleganter mit Hilfe von Thermoelement-Psychrometern, welche aber nur bei Berücksichtigung der mit der Höhe wechselnden Belüftung einwandfreie Werte liefern. Beim Absorptionsverfahren erweist sich das übliche Chlorkalzium gegenüber warmtrockener Sommerluft als unzureichend. THORNTHWAITE empfiehlt „Alumina", ein kolloidales Aluminiumoxyd, welches durch Erhitzen jederzeit regenerierbar ist; bei uns wird neuerdings gerne Kieselsäuregel verwendet, dessen Wassersättigung bei Zusatz von Kobaltchlorür an Hand des bekannten Farbwechsels sichtbar wird. Um das Ansaugen genau gleicher Luftmengen von beiden Meßstellen zu gewährleisten, hat Thornthwaite eine Quecksilber-Kipp-Pumpe entwickelt, welche abwechselnd an beiden Meßstellen saugt; Einzelheiten sind dem Original zu entnehmen[1].

Der planmäßigen Durchmusterung aller zur Feuchtigkeitsbestimmung verfügbaren Verfahren ist auch die Neukonstruktion eines sinnreichen Taupunktschreibers durch Thornthwaite und Owen zu verdanken: Ein Kupferspiegel wird von einem Gefriergemisch bis zur Betauung abgekühlt, durch eine elektrische Heizung wieder blank; da letztere jedesmal einschaltet, sobald das Spiegelbild einer Taschenlampe infolge Taubildung nicht mehr auf eine Photozelle fällt, und ausschaltet, sobald das wieder der Fall ist, bewegt sich die (registrierte) Temperatur des Spiegels praktisch dauernd auf der Höhe des Taupunktes.

Ein weiteres neues Verfahren, das Thornthwaite und Holzman (2) zunächst laboratoriumsmäßig entwickelten, das „Pfannen-Hygrometer" (pan hygrometer), verfolgt durch Wägung der Verdunstung von genau gleichen Pfannen, welche Flüssigkeiten möglichst verschiedenen Dampfdruckes enthalten (Wasser verschiedener Temperatur oder Wasser und gesättigte Magnesium-Chloridlösung [30% rel. Feuchtigkeit]). Aus dem Verhältnis der beiden Verdunstungen läßt sich, da bei der Differenzbildung fast alle Unbekannten herausfallen, verhältnismäßig einfach die Dampfspannung der Luft, gegen welche die Verdunstung erfolgt, berechnen, und zwar ihr Durchschnittswert für die gewählte Wägungszeit, bei laufender Gewichtsregistrierung auch lückenlos.

Bei der Bestimmung des Austausches mußten sich beide Arbeitskreise vorläufig mit der Messung der Windgeschwindigkeit in zwei Höhen über dem Boden begnügen. Wünschenswert wäre der Einsatz von Albrechtschen Hitzdraht-Anemometern.

Eine anschauliche Vorstellung, wie sich bei solchen Bestimmungen die Größe der Verdunstung als Produkt aus Gefälle und Austausch zusammensetzt, gibt die in Abb. 37 gewählte Darstellungsweise[2], welche die Windgeschwindigkeit (Austausch) als Abszisse, das Wasserdampfgefälle als Ordinate aufträgt. Die Größe des Produktes kann dann an Hand der in die Abbildung eingetragenen Hyperbelschar abgeschätzt werden, welche den relativen Produktwerten 1^2, 2^2, 3^2, 4^2 usw. entspricht. Wir sehen dabei deutlich, daß ein hohes Abend- und z. T. auch Morgengefälle infolge der geringen Windgeschwindigkeit keineswegs einer hohen Verdunstung entspricht. Die höchsten Produkte ergeben sich vielmehr für die Vormittags-, etwas weniger hohe für die Nachmittagswerte, während sich über Mittag die bekannte Depression in einem Verschwinden des Gefälles bei allerdings hoher Turbulenz bemerkbar macht. Da in diesem Fall ein Faktor gegen Null tendiert, ist der Wert des Produktes unsicher. Soweit aber beide Faktoren über der Meßbarkeitsschwelle liegen, ergeben sich nicht nur im relativen Gang, sondern auch in der absoluten Höhe durchaus glaubhafte Verdunstungswerte: bis 0,2 mm/h, bei künstlicher Bewässerung bis 0,44 mm/h auf dem untersuchten Kartoffelfeld.

Während die Versuche des Ref. Juli bis September 1943 liefen, haben die Amerikaner mit nur zweimonatiger Unterbrechung eine vollständige Jahresregistrierung erreicht, welche folgende Zahlen lieferte:

---

[1] Die Eichung solcher Pumpen beschreibt Owen.
[2] Erstmals vorgeführt bei Vorträgen in Upsala und Stockholm September 1948.

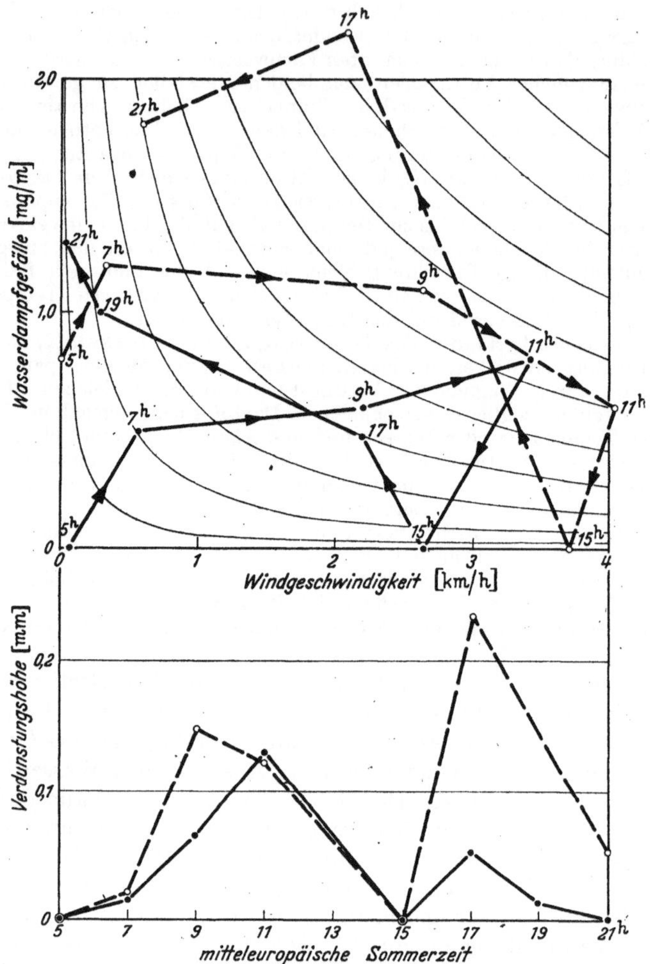

Abb. 37. Oben: Verdunstung eines Kartoffelackers als Produkt von Gefälle (Ordinate) mal Austausch (Abszisse). Nähere Erklärung im Text. Unten: Dieselben Verdunstungswerte (Millimeter pro Stunde) über der Zeit als Abszisse aufgetragen. Mittelwerte der zweiten Julihälfte 1943; die gestrichelte Kurve bezieht sich auf Tage, an denen nachmittags künstlich bewässert wurde.

Niederschlag (N) und Verdunstung (V) in Arlington, Virginia 1939 nach Thornthwaite und Holzman (alle Zahlenangaben in Millimetern).

Monat	N	V	Monat	N	V
Januar	87	12	Juli	55	49
Februar	—	—	August	76	37
März	71	23	September	—	—
April	74	27	Oktober	60	20
Mai	5	42	November . , ...	36	15
Juni	149	62	Dezember	56	14

Summe der zehn Monate: Niederschlag 669 mm, Verdunstung 301 mm.

THORNTHWAITE betrachtet seine Werte als so zuverlässig, daß er bereits erörtert, ob die in die Berechnung eingehende KALMANsche Turbulenzkonstante mit 0,40 oder 0,38 einzusetzen ist; es dreht sich also bereits um die letzten 5% Genauigkeit, ein gewaltiger Fortschritt gegenüber der noch kaum die Größenordnung erfassenden Unsicherheit vor zehn Jahren.

Während sonach an der Durchführbarkeit laufender Verdunstungsmessungen nicht nur grundsätzlich, sondern auch praktisch nicht mehr zu zweifeln ist, hat Ref., der als bisher einziger auch eine Messung des CO_2-Stromes auf demselben Wege versuchte, feststellen müssen, daß hier wesentlich größere methodische Schwierigkeiten zu überwinden sind, weil der Kohlensäurestrom etwa 500mal schwächer ist als der Wasserdampfstrom. Das Gefälle im CO_2-Gehalt bewegt sich daher um wenige Zehntelprozent je Meter und konnte mit den bisherigen Hilfsmitteln nur andeutungsweise erfaßt werden. Angesichts der hohen Bedeutung einer laufenden Produktionskontrolle werden die Versuche aber gerade in dieser Richtung fortgesetzt.

Inzwischen hat uns die Meteorologie ein zweites, kaum weniger elegantes Verfahren zur Bestimmung der Verdunstungsgröße geschenkt, das Wärmehaushaltverfahren ALBRECHTs. Theoretisch liegt schon länger klar, daß die eingestrahlte Energie S teils in den Boden geleitet (B), teils unmittelbar, teils latent in Form von Verdunstung an die Luft geht (L bzw. V). Solange wir von direkter und indirekter Wärmeadvektion (Niederschlag) absehen können, gilt daher die verhältnismäßig einfache „Wärmehaushaltgleichung"

$$S = B + L + V.$$

Aber erst in den letzten anderthalb Jahrzehnten hat besonders das Potsdamer Observatorium unter ALBRECHT die Meßverfahren so verfeinert und zugleich vereinfacht, daß sich die Bestimmungsglieder mit ausreichender Genauigkeit ermitteln lassen.

Die Sonnen- und Himmelsstrahlung wird mit den Pyranometern, bei genügend häufiger Nacheichung am einfachsten mit dem billigen ROBITZSCH-Aktinographen gemessen. Die Bodenleitung muß durch Verfolgung der Bodentemperatur in mindestens zwei Tiefen berechnet werden. Das Restglied $L + V$ ($= S$—B) muß sich zwischen L und V im gleichen Verhältnis verteilen wie Temperatur- und Dampfdruckgefälle.

ALBRECHT hat nun auf dieser Grundlage 1940 den jährlichen und z. T. auch täglichen Gang des Wärmeumsatzes für zwölf ausgewählte Klimastationen der Erde (Wasser und Land, Tropen bis Polargebiete) mitgeteilt. Die durch die Weite der Gesichtspunkte überaus eindrucksvolle Arbeit sollte von jedem ernsten Interessenten im Original studiert werden[1]. Die Verdunstung erscheint in diesen Betrachtungen nur als ein Glied der Gesamtbilanz; die Anschaulichkeit beeinträchtigt es, daß sie nicht direkt bestimmt, sondern nur als Bilanzrest errechnet wird, doch veranschlagt ALBRECHT die Genauigkeit seiner Methoden so hoch, daß die Unsicherheit kaum über 5% des Gesamtumsatzes betragen

---

[1] Von allgemeinen Gesichtspunkten sei erwähnt, daß das Meer im Bereich des Golfstromes (Shetlandinseln) bis zum Doppelten der örtlich zugestrahlten Wärme abzugeben vermag, und daß auch humide Gebiete bei der Kondensation der Niederschläge beträchtliche Energiemengen zugeführt erhalten, welche sie gegenüber Kontinentalgebieten thermisch begünstigen.

dürfte. Die hohe Zuverlässigkeit der Berechnungen ALBRECHTs entnimmt der Botaniker bereits aus der Tatsache, daß im Tagesgang der

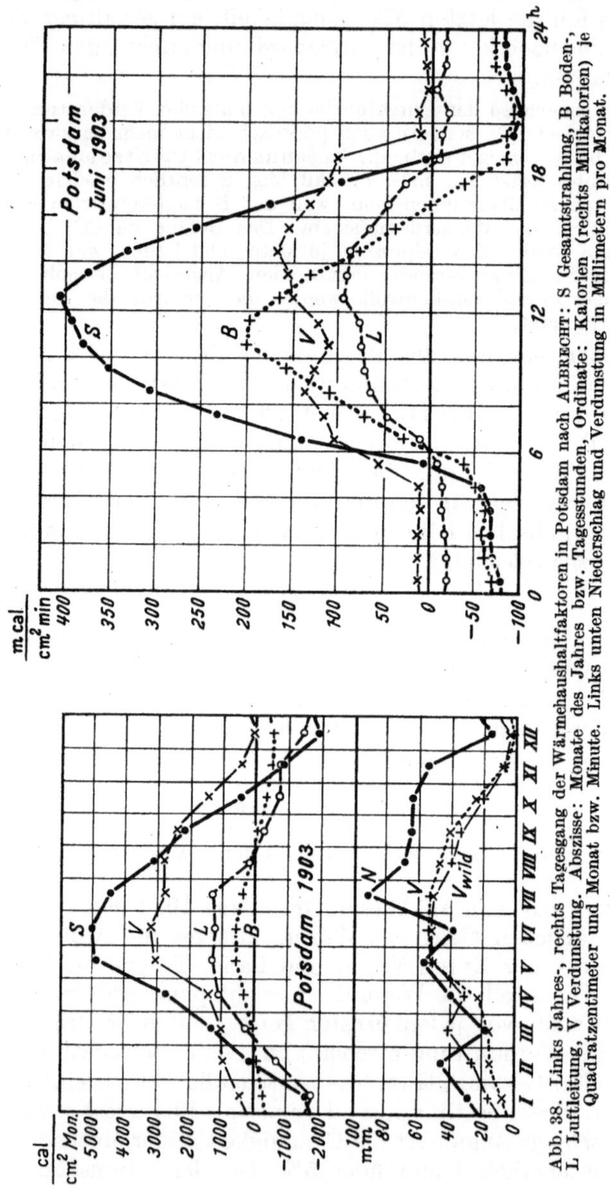

Abb. 38. Links Jahres-, rechts Tagesgang der Wärmehaushaltfaktoren in Potsdam nach ALBRECHT: S Gesamtstrahlung, B Boden-, L Luftleitung, V Verdunstung. Abszisse: Monate des Jahres bzw. Tagesstunden, Ordinate: Kalorien (rechts Millikalorien) je Quadratzentimeter und Monat bzw. Minute. Links unten Niederschlag und Verdunstung in Millimetern pro Monat.

Verdunstung die den meisten Meteorologen unbekannte Mittagsdepression deutlich hervortritt (Abb. 38). Von ALBRECHT beraten und instrumentell unterstützt, hat BERGER-LANDEFELDT im August 1948 am Darß vergleichsweise die Verdunstung einiger Pflanzenbestände

(Calluna-Heide, *Hippophae*-Gebüsch, *Elymus-Ammophila*-Düne) nach der Wärmehaushaltmethode und durch Schnellwägung von Zweigen untersucht und sowohl absolut wie im Tagesgang befriedigende Übereinstimmung gefunden. Man darf der Fortsetzung und ausführlichen Veröffentlichung dieser Versuche mit Spannung entgegensehen.

ALBRECHT selbst hat seine für Potsdam und den Sakrower See bei Potsdam berechneten Verdunstungswerte mit den Aufzeichnungen der WILDschen Verdunstungswaage und eines in Seemitte auf einem Floß verankerten „Verdunstungskessels" verglichen und die Angaben der Waage im Frühjahr 40% zu hoch, im Spätjahr 10% zu klein, die des Kessels zeitweilig fast doppelt so hoch gefunden. Diese groben Abweichungen erklären sich überzeugend aus dem völlig abweichenden Temperaturgang solcher Verdunstungskörper begrenzter Ausmaße, welche das Dampfdruckgefälle entscheidend verändern. Um so notwendiger erscheint der Ersatz dieser unzulänglichen Meßgeräte durch modernere Verfahren!

Nach der „alten" Methode der Schnellwägung und Massenermittlung hat STÅLFELT in mehrjährigen sorgfältigen Messungen den Wasserverbrauch zweier 40jähriger Fichtenbestände verfolgt und auf dem trockeneren Standort zu täglich 60%, auf dem feuchteren zu 82% des Nadelfrischgewichtes im Durchschnitt der Vegetationsperiode bestimmt; das entspricht einer Verdunstung von 221 bzw. 378 mm für die Zeit von Mai bis August. Eine anschließende Diskussion [TRYSELIUS, STÅLFELT (2)] hat auch hier den Wunsch laut werden lassen, solche Zahlen auf grundsätzlich anderem Wege zu überprüfen.

5. Die pflanzlichen Saftströme.

a) Anatomie und Entwicklungsgeschichte der Leitungsbahnen. Wie schon mehrfach betont, ist es für den gegenwärtigen Fragenstand überaus kennzeichnend, daß gerade von der Physiologie her nun überall der Wunsch nach einer wesentlichen Vertiefung unserer anatomischen Kenntnisse der Leitungsbahnen laut wird. Das hat nicht nur bei uns, sondern in noch größerem Umfange in Amerika zu Untersuchungen geführt, welche unsere vorwiegend auf den klassischen Befunden des 19. Jahrhunderts gegründeten anatomischen Vorstellungen wesentlich verfeinern.

Ein souveränes Bild der stammesgeschichtlichen Entwicklung der Tracheen entwirft BAILEY. Nach ihm sind aus den Tracheiden nicht weniger als fünfmal unabhängig voneinander durch verschiedenartige Zellfusionen Tracheen entstanden: bei einzelnen Farnen *(Pteridium)*, *Selaginella*, den *Gnetales* und — wie BAILEY im Hinblick auf einzelne gefäßfreie Typen annimmt — auch unabhängig bei Dikotylen und Monokotylen. Für diese unabhängige Gefäßbildung bei Monokotylen sprechen vor allem die umfangreichen vergleichenden Untersuchungen CHEADLEs (1) (306 Arten aus 34 Familien): Sie zeigen, daß nicht nur zahlreichen monokotylen Wasserpflanzen Tracheen überhaupt fehlen, sondern daß auch zahlreiche Landpflanzen (z. B. *Agave, Dracaena, Cordyline, Yucca, Amaryllis, Acorus)* Gefäße nur in den Wurzeln *(Dracaena* und *Cordyline* auch in den Blättern) besitzen, während das Xylem der Sprosse nur Tracheiden führt. Da auch in allen anderen Monokotylengruppen die Gefäße der Wurzeln am weitesten differenziert erscheinen (höchster Prozentsatz einfacher gegenüber leiterförmigen Gefäßdurchbrechungen), ist anzunehmen, daß die Gefäßbildung der

Monokotylen auch stammesgeschichtlich von den Wurzeln ausgegangen ist; nichts deutet darauf hin, daß den Sprossen die Gefäße erst sekundär durch Reduktion wieder verloren gegangen wären. — Eigentümliche Übergangsbildungen zwischen Tracheiden und Tracheen („offene Tracheiden") beschreibt Lemesle aus der Ipecacuanha-Wurzel *(Rubiaceae)*: Zellen von der Gestalt hofgetüpfelter Tracheiden kommunizieren durch einfache teils end-, teils seitenständige Perforationen mit ihren Nachbarzellen; Ref. kennt ähnliche Bildungen aus dem Holze von *Viscum*, bei welchem sich die Gefäße nicht, wie sonst üblich, bereits auf dem Querschnitt von den übrigen Elementen durch ihre Weite unterscheiden.

Ähnlich umfangreiche Untersuchungen über die Siebröhrenentwicklung der Monokotylen (219 Arten aus 33 Familien) führen Cheadle (2) zu Vorstellungen, die in ihren Grundzügen völlig den vom Ref. für dikotyle Gehölze entwickelten entsprechen (vgl. Fortschr. Bot. 8, 195): Zunächst hat sich auf Anregung von Esau (1) das amerikanische Schrifttum einschließlich der neuesten Lehrbücher (Eames und Mac Daniels) dem Vorschlag des Ref. angeschlossen, wie schon Th. Hartig 1837 zwischen Siebzellen und Siebröhren genau so zu unterscheiden wie zwischen Tracheiden und Tracheen[1]. Als Siebzellen werden dabei jene, im reifen Zustand kernlosen, Phloëmelemente definiert, deren Siebfelder auf allen Wänden den gleichen Grad von Spezialisierung aufweisen. Im Gegensatz dazu zeigen die Siebröhrenglieder eine bevorzugte Perforation der Querwände („Siebplatten"); je gröber ihre Siebung wird, desto mehr nimmt ihre Neigung ab (einfache statt leiterförmiger Platten), desto kürzer werden die Glieder, desto schwächer aber auch die Siebfelderung der Längswände. Während Cheadle bei Objekten mit geneigten Siebplatten in 98% der Fälle auch eine Siebfelderung der Längswände beobachtet, gelingt ihm deren Nachweis bei quergestellten Platten nur noch in rund 50% der Fälle.

Daß im Zuge der Differenzierung Siebplatten und Siebfelder eine divergierende Entwicklung nehmen, die Perforation der Felder abnimmt, wenn die der Platten zunimmt, konnten Huber und Kolbe durch elektronenmikroskopische Untersuchung sicherstellen: Während die Siebtüpfel der Koniferen nach Beseitigung von Plasma und Kallose mit Javellscher Lauge durchschnittlich 0,4 μ weite Siebporen aufweisen, also wesentlich gröber sind als gewöhnliche Plasmodesmen, zeigt *Betula* auf den leiterförmigen Platten 1—2 μ weite Poren, die Siebfelder der Längswände dagegen nur von feinsten (unter 0,1 μ weiten) Plasmodesmensträngen durchsetzt, im übrigen von einer Schließhaut verschlossen.

Übereinstimmung besteht nunmehr auch darüber, daß im jährlichen Bastzuwachs der Bäume ein siebröhrenreicher „Frühbast" vom „Spätbast", welcher in der Regel mehr Parenchym und nur spärlicher feinporigere Siebröhren, bisweilen auch ein terminales Bastfaserband besitzt, ebenso zu unterscheiden ist wie Früh- und Spätholz (Hold-

---

[1] Ref. muß den amerikanischen Autoren recht geben, daß ihr neutraler Ausdruck Siebzellen zweckmäßiger ist als die Hartigsche Originalbezeichnung Siebfasern, bei welcher eine Verwechslung mit (sklerenchymatischen) Bastfasern naheliegt.

HEIDE; vgl. auch Lehrb. d. Bot. für Hochschulen 23./24. Aufl. 1947, S. 113), obwohl HOLDHEIDEs ausführliches Belegmaterial zu dieser Frage infolge des Krieges noch nicht erschienen ist. Schwierig wird die Feststellung des Jahresrhythmus, wenn das Kambium während der Vegetationsperiode mehrmals autonom in der Bildung von Weich- und Hartbast wechselt *(Cupressaceen, Tilia* u. dgl.). Nach HUBER (3) ist dieser autonome Wechsel, der auf ein tropisches Regenwaldklima zurückgehen dürfte, ursprünglich; die jahreszeitliche Bänderung hat sich dann aus der endonomen nachweislich durch sekundäre Vermehrung (Aufspaltung) des Leitungsgewebes im Frühbast entwickelt, während der Spätbast die endonome Rhythmik länger beibehält.

Die jahreszeitliche Differenzierung des Holzkörpers läßt sich nach W. MÜLLER-STOLL an Hand der Lichtdurchlässigkeit von Dünnschnitten mit bisher unerreichter Anschaulichkeit kennzeichnen. Wird diese Lichtdurchlässigkeit im Projektionsbild mit Hilfe von Photozellen gemessen, so lassen sich Früh- und Spätholz objektiv abgrenzen und auch der Dichteunterschied von Spät- zu Frühholz (Wichtekontrast) ermitteln. Er schwankt in den geprüften Fällen zwischen 1,25—1,4 bei *Pinus pinea* und *strobus* und 2,8—3,1 bei *Larix, Pseudotsuga* und *Pinus australis* (Parkettkiefer). Nach demselben photometrischen Verfahren läßt sich die Dichte von Hölzern überhaupt angenähert ermitteln [W. MÜLLER-STOLL (2)].

ESAU (2) hat dem Weinstock, *Vitis vinifera,* dem klassischen Siebröhrenobjekt DE BARYs, eine mit erstklassigen, zum Teil farbigen Mikrophotographien ausgestattete Neu-Untersuchung gewidmet. *Vitis* gehört zu jenen Objekten, deren Siebröhren im ersten Winter provisorisch durch Kallus verschlossen[1], in der zweiten Vegetationsperiode aber nochmals tätig werden, bis die neuen Siebröhren differenziert sind. ESAU veranschaulicht diesen Ablauf durch das in Abb. 39 wiedergegebene Diagramm, welches auch bei der Darstellung anderer rhythmischer Vorgänge nützlich werden kann: In einem Polarkoordinatensystem sind die Monate des Jahres analog den Stunden einer Uhr aufgetragen; der zeitliche Fortschritt wird durch Verlängerung des Vektors angedeutet, so daß sich das zweite Jahr spiralig um das erste legt.

SCHNEIDER untersucht im Hinblick auf Viruserkrankungen die Bastanatomie von Kirsche und Pfirsich *(Prunus avium* und *persica).* Die *Prunus-*Arten sind, wie auch HOLDHEIDE in seinem Rindenatlas beschreibt, dadurch ausgezeichnet, daß das Kambium faszikulär viel rascher Zellen produziert als in den Rindenstrahlen, so daß sich das faszikuläre Gewebe vom Strahl löst und nach außen in

---

[1] Kallusbildung und Siebröhrenkollaps können bekanntlich als das physiologische Gegenstück der Verkernung des Holzes gelten. Zu dieser ist eine bemerkenswerte Arbeit von ZYCHA erschienen, welche zur Überraschung der Forstleute feststellt, daß das berüchtigte „Stocken" lagernden Buchenholzes gar nicht auf Verpilzung beruht, sondern auf Thyllenbildung, welche bei einer bestimmten Luftfüllung der Gefäße einsetzt. — Der Schutz des Kernholzes hat die Aufmerksamkeit der Chemiker geweckt: Aus dem besonders dauerhaften Kernholz von *Thuja plicata* hat ERDTMAN das hochfungizide Thujaplicin, einen Kohlenstoff-7-Ring extrahiert und konstitutionell aufgeklärt (vgl. auch RENNERFELDT). In diesem Zusammenhang sei auch auf die Untersuchungen von BAVENDAMM über die natürliche Dauerhaftigkeit und von H. MÜLLER-STOLL über die fossile Erhaltungsfähigkeit von Hölzern aufmerksam gemacht.

ziehharmonikaartige Falten legt. Andeutungsweise sind solche Wuchsunterschiede auch bei anderen Objekten bekannt *(Fagus, Quercus), Prunus* stellt aber doch das Extrem dieser Entwicklung dar.

Eine eingehende quantitative Untersuchung des Siebröhrensystems verdanken wir A. SCHUMACHER, einer Schülerin W. SCHU-

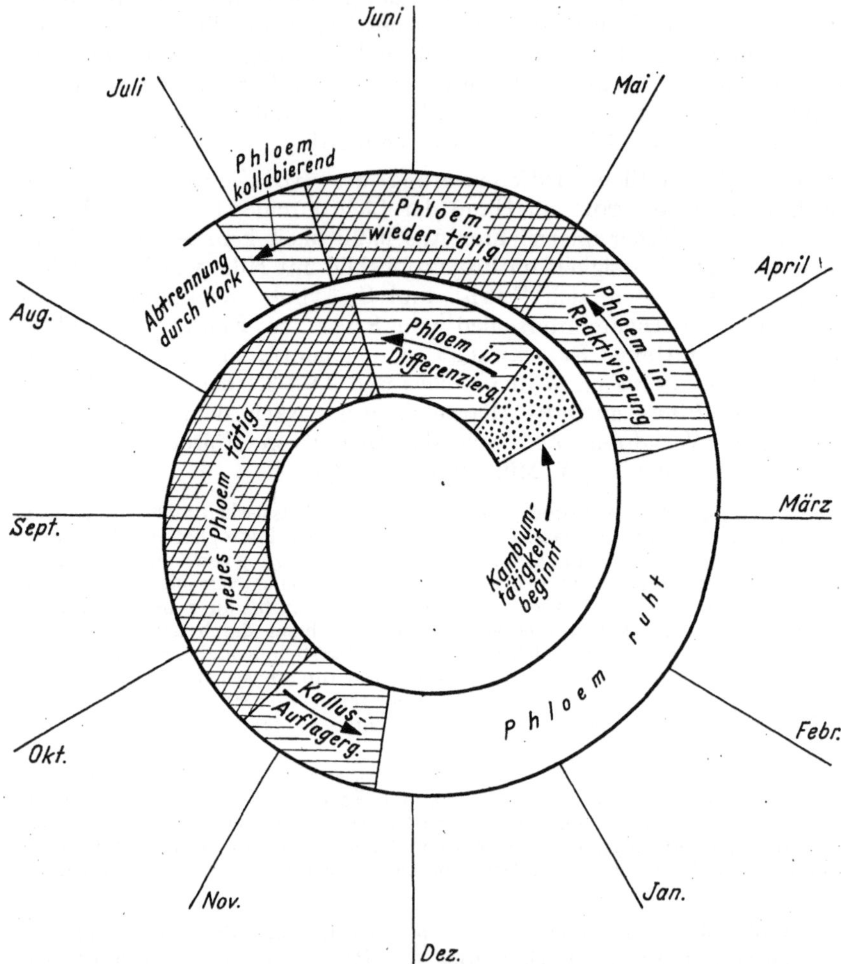

Abb. 39. Schematische Darstellung der jahreszeitlichen Veränderungen im Phloem des Weinstocks (Polar-Koordinaten-System) nach ESAU (2).

MACHERs (vgl. auch diesen): Bei *Bryonia dioica*, bei welcher die Siebröhren besonders gut kenntlich sind, besitzen diese in etwa einem Drittel der Sproßhöhe ihre größte Weite und nehmen von da sowohl sproß- wie wurzelwärts an Größe ab. Die gesamte Querschnittsfläche der Siebröhren wächst bei Einmündung von Seitenachsen ziemlich genau entsprechend, so daß von einer fortschreitenden Verengung der

Bahnen, wie sie MÜNCH vermutete, keine Rede sein kann[1]. Leider bietet ein solches krautiges Objekt keine Möglichkeit, auch die vom Ref. 1939 aufgeworfene Frage zu beantworten, ob denn die basale Querschnittsabnahme einfach der Abnahme des Transportes entspricht oder ob auch die Assimilatleitfläche analog der Holzleitfläche zum Ausgleich der Entfernung weniger ab-, also relativ zunimmt. Verf.in hat aber diese Frage der Geschwindigkeitsverteilung mit Hilfe der Fluoreszeinmethode geprüft und gefunden, daß im großen Durchschnitt, wenn auch keineswegs in jedem Einzelfall, die Wandergeschwindigkeit des Fluoreszeins mit der Weite der Siebröhren zunimmt (von 2 mm je Stunde in den feineren Blattnerven bis zu 50 cm/h in den weitesten Röhren des Hauptsprosses). Sie deutet das im Sinne SCHUMACHERs so, daß die weiteren Siebröhren eine relativ kleinere Plasmaoberfläche besitzen; da aber auch die POISEULLEsche Massenströmung so stark von der Weite der Elemente abhängt, kommt der interessanten Beobachtung in der Streitfrage der Bewegungsmechanik keine entscheidende Bedeutung zu.

Neben dem Zustand der fertigen Leitbahnen hat auch ihre ontogenetische Entwicklung eingehende Untersuchung erfahren. Der Anstoß ging von dem durch BUDER und seine Schule wieder aufgegriffenen Problem der Differenzierung am Vegetationspunkt (Tunica-Corpus-Problem) aus. Seit 1940 sind allein im American Journal of Botany über ein Dutzend sorgfältige Einzeluntersuchungen von Sproßvegetationspunkten, besonders von Gymnospermen, erschienen, von denen die von CROSS, FOSTER und WETMORE besonders hervorgehoben seien. Entsprechende Untersuchungen der Wurzelvegetationspunkte verdanken wir vor allem WILLIAMS sowie v. GUTTENBERG und seiner Schule. Die Verfolgung der weiteren Differenzierung lenkte die Aufmerksamkeit naturgemäß bald auf die durch vorwiegende Längsteilungen und — am nicht aufgehellten Präparat — stärker färbbares Plasma frühzeitig hervortretenden Prokambium-Stränge und ihre weitere Entwicklung. I. a. eilt die Entstehung des für die Versorgung des Vegetationspunktes wichtigen Phloems der des Xylems um mehrere Plastochrone voraus, ersteres schiebt sich auch stets kontinuierlich im Anschluß an bereits differenziertes Phloem apikal vor, während das Xylem besonders in den Blättern und Seitenachsen vielfach zunächst isoliert entsteht und erst nach und nach durch gleichzeitige akro- und basipetale Ausdehnung Anschluß an die älteren Hauptleitbahnen findet (Abb. 40).

Der Übergang von dem auf dem Querschnitt durch unregelmäßig wabiges Zellgefüge gekennzeichneten Zustand des „Prokambiums" zur strengen tangentialen Reihung des „Kambiums" vollzieht sich gleitend; die radiale Reihung seiner Abkömmlinge wird holzseitig meist früher

---

[1] MÜNCHs Druckstromhypothese erfordert freilich nicht diese fortschreitende Verengung der Bahnen, sondern nur die — zweifellos vorhandene — Abnahme des Siebröhrenquerschnitts gegenüber der Gesamtfläche des Assimilationsgewebes; wir werden aber im folgenden sehen, daß auch andere Teile der speziellen MÜNCHschen Hypothese — nicht aber die Massenströmungstheorie — mit neueren Feststellungen nicht mehr vereinbar sind.

bemerkbar als bastseitig. Ähnlich schwierig ist angesichts der Unbeständigkeit histologischer Kennzeichen eine scharfe Abgrenzung der entwicklungsgeschichtlichen Begriffe „Protoxylem" (Zentrum der Holzbildung noch vor Beginn des Streckungswachstums, durch dieses später zerrissen) und „Metaxylem", primäres und sekundäres Xylem (vor und nach Abschluß des Streckungswachstums) und der entsprechenden Stadien der Phloem-Entwicklung. Zu diesen Fragen muß auf den umfassenden und wohlabgewogenen Sammelbericht ESAUs (1) verwiesen werden, welche - die einschlägigen Fragen selbst beim *Linum*-Sproß eingehend untersucht hat [ESAU (3); vgl. auch FREY-WYSSLING (2)].

Zur Ontogenie der Tracheen zeigen die schönen Mikrophotographien von ESAU und HEWITT, daß die Querwände keineswegs etwa im Zuge der Gefäßerweiterung zerrissen werden, sondern diese noch voll mitmachen, ja sogar Sekundärlamellen anlagern; erst in einem relativ späten Stadium erfolgt durch einen noch nicht geklärten Chemismus die Durchbrechung.

Über solche sorgfältige Beschreibungen hinaus werfen die experimentellen Eingriffe WARDLAWs einiges Licht auf die entwicklungsmechanischen Bedingungen der Gewebedifferenzierung am Vegetationspunkt: Er vollführt am freigelegten Sproßscheitel von Farnen mannigfache Einschnitte und stellt fest, daß sich daraufhin das Prokambium völlig unabhängig von der ursprünglichen Differenzierung stets in einem bestimmten Abstand von der neugeschaffenen Oberfläche differenziert. Seine Lage wird demnach verhältnismäßig spät durch Milieubedingungen (Sauerstoffspannung? Azidität?) induziert. Solche Befunde warnen erneut vor einer Überschätzung fest abgegrenzter „Histogene".

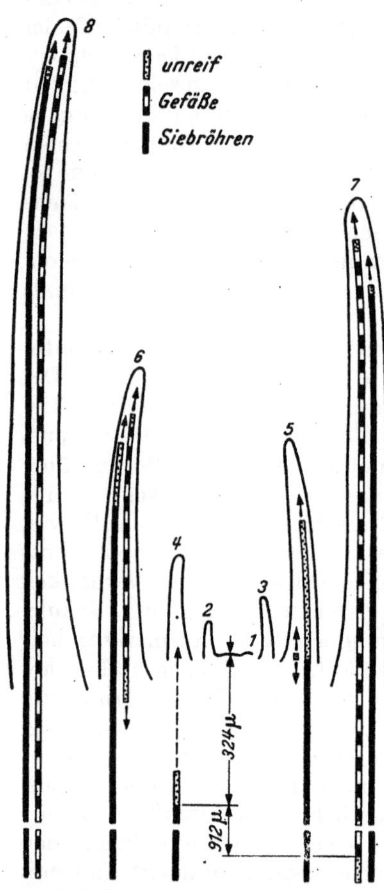

Abb. 40. Schema der Leitbündel - Differenzierung am Vegetationspunkt von Nicotiana nach ESAU: Die Differenzierung des Phloems eilt der des Xylems voraus.

Außer den eigentlichen Fernleitbahnen haben aber auch die übrigen Etappen des Wanderweges sorgfältige Untersuchungen erfahren, ist doch der Schwerpunkt der physiologischen Problematik ganz eindeutig in den extrafaszikulären Bereich gerückt. Eine ganze Reihe von Forschern hat die Entstehung der Wurzelhaare gefesselt (BLOCH,

CORMACK und SINNOT, BÜNNING, BOYSEN-JENSEN): Sie gehen bei Gramineen nach typisch inäqualer (differenzieller) Teilung nur aus jeder zweiten Epidermiszelle, den „Trichoblasten" hervor, welche dafür eine geringere axiale Streckung erfahren (um die Wurzel laufen auf diese Weise ringförmig wechselnd Zonen stärkerer und schwächerer Längsstreckung). BÜNNING berichtet auch, daß Haare bevorzugt in solchen Epidermiszellen entstehen, unter denen mehrere Zellen der Wurzelrinde zusammenstoßen, was auf Weiterleitung auf dem Membranweg deutet. Je nach Wahl der Nährlösung läßt sich die Bildung der Haare fördern, hemmen oder völlig unterdrücken (letzteres durch Zusatz von $CaSO_4$). LUNDEGÅRDH hat die Bildung der Wurzelhaare beim Weizen sogar im Rotlicht gefilmt und dabei das ganz örtliche Membranwachstum eindrucksvoll festgehalten.

ROSENE hat das Kunststück fertiggebracht, mit Hilfe des Mikromanipulators „Mikropotometer" von 30—60 μ Weite an einzelne Wurzelhaare von *Raphanus* anzusetzen und so die Wasseraufnahme einzelner Wurzelhaare zu messen. Sie liegt mit 12—180 μ/h in derselben Größenordnung, wie sie Verf.in früher mit gröberen Potometern für haarfreie Zwiebelwurzeln bestimmt hatte. Die absolute Größe der Aufnahme steigt nicht proportional der eintauchenden Fläche an; Verf.in deutet das wohl fälschlich als bevorzugte Aufnahme der Haarspitze, in Wirklichkeit dürfte einfach die Transpirationssaugung begrenzend wirken, so wie auch die Oberflächenvergrößerung durch die Wurzelhaare die Aufnahme der Oberflächeneinheit verkleinert.

Gleichfalls durch Potometer haben übrigens KRAMER, HAGWARD u. a. festgestellt, daß auch die bereits verkorkten Wurzelteile eine gar nicht unbeträchtliche Wasseraufnahme zeigen. Nach Farbstoffversuchen dienen dabei — von gelegentlichen Wunden abgesehen — sowohl die Lentizellen wie die Durchbruchstellen der bekanntlich endogen entspringenden Seitenwurzeln als Wassereintrittsstellen. Der Erscheinung dürfte für die Erhaltung der winterlichen Wasserbilanz eine gewisse Bedeutung besitzen, weil um diese Zeit die Neubildung von Saugwurzeln ruht.

Um ein entwicklungsmechanisches Verständnis der Endodermis bemüht sich VAN FLEET, der mit allerlei Indikatoren hier eine erhöhte Oxydasetätigkeit feststellt. Aus der unterschiedlichen Ausbildung in Wurzel und Sproß, bei Land- und Wasserpflanzen (im Sproß haben nur letztere eine lückenlos ausgebildete Endodermis) schließt er, daß die Ausbildung dieser die Stele von der physiologisch so tiefgreifend verschiedenen Rinde trennenden Scheide erheblich vom Sauerstoffspiegel beeinflußt sein dürfte (vgl. dazu auch die oben erwähnten Versuche von WARDLAW!). Die Endodermis der Laubfarne *(Filicales)* ist durch goldgelbe Fluoreszenz ausgezeichnet (LUHAN). Im übrigen sei auf den Sammelbericht v. GUTTENBERGs über „Physiologische Scheiden" verwiesen.

Wieder aufgerollt wurde auch die Frage, wieweit in Wurzel und Sproß innerhalb der Endodermis ein besonderer Perizykel vorhanden ist und ob dieser entwicklungsgeschichtlich der Stele oder der Rinde angehört [ESAU 1943 (1)]. Auf dieselbe Frage stieß Ref. bei einer Neuuntersuchung des Transfusionsgewebes der Kiefernnadel: Bei einer räumlichen Untersuchung der fertigen Nadel erwies sich dieses eigentümliche Gewebe als viel komplizierter aufgebaut, als bisher bekannt war. Den beiden Saftströmen entsprechend, bilden sowohl Transfusionstracheiden wie Transfusionsparenchym in sich geschlossene räumliche Systeme. Beide treten in der Hauptsache in radialen Platten auf, und zwar ist die Zahl dieser Platten insgesamt doppelt so groß als die der Endodermiszellen. Die Parenchymplatten sitzen dabei normalerweise der Mitte, die Tracheidenplatten den verholzten Radialwänden der Endodermis auf (Membranweg!), doch wird diese Regel durch zahlreiche „Brückenzellen" verwischt, welche die Plattensysteme räumlich vernetzen. Anschließende entwicklungsgeschichtliche Untersuchungen meiner Schülerin Lossos zeigten, daß das tunikalose Korpus der Koniferen durch eine Folge kambiumartig einwärts wandernder perikliner Teilungen aus der Urhaut nacheinander Hypoderm, Palisaden, Endodermis und meist auch noch Transfusionsgewebe (Perizykel) abspaltet, während aus einer oder wenigen Zellen des „Urmesophylls" die Leitbündel hervorgehen. Transfusionsparenchym und -Tracheiden gehen aus gemeinsamen Mutterzellen hervor und werden erst in einem späten Stadium unterscheidbar.

Die funktionelle Prüfung des Transfusionsgewebes mit fluoreszierenden Farbstoffen bestätigt im wesentlichen das anatomisch Erschlossene, doch zeigte es sich, daß es neben dem frühzeitig erkannten Hauptzugang zu den Leitbündeln an den Flanken (Tracheidensaum DE BARYS, STRASBURGER-Zellen) noch bisher übersehene „Durchlaßzellen" im Sklerenchymschirm gibt.

Bei den Angiospermen macht die Dichte der Nervatur ein Gegenstück zum Transfusionsgewebe der Gymnospermen überflüssig. Auch diese Blattnervatur ist erneut morphologisch und funktionell überaus eingehend untersucht worden (WYLIE, PLYMALE und WYLIE): Von der Gesamtlänge der Nervatur kommen bei 70 untersuchten Dikotylen nur 4—7% auf die Hauptnerven 1.—3. Grades, über 90% auf die feinere Nervatur; erstere nimmt 7%, letztere 13% der Blattfläche ein und verdrängt somit das Assimilationsgewebe von rund einem Fünftel der Blattfläche. Das eigentliche Leitgewebe nimmt dabei neben Parenchym und Sklerenchym kaum ein Viertel des „Nerven"-Querschnitts ein. Farbstoff- und Resektionsversuche erweisen die hohe Leistungsfähigkeit dieses dichten Verkehrsnetzes: Auch nach Durchtrennung der meisten Hauptnerven kann fast jede Stelle des Blattes wochenlang auf Nebenwegen versorgt werden, ohne daß es zu Absterbefeldern kommt; nur die Überquerung lahmgelegter Hauptnerven bereitet Schwierigkeiten. Wo dagegen wie etwa im Stengel von *Eupatorium* die Bündelsysteme durch hohe primäre Markstrahlen völlig getrennt verlaufen, welken beim Durchtrennen des einen Strangs alle zugehörigen Blätter, weil die Saugkräfte den hohen Parenchymwiderstand des primären Markstrahls nicht zu überwinden vermögen (MER).

b) Physiologie der Saftströme. Im Streit um die Mechanik der Assimilatwanderung ist BAUER eine entscheidende Beobachtung gelungen: Während die Fluoreszeinwanderung in den Siebröhren bisher nur nachträglich an Schnitten überprüft wurde, verfolgt er nun bei *Bryonia* die Wanderung selbst. Dabei zeigt sich immer wieder, daß die Spitze des Leuchtstromes in der Mitte der Siebröhre vorrückt, wie das bei einer Massenströmung nach dem POISEULLEschen Gesetz zu erwarten ist; schon in geringem Abstand hinter der Spitze wird aber wenig später das Fluoreszein vom plasmatischen Wandbelag weggespeichert. Damit hat sich die vom Ref. und besonders von ROUSCHAL ausgesprochene Deutung bestätigt, daß das Plasma für das Fluoreszein gar nicht die primäre Wanderbahn, sondern nur einen Ort sekundärer Speicherung darstellt. Die auf Grund einer Fülle von Indizien postulierte Massenströmung in den Siebröhren ist zum erstenmal unmittelbar beobachtet worden[1].

Auf der anderen Seite ist — wie kaum anders zu erwarten — auch die Massenströmungslehre in manchen Punkten über die erste spezielle Fassung der MÜNCHschen Druckstrom-Hypothese hinausgewachsen. So hat, wie schon eingangs angedeutet, RÖCKL die Angabe von PHILLIS u. MASON bestätigen können, daß die Assimilate nicht auf der ganzen Strecke ihrer Wanderung einfach dem Konzentrationsgefälle folgen, sondern zunächst auf dem Wege von den Blattpalisaden bis zu den Siebröhren irgendwie angereichert werden; jedenfalls steigen die osmotischen Werte bereits von den Palisaden zu den Sammelzellen und weiter über die Gefäßbündelscheide zu den Siebröhren an; der Siebröhrensaft erwies sich in allen prüfbaren Fällen als kräftiges Plasmolytikum für die eigenen Blattpalisaden. Die feinere Mechanik dieser „aktiven" Bewegung ist noch aufzuklären. Die Arbeiten von BAUER und RÖCKL sind eine schöne Frucht der jahrelangen Kontroverse zwischen den Anhängern von MÜNCH und SCHUMACHER, welche beide Seiten immer wieder zur Verfeinerung ihrer Beobachtungen anspornte.

Die Virusforschung hat auch weiterhin manches Bemerkenswerte zum Verständnis der Assimilatwanderung beigetragen. So hat KÖHLER seine hier (11, 162) bereits referierten Untersuchungen über die Ausbreitungsgeschwindigkeit des X-Virus nun auch auf die Parenchymwanderung ausgedehnt und diese unvergleichlich langsamer gefunden als den Massentransport im Phloem: sie beträgt nur 0,1—0,3 mm pro Tag gegen einige Dezimeter je Stunde in den Leitbahnen. Sicher ist dabei, „daß die Viruspartikel viel zu groß sind, um die Mikrokapillaren der Zellwände zu passieren"; das Virus ist vielmehr bei seinem Vordringen ganz auf die Plasmodesmen angewiesen, wobei noch unentschieden ist, ob es diese durchwächst oder auf dem Wege der Diffusion durchsetzt. FRIEDRICH-FREKSA hält angesichts der kurzen Strecke aufGrund von Berechnungen auch letzteres für möglich.

Das umfangreiche amerikanische Schrifttum über Virustransport hat uns kürzlich ESAU durch ein zweites Sammelreferat in „Bot. Review" vermittelt. Am bemerkenswertesten scheint mir, daß sich nun ziemlich klar zwei Gruppen pflanzlicher Viren unterscheiden lassen,

---

[1] Gegen die Massenströmungslehre hatte SCHUMACHER noch kürzlich die neue Beobachtung ins Feld geführt, daß in abgeschnittenen Blättern das Fluoreszein in den Siebröhren auch dann bis zum Schnittrand vordringt, wenn die Schnittfläche durch Kakaobutter verschlossen und damit eine Massenverschiebung ausgeschlossen ist; man wird der ausführlichen Veröffentlichung dieser durch Kriegseinwirkung nicht zur Ausgabe gelangten Arbeit (Jb. Bot. 1944) mit Interesse entgegensehen.

eine „yellow group", welche $\pm$ auf Phloem beschränkt bleibt, und die **Gruppe der Mosaikviren**, welche sich auch im Parenchym ausbreiten. Ein dritter Typ wurde erst 1947 von HOUSTON, ESAU u. HEWITT entdeckt: PIERCEs Krankheit des Weinstockes und von *Medicago sativa* (Zwergwuchs der Luzerne) erwies sich als erste Viruskrankheit, **bei der Infektion und Ausbreitung zunächst in den Gefäßbahnen (Xylem)** erfolgt. Die Infektion besorgen Heuschrecken und Schaumzikaden[1], die durch ihre hohe Flüssigkeits-Exkretion auffallen (bis 2,5 cm³ täglich; Herkunft aus dem Tracheensaft anatomisch sowie durch Farbstoffversuche erwiesen). Die hohe Ausbreitungsgeschwindigkeit des Virus entspricht der des Transpirationsstromes. Als erste Symptome zeigen sich Gummi-Verstopfung der Gefäße, doch tritt das Virus nach einem noch nicht geklärten Mechanismus später auch ins Parenchym, also aus dem Apoplasten in den Symplasten über. Demselben Typ dürften auch die „phony disease" der Pfirsichwurzeln und die „psorosis" von *Citrus* angehören.

Zu den Überraschungen der Virusforschung gehört auch die Feststellung, daß *Cuscuta* **Viruskrankheiten von Wirt zu Wirt übertragen kann**. Seit BENNET 1940 diese Tatsache sicherstellte, ist die Erscheinung mehrfach untersucht worden, zum Teil schon aus dem praktischen Grund, weil sich auf diesem Wege Virosen auf Wirtspflanzen übertragen lassen, welche von den üblichen Überträgern aus der Insektenwelt nicht angenommen werden. 1944 hat dann BENNET noch einmal zusammenfassend darüber berichtet [vgl. auch ESAU (1) 1948]. Der erste Eindruck, daß die Virusübertragung vom Schmarotzer auf den Wirt einen klaren Fall einer Viruswanderung entgegen dem Assimilatstrom darstelle, hat sich bei eingehendem Studium nicht bestätigt; die Viruswanderung erweist sich vielmehr auch in diesem Falle als deutlich gerichtet: Läßt man *Cuscuta* von 10 gesunden Pflanzen (a) über kranke (b) wieder auf gesunde (c) weiterwachsen, so werden alle c-, aber nur eine von 10 a-Pflanzen infiziert. Die Viruswanderung erscheint daher apikal sehr stark gefördert, was auch Fütterungsversuche mit Heuschrecken bestätigen. Unter diesen Umständen ist es am wahrscheinlichsten, daß **die Infektion bereits beim Fußfassen des Haustoriums** erfolgt, während welchem dieses zweifellos noch vom Schmarotzer her mit Nährstoffen versorgt werden muß. Der letzte Schritt der Infektion könnte dann auf dem Parenchymwege erfolgen, wobei ESAUs Färbepräparate erneut eine Plasmodesmenverbindung zwischen Schmarotzer und Wirt wahrscheinlich machen. Für diesen Parenchymweg spricht auch der Umstand, daß Infektionen Schmarotzer—Wirt nur sehr langsam (nach Wochen) und meist nur in kleinen Hundertsätzen erfolgen.

Zum Stoffaustausch zwischen Wirt und Schmarotzer berichten HOLDSWORTH und NUTMAN sowie v. DENFFER übereinstimmend, daß sowohl Cuscuta wie Orobanche je nach der Wirtspflanze und übereinstimmend mit dieser das eine Mal im Langtag, das andere Mal im Kurztag zur Blüte kommen können, also offenbar das Blühhormon — das im Falle eines Fremdbezugs richtiger als Blüh-

---

[1] Briefliche Mitteilung von ESAU.

Vitamin zu bezeichnen wäre — vom Wirt beziehen. Ökologisch ist diese Anpassung an die Lebensrhythmik des Wirtes zweifellos zweckmäßig.

Radioaktive Indikatoren haben auf unserm Gebiet die von mancher Seite etwas überspannten Erwartungen nicht ganz erfüllt, sondern bisher im wesentlichen nur Bekanntes bestätigt. In der Präzision der Lokalisierung können selbst Kontakt-Radiographien (vgl. Fortschr. Bot. 11, 152) mit fluoreszierenden Farbstoffen nicht wetteifern; vor allem besteht bei der erforderlichen langen Expositionszeit (bis zu 24 Stunden) die Gefahr nachträglicher radialer Stoffverschiebungen, zumal Strahlungsschädigungen des Plasmas die Permeabilität pathologisch erhöhen. Die Pionierarbeit von COLWELL verdient aber gerade wegen dieser kritischen Abwägung der Fehlerquellen volle Würdigung; hoffentlich können die durch den Wehrdienst des Verf. unterbrochenen Versuche bald fortgesetzt werden!

Für die Größe der Transportleistung des Assimilatstromes haben CRAFTS und LORENZ den bekannten Beispielen ein weiteres sehr instruktives angefügt: Ein auf 10 kg Frischgewicht anwachsender Kürbis nahm in 4 Wochen um 800 g Trockensubstanz zu. Damit diese durch die nur 10 mm² betragende Querschnittsfläche der Siebröhren zuströmen kann, bedarf es bei einer Massenströmung einer Stundengeschwindigkeit von 160 cm, wenn man mit einer Zucker-Konzentration von 10% rechnet, bei 20% 80 cm; ein Transport im plasmatischen Wandbelag würde mindestens 10 m Stundengeschwindigkeit erfordern: „Solche Untersuchungen können die tatsächliche Mechanik nicht entscheiden, sie müssen aber bei jedem Erklärungsversuch in Rechnung gestellt werden".

Schließlich verdienen noch ein paar Sonderfälle von Stoffverschiebungen hervorgehoben zu werden: Bei tropischen Orchideen kann nach GESSNER die heranwachsende Frucht wochenlang vom Labellum mit Wasser, Kohlehydraten und organischen Stickstoffverbindungen versorgt werden, wobei letzteres einen auffallenden Farbwechsel durchmacht (Anthokyanbildung). — OEHLKERS benützt den Transpirationsstrom erfolgreich, um Blütenknospen von *Oenothera* das mutationsauslösende Äthylurethan + KCl zuzuführen. Ähnliche Bemühungen sind auch im Pflanzenschutz im Gange (Einführung von Fungiziden in den Transpirationsstrom). — Die Untersuchungen von MOTHES, HIEKE u. a. haben bekanntlich gezeigt, daß die Nikotinsynthese in der Wurzel der Tabakpflanze stattfindet. Da Nikotin mit Bromcyan eine lebhaft fluoreszierende Additionsbindung eingeht, konnten FREY-WYSSLING und SCHMID fluoreszenzoptisch nachweisen, daß das Nikotin in der Wurzelrinde entsteht und dann durchs Xylem in den Sproß wandert.

Literatur.

ALBERDA, TH.: Rec. Trav. bot. néerl. 41, 541 (1948). — ALBRECHT, F.: Wiss. Abh. Reichsamt f. Wetterdienst VIII/2 (1940). — ARISZ, W. H.: Proc. Nederl. Akad. Wetensch. (Amsterdam) 48, 420 (1945); 50, 1019 und 1235 (1947); 51, 25 (1948). — ASHBY, E., u. R. WOLF: Ann. of Bot. 11, 261 (1947).
BAILEY, I. W.: Amer. J. Bot. 31, 421 (1944). — BARR, C. G.: Plant Physiol. 20, 86 (1945). — BAUER, L.: Planta (Berl.) 37, 221 (1949). — BAVENDAMM, W.: Mitt. Reichsinst. ausl. u. kolon. Forstw. Nr. 7 (1944). — BENNET-CLARK, T. A., u. D. BEXON: New Phytol. 45, 5 (1946). — BERGER-LANDEFELDT, U.: (1) Forschg. u. Fortschr. 25, 83 (1949). — (2) Planta 37, 6 (1949). — BJÖRKMAN, E.: Sv. bot. Tidskr. 38, 1 (1944). — BLOCH, R.: Amer. J. Bot. 34, 580 (1947). — BOGEN, H. J.:

Planta (Berl.) **36**, 298 (1948). — Bouyocos, G. J., u. A. H. Mick: (1) Soil Sci. **63**, 255 (1947); (2) Plant Physiol. **23**, 532 (1948). — Boysen-Jensen, P.: Physiol. Plant. **1**, 156 (1948). — Brauner, L.: Rev. Fac. Sci. Univ. Istanbul B **10**, 1 (1945). — Brauner, L., u. M. Hasman: Ebenda **11**, 1 (1946); **12**, 210 (1947). — Bünning, E.: Entwicklungs- und Bewegungsphysiologie der Pflanze. Berlin 1948. — Bünning, E., u. H. Sagromski: Z. Naturforsch. **3**b, 203 (1948). — Burström, H.: (1) Ann. Landw. Hochsch. Schwedens **10**, 1 (1942). — (2) Physiol. Plant. **1**, 57 und 124 (1948). — Burström, H., u. A. Krogh: Sv. bot. Tidskr. **41**, 17 (1947). — Cheadle, V. I.: (1) Amer. J. Bot. **29**, 441 (1942); **30**, 484 (1943); **31**, 81 (1944). — (2) Ebenda **28**, 623 (1941); **35**, 129 (1948). — Clauson-Kaas, N., u. Pl. A. Plattner: (1) Helv. chim. Acta **28**, 188 (1944). — (2) Experientia **1**, 195 (1945). — Clauson-Kaas, N., Pl. A. Plattner u. E. Gäumann: Ber. schweiz. bot. Ges. **54**, 523 (1944). — Collander, R.: (1) Plant Physiol. **16**, 691 (1941). — (2) Acta bot. fenn. **29** (1941). — (3) Naturwiss. **30**, 484 (1942). — Colwell, R. N.: Amer. J. Bot. **29**, 798 (1942). — Comar, C. L. u. C. G. Barr: Plant Physiol. **19**, 90 (1944). — Cormack, R. G. H.: Amer. J. Bot. **31**, 443 (1944); **32**, 490 (1945). — Crafts, A. S., u. O. A. Lorenz: Plant Physiol. **19**, 131 u. 326 (1944). — Cross, G. L.: Amer. J. Bot. **27**, 471 (1940); **28**, 573 (1941); **29**, 288 (1942). — Currier, H. B.: Amer. J. Bot. **31**, 378 (1944).

Denffer, D. v.: Biol. Zbl. **67**, 175 (1948). — Dianellidis, Th.: Phyton **1**, 7 (1948). — Drawert, H.: Z. Naturforsch. **3**b, 111 (1948).

Eames, A. J., a. L. H. MacDaniels: An Introduction to Plant Anatomy. 2. Edit. New York and London 1947. — Eaton, F. M.: Amer. J. Bot. **30**, 663 (1943). — Esau, K.: (1) Bot. Rev. **5**, 373 (1939); **9**, 125 (1943); **14**, 413 (1948). — (2) Hilgardia **18**, 217 und 423 (1948). — (3) Amer. J. Bot. **29**, 738 (1942); **30**, 248 und 579 (1943). — Esau, K., u. W. M. B. Hewitt: Hilgardia **13**, 229 (1940).

Filzer, P.: Biol. Zbl. **67**, 13 (1948). — Fleet, D. S. van: Amer. J. Bot. **29**, 1 u. 747 (1942). — Foster, A. S.: Amer. J. Bot. **26**, 372 (1939); **27**, 487 (1940), **28**, 557 (1941); **30**, 56 (1943). — Frey-Wyssling, A.: (1) Ber. schweiz. bot. Ges. **51**, 321 (1941). — (2) Ber. dtsch. bot. Ges. **58**, 166 (1940). — (3) Vjschr. naturforsch. Ges. Zürich **92**, 188 (1947). — Friedrich-Freksa, H.: Z. Naturforsch. **2**b, 34 (1947).

Gagetti, A.: Lavori Istit. Bot. Milano, Gola-Festschr. 413 (1947). — Gäumann, E.: Z. Bot. **38**, 225 (1942). — Gäumann, E., u. O. Jaag: Ber. schweiz. bot. Ges. **49**, 178 u. 555 (1939); **57**, 5, 132 u. 227 (1947). — Gäumann, E., u. O. Jaag, R. Braun: Experientia **3**, 70 (1947). — Gessner, F.: Biol. Zbl. **67**, 457 (1948). — Gessner, F., u. M. Schumann-Petersen: Z. Naturforsch. **3**b, 36 (1948). — Goodall, D. W.: Ann. of Bot. **11**, 449 (1947). — v. Guttenberg, H.: (1) Planta (Berl.) **35**, 360 (1947). — (2) Physiolog. Scheiden. Handbuch der Pflanzenanatomie I/2 (1943).

Hagward, H. E., W. M. Blair u. P. E. Skaling: Bot. Gaz. **104**, 152 (1942). — Harris, H. A.: Phytopathology **30**, 625 (1940). — Härtel, O.: (1) Protoplasma **37**, 350 (1943). — (2) Sber. Akad. Wiss. Wien **156**, 57 (1947). — Häusermann, E.: Ber. schweiz. bot. Ges. **54**, 541 (1944). — Herzog, Th., u. K. Höfler: Hedwigia **82**, 1 (1944). — Hieke, K.: Planta (Berl.) **33**, 185 (1943). — Hoagland, D. R.: Lectures on inorganic nutrition of plant. Chron. Bot. N. s. **1948**. — Höfler, K.: (1) Ber. dtsch. bot. Ges. **60**, 94 (1942). — (2) Sber. Akad. Wiss. Wien **156**, 585 (1947). — (3) Mitt. Pharm. Forsch.-Inst. Wien. **1**, 23 (1948). — Holdheide, W.: (1) Forstwiss. Cbl. **66**, 43 (1944). — (2) Mikrophotogr. Atlas mitteleurop. Rinden (in Vorbereitung). — Holdsworth, M., u. P. S. Nutman: Nature **160**, 223 (1947). — Huber, B.: (1) Sber. Akad. Wiss. Wien **155**, 97 (1947). — (2) Planta (Berl.) **35**, 331 (1947). — (3) Sv. Bot. Tidskr. **43**, Heft 2/3 (1949). — Huber, B., u. R. W. Kolbe: Sv. bot. Tidskr. **42**, 364 (1948).

Jacobsen, L., u. R. Overstreet: Amer. J. Bot. **34**, 415 (1947).

Kahl, H.: Diss. Darmstadt 1944. — Köhler, E.: (1) Phytopath. Z. **15**, 24 (1944); (2) Z. Naturforsch. **2**b, 29 (1947). — Kramer, P. J.: Plant Physiol. **21**, 37 (1946).

Lemesle, R.: Rev. gén. Bot. **54**, 138 (1947). — Levitt, J.: Plant Physiol. **22**, 514 (1947); **23**, 505 (1948). — Lossos-Heimerdinger, G.: Diss. München 1948. — Luhan, M.: Sber. Akad. Wiss. Wien **156**, 1 (1947). — Lundegårdh, H.: (1) Ark. Bot. **31** A, No. 2 (1943); **32** A, No. 12 (1945); **33** A, No. 5 (1947). — (2) Lantbrukshögskolans Ann. **16**, 372 (1949). — LUNDEGÅRDH, H., u. H. BURSTRÖM: Sv. Lantbrukshögskolans Ann. **12**, 51 (1944). — LUNDEGÅRDH, H., u. G. STENLID: Ark. Bot. **31** A, No. 10 (1944). — LUTTKUS, K., u. R. BÖTTICHER: Planta (Berl.) **29**, 325 (1939).

MACHLIS, L.: Amer. J. Bot. **31**, 183 (1944). — MARSHALL, H., u. T. E. MAKI: Plant Physiol. **21**, 95 (1946). — MARTIN, E.: Carnegie Inst. Wash. Publ. Nr. **550** (1943). — MCDERMOTT, J. J.: Amer. J. Bot. **32**, 570 (1945). — MER, C. L.: Ann. of Bot. **12**, 169 (1948). — MEYER, B. S.: Plant Physiol. **20**, 142 (1945). — MOTHES, K. u. K. HIEKE: Naturwiss. **31**, 17 (1943). — MÜLLER-STOLL, H.: Senckenbergiana **28**, 67 (1947). — MÜLLER-STOLL, W.: (1) Planta (Berl.) **35**, 225 u. 397 (1947). — (2) Forstwiss. Cbl. **68**, 21 (1949).

OEHLKERS, F.: Biol. Zbl. **65**, 176 (1946). — OVERBEEK, J. VAN: Amer. J. Bot. **29**, 677 (1942). — OVERSTREET, R., u. L. JACOBSEN: Ebenda **33**, 107 (1946). — OWEN, J. C.: Science **97**, 99 (1943).

PLYMALE, E. L., u. R. B. WYLIE: Amer. J. Bot. **31**, 99 (1944).

RALEIGH, G. J.: Plant Physiol. **21**, 194 (1946). REINDERS, D. E.: Rec. Trav. bot. néerl. **39**, 1 (1942). — RENNERFELT: (1) Sv. Bot. Tidskr. **37**, 83 (1943). — (2) Physiol. Plant. **1**, 245 (1948). — ROBERTSON, R. N. u. Mitarb.: Austral. J. exper. Biol. a. Med. Sci. **19**, 265 (1941); **22**, 237 (1944); **23**, 63 u. 305 (1945); **25**, 1 (1947); **26**, 189 (1948). — RÖCKL, B.: Planta (Berl.) **36**, 530 (1949). — ROSENE, H. F.: (1) Amer. J. Bot. **31**, 172 (1944). — (2) Plant Physiol. **18**, 588 (1943); **19**, 170 (1944).

SCHMID, H.: Diss. Zürich 1947. — SCHNEIDER, H.: (1) Bull. Torrey bot. Club **72**, 137 (1945). — (2) Phytopathology **35**, 610 (1945). — SCHUMACHER, A.: Planta (Berl.) **35**, 642 (1948). — SCHUMACHER, W.: Naturwiss. **34**, 176 (1947). — SINNOTT, W. u. R. BLOCH: Amer. J. Bot. **26**, 625 (1939); **33**, 587 (1946). — SKENE, M.: Ann. of Bot. N.S. **7**, 261 (1943). — SLANKIS, V.: Physiol. Plant. **1**, 278 (1948). — STÅLFELT, M. G.: Kgl. Lantbruksakad. Tidskr. **83**, 425 (1944); **86**, 308 (1947). — STENLID, G.: (1) Sv. Lantbrukshögskolans Ann. **14**, 301 (1947); (2) Physiol. Plant. **1**, 185 (1948). — STEWARD, F. C.: Ann. of Bot. N.s. **7**, 89 u. 221 (1943). — STILES, W. u. A. D. SKELDING: Ann. of Bot. N.s. **4**, 329 u. 673 (1940); **8**, 149 (1944). — STILES, W., u. K. W. DENT: Ebenda **10**, 203 (1946). — STOCKER, O.: (1) Naturwiss. **34**, 362 (1947); (2) Planta (Berl.) **35**, 445 (1948). — STRUGGER, S.: (1) Naturwiss. **31**, 181 (1943) u. **34**, 362 (1947). — (2) Fiat Review **52**, 1 (1948). — STUDENER, O.: Planta (Berl.) **35**, 427 (1947).

THIELKE, CH.: Planta (Berl.) **36**, 2 (1948). — THORNTHWAITE, C. W. (1): Trans. amer. geophys. Union **1941**, 429. — (2) Proc. 2. Hydraulics Conf. Bull. **27** (1943). — THORNTHWAITE, C. W., u. B. HOLZMANN: (1) Trans. amer. geophys. Union **1940**, 510. — (2) U.S. Dep. Agricult. Techn. Bull. **817** (1942). — (3) U.S. Dep. Agricult. Yb. **1941**, 545. — THORNTHWAITE, C. W., u. J. C. OWEN: Monthley Weather Rev. **68**, 315 (1940). — TRYSELIUS, O.: Kgl. Lantbruksakad. Tidskr. **85**, 468 (1946). — TURELL, F. M.: Bot. Gaz. **105**, 413 (1944).

VIRTANEN, A. J.: Biol. Rev. **22**, 239 (1947).

WARDLAW, W. C.: (1) Ann. of Bot. N. s. **7**, 171 u. 357 (1943); **8**, 173 u. 387 (1944); **9**, 217 u. 383 (1945); **10**, 97 (1946). — (2) Biol. Rev. **20**, 100 (1945). — (3) Phil. Trans. B **232**, 343 (1947). — WENT, F. W.: Plant. Physiol. **18**, 51 (1943). — WETMORE, R. H.: Torreya **43**, 16 (1943). — WIERSUM, L. K.: Rec. Trav. bot. néerl. **41**, 1 (1948). — WILLIAMS, B. C.: Amer. J. Bot. **34**, 455 u. 592 (1947). — WILSON, K.: Ann. of Bot. N.s. **11**, 91 (1947). — WYLIE, R. B.: Amer. J. Bot. **30**, 273 (1943).

YARWOOD, C. E.: Amer. J. Bot. **34**, 514 (1947).

ZYCHA, H.: Forstwiss. Zbl. **67**, 80 (1948).

13. Mineralstoffwechsel.

Von HANS BURSTRÖM, Lund (Schweden).

Die überaus reiche Literatur dieses Gebietes kann innerhalb eines engen Rahmens auch nicht einigermaßen vollständig berücksichtigt werden. Es muß vielmehr eine strenge Auswahl vorgenommen und die Darstellung auf gewisse Probleme von allgemeinerem Interesse beschränkt werden. Zusammenfassende Literaturübersichten für die Jahre 1942—1947 von ARNON (1), RICHARDS (2), CHAPMAN, LUNDEGÅRDH (6) und BURSTRÖM (5) sind in Annual Review of Biochemistry erschienen. An monographischen Bearbeitungen verschiedener Abschnitte liegen u. a. folgende vor: von HOAGLAND über Mineralstoffernährung im allgemeinen, unter besonderer Berücksichtigung der Arbeiten seines Institutes, über Spurenelemente von BRENCHLEY (1) und STILES sowie über Ionengehalt und Pflanzenqualität von BEESON. Kürzere Übersichten über Probleme und Literatur der Ionenaufnahme sind von OSTERHOUT (2) und WANNER (4) veröffentlicht worden. COLLANDER hat Zahlenwerte über Salzspeicherung zusammengestellt; fast ausschließlich Arbeiten mit Algen und Gewebescheiben sind berücksichtigt worden. Zu erwähnen ist schließlich eine Neubearbeitung (1948) der fast vollständigen Bibliographie über Spurenelemente, herausgegeben von Chilean Nitrate Educational Bureau mit etwa 10000 Besprechungen.

Mechanismus der Ionenaufnahme.

Ein wichtiger Fortschritt ist, daß die Behandlung der Ionenaufnahme endgültig von der klassischen Permeabilitätsforschung getrennt worden ist; nur OSTERHOUT (1) hat in einer neueren Arbeit eine Molekülpermeabilität, auf der Lipoidtheorie fußend, verfochten. Ähnliche Gedankengänge findet man in einer rein theoretischen, thermodynamischen Deduktion von ROSENBERG, die zu dem Ergebnis geführt hat, daß eine Aufnahme entgegen einem Konzentrationsgefälle nur mit Hilfe eines Trägers möglich ist, der den aufzunehmenden Stoff bindet. Diese Verbindung muß größere Affinität zu der hypothetischen Plasmamembran besitzen als die Komponente und soll entlang einem Konzentrationsgefälle in die Zelle hineindiffundieren. Voraussetzung für eine Ionenaufnahme wäre, daß an der Zellenoberfläche enzymatisch Stoffwechselprodukte gebildet werden, die ein nach innen gerichtetes Diffusionspotential erhalten. Solche Oberflächenreaktionen sind zwar nachgewiesen worden [MYRBÄCK und VASSEUR, BURSTRÖM (1)], aber die Ausführung berücksichtigt nicht den experimentell nachgewiesenen Zusammenhang der Ionenaufnahme mit den Adsorptions- und Redox-Potentialen, worauf sich die landläufigen Vorstellungen über Ionenaufnahme und Ionenspeicherung gründen.

Sonst besteht Einigkeit darin, daß der erste Schritt der Ionenaufnahme in einem Austausch an der Plasmaoberfläche von H^+ und OH^--Ionen gegen Kat- und Anionen des Nährmediums besteht. Jene entstehen durch Dissoziation der amphoteren Zytoplasmabestandteile. Zufolge der vorwiegend sauren Dissoziation des Plasmas dominiert der Kationenaustausch [LUNDEGÅRDH (4)]. Dies stellt die erste Phase der Ionenaufnahme dar. In der darauffolgenden Phase werden die Ionen durch das Plasma transportiert und in der Vakuole sezerniert, was die eigentliche Ionenspeicherung darstellt. Diese Phase ist an den aeroben Stoffwechsel geknüpft. Ein solcher zweistufiger Aufnahmeverlauf ist in verschiedenen Modifikationen für allerlei Pflanzenmaterial von LUNDEGÅRDH (5), HOAGLAND, HOAGLAND und BROYER, ARISZ (1), JACOBSON und OVERSTREET (1), WOODFORD und GREGORY, ROBERTSON (2), ROBERTSON und WILKINS, HOLM-JENSEN, KROGH und WARTIOVAARA nebst STILES und DENT angenommen worden.

Dieser erste Schritt bedeutet eine nicht-metabolische Ionenbindung, durch die Ladungsverhältnisse reguliert und einem Donnan-Gleichgewicht widerstrebend [LUNDEGÅRDH (4), vgl. OSTERHOUT (2)]. Der Kationenaustausch ist unter Zuhilfenahme radioaktiver Isotopen studiert worden, was eine Verfolgung binnen kurzer Zeitabschnitte ermöglicht. Solche Untersuchungen liegen vor von HOLM-JENSEN, KROGH und WARTIOVAARA für K* und Na*, WERNSTEDT für Pb* und OVERSTREET und JACOBSON für Rb*. Sie haben im Prinzip das obige Bild bestätigt. Der Austausch verläuft schnell nach einer Gleichgewichtslage [STILES und DENT, OVERSTREET und JACOBSON, ROBERTSON (2)] und wird von einer langsameren Aufnahme gefolgt, die als die weitere Beförderung von Ionen in die Zelle gedeutet wird. Daß der erste Schritt nicht-metabolischen Charakter hat, geht daraus hervor, daß er auch in N_2-Atmosphäre fortgehen kann [LUNDEGÅRDH (4)], sowie daß er von der Temperatur unabhängig ist [ROBERTSON (2)]. Die Kationenbindung erweist sich unter geeigneten Bedingungen als reversibel (SCOTT, KROGH, OVERSTREET und JACOBSON u. a.), was ihre Eigenschaft als einfachen Austausch hervorhebt. Ein Kationenaustausch in Bakterien ist von McCALLA und RANDLES und BIRKELAND nachgewiesen worden.

Im Gegensatz hierzu werden Anionen nach Angaben von STILES und DENT und von OVERSTREET und JACOBSON mit konstanter Geschwindigkeit aufgenommen, und das Phosphation laut diesen Autoren fast irreversibel. JACOBSON und OVERSTREET (1) erhielten dagegen mit Sr* und I* einen Austausch beider Ionen gegen inerte derselben Art in der Außenlösung. Es handelt sich jedoch hier wahrscheinlich um einen Austausch zwischen Isotopen eines Elements und nicht um eine Nettoabgabe von Ionen.

Die Erklärung für das verschiedene Verhalten von An- und Kationen liegt nach LUNDEGÅRDH (4) in dem anionischen Charakter des Zytoplasmas, der eine Bindung von Kationen begünstigt, während die

Anionen durch die Mitwirkung des aeroben Metabolismus der Anionenatmung in die Zelle befördert werden [vgl. Fortschr. Bot. 10, 176 (1941)]. Andere Forscher (vgl. unten) verwenden für denselben Prozeß den Ausdruck Salzatmung, der ebenso berechtigt sein dürfte. Die schwankenden Benennungen dürften kaum zu Mißverständnissen führen können. Der grundsätzliche Unterschied in der Aufnahme von An- und Kationen ist durch Bestimmungen von WANNER (2) über die Temperaturkoeffizienten der Aufnahme von K, NH_4 und Mg einerseits, Cl und NO_3 andererseits gestützt worden. Es wurde fast durchweg ein höheres Q_{10} für Anionen als für Kationen erhalten. Über ähnliche Ergebnisse berichten JACOBSON und OVERSTREET (1). $Q_{5-25}°$ betrug in ihren Versuchen für Sr 1.5 und für I 7.8. Tote Wurzeln nahmen beide Ionenarten mit einer Geschwindigkeit auf, die der bei 0° nahe kam. Solche Beobachtungen können zwar nicht beweisen, aber doch wahrscheinlich machen, daß chemische Umsetzungen bei der Aufnahme der Anionen eine größere Rolle spielen als bei der der Kationen. ROBERTSON (2) hat gezeigt, daß die langsamere zweite Phase der Ionenaufnahme im Gegensatz zu der ersten temperaturabhängig ist und ein Q_{10} von 2—2.1 besitzt, also unbedeutend niedriger als das der Respiration.

Der innige Zusammenhang zwischen Ionenaufnahme und Respiration ist in mehreren neueren Arbeiten bestätigt worden; es sei auf die von LUNDEGÅRDH (4), HOAGLAND und BROYER und besonders auf die wertvollen Untersuchungen von ROBERTSON und Mitarbeitern verwiesen [ROBERTSON (1, 2), ROBERTSON und TURNER, ROBERTSON und THORN, ROBERTSON, TURNER und WILKINS, MILTHORP und ROBERTSON nebst ROBERTSON und WILKINS]. Diese Forscher fanden sowohl für Wurzeln als auch für Gewebescheiben eine Zunahme der Atmung bei Salzzufuhr. Nach ROBERTSON und THORN ist diese Erhöhung auch reversibel und geht bei Entfernung der Salze aus der Außenlösung langsam zurück. Sie steht deshalb nicht mit dem an und für sich hohen Gehalt der Gewebe an Ionen in Verbindung, sondern mit dem Aufnahmevorgang oder der Speicherung der Ionen. In Anlehnung an LUNDEGÅRDH meinen deshalb ROBERTSON und Mitarbeiter, daß diese Salzatmung von der Grundatmung verschieden ist.

Die Ansicht LUNDEGÅRDHs, daß diese Anionen- oder Salzatmung sich von der Grundatmung durch ihre Empfindlichkeit gegen Hämingifte wie HCN und Azid unterscheidet, ist durch Beobachtungen von MACHLIS (2), VIETS sowie ROBERTSON und TURNER und ROBERTSON, TURNER und WILKINS bestätigt worden. Zusammen mit der Atmung wird die Ionenaufnahme oder die Ionenspeicherung unterdrückt. Die Grundatmung erweist sich aber als gegen die erwähnten Gifte weitgehend unempfindlich. Die Annahme HOAGLANDs, daß die Atmungssteigerung nur den Ausdruck einer nicht-spezifischen Beschleunigung des Stoffwechsels bildet, dürfte kaum stichhaltig sein. Die Ergebnisse sprechen eher zugunsten der Ansicht LUNDEGÅRDHs (4), daß die Anionenatmung durch ein Häminsystem, wahrscheinlich ein Cytochrom-Cytochrom Redox-System katalysiert wird, während die Grundatmung anderer Natur sei.

Seine Theorie der Anionenatmung hat LUNDEGÅRDH (2,4) zu einem vollständigen Schema der gesamten Ionenaufnahme entwickelt. Er hat dabei als erster eine Theorie aufgestellt, die mit der Mehrzahl der gegenwärtigen Erfahrungen im Einklang steht und die Speicherung von Anionen und Kationen gleichzeitig befriedigend zu erklären vermag. In der ersten Phase der Ionenaufnahme werden die Anionen an der Zelloberfläche (dem Außen-Niveau) an Plasmabestandteile gebunden. Der weitere Transport nach innen geschieht durch Vermittlung eines Cytochrom-Redoxsystems, in dem wie üblich ein reversibler Übergang von Fe^{2+} und Fe^{3+} ineinander angenommen wird. Dies wird durch Überführung von Elektronen bewirkt. Am Tonoplast (dem Innen-Niveau) werden die Anionen freigemacht, an die Vakuole abgegeben und dort gespeichert. Das zufolge Sauerstoffzufuhr von außen her höhere Oxydationspotential am Außen-Niveau bewirkt einen Elektronenstrom vom Innen- nach dem Außen-Niveau. Es gehen in dieser Richtung Elektronenwellen. In dem Maße wie die Eisenatome durch Elektronenabgabe dreiwertig werden, vermögen sie ein Anionenäquivalent zu binden, und dieses wandert dem Elektronenstrom entgegen, dadurch daß an den Fe^{3+}-Atomen ein Austausch von Elektronen und Anionen stattfindet. Die Übertragung von Elektronen bedeutet aber eine Redoxreaktion, die als Anionenatmung zutage tritt. In entsprechender Weise sollen Kationen durch einen Austausch mit H^{+}-Ionen der Zytoplasmabestandteile wandern. Am Innen-Niveau neutralisieren An- und Kationen einander beim Übertritt in die Vakuole.

Voraussetzung für solch einen Mechanismus ist, daß die Bahnen der An- und Kationenwanderung voneinander getrennt gehalten werden, was mit den Vorstellungen über die Struktur des Plasmas vereinbar sein soll. Eine Äquivalenz zwischen An- und Kationenaufnahme ist nicht erforderlich. Normalerweise entsteht infolge des Verbrauchs von Anionen im Metabolismus ein Kationenüberschuß am Innen-Niveau. Dieser Überschuß wird durch HCO_3^{-} oder organische Säuren ausbalanciert (COOIL). In Weizen und Gerste entsteht Äpfelsäure in dem Kationenüberschuß äquivalenten Mengen [ULRICH (1), BURSTRÖM (2)]. Die Säureproduktion ist mit der Ionenbilanz so innig verbunden, daß sie sonst von Temperatur und O_2-Spannung unabhängig ist [ULRICH (1)]. Daß diese Säureproduktion am Innen-Niveau stattfindet, erhellt daraus, daß sie durch den Überschuß an Kationen bei der Speicherung und nicht bei der Aufnahme bedingt wird [BURSTRÖM (2)]. Hierdurch wird auf noch eine Weise die Atmung in den Prozeß der Ionenaufnahme eingeschaltet, auch weil im Respirationssystem der Säurezyklus von den Cytochromen entfernt ist. Diese durch die Ionenbilanz regulierte Säureproduktion ist auch aus diesem Grunde kaum mit dem Kohlenhydratabbau in der Anionenatmung zu verwechseln [vgl. ARNON (1)].

ROBERTSON und WILKINS haben dieses Schema derartig modifiziert, daß die Anionen nicht durch Austausch zwischen Fe^{3+}-Ionen befördert werden, sondern daß der ganze Cytochrom-Komplex in oxydiertem Zustand mit anhaftendem Anion vom Außen- nach dem Innen-Niveau transportiert und an diesem Ort reduziert wird, wodurch dann das Anion freigemacht wird. Diese Verff. haben auch betont, daß O_2 vier e^- entspricht, und daß deshalb auf ein Mol verbrauchten Sauerstoffes höchstens vier Äquivalente Anionen aufgenommen werden können. Die experimentell ermittelten Höchstwerte liegen zwischen 3 und 4 Äquivalenten pro Mol O_2. Die Bedeutung einer Beobachtung von MILTHORP und ROBERTSON, daß auch Zufuhr von Glukose eine HCN-empfindliche Respiration hervorruft, ist in diesem Zusammenhang unklar.

Ganz schematisch besagt die Theorie von LUNDEGÅRDH, der sich ROBERTSON in der Hauptsache anschließt, daß Kationen durch einen Austausch mit H^+-Ionen und Anionen durch einen Austausch mit e^- aufgenommen werden, wodurch der Zusammenhang der Ionenaufnahme mit der Atmung zwanglos erklärt wird. ARISZ (1) hat die beiden Möglichkeiten diskutiert, daß der Transport der Ionen im Plasma entweder durch einen stetigen Platzwechsel der Ionen zustande kommt, oder daß er seinen Grund in einem ununterbrochenen Zerfall und Neubildung von Plasmabestandteilen hat.

Obwohl man also annehmen kann, daß dieser aktive Mechanismus in der Hauptsache für die Ionenaufnahme verantwortlich ist, so dürfte doch ein passiver Transport dabei mitwirken können. WANNER (3) hat gezeigt, daß Q_{10} der Aufnahme mit steigender Konzentration der Ionen abnimmt, was er durch die Erleichterung eines nichtmetabolischen Transports bei höherer Konzentration am Außen-Niveau erklären will. Andererseits rechnet ROBERTSON (2) damit, daß die Ionenkonzentration am Außen-Niveau konstant ist, und daß die Speicherung mit steigender Konzentration des Zellsaftes wegen beschränkter Energiezufuhr abnimmt. WOODFORD und GREGORY haben gefunden, daß eine Hemmung der Ionenaufnahme infolge Sauerstoffmangels durch erhöhte Salzzufuhr kompensiert werden kann; es soll dies die passive, erste Phase der Aufnahme beschleunigen. Um Bedeutung zu erhalten, muß aber dabei auch die zweite, aktive Phase durch eine erhöhte Konzentration am Außen-Niveau beschleunigt werden. — Daß Wurzelparenchym wenigstens für gewisse Ionen in beiden Richtungen durchlässig ist, hat WIERSUM mit einer Methode veranschaulicht, die angeblich eine reine Diffusion der Ionen durch das Plasma erlauben soll.

Die Bedeutung der Transpiration für die Ionenaufnahme ist in diesem Zusammenhang aktuell. BROYER und HOAGLAND haben gezeigt, daß bei Pflanzen mit niedrigem Salz- und hohem Zuckergehalt die Ionenaufnahme von der Transpiration nicht beeinflußt wird, dagegen steigt bei erhöhter Transpiration die Aufnahme in Pflanzen mit hohem Salz- und niedrigem Zuckergehalt. Die Verff. meinen, daß dies nicht direkt mit dem Wasserumsatz in Zusammenhang steht, sondern auf einer Veränderung des Metabolismus im allgemeinen beruht (vgl. auch HOAGLAND). ALBERDA, der sehr ähnliche Ergebnisse erhalten hat, betrachtet Veränderungen der Wachstumsgeschwindigkeit als ihre wesentliche Ursache. ARISZ (2) fand keinen Einfluß der Transpiration auf die Ionenaufnahme bei *Vallisneria*-Blättern. Zu erwähnen ist hier noch, daß ältere Angaben über eine Abhängigkeit auch der Wasseraufnahme von der Respiration neulich kritisiert und bezweifelt worden sind (WILSON und KRAMER).

Über den Ort der Ionenaufnahme in der Wurzel liegen einige Arbeiten vor, die übereinstimmend zeigen, daß diese von der Spitze basalwärts mit abnehmender Geschwindigkeit vor sich geht [STEWARD, MACHLIS (1), JACOBSON und OVERSTREET (1), vgl. LUNDEGÅRDH (7), WANNER (1)]. Laut diesen Autoren soll sie gerade im Meristem schneller verlaufen als in der Zone der Wurzelhaare; die Bedeutung dieser soll überschätzt sein. Auch die Speicherung von An- und Kationen ist in der Spitze am größten und nimmt basalwärts ab (STEWARD, PREVOT und HARRISON). Es geht deutlich hervor, daß die aktive Ionenaufnahme vorwiegend an wachsende Organe geknüpft ist. In im Ruhezustand befindlichen Gewebescheiben fängt die Ionenaufnahme erst nach einer Latenzperiode an (STEWARD, PRESTON, BERRY und RAMAMURTI), die mit steigender Temperatur regelmäßig verkürzt wird. LUNDEGÅRDH (1) nimmt an, daß der Zusammenhang zwischen Ionenaufnahme und Wachstumsfähigkeit der Zellen durch den komplexen Bau der Oberflächen der wachsenden Zellen bedingt wird. Diese sollen u. a. Nukleinsäuren enthalten [STENLID, LUNDEGÅRDH und STENLID (1, 2)], an die die Ionenbindung in der ersten Phase der Aufnahme erfolgen könnte. Daß Nukleinsäuren einen Bestandteil der Plasmaoberflächen bilden, wird auch durch Arbeiten von HEVESY und CORSON wahrscheinlich gemacht. Es empfiehlt sich in diesem Zusammenhang auf die von NEUBERG und ROBERTS nachgewiesene große Neigung der Nukleinsäuren zu Komplexbildung mit organischen und anorganischen Stoffen zu verweisen. Die Abhängigkeit der Ionenaufnahme vom Entwicklungszustand der Zellen dürfte auch die Ursache für die Korrelation mit Proteinsynthese, Phosphorylierung u. a. (HOAGLAND) nebst Auxinzufuhr bilden (COMMONER und MAZIA, COMMONER, FOGEL und MULLER). Eine direkte Regulation der Ionenaufnahme durch Auxine konnte jedenfalls von SCHUFFELEN mit Wurzeln nicht nachgewiesen werden. ARISZ (2) hat dagegen auch in nicht wachsenden Blättern eine aktive, irreversible Ionenspeicherung in Vakuolen nachgewiesen.

Versuche über die Abhängigkeit der Ionenaufnahme vom p_H liegen vor von ARNON und JOHNSON sowie ARNON, FRATZKE und JOHNSON. Außer der gewöhnlichen Schädigung bei $p_H < 3$ und > 9 wurde nur eine Hemmung der Ca-Aufnahme in sauren Lösungen gefunden, aber kein deutlicher Einfluß auf die Aufnahme von Mg, K, NO_3 oder H_2PO_4. STEINBERG (5) fand erschwerte Ausnützung von sowohl Ca als auch Mg bei p_H gegen 4, wobei der Ca-Haushalt mehr beeinträchtigt wurde.

Die Einwirkung von strömender Kohlensäure auf die Aufnahme aus Wasserkulturen von N, P, K, Ca und Mg ist von CHANG und LOOMIS untersucht worden; die Hemmung betraf die Ionen in der Reihenfolge $N > P > Ca > Mg$. Die Wirkung konnte nicht lediglich auf Sauerstoffmangel zurückgeführt werden, weil sie bei strömendem Stickstoff im Nährmedium ausblieb; sie wurde vielmehr einer toxischen Wirkung von CO_2 auf das Plasma zugeschrieben. PEPKOWITZ und SHIVE fanden jedoch, daß K weniger als Ca und P durch O_2-Mangel beeinflußt wurde.

Eine ähnliche Reihenfolge wie die obige wurde aber von LAWTON auch beim Variieren der Durchlüftung eines Bodens erhalten, so daß die Ergebnisse vielleicht die Deutung gestatten, daß Ionen, die schnell aufgenommen werden, auch gegen Behandlungen dieser Art empfindlich sind.

Andere und mehr spekulative Gesichtspunkte über die Ionenaufnahme sind von COOPER, PADEN und GARMAN nebst COOPER, PADEN, GARMAN und PAGE vorgelegt worden. Nach ausführlichen Analysen von verschiedenen Pflanzen auf K, Ca, Mg, Mn, Fe, N und P schließen sie, daß diese Stoffe nicht nach ihren Konzentrationen, sondern nach ihren Ionenstärken aufgenommen werden. In Anbetracht der gegenwärtigen Kenntnis über die Ionenaufnahme dürften solche allgemeine Überlegungen wenig zur Klärung der Fragen beitragen können.

Zustand der Mineralnährstoffe im Nährmedium.

Von JENNY und OVERSTREET ist ein Mechanismus angenommen worden, nach dem im Boden die Ionenschwärme der Boden- und Plasmakolloide direkt miteinander in Verbindung treten, so daß ein Austausch ohne Vermittlung von freier Flüssigkeit möglich ist (Kontaktaustausch). Mehrere Arbeiten aus den Berichtsjahren behandeln dieses Problem.

Daß adsorbierte Ionen ebenso leicht oder leichter als frei bewegliche aufgenommen werden können, ist von SCHLENKER durch Versuche mit an Permutit adsorbierten Kationen und an Anilinschwarz adsorbierten Anionen bestätigt worden. ALBRECHT, GRAHAM und SHEPARD haben berechnet, daß Pflanzen aus dem Boden mehr Ca aufnehmen können, als durch Kontaktaustausch zugänglich gemacht werden kann, und erklären dies durch einen wiederholten Austausch zwischen den Bodenkolloidteilchen. Wie ARNON (1) hervorgehoben hat, haben die Verff. aber den Austausch zwischen adsorbiertem Ca und freien Kationen in der Bodenflüssigkeit vernachlässigt. Inwieweit ein solcher Austausch quantitativ ins Gewicht fällt, mag mit Hinblick auf die starke Ca-Bindung im Boden dahingestellt bleiben (ARNON und GROSSENBACHER, MEHLICH). Daß auch adsorbierte Anionen leicht zugänglich sein können, erhellt aus Arbeiten von GRAHAM und ALBRECHT und JENNY. COLEMAN (1) hat gezeigt, daß an Ton adsorbierte Phosphorsäure leichter durch die Pflanze aufgenommen als chemisch extrahiert werden kann, was zum Problem der rein bodenchemischen Phosphorsäurebindung führt, die hier nicht weiter berücksichtigt werden kann [vgl. unter neueren Arbeiten GHANI und ISLAM, SWENSON, COLE und SIELING, COLEMAN (2) nebst PERKINS und KING, KURZ, DeTURK und BRAY und einer Reihe Schriften von DAVIS (1—4)]. CONVERSE, GAMMON und SAYRE zeigten, daß Mangelsymptome leichter in kolloidalen Medien als in Nährlösungen auftreten, was auf eine generell erschwerte Aufnahme hindeutet. DUDA zeigt, daß Humus, Agar, Stärke und auch anorganische Hydrosole die Ionenaufnahme fördern können.

In mehreren Arbeiten wird eine deutliche Verzögerung der Aufnahme aus kolloidalen Medien beschrieben. So fanden OVERSTREET, BROYER, ISAACS und DELVICHE, daß eine Adsorption an Ton die K-Aufnahme

bis zu 25% einschränken konnte. Auch MEHLICH und REED fanden bei
abnehmendem Kationenaustausch und konstantem K- und Mg-Gehalt
im Medium eine beschleunigte Aufnahme. DEAN und RUBINS, die die
Aufnahme von Phosphorsäure aus einer Ton-Suspension untersuchten,
konnten keine Kontaktwirkung feststellen, wohl aber unter Umständen
eine K-Abgabe seitens der Pflanzen. Die Erklärung für diese Diskre-
panzen ist in der Bedeutung der Sättigung der Kolloide zu suchen.

Von besonderem Interesse sind Untersuchungen von ARNON und
GROSSENBACHER und ARNON und MEAGHER, die zeigen, daß adsorbiertes
Ca nur aufgenommen wird, wenn ein Überschuß an freiem K vorhanden
ist, nicht aber wenn auch K adsorbiert vorliegt. Bei niedriger Sättigung
mit Ca wird es fester gebunden. Dieselbe Erscheinung verursacht in
alkalischen Böden mit 40% Na-Sättigung nach BOWER und TURK und
THORNE (1) einen Ca-Mangel in Pflanzen unter ökologischen Verhältnissen mit einem Überschuß an CaCO₃. Auch die Phosphorsäureaufnahme
wird in dieses Wechselspiel eingeschlossen, wodurch die Deutung
erschwert wird [THORNE (2)]. Die Bedeutung der Sättigung wird auch
von RATNER sowie RATNER AKIMOCHINA und MARGOLINA veranschaulicht; die Aufnahme von K beruht auf der gegenseitigen Sättigung von
Boden- und Plasmakolloiden; bei hoher Sättigung des Plasmas und niedriger des Bodens resultiert eine K-Abgabe. — Die Aufnahme von
Spaltungsprodukten des Plutoniums, an Bentonit adsorbiert, ist von
JACOBSON und OVERSTREET (2) untersucht worden. Mit Y^{91} wurde gezeigt,
daß die Aufnahme mit steigendem Kolloidgehalt bis zu einem Minimum
abnimmt. Dies alles läßt sich aber unschwer mit der Auffassung der ersten
Phase der Ionenaufnahme als einer nicht-metabolischen, reversiblen
Adsorption am Außen-Niveau der Zelle in Einklang bringen, löst aber
nicht die Frage, ob ein Kontaktaustausch vorkommt oder nicht, weil
ein Austausch auch durch die Vermittlung einer Wasserphase möglich ist.

In der zitierten Arbeit haben OVERSTREET und Mitarbeiter eine
alternative, aber recht undurchsichtige Hypothese entwickelt, die
besagt, daß Kohlensäure als Träger dienen und Kationen durch die
Wasserphase überführen kann. Die Unklarheit wird dadurch bedingt,
daß die Verff. keine Dissoziationsgleichgewichte berücksichtigt haben,
sondern sogar eine Distinktion zwischen aus H_2CO_3 und aus organischen Säuren stammenden H-Ionen machen. Tatsächlich bedeutet
die Hypothese einen Austausch freier Kationen im Bodenwasser
gegen H-Ionen des Plasmas, oder die gewöhnliche erste Stufe der Ionenaufnahme, und einen entsprechenden Austausch von H-Ionen gegen an
Bodenkolloiden adsorbierte Metallkationen. Daß das letzte Gleichgewicht durch die Sättigung der Kolloide beeinflußt wird, geht aus den
gewöhnlichen Adsorptions- oder Donnan-Gleichgewichten hervor. Mit
Recht hat LUNDEGÅRDH (6) hervorgehoben, daß die Wasserfilme nicht
vernachlässigt werden dürfen, besonders nicht an der Plasmaoberfläche,
die durch die Zellwand von den Bodenkolloiden getrennt ist (vgl. BURD).
Wenn dazu die durch Kolloidadsorption verursachte Anreicherung an
Ionen beachtet wird, so dürfte ein zur Zeit befriedigendes Bild der
Kolloidwirkung gegeben sein.

Vom methodischen Gesichtspunkt ist die Anwendung kolloidaler Systeme in Nährmedien von Interesse, weil sie eine genaue Verabreichung von Nahrungsan- und -kationen ohne begleitende, freie Ionenpartner ermöglicht. Methodische Angaben finden sich bei Arnon und Grossenbacher, Wittwer, Schroeder und Albrecht sowie bei Albrecht.

Die Bedeutung des p_H des kolloidalen Mediums geht aus den obigen Auseinandersetzungen hervor. Sie ist von Albrecht und Schroeder untersucht worden, die eine stärkere Aufnahme von Ca, Mg, Sr und Mn bei p_H 5,2 als bei p_H 6,8 fanden, und von Schroeder und Albrecht, die die stärkere Ca-Aufnahme bei saurer Reaktion bestätigen. Hier sei auch auf die erwähnten Arbeiten von Bower und Turk und Thorne (1) verwiesen. Es leuchtet ein, daß besonders für das im Boden fest gebundene Ca der Austausch an die Bodenkolloide gegen H-Ionen eine entscheidende Rolle bei der Ionenaufnahme spielt (vgl. auch Allaway). In diesem Zusammenhang verdienen auch die zusammenfassenden Darstellungen von Truog und Purvis und Davidson über die Beziehung zwischen Boden-Kalkgehalt oder Boden-p_H und Zugänglichkeit der Mineralnährstoffe erwähnt zu werden. Die letztgenannte Arbeit behandelt speziell die Spurenelemente.

Ökologisch von Interesse ist die Angabe von Routien und Dawson, daß aus einem Ton mit bekanntem Kationengehalt *Pinus*-Pflanzen mit Mykorrhiza die Kationen bei niedrigem Sättigungsgrad besser ausnützen als solche ohne Mykorrhiza, bei hoher Ionensättigung dagegen der Unterschied verschwindet. Der Pilz steigert anscheinend die Fähigkeit zum Kationenaustausch aus dem Medium, die Ursache hierfür ist aber unbekannt. Besonders die Fe-Aufnahme soll durch Mykorrhiza begünstigt werden, nicht aber die Aufnahme von Phosphorsäure. Diese Frage ist jedoch noch umstritten, da McComb und Griffith eine gesteigerte P-Aufnahme seitens geimpfter Douglas-Tanne fanden.

Auf rein bodenchemische Umsetzungen kann hier nicht in Einzelheiten eingegangen werden, auch wenn sie für die Mineralstoffversorgung von entscheidender Bedeutung sind. Das Problem der Festlegung von K soll deshalb nur kurz gestreift werden. Drei K-Fraktionen werden im Boden unterschieden: leicht austauschbares K, das durch verdünnte Salzlösungen ausgelaugt werden kann; gebundenes K, das durch Salzsäure freigemacht werden kann, und unlösliches, das einen Teil des Gerüstes der kolloidalen Partikeln bildet. Mehrere Arbeiten (Attoe und Truog, Stewart und Volk u. a.) haben dargelegt, daß ein beträchtlicher Teil der letztgenannten Fraktion durch die Pflanzen ausgenützt werden kann. Die Bindung ist auch reversibel. Bodenchemisch ist das Problem von Joffe und Levine (1, 2, 3) studiert worden. Martin, Overstreet und Hoagland heben hervor, daß besonders K, Rb und Cs im Boden zwischen der austauschbaren und der nicht-austauschbaren Form ausgewechselt werden. Die verschiedenartige Wirkung von Ca auf die Festlegung von K haben York und Rogers untersucht; sie meinen, daß Ca die Bindung von K in nicht verwertbarer Form sowohl erhöhen als auch erniedrigen kann (vgl. Peech und Bradfield).

Dazu kommt der physiologische Antagonismus der beiden Ionen. Zu beachten ist auch die Angabe von HURWITZ und BATCHELOR, daß ein beträchtlicher Teil des austauschbaren Bodenkaliums durch die Mikroorganismen gebunden wird.

Die verwickelten Umsetzungen von Mangan im Boden zwischen verwertbaren und nicht verwertbaren Formen sind Gegenstand einer Reihe von Untersuchungen gewesen, die zu einem Schema von MANN und QUASTEL und QUASTEL geführt haben. — Nur Mn^{2+} wird direkt durch Wurzeln aufgenommen; verschiedene Oxyde können aber in dem Maße verwertet werden, wie sie leicht in Mn^{2+} überführt werden können. Dieses entspricht dem leicht reduzierbaren Mn von LEEPER. Hierher gehört nach DION, MANN und HEINTZE MnO_2, das mit Polyhydrocarbonsäuren Komplexe bildet, die Mn^{2+} und Mn^{3+} enthalten; dieselbe Eigenschaft besitzt Pyrophosphorsäure (DION und MANN). Solche Komplexe sollen laut BREMNER, HEINTZE, MANN und LEES auch im Boden gebildet werden. Ein Mn-Mangel tritt deshalb ziemlich unabhängig vom Gehalt des Bodens an austauschbarem oder reduzierbarem Mangan ein [HALE und HEINTZE, HEINTZE, HEINTZE und MANN (1, 2)]. Das Schema von MANN und QUASTEL besagt, daß unter aeroben Verhältnissen und bei hohem p_H Mn zum Teil mikrobiell zu MnO_2 oxydiert wird. Durch Dismutation kann aus MnO_2 und Mn^{2+} Mn^{3+} gebildet werden, wodurch verfügbares Mn fixiert wird. Sowohl Mn^{3+} als auch MnO_2 können schließlich enzymatisch zu Mn^{2+} reduziert werden; mit MnO_2 wurde dies in einem künstlichen, biologischen Redoxsystem nachgeahmt. Anaerob verschiebt sich das ganze nach Mn^{2+}. Dazu kommt noch die erwähnte Bindung an organische Komplexe. Das Schema ist zum Teil von FUJIMOTO und SHERMAN (1) einer Kritik unterzogen worden; diese Forscher haben einen Kreislauf vorgeschlagen, der auf Oxydation-Reduktion und Hydratation-Dehydratation basiert ist. Die mikrobiellen Umsetzungen werden hier nicht berücksichtigt, und die Verff. meinen, daß es sich um andere Gleichgewichte als im ersterwähnten Fall handeln kann. Methodisch von Bedeutung ist ihre Bestätigung [FUJIMOTO und SHERMAN (2)], daß Dampfsterilisierung Mn aus dem Boden in bisweilen großen Mengen freimacht, so daß dadurch ein Mn-Mangel aufgehoben wird oder sogar Giftwirkungen durch Mn auftreten können.

Wirkung und Funktion der einzelnen Elemente.

Schon zu Beginn des Zeitabschnittes für diesen Bericht war die Unentbehrlichkeit der Spurenelemente Mn, Cu, Zn, B und Mo für so viele Pflanzen festgestellt worden, daß weitere Beispiele dafür nichts prinzipiell Neues brachten (STILES); solche Angaben werden unten im allgemeinen nicht erwähnt. Hinsichtlich des sehr zweifelhaften Siliciums liegen keine neue Daten vor (RALEIGH); Natrium und Gallium werden aber unten vom Gesichtspunkt der Entbehrlichkeit aus behandelt. Eine eingehende, qualitative Analyse von Kok-Saghyz von BOROVICK, BERGMANN und BOROVICK-ROMANOVA hat das Vorhandensein von 17 Spurenelementen aufgedeckt; zu erwähnen sind Blei, Zinn und Zirkon.

Ein Problem, worüber heute so viele Untersuchungen vorliegen, daß eine Zusammenfassung angebracht erscheint, ist der Einfluß der Mineralnährstoffe auf den Vitamingehalt der Pflanzen. Besonders ist dabei die Ascorbinsäurebildung berücksichtigt worden. Die Ergebnisse bis 1945 hat HAMNER zusammengestellt. Eine recht deutliche positive Wirkung liegt nur für Mangan vor, das nach RUDRA, ERKAMA, RANGNEKAR sowie HARNER und SHERMAN die Bildung von Ascorbinsäure befördern soll. Das Fehlen einer Wirkung ist jedoch von LYON, BEESON und ELLIS nach sorgfältigen Versuchen mitgeteilt worden. Diese Verfasser fanden aber auch eine nachteilige Wirkung von Eisen, was in Anbetracht der unten zu besprechenden allgemein gegenseitigen Wirkung dieser beiden Elemente Beachtung verdient. Die Wirkung und Bedeutung des Kupfers ist noch undurchsichtiger. Nach PETERSEN und WALTON soll es die Autoxydation von Ascorbinsäure beschleunigen. ERKAMA fand aber umgekehrt einen steigenden Gehalt bei Zugabe von Cu, was mit einer Abnahme des Gehaltes an Ascorbinsäureoxydase erklärt wurde. LUCAS hat für verschiedene Pflanzen eine wechselnde Wirkung beschrieben. Es dürfte jedoch anzunehmen sein, daß diese beiden Redoxkatalysatoren, Mn und Cu, mittelbar oder unmittelbar in den Ascorbinsäureumsatz eingreifen. Unter den Makronährstoffen (K, P, N, S) wurde von REDER, ASCHAM und EHEART sowie WATSON und NOGGLE bei K-Mangel eine Zunahme des Ascorbinsäuregehaltes gefunden. Über unsichere oder fehlende Ausschläge berichten HAMNER, LYON und HAMNER, FERRES und BROWN, SIDERIS und YOUNG (1) sowie BERNSTEIN, HAMNER und PARKS. Mit anderen Elementen dieser Gruppe sind überhaupt keine Wirkungen erhalten worden (BERNSTEIN, HAMNER und PARKS, WATSON und NOGGLE), desgleichen nicht mit Spurenelementen (LYON, BEESON und ELLIS, LYON und PARKS, FERRES und BROWN). Auch die fördernde Wirkung des Stickstoffs auf die Ascorbinsäurebildung ist recht gering (ÅBERG und EKDAHL). Mit Zn erhielten FERRES und BROWN unregelmäßig eine Zunahme des Ascorbinsäuregehaltes, aber nur wenn auch das Wachstum begünstigt wurde. Mit Hinblick auf die Methoden zielen die meisten Untersuchungen kaum auf eine biochemische Aufklärung der Verhältnisse ab, sondern dienen mehr praktischen Zwecken; zusammen weisen sie aber deutlich darauf hin, daß eine unmittelbare Wirkung auf die Ascorbinsäuresynthese unter den untersuchten Elementen höchstens für Mangan vorliegen kann. Die schwankenden Ausschläge in dieser oder jener Richtung für die anderen Stoffe dürften im Lichte des von ÅBERG nachgewiesenen innigen Zusammenhanges der Ascorbinsäuresynthese mit der Photosynthese zu sehen sein.

Der Gehalt der Pflanzen an Riboflavin sinkt nach WATSON und NOGGLE bei Mangel an allen Makronährstoffen; die Spurenelemente sollen aber dabei wirkungslos sein (LYON, BEESON und ELLIS, PERLMAN). Ni, Zn und Mo erhöhen laut Lo und CHEN die Bildung von Vitamin P bei verschiedenen Pflanzen, nicht aber Al, Mg, Cu und Fe.

Alkalimetalle. Daß die Bedeutung von Kalium hauptsächlich in der Herstellung eines geeigneten kolloidalen Zytoplasmazustandes liegt, ist neuerlich wieder von DYER hervorgehoben worden. Eine mehr spezifische Wirkung ist nach SIDERIS und YOUNG (1), daß K den Umsatz zwischen Hexosen und Polysacchariden zugunsten dieser regelt. Auch der Proteingehalt steigt bei K-Zufuhr auf Kosten des löslichen Stickstoffs [SIDERIS und YOUNG (3)]. Ganz allgemein soll also K Polymerisationen befördern, vielleicht über eine allgemeine nicht näher definierte Plasmaaktivierung. Auch COOIL und SLATTERY haben eine Zunahme an reduzierendem Zucker bei K-Mangel gefunden. Sie sind jedoch der Ansicht, daß hierbei nicht der K-Gehalt an sich, sondern die Bilanz K : Ca von Bedeutung ist. Mit diesen zu vergleichen sind Ergebnisse von DROSDOFF, SELL und GILBERT sowie BAHRT und POTTER, die bei *Aleurites* durch K eine vermehrte Bildung von Öl auf Kosten des Zuckers gefunden haben. Von Interesse ist in diesem Zusammenhang der Nachweis von OLSEN (1, 2), daß das K in Laubblättern bis zu 30% am Plasma adsorbiert und nicht nur im Zellsaft vorliegt (vgl. Fortschr. Bot. 10, 189). Erst beim Blätterabfall wird es aus dieser Bindung freigemacht.

Daß K in dieser allgemeinen Wirkung zum Teil durch Na oder auch Rb ersetzt werden kann, ist wieder in mehreren Arbeiten hervorgehoben worden [MULLISON und MULLISON, DYER, RICHARDS (1), HARMER und BENNE, HOLT und VOLK]. STEINBERG (4) hat den Ersatz durch Na bei *Aspergillus* einem näheren Studium unterzogen und dabei feststellen können, daß die günstige Wirkung von Na durch Erhöhung der Gesamtkonzentration an Makronährstoffen oder Spurenelementen· oder der H-Ionenkonzentration beträchtlich verstärkt werden kann. Die Mehrausbeute bei Na-Zufuhr stieg dabei von 22 auf 70%. Zum Teil beruht dies auf einer unspezifischen Ausbalanzierung der Ionen, zum Teil soll auch eine spezifische Wirkung von Na vorliegen, die jedoch nicht ganz klar zutage tritt. WALLACE, TOTH und BEAR (2) haben auch diesen Ersatz durch Na mit einer verbesserten Bilanz Alkali : Ca + Mg-Ionen erklärt. Die früher beschriebene günstige Wirkung von K auf die Photosynthese findet ein Gegenstück in der Beobachtung von PRATT, daß $KHCO_3$ bei *Chorella* die Photosynthese beschleunigt, das Na-Salz sie dagegen erniedrigt. Andrerseits konnten TSENG und SWEENEY keinen solchen Unterschied in der Wirkung von K und Na feststellen. Eine ganz spezifische Wirkung von K weist eine Arbeit von FEENEY und GARIBALDI mit *Bacillus subtilis* nach: als Wachstumsfaktor kann K zwar durch Na ersetzt werden, nicht aber bei der Synthese des Antibioticums Subtilin.

Die Ansicht, daß Natrium als Nährstoff eine besondere Bedeutung besitzt, hat trotzdem viele Anhänger. Eine gute Zusammenfassung dieser Frage bringen HARMER und BENNE. Die Arbeit von STEINBERG (4) ist eben erwähnt worden. Außerdem haben LEHR und SAYRE und VITTUM für das klassische Material der Zuckerrübe wieder eine besondere Funktion des Natriums verfochten. Daß laut diesen Verfassern diese Wirkung bei Soja fehlt, verstärkt die Bedeutung der Beobachtungen. Die Natur dieser Wirkung ist jedoch völlig unaufgeklärt. Eine eingehende Untersuchung über die Reaktionsweise von 77 Pflanzenarten

gegenüber Na liegt von WALLACE, TOTH und BEAR (1) vor. Die Pflanzen
können auf vier Gruppen verteilt werden: 1. Solche, die Na im Überschuß über K überhaupt nicht speichern, 2. Arten, die Na speichern,
wenn es im Boden im Überschuß vorhanden ist, 3. Pflanzen, die Na
unter allen Umständen speichern, gleichgültig ob die Zufuhr groß oder
gering ist und 4. Halophyten, die nur auf Salzboden gedeihen. Die
vierte Gruppe scheint jedoch nur ökologisch aber nicht physiologisch
scharf von den anderen getrennt zu sein. Innerhalb dieser besteht anscheinend eine Spezifität bei der Ionenaufnahme. Die Bedeutung der
Alkalimetalle für das Sukkulenzproblem, das bei Gruppe 4 aktuell ist,
haben MASON und PHILLIS in bezug auf die Wirkung von K untersucht.
Sukkulenz kann durch Zusammenwirken von gleichzeitig hoher K-
Konzentration und guter Wasserversorgung hervorgerufen werden. Die
Bedeutung der Cl-Ionen, denen laut älteren Angaben eine besondere
Rolle zukommt, ist aber hier nicht berücksichtigt worden.

Daß *Rubidium* allgemein verbreitet ist, geht aus dem umfangreichen
Material von BERTRAND und BERTRAND (1, 2, 3) hervor. Besonders
Pilze mit einem Gehalt bis 75 mg pro kg und Cruciferen haben sich als
Rb-reich erwiesen.

Lithium wirkt, wie längst bekannt, nur schädlich auf Pflanzen.
Einen eigenartigen Effekt hat KELNER in der Fähigkeit des Lithiums,
bei *Chromobacter violaceum* Papillenbildung oder sog. sekundäre Kolonien hervorzurufen, studiert. Solche treten bei Anwesenheit von Li
regelmäßig, sonst aber nur schwach und unregelmäßig auf. Diese
sekundären Kolonien zeichnen sich auch bei Abwesenheit von Li durch
herabgesetzte Atmung aus und bilden selbst keine Papillen. Dies wird
als eine genetische Anpassung an die durch die Li-Ionen bedingten,
ungünstigen Lebensverhältnisse aufgefaßt, was jedoch die Erscheinung
keineswegs erklärt.

Magnesium. Von ZIMMERMANN stammt eine kurze Übersicht über
die bisher bekannten Funktionen des Magnesiums in der Pflanze. J. H.
G. SMITH hat die Assimilation des Mg im Chlorophyllmolekül untersucht.
Etiolierte Gerste und Mais enthalten ätherlösliches Mg im Überschuß
über die winzigen Mengen Chlorophyll; bei Belichtung steigt der Gehalt
nicht nur an Chlorophyll-Mg, sondern auch an übrigem ätherlöslichem Mg.
Diese ätherlöslichen Fraktionen stellen Zwischenprodukte bei der Chlorophyllsynthese dar. Die Wirkung von Mg auf die P-Aufnahme haben
TRUOG, GOATES, GERLOFF u. BERGER studiert. Zugaben von Dolomit
zu Böden verursachen eine Erhöhung der P-Aufnahme, was angesichts
der bekannten gleichen Wirkung von Kalk kaum überrascht. In Wasserkulturen bewirkt auch ein Zusatz von löslichem Mg eine erhöhte P-Aufnahme. Mg soll angeblich als Träger für Phosphorsäure dienen; was
darunter zu verstehen ist, erscheint aber nicht klar. EISENMENGER u.
KUCINSKI haben in bezug auf den Magnesiumbedarf der Pflanzen einen
entwicklungsgeschichtlichen Gesichtspunkt angelegt. Kulturversuche,
deren Umfang jedoch nicht angegeben worden ist, haben sie zu der
Ansicht gebracht, daß phylogenetisch ursprüngliche Pflanzen unter den
Angiospermen gegen Mg-Mangel empfindlicher sind als abgeleitete

Formen. Zu jenen gehören Vertreter der Ranales, Magnoliaceae und Anonaceae. Höher entwickelte Typen sollen gegen allerlei ungünstige Außenbedingungen widerstandsfähiger sein. Ein ausführlicher Bericht über das zugrundeliegende Tatsachenmaterial ist jedoch erwünscht, damit die Gültigkeit dieser Regel geprüft werden kann.

Die Ersetzbarkeit des Magnesiums durch *Beryllium* ist von STEINBERG (4) untersucht worden; überraschenderweise ist eine solche vorhanden, die quantitativ kaum derjenigen des Kaliums durch Natrium nachsteht. Es dürfte sich jedoch wie in diesem Fall um die Herstellung einer geeigneten Ionenbilanz handeln; eine Ersetzbarkeit der enzymchemischen Wirkungen des Magnesiums ist noch nicht bekannt. Sonst wirkt Be giftiger als die homologen Elemente. KOULUMIES hat die Wirkung aller Elemente der II. Gruppe auf 73 Bakterien- und 10 Pilzstämme besonders im Hinblick auf die Giftwirkungen untersucht. Wie immer erwiesen sich Mg und Ca weniger schädlich als einerseits Be, andrerseits die schwereren Homologen Sr bis Hg. Die Artenspezifität ist mit Ausnahme der für Be sehr groß, dieses wirkt bei allen Arten in fast genau derselben Konzentration wachstumshemmend. Hierfür ist keine Erklärung gegeben worden.

Nur wenige Arbeiten über *Calcium* verdienen erwähnt zu werden. LUNDEGÅRDH (8) hat für das Wachstum der Wurzelhaare eine unvollständige Ersetzbarkeit durch Strontium gefunden. — Ca gilt für Pilze als entbehrlich. STEINBERG (6) hat aber bei *Aspergillus* gefunden, daß dieser Pilz Ca benötigt, doch nur in solchen Mengen, daß es als Spurenelement — wie bei gewissen Algen — bezeichnet werden kann. Die Erscheinung ist insofern von Interesse, als die gewöhnliche zytoplasmastabilisierende Funktion des Calciums Makromengen verlangen dürfte; wäre es Spurenelement, würde man sich eher eine Bedeutung als Katalysator oder Baustein einer gewissen Substanz vorstellen. Solche Funktionen sind für Ca noch nicht bekannt, von der Bindung im Pektin abgesehen, die jedoch bei Pilzen nicht in Frage kommt (vgl. unten). Ein ganzes Heft von Soil Science [65, Nr. 1, (1948)] ist dem Ca im Boden gewidmet. Die hier aktuellen physiologischen Probleme werden in anderen Zusammenhängen behandelt (über Boden-p_H vgl. oben; über Kalkchlorose s. unter Eisen unten).

Phosphor. Die biochemisch gut bekannten Phosphorsäureumsetzungen sind physiologisch weniger untersucht worden. In Getreidekörnern ist P zu 70—90% als Phytin gebunden (EARLY u. DE TURK, LEE u. UNDERWOOD). Bei der Keimung verschwindet nach ALBAUM u. UMBREIT der Phytin-P binnen 120 Stunden aus dem Embryo und der Gehalt an anorganischem und alkohollöslichem organischem P nimmt zu. Der Gesamtgehalt an säureunlöslichem P bleibt konstant, aber innerhalb dieser Fraktion kommt es zu einer Verschiebung zugunsten von Glyzerinphosphorsäure, Hexosephosphat und Adenosintriphosphorsäure. Das Bild veranschaulicht die übliche Rolle der Phosphorsäure beim Zuckerabbau. In älteren Pflanzen lassen sich diese Fraktionen dagegen nicht so leicht wiederfinden. HEARD hat die Phosphorsäure von Gerstenpflanzen in drei Teile zerlegt: 1. anorganischer P, der für gewöhnlich etwa 70% des Gesamt-P ausmacht, 2. labile Ester, die durch 2-N-Mineralsäuren hydrolysiert werden können und wahrscheinlich aus Adenylphosphorsäure u. a. bestehen, sowie nur 0—10% betragen, 3. stabile Ester, die durch längere Säurehydrolyse gespalten werden können, und nichthydrolysierbare Ester mit zusammen etwa 20%; zu den ersteren gehören die respiratorischen Zuckerphosphate; Triosephosphat fehlt, Phosphorpyruvat und Hexosediphosphat kommen nur in Spuren vor. Der nicht-hydrolysierbare Anteil bildet den größten Teil dieser Fraktion; er enthält u. a. die Hexosehexaphosphate. Der geringe Gehalt an aktiven Respirationsphosphaten bedeutet nicht, daß solche nicht gebildet werden, da die Analysenwerte am ehesten einen Ausdruck für die vorhandene P-Reserve bilden. Wenn P-armen Pflanzen Phosphat verabreicht wird, beginnen sie zunächst nur zu wachsen (Sokolov); bei einem Überschuß an P steigt aber der Gehalt an anorganischem jedoch nicht an organischem P der Pflanze, weshalb jener wahrscheinlich einem Vorrat an P in physiologisch inaktiver Form entspricht. Bei P-Mangel wird laut Williams der Gehalt an Nukleinsäure-P auf $1/5$ herabgesetzt, während wasserlösliche Phosphorsäure steigt. Die verfügbaren P-Mengen werden zu 100% in den Wurzeln festgelegt; die Blütenstände erhalten nur 30% ihrer Phosphorsäure durch Ausnützung der Vorräte anderer Teile, normalerweise 93%. Die behauptete Ausfällung von P durch Al innerhalb der Pflanze wird von Wallihan wenigstens hinsichtlich der Sproßteile in Abrede gestellt. Al und P werden in der Wurzel gebunden, aber wahrscheinlich nur durch Adsorption an der Oberfläche.

Beim Wurzelwachstum besteht nach Burström (4) die Wirkung erhöhter P-Gaben in einer Beschleunigung der Zellteilungsgeschwindigkeit, während die Zellstreckung vom P-Gehalt weitgehend unabhängig ist, wenn nicht von wirklichem P-Hunger die Rede ist. Stickstoff hat eine gerade umgekehrte Wirkung. Breon und Gillam haben die alte Angabe bestätigt, daß P-Mangelpflanzen unreduziertes Nitrat speichern. Die Ursache soll eher in einer beschleunigten Nitrataufnahme als in einer verzögerten Reduktion bestehen. Der Bedarf an P ist mit Nitrat bzw. Harnstoff als Stickstoffquelle derselbe; im letzteren Fall geht aber die P-Aufnahme schneller vor sich (Breon, Gillam u. Tendam). Die Verff. finden keine Veranlassung in Anlehnung an früheren Mitteilungen anzunehmen, daß bei P-Mangel der Mechanismus der Nitratassimilation zugrunde geht.

Laut Peters kann *Arsen* in Konzentrationen bis 0,1 mg je Liter Meereswasser die Wachstumsgeschwindigkeit von *Enteromorpha* verdoppeln. Der Normalgehalt des Wassers beträgt nur etwa 10^{-2} mg.

Über die Verwertbarkeit verschiedener *Schwefel*-Verbindungen liegt eine Reihe wichtiger Arbeiten vor. Für *Chlorella* hat Mandels gezeigt, daß verschiedene anorganische S-Verbindungen ausgenützt werden können, z. B. Sulfid, Per- und Pyrosulfat, aber keine organischen Verbindungen. Nach Miller assimiliert die Tomate dl-Methionin, wahrscheinlich über Oxydation zu Sulfat. Durch Zusatz von radioaktivem Schwefel als SO_4 haben Thomas, Hendricks, Bryner u. Hill bestätigt, daß der S in der Pflanze leicht beweglich ist; dabei wird organischer Schwefel zu Sulfat oxydiert, das wieder leicht assimiliert wird. — Ein besonderes Interesse beanspruchen die Arbeiten über röntgeninduzierte Mutanten mit Störungen des Schwefelumsatzes. Mit *Ophiostoma multiannulatum* hat FRIES (1, 2) unter 94 Mutanten 13 gefunden, die die Fähigkeit zur Sulfatassimilation verloren hatten und als parathiotroph bezeichnet werden. Diese Mutationen sind auf den Verlust einzelner Enzyme beschränkt und die Pflanzen assimilieren unbehindert Cystein und Cystin. Die Verhältnisse werden aber dadurch kompliziert, daß einige Mutanten ihr Vermögen zur Sulfatreduktion wieder herstellen konnten. Ähnliche Ergebnisse sind von LAMPEN, JONES u. PERKINS, LAMPEN u. JONES und LAMPEN, ROEPKE u. JONES mit *Escherichia* erhalten worden. Unter vielen physiologischen Mutanten wurden auch parathiotrophe Formen erhalten, einzelne hatten spezifisch die Fähigkeit zur Reduktion von entweder Sulfat oder Sulfit verloren oder die Fähigkeit Homocystein in Methionin zu überführen. Diese neue Arbeitsmethode bietet außergewöhnliche Möglichkeiten zur Klärung der Einzelheiten der unvollständig bekannten Sulfatassimilation.

Äußerlich sind S-Mangelpflanzen besonders durch Chlorose gekennzeichnet. Die dabei stattfindenden chemischen Umsetzungen sind von S. V. EATON (1, 3) durch Versuche mit *Soya, Brassica nigra* und *Helianthus* weitgehend geklärt worden. Zusammenfassend hat sich ergeben, daß S-Mangelpflanzen reich an Nitrat, löslichen organischen Stickstoffverbindungen und löslichen S-Verbindungen sind. Die Kohlenhydrate verhalten sich verschieden, entweder sind lösliche Zucker oder Polysaccharide im Überschuß vorhanden. Die Ursache dürfte kaum in einer gehemmten Proteinsynthese zu suchen sein. EATON hat vielmehr angenommen, daß die Proteolyse beschleunigt ist. Außerdem wird eine Unterdrückung der Nitratreduktion in Betracht gezogen, die jedoch in Anbetracht der mangelhaften Kenntnisse ihrer Enzymchemie einer weiteren Klärung bedarf. Das Auftreten von flüchtigen Allylverbindungen in *Brassica*, die vorwiegend in jungen Blättern vorkommen, ist auch von EATON (2) untersucht worden. Die Samenbildung wird bei S-Mangel stark herabgesetzt [S. V. EATON (4)], die Samen werden klein; natürlich kann der Schwefelgehalt nicht unter eine gewisse Grenze sinken, er bleibt also bei S-Hunger ziemlich konstant.

Das auffallende und ökologisch wichtige Problem der *Selen*-Speicherung hat TRELEASE (2) kurz zusammengefaßt. Die Se-speichernden und Se-vertragenden *Astragalus*-Arten können auch in Wasserkulturen von nicht Se-speichernden unterschieden werden [TRELEASE (1)]. Im übrigen spielen aber die organischen Verbindungen des Nährmediums bei der Se-Aufnahme eine bedeutende Rolle. Nach TRELEASE und GREENFIELD erhöhen organische Verbindungen, besonders Proteine, die Se-Aufnahme. Maispflanzen nahmen aus Wasserauszügen aus dem Se-speichernden *Astr. bisulcatus* bis zu 3150 mg Se pro Kilogramm auf, aus einer anorganischen Lösung derselben Konzentration dagegen nur bis zu 235 mg (TRELEASE, GREENFIELD und DiSOMMA). Auch mit Selenitlösungen versetzte Auszüge aus Se-freien *Astragalus*pflanzen erhöhen die Aufnahme (TRELEASE und DI SOMMA). Se kommt in einer organischen Verbindung vor, die auch von nicht Se-vertragenden Pflanzen sehr leicht absorbiert wird. Ökologisch dürfte diesem Umstand eine gewisse Rolle als Konkurrenzmittel der Se-vertragenden Pflanzen auf Se-haltigen Böden zugeschrieben werden können. Eine günstige Wirkung von Se auf andere Pflanzen als die Se-speichernden ist nur von BOBKO und SCHENURENKOVA für Hirse und *Medicago* nachgewiesen worden.

Bor. Umfassende Versuche über das Auftreten von Bor in verschiedenen Pflanzen, insgesamt 58 Arten, sind von F. M. EATON (2) ausgeführt worden. Bor kommt vorwiegend in löslicher Form vor, ist aber wenig beweglich und wahrscheinlich an Protein gebunden. Andererseits berichten SCOTT und SCHRADER, daß in Pflanzen, deren Nährmedien das Bor entzogen worden ist, dieses Element von älteren nach wachsenden Teilen geleitet wird und sich demgemäß wie ein leicht beweglicher Nährstoff verhält. Nach M. E. SMITH ist Bor zu 50% in den Zellwänden gebunden; Chloroplasten und Vakuolen sind arm an Bor.

Die Wirkung des Bors ist viel erörtert worden, aber noch unaufgeklärt. Seine Bedeutung für das Wachstum geht daraus hervor, daß nach LEGGATT Erbsen so Bor-arm sein können, daß gleich beim Auskeimen Schädigungen auftreten. Der früher behauptete Zusammenhang zwischen Bor und Auxin (Fortschr. Bot. **10**, 200) wird jedoch in neueren Arbeiten bezweifelt (MOINAT) oder ganz in Abrede gestellt. McVICAR und TOTTINGHAM haben gezeigt, daß B-Mangel ganz unabhängig von einer Zufuhr von Indolylessigsäure auftritt.

In mehreren Arbeiten wird eine oxydationshemmende Wirkung des Bors auch bei suboptimalen Konzentrationen hervorgehoben. ALEXANDER hat gezeigt, daß die Katalaseaktivität bei Bormangel ansteigt; je höher die Katalaseaktivität eines Gewebes ist, um so leichter entsteht Mangel an Bor. In dieselbe Richtung gehen Beobachtungen von McVICAR und BURRIS, laut denen die O_2-Aufnahme bei Bor-Mangel steigt; es sollen dabei Polyphenoloxydasen aktiviert werden. Die Oxydation von Dihydroxyphenyl-1-alanin wird durch Borat gehemmt, die der Ascorbinsäure dagegen nicht. Andererseits haben BAILEY und McHARGUE gefunden, daß bei Bor-Zufuhr der Gehalt der Pflanzen an Katalase, Peroxydase, Oxydasen und Invertase steigt, was indessen einer allgemeinen Erhöhung der Intensität des Stoffwechsels und keiner direkten Wirkung des Bors zugeschrieben wird. Eine Beteiligung komplex gebundenen Bors an durch Pyridoxin und Riboflavin geregelten Oxydationen und Kondensationen ist von anderer Seite angenommen worden [WINFIELD (1)]. Versuche, die hypothetischen B-Komplexe zu isolieren, waren aber erfolglos. Von einigen Autoren wird ein Zusammenhang des Bors mit der Proteinsynthese angenommen (SCRIPTURE und McHARGUE, BECKENBACH). Solche physiologische Parallelen können aber mit den meisten Nährelementen erhalten werden, und Rückschlüsse auf biochemische Verhältnisse und Funktionen der Elemente selbst sind aus diesem Grunde kaum erlaubt. Die Vermutung von BECKENBACH, daß Bor und Phosphor sich gegenseitig teilweise ersetzen können, bedarf gleichfalls eines biochemischen Beweises. Derselbe Verf. hat auch gezeigt, daß eine gute Versorgung mit Nitrat den Bor-Bedarf erhöht.

Daß Ca und B als Nährstoffe miteinander in irgendeiner Beziehung stehen, ist längst behauptet worden und wird durch neue Beobachtungen belegt (SHIVE). WINFIELD (2) hat hervorgehoben, daß die nicht Ca- und B-bedürftigen Pilze keine Pektine bilden, und meint, daß hier ein Zusammenhang vorliegt. Die Entdeckung von Ca als Spurenelement bei Pilzen ändert kaum die Voraussetzungen hierfür, obwohl die Bindung von Bor an die Pektine noch unbewiesen ist. MARSH hat wieder behauptet (vgl. Fortschr. Bot. **10**, 200), daß Bor den Gehalt der Pflanze an löslichem Ca, nicht aber die Ca-Aufnahme regelt. Dementgegen machen JONES und SCARSETH sowie HENDERSON und VEAL geltend, daß auch die Aufnahme beeinflußt wird. Nach WALKER sind die Bormangelerscheinungen denen des Ca-Mangels nicht besonders ähnlich. Ein Zusatz von Calcium vermindert umgekehrt Bormangel und auch Borvergiftungen bei supraoptimalen Zugaben (REEVE und SHIVE). BRENNAN und SHIVE beschreiben ausführlich, daß Ca bei niedrigem B-Gehalt die Aufnahme ebenso wie bei hohem Gehalt vermindert, eine mäßige B-Zufuhr hat dagegen keine Wirkung. Ganz allgemein besteht gute Parallelität zwischen Symptomen an B-Mangel und B-Überschuß einerseits und den Konzentrationen an löslichem und Gesamt-Bor in der Pflanze andererseits. Auch ist der Gehalt an Gesamt-Ca und löslichem Ca in ihrem Pflanzenmaterial von der Borzufuhr ganz unabhängig. Wenn überdies berücksichtigt wird, daß nach REEVE und SHIVE sowie WHITE-STEPHENS und WESSELS K und B auch in irgendeiner Beziehung zueinander stehen und laut PARKS, LYON und HOOD eine noch kompliziertere Wechselbeziehung zwischen B und anderen Mineralstoffen besteht, so dürfte tatsächlich anzunehmen sein, daß zwischen B und Ca keine unmittelbare Beziehung vorliegt.

Die Unentbehrlichkeit von *Molybdän* für höhere und niedrigere Pflanzen steht außer Zweifel. Auch in natürlichen Böden kann ein Mo-Mangel vorkommen (STEPHENS und OERTEL). Nach WARINGTON kann Mo bei Lattich durch Cr, Zi, Zn oder V nicht ersetzt werden. Es liegt hier anscheinend ein Unterschied gegenüber den stickstoffbindenden Bakterien vor, weil bei diesen Vanadium die Funktion des Mo übernehmen kann (vgl. Fortschr. Bot. **9**, 177). Die Aufnahme von Mo aus Böden ist stark vom p_H abhängig. Der Gesamtgehalt des Bodens ist durchweg gering, etwa 1—1,5 mg je Kilogramm; Höchstwerte werden bei alkalischer Reaktion ($p_H > 7$) erreicht (BARSHAD). Die Pflanzen werden auf solchen Böden reich an Mo, besonders Leguminosen sind als Mo-speichernde Arten erkannt. Auch nach FERGUSON, LEWIS und WATSON verläuft die Mo-Aufnahme auf alkalischen Böden schnell, bei saurer Reaktion dagegen sehr langsam. In USA ausgeführte Vegetationsanalysen [ROBINSON und EDGINGTON (2)] haben unter natürlichen Verhältnissen Mo-Gehalte der Pflanzen von 0 bis 137 mg je Kilogramm nachgewiesen. Auch Artenunterschiede muß es hierbei geben. Durch Mo-Überschuß verursachte Vergiftungserscheinungen treten nach BRENCHLEY (2) sehr unregelmäßig auf. Die Art- und Rassenspezifität der Empfindlichkeit ist sehr groß. Von Bedeutung ist die Beobachtung, daß sie am leichtesten bei einem Mangel an Mn auftreten, was zum Problem der Wechselbeziehungen der Spurenelemente führt. Dies tun auch Arbeiten von MILLIKAN (1, 2), laut denen Eisen-Mangelerscheinungen durch einen Überschuß an Mn, Zn, Cu oder Ni hervorgerufen werden können. Außerdem entstehen infolge hoher Metallionenkonzentrationen Nekrosen. Jene können durch Zusatz von entweder Eisen oder Molybdän beseitigt, aber die Nekrosen können nicht aufgehoben werden. Es tritt hier deutlich eine ihrem Wesen nach unbekannte Wechselwirkung zwischen Mo und Fe zutage. In diesem Zusammenhang sei erwähnt, daß HORNER, BURK, ALLISON und SHERMAN die Notwendigkeit des Mo für die N_2-Bindung von *Azotobacter* bestätigt haben und auch feststellen konnten, daß hierbei Fe nicht aber Mn auch unentbehrlich ist. Auch *Rhizobium* braucht Mo zur N_2-Bindung (MULDER). Dieser Forscher hat ausgedehnte Versuche über die Einwirkung von Mo auf den Stickstoffumsatz angestellt und hierbei gefunden, daß bei denitrifizierenden Bakterien Mo die Nitratreduktion beschleunigt. Ferner verlangt *Aspergillus* bei Ernährung mit Ammon-N mehr Mo als mit Nitrat-N. Bei höheren Pflanzen ergibt sich ein komplizierteres Bild, bei der Tomate verursacht Mo eine Erhöhung des Proteingehaltes und eine Abnahme des Nitratgehaltes in den Blättern, aber nicht in den Wurzeln. Bei der Gerste sind die Ausschläge sehr klein, und sowohl bei Gerste wie bei Hafer beeinflußt Mo hauptsächlich den Körnerertrag, aber kaum die vegetativen Teile. MULDER schließt, daß Mo die Nitratassimilation hervorruft; Mangan, das laut früheren Angaben diese Funktion in Wurzeln ausübt (Fortschr. Bot. 9, 173), war in MULDERs Versuchen immer vorhanden. WILSON und WARING berichten auch, daß molybdänmangelkranke Pflanzen im Feld eine stärkere Reaktion bei der Diphenylamin-Probe als gesunde Pflanzen zeigen. Diese ganze Frage nach der Bedeutung von Mo für den Nitratumsatz bedarf näher untersucht zu werden.

Eisen. Die Ursache der Kalkchlorose ist noch nicht aufgeklärt, und es besteht auch keine Einigkeit über die Rolle des Eisens beim Auftreten dieser Ernährungsstörung. Es erscheint nicht ausgeschlossen, daß die bei verschiedenen Pflanzen und unter wechselnden Bedingungen recht oberflächlich als Chlorose diagnostizierte Erscheinung nicht einheitlicher Natur ist. LINDNER und HARLEY haben die verschiedenen in der Natur auftretenden Arten der Chlorose diskutiert. In bezug auf die Kalkchlorose haben sie gefunden, daß sie vom Fe-Gehalt ganz unabhängig ist und durch einen Überschuß an K hervorgerufen werden kann. ASANA hat bei Reis gefunden, daß eine Chlorose nur bei Nitraternährung und p_H 6 auftritt, nicht aber bei Verabreichung von Ammonium, und zwar weder bei p_H 6 noch bei 4,7. Dies ist von LIN bestätigt worden. Weder eine Durchlüftung noch eine Zugabe von Fe als Zitrat konnte die Chlorose beseitigen. Eigentümlicherweise gesundet Reis in fließender Nährlösung, was den Gedanken am ehesten auf Spuren eines unbekannten Stoffes oder auf eine Selbstvergiftung des Nährmediums führen könnte. Als Remedium diente aber ein reduzierendes Agens, Natriummercaptoacetat. In dieser Hinsicht muß die Ansicht von THORNE und WALLACE beachtet werden, daß die Chlorose mit einem Unvermögen der Pflanze, Fe^{3+} zu Fe^{2+} zu reduzieren, verbunden ist. Grüne Blätter enthalten mehr Fe, chlorotische aber mehr unlösliches Fe^{3+}, und Auszüge aus frischen Blättern reduzieren Fe von der Ferri- schnell zur Ferrostufe. BENNETT und JACOBSON haben auch einen höheren Fe-Gehalt in gesunden als in chlorotischen Blättern gefunden. Auch diese enthalten aber gewisse Mengen Fe, das jedoch als für die Chlorophyll-bildung inaktiv oder auch als Rest-Eisen bezeichnet wird. Hieraus haben sie die Menge aktiven Eisens unter der Annahme von Proportio-nalität zwischen diesem und der Chlorophyllmenge berechnet. Diese Annahme scheint jedoch etwas willkürlich zu sein. In Anbetracht der Ergebnisse von THORNE und WALLACE dürfte eine direkte chemische Fraktionierung des Eisens allein zur Lösung dieses Problems führen können.

Die Kalkchlorose ist von ILJIN (1—4) in einer Reihe von Arbeiten von ganz anderen Gesichtspunkten behandelt worden. Er sieht die Ursache nicht primär im Eisenstoffwechsel, sondern im hohen Salz-gehalt der erkrankten Pflanzen; damit verbunden ist ein hoher Gehalt an organischen Säuren, in gewissen Fällen Äpfelsäure, in anderen Pflanzen Zitronensäure, was die normale Folge eines steigenden Kationen-überschusses in der Pflanze ist. Der Stickstoffumsatz ist in kranken Pflanzen gestört. SCHANDER hat außer auf den innigen Zusammenhang mit dem Stickstoffumsatz auch darauf hingewiesen, daß die Ionen-bilanz und besonders ein Kationenüberschuß von Bedeutung sind. Besondere Beachtung verdient der Umstand, daß Kalkchlorose eine Jugendkrankheit ist, die im Keimlingsstadium der Pflanzen auftritt und mit den dann herrschenden besonderen Ernährungsverhältnissen im Zusammenhang steht.

Über den Enzymgehalt bei Eisenmangel liegen einige Berichte vor. Daß WARING und WERKMAN mit *Aerobacter* eine Abnahme des Gehaltes an Katalase, Peroxydase und Dehydrogenase feststellen konnten, ist kaum überraschend. Laut LEWIS nimmt auch in *Torulopsis* der Gehalt an Biotin und Inositol ab. Dagegen steigt im gleichen Material der Gehalt an Aneurin, Riboflavin, Nikotinsäure und Pyridoxin. Eine Atmungshemmung bei Fe-Mangel (GLENISTER mit *Helianthus*) wird durch das Fe-katalysierte Respirationssystem bedingt. SIDERIS und YOUNG (2) konnten in *Ananas* keine unmittelbare Beziehung von Fe zum Stickstoffumsatz feststellen.

Die unvollständig bekannte bakterielle Reduktion von Fe^{3+} hat J. L. ROBERTS untersucht. *Bacillus polymyxa* vergärt Glukose zu u. a. 2-3-Butylenglykol, Äthylalkohol und Wasserstoff. Bei Anwesenheit von Fe^{3+} wird dieses reduziert, wobei die Äthylalkoholausbeute steigt und die der anderen erwähnten Produkte abnimmt. Hierfür liegt noch keine vollständige Erklärung vor. Über eine eigenartige Fe-Wirkung in *Torulopsis pulcherrima* berichtet C. ROBERTS; Fe soll die Bildung des roten Farbstoffes der Zellen nicht beeinflussen, sondern nur seine Diffusion aus den Zellen verhindern. — FRANCES hat die Urzeugung

organischer Substanz durch eine noch vorkommende anorganische Eisen-
katalyse diskutiert.

Die Bilanz Fe : Mn. Besondere Aufmerksamkeit ist in den letzten
Jahren der gegenseitigen Wirkung von Fe und Mn gewidmet worden.
Die Anregung hierzu kam von Arbeiten von SOMERS, GILBERT und
SHIVE nebst SOMERS und SHIVE. Sie behaupten, daß die Oxydations-
stufe des Eisens in der Zelle durch Mangan geregelt wird, weil Mn ein
höheres Oxydationspotential besitzt. Sie haben auf den Umstand hin-
gewiesen, daß Fe-Mangel und Mn-Vergiftung bzw. Fe-Überschuß und
Mn-Mangel identische Symptome bedingen. Nach ihrer Theorie ist
Fe in der Zelle als Fe^{2+} aktiv; Fe^{3+} wird von der Zelle zu Fe^{2+} reduziert,
was bei ungehemmtem Fortschreiten zu Fe-Vergiftung führt. Durch
Mn wird Fe^{2+} zu Fe^{3+} oxydiert, und wenn Mn im Überschuß vorhanden
ist, entsteht ein Fe-Mangel durch Festlegung des Fe^{3+} als unlösliches
Phosphat. Eine Bilanz aktives Fe : aktives Mn gleich 1,5—2,5 entspricht dem optimalen Redoxpotential der Zelle. Daß Fe und Mn in
irgendeiner Wechselbeziehung zueinander stehen, unterliegt keinem
Zweifel; ältere Angaben hierüber sind in einer guten Zusammenfassung
von TWYMAN zu finden. Gegen die Theorie von SHIVE ist jedoch angeführt worden, daß Fe in den Atmungsfermenten normal einem
Valenzwechsel unterliegt. GLENISTER hat demgemäß angenommen,
daß ein Überschuß an Mn den Valenzwechsel von Fe verhindert. Es sei
in diesem Zusammenhang erwähnt, daß nach THEORELL Mn in Peroxydase Fe chemisch ersetzen kann; die Mn-Verbindung wird aber als
Enzym inaktiv. Es leuchtet ein, daß Wechselwirkungen zwischen den
redox-katalysierenden Ionen vorkommen, auf das Verhältnis Mo:Fe
wurde oben hingewiesen, und ERKAMA hat mehrere Beispiele für solche
Wechselwirkungen angeführt. Die diesbezüglich aufgestellten Theorien
sind aber experimentell noch zu wenig begründet.

Daß auch *Mangan* an und für sich unentbehrlich ist, dürfte festgestellt sein, obwohl LÖHNIS die eigenartige Behauptung gemacht hat,
daß für *Aspergillus niger* Mn nur bei saurer Reaktion und in ungepuffer-
ten Lösungen notwendig ist. Nach STEINBERG verlangt aber dieser
Pilz auch Mn. Ältere Angaben widerlegend haben BARKER und BROYER
gezeigt, daß typische Mn-Mangelsymptome auch in aseptischen Kulturen
auftreten. — Als Katalysatoren der Nitratreduktion sind Mn und Mo
vorgeschlagen worden [vgl. BURSTRÖM (5)]. Laut KYLIN (1, 2) reagiert
Ulva gegenüber Mn positiv nur bei Ernährung mit Nitrat. FRIEDRICHSEN
konnte die Mn-Wirkung an höheren Pflanzen nicht nachweisen, wohl
aber einen Einfluß auf die Proteinbildung, wahrscheinlich über Aktivierung von Arginase. SIDERIS und YOUNG (2) fanden dagegen einen
Einfluß von Fe, der jedoch als mittelbar und von Störungen des Kohlen-
hydratstoffwechsels herrührend erklärt wurde. Laut NANCE hemmt
Mn die anaerobe Reduktion von in Wurzeln gespeichertem Nitrat;
die aerobe Verarbeitung, die vermutlich die normale Assimilation darstellt, verhält sich jedoch anders. — Ganz isoliert stehen die Beobachtungen von LOO, HUANG und NI sowie von KING, daß Mn die Stärkehydrolyse beschleunigt; laut KING steigt bei Mn-Zusatz auch die

Respiration in Weizenkörnern. — PERLMAN hat gezeigt, daß in hochgereinigten Lösungen *Aerobium aerogenes* mehr Milchsäure und CO_2 bildet, aber weniger Essigsäure und Äthylalkohol. Der Normalzustand wird durch Mn und eigentümlicherweise durch Cr hergestellt, weniger wirksam erwiesen sich Zn, Co, Al und Fe.

Kupfer. Über den Zustand des Kupfers in der Zelle herrschen Meinungsverschiedenheiten. ERKAMA hat den Gehalt an Cu, Mn und Fe von 34 Arten von natürlichen Standorten bestimmt und hierbei überraschend kleine Schwankungen des Cu-Gehaltes gefunden, was auf eine große Beweglichkeit hindeutet. Der Cu-Gehalt folgt aus unbekannten Gründen dem Wassergehalt der Organe. ROTTOVÁ hat bestätigt, daß Cu viel beweglicher ist als Fe und Mn, während WOOD und WOMERSLEY es für unbeweglich halten. In aktiver Form ist Cu an Protein im Plasma gebunden [ARNON (2, 3), SOMMER]. ARNON hat gezeigt, daß Chloroplasten Polyphenoloxydase enthalten, die sich in bezug auf Hemmungswirkungen wie ein Cu-Protein verhält. BEZSSONOFF und LEROUX behaupten, daß Cu mit Ascorbinsäure eine Monophenoloxydase bildet.

Obwohl keine Beweise zugunsten einer direkten Beteiligung des Cu an der Photosynthese oder dem Stickstoffumsatz vorliegen, so zeigen diese Prozesse bei Cu-Mangel doch weitgehende Störungen. Nach WOOD und WOMERSLEY wird ein Cu-Mangel durch Stickstoffmangel verschärft. In *Aleurites* verursacht Cu-Mangel eine wesentliche Abnahme der apparenten Photosynthese (LOUSTALOT, BURROWS, GILBERT und NASON) und demzufolge eine Abnahme der vorrätigen Kohlenstoffverbindungen, was in einem niedrigen Gehalt sowohl an Stärke wie auch an ökonomisch zu verwertenden fetten Ölen (GILBERT, SELL und DROSDOFF) zum Ausdruck kommt. Leider können aus den recht oberflächlichen physiologischen Zusammenhängen keine Rückschlüsse auf die direkte Wirkungsweise des Cu gezogen werden; dieses Problem muß mit biochemischen Methoden angegriffen werden.

Zink. Die zytologischen und morphologischen Folgen eines Zink-Mangels sind von REED und Mitarbeitern studiert worden. REED (1) hat für verschiedene Pflanzen die Schwellenwerte des Zinks für den Samenansatz bestimmt. Die Pollenentwicklung der Erbse [REED (2)] wird nicht beeinträchtigt, dagegen bleiben die Fruchtknoten unentwickelt oder abnorm. Diese differenzierte Wirkung ist besonders interessant, weil die bekannten, enzymchemischen Funktionen des Zinks allgemeine Stoffwechselvorgänge berühren. Zytologisch verursacht nach REED und DUFRENOY sowie DUFRENOY und REED Zinkmangel Koazervation und Ansammlung phenolischer Zellbestandteile.

Zn kommt sowohl als Bestandteil von Kohlensäureanhydrase, zu etwa 0,3% (KEILIN und MANN), wie auch nach WARBURG und CHRISTIAN in Zymohexase vor. In diesem Fall kommen auf $3 \cdot 10^{-6}$ mol Protein 1 gat Cu und 1 gat Zn. Durch Cystein inaktiviert kann das Enzym durch Zn reaktiviert werden. REED (3,) hat gezeigt, daß Zn-Mangelpflanzen reich an anorganischem P sowie Phenoloxydase und auch an Phosphatase sind, und daß der Phosphorsäureumsatz weitgehend gestört ist. Daß Zn via solcher Wirkungen wahrscheinlich in den Kohlenhydratstoffwechsel eingreift, dürfte bewiesen sein. Loo, Huang und Ni haben auch gezeigt, daß Zn die Stärkehydrolyse befördert.

Ganz verschieden hiervon ist die Wirkung von Zink, das mit der Auxinproduktion in Verbindung steht. Diese hat Tsui (1) näher untersucht und bestätigen können, daß der Auxingehalt bei Zn-Mangel abnimmt, ehe noch das Wachstum beeinflußt wird. Bei Zn-Zufuhr steigt der Gehalt an freiem Auxin binnen zwei Tagen. Die unmittelbare Wirkung besteht darin, daß Zn die Tryptophansynthese und dadurch die Bildung von Indolylessigsäure regelt. Tsui (2) hat auch gezeigt, daß Zn-Mangel mit einer Entwässerung der Gewebe verbunden ist. Camp teilt eine ausführliche Zusammenstellung der gegenwärtigen Literatur über die Zugänglichkeit des Zinks im Boden unterBerücksichtigung seiner Bindung an Phosphate und in organischer Form mit. Zu erwähnen ist auch, daß laut Feeney und Garibaldi Zn in *Bacillus subtilis* zum Teil durch Cd ersetzt werden kann.

Steinberg hat in einigen Arbeiten die Ansicht verfochten, daß *Gallium* unter die notwendigen Mineralnährstoffe einzuordnen ist. Er stützt sich auf Versuche mit *Aspergillus* (1, 2) und *Lemna* (3). In jenem Fall wurde eine recht deutliche Abnahme des Ertrages bei Entfernung des Ga aus der Nährlösung erhalten, bei *Lemna* dagegen sind die Resultate weniger überzeugend, indem das Wachstum ohne Ga 87—94% der Höchstwerte betrug. Auch mit Hinblick auf die Schwierigkeiten, mit denen eine solche Arbeit verbunden ist, wäre eine weitere Bestätigung erwünscht. Liebig, Vanselow und Chapman (2) fanden bei *Citrus* keine Wirkung von Ga, was weniger überrascht.

Aluminium gehört seit jeher zu den fraglichen Nährstoffen, und eine endgültige Aufklärung seiner Bedeutung steht noch aus. Hutchinson und Wollack sowie Hutchinson haben ausführliche Berichte über das Vorkommen von Al in Pflanzen vorgelegt. Unter den spezifisch Al-speichernden Pflanzen wie z. B. *Lycopodium*, *Symplocos* und *Carya* gelten besonders die Pteridophyten als Al-bedürftig. Tauböck kommt nach ausgedehnten Versuchen mit 124 Pflanzenarten auch zu dem Schluß, daß ein Al-Entzug Wachstumshemmungen hervorruft. Peters hat bei *Enteromorpha* gefunden, daß Al in Konzentrationen um 10^{-5} mg je Liter synthetischen Meereswassers das Wachstum um 50% erhöht. Andererseits haben Liebig, Vanselow und Chapman (1) hervorgehoben, daß die unzweifelhaft günstigen Wirkungen von Al bis zu 2,5—5 mg je Kilogramm nur auf eine Entgiftung schädlicher Cu-Mengen zurückzuführen sind. Polynov (zitiert nach Hutchinson) betrachtet eine Al-Speicherung als vor allem durch die geologische Unterlage bedingt; artenspezifische Unterschiede müssen natürlich auch in Erwägung gezogen werden. Chenery hat unter 1600 Al-haltigen Pflanzen nach blauen Anthocyaninen gesucht, um ein Gegenstück zu den blauen *Hydrangea*-Blüten zu finden. Unter den wirklich Al-speichernden Pflanzen wurden in 87% blaue Farbstoffe, wahrscheinlich identisch mit säurestabilem Al-Delphinidin, nachgewiesen.

Das Vorkommen von *Nickel* und *Kobalt* in Pflanzen hat Mitchell zum Gegenstand eines ausführlichen Berichts gemacht. Meeresalgen reagieren gegenüber beiden Metallen positiv [KYLIN (3), PETERS]. Die *seltenen Erdmetalle*, die Al chemisch nahe stehen, werden nach ROBINSON und EDGINGTON (1) besonders von *Carya* in Mengen bis zu 2000 mg je Kilogramm Trockensubstanz gespeichert. Die Al-sammelnden Lycopodiaceen speichern aber diese Metalle nicht.

Unter den Halogenen hat HAAS die früher behauptete günstige Wirkung von *Chlor* bestätigt. Ob es als unentbehrlich zu betrachten ist, muß aber bis auf weiteres dahingestellt bleiben. Interesse beansprucht auch die physiologische Stellung des *Jods*. In Anlehnung an WHITE hat GLASSTONE gezeigt, daß Kulturen isolierter Wurzeln unter den Spurenelementen außer Fe und Cu auch Jod, aber kein Mn, Mo, Zn und B verlangen. Die Übereinstimmung erstreckt sich nur auf Fe und I, weil WHITE die Elemente Fe, Mn, Zn, B und I für notwendig hielt. Eine Nachprüfung dieser Frage erscheint dringend erforderlich. Hierzu trägt auch bei, daß HILDEBRANDT, RIKER und DUGGAR bei Gewebekulturen gleichfalls eine fördernde Wirkung von Jod gefunden haben.

Wirkung hoher Salzkonzentrationen.

Eine Frage, die nicht gut unter den einzelnen Mineralstoffen behandelt werden kann, ist die Resistenz und Toleranz der Pflanzen gegenüber hohen Salzkonzentrationen. Ökologisch ausgedrückt entspricht dies dem Halophytenproblem. Eine ausführliche Zusammenstellung der Literatur über die Eigenschaften der Salzböden und die Reaktion der auf diesen wachsenden Pflanzen hat MAGISTAD (bis 1945) veröffentlicht. — MAGISTAD und CHRISTIANSEN haben hervorgehoben, daß oberhalb einer Gesamtkonzentration von 3 Atm. im Nährmedium die Wirkung der Salze hauptsächlich in einer rein osmotischen Beeinträchtigung des Wasserhaushaltes besteht (vgl. HAYWARD und SPURR), im Gebiet von 2—3 Atm. treten dagegen spezifische Wirkungen der Ionen zutage. Nur diese Frage wird hier behandelt. Wegen der ökologischen Bedeutung sind besonders die Ionen Na, Mg, Cl und SO_4 studiert worden. Im allgemeinen hat sich Mg schädlicher als Na und auch Ca erwiesen [GAUCH und WADLEIGH(1), WADLEIGH und GAUCH(1)]. Artenunterschiede sind jedoch vorhanden. F. M. EATON (1) sowie MAGISTAD, AYERS, WADLEIGH und GAUCH haben mehrere Kulturpflanzen in dieser Hinsicht untersucht. Einzelheiten können hier nicht wiedergegeben werden. Für die Anionen Cl und SO_4 sind die Artenunterschiede noch auffälliger. Für die meisten Arten ist Cl etwa zweimal so giftig als SO_4, für *Citrus* sogar viermal; die wirklichen Halophyten wie *Beta* widerstehen jedoch Cl besser als SO_4. Die Artenunterschiede beruhen z. T. auf Verschiedenheiten in der Aufnahmegeschwindigkeit [F. M. EATON (1)]. GAUCH und WADLEIGH (2) haben ausführlich über die gesamte Ionenaufnahme und Ionenverteilung in der Pflanze aus Medien mit $CaCl_2$, NaCl und Na_2SO_4, wenn Konzentrationen bis zu 4 Atm. verabreicht werden, berichtet. Die Na-Salze setzen nach GAUCH und EATON in höherer Konzentration die Aufnahme von K und Ca herab, durch Sulfat wird die Cl-Aufnahme vermindert, der entsprechende Antagonismus von

Cl gegen SO_4 soll aber fehlen. Laut WADLEIGH und GAUCH (2) verursacht ein hoher Salzgehalt eine Abnahme des Nitrat- und Proteingehaltes der Pflanzen, was einer spezifischen Wirkung von Cl und Ca auf die Cytoplasmahydratation zugeschrieben wird. Jedoch haben WADLEIGH und AYERS später gezeigt, daß eine hohe Konzentration von NaCl eine Erhöhung des Gehaltes an Nitrat und löslichem Stickstoff nebst einer Abnahme an reduzierendem Zucker und Stärke bedingt. Es wurde dies mit einer Abnahme der Photosynthese auf Grund der hohen Cl-Konzentration erklärt. Aus diesen widersprechenden Angaben dürfte hervorgehen, daß eine richtige Deutung noch aussteht.

Salzgehalt und Ernährungszustand der Pflanze.

Das Suchen nach einer praktischen Methode zur Diagnostizierung von Mangelkrankheiten ist auf mehreren Wegen weitergeführt worden. Von theoretischem Interesse sind nur die genaue Identifizierung der sichtbaren Mangelerscheinungen und das Auffinden quantitativer Beziehungen zwischen Salzgehalt und Mineralstoffbedürfnis der Pflanzen. Über das erste Thema liegt ein ausgezeichnetes Werk von WALLACE (1) vor, das auf Farbentafeln die wichtigsten Mangelsymptome an Kulturpflanzen darstellt.

Die Untersuchungen auf dem zweiten Weg gehen von zwei verschiedenen Prinzipien aus, die beide physiologisch berechtigt sein können. Entweder werden die Blätter als Hauptsitz der Stoffproduktion analysiert, z. B. mit der Tripelanalyse von LUNDEGÅRDH (5), die im erwähnten Werk monographisch behandelt ist, mit der Blattdiagnose, „Foliar diagnosis", von THOMAS, nebst der Methode von CHAPMAN, BROWN und RAYNER, oder es werden Speicherstätten analysiert, in denen der Luxuskonsum an Mineralstoffen aufgespeichert wird. Beispiele dafür sind Analysen von Stämmen (HARRINGTON, SHEAR, SCARSETH) oder Blattstielen [BROWN (2) und HILL und CANNON, ULRICH (2, 3)]. SCARSETH hat sich auf die Analyse der anorganischen Fraktionen von P, K und N (als Nitrat) beschränkt; NIGHTINGALE hat bei Ananas die meristematischen Blattbasen auf Nitrat analysiert. Die verschiedenen Methoden sind in neueren Arbeiten an allerlei Kulturpflanzen geprüft worden, vornehmlich an Getreide und anderen Ackerernten [LUNDEGÅRDH (5), THOMAS und MACK, TYNER und WEBB, BROWN (1)], aber auch an Gemüse (HARRINGTON, ATKINSON, PATRY und WRIGHT) und Obstbäumen (BOYNTON und COMPTON, GOODALL, BOYNTON, CAIN und COMPTON, CULLINAN und BOTJER, BOYNTON, COMPTON und FISHER und THOMAS, MACK und FAGAN) und *Aleurites* (LAGASSE und DROSDOFF). Besonders zu erwähnen ist eine monographische Darstellung von GOODALL und GREGORY mit ausführlicher Bibliographie und tabellarischen Darstellungen der Ergebnisse mit allen untersuchten Kulturpflanzen.

Die praktische Auswertung stellt sich recht verschieden; eine Schwierigkeit bedingt immer die gegenseitige Beeinflussung der Nährstoffe (vornehmlich N, P und K), die wohl die Ursache einiger vergeblichen

Versuche, den Ionengehalt mit den Nährstoffbedarf zu parallelisieren, ist
[BROWN (2), CHUBB und ATKINSON, THOMAS, MACK und FAGAN). Um
diese zu beseitigen, hat LUNDEGÅRDH (5) an seinem Material die Interferenz durch ein großes Analysenmaterial untersucht. Es werden hier,
wie in den meisten Fällen, der Minimum- und Optimumgehalt an den
einzelnen Nährstoffen unter verschiedenen Bedingungen festgestellt
(vgl. GOODALL und GREGORY). Einen ganz anderen Weg hat THOMAS
eingeschlagen (THOMAS und MACK), der rechnerisch ohne genügende
theoretische Unterlage Summe und Bilanz der Elemente N, K und P
feststellt und auf dieser Basis Zahlen für „Qualität" und „Quantität"
der Mineralstoffe beurteilt. Es scheint jedoch, als ob diese Methode
weniger glücklich sei als die mehr theoretisch gegründeten und nicht
so steif formelmäßigen (vgl. THOMAS, MACK und FAGAN). Zu erwähnen
ist schließlich, daß auch die Injektionsmethode zur Feststellung des
Ernährungszustandes in neueren Untersuchungen Vertreter hat [WAL-
LACE (2), LAL und COOPER].

Literatur.

ÅBERG, B.: Ann. Agric. Coll. Sweden 15, 239 (1945). — ÅBERG, B., u. I. EKDAHL:
Physiol. Plant. 1, 290 (1948). — ALBAUM, H. G., u. W. W. UMBREIT: Amer. J. Bot.
30, 553 (1943). — ALBERDA, T.: Rec. Trav. bot. néerl. 41, 541 (1948). — ALBRECHT,
W. A.: Soil Sci. 62, 23 (1946). — ALBRECHT, W. A., u. R. A. SCHROEDER:
Soil Sci. 53, 313 (1942). — ALBRECHT, W. A., E. R. GRAHAM u. H. R. SHEPARD: Amer.
J. Bot. 29, 210 (1942). — ALEXANDER, T. R.: Bot. Gaz. 103, 475 (1942). —
ALLAWAY, W. H.: Soil Sci. 59, 207 (1945). — (1) ARISZ, W. H.: Proc. nederl. Akad.
Wetensch. 48, 1 (1945). — (2) ARISZ, W. H.: Proc. nederl. Akad. Wetensch. 50,
3 (1948). — (1) ARNON, D. I.: Annual Rev. Biochem. (Am.) 12, 493 (1943). — (2)
ARNON, D. I.: Nature 162, 341 (1948). — (3) ARNON, D. I.: Plant Phys. 24, 1 (1949). —
ARNON, D. I., u. K. A. GROSSENBACHER: Soil Sci. 63, 159 (1947). — ARNON, D. I.,
u. C. M. JOHNSON: Plant Phys. 17, 525 (1942). — ARNON, D. I., u. W. R. MEAGHER:
Soil Sci. 64, 213 (1947). — ARNON, D. I., W. E. FRATZKE u. C. M. JOHNSON:
Plant Phys. 17, 515 (1942). — ASANA, R. D.: Indian J. Agric. Sci. 15, 227
(1945). — ATKINSON, H. J., L. M. PATRY u. L. E. WRIGHT: Sci. Agric. (Am.) 24,
437 (1944). — ATTOE, O. J., u. E. TRUOG: Proc. Soil Sci. Soc. Amer. 10, 81
(1946).

BAHRT, G. M., u. G. F. POTTER: Proc. Amer. Tung Oil Assoc. 1947, 28. —.
BAILEY, L. F., u. J. S. MCHARGUE: Plant Phys. 19, 105 (1944). — BARKER, H. A.,
u. T. C. BROYER: Soil Sci. 53, 467 (1942). — BARSHAD, I.: Soil Sci. 66, 187 (1948). —
BECKENBACH, J. R.: Florida Agric. exper. Sta. Bull. No. 395 (1944). — BEESON,
K. C.: Bot. Rev. 12, 424 (1946). — BENNET, J. P.: Soil Sci. 60, 91 (1945). —
BERNSTEIN, L., K. C. HAMNER u. R. Q. PARKS: Plant Phys. 20, 540 (1945). —
(1) BERTRAND, G., u. D. BERTRAND: C. r. Acad. Agric. France 31, 100 (1945). —
(2) BERTRAND, G., u. D. BERTRAND: C. r. Acad. Agric. France 32, 129 (1946). —
(3) BERTRAND, G., u. D. BERTRAND: C. r. (Paris) 222, 372 (1946). — BEZSSONOFF,
N., u. H. LEROUX: Nature 156, 474 (1945). — BOBKO, E. V., u. N. P. SCHENUREN-
KOVA: C. r. Acad. Sci. URSS. 46, 115 (1945). — BOROVICK, S. A., G. G. BERGMANN
u. T. F. BOROVICK-ROMANOVA: C. r. Acad. Sci. URSS. 40, 329 (1944). — BOWER,
C. A., u. L. M. TURK: J. Amer. Soc. Agronomy 38, 723 (1946). — BOYNTON, D., u.
O. C. COMPTON: Soil Sci. 59, 339 (1945). — BOYNTON, D., J. C. CAIN u. O. C. COMP-
TON: Proc. Amer. Soc. hort. Sci. 44, 15 (1944). — BOYNTON, D., O. C. COMPTON u.
E. FISHER: Proc. Amer. Soc. hort. Sci. 52, 40 (1948). — BREMNER, J. M., K. C.
HEINTZE, P. J. G. MANN u. H. LEES: Nature 158, 790 (1946). — (1) BRENCHLEY,
W. E.: Bot. Rev. 13, 169 (1947). — (2) BRENCHLEY, W. E.: Ann. appl. Biol. 35, 139
(1948). — BRENNAN, E. G., u. J. W. SHIVE: Soil Sci. 66, 65 (1948). — BREON,

W. S., u. W. S. GILLAM: Plant Phys. 19, 649 (1944). — BREON, W. S., W. S. GILLAM u. D. J. TENDAM: Plant. Phys. 19, 495 (1944). —(1) BROWN, R. J.: Soil Sci. 56, 213 (1943). — (2) BROWN, R. J.: Proc. Amer. Soc. Sugar Beet Technol. 1946, 96 (1947).— BROYER, T. C., u. D. R. HOAGLAND: Amer. J. Bot. 30, 261 (1943). — BURD, J. S.: Soil Sci. 64, 223 (1947). —(1) BURSTRÖM, H.: Ann. Agric. Coll. Sweden 9, 264(1941). — (2) BURSTRÖM, H.: Ark. Bot. 32 A, No. 7, 1 (1945). — (3) BURSTRÖM, H.: Ann. Landw. Hochschule Schwed. 13, 1 (1945). — (4) BURSTRÖM, H.: Fysiogr. Sällsk. Förh. 17, 1 (1947). — (5) BURSTRÖM, H.: Annual Rev. Biochem. (Am.) 17, 579 (1948).

CAMP, A. F.: Soil Sci. 60, 157 (1945). — CHANG, H. T., u. W. E. LOOMIS: Plant Phys. 20, 221 (1945). — CHAPMAN, H. D.: Annual Rev. Biochem. (Am.) 14, 709 (1945). — CHAPMAN, H. D., S. M. BROWN u. D. S. RAYNER: Calif. Citrograph 29, 182 (1944). — CHENERY, E. M.: Ann. Botany N. s. 12, 121 (1948). — Chilean Nitrate Educational Bureau* Bibliography of the literature on the minor elements. New York 1948. — CHUBB, W. O. u. H. J. ATKINSON: Sci. Agric. (Am.) 28, 49 (1948). — (1) COLEMAN, R.: Soil Sci. 54, 237 (1942). — (2) COLEMAN, R.: Soil Sci. 58, 71 (1944). — COLLANDER, R.: Tabulae biol. 19, 313 (1942). — COMMONER, B., u. D. MAZIA: Plant Phys. 17, 682 (1942). — COMMONER, B., S. FOGEL u. W. H. MULLER: Amer. J. Bot. 30, 23 (1943). — CONVERSE, C. D., N. GAMMON u. J. D. SAYRE: Plant Phys. 18, 114 (1943). — COOIL, B. J.: Plant Phys. 23, 403 (1948). — COOIL, B. J., u. M. C. SLATTERY: Plant Phys. 23, 425 (1948). — COOPER, H. P., W. R. PADEN u. W. H. GARMAN: Soil Sci. 63, 27 (1947). — COOPER, H. P., W. R. PADEN, W. H. GARMAN u. N. R. PAGE: Soil Sci. 65, 75 (1948). — COOPER, P. S.: East Afric. Agric. J. 13, 37 (1947). — CORSON, S. A.: Proc. Oklahoma Acad. Sci. 23, 31 (1943). — CULLINAN, F. P., u. L. P. BOTJER: Soil Sci. 55, 49 (1943).

(1) DAVIS, F. L.: Soil Sci. 56, 457 (1943). — (2) DAVIS, F. L.: Soil Sci. 59, 175 (1945). — (3) DAVIS, F. L.: Soil Sci. 60, 481 (1945). — (4) DAVIS, F. L.: Soil Sci. 61, 179 (1946). — DEAN, L.A., u. E. J. RUBINS: Soil Sci. 59, 437 (1945). —DION, H. G., u. P. J. G. MANN: J. Agric. Sci. 36, 239 (1946). — DION, H. G., P. J. G. MANN u. S. G. HEINTZE: J. Agric. Sci. 37, 17 (1947). — DROSDOFF, M., H. M. SELL u. S. G. GILBERT: Plant Phys. 22, 538 (1947). — DUDA, J.: Acta Soc. Bot. Polon. 18, 179 (1947). — DUFRENOY, J., u. H. S. REED: Phytopathology 32, 568 (1942). — DYER, H. J.: Bot. Gaz. 108, 370 (1947).

EARLY, E. B., u. E. E. DeTURK: J. Amer. Soc. Agronomy 36, 803 (1944). — (1) EATON, F. M.: J. Agric. Res. 64, 357 (1942). — (2) EATON, F. M.: J. Agric. Res. 69, 237 (1944). — (1) EATON, S. V.: Bot. Gaz. 102, 536 (1941). — (2) EATON, S. V.: Bot. Gaz. 104, 82 (1942). — (3) EATON, S. V.: Bot. Gaz. 104, 306 (1942). — (4) EATON, S. V.: Plant Phys. 17, 422 (1942). — EISENMENGER, W.S., u. K. J. KUCINSKI: Soil Sci. 63, 13 (1947). — ERKAMA, J.: Ann. Acad. Sci. Fenn. 25, 1 (1947).

FEENEY, R.E., u. J.A. GARIBALDI: Arch. Biochem. 17, 447 (1948). —FERGUSON, W. S., A. H. LEWIS u. S. J. WATSON: J. Agric. Sci. 33, 44 (1943). — FERRES, H. M., u. W. D. BROWN: Austral. J. exper. Biol. a. med. Sci. 24, 111 (1946). — FRANCES, W. D.: Trans. roy. Soc. Canada 41, 19 (1947). — FRIEDRICHSEN, I.: Planta (Berl.) 34, 67 (1944). — (1) FRIES, N.: Nature 155, 757 (1945). — (2) FRIES, N.: Sv. Bot. Tidskr. 40, 127 (1946). — (1) FUJIMOTO, C. K., u. G. D. SHERMAN: Soil Sci. 66, 131 (1948). — (2) FUJIMOTO, C. K., u. G. D. SHERMAN: J. Amer. Soc. Agronomy 40, 527 (1948).

GAUCH, H. G., u. F. M. EATON: Plant Phys. 17, 347 (1942). — (1) GAUCH, H.G., u. C. H. WADLEIGH: Bot. Gaz. 105, 379 (1944). —(2) GAUCH, H. G., u. C. H. WADLEIGH: Soil Sci. 59, 239 (1945). — GHANI, M. O., u. M. A. ISLAM: Soil Sci. 62, 293 (1946). — GILBERT, S. G., H. M. SELL u. M. DROSDOFF: Plant Phys. 21, 290 (1946). — GLASSTONE, F. C.: Amer. J. Bot. 34, 218 (1947). — GLENISTER, P. R.: Bot. Gaz. 106, 33 (1944). — GOODALL, D. W.: J. Pomol. Hort. Sci. 21, 90 (1945). — GOODALL, D. W., u. F. G. GREGORY: Imp. Bur. hort. a. plant crops, Techn. Bull. 17, 1 (1947). — GRAHAM, E. R., u. W. A. ALBRECHT: Amer. J. Bot. 30, 195 (1943).

HAAS, A. R. C.: Soil Sci. 60, 53 (1945). — HALE, J. B., u. S. G. HEINTZE: Nature 157, 554 (1946). —HAMNER, K. C.: Soil Sci. 60, 165 (1945). —HAMNER,

K. C., C. B. Lyon u. C. L. Hamner: Bot. Gaz. **103**, 587 (1942). — Harmer. P. M., u. E. J. Benne: Soil Sci. **60**, 137 (1945). — Harmer, P. M., u. D. G. Sherman: Proc. Soil Sci. Soc. Amer. **8**, 346 (1943). — Harrington, J. F.: Proc. Amer. Soc. hort. Sci. **45**, 313 (1944). — Hayward, H. E., u. W. B. Spurr: J. Amer. Soc. Agronomy **36**, 287 (1944). — Heard, C. R. C.: New Phytologist **44**, 184 (1945). — Heintze, S. G.: J. Agric. Sci. **36**, 227 (1946). — (1) Heintze, S. G., u. P. J. G. Mann: Nature **158**, 791 (1946). — (2) Heintze, S. G., u. P. J. G. Mann: J. Agric. Sci. **37**, 23 (1947). — Henderson, J. H. M., u. M. P. Veal: Plant Phys. **23**, 609 (1948). — Hevesy, G.: Ark. Bot. **33** A, No 2, 1 (1947). — Hildebrandt, A. C., A. J. Riker u. B. M. Duggar: Amer. J. Bot. **33**, 591 (1946). — Hill, H., u. H. B. Cannon: Sci. Agric. (Am.) **28**, 185 (1948). — Hoagland, D. R.: Lectures on Inorganic Nutrition of Plants. Chronica Bot., Waltham, Mass. 1944. — Hoagland, D. R., u. T. C. Broyer: J. Gen. Phys. **25**, 865 (1942). — Holm-Jensen, I., A. Krogh u. V. Wartiovaara: Acta bot. fenn. **36**, 1 (1944). — Holt, M.E., u. N. J. Volk: J. Amer. Soc. Agronomy **37**, 821 (1945). — Horner, C K , D. Burk, F. E. Allison u. M. S. Sherman: J. Agric. Res. **65**, 173 (1942). — Hurwitz, C., u. H.W. Batchelor: Soil Sci. **56**, 371 (1943). — Hutchinson, G. E.: Soil Sci. **60**, 29 (1945). — Hutchinson, G. E., u. A. Wollack: Conn. Acad. Arts a. Sci. Trans. **35**, 73 (1943).

(1) Iljin, W. S.: Jb. wiss. Bot. **90**, 464 (1942). — (2) Iljin, W. S.: Ber. dtsch. bot. Ges. **61**, 138 (1943). — (3) Iljin, W. S.: Flora (Jena) N. F. **37**, 265 (1943). — (4) Iljin, W. S.: Gartenbauwiss. **17**, 338 (1943).

Jacobson, L.: Plant Phys. **20**, 233 (1945). — (1) Jacobson, L., u. R. Overstreet: Amer. J. Bot. **34**, 415 (1947). — (2) Jacobson, L., u. R. Overstreet: Soil Sci. **65**, 129 (1948). — Jenny, H.: Colloid Sci. **1**, 33 (1946). — Jenny, H., u. R. Overstreet: Proc. nat. Acad. Sci. USA. **24**, 384 (1938). — (1) Joffe, J. S., u. A. K. Levine: Soil Sci. **62**, 411 (1946). — (2) Joffe, J. S., u. A. K. Levine: Soil Sci. **63**, 151 (1947). — (3) Joffe, J. S., u. A. K. Levine: Soil Sci. **63**, 241 (1947). — Jones, H. E. u. G. D. Scarseth: Soil Sci. **57**, 15 (1944).

Keilin, D., u. T. Mann: Nature **153**, 107 (1944). — Kelner, A.: Amer. J. Bot. **34**, 105 (1947). — King, C. C.: Bot. Bull. Acad. Sinica 2, 80 (1948). — Koulumies, R.: Acta path. et microbiol. scand. (Dän.) Suppl. (1946). — Krogh, A.: Proc. roy. Soc. (London), (B)**133**, 140 (1946). — Kurtz, T., E. E. DeTurk u. R. H. Bray Soil Sci. **61**, 111 (1946). — (1) Kylin, A.: Fysiogr. Sällsk. Förh. **13**, 185 (1943). — (2) Kylin, A.: Ibidem **15**, 27 (1945). — (3) Kylin, A.: Ibidem **16**, 30 (1946).

Lagasse, F. S., u. M. Drosdoff: Proc. Amer. Soc. hort. Sci. **52**, 11 (1948). — Lal, B. N.: Ann. Botany N. s. **9**, 283 (1945). — Lampen, J., O., u. M. J. Jones: Arch. Biochem. **13**, 47 (1947). — Lampen, J. O., M. J. Jones u. A. B. Perkins: Arch. Biochem. **13**, 33 (1947). — Lampen, J. O., R. R. Roepke u. M. J. Jones: Arch. Biochem. **13**, 55 (1947). — Lawton, K.: Proc. Soil Sci. Soc. Amer. **10**, 263 (1945). — Lee, J. W., u. E. J. Underwood: Austral. J. exper. Biol. a. med. Sci. **26**, 413 (1948). — Leeper, G. W.: Soil Sci. **63**, 79 (1947). — Leggatt, C. W.: Sci. Agric. (Ottawa) **28**, 131 (1948). — Lehr, J. J.: Soil Sci. **53**, 399 (1942). — Lewis J. C.: Arch. Biochem. **4**, 217 (1944). — (1) Liebig, G. F. jr., A. P. Vanselow u. H. D. Chapman: Soil Sci. **53**, 341 (1942). — (2) Liebig, G. F. jr., A. P. Vanselow u. H. D. Chapman: Soil Sci. **56**, 173 (1943). — Lin, C.-K.: Plant Phys. **21**, 304 (1946). — Lindner, R. C., u. C. P. Harley: Plant Phys. **19**, 420 (1944). — Lo, T.-Y., u. S.-M. Chen: Food Res. **11**, 159 (1946). — Löhnis, M. P.: Ant. van Leeuwenhoek **10**, 100 (1944/45). — Loo, T.-L., T.-C. Huang u. T.-S. Ni: Bot. Bull. Acad. Sinica **1**, 213 (1947). — Loustalot, A. J., F. W. Burrows, S. G. Gilbert u. A. Nason: Plant Phys. **20**, 283 (1945). — Lucas, R. E.: Soil Sci. **65**, 461 (1948). — (1) Lundegårdh, H.: Ann. Agric. Coll. Sweden **10**, 31 (1942). — (2) Lundegårdh, H.: Z. Bot. **38**, 401 (1943). — (3) Lundegårdh, H.: Ark. Bot. **31** A, No. 2, 1 (1943). — (4) Lundegårdh, H.: Ark. Bot. **32** A, No 12, 1 (1945). — (5) Lundegårdh, H.: Die Blattanalyse. Jena 1945. — (6) Lundegårdh, H.: Annual Rev. Biochem. (Am.) **16**, 503 (1947). — (7) Lundegårdh, H.: Disc. Faraday Soc. **3**, 139 (1948). — (8) Lundegårdh, H.: Ark. Bot. **33** A, No 5, 1 (1947). — (1) Lundegårdh, H., u. G. Stenlid: Nature **153**, 618 (1944). — (2) Lundegårdh, H., u. G. Stenlid:

Ark. Bot. **31** A, No 10, 1 (1943). — Lyon, C. B., u. R. Q. Parks: Bot. Gaz. **105**, 392 (1944). — Lyon, C. B., K. D. Beeson u. G. H. Ellis: Bot. Gaz. **104**, 495 (1943).

McCalla, T. M.: J. Bacter. (Am.) **40**, 23 (1940). — McComb, A. L., u. J. E. Griffith: Plant Phys. **21**, 11 (1946). — (1) Machlis, L.: Amer. J. Bot. **31**, 183 (1944). — (2) Machlis, L.: Amer. J. Bot. **31**, 281 (1944). — McVicar, R., u. R. H. Burris: Arch. Biochem. **17**, 31 (1948). — McVicar, R., u. W. E. Tottingham: Plant Phys. **22**, 598 (1947). — Magistad, O. C.: Bot. Rev. **11**, 181 (1945). — Magistad, O. C., u. J. E. Christiansen: US. Dep. Agric. Circ. 707 (1944). — Magistad, O. C., A. D. Ayers, C. H. Wadleigh u. H. G. Gauch: Plant Phys. **18**, 151 (1943). — Mandels, G. R.: Plant Phys. **18**, 449 (1943). — Mann, P. J. G. u. J. H. Quastel: Nature **158**, 154 (1946). — Marsh, R. P.: Soil Sci. **53**, 75 (1942). — Martin, J. C., R. Overstreet u. D. R. Hoagland: Proc. Soil Sci. Soc. Amer. **10**, 94 (1945). — Mason, T. G., u. E. Phillis: Ann. Botany N. s. **6**, 443 (1942). — Mehlich, A.: Soil Sci. **62**, 393 (1946). — Mehlich, A., u. J. F. Reed: Soil Sci. **66**, 289 (1948). — Miller, L. P.: Contr. Boyce Thomps. Inst. **14**, 443 (1947). — (1) Millikan, C. R.: J. Austral. Inst. Agric. Sci. **13**, 180 (1947). — (2) Millikan, C. R.: Nature **161**, 528 (1948). — Milthorpe, J., u. R. N. Robertson: Austral. J. exper. Biol. a. med. Sci. **26**, 189 (1948). — Mitchell, R. L.: Soil Sci. **60**, 63 (1945). — Moinat, A. D.: Plant Phys. **18**, 517 (1943). — Mulder, E. G.: Plant a. Soil **1**, 94 (1948). — Mullison, W. R., u. E. Mullison: Plant Phys. **17**, 632 (1942). — Myrbäck, K., u. E. Vasseur: Z. Physiol. Chem. **277**, 171 (1943).

Nance, J. F.: Amer. J. Bot. **35**, 602 (1948). — Neuberg, C. u. I. S. Roberts: Arch. Biochem. **20**, 185 (1949). — Nightingale, G. T.: Bot. Gaz. **103**, 409 (1942).

(1) Olsen, C.: Physiol. Plant. **1**, 136 (1948). — (2) Olsen, C.: C. r. Carlsberg Lab. **26**, 361 (1948). — (1) Osterhout, W. J. V.: J. Gen. Phys. **26**, 293 (1943). — (2) Osterhout, W. J. V.: Bot. Rev. **13**, 194 (1947). — Overstreet, R., u. C. Jacobson: Amer. J. Bot. **33**, 107 (1946). — Overstreet, R., T. C. Broyer, T. L. Isaacs u. C. C. Delviche: Amer. J. Bot. **29**, 227 (1942).

Parks, R. Q., C. B. Lyon u. S. L. Hood: Plant Phys. **19**, 404 (1944). — Peech, M., u. R. Bradfield: Soil Sci. **55**, 37 (1943). — Pepkowitz, L. P., u. J. W. Shive: Soil Sci. **58**, 295 (1944). — Perkins, A. T. u. H. H. King: Soil Sci. **58**, 243 (1944). — Perlman, D.: J. Bacter. (Am.) **49**, 167 (1945). — Peters, B.: Medd. Göteborgs bot. Trädgard **18**, 1 (1948). — Petersen, R. W., u. J. H. Walton: J. amer. chem. Soc. **65**, 1212 (1943). — Polynov, B. B.: Bull. Akad. Nauk. USSR Ser. Geol. **2**, 3 (1944). — Pratt, R.: Amer. J. Bot. **30**, 626 (1943). — Purvis, E. R., u. O. W. Davidson: Soil Sci. **65**, 111 (1948).

Quastel, J. H.: Proc. roy. Inst. Chem. 3 (1946).

Raleigh, G. J.: Soil Sci. **60**, 133 (1945). — Randles, C. L., u. J. M. Birkeland: J. Bacter. (Am.) **47**, 454 (1944). — Rangnekar, Y. B.: Current Sci. **14**, 325 (1945). — Ratner, E. I.: C. r. Acad. Sci. URSS **42**, 318 (1944). — Ratner, E. I., T. A. Akimochina u. K. P. Margolina: C. r. Acad. Sci. URSS **52**, 445 (1946). — Reder, R., L. Ascham u. M. S. Eheart: J. Agric. Res. **66**, 375 (1943). — (1) Reed, H. S.: J. Agric. Res. **64**, 635 (1942). — (2) Reed, H. S.: Amer. J. Bot. **31**, 193 (1944). — (3) Reed, H. S.: Amer. J. Bot. **33**, 778 (1946). — Reed, H. S., u. J. Dufrenoy: Amer. J. Bot. **29**, 544 (1942). — Reeve, E., u. J. W. Shive: Soil Sci. **57**, 1 (1944). — (1) Richards, F. J.: Ann. Botany N. s. **8**, 323 (1944). — (2) Richards, F. J.: Annual Rev. Biochem. (Am.) **13**, 611 (1944). — Roberts, C.: Amer. J. Bot. **33**, 237 (1946). — Roberts, J. L.: Soil Sci. **63**, 135 (1947). — (1) Robertson, R. N.: Austral. J. exper. Biol. a. med. Sci. **19**, 265 (1941). — (2) Robertson, R. N.: Austral. J. exper. Biol. a. med. Sci. **22**, 237 (1944). — Robertson, R. N., u. M. Thorn: Austral. J. exper. Biol. a. med. Sci. **23**, 305 (1945). — Robertson, R. N., u. J. S. Turner: Austral. J. exper. Biol. a. med. Sci. **23**, 63 (1945). — Robertson, R. N., J. S. Turner u. M. J. Wilkins: Austral. J. exper. Biol. a. med. Sci. **25**, 1 (1947). — Robertson, R. N., u. M. J. Wilkins: Austral. J. Scient. Res. **1**, 17 (1948). — (1) Robinson, W. O., u. G. Edgington: Soil Sci. **60**, 15 (1945). — (2) Robinson, W. O., u. G. Edgington: Soil Sci. **66**, 197 (1948). — Rosenberg, T.: Acta chem.

scand. **2**, 14 (1948). — ROTTOVÁ, M.: Acta Fac. rer. nat. Univ. Carol. (Praha) **179** 1 (1947). — ROUTIEN, J. B., u. R. F. DAWSON: Amer. J. Bot. **30**, 440 (1943). — RUDRA, M. N.: Nature **153**, 743 (1944).

SAYRE, C. B., u. M. T. VITTUM: J. amer. Soc. Agronomy **39**, 153 (1947). — SCARSETH, G. D.: Soil Sci. **55**, 113 (1943). — SCHANDER, H.: Jb. wiss. Bot. **91**, 169 (1943). — SCHLENKER, F. S.: Soil Sci. **54**, 247 (1942). — SCHROEDER, R. A. u. W. A. ALBRECHT: Soil Sci. **53**, 481 (1942). — SCHUFFELEN, A. C.: Plant a. Soil **1**, 121 (1948). — SCOTT, G. T.: J. Cellular comp. Phys. **23**, 47 (1944). — SCOTT, L. E., u. A. L. SCHRADER: Plant Phys. **22**, 526 (1947). — SCRIPTURE, P. N., u. J.S. MCHARGUE: J. amer. Soc. Agronomy **36**, 865 (1944). — SHEAR, G. M.: Virginia Agric. exper. Stat., Techn. Bull. No. 84 (1943). — SHIVE, J. W.: Soil Sci. **60**, 41 (1945). — (1) SIDERIS, C. P., u. H. Y. YOUNG: Plant Phys. **20**, 649 (1945). — (2) SIDERIS, C. P., u. H. Y. YOUNG: Plant Phys. **21**, 75 (1946). — (3) SIDERIS, C. P., u. H. Y. YOUNG: Plant Phys. **21**, 218 (1946). — SMITH, J. H. G.: J. amer. chem. Soc. **69**, 1492 (1947). — SMITH, M. E.: Austral. J. exper. Biol. a. med. Sci. **22**, 257 (1944).— SOKOLOV, A. V.: C. r. Acad. Sci. URSS **49**, 123 (1945). — SOMERS, I. I., u. J. W. SHIVE: Plant Phys. **17**, 582 (1942). — SOMERS, I. I., S. G. GILBERT u. J. W. SHIVE: Plant Phys. **17**, 317 (1942). — SOMMER, A. L.: Soil Sci. **60**, 71 (1945). — (1) STEINBERG, R. A.: Plant Phys. **17**, 129 (1942). — (2) STEINBERG, R. A.: J. Agric. Res. **64**, 455 (1942). — (3) STEINBERG, R. A.: Plant Phys. **21**, 42 (1946). — (4) STEINBERG, R. A.: Amer. J. Bot. **33**, 210 (1946). — (5) STEINBERG, R. A.: J. Agric. Res. **75**, 251 (1947). — (6) STEINBERG, R. A.: Science **107**, 423 (1948). — STENLID, G.: Ann. Agric. Coll. Sweden **14**, 301 (1947). — STEPHENS, C. G., u. A. C. OERTEL: Counc. Sci. Ind. Res. **16**, 69 (1943). — STEWARD, F. C.: Ann. Botany N. s. **7**, 89 (1943). — STEWARD, F. C., P. PREVOT u. J. A. HARRISON: Plant Phys. **17**, 411 (1942). — STEWARD, F. C., W. E. BERRY, C. PRESTON u. T. K. RAMAMURTI: Ann. Botany N. s. **7**, 221 (1943). — STEWART, E. H., u. N. J. VOLK: Soil Sci. **61**, 125 (1946). — STILES, W.: Trace Elements in Plants and Animals. Cambridge 1946. — STILES, W., u. K. W. DENT: Ann. Botany N. s. **10**, 203 (1946). — SWENSON, R. M., C. V. COLE u. D. H. SIELING: Soil Sci. **67**, 3 (1949).

TAUBÖCK, K.: Bot. Arch. **43**, 291 (1942). — THEORELL, H.: Nature **156**, 474 (1945). — THOMAS, M. V., R. H. HENDRICKS, L. C. BRYNER u. G. R. HILL: Plant Phys. **19**, 227 (1944). — THOMAS, W.: Soil Sci. **59**, 353 (1945). — THOMAS, W., u. W. B. MACK: Soil Sci. **56**, 197 (1943). — THOMAS, W., W. B. MACK u. F. N. FAGAN: Proc. amer. Soc. hort. Sci. **52**, 47 (1948). — (1) THORNE, D. W.: Proc. Soil Sci. Soc. Amer. **9**, 185 (1945). — (2) THORNE, D. W.: Proc. Soil Sci. Soc. Amer. **11**, 397 (1947). — THORNE, D. W., u. A. WALLACE: Soil Sci. **57**, 299 (1944). — (1) TRELEASE, S. F.: Science **95**, 656 (1942). — (2) TRELEASE, S. F.: Soil Sci. **60**, 125 (1945). — TRELEASE, S. F., u. S. S. GREENFIELD: Science **96**, 234 (1942). — TRELEASE, S. F., u. A. A. DI SOMMA: Amer. J. Bot. **31**, 544 (1944). — TRELEASE, S. F., S. S. GREENFIELD u. A. A. DI SOMMA: Science **96**, 234 (1942). — TRUOG, E.: Soil Sci. **65**, 1 (1948). — TRUOG, E., R. J. GOATES, G. C. GERLOFF u. K. C. BERGER: Soil Sci. **63**, 19 (1947). — TSENG, C. K., u. B. M. SWEENEY: Amer. J. Bot. **33**, 706 (1946). — (1) TSUI, C.: Amer. J. Bot. **35**, 172 (1948). — (2) TSUI, C.: Amer. J. Bot. **35**, 309 (1948). — TWYMAN, E. S.: New Phytologist **45**, 18 (1946). — TYNER, E. H., u. J. R. WEBB: J. amer. Soc. Agronomy **38**, 173 (1946).

(1) ULRICH, A.: Amer. J. Bot. **29**, 220 (1942). — (2) ULRICH, A.: Proc. amer. Soc. hort. Sci. **42**, 204 (1942). — (3) ULRICH, A.: Soil Sci. **55**, 101 (1943).

VIETS, F. G.: Plant Phys. **19**, 466 (1944).

WADLEIGH, C. H., u. A. D. AYERS: Plant Phys. **20**, 106 (1945). — (1) WADLEIGH, C. H., u. H. G. GAUCH: Proc. amer. Soc. hort. Sci. **41**, 360 (1942). — (2) WADLEIGH, C. H., u. H. G. GAUCH: Soil Sci. **58**, 399 (1944). — WALKER, J. C.: Soil Sci. **57**, 51 (1944). — (1) WALLACE, A., S. J. TOTH u. F. B. BEAR: Soil Sci. **65**, 249 (1948). — (2) WALLACE, A., S. J. TOTH u. F. B. BEAR: Soil Sci. **65**, 477 (1948). — (1) WALLACE, T.: The Diagnosis of Mineral Deficiencies in Plants. London 1943/44. — (2) WALLACE, T.: J. roy. Agric. Soc. **107**, 122 (1946). — WALLIHAN, E. F.: Amer. J. Bot. **35**, 106 (1948). — (1) WANNER, H.: Ark. bot. **31** A, No 9, 1 (1944). — (2) WANNER, H.: Ber. schweiz. bot. Ges. **58**, 123 (1948). — (3) WANNER, H.: Ber. schweiz.

bot. Ges. **58**, 383 (1948). — (4) Wanner, H.: Vjschr. naturf. Ges. Zürich **93**, 99 (1948). — Warburg, O., u. W. Christian: Biochem. Z. **314**, 149 (1943). — Waring, W. S., u. C. H. Werkman: Arch. Biochem. **4**, 75 (1944). — Warington, K.: Ann. appl. Biol. **33**, 249 (1946). — Watson, S. A. u. G. R. Noggle: Plant Phys. **22**, 228 (1947). — Wernstedt, A.: Acta bot. fenn. **35**, 1 (1944). — White, P. R.: Plant Phys. **13**, 391 (1938). — White-Stevens, R. H., u. P. H. Wessels: J. Amer. Soc. Agronomy **36**, 903 (1944). — Wiersum, L. K.: Rec. Trav. bot. néerl. **41**, 1 (1947). — Williams, R. F.: Austral. J. Sci. Res. **1**, 333 (1948). — Wilson, C. C., u. P. J. Kramer: Plant Phys. **24**, 55 (1949). — Wilson, R. D., u. E. J. Waring: J. Austral. Inst. Agric. Sci. **14**, 141 (1948). — (1) Winfield, M. E.: Austral. J. exper. Biol. a. med. Sci. **23**, 111 (1945). — (2) Winfield, M. E.: Austral. J. exper. Biol. a. med. Sci. **23**, 267 (1945). — Wittwer, S. H., R. A. Schroeder u. W. A. Albrecht: Plant Phys. **22**, 244 (1947). — Wood, J. G., u. H. B. S. Womersley: Austral. J. exper. Biol. a. med. Sci. **24**, 79 (1946). — Woodford, E. K., u. F. G. Gregory: Ann. Botany N. s. **12**, 335 (1948).

York, E. T., u. H. T. Rogers: Soil Sci. **63**, 467 (1947).

Zimmermann, M.: Soil Sci. **63**, 1 (1947).

14. Stoffwechsel organischer Verbindungen I.
(Photosynthese.)

Von André Pirson, Marburg/Lahn.

Allgemeines.

In den seit dem letzten Bericht verflossenen sechs Jahren ist die Erforschung der Photosynthese nicht nur auf dem bisherigen, durch viel theoretisches Bemühen gekennzeichneten Wege fortgeschritten, sondern auch auf grundsätzlich neuen Bahnen zu Ergebnissen gelangt, welche unsere Vorstellungen von dem früher einmal einer analytischen Behandlung fast unnahbar erscheinenden Grundprozeß der belebten Natur auf eine neue und der weiteren experimentellen Bearbeitung zugängliche Grundlage gestellt haben. Eine solche Entwicklung hatte sich zwar schon seit einiger Zeit angebahnt, in der Hauptsache ist sie aber erst neuerdings in der konsequenten Verfolgung neuer Arbeitsrichtungen so weit gediehen, daß sich die entscheidenden Hauptprobleme immer deutlicher abzeichnen. Die verschiedenen, z. T. von getrennten Forschergruppen durchgeführten Vorstöße in wissenschaftliches Neuland lassen sich kurz folgendermaßen charakterisieren:

1. Die Aufdeckung, experimentelle Erzeugung und vergleichende Untersuchung verschiedener physiologischer Varianten des Photosynthesevorgangs bei Purpurbakterien und besonders bei einzelligen Grünalgen (VAN NIEL, GAFFRON und Mitarbeiter u. a.).

2. Die Entdeckung und Bearbeitung der photochemischen Reaktionsfähigkeit isolierter Chloroplasten (HILL, WARBURG, FRANCK, ARONOFF, FRENCH u. a.).

3. Die Einführung der Isotopentechnik (tracer-Methodik) in die Untersuchung der Photosynthese (RUBEN und Mitarbeiter, CALVIN und Mitarbeiter u. a.).

4. Der Nachweis und die genauere Verfolgung der Bindung und Assimilation von CO_2 im Dunkeln durch heterotrophe Organismen (WOOD und WERKMAN, BARKER, OCHOA u. a.).

Eine unmittelbare Bedeutung des letztgenannten Arbeitsgebietes für die Photosyntheseforschung ist noch nicht erwiesen, doch haben die Untersuchungen dieser Richtung auf jeden Fall wichtige Impulse gegeben.

Die Erforschung des Chloroplastenfeinbaus bzw. der strukturellen Grundlagen des Photosyntheseprozesses ist im Vergleich dazu weniger vorangetrieben worden. Der früheren Gliederung entsprechend sind dennoch die diesbezüglichen Arbeiten auch in diesem Bericht zuerst behandelt.

Die starke Umgestaltung der Problemlage, durch eine Fülle von Veröffentlichungen gekennzeichnet, macht es hier noch weniger als auf anderen Gebieten möglich, an der bisher erstrebten Vollständigkeit in der Aufführung und Verarbeitung des Schrifttums festzuhalten. Es kommt vielmehr zunächst darauf an, unter Verzicht auf manche Einzelheit zu versuchen, einen Überblick über den neuen Stand des Forschungsgebiets zu geben, wie er zum überwiegenden Teil in Amerika erarbeitet wurde. Der leider allzu bescheidene Anteil der deutschen Botanik ist vom Ref. im Rahmen der Fiat-Berichte dargestellt worden.

Eine Reihe von Sammelreferaten aus der Berichtszeit sind im Schriftenverzeichnis gesondert aufgeführt und bei Bezugnahme innerhalb der Besprechung mit (S) gekennzeichnet. Hier muß besonders auf den 1945 erschienenen ersten Band des Buches von Rabinowitch hingewiesen werden, der die chemischen Grundlagen von Photosynthese und Chemosynthese behandelt. Bei erschöpfender und dabei weit über einen rein kompilatorischen Charakter hinausgehender Literaturverarbeitung wird nicht nur dem Spezialisten eine Fülle von Anregungen gegeben, sondern auch dem Fernerstehenden ermöglicht, in dem raschen Fluß der experimentellen Befunde und ihrer Deutungen, der seit 1945 bereits wieder viel wesentlich Neues herangeführt hat[1], an einer Stelle festen Fuß zu fassen. Der zweite Band des Werkes wird die physikalische Seite des Photosyntheseproblems behanden. — Wohl auf keinem Gebiet wird so deutlich wie auf dem der Photosynthese, daß in der modernen biologischen Forschung ein Fortschritt nur dort zu erwarten ist, wo sich minutiöse Spezialarbeit aller verfügbaren naturwissenschaftlichen Methoden bedient, woraus sich die Forderung nach engster Zusammenarbeit aller Fächer von selbst ergibt.

Ref. benutzt die Gelegenheit, den Autoren im Ausland, besonders in Amerika, für ihre Hilfe bei der schwierigen Literaturbeschaffung zu danken. Leider konnten in mehreren Fällen nur Referate, besonders aus den Biological Abstracts, zur Orientierung herangezogen werden. Aus räumlichen Gründen mußte auf die Wiedergabe von Diagrammen zur Erläuterung wichtiger Befunde verzichtet werden.

I. Der Chloroplast und seine Pigmente.

1. Bau und Zusammensetzung der Plastiden. Die chemische Analyse der Chloroplasten ist mit methodischen Variationen von verschiedenen Seiten fortgesetzt worden, ohne daß ein wesentlicher Fortschritt in Richtung auf die sichere und vollständige Erfassung aller Komponenten hätte erzielt werden können. Wie schon früher Menke u. a. legen Hanson, Barrien und Wood und besonders Galston (1, 2) Wert auf die Isolierung „intakter" Chloroplasten, während sich andere Autoren — z. T. auch bei der Untersuchung der extracellulären photochemischen Chloroplastenfunktion (s. u.) — mit Plastidenfragmenten begnügen, die ihres verhältnismäßig einheitlichen Aussehens wegen verschiedentlich als „Grana" bezeichnet werden. Eine Identität mit

---

[1] *Anm. bei der Korrektur:* Seit Abschluß des Manuskripts (Herbst 1948) sind zahlreiche neue Arbeiten erschienen, so daß der vorliegende Artikel verschiedentlich ergänzungsbedürftig ist. Neue Teilberichte in: Photosynthesis in plants (Ed. by J. Franck a. W. E. Loomis), Iowa State College Press 1949.

chlorophyllführenden Strukturelementen der Chloroplasten, wie sie neuerdings wieder von JUNGERS und DOUTRELIGNE, sowie von ROBERTS (1—3) beschrieben werden, ist keineswegs erwiesen, und mit besonderem Hinblick auf den gegenüber unzerteilten Plastiden kaum erhöhten Chlorophyllgehalt erscheint es zumindest ratsam, die Partikel als „Granula" [WARBURG (S)] von den echten Grana zu unterscheiden. Dies empfiehlt sich vorerst auch für die Teilchen, die ZEDLITZ aus verschiedenen Blättern zum Zwecke fluoreszenzoptischer Untersuchungen fraktioniert hat, zumal elektronenoptische Aufnahmen, welche GRANICK und PORTER neuerdings veröffentlichten, in photochemisch aktiven Plastidenfragmenten noch kleinere scheibenförmige Gebilde von konstanter Größe (Durchmesser 6000, Dicke 800 Å) zeigen; dies dürften die echten Grana sein, welche von einer farblosen Grundsubstanz (Stroma oder Matrix) umhüllt und zusammengehalten werden. Extraktion mit Methylalkohol verringert das Volumen dieser Scheibchen auf weniger als die Hälfte; der Rückstand hat offenbar Proteincharakter.

Infolge der Verschiedenheit von Pflanzenmaterial und Präparationsverfahren weisen auch die neueren Analysendaten erhebliche Streuungen auf. Die Signifikanz der Werte möge man nach der Tabelle beurteilen, in der einigermaßen vergleichbare Angaben, die sich auf gleichartiges oder ähnliches Material beziehen, zusammengestellt sind. Es handelt sich dabei nicht um intakte Chloroplasten, sondern um die als Chloroplastensubstanz bezeichnete chlorophyllführende Zellfraktion (bzw. um „Granula").

Tab. 1. Analysen von Chloroplastensubstanz.

Autor	(Werte in Prozenten des Trockengewichtes)					
	Eiweiß	Lipoide	Chloroph.	Asche	Phosphor	Eisen
CHIBNALL (1939) (S) .	39,6	25,1	—	16,9	—	—
MENKE (1940)	54,8—58,0	31,5—32,0	5,3—7,9	8,5—9,4	0,35—0,37	—
SMITH (1941) .	46,5	—	7,86	—	—	—
LIEBICH (1941) . .	—	—	—	4,3—6,1	—	0,028—0,0442
TIMM (1942) .	56,2 (berechn.)	—	—	4,18—5,38	0,5	—
COMAR (1942)	54	34	5	7	—	—
BOT (1942). .	42—54	26—32	—	—	—	—
WARBURG (S1) (1946) . .	—	—	9	3	0,3	0,1

Die Analyse des Aschenanteils wurde von WARBURG (S1) durch Einbeziehung von Spurenelementen erweitert (0,016% Mn, 0,0068% Zn). Recht verschieden und daher für weitergehende Überlegungen nicht allzu bedeutungsvoll sind auch die errechneten molekularen Verhältniszahlen [nach WARBURG z. B. Chlorophyll : Phosphor = 1:1, Chlorophyll : Fe etwa 6:1 (vgl. Fortschr. Bot. 11, 194), Chl : Mn etwa 35:1, Chl : Zn = 100:1]. Insbesondere die Diskussion über das Chlorophyll : Eiweiß-Verhältnis wird erst mit der Aufklärung der strukturellen Verteilung beider Komponenten innerhalb der Plastiden an Wert gewinnen. Die Möglichkeit einer stöchiometrisch fixierten, also proteid-

artigen Bindung des Pigments (vgl. dazu neuerdings SIDERIS) wird daher
auch durch die bei verschiedenem Ernährungs- bzw. Alterszustand
beobachtbare Divergenz von Chlorophyll- und Eiweißgehalt (HANSON)
nicht ernstlich in Frage gestellt. Fortgesetzte Versuche zur Kennzeichnung des Chlorophyll-Proteinkomplexes durch den IEP bzw. durch das
elektrophoretische Verhalten (MOYER und FISHMAN) ergeben erneut
spezifische Unterschiede zwischen nicht verwandten Pflanzen und bestätigen die grundsätzliche Verschiedenheit von Chloroplasten- und
Cytoplasmaproteinen. Einen chemischen Beitrag zu dieser Frage bringen
TIMMs vergleichende Analysen der Chloroplasten- und Cytoplasmafraktion aus Spinatblättern (geprüft wurde u. a. auf 9 verschiedene
Aminosäuren), deren Werte mit vergleichbaren Daten von CHIBNALL (S)
bemerkenswert übereinstimmen, weniger jedoch zu Ergebnissen von
STOLL und Mitarbeitern passen. So beansprucht die Frage, ob Histidin
im Chloroplastenprotein enthalten ist (TIMM) oder fehlt[1] (STOLL und
Mitarbeiter), wegen der Rolle dieser Aminosäure bzw. ihrer Imidazol-
gruppe bei der Verknüpfung von Häminwirkgruppen mit ihren Träger-
proteinen [vgl. STOLL (S)] ein gewisses Sonderinteresse. Von weiteren
Einzelheiten ist z. B. das offenbare Fehlen von Phosphor im Cyto-
plasmaprotein bemerkenswert. Die analytisch faßbaren Unterschiede
zwischen Cytoplasma- und Chloroplasteneiweiß sind im übrigen verhältnismäßig gering; deutlich ist ein vergleichsweise hoher Lysin- und ein
niedriger Histidingehalt der Cytoplasmafraktion. Die Einordnung beider
Proteine in eine der konventionellen Eiweißklassen macht offensichtlich
Schwierigkeiten, zumal über die Einheitlichkeit der Präparationen noch
manche Zweifel bestehen. CHIBNALL rechnet die Cytoplasmaproteine zu
den Glutelinen. HANSON und Mitarb. stellen bei Sudangras einen relativ
hohen Schwefelgehalt des Chloroplastenproteins fest, der mit strukturellen
Besonderheiten dieses Proteins in vivo zusammenhängen könnte. —
Moderne Methoden der Eiweißanalyse (chromatographische oder mikro-
biologische Trennung der Aminosäuren, wie sie z. B. BELTON und
HOOVER bei der Untersuchung des Reserveproteins von Bohnen anwenden) sind bei der Analyse der Plastiden- und Plasmaproteine noch
nicht eingesetzt worden. Die feste Verknüpfung von Lipoiden und
Carotinoiden mit dem Chlorophyll-Eiweißkomplex weist über die Annahme einer einfachen Pigment-Proteinbindung hinaus auf diffizilere
Strukturverhältnisse hin (vgl. z. B. JEFFREY und GRIFFITH), ebenso
auch die von ANSON hervorgehobene uneinheitliche Sedimentations-
geschwindigkeit verschiedener grüner Blattextrakte und -präparationen
(Fortschr. Bot. **11**, 193).

Die Diskussion über die optischen Unterschiede der Assimi-
lationspigmente im Leben und im Extrakt scheint nunmehr insofern
abgeschlossen zu sein, als man eine lockere Assoziation mit Protein als
ausreichende Erklärung für die relativ geringfügigen Bandenverschie-
bungen ansieht (s. z. B. MACKINNEY, FÖRSTER). RABINOWITCH (S)
bringt die bekanntermaßen schwache Fluoreszenz des Chlorophylls in vivo
mit einer einheitlichen Assoziation von Pigment und Protein ohne einen

---

[1] Neuerdings hat offenbar auch STOLL Histidin gefunden [WASSINK (S)].

kolloidalen Chlorophyllanteil in Zusammenhang und knüpft damit an eine ältere Vorstellung von Noack an[1]. Gegen eine „dualistische" Vorstellung von der Chlorophyllverteilung (kolloidaler, nicht fluoreszierender und echt gelöster, fluoreszierender Anteil) wird vor allem die Kopplung in der Verschiebung der Rotabsorption und der Fluoreszenzbande des Chlorophylls bei der Extraktion ins Feld geführt. Eine strukturgebundene Beziehung des Chlorophylls zu Lipoiden und Eiweiß wird von Singh und Rao erwogen auf Grund ihres Befundes, daß sowohl Trypsin- als auch Lipaseeinwirkung die Fluoreszenz von Chloroplasten löscht. — Die Theorie der Chlorophylleinheiten („units"), die unter dem Eindruck der von Franck u. Mitarb. postulierten und zudem experimentell wahrscheinlich gemachten Rückreaktionen nicht stabilisierter Photozwischenprodukte von den meisten Autoren zurückgestellt worden ist (vgl. Fortschr. Bot. **11**, 203 f.), greift Förster in einer theoretischen Studie wieder auf, ohne jedoch damit die Forderung nach einer besonderen Anordnung der Chlorophylls (etwa im Sinne einer kolloidalen Verteilung oder einer strukturell spezifischen Lagerung nach Art des mehrfach diskutierten Geldrollenschemas) zu verbinden. Denn schon bei der normalen Konzentration des Chlorophylls im Chloroplasten in monomolekularer Lösung sollen die Bedingungen ohne weiteres erfüllt sein, welche für eine verlustlose Übertragung von Anregungsenergie über viele Farbstoffmoleküle gestellt werden müssen. Ein kritischer Molekülabstand von etwa 80 Å, unterhalb dessen nach Försters Kalkulationen beim Chlorophyll a ein Energieübergang von Molekül zu Molekül ohne materielle Träger (sog. „Excitonen"-wanderung, im Unterschied etwa zu einem Elektronenübergang) ohne Verluste möglich ist, wird in vivo wahrscheinlich weit unterboten.

An dieser Stelle seien auch vergleichende Messungen der Lebendabsorption und derjenigen von monomolekularen Rohextrakten an Grün- und Blaualgensuspensionen *(Chroococcus)* erwähnt, die Emerson und Lewis (2) mit dem auffallenden Ergebnis durchgeführt haben, daß bei Blaualgen der sonst so deutliche Unterschied (stärker nivellierter Absorptionsverlauf in vivo) weitgehend wegfällt. Ob dies — wie angenommen — mit einer geringeren Strukturgebundenheit der Pigmente im Chromatoplasma der Cyanophyceen erklärbar ist, müssen weitere Untersuchungen entscheiden; auch bedürfen kleinere, jedoch nicht unwichtige Differenzen gegenüber ähnlichen Messungen von Seybold und Weissweiler der Klärung. — Diese Hinweise mögen zeigen, daß wir noch weit von der Ausführung eines Strukturbildes für die Pigmentverteilung in Chloroplasten entfernt sind, welches etwa das viel angeführte Schema von Hubert — auch in einer Beschränkung auf die Grana — bestätigen oder widerlegen könnte.

Neue Messungen der Pigmentabsorption und -reflexion von French und Mitarbeitern mit Hilfe eines besonders lichtstarken Monochromators (Breite der Emissionsbanden 10 mμ) in Verbindung mit der Ulbricht-Kugel (technische Daten siehe French, Rabideau und Holt) ergänzen die methodisch anscheinend gleichwertigen Daten von Seybold und Weissweiler und zeigen weitgehende Über-

---

[1] Zu Unrecht unterstellt Rabinowitch (S. 312) Noack die Auffassung, das fluoreszierende Chlorophyll sei in vivo in Lipoiden gelöst.

einstimmung in der Absorption lebender Blätter, isolierter Chloroplasten sowie einfacher oder mit Ultraschall homogenisierter Chlorophyll-Lösungen [Rabideau, French und Holt (2)]. Monomolekulare Pigmentextrakte wurden hierbei nicht zum Vergleich herangezogen. Für solche Farbstofflösungen liegen planmäßige Vergleichsmessungen aus verschiedenen Laboratorien mit gut übereinstimmenden Ergebnissen vor (Zscheile, Comar und Mackinney).

2. Biogenese der Chloroplastenpigmente. Von den Problemen der Pigmentbildung steht weiterhin die Frage nach den Chlorophyll-vorstufen an erster Stelle. Aus dem Wirkungsspektrum der Chloro-phyllbildung in etiolierten Haferkeimlingen schließt S. Frank auf eine mit dem Protochlorophyll aus Kürbissamenhäuten spektral über-einstimmende Dunkelvorstufe. Seybold gibt neue Absorptionskurven von Protochlorophyll a und b aus Kürbissamenhäuten, wobei offen bleibt, ob das letztere wirklich der b-Reihe angehört. In etiolierten Weizenkeimlingen wurde Protochlorophyll a, daneben auch im Dunkeln eine kleine Menge Chlorophyll a aufgefunden [vgl. Goodwin und Owens (2)]. Älteren Befunden von Scharfnagel ähnliche Beob-achtungen von J. H. C. Smith (4) sprechen für die Bildung des Protochlorophylls als eines obligatorischen, wenn auch jeweils nur in geringer Menge vorhandenen Chlorophyllvorläufers. Bei niedriger Temperatur (0° C) ließ sich in etiolierten Gerstenblättern eine quanti-tative Beziehung der photochemischen Chlorophyllproduktion zu einem Protochlorophyllschwund klarer als bisher herausarbeiten, weil hierbei der die kausalen Beziehungen verschleiernde Nachschub von Dunkel-vorstufen nahezu stillgelegt ist. Die verschiedentlich geäußerte Ver-mutung, das Protochlorophyll sei lediglich Neben- oder Abfallprodukt des Pigmentumsatzes, verliert durch diese Befunde an Gewicht. Die genaue Analyse der aus thermo- und photochemischen Vorgängen zu-sammengesetzten Reaktionskette der Chlorophyllbildung steht noch aus [vgl. jedoch Granick (1, 2)]. Offen ist auch noch die Deutung der interessanten Befunde von Smith (3), daß etiolierte Gerstenblätter eine offenbar farblose, ätherlösliche Magnesiumverbindung enthalten, die bei Belichtung stark vermehrt wird und vielleicht eine der ersten Chloro-phyllvorstufen darstellt. Ein ähnliches Verhalten wird von einer äther-löslichen Phosphorfraktion berichtet. In Albinoblättern geht die Bil-dung dieser Mg- und P-Verbindung in fast gleicher Weise vor sich wie in den grünen Kontrollen; auch hier wirkt Belichtung fördernd ein. Der Albinocharakter macht sich also offenbar erst in einer späteren Stufe der Pigmentbildung bemerkbar. — Nach Spoehr (5) besteht Wahr-scheinlichkeit für synchron verlaufende Auf- und Abbauprozesse am Chlorophyll während der Belichtung (zeitliche Trennung beider Vor-gänge während der Pigmentbildung bei 0°). Ein damit gegebenes dyna-misches Gleichgewicht, wie es ja auch von anderen Körperbausteinen mehr und mehr bekannt wird, erlaubt natürlich zunächst noch keinen Schluß auf einen Chlorophyllumsatz im Zuge der photosynthetischen Reaktionen.

Den erstmalig von Beadle und Tatum in ihren Arbeiten an Neuro-spora eingeschlagenen Weg der Analyse physiologischer Vorgänge mit Hilfe „biochemischer Mutationen" hat neuerdings Granick (1, 2) auch bei der Untersuchung der Chlorophyllbildung betreten. Nach Röntgen-bestrahlung eines Chlorella-Klons erhielt er verschiedene heterotrophe Mutanten mit abweichender Pigmentausbildung. Die Untersuchung der betreffenden Farbstoffe zeigte, daß es sich offenbar um Chlorophyllvor-stufen handelt, daß also der Chlorophyllaufbau von mehreren Erbfakto-ren (im Genom oder Plastidom?) bestimmt wird, deren Wirkungskette an verschiedenen Stellen unterbrochen werden kann, was zur Anhäufung des jeweiligen Zwischenprodukts führt. Bisher wurde ein braunroter Farb-stoff isoliert (1), der sich als ein wahrscheinlich eisenhaltiges Protopor-phyrin (= Hämin) erwies, welches übrigens nicht nur in tierischen, son-dern auch in pflanzlichen Geweben normalerweise vorkommen soll [vgl. GILDER und GRANICK (S)]. Eine andere Mutante (2) lieferte ein Mg-halti-ges Protoporphyrin. Die Anfangsschritte der Chlorophyllbildung spielen sich also wohl an häminähnlichen Verbindungen ab, in die das Magnesium verhältnismäßig spät eintritt. Zuletzt erfolgt die für die Chlorophylle charakteristische Bildung des isozyklischen Pentanonringes. Der Eisen-bedarf der Chlorophyllbildung würde sich so verhältnismäßig einfach erklären lassen. Der Fortsetzung der Arbeiten wird man mit Interesse entgegensehen. Wieweit sich die bisherigen Ergebnisse mit den oben erwähnten Befunden von SMITH in Einklang bringen lassen, ist noch offen. Es gilt dabei zu bedenken, daß die Pigmentbildung von Chlorella wenigstens zum Teil anders verläuft als bei höheren Pflanzen. Dies mindert natürlich nicht den Wert dieser wichtigen Untersuchungen. — Auch DAVIS hat aus einem autotrophen Klon heterotrophe Chlorella-Mutanten gewonnen, und zwar von grüner Farbe, von deren Unter-suchung er sich Aufschluß über photosynthetische Teilschritte erhofft.

Erneut wird an Chlorella bestätigt, daß Chlorophyll a bei Belichtung zunächst ausschließlich oder bevorzugt gebildet wird (EICKE); dies ist auch bei Gerste [SPOEHR (S)] und an etiolierten Haferkeimlingen nach zweistündiger Blaulichtbestrahlung deutlich nachweisbar [GOODWIN und OWENS (1, 2)]. — Die wiederholt behauptete Bildung von Chloro-phyll aus zugesetzten Pyrrolverbindungen bei Eisenchlorose sollte nach wiederum negativ verlaufener Nachprüfung durch ARONOFF und MACKINNEY (1) endgültig aus der Diskussion verschwinden. — Mit der Bedeutung des Eisens bei Chlorophyll- und Eiweißproduktion im Blatt befaßt sich BENNETT. Durch Verteilung des Schwermetalls auf ver-schiedene Proteinfraktionen innerhalb und außerhalb der Chloroplasten werden die Verhältnisse kompliziert (vgl. dazu ähnliche Untersuchungen LIEBICHs und neuerdings von LINDNER und HARLEY). Erst oberhalb eines gewissen Eisenschwellenwertes ist Chlorophyllbildung möglich. Die Beziehung Eisen-Chlorophyll wird im Blatt oft durch einen Über-schuß unwirksamen Eisens verdeckt. Nach JACOBSON enthält der Chlorophyll-Eiweißkomplex stets auch Eisen. SPOEHR rechnet mit einer Beteiligung von Phosphat bei der Chlorophyllbildung (s. o.). MYERS (1) und später EICKE finden, daß die in Chlorella bei hetero-tropher Dunkelaufzucht gebildeten Pigmente von denen der auto-trophen Lichtkulturen nicht verschieden sind (kein Protochlorophyll). Der Quotient a/b ist nach EICKE in komplizierter Weise vom Alter der

Dunkelkulturen abhängig, wodurch die Suche nach spezifischen Einflüssen von mineralischen Nährstoffen (geprüft wurden N-, Mg-, Fe- und Mn-Mangelkulturen) auf das Verhältnis der Pigmente erschwert wird. Auffallend ist bei diesen Versuchen die relativ geringe Beeinflußbarkeit der Xanthophyllproduktion. Bei höheren Pflanzen gelang es EICKE nicht, die Bedingungen des Mineralsalzmangels so wirksam zu machen, daß schon die Bildung der Chlorophylldunkelvorstufen (Protochlorophyll) vermindert war. — WHITMORE findet in extensiven Versuchen zur Pigmentproduktion von Keimlingen im Dunkeln und im Licht verschiedener Qualitäten und Quantitäten, daß die Optimalbedingungen für die Bildung der einzelnen Pigmente sehr verschieden sind. Der Gehalt an Carotin (und Vitamin C) wird von der Bodenzusammensetzung stark beeinflußt [WYND und NOGGLE (1, 2)]. Direkte Kausalbeziehungen lassen diese Arbeiten kaum erkennen. — Durch plasmolytischen Wasserentzug sowie durch Erhöhung der Saugkraft der Bodenlösung will BECK eine stärkere Beeinträchtigung der Chlorophyllbildung gegenüber der Carotinproduktion herbeigeführt haben.

SPOEHR berichtet von neuen Pigmenten, welche die verfeinerte chromatographische Adsorptionsanalyse zutage gefördert hat, besonders bei Algen, über die auch schon Detailuntersuchungen vorliegen (STRAIN, MANNING und Mitarbeiter). Das alte Chlorophyll c oder γ („Chlorofucin") taucht bei chlorophyll-b-freien Algen mit neubegründetem Anspruch auf Existenz in vivo wieder auf [Diatomeen, Braunalgen (STRAIN und MANNING), Peridineen (STRAIN und Mitarbeiter)]. Ebenso wie ein neues „Chlorophyll d" in Rotalgen (MANNING und STRAIN) ist der Farbstoff spektral eindeutig gekennzeichnet, von postmortalen oder extracellulären Chlorophyllabbauprodukten deutlich verschieden und bildet funktionell (?) vielleicht einen Ersatz für das fehlende Chlorophyll b. Von der mehrfach untersuchten Chlorophyll-a-Alge *Vaucheria* soll eine Brackwasserspezies mit der kompletten Garnitur anderer Chlorophyceen vorkommen [SPOEHR (9)].

Eine Aufzählung der zahlreichen Arbeiten über den Pigmentgehalt verschiedenster Pflanzen, sowie vieler methodischer Untersuchungen zur chemischen und chromatographischen Pigmentanalyse muß aus Raumgründen unterbleiben. Ref. stellt auf Wunsch Titelzusammenstellung bzw. Einzelreferate über diese Veröffentlichungen zur Verfügung [vgl. auch FRENCH (S)].

3. Der Pigmentabbau. Der Vorgang des Chlorophyllabbaus im lebenden Blatt bleibt auch weiterhin ungeklärt. Doch hat NOACK eine neue Diskussionsbasis hergestellt, und zwar auf Grund von Modellversuchen an wasserlöslichen Chlorophyllderivaten. Diese unterliegen in Gegenwart bestimmter Katalysatoren (besonders kolloid. $Fe(OH)_3$, $Cu(OH)_2$, $Mg(OH)_2$, auch Montmorillonit) einem glatten Abbau durch H_2O_2 (Endprodukte CO_2, NH_3, H_2O, als Zwischenprodukte unter Umständen das KÜSTERsche Methyl-äthyl-maleinimid und Oxalsäure). Danach könnten im Leben als mögliche Abbauschritte in Frage kommen: Intraplastidäre Proteolyse, Freisetzung von Chlorophyll, sowie von Chloroplasteneisen als kolloidales $Fe(OH)_3$, Aktivierung der Chlorophyllase und Hemmung der Katalase, H_2O_2-Anhäufung im Zuge der Atmung und danach Totalabbau des durch enzymatische Verseifung in wäßrige Lösung gebrachten Farbstoffes. Das Chlorophyll in lebenden oder getrockneten Helodeablättern ist ebenfalls dem Abbau durch H_2O_2 leicht zugänglich, wird aber nach Abtöten mit Äther und Vorbehandlung mit Elektrolyten stabil. Nach EGLE, der den Pigmentabbau unter verschiedenen Bedingungen und mit besonderem Hinblick auf die bei Konservierungsmaßnahmen der landwirtschaftlichen Praxis auftretenden Veränderungen untersucht hat, dürfte gewöhnlich der erste Abbauschritt in der Lösung des Chlorophylls von seinem Eiweißpartner bestehen (vgl. MACKINNEY). Beim Säureabbau, etwa im Zuge der Milchsäurebildung während der Silage, während der Umsetzungen bei der Tabakzubereitung (JEFFREY und GRIFFITH), kaum erkennbar dagegen bei dem im Einzelverlauf wohl andersartigen herbstlichen Abbau, erweist sich das Chlorophyll b· resistenter als die a-Komponente. An das Phäophytin schließt sich nach EGLE vielleicht als weitere Abbaustufe das Phylloerythrin an. Im Verlaufe der Silierungsprozesse sind die Carotinoide wohl stabiler als die Chlorophylle (vgl. EGLE, KEMMERER und FRAPS); Bezugsgrößenfragen können hier leicht störend bei der Analysenauswertung interferieren.

Der Carotinoidabbau wird vielfach in artspezifisch differenzierter Weise durch Bildung von „*Sekundär-Carotinoiden*" (SEYBOLD) kompliziert; diese gehen z. T. als Ester aus vorhandenen Polyenalkoholen (besonders Xanthophyllen) hervor (so z. B. in manchen vergilbenden Blättern) oder werden zusätzlich produziert (reifende Früchte). Auch die Blütencarotinoide, z. T. ebenfalls Ester, sind hier einzuordnen. Die chromatographische Methode wurde auf die Bestimmung dieser Pigmentgruppe ausgedehnt (SEYBOLD und KNIE-ENGEL). Die Bildung der Sekundärcarotinoide scheint mit Proteolyse und anderen Spaltungsvorgärgen in Zusammenhang zu stehen, eine kausale Beziehung zum Chlorophyllschwund ließ sich nicht aufdecken. Über eine physiologische Funktion dieser Pigmente, die auch, wie ·z. B. das Rhodoxanthin bei Koniferen, unter ähnlichen Bedingungen wie die temporären Anthocyane auftreten können, läßt sich nichts Positives aussagen. Dies gilt u. a. für den im Falle der Anthocyane viel diskutierten Strahlungsschutz, den ARENS als ökologischen Faktor bei einer zusätzlichen Produktion roter Carotinoide in Wasserpflanzen (Potamogeton) im Starklicht in Erwägung zieht. Daß die Carotinoide gelöstes Chlorophyll vor Photooxydation schützen können, wie ARONOFF und MACKINNEY (2) neuerdings wieder zeigen, beweist nicht eine entsprechende Rolle derselben in der lebenden Zelle.

4. Photosynthetische Wirksamkeit der Chloroplastenfarbstoffe. Der Chlorophyllgehalt grüner Blätter wird von GABRIELSEN als „Schwachlichtfaktor" für die Photosynthese gekennzeichnet, d. h. er hat nur im Bereich geringer Lichtintensität einen stärkeren Einfluß auf die Assimilationsleistung. Es ist damit nichts anderes gegeben als eine Spezialfassung der Regel von den begrenzenden Faktoren[1]; wenn im Starklicht andere Einflüsse (Temperatur, CO_2-Konzentration u.

---

[1] Vergleiche demgegenüber den von SEYBOLD u. WEISSWEILER hervorgehobenen „*optisch*-physiologischen Chlorophyllüberschuß" im Laubblatt.

dgl.) die Photosynthese limitieren, ist die Höhe des vom absorbierenden Chlorophyll angebotenen Energiebetrages oder auch die Menge des absorbierenden Pigments nicht von Bedeutung. GABRIELSEN möchte auch experimentell zeigen, daß chlorophyllarme Blätter (besonders von *aurea*-Varietäten) nur im Schwachlicht gegenüber Normalkontrollen verhältnismäßig wenig assimilieren (Bereich der Chlorophyllkonzentration 0,21—8,7 mg/dm^2). In den vorgelegten Licht-Assimilationskurven ist freilich — wenigstens in den extremeren Fällen niedrigsten Chlorophyllgehalts — auch bei höherer Beleuchtungsstärke (etwa 7000 Lux) die Überlegenheit normalgrüner Blätter doch recht ausgeprägt. Artspezifische Unterschiede scheinen auch hier mitzuspielen.

ALGEUS findet bei Chlorophyceen einen durch Ascorbinsäurezufuhr erhöhten Chlorophyllgehalt und im Zusammenhang damit gesteigerte Photosynthese. Leider fehlen dabei genaue Angaben über die Intensität· der Belichtung während des Assimilationsversuchs. Eine direkte Wirkung der Ascorbinsäure auf die Photosynthese liegt nicht vor. — Wichtig sind neueste Angaben von SPOEHR und MILNER, wonach Chlorellen mit hohem Lipoidgehalt ihre Photosynthese bei $^1/_{500}$—$^1/_{2000}$ der Chlorophyllkonzentration betreiben sollen, welche in lipoidarmen Zellen gefunden wird.

Die durch Kulturversuche (BAATZ) wahrscheinlich gemachte Mitwirkung der Carotinoidabsorption an der Photosynthese carotinoidreicher Einzeller hat SAGROMSKY — die Königsberger Arbeiten abschließend — durch vergleichende manometrische Untersuchungen der CO_2-Assimilation von Diatomeen und Peridineen einerseits und Grünalgen andererseits sichergestellt. Dasselbe ergibt sich auch aus Messungen der O_2-Ausscheidung von DUTTON und MANNING an *Nitzschia*-Suspensionen mit Hilfe der Hg-Tropfelektrode. Genaue Angaben über den prozentualen Anteil der Carotinoidabsorption im blauen und violetten Bereich sind schwer zu machen, da die unvermeidliche Extraktion vor der Pigmenttrennung die Absorptionsverhältnisse beträchtlich verändert. Ist somit eine exakt quantitative Auswertung solcher Versuche kaum möglich, so zeigen EMERSON und LEWIS doch wenigstens im Grundsatz, daß auch in Grünalgen *(Chlorella)* mit einer, freilich im Vergleich zum Chlorophyll geringen, assimilatorischen Wirksamkeit der Carotinoide zu rechnen ist, wie dies seit den klassischen Messungen des Quantenbedarfs von WARBURG und NEGELEIN schon mehrfach erörtert wurde. Man kann also nach dem heutigen Stande des Problems wohl sagen, daß auch bei normal grünen Pflanzen eine Mitwirkung der Carotinoide möglich erscheint. Auch die im Assimilationsversuch als photosynthetisch wirksam erwiesene Anpassung des Pigmentapparates von Diatomeen und Grünalgen an verschiedenfarbiges Anzuchtlicht im Sinne einer chromatischen Adaptation (Verschiebung des Verhältnisses Chlorophyll : Carotinoide (vgl. Fortschr. Bot. 11, 215) spricht zugunsten der Carotinoidbeteiligung (SAGROMSKY).

BURNS hat das Problem erneut mit höheren Pflanzen aufgegriffen. Er findet besonders im blauen Bereich bei Kiefernnadeln einen größeren Anteil unwirksamer Absorption als bei Weizenblättern. Ob solche verhältnismäßig groben Versuche im Sinne einer artspezifisch verschiedenen Ausnutzung der von den gelben Pigmenten eingebrachten Energie gedeutet werden können, läßt sich schwer entscheiden. Bemerkenswert ist jedenfalls, daß bei 3650 Å Pinuskeimlinge im Unterschied zu Weizenblättern überhaupt keine Assimilation mehr zeigen. — COOPER und Mitarbeiter finden bei Weglassen des blauen Spektralbereichs unter kompensierender Erhöhung des verbleibenden Strahlungsanteils die Kohlenhydratproduktion von Blättern vermindert. Danach scheint das Blau sogar besonders wirksam zu sein; doch sind Versuchsanstellungen dieser Art, besonders ohne Absorptionsmessung, für das Carotinoidproblem wenig aufschlußreich.

EMERSON und LEWIS untersuchten die Wirksamkeit der einzelnen Wellenlängen auch im übrigen sichtbaren Spektralbereich und fanden eine geringe Depression in der Nähe von 660 mμ, wo die Absorption stärker vom Chlorophyll b als vom Chlorophyll a bestimmt wird. Es ist aber wohl nicht möglich, eine Nichtbeteiligung oder schwächere Mitwirkung des Chlorophyll b an der Photosynthese daraus mit Sicherheit abzuleiten (vgl. dazu FÖRSTER). Eindrucksvoll ist demgegenüber der starke Abfall der photochemischen Ausbeute im längerwelligen Rot (von 6900 Å bis 7300 Å), wo wegen der geringen Energie der Quanten die normale Quantenzahl nicht mehr ausreicht.

Wichtig sind weiterhin die Untersuchungen von EMERSON und LEWIS über das Wirkungsspektrum bzw. die photochemische Ausbeute verschiedener Spektralbezirke bei Blaualgen (*Chroococcus*-Suspensionen). Da hier die Lebendabsorption besser mit der Absorption der monomolekularen Pigmentextrakte übereinstimmt als bei Grünalgen (s.o), ist eine exaktere Erfassung des nicht vom Chlorophyll eingebrachten Energieanteiles nach Fraktionierung der Pigmente und damit ein klares Urteil über den Grad der Beteiligung der einzelnen Komponenten an der Photosynthese möglich. Hier sind offenbar die Carotinoide nur in sehr bescheidenem Maße an der Photosynthese beteiligt. Dagegen kann als sicher gelten, daß das Phycocyan die Chlorophyllabsorption assimilatorisch wirksam komplettiert, denn es besteht kaum eine Differenz zwischen der Ausnutzung der von diesem Chromoproteid und der vom Chlorophyll beherrschten Absorptionsbereiche. Mit Interesse erwartet man nunmehr Untersuchungen darüber, ob Phycocyan und Phycoerythrin in ihrer photosynthetischen Wirksamkeit selbständig sind oder die aufgenommene Energie an das Chlorophyll weitergeben, wie dies nach DUTTON, MANNING und DUGGAR bei den Carotinoiden der Fall sein dürfte. Diese Autoren fanden gelegentlich ihrer Messung der Fluoreszenzausbeute bei verschiedenen Wellenlängen des anregenden Lichtes, daß das von Carotinoiden absorbierte Licht bei *Nitzschia* die Chlorophyllfluoreszenz anzuregen vermag, womit eine Energieübertragung von einem Pigment zum anderen nachgewiesen ist. Für diese Möglichkeit spricht sich auch FÖRSTER aus, mit der Einschränkung, daß wohl nur ein Teil der von Carotinoiden absorbierten Quanten auf das Chlorophyll übergehen dürfte (sehr geringe Fluoreszenz der Carotinoide).

II. Energetik der Photosynthese.

Eine Reihe weiterer manometrischer und kalorimetrischer (TONNE-LAT) Bestimmungen der photochemischen Ausbeute[1] bestätigen an verschiedenen Objekten das Ergebnis von EMERSON und LEWIS, daß die Optimalwerte im Bereich von 0,08 bis 0,12 (d. h. 8—12 Quanten pro Molekül reduzierter CO_2) liegen [EMERSON und LEWIS (1—3)]. Die von GAFFRON entdeckte Photoreduktion von CO_2 mit H_2 in anaerob adaptiertem Scenedesmus weicht bezüglich ihrer photochemischen Ausbeute nicht von der normalen Photosynthese ab (RIEKE und GAFFRON); auch die photochemische Tätigkeit isolierter Chloroplasten soll prinzipiell den gleichen Quantenbedarf haben [FRENCH und RABIDEAU, WARBURG (S 2)].

Die Messung der photochemischen Ausbeute in verschiedenen Spektralbereichen, die ja für die Beurteilung der Funktion der Einzelpigmente wichtig ist (s. o.), hat ebenfalls Optimalwerte um 0,1 herum ergeben. Aus gasanalytischen Assimilationsbestimmungen an verschiedenen Blättern errechnet GABRIELSEN unter Benutzung der Absorptionsdaten von SEYBOLD und WEISSWEILER seinerseits Ausbeuten von 0,08—0,09 und hält diese für optimal. — Der beträchtliche methodische Aufwand all dieser Messungen und dazu das Gewicht der theoretischen Ausführungen von FRANCK und Mitarbeitern hat dazu geführt, daß man ziemlich allgemein Quantenzahlen von 8—12 zum sicheren Bestand der Assimilationsforschung rechnen zu können glaubte. Inzwischen hat aber WARBURG (S 1) erneut das Wort zu dieser Frage ergriffen. Bei Wiederholung seiner alten Messungen fand er wieder die höhere photochemische Ausbeute von 0,25, was ihn zu einer Ablehnung aller neueren diesbezüglichen Arbeiten, insbesondere zu einer scharfen Gegenkritik der Befunde von EMERSON und LEWIS veranlaßt. Es handelt sich dabei vor allem um den von den beiden amerikanischen Autoren beschriebenen CO_2-Ausstoß bei einsetzender Belichtung und die dabei zu erwartende starke Abweichung des assimilatorischen Quotienten, deren Vorhandensein WARBURG bestreitet oder als durch methodische Fehler bedingt ansieht. Es ist wohl kaum anzunehmen, daß durch diese Kritik die große Zahl sorgfältiger Messungen leichthin ad absurdum geführt werden wird. Auf jeden Fall aber ist eine neue Überprüfung im Hinblick auf die Schlüsselstellung, welche die photochemische Ausbeute bei allen theoretischen Erörterungen über den photosynthetischen Mechanismus einnimmt, unaufschiebbar. Die große

---

[1] Die Bezeichnung „quantum efficiency" oder „quantum yield" (= Quantenausbeute) ist für die Zahl der pro Quant umgesetzten Moleküle in der amerikanischen Literatur geläufig. Daß diese Bezeichnung physikalisch nicht gerade treffend ist (vgl. SEYBOLD und WEISSWEILERS diesbezügliche Betrachtungen), leuchtet ein. WARBURG gebraucht jetzt für diese Größe den Ausdruck „photochemische Ausbeute", worunter er früher die prozentuale chemische Ausbeute von der absorbierten Energie verstand. Der reziproke Wert — vielfach einfach „Quantenzahl" („quantum number") genannt — wird mit dem Ausdruck „Quantenbedarf" gut gekennzeichnet (vgl. SEYBOLD und WEISSWEILER, WARBURG). Noch weitere Ausdrücke einzuführen, dürfte nicht ratsam sein.

Labilität des Assimilationsapparates, die auch bei „Modellpflanzen" wie *Chlorella* nicht verkannt werden darf (Alterszustand, zelleigene Hemmstoffe, Ionenwirkungen u. a.), erschwert die Bewertung der Messungen und den Vergleich der Ergebnisse aus verschiedenen Laboratorien. Eine Prüfung des (Assimilations-) Zustandes des Versuchsmaterials auf Optimalleistung ist stets zu fordern. Das Problem der günstigsten Kulturbedingungen ist die biologische Preisaufgabe, deren Lösung erst die Arbeit des Biophysikers ermöglicht.

WARBURG schlägt ein einfaches Verfahren zur Bestimmung der photochemischen Ausbeute vor, das auf dem Vergleich einer sauerstoffverbrauchenden, erwiesenermaßen einquantigen Photoreaktion (Photooxydation von Allylthioharnstoff mit Äthylchlorophyllid in Dioxan als Sensibilisator) mit der photosynthetischen O_2-Produktion von Algen im Bereich der Totalabsorption unter gleichen Versuchsbedingungen beruht.

GABRIELSEN (2) stellt wiederum fest, daß bei normal grünen Blättern eine vollständige assimilatorische Verwertung des eingestrahlten Lichtes nicht erreicht wird. Die höchsten kalorischen Ausbeuten von rund 14% der auftreffenden Energie erhält er bei Schwachlichtbestrahlung (etwa 1400 Lux) und einem Chlorophyllgehalt von 4—5 mg/dm². Mehr Chlorophyll fördert die Ausbeute kaum, es handelt sich somit offenbar um einen Grenzwert.

III. Photochemische Sauerstoffentwicklung durch isolierte Chloroplasten oder Chloroplastenfragmente.

Oft genug hat man versucht, eine Photosynthese mit zellfreien Blattextrakten und späterhin mit Suspensionen mehr oder weniger intakter Chloroplasten herbeizuführen. Die ersten quantitativ ergiebigeren Versuche in dieser Richtung von R. HILL und Mitarbeitern haben daher berechtigtes Aufsehen erregt. Sie bilden den Anfang einer Reihe von eindrucksvollen Untersuchungen, die sämtlich eine Sauerstoffausscheidung unter der Voraussetzung zeigen, daß der normale zelleigene H-Acceptor (CO_2)[1] durch andere Substanzen ersetzt wird. Da wir heute wissen, daß der Assimilationssauerstoff aus den an der Photosynthese chemisch beteiligten Wassermolekülen stammt (s. S. 268), ist man berechtigt, das mit Chloroplastenpräparaten darstellbare Teilstück des Assimilationsmechanismus im Sinne von VAN NIEL als Oxydation von Wasser zu bezeichnen, wenn man auch noch nicht so weit gehen darf, die eigentliche photochemische Reaktion mit einer Photooxydation des H_2O zu identifizieren (s. S. 270). Warum wir nicht CO_2 als Endacceptor für den letztlich aus dem Wasser stammenden Wasserstoff den photochemisch leistungsfähigen Plastiden oder deren Fragmenten zuführen können, wird aus den — freilich knappen — Angaben von FRENKEL (vgl. Fortschr. Bot. **11**, 202) deutlich, wonach das Kohlendioxyd außerhalb der Chloroplasten und nur in vivo die primäre Einlagerungsreaktion eingeht, die es als RCOOH erst zum Partner der

---

[1] Mit (CO_2) oder RCOOH wird das in die primäre organische Bindung übergeführte Kohlendioxyd bezeichnet.

photosynthetischen Reaktionen macht. Daß CO_2 tatsächlich in isolierte Chloroplasten nicht eintritt, haben zudem BROWN und FRANCK mit Hilfe von $^{14}C*$ aufgespürt. Natürlich wäre es von größtem Interesse, zu erfahren, ob sich die als primäre Reaktionsprodukte der CO_2-Einlagerung zu vermutenden Verbindungen als H-Acceptoren in die extracellulären O_2-Entwicklung der isolierten Plastiden einschalten lassen. — Von bisherigen Teilergebnissen dieses großen neuen Arbeitsgebietes sei kurz das Wichtigste herausgestellt:

Die HILL-Reaktion, bei deren günstigster Ausführung die hintereinandergeschalteten Fe-Systeme Kaliumferrioxalat $\rightleftarrows$ Kaliumferrooxalat und Kaliumferricyanid $\rightarrow$ Kaliumferrocyanid mitwirken (vgl. Fortschr. Bot. **11**, 202), verläuft nach HOLT und FRENCH stöchiometrisch im Sinne der Bruttogleichung:

$$4\,K_3[Fe(CN)_6] + 4\,K^+ + 2\,H_2O \rightarrow 4\,K_4[Fe(CN)_6] + 4\,H^+ + O_2\,,$$

also unter Freisetzung von H^+-Ionen aus H_2O, was die acidimetrische Messung des Reaktionsverlaufes ermöglicht. Die Reaktion läßt sich in verschiedener Form verändern bzw. vereinfachen [vgl. auch FRENCH und Mitarbeiter (1)]. So können z. B. reduzierbare organische Farbstoffe als H-Acceptoren dienen [FRENCH und Mitarbeiter (3)]. Nicht nur isolierte Chloroplasten, sondern auch weiter verarbeitete, z. B. durch Ultraschall homogenisierte Präparate können die HILL-Reaktion noch geben [FRENCH und Mitarbeiter (2)]. Die Reaktion repräsentiert nicht den photochemischen Teil des Assimilationsmechanismus für sich allein, sondern umfaßt außerdem auch offenbar intraplastidäre enzymatische Teilvorgänge. KUMM und FRENCH fanden von zahlreichen Versuchspflanzen nur bestimmte für die Herstellung photochemisch aktiver Plastidensuspensionen geeignet und den Ausfall der HILL-Reaktion von der Vorbehandlung stark abhängig (z. B. Förderung durch Vorbelichtung der Pflanzen). Die photochemische Wirksamkeit der absorbierten Quanten soll bei der HILL-Reaktion nach FRENCH und RABIDEAU grundsätzlich dieselbe sein wie bei der Photosynthese von *Chlorella* (gefundene photochemische Ausbeuten zwischen 0,013 und 0,08).

Eine besonders ergiebige Variante der HILL-Reaktion haben WARBURG und LÜTTGENS (1—3) und daneben ARONOFF mit der photochemischen Reduktion von p-Chinon (an Stelle von CO_2) durch Blattextrakte, Granula und isolierte Chloroplasten bei gleichzeitiger Sauerstoffentbindung aufgefunden und eingehend untersucht. WARBURG (S 1) beschreibt diese Versuche ausführlich in seinem neuen Buch über Schwermetalle.

Die Bilanzgleichung

$$2\;\text{Chinon} + 2\,H_2O = 2\;\text{Hydrochinon} + O_2 - 52\,000\;\text{cal}$$

ist unter optimalen Versuchsbedingungen zu 80—90% stöchiometrisch erfüllt (Bestimmung von Sauerstoffentwicklung und Chinonverbrauch). Auch o-Chinonderivate zeigen die Reaktion. Höchst bemerkenswert ist die Tatsache, daß die photochemische Wirksamkeit der Granula an die

Gegenwart von Zellsaft gebunden ist oder stattdessen einen kleinen Zusatz von Chlorid benötigt (maximaler Effekt mit m/150 KCl), weshalb WARBURG das Chlorid geradezu als „Coferment" der photochemischen Wasserzerlegung durch die Chloroplastensubstanz bezeichnet. Auch Bromid und mit geringerer Wirkung Nitrat kann zur photochemischen Aktivierung der Granula dienen. Vielleicht wird dieser Befund auch für ernährungsphysiologische Versuchsanstellungen Bedeutung erlangen (Unentbehrlichkeit von Chlorionen bei Kulturversuchen ?). Zink spielt möglicherweise in dem fermentativen Teil der Chinonreduktion eine Rolle; denn die durch den Schwermetallkomplexbildner o-Phenanthrolin reversibel hemmbare Reaktion kann durch Zn-Zusatz reaktiviert werden. Dem Zinkgehalt der Granula (s. o.) wäre damit eine physiologische Rolle zuerkannt. Empfindlichkeit gegen Narkotika kennzeichnet die Reaktion als oberflächengebundenen Vorgang, der also noch gewisse Strukturelemente der lebenden Zelle benötigt. Eine Sauerstoffentbindung zusammen mit Chinonreduktion ist wahrscheinlich auch in lebenden Zellen möglich (vgl. früher MICHELS); doch sind hier die Verhältnisse wegen der Möglichkeit von Nebenreaktionen weniger übersichtlich als bei der nur einen Teilprozeß vorführenden isolierten Chloroplastenfraktion. Nach einer neuen Angabe von WARBURG (S 2) ist die Sauerstoffentwicklung der Granula im Licht von gleicher Größenordnung wie die Photosynthese einer äquivalenten Menge intakter Zellen, der photochemische Mechanismus beider Prozesse also offenbar identisch. Die Befunde von ARONOFF (2) decken sich mit WARBURGs Angaben weitgehend. Andere Chinone, wie Derivate von Naphtho- und Anthrachinon, sind wirksam; eine klare Beziehung zum Redoxpotential ließ sich bisher nicht finden (1). In geringerem Maße sind auch nichtchinoide Verbindungen verwendbar, z. B. Benzaldehyd, mit dem FAN, STAUFFER und UMBREIT aus dichten Algensuspensionen durch Belichtung in Abwesenheit von CO_2 Sauerstoffentbindung auslösen konnten. Angaben von BOITSCHENKO (1, 2) über eine O_2-Entwicklung (mit CO_2-Verbrauch!) bei frischen und getrockneten Chloroplasten in Gegenwart von Fruktose und basischem Mg-acetat (dem Ref. nicht zugänglich) konnten von ARONOFF (1) nicht reproduziert werden.

Auch die Untersuchung der schon durch MOLISCH bekannt gewordenen geringen Sauerstoffentwicklung von Chloroplastenmaterial o h n e Verbrauch von CO_2 oder anderer reduzierbarer Zusätze ist weiter ausgebaut worden. An Stelle der von MOLISCH als Sauerstoffanzeiger verwendeten Leuchtbakterien setzt FRANCK die noch empfindlichere Phosphoreszenzlöschung adsorbierten Trypaflavins durch Sauerstoff (vgl. KAUTZKY u. MÜLLER, sowie FRANCK u. PRINGSHEIM), womit der zeitliche Verlauf der nur in den ersten Belichtungsminuten beobachtbaren Reaktion genau registrierbar wurde. Es spricht viel dafür, daß der kurze Sauerstoffausstoß einen Rest normaler Photosynthese anzeigt, bei dem ein noch gespeicherter kleiner Betrag des natürlichen H-Acceptors (RCOOH) aufgebraucht wird. Fluoreszenzveränderungen an isolierten Chloroplasten bei einsetzender Belichtung (vgl. S. 274) lassen sich in gleichem Sinne deuten.

IV. Der Photosyntheseverlauf in lebenden Zellen.

1. Die Dunkelassimilation von CO und daran anknüpfende Theorien. C-Isotope als tracers. Die bekannten Befunde von WOOD und WERKMAN, zunächst an heterotrophen Propionsäurebakterien erhoben, und der Nachweis eines organischen Einlagerungsprodukts von radioaktivem $^{11}CO_2$ durch RUBEN und Mitarbeiter haben sichergestellt, daß neben einer einfachen Bindung von CO_2 an Karbonate oder sekundäre Phosphate eine enzymatische Fixierung von CO_2 durch pflanzliche und tierische Zellen stattfindet (vgl. Fortschr. Bot. 9, 204 u. 11, 201). Von diesen bahnbrechenden Arbeiten geht eine lange Reihe von Untersuchungen aus, die uns die wichtige Erkenntnis gebracht haben, daß grundsätzlich wohl alle lebenden Zellen in der Lage sind, CO_2 mehr oder weniger tief wieder in ihren Stoffwechsel einzubeziehen. Daß „das Vieh auf der Wiese Kohlensäure assimiliert" (KLUYVER), ist heute keine abwegige Feststellung mehr; die partielle Reversibilität des dissimilatorischen CO_2-Ausstoßes scheint alle Organismen in eine dynamische Wechselbeziehung zu dem in der Luft befindlichen CO_2 zu setzen. Die verschiedenen Wege, die das Kohlendioxyd bei seinem Eintritt nehmen kann — untersucht besonders bei Bakterien, aber auch an Protozoen und an tierischen Geweben, zum Teil unter Verwendung von CO_2 mit stabilem ^{13}C (massenspektrographische Analyse) —, hat KLUYVER (S 1) in einem wertvollen Sammelreferat über die Entwicklung der Isotopenmethode im Bereich der Stoffwechselphysiologie und besonders der Mikrobiologie zusammengestellt. Der Primärvorgang, oft gefolgt und verdeckt von einer Reihe von Sekundärreaktionen, die als Dunkelassimilation unter Umständen bis zum Kohlenhydrat zurückführen können (vgl. hierzu z. B. SOLOMON und Mitarbeiter, WOOD und Mitarbeiter), besteht — wenn man von der Oxydation organischer Substrate durch CO_2 bei verschiedenen Anaerobiern [vgl. STEPHENSON (S)] oder von CO_2-Reduktion durch Wasserstoff bei bestimmten Spezialisten unter den Bakterien (vgl. KLUYVER u. SCHNELLEN, SCHNELLEN) absieht — in einer Karboxylierung, allerdings nicht in der Umkehr des klassischen karboxylatischen Brenztraubensäureabbaus, welcher offenbar irreversibel abläuft [vgl. CARSON und Mitarbeiter, KRAMPITZ und Mitarbeiter (1), EVANS JR]. Reversible Gleichgewichtsreaktionen, welche, an spezifische Karboxylasen gebunden, insbesondere bei Weiterverarbeitung oder Beseitigung des Einlagerungsproduktes eine ergiebigere CO_2-Aufnahme herbeiführen können, sind nach bisherigen Erfahrungen (an tierischen Geweben und Mikroben) vor allem:

(1) $\qquad CH_3—CO—COOH + CO_2 \leftrightarrows HOOC—CH_2—CO—COOH$
$\qquad\qquad$ Brenztraubensäure $\qquad\qquad$ Oxalessigsäure

[z. B. EVANS JR. und Mitarbeiter, KALNITZKY und WERKMAN, KRAMPITZ und Mitarbeiter (1, 2)]

$$\text{COOH}$$
$$|$$
(2) $HOOC—CH_2—CH_2—CO—COOH + CO_2 \leftrightarrows HOOC—CH_2—CH—CO—COOH$
$\qquad$ α-Ketoglutarsäure $\qquad\qquad$ Oxalbernsteinsäure

[sog. β-Karboxylierung nach OCHOA und Mitarbeitern]

Die Reaktionsprodukte beider Richtungen und ihre aufgefundenen Folgeprodukte, wie z. B. Isozitronensäure, Zitronensäure, Äpfelsäure, Fumarsäure und Bernsteinsäure, sind bekanntlich Teilnehmer am aeroben Zwischenstoffwechsel im Sinne des KREBSschen Zyklus und verwandter Kreisschemata. Der bescheidene Energiebedarf für Karboxylierungen dieser Art — man wird sie nicht als eigentliche CO_2-Reduktionen bezeichnen — wird leicht aus nebenher verlaufenden Dehydrierungsvorgängen gedeckt [vgl. OCHOA(S)]. Eine andere reversible CO_2-Bindung, wohl ausnahmsweise vom Typ $C_2 \rightarrow C_3$, verläuft in Escherichia Coli über Ameisensäure nach:

$$(3) \qquad H_2 + CO_2 \leftrightarrows HCOOH + CH_3COOPO_3H_2 \leftrightarrows CH_3 \cdot CO \cdot COOH + H_3PO_4$$

(LIPMANN und TUTTLE, UTTER u. a.). Der höhere Energiebedarf einer solchen „reductive carboxylation" wird unter Beteiligung des Adenylsäuresystems, d. h. mittels energiereicher Phosphatbindungen (Transphosphorylierung) zur Verfügung gestellt (Adenosintriphosphorsäure + Essigsäure → Adenosindiphosphat + Acetylphosphat). Der Reaktionsverlauf nach (3) konnte in vitro mit signierter Ameisensäure bewiesen werden (Umkehr der sog. phosphoroklastischen Brenztraubensäurespaltung). Neuestens wurde als weitere „reductive carboxylation" auch die reversible Bildung von l-Äpfelsäure aus Brenztraubensäure festgestellt [OCHOA u. Mitarb. (2)], und es werden sich vermutlich noch weitere ähnliche Vorgänge auffinden lassen. Auch die Dismutation von Pyruvat zu Laktat, Acetat $+ CO_2$ hat sich in Bakterien als umkehrbar erwiesen. Die Bindung des CO_2 auf diesem Wege wird durch Adenosintriphosphat gefördert (WIKÉN u. a.). Von einigen Autoren wird das Biotin als Coenzym der CO_2-Fixierung angesehen (BURK und WINZLER, vgl. auch z. B. OCHOA und Mitarbeiter (1), SHIVE und ROGERS).

Es erübrigt sich wohl der Hinweis, daß alle diese Möglichkeiten der CO_2-Aufnahme aus energetischen Gründen nicht als Chemosynthese bezeichnet werden dürfen, obwohl sie vielleicht auch bei der CO_2-Reduktion chemoautotropher Anorgoxydanten eine einleitende Rolle spielen [vgl. UMBREIT (S)].

Das Eingreifen der enzymologischen Biochemie in die Photosyntheseforschung darf nun nicht einfach darin bestehen, daß eine der Bindungsreaktionen des CO_2 bei heterotrophen Zellen als Primärvorgang der Photosynthese übernommen wird. Daß das von RUBEN und Mitarbeitern entdeckte Dunkeleinlagerungsprodukt durch eine Art von Karboxylierung gebildet wird, war zwar von vornherein wahrscheinlich, aber schon diese Autoren trafen die von anderer Seite weniger beachtete Feststellung, daß das CO_2-Einlagerungsprodukt grüner Pflanzenzellen ein relativ hohes Molekulargewicht besitzt (1000—1500). BROWN, FAGER und GAFFRON haben neuerdings ähnliche Ergebnisse erhalten, die gegenüber der Übernahme bekannter karboxylatischer Dunkelfixierungsvorgänge in dem Photosynthesemechanismus zur Vorsicht mahnen. Kritische Vorbehalte sind auch da zu machen, wo sekundäre Teilschritte der Dunkelassimilation als Glieder des Photosynthesemechanismus ausgegeben werden. Unter diesem Gesichtspunkt müssen vorerst auch die anschließend besprochenen Arbeiten betrachtet werden. Von CALVIN und Mitarbeitern wird der langlebige[1] und heute reichlich verfügbare ^{14}C als tracer für die Untersuchung der Dunkelfixierung von CO_2 und der Photosynthese eingesetzt. Unter den Produkten des Dunkelvorgangs in grünen Zellen fanden sich nach Fraktionierung mit modernen Adsorptionsmethoden nicht nur bekannte Partner des oxydativen Zwischenstoffwechsels, sondern auch Aminosäuren und in geringer Menge selbst Zucker. Eine *Vor*belichtung in Abwesenheit von CO_2 fördert die anschließende Dunkelaufnahme von $^{14}CO_2$ und verändert die Verteilung des Radiokohlenstoffs im Vergleich mit nicht vorbelichteten Kontrollen. Das primäre Einlagerungsprodukt wird also im Dunkeln weiterverarbeitet und zwar besonders dann, wenn durch Vorbelichtung bei fehlendem H-Acceptor ein kleiner Vorrat von „reduction-power" angelegt wird[2]. Diese könnte in Form photolytisch aus H_2O gebildeten Wasserstoffs oder mit dessen Hilfe gebildeter reduzierter Dehydrasen vorliegen. Auf den ersten Blick liegt der Gedanke nahe, die Photosynthese chemisch recht einfach als rückläufige Dissimilation mit Hilfe photochemisch bereitgestellten Wasserstoffs über einen Kreisprozeß (etwa nach Art des umgekehrten Zitronensäurezyklus) und von da über Brenztraubensäure und Triose zum Kohlenhydrat führend aufzufassen, was in einem groben Schema angedeutet sei (Mechanismus der Photolyse und etwa beteiligte Phosphorylierungen unberücksichtigt):

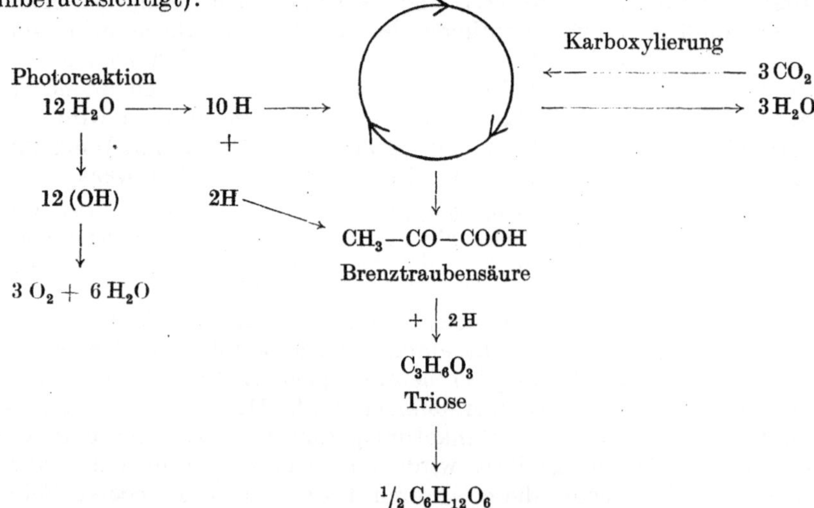

[1] Halbwertszeit von ^{11}C 21 min, von ^{14}C 10^3—10^5 Jahre!

[2] BROWN, FAGER und GAFFRON, deren neueste Befunde erst im nächsten Bericht ausführlich gewürdigt werden können, haben gegen diese Versuchsanstellung den berechtigten Einwand erhoben, daß der CO_2-Mangel im Licht Bedingungen schafft, welche bei nachfolgendem CO_2-Zutritt auch ohne Beteiligung des photochemischen Mechanismus eine CO_2-Aufnahme und -Bindung begünstigen (Massenwirkungsgesetz!). Ob diese Bedenken von CALVIN und BENSON (2) neuestens entkräftet worden sind, konnte Ref. noch nicht feststellen. In der letztgenannten Veröffentlichung wird über die Identifizierung einiger der auf S. 265 erwähnten C-Verbindungen mit Hilfe der Papierchromatographie berichtet (Chlorella 5 sec

OCHOA (S.) geht in diesem Sinne so weit, den Vorgang der aeroben Atmung in allen bekannten Einzelheiten umzukehren und so ein gemeinsames Bild vom Kohlenhydratumsatz heterotropher, photo- und chemoautotropher Organismen zu entwerfen. Auch CALVIN und BENSON neigen zu einer ähnlichen, wenn auch weniger extremen Vorstellung. Sie haben in zweifellos sehr mühevollen Detailuntersuchungen die Lokalisation von ^{14}C innerhalb der präparativ isolierten Zwischenprodukte des Assimilationsverlaufes bestimmt und zugleich das bei der Untersuchung des Zwischenstoffwechsels im aeroben Abbau so bewährte Verfahren angewandt, signierte Verbindungen in den Reaktionsverlauf einzuschieben und deren weiteren Umsatz zu verfolgen. Auf Grund ihrer bisherigen Befunde stellen sie für die Karboxylierungs- und Reduktionsprozesse im „*Zwischenstoffwechsel der Photosynthese*" ein Kreisschema auf, in dem u. a. eine reduzierende Karboxylierung von Essigsäure vorgesehen und, von der Oxalessigsäure ausgehend, eine Seitenreaktion zur Bildung von Asparaginsäure angekoppelt ist (STEPKA, CALVIN und BENSON).

$$2\,CH_3\cdot COOH \xrightarrow[+\,4\,H]{+\,2\,CO_2} 2\,CH_3\cdot CO\cdot COOH \ldots\ldots \xrightarrow{+\,2\,H} 1\ \text{Triose} \to {}^1\!/_2\ \text{Hexose}$$

$$\uparrow\ +\,2\,H \qquad -\,2\,H_2O \qquad\qquad \downarrow\ +\,CO_2$$

$$HOOC\!-\!CH_2\!-\!CH_2\!-\!COOH \qquad HOOC\!-\!CH_2\!-\!CO\!-\!COOH\ [\rightleftharpoons HOOC\!-\!CH_2\!-\!CHNH_2\!-\!COOH]$$

$$\uparrow\ +\,2\,H \qquad\qquad\qquad \downarrow\ +\,2\,H$$

$$HOOC\!-\!CH\!=\!CH\!-\!COOH \xleftarrow{-\,H_2O} HOOC\!-\!CH_2\!-\!CHOH\!-\!COOH$$

Bruttogleichung der Reduktion (vgl. auch das vorige Schema, S. 264) $12\,H + 3\,CO_2 \to (CH_2O)_3 + 3\,H_2O$ (vgl. auch BENSON und CALVIN):

Der Übergang von Brenztraubensäure über (phosphorylierte) Triose zum endgültigen Assimilat wird durch den Nachweis der Phosphorglycerinsäure und von Triosephosphat in belichteten (aber auch verdunkelten!) Zellen gestützt. Auch Fruktosediphosphat (Harden-Young-Ester) wurde nach Belichtung in Gegenwart von $^{14}CO_2$ gefunden. Mit zunehmender Einwirkungsdauer von $^{14}CO_2$ breitete sich dabei die Radioaktivität innerhalb der Hexose nach dem Schema $C_1 \leftarrow C_3 - C_4 \to C_6$ aus, woraus CALVIN und BENSON nicht nur auf einen rückläufigen Verlauf der glykolytischen Reaktionen, sondern auch auf die in obigem Cyklus enthaltene Karboxylierung $C_2 + C \to C_3$ schließen (vgl. auch ARONOFF und Mitarbeiter), deren Mitwirkung bei der Photosynthese zweifellos einer besonders kritischen Nachprüfung bedarf.

Theorien dieser Art kennzeichnen deutlich die völlig veränderte Situation, in die sich die Assimilationsforschung heute versetzt sieht. Das Gewicht ihres Beitrages zur Aufklärung des Photosynthesemechanismus wird jedoch erst voll bewertet werden können, wenn der bündige

bis 5 min im Licht Radiobikarbonat ausgesetzt). Bemerkenswert ist die Auffindung von Saccharose mit einem zunächst stärker radioaktiven Fruktoseanteil als Assimilat. Bezeichnenderweise heben die Autoren jetzt hervor, daß mit der Isotopentechnik kein untrüglicher Beweis für eine unmittelbare Teilnahme oder Nichtbeteiligung einer Substanz an dem Photosynthesevorgang erbracht werden könne (frühzeitiges Eingreifen nicht photochemischer Seitenreaktionen, zu rascher Umsatz instabiler Produkte u. ä.).

Beweis erbracht worden ist, daß wirklich alle beobachteten oder erschlossenen Reaktionen eindeutig dem photosynthetischen Reaktionsverlauf angehören. Es spricht dafür neben dem erwähnten „reduction power"-Effekt, daß sich in den Algenzellen schon nach 30 Sekunden Belichtung in Gegenwart des tracer-CO_2 die Verteilung des Radiokohlenstoffes auf die anschließend präparierten Fraktionen qualitativ und quantitativ beträchtlich verändert. Gegen die Annahme einer bei der Belichtung einsetzenden Reaktionsumkehr respiratorischer Vorgänge bzw. einer gesteigerten Dunkelassimilation beim Angebot photolytisch entbundenen Wasserstoffs sind — wie schon oben betont — zunächst noch Einwände möglich, z. B. die Beobachtung, daß bei Chlorellen unter bestimmten Versuchsbedingungen (Hungerzustand, Cyanidgabe genau dosierter Konzentration) eine Trennung von Dunkelfixation des CO_2, Photosynthese und Atmung herbeigeführt werden kann (ALLEN, GEST und KAMEN). Es steht eine eingehende Auseinandersetzung über die Frage der Eigenständigkeit von Hydrierungs- und Karboxylierungsschritten im photosynthetischen Reaktionsverlauf bevor. Die auf S. 271 f. behandelten Arbeiten GAFFRONS sprechen u. a. dafür, daß der aus dem Wasser entbundene Wasserstoff ein für die Photosynthese spezifisches Überträgersystem benötigt, um zu seinem Acceptor zu gelangen.

Wenn man auch in der Lage ist, den Anteil radioaktiver Isotopen im tracer-Experiment so einzustellen, daß eine wesentliche Erhöhung der Mutationsrate vermieden wird, so sind Bedenken hinsichtlich der physiologischen Gleichwertigkeit von Normalelementen und Isotopen doch nicht ganz von der Hand zu weisen. Langfristigere Versuche über die Verträglichkeit von $^{14}CO_2$ liegen anscheinend noch nicht vor[1]. Grundsätzlich möchte man dem stabilen ^{13}C als tracer den Vorzug geben; doch ist dessen Verwendbarkeit aus methodischen Gründen (Schwierigkeit der Gewinnung, geringere Empfindlichkeit der massenspektrographischen Analyse) beschränkt.

2. Photosynthese und Phosphorylierungsprozesse. Vertritt man die Anschauung, daß die Photosynthese heute aus ihrer stoffwechselphysiologischen Sonderstellung gelöst ist und grundsätzliche Schranken zwischen Dissimilations- und Assimilationsvorgängen im C-Stoffwechsel nicht mehr bestehen, so wird man auch die Frage aufwerfen, wie weit Phosphorylierungen im Mechanismus der Photosynthese von Bedeutung sind. Besonders auf Grund von Untersuchungen von LIPMANN und Mitarbeitern hat sich ja in den letzten Jahren die Anschauung herausgebildet, daß die bei dissimilatorischen Prozessen verfügbar werdende Energie zunächst in energiereichen Phosphatbindungen (besonders in Anhydriden zwischen Karbonsäuren und Phosphorsäure vom Typ $R-C{<}^O_{OPO_3H_2}$ oder von Pyrophosphaten, Guanidyl- und Enolphosphaten) investiert und durch Spaltung derselben sozusagen schubweise für energieverbrauchende Reaktionen zur Verfügung gestellt wird. Einer solchen Bindung entspricht ein Betrag an freier Energie von etwa 12 kcal/mol gegenüber 3 kcal für die normale Phosphorsäureesterbindung [vgl. dazu LIPMANN (S) und OCHOA (S)]. Energiereiche Phosphatbindungen liegen z. B. in der Adenyltri- und -diphosphorsäure, im Acetylphos-

---

[1] *Anm. bei der Korr.:* Inzwischen mit Erfolg durchgeführt (Biosynthese signierter Naturstoffe bei langfristiger Verabfolgung von $^{14}CO_2$).

phat oder in der 1,3-Diphosphoglycerinsäure vor. Eine Arbeit von Vogler hat den ersten Anlaß zur Annahme von Beziehungen zwischen Phos-
phorylierungsprozessen und den synthetischen Vorgängen von Autotrophen gegeben. Dieser Autor fand nämlich, daß der Chemosynthetiker
Thiobacillus thiooxydans seine Schwefeloxydation mit der Bildung von
energiereichem Phosphat koppelt, und zwar so, daß die dadurch gespeicherte Energie noch nachträglich, d. h. zeitlich von der Oxydation
getrennt, unter Freisetzung von anorganischem Phosphat eine CO_2-
aufnahme ermöglicht (Vogler und Umbreit). Gravierend für die
Beteiligung von Phosphat an der Chemosynthese würde dieser Befund
freilich erst mit dem sicheren Nachweis, daß bei dieser CO_2-Aufnahme
nicht nur eine Karboxylierung, sondern darüber hinaus eine Reduktion
stattfindet. Energiesammler scheint hier ein Adenosintriphosphat
von offenbar spezifischer Struktur zu sein (Le Page und Umbreit,
zur Spezifität pflanzlicher Adenosinphosphate vgl. Albaum und Ogur).
Umbreit (S) formuliert den Vorgang als „Erzeugung energiereicher
Phosphatbindungen bei der Passage von Elektronen durch das Cytochromsystem", welch letzteres bemerkenswerterweise die wohl fälschlich als primitiv angesehene biologische Schwefeloxydation katalysiert.
Lipmann (S) seinerseits nimmt bei Heterotrophen eine Bildung von
energiereichem Phosphat im Zusammenhang mit einzelnen De-
hydrierungsteilschritten an. Es ist die Annahme möglich, daß
CO_2-Bindungsvorgänge, vor allem die sog. reductive carboxylations
(etwa die der Essigsäure in obigem Cyklus) auf Energielieferung
durch solche Phosphate angewiesen sind, welche aus dem dissimilatorischen Umsatz hervorgehen. Ruben ist einen Schritt weiter-
gegangen in der Annahme, daß bei der Photosynthese die Bildung
dieser, der CO_2-Bindung dienenden, energiereichen Phosphate mit Hilfe
der Lichtenergie erfolge, und Emerson, Stauffer und Umbreit haben
schließlich die Theorie der Phosphatbeteiligung so extrem gefaßt, daß
sie alle photochemisch wirksamen Lichtquanten nach ihrer Absorption
dem Assimilationsapparat über energiereiche Phosphate zuleiten. Ist
schon theoretisch diese Auffassung mit der photochemischen Ausbeute
der Photosynthese nicht leicht in Einklang zu bringen — bei der Quantenzahl 4 noch weniger als bei 8 —, so haben Aronoff und Calvin mit
dem Befund, daß die Aufnahme von Radiophosphor in organische Bindung weder bei Blättern und Algen, noch bei isolierten Chloroplasten-
fragmenten durch Belichtung gesteigert wird, ein unmittelbar ex-
perimentelles Gegenargument beigebracht. Daß energiereiche Phosphate, im Zuge der Dissimilation (also ohne Lichtenergie) gebildet,
vielleicht der Photosynthese eine (beim Gesamtenergieumsatz freilich
wenig ins Gewicht fallende) Starthilfe leisten können, ist damit natürlich nicht widerlegt. Die Möglichkeit einer Querverbindung zwischen
CO_2-Assimilation und Betriebsstoffwechsel erscheint in dieser Hinsicht
recht einleuchtend. Möglicherweise spielen energiereiche Phosphate im
Zuge der Chemosynthese eine Sonderrolle. Neueste Angaben von Gest
und Kamen lassen die großen Fehlerquellen bei der tracer-Unter-
suchung der Phosphatmitwirkung an der Photosynthese erkennen, so
daß man das Problem als im wesentlichen ungelöst betrachten muß.

Der Nachweis der Identität einer Chloroplasten- und Cytoplasmaphosphatase (GLASOW) liefert zu dieser Frage keinen direkten Beitrag.

3. Der Assimilationssauerstoff. Können wir uns einerseits von dem Weg des Kohlendioxyds in den Assimilationsapparat die experimentell wohl begründete Vorstellung einer enzymatischen Reaktion vom Charakter einer Karboxylierung machen (vgl. auch neuere Lichtblitzexperimente von WELLER und FRANCK, sowie von RIEKE und GAFFRON), so sind wir über den Vorgang, der zur Freisetzung des Sauerstoffs führt, noch recht unvollkommen im Bilde. Immerhin brachten auch auf diese Frage Isotopenversuche eine ganz wesentliche Teilantwort. RUBEN und Mitarbeiter (2) boten assimilierender Chlorella H_2O bzw. CO_2 (Bikarbonat) mit verschiedenem Gehalt an schwerem Sauerstoff (^1O) und fanden, daß der Anteil des ^{18}O am Assimilationssauerstoff stets dem Isotopengehalt des Wassers, nicht dem des Bikarbonats entsprach. Entsprechendes berichten auch VINOGRADOV und TEIS, sowie DOLE und JENKS, ferner neuestens für isolierte Chloroplasten HOLT und FRENCH (3). Die besonders durch VAN NIEL geförderte Auffassung, daß die Photosynthese in einer Übertragung von Wasserstoff aus dem Wasser auf die Kohlensäure bestehe, ist damit bewiesen, und von den chemischen Theorien der CO_2-Assimilation müssen diejenigen ausscheiden, die den Sauerstoff zum Teil aus CO_2 ableiten, wie etwa die alte WILLSTÄTTERsche Vorstellung vom Formaldehydperoxyd als Zwischenprodukt. Es leuchtet ohne weiteres ein, daß die Formulierung einer äquimolekularen Reaktion $(CO_2) + H_2O \rightarrow (CH_2O) + O_2$ nicht in Frage kommt und an deren Stelle folgende Reaktionsgleichung gesetzt werden kann, die sich zugleich gefällig als vierquantige Reaktion fassen läßt:

$$(CO_2) + 4\,HOH \xrightarrow[\;(n=4\,?)\;]{(+\,n\cdot h\nu)} (CH_2O) + 3\,H_2O + O_2\;.$$

Hiernach entsteht O_2 durch Disproportionierung von $2\,(OH)$ zu H_2O und O_2. Wieweit man hier ein Peroxyd (vielleicht gar H_2O_2) und ein peroxydspaltendes Ferment oder labile Radikale einzusetzen hat, ist eine bisher noch ungenügend beantwortete Frage, für deren Beurteilung die alten Einwände gegen ein Auftreten von H_2O_2 und die Beteiligung von Katalase bei der Photosynthese ihre Gültigkeit behalten haben.

4. Die Lokalisation der Photoreaktion im Photosynthesemechanismus. Im Anschluß an VAN NIEL wurde die eben erwähnte Vorstellung im Hinblick auf die Bakterienphotosynthese mit organischen H-Donatoren dahingehend erweitert, daß auch in normalgrünen Pflanzen der verfügbar gemachte Wasserstoff nicht direkt, sondern erst durch Vermittlung von Überträgern (Redoxsystemen) dem zu reduzierenden CO_2 zugeführt wird. RABINOWITCH hat sich in seinem Buche in besonderem Maße um die anschauliche Darstellung dieser Auffassung durch Schemata in den verschiedensten Varianten bemüht, auf die im einzelnen verwiesen werden muß. In Anlehnung daran seien hier für das Verständnis des Folgenden nur kurz drei grundsätzliche Möglichkeiten der Reaktionsfolge vereinfacht dargestellt, die sich in erster

Linie durch die Lage der photochemischen Teilphase (durch dicke Striche markiert) unterscheiden. Die beiden ersteren legen sich dabei mehr oder weniger auf die Quantenzahl 4 fest.

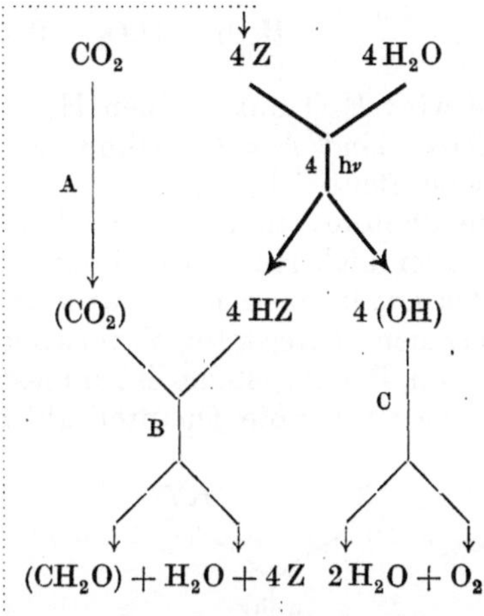

Schema I (Photooxydation)

Schema I zerlegt die obige Gesamtgleichung von S. 268 in eine Photoreaktion (Photooxydation von Wasser) und 3 Enzymreaktionen ($A = CO_2$-Bindung, $B = (CO_2)$-Reduktion, $C =$ Sauerstoffentbindung). An Stelle des Redoxsystems $Z \leftarrow HZ$ kann eine längere Kette treten ($Z \rightarrow HZ \rightarrow Y \rightarrow HY \rightarrow X \rightarrow HX$ usw.), also ein dem dissimilatorischen Zwischenstoffwechsel formal ähnliches Überträgersystem. Selbstverständlich bedeutet (CH_2O) nicht Formaldehyd!

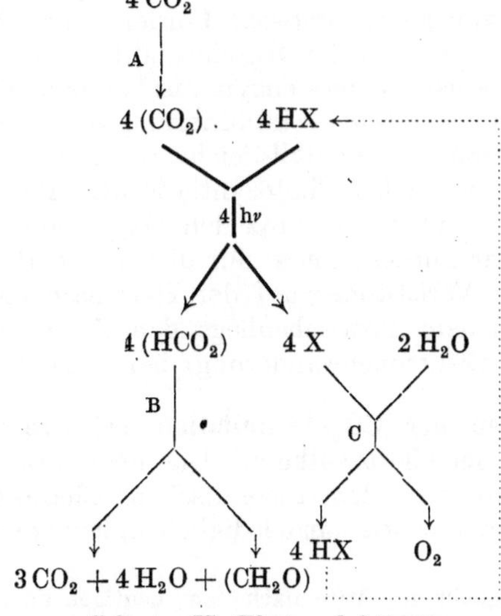

Schema II (Photoreduktion).

Schema II verlegt die Photoreaktion auf die Seite der Kohlensäure (Photoreduktion) und läßt das radikalartige Photoprodukt (HCO_2) zu CO_2 und (CH_2O) disproportionieren[1]. Die Gesamtgleichung hieße daher:

$$4\,CO_2 + 2\,H_2O \xrightarrow[\text{(n=4?)}]{+\,n \cdot h\nu} (CH_2O) + 3\,CO_2 + H_2O + O_2.$$

Auf der anderen Seite wird H_2O durch einen H-Acceptor nicht photochemisch oxydiert. Dabei sind A $= CO_2$-Bindung, B $=$ fermentative Dismutation, C $=$ Sauerstoffentwicklung.

Schließlich kann die Photoreaktion auch im Überträgersystem liegen, die Lichtenergie also zwei inaktive Verbindungen, etwa X und HY durch *Wasserstoffverschiebung* in einen höchst wirksamen H-Donator HX und einen höchst wirksamen H-Acceptor Y verwandeln. Die Zahl der photochemisch aktivierten Redoxsysteme ist unbestimmt, die Formulierung daher durch keine vorgefaßte Quantenzahl belastet.

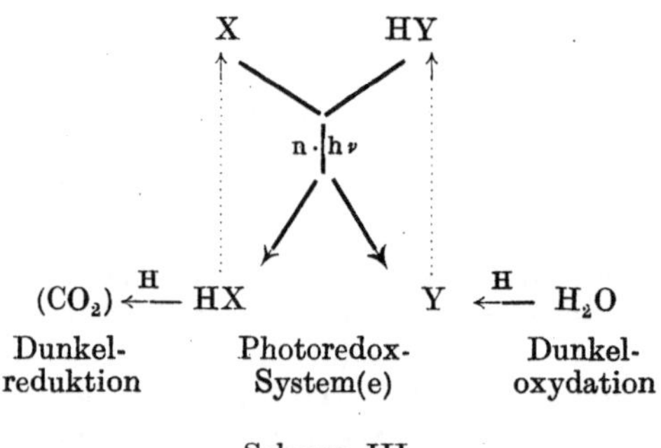

Schema III

Es sei ausdrücklich betont, daß die hier gewählte vereinfachte Darstellung umfangreiche theoretische Forderungen übergeht, welche RABINOWITCH zugleich auch im Hinblick auf die Chemosynthese an den speziellen Mechanismus eines enzymatischen oder photochemischen „Zwischenstoffwechsels" stellt (Stabilisierungsvorgänge, weitere Dismutationen). Man erkennt jedenfalls leicht, wie einseitig die verbreitete Kennzeichnung der normalen Photosynthese als „Photoreduktion der Kohlensäure" ist; sie übersieht ganz den Oxydationsaspekt des Vorgangs. Man wird der Photosynthese nur durch eine Betrachtungsweise gerecht, welche die Verhältnisse auf der H-Donator-Seite, der H-Acceptor-Seite und in dem dazwischenliegenden Gebiet der Wasserstoffübertragung (bzw. Elektronenwanderung) berücksichtigt.

5. Modifikationen der CO_2-Assimilation bei Grünalgen. Vergleichende Biochemie der Photosynthese. Die eben erwähnten Vorstellungen haben nicht nur den theoretischen Charakter, der bisher mancher Assimilationstheorie eine lediglich ephemere Rolle zu spielen

---

[1] Diese zweite Möglichkeit dürfte nach dem heutigen Forschungsstande mit einiger Sicherheit auszuschließen sein.

erlaubte. Schon bevor es mit der Ausschaltung des natürlichen H-Acceptors bei isolierten Chloroplasten gelang, ein Stück des Photosynthesemechanismus abzusondern, hat GAFFRON in mehrjähriger Arbeit an Grünalgen, besonders *Scenedesmus*, wichtiges Beweismaterial für die Gliederung des Gesamtvorgangs, und zwar im Sinne einer photochemischen Wasserstoffübertragung (bzw. -verschiebung) zusammengetragen, wie sie im obigen Schema III vereinfacht angedeutet ist[1]. Die ausgeprägte Spezifität von Giftwirkungen hat hierbei die physiologische Analyse in besonderem Maße gefördert [GAFFRON (1, 2)].

Die Umschaltung der normalen Photosynthese auf eine CO_2-Reduktion mit freiem Wasserstoff nach dem schon von Purpurbakterien her bekannten Assimilationstyp, welche nach Adaptation in H_2-Atmosphäre eintritt (dazu die entsprechende Zurückschaltung, vgl. Fortschr. Bot. 11, S. 211) zeigt an, daß die Oxydationsseite des photosynthetischen Redoxsystems experimentellen Eingriffen zugänglich ist. An Stelle von H_2O tritt dort H_2 ein, wofür während der anaeroben Adaptation ein Ferment vom Hydrogenasetyp reduktiv mobilisiert wird. Nach dieser Adaptation wird die CO_2-Assimilation CO-empfindlich und kehrt daher in Gegenwart von CO leichter in den unempfindlichen Normalzustand zurück; wahrscheinlich wird die Hydrogenase durch CO ausgeschaltet. Umgekehrt hemmt Hydroxylamin die CO_2-Reduktion der H_2-adaptierten Algen weniger als die normale Photosynthese. Dies Gift wirkt offenbar (über die Stillegung eines Katalase-ähnlichen Ferments?) nur auf die O_2-Entbindung, wozu ältere Erfahrungen über die NH_2OH-Empfindlichkeit der Katalase passen. Lichtblitzversuche in neuer Ausführung von RIEKE und GAFFRON, sowie zuvor von Weller und FRANCK, bestätigen diese Feststellung und erweitern sie außerdem durch den mit Hilfe reaktionskinetischer Erwägungen ableitbaren Nachweis, daß HCN die primäre (extraplastidäre?) CO_2-Bindung spezifisch hemmt, was schon die ersten Versuche von RUBEN und Mitarbeiter angezeigt hatten. In noch höherem Maße empfindlich gegen Cyanid ist der Vorgang der H_2-Adaptation; der reduzierte Zustand auf der Donatorseite wird dementsprechend durch Cyanid besonders leicht aufgehoben (besonders schnelle Rückkehr der Sauerstoffausscheidung bei stärkerer Belichtung). Diese Umschaltung hindert wiederum das Hydroxylamin, so daß bei richtiger Dosierung eine Photosynthese mit H_2 in Gegenwart von NH_2OH auch im stärkeren Licht zum Teil erhalten bleibt (vgl. Fortschr. Bot. 11, S. 211). Phthiocol, o-Phenanthrolin und Vitamin K haben ebenfalls eine spezifisch stabilisierende Wirkung auf die Photoreduktion mit H_2 (die Reaktion verläuft dabei im Schwachlicht mit dem genau doppelten Quantenbedarf als in Abwesenheit dieser Agentien); die Hydrogenase ist also vor völliger Inaktivierung geschützt [GAFFRON (3)]. Eine Beibehaltung der H_2-Adaptation bei höheren Lichtintensitäten haben RIEKE und GAFFRON schließlich auch bei Belichtung mit gruppenweise verabfolgten Lichtblitzen erreicht. 2,4-Dinitrophenol, bekannt als enthemmendes

---

[1] Vergl. die Anmerkung auf S. 273.

Agens oder Stimulans respiratorischer Vorgänge (vgl. zuletzt PEISS und FIELD), hemmt beide Photosynthesetypen, greift also wahrscheinlich an der Stelle der Übertragung von H_2 auf CO_2 bzw. RCOOH in den Mechanismus ein. — *Scenedesmus* wartete noch mit einer weiteren Überraschung auf: nach H_2-Adaptation in CO_2-freie N_2-Atmosphäre gebracht, wurden von ihm im Licht beträchtliche Mengen Wasserstoff *abgegeben*, besonders, wenn als H-Donator Glukose zugesetzt war (GAFFRON und RUBIN). In diesem Zustand ist der Photosynthesemechanismus am stärksten beschnitten, bzw. vereinfacht, und zwar auf der Oxydations- und der Reduktionsseite. Unverändert geblieben ist das System des *photochemischen Wasserstofftransports*, welches nun mangels eines H-Acceptors seinen Wasserstoff am Ende der Überträgerkette in Freiheit setzt. Im Dunkeln wird unter gleichen Bedingungen ebenfalls etwas H_2 abgegeben, wie dies von verschiedenen Anaerobiern wohlbekannt ist. Diese Wasserstoffentwicklung im Dunkeln unterscheidet sich aber durch ihre Empfindlichkeit gegen 2,4-Dinitrophenol von der entsprechenden Lichtreaktion, woraus der wichtige Schluß gezogen werden kann, daß im Licht und im Dunkeln 2 verschiedene Wege des Wasserstofftransportes beschritten werden, durch die sich möglicherweise auch die Dunkelassimilation von CO_2 und die normale Photosynthese unterscheiden.[1] — Der Vollständigkeit halber sei nochmals an die „Knallgasreaktion" erinnert, die H_2-adaptierter Scenedesmus im Dunkeln bei niedrigen O_2-Drucken durchführt und mit einer Chemosynthese verbinden kann (vgl. Fortschr. Bot. 11, S. 213). GAFFRON (2) formuliert den Gesamtvorgang stöchiometrisch:

$$6\,H_2 + 2\,O_2 + CO_2 = (CH_2O) + 5\,H_2O.$$

Von dieser Stelle aus führt also eine Brücke von der Photosynthese zur Chemosynthese, wobei jedoch zunächst nicht an eine völlige Identität der Teilschritte gedacht werden darf. Um dem Sauerstoff den Eintritt zu vermitteln, ist hier als weiteres Ferment eine Oxydase zu fordern; eine Oxydase dürfte übrigens auch bei der Rückführung der H_2-adaptierten Zellen in den Normalzustand durch Luft- oder Assimilationssauerstoff eine Rolle spielen. Bei Purpurbakterien, die in ihrer Photosynthese freien Wasserstoff oder organische H-Donatoren in experimentell dosierbarer Menge verwenden und demgemäß bekanntlich keinen Assimilationssauerstoff entwickeln, war es WASSINK möglich, im Verlaufe der Photosynthese Veränderungen des Redoxpotentials laufend zu erfassen, wobei z. B. bei entsprechender Versuchsanstellung der Verbrauch des H-Donators oder seine Wiederbereitstellung unmittelbar messend verfolgt wurde. Diese Experimente — im einzelnen zwar kompliziert durch Sekundäreinflüsse, wie z. B. die p_H-Abhängigkeit des Redoxpotentials — kennzeichnen den Fortschritt, der mit der Auffassung der Photosynthese als Redoxprozeß erzielt wurde. Daß es sich dabei um einen Photoredoxprozeß im Sinne primär

---

[1] Ref. hat an anderer Stelle versucht, die verschiedenen experimentell erzeugten Abänderungen des Assimilationsmechanismus schematisch zu veranschaulichen [PIRSON (S 2)].

photochemischen H-Transportes[1] handelt, wird besonders erhärtet durch die allerdings noch genauestens zu prüfende Identität des Quantenbedarfs bei der normalen Photosynthese, bei der oxydationsseitig variierten Photosynthese mit H_2 und anderen H-Donatoren, sowie bei der reduktionsseitig veränderten Teilphotosynthese isolierter Chloroplasten (vgl. S. 261). Wenn in allen Fällen dasselbe System der H-Verschiebung den Quantenbedarf bestimmt, kann der unterschiedliche kalorische Energiebedarf für die Bruttoreaktion der verschiedenen Photosynthesetypen die photochemische Ausbeute nicht wesentlich beeinflussen (vgl. dazu Fortschr. Bot. **8**, 213; **9**, 209; **11**, 200). Die normale Photosynthese mit ihrem Maximalgewinn an freier Energie würde demnach die im Überträgersystem photochemisch wirksamen Lichtquanten kalorisch am rationellsten nutzen.

Erwähnt sei schließlich in diesem Zusammenhang, daß auch Purpurbakterien ihre Stoffwechselvorgänge unter Umständen den Außenbedingungen sehr weitgehend anpassen. Gewisse Athiorhodaceen können nämlich die H-Donatoren, die ihnen bei Belichtung in Anaerobiose zur CO_2-Reduktion dienen, im Dunkeln als Substrat einer energieliefernden Oxydation verwenden. Die Umstellung auf Aerobiose ist also nicht mit einem Kohlenhydratabbau verbunden [VAN NIEL (S 2)]. — Die Plastizität des C-Stoffwechsels von Scenedesmus und verwandter Grünalgen bildet wohl das bisher eindrucksvollste Beispiel der physiologischen Universalität von Einzellern. Man kann sich vorstellen, daß im Zuge der Stammesgeschichte die verschiedenen Umschaltmöglichkeiten verloren gingen und sich der anscheinend starre Typ der Photosynthese höherer Pflanzen entwickelte. Ob man sich freilich mit der phylogenetischen Deutung dieser Spezialisierung zufrieden geben kann, oder auch der photosynthetische Apparat höherer Pflanzen noch experimentellen Eingriffen ähnlicher Art zugänglich ist, werden weitere Untersuchungen zeigen müssen; Experimente mit isolierten Chloroplasten bedeuten vielleicht auch in dieser Richtung einen ersten Schritt. Nach neuen Angaben von BOITSCHENKO (3) (nur im Referat zugänglich) sollen z. B. isolierte Chloroplasten aus Natriumformiat (und anderen H-Donatoren) unter Zurücklassung von CO_2 Wasserstoff entwickeln (im Dunkeln oder Licht ?), also ein System der H-Übertragung betätigen, welches demjenigen von Scenedesmus vergleichbar zu sein scheint.

6. Rückreaktionen (Theorie von FRANCK und HERZFELD). Liegen nach dem oben gesagten an sich schon genügend experimentelle Befunde vor, die gegen eine Gleichartigkeit der dissimilatorischen und photosynthetischen Wasserstoffübertragung sprechen, so ist auch aus rein theoretischen Gründen eine solche Unterscheidung notwendig. Wo man auch die Quantenreaktionen innerhalb des Gesamtprozesses lokalisieren möchte, es ist auf jeden Fall auf die *spezifischen* Eigenschaften zu achten, die einer unter so beträchtlicher Zunahme an freier Energie verlaufenden Photoreaktion zukommen müssen. Besteht doch bei einer solchen die dauernde Gefahr, daß die einmal investierte Lichtenergie im Laufe der Wasserstoffübertragung (oder Elektronenwanderung)

---

[1] Unter bestimmten Annahmen kann dennoch die Vorstellung einer unmittelbar *photochemischen* Wasserzerlegung aufrechterhalten werden [vgl. Pirson (S 2)].

entgegen dem Energiegefälle, sowie bei den übrigen Teilreaktionen nicht gesammelt erhalten bleibt und daher am Reaktionsort nicht mehr verfügbar ist. Ursache der Labilität des Systems sind die instabilen Zwischenprodukte, deren freiwillige Rückreaktionen FRANCK und HERZFELD in ihre Photosynthesetheorie einbezogen haben (Fortschr. Bot. **11**, S. 203ff). Die möglichst weitgehende Verhinderung des Energieverlustes durch solche Rückreaktionen dürfte zum Unterschied von vergleichbaren photochemischen Modellreaktionen in unbelebten Systemen „das einzigartige Kennzeichen der Photosynthese" sein (RABINOWITCH). Ihr dienen stabilisierende Vorgänge fermentativer Natur an den mehr oder weniger radikalartigen Photo- und Intermediärprodukten. Der Mechanismus der Stabilisierung besteht vielleicht in einer Dismutation nach dem allgemeinen Schema: $2 (HX) \rightarrow XH_2 + X$. RABINOWITCH bezeichnet das in Frage kommende unbekannte Ferment sogar direkt als „Mutase". Es ist nach FRANCK unter vielen Bedingungen begrenzender Faktor im Gesamtvorgang, weshalb die Rückreaktionen leicht Oberhand gewinnen und die photochemische Ausbeute weitgehend annullieren können.

Im einzelnen weichen die FRANCK-HERZFELDschen Vorstellungen etwas von den durch die obigen Schemata skizzierten Möglichkeiten ab. Wie im vorigen Bericht erläutert, werden 2 Gruppen von 4 je einquantigen Photoreaktionen angenommen, von denen die eine unmittelbar die Reduktion von (CO_2) bewirkt. Wieweit die Festlegung auf 8 Quanten eine Schwäche der Theorie bildet (wie WARBURG betont), müssen weitere Experimente zeigen. Die einigermaßen unverbindliche Annahme einer chemischen Beteiligung des Chlorophylls als H-Donator ist durch Isotopenversuche nicht gestützt worden. Radioaktiver $^3H^*$ (Tritium) tritt während der Photosynthese nicht ins Chlorophyll ein (NORRIS, RUBEN und ALLEN). Beiläufig sei hier vermerkt, daß eine geringe Einlagerung von ^{11}C in das Chlorophyll in vivo nachgewiesen wurde. Der Wert der FRANCKschen Theorie liegt in erster Linie in der Konzeption der "back reactions" und der Stabilisierungsvorgänge, die sich gewiß auch weiterhin als sehr fruchtbar erweisen wird.

7. Chlorophyllfluoreszenz. Die mit der Induktion der Photosynthese verbundenen Änderungen der Fluoreszenzhelligkeit und die Beeinflußbarkeit der stationären Chlorophyllfluoreszenz im tätigen Photosyntheseapparat haben ihrerseits — wenn auch weniger direkt als die GAFFRONschen Arbeiten — die Analyse der Reaktionsfolge gefördert. Neben der bereits erwähnten Arbeit von FRANCK, FRENCH u. PUCK (Fortschr. Bot. **11**, S. 209) ist eine umfangreiche Untersuchung von WASSINK und Mitarbeitern (sowie von DORRESTEIN und Mitarbeitern) an Purpurbakterien und Diatomeen erschienen (Simultanmessungen von Fluoreszenz und Photosynthese, dem Ref. im Original nicht zugänglich). Die bei den erstgenannten Versuchsobjekten gegebene Möglichkeit einer Veränderung der H-Donator-Konzentration ist methodisch besonders wertvoll. Nach dem Bericht von FRENCH (S) ergab sich ein Abfall der Fluoreszenzhelligkeit bei Donatorzufuhr unabhängig davon, ob (CO_2) als Endacceptor vorhanden war oder nicht, ein weiteres wichtiges Zeichen für die Unabhängigkeit von Photoreaktion und CO_2-Reduktion. Die Fluoreszenz isolierter Chloroplasten (vgl. KAUTSKY und ZEDLITZ, Fortschr. Bot. **11**, S. 210) folgt nach neuen Messungen von SHIAU und FRANCK im Grundsatz der photochemischen Reaktion derselben und reagiert auch auf Veränderungen in der photochemischen Leistung (Anaerobiose, Chinonzusatz, Gifte), jedoch in einer noch nicht ganz übersichtlichen Weise. Die Chloroplasten scheinen — vielleicht infolge des geringen Einflusses von Permeabilitätseffekten — zum Teil schneller mit ihrer Fluoreszenz anzusprechen als Algenzellen. Es sind aber noch weitere Unterschiede im Fluoreszenzverhalten der Zellen und Chloroplasten vorhanden, die einer Klärung bedürfen.

Die Fluoreszenzuntersuchungen von KAUTSKY und Mitarbeitern an Ulva lactuca haben einen vorläufigen Abschluß gefunden und sind nochmals zusammenfassend erörtert worden [KAUTSKY und U. FRANCK (4) und (S)], wobei als wesentliches Ergebnis der Nachweis des direkten Zusammenhanges von Fluoreszenzänderungen und Teilreaktionen im photochemischen Mechanismus herausgestellt wird. Die Änderungen der Fluoreszenzhelligkeit im Lauf der ersten Belichtungssekunden sind danach nicht etwa durch Faktoren bedingt, welche mehr oder weniger zufällig am Ort der Energieübertragung als Acceptoren konkurrieren können [z. B. Stoffwechselprodukte „irgendwelcher Art" (FÖRSTER)]. Der Fluoreszenzverlauf wird gedeutet als Ausdruck mehrerer in einem Kreisprozeß vereinigter, ungleichartiger Quantenreaktionen. Auf die versuchte Spezifizierung derselben kann hier nicht eingegangen werden. Wie in früheren Arbeiten wird dabei die Mitwirkung von Sauerstoff bzw. einer dissoziablen Sauerstoffverbindung am Photosynthesebeginn als gesichert angesehen (vgl. dagegen den Alkalieffekt beim Einsetzen der Photosynthese anaerob gehaltener Algen; Fortschr. Bot. 9, 203). Auch KAUTSKY und U. FRANCK finden keinen Einfluß der CO_2-Konzentration auf die Fluoreszenzhelligkeit (s. o.). — J. FRANCK und Mitarbeiter bringen ihrerseits den Verlauf der Fluoreszenzkurve während der Induktion (ohne die ersten Sekundenbruchteile zu erfassen!) und ebenso die stationäre Fluoreszenz und ihre Veränderlichkeit mit der Bildung oberflächenaktiver Stoffe (organische Säuren?) in Zusammenhang, die im Assimilationsapparat auf photooxydativem Wege in einer Nebenreaktion zur Photosynthese gebildet werden (vgl. S. 282 und Fortschr. Bot. 11, 209).

ZSCHEILE und HARRIS haben genaue Messungen des Fluoreszenzspektrums von Chlorophyll-Lösungen ausgeführt. Die Qualität des anregenden Lichtes ist ohne Einfluß auf das Fluoreszenzspektrum. Temperaturerniedrigung erhöht die Fluoreszenz und bewirkt bei Chlorophyll a eine Verschiebung der roten Fluoreszenzbande ins längerwellige Gebiet.

V. Assimilatfragen.

Die in Gang gekommene Analyse der photosynthetischen Teilreaktionen und die zunehmende Einsicht in eine Folge assimilatorischer Zwischenprodukte nimmt der Annahme, daß entsprechend der Bruttogleichung als Endprodukt stets nur Kohlenhydrat auftreten kann, die jahrzehntelang kaum angetastete Selbstverständlichkeit. Der Gedanke erscheint nicht abwegig, daß auf der reduzierenden Seite des Assimilationsapparates, also wahrscheinlich außerhalb des Bereichs der eigentlichen Photoreaktion, unter Umständen andere Produkte auftreten. Dies kann vor allem für stickstoffhaltige C-Verbindungen in Erwägung gezogen werden. Burström [1, 2 und (S)] hat an Weizenblättern die assimilatorische CO_2-Aufnahme mit dem Verbrauch von Nitrat und der Produktion von Kohlenhydrat in Beziehung gesetzt und gefunden, daß zwar bei Abwesenheit von Nitrat die assimilatorische Grundgleichung erfüllt ist, in Gegenwart von viel Nitrat dagegen ein Fehlbetrag an Kohlenhydrat vorliegt, welcher dem assimilierten Nitrat proportional ist. In Abwesenheit von CO_2, wenn also für die Photosynthese nur Atmungskohlensäure zur Verfügung steht, wird im Licht eine N-haltige Kohlenstoffverbindung produziert, während der Kohlenhydratgehalt beim Wegfall der apparenten Photosynthese unbeeinflußt vom Licht abnimmt. Man ist versucht, hierin gewissermaßen ein Gegenstück zur eiweißsparenden Wirkung der Kohlenhydrate im synthetischen Bereich zu sehen (bevorzugte Eiweißsynthese bei beschränkter Stoffproduktion). Mit besonderem Hinblick auf den weiteren wichtigen Befund, daß in den Blättern eine Dunkelassimilation von Nitrat kaum nachweisbar ist, schließt Burström auf einen eigenen Mechanismus der Nitratassimilation im grünen Blatt, der— zumindest mittelbar lichtgebunden — nicht auf Kosten dissimilatorisch freigesetzter Energie in Gang gehalten wird. Ein zwingender Beweis für diese Möglichkeit wäre erbracht, wenn sich die Eignung des Nitrats sicherstellen ließe, isolierten Chloroplasten im Licht als H-Acceptor zu dienen, wie dies Warburg (S 1) auf Grund seiner Chinonversuche neuerdings diskutiert, während er früher bekanntlich für die Nitratreduktion im Dunkeln und im Licht eine stöchiometrisch formulierbare energetische Kopplung an die Kohlenhydratveratmung annahm. Die starken Gaswechselausschläge, die Ref. früher für Chlorella während der Erholung vom Stickstoffmangel beschrieben und Sagromsky (unveröff.) in ähnlicher Form auch an marinen Chlorellen beobachtet hat, könnten zum Teil mit einer solchen mehr oder weniger lichtgebundenen Nitratverarbeitung in Zusammenhang stehen. Doch sind vor einer endgültigen Beurteilung dieser Verhältnisse Bestimmungen der Gaswechselquotienten abzuwarten. Myers und Cramer finden bei Chlorella in Abhängigkeit von der Stickstoffquelle (Ammonsalz oder Nitrat) Abweichungen vom gewohnten Assimilationsquotienten, die sie veranlassen, eine der Burströmschen Ansicht ähnliche Arbeitshypothese aufzustellen, wonach ein photochemisches Zwischenprodukt entweder zu Kohlenhydrat oder zu Protein weiterverarbeitet werden kann[1]. Eine ähnliche Möglichkeit deutet auch das von Calvin und Mitarbeitern aufgestellte Schema des assimilatorischen Zwischenstoffwechsels an (s. S. 265).

J. H. C. Smith kommt beim Vergleich von CO_2-Verbrauch und Kohlenhydratbildung in Helianthusblättern zum Schluß, daß die Grundgleichung der Photosynthese befriedigend erfüllt ist. Für die verschiedenen Kohlenhydratfraktionen wird eine gemeinsame Entstehung aus

---

[1] Neueste Arbeiten von Myers u. Mitarb. [J. Gen. Physiol. **32**, 93, 103 (1948) u. Plant Physiol. **24**, 111 (1949)] zur Frage der Nitratreduktion und ihrer Beziehung zum Kohlenhydratstoffwechsel, sowie eigene unveröffentlichte Messungen von Gaswechselquotienten nitratverarbeitender Einzeller wird Ref. im nächsten Bericht zusammenhängend darstellen.

einem Primärassimilat vertreten. Interessant ist, daß eine kleine Kohlenhydratfraktion nicht näher gekennzeichneten Typs auch im Dunkeln bei CO_2-Zufuhr gebildet wird. Diese Fraktion fehlt bei Dauerbeleuchtung (Unterschied zwischen Dunkelassimilation und Photosynthese?). Einen tieferen Einblick in die Bedingungen der Entstehung von Licht- und Dunkelassimilaten im grünen Blatt kann man vom Einsatz der tracer-Methodik erwarten. Versuche von LIVINGSTON und MEDES mit stabilem $^{13}CO_2$ sprechen vorerst für die ausschließliche Bildung von Kohlenhydraten als Primärassimilaten. Die photosynthetisch neuproduzierten Kohlenhydrate scheinen dem bereits vorhandenen Reservematerial als Atmungssubstrat vorgezogen zu werden. CALVIN und BENSON finden mit Hilfe von ^{14}C in Chlorella neuestens Saccharose als Assimilat (s. S. 264). — Bekanntlich haben Bestimmungen des Assimilationsquotienten $O_2 : CO_2$ vielfach eine *geringe* Abweichung von 1 im Sinne einer Erhöhung ergeben [vgl. WARBURG (S 1)]. Ref. machte an Chlorella und Helodea (unveröff.) neuerdings dieselbe Erfahrung (Werte zwischen 1,08 und 1,15). Schon VAN DEN HONERT erwägt die Möglichkeit einer unmittelbaren Fettproduktion im Zuge der Photosynthese als Erklärung für solche Abweichungen, und interessanterweise sind neuerdings gerade an Chlorella erhebliche Mengen von Lipoiden (4,5 bis 85%!) aufgefunden worden, die als Fette charakterisiert und näher untersucht worden sind [SPOEHR (S), MILNER, KATHEN]. Die Fettbildung hängt in starkem Maße von den Kulturbedingungen und dem Kulturalter ab (SPOEHR und MILNER); sie wird z. B. durch Stickstoffmangel gefördert [vgl. v. WITSCH (3)], wie dies von heterotrophen Fettbildnern schon bekannt ist, auch beim Durchblasen der Kulturen mit $N_2 + 5\%$ CO_2 an Stelle des sonst üblichen Gemisches von Luft mit 5% CO_2. Zweifellos handelt es sich in erster Linie um ein sekundäres Speicherprodukt; dennoch sollte eine genauere Messung des Assimilationsquotienten unter verschiedenen Bedingungen (besonders bei variierter N-Ernährung) zeigen, ob nicht entgegen den bisherigen Annahmen doch eine Fettproduktion in engerer Bindung an den Assimilationsapparat möglich ist. Über weitere Erfahrungen an Massenkulturen von Algen, die mit Hinblick auf eine praktische Nutzung im Sinne der mikrobiologischen Fettsynthese in Deutschland und Amerika angezogen werden, kann an dieser Stelle nicht eingehend berichtet werden [vgl. HARDER und v. WITSCH (1, 2), SPOEHR und Mitarbeiter, v. WITSCH (1—3)]. — Eingehende kritische Betrachtungen über die Produkte der Photo- und Chemosynthese hat TAUSON angestellt [vgl. Ber. wiss. Biol. **64**, 54 (1948)].

Es sei erwähnt, daß in Chlorella offenbar auch eine oxydative Dunkelassimilation von Acetat und Glukose vorkommt (die letztere im Zusammenhang mit der bekannten Sonderatmung bei Zuckergegenwart). Die Erscheinung ist von anderen heterotrophen Mikroorganismen her bekannt; MYERS rechnet damit, daß von der gebotenen Glukose 5/6 assimiliert und 1/6 veratmet werden:

$$C_6H_{12}O_6 + O_2 \rightarrow 5\,(CH_2O) + CO_2 + H_2O.$$

Eine eingehendere Untersuchung ist erforderlich, bevor weitere Schlüsse, insbesondere über etwaige Beziehungen von Glukoseassimilation und Photosynthese gezogen werden können. Auch über die Natur des Dunkelassimilats ist noch nichts bekannt; bei Hefe wurde neuerdings starke Fettproduktion auf Kosten zugesetzten Acetats beobachtet, in diesem Fall freilich ohne gleichzeitigen oxydativen Abbau des Substrats (WHITE und WERKMAN).

VI. Einfluß von Außenfaktoren auf die CO_2-Assimilation.

Aus räumlichen Gründen kann von den Arbeiten auf diesem Gebiet hier nur eine kleine Auswahl besprochen werden. Veröffentlichungen rein ökologischen Charakters mußten ganz zurückgestellt werden.

1. Lichtintensität. EMERSON und LEWIS (1) konnten keine Unterschiede in der Lichtassimilationskurve bei verschiedenen Lichtqualitäten feststellen (vgl. Fortschr. Bot. 9, S. 211). Auch bei diesen Versuchen gelang es wiederum nicht, monochromatisches Blaulicht von optimaler Intensität herzustellen.

Zugleich in das Kapitel „innere Faktoren" gehören Versuche, die photosynthetische Leistungsfähigkeit mit der Höhe der Anzuchtbelichtung in Zusammenhang zu bringen. SARGENT (1, 2) findet an Chlorella aus Starklichtanzuchten eine höhere Leistung im Starklicht als bei Schwachlichtanzuchten und dabei ein inverses Verhalten des Chlorophyllgehalts (wie bereits bekannt). Die Kulturdichte spielt natürlich hierbei wesentlich mit. MYERS (2) hat unter Ausschaltung dieses Faktors (Anzucht bei automatisch konstant gehaltener optischer Dichte) ebenfalls eine Verringerung des Chlorophyllgehaltes mit steigender Anzuchtbelichtung beobachtet. Die Zellgröße steigt dabei in gleichem Maße, so daß sich für die Chlorophyllmenge pro Zelle eine Konstante zu ergeben scheint. Die photosynthetische Leistung im Starklicht erreicht bei Kulturen mit etwa 300 Lux Anzuchtlicht unter den gewählten Versuchsbedingungen einen Optimalwert. Oberhalb von etwa 1000 Lux steigt auch die Wachstumsrate nicht mehr an. Die Zellen aus stark belichteten Kulturen haben einen abnormalen C-Stoffwechsel, der durch das Auftreten fettartiger Produkte und eine wachstumsbegrenzende Zurückdrängung der N-Assimilation gekennzeichnet ist (MYERS und CRAMER). Die Darstellung der Abhängigkeit von Photosynthese und Lichtintensität zeigt bei Schwachlichtanzuchten von Chlorella einen steileren Anstieg zu höherem Sättigungswert. Der flachere Anstieg der Starklichtkulturen deutet vielleicht eine erhöhte photooxydative Gegenreaktion zur Photosynthese im Sinne von MYERS und BURR (Fortschr. Bot. 11, 212) an. Diese Befunde sind für die Algenzucht mit stoffwechselphysiologischer oder präparativer Zielsetzung (Massenkulturen) bedeutungsvoll.

Lichtatmung. Zu der immer wieder zu erörternden Frage der Beeinflussung der Atmung grüner Zellen durch das Licht liegen Beiträge von SAGROMSKY vor. Sie macht mit der notwendigen Betonung des Unterschiedes von Photooxydation und Lichtatmung wahrscheinlich, daß die bei den untersuchten Einzellern langsam abklingende Respirationserhöhung nach Ausschalten der Beleuchtung im wesentlichen nur eine Folge der vorangegangenen Assimilatanhäufung ist. AUDUS dagegen rechnet auf Grund seiner Beobachtung, daß auch bei CO_2-Ausschluß eine gesteigerte Nachatmung eintritt (Prunus laurocerasus), mit einer spezifischen Lichtwirkung (verstärkter hydrolytischer Abbau von Reservekohlenhydraten?) Nach starker Vorbelichtung im Violett ist in SAGROMSKYs Versuchen die Atmungserhöhung bei Grünalgen (nicht bei Diatomeen) größer als im Vergleichsversuch mit Rot (qualitative Assimilatunterschiede?). Ähnliches finden auch EMERSON und LEWIS (1) beim O_2-Verbrauch von Chlorella; der Effekt hängt stark von der

Vorgeschichte des Materials ab und fehlt bei Chroococcus (Blaualge). — Nach
RANJAN und Mitarbeitern (1, 2) soll eine Atmungssteigerung nach Belichtung
erst oberhalb eines limitierenden Temperaturbereichs bemerkbar werden (unter
den angegebenen Versuchsbedingungen ab 27° C). Violettes Licht wirkt nicht
steigernd, UV hemmt. Farbige Blütenblätter sollen jedoch eine mit Carotinoid-
(und Anthocyan-) Gehalt konform verlaufende Atmungssteigerung im Lichte
aufweisen.

2. CO_2-Versorgung (p_H-Wert). Bei Wasserpflanzen ist die Frage
nach der CO_2-Abhängigkeit der Photosynthese durch die gleichsinnige
Veränderung des p_H-Wertes der Lösung und der Konzentration an
gelösten CO bzw. Bikarbonation kompliziert. STEMANN-NIELSEN[1] konnte
Helodea und *Ceratophyllum* bei verschiedenem p_H-Wert (4,5—8,2)
gleich gut anziehen, wenn jeweils auf ausreichende CO_2- oder Bikar-
bonatversorgung geachtet wurde. Dieser p_H-Bereich des Wachstums
stimmt nach unveröff. Erfahrungen des Ref. mit dem der Photosynthese überein, die für *Helodea* bei p_H 6—7 ein schwach ausgeprägtes
Optimum und oberhalb p_H 8 einen steilen Abfall zeigt. Bei p_H 4,5 assimiliert *Helodea* noch ausgezeichnet, doch darf man ohne Kenntnis der
intracellulären Verhältnisse (p_H des Zellsaftes) natürlich nicht schließen,
daß hier freies CO_2 den Assimilationsapparat betritt; entsprechendes gilt auch für die Beurteilung artspezifischer Unterschiede in der apparenten p_H- und CO_2-Abhängigkeit der Photosynthese (vgl. z. B. TSENG
und SWEENEY). — Bei *Chlorella* wird die Frage der Assimilationsleistung in den bekannten Bikarbonat-Karbonatpuffern aus methodischen Gründen weiterhin diskutiert (PRATT, WARBURG).

Landpflanzen stellen im abgeschlossenen Raum bei starker Belichtung einen konstanten Minimalwert des CO_2-Partialdruckes ein. Je nach
der Temperatur beträgt dieser Wert 0,004—0,0088 Vol.-% (THOMAS u.
Mitarbeiter). GABRIELSEN (3) findet bei 24—28° rund 0,009 Vol.-%,
d. h. unter diesen Bedingungen sind nur $2/3$ des CO_2-Gehalts der Luft
assimilatorisch verwertbar. Dieser Wert wird auch erreicht, wenn die
Pflanzen in einen noch CO_2-ärmeren Raum gebracht und belichtet
werden, und zwar mit einer Geschwindigkeit, die derjenigen der Dunkelatmung gleichkommt.

Die assimilationshemmende Wirkung *hoher* CO_2-Gaben hängt nach
BALLARD stark von der Temperatur ab und ist im Starklicht besonders
ausgeprägt (Hemmung einer Dunkelreaktion). Bei 6° hemmen 2 Vol.-%
CO_2 die Assimilation von Blättern, während bei 16° 5% noch optimal
sind. Auf die Beziehung von CO_2-Konzentration und Temperatur
sollte daher bei Assimilationsversuchen mit Land- und Wasserpflanzen
(bei letzteren besonders im Falle schwach saurer Medien) genauer
geachtet werden. Auch für die praktische Frage der CO_2-Düngung sind
diese Beobachtungen von gewisser Bedeutung.

Carboanhydrase ist zwar in Chlorella nicht aufzufinden. Doch wirkt nach
MICHLIN und BRONOVITZKAIA zugesetztes Ferment tierischer Herkunft auf die
CO_2-Assimilation der Alge in schwach alkalischem Bereich fördernd, in saurem
hemmend. Die Autoren schließen daraus im Hinblick auf die entsprechende p_H-

---

[1] Die ausführliche Besprechung dieser umfangreichen Arbeit und ähnlicher
Befunde von *Ruttner* wird im nächsten Bericht folgen.

Abhängigkeit der hydratisierenden und dehydratisierenden Wirkung des Ferments, daß die Kohlensäure als Bikarbonat oder Karbonat in den Assimilationsapparat eingeht.

3. Temperatur. FREELAND bestätigt die Befähigung von Coniferen zu assimilatorischem Stoffgewinn bei niedrigsten Temperaturen. Bei —6° C wurde noch ein Assimilationsüberschuß, bei —8 bis —12° C noch Atmung nachgewiesen. Blaualgen aus warmen Quellen Nordamerikas (37—72° C) sind als Vertreter des andern Extrems nach INMAN noch bei 65° C zur Sauerstoffausscheidung im Lichte fähig und betreiben andrerseits Photosynthese schon bei 20°. BÜNNING und HERDTLE haben bei weniger extremen, aber ebenfalls thermophilen *Oscillatorien* aus Gewächshäusern bei 40° ein Assimilations- *und* Atmungsoptimum gefunden, d. h. die Atmung überflügelt mit steigender Temperatur offenbar die Photosynthese nicht so leicht, wie man nach den Erfahrungen an anderen Objekten erwarten könnte. Diese Verriegelung des Atmungsmechanismus wird vielleicht durch eine Verminderung des freien Wassers im Plasma erreicht und mit einer erheblichen Verringerung der Aktivität der Lebensprozesse erkauft, so daß die thermophilen Algen erst bei höheren Temperaturen der Konkurrenz normaler Formen standhalten bzw. überwiegen können. DECKER findet, daß die Atmung von jungen Coniferen zwischen 20 und 30° um 100%, zwischen 30 und 40° aber nur um 60% ansteigt. Vielleicht sind die Vorstellungen von BÜNNING und HERDTLE von allgemeinerer Bedeutung und auch auf Pflanzen trockener Standorte teilweise anwendbar. Die apparente Assimilation der Kiefernsämlinge sinkt allerdings bei 40° bereits sehr stark ab.

Temperaturen um 45° C bewirken an Chlorellazellen eine Hitzeinaktivierung der „BLACKMAN-Reaktion" (nachgewiesen in Lichtblitzversuchen), die noch nicht als Absterbeerscheinung aufgefaßt werden darf (KENNEDY).

4. Wassergehalt. Bei Erniedrigung des Wassergehalts von Wasserpflanzen auf osmotischem Wege (0,1—0,2 mol KCl) und bei Landpflanzen durch Anwelken der Blätter wurde von BRILLIANT und CHRELASCHWILI zunächst eine Steigerung der Photosynthese und zwar nur im Starklicht beobachtet. Wenn deshalb von einer Beeinflussung der „BLACKMAN-Reaktion" gesprochen wird, so kann man dieser Ausdrucksweise nur rein formalen Charakter zuerkennen. Denn besonders bei den großen Zellen der höheren Pflanzen können sich unter einer so weit gefaßten „BLACKMAN-Reaktion" Faktoren verbergen, die mit den Dunkelschritten der Photosynthese selbst nichts zu tun haben (vor allem Permeabilitätseffekte). Der bei stärkerem Wasserentzug eintretende Assimilationsabfall ist von der Lichtintensität unabhängig. Das Verhalten der Atmung ist bei den verschiedenen Objekten nicht einheitlich. Auch das Verhalten der Photosynthese zeigt nach CHRELASCHWILI graduelle Unterschiede. Osmotischer Wasserentzug oder entsprechende Anatonose durch künstliche Zuckerzufuhr braucht nicht dieselbe Wirkung auf die Photosynthese zu haben. Eine Zuckerfütterung oder photosynthetische Anreicherung von Assimilaten scheint übrigens verschieden zu wirken, je nachdem ob Zucker- oder Stärkepflanzen vorliegen (Beispiele *Allium-Primula*). Die Hemmwirkung der Zucker und Assimilate ist bei den Zuckerpflanzen größer, vielleicht nicht nur wegen des erhöhten osm. Wertes und einer etwa damit zusammenhängenden Dehydratisierung von Plasmakolloiden, sondern möglicherweise auch infolge einer echten Massenwirkung im Assimilationsapparat. SIMONIS führt die Beobachtung, daß trocken angezogene Pflanzen (Inkarnatklee) ziemlich unabhängig von der Bezugsgröße (Frisch- u. Trockengewicht, Blattfläche) eine gesteigerte CO_2-Assimilation aufweisen, weniger auf die aktuelle Verminderung des Wassergehalts im Blatt, als auf eine strukturelle Anpassung des Plasmas zurück. Die erhöhte Photosynthese führt letztlich zu einer Verstärkung des Wurzelsystems der Trockenpflanzen. Auf eine dem Ref. nicht zugängliche Arbeit mit ähnlicher Fragestellung von CHILDERS und SCHNEIDER kann hier nur verwiesen werden.

5. Mineralsalze. Arbeiten über eine Beziehung zwischen Mineralsalzversorgung und Assimilationsleistung im Sinne eines direkteren Eingriffs in den Mechanismus der Photosynthese liegen kaum vor. Diskutierte Beziehungen zur Stickstoffernährung und zum Phosphatumsatz sind bereits oben erwähnt (S. 266 u. 276). KENNEDY hat erneut eine zur Chlorophyllbildung zusätzliche Funktion des Magnesiums bei der Photosynthese im BLACKMAN-Bereich dadurch aufgezeigt, daß er in Lichtblitzversuchen an Magnesium-Mangelchlorellen die zur Erreichung optimaler Lichtblitzausbeute nötige Dunkelzeit als enorm verlängert nachwies. Die zahlreichen Arbeiten über die Wirkung von Düngungsfaktoren auf Assimilation und Stoffgewinn müssen hier übergangen werden. $CaCl_2$ (0,15 mol) und ebenso ein p_H-Wert > 8 hemmen bei *Helodea* die Photosynthese nur im Starklicht, $MgCl_2$ auch bei schwacher Belichtung, wenigstens beim p_H-Wert 7,0 (BRILLIANT).

6. Giftwirkungen u. ä. Die große Bedeutung der Verwendung spezifischer Gifte bei der Analyse der photosynthetischen Teilvorgänge sind auf S. 271 f. behandelt. Von den sonstigen Effekten verdienen immer wieder auftauchende Angaben über eine Steigerung der Photosynthese bei Anwendung von Pflanzenschutzmitteln (bes. Bordeaux-Brühe, vgl. z. B. LUTZ und HARDY) gewisses Interesse. Mitosehemmende Konzentrationen von Benzol, Chlorbenzol, Nitrobenzol und Methylbenzoat hemmen auch die Photosynthese von Helodea; andere Mitosegifte, z. B. Colchicin oder Acenaphthen, haben eine vergleichsweise geringe Wirkung auf die CO_2-Assimilation (GAVAUDAN und BRÉBION).

VII. Innere Faktoren.

Man bedient sich dieses Verlegenheitsausdrucks allzu oft dort, wo die physiologische Analyse noch keine Ansatzpunkte gefunden hat; doch sind gerade zur Deutung der manchmal starken Labilität in der photosynthetischen Leistungsfähigkeit, die ja methodisch und prinzipiell von gleich großer Bedeutung ist, erfolgversprechende Experimente in Gang gekommen. FRANCK, FRENCH und PUCK hatten aus dem Verlauf der Induktion der Fluoreszenzhelligkeit bei beginnender Belichtung u. a.

auf eine Hemmung des Assimilationsapparates durch fixe Oxydationszwischenprodukte von narkotischem Effekt geschlossen, welche langsam weiterhin oxydativ beseitigt werden. Die Hemmung der Photosynthese nach Anaerobiose im Dunkeln ist wahrscheinlich durch ähnlich wirkende Gärprodukte hervorgerufen. Für eine besonders wirksame oxydative Entfernung derselben durch den langsam sich bildenden Assimilationssauerstoff spricht nach FRANCK, PRINGSHEIM und LAD, daß bei rascher Durchströmung belichteter Suspensionen mit O_2-freiem Gas die Photosynthesehemmung nach Anaerobiose bestehen bleibt. Weitere Fluoreszenzmessungen von SHIAU und FRANCK im Verlaufe der Wiederherstellung der normalen Funktionen des Assimilationsapparats nach Anaerobiosehemmung, die mit den von MICHELS (Fortschr. Bot. 9, S. 203) beschriebenen Mitteln (O_2-Zutritt, Chinonzusatz, Alkalisierung) beseitigt wurde, sprechen ebenfalls für eine Hemmung der Photosynthese durch oberflächenwirksame Substanzen eigener Produktion. Auf Grund dieser Erfahrungen wird die zunächst als Arbeitshypoth se zu wertende Vorstellung vertreten, daß auch andere Leistungssenkungen der CO_2-Assimilation, etwa die früher besonders von HARDER bearbeiteten mehr oder weniger reversiblen Depressionen im kontinuierlichen Starklicht auf gleiche Weise kausal zu deuten sind. Vielleicht bilden die in Frage kommenden zelleigenen Assimilationshemmstoffe in ihrer Anreicherung an den wirksamen Oberflächen des Photosyntheseapparats zugleich einen Schutz gegen Schädigung desselben durch Photooxydation. Ein unmittelbarer Anhaltspunkt für Hemmungseffekte dieser oder ähnlicher Art wurde jedoch von anderer Seite beigebracht. PRATT hat in einer Reihe von Untersuchungen den Nachweis geführt, daß Chlorellazellen mit zunehmender Kulturdichte einen Hemmstoff für ihr weiteres Wachstum produzieren. Ref. beobachtete seinerseits an Chlorellakulturen, die täglich durch Verdünnen mit Nährlösung auf dieselbe Suspensionsdichte eingestellt wurden, ebenfalls einen am einfachsten mit der Wirkung eines Hemmfaktors erklärbaren Wachstumsabfall. Der in diesem Zusammenhang wichtige Befund PRATTs besteht darin, daß die betreffende alkohollösliche und ziemlich thermolabile Substanz, aus den Filtraten älterer Kulturen angereichert, die photosynthetische Lei.tungsfähigkeit junger Chlorellasuspensionen herabdrückt. Erwähnt muß allerdings werden, daß diese Hemmung offenbar nur allmählich reversibel ist, und zwar dann, wenn Zellen aus der gehemmten Kultur in geringer Menge in frische Lösung übertragen werden und wieder in lebhafte Teilung übergehen. Jedenfalls darf man den von PRATT nachgewiesenen Hemmstoff nicht leichthin mit dem von FRANCK und Mitarbeiter postulierten oberflächenaktiven Stoffwechselprodukt identifizieren. Daß nicht nur in „alternden" Algenkulturen, sondern auch in Organen höherer Pflanzen solche Wirkstoffe „innere Faktoren" für Stoffwechselvorgänge bilden, erscheint durchaus möglich, aber natürlich noch keineswegs erwiesen. — Auch die Atmung von Chlorella wird offenbar durch ein in Zellfiltraten enthaltenes thermolabiles Prinzip beeinflußt. Hemmung und Förderung wurden beobachtet (SWANSON). Mit einem großen Stab von Mitarbeitern haben

PRATT und SPOEHR die Hemmsubstanz der Chlorellen weiter angereichert und untersucht, da sie sich in vielen Fällen als Antibiotikum erwies. In Analogie zum Penicillin wurde die Bezeichnung Chlorellin eingeführt, ohne daß bisher eine eindeutige Kennzeichnung gegeben wurde. Eine ökologische Bedeutung solcher Stoffwechselprodukte als Mittel zur Abwehr bakterieller Angriffe ist durchaus plausibel. Ein dem Chlorellin vielleicht ähnlicher Hemmstoff wurde auch in Diatomeenkulturen durch v. DENFFER nachgewiesen. Dieser ist jedoch thermostabil und hat anscheinend den Charakter eines Mitosegiftes.

Kurz erwähnt seien hier wegen ihrer methodischen Bedeutung noch weitere Angaben von PRATT sowie von SCOTT über Kulturbedingungen und mineralische Zusammensetzung von einzelligen Grünalgen, besonders aber die Beschreibung einer neuen Methode zur Sterilkultur von Chlorella, bei der automatisch eine konstante Suspensionsdichte eingehalten werden kann (MYERS und CLARK).

Literatur.

Zusammenfassende Darstellungen.

BRILLIANT, V. A.: Izv. Akad. Nauk. USSR, Ser. biol. **1947**, 447—461. — BURSTRÖM, H.: Ann. Landw. Hochsch. Schweden **13**, 1—86 (1945).

CHIBNALL, A. C.: Protein metabolism in the plant. New Haven 1939.

FRENCH, C. S.: Ann. Rev. Biochem. **15**, 397—413 (1946).

GAFFRON, H.: (1) Biol. Rev. Cambridge Phil. Soc. **19**, (1) 1—20 (1944). — (2) Currents in Biochem. Res. **1946**, 25—48, Intersci. Publ. New York.

GRANICK, S. u. H. GILDER: Adv. in Enzymol. **7**, 305 (1947).

KAUTSKY, H. u. U. FRANCK: Naturwiss. **35**, 43—51 (1948). — KLUYVER, A. J.: (1) Rep. Proc. 3ᵈ Internat. Congr. Microbiol. **1940**, 73—86. — (2) Chem. Weekblad **43**, Nr. 11/12, 1—13 (1947).

LIPMANN, F.: Currents in Biochem. Res. **1946**, 137—148, Intersci. Publ. New York.

NIEL, C. B. VAN: (1) Adv. in Enzymol. **1**, 263—328 (1941). — (2) Bacter. Rev. **8**, 1 (1944).

OCHOA, S.: Currents in Biochem. Res. **1946**, 165—185, Intersci. Publ. New York.

PIRSON, A.: (1) Naturforsch. u. Med. (FIAT-Bericht) **52**, 51—110 (1939/46). — (2) Naturwiss. **36** (im Druck).

RABINOWITCH, E. J.: Photosynthesis and related processes, Bd. 1. New York 1945 (Intersci. Publ. Inc.)

SPOEHR, H. A.: Carnegie Inst. Wash. Yearbook No. 46, 85—106 (1946/47). — STEPHENSON, M.: Ant. v. Leeuwenhoek J. **12**, 33—48 (1947). — STILES, W.: Sci. Progr. **35**, 577—589 (1947). — STOLL, A.: Experientia 4, 6—22 (1948).

TAUSON, V. O.: Izv. Akad. Nauk. USSR, Ser. biol. **1947**, 423—446.

UMBREIT, W. W.: Bacter. Rev. **11**, 157—166 (1947).

WARBURG, O.: (1) Schwermetalle als Wirkungsgruppen von Fermenten. 2. Aufl. Berlin 1948. — (2) Naturforsch. u. Med. (FIAT-Bericht) Bd. **39**, 201—210 (1939 bis 1946). — (3) Wasserstoffübertragende Fermente. Berlin 1948.

WASSINK, E. C. Ann. Rev. Biochem. **17**. 559—578 (1948).

WERKMAN, C. H. u. H. G. WOOD: Adv. in Enzymol. **2**, 135—182 (1942).

Einzelarbeiten:

ALBAUM, H. G. u. M. OGUR: Arch. Biochem. **15**, 158—160 (1947). — ALGEUS, S.: Bot. Notiser **1946**, 129—278. — ALLEN, M. B., H. GEST u. M. D. KAMEN: Arch. Biochem. **14**, 335—347 (1947). — ANSON, M. L.: Science **93**, 186—187 (1941). — ARENS, K.: Rodʼiguésia (Rio de Jan.) **4**, 167—177 (1940). — ARONOFF, S.: (1) Science **104**, 503—505 (1946). — (2) Plant Physiol. **21**, 293—409 (1946). — ARONOFF, S.,

H. A. BARKER u. M. CALVIN: J. Biol. Chem. **169**, Nr. 2, (1947). — ARONOFF, S., A. A. BENSON, W. Z. HASSID u. M. CALVIN: Science **105**, 664—5 (1947). — ARONOFF, S., u. M. CALVIN (im Druck). — ARONOFF, S., u. G. MACKINNEY: (1) J. amer. chem. Soc. **65**, 956—958 (1943). — (2) Plant Physiol. **18**, 713—715 (1943). — AUDUS, L. J.: Ann. Botany **11**, 165—201 (1947).

BAATZ, H.: Planta (Berl.) **31**, 726—766 (1944). — BALLARD, L. A. T.: New Phytol. **40**, 276—290 (1941). — BEADLE, G. W. u. E. L. TATUM: Proc. nat. Acad. Sci. Wash. **27**, 499—506 (1941). — BECK, W. A.: Plant Physiol. **17**, 487—491 (1942). — BELTON, W. E. u. C. H. HOOVER: J. Biol. Chem. **175**, 377—383 (1948). — BENNETT, J. P.: Soil Sci. **60**, 91—105 (1945). — BENSON, A. A. u. M. CALVIN: Science **105**, 648—49 (1947). — BOITSCHENKO, E. A.: (1) C. r. Acad. Sci. USSR **38**, 181—184 (1943). — (2) ebenda **42**, 345—347 (1944). — (3) Biochimia **12**, 153—162 (1947). — BOT, G. M.: Chron. Bot. **7** (2), 66—67 (1942). — BOYD, M. J., W. A. LOGAN u. A. A. TYTELL: J. Biol. Chem. **174**, Nr. 3 (1948). — BRILLIANT, V. A.: Soviet. Bot. **15**, 149—153 (1947). Ref. Ber. wiss. Biol. **64**, 52 (1948). — BRILLIANT, V. A. u. M. N. CHRELASCHWILI: Acta Inst. Bot. Acad. Sci. USSR, Ser. 4 Bot. Exper. **5**, 88—100 (1941). — BROWN, A. H. u. J. FRANCK: Arch. Biochem. **16**, 55—60 (1948). — BÜNNING, E. u. H. HERDTLE: Z. Naturforsch. **1**, 93—99 (1946). — BURK, D. u. R. J. WINZLER: Science **97**, 57 (1943). — BURNS, G. R.: Amer. J. Bot. **29**, 381—387 (1942). — BURSTRÖM, H.: (1) Naturwiss. **30**, 645—646 (1942). — (2) Ann. Landw. Hochschule Schweden **11**, 1—50 (1943). — (3) Ark. Bot. **30 B**, 1—7 (1943).

CALVIN, M., u. A. A. BENSON: (1) Science **106** (1948); (2) **109**, 140 (1949). — CARSON, S. F., S. RUBEN, M. D. KAMEN u. J. W. FOSTER: Proc. nat. Acad. Sci. USA. **27**, 475 (1941). — CHILDERS, N. F., u. G. W. SCHNEIDER: Proc. amer. Soc. hort. Sci. **37**, 365 (1940). — CHRELASCHWILI, M. N.: Acta Inst. Bot. Acad. Sci. USSR. Ser. 4, Bot. Exper. **5**, 101—137 (1941). — COMAR, C. L.: Bot. Gaz. **104**, 122—127 (1942). — COOPER, R. E., u. R. B. H. COLAH: Ann. Botany **5**, 170—173 (1941). — COOPER, R. E., u. R. R. ULLAL: J. Indian Bot. Soc. **18**, 139 bis 144 (1940). — CRAMER, M., and J. MYERS: J. gen. Physiol. **32**, 93—102 (1948).

DAVIS, E. A.: Science **108**, 110—111 (1948). — DECKER, J. P.: Plant Physiol. **19**, 679—688 (1944). — DENFFER, D. VON: Biol. Zbl. **67**, 7—13 (1948). — DOLE, M. u. G. JENKS: Science **100**, 409 (1944). — DORRESTEIN, R., E. C. WASSINK u. E. KATZ: Enzymologia **10**, 355—372 (1942). — DUTTON, H. J. u. W. M. MANNING: Amer. J. Bot. **28**, 516—526 (1941). — DUTTON, H. J., W. M. MANNING u. B. M. DUGGAR: J. phys. Chem. **47**, 308—312 (1943).

EGLE, K.: Bot. Arch. **45**, 93—148 (1944). — EICKE, R.: Diss. Berlin 1943. — EMERSON, R. u. CH. M. LEWIS: (1) Amer. J. Bot. **30**, 165—178 (1943). — (2) J. gen. Physiol. **25**, 579—595 (1942). — (3) Amer. J. Bot. **28**, 789—804 (1941). — EMERSON, R., J. F. STAUFFER u. N. W. UMBREIT: Amer. J. Bot. **31**, 107—120 (1944). — EVANS, E. A. JR.: Symposium on respiratory enzymes, Madison 1942, S. 197. — EVANS, E. A. JR., B. VENNESLAND u. L. SLOTIN: J. Biol. Chem. **147**, 771 (1943).

FAN, C. S., J. F. STAUFFER u. W. W. UMBREIT: J. gen. Physiol. **27**, 15—28 (1943). — FÖRSTER, TH.: Z. Naturforsch. **2 b**, 174—182 (1947). — FRANCK, J.: Rev. Modern Phys. **17**, 112—119 (1945). — FRANCK, J., C. S. FRENCH u. T. T. PUCK: J. phys. Chem. **45**, 1268—1300 (1941). — FRANCK, J. u. P. PRINGSHEIM: J. chem. Phys. **11**, 21—27 (1943). — FRANCK, J., P. PRINGSHEIM u. D. T. LAD: Arch. Biochem. **7**, 103 (1945). — FRANK, S.: J. gen. Physiol. **29**, 157—179 (1946). — FREELAND, R. O.: Plant Physiol. **19**, 179—185 (1944). — FRENCH, C. S., A. S. HOLT, R. D. POWELL u. M. L. ANSON: Science **103**, 505—06 (1946). — FRENCH, S. C., E. NEWCOMB u. M. L. ANSON: Amer. J. Bot. **29** (1942). — FRENCH, C. S. u. G. S. RABIDEAU: J. gen. Physiol. **28**, 329—342 (1945). — FRENCH, C. S., G. S. RABIDEAU u. A. S. HOLT: Rev. Scient. Instr. **18**, 11—17 (1947). — FRENCH, C. S., R. W. SMITH u. F. D. H. MacDOWELL: Fed. Proc. **6**, 253 (1947).

GABRIELSEN, E. K.: (1) Experientia **3**, 1—12 (1947). — (2) Physiol. Plant. **1**, 5—37 (1948). — (3) Nature (London) **161**, 138 (1948). — GAFFRON, H.: (1) J. gen. Physiol. **26**, 195—217 (1942). — (2) ebenda, **26**, 241—267 (1942). — (3) ebenda, **28**, 269—285 (1945). — GAFFRON, H. u. J. RUBIN: (1) J. gen. Physiol. **26**, 219—240 (1942). — (2) Fed. Proc. II **1**, 112 (1942). — GALSTON, A. W.: (1) Amer. J. Bot. **29**,

91 (1942). — (2) ebenda, **30**, 331—334 (1943). — GAVAUDAN, P. et G. BRÉBION: Rev. Trav. Toxicol. et Pharmacodynam. Cellulaires **2**, 37—46 (1946). — GEST, H. u. M. D. KAMEN: J. Biol. Chem. **176**, 299—318 (1948). — GLASOW, R. A.; Diss. Berlin 1944. — GOODWIN. R. H. u. O. OWENS: (1) Amer. J. Bot. **33**, 229 (1946). — (2) Plant. Physiol. **22**, 197—200 (1947). — GRANICK, S.: (1) J. Biol. Chem. **172** 717—727 (1948). — (2) ebenda, **175**, 333—342 (1948). — GRANICK, S. u. K.R. PORTER: Amer. J. Bot. **34**, 545—550 (1947).

HANSON, E. A.: Austral. J. exper. Biol. a. Med. Sci. **19**, 157—159 (1941). — HARDER, R. u. H. v. WITSCH: (1) Ber. dtsch. bot. Ges. **60**, 146 (1942). — (2) Forsch. dienst **16**, 270 (1942). — HANSON, E. A., B. S. BARRIEN u. J. G. WOOD: Austral. J. exper. Biol. a. Med. Sci. **19**, 231—34 (1941). — HOLT, A. S., u. C. S. FRENCH: (1) Arch. Biochem. **9**, 25—43 (1946); (2) **19**, 368—378 (1948); (3) **19**, 429—435 (1948). — VAN DEN HONERT, T.: Rec. Trav. bot. néerl. **27**, 149—286 (1930).

INMAN, O. L.: J. gen. Physiol. **23**, 661—666 (1940).

JACOBSON, L.: Plant Physiol. **20**, 233—245 (1945). — JEFFREY, R. N. u. R. B. GRIFFITH: Plant Physiol. **22**, 34—41 (1947). — JUNGERS, V. u. J. DOUTRELIGNE: Cellule **49**, 409—417 (1943.

KALNITZKY, G. u. C. H. WERKMAN: Arch. Bioch. **4**, 25 (1942). — KATHEN, H.: Arch. Mikrobiol. (im Druck). — KAUTSKY, H. u. U. FRANCK: (1) Biochem. Z. **315**, 139—155 (1943). — (2) ebenda **315**, 156—175 (1943). — (3) ebenda **315**, 176—206 (1943). — (4) ebenda **315**, 207—232 (1943). — KAUTSKY, H. u. G. O. MÜLLER: Z. Naturforsch. **2a**, 167 (1947). — KEMMERER, A. R. u. G. S. FRAPS: Industr. Engng. Chem. **38**, 457—458 (1946). — KENNEDY, S. R. jr.: Amer. J. Bot. **27**, 68—73 (1940). — KLUYVER, A. J. u. CH. G. T. P. SCHNELLEN: Arch. Biochem. **14**, 57—70 (1947). — KRAMPNITZ, L. O. u. C. H. WERKMAN: Biochem. J. **35**, 595 (1945). — KRAMPNITZ, L. O., H. G. WOOD u. C. H. WERKMANN; J. Biol. Chem. **147**, 243, (1943). — KUMM, J. u. C. S. FRENCH: Amer. J. Bot. **32**, 291—295 (1945).

LE PAGE, G. A. u. W. W. UMBREIT: (1) J. Biol. Chem. **147**, 263—271 (1943). — (2) ebenda **148**, 255—260 (1943). — LIPMANN, F. u. L. C. TUTTLE: J. Biol. Chem. **154**, 725 (1944). — LINDNER, R. C. u. C. P. HARLEY: Plant Physiol. **19**, 420—439 (1944). — LIVINGSTON, L. G., u. G. MEDES: J. gen. Physiol. **31**, 75—88 (1947). — LUTZ, H. u. M. B. HARDY: Proc. amer. Soc. hort. Sci. **37**, 484—488 (1940).

MACKINNEY, G.: Fruit Prod. J. **20** (10), 313—314, 344—345, 378—379 (1941). — MANNING, W. M. u. H. H. STRAIN: J. Biol. Chem. **151**, 1—19 (1943). — MICHELS, H.! Z. Bot. **35**, 241—270 (1940). — MICHLIN, D. M. u. Z. S. BRONOVITZKAIA: Biochimia **10**, 326—335 (1946). — MILNER, H. W.: J. Biol. Chem. **176**, 813—817 (1948). — MOYER, L. S., u. M. M. FISHMAN: Bot. Gaz. **104**, 449—454 (1943). — MYER, J.: (1) Plant Physiol. **15**, 575—588 (1940). (2) J. gen. Physiol. **29**, 419—427 und 429—440 (1946). — (3) Amer. J. Bot. **33**, 231 (1946). — (4) J. gen. Physiol. **30**, 217—227 (1947). — MYERS, J., u. L. B. CLARK: J. gen. Physiol. **28**, 103—112 (1944). — MYERS, J., u. M. L. CRAMER: Science **105**, 552 (1947). — MYERS, J., u. M. CRAMER: J. gen. Physiol. **32**, 93—102 (1948).

NOACK, K.: Biochem. Z. **316**, 166—187 (1943). — NORRIS, T. H., S. RUBEN u. A. KORNBERG: J. Biol. Chem. Soc. **64**, 3037—40 (1942).

OCHOA, S., A. MEHLER, M. L. BLANCHARD, TH. H. JUKES, C. E. HOFFMANN u. M. REGAN: J. Biol. Chem. **170**, 413—414 (1947). — OCHOA, S., A. MEHLER u. A. KORNBERG: J. Biol. Chem. **167**, 871—872 (1947). — OCHOA, S. u. E. WEISS-TABORI: J. Biol. Chem. **159**, 245 (1945).

PEISS, C. N. u. J. FIELD: J. Biol. Chem. **175**, 49—56 (1948). — PRATT, R.: (1) Amer. J. Bot. **27**, 52—56 (1940). — (2) ebenda **28**, 492—497 (1941). — (3) ebenda **29**, 142—148 (1942). — (4) ebenda **30**, 32—33 (1943). — (5) ebenda **30**, 404—408 (1943). — (6) Ebenda **30**, 626—629 (1943). — (7) Ebenda **31**, 418—421 (1944). — PRATT, R., u. J. FONG: Amer. J. Bot. **27**, 431—436 (1940). — PRATT, R., J. F. ONETO u. J. PRATT: Amer. J. Bot. **32**, 405—408 (1945). — PRATT, R., H. A. SPOEHR u. v. a.: Science **99**, 351—352 (1944).

RABIDEAU, G. S., C. S. FRENCH u. A. S. HOLT: (1) Amer. J. Bot. **33**, 231 (1946). — (2) ebenda **33**, 769—777 (1946). — RANJAN, S.: J. Indian Bot. Soc. **19**, 105—112 (1940). — RANJAN, S. u. B. B. L. SAKSENA: J. Indian Bot. Soc. **19**, 19—32 u. 91—104 (1940). — RIEKE, F. F. u. H. GAFFRON: J. phys. Chem. **47**, 299—308 (1943). — ROBERTS, E. A.: (1) Bull. Torrey bot. Club **67**, 535—541

(1940). — (2) Amer. J. Bot. 29, 161 (1942). — (3) ebenda 31, 11—12 (1944). — RUBEN, S.: J. amer. chem. Soc. 65, 279—282 (1943). — RUBEN, S. HASSID, W. Z. u. M. D. KAMEN: J. amer. chem. Soc. 61, 661 (1939). — RUBEN, S., M. RANDALL, M. KAMEN u. J. L. HYDE: J. amer. chem. Soc. 63, 877 (1941). — RUTTNER, E. Österr. Bot. Z. (1) 94, 265—294 (1947). — (2) 95, 208—238 (1948).

SAGROMSKY, H.: Planta (Berl.) 33, 299—339 (1943). — SARGENT, M. C.: (1) Plant Physiol. 15, 275—290 (1940). — (2) Chron. Bot. 6, 347 (1941). — SCHNELLEN, Ch. G. T. P.: Diss. Delft 1947. — SCOTT, G. T.: J. Cell. a. comp. Physiol. (1) 21, 327—338 (1943). — (2) 23, 47—58 (1944). — (3) 25, 37—44 (1945). — (4) 26, 35—42 (1945). — SEYBOLD, A.: Planta 36, 371—388 (1948). — SEYBOLD, A. u. A. WEISS-WEILER: Bot. Arch. 44, 456—520 (1943). — SEYBOLD, A. u. M. KNIE-ENGEL: Bot. Arch. (im Druck) — SHIAU, Y. G. u. J. FRANCK: Arch. Biochem. 14, 253—295 (1947). — SHIVE, W., u. L. L. ROGERS: J. Biol. Chem. 169, 453—454 (1947). — SIDERIS, C. P.: Plant Physiol. 22, 160—173 (1947). — SIMONIS, W.: Planta (Berl.) 35, 188—224 (1947). — SINGH, B. N. u. N. K. ANANTHA RAO: Current Sci. 11, 442—443 (1942). — SMITH, J. H. C.: (1) Plant Physiol. 18, 207—223 (1943). — (2) ebenda 19, 394—403 (1944). — (3) J. amer. chem. Soc. 69, 1492—1496 (1947). — (4) Arch. Biochem. 19, 449—454 (1948). — SOLOMON, A. K., B. VENNES-LAND, B. KLEMPERER, I. M. BUCHANAN u. A. B. HASTINGS: J. Biol. Chem. 140, 171 (1941). — SPOEHR, H. A., u. H. W. MILNER: Plant Physiol. 24, 120—149 (1949). — STEEMANN-NIELSEN, E.: Dansk bot. Arch. 11, 1—25 (1944). — STEPKA, M. CALVIN., u. A. A. BENSON: Science 108, 304 (1948). — STOLL, A., E. WIEDEMANN u. A. RUEGGER: Verh. schweiz. naturforsch. Ges. 1941, 125—12. — STRAIN, H. H., W. M. MANNING u. G. HARDIN: J. Biol. Chem. 144, 625—636 (1942). — STRAIN, H. H., W. M. MANNING u. G. HARDIN: J. Biol. Chem. 148, 655—688 (1943). — SWANSON, C. A.: Amer. J. Bot. 30, 8—11 (1943).

THOMAS, M. D., R. H. HENDRICKS u. G. R. HILL: Plant Physiol. 19, 370—376 (1944). — TIMM, E.: Z. Bot. 38, 1—25 (1942). — TONNELAT, I.: C. r. Acad. Sci. 218, 430—432 (1944). — TSENG, C. K. u. B. M. SWEENEY: Amer. J. Bot. 33, 706—715 (1946).

UTTER, M. F., F. LIPMANN u. C. H. WERKMAN: J. Biol. Chem. 158, 521—541 (1945).

VINOGRADOV, A. P. u. R. V. TEIS: C. r. Acad. Sci. USSR. 33, 490 (1941). — VOGLER, K. G.: J. gen. Physiol. 26, 103—117 (1942). — VOGLER, K. G. u. W. W. UMBREIT: Soil Sci. 51, 331—337 (1941).

WARBURG, O.: Amer. J. Bot. 35, 194—204 (1948). — WARBURG, O. u. W. LÜTTGENS: (1) Naturwiss. 32, 161 (1944). — (2) ebenda 32, 301 (1944). — (3) Biochimia 11, 303—322 (1946). — WASSINK, E. C.: Ant. v. Leeuwenhoek J. Microbiol. a. Serol. 12, 281—293 (1947). — WASSINK, E. C., E. KATZ u. R. DORRESTEIN: Enzymologia 10, 285—354 (1942). — WHITE, A. G. C. u. C. H. WERKMAN: Arch. Biochem. 13, 27—32 (1947). — WHITMORE, R. A.: Plant Physiol. 19, 569—578 (1944). — WIKÉN, T., D. WATT, A. G. C. WHITE u. C. H. WERKMAN: Arch. Biochem. 14, 477—9 (1947). — v. WITSCH, H.: (1) Naturwiss. 33, 221 (1946). — (2) Biol. Zbl. 67, 95—100 (1948). — (3) Arch. Mikrobiol. 14, 128—141 (1948). — WOOD, H. G., N. LIFSON u. V. LÖRBER: J. Biol. Chem. 159, 475 (1945). — WYND, F. L. u. G. R. NOGGLE: (1) Food Res. 10, 525—536 (1945). — (2) ebenda 11, 358—366 (1946).

ZEDLITZ, W.: Diss. Leipzig 1944. — ZSCHEILE, F. P., C. L. COMAR u. G. MAC-KINNEY: Plant Physiol. 17, 666—670 (1942). — ZSCHEILE, F. P. u. D. G. HARRIS: J. phys. Chem. 47, 623—37 (1843).

15. Stoffwechsel organischer Verbindungen II.

Von KARL PAECH, Tübingen.

1. Allgemeines. Während der letzten 10 Jahre ist uns in raschen Zügen ein Mechanismus näher gerückt worden, der in einem ganz besonderen Sinne dem Stoffwechsel dient und der ein Grundphänomen alles biogenen Stoffumsatzes zu sein scheint: die Gruppenübertragung („group transformation"). Wir verstehen darunter den Vorgang, daß gewisse einfache Gruppen bzw. Radikale, z. B. —NH_2, —CH_3, in einer echten chemischen Bindung (also nicht etwa adsorptiv) an geeignete Trägersubstanzen angefügt, von ihnen wieder abgelöst und auf andere weitergegeben werden können.

Die Aminogruppe führt im pflanzlichen Organismus regelmäßig eine solche Wanderung aus. Von einigen wenigen α-Ketosäuren wird sie aus anorganischen Ammoniumsalzen aufgenommen, von da geht sie auf andere Ketosäuren unter Bildung neuer Aminosäuren über, und beim Abbau von Eiweiß landet sie schließlich im Prozeß der Umaminierung wieder in der Glutamin- oder Asparaginsäure (s. S. 306 u. Fortschr. Bot. 8, S. 232).

Die Methylgruppe wechselt ebenfalls, wie zunächst im tierischen Organismus festgestellt wurde (DU VIGNEAUD u. Mitarbeiter; BORSOOK u. DUBNOFF 1940, 1947), auf ihrem Wege durch den Körper ihren Träger mehrmals. Da dem höheren Tier die Fähigkeit mangelt, CH_3-Gruppen selbst zu bilden, ist es auf laufende Zufuhr durch die Nahrung angewiesen. Als Quelle dafür kommt in erster Linie die unerläßliche Aminosäure Methionin oder aber Homocystein zusammen mit einem Methylspender (Cholin oder Betain) in Betracht. Im letzten Falle geht die CH_3-Gruppe auf das Homocystein unter Bildung von Methionin über. An einer bestimmten Stelle des Methionin-Umsatzes, der hier nicht näher besprochen werden soll, übernimmt Guanidinessigsäure die Methylgruppe irreversibel. Es entsteht Kreatin, das nach einer einfachen Umlagerung zu Kreatinin im Harn ausgeschieden wird. Vom Kreatin ist die Methylgruppe also mit den Mitteln der Zelle nicht mehr ablösbar und nicht mehr zur erneuten Transmethylierung verwendbar.

$$\begin{array}{ccccccc}
\text{NH} & & & & \text{NH} & & \\
\parallel & & & & \parallel & & \\
NH_2\text{—C—NH} & + & R\cdot CH_3 & \longrightarrow & NH_2\text{—C—N—}CH_3 & + & R\cdot H \\
| & & & & | & & \\
CH_2 & & & & CH_2 & & \\
| & & & & | & & \\
COOH & & & & COOH & &
\end{array}$$

Guanidin-Essigsäure   Methyldonator   Kreatin

Die Kreatinbildung als Beispiel für eine Ummethylierung.

Kreatin kommt auch in Pflanzen (Weizen, Roggen, Klee, Luzerne, Kartoffeln) vor. Es wird in Preßsäften durch einen enzymatischen, obligat aeroben Prozeß aus Guanidinessigsäure aufgebaut (BARRENSCHEEN und PANY). Der pflanzeneigene Methyldonator für diesen Vorgang, der im Preßsaft vorhanden ist, konnte noch nicht ermittelt werden.

Eine für den Haushalt aller Zellen unerläßliche Übertragung betrifft die Phosphorsäure. Die Umphosphorylierung, deren Weg im Kohlenhydratumsatz genauer aufgedeckt worden ist (s. unten), steht in erster Linie im Dienste der Energiefreisetzung und Verteilung in der Zelle (LIPMANN) und ist wahrscheinlich auch an der Photosynthese entscheidend beteiligt.

Andere Möglichkeiten von Gruppenübertragungen zeichnen sich ab. Der Weg, den die einzelnen Gruppen nehmen, kann von der Zelle nicht willkürlich „gesteuert" werden. Sie ist bestimmten chemisch-physikalischen Gesetzmäßigkeiten, die in den Begriff des „Gruppenpotentials" zusammengefaßt werden, ausgeliefert. Die Anheftung der Gruppen ist je nach dem Trägerkörper verschieden fest. Wenn bei der Abspaltung der Gruppe eine große Menge Energie frei wird, liegt eine lockere Bindung vor; die Tendenz, sie aufzulösen, ist groß. Umgekehrt, wenn bei der Ablösung nur wenig Energie frei gesetzt wird oder sogar welche zur Sprengung der Bindung zugeführt werden muß, besteht eine starke Bindung, eine hohe Affinität der Gruppe zum Träger. Die Höhe der bei der Spaltung freiwerdenden Energie bestimmt das Gruppenpotential, und der Weg der Gruppenübertragung ist vom höheren zum niederen Potential, von der labilen zur stabileren Bindung vorgezeichnet. Das Verhältnis von Donatoren zu Akzeptoren einer bestimmten Gruppe regelt sich also nach dem Energiepotential, unter dem die fragliche Gruppe mit den betreffenden Trägern steht. Die Gruppe wird dann übertragen, wenn sich in der neuen Bindung das Gruppenpotential gegenüber der alten Kombination senkt. Am Ende landet sie in einem für den Organismus oder für einen bestimmten Stoffwechselbereich irreversiblen Verband. In der präparativen Chemie macht man von solchen Gesetzmäßigkeiten Gebrauch, indem man die anzulagernden Gruppen in lockeren Bindungen mit hohem Potential anbietet, z. B. Acetylchlorid oder Dimethylsulfat. Die aus dem biogenen Kohlenhydratabbau vertraute Wasserstoffübertragung von den Nährstoffen über die Dehydrasen an die endgültigen Akzeptoren folgt den gleichen Gesetzen. Der Wasserstoff aus der energiereichen Bindung der Kohlenhydrate kommt erst in der energiearmen Form des Wassers zur Ruhe. Die Bewegung des Wasserstoffs stellt also den Grenzfall einer „Gruppen"-übertragung dar.

Eine neue, sehr erfolgreiche Technik zur Entschleierung von Biosynthesen wurde von BEADLE und TATUM aus der Vorstellung herausentwickelt, daß die durch Bestrahlung mit Ultraviolett- oder Röntgenstrahlen hervorgerufenen Mutationen bei Mikroorganismen auch solche Gene betreffen können, die chemische Reaktionen bestimmen und beherrschen. Als besonders geeignet für dieses Verfahren erwies sich aus

verschiedenen Gründen (vgl. auch das Ref. von FRIEDRICH-FREKSA)
die zu den Ascomyceten gehörige *Neurospora crassa*; daneben wurden
auch andere Schimmelpilze und Bakterien dieser Methode dienstbar
gemacht. Im Prinzip handelt es sich um folgendes Verfahren. Der
aus einer normalen Spore hervorgegangene Pilz (die Wildform) kann
auf einem einfachen synthetischen Substrat (dem „Minimalmedium"
bei *N. crassa:* anorganische Salze + Rohrzucker + Biotin) alle zum
Wachstum nötigen Stoffe herstellen. Gewisse Mutanten, welche die
Fähigkeit, irgendeine lebenswichtige Substanz aufzubauen oder beim
Aufbau irgendeinen Schritt auszuführen, verloren haben, gedeihen nur,
wenn die betreffende Verbindung, sei es Zwischen- oder Endprodukt,
dem Substrat zugesetzt wird. Der Erfolg der Mutation ist also der gleiche,
der im Experiment gewöhnlich durch spezifische Stoffwechselgifte erzielt wird, aber die genabhängigen Reaktionen sind meist viel eindeutiger
als die Wirkung von Giften. Zu diesen genetisch bedingten chemischen
Ausfallserscheinungen gehören auch die lange bekannten Hefe- und
anderen Pilzrassen, die sich nur dadurch von nahe verwandten Formen
unterscheiden, daß sie einen bestimmten Wirkstoff brauchen, von dem
die anderen unabhängig sind, da sie ihn aus den gebotenen einfachen
Nährstoffen selbst herstellen können.

In einzelnen der isolierten Mutanten war die Synthese der einen
oder der anderen Aminosäure oder von bekannten Wirkstoffen blockiert.
Interessanter sind die Fälle, in denen es gelang, eine Reihe von Rassen
zu finden, bei denen die zum Aufbau einer komplizierteren Substanz
durchlaufene Kette von gekoppelten Reaktionen jeweils auf einer verschiedenen Stufe unterbrochen wird, so daß der sonst nur durch sein
Endprodukt erkennbare Vorgang in seine Teilreaktionen aufgelöst erscheint. Beim biogenen Aufbau von Tryptophan wurde sowohl bei
N. crassa als auch bei *Escherichia coli* und einer *Acetobacter*-Art die
Anthranilsäure als früheste Stufe gefaßt, die von einer bestimmten Form
des Pilzes oder Bakteriums zwar nicht mehr hergestellt, aber nach
Zugabe doch weiter zum Tryptophan umgesetzt werden kann. Hier
ist also aus der ganzen Reihe von Vorgängen nur der Übergang von den
noch unbekannten Vorstufen zur Anthranilsäure ausgefallen. In einer
anderen Mutante war der Schritt, der nach dieser Säure zu erfolgen
hat, blockiert, und so ließ sich für den Tryptophan-Aufbau, wenigstens
in den genannten Mikroorganismen, folgender Weg aufdecken (TATUM
und BONNER, zit. bei CLIFTON).

$$\text{Anthranilsäure} \qquad \text{Indol} \;+\; \text{l-Serin} \qquad\qquad \text{Tryptophan}$$

Als schwerwiegende Lücke klafft hier noch der ungeklärte Übergang
zum Pyrrolring des Indols. Als Brückenglied könnte man an eine N-
methylierte Anthranilsäure denken. Weiterhin ist dabei auffallend, daß

die primäre Aminogruppe des Tryptophans nicht wie bei den einfachen Aminosäuren über eine α-Ketogruppe eingeführt, sondern durch Kondensation des Indols mit einer bereits fertigen Aminosäure, dem Serin, gewonnen wird. Nicht immer sind also die Ketosäuren die unmittelbaren Vorläufer der genuinen Aminosäuren, weshalb auch die Reichweite der Umaminierung (s. u.) begrenzt sein kann.

Im allgemeinen ließ sich zeigen, daß ein Gen für eine bestimmte biochemische Reaktion verantwortlich ist. Oft bewirkt das Gen wohl die Bildung eines Enzyms, das die betreffende Reaktion katalysiert. Ein Enzym, das die Zusammenfügung von Indol und Serin zu Tryptophan veranlaßt, ist inzwischen zellfrei gewonnen worden (UMBREIT u. Mitarbeiter). Das Serin mit seiner in vitro trägen primären Alkoholgruppe steht der Zelle wahrscheinlich als Phosphorsäureester zur Verfügung (s. u.). Solche mikrobielle Synthesen sind also Stufenreaktionen, die von Enzymen beherrscht werden; und die Enzyme wiederum sind von Genen abhängig.

Wenn auch dieser Gedanke der Verknüpfung von Biochemie und Genetik im Bereiche der Botanik seine ersten reifen Früchte am Zweige des Stoffwechsels der Mikroorganismen getragen hat (vgl. dazu auch TATUM), so ist es doch fast selbstverständlich, daß sich die damit aufgedeckten direkten Beziehungen zwischen Genen und biochemischen Reaktionen nicht nur auf die niederen Pilze beschränken. In der Tat ist die Gentätigkeit bei der Ausbildung chemischer Merkmale auch schon in höheren Pflanzen klargelegt worden. Die Entscheidung, ob Anthocyane oder Anthoxanthine, die sich nur durch die Reduktionsstufe voneinander unterscheiden, als Farbstoffe erscheinen, wird durch ein Gen gefällt (STADLER, STEPHENS). Die in jungen Knospen von *Gossypium spp.* vorhandene, spektrophotometrisch nachweisbare Leukosubstanz ist ein gemeinsamer Vorläufer für Anthoxanthine und Anthocyane der Blütenblätter. Durch einen einzigen genetisch kontrollierten Schritt wird diese Vorstufe entweder in das gelbe Quercetin oder in das rote bzw. blaue Cyanidin übergeführt.

Die Existenz der sog. physiologischen Rassen mancher höheren Pflanzen gründet sich wohl ebenfalls auf eine solche genbedingte Abwandlung des Chemismus, der sich nicht in morphologisch faßbaren Merkmalen manifestiert. Ein besonders charakteristisches Beispiel dafür bietet der Campherbaum *(Cinnamomum camphora)*. Von ihm gibt es verschiedene Rassen, die sich „botanisch" nicht unterscheiden, sondern „nur" durch den Geruch auseinanderzuhalten sind. Die chemische Analyse des ätherischen Öles der einzelnen Rassen ergibt, daß deren Hauptbestandteile jeweils nur um einen einzigen chemischen Schritt voneinander verschieden sind. Diese einfachen Umwandlungsstufen sind aber offenbar erblich fixiert. Statt Campher enthält das ätherische Öl des in Südformosa heimischen Yu-Yu-Baumes hauptsächlich Cineol, während in dem ebenfalls mit dem Campherbaum identischen Shin-Tree vor allem Linalool auftritt (HOWES, zitiert bei BRUNS-RUNGE). Die chemische Verwandtschaft der 3 Terpenabkömmlinge geht aus den Formeln hervor.

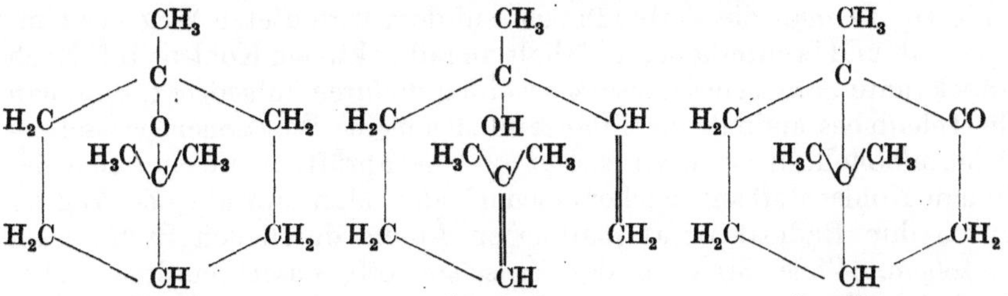

$$\text{Cineol} \qquad\qquad \text{Linalool} \qquad\qquad \text{Campher}$$

In einer Schreibweise, die die aliphatische Natur zum Ausdruck bringt, wird Linalool so formuliert:

$$(CH_3)_2C = CH\text{—}CH_2\text{—}CH_2\overset{\displaystyle OH}{\underset{\displaystyle CH_3}{\text{—}C\text{—}}}CH = CH_2$$

Die oben gebrauchte Strukturformel spiegelt wider, daß Linalool sehr leicht zu cyklischen Terpenen umgelagert werden kann.

Hier bietet also die Natur in den 3 Rassen des Baumes einen Einblick in die Wege ihres chemischen Betriebes. Die Synthese des kompliziert ringförmig gebauten Camphers wird in der einen Variante beim offenen Linalool abgebrochen. Ob das Cineol beim natürlichen Gang der Camphersynthese zwischen diesen und das Linalool eingeschaltet ist, oder ob es auf einem Seitenweg liegt als eine andere Variante der Ringschließung, kann erst entschieden werden, wenn der Schleier, der jetzt noch über der Biogenese der Terpene liegt, gelüftet sein wird.

Hier muß noch auf die raschen Fortschritte hingewiesen werden, die die Erforschung des intermediären Stoffwechsels seit dem Einsatz von radioaktiven Isotopen des Kohlenstoffs (ungefähr seit 1940) erzielt hat. Neben der eben erwähnten Gemeinschaftsarbeit von Genetik und Biochemie erklärt diese methodische Errungenschaft, von der bisher allerdings allein Nordamerika und England haben Gebrauch machen können, wohl zu einem wesentlichen Teil die Hochflut von biochemischer Forschung, von der wir in den letzten Jahren Zeugen sind. Ihr Volumen läßt nicht nur die alten einschlägigen Zeitschriften immer dickleibiger anschwellen, sondern füllt auch neuerschienene mit wesentlichem Inhalt (z. B. Archives of Biochemistry).

Zunächst wurde mit dem sehr kurzlebigen C^{11} die Fixierung von CO_2 unabhängig vom Chlorophyll entdeckt (vgl. Fortschr. Bot. **10**, S. 214), womit sich eine tiefgreifende Wandlung in unserer Vorstellung vom Chemismus der Photosynthese anbahnte. Wertvoller für physiologische Versuche ist das langlebige C^{14}, das mit einer Halbwertszeit von mehr als 5000 Jahren während der Versuchszeit nur unwesentlich zerfällt, dafür allerdings schwieriger meßbar ist.

Die Technik der Anwendung von radioaktiven Isotopen ist kurz folgende: Man verabreicht dem Organismus Substanzen, bei denen alle oder bestimmte C-Atome (z. B. die der Carboxyl- oder Methylgruppen) zu einem bestimmten Prozentsatz vom Isotop C^{14} sind. Nach Versuchs-

19*

ende trennt man die Verbindungen auf dem vermuteten Weg des Umsatzes ab und bestimmt deren Gehalt an radioaktivem Kohlenstoff. Noch unbekannte Bahnen des Umsatzes werden dadurch aufgedeckt, daß man die Inhaltsbestandteile der Pflanze in allgemeine Fraktionen (wasserlösliche, alkohollösliche usw.) zerlegt und nachprüft, in welcher sich der fremde Kohlenstoff angereichert wiederfindet. Man kann also den Weg der durch ihre Radioaktivität markierten Atome durch den Stoffumsatz verfolgen. Viele Strecken des Zwischenstoffwechsels mußten bisher dunkel bleiben, weil die C-Atome ununterscheidbar von einer in die andere Bahn übergingen. Mit dem C^{14} hat man Hinweise auf bestimmte Zwischenkörper der Photosynthese gefunden, die nun endlich die schon lange nicht mehr haltbare Hypothese von der Mitwirkung des Formaldehyds ad acta legen lassen (CALVIN u. BENSON). Der Weg der heterotrophen CO_2-Fixierung (s. u.) wurde durch Markierung des CO_2 klargelegt (WERKMAN u. WOOD, VENNESLAND u. Mitarbeiter), und Dutzende von Fragen des Stoffwechsels können auf kürzestem Wege gelöst werden, wenn diese mit dem isotopen Kohlenstoff hergestellten organischen Verbindungen erst einmal allgemeiner zugänglich sein werden.

2. Kohlenhydratumsatz. a) Polysaccharide. Es steht nun endgültig fest, daß sich die Substanz der natürlichen Stärke aus zwei verschieden gebauten Komponenten zusammensetzt: aus Amylose mit linearen unverzweigten Molekülen und aus Amylopektin, das mehr oder weniger verzweigte Ketten und neben der 1,4-Bindung auch 1,6-Bindungen von Glucose- zu Glucosemolekül enthält (KERR, SCHOCH). Die beiden bekannten Amylasen unterscheiden sich in ihrer Wirkungsweise so, daß β-Amylase oder „Ruheamylase" vom nicht reduzierenden Ende des Stärkemoleküls her jeweils Maltose-Einheiten abspaltet. Sie löst nur die α-1,4-glucosidisch verknüpften Bausteine los, und ihre Tätigkeit kommt an Verzweigungsstellen des Moleküls zum Stillstand. Sie vermag deshalb Amylose völlig, vom Amylopektin aber nur ungefähr 50% zu zerlegen. Der Rest aus den verzweigten Bruchstücken der Moleküle bleibt als „Grenzdextrin" liegen. Die α-Malzamylase hingegen sprengt vorzugsweise Bindungen in der Mitte des Stärkemoleküls und zerlegt dieses zunächst in größere Stücke („Dextrinogen-Amylase"). Später greift sie allerdings auch diese größeren Fragmente weiter an und löst sie nicht nur in Maltose, sondern zu einem gewissen Prozentsatz sogar in Glucose auf. Die Spaltungsgeschwindigkeit nimmt um so mehr ab, je näher die zu lösende Bindung dem Ende des Moleküls oder einer Verzweigungsstelle liegt (MYRBÄCK, PEAT; vgl. auch Fortschr. Bot. **10**, 210).

Die Bedeutung der Amylasen für den Stärkeumsatz in der Zelle ist durch andere Befunde der letzten Jahre etwas in den Hintergrund gedrängt worden. Ein neues Ferment aus höheren Pflanzen, eine Phosphorylase, zerlegt das Stärkemolekül durch Einschiebung von anorganischem Phosphat in die 1,4-Glucosebindung in Glucose-1-Phosphat-Ester (HANES). Das Entscheidende an dieser enzymatischen Reaktion ist ihre Reversibilität. Aus dem genannten Glucose-1-Phosphat („Coriester") läßt sich mit der Phosphorylase, die aus Blättern, Früchten, Knollen, am günstigsten aus Kartoffeln gewonnen werden kann, in

vitro Stärke aufbauen. Für das Glykogen war schon vorher unter
Verwendung einer Hefephosphorylase eine ähnliche umkehrbare Reaktion erkannt worden (SCHÄFFNER und SPECHT, KIESSLING, CORI u.
CORI 1939; CORI 1940). Die Polysaccharide werden also nicht hydrolytisch gespalten, sondern der Vorgang kann als „Phosphorolyse" bezeichnet werden; nicht Wasser tritt in die Verknüpfungsstellen der
Glucoseglieder ein, sondern Phosphorsäure.

Phosphorolyse der Stärke (nach HANES).

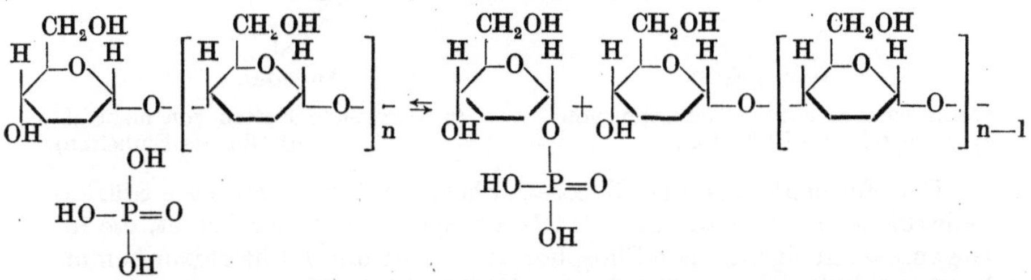

Stärkemolekül + freie Phosphorsäure ⇌ Glucose-1-Phosphat + Rest des Stärkemoleküls [1]

Es ist gleichgültig, ob man von Stärke und anorganischem Phosphat
oder vom Glucose-Ester ausgeht, die Reaktion schreitet bei Anwesenheit des Enzyms von beiden Seiten her bis zum selben Gleichgewicht
zwischen freiem Phosphat auf der einen und Esterphosphat auf der
anderen Seite fort. Die Azidität hat auf dieses Verhältnis großen Einfluß: bei niederem p_H (ungefähr 5) wird mehr Stärke gebildet als bei
höherem (ungefähr p_H 7), wo die Spaltung in Glucoseester überwiegt.
Die Stärke, die durch diese Phosphorylase in vitro aufgebaut wird,
scheidet sich in sphärischen Körnchen von etwa 10 μ Durchmesser ab
und färbt sich mit Jodlösung etwas leuchtender blau als die native.
Ob die Körnchenbildung noch ein Teil der Enzymwirkung ist oder ob
es sich dabei um einen zusätzlichen physikalischen Vorgang handelt,
ist noch nicht klar.

Die von diesem Ferment allein aufgebaute Stärke ähnelt der natürlichen nur wenig, sie kommt in ihrer Struktur der Amylose nahe und
wird deshalb als Pseudoamylose bezeichnet. Es fehlt offenbar noch ein
anderes Enzym, das vor allem die verzweigten Stärkemoleküle herstellt.
Nachdem ein solches zunächst für Glykogen aufgefunden wurde (CORI
und CORI 1943), isolierte man ein entsprechendes auch für die Stärke
wiederum aus Kartoffeln und nannte es Q-Enzym zum Unterschied
gegen das zunächst entdeckte P-Enzym (HAWORTH und Mitarb., PEAT
und Mitarb.). Dieses Q-Enzym erfüllt eine etwas kompliziert anmutende
Funktion. Es wandelt die 1,4-Glucosidbindungen in 1,6-Bindungen um
und baut dabei gleichzeitig die Verzweigungen der Molekülkette auf.
Dazu wirkt es auch amylatisch, aber weder mit der α- noch mit der β-
Amylase übereinstimmend. Das Zusammenwirken der beiden Enzyme
kann man sich schematisch so vorstellen:

---

[1] Die Strukturformel der Glucose ist zur besseren Übersicht durch Weglassen
der Hydroxyle bzw. Wasserstoffe an den C-Atomen 2, 3 und 5 vereinfacht.

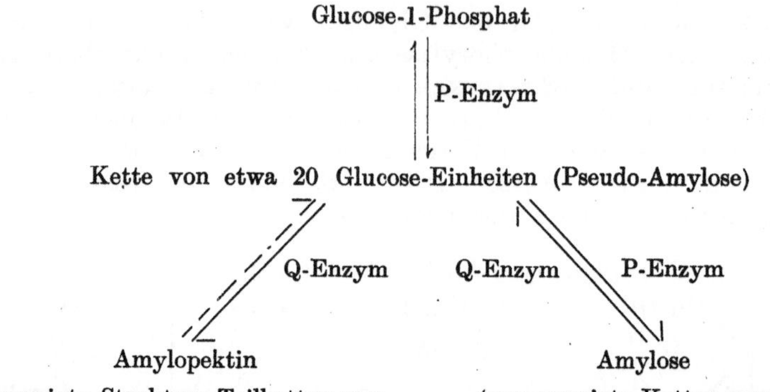

Das Ferment, das aus Glucose-1-Phosphorsäure verzweigte Stärkemoleküle aufbaut, wird auch als „Isophosphorylase" bezeichnet, die im Gegensatz zur eigentlichen Phosphorylase nicht durch Phlorhizin hemmbar ist, womit eine recht tiefgreifende Verschiedenheit angedeutet wird (BERNFELD und MEUTEMEDIAN). Die von P- und Q-Enzym gemeinsam in vitro erzeugte Stärke gleicht der natürlichen weitestgehend. Die beiden Komponenten (Amylose und Amylopektin) haben lediglich ein etwas geringeres Molekulargewicht als die entsprechenden Fraktionen der nativen Kartoffelstärke.

Nicht alle Polysaccharide bedürfen zu ihrer Spaltung und Synthese der Mitwirkung von Phosphat. Lävan, ein Fructose-Polysaccharid, wird durch Enzyme von *Aerobacter levanicum* aus Rohrzucker so aufgebaut, daß dessen Glykosidbindung durch eine solche zu einer weiteren Fructose ausgetauscht wird. Die Fructose-2-Glucose (d. i. Rohrzucker) spielt dabei eine analoge Rolle wie bei der Stärkesynthese der Glucose-Phosphorsäure-Ester (HESTRIN und AVINERI; AVINERI und HESTRIN). Diese Reaktion ist reversibel. Auch beim Abbau nimmt die Glucose die Rolle des Phosphates bei der Spaltung der glykosidischen Bindung des Polysaccharides ein. Es fällt also wieder Rohrzucker an (DOUDOROFF und O'NEAL).

Nach unseren Kenntnissen greifen also zwei ganz verschieden geartete Enzymsysteme an der Stärke an: die Phosphorylase und die Amylasen.

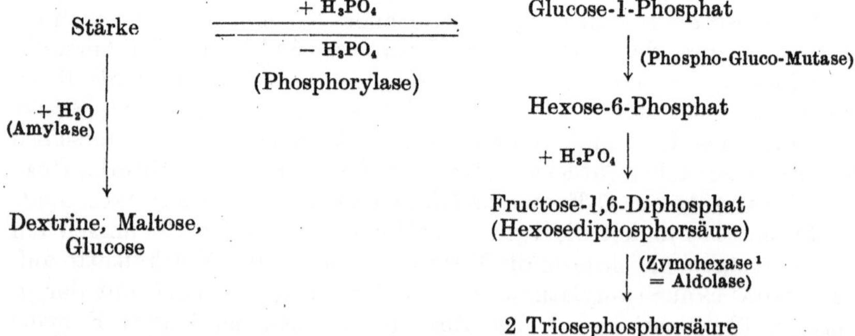

---

¹ In Fortschr. Bot. 8, 217 ist versehentlich an dieser Stelle die Hexokinase eingesetzt, deren Funktion aber vor der Hexosediphosphorsäure liegt und in der Phosphorylierung der Glucose besteht.

Die Phosphorylase hat die wichtige Eigentümlichkeit, daß sie aus
der Stärkespaltung gleich einen Hexoseester liefert, der in der aufgezeichneten Weise durch die „Phospho-Gluco-Mutase" umgeestert und
durch Anfügen eines weiteren Moleküls Phosphorsäure zur Hexosediphosphorsäure umgewandelt wird, die, wie bekannt, in 2 Triosephos-
phorsäuren gespalten in den weiteren Abbau eingeht.

b) Rohrzucker. Überraschenderweise stellt sich nun der Chemismus, der am Entstehen und Vergehen des Rohrzuckers wirkt, als ganz
analog demjenigen bei der Stärke heraus. Auch der Rohrzucker wird
durch Eingreifen von Phosphorsäure nach dem folgenden Schema
aufgebaut und gespalten.

Glucose-1-Phosphat + Fructose ⇆ Rohrzucker + Phosphorsäure.

Das dabei wirksame Enzym, auch eine Phosphorylase, wurde zunächst aus *Pseudomonas saccharophila* (HASSID, DOUDOROFF und
BARKER), inzwischen aber auch aus höheren Pflanzen gewonnen (DOU-
DOROFF, zit. bei CORI und CORI 1946). Mit diesem Enzym ist es das
erstemal in vitro gelungen, kristallinen Rohrzucker herzustellen, der
dem natürlichen völlig gleicht.

Durch die Einsicht in die Tätigkeit dieser beiden verschiedenen
Phosphorylasen hat das alte Rätsel des Verhältnisses von Rohrzucker
und Stärke zur Atmung eine Lösung gefunden. Von Seiten des Stoff-
wechselmechanismus her wird jetzt die Tatsache durchsichtig, daß
Stärke und Rohrzucker gleichwertige Reservestoffe in der Pflanze und
gleichwertiges Atmungsmaterial abgeben. Wenn sich noch erweisen
ließe, daß auch bei der Photosynthese phosphorylierte Hexose unmittelbar anfällt, wofür schon manche Anzeichen sprechen, so fände auch
die Variante der „Zuckerblätter" ihre Einordnung in das Stoffwechselgeschehen auf der Grundlage der Phosphorylierungen. Auch die Beobachtung, daß oft die Atmungsintensität eine unmittelbare Beziehung
eher zu Rohrzucker und Stärke als zur Glucose aufweist, ist jetzt erklärlich, weil — eine geringe Menge anorganisches Phosphat vorausgesetzt —
aus dem Di- und Polysaccharid die abbaufähige Form des Zuckers
leichter hergestellt werden kann als aus freier Glucose, deren Phosphorylierung Energie verbraucht. Das Merkwürdige an diesen Vorgängen ist also, daß nicht freie Glucose, sondern Glucosephosphat als
Reaktionspartner teilnimmt. Auch bei einem anderen wichtigen Enzym,
das die Überführung des Phosphates aus der 1-Stellung in die 6-Stellung
des gleichen Moleküls bewirkt (s. Schema oben), wird die Glucose nicht
intermediär freigemacht, sondern die Phosphorsäure greift gewissermaßen mit dem einen Arm nach dem C-Atom in der 6-Stellung, ehe sie
am anderen Ende des Moleküls der Glucose losläßt (SCHLAMOWITZ und
GREENBERG). Sowohl hier als vor allem auch bei der Mobilisierung der
Polysaccharide bleibt die Glykosidbindung, die in ihnen vorhanden
ist, gewahrt. Zu ihrer erneuten Knüpfung bei freier Glucose ist nämlich
Energie erforderlich, während die Umsetzung der Hexosephosphorsäure
zu Di- oder Polysacchariden praktisch ohne Energieverbrauch gesch.eht.
Glucose, die wir analytisch faßbar in den Zellen finden, ist also ein

stabilisiertes Ausscheidungsprodukt, das erst durch einen Aktivierungsvorgang wieder in den Stoffwechsel einbezogen werden kann. Sie befindet sich in einer ähnlichen Lage wie die Zitronensäure (s. u.) oder die Essigsäure, die alle keine echten Intermediärprodukte des Stoffumsatzes darstellen. Die Veresterung freier Glucose mit Phosphorsäure ist ein energieverbrauchender Vorgang, den die Zelle bewältigt, indem sie „energiereiche Phosphorbindungen" (s. u.) einsetzt. Die Hexokinase, das Enzym der Hexosephosphorylierung, katalysiert nur die Reaktion Glucose $+$ ATP[1] $\longrightarrow$ Glucosephosphat $+$ ADP[1]. Es kann dazu nicht das energiearme anorganische Phosphat einsetzen (KALCKAR; CORI und SLEIN).

Phosphorsäureverbindungen. Aus vielen Untersuchungen der letzten Jahre wird es immer deutlicher ersichtlich, daß die Phosphorsäure eine unerläßliche Rolle im Kohlenhydratumsatz und Zuckerabbau spielt, und zwar steht sie in erster Linie im Dienst der Energieübertragung. Die Reichweite dieser Funktion scheint sich von hier aus auch in andere Zweige des Stoffwechsels, z. B. auf den Aminosäureaufbau, zu erstrecken, und es wäre nicht überraschend, wenn sie über die Brücke der an der Plasmastruktur integrierend beteiligten Phosphatide auch die Übertragung der sog. Erhaltungs- oder Strukturenergie vermittelte. Daß jede biologische Eiweißsynthese an die Gegenwart von Nucleinsäuren gebunden ist (CASPERSSON), könnte auch auf die unerläßliche entscheidende Mitwirkung der Phosphorsäure hindeuten.

Ausgehend von älteren Beobachtungen (MEYERHOF und LOHMANN) hat sich die Einsicht vertieft, daß die Bindungsformen der Phosphorsäure verschieden hohe Energiepotentiale (s. o.) einnehmen. Es lassen sich unter den natürlichen Stoffen im großen ganzen eine kleinere Gruppe energiereicher und eine ausgedehntere Gruppe energiearmer Bindungen von Phosphorsäure an organische Substanzen auseinanderhalten. (Bei allen hier in Betracht kommenden Phosphorylierungen tritt die undissoziierte OH-Gruppe der Phosphorsäure $HO \cdot PO_3H_2$ mit dem organischen Träger in Verbindung.) Zur Gruppe mit der energiereichen P-Bindung, in der angelsächsischen Nomenklatur mit $\sim$Ph bezeichnet, gehört die Anheftung der Phosphorsäure an eine Carbonyl- oder Enol-Gruppierung, ebenso die N-P-Bindung. Natürliche Substanzen solcher $\sim$Ph-Bindung, deren Gruppenpotential (s. o.) ungefähr bei 12000 cal/Mol liegt, sind: Acetylphosphat, Kreatinphosphat, Adenosintriphosphat (ATP), in welchem sogar 2 Phosphorsäurereste in energiereicher Bindung vorhanden sind. Zur energiearmen Gruppe (—Ph) mit einem Bindungspotential von ungefähr 2—4000 cal/Mol gehören alle Phosphorsäureester, Hexose-, Pentose-, Glycerin-Phosphorsäure usw. Die energieärmste Form ist das anorganische Phosphat (vgl. LIPMANN).

Es entspricht nun der für lebende Wesen charakteristischen Zweckmäßigkeit bzw. Anpassung, wenn das hohe Energiepotential der Phosphorsäurebindung „haushälterisch" verwertet und nur zur Erfüllung bestimmter Funktionen auf ein niederes Niveau abgesenkt wird. Der

---

[1] ATP $=$ Adenosintriphosphat, ADP $=$ Adenosindiphosphat (s. u.).

hauptsächlichste Speicher der Zelle für $\sim$Ph-Bindungen ist das Adenosin-Di- und Triphosphat. Dieser Vorrat wird durch die von der Phosphobrenztraubensäure mit hohem Potential abgelöste Phosphorsäure immer wieder aufgefüllt. Auf der anderen Seite muß aber stets auch etwas anorganisches Phosphat vorhanden sein, denn der erste Schritt der Mobilisierung der Polysaccharide beginnt ja mit der phosphorolytischen Spaltung des Rohrzuckers oder der Stärke. Der Kreislauf der Phosphorsäure über die verschiedenen Phasen der „Umphosphorylierung" vollzieht sich etwa folgendermaßen.

1. Aufnahme von anorganischem Phosphat, indem die Glykosidbindung der Di- und Polysaccharide durch eine auf dem gleichen Energieniveau liegende Phosphorsäureesterbindung ersetzt wird. Durch die bei der Spaltung der Glykoside freiwerdende Energie wird also die Phosphorsäure auf das Potential der Esterbindung gehoben. Von hier aus kann die —Ph schon durch Umesterung auf gleichem Energieniveau von der Glucose-1- zur Glucose-6-Stellung übertragen werden.

2. Durch Oxydoreduktionen nach der Hexosespaltung wird die Phosphorsäure in eine energiereiche Bindungsform umgelagert, z. B. in 1,3-Glycerinaldehydphosphat oder in Phosphobrenztraubensäure (in Enolform). Bei dieser Umformung wird natürlich keine Energie von außen aufgenommen, sondern die im Molekül enthaltene Energie konzentriert sich gewissermaßen in der Phosphorsäurebindung. Diese $\sim$Ph kann auf Adenylphosphat zur Speicherung übernommen und von da aus weiterverteilt oder unmittelbar zum Aufbau von Phosphorsäureestern unter Absinken auf das Esterniveau natürlich ausgenutzt werden. Die zweite an die Hexose anzuhängende Phosphorsäure muß z. B. von einem solchen höheren Potential her kommen. Die Phosphobrenztraubensäure kann Glucose unmittelbar mit Phosphorsäure verestern. Einen besonders interessanten Fall einer Energiespeicherung in Form der $\sim$Ph-Bindung stellt *Thiobacillus thio-oxydans* dar, der die aus Schwefeloxydation gewonnene Energie als Adenosintriphosphat speichert und sie später zur CO_2-Reduktion benutzt (VOGLER und UMBREIT).

Das Wesentliche an der Umphosphorylierung ist also eine Ausnutzung des hohen Energiepotentials des Phosphates, das nicht immer wieder durch die anorganische Form gehen muß. Am Ende wird Phosphorsäure natürlich auch einmal aus der Esterbindung freigesetzt, in dem Maße, wie sein Träger entweder völlig oxydiert oder wie z. B. beim Stärkeaufbau die Esterbindung der Glucose-1-Phosphorsäure gegen eine Glykosidbindung im Stärkemolekül eingetauscht wird. Frei in der Zelle vorgefundene Glucose kann z. B. entstanden sein durch folgende, jetzt leicht verständliche Umphosphorylierung:

Stärke $+$ 2 Phosphorsäure $\longrightarrow$ 2 Glucose-1-Phosphat $\longrightarrow$ Hexose-Diphosphat $+$ Glucose. Um aus freier Glucose Stärke aufzubauen, muß sie erst durch ATP verestert werden.

Um freie Glucose in den glykolytischen Abbau einzuführen, müssen die beiden nötigen Phosphorsäuremoleküle aus organischer Bindung geliefert werden; anorganisches Phosphat kann wegen seines niederen Potentials nicht übertragen werden. Der Weg der Phosphorsäure bei der Glucosevergärung sieht also ungefähr so aus.

$$\text{Glucose} \quad + 2\,\text{ATP} \longrightarrow 2\,\text{ADP} + \quad \text{Hexose-Diphosphorsäure}$$

$$\text{2 Brenztraubensäure} + 2\,\text{ATP} \longleftarrow 2\,\text{ADP} + 2\,\text{Phospho-Brenztraubensäure}$$

Es ist sehr wahrscheinlich, daß durch ATP auch andere endergonische (energieverbrauchende) Synthesen gespeist, daß die zusammenzufügenden Teile also zunächst erst phosphoryliert werden. Im Muskel wird die im ATP gespeicherte Energie als mechanische frei. (Über Umphosphorylierung vgl. LYNEN, MEYERHOF, LIPMANN.) ATP ist das Zwischenglied zwischen der chemischen Energie des Substrates und der mechanischen des arbeitenden Muskels (KREBS).

c) Atmung und Gärung. Daß die Phosphorylierung beim Zuckerabbau auch in der höheren Pflanze die gleiche unersetzliche Rolle wie bei Hefe, anderen niederen Organismen und in der tierischen Zelle spielt, ist heute nicht mehr zu bezweifeln. Belege dafür sind reichlich erbracht. Die CO_2-Abgabe bei Pflanzen im P-Hunger ist proportional der Phosphorsäuregabe. In Keimlingen besteht eine positive Korrelation zwischen Atmungsgeschwindigkeit und Esterphosphat. Während des Hungerns von Blättern sinken Esterphosphat und Atmungsumsatz gleichförmig ab (JAMES und ARNE; RICHARDS). Die Zwischenreaktionen, die zu Phosphoglycerinsäure und Phosphobrenztraubensäure führen, sind ebenfalls in höheren Pflanzen nachgewiesen worden (vgl. JAMES). Zellfreier Saft von *Avena*-Koleopti.en vermag Glucose zu Fruktose-Diphosphat zu phosphorylieren, wie bei einer genauen Analyse des Atmungsmechanismus der *Avena*-Koleoptile festgestellt wurde (BONNER). Wenn somit die einleitenden Schritte der Atmung sich in allen Organismen als identisch erweisen, so herrscht in den letzten Phasen, in denen dem Wasserstoff der Sauerstoff entgegengebracht wird, nicht diese Einheitlichkeit. In den Geweben höherer Tiere ist für die Sauerstoffaufnahme und Aktivierung in der Zellatmung ausschließlich das Cytochrom-Cytochromoxydase-System verantwortlich. Die Pflanzen sind nui zum Teil damit ausgestattet, z. B. der Weizenembryo (GODDARD 1944), die *Avena*-Koleoptile (BONNER), Pollen (OKUNUKI). In anderen pflanzlichen Geweben vollziehen die Polyphenoloxydasen (Katechinoxydasen) die Aufnahme des Sauerstoffes in das Atmungssystem, z. B. in Kartoffelknollen, in der süßen Kartoffel, in Spinatblättern und in den meisten Organen, die nach Verletzung stark nachdunkeln (BOSWELL; WALTER und NELSON; BONNER und WILDMAN; NELSON und DAWSON). Und eine dritte Gruppe schließlich enthält beide sauerstoffübertragenden Systeme vereint. Dem Cytochrom kommt in den Pflanzen also keine ausschließliche Bedeutung zu. Vielleicht wechselt der Atmungsmechanismus auch im Laufe der Entwicklung des Individuums. Es scheint, als habe jede Zelle wenigstens eine gewisse Grundatmung, die nicht durch HCN zu vergiften ist (vgl. Fortschr. Bot. 10, 212). In *Micrococcus candidus* ist ein bisher einzigartiges Atmungssystem gefunden worden, das zwar sehr stark azidhemmbar, aber völlig HCN-resistent ist (BROWN).

Ein vor einiger Zeit behaupteter stark fördernder Einfluß von Aminosäuren auf die Atmung (SCHWABE), demonstriert an submersen Pflanzen, erwies sich als nicht zutreffend. Der vermehrte Sauerstoffverbrauch bei Aminosäuregabe ist lediglich einer dadurch begünstigten Bakterienentwicklung zuzuschreiben. *Helodea densa* zeigt ohne erkennbare äußere Einflüsse unregelmäßige 12 stündige Cyklen in der Atmungsintensität (RUSSELL).

Bei den äußeren Faktoren ist immer noch die Wirkung des Lichtes auf die Atmung umstritten. An abgeschnittenen Sprossen von *Prunus laurocerasus* wird durch Messung der CO_2-Abgabe vor und nach Belichtungsperioden eine erhöhte Atmung nach Beleuchtung konstatiert, die nicht nur auf der Ansammlung von Assimilaten beruhen soll (Belichtung im CO_2-freien Raum!) (AUDUS). Auch BODE stellt eine Erhöhung der Atmungsintensität als Nachwirkung einer Belichtung ebenfalls im CO_2-freien Raum fest. Zum entgegengesetzten Schluß kommen andere Autoren (MOTHES, BAATZ und SAGROMSKY; SAGROMSKY), die bei photosynthetisch tätigen Algen (Grün- und Kieselalgen) nach Belichtung eine bedeutend erhöhte Dunkelatmung messen, die diesen Effekt aber lediglich als Folge des bei der Photosynthese angehäuften Atmungsmaterials ansehen, da der Atmungsanstieg stets in direktem Verhältnis zur unmittelbar vorhergehenden Assimilationsintensität steht. Sie werden darin durch die Beobachtung bestärkt, daß sich bei submers lebenden Pilzen, Bakterien und bei Wurzeln kein Einfluß des Lichtes auf die Atmung nachweisen läßt. Die entgegengesetzten Befunde von MONTFORT und FÖCKLER (vgl. Fortschr. Bot. 8, 225) dürften durch technische Mängel (Erwärmung bei der Belichtung) hervorgerufen sein.

Die neueren Erkenntnisse über den Chemismus der Photosynthese (z. B. EMERSON, STAUFFER und UMBREIT), bei der offenbar ähnliche phosphorylierte Körper auftreten wie beim Zuckerabbau, geben der Frage des Lichteinflusses auf die Atmung grüner Organe ein ganz neues Gesicht; sie erscheint nun zwar einfacher, aber vielleicht noch schwieriger lösbar als bisher, weil die im Zuge der Synthese gebildeten Verbindungen durch Massenwirkung auch in den Abbau hinübergreifen können. Ein Einfluß des Lichtes auf das Atmungssystem selbst bliebe dabei zwar ausgeschlossen, aber eine ganz unmittelbare Steigerung durch die Intermediärkörper wäre in grünen Organen doch sehr wahrscheinlich.

Fortgesetzte Untersuchungen des Gärungsverlaufes in völlig strukturlosen Zymaselösungen und in schonend und rasch getrockneter Hefe unterstreichen die Bedeutung gewisser Zellstrukturen, an denen wesentlich Lipoide beteiligt sind, für die Koordination der Stoffwechselvorgänge in der lebenden Zelle (NILSSON).

Zu den kristallisiert dargestellten Fermenteiweißen (Apofermenten) gesellt sich die Zymohexase (s. Schema S. 294), die aus Bierhefe angereichert und aus Rattenmuskel kristallisiert erhalten wurde (WARBURG und CHRISTIAN). Die Zymohexase gehört zu den Enzymen, deren wirksamer Bestandteil ein Schwermetall enthält.

3. Organische Säuren. Der Umsatz vieler häufiger „Pflanzensäuren" tritt immer deutlicher als Teilstrecke der normalen Zuckeroxydation hervor. Der anaerobe Abbau der Hexose ist bis zur Entstehung der Brenztraubensäure ziemlich klargelegt (s. o.). Von der weiteren Zerkleinerung des C_3-Bruchstückes war bisher nur die anaerobe Decarboxylierung zu Acetaldehyd genau erforscht. Was beim oxydativen Umsatz mit der Brenztraubensäure geschieht, war noch in Dunkel gehüllt.

Ein entscheidender Schritt in das recht unwegsame Gelände des Säurestoffwechsels bei Pflanze und Tier gelang WOOD und WERKMAN· (vgl. Fortschr. Bot. **10**, 215), die entdeckten, daß CO_2 fermentativ an Brenztraubensäure unter Bildung von Oxalessigsäure gebunden werden kann. Diese Umsetzung ist reversibel.

$$CH_3 \cdot CO \cdot COOH \ + \ CO_2 \leftrightarrows COOH \cdot CH_2 \cdot CO \cdot COOH$$
Brenztraubensäure   Oxalessigsäure

Es ist dabei noch unentschieden, ob die freie Brenztraubensäure oder die phosphorylierte in die Reaktion eingeht. Das weitere Schicksal der Oxalessigsäure wird, zunächst für Propionsäurebakterien, durch folgendes Schema wiedergegeben.

$$
\begin{array}{ccccccccc}
 & & COOH & & COOH & & COOH & & COOH \\
 & & | & & | & & | & & | \\
CH_3 & \xrightarrow{+\,CO_2} & CH_2 & \xrightarrow{+\,H_2} & CH_2 & \xrightarrow{-\,H_2O} & CH & \xrightarrow{+\,2\,H} & CH_2 \\
| & & | & & | & & \| & & | \\
CO & & CO & & CHOH & & CH & & CH_2 \\
| & & | & & | & & | & & | \\
COOH & & COOH & & COOH & & COOH & & COOH
\end{array}
$$

Brenztraubensäure   Oxalessigsäure   l(—)Äpfelsäure   Fumarsäure   Bernsteinsäure

Die hier zusammengefaßten Reaktionen, die z. T. schon lange als einzelne bekannt waren, sind alle enzymatisch katalysiert und umkehrbar (vgl. WOOD und WERKMAN; WERKMAN und WOOD; KREBS und EGGLESTON 1941). — Vgl. dazu S. 262f.

Die früher niemals vermutete „Assimilation" des CO_2 über die für den Zuckerabbau charakteristische Brenztraubensäure klärt nun die Genese der sehr häufigen C_4-Dicarbonsäuren als Addition eines Partners mit einem C-Atom (CO_2) an einen C_3-Körper, während man vorher entweder nach einer unsymmetrischen Spaltung der Hexose in C_4- und C_2-Bruchstücke oder nach der Zusammenfügung von zwei C_2-Körpern (z. B. Essigsäure) gesucht hatte.

Den Beweis, daß auch in der höheren Pflanze die reversible Verknüpfung von Brenztraubensäure mit Kohlendioxyd zu Oxalessigsäure eine der Zelle geläufige Reaktion sein muß, brachte die Isolierung einer Oxalessigsäure-Carboxylase aus Petersilienwurzel (GOLLUB und VENNESLAND). Das Enzym ist nicht identisch mit der klassischen Carboxylase, deren Substrat Brenztraubensäure ist, die zu Acetaldehyd decarboxyliert wird.

Dieses System von C_4-Dicarbonsäuren, dem im tierischen Gewebe ja eine wesentliche Rolle als Mittler bei der Wasserstoffübertragung zwischen den „Nährstoffen" (Kohlenhydraten) und dem Cytochromsystem zugeschrieben wird, scheint auch bei der CO_2-Assimilation in den autotrophen Pflanzen beteiligt zu sein. Fumarsäure wurde als Zwischenprodukt wahrscheinlich gemacht (ALLEN, GEST und KAMEN). Äpfelsäure, Alanin (als Derivat der Brenztraubensäure) und vor allem Phosphoglycerinsäure wurden als frühe Stadien der photosynthetischen CO_2-Assimilation gefunden (CALVIN und BENSON).

Ein anderer begrenzter Bereich des Säureumsatzes war um die Zitronensäure aufgeklärt worden (vgl. Fortschr. Bot. 9, 249). Die optisch aktive Isozitronensäure, die durch die weitverbreitete Akonitase mit der Zitronensäure im Gleichgewicht steht, ist z. T. in größeren Mengen außer in den alten Quellen (Brombeeren) an neuen Fundstätten entdeckt worden. In jungen Blättern von *Bryophyllum calycinum*, einer der Crassulaceen mit diurnalem Säurerhythmus, kommt sie so reichlich vor, daß sich eine technische Ausbeutung lohnen kann (PUCHER und VICKERY; PUCHER und Mitarbeiter 1947).

Der Abbau der Isozitronensäure, der wie bekannt zur α-Ketoglutarsäure führt, verläuft in zwei getrennten, von je einem Enzym katalysierten Schritten, einer Dehydrierung und einer Decarboxylierung (OCHOA). Das erforderliche Enzymsystem ist ebenfalls aus Petersilienwurzel isoliert worden (VENNESLAND und Mitarbeiter), so daß wenigstens an einem Beispiel auch für höhere Pflanzen die Umsetzung einer Tricarbonsäure zu Ketoglutarsäure und Kohlendioxyd nachgewiesen ist. Da auch diese Reaktion reversibel ist, kann CO_2 an Ketoglutarsäure angeheftet werden, wenn die Voraussetzungen, zu denen vor allem wasserstoffbeladene Codehydrase gehört, erfüllt sind. Ob der zerlegende oder zusammensetzende Prozeß der von der Pflanze genutzte ist, oder ob einmal der eine, ein andermal der andere bevorzugte Verhältnisse findet, bleibt noch zu klären.

Über manche Um- und Abwege wurde zunächst auf Befunde an tierischen Geweben aufbauend ein Schema entwickelt, das den Zitronensäureabbau mit der oben besprochenen Serie von C_4-Dicarbonsäuren zu einem einzigen zusammenhängenden System der Säureumwandlungen verknüpft (vgl. KREBS 1943). Dieser sog. Tricarbonsäurekreislauf ist das bisher umfassendste und durchsichtigste Bild, das wir uns von einer so langen Kette gekoppelter Vorgänge auf irgendeinem Gebiet des Stoffwechsels machen dürfen. Die eine Nahtstelle der beiden in sich vielseitig bestätigten Systeme liegt zwischen der Akonit- und Oxalessigsäure. Gegen sie zielen noch Einwände, die aber durch Einbau der Oxalcitraconsäure überwunden werden können, und die Aufklärung dieser Stelle dürfte nur die Frage kurzer Zeit sein.

Die durch anaerobe Spaltung der Hexose entstandene Brenztraubensäure ist also das Rohmaterial, mit dem dieser Kreislauf bei seiner Funktion als Wasserstoffüberträger bzw. als Energielieferant der Zelle gespeist wird. Die Oxalessigsäure, die zum Start vorhanden sein muß oder aber durch eine WOOD-WERKMAN-Reaktion aus Brenztraubensäure und CO_2 gebildet werden kann, stellt das Vehikel dar, von dem jeweils ein Molekül Brenztraubensäure aufgenommen und durch fortlaufende Dehydrierungen und Decarboxylierungen nach und nach wieder abgetragen wird, bis am Ende die freie Oxalessigsäure ihren Kreislauf aufs neue beginnen kann. An 3 Stellen wird CO_2 abgestoßen, womit die 3 C-Atome der Brenztraubensäure der völligen Oxydation anheimgefallen sind. Der durch Dehydrasen aufgenommene Wasserstoff wird auf den durch Polyphenoloxydasen oder das Cytochromsystem entgegengebrachten Sauerstoff übertragen. Außerdem sind die Abzweigstellen zur Aminosäuresynthese offensichtlich.

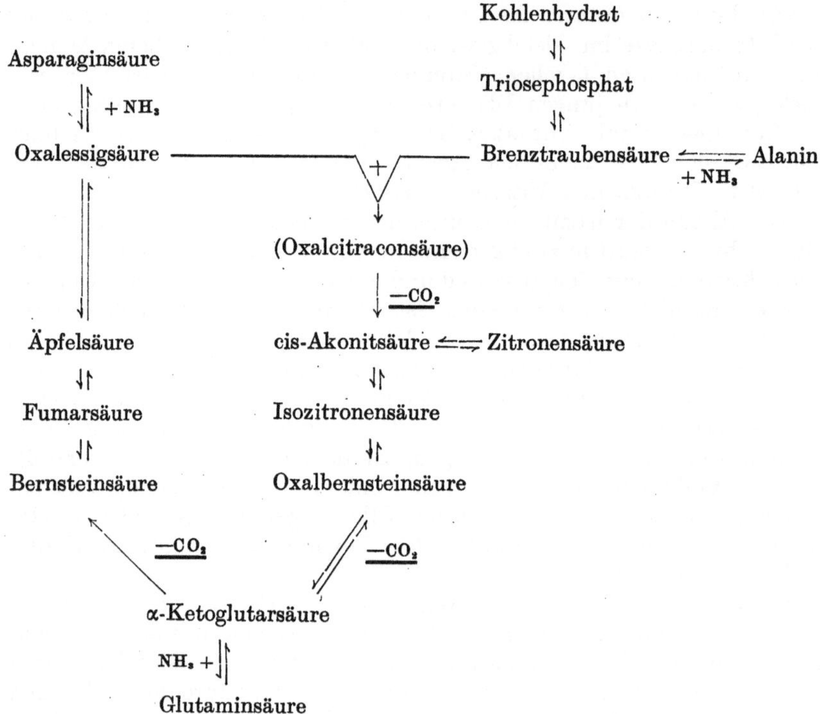

Die H_2- und H_2O-Bewegungen innerhalb des Kreislaufes sind der Übersichtlichkeit halber nicht eingezeichnet worden.

Eine besondere Beachtung verdient die Zitronensäure in diesem System, die kein echtes Intermediärprodukt darstellt, sondern auf einem toten Geleise ausgeschieden ist, aber durch die Akonitase jederzeit wieder einbezogen werden kann. Sie befindet sich also in einer ähnlichen Lage wie die freie Glucose (s. o.). Stoffwechselzwischenprodukte, die am laufenden Umsatz beteiligt sind, häufen sich nicht an, weil sie labil und reaktionsfähig sind. Was wir analysierbar in größeren Mengen in der Zelle finden, sind stabilisierte, vorübergehend ausgeschiedene Verbindungen. Das bestätigt sich immer häufiger und gilt zwar nicht für alle, aber sicher für mehr Zellinhaltsstoffe, als wir bisher annahmen.

Die Oxydation der Brenztraubensäure durch einen solchen oder ähnlichen Säurekreislauf wird als der Hauptweg der Atmung in grünen Pflanzen angesehen (BONNER und WILDMAN), wie speziell am Spinatblatt glaubhaft gemacht wurde. Auch in der *Avena*-Koleoptile finden sich die meisten für die Teilumsetzungen nötigen Enzyme (BONNER), was neben dem Nachweis, daß die vermuteten Zwischenprodukte von außen zugegeben den Umsatz tatsächlich steigern, und dem geglückten Abfangen der Intermediärkörper als hinreichende Sicherung dafür angesehen werden kann, daß die untersuchten Vorgänge im normalen Geschehen der Zelle wirklich ablaufen. Es soll nicht verschwiegen werden, daß einzelne Beobachtungen noch nicht ganz mit einem solchen Kreislauf der Säureumsetzungen in Einklang gebracht werden können und daß sich Einwände erheben lassen dagegen, daß der Tricarbonsäurekreislauf regelmäßig in höheren Pflanzen eingebaut ist und daß er eine wesentliche Rolle bei der Wasserstoffübertragung spielen muß (vgl. JAMES; auch TURNER und HANLEY); aber daß als Regel Zusammenhänge in der Genese der verschiedenen Säuren in der aufgezeichneten oder in einer ganz ähnlichen Form in den höheren Pflanzen bestehen, kann nicht mehr bezweifelt werden.

Für die Sukkulenten ist (trotz einiger Ausnahmen von dieser Regel) bekanntlich charakteristisch, daß sie nachts Säuren (vor allem Äpfel- und Zitronensäure neben noch unbekannten) ansammeln, die bei Belichtung (oder bei höherer Temperatur auch im Dunklen) wieder abgebaut werden. Ihr Säuregehalt schwankt fortlaufend in einem solchen diurnalen Rhythmus. Ein ähnliches Verhalten kommt, wenn auch nicht so stark ausgeprägt, bei grünen nicht sukkulenten Pflanzen ebenfalls vor, wie jüngst wieder bei *Ananas comosus* nachgewiesen wurde (SIDERIS und YOUNG). Die fördernde Wirkung des Lichtes auf den Säureabbau beruht, wie schon WOLF 1931 zeigte, auf der durch die Photosynthese herabgesetzten CO_2-Tension im grünen Gewebe. Die Säureanhäufung ist dementsprechend proportional dem CO_2-Gehalt der umgebenden Atmosphäre (BONNER und BONNER). Die in den obigen Schemata aufgezeichneten Gleichgewichtsreaktionen zwischen Säuren und CO_2 zeigen den Chemismus für diese „Massenwirkung" des Kohlendioxyds auf und kennzeichnen den so eigenwilligen Säurerhythmus als einen unwesentlich veränderten „normalen" Zuckerabbau, bei dem nur das Entweichen des CO_2 im Dunklen und bei tiefen Temperaturen durch einen Riegel verhindert wird, dessen Natur wir allerdings noch nicht kennen. Das Schema des Tricarbonsäurekreislaufes läßt weiterhin erkennen, daß das aerob abgegebene CO_2 nicht nur aus der klassischen Decarboxylierung der Brenztraubensäure, sondern auch aus der Decarboxylierung anderer α-Ketosäuren durch spezifische Enzyme stammt.

Der oxydative Umsatz der Brenztraubensäure (vgl. dazu STOTZ) kann sicher auch andere Wege als den des Tricarbonsäurekreislaufes nehmen. Direkt angeschlossen, in manchen Pflanzen vielleicht sogar eingebaut in diesen Zyklus, ist die unter Mitwirkung des neuen Coenzym A (vgl. NOVELLI und LIPMANN) verlaufende oxydative Umsetzung der Brenztraubensäure zu Acetylphosphat (= Essigsäure-Vorläufer), über die aber erst im nächsten Jahre eingehender berichtet werden soll (vgl. WIELAND, LIPMANN 1946).

Abschließend sei noch bemerkt, daß auch die Sukkulenten *(Bryophyllum calycinum)* der allgemeinen Regel folgen, daß der Gehalt an organischen Säuren abnimmt, wenn Ammoniumsalze an Stelle von Nitraten als Stickstoffquelle gegeben werden, und zwar bezieht sich der

Säurerückgang in den Blättern sowohl auf die Äpfel- als auch auf die Isozitronensäure (PUCHER und Mitarbeiter 1947).

4. Stickstoffumsatz. In den Wurzelknöllchen der Leguminosen, welche tätige stickstoffbindende Bakterien enthalten, wurde ein schon früher bekannter, aber falsch gedeuteter Farbstoff als ein Hämoprotein identifiziert. Es hat zwar nur das halbe Molekulargewicht (ungefähr 34000) des Bluthämoglobins, weist aber sonst große Ähnlichkeit mit diesem auf und wurde deshalb „Leghämoglobin" genannt (KUBO; KEILIN und WANG; KEILIN und SMITH; VIRTANEN 1945, 1946, 1947). Hämin kommt zwar in allen aeroben tierischen und in fast allen aeroben pflanzlichen Zellen vor (Cytochrom ist ein häminhaltiges Enzym); es ist aber noch nie vorher in so hoher Konzentration in Pflanzen gefunden worden wie in den Knöllchen, wo es nach dem Zerschneiden eines frischen Knöllchens einer nicht zu alten Pflanze mit bloßem Auge sichtbar ist. Das Leghämoglobin ist in irgendeiner Form an der Stickstoffbindung beteiligt, denn alle Faktoren, welche die N-Fixierung beeinträchtigen, drängen auch den Pigmentgehalt der Knöllchen zurück (VIRTANEN und Mitarbeiter 1947). Wenn die N-Bindung durch Bakterien natürlicherweise, z. B. in ausgewachsenen Pflanzen, oder durch experimentelle Eingriffe, z. B. nach mehrtägigem Verdunkeln der Pflanzen, zum Stillstand kommt, wandelt sich das rote Pigment in ein grünes um, dessen chemische Konstitution einen ähnlichen Abbau des Hämins andeutet, wie er im tierischen Organismus durchgeführt wird. Die Art und Weise, in der sich das Leghämoglobin an der Stickstoffbindung beteiligt, ist noch nicht geklärt.

Es ist schon lange bekannt, daß gewissen Stämmen von *Rhizobium leguminosarum (= Bact. radicicola)* die Fähigkeit zur Ausbildung von Knöllchen mit N-Fixierung fehlt (unwirksame Stämme) und daß es alle Übergänge bis zu hochwirksamen gibt. Die Knöllchen unwirksamer Stämme sind klein und enthalten kein Leghämoglobin. Eine Umwandlung wirksamer in unwirksame Stämme oder umgekehrt ist nicht möglich. Frühere entgegengesetzte Angaben sind auf Fremdinfektion zurückzuführen. Diese unwirksamen Stämme stehen nicht in der Menge Stickstoff, die pro Bakterieneinheit gebunden wird, zurück, aber darin, daß die Vermehrung der Bakterien in den Knöllchen rasch sistiert und das bakterienhaltige Gewebe bald zerstört wird (CHEN und THORNTON). Alles spricht dafür, daß in den Wurzeln, angeregt durch die „inaktiven" Stämme, ein löslicher Stoff produziert wird, der das Bakterienwachstum hemmt (CHEN, NICOL und THORNTON). Die Wirksamkeit oder Unwirksamkeit eines Stammes zum Aufbau großer Knöllchen mit reichlichem, dauerhaftem, bakterienhaltigem Gewebe ist stark abhängig von der Wirtspflanze. Ein Stamm, der auf *Trifolium Alexandrinum* sich als sehr aktiv erwies, war auf *T. pratense* fast unwirksam. Die verschiedenen Stämme immunisieren im übrigen das Wurzelwerk gegen Infektion mit anderen Stämmen, aber nur auf geringe räumliche Ausdehnung und z. B. nach Schwächezuständen der Pflanze reversibel (VIRTANEN 1947). Von der Pflanze abgetrennte, aber intakte Knöllchen können keinen Stickstoff mehr binden. Weder sie, noch viel weniger Gewebebrei lassen sich durch Zugabe von Leghämoglobin zur Assimilation des gasförmigen N befähigen (MACHATA usw.). Bei Zugabe von Oxalessigsäure wurde in einigen Fällen mit N^{15} eine N-Bindung in abgeschnittenen Knöllchen beobachtet, die aber bisher nicht reproduzierbar war.

Vom Chemismus der N-Bindung hat sich folgendes klären lassen. Die ersten Schritte, die den molekularen Stickstoff einbeziehen, sowie das Enzymsystem der gesamten N-Assimilation sind noch nicht enthüllt. Hydroxylamin und Ammoniak stehen noch als gleichwertige Primärprodukte zur Diskussion und werden vielleicht auch nebeneinander oder hintereinander durchlaufen. Die ersten faßbaren organischen N-Verbindungen sind Aminodicarbonsäuren (Asparagin- und Glutaminsäure). Die dazu nötigen C-Gerüste, Oxalessigsäure und α-Ketoglutarsäure, die bei dieser Gelegenheit aus grünen Pflanzen abgetrennt wurden (VIRTANEN und Mitarbeiter 1934), strömen aus den oberirdischen Teilen der Pflanze zu. Der von den Bakterien gebundene N geht nicht erst nach Auflösung („Verdauung") der Bakterienzellen an die höhere Pflanze über, sondern nach Abschluß des Hauptwachstums der Bakterien wird laufend bis zu 90% des assimilierten Stickstoffs an die Wirtspflanze abgeführt. Der Oxalessigsäuregehalt der Wirtspflanze spielt dabei eine „regulatorische" Rolle. Er ist mittags am höchsten, nachts niedrig. Wenn die Pflanze einige Tage verdunkelt wird, nach ihrer Blüte und wenn ihr Wachstum beendet ist, geht der Gehalt an Oxalessigsäure und parallel dazu die N-Fixierung zurück. Es scheint also, als würde der assimilierte N durch die Ketosäuren abgefangen, wodurch die Bakterien laufend zur weiteren Bindung veranlaßt werden. Der bisher aufgedeckte Gang der N-Bindung läßt sich nach VIRTANEN in folgendes Schema zusammenfassen:

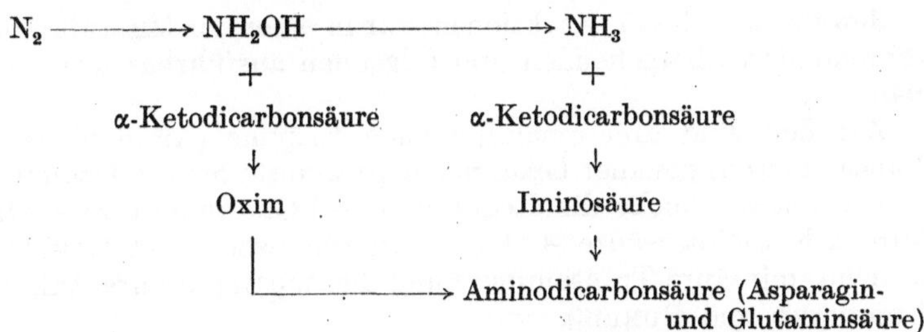

Die beiden primär gebildeten Aminosäuren sind im gesamten N-Umsatz der höheren und meisten niederen Pflanzen Grundaminosäuren, von denen leicht durch Umaminierung die Aminogruppe auf andere Ketosäuren übertragen werden kann.

Auch bei *Azotobacter* nimmt Glutaminsäure eine Schlüsselstellung im Verlaufe der Stickstoffassimilation ein. Asparaginsäure scheint hier erst aus jener hervorzugehen. Arginin und Histidin sind sehr späte Glieder beim Aufbau der Aminosäuren. Alle Beobachtungen an *Azotobacter* sind ebenfalls mit der für *Rhizobium* wahrscheinlich gemachten Hypothese, daß Ammoniak die erste oder eine der ersten Stufen bei der N-Bindung darstellt, vereinbar.

In *Azotomonas insolita* ist ein neues freilebendes stickstoffbindendes Bakterium gefunden worden, das wahrscheinlich in tropischen Böden weitverbreitet ist (STAPP).

Der Vorgang der Umaminierung (vgl. Fortschr. Bot. 8, 232) hat nicht ganz die universelle Reichweite, die ihm anfangs zugedacht wurde, als man annahm, daß von den Grundaminosäuren (Asparagin-, Glutaminsäure und Alanin) aus die Aminogruppe auf die C-Gerüste aller übrigen Aminosäuren übertragen werden könnte. An die Umaminierung sind die aromatischen Aminosäuren nach unseren jetzigen Kenntnissen nicht angeschlossen. Die Aminogruppe ließ sich noch nicht vom Tyrosin abnehmen oder etwa auf Phenylbrenztraubensäure übertragen (RAUTANEN). Alanin, Valin, Asparagin- und Glutaminsäure sind in grünen Pflanzen, in Hefe dazu noch Leucin und Isoleucin ineinander überführbar (ROINE; VIRTANEN und LAINE). Der Kreis der überhaupt an der Umaminierung teilnehmenden Ketosäuren ist noch nicht genau abgegrenzt. Daß wichtige, für jedes Eiweiß unerläßliche Aminosäuren durch einen anderen Chemismus als aus den entsprechenden Ketosäuren biogen aufgebaut werden, wurde oben schon für Tryptophan erwähnt. Mit mutierten Stämmen (s. S. 289) von *Neurospora* und *Penicillium* wurde folgende Kette von aufbauenden Vorgängen zwischen einer Reihe von Aminosäuren, die demnach auch nicht durch Übertragung der Aminogruppen aus der entsprechenden Ketosäure hervorgehen, aufgedeckt.

Glutaminsäure → (Zwischenprodukt) → Ornithin → Citrullin → Arginin

$\Updownarrow$

Prolin

Jeweils eine dieser Reaktionen war in einer der Mutanten blockiert, während die vorhergehenden und folgenden ausführbar waren (BONNER 1946).

Zur Zeit sind drei umaminierende Enzyme (Aminopherasen bzw. Transaminasen) genauer bekannt: Asparaginsäure — Glutaminsäure — Transaminase, welche die Reaktion 1 (+) Glutaminsäure + Oxalessigsäure ⇌ Ketoglutarsäure + 1 (—) Asparaginsäure katalysiert; die Alanin-Glutaminsäure-Transaminase und die Asparaginsäure-Aminopherase (LEONHARD und BURRIS).

. Als Coenzym der Transaminasen wirkt Vitamin B_6 (Adermin = Pyridoxin), ein Pyridinderivat (SNELL; SCHLENK und FISCHER). Es kommt in größeren Mengen in Hefe, Reiskleie, Zuckerrübenmelasse, Mais usw. vor und ist nicht nur für den Menschen unerläßlich, sondern auch als Wirkstoff für viele Bakterien, Pflanzenwurzeln usw.

$$CH_2OH$$
$$HOH_2C-\!\!\!\!-OH$$
$$-CH_3$$
$$N$$

Pyridoxin (Vitamin B_6)

Die Transaminasen kommen besonders reichlich in den eiweißreichen Geweben der Pflanzen vor; aber auch in älteren Organen, in denen der Eiweißumsatz meist nur aus Mangel an Rohmaterial eingeschränkt abläuft, ist die Transaminase-Aktivität noch recht hoch (LEONHARD und BURRIS).

Eiweißumsatz. Für jede biologische Eiweißsynthese ist die Gegenwart von Nucleinsäuren notwendig (CASPERSSON). Vor allem aus energetischen Gründen ist es sehr wahrscheinlich, daß ähnlich wie beim Aufbau von Polysacchariden auch bei der Eiweißsynthese phosphorylierte Kohlenstoffgerüste zusammen mit einer Quelle für die NH_2-Gruppe die unmittelbaren Bausteine darstellen (vgl. GULICK; COHEN). Da die Aminosäuren sowohl an der Carboxyl- als auch an der Aminogruppe phosphoryliert sein können, bedarf es nur des Austausches der Phosphorsäurebindung, die das für die Synthese erforderliche Energiepotential bereits mitbringt (s. o. bei Phosphorbindungen). Solche phosphorylierte Aminosäuren sind künstlich hergestellt worden. Ihre Säurehydrolyse verläuft unter einer positiven Wärmetönung von ungefähr 7500 cal/Mol. Phosphoglykokoll wird nachweislich durch Phosphatase gespalten (WINNICK und SCOTT). Für eine besonders reaktionsfähige Form der sich zum Eiweiß kondensierenden Aminosäuren, die analytisch aber nicht faßbar unter den Zellbestandteilen sind, sprechen die Beobachtungen bei der Eiweißsynthese der Hefe. Der zugegebene Stickstoff erscheint zuerst in den Grundaminosäuren, von denen bei *Torulopsis* Glutaminsäure vorherrscht. Andere Aminosäuren sind dann aber vor der Eiweißzunahme nicht zu fassen. Sie werden wohl ebenso schnell, wie sie entstehen, zum Eiweiß zusammengefügt (ROINE).

Die besondere Schlüsselstellung der Asparagin- und Glutaminsäure im aufbauenden und abbauenden Eiweißumsatz tritt immer wieder hervor. Sie stehen bei Anwesenheit von Ammoniumsalzen mit der im Säurekreislauf (s. o.) aus dem Kohlenhydratabbau anfallenden Oxalessig- bzw. Ketoglutarsäure im Gleichgewicht. Sie sind also automatisch oder „selbstregulatorisch" an den KH-Umsatz angeschlossen (s. Schema S. 302).

Angeschnittene Kartoffeln bauen rasch aus den in ihnen enthaltenen löslichen N-Verbindungen Eiweiß auf (PROKOSHEV und DANCHEVA). Diese Eiweißsynthese wird nicht durch reinen Sauerstoff gefördert, in Stickstoffatmosphäre aber völlig sistiert. Recht aufschlußreich für die Suche nach dem immer noch unbekannten Impuls, der diese Synthese nach dem Verletzen des Gewebes in Gang bringt, ist die Beobachtung, daß die Proteinbildung in Kartoffeln stark zurückbleibt, wenn die Schnittflächen abgespült werden, wodurch bekanntlich die durch Wundhormone ausgelösten Zellteilungsvorgänge unterbunden werden.

Eiweißsynthese ist auch in älteren ausgewachsenen Blättern nach Darreichung von Stickstoff in assimilierbarer Form in beträchtlichem Umfange möglich (WALKLEY). Die Eiweißkapazität sinkt mit dem Altern ab. Das Altern und Vergilben der Blätter kann durch Eiweißanhäufung stark verzögert werden. Die Fähigkeit zur Eiweißbildung geht erst verloren, wenn das Blatt sichtbar vergilbt. Die immer wieder beobachtete und oft bestrittene Förderung der Eiweißsynthese durch Belichtung grüner Blätter erscheint jetzt unter einem neuen Gesichtswinkel, da einerseits als früheste Produkte der Photosynthese die gleichen C-Gerüste auftauchen, die sonst nur aus dem Abbau der Hexosen bekannt waren, und da andererseits — bei Anwesenheit von Ammoniumsalzen — Alanin als Derivat der Brenztraubensäure als Primärprodukt der Photosynthese gefaßt werden konnte (CALVIN und BENSON).

Einige Veröffentlichungen nehmen zu den Faktoren Stellung, die in der normalen Pflanze den Gang des Eiweißumsatzes nach Aufbau oder Abbau ausrichten. Diese Arbeiten sind uns leider nur im Referat eines der Autoren ohne Zahlenangaben und ohne Beschreibung der Versuchsanstellung zugänglich (J. G. WOOD). In der entschiedensten Weise wird abgelehnt, daß die vom Referenten 1935 herausgestellte ausschlaggebende Wirkung der Menge des abbaufähigen Kohlenhydrates und der gleichzeitig zur Verfügung stehenden NH_3-Quellen besteht. Soweit aus dem Referat zu entnehmen ist, werden von den australischen Forschern Korrelationen zwischen analysierbaren Bestandteilen der Gewebe gesucht und dabei enge Zusammenhänge zwischen Eiweißgehalt auf der einen Seite und Gehalt an Aminosäuren und Wassergehalt auf der anderen gefunden. Eine hohe negative Korrelation zwischen Eiweißgehalt und Rohrzucker- bzw. Glucosegehalt sowie zwischen Eiweiß- und Ammoniakgehalt wird so gedeutet, daß weder der Zucker noch die Ammoniumsalze eine direkte Bedeutung für die Eiweißsynthese haben können. Eine hohe negative Korrelation besteht auch zwischen Zuckergehalt und Atmung. Dabei kann man nun schlechterdings nicht behaupten, daß die Menge der KH nichts mit der Atmungsintensität zu tun habe. Vorbehaltlich der Einsicht in die ausführlicheren Arbeiten müssen wir die angedeuteten Rechnereien als völlige Verkennung der Dynamik des Stoffwechsels ansehen. Ein intensiver Umsatz bedingt das Verschwinden des Rohmaterials, also eine negative Korrelation zwischen Ausgangsmaterial und Endprodukt spricht gerade für einen intensiven Umsatz. Echte Zwischenprodukte beschleunigen den Umsatz, indem sie verbraucht werden, und sie bleiben nicht analysierbar liegen. Daß Aminosäuren eine Stufe vor der Eiweißsynthese sind, ist selbstverständlich, aber daß sie allein nicht genügen, um den Eiweißgehalt zu heben, dafür sind vegetative Speicher bekannt, in denen neben hohen Mengen von Aminosäuren mit hohem Wassergehalt ein niedriger Eiweißspiegel zu finden ist, z. B. in Zwiebeln. Da aber die Aminosäuren auch erst wieder aufgebaut werden müssen, ehe sie „bestimmend" eingreifen können, so kommen die australischen Physiologen nach einer Arbeit von WOOD und CRUICKSHANK zu dem Schluß: „the data of all observers are in harmony with the hypothesis that protein content in leaves may be determined by the rate at which carbohydrates are passing through an oxidative cycle". Das klingt nicht so wesentlich anders als der Referent 1935 schrieb: „daß nicht einmal die Hexose selbst in den Eiweißaufbau eingeführt wird, sondern erst Zwischenprodukte des Abbaues dürften die für die Aminosäuresynthese wichtigen Körper darstellen". Im übrigen vergessen aber die Gegner, daß ein noch so üppiger Kohlenhydratabbau nichts für den Eiweißaufbau fruchtet, wenn nicht gleichzeitig auch Quellen für die NH_2-Gruppe vorliegen. So bleibt also: „von den in den Abbau einbezogenen Zuckern und der aktiven Form des Stickstoffs (NH_3) zieht die im Minimum vorhandene Komponente durch eine Zunahme oder Abnahme den Eiweißumsatz gleichsinnig nach sich".

5. Sekundäre Pflanzenstoffe. Innere phytochemische Beziehungen zwischen den verschiedenen Gruppen sekundärer Verbindungen sind noch nicht ersichtlich. Sie müssen deshalb ziemlich zusammenhangslos nebeneinander gestellt werden.

a) Lignin. Unverändertes Lignin kann zur Zeit wegen seiner großen Empfindlichkeit gegen die unumgänglich nötige Säurebehandlung noch nicht aus den verholzten Zellwänden herausgelöst werden. Ein spezifisches Lösungsmittel für das genuine Lignin gibt es noch nicht. Trotzdem ist es gelungen, die Struktur, in der es zwischen die Zellulose inkrustiert ist, so gut wie sicherzustellen. Wie alle hochmolekularen Naturprodukte ist es aus gleichen oder sehr ähnlichen Einheiten polymerisiert. Das Fichtenlignin gibt beim Abbau fast einheitlich folgendes Bruchstück (s. u.), das den Rest des Guajacols enthält. Die Verwandtschaft zu verschiedenen anderen häufigen Pflanzenstoffen ist aus der Formel ersichtlich, vor allem erscheint das Vanillin, das ja auch aus dem Humus leicht gewonnen werden kann, als Rest dieses Holzbausteines. Im Lignin aus Angiospermen kommt das aufgezeichnete Fragment nur in geringen Mengen vor. An seine Stelle tritt hier vorwiegend ein Dimethyläther des Pyrogallols. Der Polymerisationsgrad bei Fichtenlignin ist ungefähr 36, sein Molekulargewicht dementsprechend ungefähr 7000. Dem in der Zellwand der Gymnospermen vorliegenden Holzstoff kommt mit größter Wahrscheinlichkeit folgende Struktur zu (RUSSELL; GRALÉN; RITTER und Mitarbeiter; FREUDENBERG). Das genuine Lignin besitzt also eine Flavanonstruktur und unterscheidet sich insofern von allen anderen bisher bekannten polymeren Naturstoffen dadurch, daß von Glied zu Glied nicht nur eine Brücke geschlagen ist, sondern deren zwei, eine über ein Kohlenstoff- und eine andere über ein Sauerstoffatom.

Baustein des Fichtenlignins

Vanillin

Gymnospermen-Lignin

In etiolierten Kartoffelkeimlingen, deren spärlich gebildetes Lignin im wesentlichen die gleichen Eigenschaften hat wie das in grünen Pflanzen, kommen wasserlösliche methoxylhaltige Verbindungen vor, die die unmittelbaren Vorläufer des einzulagernden Lignins sein können (KRATZL). Ob die höhere Pflanze die Fähigkeit hat, das einmal in der Zellwand festgelegte Lignin wieder zu lösen, ist noch sehr zweifelhaft. Pilze, die Holz zerstören, greifen entweder nur die Zellulose an und lassen das Lignin unbehelligt, oder sie lösen umgekehrt nur das Lignin heraus und lassen das weiche Zellulosegerüst zurück. Versuche zur Isolierung des genuinen Lignins durch Anwendung von Pilzen, die ausschließlich die Zellulose auflösen, sind erfolgreich durchgeführt worden. Manchmal werden beide Substanzen nacheinander abgebaut. Viele Pilze *(Polystictus*-Arten, *Polyporus, Trametes pini)* besitzen deshalb Fermente, die das Lignin in seine Bruchstücke zerlegen und dem Pilz als Kohlenstoffquelle zugänglich machen. Solche Fermente werden nur von den jungen Hyphen ausgeschieden. Die Hyphen der Fruchtkörper vermögen kein Lignin mehr zu lösen (BOSE).

b) **Kautschuk.** Die Kriegsverhältnisse haben die Suche nach lohnenden Gummipflanzen vor allem in den gemäßigten Zonen intensiviert. *Parthenium argentatum* (Kompositen) und *Cryptostegia* (Asclepiadaceen) in Nordamerika und *Taraxacum kok saghyz* mit einigen Verwandten in Rußland haben größere Bedeutung neben den alten Gummibäumen erlangt (vgl. die Zusammenfassung von BONNER und GALSTON). Über die chemische Genese des Kautschuks in Pflanzen ist dabei nichts Wesentliches geklärt worden, aber eine Reihe physiologischer Zusammenhänge wurden aufgedeckt. Der Polymerisationsgrad des Kautschuks liegt zwischen 1000 und 3000 Isoprenresten, das Molekulargewicht entsprechend zwischen 70000 und 200000. Der Naturkautschuk hat sicher keine einheitliche Molekülgröße. Sie hängt weitgehend auch von inneren Faktoren, z. B. dem Alter der Pflanzen, ab, wie aus der folgenden Tabelle von MASHTAKOV hervorgeht. Vieles spricht dafür, daß der Kautschuk tatsächlich in Plastiden aufgebaut wird (PROKOFIEW).

Tabelle 1. **Kautschukgehalt der Wurzeln von *Taraxacum kok saghyz* und Polymerisationsgrad in Abhängigkeit vom Alter der Pflanzen.**

Datum	1. Juli	3. August	3. Sept.	4. Oktober	25. Oktob.	15. Nov.
Kautschukgehalt (% v. Trockengewicht)	1,8	4,1	5,0	5,7	7,4	7,8
Polymerisationsgrad . .	900	1400	2000	2500	2800	3600
durchschn. Molekulargew.	60000	100000	136000	170000	190000	250000

In *Parthenium argentatum* findet Kautschukbildung periodisch statt. Im Frühling und Sommer scheidet die Pflanze kaum Kautschuk in den Milchsaft, der hier nur in parenchymatischen Einzelzellen auftritt, ab, dafür häuft sie beträchtliche Mengen ätherischen Öls in ihrem Harzkanalsystem an. Im zeitigen Herbst beginnt dann eine rasche Kautschukbildung, die den Winter über andauert. In anderen Pflanzen ist das Verhältnis zwischen niederen und höheren Terpenpolymeren erblich festgelegt. Von zwei *Cryptostegia*-Arten produziert die eine im Milchsaft vorwiegend Triterpenalkohole und die andere in der Hauptsache Kautschuk. Die Fähigkeiten vererben sich monofaktoriell, und zwar mit Dominanz der Kautschukbildung, wie bei chemischen Merkmalen ja meist der kompliziertere Vorgang dominiert (ABBEGG). Genetisch gebundene Enzyme entscheiden hier offenbar, bis zu welchem Grade die noch unbekannten Bausteine polymerisiert werden.

Daß der Rohstoff, aus dem die Pflanze Kautschuk bereitet, unter den Kohlenhydraten zu suchen ist, läßt sich heute nicht mehr bezweifeln.

Daß regelmäßig gezapfte Bäume den Gummi auf Kosten der Stärke-
vorräte in der Rinde und im Holzparenchym regenerieren, war schon
bekannt. Immer, wenn die Pflanzen zu anderen Zwecken Assimilate
verbrauchen, wird die Kautschukbildung zurückgedrängt. In Kok-
saghyz steigt der Kautschukgehalt der Wurzeln am Ende der Vegetationsperiode kurz vor Einsetzen der Ruhe zugleich mit einer starken
Kohlenhydratspeicherung rasch an (s. Tab. 1). Isolierte Wurzeln bilden
bei genügender Kohlenhydratversorgung Kautschuk. Gewelkte, aber
noch lebende Wurzeln setzen ihre Inulinvorräte ebenfalls in Kautschuk
um. Wenn auch die Stickstoffdüngung vor allem auf N-armen Böden
die Gummibildung steigert, so besteht doch keine direkte Beziehung
zwischen Stickstoffverbindungen und Kautschuk, sondern die Blattfläche und damit die Assimilationsfähigkeit wird primär vergrößert.

Sehr interessante Zusammenhänge herrschen in *Parth. arg.* zwischen
den Außenbedingungen Temperatur und Belichtung und der Kautschuk-
produktion. Relativ niedrige Nachttemperaturen (Optimum $+5^0$ C)
müssen mit ziemlich hohen Tagestemperaturen (Optimum 18—25^0 C)
zusammenwirken, wenn Kautschuk in merklichen Mengen gebildet
werden soll. Kalte Tage und warme Nächte drängen die Gummibildung
zurück, obwohl die Gesamttrockengewichtszunahme dadurch nicht
beeinträchtigt wird. Die niederen Nachttemperaturen müssen aber mehr
als 10 Stunden einwirken, um die Kautschukbildung in Gang zu bringen;
16 stündige Nacht hat sich als besonders günstig erwiesen. Nachttemperaturen, die niedrig genug waren, um die Gummianhäufung in Gang zu
bringen, stoppten sowohl das Blühen als auch das Treiben von Sprossen
ab. Eine über Monate fortgesetzte Kältebehandlung zeigte später
Nachwirkungen in höherer Kautschukbildung auch bei hohen Temperaturen, so daß also eine gewisse „Kälteinduktion" der Kautschuk-
polymerisation möglich ist (s. BONNER 1944).

Der Kautschuk kann in keinem der bisher untersuchten Fälle von
der Pflanze wieder gelöst und in den Stoffwechsel einbezogen werden
(TRAUB). Entgegengesetzte Angaben (vgl. Fortschr. Bot. 10, 226) haben
sich als irrig erwiesen. Selbst bei extremem Hunger können die im Kautschuk niedergelegten großen Energiereserven nicht wieder nutzbar
gemacht werden.

c) Carotinoid-Pigmente. Die fortschreitende Strukturaufklärung
der Polyenfarbstoffe, von denen bisher neben den Kohlenwasserstoffen
(Carotin, Lycopin) nur die hydroxylhaltigen (Xanthophyll, Fuco-
xanthin usw.) bekannt waren, hat einen chemisch ganz neuartig gebauten
Typ dieser Pigmente an den Tag gefördert. Mehrere solche gelbe Farb-
stoffe aus Blütenblättern und Früchten, bei denen man bis dahin den
Sauerstoff allein in Hydroxylen angenommen hatte, sind nun als
Epoxyde identifiziert worden. Der Sauerstoff öffnet dabei die im
Jononring enthaltene Doppelbindung (s. Formel). Das Xanthophyll-
epoxyd stellt in manchen Blättern (Spinat- und *Avena*-Blätter, ver-
gilbende Ahornblätter) sogar den Hauptanteil der gelben Farbstoffe
(KARRER und Mitarbeiter 1945, 1947).

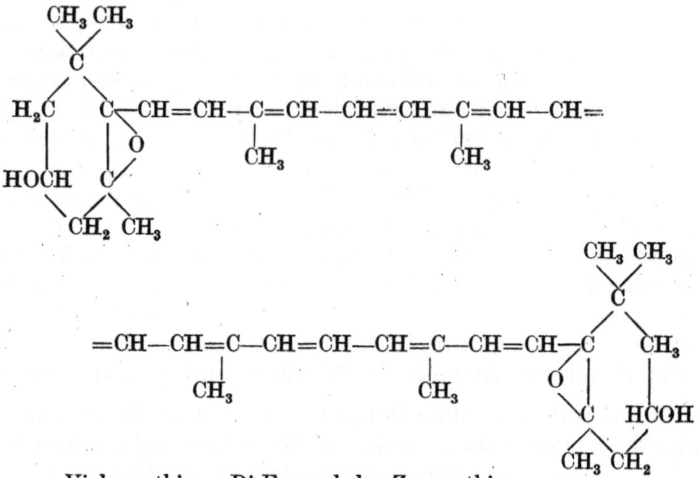

Violaxanthin = Di-Epoxyd des Zeaxanthins

Diese einfachen oxydativen Umwandlungen sind wahrscheinlich die ersten Schritte eines Angriffs auf das Farbstoffmolekül, der unter entsprechenden Bedingungen weiter fortgesetzt werden kann. Aber die wirkliche Funktion dieser Epoxyde in der Pflanze ist noch unbekannt. In vitro findet bei mäßiger Ansäuerung (p_H3) eine Umlagerung in furanoid gebaute Körper statt, und auch solche sind unter den natürlichen Pigmenten gefunden worden, z. B. Auroxanthin.

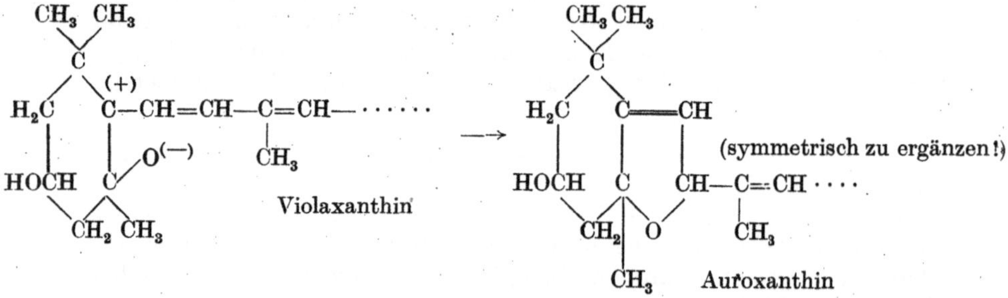

Violaxanthin

(symmetrisch zu ergänzen!)

Auroxanthin

Biologisch ist merkwürdig, daß *Viola*-Blüten im Frühjahr neben Violaxanthin (Epoxyd) nur ganz wenig des furanoiden Auroxanthins bilden. In den Blüten, die sich im Sommer und Herbst entfalten, tritt das Auroxanthin immer mehr hervor. Ob das fortgeschrittene Alter der Pflanze, die die Blüten bildet, oder die veränderten Umweltbedingungen die Ursache dafür sind, bleibt noch zu klären.

Obwohl die Carotine auch in etiolierten Blättern auftreten, wird ihre Bildung durch Belichtung stark gefördert (BARRENSCHEEN und Mitarbeiter). Die Bausteine der Carotine konnten dabei noch nicht festgestellt werden. Es ist aber so gut wie ausgeschlossen, daß Chlorophyll und Carotinoide aus den C-Resten der desaminierten Aminosäuren oder etwa aus höheren Fettsäuren entstehen.

Ein Abbau von Carotinoid-Pigmenten wenigstens bis zu einer nicht mehr gefärbten Verbindung findet bei der herbstlichen Laubblattvergilbung statt (SEYBOLD), wobei entweder Carotine und Xanthophylle ungefähr in gleichem Maße ergriffen werden, oder die Carotine verhältnismäßig stärker zurückgehen. Charakteristisch für die Blattvergilbung ist jedoch eine mehr oder weniger weitgehende Veresterung der Xanthophylle mit höheren Fettsäuren zu „Farbwachsen". Als solche liegen die Xanthophylle meist in Blütenblättern und Früchten von vornherein vor, so daß diese Organe physiologisch wie gealterte Blätter erscheinen. Um in Zellen einen Carotinabbau zu erzwingen, ist immer eine stärkere Beschädigung der Zelle, wenn nicht gar ihr Tod Voraussetzung (BERNSTEIN und THOMPSON). Außer spontanen, durch Licht besonders beschleunigten Reaktionen wirken dabei auch enzymatische Prozesse mit. Eine aus Leguminosensamen, Kartoffeln, Spargel und etiolierten Keimlingen abgetrennte Lipoxydase oxydiert und entfärbt rasch Carotine (WEIER). Wie weit der Abbau dabei fortschreitet und ob Bruchstücke entstehen, die im Stoffwechsel weiter verwendet werden können, ist hier aber ebensowenig wie bei der Blattvergilbung geklärt. Daß die verschiedenen Carotinoid-Pigmente wahrscheinlich sehr weitgehend ineinander umwandelbar sind, geht aus Versuchen hervor, die zum Ziele hatten, den β-Carotingehalt der Tomaten zu erhöhen, weil bekanntlich Lycopin, der normale Tomatenfarbstoff, keine Wirkung als Provitamin A entfaltet, während aus jedem Molekül β-Carotin 2 Moleküle Vitamin A entstehen. In Tomatensorten mit hohem β-Carotinspiegel war der Gesamtgehalt an Carotinoiden nicht gesteigert, so daß der erhöhte Carotingehalt auf Kosten des Lycopins geht (KOHLER und Mitarbeiter). Chemisch ist diese Verschiebung insofern bemerkenswert, als dabei der Übergang von dem ganz gestreckten Molekül des Lycopins zu dem an beiden Enden mit einem Jononring ausgestatteten des β-Carotins vollzogen wird. Tomatenfrüchte mit überwiegendem β-Carotingehalt sehen nicht mehr tiefrot aus, sondern tieforange. Damit sind aber nicht die „gelben" Varietäten von Tomaten zu verwechseln, die gar keine Carotinoidpigmente mehr haben, sondern nur durch Flavone gefärbt sind.

Eine recht eigenartige Korrelation besteht zwischen der Art der Pigmente in einer Pflanze und den gleichzeitig gebildeten Triterpenen. Carotinoidpigmente sind stets vergesellschaftet mit alkoholischen Derivaten der Triterpene, von denen in der Hauptsache die beiden zweiwertigen Alkohole Faradiol und Arnidiol in vielen Blütenblättern *(Arnica, Tussilago, Taraxacum, Helianthus)* in einem Gemisch vorkommen. Auf der anderen Seite gesellen sich zu Anthocyanen stets saure Abkömmlinge der Triterpene, z. B. die auch sonst in Wachsen auf Früchten weit verbreitete Oleanolsäure (ZIMMERMANN). Wenn diese ZIMMERMANN-Regel, von der bisher nur wenige Ausnahmen bekannt geworden sind, stimmte, mußten bei den wenigen carotinoidführenden Rosaceen Triterpenalkohole zu finden sein, obwohl sonst in dieser Familie zusammen mit dem Vorherrschen der Anthocyanfarbstoffe die Triterpensäuren zu Hause sind. Und in der Tat hat sich diese

20a

Vermutung verblüffend bewahrheitet. In Hagebutten, die Lycopin, ein Carotinoid, führen, wurde der Terpenalkohol Betulin gefunden, derselbe, der die weiße Farbe und gute Brennbarkeit der Birkenborke bedingt.

d) **Alkaloide.** Die Alkaloide der *Solanum*-Arten sind in doppelter Hinsicht eigentümlich. Zusammen mit einigen noch nicht ganz sicher identifizierten *Veratrum*-Alkaloiden sind es die einzigen bisher bekannten Alkaloide, deren Molekül das Sterangerüst enthält (Steroidalkaloide). Sie treten damit in nächste Verwandtschaft zu den Saponinen, Digitalisglykosiden, Phytosterinen und ähnlichen Verbindungen, die keinen Stickstoff enthalten. Weiterhin sind es die einzigen Alkaloide, die als Glykoside gefunden worden sind. Das Solanidin (frühere Bezeichnung: Solanidin t aus *S. tuberosum*) hat folgende Formel (PRELOG und SZPILFOGEL, vgl. dazu auch Ann. Rev. of Biochem. **15**, 180, 1946):

Die kondensierten Ringe A—B—C—D stellen das Sterangerüst dar.

An der OH-Gruppe setzt dann das aus Rhamnose, Galaktose und Glucose aufgebaute Trisaccharid an. Früher glaubte man, die *Solanum*-Alkaloid-Glykoside trügen, was sonst niemals bei Glykosiden gefunden worden war, das Aglykon an beiden Enden des Zuckers. Das hat sich als Irrtum erwiesen. Ein neues Alkaloid dieser Gruppe, das Demissin, aus der Wildkartoffel *S. demissum*, unterscheidet sich vom Solanidin nur durch zwei zusätzliche H-Atome (KUHN und LÖW). Dieses *Solanum*-Alkaloid hat ganz besonderes Interesse erregt, weil es seine Stammpflanze immun gegen den Fraß der Kartoffelkäferlarven macht (KUHN und GAUHE). Durch Infiltrationen mit Demissinlösungen können auch die Blätter unserer Kulturkartoffeln gegen die Käferlarven geschützt werden. Das Ziel ist natürlich, die Fähigkeit zur Bildung dieses speziellen Alkaloides in unsere Kartoffeln einzukreuzen.

Im übrigen ist dies einer der wenigen Fälle, wo einmal einwandfrei gezeigt werden kann, daß ein bestimmtes Alkaloid gegen den Befall durch einen speziellen Schädling schützt. Eine allgemeine Schutzfunktion der Alkaloide darf daraus aber keineswegs abgeleitet werden.

Die Alkaloidphysiologie hat uns in den letzten Jahren mit einem neuen, überraschenden Prinzip des Stoffumsatzes der höheren Pflanze bekannt gemacht. Man hatte lange Zeit unter Aufwand größter Mühe und geschicktester Experimentierkunst nach der Muttersubstanz des Nikotins in den Blättern bzw. dem Sproß der Tabakpflanze gesucht. Und nun stellt sich heraus, daß das Nikotin gar nicht in den oberirdischen Teilen, sondern in den Wurzeln synthetisiert und von dort passiv durch den Transpirationsstrom in die Blätter und Stengel verfrachtet wird (DAWSON 1941, HIEKE, MOTHES und HIEKE)! Damit sind alle bisher rätselhaften Beobachtungen und viele Erfahrungen der Praxis leicht erklärlich. Die Speicherung von Nikotin in den Blättern ist ein stetiger Vorgang im Gegensatz zu dem Fluktuieren der übrigen Stickstoffverbindungen. Tag und Nacht, künstliche Dunkelheit, dieVeränderungen während des Blühens und Fruchtens und andere Einflüsse, die den Eiweißumsatz betreffen, stören die kontinuierliche Anhäufung von Nikotin in den Blättern nicht. Nur das Abtrennen der Blätter von der Pflanze brachte sofort die Nikotin„bildung" zum Stillstand. Daß der Tabak in trockenen Jahren nikotinreicher ist als in feuchten, wird nun auch verständlich (FRANKENBURG).

Diese Einsicht ist eine Frucht der Einführung der Transplantation in das stoffwechselphysiologische Experiment. Vor fast 40 Jahren hatten MEYER und SCHMIDT schon einmal durch Pfropfungen den Weg des Nikotins verfolgen wollen; aber man dachte damals gar nicht anders, als daß es in den oberirdischen Teilen gebildet und nach unten geleitet werden könnte. Pfropft man Tomate auf Tabakunterlage, so bekommt man nikotinhaltige Tomaten, und stellt man die reziproken Pfropfverbindungen her, so erhält man ein völlig nikotinfreies Tabakreis auf der Tomatenunterlage. Auf diese Weise erscheinen bei den durch Pfropfung sehr leicht zu verbindenden Solanaceen stets die der wurzelnden Unterlage entsprechenden Alkaloide im Sproß. Tomate auf *Datura* oder *Atropa* gepfropft enthält die Alkaloide des Stechapfels oder der Tollkirsche, Tabak auf *Datura* aufgesetzt sammelt in seinen Blättern *Datura*-Alkaloide (Hyoscyamin), aber kein Nikotin. Die Entwicklung der Reiser ist bei Ausfall des Alkaloids bis auf unwesentliche Abweichungen völlig normal. Den Alkaloiden kommt also keine unerläßliche Funktion in den oberirdischen Organen zu. Im fremden Organismus, z. B. in Tomatenblättern, ruft Nikotin bei starker Anreicherung Schäden hervor, die mit denen bei Stickstoffhunger Ähnlichkeit haben.

Daß das Nikotin wirklich aus der Wurzel aufsteigt, wird dadurch bekräftigt, daß der Blutungssaft aus dem Wurzelhals von Tabakpflanzen stets ziemlich hohe Konzentrationen an Nikotin enthält (MOTHES und HIEKE). Ausgereifte Tabaksamen haben kein Nikotin, sobald Wurzeln getrieben werden, ist Nikotin nachweisbar, und steril kultivierte Tabakwurzeln geben Nikotin an die Kulturflüssigkeit ab (DAWSON 1942). Die Nikotinbildung in abgeschnittenen Blättern hat bisher durch keinerlei experimentelle Kunstgriffe nennenswert eingeleitet werden können. Sobald sie aber in feuchten Sand gesteckt sich bewurzeln, steigt ihr Nikotingehalt beträchtlich an (DAWSON 1941). Die genaue Bildungsstätte ist die Wurzelrinde. Das Nikotin wandert dann im Xylem sproßwärts (H. SCHMID).

Die gleichen Verhältnisse bestehen bei Leguminosen. Bittere und süße Lupinen gegenseitig gepfropft enthalten immer dann in den oberirdischen Teilen Alkaloide, wenn die Unterlage von einem bitteren Stamm war (MOSHKOV und SMIRNOVA). Auch in Erbsenblättern und Samen sammeln sich Lupinenalkaloide, wenn die Unterlage bittere Lupine ist (SMIRNOVA und MOSHKOV). An isolierten sterilen Lupinenwurzeln ließ sich zeigen, daß die Wurzeln zur Alkaloidsynthese nicht auf die Vorarbeit des Sprosses angewiesen sind. Sie brauchen nur anorganische Salze und Zucker, um Lupanin aufzubauen (MOTHES und KRETSCHMER).

Obwohl die Alkaloidsynthese in Wurzeln außer bei Solanaceen auch bei Lupinen nachgewiesen ist, darf man diese Lokalisierung doch nicht für allgemein verbreitet halten. Schon ein anderes wichtiges Tabak-alkaloid wird nicht ausschließlich in den Wurzeln gebildet. Anabasin, das Hauptalkaloid von *Nicotiana glauca*, wird nur spärlich in der Wurzel und vorzugsweise im Sproß produziert. Reiser von *N. glauca* auf Tomatenwurzeln enthalten deshalb viel Anabasin aber gar kein Nikotin (DAWSON 1944). Mit welchem Rohmaterial diese Alkaloidsynthese gespeist wird, ist noch ungeklärt. Das dritte der wichtigen Tabakalkaloide, das Nornikotin, wird ebenfalls erst im Sproß fertiggestellt, allerdings allein aus dem aus den Wurzeln zugeleiteten Nikotin (DAWSON 1945). Die Umwandlung besteht bekanntlich in der Abspaltung der Methylgruppe aus dem Nikotin. Es ist eigentümlich, daß zunächst das komplizierter gebaute Nikotin entsteht, aus dem durch eine Spaltung Nornikotin hervorgeht; denn es ist noch kein Organ bekannt geworden, das Nornikotin ohne den methylierten Vorläufer herstellt.

Der Nachweis, daß Nikotin und einige andere Alkaloide in den Wurzeln aus Zucker und anorganischen N-Salzen aufgebaut und mit dem Transpirationswasser bzw. durch den Wurzeldruck in die oberirdischen Organe geschwemmt werden, um dort abgelagert zu werden, eröffnet ganz neue Ausblicke auf einige allgemeine physiologische Probleme.

Neben die Blätter, die im Zusammenhang mit ihrer Assimilationstätigkeit als die wichtigsten Orte für Synthesen in höheren Pflanzen angesehen werden, stellen sich nun die Wurzeln als „eine chemische Werkstätte besonderer Art" und die Möglichkeit, daß sie außer Alkaloiden entweder selbständig oder zusammen mit dem Stoffwechsel oberirdischer Organe spezifische Substanzen erzeugen, wird näher untersucht werden müssen.

Da in den betreffenden Pflanzen Alkaloide beständig mit dem Transpirationswasser durch die Gefäße gefördert werden, muß damit gerechnet werden, daß organische Verbindungen laufend im Holzteil von unten nach oben wandern. Die im Blutungssaft von Kräutern und unbelaubten Bäumen mitgeführten organischen Substanzen stellen somit keine Ausnahme dar. Da der Transpirationsstrom auch als Transportmittel für andere Verbindungen als Mineralsalze dient, besteht die Möglichkeit, daß nicht nur so indifferente Stoffe wie die Alkaloide, sondern auch physiologisch aktive Substanzen auf diesem Wege aus der Wurzel in den Sproß übergeführt werden und hier das Material für weitere Umwandlungen abgeben oder spezifisch in das Stoffwechselgeschehen eingreifen. Als Beispiel für die erstgenannte Möglichkeit hat sich ja schon die Umwandlung des zugeleiteten Nikotins in Nornikotin erwiesen.

Schließlich widerspricht die Synthese von Alkaloiden in Wurzeln der häufig geäußerten Vorstellung, daß Alkaloide im Zuge des Eiweißabbaues anfallen. Sie müssen wenigstens in den hier genannten Fällen eher als Zeugen synthetischer bzw. assimilatorischer Vorgänge in jungen wachsenden Organen angesehen werden, und sie gleichen darin manchen anderen sekundären Stoffen, z. B. den ätherischen Ölen, die während oder im Anschluß an Wachstumsvorgänge abgelagert werden. Da die Alkaloide in *Nicotiana, Datura, Atropa* und *Lupinus* recht verschiedene chemische Struktur haben, bezieht sich diese Anknüpfung an aufbauende Prozesse nicht nur auf eine bestimmte Substanz; sie dürfte allgemeinere Bedeutung haben.

Über die physiologische Rolle der Alkaloide erlauben die bisher gesammelten Erfahrungen noch keine generellen Schlüsse, aber beim Nikotin speziell sprechen die weiten Variationen des Nikotingehaltes verschiedener Tabakrassen, die Tatsache, daß sich Tabaksprosse auf Tomatenwurzeln mit nur Spuren von Nikotin ganz normal entwickeln, und die Beobachtung, daß den Sprossen zusätzlich gebotenes Nikotin den Stickstoffumsatz nicht wesentlich ändert (DAWSON 1940), dafür, daß Nikotin in den oberirdischen Teilen der Tabakpflanze einen indifferenten Bestandteil darstellt. Ob es für die Wurzel eine physiologische Bedeutung hat, wird erst untersucht (DAWSON 1946).

Auf der anderen Seite greifen jedoch fremde Alkaloide im Gewebe oft tief in das physiologische Geschehen ein. Tomatensprosse auf Tabakwurzeln gepfropft nehmen teilweise eine normale Entwicklung, blühen und fruchten (MOTHES und HIEKE), in anderen Fällen sollen sie jedoch durch die Anwesenheit von Nikotin stärkere Schäden erleiden (DAWSON 1942). Tomatenreiser auf *Nicotiana glauca* entwickeln sich ziemlich anomal mit Zeichen von Stickstoffmangel trotz reichlicher Düngung (DAWSON 1944). Tabaksprosse auf *Datura*-Unterlage gesetzt und dadurch zur Hyoscyaminspeicherung gezwungen zeigen gehemmtes Wachstum (PEACOCK, LEYERLE und DAWSON). Die Alkaloide entfalten also im fremden Organismus eine mehr oder weniger starke toxische Wirkung. Die Verhältnisse liegen ähnlich wie bei ätherischen Ölen, die auch für die Stammpflanze indifferent oder höchstens schwach toxisch sind, auf andere Pflanzen jedoch meist viel stärker schädigend wirken.

Nikotinbildung ist nicht auf die Solanaceen *Nicotiana* und *Duboisia* beschränkt. In *Asclepias*-, *Equisetum*- und *Lycopodium*-Arten ist dieses Alkaloid bereits nachgewiesen worden und es ist recht wahrscheinlich, daß es auch noch anderwärts vorkommt [Ann. Rev. of Biochem. **13**, 533, (1944)].

Eines der einfachsten Alkaloide, das in den Verwandtschaftskreis des Nikotins gehört, 3-Methoxy-Pyridin, ist in Leguminosen und in *Equisetum* aufgefunden worden (MANSKE). *Haplopappus hartwegi* enthält größere Mengen freies Pyridin (BUEHRER usw.). Nikotinsäureamid, ein Pyridinkörper, der als Baustein der Codehydrasen für alle Zellen unentbehrlich ist, kann nicht nur im Tierkörper (ROSEN und Mitarbeiter), sondern auch von Pilzen *(Neurospora crassa)* aus Tryptophan hergestellt werden. Bei der Umwandlung im Tier sind zum Teil Darmbakterien beteiligt (ELLINGER und KADER). An Mutanten von *Neurospora* konnte gezeigt werden, daß die Nikotinsäuresynthese nicht über die

Karboxylierung von Pyridin und nicht über eine Dehydrierung von Piperidin läuft. Einige der als Vorläufer erfaßten Zwischenstufen sind chemisch noch nicht völlig identifiziert (BONNER und BEADIE).

In der höheren Pflanze verhält sich das Nikotin außerordentlich träge. Sein Stickstoff kann nicht zum Eiweißaufbau mobilisiert werden. Von einem dem Tabakblatt eigenen Ferment kann es höchstens zu 10% „abgebaut" werden (ENDERS und GLAWE). Während der Nikotingehalt der grünen Blätter stark von Standortsfaktoren und anderen Umwelteinflüssen abhängig ist, scheint die Fähigkeit der Blätter zum Nikotinabbau von Erbfaktoren bestimmt zu sein. Verschiedene neue Bakterienarten aus Gartenerde, Mist und Faulschlamm und aus Tabakblättern können Nikotin als einzige C- und N-Quelle zu 100% abbauen (BUCHERER). *Aspergillus niger* soll bei N-Hunger Nikotin ebenfalls verwenden können. Hefe hingegen vermag Nikotin nicht anzugreifen (ENDERS und WINDISCH). Ähnliches gilt für den Pyridinabbau. Für *Azotobacter*, *Aspergillus niger*, *Fusarium spec.* u. a. ist es als N-Quelle nicht zugänglich (RIPPEL-BALDES usw.), jedoch fand sich in Gartenerde eine neue Art von *Proactinomyces roseus*, die Pyridin in Nährlösungen (nicht gasförmig) restlos zu Ammoniak umsetzt und bei Gegenwart von Glucose auch zum Aufbau von Körpersubstanz verwertet. Als C-Quelle läßt sich jedoch Pyridin nicht ausnutzen (HORVATH). Vielleicht spielen Proactinomyceten bei der Zersetzung widerstandsfähiger Verbindungen, vor allem aromatischen oder heterozyklischen Baues, im Boden eine ebenso wichtige Rolle wie Bakterien, die jenen gegenüber im Winter in der Gartenerde ganz zurücktreten.

6. Wuchs- und Wirkstoffe. Hier soll unter den gleichen Gesichtspunkten wie in einem vorausgehenden Bericht (Fortschr. Bot. **9,** 258) eine Brücke von der Stoffwechsel- zur Entwicklungsphysiologie geschlagen werden.

Über den Platz, den der ziemlich universell bei heterotrophen Organismen und Organen erforderliche „Wirkstoff" Pyridoxin ($=$ Vitamin B_6) im Stoffumsatz einnimmt, wurde oben berichtet (s. S. 306). Seine Genese ist noch nicht bekannt. Als Pyridinkörper dürfte es eng an Nikotinsäureamid (s. o.) gekoppelt sein, dessen Bildung stark von der Belichtung abhängig ist.

Die Notwendigkeit der Zufuhr von „Wuchsstoffen" zum Gedeihen von Mikroorganismen oder den nicht autotrophen Organen der höheren Pflanzen entspringt dem Verlust gewisser Synthesefähigkeiten dieser Organismen. Ob das aber als Degenerationserscheinung gewertet werden darf (NIELSEN), ist doch sehr fraglich. Bei niederen Organismen ist es eine Spezialisierung, bei den Organen höherer Pflanzen eine solche in einem System von Arbeitsteilungen, die natürlich zu einer Abhängigkeit führt, aber deshalb darf man das Prinzip der Spezialisierung und Arbeitsteilung doch noch nicht als Degeneration bezeichnen. Wir Menschen wären dann die Organismen, die in diesem Verfall am weitesten fortgeschritten sind!

Die Funktion von p-Aminobenzoesäure und von Pantothensäure ($= \beta$-Alanin $+$ Dioxy-dimethylbuttersäure), zwei „Wuchsstoffen" für gewisse Hefearten, erstreckt sich auf den Proteinumsatz. Bei Mangel an ihnen häufen sich niedermolekulare N- und P-haltige lösliche Stoffwechselprodukte an, ohne daß es zur Eiweißsynthese käme (NIELSEN). Pantothensäure stimuliert außerdem den oxydativen Umsatz der Hefe.

$$\text{HOH}_2\text{C—}\overset{\overset{\displaystyle \text{CH}_3}{|}}{\underset{\underset{\displaystyle \text{CH}_3}{|}}{\text{C}}}\text{—}\overset{\overset{\displaystyle \text{OH}}{|}}{\text{CH}}\text{—}\overset{\overset{\displaystyle \text{O}}{||}}{\text{C}}\text{—NH—CH}_2\text{—CH}_2\text{—COOH} \quad \text{Pantothensäure}$$

Intensiv ist die biochemische Genese von „Auxin" untersucht worden. Nachdem sich inzwischen das frühere Heteroauxin ($=\beta$-Indolylessigsäure) als natürlicher Wuchsstoff herausgestellt hat, handelt es sich bei dem hier als Auxin in Frage stehenden Körper jetzt immer um die Indolylessigsäure, die ein Abkömmling des Tryptophans ist [WILDMAN, FERRI und BONNER, BONNER und WILDMAN (1947)]. Tryptophan in Spinatblätter infiltriert steigert in kürzester Frist den extrahierbaren Auxingehalt außerordentlich stark. Ein Enzymextrakt aus den Blättern kann in vitro Tryptophan in Auxin umwandeln. Durch Fraktionierung des Cytoplasmaeiweißes läßt sich dieses Enzym mit anderen zusammen abtrennen. Das Auxin selbst ist zu einem hohen Prozentsatz (im Spinatblatt bis zu 95%) an Plasmaeiweiß gebunden und läßt sich deshalb nicht ohne weiteres herauslösen.

Neben dem Enzymsystem für die Bildung des Auxins findet sich in höheren Pflanzen auch eines, das sehr spezifisch auf β-Indolylessigsäure als Substrat eingestellt ist und das den Wuchsstoff in eine inaktive Form umwandelt (abbaut?) (TANG und BONNER). Der Indolkern wird dabei nicht angegriffen. Heteroauxin erhöht die plastische Dehnbarkeit der Zellwände nicht unmittelbar sondern über irgendeinen zentralen wahrscheinlich plasmatischen Angriffspunkt. Auf Dehydrasen ist β-Indolylessigsäure ohne Wirkung (BERGER und AVERY). Auf Grund verschiedenartiger Hinweise läßt sich zunächst als Arbeitshypothese die Vorstellung bilden, daß das Auxin seine Rolle als Bestandteil eines Enzyms spielt, das am Umsatz der phosphorylierten Verbindungen beteiligt ist (BONNER und WILDMAN 1947). Nachdem ein Enzymsystem sowohl für die Bildung als auch für den Abbau der β-Indolylessigsäure gefunden worden ist, muß diese als normales Stoffwechselprodukt der höheren Pflanzen gerechnet werden.

Daß β-Indolylessigsäure sich eng an den Tryptophanumsatz anschließt, war nach der chemischen Konstitution der beiden Verbindungen zu erwarten. Daß sich nun aber auch die Pyridinkörper unter den „Wirkstoffen", z. B. Nikotinsäure, biologisch als Abkömmlinge des Tryptophans herausstellen, ist sehr überraschend. Die große Verwandtschaft von Verbindungen aller Art (Alkaloide, Farbstoffe, Riechstoffe), die sich gerade um das Tryptophan, die Aminosäure mit dem kompliziertesten Aufbau, scharen, wird nun noch erweitert. Von verschiedenen Stämmen der *Neurospora crassa* (s. S. 289), die alle Nikotinsäure zum Wachstum benötigen, gedeihen einige auch, wenn man ihnen als Ersatz Indol oder Tryptophan reicht. Das stützt die an tierischen Geweben

gewonnene Auffassung, daß Tryptophan der „Vorläufer" von Nikotinsäure ist (Bonner und Beadle). Kynurensäure scheint dabei ein
normales Zwischenprodukt zu sein.

Über die chemischen Veränderungen, die in den Pflanzen beim
Übergang von der vegetativen zur reproduktiven Phase vor sich gehen,
und die vielleicht sogar Voraussetzung oder Ursache für diesen Fortschritt der Entwicklung bilden, sind wir noch kaum unterrichtet.
Vernalisierter Winterweizen bleibt im Kurztag vegetativ, schreitet
aber unter Langtagsbedingungen zum Blühen und Fruchten. Dem
Übergang folgen Fluktuationen in der Konzentration von Stickstoffverbindungen, Riboflavin, Ascorbinsäure und Chlorophyll. Die As-
corbinsäureschwankungen traten einen Tag früher auf als die übrigen,
was auf frühzeitige Verschiebungen in den Redoxverhältnissen hindeutet. Die Veränderungen wurden festgestellt, ehe (makroskopisch?)
etwas von Blüten zu sehen war (Noggle).

Literatur.

Abegg, F. A. u. Mitarb.: Arch. of Biochem. 10, 141 (1946). — Alexandrov, W.
G., u. O. G. Alexandrova: Planta (Berl.) 7, 340 (1929). — Allen, M. B., H. Gest u.
M. D. Kamen: Arch. Biochem. 14, 335 (1947). — Audus, L. J.: Ann. of Bot. N. s. 11,
165 (1947). — Avineri, S., u. S. Hestrin: Biochem. J. 39, 167 (1945).

Barrenscheen, H. K., u. J. Pany: Biochem. Z. 310, 285, 335 (1941). — Beadle,
G, W., u. E.L. Tatum: Proc. nat. Acad. Sci. USA 27, 499 (1941); Amer. J. Bot. 32,
378 (1945). — Berger, J., u. G. S. Avery: Amer. J. Bot. 29, 2 s (1942). — Bern-
feld, P., u. A. Meutémédian: Nature 162, 618 (1948). — Bernstein, L., u. J. F.
Thompson: Bot. Gaz. 109, 204 (1947). — Bode, O.: Jb. Bot. 89, 208 (1941). —
Bonner, J.: Bot. Gaz. 105, 233, 352 (1944). — Arch. of Biochem. 17, 311 (1948);
Bonner, D.: Amer. J. Bot. 33, 788 (1946). — Bonner, W., u. J. Bonner: Amer.
J. Bot. 35, 113 (1948). — Bonner, D., u. G. W. Beadle: Arch. of Biochem. 11,
319 (1946). — Bonner, J., u. S. Wildman: Arch. of Biochem. 10, 497 (1946). —
Sixth Growth Symposium 1947, S. 51. — Borsook, H., u. J. W. Dubnoff: J. of
biol. Chem. 132, 539 (1940); 169, 247 (1947). — Bose, S. R.: Erg. Enzymforsch. 8,
267 (1939). — Boswell, J.: Ann. of Bot. N. s. 9, 55 (1946). — Brown, A. H.:
Amer. J. Bot. 29, 35 (1942). — Bruns-Runge, G.: Pharmazie 3, 262 (1948). —
Bucherer, H.: Zbl. Bakter. II, 105, 166, 445 (1943). — Buehrer, T. F. usw.:
Amer. J. Pharm. 111, 105 (1939); zit. in Ann. Rev. Biochem. 13, 533 (1944).

Calvin, M., u. A. Benson: Science 107, 476 (1948). — Caspersson, T.: Naturwiss. 29, 33 (1941). — Chen, H., K., u. H. G. Thornton: Proc. roy. Soc. London B.
129, 208 (1940). — Chen, H. K., H. Nicol u. H. G. Thornton: Proc. roy. Soc.
London B 129, 475 (1940). — Clifton, C. E.: Adv. in Enzymol. 6, 269 (1946). —
Cohen, P. P.: Annual Rev. Biochem. 14, 357 (1945). — Cori, C. F.: Endocrinology
26, 285 (1940). — Cori, C. F., u. G. T. Cori: J. of. biol. chem. 131, 397 (1939); J.
of. biol. Chem. 151, 57 (1943); Annual Rev. Biochem. 15, 153 (1946). — Cori, G.T. u.
M. W. Slein: Zit. bei O. Meyerhof (1948). —

Dawson, R. F.: Amer. J. Bot. 27, 190 (1940); Science 94, 196 (1941); Ref.
Bot. Zbl. 36, 104 (1942). — Amer. J. Bot. 29, 66, 813 (1942); 31, 351 (1944); 32,
416 (1945). — Plant Physiol. 21, 115 (1946). — Doudoroff, M., u. R. O'Neal:
J. of biol. Chem. 159, 585 (1945).

Ellinger, P., u. M. M. Kader: Nature 160, 675 (1947). — Emerson, R. L.,
J. F. Stauffer u. W. W. Umbreit: Amer. J. Bot. 31, 107 (1944). — Enders, C.,
u. R. Glave: Biochem. Z. 312, 277 (1942). — Enders, C., u. S. Windisch: Biochem.
Z. 318, 54 (1947).

Frankenburg, W. G.: Adv. in Enzymol. 6, 309 (1946). — Freudenberg, K.:
Naturwiss. 27, 17 (1939). — Annual Rev. Biochem. 8, 88 (1939). — Friedrich-
Freksa, H.: Z. Naturforsch. 3b, 63 (1948).

GODDARD, D.: Amer. J. Bot. **31**, 270 (1944). — GOLLUB, M. C., u. B. VENNES-
LAND: J. of biol. Chem. **169**, 233 (1947). — GRALÉN, N.: J. Colloid. Sci. **1**, 453
(1946). — GULICK, A.: Adv. in Enzymol. **4**, 1 (1943).

HANES, C. S.: Proc. roy. Soc. London B **129**, 174 (1940). — HASSID, W. Z.,
M. DOUDOROFF u. H. A. BARKER: Arch. of Biochem. **14**, 29 (1947). — HAWORTH,
W. H. u. Mitarb.: Nature **154**, 236 (1944). — HESTRIN, S., u. S. AVINERI-SHAPIRO:
Biochem. J. **38**, 2 (1944). — HIEKE, K.: Planta (Berl.) **33**, 185 (1943). — HORVATH,
J. v.: Arch. Mikrobiol. **13**, 373 (1943). — JAMES, W. O.: Annual Rev. Biochem. **15**,
417 (1946). — JAMES, W. O., u. S. A. ARNEY: New Phytol. **38**, 340 (1939).

KALCKAR, H. M.: J. of biol. Chem. **148**, 127 (1943); **153**, 385 (1944). — KARRER,
P. u. Mitarb.: Helv. chim. Acta **28**, 300, 1146 (1945); **30**, 537 (1947). — KEILIN,
D. K., u. Y. L. WANG: Nature **155**, 227 (1945). — KEILIN, D., u. J. D. SMITH:
Nature **159**, 692 (1947). — KERR, R. W.: Arch. of Biochem. **7**, 377 (1945). —
KIESSLING, W.: Naturwiss. **27**, 129 (1939). — Biochem. Z. **302**, 50 (1939). —
KOHLER, G. W. u. Mitarb.: Bot. Gaz. **109**, 219 (1947). — KRATZL, K.: Experientia
4, 110 (1948). — KREBS, H. A.: Adv. in Enzymol. **3**, 191 (1943). — KREBS, H. A.,
u. L. V. EGGLESTON: Biochem. J. **35**, 676 (1941); **38**, 426 (1944). — KUBO, H.:
Acta phytochim. (Tokyo) **11**, 195 (1939). — KUHN, R., u. A. GAUHE: Z. Naturforsch.
2b, 407 (1947). — KUHN, R., u. I. LÖW: Chem. Ber. **80**, 406 (1947).

LEONHARD, M. J., u. R. H. BURRIS: J. of biol. Chem. **170**, 701 (1947). — LIP-
MANN, F.: Adv. in Enzymol. **1**, 99 (1941); **6**, 231 (1946). — LYNEN, F.: Naturwiss.
30, 398 (1942).

MACHATA, H. A., R. H. BURRIS u. P. W. WILSON: J. of biol. Chem. **171**, 605
(1947). — MANSKE, R.: Annual Rev. Biochem. **13**, 533 (1944). — MASHTAKOV,
S. M.: C. r. (Doklady) Acad. Sci. URSS **19**, 307 (1938); **24**, 509 (1939). — MEYER A.,
u. E. SCHMIDT: Flora (Jena) **100**, 317 (1910). — MEYERHOF, O.: Experientia **4**,
169 (1948). — MEYERHOF, O., u. K. LOHMANN: Biochem. Z. **253**, 431 (1932). —
MOSKOV, B. S., u. M. J. SMIRNOVA: C. r. (Doklady) Acad. Sci. URSS **24**, 87 (1939). —
MOTHES, K., J. BAATZ u. H. SAGROMSKY: Planta (Berl.) **30**, 289 (1939). — MOTHES,
K., u. K. HIEKE: Naturwiss. **31**, 17 (1943). — MOTHES, K., u. D. KRETSCHMER:
Naturwiss. **33**, 26 (1946). — MYRBÄCK, K. Arch. of Biochem. **14**, 53 (1947).

NELSON, J. M., u. C. R. DAWSON: Adv. in Enzymol. **4**, 99 (1944). — NIELSEN, N.:
Wuchsstoffe und Antiwuchsstoffe der Mikroorganismen. Jena 1945. — NILSSON, R.:
Arch. Mikrobiol. **12**, 63 (1942). — NOGGLE, G. R.: Plant Physiol. **21**, 492 (1946). —
NOVALLI, G. D., u. F. LIPMANN: Arch. of Biochem **19**. 23 (1946)

OCHOA, S.: J. of biol. Chem. **159**, 245 (1945). — OKUNUKI, K.: Acta phytochim. (Tokyo) **11**, 28 (1939).

PEACOCK, S. M., D. B. LEYERLE u. R. F. DAWSON: Amer. J. Bot. **31**, 463
(1944). — PEAT, S.: Annual Rev. Biochem. **15**, 75 (1946). — PEAT, S. u. Mitarb.:
vgl. Annual Rev. Biochem. **15**, 75 (1946). — PRELOG, V,. u. S. SPILFOGEL: Helv.
chim. Acta **25**, 1306 (1942). — PROKOFIEW, A. A.: J. Bot. URSS **31**, 5 (1946);
Ref. Biol. Abstr. (Am.) **21**, 18261 (1947). — PROKOSHEV, S. J., u. E. J. DANCHEVA:
Biochimija (russ.) **12**, 356 (1947). Ref. Ber. Biol. **64**, 186 (1948). — PUCHER, G. W.
u. Mitarb.: Plant Physiol. **22**, 1, 205 (1947). — PUCHER, G. W., u. H. B. VICKERY:
J. of biol. Chem. **145**, 525 (1942).

RAUTANEN, N.: J. of biol. Chem. **163**, 687 (1946). — RICHARDS, F. J.: Ann. of
Bot. N. s. **2**, 491 (1938). — RIPPEL-BALDES, A., A. STARC u. W. KÖHLER: Arch.
Mikrobiol. **13**, 363 (1943). — RITTER, D. M. u. Mitarb.: Science **107**, 20 (1948). —
ROINE, P.: Ann. Acad. Sci. fenn. Ser. A, II Chemica, Nr. 26 (1947). — ROSEN, F.
u. Mitarb.: J. of biol. Chem. **163**, 343 (1946). — RUSSELL, A.: Science **106**, 372
(1947).

SAGROMSKY, H.: Planta (Berl.) **33**, 299 (1942). — SCHÄFFNER, A., u. H. SPECHT:
Naturwiss. **26**, 494 (1938). — SCHLAMOWITZ, H., u. D. M. GREENBERG: J. of biol.
Chem. **171**, 293 (1947). — SCHLENK, F., u. A. FISHER: Arch. öf Biochem. **12**, 69
(1946). — SCHMID, H.: Diss. Zürich (1947); Ber. schweiz. bot. Ges. **58**, 1 (1948).;
Ref. Ber. Biol. **64**, 2 (1948). — SCHOCH, T. J.: Adv. in Carbohydrate Chem. **1**,
347 (1945). — SCHWABE, G.: Planta (Berl.) **16**, 397 (1932). — SCHWEIGART, B. S.,
H. C. GERMAN u. M. J. GARBER: J. of biol. Chem. **174**, 383 (1948). — SEYBOLD, A.:
Bot. Arch. **44**, 551 (1943). — SIDERIS, C. P., u. H. Y. YOUNG: Plant Physiol. **22**,
97 (1947). — SMIRNOVA, M., u. B. S. MOŠKOV (1941): Ref. Biol. Abstr. (Am.) **21**,

23350 (1947). — Snell, E. E.: J. amer. chem. Soc. **67**, 194 (1945). — Stadler, L. J.:
Amer. J. Bot. **29**, 17 s (1942). — Stapp, C.: Zbl. Bakter. Abt. II **102**, 1 (1940). —
Stephens, G.: Arch. Biochem. **18**, 4449 (1948). — Stotz, E.: Adv. in Enzymol. **5**,
129 (1945).

Tang, Y. W., u. J. Bonner: Arch of. Biochem. **13**, 11 (1947). — Tatum, E. L.:
Annual Rev. Biochem. **13**, 667 (1944). — Traub, H. B.: Plant Physiol. **21**, 425
(1946). — Turner, J. S. u. Hanley: Nature **160**, 296 (1947).

Umbreit, W. W. ,W. A. Wood u. I. C. Gunsalus: J. of biol. Chem. **165**, 731.
(1946).

Vennesland, B., J. Ceithaml u. M. C. Gollub: J. of biol. Chem. **171**, 445
(1947). — DuVigneaud, V. u. Mitarb.: J. of biol. Chem. **131**, 57 (1939); **134**
787 (1940). — Virtanen, A.: Sber. finn. Akad. Wiss. **1945** (Januar). — Suomen
Kemistilehti **19**, 48 (1946). — Biol. Rev. Cambridge philos. Soc. **22**, 239 (1947). —
Virtanen, A. u. Mitarb.: J. prakt. Chem. **162**, 71 (1943). — Acta chem. scand. **1**,
90, 861 (1947). — Virtanen, A., u. T. Laine: Biochem. Z. **308**, 213 (1941). —
Vogler, K. G., u. W. Umbreit: J. gen. Physiol. (Am.) **26**, 157 (1942).

Walter, E. M., u. J. M. Delson: Arch. of Biochem. **6**, 131 (1945). — Walkey,
J.: New Phytol. **39**, 362 (1940). — Warburg, O., u. W. Christian: Naturwiss. **30**,
731 (1942). — Biochem. Z. **311**, 209 (1942); **314**, 149 (1943). — Weier, T. E.:
Amer. J. Bot. **31**, 342 (1944). — Werkman, C. H., u. H. G. Wood: Adv. in Enzymol.
2, 135 (1942). — Wieland, H.: Naturwiss. **34**, 111 (1947). — Wildman, S. G.,
M. G. Ferri u. J. Bonner: Arch. of Biochem. **13**, 131 (1947). — Winnick, Th.
u. E. M. Scott: Arch. of Biochem. **12**, 201 (1946). — Wolf, J.: Planta (Berl.) **15**,
572 (1931). — Wood, J. G. u. D. H. Cruickshank: Austral. exper. Biol. a. med.
Sci. **22**, 111 (1944), zit. bei J. G. Wood (1945). — Wood, J. G.: Annual Rev.
Biochem. **14**, 665 (1945). — Wood, H. G., u. C. H. Werkman: J. of biol. Chem.
142, 31 (1942).

Zimmermann, J.: Helv. chim. Acta **27**, 337 (1944).

D. Physiologie der Organbildung.

16. Vererbung.

Von HANS MARQUARDT, Freiburg.

Der Beitrag folgt im Band XIII.

17. Zytogenetik.

Von JOSEPH STRAUB, Köln-Riehl.

Der Beitrag folgt im Band XIII.

18. Wachstum und Bewegung.

Von HERMANN VON GUTTENBERG, Rostock.

Für das folgende Referat stand die ausländische Literatur nur in beschränktem Maß zur Verfügung. Immerhin hoffe ich, daß es gelungen ist, wenigstens eine brauchbare Übersicht über den heutigen Stand der Wuchsstofforschung zu geben. Mehr und mehr wird klar, daß man bisher von viel zu einfachen Vorstellungen ausging, und daß es noch lange dauern dürfte, ·bis es gelingt, in das komplizierte Getriebe aller das Wachstum regulierenden Faktoren Einblick zu gewinnen. Um Überschneidungen zu vermeiden, werden entwicklungsphysiologische Arbeiten nur soweit herangezogen, als sie die reine Wachstumsforschung ergänzen.

Schon seit längerer Zeit ist bekannt, daß das seinerzeit als einziger natürlicher Wuchsstoff angesehene Auxin (a und b) KÖGLs nur einer der am Wachstum beteiligten Stoffe ist. Die β-Indolylessigsäure (I.E.S.), die meist als Heteroauxin (H.A.) bezeichnet wird, wurde mehrfach in Pflanzen nachgewiesen, Äthylen entpuppte sich als pflanzeneigener Wuchsstoff, und die Möglichkeit, daß andere „künstliche Wuchsstoffe" von der Pflanze selbst produziert würden, gewann an Wahrscheinlichkeit. Dazu kamen die „Wuchsstoffvorläufer" (precursors) und die „gebundenen Wuchsstoffe", die zum Teil mit dem Auxin, zum Teil mit der I.E.S. in Verbindung zu stehen scheinen. Leider ist die Verwirrung in der Nomenklatur groß, da besonders die amerikanischen Autoren alle Wuchsstoffe als „Auxine" bezeichnen. Der Vorschlag von FRIEDRICH, dafür den Ausdruck „Auxone" einzuführen, ist sehr zu begrüßen, dürfte sich aber leider nicht mehr durchsetzen. Mehr und mehr wurde klar, daß neben fördernden Stoffen auch hemmende vorhanden sind, die als Antagonisten der erstgenannten auftreten. Hier liegt wieder die Schwierigkeit vor, daß auch die beschleunigenden Stoffe in hoher Konzentration wachstumshemmend wirken können. Dabei ist diese „hohe" Konzentration ein sehr relativer Begriff, da als weiterer Faktor die jeweilige Empfindlichkeit des Organes gegenüber Wuchsstoffen eine entscheidende Rolle spielt. Dafür sind die Wurzeln das beste Beispiel, deren Verhalten gegenüber Wuchsstoffen (W.St.) allgemein so erklärt wird, daß hier schon sehr geringe Konzentrationen hemmenden Einfluß haben. Freilich ist das nicht die einzig mögliche Deutung; man könnte z. B. auch annehmen, daß den Wurzeln die antagonistischen Stoffe fehlen.

Im Kopenhagener Institut hat BOYSEN JENSEN Methoden ermittelt, die eine Trennung von verschiedenen W.St. und Hemmstoffen (H.St.) auf chemischem und diffusivem Wege ermöglichen. Sie erwiesen sich als sehr fruchtbringend. So gelang es LARSEN (1, 2, 3) zu zeigen, daß es auch einen neutralen W.St. gibt. Er isolierte ihn mit Äther oder Chloroform aus etiolierten Keimpflanzen von *Pisum, Vicia Faba, Helianthus* und *Brassica* und testete ihn mit *Avena*-Koleoptilen. Die Befreiung des Rohextraktes von allen sauren Substanzen erfolgte durch Schütteln mit Natriumbikarbonat. In manchen Fällen, so besonders bei *Pisum*, versagte der neutrale Extrakt im Test. Ein Zufall zeigte dann, daß er wirksam wurde, wenn der W.St.-Agar mit Erde in Berührung kam. Die Bodenwirkung erwies sich als ein Oxydationsprozeß, der nur bei Gegenwart von Luftsauerstoff vor sich geht. Dabei bildet sich aus dem neutralen ein saurer W.St. Versuche, die Umwandlung durch anorganische Oxydationsmittel zu erreichen, schlugen fehl, dagegen gelang diese sofort mit dem SCHARDINGER-Enzym der Milch, einer Aldehydrase. Es galt nun, die Substanzen zu identifizieren, wobei der Gedanke nahe lag, daß der neutrale Stoff Indolacetaldehyd, der saure I.E.S. wäre. In der Tat bestätigten Molekulargewichtsbestimmungen diese Annahme. Der Aldehyd ist auch in Wasser löslich, kochbeständig, und wird schon in kurzer Zeit durch Säuren und Laugen zerstört, während die I.E.S. bekanntlich laugenbeständig ist. Aus Tryptophan und Isatin hergestellte I.E.S. enthielt neben dieser auch in geringer Menge den Aldehyd; wieder ließ er sich durch Milchbehandlung in die Säure verwandeln. Zusammenfassend darf angenommen werden, daß in Pflanzen neben I.E.S. auch ihr Aldehyd vorkommt. Etiolierte Pflanzen enthalten mehr Aldehyd als Säure. Bei grünen herrscht das umgekehrte Verhältnis vor. Bestrahlung der ersten hat Zunahme der Säure, Verdunklung der grünen eine solche des Aldehyds zur Folge. So erscheint in diesem tatsächlich eine wenig oder nicht aktive Vorstufe des H.A. gefunden worden zu sein. Da sie gegen Laugen empfindlich ist, wird die bisher geübte Methode, Auxin und H.A. durch Säure-Laugenbehandlung zu trennen, leider an Wert verlieren.

Anschließend sei über eine großangelegte Untersuchung von HEMBERG (1,2,3,4) über die W.St. und H.St. der Kartoffel berichtet, da sie manche Übereinstimmung mit den Studien LARSENs aufweist. Untersucht werden Ätherextrakte aus Schalen (Periderm + äußerste Rinde) aus der Rinde, dem Holzring und dem Mark. Durch chemische Reinigung und Diffusion können aus dem Rohextrakt dreierlei für das Ruhen und Austreiben maßgebliche Stoffe gewonnen werden. Es sind dies ein saurer und ein neutraler W.St. und ein H.St. Der saure W.St. zeigt das Molekulargewicht der I.E.S., auch wird er durch Säuren vernichtet, durch Laugen wenig angegriffen. Somit kann es sich nicht um Auxin handeln, vielmehr liegt fast sicher I.E.S. vor. Der neutrale W.St. gibt im Hafertest deutliche aber sehr unregelmäßige Krümmungen. Da sich diese Substanz durch SCHARDINGER-Enzym in den sauren W.St. verwandeln läßt, liegt offenbar auch hier Indolacetaldehyd vor. Er ist kaum quantitativ zu erfassen, da er äußerst säureempfindlich ist; auch scheint er sich im Verlaufe der Extraktion zu vermehren, so daß er in der Pflanze gebunden vorliegen dürfte. Damit wäre also eine gebundene Vorstufe der I.E.S. gefunden. Der H.St. ist auch wasserlöslich und kann nur durch Diffusion von den W.St. getrennt werden. Er scheint mit dem von LARSEN in Tomaten gefundenen H.St. identisch zu sein, den dieser erst als „Skototenin" beschrieb, später aber dem Blastokolin gleichsetzte. Sehr aufschlußreich sind Beobachtungen über das Auftreten der verschiedenen Wirkstoffe in den einzelnen Teilen der Kartoffel zu verschiedenen Zeiten. Der saure Wuchsstoff kommt hauptsächlich in den Schalen vor. Unmittelbar nach der Ernte ist er in geringer Menge vorhanden, während er schon nach 6 Wochen hier rapide zunimmt und sich in der Umgebung der Achselknospen anhäuft. Zu dieser Zeit ist die Ruheperiode überwunden, die Kartoffel also keimfähig geworden. Die inneren Kartoffelteile enthalten nur wenig I.E.S., größere Schwankungen kommen hier nicht vor. Kartoffelschalen, die einige Stunden an der Luft liegen, vermehren ihren Gehalt an I.E.S. an der trocknenden Wundfläche. Dies führt zu der Annahme, daß HABERLANDTs Wundhormone in die gleiche Gruppe gehören. Dazu paßt ein Befund von DOSTÁL, daß Ansengen von Kartoffeln über einer Kerzenflamme ein Austreiben schon 8 Tage nach der Ernte ermöglicht, und daß bei *Phytophthora*-Befall der Wuchsstoffgehalt zunimmt. Die Menge des neutralen W.St. nimmt beim Keimen in der Schale stärker ab, als im Fleisch; er findet sich zusammen mit dem sauren auch in den Keimsprossen. Der H.St. ist unmittelbar nach der Ernte in großer Menge in den Schalen vorhanden; nach 6 Wochen ist der größte Teil davon verschwunden. Ebenso nimmt er an trocknenden Kartoffelscheiben schon nach 3 Stunden deutlich ab. Fassen wir die Ergebnisse zusammen, so erhalten wir ein schönes Beispiel vom Zusammenwirken der verschiedenen Stoffe. Die eigentliche Ruheperiode dauert 6 Wochen; sie wird offenbar durch das Vorhandensein von H.St. und das Fehlen von Beschleunigungsstoffen bedingt. Die Keimung ist mit dem Rückgang des H.St. und der Produktion von I.E.S. verbunden, die über den gebundenen Aldehyd zu erfolgen scheint. Man wird annehmen dürfen, daß diese Vorgänge das Keimen auslösen. Dafür spricht auch, daß geschälte Kartoffeln, also solche, an welchen man das H.St.-Depot entfernt hat, rasch keimen. Ref. hält es für wichtig, schließlich noch darauf hinzuweisen, daß neben der I.E.S. noch ein säurefester W.St. in geringer Menge auftritt, den HEMBERG nicht weiter untersuchte, den er aber selbst für Auxin a hält.

Studien von FUNKE sowie FUNKE und SÖDING befassen sich mit einem ähnlichen Fragenkomplex. FUNKE untersucht zunächst den

W.St.- und H.St.-Gehalt keimender Maiskörner. Sie verwendet teils direkt Gewebestücke, teils Diffusate oder Extrakte und testet hauptsächlich mit Hilfe des „Zylindertestes" (Längenwachstum von *Avena*-Koleoptilzylindern). FUNKE findet einen durch H_2O_2 zerstörbaren W.St., den sie für Auxin hält, ohne daß das aber — etwa durch die Säure Laugen-Behandlung — bewiesen würde. Dieses Auxin befindet sich besonders im Endosperm gequollener Körner und nimmt hier erst nach 5—6-tägiger Quellung ab. Es kommt auch im Scutellum vor, das daneben noch einen H_2O_2-festen beschleunigenden W.St. enthält, der merkwürdiger Weise im Zylindertest nur dann wirkt, wenn die Zylinder 20 Stunden vorher geschnitten worden waren, und der im Tageslicht-Hafertest ganz versagt. H.St. findet sich im Scutellum und im Endosperm; es gelang nicht, ihn ganz zu entfernen, doch kann er durch Diffusion einigermaßen vom Auxin getrennt werden. Er zeigt bemerkenswerte Beziehungen zum H_2O_2-festen W.St. Erstens ist er auch gegen dieses Reagens beständig, und zweitens verliert er im Zylindertest nach 20 Stunden seine Wirksamkeit, also gerade zu der Zeit, zu der der H_2O_2-feste W.St. mit seiner Wirkung beginnt. Da beiderlei Stoffe auch nicht trennbar sind, vermutet Verf., daß sie identisch sein könnten.

FUNKE und SÖDING verfolgen das Thema weiter. Es gelang ihnen aus *Avena*-Mesokotyl-Stümpfen einen aufsteigenden W.St. in Agar aufzufangen. Es ist der H_2O_2-feste W.St.-H.St., da er wieder altgeschnittene Zylinder fördert, frischgeschnittene hemmt. Verf. meinen, daß die Förderung darauf beruhe, daß die Zylinder nach 20 Stunden eine „physiologische Spitze" regenerieren, die eine Umwandlung des H.St. in einen W.St. bewirkt. Jetzt wird auch nachgewiesen, daß dieser Stoff durch HCl zerstört, aber durch Laugen (NH_4OH) nicht angegriffen wird. Verf. vereinen die Befunde in folgender Vorstellung. Aktives Endosperm-Auxin wird im Scutellum inaktiviert, nämlich in H_2O_2-festen W.St. verwandelt. Dieser breitet sich apolar aus, wandert zur Spitze und wird hier wieder zu Auxin reaktiviert. Da der inaktive Stoff auch als H.St. wirken kann, ist er ein W.St.-Antagonist und wird daher als „Antiauxin" bezeichnet. Dieses soll sich unmittelbar in „Auxin" verwandeln können. FUNKE und SÖDING untersuchen anschließend auch Kartoffeln mit gleicher Methodik, so daß ein Vergleich mit den Arbeiten HEMBERGs möglich wird. Es ergab sich, daß Kartoffelextrakte dreierlei Wirkstoffe enthielten. Der eine erwies sich als säurefest, ist also wohl Auxin a, in geringerer Menge war ein laugenfester W.St. nachzuweisen. Dieser soll aber nicht I.E.S. sein, sondern „Antiauxin", weil er durch H_2O_2 nicht völlig zerstört wird. Die Autoren zeigen aber selbst, daß auch H.A. durch dieses Reagens nur teilweise inaktiviert wird. Ref. vermutet demnach, daß es sich hier doch (auch bei *Avena*) um die von HEMBERG nachgewiesene I.E.S. handelt. Schließlich liegt noch ein H.St. vor, der durch H_2O_2 nicht zerstört wird. Es handelt sich wohl um denselben H.St., den HEMBERG in der Hand hatte, wofür besonders das Zurückbleiben in Diffusionsversuchen spricht. Die Gleichstellung dieses Hemmstoffes mit dem oben beschriebenen Förderstoff (Antiauxin) hält Ref. für sehr gewagt, noch mehr die Annahme seiner direkten

Umwandlung in Auxin a. Vielmehr ist anzunehmen, daß das Antiauxin und vielleicht auch andere H.St. Verbindungen der I.E.S. mit andern Stoffen sind, die zunächst hemmend wirken, aber fördernde I.E.S. abspalten können.

Ein Teil der pflanzlichen H.St. erwies sich als zu den Laktonen gehörig. KUHN und Mitarbeiter studierten zunächst die Wirkung der aus Ebereschenbeeren gewonnenen natürlichen Parasorbinsäure (Sorbinöl) im Kresse-Keimungstest. Dieses Lakton hemmt in der Verdünnung 1:1000 die Keimung der Samen vollständig und das Wurzelwachstum schon bei 1:10000 erheblich. Cumarin hat noch stärkere „Blastokolinwirkung", da es die Keimung schon bei 10^{-4} unterdrückt. Andere geprüfte Laktone dagegen waren unwirksam. Gehemmt werden auch Pollenkeimung, Hefe- und Staphylokokkenvermehrung, nicht aber die von Milchsäurebakterien. VELDSTRA und HAVINGA bestätigen die Hemmwirkung der Parasorbinsäure und des Cumarins. Naphthylessigsäure kann die Keimungshemmung, die Cumarin an Kressesamen bewirkt, nicht aufheben, wohl aber wird die hemmende Wirkung im Erbsentest also beim Streckungswachstum zum Teil überwunden. Als neuer H.St. aus der Laktongruppe wird β-Angelika-Lakton angeführt, dagegen sind Ascorbinsäure und Digitalisglykoside unwirksam. Für die Hemmung machen die Autoren den ungesättigten Laktonring verantwortlich. Vom Lumi-Auxin-a-Lakton wäre H.St.-Wirkung zu erwarten, doch steht die Substanz derzeit nicht zur Verfügung.

Eine wertvolle Ergänzung der Arbeit von HEMBERG bringt MOEWUS. Schon im Bd. 11 der Fortschr. Bot. konnte Ref. über Versuche von SKOOG und THIMANN berichten, denen es gelang, bei *Lemna* W. St. mit Hilfe proteolytischer Enzyme freizumachen. Dasselbe Ergebnis erzielten THIMANN, SKOOG und BYER auch an Tabak- und Tomatenblättern sowie an der Grünalge *Ulva*. Es handelt sich dabei zweifellos um die I.E.S. Mittels eines neuen, noch nicht beschriebenen Testes wird im Kartoffelpreßsaft ein thermostabiler W.St. nachgewiesen, der in seiner Wirkung der I.E.S. entspricht. Läßt man auf den Saft Pankreatin durch 24 Stunden einwirken, so steigt der W.St.-Gehalt auf das 100fache an; wird der Saft aber vorher gekocht, so unterbleibt die Zunahme. Dabei wird also die an Eiweiß gebundene H.A.-Reserve zerstört. Wird der Preßsaft mit I.E.S. versetzt, so verschwindet von dieser der größte Teil, sie wird also gebunden und inaktiviert. Durch Pankreatinzusatz wird die I.E.S. dann wieder befreit. Nach den Studien LARSENs und HEMBERGs wird man annehmen wollen, daß die Bindung unter Überführung in die Aldehydform erfolgt, die Befreiung oxydativ verläuft.

Vielleicht stehen damit die mehrfach beobachteten Zusammenhänge mit der Atmung in Verbindung. In einer schon von LANG (Fortschr. Bot. Bd. 11) referierten Arbeit von COMMONER und THIMANN wurde gezeigt, daß I.E.S. bei Gegenwart von Fumar- und Äpfelsäure die Atmungsintensität steigert, also offenbar katalytisch in dieses Teilsystem der Atmung eingreift. RUGE (1) greift diesen Gedanken auf und erweitert ihn, indem er die I.E.S. selbst auch als Atmungsprodukt auffaßt. Frei geworden aktiviert sie das C_4-Säuresystem und dieses wieder die Auxinbildung. Zu einer ganz ähnlichen Auffassung waren GUTTENBERG und LEHLE-JÖRGES in einer Untersuchung gekommen, über die noch später berichtet werden wird.

RUGEs Arbeitstheorie leitet in manchem zu den Ansichten des Ref. über. In einer früheren Arbeit (vgl. Fortschr. Bot. 11) wurde gezeigt, daß Zufuhr von I.E.S. in *Coleus*-Sprossen nicht zur Anhäufung eines laugenfesten W.St. führt, also der I.E.S. selbst, sondern daß im Innern der Pflanze ein säurefester W.St. vermehrt auftritt, den man nach diesem Verhalten als Auxin a anzusprechen hätte. Bewahrheitet sich diese Theorie, so wäre die bisher so rätselhafte Gleichartigkeit der Wirkung von Auxin und H.A. auf die einfachste Weise gelöst, denn dann wären sämtliche H.A.-Effekte gar nicht durch die I.E.S. selbst, vielmehr durch aktiviertes Auxin a bewirkt. Zur Stützung dieser Auffassung wurden von v. GUTTENBERG und BÜCHSEL Versuche durchgeführt, die zeigen sollten, wie I.E.S. und *Avena*-Auxin an Pflanzen wirken, denen man alle eigenen W.St.-Reserven genommen hat. Dies geschah bei *Avena*-Koleoptilen dadurch, daß man sie abschnitt, zweimal dekapitierte und dann so lange wartete, bis Extrakte aus ihnen keinen testbaren Wuchsstoff mehr enthielten. Von Dikotylen wurden Hypokotyle von *Helianthus* dekapitiert und wieder so lange stehen gelassen, bis sie keinen W.St.-Gehalt mehr zeigten. Dann wurden zweierlei Präparate hergestellt, nämlich Agarplättchen, die das Diffusat von 4 *Avena*-Spitzen enthielten, und solche, die mit I.E.S. in der Verdünnung 10^{-6} g/l beschickt worden waren. Beiderlei Präparate ergaben im normalen *Avena*-Test etwa gleiche Krümmungswinkel. Die Krümmung verlief dabei gleichartig und erreichte ihr Maximum nach etwa 2 Stunden. Wurden nunmehr aber als Test wuchsstofffreie Koleoptilzylinder verwendet, so wirkte zwar das *Avena*-Auxin gleich schnell und nur etwas stärker als früher, dagegen rief I.E.S. eine Krümmung erst nach 3 Stunden hervor. Die Wirkung hielt dann etwa 7 Stunden an und die Endwinkel waren fast verdoppelt. Noch auffälliger ist der Kontrast bei *Helianthus*. Hier gab I.E.S. 10^{-4} an intakten Pflanzen eine Krümmung von etwa 30°, die nach 4 Stunden beendet war. W.St.-freie Hypokotylstümpfe aber zeigten eine sehr verspätete Krümmung (10—26 Stunden), die schließlich Winkel von 90°, ja bis zu 180° erreichen kann. Dabei schreitet die Wirkung nach oben und unten zu fort, so daß hakenförmige Krümmungen am apikalen Ende entstehen. Das beweist klar, daß sich die I.E.S. *apolar* ausbreitet. Gemischte oder antagonistische Darbietung zeigte, daß I.E.S. und *Avena*-Auxin völlig unabhängig voneinander wirken. Die Erklärung für das differente Verhalten der beiden Stoffe sieht Ref. im folgenden. Führt man W.St.-freien Pflanzenorganen Auxin a zu, so hat dieses eine einmalige Wirkung, die nur von der zugeführten Auxinmenge abhängt. Bietet man aber I.E.S., so führt diese nach dem Eindringen allmählich zu fortschreitender Auxinbildung und wirkt somit andauernd und stärker. Die Verzögerung der Wirkung bei *Avena* könnte darauf beruhen, daß durch das Abschneiden vom Korn ein aufsteigender zunächst inaktiver Stoff entfernt wurde. Für diese Annahme ließ sich ein Beweis erbringen. Klebt man abgeschnittene W.St.-freie Koleoptilen auf die

Mesokotylstümpfe wieder auf, so verhalten sich solche Pflanzen wie normale. Es muß also vom Stumpf her ein Stoff aufsteigen, der an der apikalen Schnittfläche der Koleoptile aktiviert wird. Entsprechendes gilt für *Helianthus*, wo Wiederankleben der Keimlingsspitze samt Kotyledonen die Pflanzen wieder in normal reagierende verwandelte. Der geringe Effekt des H.A. an intakten Pflanzen erklärt sich wohl durch deren Eigengehalt an Auxin, das, allseits verteilt, einem einseitigen Wachstum, also einer Krümmung, entgegenwirkt.

Um die Verteilung von Auxin und H.A. im Samen und Keimling näher kennen zu lernen, analysierten v. GUTTENBERG und LEHLE-JÖRGES solche (von *Zea, Avena, Triticum, Tropaeolum, Fagopyrum*) mit Hilfe der Säure-Laugen-Trennungsmethode. Trockenkörner direkt, also fast wasserfrei, mit Äther extrahiert, enthielten säure- und laugenfeste W.St. von etwa gleichem Wirkungsgrad. Leguminosensamen versagten, wohl wegen Anwesenheit von H.St. Die Laugenbehandlung wurde erst am Extrakt vorgenommen. Dadurch unterscheidet sich unsere Untersuchung grundsätzlich von solchen verschiedener früherer Autoren (vgl. Fortschr. Bot. **11**). Diese behandelten die Körner selbst mit Lauge und extrahierten nachher; dann läßt sich aber nichts mehr über die ursprünglich vorhandene Menge von laugenfestem W.St. aussagen, da die Lauge ja neue Mengen frei macht. Wasserextrakte brachten in unseren Versuchen die gleichen Ergebnisse. Die Ausbeute wuchs besonders bei Gramineen schon nach 24stündiger Quellung beträchtlich an, beim Mais vor allem der laugenfeste Anteil, der wohl als I.E.S. betrachtet werden kann. Nach 2—3 Tagen nahmen die Wirkstoffe ab, und zwar beim Mais so rapide, daß nach 5 Tagen Endospermextrakte keine nennenswerten Krümmungen mehr im *Avena*-Test ergaben. Eine Analyse der Keimpflanzen zeigte dann, daß nunmehr Extrakte aus Scutellen und Sprossen von Mais und Hafer im Test Krümmungen etwa des Ausmaßes ergaben, das wir bei der Kornextraktion angetroffen hatten. Die Scutella und die Mesokotyle enthielten reichlich I.E.S. In den Koleoptilen selbst dagegen fanden wir nur säurefesten W.St., also wohl Auxin. Somit wandert die I.E.S. als solche bei der Keimung nur bis in das Mesokotyl ein. Spätestens hier muß die bekannte Umwandlung in die inaktive Form stattfinden, die dann aufsteigt und offenbar die Produktion von Auxin in der Koleoptilspitze anregt. Der aufsteigende Stoff könnte dem Indolacetaldehyd entsprechen, der ja nicht mehr laugenfest ist. Fliederknospen verhielten sich analog. Wir untersuchten sie in drei Serien vom Laubfall bis zur Entfaltung, und zwar normal und durch Äthervergasung oder Wärme angetrieben. Im November ergaben weder Extrakte noch Diffusate *Avena*-testbaren Wuchsstoff. Im Dezember und Januar ließ sich in den angetriebenen Knospen nur I.E.S. nachweisen, also kein säurefester W.St. Im Februar-März dagegen trat solcher, also wohl Auxin, in allen Knospen auf. Auch hier erscheint also erst I.E.S. und dann Auxin a, was mit unserer Theorie bestens übereinstimmt. Ähnlich wie später RUGE (1) hielten wir es für wahrscheinlich, daß mit der Quellung von Samen und Knospen die Atmung erheblich ansteigt, dabei freigemachtes H.A. das C_4-Säurensystem der

Atmung anregt, und dadurch wieder an Orten, die gebundenes Auxin a enthalten, dieses befreit, also aktiviert.

GEIGER und SUTTER, sowie SUTTER studierten die Aufnahme von I.E.S. durch Gurkenhypokotyle. Diese wurden nach Entfernung der Wurzel und der Kotyledonen in eine passende Nährlösung mit oder ohne H.A. gebracht. Konzentrationen von 10^{-5}—10^{-4} molar I.E.S. fördern das Wachstum um 300—500%, können also als physiologisch betrachtet werden. Um die dabei stattfindende H.A.-Aufnahme zu kontrollieren, wurde laufend die Abnahme dieses Stoffes in der Lösung verfolgt. Da eine Zerstörung der Säure durch die Hypokotylstücke nicht stattfindet, muß der Schwund der Aufnahme entsprechen. Der jeweilige Gehalt an I.E.S. wird kolorimetrisch nach der Methode von WINKLER und PETERSEN festgestellt. Es wird ein verfeinertes Verfahren beschrieben, mit dem es gelingt, Konzentrationen bis 10^{-5} molar quantitativ zu erfassen. Die Versuche ergaben einen deutlichen Schwund der I.E.S. aus der Lösung, in der sich 40 Hypokotylstücke befanden. Die Abnahme erfolgt erst rasch, dann langsam; nach 9 Stunden bleibt der Gehalt der Außenlösung konstant. SUTTER schließt daraus, daß nunmehr zwischen dem aufgenommenen und dem verbleibenden H.A. ein Gleichgewicht herrscht. Die Aufnahme wäre danach ein reiner Diffusionsvorgang und nicht durch Adsorption oder eine „adenoide" Tätigkeit bewirkt. Auch könne eine Inaktivierung nicht in nennenswertem Ausmaß eintreten, da sonst ein Gleichgewicht unmöglich wäre. Für einfache Diffusion spricht auch, daß wachsende und nicht wachsende Hypokotyle sich bezüglich der Aufnahme gleich verhalten. Leider war ein kolorimetrischer Nachweis der I.E.S. in Hypokotylextrakten nicht möglich, was mit eigenen Erfahrungen an Maiskorn-Extrakten übereinstimmt. Maximale Wachstumsförderung wird erreicht, wenn pro wachsende Zelle $5{,}5 \cdot 10^9$ H.A.-Moleküle aufgenommen wurden. Eine monomolekulare Schichte davon bedeckt die Zelloberfläche noch nicht. SUTTER schließt daraus, daß der wirkende W.St. „nicht frei gelöst in der Zelle vorhanden ist, sondern an bestimmten Zellorten adsorbiert wird". Dafür spricht auch die Tatsache, daß die 40 Hypokotylstücke stets dann am stärksten wachsen, wenn sie 60 γ I.E.S. aufgenommen haben. Weitere Mengen fördern das Wachstum nicht mehr, die 60 γ würden der adsorbierten, der Rest der freien I.E.S. in der Pflanze entsprechen. Ref. möchte dazu folgendes bemerken. In den eigenen *Coleus*-Versuchen ließ sich die aufgenommene I.E.S. in den Pflanzenextrakten nicht mehr oder nur in Spuren nachweisen; vielmehr erschien ein säurefester W.St., den wir als Auxin a ansprechen. Auch nach SUTTER ist freies H.A. in den Pflanzen nicht mehr vorhanden, und überdies ist anzunehmen, daß das adsorbierte H.A. durch Ätherextraktion nicht mehr befreit werden kann. Denn wir wissen besonders durch MOEWUS, daß zugeführte I.E.S. umgewandelt und an Eiweiß gebunden wird. Direkt kann I.E.S. auch nach SUTTER nicht wirken, und so glaubt Ref. an seiner Theorie der Auxinaktivierung durch die I.E.S. festhalten zu dürfen.

Aus der Schule GEIGER-HUBERs liegt noch eine Arbeit von GAST vor, die sich besonders mit der Frage befaßt, welchen Einfluß die Dauer der

H.A.-Zufuhr auf das Wachstum von *Zea*-Wurzeln hat. Verwendet man eine Konzentration von 10^{-7} molar, so genügt schon eine 2 Sekunden lange Einwirkung, um eine starke Wachstumshemmung in den ersten $1^1/_2$ Stunden zu erzielen. Daran schließt sich aber eine starke Förderung, die 53% gegenüber Kontrollen beträgt. Sie dauert nur kurze Zeit an, und es folgt ein gegenüber dem normalen nur etwas gefördertes Wachstum. Wird die Behandlungszeit verlängert, so ändert sich das Verhalten. Die Hemmung tritt rascher ein und nimmt erst stark, später schwach zu. Erhöhung der Konzentration auf 10^{-5} verstärkt die Hemmung, aber auch hier folgt nach einer Übergangszeit mit etwa normalem Wachstum eine Beschleunigung. Die Übergangszeit verlängert sich mit der Behandlungsdauer. Da sowohl die Konzentration als auch die Darbietungszeit die Geschwindigkeit des Phasenverlaufes beeinflussen, muß im wesentlichen die aufgenommene W.St.-Menge bestimmend sein. Das Vorkommen der drei Phasen sucht GAST durch einen Inaktivierungsprozeß zu erklären. Sie nimmt an, daß die Konzentration des eingedrungenen Wuchsstoffes am Reaktionsort vermindert wird, daß also eine Inaktivierung stattfindet. Die Inaktivierungszeit entspreche der Übergangsperiode. Diese Auffassung paßt durchaus in den Rahmen anderer Untersuchungen. Ref. möchte folgendes annehmen. Geringe H.A.-Dosen mobilisieren nur wenig pflanzeneigenes Auxin, das ja in der Wurzelspitze sehr spärlich auftritt. Es wird rasch verbraucht, und daher das wachstumfördernde Minimum bald erreicht. Hohe Dosen mobilisieren mehr, der Hemmungseffekt steigt an, und das Minimum tritt erst nach einer längeren Zeit (Übergangsperiode) ein.

Schließlich sei auf eine Reihe amerikanischer Arbeiten eingegangen, die beim VI. Growth-Symposium [BONNER und WILDMAN (1)] zur Besprechung kamen und mir leider nur aus verschiedenen Referaten bekannt wurden. Aus einer Arbeit von WILDMAN, FERRI und BONNER geht hervor, daß in Pflanzen die schon seit längerem postulierte Umwandlung von Tryptophan in I.E.S. tatsächlich erfolgt. Erwiesen wurde dies an Spinatblättern, die künstlich mit Tryptophan infiltriert worden waren. Schon nach $3^1/_2$ Stunden enthalten Extrakte aus getrocknetem Material einen Wirkstoff, der im *Avena*-Test einen stark erhöhten Effekt hat. Das macht die Entstehung von H.A. aus dem Tryptophan höchst wahrscheinlich. Die Umwandlung erfolgt nur am Licht und kann durch Zusatz von NaCN verhindert werden. Das führte die Autoren zu der Vermutung, daß Indolbrenztraubensäure als Zwischenglied des Abbaus auftrete, und sie infiltrierten daher auch diese Substanz. Tatsächlich erhöhte sie die Wuchsstoffproduktion, die allerdings später wohl deshalb zurückging, weil die genannte Säure gegenüber schwankenden p_H-Werten sehr empfindlich ist. Nach der Auffassung der Autoren entsteht somit das H.A. aus Tryptophan, das zunächst enzymatisch durch Oxydation desaminiert wird, worauf die entstehende Indolbrenztraubensäure sich durch Dekarboxylierung in die I.E.S. verwandelt.

In Fortsetzung dieser Untersuchung gelang es dann BONNER und WILDMAN (2), das Spinatplasma zu isolieren und davon durch Zentrifugieren zunächst das Protein der Chloroplasten abzutrennen. Das Restplasma ließ sich in zwei weiteren Fraktionen trennen, von denen die eine, die 75% des Gesamtplasmas ausmacht, bei Laugen- und Enzymbehandlung einen W.St. abgibt; dieser ist wahrscheinlich mit I.E.S. identisch. In der Pflanze liegt diese also gebunden an Eiweiß, als „Auxinprotein" vor. Dieses besitze die enzymatischen Eigenschaften einer Phosphatase, da sie gewisse organische Phosphatide hydrolysiere. W.St.- und Enzymwirkung der Substanz lassen sich nicht trennen. Es wird auf eine Arbeit von YIN verwiesen, in der dieser eine enge Parallelität zwischen Phosphatasegehalt und Wachstumsaktivität aufzeigte. Die zweite Plasmafraktion enthält eine Reihe von Enzymen, darunter auch eines, das aus Tryptophan die I.E.S. abspaltet. Haferkoleoptilen enthalten eine der ersten Fraktion entsprechende Phosphatase. Ferner nimmt in den Koleoptilen, die mit W.St. behandelt wurden, das anorganische Phosphat zu, während organisch gebundenes, besonders Fruktosediphosphat und Phytinsäure abnehmen. Einen starken Verbrauch dieser Säure beobachteten auch ALBAUM und UMBREIT. Plasmaeiweiß von mit H.A. behandelten Koleoptilen ist auch an ihr angereichert und zeigt eine höhere Phosphataseaktivität. Fluoridzusatz hemmt diese und das Wachstum schon in geringsten Konzentrationen.

TANG und BONNER machen Mitteilungen über ein die I.E.S. inaktivierendes Enzym. Die Autoren extrahieren zerriebene Erbsenkeimlinge mit Wasser. I.E.S. wird im Extrakt kolorimetrisch und durch den *Avena*-Test nachgewiesen. Sie wird schon nach wenigen Stunden inaktiviert, wofür ein Enzym verantwortlich ist. Dieses ist thermolabil und benötigt zu seiner Wirksamkeit O_2. Die Inaktivierung der I.E.S. ist mit Abspaltung von CO_2 verbunden, es wird nur die Seitenkette verändert, der Indolkern bleibt intakt. Da nur die I.E.S. angegriffen wird, müsse stets da, wo eine solche Inaktivierung vorliegt, diese Säure den Wuchsstoff darstellen. Zusammenfassend kann man sich das ganze System etwa so vorstellen: Das Plasma enthält tryptophanhaltige Proteine und dürfte Tryptophan aus Indol und Serin aufbauen. Über Brenztraubensäure bildet sich I.E.S., die ihrerseits mit einem spezifischen Protein ein Enzym vom Charakter einer Phosphatase darstellt. So entsteht ein „Reservewuchsstoff", von dem enzymatisch oder durch alkalische Hydrolyse I.E.S fallweise freigemacht werden kann. „Erbsenenzym" kann das H.A. wieder in eine inaktive Indolverbindung oder zu Indol umwandeln.

Es ist heute noch nicht möglich, zu dieser Gesamttheorie Stellung zu nehmen. Manches deckt sich mit Ergebnissen und Schlüssen der vorher besprochenen Arbeiten. BONNER und Mitarbeiter gehen aber bereits so weit, an der Bedeutung von KÖGLs Auxin a und b für die Pflanze zu zweifeln. Das inaktivierende Enzym greift nämlich auch den *Avena*-W.St. an, und dann müßte auch die Koleoptile zum mindesten H.A. mit enthalten, da das Enzym ja spezifisch wirkt. Auch wird angegeben, daß die Koleoptile in der Lage ist, aus Tryptophan einen aktiven W.St. zu produzieren; sie muß also auch das Aktivierungsenzym enthalten. Ref. muß in diesem Zusammenhang nochmals auf die eigenen Beobachtungen zurückkommen. *Avena*-Koleoptilen enthalten keinen laugenfesten W.St., also keine freie I.E.S., wohl aber steigt vom Endosperm her ein Stoff auf, der höchstwahrscheinlich eine gebundene inaktive Form dieser Säure darstellt. Ob und wie diese Substanz in der Koleoptile umgewandelt wird, bleibt vorläufig unbekannt, doch ist sehr wohl möglich, daß die von BONNER gefundenen Enzyme dabei eine Rolle spielen. Sicher ist, daß als Endeffekt die Produktion eines W.St. in der Koleoptilspitze auftritt, der nicht I.E.S. sein kann. Das ist deshalb unmöglich, weil er erstens durch Lauge zerstört wird, besonders aber, weil er polar wandert. Die I.E.S. aber breitet sich, worauf ich schon mehrfach hinwies und was seither andere Autoren bestätigten, apolar-diffusiv aus. In keinem der früheren Transportversuche mit I.E.S. wurde nachgewiesen, daß sie es ist, die polar wandert, nach eigenen Untersuchungen ist es vielmehr aktiviertes Auxin a.

Es bleibt noch der Fragenkomplex zu besprechen, der die Äthylenwirkung behandelt und der besonders von BORRIS und v. GUTTENBERG und STEINMETZ studiert wurde. BORRIS arbeitete mit Keimlingen von *Agrostemma Githago*, die stark auf das Gas reagieren; intakte Keimlinge werden schon durch 0,0001% angegriffen. Werden sie dekapitiert, so sinkt die Wachstumskurve unter allen Umständen stark herab. Vergaste Pflanzen nehmen aber nach einiger Zeit ihr Wachstum wieder auf und wachsen dann rascher als normale. Erst höhere Konzentrationen wirken auf die Stümpfe stark hemmend. Es gibt also einen direkten Einfluß auf die Hypokotyle, und einen indirekten, der über die Kotyledonen erfolgt. Die Wurzeln haben keinerlei Einfluß, doch wird auch ihr Wachstum direkt gehemmt. Wichtig ist der Befund, daß K-Ionen ($^1/_{50}$ molar KCl) das Wachstum der Keimlinge stark fördern. Vergast man mit K versorgte Pflanzen, so erfolgt erst ein Abfall, dann aber ein relativ starker Anstieg des Wachstums. H.A.-Zufuhr schwächt die Äthylenwirkung nur anfänglich ab, die Wirkung auf die Hypokotyle ist dabei eine direkte. Ref. möchte dazu bemerken, daß K und, wie später gezeigt werden wird, auch H. A. die Plasmaquellung und damit die Wasserpermeabilität erhöhen. Da sie als Antagonisten des Äthylens auftreten, ist anzunehmen, daß dieses wenigstens in geringen Dosen umgekehrt wirkt, also die Wasserpermeabilität herabsetzt.

GUTTENBERG und STEINMETZ untersuchten den Äthyleneinfluß von einem andern Gesichtspunkt aus. Im Mittelpunkt stand die Frage, welche Zusammenhänge zwischen Bildung und Wanderung des W.St. einerseits und Äthylenwirkung andererseits bestehen. Versuchsobjekt waren *Avena*-Koleoptilen und *Phaseolus*-Epikotyle. Vergaste Koleoptilen geben im Diffusionsversuch viel weniger W.St. ab als normale, aus den Epikotylen ließ sich mit dieser Methode überhaupt kein im Hafertest nachweisbarer W.St. gewinnen. Es war nun zu entscheiden, ob Herabsetzung der W.St.-Produktion, Transportstörung oder schließlich eine Inaktivierung des Auxins vorliege. Extrakte aus vergasten Epikotylen enthielten keinen testbaren W.St., obwohl Normalpflanzen solchen reichlich aufwiesen. Für *Avena* hat schon BOTJES bei Extraktion einen 50%igen Schwund nach Vergasung festgestellt. Er führte dies auf erhöhten W.St.-Verbrauch zurück, der aber unbewiesen bleibt.

Eigene Transportversuche (Methode VAN DER WEIJ) ergaben, daß Agarplättchen am Grunde vergaster *Avena*-Zylinder viel weniger W. St. enthielten als normale; noch geringer war ihr Gehalt bei Verwendung von *Helianthus*-Hypokotylstücken, und bei *Phaseolus*-Zylindern war überhaupt kein Transport eingetreten. Trotzdem wurde ein Wuchsstoffschwund im oberen Agarplättchen beobachtet. Es konnte also Transportstörung oder W. St.-Schwund vorliegen. Schließlich wurden *Avena*-Spitzendiffusate in Agar direkt vergast und dabei ein starker W.St.-Verlust festgestellt. Das Auxin wird also durch Äthylen unmittelbar inaktiviert. Im Gegensatz dazu nahm die Wirkung von I.E.S. Agar in Äthylenluft nicht im geringsten ab. Das beweist aber wieder daß den Pflanzen zugeführtes H.A. nicht direkt, sondern über Auxinbildung wirkt. Bringt man vergasten Auxinagar ins Vakuum, oder kocht man bei der Agarbereitung (wir vermieden dies zunächst), so wird die Äthylenwirkung wieder aufgehoben, das Auxin wird wieder wirksam, also reaktiviert. Es muß also eine reversible „Blockierung" vorgelegen haben. Eine solche kann verschiedene bekannte Äthylenwirkungen erklären, so besonders die Hemmung des Längenwachstums und seine Wiederaufnahme bei W.St.-Zufuhr. Die Verdickung der Organe kann nur eine indirekte Folge sein, indem sich die H.St. nunmehr frei auswirken. Damit stimmt überein, daß *Avena, Helianthus* und *Phaseolus* Pflanzen mit zunehmendem H.St.-Gehalt und zunehmender Beeinflussung durch Äthylen sind. Da sich der Hemmstoff vorwiegend in den Kotyledonen befindet, muß deren Entfernung die Äthylenwirkung abschwächen (BORRISS). Die Störung des Geotropismus und die „horizontale Nutation" werden gleichfalls durch W.St.-Schwund verständlich. Es steht aber außer Zweifel, daß das Äthylen auch direkt auf das Plasma wirkt, so z. B., wie erwähnt, Permeabilitätsänderungen bedingt. In seiner genannten Arbeit will BOTJES auch die bei der Vergasung auftretende Blattepinastie und die „horizontale Nutation" durch erhöhten W.St.-Verbrauch erklären, weil hohe H.A.-Konzentrationen ähnliche Effekte auslösen. Auch zeigen durch Verdunklung an W.St. verarmte Tomatenblätter keine Epinastie mehr. Das letzte ist nicht überraschend, da zur Ausführung der Krümmung natürlich W.St. nötig ist. Auch Desorientierungen werden zustandekommen, wenn W.St. fehlt oder H.St. vorherrscht. H.A. in hohen Dosen wirkt aber als H.St., wobei vielleicht eine Herabsetzung der Permeabilität eine Rolle spielt. Auch MICHENER findet, daß mit Äthylenchlorhydrin behandelte Kartoffeln einen W.St.-Schwund zeigen, den er auf Zerstörung zurückführt. Die Arbeit selbst war Ref. leider nicht zugänglich.

BLANK und DEUEL untersuchen den Einfluß des H.A. auf Quellung und Viskosität verschiedener Membrankolloide (Pektin, Agar u. a.). Nirgends ließ sich ein spezifischer Einfluß des H. A. nachweisen. Es wirkt in keiner der angewandten Konzentrationen quellend, von n/1000 aufwärts sogar entquellend und viskositätssteigernd. Dieser Effekt tritt aber in gleicher Weise bei Verwendung beliebiger Säuren vom gleichen p_H-Wert ein und beruht auf Verminderung des elektrischen Teilchenpotentials durch Elektrolytzusatz. Leider wurden für die Untersuchung weitgehend denaturierte Substanzen verwendet, so daß eine Übertragung der Befunde auf die Zellwand nicht zulässig ist. In einer Arbeit über Filamentstreckung bei *Secale* kommen SCHOCH-BODMER und HUBER zu der Überzeugung, daß das Plasma Quellung und Elastizität der Membranen beeinflußt, wobei, wie das RUGE forderte, die Quellung die Haftpunkte der Zellulosemicelle löst.

v. GUTTENBERG und KRÖPELIN konnten einen ersten direkten Beweis dafür liefern, daß H.A. das Plasma beeinflußt, und zwar dadurch, daß es dessen Quellung und Wasserpermeabilität erhöht. Der Nachweis gelang an Epidermen von Zwiebelschuppen und von *Rhoeo*-Blättern. Nach passender Plasmolyse mit Harnstoff (0,5 Mol) erfolgt die Deplasmolyse (0,33 Mol) viel rascher, wenn H.A. 10^{-5} bzw. 10^{-4} zugesetzt wird. Bei Verwendung stärkerer Konzentrationen zerfließt die Anschwellung der Plasmakuppe während der Beobachtung unter dem Mikroskop fast augenblicklich. In einer nach Abschluß dieses Manuskriptes erschienenen Arbeit von POHL wird mit anderer Methode (Zellstreckung von Koleoptilzylindern) gleichfalls eine Erhöhung der Wasserpermeabilität durch H.A. beobachtet. Unser Ergebnis bildet den Teil einer Untersuchung über die Einwirkung von H.A. auf die apikalen Blattgelenke von *Phaseolus*. Diese reagieren auf H.A.-Pasten mit starken Bewegungen, die reversibel sind, also Turgorschwankungen darstellen. Gelenkoberseiten krümmen sich bei Konzentrationen bis 10^{-4} negativ (Blattsenkung), ab 10^{-5} positiv (Hebung). Diese Bewegungen sind bei Plasmatod vollkommen reversibel, beruhen also nur auf Spannung und Entspannung der Membranen. Unterseiten reagieren negativ (Hebung) bis 10^{-6}, und ab 10^{-7} überhaupt nicht mehr. Plasmatod führt hier nicht mehr zum Rückgang der Bewegung, doch beruht dies einfach darauf, daß die unterseitigen Polsterzellen nicht elastisch sind, vielmehr mit einer Blasebalgmechanik arbeiten. Antagonistische Darbietung des W.St. (Pastenring) hatte bis 10^{-4} Senkung zur Folge, die ab 10^{-5} in eine Hebung umschlug. Beide Gelenkhälften reagieren also auf H.A., aber auch auf *Avena*-Auxin, mit einer Variationsbewegung, die zweifellos mit der nachgewiesenen Steigerung der Wasserpermeabilität zusammenhängt. Die Blasebalgzellen der Unterseite sind viel empfindlicher als die elastischen Zylinderzellen der Oberseite. Ihr Mechanismus leistet der Ausdehnung der Zellen bis zur Entfaltung kaum Widerstand, andererseits ist mit dieser die Ausdehnungsmöglichkeit erschöpft. Die Oberseite reagiert erst bei viel höheren Konzentrationen negativ. Die bei starker Verdünnung eintretende positive Krümmung ist kein direkter Effekt dieser Seite. Isoliert man nämlich obere Gelenkhälften, so krümmen sie sich auch in diesem Konzentrationsbereich negativ, und zwar stärker als untere Gelenkhälften. Diese werden so stark verlängert, daß Querrisse auftreten, worin ein deutlicher Beweis für die Unelastizität dieser Zellen liegt. Im natürlichen Verband kommt es also deshalb zur erwähnten positiven Reaktion der Oberseite, weil W.St. quer zur empfindlicheren Unterseite fließt und diese anschwellen läßt. So erklären sich auch die Effekte bei antagonistischer Darbietung. Hohe Konzentrationen wirken senkend, da auf sie die Oberseite mit Erhöhung der Wasserpermeabilität anspricht und ihre Zellen in Tagstellung weitgehend entspannt sind. Sie überwinden den Gegendruck der Unterseite, haben also bei dieser Konzentration (10^{-3}) eine viel höhere Ausdehnungsenergie. Bei schwachen Konzentrationen (10^{-6}) kehrt sich der Effekt um, da auf diese die Unterseite bevorzugt anspricht. Läßt man H.A.-Lösungen durch den Blattstiel aufsteigen, so kommt es schon bei stärkster Verdünnung (10^{-7}) zur Hebung. Stärkere Konzentrationen bewirken schließlich das gleiche, doch gehen Schwankungen voraus; 10^{-4} wirkt bereits giftig. Leitet man den W.St. von der Lamina her zu, so ist das Ergebnis prinzipiell gleich.

Für die Mechanik der nyktinastischen Bewegung ergeben sich folgende Schlüsse: Diese Bewegung erfolgt tagesrhythmisch und ist, wie wir jetzt wissen, ein W.St.-Effekt. Somit ist anzunehmen, daß auch der Zustrom des Auxins aus der Lamina zum Gelenk in einem Tagesrhythmus verläuft. Beginnt er etwa um Mitternacht, so muß von diesem Moment ab die Hebung eintreten. Dabei ist die empfindlichere Unterseite der aktive Teil. Die W.St.-bedingte Erhöhung der Wasserpermeabilität führt hier zur Entfaltung der Zellen unter starker Wasseraufnahme. Dadurch wird die Oberseite komprimiert, ihre bis dahin stark gespannten Zellen kontrahieren sich, wodurch der Gegendruck sinkt und die eigene Zellsaugkraft ansteigt. Abends sinkt die Permeabilität der Unterseite, da kein W.St. mehr zuströmt. Damit hört hier der Wassereinstrom und somit der Widerstand gegenüber einer Ausdehnung der Oberseite auf. Diese sättigt jetzt ihre hohe Zellsaugkraft unter elastischer Dehnung der Membranen ab, wobei sich das Blatt senken muß. Die Richtigkeit dieser Theorie setzt voraus, daß der angenommene Tagesrhythmus des W.St.-Zuflusses zum Gelenk tatsächlich erfolgt. In Vorversuchen gelang es, dies zu bestätigen. Wir konnten aus der Lamina von den frühesten Morgenstunden an bis zum Abend W.St. durch Diffusion abfangen, nicht mehr aber in den Nachtstunden bis 24 Uhr.

In ausgedehnten Untersuchungen bemüht sich VELDSTRA (1,2) um die Frage der Zusammenhänge zwischen der chemischen Struktur der Wuchsstoffe und ihrer physiologischen Wirkung. Unter Verwendung einer Fülle künstlicher W.St., die er zum Teil selbst herstellte, und unter Benützung des Erbsentestes kommt er zu folgenden Ergebnissen. Die Adsorption der W.St. erfolgt in der Plasmagrenzschicht, wobei das Ringsystem den Adsorptionsgrad bestimmt. Die eigentliche physiologische Wirkung schreibt er der Carboxylgruppe zu, die auch durch andere saure Gruppen ersetzt werden kann. Die COOH-Gruppe müsse eine bestimmte räumliche Lage zum Ringsystem haben, es müsse nämlich die Richtung ihres Dipols einen Winkel mit der Fläche des Ringsystems bilden, wobei senkrechte Stellung die optimale sei. VELDSTRA schließt daraus auf eine Beeinflussung des Grenzflächenpotentials durch die wirksamen Stoffe. Als Folge davon müßten Änderungen in der Plasmapermeabilität auftreten. Solche könnte viele bekannte W.St.-Effekte erklären. Die W.St. seien also keine Biokatalysatoren, sondern Transport-(Permeabilitäts-)regulatoren. In geringer Konzentration erhöhen sie die Permeabilität, in höherer setzen sie diese herab; so wäre z. B. sehr an die Freimachung von Zuckern im ersten Falle zu denken.

Äthylenchlorhydrin wirke je nach der Konzentration quellend oder entquellend; daraus erklären sich die wechselnden Ergebnisse bei Kombination dieses Stoffes mit W.St. Durch Verwandlung eines hydrophilen
W.St. in eine lipophile Form könne die Permeabilität herabgesetzt
werden. Trotz ihres stark hypothetischen Charakters verdient die
Untersuchung, die an frühere Vorstellungen von KOEPFLI, THIMANN und
WENT anknüpft, zweifellos hohe Beachtung. Wie wir hörten, entspricht
die postulierte Erhöhung der Wasserpermeabilität durch W.St. durchaus
den Tatsachen. VELDSTRA weist auch auf eine kurze Mitteilung von
KONINGSBERGER hin, die Ref. leider unzugänglich war. In ihr wird an-
gegeben, daß W.St. in niederen Konzentrationen die Elastizität des
Protoplasten und damit die Permeabilität in förderndem Sinne ändern.
Beide Autoren vermuten, daß sich die indirekte Wirkung des H.A.
aus einer Verdrängung des Auxins erkläre, das dadurch aktiviert werde.

Aus Arbeiten LUNDEGÅRDHs (1, 2, 3), die sich mit der Abhängigkeit
des Wurzelwachstums (Gramineen) vom p_H-Wert und dem Salzgehalt
der Kulturlösung befassen, sei folgendes angeführt. Die Gesamtober-
fläche des Plasmas der epidermalen Wurzelzellen (Z-Lager) ist durch die
Anwesenheit einer Säure von verhältnismäßig hoher Dissoziationskraft
($cH = 10^{-3}$) gekennzeichnet. Dadurch erhält die Wurzeloberfläche
gegenüber dem umgebenden Medium eine negativ elektrische Ladung.
In reinen Säuren, also in Abwesenheit metallischer Kationen, hängt das
Wachstum nur vom p_H-Wert (Optimum p_H 5) ab. Enthält das Medium
aber Metallsalze (0,002 molar), so fördern die zweiwertigen Kationen
(Mg, Ca) das Wachstum etwas stärker als die einwertigen, von diesen
wieder Na mehr als K. Dieses hemmt sogar im Vergleich mit reinem
Wasser, und die Hemmung wird in höheren Konzentrationen sehr stark.
Von Anionen wirkt Acetat hemmend, andere bleiben wirkungslos. Ref.
möchte dazu bemerken, daß offenbar Quellung das Wurzelwachstum
hemmt, Entquellung dieses fördert. Das steht durchaus in Übereinstimmung damit, daß die Wurzel sich gegenüber dem Sproß auch bei
W.St.-Zufuhr umgekehrt verhält; H.A. wirkt ja auch quellend auf das
Plasma ein, und BORRISS fand, daß K-Ionen das Hypokotylwachstum
fördern. Auch hierin kommt also zum Ausdruck, daß wenigstens ein
Teil der W.St.-Wirkung in Permeabilitätsveränderungen liegt. Die
Wurzeloberfläche ist nach LUNDEGÅRDH ein elektrisches Doppellager,
da das Z-Lager negative, die Lösung positive Ladung besitzt. Dies wurde
von früheren Autoren übersehen, die fälschlich (? Ref.) die positive Ladung der Lösung mit der Wurzelladung identifizierten. Das Maximum
der negativen Ladung liegt in der Hauptstreckungszone, hier tritt die
höchste PD, nämlich etwa 30 mV auf. Diese zonale Verteilung der PD hat
das Auftreten von Mikroströmen im Gewebe und an der Oberfläche zur
Folge. Anionen und somit auch das Auxin wandern im Innern elektropho-
retisch von der Spitze zur Streckungszone, eine weitere Wanderung ist dadurch ausgeschlossen, daß weiter rückwärts der Stromkreis sich umkehrt.
Der Rückstrom erfolge in der Außenlösung oder in den Außenmembranen,
Da I.E.S. in der optimalen Konzentration 10^{-5} sofort die höchste PD
erzeugt, ist diese Ursache des Wachstums und nicht ihre Folge. Aus der

sofortiger Wirkung schließt LUNDEGÅRDH, daß das H.A. die Zellulose-
membran unmittelbar beeinflußt· Diese ist an sich gegenüber dem Plasma
leicht negativ geladen; sowie sie aber Metallkationen enthält, schwindet
diese Negativität, und jetzt können Auxin-Anionen aus dem Plasma von
der Wand adsorbiert werden; daraus erkläre sich der Unterschied zwischen dem Verhalten in reinen Säuren gegenüber Salzen. Die hemmende
Wirkung der W.St. auf Wurzeln soll dadurch zutande kommen, daß
sie, von außen geboten, von der Wurzeloberfläche gespeichert werden.
Dem muß Ref. entgegenhalten, daß die Hemmung auch dann eintritt,
wenn W.St. nach Dekapitation apikal geboten wird. Die Rhizodermis
scheine überragenden Einfluß auf das Wachstum zu haben, nur so
erkläre sich nämlich das sofortige Einsetzen des Wachstums. Gegenüber
der hier kurz referierten Theorie ließen sich noch weitere Bedenken
äußern, die aber schon außerhalb des Rahmens dieses Referates liegen.

In einer weiteren Arbeit geht LUNDEGÅRDH auch auf die horizontal
gelegte Wurzel ein. Die PD zwischen Spitze und Wachstumszone bleibt
in dieser Lage erhalten, doch nimmt das Potentialgefälle an der Oberseite ab, an der Unterseite zu. Daher muß jetzt oberseits weniger, unter-
seits mehr Auxin befördert werden. Dieser geoelektrische Effekt darf
nicht mit dem von BRAUNER gefundenen gleichgesetzt werden. Auch
BRAUNER sei die genannte Verwechslung zwischen Elektronenladung und
Wurzelladung unterlaufen; die Unterseite werde bei diesem unspezifischen
Effekt also nicht positiv, sondern negativ elektrisch; danach könnten die
Säureanionen nicht abwärts wandern. In der Wurzelspitze werde
BRAUNERs Effekt aber durch einen andern übertönt, der die Unterseite
elektropositiv gegenüber der Oberseite mache. Ursache dieses neuen
Effektes sei die raschere Sedimentierung der negativen Ionen, die ihrer-
seits auf erhöhter Adsorption der positiven beruhen dürfte. Man könne
annehmen, daß die Nukleinsäuren des Meristems die Reaktion bedingen.
Tatsächlich zeigen diese zwischen zwei Kollodiummembranen eingeschlossen eine starke geoelektrische Reaktion.

Ich habe mich im vorstehenden Referat im wesentlichen darauf beschränkt, über den heutigen Stand der W.St.-Forschung zu berichten,
da dieser Fragenkomplex wohl im Mittelpunkt des Interesses steht.
Überblicken wir das Gesamtergebnis, so·läßt es sich etwa in folgenden
Sätzen zusammenfassen:

Über KÖGLs Auxin a ist nichts Neues bekannt geworden, was hauptsächlich daran liegt, daß das reine Präparat heute nicht zugänglich ist.
Bei Pflanzenextrakten ist schwer feststellbar, in wieweit wirklich KÖGLs
Auxin vorliegt. Sicher ist aber, daß ein diesem entsprechender säurefester W.St. existiert, von dem als einzigem nachgewiesen ist, daß er
polar basipetal wandert. Damit unterscheidet er sich eindeutig
vom H.A., das sich apolar ausbreitet. Die Erforschung dieser Substanz hat erhebliche Fortschritte gemacht. Wir wissen jetzt, daß die
I.E.S. an spezifisches Eiweiß gebunden im Plasma vorkommt. Sie entsteht aus dem Tryptophan dieser Proteine, wobei als Zwischenprodukte
Indolacetaldehyd und Indolbrenztraubensäure aufgefunden wurden.
Es gibt also freie und gebundene I.E.S., sie kann als aktiver oder als

Reservewuchsstoff auftreten. Ein System von Enzymen bewirkt die Umwandlung. Das H.A. wirkt anders als das Auxin a, das nach wie vor als jener Faktor aufzufassen ist, der das Membranwachstum reguliert. Die I.E.S. hat die Aufgabe, Auxin frei zu machen (zu aktivieren), von dem es auch eine gebundene Form geben muß. Der Einfluß scheint sich im Zusammenhange mit spezifischen Atmungsprozessen zu vollziehen. Sowohl Auxin a als auch H.A. wirken über das Plasma. Beide Stoffe erhöhen die Quellung und damit die Wasserpermeabilität des Plasmas, wenn sie in physiologisch niederen Konzentrationen auftreten. Höhere Konzentrationen scheinen den umgekehrten Effekt zu haben; Äthylen verhält sich umgekehrt. Dazu kommen Hemmstoffe, die als Antagonisten der beschleunigenden Stoffe wirken. Ref. vermutet, daß auch zwischen ihnen und den Permeabilitätsveränderungen Zusammenhänge bestehen, die aber entgegengesetzter Art sein dürften. Welche weitere spezifische Wirkungen die einzelnen Stoffe haben, bleibt Gegenstand weiterer Untersuchungen.

Literatur.

ALBAUM, H., u. W. W. UMBREIT: Amer. J. Bot. 30 (1943).

BLANK, F., u. H. D. DEUEL: Vjschr. naturforsch. Ges. Zürich 88 (1943). — BONNER, J., u. S. G. WILDMAN: Growth-Symposium VI (1943). — (2) Arch. Biol. 10 (1946). — BORRISS, H.: Jb. Bot. 91 (1943). — BOTJES, I. G.: Proc. Nederl. Akad. Wetensch. Amsterdam 45 (1942). — BOYSEN JENSEN, P.: Planta (Berl.) 31 (1941).

COMMONER, B., u. K. V. THIMANN: J. gen. Physiol. 24 (1941).

DOSTAL, R.: (1) Verh. Naturforsch. Verein Brünn 72 (1941). — (2) Ber. dtsch. bot. Ges. 59 (1942).

FRIEDRICH, H.: Jb. Bot. 91 (1943). — FUNKE, H.: Jb. Bot. 91 (1943). — FUNKE, H., u. H. SÖDING: Planta (Berl.) 36 (1948).

GAST, A.: Ber. schweiz. bot. Ges. 52 (1912). — GEIGER-HUBER, M., u. E. SUTTER: Verh. schweiz. naturforsch. Ges. 1943. — GUTTENBERG, H. VON, u. R. BÜCHSEL: Planta (Berl.) 34 (1943). — GUTTENBERG, H. VON, u. L. KRÖPELIN: Planta (Berl.) 35 (1947). — GUTTENBERG, H. VON, u. E. LEHLE-JÖRGES: Planta (Berl.) 35 (1947). — GUTTENBERG, H. VON, u. E. STEINMETZ: Pharmazie 2 (1947).

HEMBERG, T.: (1) Sv. bot. Tidskr. 36 (1942). — (2) Sv. bot. Tidskr. 38 (1944). — (3) Ark. Bot. 33 B (1946). — (4) Acta Horti Bergiani 14 (1947).

JUEL, J.: Dansk bot. Ark. 12 (1946).

KUHN, R., D. JERCHEL, F. MOEWUS, E. MÖLLER, H. LETTRÉ: Naturwiss. 31 (1943).

LARSEN, P.: Bot. Tidsskr. Kopenhagen 46 (1943). — (2) Nature (London) 159 (1947). — (3) Dansk bot. Ark. 11 (1944). — LUNDEGÅRDH, H.: (1) Ann. Agricult. Coll. Schweden 10 (1942). — (2) Kgl. Lantbruksakad. Tidskr. (1942). — (3) Naturwiss. 30 (1942).

MICHENER, H. D.: Amer. J. Bot. 29 (1942). — MOEWUS, F. R.: Z. Naturforsch. 3b (1948).

POHL, R.: Planta (Berl.) 36 (1948).

RUGE, U.: (1) Planta (Berl.) 35 (1947). — (2) Planta (Berl.) 35 (1947).

SCHOCH-BODMER, H., u. P. HUBER: Verh. naturforsch. Ges. Basel 56, 2. T. (1945).

SUTTER, E.: Ber. schweiz. bot. Ges. 59 (1944).

TANG, Y. W., u. J. BONNER: Arch. of Biochem. 1947. — THIMANN, K. V., F. SKOOG u. A. C. BYER: Amer. J. Bot. 29 (1942).

VELDSTRA, H.: (1, 2): Enzymologia (Amsterdam) 11 (1944). — VELDSTRA, H., u. E. HAVINGA: Rec. Trav. chim. Pays-Bas 62 (1943).

WILDMAN, S. G. u. J. BONNER: Amer. J. Bot. 33 (1946). — WILDMAN, S. G., M. FERRI u. J. BONNER: Amer J. Bot. 33 (1946).

YIN H. C.: New Phytol. 44. (1945).

19. Entwicklungsphysiologie[1].

Von ANTON LANG, Montreal (Kanada).

Mit 24 Abbildungen.

I. Die physiologischen Elemente der Entwicklung.

1. Methodisches.

Wie im Verlaufe dieses Berichtes noch deutlich werden wird, gewinnt die Ge-
webe- und Organkultur immer größere Bedeutung bei der Bearbeitung ent-
wicklungsphysiologischer Probleme. Daher seien hier — außer einigen zusammenfassenden Darstellungen: PH. R. WHITE 1942b, 1943, GAUTHERET 1942a, 1945,
1947a — auch solche Arbeiten genannt, die entweder vornehmlich der Methodik
gewidmet sind oder noch keine allgemeineren Schlüsse zulassen. Unbegrenzte
in-vitro-Kultur isolierter Gewebe ist bisher bei mehr als 20 Arten gelungen. Einige
Beispiele sind nebenstehend aufgeführt (wo kein Autor genannt, s. GAUTHERET
1947a). In allen diesen Fällen diente kambiumhaltiges Gewebe von größeren Pflanzen
als Ausgangskultur. Außerdem konnten bei 6 Arten Dauerkulturen von bakterien-
freiem Wurzelhalsgallen-Gewebe gewonnen werden (s. S. 368). Die einzigen bisher
gelungenen Dauerkulturen von *Monokotylen*-Gewebe haben einen etwas anderen
Ursprung: sie stammen von *in vitro* kultivierten Embryonen einiger Orchideen
(*Vanda tricolor*, ein *Cymbidium*-Bastard), welche sich zu Massen undifferenzierten

---

[1] Eine ausgezeichnete moderne Gesamtdarstellung des Gebietes (einschließlich Wachstumsphysiologie i. e. S.) liegt in dem vor kurzem erschienenen Buch
von E. BÜNNING: Entwicklungs- und Bewegungsphysiologie der Pflanze (Berlin,
Göttingen, Heidelberg: Springer 1948) vor. — Hier seien einige — ohne meine
Schuld entstandene — Druckfehler im vorigen Bericht (Fortschr. Bot. 11, 268)
verbessert. Es muß heißen:

S. 273, Z. 20 v. u. statt „Wirkungen aus Teilung .." Wirkungen *auf* Teilung . . .
S. 277, Z. 13 v. u. statt „Driacetat" *Triacetat.*
S. 280, Z. 7 v. u. statt „(S. 238)" (*S. 274*).
S. 281, Z. 7 v. u. statt „setze" *setzte.*
S. 283, Z. 21 v. u. statt „liegt er" liegt *es.*
S. 283, Z. 16 v. u. statt „(vgl. S. 238 und 244)" (*vgl. S. 273 und 280*).
S. 283, Z. 9 und 1 v. u., S. 284, Z. 17 v. u. statt „basikop" *basiskop.*
S. 285, Abbildungslegende, Z. 4. statt „Aschelknospe" *Achselknospe.*
S. 288, Abbildungslegende, Z. 3 v. u. statt „nach 5—64 betrug" *nach 5—6 Tagen
betrug.*
S. 288, Abbildungslegende Z. 2 v. u. fehlt Klammer.
S. 290, Z. 1 v. o. statt „χ-Naphthyl-acetyl-glycin" *α-Naphthyl-acetyl-glycin.*
S. 298, Z. 3 v. o. statt „KROTT" KNOTT.
S. 300, Z. 3 v. o. statt „Samenanalge" *Samenanlage.*
S. 302, Z. 13 v. o. statt „*majatis*" *majalis.*
S. 302, Z. 19 v. o. hinter „I" Doppelpunkt.
S. 302, Z. 7 v. u. statt „(s. S. 244 fl.)" (*s. S. 280 fl.*).
S. 312, Z. 19 v. o. statt „im Gegensatz zu den Sporophyten" im Gegensatz zu
den Sporen der Sporophyten.
Im Literaturverzeichnis, S. 317, fehlt folgendes Zitat: WORT, D. J., Bot. Gaz.
102, 725 (1941).

Gewebes entwickelten (CURTIS u. NICHOL). — Die Kulturen — jedenfalls die von Normalgewebe dikotyler Arten — bestehen in den meisten Fällen aus Parenchym mit eingestreuten Inseln von $\pm$ weit entwickelten Leitelementen; bei *Vitis* wurde auch eine rein parenchymatische Linie gewonnen (MOREL 1945). Die Wachstumsgeschwindigkeit ist sehr verschieden, und zwar auch zwischen verschiedenen Linien desselben Materials. So unterscheiden sich die Wachstumsraten zweier Linien des Gewebes des Bastards *Nicotiana glauca* ♀ × *langsdorffii* ♂, das von PH. R. WHITE (s. Fortschr. Bot. **9**, 374—375 und WHITE 1942a) in Kultur genommen worden war, im Verhältnis 10:1. Die Ursachen hierfür sind noch unbekannt. Die Unterschiede zwischen Geweben verschiedener Arten können noch größer sein; aber auch langsam wachsende Gewebe (*Brassica, Hyoscyamus*) können offenbar unbegrenzt in Kultur gehalten werden. Die Kultur kann sogar von nur eine Zellage starken Stücken ausgehen (GAUTHERET 1942b). HILDEBRANDT u. Mitarbeit. (1945, 19 46a) und RIKER

Kräuter	Holzgewächse (Kambium)	Schlingpflanzen (Sproßparenchym)
Brassica campestris (Sproß) *Daucus carota* (Wurzel) *Hyoscyamus niger* (Rübe): TELLE u. GAUTHERET *Nicotiana glauca* × *langsdorffii* (Sproß, Kallus), s. u. *Cichorium intybus* (Wurzel) *Scorzonera hispanica* (Wurzel) *Helianthus annuus* (Sproß) *Helianthus tuberosus* (Knolle)	*Salix caprea:* GAUTHERET 1948c *Acer pseudoplatanus Crataegus monogyna*: MOREL 1946a *Rosa hybr.:* NOBÉCOURT	*Rubus fruticosus Vitis vinifera Cissus discolor Parthenocissus tricuspidata*

u. GUTSCHE untersuchten eingehend die optimalen Wachstumsbedingungen (Zusammensetzung des Nährmediums, p_H, Temperatur) für das *Nicotiana-glauca* × *langsdorffii*-Gewebe und für Wurzelhalsgallen-Gewebe von *Helianthus annuus*, HILDEBRANDT u. RICKER (1949) die Brauchbarkeit verschiedener C-Quellen für Tumorgewebe von 5 verschiedenen Arten, wobei sich Glucose, Fructose und Saccharose als in allen Fällen brauchbar erwiesen, während im Verwertungsvermögen für andere Zucker, organische Säuren usw. spezifische Unterschiede bestanden. Gewebe von *Helianthus tuberosus* und *Daucus carota* wachsen auch mit Glycerin als C-Quelle, und zwar anfangs nur in Licht, nach einigen Übertragungen aber auch im Dunkeln, wobei für das Wachstum in Licht 5%, für das im Dunkeln aber 2% günstiger sind (GAUTHERET 1948d). — Methoden der Pfropfung von *in vitro* kultivierten Geweben wurden von CAMUS (1943) und DEROPP (1946c) entwickelt (s. a. S. 370 u. 372). — Die Kultur isolierter Wurzeln einesHolzgewächses gelang erstmalig J. BONNER (1942d) bei *Acacia melanoxylon*, während bei 15 weiteren Arten keine oder nur ganz unregelmäßige Erfolge erzielt wurden. Die beste bisher erreichte Wachstumsrate betrug $\sim 2/3$ derjenigen von Sämlingswurzeln und war viel kleiner als bei isolierten Wurzeln krautiger Arten; Verzweigung und Dickenwachstum traten nicht ein. Dauerkultur von isolierten Sproßspitzen gelang erstmalig LOO, und zwar bei *Asparagus* (1945, 1946a) und *Cuscuta* (1946b). Unbegrenztes Wachstum mit mehrfachen Übertragungen wurde vorläufig nur in Licht *und* bei Anwesenheit von Zucker im Medium erreicht, und die Geschwindigkeit war auch dann gering. Die *Cuscuta*-Sproßspitzen bildeten *in vitro* Blüten.

Als weitere bemerkenswerte methodische Möglichkeit ist der Nachweis zu registrieren, daß höheren Pflanzen Zucker (und wahrscheinlich auch andere Substanzen) mit Leichtigkeit durch die Blätter zugeführt werden können, während Aufnahme durch die Wurzel offenbar häufig nicht erfolgt (SPOEHR, WENT u. BONNER, WENT u. CARTER). SPOEHR konnte auf diese Weise eine Albino-

Form von *Zea mays* bis zur Ausbildung rudimentärer Kolben kultivieren; zusätzliche Gaben der Vitamine B_1, B_6 und C und von β-Indolylessigsäure hatten keine fördernde Wirkung.

2. Ruhe und Aktivität. Rhythmik.

Die Zahl der dieses Gebiet betreffenden Arbeiten ist, wenn man seinen Umfang berücksichtigt, ziemlich klein; mir scheint aber, daß manche von ihnen zum mindesten geeignet sind, gewisse Grundfragen desselben auf einige wenige Alternativen zuzuspitzen und damit eine wesentliche Voraussetzung für ihre Lösung zu schaffen. Die wichtigste Frage des Aktivitätswechsels ist, ob er auf physikalischen oder auf chemischen Veränderungen in den Zellen beruht. Ist das zweite der Fall, so verliert die ganze Erscheinung viel von ihrer Sonderstellung und wird zu einem Problem der allgemeinen stofflichen Wachstums- und Entwicklungsregulation, wie z. B. auch die Ruhe der Seitenknospen unter dem Einfluß des Hauptsprosses. Fast alle Arbeiten befassen sich mit den jahresrhythmischen Aktivitätsänderungen (i. w. S.), einschließlich der Samen- und Knospenruhe. BÜNNING, der die Jahresrhythmik für endogen hält, glaubt, daß sie auf physikalischen Veränderungen beruht, weil die Nachreife von Samen, die nach seiner Auffassung eine Phase dieser Rhythmik ist (s. S. 422), durch die Temperatur nicht beeinflußt zu werden scheint; er fand z. B. bei Samen von *Bellis perennis* den gleichen Verlauf der Keimungsbereitschaft nach Aufbewahrung bei $\sim 0°$ und bei $\sim 35°$ (BÜNNING 1948a). Da die Veränderungen der Keimfähigkeit im Verlaufe der Nachreifeperiode oft mit solchen der Quellbarkeit parallel gehen, können Veränderungen der Wasserdurchlässigkeit, die wohl entweder in den inneren Schichten der Samenschale lokalisiert sind oder auch durch die Embryonen reguliert werden, beteiligt sein. Aber auch wenn diese Deutung der Samenruhe zutrifft, sprechen andere Befunde dagegen, daß der Aktivitätswechsel auf physikalischen Veränderungen oder nur auf solchen beruht. Nach NOVIKOV besitzen auch die ruhenden Samen von *Polygonum bucharicum* ein gutes Wasseraufnahmevermögen, ohne daß damit, auch bei mechanischer Beschädigung der Testa, Keimung verbunden wäre. Vor allem aber machen Befunde über Beeinflussung von Ruhezuständen durch die Temperatur und über die Teilnahme stofflicher Faktoren wahrscheinlich, daß am Aktivitätswechsel auch chemische Veränderungen maßgebend beteiligt sind. Die Samen sind mit ihrem stark reduzierten Stoffwechsel für die Erfassung von Temperaturwirkungen kein günstiges Material. Bei den Winterknospen von *Stratiotes aloides* wird nach VEGIS (1948a) die Ruhe durch Einwirkung hoher Temperaturen verstärkt (wobei auch intermittierende Behandlung wirksam ist: VEGIS 1948b); nach den Kurven scheint dabei der tiefste Punkt der Ruhe um so früher erreicht zu werden, je höher die Temperatur ist. Andererseits wird, ebenfalls durch VEGIS bei *Stratiotes*, ferner durch TUKEY u. CARLSON (1945a) bei den Samen von *Prunus persica*, NOVIKOV bei denen von *Polygonum bucharicum* und besonders durch BARTON (s. S. 423), bestätigt, daß tiefe Temperaturen die Ruhe überwinden können (bei *Stratiotes* ist auch dabei intermittierende Einwirkung ausreichend); nach

neuen Vorstellungen über die Vernalisation (LANG u. MELCHERS 1947;
s. S. 398) besteht aber die Wirkung der Temperatur in einer Veränderung
des Gleichgewichtes chemischer Vorgänge, so daß die Beeinflußbarkeit
von Ruhezuständen durch Temperatur *per se* für die Teilnahme chemischer Vorgänge spricht. Nach NOVIKOV ist für den Erfolg der Kälteeinwirkung bei *Polygonum bucharicum* — in Übereinstimmung mit der
Vernalisation — Luftzutritt erforderlich. Es scheint sich um die Bildung
eines fördernden Stoffes zu handeln: ruhende Samen lassen sich durch
wäßrige Extrakte aus durch Kältebehandlung keimfähig gemachten zu
45% zur Keimung bringen — allerdings auch (zu 6—12%) durch Extrakte aus durch Kältebehandlung keimunfähig gemachten *Gossypium*-
Samen —; eine Quellung auch in fließendem Wasser führte dagegen
nicht zum Erfolg, so daß zum mindesten wasserlösliche Hemmstoffe am
Ruhezustand nicht beteiligt sein dürften. Bei den Knollen von *Solanum
tuberosum* gehen dagegen Verflachung und Verschwinden der Keimruhe
mit der Abnahme und dem Verschwinden eines Hemmstoffes parallel;
dieser ist besonders in den Außenschichten angereichert, und durch
Schälen werden ruhende Knollen zum Austreiben gebracht, indem ein
Teil des Hemmstoffes mechanisch entfernt, ein anderer durch die hinzu-
tretende Luft zerstört wird (HEMBERG). Über die Natur dieser Stoffe
ist nichts bekannt, Beziehungen zu den Wuchsstoffen sind aber wahrscheinlich. Bei *Aleurites fordii* (Tung) kann die Ruhe der Triebe durch
Wuchsstoff verlängert werden (SELL u. Mitarb.).

Ruhende Samen brauchen nicht vollständig entwicklungsunfähig zu sein. So
entwickeln sich aus isolierten Embryonen nicht oder unvollständig nachgereifter
Samen von *Prunus persica* oft nur Rosetten, die frühzeitig zugrunde gehen, oder
zwergige Pflänzchen; durch Behandlung mit tiefen Temperaturen kann normale
Weiterentwicklung erreicht werden (LAMMERTS und TUKEY u. CARLSON l. c.).
Es scheint, daß den Embryonen eine für normales Wachstum erforderliche Voraussetzung fehlt, etwa die Bildung eines Wuchs- oder Zerstörung eines Hemmstoffes.
Das Verhalten stimmt mit dem nicht-kältebehandelter Knollen von *Helianthus
tuberosus* überein (s. Fortschr. Bot. **11**, 291); gehemmt sind bemerkenswerterweise
aber nur die Hauptsprosse, während Seitentriebe auch ohne Kälteeinwirkung normal wachsen. Ruhende *Prunus-persica*-Embryonen können auch durch Behandlung mit Thioharnstoff zur Entwicklung gebracht werden; es entstehen aber wieder
abnorm entwickelte Pflanzen (TUKEY u. CARLSON 1945b). Nach RICHTER u.
KRASNOSEL'SKAJA werden ruhende Zweige von *Tilia* und *Fraxinus* durch Brei aus
zum Austreiben gebrachten zur Aufnahme des Wachstums veranlaßt; die Kontrollen wurden allerdings nur mit Wasser behandelt. Der gegebene Aktivitäts-
zustand kann auch in isolierten Geweben nachwirken: je nachdem in welcher Jahreszeit das Gewebe entnommen wurde, weist der Neuzuwachs Unterschiede in der
anatomischen Struktur (GIOIELLI bei *Ailanthus* und *Sterculia*- und *Ulmus*-Arten)
und osmotischem Wert und optischer Dichte (CAPPELLETTI bei *Daucus carota*) auf.
Jahresrhythmische Schwankungen in der Bewurzelungsfähigkeit als Stecklinge
kultivierter Zweige fanden THIMANN u. DELISLE bei Coniferen und HITCHCOCK u.
ZIMMERMAN bei *Pirus malus*. Wurzeln werden in beiden Fällen meist nur auf
Wuchsstoffbehandlung hin gebildet; die Coniferen sprechen darauf aber meist nur
im Winter an (*Picea pungens* hat zwei Optima, im November und April, und reagiert im Februar nicht), Apfelstecklinge dagegen nur im Juni. Bei den Coniferen
kommt eine progressive Abnahme der Bewurzelungsfähigkeit mit dem Alter des
Individuums (bei gleichem Alter des Stecklingsholzes) hinzu.— Für seine in Fortschr.
Bot. **10**, 295 wiedergegebene Vorstellung über die der endogenen Tagesrhythmik
zugrundeliegenden Vorgänge bringt BÜNNING (1942) die experimentellen Belege.

3. Wachstum. Zellteilung und -streckung.

α) Entwicklungsgeschichtliche Grundlagen.

a) Zellteilung und Gewebedifferenzierung. Da, von ganz wenigen Ausnahmen abgesehen, alle Entwicklungsvorgänge mit Wachstum verbunden sind, ist die Kenntnis von Zellteilung und -streckung, als den das Wachstum regulierenden Vorgängen der Pflanzen, für diejenige des Entwicklungsablaufes von größter Bedeutung. In der Berichtszeit hat dieser Gesichtspunkt zunehmende Beachtung gefunden, und es sind einige sehr wichtige Erkenntnisse erzielt worden, und zwar über die Bedeutung der Zellteilung für die Gewebedifferenzierung und für den Aufbau von Geweben und über den Anteil von Zellteilung und -streckung an der Gestaltung von Organen. Die meisten dieser Erkenntnisse sind den Arbeiten von SINNOTT und BLOCH zu verdanken, und obgleich es sich vorwiegend um „deskriptive" Untersuchungen handelt, kann ohne Übertreibung gesagt werden, daß sie an Bedeutung für die entwicklungsphysiologische Problematik keiner der experimentellen Arbeiten derselben Zeit nachstehen.

Abb. 41. Inäquale Teilungen in der Wurzel von *Monstera deliciosa*. Rechts Epidermis und Hypodermis, links Rinde. Aus den Spezialzellen entstehen in der Epidermis Wurzelhaarzellen, in der Hypodermis die sog. „kurzen Zellen", in der Rinde Trichosklereiden. Aus SINNOTT und BLOCH 1946.

In der Gewebedifferenzierung der Pflanzen erweisen sich differentielle oder inäquale Teilungen als von großer Bedeutung. Es sind dies Teilungen, aus denen verschieden gestaltete Tochterzellen hervorgehen, die eine verschiedene Entwicklung nehmen. Solche Teilungen sind, besonders an gewissen Anfangs- und Endpunkten der Entwicklung, schon lange bekannt. So führen vor allem die ersten Teilungen der Sporen und Zygoten einschließlich der befruchteten Eizelle der Blütenpflanzen, sowie die Teilungen von einzelligen Spitzenmeristemen zu ungleichartigen Tochterzellen, ebenso die erste Pollenkornteilung, bei der der Mutterkern der generativen Kerne und der vegetative Kern differenziert werden, die Teilungen, die zur Entstehung von Spaltöffnungsinitialen in der Epidermis, und diejenigen, die zur Abgliederung der Siebröhren im jungen Phloëm führen, ferner die erste Teilung der von der Spitzenzelle der *Characeae* abgegliederten Zellen, bei der die Nodial- und Internodialzelle getrennt werden. Es zeigt sich aber, daß inäquale Teilungen auch in der ganzen übrigen Entwicklung der Pflanzen immer dort auftreten, wo ein gegebenes Gewebe eine Differenzierung oder weitere Differenzierung erfahren soll. Sie treten sehr häufig in Zellfolgen auf, in denen die Teilungstätigkeit am Erlöschen ist, und führen meist zur Entstehung einer plasmareicheren und einer plasmaärmeren Tochterzelle (Abb. 41).

In manchen Fällen machen beide Tochterzellen keine weiteren Teilungen durch, häufiger nimmt aber die eine, die plasmareichere („Spezialzelle": BÜNNING u. SAGROMSKY), die Teilungstätigkeit für kürzere oder längere Zeit wieder auf; immer aber gibt sie einer Zelle oder einem Gewebe den Ursprung, das im Vergleich zum Ursprungsgewebe stärker spezialisiert ist. Nach SINNOTT u. BLOCH (1939, 1946) und BLOCH (1944, 1947, 1948) werden durch inäquale Teilungen nicht nur verschiedene spezialisierte Zellen und Gewebe, wie die wurzelhaarbildenden Zellen der Epidermis, die „kurzen Zellen" der Hypodermis, Drüsen. „innereHaare" (Trichoblasten) und andere Idioblasten abgegliedert, sondern auch die Initialen der Markstrahlen im Kambium und vor allem die Hauptgewebe im Spitzenmeristem, nach BÜNNING u. SAGROMSKY vielleicht auch die

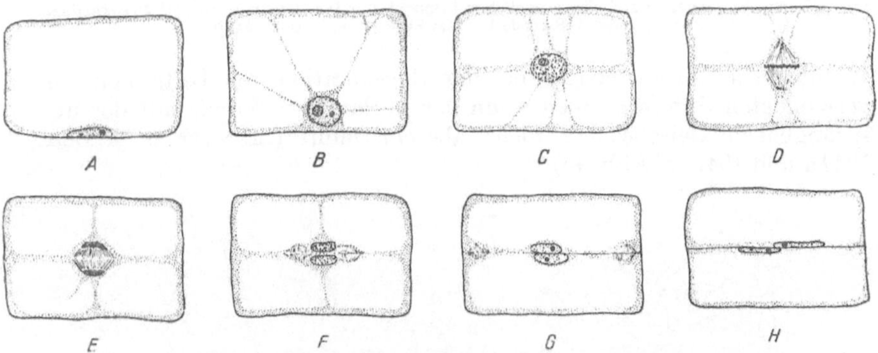

Abb. 42. Halbschematische Darstellung der Teilung in vakuolisierten Markzellen von Sproßspitzenmeristemen (Längsschnitte). Aufhängung des Kerns an Protoplasmasträngen (B,C), Zusammentreten dieser Stränge zum Phragmosom (C, D); Zellplatte und neue Wand folgen dem Verlauf des Phragmosoms (F—H). Aus SINNOTT u. BLOCH 1941 a.

Blattprimordien am Vegetationspunkt (und ebenso die Chlorophyll- und Hyalinzellen in den Blättern von *Sphagnum*).

b) Zellteilung und Gewebeaufbau. Der zelluläre Aufbau der Gewebe wird aktiv durch die Zellen bestimmt und ist nicht, oder jedenfalls nicht allein, eine Folge rein mechanischer Eigenschaften der Zellen. Bei der Teilung vakuolisierter Zellen in einiger Entfernung vom Spitzenmeristem vereinigen sich die Cytoplasmastränge, an denen vor Beginn der Teilung der Kern aufgehängt wird, zu einer zusammenhängenden Schicht, und der Verlauf dieses „Phragmosoms" bestimmt die Lage der neuen Zellwand (SINNOTT u. BLOCH 1941 a; s. Abb. 42). Dies wurde bei allen daraufhin untersuchten Pflanzen aus den verschiedensten Familien in der gleichen Weise gefunden und gilt ebenso für den normalen Gewebeaufbau wie für Umdifferenzierungsvorgänge. In den normalen Geweben vermeidet das Phragmosom entweder die Ansatzstellen der Wände in den benachbarten Zellen, oder es stellt sich umgekehrt gerade auf diese Punkte ein (Abb. 43). Dementsprechend lassen sich zwei grundsätzliche Aufbautypen der Gewebe unterscheiden: ein häufigerer mit alternierenden Zellwänden, verbreitet besonders in Geweben mit parallelen Zellreihen, und ein seltenerer mit opponierten Wänden,

22a

anzutreffen in der Rinde der Wurzeln mancher Arten, in langsam wachsenden und dickwandigen Geweben und im Periderm (SINNOTT u. BLOCH 1941b; s. Abb. 44). Bei der Bildung von Wundgewebe (das den opponierten Aufbautyp zeigt) stellt sich das Phragmosom parallel zur

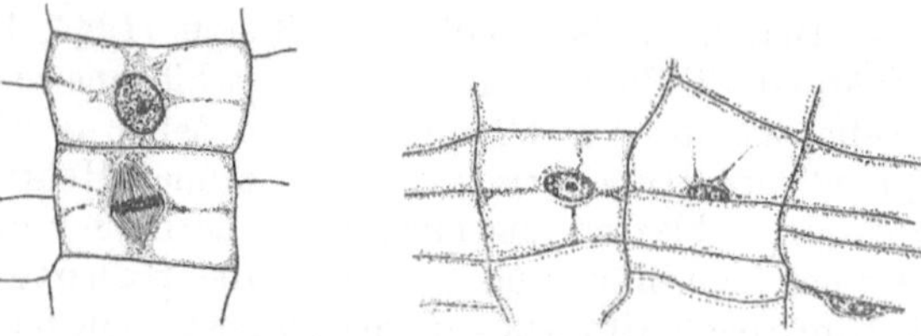

Abb. 43. Phragmosomverlauf in einem Gewebe mit alternierender Wandstellung (links: *Polygonum sacchalinense*, Sproßspitze) und einem solchen mit opponierter Wandstellung (rechts: *Bryophyllum* spec., verletzter Blattstiel). Aus SINNOTT u. BLOCH 1941 b.

Wundoberfläche ein, ebenso bei der Regeneration von Leitgewebe in verwundeten Sprossen, auch wenn der Verlauf der Wunde mit der ursprünglichen Gewebeachse nicht übereinstimmt (SINNOTT u. BLOCH 1941a und 1945; s. Abb. 45).

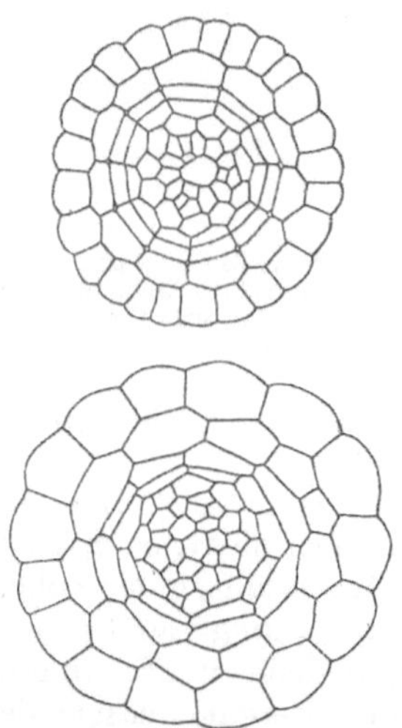

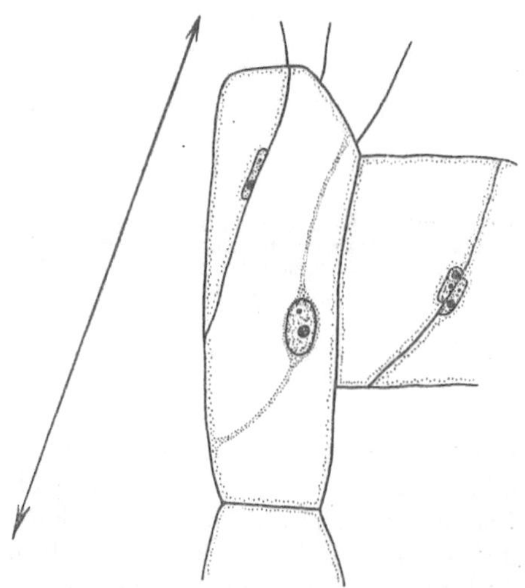

Abb. 44. Wurzelrinde mit opponierten (oben: *Sporobolus cryptandrus*) und alternierenden (unten: *Agrostis alba*) Wänden. Aus SINNOTT und BLOCH 1941 b.

Abb. 45. Phragmosomverlauf in einem Wundmeristem (*Tradescantia fluminensis*). Der Pfeil gibt den Wundverlauf an; Längsachse des Organs vertikal in der Zeichnungsebene. Aus SINNOTT und BLOCH 1941a.

c) **Zellteilung, Zellstreckung und Organgestaltung.** Die Bedeutung der Zellteilung und -streckung für Wachstum, Größe und Form von Organen wurde durch Bestimmung der Zellzahl und -größe während der Entwicklung analysiert; durch Vergleich von Rassen bekannter genetischer Konstitution lassen sich Anhaltspunkte für Zeit und Ort des Angreifens größen- und formbeeinflussender Gene gewinnen. Auch in verhältnismäßig einfachen Organen erweist sich der Verlauf des Wachstums als durchaus nicht einfach, sondern bietet ein kompliziertes Bild von Unterschieden in der Aktivität und Größe der Zellen, wobei einige deutliche Gesetzmäßigkeiten zu erkennen sind. Bei den Früchten von verschiedenen Arten der *Cucurbitaceae*, bei denen das Wachstum, wie allgemein üblich, zunächst unter Zellteilungen, später nur durch Zellstreckung erfolgt, steigt während der Teilungsperiode die Zellzahl in allen Geweben gewöhnlich gleichmäßig an, d. h. die Teilungsrate ist überall dieselbe; von außen nach innen nehmen aber die Zellen während der Teilungsperiode mehr an Größe zu, hören früher mit der Teilungstätigkeit auf, sind bei Erlöschen der Teilungstätigkeit größer und erreichen während der Streckungsperiode eine größere Endgröße (SINNOTT 1942a und b). Ein wichtiges Ergebnis dieser Analyse ist, daß Zellteilung und -streckung voneinander weitgehend unabhängig sind: aufeinanderfolgende Teilungen finden in immer größeren Zellen statt, und die Zunahme der Zellgröße zwischen den Teilungen ist ebenso wie die Größe, bei deren Erreichung die Teilungen aufhören, in verschiedenen Geweben verschieden; eine einheitliche Zellgröße, bei der Teilung einträte, gibt es nicht. Diese Feststellungen gelten natürlich zunächst nur für dieses Material; jedoch ist ein ähnlicher Gradient in der Zellstreckungsrate auch bei anderen massiven Organen und in primären Parenchymen und sind differentielles Wachstum und Hinweise auf Unabhängigkeit von Teilung und Streckung in anderem Material gefunden worden (*Brassica*-Hypokotyle: HAVIS, *Solanum-lycopersicum*-Sprosse: HOUGHTALING), so daß, wenn auch die Einzelheiten von Fall zu Fall verschieden sein können, es sich um allgemeinere Gesetzmäßigkeiten des Wachstums und der Entwicklung solcher Organe zu handeln scheint.

Die Fruchtgröße ist bei einer gegebenen Cucurbitaceen-Varietät unabhängig von den Außenbedingungen ziemlich konstant, indem zwischen Wachstumsgeschwindigkeit und -dauer ein reziprokes Verhältnis besteht (SINNOTT 1945a). Fruchtgrößenunterschiede verschiedener Varietäten beruhen nicht auf Unterschieden der Zellgröße während der Frühentwicklung, sondern auf solchen in der Dauer der Teilungsperiode und dem Ausmaß der Zellstreckung nach Aufhören der Teilungen, d. h. sie beruhen meist auf Unterschieden in Zellzahl *und* Zellgröße (SINNOTT 1939, 1945a); die Beziehung zwischen Zell- und Organgröße ist also keine einfache, und Früchte derselben Größe können eine sehr verschiedene Entwicklungsgeschichte aufweisen.

Auch die Unterschiede in der Form von Organen beruhen gewöhnlich auf Unterschieden in der Teilungs- und Streckungsaktivität in den verschiedenen Dimensionen. Einen besonders einfachen Fall, der den Anteil der beiden Vorgänge an der Ausgestaltung des fertigen Organs ausgezeichnet illustriert, bietet die Untersuchung von 3 *Tropaeolum*-Formen durch WHALEY u. WHALEY (Abb. 46). Die jugendlichen Blätter sind bei allen dreien gleich; die Zellteilungsrate ist aber an bestimmten Stellen (in den Buchten) verschieden, und bei der nachfolgenden Streckung, bei der alle Zellen dieselbe Endgröße anstreben, wachsen diese Partien verschieden. Auch die Unterschiede in der Gestalt der

Fruchtknoten von 2 *Iris*-Arten und ihre Veränderungen im Verlaufe der
Entwicklung zwischen Anlage und Fruchtreife beruhen in erster Linie
auf Veränderungen der Teilungsraten in den verschiedenen Regionen
und nicht auf Unterschieden im Ausmaß der Streckung (RILEY 1942
und RILEY u. MORROW). In den meisten Fällen, besonders bei Blättern,
ist die Situation dadurch komplizierter, daß die Unterschiede sich auch
auf die Anlagen (Primordien) erstrecken. Bei *Gossypium*-Arten und
-Varietäten mit verschiedenen Blattformgenen sind an den Unterschieden
in der Form der ausgewachsenen Blätter Unterschiede im Zeitpunkt der
Anlage der Seitenlappen, im Verhältnis des
Längen- und Breitenwachstums während der
frühen und der späteren Entwicklung und
in der Dauer dieser Wachstumsvorgänge

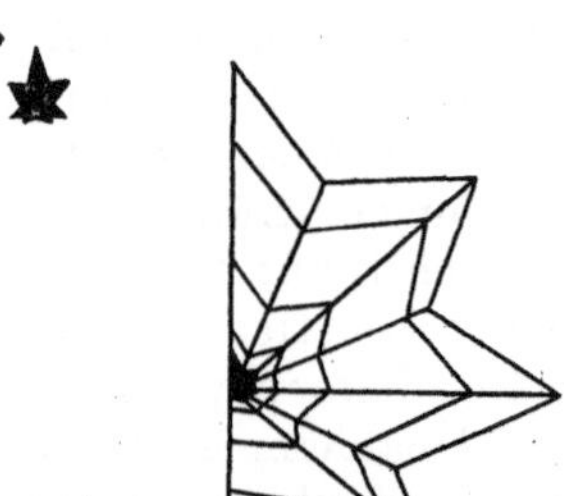
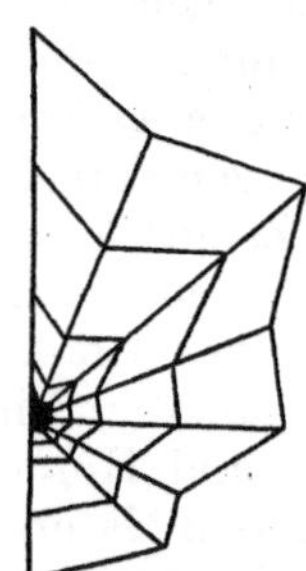
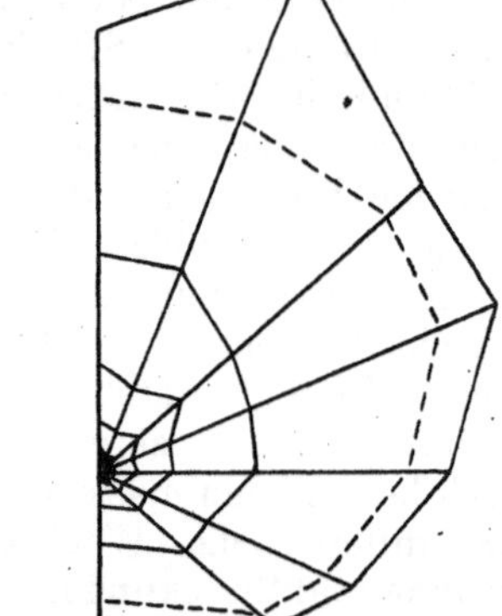

Abb. 46. Wachstumsverlauf der Blätter bei drei *Tropaeolum*-Varietäten. Links die — bei allen drei
Varietäten gleiche — Jugendform. Aus WHALEY u. WHALEY, etwas vereinfacht.

beteiligt, wobei die Unterschiede auch hier mehr die Zellzahl als
die Zellgröße betreffen (HAMMOND). Die Bedeutung, die die bloße
Größe der Organanlage oder des Spitzenmeristems für die Größe
des Organs haben kann, machen Untersuchungen von ABBÉ und
Mitarb. bei einer Varietät von *Zea mays* und von WHALEY an *Solanum
lycopersicum* und 2 verwandten Arten deutlich: bei jener ließ sich die
Veränderung in der relativen Breite der aufeinanderfolgenden Blätter
(Zunahme um jeweils 9%) auf eine entsprechende Zunahme des Um-
fanges der Blattanlagen am Vegetationspunkt zurückführen; bei diesen
waren die Größenunterschiede der Organe (Blätter, Blättchen, Corolle,
Früchte) sowohl im Verlaufe der Entwicklung als auch von Art zu Art
direkt mit der Größe und den Größenveränderungen des Vegetationspunktes (seine Größe nimmt im Verlaufe der Entwicklung zu, die seiner
Zellen dagegen ab) korreliert. Allerdings darf aus diesen Beobachtungen
nicht geschlossen werden, daß dort, wo Unterschiede in der Ausbildung
oder Größe der Primordien vorhanden sind, sie für diejenige des fertigen
Organs allein entscheidend sind. Aus ziemlich gleich gestalteten Anlagen können sehr verschieden gestaltete Organe hervorgehen; z. B. sind
die Blattprimordien von *Linaria vulgaris* und *Lysimachia nummularia*
fast gleich (Längen-Breiten-Verhältnis 0,68:0,38 bzw. 0,48:0,26), die
ausgewachsenen Blätter aber ganz verschieden (33,8:3,8 bzw. 15,5:19,7).
Anlagengröße und -ausbildung und das Verhältnis von Längen- und

Breitenwachstum sind gleichermaßen an der Ausgestaltung des fertigen Organs beteiligt.

d) Organ-, Zell- und Gewebewachstum. Ein vom entwicklungsphysiologischen Standpunkt wichtiges weiteres Ergebnis der vorstehend besprochenen Untersuchungen muß noch genannt werden: In sehr vielen Fällen scheint es, als ob die Organe selbst und nicht die Zellen und Gewebe, aus denen sie zusammengesetzt sind, die Einheiten des Wachstums darstellten. Das Wachstum der einzelnen Gewebe der Cucurbitaceen-Früchte ist so aufeinander abgestimmt, als ob es durch die Form der ganzen Frucht bestimmt würde. Die — in allen Geweben gleiche — Zellteilungsrate ist der Oberflächenzunahme parallel; die Gewebe wachsen aber entsprechend der Tatsache, daß das Volumen des Organs rascher zunimmt als seine Oberfläche (SINNOTT 1942a). Der Übergang vom Wachstum unter Beteiligung von Zellteilung zu bloßem Wachstum durch Zellstreckung macht sich, obgleich er in den verschiedenen Geweben nicht einmal gleichzeitig erfolgt, im Wachstum der ganzen Frucht überhaupt nicht bemerkbar (SINNOTT 1945b); und obgleich die Entwicklungsgeschichte von Früchten gleicher Größe hinsichtlich Dauer der Teilungsperiode des Wachstums, Zellgröße bei Aufhören der Teilungstätigkeit und Ausmaß der Zellstreckung, wie besprochen, eine verschiedene sein kann, machen alle Früchte einen sehr ähnlichen Wachstumszyklus durch (SINNOTT 1939b, 1945a). Bei den *Iris*-Fruchtknoten kann sich zwar die Zellstreckungsrate im Verlaufe des Wachstums ändern, aber das Verhältnis zwischen diesen Raten in verschiedenen Regionen der Frucht bleibt konstant, d. h. Änderung in einer Region wird durch entsprechende Änderungen in den anderen kompensiert (RILEY u. MORROW). Es hat sogar den Anschein, als könne die Form des Organs die Richtung der Zellteilung bestimmen: in den sehr langen und schmalen Früchten von *Trichosanthes* nimmt die Variation der Richtung der Spindelachse von der Meta- über die Ana- zur Telophase hin ab, und die neuen Zellwände werden so angelegt, als seien die Teilungen parallel zur Längsachse der Frucht erfolgt (SINNOTT 1939b). Schließlich können zwischen den ausgewachsenen Blättern eines Sprosses, vom ältesten zum jüngsten fortschreitend, im Verhältnis ihrer verschiedenen Ausmaße (Länge, Breite, Tiefe von Einschnitten usw.) dieselben gesetzmäßigen Beziehungen bestehen, wie sie für dieselben Größen im Verlaufe der individuellen Entwicklung der einzelnen Blätter gegeben sind (STEPHENS bei *Gossypium*, S. W. BROWN bei *Delphinium ajacis*, u. a.); dabei kann, wie beim Wachstum der einzelnen Blätter, der Einfluß von Blattformgenen deutlich werden. Auf diese Fragen der „Organisation" von Wachstum und Entwicklung wird in anderem Zusammenhange zurückzukommen sein (s. S. 390ff.).

β) Die physiologische Steuerung des Wachstums.

Teilung, Streckung und äußere und innere Faktoren. Wie Zellteilung und -streckung durch innere und äußere Faktoren gesteuert und beeinflußt werden, ist im Vergleich zur deskriptiven Analyse dieser Vorgänge noch sehr wenig bekannt. Es ist daher besonders interessant, daß in den

experimentellen Untersuchungen BURSTRÖMs an einem andersartigen
Material, den Epidermiszellen isolierter *Triticum*-Wurzeln, sich gewisse
Übereinstimmungen mit den morphologischen Befunden abzeichnen,
und zwar weitgehende Unabhängigkeit von Zellteilung und -streckung.
Mit zunehmender Temperatur steigt die Teilungsrate bis zu einem
Maximum bei 25°, um dann konstant zu bleiben; die Streckung nimmt
von 7—30° ab. Bei steigender Glucose-Konzentration im Medium werden beide Vorgänge zunächst (bis $^1/_{100}$ mol) gleichmäßig gefördert;
darüber bleiben sie konstant, aber die Dauer der Streckung und damit
die endgültige Größe der Zellen nehmen zu — ein direkter Effekt der
größeren Menge osmotisch wirksamer Substanz, da der osmotische Druck
in den reifen Zellen ebenso wie die Wandelastizität unabhängig von der
Endgröße der Zellen stets die gleichen Werte haben. Bei hohen Glucose-
konzentrationen und ebenso in überoptimalen Temperaturen kann die
Teilungsrichtung wechseln (gelegentlich Längs- statt Querteilungen),
so daß zwischen Teilungsebene und -rate kein Zusammenhang besteht.
Die Streckung sich nicht mehr teilender Zellen in den Schuppen von
Taraxacum-Inflorescenzen, in *Ricinus*-Blättern und in *Phaseolus*-Hypo-
kotylen nimmt allerdings zwischen 0° und 30° zu mit einem Temperaturkoeffizienten, wie er für chemische Reaktionen üblich ist, so daß hier
keine physikalischen Prozesse (Osmose, Imbibition), sondern chemische
für die Zellstreckung maßgebend zu sein scheinen (CHAO u. LOOMIS).
Die Temperaturoptima für das Längenwachstum der Hypokotyle und der
Wurzeln von *Gossypium*-Sämlingen, die zunächst eng zusammen liegen
(bei 33—36°), gehen im Verlaufe von einer Woche um 9° auseinander,
indem jenes auf 36° ansteigt, dieses aber auf 27° abfällt (C. H. ARNDT);
es ist möglich, daß verschiedene Anteile von Teilung und Streckung in
den beiden Organen dafür verantwortlich sind. — Abhängigkeit der Teilung von der Anwesenheit von Plastiden zeigt BAUER bei Laubmoos-
protonemen. Bei Bedingungen, die die Plastidenvermehrung in steigendem Maße hemmen, werden die Zellen zunehmend schmaler; einer Regeneration solcher Fäden einschließlich neuer Teilungen geht Regeneration der Chloroplasten voraus. Völlig plastidenfreie Zellen, die zuweilen
im Verlaufe der Entwicklung auftreten, vermögen sich, wenn isoliert,
nicht mehr zu teilen, obgleich sie lange am Leben gehalten werden
können; Nachbarzellen mit auch nur wenigen Plastiden sind teilungs-
fähig. — Vgl. auch den Abschnitt über die Wirkung von Licht auf Wachstumsvorgänge (S. 402ff.).

   Stoffliche Faktoren des Wachstums. a) Allgemeines. Ernährungseinflüsse. Am Wachstum und seiner Regulation sind zweifellos
eine große Zahl verschiedenartiger stofflicher Agentien beteiligt, von
den „allgemeinen" Baustoffen bis zu Substanzen, die ganz bestimmte
Wachstumsvorgänge in spezifischer Weise beeinflussen. Über die genaueren Verhältnisse wissen wir noch sehr wenig; jedoch liegen einige
Beobachtungen vor, die vielleicht als Ansatzpunkte für weitere Untersuchungen wertvoll sein werden. Die gesetzmäßigen Beziehungen im
Wachstum der Cucurbitaceenfrüchte beruhen nach der Ansicht SINNOTTs
vielleicht auf Gefällen in der Verteilung von Wuchsstoffen und anderen

für das Wachstum notwendigen Substanzen. In der Tat ist der Wuchsstoffgehalt im Inneren der Früchte größer als in den Außenschichten,
und besonders die Samenanlagen und jungen Samen sind wuchsstoff-
reich (GUSTAFSON 1939); darüber hinaus ist vor kurzem die Produktion
von das Wachstum der Früchte stimulierenden Stoffen durch die sich
entwickelnden Samen nachgewiesen worden (s. S. 427), und es ist denkbar,
daß diese Aktivität der Samen bei der Steuerung des Wachstums
der Früchte eine wichtige Rolle spielt. Die Dauer und damit die Größe von
Früchten und vielleicht auch anderen Organen mit begrenztem Wachstum hängt andrerseits vielleicht mit dem Verbrauch von für das Wachstum notwendigen Substanzen, die nur in beschränkter Menge vorhanden
sind und nicht nachgeliefert werden, ab. Das Ende der Teilungsperiode
im Wachstum der Cucurbitaceenfrüchte fällt, und zwar gleichermaßen
bei groß- und bei kleinfrüchtigen Varietäten, d. h. unabhängig von ihrer
absoluten Dauer, mit einem Abfall des Vitamingehaltes zusammen
(WILSON); auch die reziproke Beziehung zwischen Wachstumsrate und
-dauer läßt sich nach SINNOTT auf solche Weise verstehen. Stoffliche
Faktoren spielen auch am Vegetationspunkt eine Rolle, und da dieser
auf die Ausgestaltung der Organe einen direkten Einfluß haben kann,
können sie nicht nur für das Wachstum, sondern auch für die Formbildung von Bedeutung sein. Bei Farnen kann das Spitzenmeristem (eine
oberflächliche Schicht meristematischer Zellen, die direkt aus der Scheitelzelle hervorgehen und einen großen Teil der Gewebe aufbauen, vgl. S. 23)
durch dauernde Entblätterung des Sprosses oder Kultur in schwachem
Licht zur Umwandlung in Parenchym gebracht werden; bei Wiederherstellung günstigerer Bedingungen nimmt es sein Wachstum wieder auf
(WARDLAW 1945 b, 1946 c). Sowohl die Größenzunahme des Spitzenmeristems im Laufe des Wachstums, die bei diesen Farnen zu beobachten
ist (WARDLAW 1947 a), wie auch die graduellen Veränderungen des Vegetationspunktes der von WHALEY untersuchten *Solanum*-Arten sind
vielleicht auf Veränderungen in den Ernährungsverhältnissen (im weitesten Sinne) zurückzuführen, und diese ihrerseits möglicherweise auf
diejenigen des Assimilationsapparates, dessen Größe, und des Transportweges, dessen Länge mit dem Alter des Individuums zunehmen. Bemerkenswert ist, daß die Versorgung des Vegetationspunktes mit den
notwendigen Materialien durch Stoffleitung in Parenchym vor sich
zu gehen scheint, da sowohl bei Farnen (WARDLAW 1947 b, 1949 b) als
auch bei *Lupinus albus* (BALL 1948) der Vegetationspunkt auch bei
völliger Abtrennung vom Leitgewebe seine Wachstums- und histogene-
tische Tätigkeit fortsetzen kann (s. S. 371).

b) Wuchsstoffe. Daß die „eigentlichen" pflanzlichen Wuchsstoffe
(Auxine i. w. S.) auch für die Zellteilung notwendig sind, wird weiter
an Gewebekulturen bestätigt. Gewebe von *Salix* (GAUTHERET 1948 c),
Hyoscyamus (TELLE u. GAUTHERET 1947 a), *Crataegus*, *Vitis* und *Parthenocissus* (MOREL 1944—1947) wachsen *in vitro* unbegrenzt nur bei Anwesenheit von Wuchsstoff im Medium. Wenn in anderen Fällen, z. B.
bei Gewebe eines *Rosa*-Bastards (NOBÉCOURT) und des Bastards *Nicotiana glauca* × *langsdorffii* (HILDEBRANDT u. RIKER 1947), nur eine

quantitative oder überhaupt keine fördernde Wirkung zusätzlicher Wuchsstoffgaben erkennbar ist (hohe Konzentrationen wirken immer hemmend), so produziert das Gewebe selbst offenbar ausreichende Mengen; im Falle des *Nicotiana*-Gewebes wurde dies direkt nachgewiesen (Skoog 1944). „Ge"- oder besser „*Entwöhnung*", d. h. spontan auftretende Fähigkeit ursprünglich wuchsstoffbedürftiger Gewebe zu Wachstum in wuchsstofffreien Medien (s. Fortschr. Bot. **11, 273**) wurde bei *Parthenocissus* und *Vitis* beobachtet (Morel 1946b, 1947); im Gegensatz zu den früheren Fällen *(Daucus, Scorzonera)* erfolgte die Entwöhnung bei *Parthenocissus* gegenüber α-Naphthyl-essigsäure und nicht β-Indolylessigsäure und sprachen manche Linien des entwöhnten *Vitis*-Gewebes auf Wuchsstoffzusatz zum Medium weiterhin an, sogar stärker (d. h. bereits auf schwächere Gaben) als das nicht-entwöhnte, wuchsstoffbedürftige Gewebe. Fördernde Wirkung von β-Indolylessigsäure auf die Zellteilung bei niederen Organismen konnte in eindeutiger Weise Algéus bei 2 Arten von *Chlorella* und 1 von *Scenedesmus* nachweisen (andere sind wuchsstoffunabhängig); frühere widersprechende Befunde erklären sich durch die rasche Oxydation der Verbindung, die durch Licht gefördert wird und bei der hemmende Produkte entstehen.

Bezüglich der Fortschritte in der Kenntnis der Wirkungsweise und der Chemie der Wuchsstoffe wird auf den Beitrag „Wachstum und Bewegung" (S. 323) und die zusammenfassenden Aufsätze von Avery (1942), van Overbeek (1944) und Skoog (1947) verwiesen. Hier sind nur kurz einige Ergebnisse zu nennen, die unmittelbares Interesse für die in diesem Beitrag behandelten Probleme haben. Die beiden ersten davon reichen in frühere Jahre zurück, sind aber in der Berichtszeit erweitert und vertieft worden; das dritte ist ganz neu und für die Aufklärung der Physiologie der Wuchsstoffe vielleicht von besonderer Bedeutung. 1. Die β-Indolylessigsäure erweist sich eindeutig als körpereigene Substanz der Pflanzen (vgl. Fortschr. Bot. **11, 254** und **276**), und darüber hinaus nicht nur als das, sondern immer mehr als der Wuchsstoff der Pflanzen schlechthin, einschließlich der *Avena*-Koleoptile (J. Bonner u. Wildman) und der Sproßspitzen (Kramer u. Went bei *Solanum lycopersicum*). Haagen-Smit, Leech u. Bergren konnten die Verbindung aus *Zea-mays*-Endospermen in krystallisierter Form gewinnen. 2. Ein großer Teil des Wuchsstoffs liegt in den Pflanzen oft in gebundener Form vor. Die Art und Weise der Bindung kann offenbar verschieden sein. Bisher sind zwei Haupttypen gefunden worden: in Endospermen hat der gebundene Wuchsstoff Nicht-Protein-Charakter, oder die Bindung an Protein ist nur adsorptiv (z. B. Gordon bei *Triticum*); in Blättern und anderen frischen Geweben handelt es sich dagegen höchstwahrscheinlich um echte Proteid-Bindung (erstmalig Skoog u. Thimann 1940 und Wildman u. Gordon 1942). Aus dieser zweiten Form kann „freier", d. h. in den üblichen Wuchsstofftests wirksamer, Wuchsstoff durch proteolytische Enzyme freigesetzt werden; andrerseits konnte Moewus (1948b) zeigen, daß zugesetzte Indolylessigsäure durch Preßsaft von *Solanum tuberosum* gebunden und durch proteolytische Enzyme wieder freigesetzt wird. 3. Die physiologische Bedeutung der beiden

Typen gebundenen Wuchsstoffes dürfte verschieden sein. Während es sich bei der Endosperm-Form um eine echte Vorratsform handeln kann, in die der Wuchsstoff während der Samenreife übergeführt (s. S. 421) und aus der er bei der Keimung wieder freigemacht wird (über dies letzte ist allerdings noch nichts bekannt), stellen zum mindesten gewisse Typen des Wuchsstoffproteids vielleicht diejenige Form dar, in welcher der Wuchsstoff bei den Wachstumsvorgängen wirksam ist, denn es konnte festgestellt werden, daß das **Wuchsstoffproteid den Charakter eines Enzyms haben kann** — nämlich einer Phosphatase (BONNER u. WILDMAN). Die volle Bedeutung dieser Befunde und viele Einzelheiten müssen noch aufgeklärt werden; es scheint mir aber, daß sie bereits jetzt einige wichtige Schlußfolgerungen hinsichtlich der allgemeineren entwicklungsphysiologischen Stellung der Wuchsstoffe nötig machen. Die wichtigsten sind: 1. Die Einwände gegen Rückschlüsse aus Versuchen mit Indolylessigsäure und den verwandten „Heteroauxinen" auf die Wirksamkeit der „natürlichen" Wuchsstoffe werden endgültig hinfällig. 2. Wir haben damit zu rechnen, daß die Pflanze die Wuchsstoffe in verschiedenen und offensichtlich verschieden aktiven Formen führen und diese bei Bedarf ineinander umwandeln kann. 3. Es scheint, daß die Wuchsstoffe ihre Wirkung über stoffwechselphysiologische Vorgänge ausüben; wenn das richtig ist, würden sie die ihnen bisher noch zuerkannte Sonderstellung als spezifisch auf die morphologische Gestaltung des Organismus wirkende stoffliche Faktoren verlieren. — Über die Wuchsstoffe in der Differenzierung s. S. 385ff.

c) **Wachstumskorrelationen zwischen Organen. „Organwuchsstoffe".** Beeinflussungen des Wachstums eines Organs durch andere wurden besonders von WENT und von DE ROPP untersucht; zum mindesten WENT führt sie weiterhin auf spezifische Organwuchsstoffe zurück, die in den anderen Organen gebildet werden (Kaline). In Pfropfungen zwischen etiolierten *Pisum*-Sämlingen haben z w i s c h e n g e s c h a l t e t e Stücke von Sprossen solcher Varietäten, welche, als U n t e r l a g e n verwendet, das Wachstum der Reiser stark beeinflussen, keinerlei derartige Wirkung; die Wirkung geht also nicht vom Sproß selbst, sondern von den Kotyledonen und dem Wurzelsystem aus (WENT 1943). Auf gewissen genetischen Varianten *(stipuleless, Acacia-leaf, Rogue)* wachsen Pfropfreiser ebenso wie auf den Normalformen, d. h. das veränderte Eigenwachstum dieser Varianten beruht nicht auf veränderter Kalinproduktion, sondern veränderter Reaktionsfähigkeit der Gewebe; bei *slender* ist die Reaktionsfähigkeit verschiedener Gewebe verschieden beeinflußt (die der Sprosse erhöht, der Blätter und Nebenblätter herabgesetzt) und der eigene Kalingehalt ebenfalls in verschiedener Weise verändert (der Samen herabgesetzt, die Produktion in den Wurzeln erhöht). Bei *Solanum lycopersicum* hört bei Lichtabschluß das Wachstum des Sprosses bei Abschneiden der Wurzeln sofort auf und wird erst nach Regeneration von Wurzeln wieder aufgenommen, wobei die Geschwindigkeit, von einer bestimmten Mindestzahl an, der Zahl derselben proportional ist (WENT u. BONNER). Nach DE ROPP (1945, 1946a, b) tritt bei isolierten Sproßspitzen von *Secale*-Embryonen Sproß-

23

und Blattwachstum (abgesehen von bloßem Streckungswachstum des schon angelegten ersten Blattes) erst und nur nach Regeneration von Wurzeln ein. Da andererseits ausgestanzte Stücke von *Brassica*-Blättern auch bei Regeneration von Wurzeln nicht stärker wachsen, scheint für die Wirksamkeit der Wurzeln das vollständige System Wurzel-Sproß-Blatt erforderlich zu sein (DeRopp 1947a). In allen diesen Fällen ist Wuchsstoff als begrenzender Faktor auszuschließen. Bei den *Pisum*-Pfropfungen besteht zwischen dem Wuchsstoffgehalt der Spitze des Reises einerseits, dem Sproßwachstum und der als Unterlage verwendeten Varietät andrerseits keine Korrelation; bei den *Solanum*-Sprossen wirkt Wuchsstoff nur bei Dekapitierung begrenzend; in den Versuchen mit *Secale* ist Wuchsstoffproduktion durch die Wurzeln ohnehin unwahrscheinlich, und Wuchsstoffzusatz bleibt ohne Wirkung. Ebenso erwiesen sich eine große Anzahl bekannter Wachstumsfaktoren (s. folgenden Abschnitt) in reiner Form und in Form von Extrakten als wirkungslos. Eine gewisse Kaulokalinwirksamkeit wurde in *Cocos*-Endosperm (Cocosnußmilch) und in *Pisum*-Diffusat gefunden, nicht dagegen in Extrakten aus den *Solanum*-Wurzeln selbst und auch nicht in Hefeextrakt. Da dieser letzte starke Phyllokalinwirksamkeit hat, scheinen die Faktoren für Sproß- und Blattwachstum verschieden zu sein. Die Anlage und das Wachstum von Sprossen, Blättern und Wurzeln in Kulturen undifferenzierter Gewebe zeigen allerdings, daß die Lieferung von Stoffen durch andere Organe keine allgemeine Voraussetzung des Organwachstums darstellt. Bei isolierten *Asparagus*-Sproßspitzen (s. S. 341) besteht zwischen Sproß- und Wurzelwachstum sogar ein Antagonismus. Bei Anwesenheit von Wuchsstoff im Medium bilden frisch isolierte Spitzen im Dunkeln Wundkallus und Wurzeln, während das Sproßwachstum merklich gehemmt ist; in Licht unterbleibt Wurzelbildung, und das Sproßwachstum ist gefördert (Galston 1948; s. a.S. 382).

d) **Plasmawachstum. „Wachstumsfaktoren".** In den letzten 15 bis 20 Jahren ist eine große Anzahl von Substanzen als für das Wachstum notwendig erkannt worden, deren Wirkung wahrscheinlich indirekt ist und über den Stoffwechsel erfolgt. Eine scharfe Trennung dieser „Wachstumsfaktoren" von den spezifisch auf die morphologische Gestaltung des Organismus wirkenden „Wuchsstoffen", wie sie Schopfer (zusammenfassende Darstellung des ganzen Gebietes 1943) vertritt, ist allerdings, wie schon erwähnt, durch die Entdeckung, daß die Indolylessigsäure in gebundener Form als Enzym zu wirken scheint, problematisch geworden. Zwischen den beiden Stoffgruppen ist jedenfalls eine enge Wechselwirkung möglich. So steigert Nicotinsäure, ein typischer „Wachstumsfaktor", die hemmende Wirkung, die Indolylessigsäure auf das Wachstum isolierter *Asparagus*-Sproßspitzen im Dunkeln ausübt, während sie allein wirkungslos ist (Galston 1947a); p-Aminobenzoësäure, ebenfalls ein ausgesprochener Wachstumsfaktor, verstärkt die wurzelbildende Wirkung von Wuchsstoffen (Mangenot u. Carpentier 1941b).

Aus der großen Zahl der aus diesem Gebiete erschienenen Arbeiten können nur wenige berücksichtigt werden, vor allem diejenigen, die für entwicklungsphysiologische Fragen wesentliche Gesichtspunkte enthalten. Die Notwendigkeit von Wachstumsfaktoren ist vor allem bei nicht-grünen Organismen (Bakterien, farblosen Flagellaten, Pilzen) festzustellen, deren Heterotrophie sehr oft nicht nur auf der Unfähigkeit zur Assimilation von anorganischem C und/oder N beruht, sondern ebenso auf der Unfähigkeit, bestimmte, meist in kleinsten Mengen wirksame Verbindungen zu synthetisieren („Auxoheterotrophie"). Die meisten Wachstumsfaktoren sind Angehörige des Vitamin-B-Komplexes sowie, besonders bei Bakterien, Aminosäuren (z. B. Milchsäurebakterien; s. Dunn und Mitarb.); außerdem konnte neuerdings die Wirksamkeit von Purinkörpern (Hypoxanthin bei *Phycomyces* [Robbins u. Kavanagh 1942] und *Spirillum serpens* [Pennington]) nachgewiesen werden, wobei, wie im Falle der beiden anderen Stoffgruppen, die Wirkung hochgradig strukturspezifisch ist, so daß auch nahe verwandte Verbindungen unwirksam sind und geringfügige Änderungen am Molekül selbst seine Wirksamkeit meist aufheben (Robbins 1943 für Hypoxanthinderivate bei *Phycomyces*; bei *Spirillum* wirkt eine Mischung von Adenin und Guanin ebenso wie Hypoxanthin). Der Bedarf verwandter Arten ist oft sehr verschieden, wie folgende Zusammenstellung zeigt (nach Daten von Robbins u. Ma und Fries; v = vollständige, p = partielle Heterotrophie, a = Autotrophie, Py = Pyrimidin-, Th = Thiazolkomponente des Vitamins B_1):

	Vitamin B_1	Vitamin B_6	Biotin
Ophiostoma (Ceratostomella) piceae	v (Py)	a	a
O. (C.) pini	v (Py), p (Th)	a	v
O. (C.) quercus	v (Py)	p	p
O. (C.) fagi	a	v	v
O. (C.) multiannulatum	v (Py + Th)	v	a
O. (C.) obscurum	v	a	v
O. (C.) rostrocylindricum	a	a	a
O. catonianum	p	v	a
Grossmannia serpens	a	a	v
Endoconidiophora paradoxa	v	a	a
E. adiposa	a	a	a

Ähnliche Verhältnisse liegen beim Aminosäurebedarf der Milchsäurebakterien vor (Shankman u. Mitarb.). Auch verschiedene Varietäten oder Linien einer Art können sich im Bedarf an Wachstumsfaktoren beträchtlich unterscheiden. So waren von 10 Linien von *Saccharomyces cerevisiae* alle vollständig heterotroph für Biotin und partiell für Pantothensäure, 4 für Inosit und eine für B_1; keine war B_6-heterotroph, aber Entzug von B_1 *und* B_6 oder Inosit setzte bei manchen das Wachstum herab (Leonian u. Lilly). Da viele B-Vitamine als Coenzyme fungieren, Aminosäuren die Bausteine der Proteine und Purinkörper die der Nucleinsäuren sind, liegt es nahe, die Bedeutung der Wachstumsfaktoren mit diesen Funktionen in direkten Zusammenhang zu bringen. Ein exakter Nachweis liegt allerdings nur in vereinzelten Fällen vor; so konnte bei der B_1-heterotrophen farblosen Alge *Prototheca zopfii* nach B_1-Zufuhr Steigerung der Verwertung von Brenztraubensäure nachgewiesen werden (Anderson). In manchen Fällen kommt die Wirkung eines Wachstumsfaktors nur unter bestimmten Kulturbedingungen zum Ausdruck, so die von Vitamin B_1 bei manchen farblosen Flagellaten nur bei partiellem Fe-Mangel (Lwoff 1947: zusammenfassende Darstellung); weitergehende Angaben von Ondratschek (1940, 1941a, b, 1943) über den Vitamin-B_1-Bedarf solcher Formen müssen daher nachgeprüft werden. Wachstumsförderung durch irgendwelche Zusätze darf nicht immer auf Gehalt an spezifischen Wachstumsfaktoren zurückgeführt werden. Z. B. stellte sich heraus, daß bei *Phycomyces* die Bildung von Progameten durch Säure verhindert wird und daß die reproduktionsfördernde Wirkung eines in *Solanum-tuberosum*-Extrakten enthaltenen „Faktors" in der Zurückdrängung der Säurebildung besteht und sich durch jede Bedingung, die dieselbe Wirkung hat, z. B. auch Temperaturerniedrigung, ersetzen läßt (Robbins u. Schmidt). Die Wirkung der Wachstumsfaktoren besteht meist in einer Erhöhung der Stoffproduktion schlechthin; Wirkungen auf die Entwicklung sind selten und dürften indirekter Natur sein. Besonders deutlich wird das dort, wo eine Wechselwirkung zwischen Wachstumsfaktoren und der Grundernährung besteht. So steigt bei allen daraufhin untersuchten Pilzen die für Fruktifikation optimale Glucosekonzentration im Medium mit steigender Vitamin-B_1-Konzentration (Hawker), und bei *Sordaria fimicola* scheint für Perithecien- und

Ascosporenbildung ein bestimmtes Minimalverhältnis zwischen Biotin und Nährstoffen notwendig zu sein (BARNETT u. LILLY). Die Sporenkeimung der Flechtenpilze wird durch minimale B_1-Mengen gefördert (TOBLER). Die Förderung der Konjugation von *Zygosaccharomyces* durch Stoffwechselprodukte von *Aspergillus* (Fortschr. Bot. **11**, 278) beruht auf zwei Faktoren, von denen der eine den Charakter eines B-Vitamins, der andere den einer organischen Säure hat; eine Mischung von Vitamin B_2 und Glutarsäure hat dieselbe Wirkung, dürfte aber dem natürlichen Komplex nicht entsprechen (NICKERSON u. THIMANN). Das Hypoxanthin fördert bei *Phycomyces* auch die gametische Vermehrung und die Sporenkeimung (ROBBINS, KAVANAGH u. KAVANAGH).

Bei grünen Pflanzen ist die Notwendigkeit von Wachstumsfaktoren gewöhnlich nicht so leicht zu erkennen; da aber der Zellstoffwechsel bei allen Organismen wenigstens in großen Zügen derselbe ist, so besteht kaum ein Zweifel, daß sie auch hier die gleiche Bedeutung haben, daß aber überall dort, wo Zufuhr von außen keine Wirkung hat, Auxo*auto*trophie vorliegt. Unter niederen grünen Pflanzen ist volle Auxoheterotrophie in einwandfreier Weise bisher nur bei *Euglena gracilis* und *E.pisciformis* nachgewiesen worden; diese braucht Vitamin B_1 oder seine beiden Komponenten, jene nur die Pyrimidinkomponente (LWOFF u. DUSI bzw. DUSI 1939). Die Versuche von ONDRATSCHEK (1941 c), in denen diese und andere *Euglena*- sowie *Astasia*-Arten und *Haematococcus* mit B_1 sogar im Dunkeln wuchsen, konnten von DUSI (1944) nicht reproduziert werden; dagegen fand VAN OVERBEEK (1940), daß B_1 das Wachstum von *Haematococcus* in Licht fördert (während Traumatinsäure und Adenin unwirksam waren). — Bei höheren grünen Pflanzen wird die Notwendigkeit oder die fördernde Wirkung von Wachstumsfaktoren nur unter folgenden Versuchsbedingungen oder in folgenden Entwicklungsstadien erkennbar: 1. Ungünstige Außenbedingungen. Unter suboptimalen Kulturbedingungen wird die Stoffproduktion höherer Pflanzen durch Vitamin B_1 erhöht (J. BONNER 1943). Damit stimmt überein, daß unter diesen Bedingungen der Eigengehalt an diesem Vitamin und ebenso an B_2 erniedrigt ist (GUSTAFSON 1942). Frühere Widersprüche in den Ergebnissen erklären sich mit ungenügender Beachtung dieses Faktors. 2. Anwendung von Wuchsstoffantagonisten. Das Wachstum von Diatomeen (WIEDLING 1941), Wurzeln von *Pisum* und *Lupinus* (MANGENOT u. CARPENTIER 1941a), *Pisum* (WIEDLING 1943), *Allium* (STOLL), *Nasturtium* (AUDUS u. QUASTEL 1948) und isolierten *Solanum-lycopersicum*-Wurzeln (J. BONNER 1942a) wird durch Sulfonamide gehemmt und kann durch p-Aminobenzoësäure enthemmt werden; diese scheint somit bei diesen Objekten, ebenso wie bei Bakterien, für das Wachstum notwendig zu sein. Da allerdings, jedenfalls bei den *Nasturtium*-Wurzeln, zur Enthemmung relativ viel höhere p-Aminobenzoësäuremengen notwendig sind als bei Bakterien, dürfte der zugrunde liegende Mechanismus in den beiden Fällen verschieden sein, und über die Rolle der p-Aminobenzoësäure läßt sich daher umso weniger aussagen, als auch der Enthemmungsmechanismus beim Bakterienwachstum noch umstritten ist (AUDUS u. QUASTEL l.c.). 3. Bestimmte Entwicklungsstadien. Die Keimlinge vieler Orchideen sind auxoheterotroph (vollständig oder partiell). Die Ansprüche verschiedener Formen scheinen recht verschieden zu sein; die Ergebnisse sind allerdings wegen verschiedener Methodik nicht immer ohne weiteres zu vergleichen. Bei einer Reihe von *Cattleya*-Formen fanden NOGGLE u. WYND Förderung der Keimung und des Sämlingswachstums durch Nicotinsäure, aber nicht durch B_1, C und Pantothensäure, POLLACCI u. BERGANISCHI durch C, MARIAT Förderung des Wachstums und der Differenzierung durch B_1, durch eine Mischung der beiden B_1-Komponenten und die Pyrimidin-, aber nicht die Thiazol-Komponente allein, während WITHNER bei *Cattleya*- und bei *Epidendrum*-Formen weder die genannten Vitamine noch B_2, B_6, Inosit und Biotin wirksam fand. Auch Pollen kann positiv auf Wachstumsfaktoren bei Keimung in künstlichem Medium reagieren. Dabei zeigt sich sogar eine spezifische Wirksamkeit: Inosit fördert bei *Milla biflora* nur die Keimung, Guanin nur das Wachstum der Schläuche, während p-Aminobenzoësäure beide Vorgänge stimuliert (ADDICOTT). Auch die Förderung der Keimung durch größere Dichte des Pollens, die sowohl ADDICOTT bei *Milla* und *Tropaeolum* als auch GOLUBINSKIJ bei allen daraufhin untersuchten Arten (15 aus 11 verschiedenen Familien) erneut beobachteten, wird als gegenseitige Versorgung mit Wachstumsfaktoren, entsprechend dem Bios-Effekt bei Mikroorganismen, gedeutet. 4. Gewebe- und Organkulturen. Für unbegrenztes Wachstum der Wurzeln von *Acacia melanoxylon* (s. S. 341) sind B_1, B_6 und Nicotinsäure erforderlich (J. BONNER 1942b), des Gewebes von *Salix* (außer Wuchsstoff und Cystein) B_1, Biotin und Pantothensäure (GAUTHERET 1948c), von *Hyoscyamus* und *Crataegus* Pantothensäure allein (TELLE u. GAUTHERET 1947a bzw. MOREL 1946a). In den meisten Fällen sind solche Zusätze nicht nötig oder wirken höchstens etwas fördernd, wie bei *Nicotiana-glauca* × *langsdorffii*-Gewebe und *Helianthus-annuus*-Tumorgewebe (HILDEBRANDT u. Mitarb. 1945, 1946a). Auf gegenseitiger Versorgung mit Wachstumsfaktoren und ebenso vielleicht Wuchsstoffen dürfte die gegenseitige Förderung der verschiedenen Teile von *Lactuca*-Keimlingen bei gemeinsamer Kultur in isoliertem Zustand beruhen, die STEPHENSON beschreibt, da sie sich bei Zusatz von Vitaminen nicht mehr in demselben Maße bemerkbar macht.

Förderung der Bestockung, der Blattproduktion und der Weiterentwicklung der bereits angelegten Rispen bei *Poa alpina* durch tierische Sexualhormone beschreibt ZOLLIKOFER. Über differenzierungsfördernde Stoffe s. S. 381—382.

e) Teilungs- und Wundhormone. Die meisten Wachstumsfaktoren, besonders die sog. Bios-Stoffe, wurden bei ihrer Entdeckung gelegentlich als spezifische Zellteilungsstoffe angesehen; durch die Weiterentwicklung unserer Kenntnisse ist diese Auffassung unwahrscheinlich geworden. Auch die teilungsfördernde Wirksamkeit der Kulturflüssigkeit geschädigter Hefezellen scheint sich als unspezifisch und indirekt zu erweisen, nachdem es sich zeigt, daß sie auf einer Vielzahl von Stoffen, darunter bekannten Wachstumsfaktoren und Purinkörpern, beruht und durch eine Mischung solcher Stoffe ersetzt werden kann (LOOFBOROUW 1942b). Beim Austritt dieser sog. Intercellularhormone bei der Schädigung der Zellen lassen sich 3 Stadien unterscheiden: 1. Erhöhung der Permeabilität der Zellmembran, 2. Diffusion der teilungsfördernden Stoffe durch die durchlässiger gewordene Membran, 3. Neubildung dieser Stoffe in den Zellen (LOOFBOROUW 1942a). Bei einigen Algen (Arten von *Scenedesmus*, *Coelastrum* u. a.) beschleunigt Traumatinsäure (s. Fortschr. Bot. **9,** 364) das Wachstum (VAN OVERBEEK 1940).

Förderung der Regeneration (Geschwindigkeit und Ausmaß von Adventivwurzelbildung) durch Verwundung demonstriert LARUE bei *Coleus* und anderen krautigen Pflanzen. Zusätzliche Wuchsstoffbehandlung steigert die Wirkung nicht, Bei holzigen Pflanzen war Verwundung wirkungslos; wohl aber wurde die Wurzelbildung bei Stecklingen solcher Arten (*Salix*, *Populus*) ebenso wie krautiger Pflanzen durch Extrakte aus krautigen Arten mit hohem Regenerationsvermögen (*Solanum lycopersicum*, *Radicula. aquatica*, *Kalanchoë tubiflora*) gefördert, wobei die Wirkung fast ebenso groß war wie die von β-Indolylbuttersäure. — Die Wirkung etwaiger bei Verwundung auftretender Stoffe ist auf die Oberfläche beschränkt, da das Wachstum isolierter Gewebestücke proportional der ursprünglichen Oberfläche, nicht dem Anfangsvolumen ist, da der Zuwachs von Gewebestücken verschiedener Dicke gleich ist und da bei Zerlegung eines Gewebestückes in mehrere Scheiben das Wachstum, solange die Scheiben nicht getrennt werden, auf die äußersten von ihnen beschränkt bleibt (GAUTHERET 1942). Eine inverse Beziehung zwischen Ausgangsgröße des Explantats und relativer Wachstumsgeschwindigkeit ist auch beim *Nicotiana-glauca* × *langsdorffi*-Gewebe zu beobachten (CAPLIN).

f) Wachstumshemmende Stoffe. In der Berichtszeit ist eine Reihe von hochwirksamen wachstumshemmenden Stoffen, körperfremden wie körpereigenen, unter diesen der sog. Antibiotika, neu beschrieben oder weiter untersucht worden. Manche davon, besonders die körperfremden wie die Sulfonamide, scheinen dadurch zu wirken, daß die sich infolge ähnlicher chemischer Struktur an die Stelle gewisser Wirkstoffe oder intermediärer Stoffwechselprodukte setzen, ohne deren physiologische Funktionen ausüben zu können. Die Anwendung solcher ,,strukturellen Konkurrenz" zum Nachweis der Wirksamkeit von Wachstumsfaktoren bei auxoautotrophen Organismen wurde bereits im vorletzten Abschnitt genannt. Auf die entwicklungsphysiologische Problematik i.e.S. bezügliche Resultate haben die Arbeiten über die Wachstumshemmstoffe bisher nicht gebracht, mit einer Ausnahme: es wurde gefunden, daß einige in Pflanzen verbreitete Stoffe gewisse Wachstumsvorgänge wesentlich mehr als die anderen beeinflussen. Als besonders wirksam haben sich gewisse ungesättigte Lactone, vor allem Cumarin, ferner Protanemonin und Sorbinöl, erwiesen (KUHN, JERCHEL u. Mitarb., VELDSTRA u. HAVINGA, HAYNES

u. JONES, AUDUS u. QUASTEL 1947a). Cumarin hemmt z. B. die Samenkeimung in Konzentrationen, in denen Wuchsstoffe diesen Vorgang noch nicht beeinflussen, während es das Wurzelwachstum erst in viel stärkeren Dosen als diese hemmt. Die Wirkung kann mit derjenigen von Wuchsstoffen interferieren (LARSEN). Über den Mechanismus ist nichts bekannt — da die Hemmung reversibel ist, kann man ebenfalls an strukturellen Antagonismus denken —, ebenso nicht über die etwaige natürliche Bedeutung. Aber selbst wenn es sich herausstellt, daß eine solche überhaupt nicht vorhanden ist, kann die Erscheinung als „Modell" für die Wirkungsweise stofflicher Faktoren mit erwiesener Differenzierungswirkung (s. S. 380ff.) von Interesse sein. Besonders bemerkenswert ist gerade in diesem Zusammenhange, daß die ungesättigten Lactone auch bei tierischem Gewebe eine „differentielle" Wirkung haben (MEDAWAR u. Mitarb.). Daß sie dort, wo sie natürlich in größeren Mengen vorkommen, nicht wirksam sind, dürfte darauf beruhen, daß sie in gebundener Form vorliegen, z. B. Protanemonin bei *Ranunculus* als Glykosid. Auch eine ganze Reihe weiterer normaler Stoffwechselprodukte, wie zahlreiche Aminosäuren, Amine, Aminobenzoësäuren und Derivate davon, hemmen das Wachstum in niedrigen Konzentrationen und vielleicht gelegentlich in differentieller Weise (AUDUS u. QUASTEL 1947b).

5. Differenzierung.

α) Gene und Entwicklung.

a) **Plasma und Differenzierung.** Das Grundproblem der Entwicklung, die Aufgliederung des Organismus in qualitativ verschiedene Teile sowie der zeitlich und räumlich streng geordnete Charakter dieser Aufgliederung, ist in der Berichtszeit ebenso intensiv bearbeitet wie diskutiert worden[1]. Die Diskussionen drehten sich vor allem um die Frage der Wirksamkeit der Gene in der Entwicklung. Sie sind keineswegs abgeschlossen und sind stark spekulativer Natur; da aber zwischen der genetischen und der entwicklungsphysiologischen Betrachtungsweise der Zelle in der Tat noch eine große Lücke vorhanden ist, halte ich eine relativ eingehende Besprechung für berechtigt. Die Schwierigkeit selbst ist offenkundig: Nach den Vorstellungen der Genetik haben alle Zellen des Organismus dieselbe Genkonstitution; nach denen der Entwicklungsphysiologie nehmen sie in der Differenzierung qualitative Verschiedenheiten an, wobei diese im Laufe der Entwicklung im allgemeinen größer werden und oft einen hohen Grad von Stabilität erreichen, sogar irreversibel werden können. Das Problem ist, diese beiden Aspekte der Zelle in Einklang zu bringen. Es ist zwar in einigen Fällen bekannt, daß Änderungen des Genoms („Punkt"- oder auch gröbere Chromosomenmutationen) sich in der Entwicklung bemerkbar machen und sogar zur Entstehung gewisser Muster führen (neue Beispiele dafür beschreibt D. F. JONES bei *Zea mays* und *Pirus malus*). Jedoch sind in solchen Fällen die Genomänderungen ganz offensichtlich nicht die Ursache der Entwicklung, sondern ein durchaus passiver Indikator festliegender Wachstums- und Entwicklungsvorgänge. Die gerade bei Pflanzen, auch bei vielen höheren, verbreitete Erscheinung der Regeneration,

---

[1] In den vorigen Berichten wurde zwischen der Anlage (Determination) und der weiteren „Ausgestaltung" von Organen und Geweben unterschieden. Diese Trennung ist natürlich willkürlich, denn beide Vorgänge greifen ineinander über, und derselbe Faktor kann einmal determinierend, das anderemal modifizierend wirken. Da in dieser Berichtszeit viele der Untersuchungen beide Abschnitte der Entwicklung gleichermaßen berühren, wurde diesmal auf die Unterscheidung verzichtet.

die ihren Ausgang auch aus hochgradig differenzierten Zellen (z. B. Adventivknospen aus Epidermiszellen bei *Begonia*-Blättern und *Linum*-Hypokotylen oder Regeneration aus der Bauchkanalzelle bei Moosen), nehmen kann, spricht dafür, daß normalerweise die Genkonstitution im Verlaufe der Entwicklung gewahrt bleibt.

Unter diesen Umständen sind die meisten Autoren, die sich mit der Frage auseinandergesetzt haben, darin einig, daß der Ort der Differenzierung das Cytoplasma sein muß, und dafür liegen in der Tat einige eindrucksvolle direkte Beweise vor. MOSEBACH konnte zeigen, daß die Polarisierung der Sporen von *Equisetum* im Plasma lokalisiert ist. Durch Zentrifugierung können Kern und Plastiden einseitig zentripetal verlagert werden; die durch die Zentrifugierung bewirkte Polarisierung der Zelle kann aber durch anschließende einseitige Belichtung aufgehoben werden, und man gewinnt auf diese Weise Sporen, bei denen die verschiedenen Inhaltsbestandteile getrennt bestrahlt werden können. Zur Polarisierung solcher Zellen genügte Bestrahlung einer $\sim \frac{1}{4}$ des Zelldurchmessers tiefen, kern- und plastidenfreien Plasmakalotte; es ist sogar wahrscheinlich, daß, wie es NOLL schon 1887 vermutet hatte, der Sitz der Empfindlichkeit die Hautschicht des Plasmas ist. Auch in der ersten Pollenkornteilung, die normalerweise inäqual ist (s. S. 344), wird der ungleiche Charakter der Tochterkerne nicht erst bei der Kernteilung determiniert, sondern beruht auf einer vorher gegebenen polaren Ungleichheit des Plasmas: wird die Richtung der Spindel durch Röntgenbestrahlung vor der Mitose gestört, so entstehen zwei gleiche Tochterkerne (KOLLER bei *Tradescantia*). Diese Befunde sind besonders bedeutsam deshalb, weil, wie früher ausgeführt (l. c.), inäquale Teilungen die verschiedensten Differenzierungsvorgänge bei Pflanzen anzeigen. Als der eigentliche Differenzierungsschritt muß in allen diesen Fällen eine Polarisierung des Cytoplasmas angenommen werden, während Kern- und Zellteilung nur mehr die Realisatoren der stattgefundenen Differenzierung sind. Auch der Befund von SINNOTT u. BLOCH (1945), daß bei der Regeneration von Xylemelementen in verletzten Sprossen der Verlauf der Wandverdickungen im Cytoplasma vorgebildet ist (Abb. 47), ist eine nachdrückliche Demonstration der Bedeutung desselben bei Differenzierungsvorgängen, wenn auch nicht zu entscheiden ist, ob die Differenzierung hier primär im Plasma stattgefunden hat oder ihm vom Kern aufgeprägt wurde. Besonders bemerkenswert ist an diesem Falle noch, daß die plasmatischen Muster benachbarter Zellen eng aufeinander abgestimmt sind (s. Abbildung).

b) Plasmagenhypothesen der Entwicklung. Bei ihren Versuchen, das genetische und das entwicklungsphysiologische Bild der Zelle in Übereinstimmung zu bringen, sind die Autoren von zwei verschiedenen Grundannahmen ausgegangen. Diese Annahmen schließen sich gegenseitig keineswegs aus, lassen sich sogar miteinander verbinden und führen jedenfalls zu in mancher Hinsicht ähnlichen Schlußfolgerungen. Nach der einen wirken die Gene bei der Steuerung der verschiedenen Vorgänge in den Zellen allgemein und speziell in der Entwicklung nicht selbst, sondern geben in das Plasma komplette oder partielle

Kopien ihrer selbst mit wenigstens zeitweiliger identischer Reduplikationsfähigkeit ab; nach der anderen sind unsere Vorstellungen über die Starrheit des Genbestandes der Zellen zu modifizieren und den Genen wesentlich größere und darüber hinaus individuell verschiedene Variationsmöglichkeiten hinsichtlich Zahl und Wirkung zuzuerkennen. Hypothesen, die auf der ersten Annahme basieren, sind von WRIGHT, MATHER und SPIEGELMAN entwickelt worden. In ihrem Mittelpunkt steht der Begriff der „Plasmagene", der 1944 von DARLINGTON

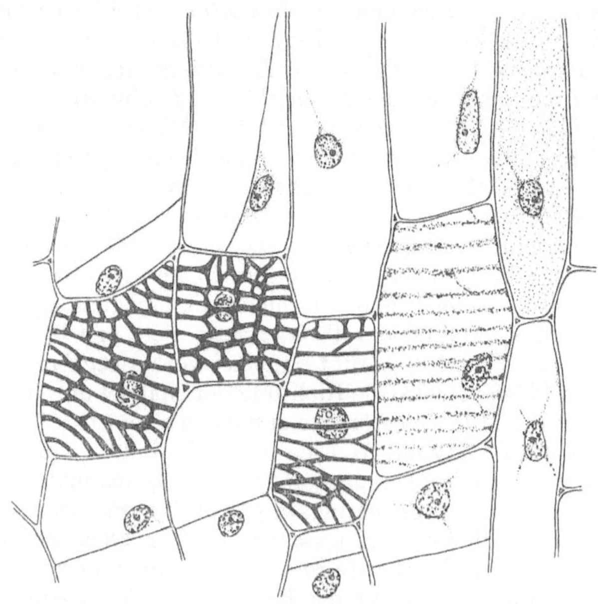

Abb. 47. Regeneration eines Xylemstranges im Mark eines verwundeten Sprosses von *Coleus*. Verschiedene Stadien der Entwicklung netz- und ringförmiger Wandverdickungen (von links nach rechts fortschreitend). Beachte die Übereinstimmung der Verdickungen in Nachbarzellen. Aus SINNOTT und BLOCH 1945.

eingeführt wurde. Plasmagene können ganz allgemein als selbstvermehrungsfähige, merkmalsbestimmende Einheiten im Cytoplasma definiert werden. Da alle bekannten selbstvermehrungsfähigen Einheiten Nucleoproteide sind, schreiben alle Autoren, die den Begriff acceptiert haben, auch den Plasmagenen diesen Charakter zu. Die Notwendigkeit, solche Plasmagene als allgemein verbreitete Bestandteile der Zellen anzunehmen, begründet WRIGHT folgendermaßen: Die verschiedenen das Plasma zusammensetzenden Proteine können nicht in schrittweisen Einzelreaktionen aufgebaut werden, da die Zahl der Gene eines Organismus zur Steuerung einer so großen Anzahl von Reaktionen nicht ausreicht; sie müssen als ganze Moleküle an entsprechenden Modellen gebildet werden. Da die Kinetik des Wachstums jedoch autokatalytischer Art ist, während die Gene sich von einer Zellteilung zur anderen nur einmal vermehren, können sie nicht selbst diese Modelle sein, sondern müssen in der angegebenen Weise durch in das Cytoplasma (wahrscheinlich während der Kernteilung) abgegebene selbstvermehrungsfähige Kopien wirken. MATHER weist zur Begründung besonders auf die Erscheinung der Nachwirkung von Genwirkungen auch nach Fortfall des verantwortlichen Genes selbst hin, die sich über mehrere Zellgenerationen, in extremen Fällen sogar über eine ganze Generation des Organismus, erstrecken kann, und die seiner Auffassung nach ebenfalls nur mit der Annahme autoreduplikationsfähiger Genkopien im Cytoplasma zu erklären ist. Das Ausmaß der Reproduktionsfähigkeit dieser Kopien mag verschieden sein; nur wo sie unbegrenzt ist, handelt es sich um Plasmagene i. e. S. Bei ihrem Versuch, auch die *Differenzierung* mit Hilfe von Plasmagenen zu erklären, machen WRIGHT und MATHER die weitere Annahme, daß die Plasmagene, sobald sie selbständig geworden sind, nicht mehr von den Genen, dafür aber in hohem Maße von den Außenbedingungen, einschließlich der in der Zelle verfügbaren Rohmaterialien, abhängig sind. Nach WRIGHT können sie sich unter dem Einfluß dieser Bedingungen chemisch ändern und auch in dieser Form vermehrungsfähig bleiben; nach MATHER kann sich ein gegebenes Plasmagen nur dann vermehren, wenn die erforderlichen Rohstoffe vorhanden sind, und andrerseits verändert es bei seiner Vermehrung die für die Vermehrung aller anderen Plasmagene vorhandenen Voraussetzungen, so daß die einzelnen Plasmagene sich oft nur zeitweilig vermehren können, d. h. die zugehörigen Gene nur zeitweise wirksam sind, und diese Zeit und damit auch der Ort ihrer Wirkung ihrerseits durch die Vermehrung der anderen Plasmagene, d. h. die Wirkung der anderen Gene, bestimmt werden. Die von SPIEGELMAN entwickelte Vorstellung ist etwas anders. SPIEGELMAN geht von der Erscheinung der enzymatischen Adaptation (s. Beitrag „Physikalisch-chemische Grundlagen der biologischen Vorgänge", S. 175) aus. Seine Hypothese unterscheidet sich von denjenigen WRIGHTs und MATHERs vor allem dadurch, daß die Plasmagene nicht als außerhalb der eigentlichen physiologischen Reaktionen in den Zellen stehende Einheiten — ähnlich den Genen des Kernes (den „Nucleogenen") — angesehen werden, sondern als integrierende Glieder dieser Reaktionen, und zwar speziell als Bestandteile der enzymbildenden Systeme, und daß ferner kein Unterschied zwischen dauernd und nur zeitweilig vermehrungsfähigen Plasmagenen gemacht wird. Die Differenzierung wird auf Konkurrenz der verschiedenen Plasmagene um die im Cytoplasma vorhandenen Rohstoffe und Energiequellen aufgefaßt. Die Bildung eines adaptativen Enzyms kann — bei mangelnder Nährstoffzufuhr — auf Kosten anderer Enzyme erfolgen; ebenso kann — unter denselben Bedingungen — die Bildung eines adaptativen Enzyms diejenige eines anderen behindern (SPIEGELMAN u. DUNN). Die Gene kontrollieren nach SPIEGELMAN nicht die Bildung der Enzyme, sondern nur die Potenzen dazu, und für die Realisierung einer Potenz kann die Anwesenheit des spezifischen Substrats notwendig sein. Da die Produktion eines adaptativen Enzyms autokatalytischen Charakters zu sein scheint (vgl. l. c.), wird ferner wieder angenommen, daß nicht das Gen selbst an dem eigentlichen Vorgang der Enzymbildung beteiligt ist, sondern daß diese durch von den Genen produzierte und in das Cytoplasma abgegebene, ± selbstvermehrungsfähige Einheiten – Plasmagene – vermittelt wird. Die Plasmagene vereinigen sich nach SPIEGELMAN mit Proteinen des Cytoplasmas zu Enzymvorstufen; diese sind aber labil und zerfallen zu inaktivem Protein, wenn sie nicht durch Hinzutreten eines spezifischen Substrates zu einem enzymbildenden autokatalysefähigen Komplex stabilisiert werden. Solange sich die Zellen noch in lebhaftem Wachstum befinden, also in embryonalen Geweben, ist für alle Plasmagene der Zelle eine gute Vermehrungsmöglichkeit gegeben. In sich lebhaft vermehrenden Kulturen kann sich ein adaptatives Enzym auch in Abwesenheit seines Substrats erhalten (SPIEGELMAN u. REINER), während es sonst in solchem Falle rasch verschwindet. Wird aber das Wachstum langsamer, so werden die Bedingungen ungünstiger, und es kommt zu einer bevorzugten Vermehrung der einen und zur Zurückdrängung anderer Plasmagene. Äußere Faktoren, z. B. Veränderungen des Mediums, können diese Konkurrenz beeinflussen und dadurch zur Veränderung der Konstitution des Cytoplasmas führen. Die Differenzierung beruht nach WRIGHT also — teilweise — auf kontrollierter Mutation der Plasmagene, nach MATHER auf fortlaufender Veränderung des Cytoplasmas durch differentielle Vermehrung des Plasmagene, nach SPIEGELMAN auf einer durch Außenfaktoren zu steuernden Evolution der Plasmagenpopulation der Zellen. Jede dieser Vorstellungen gestattet es, in grundsätzlicher Weise einige wesentliche Charakteristika des Entwicklungsverlaufes — seine „Gerichtetheit", seine „Progressivität" und seine zunehmende Irreversibilität — zu verstehen.

c) Hypothese von HUSKINS. Den anderen Weg, nämlich den Genen des Kernes selbst viel stärkere individuelle Entwicklungsmöglichkeiten sowie wesentlich aktivere Beteiligung an den physiologischen Vorgängen in der Zelle zuzuschreiben als bisher geschehen, beschreitet HUSKINS. Er gründet seine Vorstellungen auf rein cytologischen Befunden, und zwar 1. dem Nachweis der Doppel- oder Mehrfachstruktur der Chromatiden in den Arbeits(Ruhe)kernen, 2. der Erscheinung der Endopolyploidie. Der Nachweis der letzten als weit verbreiteter, normaler Erscheinung zwingt zur Aufgabe der Vorstellung, daß jedes Gen in jeder Zelle nur in Ein- (oder Zwei)zahl vorliegt; die Doppel- oder Mehrfachstruktur der Chromatiden — an der kein Zweifel mehr möglich ist — bedeutet, daß das Gen, obgleich es genetisch als Einheit auftritt, aus Untereinheiten bestehen muß. Die modernen Vorstellungen über die Struktur der Protein-Moleküle machen es am wahrscheinlichsten, daß es aus einer Anzahl identischer Lamellen aufgebaut ist; diese Lamellen sind nach HUSKINS die Gene in der Entwicklung. Besonderes Gewicht legt HUSKINS auf die Tatsache, daß nach seinen eigenen (zusammen mit STEINITZ) Befunden und nach denen anderer Autoren (JÄHNL, LAUBER) differenzierte pflanzliche Gewebe allgemein endopolyploid zu sein scheinen, wobei der Grad der Polyploidie mit zunehmender Differenzierung ansteigt und verschiedene Gewebe desselben Organs verschiedene Stufen erreichen können. Für tierische Gewebe ist dies schon länger bekannt, und daß die histologische Differenzierung eng mit der Endopolyploidie zusammenhängen muß, wurde hierfür von M. J. D. WHITE 1945 postuliert. HUSKINS dehnt diese Auffassung auch auf die Pflanzen aus. Er nimmt an, daß die Endopolyploidie ein Ausdruck — keine unmittelbare Folge, sondern eine Art genereller Indikation — der Genvermehrung ist, und diese ihrerseits Ausdruck der Aktivität der Gene. Auf Grund der Lamellarstruktur derselben ist auch eine differentielle Vermehrung und damit qualitative Verschiedenheit der Gewebe erklärbar. HUSKINS entwickelt darüber keine detaillierten Vorstellungen, weist aber darauf hin, daß neuerdings chemische Unterschiede zwischen den Chromosomen verschiedener Gewebe gefunden wären (MIRSKY u. RIS), daß die Riesenchromosomen in verschiedenen Geweben strukturelle Unterschiede aufweisen könnten (KOSSWIG u. SENGÜN) und daß gelegentlich einzelne Chromosomen in einer Zelle in größerer Zahl vorliegen können als die anderen („Aneusomatie": DUNCAN) — alles Befunde, die seiner Ansicht nach als Folge differentieller Genvermehrung gedeutet werden oder solche differentielle Vermehrung verständlich machen können.

d) Hypothese von WADDINGTON. Nach WADDINGTON schließlich ist die Differenzierung grundsätzlich auch ohne die Annahme von Plasmagenen und (ohne daß er dies selbst zum Ausdruck brächte) ohne neuartige Vorstellungen über die Struktur der Gene und ihre Anzahl in der Zelle zu verstehen, und zwar als Konkurrenz verschiedener, von den verschiedenen Genen gesteuerter synthetischer Systeme in den Zellen um die verfügbaren Rohstoffe. Wenn in einer Zelle z. B. zunächst die Rohstoffe A, B und C gegeben sind, aus denen sie die Verbindungen AB und BC synthetisieren kann, und wenn dann ein neuer Rohstoff D hinzutritt, der sich mit A, aber nicht mit B verbinden kann, so werden von diesem Zeitpunkte an weniger AC und mehr BC gebildet werden. Allgemein gesagt: Jede Veränderung der Aktivitätsrate eines bestimmten Synthese-Systems, verursacht durch Veränderungen in der Menge und Zusammensetzung des Substrates, einschließlich des völligen Verbrauches gewisser Rohstoffe, oder durch irgendwelche anderen Ursachen, beeinflußt auch alle anderen solchen Systeme der Zelle, und mit dieser Annahme allein lassen sich nach WADDINGTON alle wesentlichen Erscheinungen der Differenzierung, vor allem wieder die zeitliche und räumliche Beschränkung der Wirkung mancher Gene, die Gerichtetheit und die Progressivität der Entwicklung, verstehen. In Übereinstimmung mit WRIGHT und MATHER nimmt auch WADDINTON an, daß die Wachstumsvorgänge eine autokatalytische Phase haben, wodurch die Konkurrenz der Systeme verschärft wird. Diese autokatalytische Phase macht besonders auch die zunehmend schwerere Umkehrbarkeit der Differenzierung verständlich: diese ist nicht grundsätzlicher Art, erfordert aber nicht bloß die Zerstörung der Produkte der autokatalytischen Synthese, sondern auch die Wiederherstellung der ursprünglichen quantitativen und qualitativen Zusammensetzung des Substrates und wird daher in den seltensten Fällen zu verwirklichen sein.

e) Überblick. Der Zweck der vorstehend besprochenen Hypothesen ist, auf *allgemeine Möglichkeiten* aufmerksam zu machen; man würde sie verkennen, wollte man sie auf *bestimmte* Entwicklungsvorgänge anwenden und daraufhin ins einzelne diskutieren. Hier soll nur zweierlei geprüft werden: welche Tragweite das zur Begründung der einzelnen Hypothesen herangezogene gesicherte Experimentalmaterial hat und ob das Postulat autoreduplikationsfähiger Einheiten im Cytoplasma, auf das sich die Plasmagenhypothesen der Differenzierung stützen, tatsächlich zwingend ist. Da die Hypothese von HUSKINS im Grunde ebenfalls die Wirksamkeit von Genkopien in der Differenzierung annimmt, ist diese Frage auch für ihre Bewertung von Bedeutung.

Der Begriff der Plasmagene basiert auf Vererbungserscheinungen, die mit Entwicklungsvorgängen nichts zu tun haben, nämlich der Vererbungsweise des *Killer*-Faktors bei *Paramecium aurelia* (zusammenfassende Darstellung bei SONNEBORN 1947). Die Individuen bestimmter Linien einer Varietät dieser Art scheiden eine Substanz, Paramecin, aus, die für Individuen gewisser anderer Linien giftig ist. Die Produktion dieser Substanz hängt von der Anwesenheit eines cytoplasmatisch vererbten Faktors, *Kappa*, ab. *Kappa* ist seinerseits von einem bestimmten Nucleogen, K, abhängig. Diese Abhängigkeit ist jedoch unvollständig; ist K vorhanden, so ist die Vermehrungsrate von *Kappa* autonom; sie kann, je nach den Außenbedingungen, größer oder kleiner sein als die Kern- und Zellteilungsrate, und dementsprechend kommt es zu einer Anreicherung von *Kappa*-Einheiten im Cytoplasma oder zu einer Verminderung derselben bis zu völligem Verschwinden; ist *Kappa* aber im Cytoplasma nicht vorhanden oder einmal verschwunden, so kann es durch K nicht neu gebildet werden. Neuerdings haben SONNEBORN u. BEALE außerdem mütterliche Vererbung, d. h. wenigstens partielle cytoplasmatische Bedingtheit, von Antigen-Eigenschaften bei *Paramecium* nachgewiesen. Jede Zelle hat eine Reihe von Antigenmerkmalen, z. B. A, B, C . . . . ., von denen in verschiedenen Linien jeweils eines, z. B. A, die anderen (B, C . . .) weit überwiegt. Wird aber dies vorherrschende Antigen durch den zugehörigen Antikörper blockiert, so kommt eines der anderen zur Vermehrung, und der Antigencharakter der Zellen ändert sich in kurzer Zeit für dauernd. Welches der Antigene sich durchsetzt (B oder C . . . .) hängt von Außenfaktoren (Ernährung und Temperatur) ab. In einem Falle (F-Antigen) wurde auch Steuerung der Vermehrung durch ein entsprechendes Nucleogen gefunden. Gerade in diesem Falle freilich ist bei Anwesenheit dieses Gens eine dauernde Umwandlung des Antigentyps der Zellen nicht möglich. Ein weiterer experimentell gut fundierter Fall der Existenz distinkter merkmalsbestimmender selbstvermehrungsfähiger Einheiten im Cytoplasma liegt bei der CO_2-Empfindlichkeit von *Drosophila* vor (L'HÉRITIER), und schließlich können die Typenumwandlungen bei Pneumokokken und anderen Bakterien (s. Beitrag „Physikalisch-chemische Grundlagen der biologischen Vorgänge") mit der Einführung und nachfolgenden identischen Reduplikation plasmagenartiger Einheiten gedeutet werden. Darüber hinaus ist die Annahme von Plasmagenen spekulativ. Speziell für die Selbstvermehrungsfähigkeit von Enzymen oder enzymbildenden Komplexen (SPIEGELMAN) liegt keinerlei experimentell begründeter Hinweis vor; einige Fälle anscheinender plasmatischer Übertragung von enzymatischen Eigenschaften ließen sich nicht reproduzieren (LINDEGREN u. LINDEGREN) und können auch auf andere Weise interpretiert werden; andrerseits ist die Determinierung der Fähigkeit zur Bildung eines bestimmten adaptativen Enzyms durch Nucleogene eindeutig erwiesen (WINGE). SONNEBORN selbst betrachtet die Stabilisierung von Vererbungsträgern im Cytoplasma als Ausnahme, die nur unter besonderen Verhältnissen zu erwarten ist, wie sie bei *Paramecium* in der Arbeitsteilung von Groß- und Kleinkern gegeben sein mögen. Die hier nachgewiesenen Plasmagene aber — die anderen genannten Fälle bieten nichts darüber Hinausführendes — erfüllen die Forderungen, die an die zur Erklärung der Differenzierung postulierten gestellt werden, nur teilweise. Während diese von den Nucleogenen gebildet werden, weiterhin aber unabhängig von ihnen sein sollen, trifft bei *Kappa* nur das zweite, bei den Antigeneigenschaften, soweit bei ihnen eine Abhängigkeit von Nucleogenen überhaupt erwiesen ist, nur das erste zu. Solange aber nicht beide Forderungen zugleich erfüllt sind (und solange eine Beziehung zu einem bestimmten Nucleogen nicht erkennbar ist), sind Plasmagene für das Hauptziel der mit diesem Begriff arbeitenden Entwicklungshypothesen, die Verbindung zwischen Genwirkung und Differenzierung zu finden, unzureichend.

Wie steht es andrerseits mit der Unerläßlichkeit der Annahme von Plasmagenen für die Erklärung der Zelldifferenzierung überhaupt? Begründet wird sie, wie besprochen, 1. damit, daß der Wachstumsverlauf autokatalytischen Charakter zeige, und 2. damit, daß die Wirkung von Genen oder des Gesamtgenotyps auch dann bestehen bleiben kann, wenn das Gen oder der entsprechende Kern nachweislich nicht mehr anwesend sind. Ich halte es für möglich, daß die erste Behauptung auf einem Trugschluß beruht. Soweit ich übersehe, wird sie aus dem Verlauf der üblichen Wachstumskurven abgeleitet. Dieser besagt aber nur, daß die Zellzahl in geometrischer Progression zunimmt, bis sekundäre Einflüsse, wie Nahrungsmangel, Anhäufung von Hemmstoffen oder auch Differenzierung, wirksam werden; die Zunahme der Zellzahl ist aber eine zwangsläufige Folge des Teilungsmechanismus und sagt über das Wachstum der Einzelzelle nichts aus. Entscheidend, wenn überhaupt etwas (es muß betont werden, daß der autokatalytische Verlauf eines Vorganges noch kein zwingender Beweis für das Vorliegen selbstvermehrungsfähiger Einheiten ist), wäre aber nur der Nachweis, daß das Wachstum der Zelle zwischen den Teilungen autokatalytischen Verlauf zeigt. Dieser Nachweis liegt meines Wissens nicht vor; das wenige, was über diesen Wachstumsvorgang bekannt ist, deutet nicht in dieser Richtung. — Die Nachwirkung des ganzen Genotyps oder einzelner Gene ist lange bekannt. Außer Fällen „mütterlicher Vererbung" nennt MATHER vor allem das Verhalten der Pollenkörner heterostyler Pflanzen (s. a. S. 432); ein noch weit umfassenderer Fall ist dasjenige von Gameten und Sporen von Pflanzen mit antithetischem Generationswechsel, welche sich nur in der Konstitution des Cytoplasmas, das vom Gametophyten bzw. Sporophyten stammt und demgemäß „haploid" bzw. „diploid" ist, unterscheiden. Aber weder in solchenFällen noch in denen sich die Nachwirkung über längere Entwicklungsperioden erstreckt, kann wiederum diese Tatsache allein als Beweis für die Existenz selbstvermehrungsfähiger merkmalsbestimmender Einheiten im Cytoplasma gewertet werden. Eine wie weitgehende Nachwirkung der Kern in einem einzelligen Organismus haben kann, zeigen schon die ersten Versuche HÄMMERLINGs an *Acetabularia*; bei ihrer Interpretation hat niemand die Notwendigkeit, selbstvermehrungsfähige Genomprodukte anzunehmen, empfunden. Bei höheren Organismen kann die Entwicklung zuweilen in den frühesten Stadien in eine bestimmte Richtung gelenkt werden, die dann gleichsam mechanisch gewahrt wird; und schließlich können bloße Ernährungseinflüsse in diesen Stadien, bei Pflanzen z. B. die Ausbildung der Samen oder An- und Abwesenheit des Endosperms, die Entwicklung sehr nachhaltig, zuweilen fast über das ganze Leben des Individuums hinweg, beeinflussen.

β) Entwicklungsphysiologie der *Acrasiales*.

An den Anfang der Besprechung der neuen *experimentellen* Beiträge zum Problem der Differenzierung bei Pflanzen sollen Untersuchungen über die Entwicklung der *Dictyosteliaceae (Acrasiales)* von K. B. RAPER (1939, 1940, zusammenfassende Darstellung 1941) und J. T. BONNER u. ELDRIDGE gestellt werden, weil einerseits der besondere Bau und Entwicklungsgang dieser Organismen eine direkte Übertragung der Ergebnisse auf andere Pflanzen verbietet, andererseits gewisse allgemeine Möglichkeiten der Entwicklung an diesem Material besonders gut hervortreten. Dieses ist auch dadurch bemerkenswert, daß es einen der ganz wenigen Fälle scharfer Trennung von Wachstum und Entwicklung darstellt. Die Entwicklung (Fruktifikation) setzt ein, wenn die Nahrung (im Experiment die zur Fütterung dienenden Bakterien) verbraucht ist, und wird ohne jede weitere Aufnahme von Nahrung, selbst wenn diese wieder zur Verfügung steht, und ohne jegliche Wachstumsveränderung der beteiligten Zellen durchgeführt. Die Fruktifikation verläuft, wie bekannt, derart, daß die vorher freien Myxamöben zu Pseudoplasmodien zusammentreten und diese ihrerseits gestielte Fruchtkörper produzieren; bei *Dictyostelium discoideum* ist dazwischen noch eine Phase der Wanderung des Pseudoplasmodiums eingeschaltet. Im Pseudoplasmodium erfahren die Myxamöben eine gewisse Differenzierung. Zunächst werden ein direktives und ein perceptives Zentrum, die vielleicht identisch sind, gebildet: während die vegetativen Myxamöben keinerlei Polarität erkennen lassen, ist die Wanderung des Pseudoplasmodiums polar, wobei sich als erster Teil die Spitze nach äußeren Reizen richtet (die Pseudoplasmodien reagieren auf Temperaturunterschiede, sind positiv phototaktisch und chemotaktisch für gewisse Reize; ohne diese Reize ist die Wanderung richtungslos); wird das Pseudoplasmodium während der Wanderung dekapitiert, so stellt es die Wanderung sogleich ein und geht zur Fruchtkörperbildung über, während es bei Wiederaufpfropfung einer Spitze die Wanderung wieder aufnimmt. Durch Einpfropfung mehrerer Spitzen in die Seiten eines Plasmodiums kann dieses völlig zergliedert werden, indem jede der Spitzen die hinter ihr gelegenen Myxamöben nach sich zieht. Die Myxamöben der Spitze sind, wie sich durch Pfropfung von Spitzen durch Fütterung mit *Serretia marcescens (Bacterium prodigosum)* rot gefärbter Pseudoplasmodien zeigen läßt, zur Stielbildung determiniert. Die Determination ist aber nicht vollständig, da sowohl die abgetrennten Spitzen — unter Umständen nach zeitweiliger Fortsetzung der Wanderung — als auch die dekapitierten Pseudoplasmodien vollständige Fruchtkörper bilden, die letzten allerdings mit etwas abnorm gestalteten Stielen, und die Myxamöben verlieren im Pseudoplasmodium ihre Individualität nicht, da sie, wenn das Pseudoplasmodium bei Anwesenheit frischer Nahrung durch Zerreiben zerstört wird, zum vegetativen, getrennten Zustand zurückkehren. Die Fruktifikation wird, wie es schon A. ARNDT 1937 beschrieben hatte, durch das Auftreten temporärer Orientierungszentren (Cumuli) angezeigt, die meist kurzlebig sind, verschwinden und an anderen Stellen wieder erscheinen können; verschiedene Arten können zwar zu gemeinsamen Pseudoplasmodien zusammentreten, trennen sich aber bei der Fruchtkörperbildung wieder oder bilden höchstens physikalische Gemische, keine Bastarde (RAPER u. THOM). Der „Reiz" für die Pseudoplasmodienbildung liegt demnach in den Myxamöben selbst und ist bei verschiedenen Arten und Gattungen qualitativ verschieden; die Aggregation wird, obgleich ein Außenfaktor — Nahrungsmangel — den Anstoß gibt und andere (Temperatur, Feuchtigkeit, An- oder Abwesenheit von Licht) den Verlauf beeinflussen können, nicht durch einfache äußere Faktoren bedingt. Das Eigentümlichste an diesem ganzen Entwicklungsgang ist nun, daß, obwohl der Reiz für Pseudoplasmodienbildung in den Myxamöben gelegen ist und obwohl diese im Pseudoplasmodium ihre Individualität behalten, das Pseudoplasmodium sich bei der Fruchtkörperbildung als übergeordnete Einheit mit weitestgehendem Selbstdeterminationsvermögen verhält. Es werden artspezifische, vollständig ausgebildete und gleich proportionierte Fruchtkörper unabhängig von der Zahl der beteiligten Zellen produziert; der Unterschied liegt nur in der Größe. Die Pseudoplasmodienbildung setzt bei Verbrauch der Nahrung ein, gleichgültig, wieviele Myxamöben gerade vorhanden sind; wird ein Pseudoplasmodium in Abwesenheit neuer Nahrung zerrieben, so treten die isolierten Myxamöben zu zahlreichen kleinen Pseudoplasmodien zusammen, deren jedes einen vollständigen, wenn auch winzigen Fruchtkörper hervorbringt. Über die bei dieser Entwicklung, speziell der Fruchtkörperbildung, wirksamen Kräfte lassen sich einstweilen nur einige Vermutungen anstellen, und zwar auf Grund der Beziehung zwischen der Geschwindigkeit der Fruchtkörperentwicklung (Aufsteigen des Sporangiums auf dem Stiel) und der Größe des Fruchtkörpers (BONNER u. ELDRIDGE). Die Entwicklung verläuft um so rascher, je größer der Fruchtkörper ist. Daraus läßt sich folgendes schließen: 1. Die für die Entwicklung verantwortliche „morphogenetische Kraft" muß eine innere und keine Oberflächenkraft sein, denn im letzten Falle wäre die von ihr ausgeübte Leistung umgekehrt proportional dem Krümmungsradius, d. h. kleinere Sporangien müßten schneller aufsteigen als größere. 2. Diese innere morphogenetische Kraft reicht aber nicht aus, um die

raschere Entwicklung größerer Fruchtkörper zu erklären, denn die von
einer Masseneinheit Protoplasma produzierte Energie ist von der absoluten Größe des Protoplasmas höchstwahrscheinlich unabhängig. Es ist
also die Wirksamkeit einer weiteren, und zwar einer hemmenden Kraft
anzunehmen, die mit zunehmender Größe des Fruchtkörpers relativ
kleiner wird. Es ist möglich, daß es sich bei dieser zweiten Kraft um
die Kohäsion zwischen Sporenmasse und Stiel handelt, denn da das
Verhältnis zwischen beiden bei allen Fruchtkörpern gleich ist, muß sie
zur Fruchtkörpergröße in inverser Beziehung stehen. Diese Feststellungen haben allgemeinere Bedeutung, weil eine umgekehrte Beziehung
zwischen Wachstumsgeschwindigkeit und Größe des Individuums eine
bei ganz verschiedenen Organismen zu beobachtende Erscheinung ist
(vgl. TYLER); der Hinweis, daß die für die Entwicklung verantwortliche
morphogenetische Kraft innerer Natur ist, ist für die Frage, wie der
Organismus seine Energie für die Entwicklung verwendet, von großem
Interesse.

γ) Auslösung und Stabilisierung von Tumorgewebe.

Ein Komplex von Determinations- und Differenzierungserscheinungen, der ebenfalls noch nicht unmittelbar in unsere Vorstellungen über den
normalen Verlauf der Entwicklung bei Pflanzen eingebaut werden kann,
der aber ein ausgezeichnetes Material zum Studium allgemeinerer Möglichkeiten abgibt (und, nebenbei, das beste Beispiel bei Pflanzen ist, das
den Gedanken an Plasmagene aufkommen läßt), ist die Auslösung von
Wurzelhalsgallen durch *Agrobacterium (Phytomonas) tumefaciens* und
die Stabilisierung des tumoralen Gewebes auch in Abwesenheit des
Erregers. Der Befund wurde bereits im vorigen Bericht verzeichnet
(Fortschr. Bot. **11**, 279); seither sind sowohl die Auslösung als auch das
weitere Verhalten des Tumorgewebes eingehend weiteruntersucht worden.
Über die Auslösung wurde folgendes ermittelt (zusammenfassende
Darstellung BRAUN 1947b): 1. Sie erfolgt in zwei Schritten. Im ersten
werden die Zellen des Wirtes in Tumorzellen umgewandelt; diese umgewandelten Zellen sind aber noch nicht entwicklungsfähig. Im zweiten
werden die potentiellen Tumorzellen zur Weiterentwicklung stimuliert;
dabei ist Wuchsstoff maßgebend. Die Gallen lassen sich auch durch
nichtvirulente *Agrobacterium*-Stämme hervorrufen, aber nur, wenn an
die Infektion eine Wuchsstoffbehandlung angeschlossen wird (LOCKE
u. Mitarb. 1938, BRAUN u. LASKARIS). Da die Pathogenität der Bakterien durch die Wuchsstoffbehandlung nicht wiederhergestellt wird und
da die eigene Wuchsstoffproduktion virulenter und nichtvirulenter
Stämme des Erregers die gleiche ist (LOCKE u. Mitarb. 1939), unterscheiden sich diese Stämme augenscheinlich in der Fähigkeit, im Wirt abnorme Wuchsstoffproduktion hervorzurufen. 2. Die Umwandlung beginnt einen Tag nach der Infektion und ist in vier Tagen beendet; danach
ist die Anwesenheit des Erregers für das Wachstum und die Erhaltung
des Tumors nicht mehr notwendig. Eine gewisse, aber offenbar unvollständige Umwandlung findet schon in 2—3 Tagen statt. Festgestellt
wurde dies durch Abtötung des Erregers in verschiedenen Zeitabständen

nach der Infektion;·dies ist bei geeigneten Pflanzen *(Vinca rosea)* möglich durch Einwirkung hoher Temperaturen (46—47°) — eine Methode, die KUNKEL bei der Untersuchung gewisser Viren entwickelt hatte. Bei Abtötung einen Tag nach Infektion werden keine Gallen gebildet, bei Abtötung nach 2 oder 3 Tagen kleine und langsam wachsende, während bei Abtötung nach 4 Tagen oder mehr die dann entstehenden Gallen von bakterienhaltigen nicht zu unterscheiden sind (BRAUN 1943), ja sogar bei Pfropfung größer werden als diese (PH. R. WHITE 1945). 3. Die Wurzelhalsgallen entwickeln sich am besten in 26—28°, oberhalb von 30° entwickeln sie sich bei manchen Pflanzen gar nicht *(Solanum lycopersicum)*, bei anderen nur schwach *(Nicotiana*-Arten: RIKER, LYNEIS u. DUGGAR). Die niedere Temperatur braucht aber nur die ersten vier Tage nach Infektion, d. h. während der Umwandlungsphase, einzuwirken; nachher wachsen die Gallen in beiden Temperaturen gleich gut (BRAUN 1947a). Maßgebend ist die Temperatur an der Infektionsstelle selber; die Einwirkung erfolgt nicht über die ganze Wirtspflanze. Da die höhere Temperatur weder die Virulenz des Erregers, noch sein Wachstum *in vitro* und im Wirt, noch das Wachstum des Wirtes und den Verlauf der Wundheilung bei diesem beeinflußt, und da ferner während der Umwandlung der Effekt einer gegebenen 26°-Periode durch eine etwa gleichlange 32°-Periode aufgehoben wird (BRAUN u. MANDLE), ist zu schließen, daß die Umwandlung durch einen von den Bakterien abgegebenen Stoff erfolgt, der bei 26° gebildet und bei 32° inaktiviert wird. Durch die Anwendung alternierender Temperaturen läßt sich sogar eine annähernde Bestimmung der Menge dieses Stoffes durchführen.

Daß das erregerfreie Tumorgewebe seinen Charakter in *in-vitro*-Kultur beibehält, wurde inzwischen außer bei *Helianthus annuus* (s. vorigen Bericht l. c. und ausführliche Darstellung bei PH. R. WHITE u. BRAUN 1942) bei *Hel. tuberosus, Scorzonera, Vinca, Chrysanthemum frutescens* und *Tagetes erecta* nachgewiesen. (PH. R. WHITE 1945, HILDE-BRANDT u. Mitarb. 1946b, HILDEBRANDT u. RIKER 1949, GAUTHERET 1947b, 1948a). Das Gewebe unterscheidet sich von Normalgewebe derselben Arten durch folgende Eigenschaften: 1. Aussehen und Wuchsweise, wobei verschiedene Linien desselben Gewebes ein verschiedenes Aussehen zeigen können (DEROPP 1947b). 2. Stark erhöhte Wuchsstoffproduktion. Diese äußert sich sowohl in wesentlich geringerer Reaktion auf Wuchsstoffzusatz im Medium als auch stimulierender Wirkung auf das Wachstum und die Wurzelbildung bei normalem Gewebe und Hemmung der Anlage und des Wachstums von Sproßknospen bei solchem Gewebe (DEROPP 1947 b—d, 1948, GAUTHERET 1947c, 1948b, CAMUS u. GAUTHERET 1948 c). Extraktion dieses Wuchsstoffes und auch nur Übertragung seiner Wirkung durch Agar gelang den meisten Autoren allerdings nicht (RIKER, HENRY u. DUGGAR; DEROPP 1948); nur KULESCHA u. GAUTHERET (1948b) geben an, mit den klassischen Extraktions- und Testmethoden eine vielfach erhöhte Menge von Wuchsstoff in Tumorgeweben von *Scorzonera* nachgewiesen zu haben. 3. Verlust des Differenzierungsvermögens. In den *in-vitro*-Kulturen wurde bisher kein Fall von Differenzierung beobachtet, auch nicht bei solchen

Arten, deren Normalgewebe dazu stark tendiert. Bei durch einen bestimmten *Agrobacterium*-Stamm hervorgerufenen *in-vivo*-Gallen von *Kalanchoë daigremontiana (Bryophyllum daigremontianum)* fand allerdings BRAUN (1948) Entwicklung von Wurzeln, Sprossen und Blättern und an diesen letzten von Blattknospen, die alle ± abnorm gestaltet waren und wahrscheinlich aus Tumorgewebe bestanden; da aus einigen der Blattknospen — die meisten entwickelten sich abnorm — normale Pflänzchen hervorgingen, ist sogar gelegentliche Normalisierung denkbar. Dafür ist das Tumorgewebe durch eine bemerkenswerte Eigenschaft ausgezeichnet, die auch bei langer *in-vitro*-Kultur unverändert vorhanden

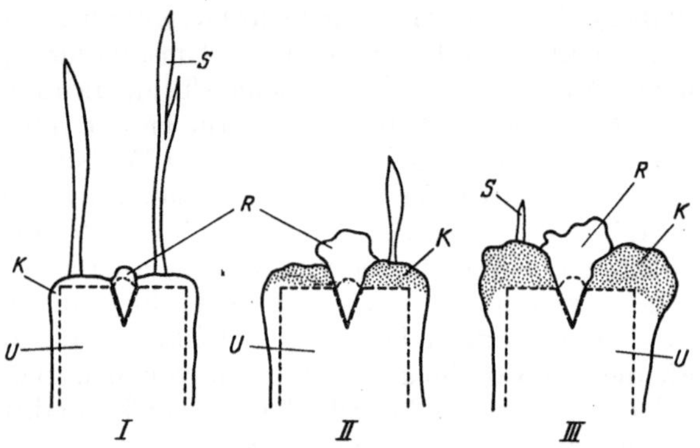

Abb. 48. Morphogenetische Wirksamkeit verschiedener Gewebe von *Scorzonera* bei Pfropfung auf ein Wurzelstück *in vitro*. I Normalgewebe, II „entwöhntes" Gewebe, III Wurzelhalstumorgewebe. U Unterlage, R Reis (Anfangsgröße gestrichelt), U Kallus, S Adventivsprosse der Unterlage. Aus CAMUS und GAUTHERET 1948c.

bleibt: es ruft in *in-vivo-* wie *in-vitro*-Pfropfungen die Bildung von Gallen hervor (WHITE u. BRAUN, WHITE 1945, DeRopp 1947c, CAMUS u. GAUTHERET 1948a, c), und dabei nimmt unter dem Einfluß des Tumorgewebes das normale Gewebe selber für dauernd Tumorcharakter an (DeRopp l. c., CAMUS u. GAUTHERET 1948a, d).

Die vorstehend beschriebenen Befunde ließen sich mit der Annahme eines durch die Bakterien übertragenen tumorauslösenden Virus deuten, um so mehr, als virusbedingte Tumore bei Pflanzen bekannt geworden sind (BLACK). Jedoch kann die Umwandlung normaler in Tumorzellen auch spontan eintreten: die sowohl im vorigen Bericht als auch in diesem (S. 352) genannte Erscheinung der „Entwöhnung" *in vitro* kultivierter Gewebe von äußerer Wuchsstoffversorgung ist nichts anderes als eine Umwandlung in Tumorgewebe, das dem durch *Agrobacterium* induzierten in allen Eigenschaften, wenn auch in etwas abgeschwächtem Maße, entspricht: im Aussehen, in der verstärkten Wuchsstoffproduktion und deren beschriebenen Folgen und in der Fähigkeit, Normalgewebe für dauernd in Tumorgewebe umzuwandeln (CAMUS u. GAUTHERET 1948b—d, GAUTHERET 1948a, KULESCHA u. GAUTHERET 1948b; s. Abb. 48).

δ) **Normale Gewebe- und Organdifferenzierung der Pflanzen.**

Progressivität und Stabilisierung der Differenzierung. Einige Untersuchungen demonstrieren in besonders klarer Weise, wie mit fortschreitender Entwicklung die Potenzen der Zelle in zunehmendem Maße eingeschränkt werden und zugleich die Differenzierung immer schwerer umkehrbar wird. Das meristematische Gewebe der Vegetationsspitze hat unbeschränktes Regenerations- und Regulationsvermögen: Wird der Vegetationspunkt von *Lupinus albus* durch zwei sich rechtwinklig kreuzende vertikale Einschnitte in 4 Sektoren zerlegt, so können alle vier vollständige Sprosse entwickeln (BALL 1948, zusammenfassende Darstellung). Wird der Vegetationspunkt derselben Pflanze oder derjenige

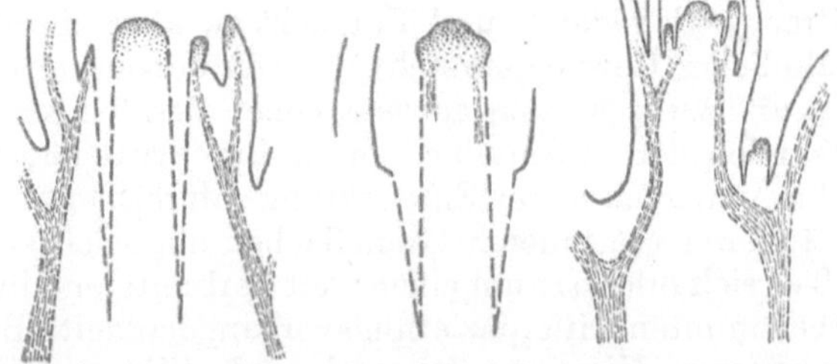

Abb. 49. Leitgeweberegeneration durch einen durch Vertikalschnitte vom präexistierenden differenzierten Gewebe abgetrennten Vegetationspunkt von *Lupinus albus*. Punktiert meristematische Partien, gestrichelt Leitgewebe. Nach BALL 1948, schematisiert.

von *Dryopteris aristata* (WARDLAW 1947b, 1949b) durch zwei kreuzweise Paare solcher Einschnitte vom angrenzenden Gewebe abgetrennt, so daß er mit dem Rest des Organismus nur durch eine Säule von Markgewebe verbunden ist, so setzt er seine Entwicklung nahezu ungestört fort und produziert u. a. Leitgewebe, das sich jedenfalls bei *Lupinus* rasch basipetal in das präexistierende Gewebe fortsetzt und den Anschluß an das alte Leitgewebe wiederherstellt (s. Abb. 49). Bei *Dryopteris* wachsen auch die die zentrale Säule umgebenden Segmente zu Sproßspitzen aus, während die Blattanlagen nicht weiterwachsen; Sproß- und Blattanlagen haben offenbar verschiedene Entwicklungspotenzen. Das Spitzenmeristem von *Lupinus* und von *Tropaeolum majus* produziert in isoliertem Zustand unter geeigneten Bedingungen vollständige Pflanzen; das unmittelbar darunterliegende Gewebe differenziert zwar noch gewisse Gewebe, bildet aber gewöhnlich keine Sprosse und Wurzeln mehr (BALL 1946). Die Stabilität dieses Gewebes ist noch gering; unter dem Einfluß von Wachstumsfaktoren wandelt es sich zu Kallusgewebe um, ohne jedoch das Differenzierungsvermögen wiederzugewinnen. Die vom *Nicotiana-glauca×langsdorffii*-Gewebe regenerierten Sprosse und Wurzeln (s. u.) sind labil und kehren häufig ohne erkennbare Ursachen zu undifferenziertem kallusartigem Wachstum zurück (SKOOG 1944). — Bei *Monstera deliciosa* regenerieren junge Mesophyllzellen bei Verwundung eine vollständige Epidermis; ältere bilden ebenso wie diejenigen der Blattstiele und der Rinde älterer Luftwurzeln ein einfaches Oberflächengewebe (BLOCH 1944; s. a. u.). Einen Fall zum mindesten weitestgehender irreversibler Differenzierung bei Pflanzen —

24a

den er mit der Wirkung von Plasmagenen erklären möchte — beschreibt
BLOCH (1947, 1948) in den Sekretzellen im Sproßgewebe von *Ricinus*.
Diese nehmen unter Verhältnissen, die Regeneration begünstigen (Ver-
wundungen), zwar ebenso wie das umgebende Gewebe die Zellteilungs-
tätigkeit wieder auf, erfahren aber keine Entdifferenzierung, sondern
verhalten sich streng autonom.

Außenfaktoren und Differenzierung. Abhängigkeit normaler Differenzierungsvorgänge von Außenfaktoren wurde bei der Regeneration in
Blättern, Blattstielen und Luftwurzeln von *Monstera* und bei der Entwicklung von Gewebekulturen beobachtet. Bei *Monstera* werden äußere
und innere Wunden durch ein einfaches Gewebe, bestehend, von außen
nach innen, aus Kork, sklereidartigen Zellen mit dicken, verholzten
Wänden („Brachysklereiden") und Parenchym, abgeschlossen (BLOCH
1944). Ein ähnliches Gewebe entsteht auch in der normalen Entwicklung der Art, und zwar werden gewisse Zellen des Rindenparenchyms
nach Verschwinden der Außenschichten zu Brachysklereiden (SINNOTT
u. BLOCH 1946), und auch in der Entwicklung zahlreicher anderer Pflanzen wird an äußeren wie inneren Grenzflächen ein solches Gewebe gebildet, so daß es sich offenbar um einen weit verbreiteten, durch Außenfaktoren mitbestimmten Differenzierungsvorgang handelt. Bei Kulturen
des Kallusgewebes von *Nicotiana glauca×langsdorffii* (s. S. 341) begünstigen schwaches Licht, tiefere Temperatur (18°) und flüssiges Medium die
Anlage von Sproßknospen, starkes Licht, höhere Temperatur (25° und
33°) und festes Medium undifferenziertes Wachstum (SKOOG 1944).
Das Licht wirkt vielleicht über die Photosynthese, und zwar durch die
O_2-Produktion; PH. R. WHITE (Fortschr. Bot. 9, 374) hatte gefunden,
daß untergetauchtes, also wahrscheinlich unter O_2-Mangel stehendes
Gewebe regelmäßig Sproßanlagen bildet. *Ulmus*-Gewebe, das normalerweise bald Sproßknospen bildet, wächst umgekehrt bei weitgehendem
Luftabschluß undifferenziert in Form nur locker zusammenhängender
länglicher Zellen (CAMUS 1945c). Gelegentliche Differenzierung von
Sprossen, Blättern und Wurzeln beobachteten LEVINE bei einigen
Linien von *Daucus-carota*-Gewebe (das gewöhnlich nur Wurzeln, und
auch diese nur bei Wuchsstoffzufuhr, bildet) und CURTIS u. NICHOL bei
dem *in vitro* wachsenden Gewebe von Orchideen-Embryonen (s. S. 340);
über die verursachenden Faktoren ist hier noch nichts bekannt, und eine
experimentelle Beeinflussung der Differenzierung war nicht möglich,
außer ihrer völligen Unterdrückung durch Wuchsstoffzusatz bei dem
Orchideengewebe.

Homoiogenetische Differenzierung. Differenzierung von Geweben
durch ihresgleichen, die in der Entwicklung von Pflanzen sehr weit verbreitet zu sein scheint, konnte besonders eindrucksvoll an *in-vitro*-Kul-
turen demonstriert werden. Die ersten Beobachtungen wurden schon im
vorigen Bericht genannt (Fortschr. Bot. 11, 279); sie sind seitdem intensiv weiterverfolgt worden. In Wurzelstücken von *Cichorium intybus*
und *Crambe maritima* (CAMUS 1944, 1945a, b, 1947a, c) rufen Sproßknospen, die über dem Rindenparenchym, über der Kambialregion und
über dem jüngeren Holzteil angelegt werden können, im daruntergelegenen

präexistierenden Gewebe zunächst eine Entdifferenzierung (Rückkehr zu embryonalem Zustand unter Zellteilungen), darauf in dem so „verjüngten" Gewebe die Differenzierung von Leitbündeln hervor. Beide Vorgänge gewinnen fortschreitend an Tiefe, wobei sie sich — falls die Knospe sich über dem Rindenparenchym befindet — zum nächstgelege-

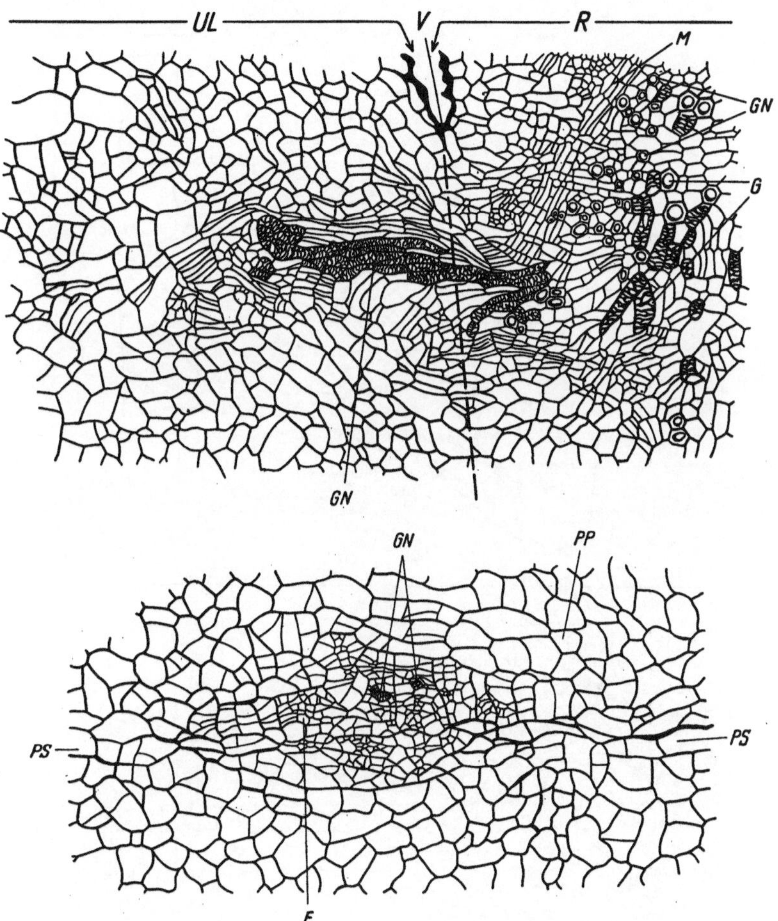

Abb. 50. Pfropfung einer Sproßknospe auf ein *in vitro* kultiviertes Wurzelstück bei *Cichorium* Induktion von Leitgewebedifferenzierung in der Unterlage (Kulturdauer 9 Tage). Oben Schnitt durch die Pfropfstelle; UL Unterlage, R Reis, V Verwachsungszone, M Kambium, G alte (präexistierende) Gefäße, GN neugebildete Gefäße. Unten Schnitt unterhalb der Pfropfung, die in Richtung Blattpol → Wurzelpol (ober- bzw. unterhalb der Zeichenfläche) fortschreitende Differenzierungswirkung zeigend; PS Phloëmstrang der Unterlage, PP Phloëmparenchym derselben, E entdifferenziertes Gewebe. Aus CAMUS 1945 b.

nen Phloëmstrang und in diesem zum Kambium hin richten, in welchem dann die weitere Differenzierung vor sich geht. Die gleiche Differenzierung, und zwar auch in Gewebe, das normalerweise keine Sproßanlagen regeneriert (ältere Partien des Holzteiles), kann durch Aufpfropfung von Sproßknospen hervorgerufen werden (Abb. 50), und es scheint,

24 b

daß deren Einfluß auch durch eine eingeschaltete Cellophanmembran hindurch wirksam wird (CAMUS 1948; s. Abb. 51).

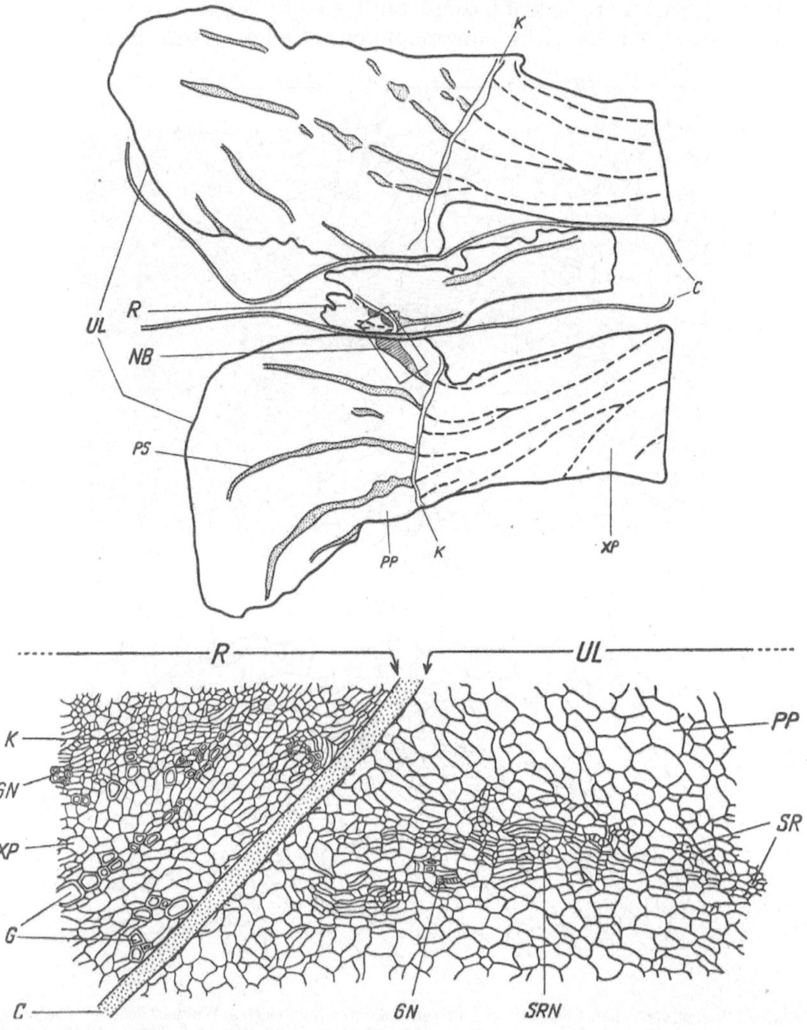

Abb. 51. Pfropfung einer Sproßknospe auf ein *in vitro* kultiviertes Wurzelstück bei *Cichorium* unter
Zwischenschaltung einer Cellophanmembran. Wirkung auf die Unterlage (Kulturdauer 7 Tage).
Oben Übersichtsbild; UL Unterlage, R Reis, C Cellophanmembran, PS Phloëmstränge, PP Rinden-
parenchym, XP Holzparenchym, K Kambium der Unterlage, NB Gewebeumbildung in der Unter-
lage in der Nachbarschaft der Kambialzone des Reises. Unten Detail dieser Gewebeumbildung;
PP Phloëmparenchym, SR alte Siebenröhren, G alte Gefäße, XP Holzparenchym, GN neugebildete
Gefäße, SRN neugebildete Siebröhren. Aus CAMUS 1948.

Homoiogenetische Differenzierung eines Gewebes beschreibt auch
R. SNOW (1942a) bei der Regeneration längsgespaltener Sprosse (Hypo-
kotyle von *Helianthus annuus)* und Wurzeln *(Vicia faba)*. An den
Wundflächen bildet sich, vom Mark ausgehend, ein Wundpolster, in

welchem, vom alten Kambium aus, ein durchlaufender Kambiumring differenziert wird. Dasselbe findet auch statt, wenn die Schnittflächen fest zusammengepreßt, aber durch ein durchlässiges Gewebe getrennt werden; werden sie unmittelbar verbunden oder nur in der Markregion durch eine Einlage getrennt, so schließt sich der alte Kambiumring wieder zusammen.

Polarität. Die Polarität ist, wie im vorigen Bericht betont (Fortschr. Bot. **11**, 285), ein typischer Determinations- und Differenzierungsvorgang, der denselben Gesetzmäßigkeiten unterliegt wie andere solche Vorgänge und keine Sonderstellung *per se* einnimmt. In diesem Zusammenhange ist ein Befund Mosebachs von besonderem Interesse, weil er zeigt, daß die Polarisierung nicht etwa einen für die weitere Entwicklung notwendigen Mechanismus neu schafft, sondern nur durch die Orientierung eines schon vorhandenen Entwicklungsmechanismus wirkt: bei allseitiger Belichtung von *Equisetum*-Sporen (Drehung auf dem Klinostaten, eingebettet in eine Agarsäule) entsteht das Rhizoid an einem der beiden Pole, als den dunkelsten Stellen der Zelle; obgleich aber in beiden Zellhälften genau dasselbe Gefälle besteht, konnte nie die Bildung zweier Rhizoide beobachtet werden. Da Polarisierungserscheinungen in der Differenzierung der Pflanzen aber sehr verbreitet und da manche von ihnen andererseits der experimentellen Analyse besonders gut zugänglich sind, ist weiterhin eine gesonderte Besprechung zweckmäßig. Die Bedeutung von Polarisierungsvorgängen ist durch die Feststellung, welche Rolle inäquale Teilungen bei der Zell- und Gewebedifferenzierung haben, noch um ein großes Gebiet erweitert worden; daß diese Teilungen Ausdruck einer Polarisierung des Plasmas sind, wurde bereits im Zusammenhang mit der Frage nach der Lokalisierung der Differenzierung in der Zelle hervorgehoben (S. 359). Auch bei Fucaceen-Eiern macht sich das erste Anzeichen stattgefundener Polarisierung im Cytoplasma bemerkbar, indem die Eier, in hypertonische Lösung gebracht, und zwar lange bevor ein Anzeichen der Rhizoidbildung erkennbar ist, eine polarisierte Plasmolyse zeigen (Reed u. Whitacker). Wie die Polarisierung von Zellen im Gewebeverband erfolgt, wissen wir noch nicht; es ist aber zu erwarten, daß das Studium von für die experimentelle Analyse günstigeren Polarisierungserscheinungen auch für diese Frage wesentlich ist.

Die eben genannten Befunde Mosebachs bei einseitiger Belichtung von *Equisetum*-Sporen zeigen, daß für die Polarisierung kein durch die ganze Zelle gehendes Gefälle vorhanden sein muß, sondern ein Gefälle in einer Hälfte derselben ausreicht, und zwar auch dann, wenn in der anderen Hälfte ein gleichstarkes entgegengesetztes Gefälle besteht. Whitacker findet in Fortführung seiner Untersuchungen an Fucaceen-Eiern (s. Fortschr. Bot. **11**, 282—83) neue Hinweise darauf, daß vielen polaritätsbestimmenden Faktoren die Schaffung eines p_H-Gefälles in den Zellen gemeinsam ist. Sowohl die Polarisierung durch Zentrifugierung und die gegenseitige Polarisierung nahe beieinander liegender Eier (der früher beobachtete „Gruppeneffekt") als auch die Polarisierung länglicher Eier (hergestellt durch vorsichtiges Saugen durch feine Pipetten

während der Erstarrung der Zygotenmembran) hängen vom p_H-Wert
des Außenmediums ab. Nach Zentrifugierung in einem Medium von
p_H 7,9—8,1 entstehen die Rhizoiden zentrifugal, in einem solchen von
p_H 5,8—6,1 zentripetal, in einem Medium von p_H 6,3 zufallsmäßig
(WHITACKER 1940a). Dies kann erklärt werden mit Anhäufung puffern-
der Substanzen am zentrifugalen Pol: dadurch verliert der zentripetale
an Pufferungsvermögen und wird, je nachdem der p_H-Wert des Außenmediums über oder unter dem des Plasmas liegt, zur am stärksten alkalischen bzw. sauren Stelle der Zelle (das Rhizoid entsteht an der sauersten
Stelle). Der Gruppeneffekt ist bei p_H-Werten unter 7,6 positiv, bei
höheren negativ; er dürfte auf einseitigen Aciditätsänderungen in den
Eiern durch das von benachbarten Eiern abgegebene CO_2 beruhen
(WHITACKER u. LOWRANCE). Bei den länglichen Eiern entsteht bei
p_H 7,8—8,2 das Rhizoid in Richtung der Längsachse, bei p_H 6,0 dagegen
in Richtung der Querachse, und zwar dann stets zum Boden des Kultur-
gefäßes hin, da in dieser Richtung die Diffusion von Produkten des Eies
blockiert ist (WHITACKER 1940b). Für die Annahme, daß das p_H-Gefälle
seinerseits durch polarisierte Verteilung von Wuchsstoffen wirkt, konnte
allerdings keine weitere Stütze gefunden werden; die Polarisierung der
Eier durch äußere Faktoren wird durch Wuchsstoffe nicht nennenswert
beeinflußt (WHITACKER 1940a).

Dieselbe Reaktion auf Zentrifugierung wie bei *Fucus* und *Cystosira*
wurde bei *Pelvetia* gefunden (LOWRANCE u. WHITACKER). Bei den
Equisetum-Sporen ist die Reaktion auf Licht zeitlich, qualitativ und
quantitativ ganz ähnlich wie bei Fucaceen-Eiern (Rhizoid vom Licht
weg; Ansteigen der Empfindlichkeit bis zu ~4 h nach Keimungsbeginn
[Aussaat], danach rascher Abfall; gleiche minimale Wirkungsintensi-
täten; Wirksamkeit der Wellenlängen unterhalb ~ 5000 Å mit dem
Maximum wahrscheinlich im UV.); ein Gruppeneffekt ist aber nicht
erkennbar, Schwerkraft hat keine polarisierende Wirkung, und bei
Zentrifugierung (die ebenfalls ~4 h nach Keimungsbeginn am wirksamsten ist) entstehen (in Teichwasser von p_H 7,7) die Rhizoiden zentripetal
(MOSEBACH). Während bei Fucaceen-Eiern nach milder UV.-Bestrahlung
Rhizoiden auf der abgekehrten Seite entstehen (voriger Bericht l. c.),
wird durch starke Dosen Rhizoidbildung unterdrückt; da die Wirksamkeit der schwachen Bestrahlung bei einem Außen-p_H von 6,0 größer
ist als bei 8,0, die inhibierende Wirkung der starken sich aber umgekehrt
verhält, scheint es sich um zwei verschiedene Effekte zu handeln. Durch
gleichzeitige oder nachträgliche Bestrahlung mit weißem Licht wird der
Hemmeffekt starker UV.-Bestrahlung aufgehoben; über die Ursache
läßt sich noch nichts aussagen (WHITACKER 1942b). —Bei Pollenkörnern
von *Vinca rosea* ist der Gruppeneffekt (bemerkbar bei Gruppen von
~ 50 Körnern und mehr) negativ, und zwar im ganzen p_H-Bereich von
6,2—7,8, mit steigenden Werten deutlicher, und p_H-Gradienten haben
keine erkennbare polarisierende Wirkung; bei Zentrifugierung entstehen
die Keimschläuche zentrifugal (BEAMS u. KING). In Gleichstrom keimt
der Pollen und wachsen die Schläuche vorwiegend zur Kathode; für die
Keimung steigt der Effekt dabei bis zu ~ 550 μAmp./mm² und nimmt

dann wieder unter gleichzeitigem Absinken des Keimprozentes bis zu vollständiger Keimungshemmung bei ~ 800 μAmp. ab, während für das Wachstum der Schläuche sich eine Hemmwirkung gegenüber der Kathode von ~ 550 μAmp., gegenüber der Anode von ~ 800 μAmp. an bemerkbar macht (MARSH u. BEAMS). Die durch den Gleichstrom bedingte Keimungshemmung ist reversibel; 30 Minuten nach Ende der Einwirkung keimen die Körner und wachsen die Schläuche normal.

Für die Übertragung der Polarität vom Mutter- auf den Tochterorganismus, die wahrscheinlich bei der Polaritätsbestimmung eine sehr große Bedeutung hat und die besonders auch im Zusammenhang mit der Frage der Polarisierung von Zellen im Gewebeverband (s. o.) von Interesse sein dürfte, findet sich sehr demonstratives Material bei der Keimung von Algenschwärmern (KOSTRUN). Wenn in einer Zelle nur ein Schwärmer gebildet wird, so entspricht seine Längsachse gewöhnlich der Querachse der Mutterzelle, und wenn sich solch ein Schwärmer mit dem Vorderende festsetzt, so macht sein Inhalt vor der Keimung oft eine Drehung um 90° durch, d. h. die ursprüngliche Polarität wird offenbar wiederhergestellt. Bei *Chaetophora incrassata* und *Ulothrix tenerrima* erwies sich die Drehungsrichtung als von der Richtung des Lichteinfalls unabhängig; die Drehung fand (bei *Chaetophora*) auch im Dunkeln statt. Bei *Microspira loefgreni* und *Gongrosira* steht die Teilungsspindel der ersten Teilung bis zur Metaphase häufig noch senkrecht zur Längsachse der Zelle; auch bei *Chaetophora* ist dies angedeutet. Die Drehung des Protoplasten ist auf den chromatophorenführenden Teil beschränkt; das Plasma des Vorderendes nimmt nicht teil. Bei manchen Arten ist die Drehung des Zellinhaltes überhaupt nicht erkennbar; vielleicht sind in solchen Fällen submikroskopische Strukturen betroffen.

Die Polarität kann, wie jede Determination, zunächst instabil sein. Die Aufhebung der durch Zentrifugierung induzierten Polarisierung durch Licht bei *Equisetum*-Sporen (MOSEBACH) wurde schon in anderem Zusammenhang genannt (S. 351); bei Fucaceen-Eiern hebt Bestrahlung mit weißem Licht aus der entgegengesetzten Richtung die durch eine vorhergegangene UV.-Bestrahlung induzierte Polarisierung auf, indem die Rhizoiden auf der UV.-bestrahlten Seite entstehen (WHITACKER 1942a). Für die Frage der Festlegung der Polarität ist wieder ein Befund von MOSEBACH von großem Interesse: Durch die Polarisierung der Spore ist — im Gegensatz zu den Fucaceen-Eiern, bei denen das Rhizoid vor der ersten Kernteilung austreibt und seine Austrittsstelle durch die Polarisierung der Zygote bestimmt wird — nur die Lage der Rhizoidzelle festgelegt, während diese Zelle ihrerseits unabhängig von der Polarisierung der Spore durch Licht polarisiert werden kann: bei Sporen, die bei allseitiger Belichtung ausnahmsweise parallel zur Achse des Lichteinfalles gekeimt waren, trieb der Rhizoidschlauch senkrecht dazu, also wieder an einer der beiden dunkelsten Stellen der Zelle, aus; hier wurden gelegentlich auch zwei Schläuche gebildet (s. Abb. 52). Im herangewachsenen Organismus ist die Polarität bekanntlich sehr fest. Die im vorigen Bericht (Fortschr. Bot. **11**, 284) geäußerte Auffassung, daß auch bei der sog. Polaritätsumkehrung in Sprossen usw. die Polarität des präexistierenden Gewebes nicht verändert wird, sondern nur neugebildetes Gewebe eine inverse Polarität aufweist, vertritt auch WENT (1941); er konnte im Sproß inverser *Tagetes*-Stecklinge Beibehaltung der ursprünglichen Transportrichtung für Wuchsstoff, dazu aber das Hinzutreten eines gegensinnigen Transportes feststellen. Dasselbe gilt wahrscheinlich auch für die inversen Stecklinge, die RESENDE (1947a) bei *Kalanchoë daigremontiana (Bryophyllum daigremontianum)* beschreibt. Die Herstellung erfolgte in beiden Fällen durch Auslösung von Adventivwurzelbildung und Kultivierung von Teilen der so bewurzelten Sprosse in umgekehrter Lage. WENT erreichte Wurzelbildung durch Wuchsstoffbehandlung, RESENDE (1946, 1947b; s. a. S. 385ff.) durch einfache Verdunkelung von Partien des Sprosses. Auch bei *in-vitro*-Kultur von Geweben kann die ursprüngliche Polarität verloren gehen, jedoch ebenfalls nur im Neuzuwachs. Werden die subapikalen Partien aus dem Vegetationspunkt von *Lupinus* und *Tropaeolum* durch Wachstumsfaktoren zu kallusartigem Wachstum veranlaßt (s. o.), so verlieren sie ihre Polarität

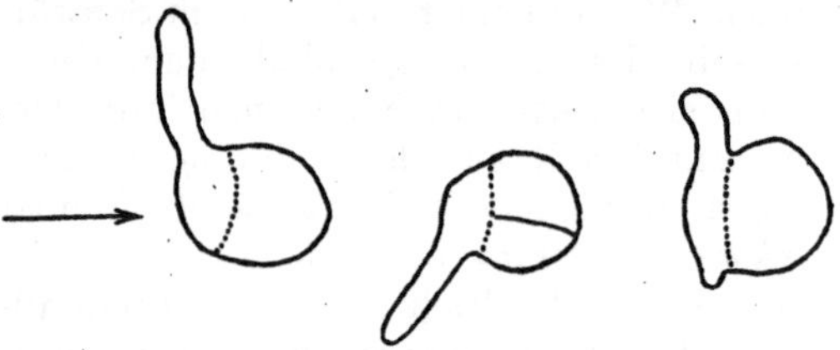

Abb. 52. Unabhängigkeit der Polarisierung von Sporen- und Rhizoidzelle bei *Equisetum*. Die Polaritätsachse der Spore war in Richtung des Pfeiles festgelegt; infolge allseitiger Lichteinwirkung in derselben Richtung treibt die Rhizoidzelle senkrecht dazu, bei der rechten Spore mit zwei Rhizoiden, aus. Aus MOSEBACH.

(BALL 1946). Bei Kulturen von Phloëmparenchym von *Daucus carota, Helianthus tuberosus* und *Scorzonera* ist der Siebteil der im Neuzuwachs auftretenden unregelmäßig ausgebildeten Leitbündel zunächst nach innen gerichtet; später wird aber auch am äußeren Rande jeden Holzteils Phloëm gebildet, so daß die Orientierung umgekehrt wird und derjenigen im Neuzuwachs von Xylemparenchymkulturen entspricht, in denen die Siebteile von vornherein nach außen gerichtet sind (GAUTHERET 1944). Bei der Regeneration kambiumhaltiger Gewebestücke von *Sterculia, Ailanthus* und *Ulmus* (s. a. S. 343) ist eine Richtung und Ordnung im Neuzuwachs überhaupt nicht festzustellen (GIOIELLI).

Eine Zusammenfassung seiner und seiner Mitarbeiter Untersuchungen über die Dorsiventralpolarität der Cupressaceen-Äste gibt FITTING (1942b).

Musterbildung. Die Entstehung des Spaltöffnungsmusters bei Blättern untersuchten BÜNNING u. SAGROMSKY. Die Teilungen, die zur Entstehung von Spaltöffnungsinitialen führen, sind inäquale Teilungen, die, wie bei solchen Teilungen häufig (s. S. 344), erst dann eintreten, wenn die übrige Teilungstätigkeit des Gewebes ganz oder vorübergehend erloschen ist. Auch bei solchen Objekten — den meisten Dikotylen —, bei denen das Muster nicht durch eine bestimmte Teilungsfolge entsteht — wie bei den meisten Monokotylen —, ist die Verteilung keine Zufallsverteilung, sondern es scheint, als ob jede Spaltöffnungsinitiale in ihrer Nachbarschaft die Bildung weiterer Initialen verhindert (s. Abb. 53 und 54). Wo die Epidermis nach Ausbildung der ersten Initialen noch ein weiteres Flächenwachstum durchmacht, ohne den Charakter eines ausgesprochenen Dauergewebes angenommen zu haben, können nach Vergrößerung der Abstände neue Initialen eingeschoben werden (Ab-

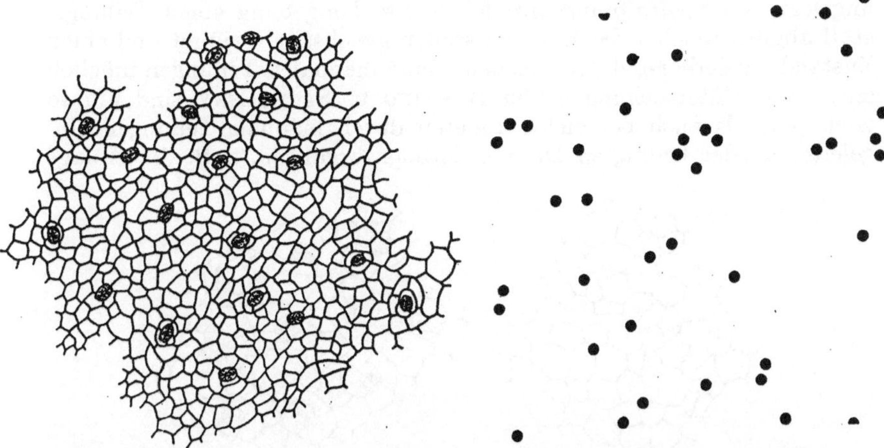

Abb. 53. Spaltöffnungsmuster bei *Bougainvillea spectabilis*. Aus BÜNNING und SAGROMSKY.

Abb. 54. Darstellung einer reinen Zufallsverteilung. Aus BÜNNING und SAGROMSKY.

bildung 55). Die physiologische Hemmzone um jede Spaltöffnungsinitiale macht sich in einer Verlagerung der Kerne in den Zellen der

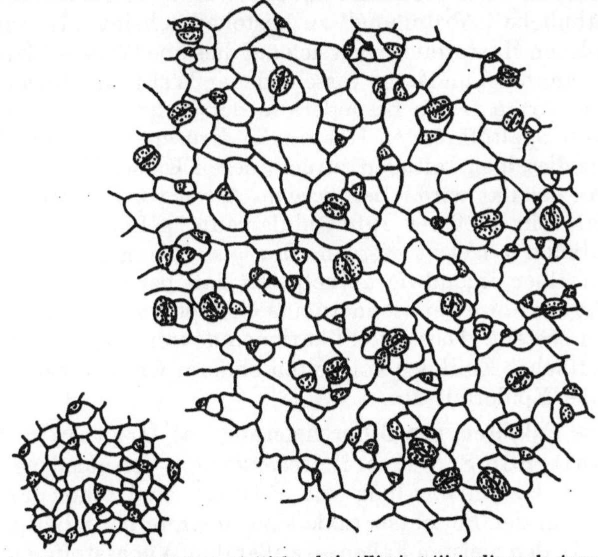

Abb. 55. Neubildung von Spaltöffnungsinitialen bei *Alliaria officinalis* nach Ausweitung des ursprünglichen Musters durch Flächenwachstum (1,5 cm breites Blatt; links unten Initialen in einem jungen, 0,6 cm breiten Blatt). Aus BÜNNING und SAGROMSKY.

Nachbarschaft in Richtung auf die Initiale bemerkbar, und zwar schon vor Beginn der Funktion der Schließzellen, also nicht erst infolge ihrer Assimilationstätigkeit. Durch Anbringung von Wunden und durch

Bestreichen junger Blätter mit Gewebebrei aus jungen *Phaseolus*-Hülsen
wird die Bildung von Spaltöffnungsinitialen unterdrückt (Abb. 56).
BÜNNING u. SAGROMSKY nehmen an, daß jede — zunächst zufallsmäßig
angelegte — Spaltöffnungsinitiale an ihre Umgebung einen Teilungs-
stoff abgibt, welcher die Epidermiszellen gleichsam verjüngt und einen
Zustand wiederherstellt, in welchem keine inäqualen Teilungen möglich
sind. Die Untersuchungen von BÜNNING u. SAGROMSKY sind um so
wichtiger, als auch bei vielen anderen durch inäquale Teilungen ein-
geleiteten oder bedingten Differenzierungsvorgängen, z. B. der Anlage

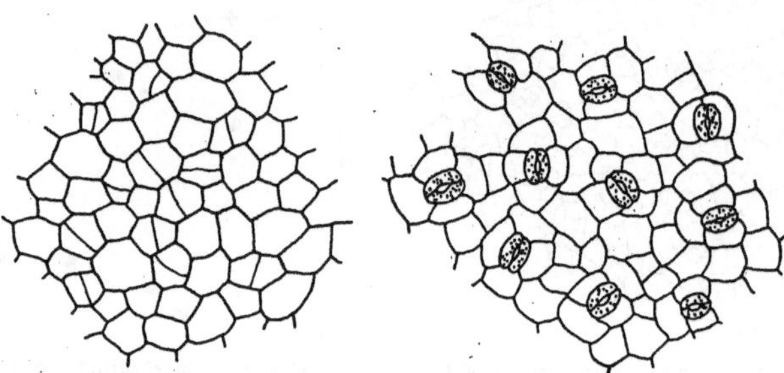

Abb. 56. Unterdrückung der Spaltöffnungsanlage bei *Theobroma cacao* durch Bestreichen des Blattes
im Stadium der Initialbildung mit Gewebebrei aus jungen *Phaseolus*-Hülsen, gezeichnet 10 Tage
nach Behandlungsbeginn (links; rechts unbehandelte Stelle aus dem gleichen Blatt).
Aus BÜNNING und SAGROMSKY.

von Markstrahlinitialen im Kambium oder von Drüsenzellen im Gewebe,
eine ganz ähnliche „Abstoßung" zu bestehen scheint, also viele, wenn
nicht alle solchen Musterbildungen sich auf dieselbe Weise erklären lassen.
Das Muster kann sekundär in verschiedener Weise modifiziert werden.
Bei manchen Arten treten besonders in der Nähe von Leitbündeln an
die Stelle von Spaltöffnungen Haare oder Drüsen; sie gehen also offensichtlich auf dieselben Initialen zurück, deren Entwicklung aber in eine
andere Bahn gelenkt wird. Bei *Begonia*-Arten wird andererseits unter
jeder Initiale ein größerer Intercellularraum gebildet, über welchem
weitere Initialen angelegt werden, der also die gegenseitige Hemmwirkung derselben irgendwie aufhebt, so daß bei diesen Pflanzen das
Muster nicht aus einzelnen, sondern aus Gruppen von einander genäher-
ten Initialen besteht. Diese Modifikationen deuten zugleich auf die Mitwirkung stofflicher Einflüsse von seiten anderer Gewebe bei der Musterbildung in der Epidermis hin.

Stoffliche Faktoren der Differenzierung. a) **Organbildende und
organgestaltende Stoffe bei *Acetabularia*.** Verschiedene stoffliche
Wirkungen in der Entwicklung von Pflanzen sind schon längere Zeit
bekannt, und in der Berichtsperiode sind mehrere neue Befunde hinzugekommen. In den meisten Fällen — außer den Wuchsstoffen und neuerdings dem Cocosmilchfaktor (s. u.) — ist ihre Existenz allerdings nur
indirekt erschlossen worden, aus der Fernleitung der Wirkung von
Außeneinflüssen oder aus Nachwirkungserscheinungen, während der
exakte Nachweis durch Extraktion und chemische Identifizierung fehlt.
Dieser Umstand darf bei Erörterungen über solche stofflichen Wirkungen

niemals außer acht gelassen werden; insbesondere darf nie ohne weiteres auf eine Wirkungsspezifität, vergleichbar derjenigen der bekannten Zoohormone, geschlossen werden — dies um so weniger, als auch bei den am besten bekannten und nachweislich chemisch einheitlichen Faktoren, den Wuchsstoffen, die Frage der Wirkungsspezifität noch strittig und der Hormoncharakter im klassischen Sinne durch die Entdeckung, daß diese Wuchsstoffe möglicherweise enzymatische Wirksamkeit haben, zweifelhaft geworden ist.

Bei der — unter Heranziehung mehrerer neuer Arten durchgeführten — Fortsetzung seiner Untersuchungen über kernabhängige stoffliche Faktoren der Formbildung bei *Acetabularia* findet HÄMMERLING mit Mitarbeitern (BETH, MASCHLANKA; zusammenfassende Darstellung HÄMMERLING 1946b) Hinweise für die Existenz z w e i e r v e r s c h i e d e n e r Klassen solcher Stoffe. *Acicularia schenkii* bildet in Kultur überhaupt nicht, bei artreinen Regeneraten nur gelegentlich Hüte; in Tiansplantaten mit *Acetabularia mediterranea* entstehen aber, selbst wenn der *Acicularia*-Partner kernlos ist, Hüte mit *Acicularia*-Merkmalen. Es scheint also nicht-artspezifische „hutbildende“ und artspezifische „hutgestaltende“ Stoffe zu geben. Die Wirkung der merkmalsgestaltenden Stoffe ist quantitativ. Bei Transplantationen zwischen kernhaltigen und kernlosen Partnern entspricht der fertige Hut zwar gewöhnlich dem Typ des ersten, die Entwicklung kann aber über Zwischenformen („Zwischenhüte“) verlaufen, d. h. es wird ein vom Kern des kernlosen Partners gebildeter und in seinem Cytoplasma gespeicherter Stoff verbraucht; bei Transplantationen zwischen kernhaltigen Partnern entstehen Zwischenhüte als Endbildungen, und zwar, wenn beide Partner je einen Kern mitbringen, ± intermediäre, wenn der eine Partner 2 Kerne beiträgt, mehr zum Typ dieser Art hinneigende. Auch wenn bei einer Art ein bestimmtes Merkmal nicht ausgebildet ist, kann sie bei seiner Ausbildung wirksame Gestaltungsstoffe enthalten: An- und Abwesenheit eines Merkmals bedeutet nicht einfach An- oder Abwesenheit der entsprechenden Stoffe. Bei Transplantaten zwischen *Acet. crenulata* mit gespornten und *Acet. mediterranea* mit spornlosen Hutkammern haben die Kammern, je nach der Zahl der beteiligten *crenulata*-Kerne, überhaupt keine Sporne oder nur Ansätze von solchen; vom *mediterranea*-Kern gehen also Stoffe aus, die die Spornbildung unterdrücken.

b) S t o f f l i c h e F a k t o r e n d e r E m b r y o n a l d i f f e r e n z i e r u n g d e r B l ü t e n p f l a n z e n. Neuerdings sind bei höheren Pflanzen Stoffe nachgewiesen worden, die vielleicht für die Differenzierung im allgemeinen notwendig sind. VAN OVERBEEK, CONKLIN u. BLAKESLEE (1942) fanden im Endosperm (der „Milch“) von *Cocos*-Nüssen, BLAKESLEE u. SATINA später auch in Malzextrakt, einen Faktor, welcher das Wachstum und die Differenzierung von jungen *Datura*-Embryonen *in vitro* ermöglicht Dieser Faktor konnte angereichert und von hemmenden Begleitstoffen gereinigt werden (VAN OVERBEEK, SIU u. HAAGEN-SMIT); er ist mit keinem der bekannten Wachstumsfaktoren (s. S. 354 ff.) identisch. Die Cocosnußmilch enthält außerdem einen Faktor, der kallusartiges Wachstum der Embryonen ohne Differenzierung ermöglicht; danach

scheint es, daß der erste Faktor spezifisch auf die Differenzierung
wirkt und nicht nur, wie wahrscheinlich die Wachstumsfaktoren, durch
Förderung des Wachstums die Voraussetzung für die Entwicklung
schafft. Weniger als 10 Tage alte *Zea-mays*-Embryonen wachsen aber
auch bei Zusatz des Cocosmilchfaktors nicht, während ältere auch ohne
ihn entwicklungsfähig sind, und das aus isolierten Orchideenembryonen
hervorgehende, unbegrenzt wachstumsfähige Gewebe wird auch durch
Cocosmilch nicht zur Organbildung veranlaßt (HAAGEN-SMIT, SIU
u. WILSON bzw. CURTIS u. NICHOL), so daß noch weitere für Frühentwicklung und Differenzierung notwendige Stoffe zu existieren scheinen.

Nach HAMMETT fördert l-Prolin die Differenzierung bei Tieren. HAMMETT u.
WALP und WALP glaubten, eine Wirkung auch bei pflanzlichem Gewebe gefunden zu haben, und zwar auf das Wachstum und die Größe der Randzellen von
Scheiben aus dem Thallus von *Ulva lactuca*; nach Ph. R. WHITE (1946) handelt
es sich aber um einen bloßen Ernährungseffekt bei unter suboptimalen Bedingungen durchgeführten Kulturen. Bei den Wurzeln von *Gossypium*-Sämlingen
und isolierten Wurzelspitzen von *Phaseolus* konnte BARGHORN keinen Einfluß
auf Wachstum und Gewebedifferenzierung feststellen.

c) Organbildende Stoffe bei höheren Pflanzen. Blühhor-
mone. Zu der Frage, ob es bei Pflanzen spezifische Stoffe für die Anlage
(nicht bloß das Wachstum; s. S. 353) bestimmter Organe (Kaline im
ursprünglichen Sinne) gibt, liegen in der Berichtszeit keine entscheidenden Befunde vor. Bei dem *Nicotiana-glauca×langsdorffii*-Kallusgewebe
(s. S. 372) werden — im Gegensatz zu den meisten pflanzlichen Gewebekulturen. die, wenn überhaupt, vor allem Wurzeln regenerieren —
Wurzeln nur an den Sproßregeneraten, niemals aus dem undifferenzierten
Gewebe selbst heraus, gebildet; hier scheint also für die Anlage von Wurzeln die Anwesenheit von Sproßgewebe nötig zu sein (SKOOG 1944). Isolierte
Sproßspitzen von *Asparagus* verlieren bei längerer Dunkelkultur die
Fähigkeit, im Dunkeln auf Zusatz von Indolylessigsäure hin Wurzeln zu
bilden, und gewinnen sie nach 1 Woche langer Kultur in Licht wieder;
überraschend und vorerst unerklärlich ist, daß in Licht auch bei Wuchsstoffzufuhr Wurzeln nicht gebildet werden (GALSTON 1948; s. a. S. 354).
Auch die Frage nach der Existenz wirkungsspezifischer „blütenbilden-
der Stoffe" oder „Blühhormone", deren Existenz im Zusammenhang mit
den Erscheinungen der Vernalisation und des Photoperiodismus postuliert wurde, bleibt etwas in der Schwebe. Hier liegt die Schwierigkeit
vor allem darin, daß zwar Übertragung des „Impulses" zur Blütenbildung in der intakten Pflanze und im Pfropfversuch leicht gelingt, daß
eine reproduzierbare Extraktion wirksamer Substanzen aber trotz wieder-
holter Bemühungen (s. Fortschr. Bot. **10**, 296) nicht geglückt ist. In
einem Falle wurde allerdings ein Effekt gefunden, und zwar mit einem
Extrakt aus den sich entwickelnden Infloreszenzen der Palme *Washing-
tonia robusta* und der Kurztagpflanze *Xanthium canadense* als Test-
objekt; Wiederholungen mit Extrakten aus anderen Exemplaren derselben Art und aus anderen Pflanzen fielen aber negativ aus (J. u. D. BON-
NER). Auch Übertragung von einem Pfropfpartner zum anderen ohne
feste Gewebeverwachsung konnte nicht erreicht werden, und zwar
weder bei ein- und zweijährigen noch bei photoperiodisch empfindlichen

Pflanzen (*Hyoscyamus niger* zweijährig: MELCHERS u. LANG 1948a; *Xanthium:* A. P. u. R. B. WITHROW); frühere positive Angaben (l. c.) müssen als widerlegt gelten. Die Möglichkeit zur Übertragung des Impulses zur Blütenbildung aus einem Teil einer Pflanze in den anderen und in Pfropfungen mit fester Gewebeverwachsung wird dagegen bestätigt (ein- und zweijährige Pflanzen: *Beta*: STOUT; Langtagpflanzen: *Spinacia*, A. P. WITHROW u. Mitarb., *Urtica pilulifera*, LONA 1947b; Kurztagpflanzen: *Xanthium*-Arten, A. P. u. R. B. WITHROW, LONA 1946, *Kalanchoë blossfeldiana*, WESTPHAL, *Soja*, HEINZE u. Mitarb.; über die hemmende Wirkung, die Blätter am „Empfängerteil" oft haben, s. S. 409). Bei der Pfropfung zwischen ein- und zweijähriger *Beta* kommt diese nur zur Blütenbildung, wenn das Reis (der Spender) sich in Langtag befindet; Langtagbehandlung der Unterlage (des Empfängers) allein ist unwirksam. Bei *Fragaria* wird der Impuls von der Mutter- auf die Ausläuferpflanzen übertragen (HARTMANN). Bei *Kalanchoë* findet Übertragung auch durch verholzte Sproßpartien statt, aber nicht über sehr lange Strecken. Die Leitungsbahn entspricht derjenigen von Berberinsulfat, d. h. die Leitung erfolgt offenbar in den Leitbündeln (HARDER 1944). Wenn der Erfolg in Pfropfungen ausbleibt, so beruht das offenbar darauf, daß zwischen den Partnern nur Wasser und Salze, aber keine Assimilate ausgetauscht werden (*Phaseolus* auf *Soja:* HEINZE u. Mitarb.). Auch Übertragung vom Wirt auf den Parasiten konnte wahrscheinlich gemacht werden: *Cuscuta gronovii* blühte auf Langtagpflanzen meist in Langtag, auf Kurztagpflanzen meist in Kurztag schneller als in der jeweils nicht-induktiven Tageslänge, wenn sie auch schließlich selbst auf völlig vegetativen Wirtspflanzen zur Blüte kam (v. DENFFER); *Orobanche minor* bildete auf der Langtagpflanze *Trifolium pratense* Blüten nur unter Langtagbedingungen (HOLDSWORTH u. NUTMAN). LANG u. MELCHERS (1948) wiesen nach, daß, ebenso wie Kurztagpflanzen in Langtagbedingungen durch Langtagpflanzen, auch Langtagpflanzen (*Hyoscyamus niger* einjährig) in Kurztagbedingungen durch Kurztagpflanzen *(Nicotiana tabacum „Maryland-Mammut")* zur Blütenbildung gebracht werden; die wirksamen Agentien der beiden Reaktionstypen sind also identisch oder stehen in naher, von der Tageslänge nicht abhängiger Beziehung. ČAJLAHJAN (1941a) stellte bei *Perilla* fest, daß der Blühhormontransport durch hohe Temperatur beschleunigt, durch tiefe verzögert, durch Einwirkung von Äther oder Chloroform auf auf dem Wege liegende Sproßteile völlig verhindert wird. Bei *Kalanchoe* ist die „Blühhormonwirkung" ausgesprochen quantitativ. Werden Blühhormonbildung oder -leitung durch suboptimale photoperiodische Induktion, durch tiefe Temperatur in den Dunkelphasen oder Unterbrechung derselben mit Licht, durch Einschneiden, Einknicken u. dgl. der auf dem Wege gelegenen Pflanzenteile oder durch irgendwelche anderen Maßnahmen beeinträchtigt, so wird die Blütenzahl herabgesetzt, und die Brakteen verlauben; in extremen Fällen werden überhaupt keine sichtbaren Blüten gebildet, und daß der Anstoß zur Blütenbildung gegeben war, ist nur an der Gabelung des Sprosses zu erkennen (HARDER 1944, HARDER u. BODE 1943, HARDER, v. WITSCH u. BODE 1942; s. Abb. 57).

Auch bei anderen Pflanzen scheint die Wirkung der Blühhormone nicht
auf die Auslösung der Blütenbildung beschränkt zu sein, sondern sich
auch, hier in quantitativer Weise, auf die Weiterentwicklung der Blüten
zu erstrecken, da deren Zahl und Ausbildung mit der Dauer der Induktion
zunimmt und bei mangelhafter Induktion Verlaubungserscheinungen usw.
auftreten können (GREULACH bei verschiedenen Lang- und Kurztagpflanzen, LANG u. MELCHERS 1943 bei *Hyoscyamus*, HARDER u. SPRING-
ORUM bei *Rudbeckia bicolor*, MEYER 1947b bei *Sedum kamtschaticum*).

   d) Organgestaltende Stoffe bei höheren Pflanzen. Die
Existenz solcher Stoffe („Metaplasine") ist vor allem durch die Untersuchungen von HARDER und Mitarbeitern an *Kalanchoë blossfeldiana*

Abb. 57. Reduktion der Infloreszenz und Verlaubung der Brakteen bei *Kalanchoë bioßfeldiana*
mit abnehmender Blühhormonzufuhr. Oben links normale (voll entwickelte) Infloreszenz,
unten rechts vegetativer Trieb; unten Mitte „vegetative Infloreszenz". Original R. HARDER

wahrscheinlich gemacht worden (s. Fortschr. Bot. **10**, 301 und **11**, 303).
Die Entstehung dieser Stoffe hängt wiederum eng mit Tageslängen-
einflüssen zusammen. Durch Kurztageinwirkung wird bei *Kalanchoë*
der Habitus der Pflanzen weitgehend, und zwar in Richtung auf erhöhte
Succulenz, modifiziert; werden nur einzelne Blätter behandelt, so wird
auch diese Wirkung in die im Langtag befindlichen Teile der Pflanze
geleitet. Diese Befunde konnten jetzt dahin erweitert und verallgemei-
nert werden, daß eine entsprechende Leitung von gestaltungsbeeinflussen-
den Tageslängenwirkungen auch bei Langtagpflanzen stattfindet und
daß bei Langtag- wie bei Kurztagpflanzen Langtag und Kurztag jeweils
spezifische formative Fernwirkungen ausüben. Bei der Langtagpflanze
Sedum kamtschaticum wird bei Kurztagbehandlung einzelner Blätter die
Succulenz in Langtag befindlicher Teile erhöht (nachweisbar, wie alle
diese Wirkungen, am Neuzuwachs); bei Langtagbehandlung einzelner
Blätter macht sich ein der Kurztagwirkung entgegengesetzter Effekt bemerkbar, und bei *Kalanchoë* wurde eine entsprechende succulenzmindernde
Fernwirkung von Langtagblättern nachgewiesen (MEYER 1947a;
s. Abb. 58). Bei *Sedum* ist der Lang-, bei *Kalanchoë* der Kurztageffekt

wesentlich stärker, d. h. die in der jeweils für die Blütenbildung induktiven Tageslänge gebildeten formbeeinflussenden Stoffe· sind die wirksameren. Bei *Rudbeckia bicolor*, einer anderen Langtagpflanze, sind ebenfalls mindestens zwei die vegetative Gestaltung beeinflussende tageslängenabhängige Wirkungen, die hier die Sproßstreckung und die Größe und Stellung der Blätter betreffen, vorhanden (HARDER u. SPRINGORUM). Die von Kurztagblättern bei *Kalanchoë* ausgehende Wirkung beruht nicht auf Verminderung der Photosynthese, weil sie weder durch Herabsetzung der Lichtintensität für die Versuchsblätter noch durch Verdunkelung oder Abschneiden entsprechender Blätter reproduziert werden kann, und auch anders geartete nächtliche Dissimilationsvorgänge sind nicht verantwortlich, da durch Verkürzung der Lichtphasen auf 3 h der Effekt nicht verstärkt, sondern sogar abgeschwächt wird (HARDER, BODE u. v. WITSCH 1942). Bei der Art gehen die Tageslängeneffekte auf reproduktive Entwicklung und vegetative Gestaltung sehr eng zusammen; es scheint, daß das Wirkungsspektrum für beide Vorgänge (WALLRABE; s. S. 407) und die Leitungsweise von Metaplasin und Blühhormon (HARDER u. GÜMMER 1943; s. o.) gleich sind, und die meisten experimentellen Einwirkungen, die die Auslösung der Blütenbildung durch Kurztag fördern oder beeinträchtigen, wie Unterbrechung der Dunkelphasen mit Licht (HARDER u. BODE 1943; s. a. S. 408), Variationen der Lichtintensität und der Temperatur (HARDER, BODE u. v. WITSCH l. c.; 1942) u. a. m., haben auf die Succulenz einen gleichsinnigen Einfluß. Neuerdings gelang es

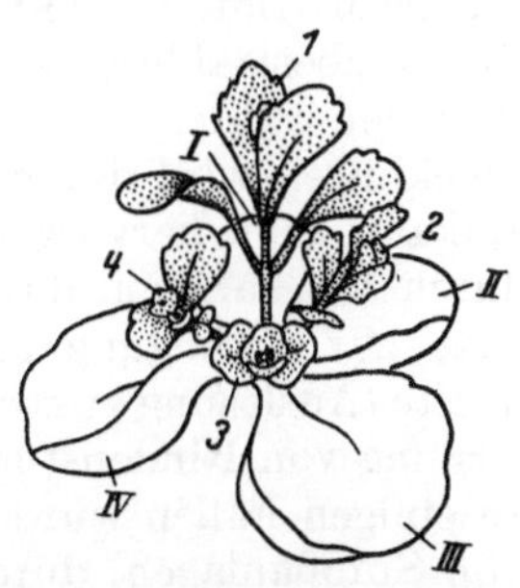

Abb. 58. Fernwirkung der Tageslänge auf die morphologische. Ausgestaltung bei *Sedum kamtschaticum*. Römische Ziffern: Blätter, arabische Ziffern: zugehörige Achselsprosse (Hauptsproß der Pflanze dekapitiert). Blatt I in Langtag, übrige Blätter und alle Achselsprosse in Kurztag. Stärkste Langtagwirkung bei dem blatteigenen Achselsproß, schwächste beim Achselsproß des opponierten Blattes (3); bei den Achselsprossen der Blätter des anderen Paares (2 und 4) Wirkung intermediär und auf der dem Langtagblatt zugekehrten Seite stärker (Sproß 4!). AUS HARDER 1948.

aber doch, die beiden Vorgänge wenigstens weitgehend zu trennen: durch Chloroformnarkose während der Licht- oder der Dunkelphasen wird die Blütenbildung verzögert oder ganz unterdrückt, obgleich die Pflanzen einen hohen Succulenzgrad zeigen; bei Kultur auf hochkonzentrierten Salzlösungen oder Trockenkultur läßt sich der Succulenzgrad verändern, ohne daß die Blütenbildung beeinflußt wird (HARDER u. GALL bzw. HARDER u. LÖSING). Den beiden Erscheinungen dürften demnach doch (wenigstens zum Teil) verschiedene Vorgänge zugrunde liegen.

e) Die Wirksamkeit der Wuchsstoffe in der Differenzierung. Über die Beteiligung der Wuchsstoffe an den Differenzierungsvorgängen bei höheren Pflanzen liegen neue Befunde vor, die der Vorstellung entsprechen, daß höhere Konzentrationen die Bildung von. Wurzel-, niedrigere die Bildung von Sproßanlagen bedingen. RESENDE (1946) fand, daß in schwachem diffusem Licht gehaltene größere vegetative Pflanzen von *Kalanchoë daigremontiana* im oberen Teil des Sprosses Adventivwurzeln, im unteren Adventivsprosse bilden; er deutet dies damit, daß das Licht die Leitung der Wuchsstoffe beschleunigt, ohne ihre Menge zu beeinflussen, so daß unter ungünstigen Lichtverhältnissen im oberen Sproßteil eine Anreicherung, im unteren eine Verarmung an Wuchsstoffen eintritt, und entwickelt, davon ausgehend, eine neue Erklärung der Abhängigkeit der Wuchsstoffwirkung von Licht. Auch durch partielle Verdunkelung des Sprosses wird Wurzelbildung an den oberen verdunkelten Stellen und darunter gelegentlich Sproßbildung verursacht, ebenso durch Einschaltung waagerechter Metallscheiben in den Sproß (RESENDE 1947b). Wird bei Wurzelstecklingen von *Crambe* (Fortschr. Bot. 11, 280 und 283) der Wuchsstoff am Wurzelende durch Röntgenbestrahlung zerstört, so entstehen hier Sprosse anstelle von Wurzeln, während das Blattende inaktiviert wird (PLANT). Bei *Populus*-Stecklingen wird durch Wuchsstoffapplikation Wurzelbildung auch am apikalen Ende hervorgerufen, sogar wenn bereits Sprosse gebildet waren, durch Maßnahmen, durch welche die für die einzelnen regenerierenden Orte zur Verfügung stehende Wuchsstoffmenge herabgesetzt werden dürfte (Auslösung zusätzlicher Kallusbildung durch Ringelung oder Entfernung von Rindenstücken), Sproßbildung am Basalende (FISCHNICH). In einigen Fällen wurde Unterdrückung der Differenzierung, besonders von Sproßanlagen, durch Wuchsstoff beobachtet, so bei den Kulturen des *Nicotiana-glauca×langsdorffii*-Gewebes (s. S. 372), hier auch durch solche Konzentrationen, die das Wachstum noch nicht beeinflussen (SKOOG 1944), bei den *in vitro* kultivierten Orchideen-Embryonen (CURTIS u. NICHOL; s. S. 340f. und 372), und bei *Linum*-Hypokotylen, bei denen durch die Sproßspitze (oder, bei Dekapitation derselben, durch Wuchsstoffapplikation) in der oberen Hälfte die Anlage von Sproßknospen in der Epidermis, in der unteren das Austreiben der dort bereits angelegten Knospen verhindert wird (LINK u. EGGERS). In allen diesen Fällen ist die Wirkung des Wuchsstoffes direkt wenigstens insofern, als er die betroffenen Orte zweifellos erreicht. SNOW, der die Hemmung von Achselknospen durch die Hauptknospe auf die Wirkung eines besonderen Korrelativhemmstoffes, welcher zusammen mit dem Wuchsstoff im Hauptsproß entsteht, aber im Gegensatz zu diesem auch in akropetaler Richtung transportiert werden kann, zurückführt (s. Fortschr. Bot. 11, 287—88), erklärt solche Fälle mit Unterschieden in der Empfindlichkeit der Gewebe. Bei austreibenden Knollen von *Solanum tuberosum* ist der Wuchsstoffgehalt der dominierenden apikalen Knospe am höchsten, unterhalb der gehemmten Seitenknospen am niedrigsten; Äthylenbehandlung, die ebenso wie Dekapitierung der Hauptknospe die Hemmung der Seitenknospen aufhebt, führt zu einer starken Herabsetzung der Wuchsstoffmenge, Wuchsstoffapplikation, die sie wiederherstellt, setzt sie erneut herauf (MICHENER). Die durch Behandlung mit ~50° warmem Wasser zu erreichende Aufhebung der apikalen Dominanz bei ganzen Sprossen und Stecklingen von *Saccharum* geht mit einer Herabsetzung des Gehaltes an freien Wuchsstoffen parallel (BRANDES u. VAN OVERBEEK). KULESCHA u. CAMUS bezweifeln die Beteiligung von Wuchsstoffen an korrelativen Hemmungserscheinungen überhaupt. CAMUS (1947b) beobachtete, daß bei Aufpfropfung von Sproßknospen auf *in vitro* kultivierte Stücke von *Cichorium*-Wurzeln die Anlage und das Wachstum von solchen Knospen in den Unterlagen selbst gehemmt wird und daß diese Hemmwirkung streng in Richtung Blattpol→Wurzelpol geleitet wird; im Wuchsstoffgehalt (Ätherextraktion, *Avena*-Test) ergaben sich zwischen den beiden Enden jedoch keine Unterschiede. Aber selbst wenn dieser Befund zutrifft, bleiben die eben genannten und verschiedene frühere Ergebnisse über die Hemmwirkung von Wuchsstoff auf Anlage und Entwicklung von Sprossen bestehen.

Für die Wirksamkeit von Wuchsstoffen in Differenzierungsvorgängen scheint vielfach eine gewisse vorherige Differenzierung der Gewebe notwendig zu sein. In den Zellen des eigentlichen Spitzenmeristems von *Tropaeolum majus* wurden durch Wuchsstoffbehandlung keine erkennbaren Veränderungen hervorgerufen; die Entwicklung war etwas gestört (Bildung einer 1- statt der normalen 2—3 schichtigen Tunica und abnormer Blattprimordien, aus denen Mehrfachblätter und in deren Achseln vergrößerte Achselknospen entstanden), diese Störungen wurden im Verlaufe des weiteren Wachstums jedoch rasch ausgeglichen (BALL 1944). Außerdem kann die Wirkung der Wuchsstoffe bei der Entwicklung von anderen, inneren wie äußeren Faktoren abhängig sein. Jüngere *Kalanchoë-daigremontiana*-Pflanzen bilden in schwachem Licht nur Wurzeln, keine Sprosse wie ältere vegetative Exemplare, kurz vor der Blüte stehende nur die Sprosse (RESENDE 1946). Beim *Nicotiana-glauca*×*langsdorffii*-Gewebe ist bei Erhöhung der Zucker- und der P-Konzentration im Medium die zur Hemmung der Differenzierung notwendige Wuchsstoffkonzentration höher (SKOOG l. c.). Bei dekapitierten *Linum*-Hypokotylen werden Anlage und Wachstum der Adventivknospen durch hohe Kohlenhydratbilanz gefördert, bei schlechter Kohlenhydratversorgung durch NO_3-Mangel zusätzlich beeinträchtigt (EGGERS). Bei Stecklingen von N-Mangel-Pflanzen von *Vitis vinifera* wird die Bewurzelung durch Wuchsstoffe und noch mehr durch eine Kombination von Wuchsstoffen und KNO_3 gefördert, während KNO_3 allein eher etwas nachteilig wirkt; Stecklinge von Pflanzen mit voller Mineralernährung sprachen weder auf Wuchsstoff allein noch zusammen mit KNO_3 an (PEARSE). Bei *Hibiscus*-Stecklingen ist für Wurzelbildung außer Wuchsstoff ein Faktor notwendig, der von den Blättern mancher Varietäten produziert wird und durch Pfropfung auf andere, allein schlecht wurzelnde Varietäten übertragen werden kann (VAN OVERBEEK u. GREGORY); dieser Faktor konnte, jedenfalls was die Zahl (allerdings nicht was die Qualität) der Wurzeln anbetrifft, durch eine Mischung von Zucker und $(NH_4)_2SO_4$ oder Arginin ersetzt werden, wobei nicht nur die unter dem Einfluß des Wuchsstoffes angelegten Primordien zum Wachstum gebracht, sondern auch die Anlage und das Wachstum von neuen Primordien hervorgerufen wurden (VAN OVERBEEK, GORDON u. GREGORY). Diese Befunde zeigen übrigens erneut, daß bei Feststellung einer stofflichen Wirkung nicht ohne weiteres auf Wirkungsspezifität der beteiligten Substanzen geschlossen werden darf.

Während bisher eine determinierende Wirkung von Wuchsstoffen bei der Blütenbildung nicht gefunden worden war, konnten jetzt CLARK u.

25*

Kerns und van Overbeek (1946) bei vegetativen *Ananas*-Pflanzen durch Wuchsstoffzufuhr Blütenbildung (Anlage von Infloreszenzen, nicht bloß Weiterentwicklung vorhandener Anlagen) auslösen. Van Overbeek nimmt daraufhin an, daß Wuchsstoffe, vielleicht zusammen mit Ernährungsfaktoren, an der Auslösung der Blütenbildung regelmäßig beteiligt sind. Vielleicht ist dabei die Umwandlung von gebundenem zu freiem Wuchsstoff wesentlich, denn die Achse von vegetativen *Ananas*-Pflanzen enthält viel freien, aber wenig gebundenen Wuchsstoff, während die Basalteile der angrenzenden jüngsten Blätter sich umgekehrt verhalten (van Overbeek, de Vasquez u. Gordon). Die *Ananas*-Pflanzen werden auch durch tiefe Nachttemperaturen zur Blütenbildung gebracht, und da einerseits der nächtliche Temperaturabfall eine Zunahme der organischen Säuren bei manchen Pflanzen bewirkt (z. B. Pucher u. Mitarb. bei *Bryophyllum*) und auch bei *Ananas* Äpfel- und Citronensäure nachts zu-, tags abnehmen (Sideris u. Mitarb.), andererseits ein Zusammenhang zwischen den C_4-Dicarboxylsäuren und dem Wuchsstoff zu bestehen scheint (s. Fortschr. Bot. 11, 271 und 275), ist es denkbar, daß der Zusammenhang zwischen der Nachttemperatur einerseits, der Erhöhung der Wuchsstoffmenge oder -aktivität und der Blütenbildung andererseits durch den Stoffwechsel dieser Säuren hergestellt wird (van Overbeek u. Cruzado). Nach Zimmerman u. Hitchcock wird bei *Solanum lycopersicum* Blütenbildung durch den Wuchsstoffantagonisten 2,3,5-Trijodbenzoësäure hervorgerufen; bei *Soja* war unter Langtagbedingungen aber keine solche Wirkung zu erkennen, während unter Kurztagbedingungen reichlicheres Blühen verursacht wurde (Galston 1947). Bei *Sinapis alba* bewirkte Behandlung der Samen mit 10^{-5}—10^{-3} Indolylessigsäure früheres Blühen durch Beschleunigung des Wachstums, in den höheren Konzentrationen aber auch eine Herabsetzung der Anzahl der vor der ersten Blüte gebildeten Blätter, d. h. eine tatsächliche Abkürzung der vegetativen Phase; auch bei *Oryza sativa* und *Solanum lycopersicum* war die Blütenbildung um 3—7 Tage beschleunigt (Tang u. Loo).

Korrelationen. Da Korrelationen in der Entwicklung allgemein auf wechselseitige stoffliche Einflüsse zwischen den verschiedenen Teilen des Organismus zurückzuführen sind, fallen viele der in den vorstehenden Abschnitten besprochenen Ergebnisse bereits unter diesen Begriff. Hier sollen nur noch einige Arbeiten nachgetragen werden, bei denen das Gewicht weniger auf dem Aspekt der stofflichen Grundlage, als gerade auf dem der Wechselwirkung liegt. Besonders interessant sind einige Beobachtungen über korrelative Beeinflussung nicht nur des Wachstums, sondern auch der Differenzierung und Determination von Organen. Bei manchen Farnen *(Matteuccia struthiopteris, Onoclea sensibilis)* persistieren die vom Spitzenmeristem des Rhizoms im Verlaufe seines Wachstums abgegebenen Gruppen meristematischer Zellen (s. S. 395) in undifferenziertem Zustand, entwickeln sich aber bei Dekapitierung des Rhizoms zu aufrechten Sprossen, wobei ihr Leitgewebe sich, basipetal fortschreitend, mit dem des alten Rhizoms vereinigt; durch Wuchsstoffapplikation wird diese Entwicklung verhindert (Wardlaw

1943a, b, 1946b). Werden die aus diesen Meristemen hervorgehenden Sproßknospen entfernt, so können neue Knospen im tiefer gelegenen Gewebe ausgebildet werden; die potentielle Aktivität der Meristeme erstreckt sich also auch auf das darunterliegende differenzierte Gewebe. Die korrelative Hemmwirkung geht bei den Farnen übrigens von der Scheitelzelle aus; wird diese.bei Erhaltung des Spitzenmeristems (s. S. 351) zerstört, so werden einige Seitentriebe bereits dadurch zum Wachstum veranlaßt (WARDLAW 1949b bei *Dryopteris aristata*). Auch bei Blütenpflanzen scheint nicht nur die Weiterentwicklung, sondern schon die Ausbildung von Seitenknospen durch die Hauptknospe gehemmt zu sein: wird ein Blattprimordium durch einen tangentialen Einschnitt von seinem Vegetationspunkt abgetrennt, so entwickelt sich seine Achselknospe schneller als die eines intakten Blattes (M. u. R. SNOW 1942). — Bei *Mangifera indica* bleiben die — undifferenzierten — Achselknospen der blühenden Triebe während der Blütezeit gewöhnlich ruhen; nach der Fruchtreife treiben einige von ihnen zu vegetativen Sprossen aus. Wird aber die Endinfloreszenz dekapitiert, so produzieren sie prompt Seiteninfloreszenzen. Wird der Trieb geringelt, so erfolgt diese Entwicklung nur, wenn oberhalb der Ringelungszone mindestens 1 Blatt vorhanden ist, andernfalls entstehen wieder vegetative Triebe (REECE u. Mitarb.). Es scheint also, daß von den Blättern eine Determination der Seitenknospen zu Infloreszenzen angestrebt wird, daß ihre Realisierung aber durch die Endinfloreszenz verhindert wird. — MÜNCH hatte 1938 gefunden, daß zwischen der korrelativen Hemmung und dem plagiotropen Wuchs von Seitentrieben eine enge Beziehung besteht insofern, als sich beide Erscheinungen gewöhnlich ausschließen; für die Harmonie der Pflanzengestalt ist diese Beziehung von großer Bedeutung. R. SNOW (1945) bestätigt diesen Befund insofern, als beide Erscheinungen auf Veränderungen der Wuchsstoffverhältnisse in der Tat gegensinnig reagieren. Wird bei Pflanzen mit plagiotropen, aber im Wachstum nicht gehemmten Seitenästen, z. B. *Impatiens roylei*, die eigene Wuchsstoffproduktion dieser Äste durch Entblätterung oder Verdunkelung herabgesetzt, so nehmen sie einen mehr orthotropen Wuchs an und werden gleichzeitig, wie die normalerweise orthotropen Seitenäste anderer Pflanzen, durch den Hauptsproß gehemmt; bei Dekapitierung des Hauptsprosses richten sie sich ebenfalls stärker auf. Weitere Versuche (SNOW 1947) zeigten aber, daß die Achselknospen der plagiotropen Seitenäste bei Dekapitierung derselben austreiben, daß jedoch Dekapitierung des Hauptsprosses und der übrigen Seitenäste darauf keinen weiteren Einfluß haben, d. h. daß die korrelative Hemmung in den Seitentrieben nur abwärts geleitet wird, während der den plagiotropen Wuchs (durch Epinastie) induzierende Effekt eindeutig auch aufwärts transportiert werden kann. Danach stellen korrelative Hemmung und Plagiotropismus keine Alternativen derselben Wirkung dar, sondern beruhen auf zwei verschiedenen Einflüssen, die aber beide von dem vom Hauptsproß gebildeten Wuchsstoff gesteuert werden. — Die Förderung der abaxialen Blätter der medianen Paare von Seitentrieben (hypotone Anisophyllie) bei *Scrophularia nodosa* wird schon während

der Embryonalentwicklung derselben durch die Tragblätter induziert,
läßt sich aber auch in späteren Entwicklungsstadien durch Entfernung
des Tragblattes modifizieren; die Entwicklung des Seitensprosses
verläuft dabei verschieden, je nachdem ob er der vegetativen oder der
zur Blütenbildung determinierten Region der Pflanze angehört
(Dostál).

Die Zusammenarbeit der einzelnen Vorgänge und Faktoren. Die Organisation der Entwicklung. Das Problem der Entwicklung ist nicht
allein die Tatsache der Differenzierung, sondern, wie schon erwähnt,
die weitere Tatsache, daß die Differenzierung in zeitlich und räumlich streng geordneter Weise verläuft. Es kann auf den ersten
Blick oft erscheinen, als bestimme der Organismus als ganzes die Entwicklung seiner Teile — Zellen, Gewebe, Organe — und nicht umgekehrt. Die „Organisation" verhältnismäßig einfacher Wachstumsvorgänge wurde bereits an anderer Stelle besprochen (s. S. 349); es
wurden auch Ernährungs- und ähnliche Faktoren genannt, die möglicherweise gewisse Gesetzmäßigkeiten der Entwicklung verursachen (S. 351).
Sinnott, der die meisten dieser Erscheinungen eingehend analysiert
hat, vertritt aber die Ansicht, daß solche und überhaupt alle bekannten
chemischen Vorgänge und Faktoren des Wachstums und der Entwicklung zur Erklärung ihres geordneten Ablaufes nicht ausreichen, daß
vielmehr die Existenz noch weiterer, unbekannter Faktoren angenommen
werden muß, und daß diese Faktoren mehr physikalischer als chemischer
Natur sein dürften (zusammenfassende Diskussion Sinnott 1946).
Auch Snow (1942a) schließt aus der Tatsache, daß bei Regeneration
längsgespaltener Sprosse und Wurzeln ein geschlossener Kambiumring
gebildet wird, auf die Anwesenheit einer unbekannten, in lateraler
Richtung wirkenden Kraft, die die morphologische Einheit des Organismus in dieser Richtung aufrecht erhält. (Keiner der Autoren
scheint übrigens an akausale Faktoren — „Ideen" u. dgl. — zu denken.)
Meines Erachtens ist es allerdings möglich, mit Hilfe der schon bekannten Vorgänge der Entwicklung allein, einschließlich der in der Berichtszeit neu erarbeiteten Ergebnisse, den geordneten Ablauf der Entwicklung wenigstens grundsätzlich zu verstehen, da vielen dieser Vorgänge
eine gewisse organisierende Fähigkeit an sich innewohnt. Viele Entwicklungsvorgänge haben einen „selbstdeterminierenden" Charakter,
d. h. hat einmal eine Differenzierung stattgefunden, so setzt sie sich oft
zwangsläufig fort. Die Polarität der Spore oder Zygote überträgt sich
auf alle daraus hervorgehenden Zellen; differenziertes Gewebe ruft die
Bildung von seinesgleichem in undifferenziertem und auch in bereits
andersartig differenziertem hervor; ist eine Spaltöffnungsinitiale angelegt, so beeinflußt sie den Anlageort weiterer Initialen usw. Sinnott
betont gerade die Bedeutung von Mustern in der Entwicklung; diese
erscheint ihm geradezu als die Entfaltung eines dem Organismus oder
Organ aufgeprägten Musters, und das Schicksal einer Zelle wird — im
Zusammenwirken mit Außenfaktoren — durch ihre Lage in diesem
Muster bestimmt (Sinnott u. Bloch 1946). Die Untersuchungen von
Bünning u. Sagromsky zeigen aber, wie Muster, und zwar Muster,

die in der Entwicklung von Pflanzen offenbar sehr häufig sind, durch Zusammenwirken zum mindesten grundsätzlich bekannter Einflüsse hervorgebracht werden können, und auch dort, wo über den Mechanismus der Selbstdeterminierung noch nichts bekannt ist, liegt für die Annahme unbekannter Faktoren kein zwingender Grund vor, weil Selbstdeterminierung auch bei nicht organisiertem Gewebe (den erregerfreien Tumoren) vorkommt, also nicht auf Organisationserscheinungen beschränkt ist. Besonders wichtig ist für die Organisation des Pflanzenwachstums die offensichtlich sehr hohe Selbstdeterminationsfähigkeit des Vegetationspunktes, die aus den Versuchen BALLs und WARDLAWs hervorgeht (s. S. 371). Es hat den Anschein, als behielte der Vegetationspunkt, sobald ihm sein Charakter einmal — wahrscheinlich bei der Embryonaldifferenzierung — aufgeprägt worden ist, diesen bei, unabhängig davon, ob er mit den von ihm erzeugten differenzierten Geweben in Verbindung steht oder nicht. Manche Untersucher glauben, daß die Aktivität des Vegetationspunktes ausschließlich durch das darunterliegende differenzierte Gewebe bestimmt würde (s. a. S. 394). Das ist zweifellos nicht richtig; es ist allerdings möglich, daß vom differenzierten Gewebe seinerseits dauernd spezifische Einflüsse auf den Vegetationspunkt ausgeübt werden und daß seine Selbstdeterminationsfähigkeit auf diese Weise aufrecht erhalten wird.

Zu dieser Selbstdeterminationsfähigkeit von Differenzierungsvorgängen kommt korrelative Determination benachbarter Gewebe hinzu. BÜNNING u. SAGROMSKY fanden in Bestätigung der Auffassung von HABERLANDT (1922), daß die Atemhöhlen im Mesophyll durch die sich entwickelnden Spaltöffnungen induziert werden, indem das stärkere Wachstum im Bereich der Initialen zur Abhebung der Epidermis und Auflockerung des darunter liegenden Gewebes führt. Das Muster eines Gewebes kann sich also, offenbar wiederum ganz zwangsläufig, einem anderen mitteilen, und in der Gesamtentwicklung des Organismus dürften solche lokalen Korrelationserscheinungen zum mindesten eine ebenso große Bedeutung haben wie die besser bekannten „großen" Korrelationen, z. B. die Hemmung von Seitenorganen.

Schließlich ist für die Gesamtentwicklung die Tatsache wichtig, daß die einzelnen Entwicklungsvorgänge und -faktoren dauernd zusammenarbeiten. Dieses dauernde Ineinandergreifen der Einzelvorgänge kann geradezu als Charakteristikum der Entwicklung angesehen werden, und jedenfalls führt es *per se* vielfach zu einer Ordnung des Entwicklungsablaufes. Aus den Spezialzellen der inäqualen Teilungen in den Luftwurzeln von *Monstera* werden in der Epidermis Wurzelhaarzellen, in der Hypodermis die für diese charakteristischen „kurzen Zellen", in tieferen Rindenschichten Trichosklereiden, wobei für die Entwicklung der letzten die Anwesenheit von Intercellularen in diesen Schichten ausschlaggebend zu sein scheint (SINNOTT u. BLOCH 1946); hier wirken also Musterbildung und Außenfaktoren organisierend zusammen. Die homoiogenetische Differenzierung von Leitgewebe durch Sproßknospen wird durch die Polarität gesteuert: der Einfluß der Knospen macht sich nur in Richtung Blattpol → Wurzelpol geltend; bei seitlich angelegten Knospen ist eine Wirkung in Richtung auf den Blattpol nie festzustellen, und werden Knospen am Wurzelpol angelegt oder eingepfropft, so tritt ihr Leitgewebe in das dort gebildete Kallusgewebe ein und verliert sich in der darin differenzierten Schicht unregelmäßiger Leitelemente, hat aber keinen Einfluß auf das präexistierende Gewebe (CAMUS 1944, 1945a, 1947a, c). Bei der Regeneration von Leitgewebe in verwundeten Sprossen wirken anscheinend Polarität, homoiogenetische Differenzierung und Außenfaktoren zusammen, weil das Gewebe parallel zur Wundoberfläche in einem gewissen Abstande von derselben ausgebildet wird (SINNOTT u. BLOCH 1945). Auch die Regeneration des Kambiums nach Längsspaltung von Sprossen und Wurzeln läßt sich meines Erachtens mit homoiogenetischer Differenzierung und Außeneinflüssen allein verstehen.

Es soll keineswegs behauptet werden, daß wir die Entwicklung und die Organisation derselben bei Pflanzen bereits im einzelnen verstehen könnten. Wir sind bei den meisten der Einzelvorgänge noch kaum über das Stadium der Registrierung ihrer Erscheinungen hinaus und von einem kausalen Verständnis weit entfernt. Es gibt auch einige Entwicklungsvorgänge, die wir noch nicht einmal vermutungsweise zu „erklären" vermögen, z. B. die bei der Entwicklung der Acrasieen wirksamen Kräfte oder die Überlagerung zweier Entwicklungsmuster, wie bei der Differenzierung des Fasernetzwerkes in den Fuchtknoten von *Luffa* (SINNOT u. BLOCH 1943) oder von Milchgefäßsystemen, weil hier keinerlei ordnende Faktoren für den späteren Differenzierungsvorgang zu erkennen sind. Es ist auch durchaus möglich, daß wir noch neue Kräfte der Entwicklung kennen lernen. So liegt ein sehr interessanter Hinweis für die Möglichkeit engerer aktiver Wechselwirkungen zwischen den einzelnen Zellen vor. Die infolge spontaner oder experimentell verursachter Störungen der Meiosis bei *Primula kewensis* und *Uvularia* entstehenden unbalancierten (deficienten) Pollenkörner gehen, wenn sie getrennt vorliegen, zugrunde; bleiben sie aber mit dem komplementären Korn vereinigt, so entwickeln sie sich weiter, und die Entwicklung verläuft in den verbundenen Körnern streng synchron (UPCOTT bzw. BARBER). Da in somatischen Geweben deficiente Zellen gewöhnlich im Laufe der Teilungen eliminiert werden, scheint es, daß diese gegenseitige Beeinflussung von Zellen sich besonders dann geltend macht, wenn der Komplex besser balanciert ist als jede seiner Komponenten. Immerhin zeigt dieser Befund, daß spezifische gegenseitige Beeinflussungen zwischen den Einzelzellen existieren können, und solche Beziehungen würden — in Zusammenarbeit mit schon bekannten Kräften — uns das Verständnis einer großen Reihe von Entwicklungserscheinungen, z. B. die Orientierung des Phragmosoms in Geweben verschiedenen Aufbautyps (s. S. 345 u. Abb. 43), das Übergreifen der plasmatischen Muster benachbarter Zellen in der Leitgewebedifferenzierung (S. 359 u. Abb. 57), die Orientierung der Teilungen bei *Trichosanthes* (S. 349) und die korrelative „Übertragung" der Differenzierung von einem Gewebe auf ein anderes (s. oben) wesentlich erleichtern. Die Schwierigkeit scheint mir aber nicht darin zu liegen, daß wir noch nicht genügend Einzelfaktoren der Entwicklung kennen, sondern

darin, daß wir es mit einer großen Anzahl von Kräften und Vorgängen
zu tun haben, die wir noch nicht genau genug kennen. (Man muß
berücksichtigen, daß wahrscheinlich viele dieser Kräfte und Vorgänge
ihrerseits heterogener Natur sind.) Eine genauere Betrachtung der
wenigstens grundsätzlich bekannten Faktoren zeigt aber noch zweierlei
für diese Frage Wesentliche: 1. **Eine grundsätzliche Unterscheidung zwischen untergeordneten (lokal wirksamen) und über-
geordneten (organisierenden) Faktoren der Entwicklung ist
nicht möglich.** (Das ist übrigens der Grund, warum auch zwischen
Determination und Weiterentwicklung von Geweben, Organen usw.
nicht grundsätzlich unterschieden werden kann; s. S. 358.) So sind
Polarisationserscheinungen ein Organisationsfaktor *par exellence*; bei
der Polarisierung im Gewebeverband sind sie aber einem anderen Faktor
der Musterbildung, untergeordnet. Sogar Außenfaktoren können in
manchen Fällen, z. B. bei der Determinierung von Grenzflächengewebe
(s. S. 372), geradezu unmittelbar organisierend wirken, während sie
in anderen z. B. bei der Determination der Spezialzellen inäqualer
Teilungen in verschiedenen Geweben (s. oben), nur ein festgelegtes
Muster modifizieren. Entscheidend dafür, ob ein Vorgang lokal oder
übergeordnet wirkt, ist offenbar nur, wo und wann im Entwicklungsablauf er eingreift und mit welchen anderen Vorgängen oder Faktoren
er dabei zusammentrifft. **Das spricht aber durchaus gegen die
Existenz unbekannter spezieller Faktoren der Organisation.**
2. **Überall treten uns stoffliche, d. h. chemische Wirkungen ent-**
gegen. Das gilt nicht nur für die Wuchsstoffe und die verschiedenen anderen organbildenden und -gestaltenden stofflichen Faktoren, sondern auch
für die homoiogenetische Differenzierung, die Einflüsse zwischen Epidermis und tiefer gelegenen Geweben bei der Ausbildung des Spaltöffnungsmusters, die Einflüsse zwischen zusammengehefteten Pollenkörnern und
fast alle anderen besprochenen Fälle. Daß wir über die Natur der Stoffe
sehr wenig wissen, wurde schon unterstrichen. Auf der anderern Hand ist
es aber sicher, daß wir für rein physikalische Faktoren, wie Sinnott
sie annimmt, keine Andeutung haben. Mir scheint auch, daß der Einwand, der gegen das „Organisationsvermögen" chemischer Faktoren
erhoben wird, nicht stichhaltig ist. Dieser Einwand, den Sinnott wie
andere Autoren (z. B. Gautheret 1945, s. a. Telle u. Gautheret
1947b) ausgesprochen haben, ist, daß diese Faktoren, speziell die Wuchsstoffe, nur die Realisierung bereits vorhandener Entwicklungsmöglichkeiten beschleunigen (oder verhindern), aber keine neuen Möglichkeiten
schaffen — daß sie „Evokatoren" und keine „Organisatoren" sind.
Diese Unterscheidung impliziert die Existenz von Faktoren, welche Anlagen *de novo* schaffen können. Das steht aber mit der allgemein an-
erkannten genetischen Grundlage der Entwicklung in Widerspruch.
Alle Potenzen eines Organismus sind in seinen Zellen enthalten; alle
in der Entwicklung wirksamen, äußeren und inneren, chemischen oder
physikalischen Faktoren sind insofern „Evokatoren". (Ein demonstratives Beispiel hierfür im Falle der Polarität wurde hervorgehoben;
s. S. 375.) Die Frage ist, ob ein chemischer oder irgend ein anderer

Faktor direkt oder unter Zwischenschaltung einer kürzeren oder längeren
Reaktionskette, u. U. weiterer chemischer oder sonstiger Faktoren,
wirkt. Für das Verständnis des Wirkungsmechanismus des einzelnen
Faktors ist das sehr wichtig, für seine generelle Bedeutung in der Entwicklung aber irrelevant.

ε) Sproßentwicklung bei Kormophyten.

Die diesem Kapitel zugrundeliegenden Arbeiten können und sollen
von denen des vorigen nicht scharf getrennt werden; da sie aber geeignet
sind, einige Probleme der Entwicklung und die dabei wirksamen Vorgänge und Kräfte an ein und demselben Material zu illustrieren, sind
sie in dieser Weise zusammengefaßt worden. Besonders sind die Untersuchungen von WARDLAW (zusammenfassende Darstellungen 1945c,
1948c) an verschiedenen Farnen hervorzuheben (einige seiner Ergebnisse
wurden schon früher genannt; s. S. 351, 371, 383), durch die wir wenigstens
in Umrissen ein zusammenhängendes Bild über eine ganze Reihe von
Entwicklungsvorgängen bei diesen Pflanzen besitzen. Da trotz aller
Unterschiede in der Struktur des Spitzenmeristems und des Sprosses
im Sproßaufbau viele Übereinstimmungen mit Blütenpflanzen bestehen
und auch die Gleichheit mehrerer physiologischer Faktoren festgestellt
werden konnte (die Selbstdeterminationsfähigkeit des Vegetationspunktes, s. o., und die korrelative Hemmung durch Wuchsstoffe, s. S. 388),
dürften die Untersuchungen eine über diese Gruppe hinausgehende Bedeutung haben (s. WARDLAW 1948b). Besonders bei der Frage nach
den Ursachen der Blattstellung ist dies bereits offenkundig (s. unten).

a) Differenzierung und Entwicklung des Leitgewebes. Wäh-
rend die meisten älteren Untersucher die Auffassung vertraten, daß das Prokambium zuerst an der Basis der Blattprimordien differenziert würde
und von da aus akro- und basipetal fortschritte, wurde in den Berichtsjahren in anatomischen Untersuchungen bei den verschiedensten Pflanzen *(Datura:* SATINA u. BLAKESLEE; *Linum, Sambucus* und *Helianthus:*
ESAU 1942, 1945; verschiedene Coniferen: CRAFTS, CROSS und STERLING;
Ginkgo: GUNCKEL u. WHETMORE 1946a) rein akropetale Entwicklung
in Kontinuität mit den älteren Spuren in der Achse festgestellt und
daraus geschlossen, daß die Anlage des Leitgewebes durch die bereits
existierenden Teile desselben determiniert würde (die Ausdifferenzierung
kann, besonders beim Xylem, anders, und zwar entsprechend der älteren
Ansicht, verlaufen). Jedoch zeigen die Befunde über Leitgewebedifferenzierung durch vom präexistierenden Leitgewebe abgetrennte
Vegetationspunkte (s. S. 371), daß diese die verschiedenen Gewebe aus
eigener Kraft aufzubauen vermögen. Damit stimmt auch die Richtung
der Leitgewebedifferenzierung beim Austreiben ruhender Seitenknospen
oder -meristeme und bei *in vitro* kultivierten Organstücken (s. S. 391—392)
überein. Rein deskriptive Beobachtungen sind natürlich nicht entscheidend, weil auch bei dauernder Differenzierung durch den Vegetationspunkt ein kontinuierlicher Verlauf des Leitgewebes zu erwarten
ist. Auf die Möglichkeit eines ständigen wechselseitigen Einflusses
zwischen Vegetationspunkt und differenziertem Gewebe, durch das die

Regulationsfähigkeit des ersten aufrecht erhalten werden könnte, wurde schon hingewiesen (s. oben).

Bei Farnen ist die führende Rolle des Vegetationspunktes bei der Leitgewebedifferenzierung besonders deutlich. Bei aktivem Spitzenmeristem reicht das Leitgewebe unmittelbar bis an die einschichtige meristematische Zellschicht heran, bei weniger aktivem setzt es erst tiefer ein; wird das Wachstum des Spitzenmeristems zum Stillstand gebracht (s. S. 351), so verschwindet das Leitgewebe noch unterhalb des aus dem Meristem entstehenden Parenchyms, wird es wieder aufgenommen, so wird auch neues Leitgewebe differenziert (WARDLAW 1944a, 1945b, 1946c). Diese Situation legt die Annahme eines vom Spitzenmeristem produzierten stofflichen Faktors der Leitgewebedifferenzierung nahe. Bei der weiteren Ausgestaltung des Leitsystems haben nach WARDLAW (ebenso wie bei der Determination der Blattbildung; s. unten) mechanische Spannungen eine große Bedeutung. Wenn sich eine Blattanlage vergrößert, so übt die Blattbasis in tangentialer Richtung eine Spannung auf das darunterliegende Gewebe aus, und diese Spannung führt offenbar dazu, daß an diesen Stellen sich das präsumptive Leitgewebe zu Parenchym entwickelt. Bei Keimlingen ist das Leitsystem eine kompakte Säule und nachher ein geschlossener Hohlcylinder (Proto- und Soleno- oder Siphonostele), in den jüngeren Rhizomteilen dagegen ein Cylinder mit netzförmig durchbrochenen Wänden (Dictyostele) aus verflochtenen Einzelsträngen (Meristelen). Durch fortgesetzte Zerstörung der jungen Blattprimordien wird wieder die Ausbildung einer Solenostele verursacht; ebenso sind die von den „isolierten" Vegetationspunkten und ihren seitlichen Regeneraten (s. oben) produzierten Leitsysteme zunächst Proto- und Solenostelen (WARDLAW 1944b, 1946a, c, 1947b, 1949b). Bei einigen Arten *(Matteuccia, Onoclea)* werden vom Spitzenmeristem im Verlaufe der Entwicklung ständig Nester meristematischer Zellen abgegeben. Diese Nester befinden sich über den Verbindungsstellen der Meristelen der Dictyostele, d. h. an den Orten geringster Spannung am Vegetationspunkt; auch ihre Lage ist also offenbar von diesen Spannungen bestimmt (WARDLAW 1943a, b, 1946b).

Die Verhältnisse bei den Monokotylen sind noch ganz unklar. Bei *Zea* entsteht nach neuen anatomischen Untersuchungen (SHARMAN) das Prokambium des medianen Blattbündels unabhängig vom präexistierenden Leitsystem etwas unterhalb der Insertionsstelle des Blattprimordiums und differenziert sich akropetal in das Blatt hinein; die größeren Seitenbündel erscheinen zuerst an der Blattbasis und differenzieren sich akropetal in das Blatt und — ebenso wie wahrscheinlich auch das mediane — basipetal in den Sproß, während später kleinere Bündel in der Blattspitze angelegt werden und sich basipetal entwickeln.

b) **Blattstellung und Blattanlage.** Als Ursachen für die Anlage der Blätter und für die Blattstellung sind folgende Kräfte in Betracht gezogen worden (vgl. a. RICHARDS): 1. Inhärente „Spiraleigenschaften" des Vegetationspunktes (SCHIMPER u. BRAUN, CHURCH); 2. Faltenbildung in der oberflächlichen Schicht des Vegetationskegels (Tunica) infolge gegenüber den inneren Schichten (Corpus) rascheren Wachstums derselben (SCHÜEPP); 3. Determination durch die sich akropetal entwickelnden präexistierenden Blattspuren (PRIESTLEY) — eine Ansicht, die in der letzten Zeit auf Grund der schon erwähnten Beobachtungen über die kontinuierliche Entwicklung des Leitsystems, besonders durch die Feststellung, daß die Blattspur vor dem Blattprimordium erscheint, neue Unterstützung gefunden hat (ESAU 1942, s. auch zusammenfassende Darstellung 1943; STERLING; GUNCKEL u. WHETMORE 1946b); 4. abstoßende Wirkung der vorhandenen Anlagen, entweder auf Grund mechanischer Ursachen (Widerstand der Außenwand gegen Spannungen: HOFMEISTER) oder aber infolge Verbrauches eines für die Blattbildung notwendigen (oder auch Produktion eines die Bildung neuer Blattprimordien hemmenden) Stoffes (SCHOUTE; PRIESTLEY u. SCOTT); 5. räumliche Faktoren, und zwar Entstehung des nächsten Blattprimordiums in dem ersten dafür ausreichenden Raum zwischen und über den existierenden Primordien (VAN ITERSON, M. u. R. SNOW). Die 2. und 3. Möglichkeit werden durch einfache Versuche von M. u. R. SNOW (1947, 1948) an Blütenpflanzen und von WARDLAW (1948a, 1949a, b) an Farnen ausgeschlossen: oberflächliche Einschnitte in den Vegetationspunkt *klaffen*, die Außenschicht und evtl. die nächsten darunterliegenden Schichten sind also nicht komprimiert, sondern stehen im Gegenteil unter Spannung in tangentialer Richtung; Einschnitte unterhalb des präsumptiven Ortes eines Blattprimordiums beeinflussen seine Anlage *nicht*, Einflüsse von den Blattspuren können also nicht entscheidend sein. (Auch die Bildung von Blattprimordien durch die vom präexistierenden Leitgewebe abgetrennten Vegetationspunkte von *Lupinus* und *Dryopteris* spricht gegen Determinierung durch Blattspuren; außerdem ist die Anordnung der letzten gewöhnlich weniger regelmäßig als die Blattstellung. Bei *Ginkgo*, wo zu jedem Blatt zwei Spuren ganz bestimmter Herkunft führen, mögen etwas andere Zusammenhänge bestehen.) M. u. R. SNOW hatten schon früher (1931—1937) nachgewiesen, daß nicht alle existierenden Blattprimordien die Stellung des nächsten neuen Primordiums bestimmen, sondern nur die unmittelbar angrenzenden, und daß das neue Primordium meist in der größten vorhandenen Lücke zwischen und über den Rändern der schon vorhandenen entsteht, auch wenn diese Lücke sich an einer abnormalen Stelle befindet. Auch WARDLAW (1949a) zeigt mit derselben Technik (Zerstörung einzelner Primordien oder ihrer präsumptiven Stellen), daß nicht die Verhältnisse am ganzen Vegetationspunkt, sondern nur die in einem begrenzten Sektor desselben die Anlage eines Blattprimordiums beeinflussen. Diese Befunde sprechen gegen die 4. der genannten Erklärungen, und da die Möglichkeit schlechthin, die Blattstellung experimentell zu modifizieren, die alte SCHIMPER-BRAUN-CHURCHsche Theorie hinfällig macht, stehen die experimentellen Beobachtungen am besten mit der Theorie „des ersten verfügbaren Raumes" in Einklang. Allerdings können, da bei den Farnen die Blattprimordien zunächst weit auseinanderliegen, bloße Platzfragen nicht das entscheidende Moment sein[1]. WARDLAW hält wieder die

---

[1] Im Gegensatz zu der bisherigen Auffassung ist aber an der Anlage eines Blattprimordiums bei den Farnen nicht bloß eine Zelle beteiligt, sondern mehrere, von denen eine der zentral gelegenen zur typischen Scheitelzelle des Primordiums wird (WARDLAW 1949b, vgl. dazu S. 22 Abb. 3).

Spannungsverhältnisse am Vegetationspunkt für wesentlich; ihre Wirkung dürfte über Stoffwechselvorgänge gehen. Nach der Form, die Tuschemarken oder Einstiche und Einschnitte in die Vegetationsspitze annehmen, besteht über der Achsel des sich entwickelnden Primordiums eine Spannung in tangentialer Richtung, in derjenigen Region, in der das nächste Primordium entsteht, ist diese Spannung am geringsten (WARDLAW 1948a). Die Raum- und Spannungsverhältnisse determinieren nach WARDLAW (1949a) allerdings nur den Ort der Primordienbildung, nicht die Primordienbildung selbst. Die Zellen des Spitzenmeristems sind offenbar alle zur Blattprimordienbildung determiniert, denn wird eine kleine Partie derselben durch Einschnitte von der Hauptmasse des Meristems abgetrennt, so bildet sie meist ein Blattprimordium, nicht, wie man denken könnte, eine Sproßknospe. Ob dieser Determination ein bestimmter physiologischer Zustand, der von der Entfernung von der Scheitelzelle abhängt, zugrunde liegt oder ob stoffliche Fakturen im Sinne der Theorie SCHOUTEs beteiligt sind, läßt sich derzeit nicht entscheiden. Die Anwesenheit der Scheitelzelle und ebenso diejenige der älteren Blattprimordien ist weder für die Blattstellung noch für die Primordienbildung von Bedeutung. Wird die Scheitelzelle zerstört (s. S. 389), so werden Blattprimordien unter Erhaltung der Blattstellung weitergebildet, bis der gesamte vorhandene Raum, dicht an die nekrotische Scheitelregion heran, ausgefüllt ist; ebenso haben weder die Isolierung des Vegetationspunktes vom differenzierten Gewebe einschließlich der schon vorhandenen Blattprimordien (s. S. 371) noch — solange das Spitzenmeristem aktiv bleibt — die dauernde Entfernung der heranwachsenden Blattanlagen (s. S. 351) auf den Vorgang einen Einfluß. Da die Scheitelzelle für die korrelative Hemmung von Seitentrieben maßgebend ist und da normalerweise die Blattprimordien erst in einer gewissen Entfernung von ihr erscheinen, ist es denkbar, daß sie eine gewisse Hemmwirkung auf die Ausbildung der Primordien ausübt. — Daß die Richtung der Blattspirale offenbar zufallsmäßig bestimmt wird, und zwar bei Seitentrieben unabhängig vom Haupttrieb, wird durch Beobachtungen ALLARDs bestätigt, nach denen bei je ~ 50% der Pflanzen (*Nicotiana tabacum* und *N. rustica*) die Spirale im Sinne bzw. im Gegensinne des Uhrzeigers läuft und keine Korrelation zwischen Hauptsproß und Seitenzweigen besteht.

Die wirtelige, speziell die dekussierte Blattstellung ist nach R. SNOW (1942b) eine Modifikation der auf den Raumverhältnissen beruhenden spiraligen, die durch zwei Kräfte noch unbekannter Natur bedingt wird, eine, die die Ebenen, auf denen die Blätter stehen, und eine zweite, die die Winkel zwischen den auf einer Ebene stehenden Blättern einander anzugleichen trachtet. Nach Längsspaltung der Sproßspitze bei *Coleus-*, *Salvia-* und *Stachys*-Arten wurde, wie schon früher (M. u. R. SNOW 1935b) bei *Epilobium hirsutum*, wenn auch wesentlich seltener, Auftreten spiraler Blattstellung beobachtet, was nach SNOW auf rein räumlichen Ursachen beruht, nämlich darauf, daß auf der einen Seite eines der Primordien des jüngsten Paares durch den Schnitt mehr Platz gelassen wird als auf der anderen. Die spiralige Blattstellung kehrt aber bei den Labiaten immer und rasch zur dekussierten zurück, wobei gewöhnlich entweder die beiden ersten Blätter auf gleicher Höhe, aber nicht einander genau gegenüber, oder aber genau opponiert, doch auf verschiedenen Höhen stehen. Wären bloße Raumverhältnisse entscheidend, so könnte sich eine Blattstellung, in der solche „Paare" dauernd abwechseln, erhalten, und bei *Epilobium* wurde dies „oscillierende System" auch beobachtet; da normale Dekussation wiederhergestellt wird, müssen die beiden genannten Regulationskräfte angenommen werden. Die Erklärung der wirteligen Blattstellung durch SCHOUTE (zuletzt 1938), der im ganzen 4 regulierende Kräfte annimmt, wird von SNOW als nicht ausreichend begründet abgelehnt; vgl. S. 25.

c) **Determination der Achselknospen.** Zwischen der Determination von Blättern und Achselknospen bestehen augenscheinlich enge Beziehungen. In den Achseln der in abnormaler Stellung entstehenden Blätter (s. oben) werden normale Achselknospen ausgebildet. Entweder werden die Achselknospen durch die Blätter determiniert, oder beide durch einen gemeinsamen dritten Faktor. Neue Versuche von M. u. R. SNOW (1942) an *Stachys*- und *Salvia*-Arten und *Epilobium hirsutum* sprechen für die erste Alternative; wird ein Blattprimordium durch einen tangentialen Einschnitt vom Vegetationspunkt abgetrennt (s. a. S. 389), so entsteht gewöhnlich an der Außenseite des Schnittes, also am Blatt, niemals an der Innenseite, also am Sproß, eine Achselknospe. Für die Determination ist ein kleiner Teil der Blattbasis ausreichend, denn auch in den Achseln von durch tangentiale oder radiale Einschnitte bis auf kleine Überreste der Basis zerstörten Blattprimordien werden normale Achselknospen angelegt. Mit diesen Befunden und Schlußfolgerungen stimmt überein, daß in den Achseln der nach Wuchsstoffbehandlung des Vegetationspunktes entstehenden abnorm vergrößerten Blattanlagen entsprechend vergrößerte Achselknospen ausgebildet werden (BALL 1944, s. a. S. 387).

II. Die Wirkung der Außenfaktoren.

Temperatur. a) **Vernalisation.** Zusammenfassende Darstellungen: WHYTE; MELCHERS u. LANG 1948b; „Vernalisation and Photoperiodism, A Symposium" herausgegeben von A. E. MURNEEK u. R. O. WHYTE (Lotsya, Bd. 1), Waltham/Mass.: Chronica botanica (1948). — Eine allgemeine Deutung der Vernalisation entwickeln LANG u. MELCHERS (1947). Die Kältewirkung bei zweijährigem *Hyoscyamus niger* kann, wie für Wintergetreide schon länger bekannt, durch Einwirkung hoher Temperaturen (36—39°) aufgehoben werden. Diese Reversibilität dauert aber höchstens 4 Tage; danach sind hohe Temperaturen nicht mehr wirksam, und der Vernalisations„zustand" bleibt auch bei längerer Kultur der Pflanzen unter Kurztagbedingungen, in denen sie nicht zur Blüte kommen, unverändert erhalten. Die Befunde stimmen mit denjenigen bei Winterannuellen überein, so daß an der Vernalisation bei beiden Reaktionstypen die gleichen Vorgänge beteiligt sein dürften. Die anfängliche Reversibilität und spätere Irreversibilität der Vernalisation ist am einfachsten so zu verstehen, daß der Vorgang in zwei Schritten abläuft: 1. einem, in dem ein wärmelabiler „Zustand" erreicht wird, und 2. einem weiteren, in welchem er in einen wärmestabilen übergeführt wird, der erst entscheidend für die Blütenbildung ist. Da mit zunehmender Dauer der Kältebehandlung die Möglichkeit der Wärmedevernalisation abnimmt (s. unten), scheint der stabile Zustand auch in tieferen Temperaturen erreicht zu werden, aber langsamer, d. h. dieser Teilvorgang kann durch Temperaturerhöhung beschleunigt werden. Da zur Erreichung des maximalen Vernalisationseffektes ziemlich lange Zeiten notwendig sind (mehrere Wochen, während z. B. die photoperiodische Induktion bei *Hyoscyamus* weniger als 72 h Dauerlicht beansprucht), scheint sich auch der Teilvorgang, der für die Herstellung des labilen Zwischenzustandes maßgebend ist, keineswegs in seinem Temperaturoptimum zu befinden und durch höhere Temperaturen beschleunigt werden zu können; diese Beschleunigung wirkt sich aber nicht aus, da in solchen Temperaturen der labile Zwischenzustand nicht erhalten bleibt. Für sein Verschwinden dürfte ein besonderer Vorgang, der gleichermaßen durch Temperaturerhöhung beschleunigt wird, verantwortlich zu machen sein, so daß die an der Vernalisation beteiligten Vorgänge folgendermaßen geschrieben werden können:

$$
\text{Ausgangszustand} \xrightarrow{} \underset{\text{I}}{\text{Zwischenzustand}} \overset{\text{II}}{\underset{\text{III}}{\Big\langle}} \begin{array}{l} \xrightarrow{} \text{Endzustand} \\ \xrightarrow{} \text{Wärmezerstörung} \end{array}
$$

Der wesentliche Punkt dieser Deutung ist, daß jeder dieser Vorgänge ein normaler physiologischer Vorgang mit positivem Temperaturkoeffizienten ist und daß die Vernalisation somit im Rahmen unserer üblichen physiologischen Kenntnisse verstanden werden kann. Die Bedeutung der Kälte liegt nur darin, daß der zur Erreichung der irreversiblen Endstufe notwendige Gleichgewichtszustand zwischen den beteiligten Vorgängen nur in tieferen Temperaturen eintritt. Es ist wahrscheinlich, daß diese Deutung in grundsätzlicher Weise auch für alle anderen Fälle einer Entwicklungsbeschleunigung durch tiefe Temperaturen, z. B. die Aufhebung von Ruhezuständen (s. S. 342—343), gilt.

Da die Vernalisation nur bei Anwesenheit von O_2 vor sich geht, scheint der 1. Teilvorgang oxydativer Natur zu sein; da ferner in die Kältebehandlung sowohl anaerobe Perioden bei der Vernalisationstemperatur als auch aerobe Perioden bei $\sim 20°$, nicht aber anaerobe bei dieser Temperatur eingeschaltet werden können, scheint auch der 2. Teilvorgang sauerstoffabhängig zu sein, dagegen nicht der für die Wärmezerstörung des labilen Zwischenzustandes verantwortliche Vorgang.

Gewisse Anhaltspunkte über den instabilen Zwischenzustand ergeben sich vielleicht aus den Versuchen von PURVIS (1944—1948) über die während der Kälteeinwirkung stattfindenden Vorgänge bei isolierten Embryonen von *Secale*. Für maximale Vernalisation ist bei diesen die Anwesenheit eines geeigneten Zuckers im Kulturmedium erforderlich, jedoch

nur während der beiden ersten Wochen, während hinsichtlich der
Blütenbildung dieser Teil der Kälteperiode bei isolierten Embryonen — im
Gegensatz zu ganzen Samen — gerade unwirksam ist („Verzugszeit").
Es scheint also, daß den Embryonen eine für die Durchführung der Vernalisation notwendige Substanz fehlt. Durch Vorkultur auf zucker-
haltigem Medium bei 20° wird die Verzugszeit nicht beeinflußt; durch
2 Tage lange Quellung der Samen vor der Entnahme der Embryonen
bei dieser Temperatur wird sie verkürzt, aber bei 4 Tage langer Quellung
nimmt dieser Effekt wieder ab. Dagegen läßt sich die Verzugszeit durch
längere Vorquellung der Samen bei tiefer Temperatur nahezu vollständig
zum Verschwinden bringen. Danach scheint es, daß eine Substanz aus
dem Endosperm in den Embryo bei höherer wie tiefer Temperatur
transportiert wird, in diesem aber nur bei tiefer zur Wirkung kommt,
während sie im Embryo selbst nur in tiefer Temperatur gebildet werden
kann. Es ist möglich, daß die Synthese dieser Substanz im Embryo
der 1., ihre offensichtliche Zerstörung bei höherer Temperatur der 3.
der von LANG u. MELCHERS postulierten Teilvorgänge der Vernalisation
ist. (Im Endosperm scheint die Substanz auch in höheren Temperaturen
existenzfähig zu sein. Die von LANG u. MELCHERS vor Erscheinen der
letzten Arbeit von PURVIS geäußerte Vermutung, daß die Verzugszeit
auf der Synthese einer stabilen Ausgangsstufe aus Kohlenhydrat
beruht, ist nicht nötig; die Vernalisationsvorgänge scheinen unmittelbar mit der Schaffung des labilen Zwischenzustandes, d. h. der Synthese
einer in höheren Temperaturen unbeständigen Substanz oder ihrer
Zuleitung in den Embryo, zu beginnen.)

Als beste C-Quellen bei der Vernalisation isolierter Embryonen erwiesen sich Saccharose und Fructose; andere Zucker wirken weniger
oder gar nicht, manche, vor allem Mannose, verzögern die Blütenbildung
sogar, ohne daß zwischen chemischer Struktur und Wirksamkeit Beziehungen erkennbar wären. Das Wachstum der Embryonen während
der Kälte wird ± gleichsinnig beeinflußt, kausale Zusammenhänge sind
aber nicht zu bemerken. Eine gewisse Vernalisation findet auch bei
völliger Abwesenheit von C-Quellen im Medium statt, und zwar — wenn
auch in geringerem Maße — sogar wenn die eigenen Kohlenhydrat-
reserven des Embryos durch 4 Tage lange Vorkultur auf C-freiem Medium bei 20° völlig erschöpft werden; daraus und aus dem zeitlichen Verlauf der Vernalisation (Zunahme der entwicklungsbeschleunigenden
Wirkung der Kälte in geometrischer Progression bis zur Erreichung
eines „Sättigungseffektes") schließt PURVIS (1948) auf autokatalytischen Charakter des Vorganges. Anwesenheit einer N-Quelle im Medium ist für die Vernalisation nicht nötig. Die devernalisierende Wirkung hoher Temperaturen bei Getreide *(Secale)* wird in umfangreichen
Versuchen von PURVIS u. GREGORY bestätigt; da bei Sommerroggen
gleichartige Wärmebehandlung keinen Einfluß auf die Entwicklung
hat und da devernalisierter Winterroggen durch erneute Kältebehandlung revernalisiert werden kann, handelt es sich nicht um bloße Schädigung der Pflanzen, sondern eine tatsächliche Umkehr der Vernalisation.
Mit zunehmender Dauer der Vernalisationszeit nimmt die Devernali-

sationsmöglichkeit durch hohe Temperatur ab, und zwar besonders dann, wenn während der Kältebehandlung relativ starkes Wachstum der Embryonen stattfand (GREGORY u. PURVIS). Auch bei *Brassica* (Kohl-

rabi) wurden Hinweise auf devernalisierende Wirkung hoher Temperaturen gefunden (RÖSSGER). Dagegen werden ver-
nalisierte Samen von *Sinapis* nach SEN
u. CHAKRAVARTI (1946) durch Wärme nicht
devernalisiert. „Isolierte", d. h. kotyle-
donenfreie, *Sinapis*-Embryonen lassen sich
ebenso vernalisieren wie ganze Samen;
die Wirkung der Kälte (d. h. der Grad der
Entwicklungsbeschleunigung) ist sogar etwas größer als bei diesen. Im Gegensatz
zu *Secale* erfolgt die Vernalisation auch
in Abwesenheit von Zucker im Medium
und wird durch Zuckerzusatz nicht einmal
gefördert (SEN u. CHAKRAVARTI 1947).

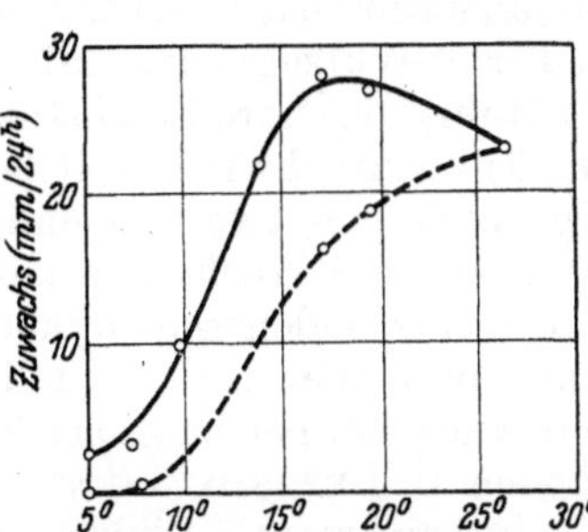

Abb. 59. Beziehung zwischen Sproßwachstum und Nachttemperatur bei
Solanum lycopersicum. Gebrochene
Kurve: Pflanzen Tag und Nacht in
gleicher Temperatur, ausgezogene
Kurve: tags (8 h) bei 27,6°. Aus WENT
1944a, umgezeichnet.

b) Thermoperiodizität. WENT (zu-
sammenfassende Darstellung 1948b) weist nach, daß die Nachttemperatur einen wichtigen Faktor für Wachstum, Fruchtansatz und
Fruchtentwicklung darstellt und
daß ihr Optimum häufig tiefer liegt
als das der Tagestemperatur, so
daß für maximale Entwicklung
ein Wechsel höherer Tages- mit
tieferen Nachttemperaturen notwendig ist (s. Abb. 59); er bezeichnet diese Erscheinung als
Thermoperiodizität. Die optimale
Nachttemperatur ändert sich während der Entwicklung. So beträgt sie bei *Solanum lycopersicum*
(WENT 1944a, 1945) und *Cap-
sicum annuum* (DORLAND und
WENT) bei jungen Pflanzen 30°,
bei älteren liegt sie zwischen 8°
und 18°. Die genaue Lage hängt
von der Tagestemperatur und
auch von der Lichtintensität
während der Tagesstunden ab.
Hohe Nachttemperaturen sind
besonders bei relativ niedrigen
Tagestemperaturen ausgespro-

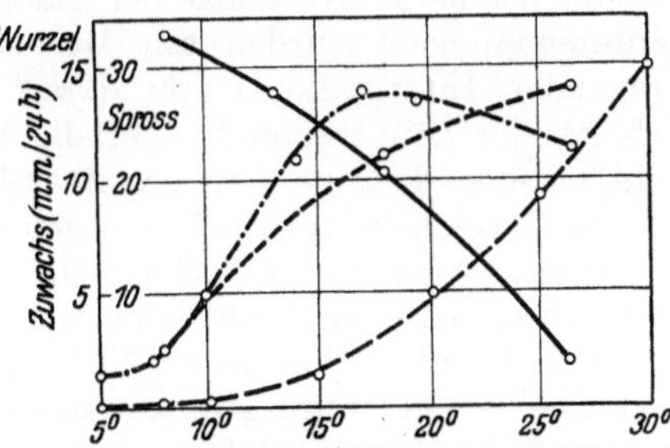

Abb. 60. Beziehung zwischen Nachttemperatur
und Sproßwachstum ganzer Pflanzen (—·—·—·—),
zwischen Temperatur und dem Wachstum isolierter Sproßstücke im Dunkeln (- - - - - -) und
isolierter Wurzeln (————) und zwischen Temperatur und Translokationsrate (————) bei
Solanum lycopersicum. Die Translokation wurde
als Differenz des Blutens intakter Pflanzen, die
24 h vor der Messung in den verschiedenen Temperaturen gehalten wurden, und dekapitierter
Pflanzen, deren Wurzelsystem allein in den verschiedenen Temperaturen gehalten wurde, bestimmt (die Stärke des Blutens ist dem Zuckergehalt in den Wurzeln proportional). Ferner
wurden der Zuckergehalt in den assimilierenden
und den verbrauchenden Organen bei ungestörtem
und unterbrochenem Transport und die Stauung
von Zucker bei Ringelung bestimmt. Aus WENT
1944b, umgezeichnet.

chen schädlich. Auch zur Tageslänge bestehen Beziehungen, u. a. kann
die schädigende Wirkung hoher Nachttemperaturen durch Herabsetzung
der täglichen Belichtungszeit gemildert werden. Nach einer Untersuchung der Temperaturabhängigkeit verschiedener einzelner Stoff-

wechsel- und Wachstumsvorgänge (WENT 1944b; s. Abb. 60) dürfte der das Wachstum während der Nachtstunden limitierende Vorgang die Leitung der Assimilate sein. Diese wird mit steigender Temperatur *langsamer*, während die Wachstumsgeschwindigkeit entblätterter Sprosse und isolierter Wurzeln zunimmt; unterhalb der optimalen Nachttemperatur dürfte also das Sproßwachstum, oberhalb die Assimilatleitung die Gesamtwachstumsgeschwindigkeit bestimmen. Die Veränderung der Lage des Optimums hängt wahrscheinlich mit der Vergrößerung des Transportweges im Laufe des Wachstums zusammen. Der limitierende Faktor während der Lichtstunden scheint die Photosynthese zu sein, deren Intensität unter optimalen Lichtverhältnissen bei 18° zwar nur wenig, bei 8° aber sehr viel niedriger ist als bei 26,5°. Bei mehreren californischen Annuellen fanden H. LEWIS u. WENT eine grundsätzlich ähnliche Bedeutung der Nachttemperatur. Einige Arten *(Baeria chrysostoma, Madia elegans)* gehen bei Nachttemperaturen von 26° zugrunde; da dies durch bessere Belichtung während der Lichtstunden verhindert werden kann, scheint excessive Atmung verantwortlich zu sein. *Gilia tricolor* bildet bei hohen Nachttemperaturen wesentlich kleinere Blüten als bei tieferen.

Licht und Dunkelheit. a) Licht und das Sproß- und Blattwachstum höherer Pflanzen. Eine Reihe von Arbeiten war wieder der Frage gewidmet, in welcher Weise Licht das Längenwachstum und andere Wachstumsvorgänge bei höheren Pflanzen reguliert. Die meisten Untersuchungen wurden am Mesokotyl (dem ersten, die Koleoptile tragenden Internodium) von *Avena* ausgeführt. Die Lichteinwirkung erfolgt hier hauptsächlich über die Koleoptile, kann aber auch direkt sein, wobei dieselben Spektralbereiche wirksam sind (SCHNEIDER). Einige Untersuchungen befassen sich mit dem Wirkungsspektrum der Etiolementsverhinderung. GOODWIN u. OVENS (1948) stellen mit Hilfe von monochromatischem Licht bei kurzfristigen Bestrahlungen mit relativ hohen Intensitäten Wirkungsmaxima bei 6910, 6230 und 5770 Å fest. Die beiden letzten stimmen mit zwei Absorptionsmaxima des Protochlorophylls überein; daß das weitere Maximum in seinem Absorptionsspektrum bei 4400 Å im Wirkungsspektrum nicht erkennbar wird, beruht vielleicht auf der Anwesenheit großer Mengen von Carotinoiden (FRANK). Das Maximum bei 6910 Å ist weder mit der Absorption des Protochlorophylls noch des Chlorophylls in Zusammenhang zu bringen. Die Hemmung des Mesokotylwachstums durch Licht schwacher Intensitäten bei kontinuierlicher Einwirkung erstreckt sich über einen ziemlich großen Bereich: 4305—7700 Å; ein Wirkungsmaximum, dessen Anwesenheit auch bei vielen anderen Gramineen bestätigt wurde, liegt bei 6600 Å, ein zweites bei 6250 Å (WEINTRAUB u. MCALISTER, WEINTRAUB u. PRICE 1947). Das erste Maximum entspricht dem Absorptionsmaximum des Chlorophylls a, das in den Sämlingen bei Belichtung als erstes gebildet wird, so daß vielleicht Protochlorophyll und Chlorophyll a an der Absorption beteiligt sind (GOODWIN u. OVENS 1947, 1948). Besonders sorgfältig wurde das Wirkungsspektrum für das Blattwachstum etiolierter *Pisum*-Sämlinge untersucht (PARKER, HENDRICKS, BORTHWICK u. WENT), und zwar mit spektrographisch zerlegtem Licht bei

4 min langer täglicher Beleuchtung, aufbauend auf den Befunden von
WENT (s. Fortschr. Botanik **10**, 298). Das Spektrum stimmt überein
mit dem der photoperiodischen Reaktion von Lang- und Kurztagpflanzen
(s. S. 407 und Abb. 61) und gleicht weitgehend dem Absorptionsspektrum
des Chlorophylls. Da aber die Übereinstimmung, vor allem im kurzwel-
ligen Bereich, quantitativ nicht vollständig ist und da außerdem die Säm-
linge bei den gebotenen Lichtmengen kaum Chlorophyll enthalten, dürfte
ein noch unbekannter Farbstoff, der auch die Lichtwirkung bei photoperio-

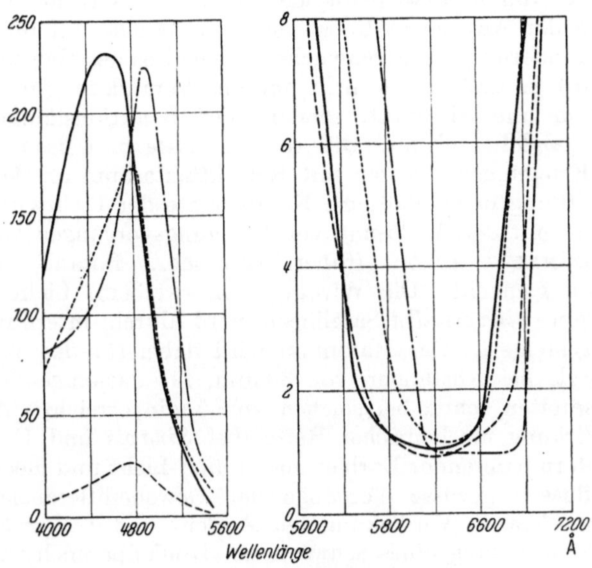

Abb. 61. Das Wirkungsspektrum der photoperiodischen Reaktionen von *Hordeum* (———),
Soja (— — — —) und *Xanthium* (- - -) und des Blattwachstums bei etiolierten *Pisum*-Sämlingen
(—·—·—). Ordinaten: wirksame Mindestenergien (relative Werte). AUS PARKER, HENDRICKS,
BORTHWICK u. WENT.

dischen Reaktionen und wahrscheinlich noch weiteren Entwicklungsvorgängen vermittelt, der perzipierende Körper sein. Das Wirkungsspektrum
für das Sproßwachstum der *Pisum*-Sämlinge wurde noch nicht ermittelt;
am wirksamsten war aber auch hier der Bereich von 6000—7000 Å.
Was den Mechanismus der Lichtwirkung bei der Etiolementsverhinderung anbetrifft, suchen einige Autoren zwischen einer Wirkung
auf Zellteilung und einer solchen auf Zellstreckung zu unterscheiden,
und zwar weil beim *Avena*-Mesokotyl die Abhängigkeit der Wirkung
der Bestrahlung von ihrer Dauer nach 2 min eine auffallende Änderung
erfährt (GOODWIN) und weil in jedem wirksamen Bereich ein Schwellenwert der Wirksamkeit vorhanden ist (WEINTRAUB u. MCALISTER). SCHNEI-
DER konnte allerdings einen nennenswerten Einfluß roten Lichtes auf die
Zellteilung im Mesokotyl nicht feststellen. In niedrigen Intensitäten ist
die Wirkung, und zwar wiederum gleichermaßen in allen wirksamen Bereichen, dem Logarithmus der Intensität proportional (WEINTRAUB u.
MCALISTER). Eine direkte Wirkung auf den Wuchsstoff, die von mehreren Autoren (s. Fortschr. Botanik **10**, 298—299 und **11**, 292) zum mindesten

26*

für einen Teil der formativen Wirkung des Lichts verantwortlich gemacht
wurde, ist nach neuen Arbeiten nicht mehr sehr wahrscheinlich. Die direkte
wie die indirekte (durch Lichtperzeption in der Koleoptile bedingte)
Hemmung des Wachstums des *Avena*-Mesokotyls wird durch Wuchsstoff nur zu einem geringen Teil kompensiert, und die Wuchsstoffproduktion der Koleoptilspitze ist im Dunkeln und sogar bei dauernder
Belichtung mit rotem Licht bis zu einem Alter von 90 h die gleiche
(SCHNEIDER); auch die Reduktion des Wachstums isolierter subter-
minaler Stücke von *Pisum*-Epikotylen durch weißes Licht erfolgt unabhängig von der An- oder Abwesenheit von Wuchsstoff im Medium
und ohne Veränderung des Eigenwuchsstoffgehaltes des Gewebes (GAL-
STON u. HAND), so daß es sich nicht um eine Veränderung der Wuchsstoffproduktion und -aktivität, sondern der Reaktionsfähigkeit des
Gewebes zu handeln scheint. BÜNNING u. Mitarb. weisen die Teilnahme von Erregungsvorgängen mit Refraktärstadium an der formativen Lichtwirkung nach; daß eine Komponente der Lichtwirkung auf
das Wachstum mit der Auslösung von Erregungsvorgängen verbunden
ist, hatte BÜNNING schon früher (Fortschr. Botanik **10**, l.c.)
wahrscheinlich gemacht. Die Wirkung von (weißem) Licht auf das
Wachstum von *Sinapis-alba*-Sämlingen wird durch intermittierende
Darbietung gesteigert. Das Maximum wird dabei für das Wachstum
des Hypokotyls bei Abständen von 30 min, für dasjenige der Blattstiele und -spreiten schon bei solchen von 5 min erreicht. Auch die
formative Wirkung mechanischer Reize (bei *Sinapis* und *Vicia faba*)
nimmt bei intermittierender Darbietung zu, und Licht und mechanische
Reize beeinflussen gewisse Vorgänge der Gewebedifferenzierung in
gleichem Sinne (starke Verdickung der Außen- und Innenwände der
Epidermis, Entwicklung eines schwächeren Rindenparenchyms).

    b) **Lichtnachwirkungen bei Bryophyten.** FITTING (1942a)
setzte seine Untersuchungen über den Einfluß von Licht und Dunkelheit auf die Entwicklung von Bryophyten fort. Das etiolierte Wachstum der *Hepaticae* hängt, wie es früher schon für die Keimung der Brut-
körper von *Marchantia* gezeigt worden war, von den Lichtverhältnissen ab, in denen sich der Thallus vor der Verdunkelung befand.
Verschiedene Arten verhalten sich unterschiedlich: manche wachsen
auch bei starker vorangehender Belichtung im Dunkeln überhaupt
nicht, andere stärker oder schwächer, wobei gewisse Übereinstimmungen
zu der allgemeinen Wachstumsgeschwindigkeit bestehen. Entscheidend
für die Induktion dieses „Phototonus" ist nicht die zugeführte Licht-
menge, sondern die einstrahlende Intensität: bei *Conocephalum coni-
cum (Fegatella conica)* reichen bei 800 Lux 16000 Luxtage noch nicht aus,
bei 4000 Lux genügen schon 8000. Eigenartigerweise verschwindet
bei längerer Belichtung mit 4000 Lux der Tonus wieder, während
bei Verwendung von 9500—9800 Lux dies nicht der Fall ist. Kurz-
fristige Belichtungen mit hohen Intensitäten lassen sich summieren;
unter länger anhaltenden ungünstigen Bedingungen verschwindet der
Tonus aber rasch wieder. Worin der Tonus besteht, läßt sich noch nicht
sagen. Verstärkte Assimilation dürfte kaum entscheidend sein, da viele

Arten auch bei optimaler vorangegangener Belichtung im Dunkeln das Wachstum sofort einstellen. Versuche mit Wuchsstoffzufuhr fielen negativ aus. Bei *Conocephalum* und ähnlich bei *Oxymitra paleacea* ist auch ein Wärmetonus erkennbar, der zwar allein nicht genügt, um Wachstum im Dunkeln zu veranlassen, sich aber mit einem schwachen Lichttonus summieren läßt. Bei den *Musci*, die im Dunkeln im allgemeinen willig etiolieren, ließ sich kein Anzeichen eines Phototonus nachweisen.

c) Andere Lichtwirkungen. *Physarum-, Didymium-* und andere gefärbte Myxomyceten-Arten fruktifizieren nur nach Einwirkung von Licht, wobei die Dauer der vegetativen Phase von der Gesamtlichtmenge, die der Organismus erhält, abhängt und auch durch intermittierende Belichtung erheblich herabgesetzt werden kann (GRAY 1938). p_H-Wert des Mediums und Temperatur haben ebenfalls einen Einfluß auf die Fruktifikation (diese wird bei konstantem p_H durch Temperaturerhöhung beeinträchtigt und findet bei konstanter Temperatur am reichlichsten bei p_H 3, am raschesten aber bei p_H 4 statt), können aber die Notwendigkeit von Licht nicht ersetzen (GRAY 1939). Bei farblosen Arten ist die Fruktifikation lichtunabhängig. Bei *Pilobolus* wird die Sporangienbildung ebenfalls durch Licht ausgelöst, wodurch sich unter natürlichen Bedingungen ein deutlicher Tagesrhythmus ergibt; eine Nachwirkung besteht aber nicht, in Dauerlicht wie Dauerdunkel ist die Periodizität schon nach 24 h verschwunden (McVICKAR). — Bei *Lobelia dortmanna* nimmt mit abnehmender Lichtintensität das Längen-Breiten-Verhältnis der Blätter zu, und zwar durch Veränderung der Zellänge in Richtung der Längsachse. Die Wirkung erfolgt vielleicht über die Kohlenhydratbilanz. Am natürlichen Standort scheinen die Lichtverhältnisse der die Blattgestalt bestimmende Faktor zu sein (ÅBERG).

Photoperiodische Reaktionen. a) Tageslänge, Entwicklungsablauf und Formbildung. Wie im vorigen Bericht sollen zunächst die mehr deskriptiven und darauf die mehr kausalanalytisch orientierten Arbeiten besprochen werden. Allgemeine zusammenfassende Darstellungen s. HARDER 1946, 1948, MELCHERS u. LANG 1948b, „Vernalisation and Photoperiodism"-Symposium (s. S. 398); über tageslängenabhängige Stoffe der Blüten- und Formbildung s. S. 382 ff). — Extensive Untersuchungen über die Wirkungen der Tageslänge bei ausdauernden Pflanzen der gemäßigten Zone hat CHOUARD (1943b, 1946, 1947a, c) durchgeführt. Was die Blütenbildung angeht, sind die meisten Langtagpflanzen. Manche *Fragaria*-Formen blühen nur in mittleren Tageslängen, und zwar dann zwei- bis dreimal im Jahr, andere, darunter *Fr. vesca*, blühen auch in Dauerlicht, aber in längeren und unregelmäßigeren Abständen; remontierende Varietäten sind praktisch tagneutral und blühen alle 2—3 Monate unabhängig von der Tageslänge. Bei den amerikanischen *Missionary*-Erdbeeren werden in Langtag Ausläufer, in Kurztag oder einer Kombination von kurzen Licht- und Dunkelphasen (je 10 h) Blüten, in einer Kombination von langen Licht- und Dunkelphasen (je 14 h) Blüten und Ausläufer gebildet (HARTMANN). Sonst bewirkt Langtag im allgemeinen Förderung des Längenwachstums und Bildung längerer Blatt- und Blütenstiele und, besonders bei Arten mit ungestielten Blättern, schmälerer und mehr aufrechtstehender, zuweilen (z. B. bei *Saxifraga muscosa)* auch anders gestalteter Blätter, bei kriechenden Pflanzen (*Glechoma-* und *Lysimachia*-Arten) sehr langer, oft unbegrenzt wachsender Triebe und stärker zugespitzter und tiefer eingeschnittener Blätter, bei Pflanzen mit Ausläufern (außer *Fragaria-*

Arten z. B. *Hieracium pilosella)* dauernde Produktion und dauerndes Wachstum der Ausläufer, bei Holzgewächsen mit Blattwechsel längere Lebensdauer der Blätter, so daß manche Arten *(Salix, Syringa, Rosa)* nahezu immergrün werden. Viele Arten können sich bemerkenswerterweise bei längerer Kurztagkultur an Kurztag „anpassen". So beginnen die Ausläufer von *Fragaria* nach einigen Monaten unter Kurztagbedingungen wieder zu wachsen, *Syringa* nimmt nach längerer Kurztagkultur fast vollständig den Langtaghabitus an, und manche Langtagpflanzen *(Rumex, Brunella vulgaris)* können vom 2. Jahre an in Kurztag sogar blühen. Unterbrechung der Dunkelphasen von Kurztagen (8 h Licht täglich) mit Licht (2 h) führt nicht nur zur Blütenbildung (s. unten), sondern gleicht auch den Habitus der Pflanzen dem Langtagtyp an. Bei 2 Varietäten von *Sesamum orientale* werden in 10- und 11-h-Tag nur ganzrandige einfache Blätter gebildet, in 12-h-Tag auch gesägte, in 15- und 16-h-Tag geschlitzte und zusammengesetzte (SenGupta u. Payne). Murneek hatte bei *Rudbeckia bicolor* gezeigt, daß die Blütenbildung nach ausreichender Langtag-Induktion auch in Kurztag weitergeht, die Sproßstreckung aber durch Kurztag immer gestoppt wird (s. Fortschr. Bot. **11**, 294). Harder u. Springorum bestätigen das für dieselbe Art (s. a. S. 385), Greulach (1942) für *R. hirta*, während bei *Matricaria parthenoides, Centaurea cyanus* und *Coreopsis tinctoria* dieser Effekt viel weniger ausgesprochen ist und Blütenbildung nur bei Sproßstreckung stattfindet. *Matricaria parthenoides* geht bei anhaltender Kurztagkultur zugrunde. Langtagpflanzen, die umgekehrt auch in Kurztag gestreckte Sprosse entwickeln, sind *Anagallis arvensis* (Chouard 1947a) und *Urtica pilulifera* (Lona 1947b). *Madia elegans* blüht in Tageslängen von 8, 14 und 18—24 h, aber nicht in solchen von 12—14 h (H. Lewis u. Went). Bei den *Ambrosia*-Arten *A. trifida* und *A. elatior* werden mit zunehmender Dauer der Kurztageinwirkung und abnehmender Länge der Lichtphasen in zunehmendem Maße weibliche Blüten an solchen Stellen gebildet, wo sonst männliche stehen, so daß in extremen Fällen die Pflanzen rein weiblich werden; in Langtag befindliche nicht entblätterte Triebe blieben unbeeinflußt (Mann, K. L. Jones). Abnormitäten der Sporogenese und Sterilitätserscheinungen trotz normaler Entwicklung der Blüten bei kurzen Induktionszeiten wurden bei *Soja (Biloxi)* und bei *Cosmos* beobachtet (Nielsen, Madsen). Bei der Kurztagpflanze *Chenopodium amaranticolor* ist die Keimfähigkeit der Samen bei Reife in Langtagbedingungen sehr schwach (Lona 1947c). Die unmittelbare Ursache ist stärkere Entwicklung der Testa, da bei Entfernung oder mechanischer oder chemischer (H_2SO_4-Behandlung) Beschädigung derselben die Samen wie in Kurztag gereifte keimen.

Čajlahjan (Zusammenfassung 1947) hat den Einfluß der Stickstoffernährung auf die photoperiodische Reaktion (Blütenbildung) in extensiver Weise untersucht. Je nachdem ob N-Mangel die Blütenbildung fördert oder hemmt, unterscheidet er N-negative und N-positive Pflanzen, außerdem N-neutrale. Langtagpflanzen sind stark N-negativ bis schwach N-positiv, Kurztagpflanzen N-neutral bis stark N-positiv. Bei *Soja* war unter Kurztagbedingungen kein Einfluß der N-Ernährung auf die Blütenbildung festzustellen; unter Langtagbedingungen wurden die ersten Blütenprimordien mit steigenden N-Gaben an höheren Knoten gebildet, während die Zahl der Blüten bei einer Sorte ab-, bei einer anderen zunahm und bei den übrigen unverändert war (Scully u. Mitarb. 1945 b). Bei *Xanthium* beeinflußte N-, P- oder K-Mangel die **Anlage** der Infloreszenz unter Kurztagbedingungen nicht, verzögerte aber dicht unterhalb der kritischen Tageslänge ihre **Weiterentwicklung**; durch Heraufsetzung der Dunkelphasen wurde dieser Effekt ausgeglichen. In Langtag legten die Pflanzen auch bei Mineralmangel keine Blüten an (Naylor). Die Zwiebelbildung bei *Allium cepa* — eine Langtagreaktion; s. S. 425 — wird durch reichliche N-Ernährung verzögert, durch N-Mangel beschleunigt; die Wirkung ist vor allem in der Nähe der kritischen Tageslänge deutlich. Auf die Blütenentwicklung war die N-Ernährung ohne Einfluß (Scully u. Mitarbeiter 1945a).

Die photoperiodische Reaktion experimentell hergestellter Autotetraploider von *Hyoscyamus niger* (Langtagpflanze), *Hyoscyamus albus, Antirrhinum majus* (Tagneutrale) und *Xanthium strumarium* (Kurztagpflanze) unterschied sich von derjenigen der diploiden Stammformen in bei den einzelnen Arten verschiedener Weise; die Unterschiede waren aber durchweg quantitativ und in allen Fällen sehr klein (Lang 1947).

b) **Allgemeine physiologische Grundlagen des Photoperiodismus.** Die Kausalität photoperiodischer Reaktionen wurde wieder fast ausschließlich an der bekanntesten und am weitesten verbreiteten von ihnen, der Tageslängenabhängigkeit der Blütenbildung, studiert. Da die Arbeiten sehr zahlreich, die Deutungen aber noch widerspruchsvoll sind, sollen zuerst die experimentellen Ergebnisse, und zwar die die Lang- und Kurztagpflanzen gleichermaßen und die jeden der beiden Reaktionstypen allein betreffenden gesondert, besprochen und anschließend die Deutungsversuche skizziert werden. Unter den Lang- und Kurztagpflanzen gleichermaßen betreffenden Arbeiten ist vor allen die überaus gründliche Untersuchung des **photoperiodischen Wirkungsspektrums** durch Borthwick, Hendricks, Parker und Scully zu nennen. Sie wurde mit spektrographisch in enge, dicht beieinander liegende Bezirke zerlegtem Licht vorgenommen; Versuchsobjekte waren die Kurztagpflanzen *Xanthium saccharatum* und *Soja „Biloxi"* (Parker, Hendricks, Borthwick u. Scully) und die Langtagpflanze *Hordeum* (Borthwick u. Mitarb.), und bestimmt wurden die wirksamen Mindestlichtmengen bei kurzfristigen Unterbrechungen der Dunkelphasen von Kurztagen (s. u.), so daß das Wirkungsspektrum bei jenen die **Hemmung**, bei diesen die **Förderung** der Blütenbildung betrifft. Das gefundene Spektrum stimmt bei den beiden Reaktionstypen weitgehend überein; es entspricht, wie schon erwähnt, dem Wirkungsspektrum für das Blattwachstum etiolierter *Pisum*-Sämlinge (s. S. 403) und es hat große Ähnlichkeit mit dem Absorptionsspektrum des Chlorophylls (s. Abb. 61); da diese Übereinstimmung aber nicht vollständig ist, ist — wie gleichfalls schon erwähnt — wahrscheinlich ein noch unbekannter Farbstoff für die Perzeption des photoperiodisch wirksamen Lichtes verantwortlich. Bei der Kurztagpflanze *Kalanchoë blossfeldiana* und der Langtagpflanze *Avena sativa* wurden mit wesentlich breiteren Spektralbereichen (gefiltertes Licht) oder weit auseinanderliegenden Banden monochromatischen Lichts Ergebnisse erzielt, die denen von Borthwick und Mitarbeitern grundsätzlich ähnlich sind und jedenfalls keine qualitativen Widersprüche dazu enthalten (Wallrabe bzw. Klešnin); bei *Kalanchoë* scheint blauviolettes Licht etwas wirksamer zu sein als rot-orange.

In Verbindung mit dem Nachweis, daß die Perzeption des photoperiodisch wirksamen Lichtes durch ein besonderes System erfolgt, gewinnen alte wie neue Befunde über die quantitative Seite dieser Lichtwirkung erhöhtes Interesse. In Verbindung mit einer Hauptlichtzeit (Kurztag) gegeben, ist bereits sehr schwaches Licht photoperiodisch wirksam. Bei Unterbrechung der Dunkelphasen von Kurztagen mit Licht oder — was auf dasselbe hinausläuft — bei Aufteilung ihrer Lichtphasen in einen größeren und einen kleineren Abschnitt (oder einen größeren und mehrere kleinere) kann bei Kurztagpflanzen die Blütenbildung völlig unterdrückt werden, während Langtagpflanzen in Gesamtlichtzeiten zur Blütenbildung kommen, die, in Zusammenhang gegeben, weit unterhalb der kritischen Tageslänge liegen, z. B. *Hyoscyamus niger* noch in 5 + 1 h = 6 h Licht bei einer kritischen Tageslänge von ~ 10 h (CLAES u. LANG; ähnlich BÜNNING 1944 b bei demselben Objekt, RAZUMOV bei *Avena*- und *Solanum*-Varietäten, CHOUARD 1947 a, c bei einer Reihe ausdauernder Langtagpflanzen). Für diese maximalen Effekte scheinen bei Langtagpflanzen im allgemeinen längere Einwirkungszeiten und damit größere Lichtmengen erforderlich zu sein als bei Kurztagpflanzen, bei denen, ausreichende Intensität vorausgesetzt, schon ausgesprochene „Lichtblitze" wirksam sind, so bei *Kalanchoë* $^1/_{40}$ sec (HARDER GÜMMER u. GALL); die wirksamen Mindestlichtmengen sind aber nach den Ergebnissen von BORTHWICK, HENDRICKS und PARKER bei empfindlichen Vertretern beider Reaktionstypen ungefähr gleich. Die Wirksamkeit des zusätzlichen Lichtes zeigt eine starke Abhängigkeit von der zeitlichen Lage, und zwar ist sie bei Lang- wie Kurztagpflanzen am höchsten, wenn die Unterbrechung der Dunkelphase ungefähr in ihre Mitte fällt (HARDER u. BODE bei *Kalanchoë*, CLAES u. LANG bei *Hyoscyamus*, BORTHWICK und Mitarbeiter; in 48 h-Zyklen konnten bei *Hyoscyamus* zwei Optima festgestellt werden, das eine entsprechend dem in 24 h-Zyklen, das zweite ~ 24 h später (CLAES u. LANG). Bei *Kalanchoë* wurde nachgewiesen, daß die Temperatur während der Lichtunterbrechung der Dunkelphase ohne Einfluß ist (HARDER, WALLRABE u. QUANTZ). — Während bei relativ kurzfristigen Unterbrechungen der Dunkelphasen mit Licht an einem gegebenen Zeitpunkt das Reizmengengesetz gilt (HARDER u. BODE; BORTHWICK, PARKER und Mitarb.), treten, wenn sich die Einwirkung des Zusatzlichtes auf oder über längere Zeitspannen erstreckt, charakteristische Abweichungen von diesem Gesetz auf, welche mit der zeitlichen Änderung der Wirksamkeit des Lichtes in Zusammenhang stehen dürften. CLAES weist bei *Hyoscyamus* nach, daß bei gleicher Gesamtenergie längere Belichtung mit niedrigen Intensitäten wirksamer ist als kürzere mit höheren; R.B. u. A. P. WITHROW stellen bei der Langtagpflanze *Spinacia* und der Kurztagpflanze *Soja* fest, daß — ebenfalls bei gleicher Gesamtenergie — intermittierend gebotene Zusatzbelichtung während der Dunkelphasen stets geringere Wirkung hat als kontinuierliche und daß sie umso wirksamer ist, je länger die Belichtungszeiten sind oder — bei gleicher Gesamtbelichtungsdauer — je rascher die Lichtintervalle aufeinanderfolgen. Die wirksamen Intensitäten sind wiederum sehr niedrig; bei

Hyoscyamus waren Beleuchtungsstärken von ∼ 1 Lux wirksam, und das Maximum wurde im Bereich von ∼ 10—100 Lux (je nach der angewendeten Belichtungsdauer) erreicht.

Außerdem wurden folgende für Lang- und Kurztagpflanzen gültigen Tatsachen bestätigt oder neu gefunden: 1. Eine „Gegeninduktion", d. h. eine Nachwirkung der nicht-induktiven Tageslänge, ist bei Langtagpflanzen nicht vorhanden, da sie, in Langtag übertragen, nach kürzerer wie längerer Kurztagkultur gleich schnell zur Blütenbildung kommen (LANG u. MELCHERS 1943 bei *Hyoscyamus niger*); bei Kurztagpflanzen ist eine schwache Gegeninduktion erkennbar, weil die Wirksamkeit suboptimaler Induktionen durch vorherige Verdunkelung der Pflanzen erhöht wird (WESTPHAL bei *Kalanchoë blossfeldiana*) 2. Aufnahme der photoperiodischen Lichteinwirkung durch die Blätter (Langtagpflanze *Spinacia:* A. P. WITHROW u. Mitarb. Kurztagpflanzen *Ipomoea hederacea* und *Xanthium italicum:* GREULACH 1943 bzw. LONA 1946). Die größte Empfindlichkeit haben gerade ausgewachsene Blätter; bei älteren ist zur Erzielung desselben Induktionseffektes eine größere Zahl induktiver Zyklen und eine wirksamere Tageslänge erforderlich (NAYLOR). 3. Übertragung des photoperiodischen bedingten „Impulses" zur Blütenbildung aus einem induzierten Teil einer Pflanze („Spender", im Extremfalle ein einzelnes Blatt oder sogar ein Teil davon) in einen nicht-induzierten („Empfänger") und über Pfropfstellen (s. S. 383). 4. Hemmung dieser Übertragung durch Blätter am Empfänger, also deutlicher Antagonismus der induktiven und der nicht-induktiven Tageslänge (NAYLOR, WESTPHAL, HAUSCHILD, A. P. WITHROW u. Mitarb., ČAJLAHJAN 1945, 1947, LONA 1947 a, b bei den Langtagpflanzen *Urtica pilulifera, Spinacia, Raphanus* und *Rudbeckia* und den Kurztagpflanzen *Kalanchoë, Perilla* und *Xanthium*). Dieser Antagonismus zeigt sich auch innerhalb ein und desselben Blattes, besonders wenn die Basalhälfte in nicht-induktiven Bedingungen gehalten wird (WESTPHAL bei *Kalanchoë*, ČAJLAHJAN 1945 bei *Spinacia* und *Perilla*, LONA 1946, 1947a bei *Perilla*). Verdunkelte Blätter üben nach ČAJLAHJAN keine Hemmwirkung aus; bei *Kalanchoë* ist eine solche, jedenfalls bei schwacher Induktion, aber vorhanden (auch eine Hemmwirkung von Sproßteilen ist hier nachweisbar, während Induktion durch Behandlung von Sproßgewebe allein nicht gelingt), und bei *Urtica* hemmen verdunkelte Blätter ebenso wie in gewöhnlichem (8—10stündigem) Kurztag befindliche, nicht aber in extrem kurzen Tagen (1—3 h Licht) gehaltene (LONA 1947 b). 5. Möglichkeit einer „indirekten Induktion". Diese wurde im Zusammenhang mit der im vorigen Punkt genannten Hemmwirkung der nicht-induktiven Tageslänge entdeckt. Bei *Xanthium italicum* ist diese Hemmwirkung auf diejenigen Blätter beschränkt, die während der Induktion des Empfängerblattes schon ± entfaltet waren; die jüngeren Blätter hemmen nicht, bringen vielmehr, auf nicht-induzierte Exemplare aufgepfropft, diese zur Blütenbildung, haben also selbst den Charakter induzierter Blätter angenommen (LONA 1946). Etwas

Ähnliches liegt vielleicht bei *Amarantus caudatus* vor, wo ebenfalls keine Hemmwirkung von Blättern des Empfängerteiles vorhanden ist (FULLER). Bei *Perilla* findet eine indirekte Induktion nicht statt (LONA l. c.).

c) **Physiologie der Langtagpflanzen.** Über die Wirkung verschiedener Licht-Dunkel-Zyklen, deren Kenntnis die erste Voraussetzung für das Verständnis photoperiodischer Reaktionen ist, liegen für Langtagpflanzen folgende Befunde vor: 1. In 24-h-Zyklen haben dieselben Variationen der Tageslänge in unmittelbarer Nähe der kritischen Tageslänge einen sehr großen, mit zunehmender Entfernung davon einen rasch immer kleiner werdenden Effekt (LANG u. MELCHERS 1943 bei *Hyoscyamus niger*, s. Abb. 62). Auch bei tagneutralen Pflanzen *(Hyoscyamus albus, Antirrhinum majus)* wird bei Herabsetzung der Tageslänge die Blütenbildung in zunehmendem Maße verzögert und bleibt schließlich ganz aus, und zwar bevor das vegetative Wachstum beeinträchtigt ist; der Kurvenverlauf ist aber flacher, und im Gegensatz zu Langtagpflanzen ist ein Ausgleich durch Heraufsetzung der Lichtintensität möglich (LANG 1947). 2. In 48-h-Zyklen ist die zur Auslösung der Blütenbildung erforderliche Mindestlichtphase nicht nur nicht länger als die kritische Tageslänge in 24-h-Zyklen, sondern sogar etwas kürzer (CLAES u. LANG, s. Abb. 62). 3. Mit vom 24-h-Rhythmus abweichenden Zyklen hatte SNYDER bei *Plantago lanceolata* folgende Ergebnisse:

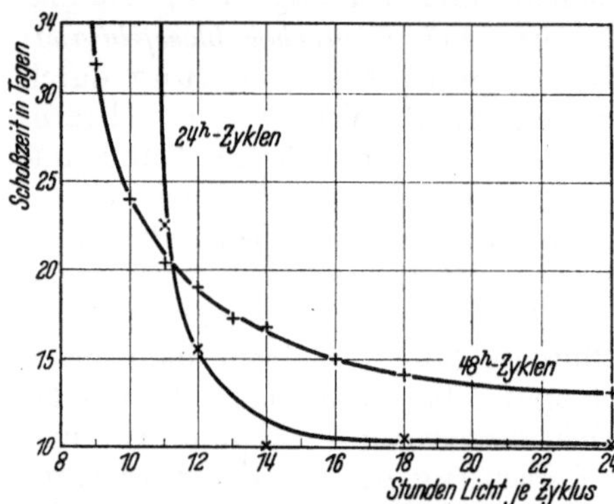

Abb. 62. Die photoperiodische Reaktion von *Hyoscyamus niger* in 24- und 48-h-Zyklen. Aus CLAES und LANG. Der Beginn des Schossens fällt im allgemeinen mit der Anlage von Blütenprimordien zusammen.

Lichtphase	Dunkelphase	Blütenbildung
2 h	8 h	—
4—16 h	8 h	+
10—14 h	16 h	—
16 h	10—24 h	+
16 h	30 h	—
16—30 h	16 h	+

Blütenbildung tritt also in Zyklen mit längeren Lichtphasen (16 h oder mehr) ein, gleichgültig, ob die Dunkelphase kürzer oder länger ist (außer in 16:30 h), in Zyklen mit kürzeren Lichtphasen (14 h und weniger) dagegen nur, wenn die Dunkelphase ebenfalls relativ kurz ist (8 h oder weniger). 4. Es zeigt sich aber wieder, daß die Blütenbildung in Dauerlicht schneller eintritt als in irgendwelchen Licht-Dunkel-Zyklen (LANG u. MELCHERS 1943, CLAES u. LANG, SNYDER) und daß Langtagpflanzen auch bei Dauerlichtkultur von der Keimung an ihre Entwicklung optimal schnell durchmachen (CHOUARD 1944 bei *Triticum, Nasturtium* und *Valerianella*).

Zur photoperiodischen Induktion sind um so weniger Zyklen erforderlich, je höher dieTageslänge ist (LANG u. MELCHERS 1943, SNYDER). Verlängerung der Induktion über die notwendige Mindestzahl von Zyklen hinaus beschleunigt die Anlage von Blütenprimordien nicht weiter. Bei graphischer Darstellung der Abhängigkeit der Induktionsdauer von der Tageslänge resultiert eine Kurve, die der photoperiodischen Reaktionskurve der betreffenden Pflanze vollständig gleicht (s. Abb. 63). Unterbrechung der Induktion mit Kurztag setzt den Erfolg nicht herab (LANG u. MELCHERS l. c.; SNYDER): unterschwellige Induktionen lassen

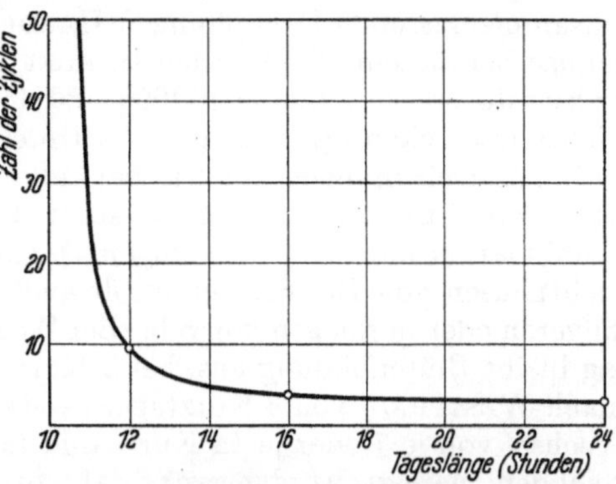

Abb. 63. Abhängigkeit der photoperiodischen Induktion (Mindestzahl der zur Auslösung der Blütenbildung erforderlichen Zyklen) von der Tageslänge bei *Hyoscyamus niger*. Aus LANG und MELCHERS 1943.

sich ohne Beeinträchtigung der Gesamtwirkung summieren. Mit höherer Temperatur werden zur Induktion höhere Tageslängen nötig, d. h. die kritische Tageslänge nimmt zu (LANG u. MELCHERS, l. c.; s. Abb. 64). Wirksam ist vor allem die Temperatur in den Dunkelphasen, aber auch die in den Lichtphasen wirkt im gleichen Sinne wenigstens insofern, als hohe Temperaturen (28°) die Induktion beeinträchtigen. Der Befund, daß bei *Hyoscyamus* Entblätterung die Tageslängenabhängigkeit der Blütenbildung aufhebt und diese auch in Kurztag und sogar in völliger Dunkelheit eintritt, wird in umfangreichen Versuchen bestätigt (s. a.

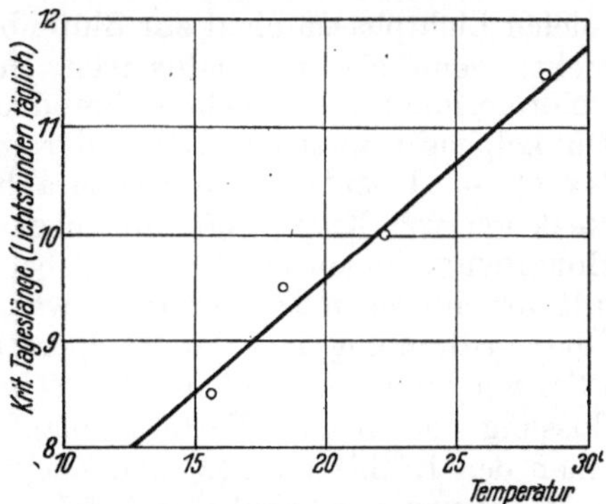

Abb. 64. Abhängigkeit der kritischen Tageslänge von der Temperatur bei *Hyoscyamus niger*. Aus LANG und MELCHERS 1943.

Fortschr. Bot. **10**, 292); es müssen alle gerade noch entfalteten Blätter beseitigt werden, und durch Aufpfropfung eines Blattes wird die Tageslängenabhängigkeit wieder hergestellt (LANG u. MELCHERS l. c.; LANG 1942). An demselben Objekt wird gezeigt, daß Blütenbildung auch in Kurztagbedingungen eintritt, wenn die Blätter mit Lösungen geeigneter Zucker (Glucose, Fructose, Saccharose u. a.) infiltriert werden (MELCHERS u. LANG 1942) und wenn man die Pflanzen einen Teil der Dunkelphasen in N_2-Atmosphäre hält (MELCHERS u. CLAES). Abgesehen von den späteren Erfolgen mit Wuchsstoffbehandlung bei *Ananas* (s. S. 387—388) sind dies die ersten Fälle experimenteller Auslösung der Blütenbildung durch andere Eingriffe als Pfropfung.

d) **Physiologie der Kurztagpflanzen.** Die Einzelheiten der photoperiodischen Reaktion von Kurztagpflanzen sind besonders von HARDER und Mitarbeitern bei *Kalanchoë* weiter untersucht worden (zusammenfassende Darstellungen HARDER 1946, 1948). Als Lichtphase genügt bei diesem Objekt nach HARDER u. GÜMMER (1947) bereits eine Sekunde starken Lichts (60000—80000 Lux), und zwar wirkt diese Lichtphase schon optimal, d. h. es treten keine Reduktions- und Verlaubungserscheinungen auf wie bei suboptimaler Induktion (s. S. 383). Als obere kritische Tageslänge stellt HAUSCHILD 12—13 h fest; bei Kombination mit einer 8stündigen Dunkelphase tritt Blütenbildung in Lichtphasen von 16—88, vereinzelt auch 112 h ein, nicht aber in noch längeren oder in solchen von 8 h. Bei Wechsel von je 1 Kurz- und Langtag bleibt Blütenbildung aus, bei 2 Kurztagen + 1 Langtag und ebenso (nach WESTPHAL) von 4 Kurztagen + 6 Langtagen ist sie verzögert, bei Wechsel von je 7 oder je 14 Kurz- und Langtagen aber sogar verstärkt. Nachdem gezeigt worden war, daß für eine erfolgreiche Induktion während der Lichtphasen CO_2 in der Atmosphäre enthalten sein muß (s. Fortschr. Bot. **11**, 296), weisen HARDER, BODE u. v. WITSCH (1944) nach, daß bei partieller Induktion die induzierten Teile selbst mit CO_2 versorgt werden müssen. CO_2-Mangel wirkt nicht wie Dunkelheit und hat andererseits keinen Einfluß auf die Wirkung nicht induktiver langer Lichtphasen, da CO_2-Entzug während eines Teiles solcher Lichtphasen nicht zur Blütenbildung führt, und zwar auch dann nicht, wenn sie mit induktiven Dunkelphasen kombiniert werden. Chloroformnarkose sowohl während der Licht- wie auch während der Dunkelphasen setzt den Erfolg der Induktion stark herab (HARDER u. GALL). — Über die Temperaturabhängigkeit der photoperiodischen Reaktion von Kurztagpflanzen liegt nur eine Arbeit vor: PARKER u. BORTHWICK finden bei *Soja*, daß bei Behandlung der Blattspreiten mit verschiedenen Temperaturen während der Induktion sich eine volle Übereinstimmung mit der Temperaturwirkung auf *in toto* induzierte Pflanzen ergibt, so daß die Temperatur in erster Linie durch Beeinflussung von in den Blättern ablaufenden Vorgängen wirkt. — Über einen den Entblätterungs- und Zuckerinfiltrationsversuchen von LANG u. MELCHERS (s. o.) ähnlichen Erfolg berichtet LONA (1948): Entblätterte Pflanzen von *Chenopodium amaranticolor* kamen bei Kultur auf zuckerhaltiger Nährlösung in Langtagbedingungen zur Blütenbildung, während auf zuckerfreier gehaltene und ebenso beblätterte Exemplare vegetativ blieben.

e) **Deutungsversuche.** Zur Erklärung des Zustandekommens photoperiodischer Reaktionen sind in der Berichtszeit eine ganze Reihe von Hypothesen entwickelt worden. Allerdings beziehen sich manche von ihnen nur auf die von den betreffenden Autoren näher untersuchten Teilerscheinungen dieser Reaktionen und stehen mit den anderen nicht notwendigerweise in Widerspruch. Es ist wahrscheinlich, daß gewisse

Elemente vielleicht aller Erklärungsversuche in eine umfassende Deutung der photoperiodischen Reaktionen eingehen werden. Ich bringe hier keine eingehende Auseinandersetzung, sondern versuche nur, soweit nötig, in den einzelnen Fällen darauf hinzuweisen, wie weit sie die experimentell ermittelten Erscheinungen der photoperiodischen Reaktionen zu decken vermögen und wie weit nicht. Die photoperiodische Reaktion der Langtagpflanzen kommt nach LANG u. MELCHERS dadurch zustande, daß in der Dunkelheit Vorgänge wirksam werden, die die Blütenbildung hemmen. Für die Auslösung der Blütenbildung sind primär Vorgänge maßgebend, die lichtunabhängig sind (jedenfalls direkt) und auch in Abwesenheit von Blättern durchgeführt werden können (jedenfalls wenn die Pflanze ein ausreichendes Speicherorgan besitzt); diese Primärvorgänge der Blütenbildung müssen, um wirksam zu werden, einen Schwellenwert erreichen. In Dunkelheit laufen in den Blättern sekundäre Vorgänge ab, die den primären entgegenarbeiten, und zwar, indem sie die Ausgangs- oder eine Zwischenstufe derselben angreifen, während die Endstufe der Primärvorgänge für sie nicht mehr zugänglich ist. Unterhalb einer bestimmten Dauer der Dunkelphasen werden die primären Vorgänge von den sekundären vollständig kompensiert; oberhalb davon häuft sich ihre Endstufe bis zur Erreichung des Schwellenwertes an, und zwar um so rascher, je höher die Tageslänge ist, am raschesten natürlich in Dauerlicht. Außerdem hat die Temperatur einen Einfluß auf das Gleichgewicht der beiden Vorgänge, derart, daß mit steigender Temperatur die sekundären gegenüber den primären beschleunigt werden und sie daher schon in kürzeren Dunkelphasen kompensieren können. Die Primärvorgänge sind vielleicht die Vorgänge der Blühhormonsynthese; dafür spricht, daß sie eine stabile, offenbar wirkungsspezifische Endstufe erreichen und daß sie, wie es auch für die Blühhormone zu erwarten ist, nur von einem bestimmten Schwellenwert an wirksam werden. Die Sekundärvorgänge bestehen möglicherweise in Dissimilationsvorgängen; dafür spricht, daß sie nur in Dunkelheit wirksam werden, d. h. Antagonisten von Assimilationsvorgängen zu sein scheinen, und daß sie dieselbe Temperaturabhängigkeit zeigen wie die Atmung, z. B. auch wie die CO_2-Abgabe abgeschnittener Blätter von *Hyoscyamus* (CLAES). Der Antagonismus der beiden Vorgänge ist dann so zu verstehen, daß die Blühhormonsynthese ihren Ausgang von durch die Photosynthese gebildeten Assimilaten nimmt und daß diese Assimilate in zu langen Dunkelphasen durch die Dissimilationsvorgänge anderweitig abgebaut werden. Da auch bei Tagneutralen die Blütenbildung durch Herabsetzung der Tageslänge unterdrückt werden kann, ohne daß gleichzeitig das vegetative Wachstum litte, scheint es, daß die Blühhormonsynthese allgemein erst oberhalb eines gewissen Niveaus von Assimilaten vor sich gehen kann. Diese ganze Hypothese macht vor allen Dingen die relative Bedeutung von Licht und Dunkelheit bei den Langtagpflanzen verständlich. Da die Blütenbildung bei diesen einerseits optimal schnell in Dauerlicht eintritt, andererseits bei zu langen täglichen Dunkelphasen ausbleibt, kann die Dunkelheit, auf die Blütenbildung bezogen, keinerlei positive, muß aber eine negative

Wirkung haben. Die Hypothese verleiht zwei wichtigen, aber bisher nur formal bekannten Erscheinungen des Photoperiodismus, der kritischen Tageslänge und der photoperiodischen Induktion, einen realen Inhalt und macht den charakteristischen Verlauf der photoperiodischen Reaktionskurve der Langtagpflanzen verständlich. Die kritische Tageslänge ist derjenige Tageslängengrenzwert, bei welchem die primären Vorgänge der Blütenbildung durch die sekundären gerade vollständig aufgehoben werden (indem alle für sie erforderlichen Assimilate abgebaut werden). Die photoperiodische Induktion ist diejenige Zeit, die zur Erreichung der Wirkungsschwelle der Primärvorgänge (der Schwellenkonzentration von Blühhormon) notwendig ist. Die photoperiodische Reaktionskurve ist der Ausdruck der Abhängigkeit der Induktion von der Tageslänge; da zwei gegenläufige Vorgänge beteiligt sind, haben in der Nähe der kritischen Tageslänge schon kleine Tageslängenänderungen einen großen Einfluß auf die zur Erreichung des Schwellenwertes nötige Zahl von Zyklen, während im optimalen Tageslängenbereich dieselben Änderungen darauf nur mehr einen kleinen oder gar keinen Effekt haben. Die Hypothese deckt ferner folgende Kennzeichen der photoperiodischen Reaktion der Langtagpflanzen: 1. Das Fehlen einer Gegeninduktion (die Sekundärvorgänge wirken auf die Blütenbildung nur als Antagonisten der Primärvorgänge, nicht selbständig); 2. die Möglichkeit der Summation unterschwelliger Induktionen; 3. die Temperaturabhängigkeit der Reaktion. Sie macht eine Deutung folgender Befunde möglich: 1. Die Wirkung der Entblätterung (Ausschaltung der Sekundärvorgänge); 2. die Hemmwirkung hoher Temperaturen in den Lichtphasen (Beeinträchtigung der Photosynthese, deren Temperaturoptimum bei Pflanzen gemäßigter Breiten bei ziemlich niedrigen Werten liegt); 3. die Wirkung der Zuckerinfiltration und 4. diejenige von O_2-Entzug (N_2-Atmosphäre) in den Dunkelphasen (Zufuhr zusätzlichen Substrats für die Dissimilation bzw. Einschränkung derselben; durch die Infiltration wird in der Tat ein Kohlenhydratüberschuß hergestellt, in N_2-Atmosphäre ist die CO_2-Abgabe herabgesetzt: CLAES). Schließlich erlaubt sie eine einfache Deutung der Wirkung verschieden hoher N-Ernährung auf die Blütenbildung bei Langtagpflanzen und ermöglicht es dadurch, die Hypothese von KLEBS und die Blühhormonhypothese von SACHS, die bisher als schroffe Gegensätze empfunden wurden, zu vereinigen: ebenso wie zwischen Blühhormonbildung und Dissimilation kann auch zwischen Blühhormonbildung und der Synthese N-haltiger Verbindungen, in erster Linie vermutlich Proteine, eine Konkurrenz um die verfügbaren Assimilate bestehen, so daß bei reichlicher N-Versorgung der Blühhormonbildung mehr Ausgangsmaterial entzogen wird als bei weniger reichlicher. Nicht ohne weiteres verständlich werden mit der Hypothese folgende Erscheinungen oder Befunde: 1. die Wirkung niedriger Zusatzlichtintensitäten; 2. die Wirkung der Aufteilung der Lichtphasen; 3. die Herabsetzung der kritischen Tageslänge in 48-h-Zyklen. Das Fehlen einer Übereinstimmung ist jedoch quantitativer und nicht qualitativer Art, so daß es sich nicht um unüberwindliche Widersprüche handelt.

Nach Hamner und nach Snyder wird der für die Blütenbildung maßgebende „Impuls" bei Langtagpflanzen in den Blättern und in Licht gebildet, und seine Entstehung verläuft in zwei Schritten: 1. Synthese eines instabilen Zwischenproduktes, 2. Überführung in ein stabiles Endprodukt. Das instabile Zwischenprodukt wird in Dunkelheit durch die Produkte einer Dunkelreaktion zerstört. Die zweite Reaktion setzt erst ein, wenn das Produkt der ersten einen gewissen Schwellenwert erreicht hat; ihr Produkt wird seinerseits bis zur Erreichung einer für die Blütenbildung notwendigen Wirkungsschwelle angereichert. Auch Gregory nimmt an, daß die für die Blütenbildung notwendige Substanz (das Blühhormon C) bei Langtagpflanzen in zwei Schritten gebildet wird, über eine instabile Zwischenstufe A, und zwar unter Teilnahme der Photosynthese, und daß in Dunkelheit A in eine blattbildende Substanz (Y) übergeführt wird. Beide Deutungen stimmen mit derjenigen von Lang u. Melchers weitgehend überein, wie es folgende schematische Schreibweise deutlich macht:

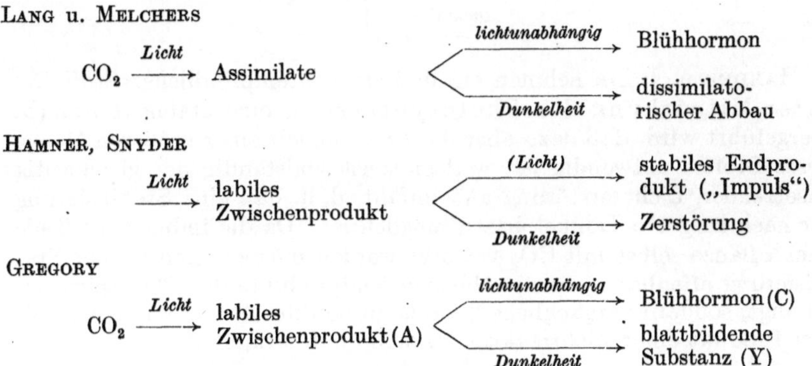

Sie decken dementsprechend die Erscheinungen der photoperiodischen Reaktion der Langtagpflanzen in annähernd der gleichen Weise oder stehen jedenfalls mit ihnen nicht in offenem Widerspruch. Die Erklärung von Hamner und Snyder unterscheidet sich von derjenigen von Lang u. Melchers nur darin, daß das Ausgangsprodukt des Reaktionsablaufes offengelassen und daß eine spezielle Vorstufe der Blühhormonbildung angenommen wird (die Annahme, daß auch die Umwandlung dieser Zwischenstufe zum eigentlichen Blühhormon oder Impuls eine Lichtreaktion ist, ist nicht nötig), die von Gregory in der Interpretation der Inaktivierung der Blühhormonvorstufe, wobei sich seine Deutung nur auf der Tatsache gründet, daß die Pflanzen, solange sie nicht zur Blütenbildung übergehen können, gewöhnlich dauernd neue Blätter bilden.

Kurztagpflanzen bilden Blüten nur in einem Wechsel von Licht- und Dunkelphasen, wobei die einen wie die anderen weder zu lang noch zu kurz sein dürfen. Das Licht ist hier an der Auslösung der Blütenbildung also offenbar auf zweierlei Weise beteiligt, fördernd und hemmend. Für die Hemmwirkung ist charakteristisch, daß sie schon in außerordentlich kurzen Lichtzeiten stattfinden kann; sie beruht offenbar

bar auf einer photochemischen Reaktion. Es kann sich also nicht (oder nicht allein) um die Anhäufung einer hemmenden Substanz in zu langen Lichtphasen handeln, sondern es müssen Vorgänge vorhanden sein, die nur im Dunkeln ablaufen, d. h. deren Produkte offenbar lichtempfindlich sind, und diese Vorgänge bzw. ihre Produkte müssen an der Auslösung der Blütenbildung in positivem Sinne beteiligt sein. Die Schwierigkeit für die Deutung liegt vor allem darin, daß nach ausreichend langen Dunkelphasen Licht auf diese Produkte nicht mehr wirkt, ihre Lichtempfindlichkeit also nach einer gewissen Zeit anscheinend verschwunden ist. HAMNER glaubt, daß ein in Dunkelreaktionen gebildeter Stoff oder „Zustand" (B) sich mit einem in Lichtreaktionen gebildeten (A) zu einem neuen Produkt oder Zustand (C) verbindet, der für die Blütenbildung maßgebend ist, daß diese Verbindung aber erst von einem gewissen Schwellenwert von B an möglich ist und daß das freie B extrem lichtempfindlich ist:

$$\begin{array}{l} \textit{Licht} \\ \overline{\qquad} \rightarrow A \\ \\ \textit{Dunkelheit} \\ \overline{\qquad} \rightarrow B \end{array} \Big\} \ C$$

HARDER u. BODE nehmen an, daß ein lichtempfindlicher Stoff (X) unter Mitwirkung der Photosynthese in eine stabile Form (Z) übergeführt wird, daß dazu aber die Anwesenheit einer größeren Menge dieses Stoffes notwendig ist, weil er sonst vollständig der gleichzeitig einsetzenden Lichtzerstörung anheimfällt, d. h. daß eine Stabilisierung nur nach längeren Dunkelphasen möglich ist. Da die induzierten Teile einer Pflanze selbst mit CO_2 versorgt werden müssen, sind an der Stabilisierung offenbar nicht die üblichen Endprodukte der Photosynthese beteiligt, sondern vergängliche Zwischenprodukte. Z verbindet sich mit dem Produkt einer Lichtreaktion L zum Blühhormon H:

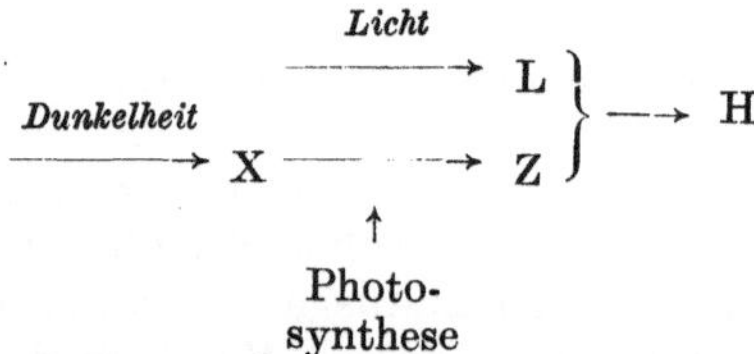

H scheint ebenfalls lichtempfindlich zu sein, weil bei Kombination induktiver Dunkel- und zu langer Lichtphasen Blütenbildung ausbleibt; außerdem scheint auch die Bildung von Hemmstoffen eine Rolle zu spielen. — CHOUARD (1943a) nimmt an, daß bei Lang- wie bei Kurztagpflanzen das Blühhormon über eine inaktive und unbewegliche Zwischenstufe entsteht, deren Anhäufung die weitere Synthese blockiert, und daß bei Kurztagpflanzen die Umwandlung dieser Zwischenstufe in die aktive Endform durch Licht gehemmt wird:

$$\xrightarrow{\textit{Licht}} \text{inaktive Zwischenstufe} \xrightarrow{\textit{Dunkelheit}} \text{Blühhormon}$$

Nach GREGORY ist bei den Kurztagpflanzen (1.) in die Blühhormonbildung eine Stufe mehr eingeschaltet als bei Langtagpflanzen, und zwar folgt auf die instabile Zwischenstufe A eine weitere ebensolche Zwischenstufe B, wird (2.) B in Licht sehr rasch zu A zurückverwandelt und findet (3.) die Umwandlung von A zum blattbildenden Stoff Y in Licht statt:

$$CO_2 \xrightarrow{\ Licht\ } A \underset{\xleftarrow{\ Licht\ }}{\xrightarrow{\ Dunkelheit\ }} B \longrightarrow C$$
$$A \xrightarrow{\ Licht\ } Y$$

Das Ausbleiben der Blütenbildung bei zu langen Lichtphasen beruht auf der Reaktion A → Y, die Wirkung von Störlicht auf der Rückreaktion B → A. Daß B nach einer gewissen Zeit lichtunempfindlich wird, führt GREGORY darauf zurück, daß es aus den Blättern abgeleitet wird; dafür ist ein besonderer „Abzugmechanismus" verantwortlich zu machen, also ein Mechanismus, der — wie der Abzug einer Schußwaffe einer bestimmten Spannung bedarf — einen Vorgang erst bei einer gewissen „Ladung" auslöst. Außerdem nimmt GREGORY an, daß bei Langwie bei Kurztagpflanzen die eigentliche Blühhormonbildung, also die Reaktion A → C bzw. B → C, autokatalytischen Charakter hat, da die Blütenbildung, einmal induziert, unabhängig von der Tageslänge weitergehen kann.

Diese Erklärungsversuche sind zugegebenermaßen weniger Deutungen als Postulate, die nur auf Grund weiteren experimentellen Materials geprüft werden können. Gegenwärtig kann nur auf gewisse Unwahrscheinlichkeiten hingewiesen werden, wie bei GREGORY die Forderung, daß dieselbe Reaktion (A → Y) einmal nur in Licht, das anderemal nur in Dunkelheit abläuft. Auch das Postulat des autokatalytischen Charakters der Blühhormonbildung ist durchaus spekulativ, und es kann auf die Diskussion derselben Annahme in anderen Zusammenhängen verwiesen werden (s. S. 365). Hier kann zu ihren Gunsten die — an sich bekannte, jetzt besonders von HAUSCHILD betonte — Tatsache herangezogen werden, daß die relative Effektivität der Induktion einzelner Blätter (jedenfalls bei Ausschaltung von Hemmwirkungen) viel größer ist als die der ganzen Pflanze, daß die Induktion die Entwicklung nur „anzustoßen" scheint. Andererseits ist die Persistenz der Blütenbildung nicht die Regel; gewöhnlich besteht, jedenfalls was die Zahl der Blüten oder die Weiterentwicklung der Infloreszenzen anbetrifft und unterhalb des Optimalwertes, eine gewisse Proportionalität zwischen Induktion und Blütenbildung, und selbst bei maximaler Induktion, ja sogar bei Dauereinwirkung der induktiven Tageslänge, kann die Blühwilligkeit nach einer gewissen Zeit, wenigstens vorübergehend, abnehmen (HAUSCHILD bei *Kalanchoë*). Wo die Blütenbildung tatsächlich persistiert, kann das mit der indirekten Induktion nach LONA (s. o.) erklärt werden. — Ein m. E. wichtiger Punkt ist aber allen vier Erklärungsversuchen gemeinsam: sie nehmen an, daß ein Teil der für Blütenbildung und photoperiodische Reaktion maßgebenden Vorgänge bei Lang- und Kurztagpflanzen identisch ist, oder lassen doch für solche Annahme Raum (die Entstehung von L bei Harder u. Bode). Die Blühhormone der beiden Reaktionstypen sind, wie schon behandelt, identisch oder stehen zueinander in von der Tageslänge unabhängiger Beziehung (s. S. 383); die Vorgänge der Blühhormonsynthese müssen daher ebenfalls die gleichen sein. Es ist möglich, daß das Ausbleiben der Blütenbildung bei Kurztagpflanzen in zu kurzen Tageslängen ebenso verursacht ist wie bei Langtagpflanzen in Kurztagbedingungen und daß ihre photoperiodischen Reaktionen soweit übereinstimmen, daß aber bei Kurztagpflanzen spezielle Vorgänge, die die Einschaltung längerer Dunkelphasen erfordernden lichtempfindlichen Vorgänge, hinzukommen, die bei Langtagpflanzen fehlen. Aus einigen Versuchen von Grainger schien hervorzugehen, daß bei Kurztagpflanzen der Stärkeabbau durch Licht gehemmt wird; wäre dies richtig, so könnte die hemmende Lichtwirkung bei Kurztagpflanzen ebenso wie die Wirkung der Dunkelheit bei Langtagpflanzen in der Beschränkung der Menge für die Blühhormonbildung verfügbarer Assimilate bestehen. Claes u. Melchers konnten aber in Untersuchungen an *Xanthium strumarium* keine Bestätigung für diese Möglichkeit finden; der Stärkeabbau verlief in Langtag, Kurztag und Kurztag mit Lichtunterbrechung der Dunkelphasen gleich, und zwischen einer ausgeprägten Kurztag- und einer tagneutralen Varietät waren ebenfalls keine Unterschiede vorhanden.

Die beiden folgenden Erklärungsversuche implizieren, daß Lang- und Kurztagpflanzen sich als reziproke Gegensätze verhalten. Lona (1947b, 1948) vertritt die Ansicht, daß die eigentliche Tageslängenwirkung bei beiden die Unterdrückung der Blütenbildung durch die nicht-induktiven Bedingungen sei; die Auslösung der Blütenbildung sei tageslängenunabhängig und erfordere nur die Anwesenheit ausreichender Mengen von Zuckern. Er begründet diese Auffassung mit der Hemmwirkung von in nicht induktiven Bedingungen befindlichen Blättern auf die Blütenbildung und vor allem mit dem Ergebnis der Zuckerzufuhrversuche bei *Hyoscyamus* und *Chenopodium*. Es ist zweifellos richtig, und wird auch von fast allen Erklärungsversuchen, den schon besprochenen und den noch zu besprechenden, in Rechnung gestellt, daß Hemmungserscheinungen (im weitesten Sinne, und nur auf die Blütenbildung bezogen verstanden) beim Zustandekommen photoperiodischer Reaktionen maßgebend beteiligt sind. Diese Reaktionen können aber immer nur als die Resultante mehrerer Vorgänge aufgefaßt werden, deren jeder für den Ausfall der Reaktion bedeutsam ist. Die Tatsache, daß bei Langtagpflanzen eine Summation unterschwelliger Induktionen möglich ist, zeigt außerdem, daß die Auslösung der Blütenbildung nicht unmittelbar auf die Erreichung eines Überschusses unspezifischer Substanzen beruhen kann. — R. B. u. A. P. Withrow glauben, daß an den photoperiodischen Reaktionen zwei Vorgänge beteiligt sind und daß der eigentümliche Charakter dieser Reaktionen durch die besonderen Eigenschaften des ersten dieser Vorgänge verursacht wird. Dieser Vorgang ist eine Dunkelreaktion, die in Licht wie in Dunkelheit vor sich geht und die die Vorstufe der photoperiodisch wirksamen (also bei Langtagpflanzen die Blütenbildung fördernden, bei Kurztagpflanzen hemmenden) Substanz produziert, und ihre besonderen Eigenschaften sind, daß sie sehr langsam verläuft und eine sehr niedrige Gleichgewichtskonzentration hat. Die zweite Reaktion ist die Photoaktivierung der Vorstufe; die wirksame Substanz selbst kann nach Meinung der Autoren der für die Aufnahme der photoperiodischen Lichtwirkung verantwortlicheFarbstoff sein. Auf diese Weise läßt sich erklären, warum die Lichtwirkung bei photoperiodischen Reaktionen ihre Sättigung schon bei sehr niedrigen Intensitäten erreicht und warum die Dauer der Lichteinwirkung eine relativ größere Wirksamkeit hat als die Intensität. Andererseits sind die von R. B. u. A. P. WITHROW angenommenen Vorgänge rein quantitativer Natur, und deswegen bleiben einige der wichtigsten Merkmale der photoperiodischen Reaktionen, wie die Wirkung der Dunkelheit und die Temperaturabhängigkeit der Reaktion bei Langtag- und die Bedeutung des Licht-Dunkel-Wechsels und die Wirkung des Störlichts bei Kurztagpflanzen, unerklärt. Als Ergänzung zu anderen, umfassenderen Deutungen, und besonders im Hinblick auf die quantitative Seite der photoperiodischen Lichtwirkung, scheint mir aber der von R. B. u. A. P. WITHROW eingeführte grundsätzliche Gesichtspunkt sehr beachtenswert.

Schließlich sind noch zwei Erklärungsversuche zu nennen, die, obwohl sonst ohne irgendwelche Berührungspunkte, das eine gemeinsam haben, daß sie die Unterschiede zwischen Lang- und Kurztagpflanzen als nur quantitativ betrachten. BORTHWICK u. Mitarb. nehmen — auf Grund des Nachweises daß das photoperiodische Wirkungsspektrum bei Lang- und Kurztagpflanzen übereinstimmt und daß die Temperatur bei der photoperiodischen Reaktion der Kurztagpflanzen vor allem durch Beeinflussung in den Blättern ablaufender Vorgänge wirkt — an, daß bei beiden Reaktionstypen in den Blättern eine die Blütenbildung kontrollierende Substanz entsteht, daß diese Substanz — die nicht mit dem Blühhormon identisch zu sein braucht, aber irgendwie an seiner Entstehung beteiligt sein kann — einerseits erst von einer gewissen Minimalkonzentration an wirksam wird, andererseits aber oberhalb einer bestimmten höheren Konzentration hemmend zu wirken beginnt und daß sie durch eine Lichtreaktion — ebenfalls in den Blättern — zerstört werden kann. Bei Langtagpflanzen entgeht soviel dieser Substanz der Lichtzerstörung, daß der wirksame Schwellenwert sogar in Dauerlicht erreicht wird, während bei zu langen Dunkelphasen die angehäuften Mengen in den hemmenden Bereich kommen; bei Kurztagpflanzen ist zur Erreichung der wirksamen Menge dagegen die Einschaltung längerer Dunkelphasen erforderlich:

	Langtag	Kurztag
Langtagpflanzen	wirksame Mengen	zuviel Substanz
Kurztagpflanzen	zu wenig Substanz	wirksame Mengen

Die Deutung hätte den großen Vorzug, das gegensätzliche Verhalten der beiden Reaktionstypen auf die gleiche Basis zurückzuführen; das

Problem des Photoperiodismus bei Blütenpflanzen würde damit seinen am schwersten verständlichen Zug verlieren. Die Deutung ist als Arbeitshypothese gedacht; an bekannten experimentellen Tatsachen stehen, soweit ich sehe, mit ihr vorläufig nur die Temperaturabhängigkeit der Reaktion bei Langtagpflanzen sowie das Verhalten derselben in 48 h-Zyklen in Widerspruch, und außerdem bietet sie — was freilich auch für viele der anderen Deutungsversuche gilt — keine eigentliche Erklärung für die außerordentliche Wirksamkeit von „Lichtblitzen" und die zeitliche Variation dieser Wirksamkeit.

BÜNNING führt das Zustandekommen photoperiodischer Reaktionen auf die endonome Tagesrhythmik der Pflanzen zurück; in dieser Deutung — die schon 1937 ausgesprochen, in der Berichtszeit aber weiter ausgearbeitet und teilweise modifiziert wurde (BÜNNING 1944, 1948b, zusammenfassende Darstellung 1946) — ist das Schwergewicht der Problematik also wesentlich verschoben. Die Grundannahme BÜNNINGs ist, daß das Licht in der einen der beiden Phasen der endonomen Rhythmik (der „photophilen Phase") auf die Blütenbildung fördernd, in der anderen (der „skotophilen") dagegen hemmend wirkt. Kurz- und Langtagpflanzen unterscheiden sich dadurch, daß bei jenen die photophile Phase etwa gleichzeitig mit Belichtungsbeginn eintritt, aber meist nach weniger als 12 h von der skotophilen abgelöst wird, während sie bei diesen erst nach Ablauf von $\sim$ 10 h oder mehr nach Lichtbeginn eintritt, dann aber bis in die frühen Morgenstunden erhalten bleibt (BÜNNING 1944b, 1948b). Bei Kurztagpflanzen tritt Blütenbildung daher schon in relativ kurzen Lichtphasen ein und wird bei Ausdehnung derselben über den Beginn der skotophilen Phase hinaus gehemmt, bei Langtagpflanzen sind dagegen gerade die ersten Stunden nach Lichtbeginn hinsichtlich der Blütenbildung unwirksam. Diese Hypothese wird durch folgende Befunde gestützt: 1. In 48-h-Zyklen zeigt die Lichtwirkung zwei Maxima (s. o.). 2. Bei *Hyoscyamus* scheint in Übereinstimmung mit der Heraufsetzung der kritischen Tageslänge der Eintritt der photophilen Phase mit steigender Temperatur verzögert zu werden (BÜNNING 1944b). 3. Bei *Nicotiana tabacum „Maryland-Mammut"*, die in tieferen Temperaturen auch in Langtagbedingungen, in höheren dagegen auch nicht in Kurztagbedingungen blüht (s. Fortschr. Bot. **10**, 293), wird das Maximum der photophilen Phase mit steigender Temperatur immer später erreicht (BÜNNING 1948b). 4. Bei *Soja*-Varietäten mit mehr tagneutraler Reaktion ist die Dauer der photophilen Phase größer, d. h. kann Blütenbildung in höheren Tageslängen eintreten, als bei ausgesprochenen Kurztag-Varietäten (BÜNNING 1948b). Die Hypothese macht die relative Wirkung von Licht und Dunkelheit bei den photoperiodischen Reaktionen verständlich, erklärt also die Grunderscheinung des Photoperiodismus. Sie erklärt ferner: 1. die Wirkung verschiedener vom 24-h-Rhythmus abweichender Licht-Dunkel-Zyklen (BÜNNING 1944a); 2. die Wirkung von Unterbrechung der Dunkelphasen mit Licht (bei Langtagpflanzen Licht in die photo-, bei Kurztagpflanzen in die skotophile Phase!); 3. die größere Effektivität der Dauer von Zusatzlicht, verglichen mit derjenigen seiner Intensität (je länger die Belichtung, desto mehr Licht wieder bei Langtagpflanzen in die photophile, bei Kurztagpflanzen in die skotophile Phase!). Sie erklärt dagegen nicht die Wirkung der Entblätterung und damit die aktive Hemmwirkung der Dunkelheit bei Langtagpflanzen. Vor allem aber beruht sie ausschließlich auf Indizienbeweisen, die zwar durch ihre Zahl zweifellos ein beträchtliches Gewicht besitzen, die aber, jeder für sich genommen, auch anderweitig erklärt werden können (für einige geht das aus der vorstehenden Diskussion hervor) und über die kausalen Zusammenhänge nichts aussagen.

III. Der Verlauf der Entwicklung (Blütenpflanzen).

Embryonalentwicklung. a) Embryo- und Endospermentwicklung. Die Entwicklung der Eizelle und des Polkerns ist nicht von der eigentlichen Befruchtung abhängig, da ihre Teilung einsetzen kann, bevor die generativen Kerne den Pollenschlauch verlassen haben; vielleicht ist eine schwer diffusible Substanz beteiligt, weil Anregung einer Eizelle durch eine benachbarte befruchtete Samenanlage nie beobachtet wurde (VAN OVERBECK, CONKLIN u. BLAKESLEE 1941). — BRINK und COOPER bringen weiteres Material für ihre Auffassung bei, daß normales Wachstum des Endosperms Voraussetzung für das Wachstum des jungen Embryos ist (s. Fortschr. Bot. 11, 298—300 und zusammenfassende Darstellung von BRINK u. COOPER 1947). In den steckenbleibenden Samen aus Bestäubungen von *Hordeum jubatum* oder *H. vulgare* mit *Secale cereale* und aus Bestäubungen von diploidem mit tetraploidem *Solanum pimpinellifolium* sowie Kreuzungen zwischen verschiedenen *Solanum*-Arten (COOPER u. BRINK 1944 bzw. 1945) geht dem Zusammenbruch des Embryos immer der Zusammenbruch oder eine abnorme Entwicklung des Endosperms voraus; der Embryo selbst ist wenigstens in der *Hordeum* × *Secale*-Kreuzung nachweislich lebensfähig, da bei rechtzeitiger Isolierung und Kultur auf künstlichem Medium erwachsene Bastardpflanzen erhalten werden können (BRINK, COOPER u. AUSHERMAN). In den *Solanum*-Kreuzungen hypertrophiert, wie in den früher untersuchten Fällen, mütterliches Gewebe (die innerste Schicht des Nucellus); bei den Gramineen scheinen die Antipoden eine wichtige Rolle zu spielen — vielleicht durch Produktion einer für die Endospermentwicklung notwendigen Substanz —, da ihre Entwicklung nach den artfremden Bestäubungen eine wesentliche andere ist als nach arteigenen (BRINK u. COOPER 1944). THOMPSON u. JOHNSTON stimmen allerdings den Vorstellungen von BRINK und COOPER nicht zu. Nach ihren Untersuchungen verläuft die Entwicklung des mütterlichen Gewebes bei *Hordeum vulgare* nach Bestäubung mit *Secale* ebenso wie nach Selbstbestäubung, so daß für einen Wettbewerb mit dem Endosperm kein Hinweis vorhanden ist, und die Entwicklung der Antipoden weist keine solchen Unterschiede auf, die so weitgehende Annahmen rechtfertigen könnten. THOMPSON u. JOHNSTON nehmen an, daß abnorme Entwicklung mütterlichen Gewebes die Folge und nicht die Ursache des schlechten Endospermwachstums ist, indem dieses zu einem Überschuß an Nährstoffen in jenem führt. Aber auch bei dieser Deutung bleibt bestehen, daß die Fehlentwicklung des Endosperms derjenigen des Embryos vorausgeht, und angesichts des Nachweises von für die Frühentwicklung und -differenzierung notwendigen Stoffen kann man daran denken, daß die Funktion des Endosperms nicht nur in der Vermittlung der Baustoffzufuhr, sondern auch der Lieferung dieser Wirkstoffe besteht. — Über diese Stoffe der Frühentwicklung s. S. 381—382.

b) Wuchsstoffhaushalt während der Samenentwicklung. HATCHER setzte seine mit GREGORY begonnenen Untersuchungen über den Wuchsstoffhaushalt der reifenden Samen von *Secale* fort (s. Fortschr. Bot. 11, 301). Der Wuchsstoff dürfte Indolylessigsäure sein. Er liegt teilweise in gebundener Form vor. Das Verhältnis zwischen der gebundenen und der freien Form ist, solange der Gesamtwuchsstoffgehalt zunimmt, konstant (3:1); später, wenn der Gesamtgehalt sinkt, nimmt es zu (bis 80:1), d. h. der Wuchsstoff wird zunehmend gebunden, wahrscheinlich im Zusammenhang mit dem Wasserverlust in den späteren Reifestadien. Zwischen der Wuchsstoff- und der Trockensubstanzzunahme scheint keine kausale Beziehung zu

bestehen, da diese ihr Maximum schon vor der Anwesenheit größerer Wuchsstoff-
mengen erreicht. Der Wuchsstoff ist im Endosperm, speziell den embryonahen
Teilen des Aleurons, lokalisiert; der Embryo ist wuchsstofffrei. Der Wuchsstoffhaushalt wird weder durch Lichtabschluß noch durch vorzeitige Ernte nennenswert
beeinflußt. — Die Hauptmenge von Vitamin B_1 in reifen *Triticum*-Samen befindet
sich im Scutellum; die Mobilisierung scheint erst mehrere Tage nach der Keimung
zu erfolgen (HINTON).

Samenruhe und -keimung. a) Physiologie der Samenruhe.
BÜNNING (1947, 1948a) entwickelt, wie schon kurz erwähnt (s. S. 342),
eine neuartige Deutung der Samenruhe, und zwar faßt er sie als Fortsetzung der endogenen Jahresrhythmik der Mutterpflanze
auf. Je nachdem, ob die Reife der Samen mit dem Beginn der endogenen
Ruhephase zusammenfällt oder früher eintritt, ist ihre Keimungsbereitschaft gleich nach der Ernte am tiefsten oder ist zunächst relativ hoch
und sinkt dann ab, um später wieder anzusteigen; das Auf und Ab der
Keimungsbereitschaft kann sich bei manchen Arten wiederholen. BÜN-
NING unterscheidet folgende Typen von Samen: 1. ohne endogene Ruheperiode (Beispiele: unsere Kulturpflanzen, einige Pflanzen der gleichmäßig feuchten Tropenzone); 2. mit ,,einfacher" Nachreifeperiode (viele
Pflanzen der gemäßigten Breiten, u. a. *Salvia viridis, Malva neglecta,
Potentilla mollissima)*; 3. mit mehreren Perioden endogener Ruhe *(Nicotiana tabacum, Datura metel)*. Die fördernde Wirkung mancher Faktoren,
wie z. B. Licht bei *Impatiens sultani*, kommt vor allem dann zum Ausdruck, wenn die Samen sich in der Ruhephase der inneren Rhythmik
befinden. — BÜNNINGs Deutung, die sich natürlich auch auf andere eine
Ruheperiode aufweisende Organe, wie die von VEGIS untersuchten
Winterknospen von *Stratiotes* (s. S. 342) übertragen läßt, wird vor allem
durch die Tatsache gestützt, daß früher und später gereifte Samen die
höchste Keimungsbereitschaft gleichzeitig erreichen können (z. B. *Se-
necio vulgaris)* und daß unreif geerntete Samen eine entsprechend längere
Nachreifezeit haben (VINES bei gewissen *Hordeum*-Varietäten). Ob sie
allgemeine Gültigkeit hat, und wie weit diese reicht, scheint mir freilich
noch offen. Bei Samen mit der ,,einfachen Nachreifeperiode" sind auch
andere Erklärungen möglich und nach gewissen Befunden auch wahrscheinlich. COX u. Mitarb. fanden, daß in den frischen Samenschalen
von *Brassica oleracea* ein Hemmstoff enthalten ist, der in der wasserlöslichen Fraktion von alkoholischen Extrakten konzentriert ist; bei
Älterwerden wird dieser Stoff vielleicht zerstört, und es muß geprüft
werden, wieweit solche Vorgänge auch bei anderen Samen dieses Typs
eine Bedeutung haben. Andererseits läßt sich die permanente Ruhe der
Samen mancher Arten, die ohne Einwirkung bestimmter Faktoren
überhaupt nicht zur Keimung oder Weiterentwicklung kommen (s. u.),
nicht als rhythmische Erscheinung ansprechen. Endogene Faktoren
können *a priori* nur bei sich rhythmisch wiederholenden Keimbereit-
schaftsschwankungen angenommen werden, und in dieser Hinsicht
sind die bisherigen Daten recht spärlich.

BARTON fügt den im vorigen Bericht (Fortschr. Bot. **11**, 302) genannten Typen von Samen mit obligatem Kältebedürfnis einen weiteren
hinzu, nämlich Samen mit zwei vollständigen Ruheperioden, bei denen

die Entwicklung nur nach zwei durch eine Periode höherer Temperatur getrennten Kälteeinwirkungen erfolgt: einer ersten nach der Quellung, durch die die Wurzel-, und einer zweiten nach Ausbildung des Wurzelsystems, durch die die Sproßentwicklung ausgelöst wird. Damit haben wir folgende Typen solcher Samen zu unterscheiden: 1. Samen mit ruhender Wurzel; 2. Samen mit ruhendem Epikotyl, mit 2 Untertypen: a) Ruhe vor Beginn der Sproßentwicklung, b) Ruhe nach Einsetzen der Sproßentwicklung (dem Durchbruch der Kotyledonarscheide); 3. Samen mit ruhender Wurzel und ruhendem Epikotyl. Beispiele des neuen Typs sind *Trillium grandiflorum*, *Tr. erectum* und *Caulophyllum thalictroides*, neue Beispiele für den Typ 2a *Asarum canadense*, *Sanguinaria canadensis* und *Polygonatum commutatum*; jedoch weisen die beiden letzten ebenso wie die zu Typ 2b gehörigen *Convallaria majalis* und *Smilacina racemosa* auch eine partielle Ruhe der Wurzel auf.

Die durch die Samenschale aufgezwungene „falsche" Samenruhe bei 21 Arten der *Leguminosae* (*Loteae* und *Trifolieae*) wird auch bei den am schwersten keimenden Arten durch Verletzung der Testa völlig aufgehoben. Die Keimungsbereitschaft weist eine gewisse Beziehung zur Permeabilität der Testa auf, dagegen keine zu den sonstigen anatomischen und chemischen Merkmalen derselben; keine der Impermeabilität verursachenden Struktureigentümlichkeiten ist allen nicht-permeablen Samenschalen gemeinsam oder fehlt allen permeablen (WATSON). Inaktivität des Embryos und Hemmung durch die Testa können gleichzeitig vorliegen; das zeigt sich bei *Prunus persica*, wo, wie schon früher besprochen, isolierte Embryonen nicht nachgereifter Samen zwar keimen, aber abnorm entwickelte Pflanzen ergeben (s. S. 343). Die Bedeutung der während ihrer Reife herrschenden Tageslänge für die Keimungsbereitschaft der Samen von *Chenopodium amaranticolor* wurde schon genannt (s. S. 412). Außer der Tageslänge sind auch — aber in viel geringerem Maße — Temperatur und Luftfeuchtigkeit von Bedeutung, und zwar wird die Keimfähigkeit durch niedrigere Temperaturen während der Reifezeit herauf-, durch hohe Luftfeuchtigkeit herabgesetzt (LOŃA 1947c).

b) **Keimfähigkeit und Keimung.** Zur Bestimmung der Keimfähigkeit wurden einige neue Methoden entwickelt. Sie beruhen darauf, daß zwischen der Keimfähigkeit und der Aktivität bestimmter Enzyme eine Übereinstimmung besteht. LAKON verwendet Tetrazolium-Salze, die durch reduzierende Fermente, BRÜCHER Benzidin und Guajakol, die durch Peroxydasen zu gefärbten Verbindungen umgewandelt werden. Die Methoden sind besonders für Cerealien geeignet, lassen sich aber auch bei anderen Objekten anwenden oder diesen anpassen, z. B. die LAKON-Methode für Leguminosen, *Gossypium* und *Fagopyrum* (PORTER u. Mitarb.). Da über die kausalen Zusammenhänge zwischen der Enzymaktivität und der Keimfähigkeit noch nichts bekannt ist, ist ein gewisser Unsicherheitsfaktor stets vorhanden; so zeigen durch O_2-Mangel während der Keimung abgetötete *Hordeum*-Samen (für die praktische Brauchbarkeit ein belangloser Fall) im BRÜCHERschen Test eine starke positive Reaktion.

Nach RUGE sinkt mit zunehmendem Alter der Samen zusammen mit der Keimfähigkeit der Gehalt an Wuchsstoff, freien und gebundenen Bios-Wachstumsfaktoren und den Vitaminen B_1 und C ab, und die Keimfähigkeit alter *Avena*-Samen wird durch die Vitamine B_1, C und Nicotinsäure gesteigert, während Vitamin B_2 und D nicht bzw. sogar etwas hemmend wirken. Junge *Helianthus*-Keimlinge enthalten Stoffe, die die Keimung alter *Avena*-Samen fördern; RUGE vermutet, daß es sich um Äthylen handelt, weil dieses ebenso wie auch Milchsäure die Keimung alter Samen ebenfalls fördert — nach RUGE über Beeinflussung der Atmung. Nach JUEL besteht zwischen Wuchsstoffgehalt und Keimfähigkeit kein Zusammenhang, weil jener wesentlich langsamer absinkt als diese.

Nach WENT (1948a) keimen manche californischen Wüstenpflanzen nur nach einem schweren Sommerregen, andere nach Spätherbst- und Winterregen, und wieder andere nach ganz bestimmten anderen klimatischen Faktoren, je nach dem ökologischen Typ. Nach MÜLLER ist die optimale Keimungstemperatur der meisten von 21 untersuchten Cruciferen 22⁰, bei *Isatis tinctoria* und *Diplotaxis muralis* sind aber in Licht 30⁰ günstiger; bei allen Arten wurde die Keimung durch 4 h lange Belichtung gefördert, manchmal sehr stark, und während die Lichtförderung sonst oft auf die Nachreifeperiode beschränkt ist (s. a. o.), war sie hier oft noch nach Monaten, zuweilen (*Capsella bursa pastoris*) sogar nach Jahren, unverändert vorhanden. HANF findet, daß die Samen von Unkräutern noch in Bodentiefen keimen, die ein Auflaufen nicht mehr zulassen; er hält eine Unterscheidung der beiden Entwicklungsstadien für nötig, um so mehr, als sie auf gewisse Außenfaktoren verschieden reagieren. Die durch blaues Licht zu induzierende Keimungshemmung von *Lactuca-sativa*-Samen beruht nach LEGGAT vielleicht in einer Veränderung des Stoffwechsels in Richtung auf größere CO_2- und Acetaldehydproduktion, da sie in ganz ähnlicher Weise auch durch CO_2-Atmosphäre und Äthylalkohol hervorgerufen werden kann. Sie wird durch Entfernung von Perikarp und Testa aufgehoben und durch reichliche Wasserzufuhr gemildert. Veränderungen der Permeabilität der Samenschale scheinen nicht maßgebend zu sein, da bei Trocknung der Samen nach der Blaulichtbehandlung die Keimungshemmung sich auch bei Beschädigung der Schale zeigt. NUTILE fand, daß Cumarin die Keimung von *Lactuca-sativa*-Samen im Dunkeln verhindert und daß diese Hemmung ebenso wie die natürliche Ruhe der Samen durch Licht, tiefe Temperaturen und Thioharnstoffbehandlung überwunden werden kann. Da Cumarin zu den pflanzeneigenen ungesättigten Lactonen mit wachstumshemmender Wirkung gehört (s. S. 357), hält er für möglich, daß es der für die natürliche Ruhe der Samen verantwortliche Stoff ist. Nach WEINTRAUB ist allerdings eine ganze Reihe anderer natürlich vorkommender Verbindungen, darunter solche wie die gewöhnlichen Mono- und Disaccharide, Vitamin C, α- und β-Alanin, ebenso wirksam (wenn auch alle nur in ± höheren Konzentrationen als Cumarin).

Die Tatsache, daß isolierte Getreideembryonen besser wachsen, wenn die Isolierung erst einige Stunden nach Einquellung der Samen erfolgt, wurde bisher mit Übertragung hormonartiger Stoffe aus dem Endosperm erklärt. Wie R. BROWN bei *Hordeum* nachweist, spielt jedoch die Veränderung der Außenbedingungen für den Embryo zum mindesten ebenfalls eine Rolle. Bei Kultur in isoliertem Zustande ist für ihn, verglichen mit der Situation im intakten Samen, die Nährstoff- und Wasserversorgung erhöht (im intakten Samen sind die Nährstoffe des Endosperms in den ersten 24 h der Keimung unlöslich), die CO_2-Spannung erniedrigt und die O_2-Spannung erhöht. Infolge der leichteren Wasserversorgung nimmt der Wassergehalt rascher zu als bei nicht-isolierten Embryonen; das Trockengewicht nimmt aber, besonders in den ersten 12 h, offenbar infolge Auslaugung von Stoffen, im Gegensatz zu diesen ab. Durch Angleichung der Verhältnisse an diejenigen im intakten Samen kann das Wachstum von isolierten Embryonen verbessert werden.

c) **Exogene keimungshemmende Stoffe.** Nach KAUFMANN nimmt mit zunehmender Reife der Früchte von *Cucumis sativus* in allen Teilen derselben die Menge keimungshemmender Stoffe zu. Auch die Samen sowie die Schalen und (weniger) die Embryonen von *Cucurbita-pepo*-Samen enthalten einen Hemmstoff. Der Hemmstoff aus dem Fruchtfleisch ist besser alkohol- als äther- und fast gar nicht benzollöslich und peroxydempfindlich; der aus *Cucurbita*-Samen wasser- und ätherlöslich und kochbeständig. Die von FRÖSCHEL (Fortschr. Bot. **10**, 285) gefundene keimungshemmende Wirkung wässriger Extrakte aus den Fruchtknäueln von *Beta vulgaris* beruht nach DUYM u. Mitarbeiter auf der osmotischen Wirkung der im Extrakt enthaltenen anorganischen Verbindungen und nicht auf irgendwelchen spezifischen Hemmstoffen; die Hemmwirkung ist im Licht wesentlich höher als im Dunkeln, was vorerst nicht erklärt werden kann (vgl. dagegen die Deutung von STOUT u. TOLMAN [Fortschr. Bot. **11**, 302]). Die schon von BORRISS (Fortschr. Bot. **10**, 285) festgestellte keimungshemmende Wirkung flüchtiger Stoffe in der Luft des Keimraumes wurde auch von WEINTRAUB u. PRICE (1948) beobachtet. Außer einer Anzahl bekannter Verbindungen (besonders Acrylsäure, Acrolein, Crotonsäure und -aldehyd und H_2O_2), von Ölen und Firnissen haben bestimmte Holzarten eine starke Hemmwirkung (die stärkste *Liriodendron*, die geringste *Prunus*). Die Empfindlichkeit verschiedener Arten ist sehr verschieden; die Hemmung ist vollständig reversibel.

Vegetative Entwicklung und Auslösung der Blütenbildung. Die neuen Arbeiten über die Entwicklung des Sprosses wurden früher besprochen (s. S. 394 ff.), ebenso diejenigen über die an der Auslösung der Blütenbildung beteiligten stofflichen und Außenfaktoren (S. 382, 398 und 405 ff.). Obwohl viele sehr wichtige Einzelbefunde gemacht sind, ist eine einheitliche Deutung derselben noch nicht erreicht (s. besonders die Diskussion des Photoperiodismus), und ein zusammenhängendes Bild der zur Blütenbildung führenden Vorgänge kann um so weniger gegeben werden. Das Problem ist eingehend bei MELCHERS u. LANG (1948 b) erörtert worden. Außer den dort schon behandelten Ergebnissen ist die Feststellung sehr wichtig, daß Wuchsstoff bei der Auslösung der Blütenbildung maßgebend beteiligt sein kann (s. S. 388), besonders wenn sich die Vermutung bestätigt, daß Zusammenhänge mit dem Stoffwechsel organischer Säuren bestehen, da dieser sowohl von der Temperatur als auch von Licht und Dunkelheit beeinflußt wird. Andererseits ist eine Verallgemeinerung natürlich noch unzulässig; es sei nur darauf hingewiesen, daß HATCHER im Wuchsstoffhaushalt der sich entwickelnden Samen von Sommer- und Winterroggen (s. o.) keinerlei Unterschiede fand, so daß bloße Unterschiede in Gehalt und Zustand des Wuchsstoffes für den verschiedenen Entwicklungsverlauf hier nicht entscheidend sein können. — Vgl. dazu S. 320.

An dieser Stelle sollen nur einige, mehr deskriptive Befunde über die Beteiligung der einzelnen Faktoren an der Gesamtentwicklung nachgetragen werden. Diese wurde besonders eingehend von HEATH und HOLDSWORTH (mit Mitarbeitern; Zusammenfassung 1948) bei *Allium cepa* untersucht. In Übereinstimmung mit älteren Autoren sowie THOMSON u. SMITH und SCULLY u. Mitarb. (1945 a) wurde gefunden, daß die Zwiebelbildung bei Sämlingspflanzen nur unter Langtagbedingungen erfolgt, wobei zur Auslösung des Vorganges die Einwirkung zweier Langtage genügt und — wie bei der Blütenbildung — die Aufnahme durch die Blätter erfolgt, aber — im Gegensatz zu dieser — der Effekt zunächst (bei zu kurzer Induktion) reversibel ist und durch Temperaturerhöhung gefördert wird. Die Zwiebelbildung besteht in einer Verstärkung des Dickenwachstums der Blattscheiden vor allem durch Zellstreckung (Zwiebelbildung durch Wuchsstoffbehandlung konnte bisher übrigens nicht erreicht werden) bei Verlangsamung der Zellteilungs- und Wachstumstätigkeit in ihren meristematischen Regionen und bei völliger Unterdrückung der Blattspreiten; sie führt, nach Ausbildung einer bestimmten Anzahl von Schuppen, zur Unterdrückung der Anlage weiterer Blätter sowie neuer Wurzeln, und die Zwiebel geht zur Ruhe über. Die Anlage der Infloreszenz erfolgt in Lang- und Kurztag, in diesem aber erst nach Ausbildung von 25—45 Blättern gegenüber ~ 13 in Langtag; sie wird durch höhere Temperatur während der ganzen Entwicklung gehemmt bis unterdrückt, während tiefe Temperatur während der Samenkeimung darauf keine, während der ersten 8 Wochen der Ruhe eine verzögernde, während der letzten 8 Wochen aber eine beschleunigende Wirkung hat. Sowohl die Wirkung der tiefen als auch der hohen Temperatur während der Ruheperiode kommt erst nach Wiederaufnahme des Wachstums zur Geltung, d. h. es besteht eine ausgeprägte Nachwirkung. Zur Unterdrückung der Infloreszenzanlage sind um so höhere Temperaturen nötig, je größer die Zwiebel ist; durch Entfernung der geschwollenen Blattbasen bei größeren Zwiebeln wird die Infloreszenzbildung verzögert, und zwar über den Termin von nicht operierten kleineren Zwiebeln entsprechender Größe hinaus, wobei Wasserverlust nicht entscheidend ist. Das Ausschieben der Infloreszenzen wird ebenfalls durch hohe Temperaturen gehemmt; in tiefen wird es durch Langtag beschleunigt, in höheren, wahrscheinlich indirekt durch die Förderung der Zwiebelbildung, verzögert. Außer den genannten Fällen besteht zwischen

Zwiebelbildung einerseits, der Anlage und dem Ausschieben der Infloreszenz andererseits keine Interferenz. Zur Deutung dieser Verhältnisse nehmen Heath und Holdsworth — ohne andere konkrete Beweise als die Tatsache der Nachwirkung und den Effekt der Operation größerer Zwiebeln zu haben — zwei Hormonsysteme an:

$$B \rightleftharpoons A \rightarrow C \text{ und } E \rightleftharpoons F.$$

E und F fördern die Anlage der Infloreszenz, aber E allein bewirkt die weitere Anlage von Blüten, welche ihrerseits die Wuchsstoffproduktion stimuliert und dadurch das Ausschieben der Infloreszenz veranlaßt. Die Bildung des Hormons erfolgt in den Blattspreiten; gespeichert wird es in den Blattbasen und von dort während der Ruhezeit langsam in die übrigen Teile der Zwiebel einschließlich des Vegetationspunktes übertragen. E und F werden durch hohe Temperaturen zerstört. A ist die Vorstufe des zwiebelbildenden Hormons und hemmt das Wachstum (Zellteilung) der Spreiten neu angelegter Blätter; B ist das aktive zwiebelbildende Hormon und wirkt gleichzeitig als Wuchsstoffantagonist; C ist ein Blattwachstumshormon und stimuliert gleichzeitig Wuchsstoffproduktion. Die Reaktionen $F \rightleftharpoons E$ und $A \rightleftharpoons B$ im Vegetationspunkt werden irgendwie durch das Wurzelsystem reguliert, indem sie bei Anwesenheit von Wurzeln rasch von links nach rechts, bei inaktiven Wurzeln langsam von rechts nach links verlaufen. $A \rightleftharpoons B$ läuft auch in den reifen Blattspreiten und -basen ab, und zwar in hohen Temperaturen von links nach rechts, in tiefen umgekehrt; $A \rightarrow C$ verläuft ebenfalls in den reifen Spreiten und Basen und ist weniger temperaturabhängig, außerdem während der Ruheperiode, bei inaktivem Wurzelsystem, im Vegetationspunkt, hier jedoch in größerem Umfange nur in höherer Temperatur.

Chouard (1946, 1947a, c) fand bei seinen Untersuchungen über die Tageslängenwirkung bei ausdauernden Pflanzen (S. 405) verschiedene Wechselwirkungen mit der Temperatur. Bei manchen Arten bedingt die winterliche Kälte nur eine Unterbrechung der Vegetation (*Salix, Rosa, Calluna*, manche *Fragaria*-Formen), bei anderen ist zur Fortsetzung der Entwicklung die Einwirkung tiefer Temperaturen notwendig *(Syringa, Prunus)*. Bei gewissen *Fragaria*-Formen, besonders den nicht-remontierenden Gartenerdbeeren, wird der Eintritt der Ruheperiode durch die Kurztage des Herbstes bedingt; zur Wiederaufnahme der Entwicklung ist aber die Einwirkung von Kälte nötig (Roodenburg), während bei *Primula*-Arten das Wachstum auch durch Langtag wieder in Gang gebracht werden kann (Chouard, l. c.). *Viola hirta* und *V. silvestris* bilden in 12—14-h-Tag im Gewächshaus dauernd kleistogame Blüten; in 8-h-Tag wachsen sie ohne Kälteeinwirkung vegetativ, nach einer solchen produzieren sie chasmogame Blüten. *V. odorata* verhält sich ähnlich, bildet aber chasmogame Blüten — in unregelmäßigen Schüben — auch ohne Kälte. *V. cornuta* und *V. tricolor* sind einfache Langtagpflanzen (Chouard 1947b, 1948).

Blüten- und Fruchtentwicklung. Über die Weiterentwicklung der Blüten von ihrer Anlage bis zur Fruchtreife können wir uns jetzt, nach einigen wichtigen neuen Ergebnissen, wenigstens in großen Zügen ein Bild machen. Eine beherrschende Bedeutung kommt dabei dem Wuchsstoff zu. Bei der Entwicklung bis zur Anthese spielt offenbar Wuchsstoffproduktion durch die Antheren eine wesentliche Rolle. Bei *Secale* enthält die Ähre vor dem Ausschieben keinen Wuchsstoff; nachher erscheint er zuerst in den Antheren und macht hier, bis zur Pollenreife, einen ähnlichen Zyklus durch wie später im reifenden Samen (s. o.), aber ohne Überführung größerer Mengen in gebundenen Zustand (Hatcher 1945). Durch Entfernung der Antheren im Knospenstadium wird bei vielen Pflanzen verschiedenster systematischer Zugehörigkeit die Entwicklung der Blüten sistiert (Zanoni). Auch die Weiterentwicklung des Ovars und der Samenanlagen nach der Befruchtung scheint durch Wuchsstoff veranlaßt zu werden, da durch Wuchsstoffapplikation nicht nur Entwicklung des Ovars, sondern auch — bei Injektion in dessen Inneres — der Samenanlagen zu Samen mit vollständig ausgebildeter Testa und aus der innersten Nucellusschicht hervorgehenden (entwicklungsunfähigen) Pseudoembryonen erzielt werden kann (VAN OVERBEEK, CONKLIN u. BLAKESLEE 1941 bei *Datura stramonium*). Die Befruchtung selbst scheint auch unter natürlichen Verhältnissen nicht entscheidend zu sein, da die Ovar- (ebenso wie die Ei- und Endospermkern-) Entwicklung noch vor derselben einsetzt und da sie auch bei Bestäubung mit artfremden, nicht zur Befruchtung kommenden Pollen ablaufen kann. Für die Entwicklung ist aber — entgegen der bisherigen Auffassung (z. B. GUSTAFSON) — nicht der Wuchsstoff des Pollens maßgebend, vielmehr scheint der Pollen Aktivierung des Wuchsstoffes im Ovar hervorzurufen. Die Ovarien unbestäubter Blüten *(Antirrhinum majus* und *Nicotiana tabacum)* enthalten kaum freien, aber reichlich gebundenen Wuchsstoff; nach Bestäubung tritt freier auf, und zwar in enger Übereinstimmung mit dem Vordringen der Pollenschläuche durch den Griffel und in das Ovar. Der ungekeimte wie der gekeimte Pollen enthält zwar Wuchsstoff in von Art zu Art wechselnden Mengen, bei manchen *(Antirrhinum, Nicotiana)* in freier und gebundener, bei anderen *(Datura;* nach HATCHER auch *Secale)* nur in freier Form; aber die bei einer normalen Bestäubung übertragenen Mengen reichen bei weitem nicht aus, um die danach im Ovar auftretenden zu erklären. Dagegen setzt wäßriger Extrakt von *Nicotiana*-Pollen den gebundenen Wuchsstoff aus getrocknetem Ovargewebe derselben Art *in vitro* frei; der Pollen scheint also eine Substanz zu enthalten — vielleicht das Coenzym eines Enzyms oder einen Enzymaktivator —, die von den Schläuchen in das Gewebe abgegeben wird und dort Freisetzung von Wuchsstoff veranlaßt (MUIR). Der Erfolg der Befruchtung kann von der Menge des im Ovar vorhandenen Wuchsstoffes abhängen; bei *Prunus* besteht zwischen Wuchsstoffgehalt der Fruchtknoten und Höhe des Fruchtansatzes eine enge Übereinstimmung (GUSTAFSON 1942 b). Nach stattgefundener Befruchtung kommt offenbar eine Abgabe von Wuchsstoff oder anderen wachstumsfördernden Substanzen durch die sich entwickelnden Samen hinzu. Diese enthalten, wie schon die Samenanlagen, viel mehr Wuchsstoff als die übrigen Teile der Frucht (GUSTAFSON 1939); die Entwicklung der Früchte ist um so besser, je besser die Samenentwicklung ist (CRANE u. BROWN bei *Prunus)*. Aus den Samen von *Pirus malus* lassen sich, solange sie sich in lebhaftem Wachstum befinden, Extrakte gewinnen, die bei *Solanum lycopersicum* Parthenokarpie auslösen; das Verschwinden der Aktivität fällt übrigens mit dem Verschwinden einer noch nicht näher bekannten Substanz, wahrscheinlich eines Glykosids, in den jungen Früchten und dem sommerlichen Abwurf dieser Früchte (Juni-Fall) zusammen (LUCKWILL). Auf die Bedeutung, die die Produktion wachstumsbeeinflussender Stoffe durch die jungen Samen und evtl. die Samenanlagen auf die Regulation des Wachstums der einzelnen Gewebe der Frucht haben mag, wurde früher verwiesen (s. S. 351). Wenn tatsächlich — evtl. nach einer Stimulation — auch die Samenanlagen Wuchsstoff produzieren können, so würde das viel-

leicht die Tatsache erklären, daß Parthenokarpie durch Wuchsstoffapplikation nur bei vielsamigen Früchten ausgelöst werden kann
(D. Lewis 1946); Früchte wie die der *Pirus*-Arten, bei denen die Behandlung meist erfolglos, zuweilen aber erfolgreich ist, stellen offenbar den
Grenzfall dar. Auch die Reife der Früchte scheint durch von den
Samen abgegebene Stoffe beeinflußt zu werden: bei befruchteten Früchten von *Solanum lycopersicum* beginnt die Reife des Perikarps — gemessen an der Bildung von Schleim, der Anhäufung von Acetaldehyd
und dem Abfall der Peroxydaseaktivität — im an die Samen angrenzenden Gewebe, bei parthenokarpen gleichmäßig in der ganzen Frucht
(Rakitin). — Wuchsstoffapplikation setzt die Lebensdauer der Griffel
von *Oenothera organensis* und von *Prunus*-Arten um ∼ 30% herauf;
solche Beeinflussung der Lebensdauer von Blütenteilen, Blüten oder
Früchten ist aber nur in den Fällen möglich, in denen der Abwurf auf
Veränderungen in den Wänden bereits vorhandener Zellen beruht,
wie außer bei Griffeln bei reifen Früchten, nicht aber, wenn er die Bildung einer Trennschicht zur Voraussetzung hat, wie bei Blüten oder
dem Juni-Fall (Lewis l. c.). Zusammenfassende Darstellung der Auslösung von Parthenokarpie durch Wuchsstoffapplikation s. Gustafson
1942a.

Blütenfärbung. Lüke unterscheidet folgende Fälle der Abhängigkeit von
Blütenfärbung und -zeichnung von Außenfaktoren: 1. Abhängigkeit von Licht
liegt vor bei *Hydrangea, Cineraria* und einer Varietät von *Matthiola* mit anfangs
weißen, später roten Blüten; in allen Fällen beeinträchtigte Lichtmangel die Farb-
stoffausbildung, während Temperaturvariationen unwirksam waren. 2. Abhängigkeit von der Temperatur, keine Abhängigkeit von Licht findet sich bei
Lycium (Umfärbung der Blüten durch hohe Temperaturen gefördert), *Salpiglossis*
(Unterdrückung der Zeichnung durch hohe Temperatur) und *Rehmannia angu-
lata* (Ausbildung verschiedener Zeichnungstypen je nach der Dauer der Einwirkung hoher Temperatur); bei den beiden letztgenannten Objekten ist die Wirksamkeit auf ein sensibles Stadium der Knospen beschränkt. 3. Abhängigkeit von
Licht und Temperatur zeigt sich bei *Delphinium consolida, Pentstemon hybr.* und
Lobelia pumila splendens (Hemmung der Anthocyanbildung durch schwaches Licht
und durch hohe Temperatur), bei den beiden letzten wieder nur während einer
sensiblen Periode. Bei *Nemophila-, Torenia-* und *Linum*-Varietäten und einigen
anderen Pflanzen ließ sich die Blütenfärbung durch Licht und Temperatur nicht
beeinflussen. Bei einer *Tagetes*-Varietät mit striaten Blüten wurde — in Fortsetzung der Untersuchungen Florens (s. Fortschr. Bot. **10**, 302) — festgestellt,
daß die Ausbildung der dunklen Farbe durch Kultur auf Sand und Entblätterung
beeinträchtigt, durch zusätzliche Mineralernährung — wenn auch erst nach
längerer Zeit —, durch hohe Bodentrockenheit und durch Kultur der ganzen
Pflanzen, aber nicht der Blütenknospen allein, unter Kurztagbedingungen gefördert wird, wobei die Reaktionsbereitschaft der Pflanzen mit zunehmendem
Alter geringer wird.

IV. Physiologie der Fortpflanzung und Sexualität.

Fortpflanzung und Sexualität bei niederen Organismen. a) Sexualstoffe (Gamone, Termone usw.). Die in den früheren Versuchen festgestellte außerordentlich hohe Wirksamkeit der Sexualstoffe der *Chlamydomonas-eugametos*-Gruppe, die bis zu ∼ 1 Molekül je Zelle herunter
reicht, erklärt sich nach Moewus (1946) so, daß die Zellen durch jede
dieser Verbindungen zur Produktion ihrer selbst veranlaßt werden.

Zum Beispiel ist nach Zusatz einer Crocin-Lösung zu einer Suspension geißelloser Zellen die Menge dieses Stoffes schon nach 5 Minuten auf das 500fache angestiegen. Ähnliches wurde für das Gyno- (s. u.) und das Androtermon gefunden. Dieser „Ausschüttungseffekt" wird durch das Pyrenoid gesteuert; bei pyrenoidlosen Varietäten ist er nicht vorhanden, und zur Geißelbildung durch Crocin ist Zusatz von $\sim 10^5$ Molekülen je Zelle notwendig; bei Varietäten mit verschieden großen Pyrenoiden rufen um so geringere zugesetzte Konzentrationen Geißelbildung hervor, je größer das Pyrenoid ist. Das Gynotermon der *Chlamydomonas-eugametos*-Gruppe hatte sich, entgegen der ursprünglichen Annahme, nicht als ein Carotinoid, sondern als ein Flavonol, und zwar wahrscheinlich als ein Methyläther des Quercetins, erwiesen (Fortschr. Bot. **11**, 309). KUHN, MOEWUS u. Löw stellten jetzt fest, daß unter 45 geprüften Quercetin-Derivaten allein das Isorhamnetin (Quercetin-3'-methyläther) wirksam ist, und KUHN u. Löw konnten die Verbindung aus den weiblichen Gameten von *Chlamydomonas* in krystallisierter Form gewinnen und nachweisen, daß sie ebenso wirksam ist wie das synthetische Produkt. Damit ist auch das Gynotermon der Gruppe bekannt. In den männlichen Gameten fehlt Isorhamnetin; dagegen enthalten sie ein Anthocyan, das den weiblichen fehlt. Die morphologisch gleichen Gameten weisen also eindrucksvolle chemische Unterschiede auf. Das Crocin ist nicht Beweglichkeits-, sondern nur Geißelbildungsstoff, da nicht alle Crocinpräparate die Zellen — wie die natürlichen Präparate aus beweglichen Zellen — im Dunkeln beweglich machen, wohl aber immer Geißelbildung bewirken (MOEWUS 1943). Zwischen Geißelbildung und Beweglichwerden ist also ein Unterschied zu machen; über die chemische Natur des Beweglichkeitsstoffes ist noch nichts bekannt. Neuerdings konnte ein spezifischer kopulationsverhindernder Stoff bei den Chlamydomonaden, und zwar bei kopulationsunfähigen Klonen von *Chlamydomonas eugametos* (f. *agametos*), gefunden werden, der sich als Rutin (Quercetin-3-rutenosid) erwies (KUHN). Indem diese Klone kopulationsfähig gemacht wurden, was durch Behandlung mit cis-Crocetindimethylester geschehen kann, konnte nachgewiesen werden, daß die Produktion des Rutins durch ein Gen (*ru* $^+$) bedingt ist (MOEWUS 1947). Bei californischen *Chlamydomonas*-Arten konnte SMITH keinen der von MOEWUS bei der *eugametos*-Gruppe beschriebenen Effekte finden: die Zellen werden bei Überfluten mit bloßer anorganischer Nährlösung und auch im Dunkeln beweglich; sie sind auch im Dunkeln kopulationsfähig — wenn auch anscheinend schwächer als in Licht —; Filtrate üben auf Schwärmer des anderen Geschlechts keinerlei Wirkung aus. — Bei Untersuchungen über die chemische Natur des Hormons A von *Achlya bisexualis* (das von vegetativen weiblichen Mycelien produziert wird und die Bildung von Antheridialhyphen bei männlichen Mycelien hervorruft) fand J. R. RAPER (1942a) 2 Gruppen von Verbindungen wirksam: 1. Malon-, Glutar- und Pimelinsäure (während Fumar-, Maleïn-, Äpfel-, Wein- und Citronensäure unwirksam waren), 2. Barbitursäure und Verwandte. Die Verbindungen der ersten Gruppe wirken nur in ziemlich hohen Konzentrationen (10^{-4}), und sie erhöhten, den weiblichen Mycelien geboten, die Wirksamkeit von deren Filtraten um fast zwei Größenordnungen; es scheint, daß sie irgendwie an der Synthese des Hormons beteiligt sind. Die Verbindungen der zweiten Gruppe sind auch in höheren Verdünnungen wirksam; sie werden weiter untersucht. Zu den schon bekannten Hormonen von *Achlya* macht RAPER (1942b) die Existenz eines weiteren, A', wahrscheinlich, das durch das männliche Mycel gebildet wird und die Reaktion der männlichen Pflanzen auf Hormon A verstärkt: diese Reaktion wird intensiver 1. mit successiver Einführung neuer männlicher Pflanzen in eine gegebene Lösung von Hormon A, 2. mit der Zahl männlicher Pflanzen je Volumeneinheit solcher Lösung, 3. bei Zusatz von Filtraten männlicher Pflanzen und 4. mit zunehmender Konzentration dieser Filtrate. — COOK u. Mitarb. fanden, daß zellfreie Filtrate von *Fucus serratus*- und *-vesiculosus*-Eiern die Spermien derselben Arten und von *F. spiralis* chemotaktisch anlocken, wobei keine artspezifischen Unterschiede der Wirkung bestanden. Überraschenderweise scheint es sich bei der wirksamen Verbindung um einen einfachen Stoff mit geringer Affinität zu Wasser zu handeln, da sie sich aus der wäßrigen Lösung durch einen Strom inerten Gases (H_2) vertreiben und durch Kühlung wieder auffangen ließ. Verschiedene anorganische Verbindungen wurden ohne Erfolg geprüft; verschiedene Arylsäuren hatten einen Effekt, doch war dieser von der echten Chemotaxis verschieden. — Über die Konjugation von *Zygosaccharomyces* fördernde Stoffe s. S. 356.

    b) **Stoffliche Beeinflussung der Entwicklungsweise von Gameten.** Einen Fall von Bestimmung der Entwicklungsfähigkeit von Fortpflanzungszellen durch einen genabhängigen Stoff beschreibt MOEWUS (1948a) bei *Enteromorpha compressa*. Die Gameten einer Varietät entwickeln sich bei ausbleibender Befruchtung apomiktisch, die einer anderen haben diese Fähigkeit nicht. Beide Varietäten unterscheiden sich in dieser Eigenschaft durch ein Gen (apo^+/apo°). Durch Präparate zerstörter Gameten, Zoosporen oder Zygoten der apomixisfreien Varietät werden die Gameten der apomixisfähigen an der apomiktischen und unter Umständen auch ihre Zoosporen und Zygoten an der normalen Entwicklung verhindert. Das apo°-Allel wirkt also über die Produktion eines Hemmstoffes, und zwar scheint es, daß dieser spezifisch die erste Kernteilung verhindert, da zweizellige Stadien von apo^+-Gameten durch die Präparate nicht mehr beeinflußt werden. Mit Hilfe von polyploiden Formen, die sich aus den bei dieser Art vorkommenden Kopulationen von mehr als zwei Gameten gewinnen lassen, konnten folgende, aus der nebenstehenden Tabelle ersichtlichen quantitativen Verhältnisse ermittelt werden (E = Entwicklung, 0 = keine Entwicklung). Daraus geht hervor: 1. Die Wirkung der Präparate steigt mit der Zahl der in den Zellen enthaltenen apo°-Allele; Präparate aus Zellen, die nur apo^+-Allele enthalten, hemmen nicht, haben aber auch keine fördernde Wirkung, und die Anwesenheit von apo^+- neben den apo°-Allelen in den Zellen beeinflußt den Wirkungsgrad der daraus gewonnenen Präparate nicht. 2. Die Reaktion gleicher Zellen hängt ebenfalls nur von der Zahl der darin enthaltenen apo°-Allele ab, und zwar addiert sich offenbar die Wirkung des von diesen in den Zellen selbst gebildeten Hemmstoffs mit der des im Extrakt enthaltenen. 3. Gameten, Zoosporen und Zygoten unterscheiden sich in der Empfindlichkeit (Abnahme in dieser Reihenfolge); bei diesen Unterschieden dürften, da die Genkonstitution der Gameten und Zoosporen die gleiche ist, cytoplasmatische Einflüsse (Gametophyten- bzw. Sporophytenplasma) beteiligt sein. Über die Eigenschaften des $apo°$-Hemmstoffes läßt sich vorerst nur sagen, daß er in den Zellen offenbar in gebundener Form vorliegt, da zellfreie Präparate keine Hemmwirkung haben, und daß er thermostabil ist, da die Wirkung der Präparate durch Erhitzung nicht beeinträchtigt wird.

	Gameten			Zoosporen			Zygoten		
	$apo°$	$apo+$	$apo+$ $apo+$	$apo°$	$apo+$	$apo+$ $apo+$	$apo°$ $apo°$	$apo°$ $apo+$	$apo+$ $apo+$
$apo+$-Gameten . . . . . $apo+apo+$-Gameten . . . $apo+$-Zoosporen . . . . . $apo+apo+$-Zoosporen . . . $apo+apo+$-Zygoten . . . . $apo°$-Gameten, 1:1 verd.	0	E	E	E	E	E	E	E	E
$apo°$-Gameten . . . . . $apo+apo°$-Gameten . . . $apo°$-Zoosporen . . . . . $apo+apo°$-Zygoten . . . . $apo°apo°$-Zygoten, 1:1 vd.	0	0	0	0	E	E	E	E	E
$apo°$-Gameten, 2 × konz. $apo°apo°$-Zygoten . . . . $apo+apo+apo°apo°$-Zygoten	0	0	0	0	0	0	0	E	E
$apo°apo°$-Zygoten, 2× konz.	0	0	0	0	0	0	0	0	0

Physiologie der Geschlechtsbestimmung und Fortpflanzung bei Blütenplanzen. LÖVE u. LÖVE veröffentlichen das vollständige Material ihrer Versuche zur Beeinflussung der Geschlechtsausbildung bei *Melandrium* durch tierische Sexualhormone. Danach scheint der von mir im vorigen Bericht (Fortschr. Bot. **11**, 313) gegenüber einer vorläufigen Mitteilung geäußerte Zweifel unzutreffend zu sein und in der Tat durch Behandlung mit diesen Hormonen in Lanolin das jeweils entsprechende Geschlecht gefördert, das entgegengesetzte zuweilen unterdrückt zu werden. Die Wirkung ist besonders bei Zwittern deutlich; sie nimmt im allgemeinen, besonders was die Zahl der veränderten Individuen anbetrifft, mit der Konzentration zu, wenn auch hohe Konzentrationen schon deutlich schädlich wirken. Weder reines Lanolin, noch Indolylessigsäure, Vitamin B_1 und Cholesterin hatten eine Wirkung. In Pfropfungen zwischen Individuen verschiedener Geschlechtsausprägung konnten keinerlei wechselseitige Beeinflussungen festgestellt werden. Bei *Rumex*-Arten wurde keine oder nur eine sehr schwache Wirkung der Östrogene gefunden. Die Autoren glauben, vor allem auf Grund des Vorkommens von östrogenen Substanzen in Blüten und Blütenteilen,

daß die Sexualhormone der Pflanzen und der Tiere zum mindesten sehr
ähnlich sind, und ferner, daß ihre Produktion bei den Pflanzen durch die
Blühhormone angeregt wird.

Neue Fälle von Pseudogamie, bei denen zum Anstoß der Entwicklung Bestäubung notwendig ist, ohne daß die Pollenschläuche je in das Ovar eindrängen,
beschreibt ENGELBERT bei verschiedenen Arten und Varietäten von *Poa*.

Pollenphysiologie, Selbststerilität. Die Physiologie der Selbststerilität
ist in der Berichtszeit besonders von EMERSON, D. LEWIS und STRAUB
bearbeitet worden (zusammenfassende Übersicht bis zu jenem Jahre bei
LEWIS 1944); auf die wichtigen Erkenntnisse, die dies Gebiet gleichzeitig für die Genphysiologie gebracht hat, kann hier nur hingewiesen
werden. Es sind zwei Typen von Selbststerilität bei Blütenpflanzen
bekannt. Bei dem einen, der als Heterogametie-Typ bezeichnet werden
kann, wird die Reaktion durch die im Pollen selbst enthaltenen
Sterilitätsgene determiniert; diese sind Allele eines einzigen Locus (*S*),
und ihre Zahl kann außerordentlich groß sein. Beim zweiten Typ hängt
die Reaktion des Pollens von den Selbststerilitätsgenen der Mutterpflanze ab (stellt also einen Fall der Nachwirkung von Genwirkungen
dar; s. S. 365 ff.); es können ein oder zwei Selbststerilitätsgene (oder
Komplexe eng gekoppelter Gene) mit je zwei Allelen vorhanden sein.
Dieser Selbststerilitätstyp ist gewöhnlich mit Heterostylie verbunden;
die Kombination ist aber nicht obligat, da auch die homostyle *Capsella
grandiflora* diesen Typ aufweist (RILEY 1936). Da die Fortschritte, die
auf dem Gebiete erzielt worden sind, großenteils neuen Techniken zu
verdanken sind, müssen diese zuvor genannt werden. Außer Temperatur-
versuchen (LEWIS) und Pfropfungen von Griffeln (EMERSON, STRAUB)
sind es vor allem die von STRAUB eingeführten „Abschneideversuche"
und „Doppelbestäubungen". Bei jenen wird einige Zeit nach der Bestäubung der Narbe der Griffel abgeschnitten, und die Pollenschläuche
werden in eine Kulturlösung wachsen gelassen; bei diesen werden die
Narben einige Zeit nach der ersten Bestäubung ein zweites Mal mit Pollen
belegt und darauf das Wachstum der Pollenschläuche dieser zweiten
Bestäubung im Abschneideversuch bestimmt. Alle drei Autoren zeigen,
daß — im Gegensatz zu Angaben von EAST und von YASUDA — bei
beiden Selbststerilitätstypen (vielleicht mit Ausnahme der heterogametisch-selbststerilen Cruciferen, bei denen die Hemmung auf die
Narbe beschränkt sein kann) keine bestimmte Hemmzone für unverträgliche Pollenschläuche im Griffel existiert und daß keine Hemmstoffe vom Ovar in den Griffel diffundieren. EMERSON und STRAUB (1946)
weisen bei den heterogametischen *Oenothera organensis* bzw. *Petunia
hybrida* nach, daß unverträgliche Schläuche gleichermaßen durch alle
Regionen des Griffels und auch durch das Ovargewebe gehemmt werden;
LEWIS (1942) zeigt bei *Oenothera organensis*, der gleichfalls heterogametisch-selbststerilen *Prunus avium* und der heterostylen *Primula
obconica*, daß solche Schläuche mit steigender Temperatur im Wachstum
gehemmt werden, während bei Vorhandensein einer Hemmzone oder
akropetal diffundierender Hemmstoffe eine Beschleunigung bis zur Erreichung dieser Zone bzw. dem Zusammentreffen mit den Hemmstoffen

zu erwarten wäre. Das Wachstum verträglicher Schläuche wird durch
steigende Temperaturen, bis kurz vor dem Letalwert, beschleunigt.
Bei *Oenothera* variiert außerdem die Länge des von unverträglichen
Schläuchen zurückgelegten Weges mit den verschiedenen S-Allelen,
zwischen verschiedenen Blüten derselben Pflanze und mit der Jahreszeit
und anderen Außenfaktoren (EMERSON). Insbesondere ist bei Verdunkelung der ganzen Pflanze das Wachstum dieser Schläuche gefördert,
während es bei partieller Verdunkelung auch in den nicht verdunkelten
Teilen normal ist. Vielleicht wird eine Vorstufe von an der Hemmung
beteiligten Substanzen nur in Licht gebildet; wahrscheinlicher ist aber
eine unspezifische physiologische Schwächung der Pflanzen die Ursache.
Bei Pfropfung ganzer Pflanzen wurde keinerlei Beeinflussung der Selbststerilitätsreaktion gefunden. YASUDAs Angabe, daß Pollenwachstum
in vitro durch Extrakte aus Ovarien von Pflanzen mit denselben Sterili-
tätsallelen gehemmt wird, wird durch den Befund STRAUBs (1946) hinfällig, daß alle Ovarextrakte *in vitro* eine gleichstarke Hemmwirkung
ausüben. STRAUB (1947) kann ferner (ebenfalls bei *Petunia*) zeigen,
daß während des Wachstums der Pollenschläuche Veränderungen einerseits in diesen selbst stattfinden, andererseits im Griffelgewebe hervorgerufen werden, und daß diese Veränderungen bei verträglichen und unverträglichen Kombinationen verschieden sind. Seine Befunde sind:
1. Die Wachstumswerte sowohl unverträglicher wie auch verträglicher Schläuche nehmen mit fortschreitendem Wachstum ab; auch verträgliche Schläuche haben ein begrenztes Wachstumsvermögen. 2. Der
Abfall ist aber bei unverträglichen Schläuchen wesentlich rascher.
3. Das Wachstum unverträglicher Schläuche ist bei Bestäubungen mit
kleineren und größeren Pollenmengen gleich. 4. Das Wachstum unverträglicher Schläuche wird durch eine vorangegangene unverträgliche Bestäubung gefördert; eine vorangegangene verträgliche hat
aber eine ähnliche, wenn auch etwas schwächere Wirkung. 5. Das Wachstum verträglicher Schläuche wird im Gegensatz dazu durch eine
vorangegangene unverträgliche Bestäubung nicht beeinflußt, durch eine
vorangegangene verträgliche aber beeinträchtigt. 6. Wird in zwei aufeinanderfolgenden unverträglichen Bestäubungen Pollen mit demselben
Allel (z. B. S_a) verwendet, so ist das Schlauchwachstum der zweiten
Bestäubung etwas besser, als wenn Pollen mit verschiedenen Allelen
(z. B. in der ersten S_a, in der zweiten S_b) verwendet wurde (homozygoter
Pollen kann bei *Petunia* von für das S-Gen homozygoten Pflanzen aus
illegitimen Befruchtungen erhalten werden). 7. Je länger ein Pollenschlauch in einem verträglichen Griffel gewachsen ist, desto früher stellt
er das Wachstum bei Übertritt in einen unverträglichen ein. — Was den
Mechanismus der Hemmung der unverträglichen Pollenschläuche an-
belangt, steht LEWIS auf dem Boden der EASTschen Immunitätshypothese, nach der es bei Anwesenheit desselben S-Allels in Pollen und
Griffelgewebe zu einer Reaktion wie zwischen Antigen und Antikörper
kommt und das Wachstum dadurch sistiert wird; die Hemmung unverträglicher Schläuche durch höhere Temperatur entspricht der Beschleunigung der Präzipitation spezifischer Proteine durch tierische

Antiseren bei Temperaturerhöhung. STRAUB (1947) lehnt die Immunitätshypothese ab, da seine Ergebnisse, vor allem die der Doppelbestäubungen, und hier wieder besonders die gleichartige Wirkung vorangegangener verträglicher wie unverträglicher Bestäubungen auf das Wachstum unverträglicher Schläuche (Punkt 4), mit der Annahme einer Hemmstoffbildung im Sinne der Immunitätshypothese weder im Griffelgewebe noch in den Pollenschläuchen selbst (Punkt 7) zu vereinbaren seien. Er entwickelt stattdessen die Vorstellung, daß bei unverträglichen Kombinationen in den Pollenschläuchen mehr von einer mitgebrachten, für das Wachstum notwendigen Substanz, von der jedes Pollenkorn nur eine ganz bestimmte Menge besitzt, verbraucht wird als bei verträglichen („Verbrauchstheorie"). Die Pollenschlauchsubstanz dürfte enzymartigen Charakter haben und im Leitgewebe Reaktionen auslösen oder stimulieren, die irgendwie für das Wachstum der Schläuche notwendig sind. Den Mehrverbrauch bei unverträglichen Verbindungen führt STRAUB auf die Wirkung einer vom gleichen S-Allel gebildeten inaktivierenden Leitgewebesubstanz zurück, denn sein Befund 6 beweist nach seiner Meinung teilweise Unschädlichmachung eines das Pollenschlauchwachstum beeinträchtigenden stofflichen Faktors im Leitgewebe. Hinzu kommt der Verbrauch von Nährstoffen im Leitgewebe, welcher bei gut wachsenden, d. h. verträglichen Schläuchen natürlich besser ist als bei schlecht wachsenden, unverträglichen; dies erklärt die ungünstige Wirkung einer verträglichen Bestäubung auf eine zweite ebensolche (Punkt 5). Allerdings schließt die Immunitätshypothese das Postulat eines *Hemm*stoffes, welcher auch das Wachstum späterer Schläuche beeinflussen kann, nicht ein. Das Antigen-Antikörper-Präzipitat ist kein Hemmstoff, und entsprechend ist nach der Immunitätshypothese die Hemmung des Pollenschlauchwachstums nicht auf die Bildung eines Hemmstoffes, sondern die Blockierung eines in den Schläuchen enthaltenen, für ihr Wachstum notwendigen Systems zurückzuführen. Dann sagen aber STRAUBs experimentelle Befunde in bezug auf die eigentliche Sterilitätsreaktion nichts Definitives aus. Es genügt — dies in Übereinstimmung mit STRAUB —, anzunehmen, daß das bei der Selbststerilitätsreaktion blockierte System der Schläuche für das Wachstum derselben notwendige Reaktionen im Griffel auszulösen hat; diese Annahme ist angesichts sowohl der länger bekannten Tatsache, daß die wachsenden Pollenschläuche enzymatische Wirkungen im Griffelgewebe entfalten können, als auch der neuen Befunde MUIRs (s. S. 427) durchaus plausibel. Die Förderung des Wachstums unverträglicher Schläuche durch eine vorangegangene unverträgliche Bestäubung (Punkt 4), besonders bei Gleichheit des S-Allels im Pollen bei beiden (Punkt 6), läßt sich dann mit Verbrauch eines Teiles der „Antikörpersubstanz" des Griffelgewebes erklären, die Förderung durch eine vorangegangene verträgliche Bestäubung dagegen durch im Griffelgewebe übriggebliebene mobilisierte, für das Wachstum der Schläuche notwendige Substanzen. Die verträglichen Schläuche verbrauchen andererseits aber von diesen Substanzen selber soviel, daß für die Schläuche einer zweiten verträglichen Bestäubung nicht mehr genug übrigbleibt. Die eigentliche Selbststerilitätsreaktion kann jedenfalls weiterhin als eine Art Immunitätsreaktion gedeutet werden, und dafür spricht *a priori*, daß diese Deutung mit einem bekannten Mechanismus arbeitet, und dazu einem Mechanismus, der auch einen integrierenden Zug der Selbststerilitätsreaktion des heterogametischen Typs grundsätzlich zu erklären vermag, nämlich die spezifische Wirksamkeit sehr vieler Allele; unter den chemisch oder ihrer Wirkung nach bekannten Hemmstoffen gibt es keinen, der dieselbe Möglichkeit böte. — Während die Temperaturreaktion der ·unverträglichen Pollenschläuche von *Primula obconica*, die derjenigen bei heterogametisch-selbststerilen Arten entspricht, für dies Objekt einen ähnlichen Hemmungsmechanismus annehmen läßt, liegt bei dem heterostylen *Linum grandiflorum* nach LEWIS (1943) ein wesentlich einfacherer Mechanismus vor, und zwar ein Mißverhältnis der osmotischen Werte des Pollens und des Griffelgewebes bei illegitimen Kombinationen, so daß beim Heterostylie-Selbststerilitätstyp mit verschiedenen physiologischen Grundlagen zu rechnen ist. Die Werte (in Prozent Saccharose) sind:

	Langgriffel	Kurzgriffel
Griffel	20	10—12
Pollen	50	80

Bei den legitimen Kombinationen ist das Verhältnis $\sim 4:1$. In der Kombination Lang-×Langgriffel ist es $5:2$, und der Pollen keimt nicht, offenbar infolge Unfähigkeit, dem Griffelgewebe Wasser zu entziehen; in der Kombination Kurz-×Kurzgriffel ist es $7:1$, und die Schläuche platzen kurz nach der Keimung. Da allerdings *in vitro* Langgriffeln Wasser durch eine 25%ige Saccharoselösung entzogen wird und andererseits Pollen von Langgriffelpflanzen einer solchen Saccharoselösung Wasser entzieht, kann es sich nicht um eine direkte Wirkung der osmotischen Drucke handeln. Vielleicht sind Unterschiede in den Eigenschaften der Protoplasmakolloide, deren Imbibitionsfähigkeit das Wasseraufnahmevermögen der Pflanzenzellen bestimmt, das eigentlich Maßgebende. Temperatur hat bei *Linum* auf das Verhalten des unverträglichen Pollens keinen Einfluß; verträglicher wird wieder mit steigender gefördert. —

Untersuchungen über den Wuchsstoffgehalt des Pollens und die Form, in welcher der Wuchsstoff darin vorliegt, sowie über die Wirkung von Wachstumsfaktoren auf Pollenkeimung und Pollenschlauchwachstum *in vitro* wurden bereits in anderem Zusammenhange besprochen (s. S. 427 u. 356). Das Wachstum der Schläuche in synthetischem Medium bleibt allerdings auch bei Zusatz der bekannten Wirkstoffe noch weit hinter demjenigen bei Zusatz von Narbensekret zurück (ADDICOTT), so daß die unter natürlichen Bedingungen beteiligten stofflichen Faktoren noch nicht als bekannt gelten dürfen. Damit aber, daß bei Keimung und Wachstum von Pollen bei den Pflanzen allgemein verbreitete, nicht art- oder gruppenspezifische wachstumsbeeinflussende Stoffe beteiligt sind, stimmt der Befund überein, daß die systematische Verwandtschaft für die ersten Stadien der Pollenentwicklung nach Bestäubung nicht ausschlaggebend ist. Nach SANZ keimt und wächst auf den Narben und in den Griffeln von *Datura stramonium* Pollen der verschiedensten Pflanzen. Pollen von Solanaceen wächst zwar im allgemeinen besser als derjenige von Arten aus anderen Familien, aber sogar der Pollen mancher Monokotylen zeigt gute Keimung und Entwicklung. Artspezifische Einflüsse machen sich vielleicht in den späteren Stadien bemerkbar: nach 18 Stunden läßt das Wachstum der fremden Schläuche nach, und das Ovar wird von ihnen nie erreicht.

28*

Literatur.

+ im Original nicht gesehen; * zusammenfassende Darstellungen, Sammelreferate u. dgl.

ABBÉ, E. C., L. F. RANDOLPH u. J. EINSET: Amer. J. Bot. **28**, 778 (1941). — ÅBERG, B.: Symb. bot. Upsal. **8**, Nr. 1 (1943). — ADDICOTT, F. T.: Plant Physiol. **18**, 270 1943). — ALGÉUS, S.: Bot. Notiser **1946**, 129 (1946). — ALLARD, H. A.: J.agricult. Res. **64**, 49 (1942); **76**, 237 (1946). — ANDERSON, E. H.: J. gen. Physiol. **28**, 287 (1945a); **28**, 297 (1945b). — ARNDT, A.: Roux' Arch. **136**, 681 (1937). — ARNDT, C. H.: Plant Physiol. **20**, 200 (1945). — AUDUS, L. J., u. J. H. QUASTEL: Nature **159**, 320 (1947a); **160**, 222 (1947b). — Ann. of Bot. N. s. **12**, 27 (1948). — *AVERY, G. S. JR.: Ann. Rev. Physiol. **4**, 115 (1942).

BALL, E.: Amer. J. Bot. **31**, 316 (1944); **33**, 301 (1946). — *Symp. Soc. exper. Biol. **2**, 246 (1948). — BARBER, H. N.: J. of Genet. **42**, 223 (1941). — BARGHORN, E. S. JR.: Growth **6**, 23 (1942). — BARNETT, H. L., u. V. G. LILLY: Amer. J. Bot. **34**, 196 (1947). — BARTON, Lela V.: Contrib. Boyce Thompson Inst. **13**, 259 (1944).— BAUER, L.: Flora (Jena) N. F. **36**, 30 (1942). — BEAMS, H. W., u. R. L. KING: J.cell. and comp. Physiol. **23**, 39 (1944a); **24**,109 (1944b).— BETH,K.: Z. Abstammrgs-lehre **81**, 252 (1943a); **81**, 271 (1943b). — BLACK, L. M.: Amer. J. Bot. **32**, 408 (1945); **36**, 65 (1949). — BLAKESLEE, A. F., u. SOPHIA SATINA: Science **99**, 331 (1944). — BLOCH, R.: Amer. J. Bot. **31**, 71 (1944); **33**, 544 (1946). — Science **106**, 321 (1947). — Growth **12**, 271 (1948). — BONNER, J.: Proc. nat. Acad. Sci. USA. **28**, 321 (1942a). — Bull. Torrey bot. Club **69**, 130 (1942b). — Bot. Gaz. **104**, 475 (1943). — BONNER, J., u. D. BONNER: Bot. Gaz. **110**, 154 (1948). — BONNER, J., u. S. G. WILDMAN: Growth, Suppl. **1947**, 51. — BONNER, J. T., u. D. ELDRIDGE JR.: Growth **9**, 287 (1945). — BORTHWICK, H. A., S. B. HENDRICKS u. M. W. PARKER: Bot. Gaz. **110**, 103 (1948). — BRANDES, E. W., u. J. VAN OVERBECK: J. agricult. Res. **77**, 223 (1948). — BRAUN, A. C.: Amer. J. Bot. **30**, 674 (1943); **34**, 234 (1947a). — *Growth **11**, 325 (1947b). — Amer. J. Bot. **35**, 511 (1948). — BRAUN, A. C., u. Th. LASKARIS: Proc. nat. Acad. Sci. USA. **28**, 468 (1942). — BRAUN, A. C., u. R. J. MANDLE: Growth **12**, 255 (1948). — BRINK, R. A., u. D. C. COOPER: Genetics **29**, 391 (1944). — *Bot. Rev. **13**, 423 u. 479 (1947). — BRINK, R. A., D. C. COOPER u. L. E. AUSHERMAN: J. Hered. **35**, 66 (1944). — BROWN, R.: Ann. of Bot. N. s. **7**, 93 (1943a); **7**, 275 (1943b); **10**, 71 (1946). — BROWN, S. W.: Bot. Gaz. **106**, 103 (1944). — BRÜCHER, H.: Physiol. Plantarum **1**, 343 (1948). — BÜNNING, E.: Ber. dtsch. bot. Ges. **54**, 590 (1937). — Z. Bot. **37**, 433 (1942). — Biol. Zbl. **64**, 161 (1944a). — Flora (Jena) N. F. **38**, 93 (1944b). — *Naturwiss. **33**, 271 (1946). — Planta **35**, 352 (1947). — Naturwiss. **35**, 221 (1948a). — Z. Naturforsch. **3B**, 457 (1948b). — BÜNNING, E., LISELOTTE HAAG u. G. TIMMER-MANN: Planta **36**, 178 (1948). — BÜNNING, E., u. HERTA SAGROMSKY: Z. Natur-forsch. **3B**, 203 (1948). — BURSTRÖM, H.: Bot. Notiser **1941**, 310.

ČAJLAHJAN, M. H.: Doklady Akad. Nauk. SSSR **31**, 945 (1941a); **31**, 949 (1941b); **47**, 220 (1945). — *Bot. Ž. SSSR **32**, 99 (1947). — CAMUS, G.: C. r. Soc. Biol. **137**, 184 (1943). — C. r. Acad. Sci. Paris **219**, 34 (1944); **221**, 475 (1945a); **221**, 570 (1945b). — C. r. Soc. Biol. **139**, 676 (1945c); **141**, 38 (1947a); **141**, 389 (1947b). — C. r. Acad. Sci. Paris **224**, 154 (1947c); **226**, 1833 (1948). — CAMUS, G., u. R. GAUTHERET, C. r. Soc. Biol. **142**, 15 (1948a); **142**, 744 (1948b); **142**, 769 (1948c); 771 (1948d). — CAPLIN, S. M., Bot. Gaz. **108**, 379 (1947). — CAPP-ELLETTI, C.: Atti Acad. Sci. Torino **77**, 293 (1942a); **77**, 481 (1942b). — CHAO, MARIAN D., u. W. E. LOOMIS: Bot. Gaz. **109**, 225 (1947). — CHOUARD, Pi: C. r. Acad. Sci. Paris **216**, 591 (1943a); **217**, 507 (1943b); **219**, 469 (1944). — Bull. Soc. bot. France **93**, 373 (1946); **94**, 399 (1947a). C. r. Acad. Sci. Paris **224**, 1523 (1947b); **225**, 1362 (1947c); **226**, 1831 (1948). — CLAES, HEDWIG: Z. Naturforschg. **2 B**, 45 (1947). — CLAES, HEDWIG, u. A. LANG: Z. Naturforsch. **2 B**, 56 (1947). — CLAES, HEDWIG, u. G. MELCHERS: Z. Naturforsch. **4 B**, 38 (1949). — CLARK. H. E., u. K. R. KERNS: Science **95**, 536 (1942). — COOK, H. A., J. A. ELVIDGE, u. I. HEIL-BRONN: Proc. roy. Soc. London B **135**, 93 (1948). — COOPER, D. C., u. R. A. BRINK: Genetics **29**, 360 (1944); **30**, 376 (1945). — COX, L. G., M. M. MUNGER u. E. Y. SMITH: Plant Physiol. **20**, 289 (1945). — CRAFTS, A. S.: Amer.J. Bot. **30**, 110 (1943a) **30**, 382 (1943b). — CRANE, M. B., u. A. G. BROWN: J. of. Genet. **44**, 159 (1942). —

CROSS, G. L.: Amer. J. Bot. 29, 288 (1942). — CURTIS, J. T., u. MARION A. NICHOL: Bull. Torrey bot. Club 75, 358 (1948)
DARLINGTON, C. D.: Nature 154, 164 (1944). — DENFFER, D. VON: Biol. Zbl. 67, 175 (1948). — DE ROPP, R. S.: Ann. of Bot. N. s. 9, 369 (1945) 10, 31 (1946a); 10, 353 (1946b). — Nature 157, 628 (1946c). — Ann. of Bot. N. s. 11, 439 (1947a). — Phytopathology 37, 201 (1947b). — Amer. J. Bot. 34, 53 (1947c); 34, 248 (1947d). — Bull. Torrey bot. Club 75, 45 (1948). — DORLAND, R. E., u. F. W. WENT: Amer. J. Bot. 34, 393 (1947). — DOSTÁL, R.: Ber. dtsch. bot. Ges. 61, 238 (1943). — DUNCAN, R. E.: Amer. J. Bot. 32 506 (1945). — DUNN, M. S., S. SHANKMAN, M. N. CAMIEN u. HARIETTE BLOCK: J. of biol. Chem. 168, 1 (1947). — DUSI, H.: C. r. Soc. Biol. 130, 419 (1939). — +Ann. Inst. Pasteur 70, 311 (1944), z. nach LWOFF (1947). —DUYM, C. P. A., J. G. KOMEN, A. J. ULTÉE u. B. M. VAN DER WEIDE: Proc. kon. nederland. Akad. Wetensch. 50, 527 (1947).
EAST, E. M.: Proc. nat. Acad. Sci. USA. 20, 225 (1934). — EGGERS, VIRGINIA: Bot. Gaz. 107, 385 (1946). — EMERSON, S. H.: Bot. Gaz. 101, 890 (1940). — ENGELBERT, V.: Canad. J. Res. 18C, 518 (1940); 19C, 135 (1941).—ESAU, KATHERINE: Amer. J. Bot. 29, 738 (1942). — *Bot. Rev. 9, 125 (1943). — Amer. J. Bot. 32, 18 (1945).
FISCHNICH, O.: Beitr. Biol. Pflanz. 27, 339 (1944). — FITTING, H.: Jb. wiss. Bot. 90, 595 (1942a). — *Biol. Zbl. 62, 336 (1942b). — FRANK, SYLVIA, R.: J. gen. Physiol. 29, 157 (1946). — FRIES, N.: Symb. bot. Upsal. 7, Nr. 2 (1943). — FULLER, H. J.: Amer. J. Bot. 36, 175 (1949).
GALSTON, A. W.: J. of biol. Chem. 169, 465 (1947a). — Amer. J. Bot. 34, 356, (1947b); 35, 281 (1948). — GALSTON, A. W., u. MARGERY HAND: Amer. J. Bot. 36, 85 (1949). — GAUTHERET, R.: *Manuel technique de culture des tissus végétaux. Paris: Masson 1942 (a). — C. r. Acad. Sci. Paris 214, 805 (1942b). — C. r. Soc. Biol. 136, 458 (1942c); 138, 395 (1944a); 138, 396 (1944b). — *Une voie d'avenir en Biologie végétale: La culture des tissus. Paris: Gallimard 1945. — *Growth, Suppl. 1947, 21 (a)— C. r. Soc. Biol. 141, 598 (1947b). — C. r. Acad. Sci. Paris 224, 1728 (1947c); 226 270 (1948a). — C. r. Soc. Biol. 142, 774 (1948b); 142, 807 (1948c); 142, 808 (1948d). — *GIOIELLI, F.: Atti Acad. Sci. Ferrara, Ser. II 15, 31 (1942). — GOLUBINSKIJ, I. N.: Doklady Akad. Nauk. SSSR. N. s. 48, 62 (1945). — GOODWIN, R. H.: Amer. J. Bot. 28, 325 (1941). — GOODWIN, R. H., u. Olga v. H. OVENS: Plant Physiol. 22, 197 (1947). — Bull. Torrey bot. Club 75, 17 (1948).— GORDON, S. A.: Amer. J. Bot. 33, 160 (1946). — GRAINGER, J.: Ann. appl. Biol. 25, 1 (1938). — GRAY, W. D.: Amer. J. Bot. 25, 511 (1938); 26, 709 (1939).— *GREGORY, F. G.: Symp. Soc. exper. Biol. 2, 75 (1948). — GREGORY, F. G., u. O. N. PURVIS: Nature 161, 859 (1948). — GREULACH, V. A.: Bot. Gaz. 103, 698 (1942). — Ohio J. Sci. 43, 65 (1943). — GUNCKEL, J. E., u. R. H. WETMORE: Amer. J. Bot. 33, 285 (1946a); 33, 532 (1946b). — GUSTAFSON, F. G.: Amer. J. Bot. 26, 189 (1939). — *Bot. Rev. 8, 599 (1942a). — Proc. nat. Acad. Sci. USA. 28, 131 (1942b). — Plant Physiol. 23, 373 (1948).
HAAGEN-SMIT, A.J.,W.D.LEECH u.W.D.BERGREN: Amer.J.Bot. 29,500(1942).—HAAGEN-SMIT, A. J., R. SIU u. GERTRUDE WILSON: Science 101, 234 (1945). — HÄMMERLING, J.: Z. Abstammgslehre 81, 84 (1943a); 81, 114 (1943b). — Arch. Protistenkde. 97, 7 (1944a). — Biol. Zbl. 64, 266 (1944b). — Z. Naturforsch. 1, 337 (1946a). — *Naturwiss. 33, 337 u. 361 (1946b). — HAMMETT, F. S., u. L. WALP: Growth 7, 199 (1943). — HAMMOND, DOROTHY: Amer. J. Bot. 28, 124 (1941a); 28, 138 (1941b). — *HAMNER, K. C.: Symp. Soc. exper. Biol. 2, 104 (1948). — HANF, M.: Beih. Bot. Zbl. A 62, 4o5 (1944). — HARDER, R.: Flora (Jena) N. F. 38, 1 (1944). — *Naturwiss. 33, 41 (1946). — *Symp. Soc. exper. Biol. 2, 117 (1948). — HARDER, R., u. O. BODE: Planta 33, 469 (1943).—HARDER, R., O. BODE u. H. v. WITSCH: Flora (Jena) N. F. 36, 85 (1942). — Jb. wiss. Bot. 91, 381 (1943).— HARDER, R., u. ELISABETH GALL: Nachr. Akad. Wiss. Göttingen, Physik.-math. Kl. 1945, 54. — HARDER, R., u. GERTRUD GÜMMER: Jb. wiss. Bot. 91,359 (1943).— Planta 35, 88 (1948). — HARDER, R., GERTRUD GÜMMER u. ELISABETH GALL: Nachr. Akad. Wiss. Göttingen, Physik.-math. Kl. 1945, 48. — HARDER, R., u. JOHANNA LÖSING: Nachr. Akad. Wiss. Göttingen, Physik.-math. Kl. 1946, 12. — HARDER, R., u. BRIGITTE SPRINGORUM: Biol. Zbl., 66, 147 (1947). — HARDER, R., ELISABETH WALLRABE, u. L. QUANTZ: Planta 34, 41 (1944). — HARDER, R.

H. v. Witsch u. O. Bode: Jb. wiss. Bot. **90**, 546 (1942). — Hartmann, H. T.: Plant Physiol. **22**, 407 (1947). — Hatcher, E. S. J.: Nature **151**, 278 (1943). — Ann. of Bot. N. s. **9**, 235 (1945). — Hauschild, Irmgard: Diss. Göttingen 1943. — Havis, A. L.: Amer. J. Bot. **27**, 239 (1940). — Hawker, Lilian, E.: Ann. of Bot. N. s. **6**, 631 (1942). — Haynes, L. J., u. E. R. H. Jones: J. chem. Soc. **1946**, 954. — Heath, O. V. S.: Ann. appl. Biol. **30**, 208 (1943a); **30**, 308 (1943b). — Nature **155**, 623 (1945). — Heath, O. V. S., u. M. Holdsworth: Nature **152**, 334 (1943). — *Symp. Soc. exper. Biol. **2**, 326 (1948). — Heath, O. V. S., M. Holdsworth, M. A. H. Tincker, u. F. C. Brown: Ann. appl. Biol. **34**, 473 (1947). — Heath, O. V. S., u. P. B. Mathur: Ann. appl. Biol. **31**, 173 (1944). — Heinze, P. H., M. W. Parker, u. H. A. Borthwick: Bot. Gaz. **103**, 517 (1942). — Hemberg, T.: Acta Horti Bergiani **14**, Nr. 5 (1947). — Hildebrandt, A. C., u. A. J. Riker: Amer. J. Bot. **34**, 421 (1947); **36**, 74 (1949). — Hildebrandt, A. C., A. J. Riker u. B. M. Duggar: Amer. J. Bot. **32**, 357 (1945); **33**, 591 (1946a). — Cancer Res. **6**, 368 (1946b). — Hinton, J. J. C.: Proc. roy. Soc. London B **134**, 418 (1947). — Hitchcock, A. E., u. P. W. Zimmerman: Proc. amer. Soc. horticult. Sci. **40**, 292 (1942). — Holdsworth, M.: Ann. appl. Biol. **32**, 22 (1945). — Holdsworth, M., u. O. V. S. Heath: Nature **155**, 334 (1945). — Ann. of Bot. N. s. **10**, 293 (1946). — Holdsworth, M., u. T. S. Nutman: Nature **160**, 223 (1947). — +Houghtaling, H. B.: Bull. Torrey bot. Club **67**, 33 (1940) (zit. nach Sinnott).— Huskins, C. L.: Amer. Naturalist **81**, 401 (1947). — Nature **161**, 80 (1948). — Huskins, C. L., u. Lotti Steinitz: J. Hered. **39**, 35 (1948a); **39**, 67 (1948b).

Jähnl, Gertrud: Chromosoma **3**, 48 (1947). — Jones, D. F.: Amer. J. Bot. **27**, 149 (1940). — Jones, K. L.: Amer. J. Bot. **34**, 371 (1947). — Juel, I.: Planta **32**, 227 (1942).

Kaufmann, Erika: Planta **33**, 516 (1943). — Klešnin, A. F.: Doklady Akad. Nauk. SSSR. N. s. **52**, 813 (1946). — Koller, P.: Proc. roy. Soc. Edinburgh **61**, 398 (1943). — Kosswig, C., u. A. Šengün: J. Hered. **38**, 235 (1947). — Kostrun, Gertrud: Österr. (Wiener) bot. Z. **93**, 172 (1944). — Kramer, M., u. F. W. Went: Plant Physiol. **24**, 205 (1949). — Kuhn, R.: Naturwiss. **34**, 283 (1947). — Kuhn, R., D. Jerchel, F. Moewus, E. F. Möller u. H. Lettré: Naturwiss. **31**, 468 (1943). — Kuhn, R., u. Irmentraut Löw: Naturwiss. **34**, 374 (1947). — Kuhn, R., F. Moewus u. Irmentraut Löw: Ber. dtsch. chem. Ges. **77**, 196 (1944a); **77**, 219 (1944b). — Kulescha, Zoïa, u. G. Camus: C. r. Soc. Biol. **142**, 320 (1948). Kulescha, Zoïa, u. R. Gautheret: C. r. Soc. Biol. **141**, 61 (1947). — C. r. Acad. Sci. Paris **227**, 292 (1948). — Kunkel, L. O.: Amer. J. Bot. **28**, 761 (1941).

Lakon, G.: Ber. dtsch. bot. Ges. **60**, 299 (1942a); **60**, 434 (1942b). — Lammerts, W. E.: Amer. J. Bot. **30**, 707 (1943). — Lang, A.: Naturwiss. **30**, 590 (1942). — Z. Naturforsch. **2B**, 36 (1947). — Lang, A., u. G. Melchers: Planta **33**, 653 (1943). — Z. Naturforsch. **2B**, 444 (1947); **3B**, 108 (1948). — LaRue, C. D.: Proc. nat. Acad. Sci. USA, **27**, 388 (1941). — Larsen, P.: Amer. J. Bot. **34**, 349 (1947). — Lauber, H.: Österr. bot. Z. **94**, 30 (1947). — Leggat, C. W.: Canad. J. Res. **26**C, 194 (1948). — Leonian, L. H., u. V. G. Lilly: Amer. J. Bot. **29**, 459 (1942). — Levine M.: Bull. Torrey bot. Club **74**, 321 (1947). — Lewis, D.: Proc. roy. Soc. London B **131**, 13 (1942). — Ann. of Bot. N. s. **7**, 115 (1943). — *Nature **153**, 575 (1944). — J. Pomology a. hort. Sci. **22**, 175 (1946). — Lewis, H., u. F. W. Went Amer. J. Bot. **32**, 1 (1945). — *L'Heritier, Ph.: Heredity **2**, 325 (1948). — Lindegren, C. C., u. Gertrude Lindegren: Cold Spring Harbour Symp. quant. Biol. **11**, 115 (1946). — Link, G. K. K., u. Virginia Eggers: Bot. Gaz. **107**, 441 (1946a); **108**, 114 (1946b). — Locke, S. B., A. J. Riker, u. B. M. Duggar: J. agricult. Res. **57**, 21 (1938); **59**, 519 (1939a); **59**, 535 (1939b). — Lona, F.: Nuovo Giorn. bot. ital. N. s. **53**, 548 (1946). — „Lavori di Botanica", pubbl. in occasione del 70. genetliaco del Prof. G. Gola, 277 (1947a); 285 (1947b); 313 (1947c). — Nuovo Giorn. bot. ital. N. s. **54**, Nr. 3/4 (1948). — Loo, S.-W.: Amer. J. Bot. **32**, 13 (1945); **33**, 156 (1946a); **33**, 295 (1946b). — Loofborouw, J. R.: Biochem. J. **36**, 631 (1942a); **36**, 737 (1942b). — Löve, Á., u. Doris Löve: Ark. Bot. **2** A, Nr. 13 (1945). — Lowrance, E. W., u. D. M. Whitacker: Growth **4**, 73 (1943). — Luckwill, L. C.: Nature **158**, 663 (1946). — Lüke, Elisabeth: Flora (Jena N. F. **38**, 21 (1944). — *Lwoff, A.: Ann. Rev. Microbiol. **1**, 10 1 (1947). — Lwoff, A., u. H. Dusi: C. r. Soc. Biol. **127**, 53 (1938).

MADSEN, GRACE C.: Bot. Gaz. 109, 120 (1947). — MANGENOT, G., u. S. CARPENTIER: C. r. Soc. Biol. 135, 1053 (1941a); 135, 1057 (1941b). — MANN, L. K.: Bot. Gaz. 103, 780 (1942). — MARIAT, F.: Rev. gén. Bot. 55, 229 (1948). — MARSH, G., u. H. W. BEAMS: J. cell. and comp. Physiol. 25, 195 (1945). — MASCHLANKA, HILDEGARD: Biol. Zbl. 65, 167 (1946). —* MATHER, K.: Symp. Soc. exper. Biol. 2, 196 (1948). — McVICKAR, D. L.: Amer. J. Bot. 29, 372 (1942). — MEDAWAR, P. B., G. M. ROBINSON u. R. ROBINSON: Nature 151, 195 (1943). — MELCHERS, G., u. HEDWIG CLAES: Naturwiss. 31, 249 (1943). — MELCHERS, G., u. A. LANG: Naturwiss. 30, 589 (1942). — Z. Naturforsch. 3B, 105 (1948a). — *Biol. Zbl. 67, 105 (1948b). — MEYER, GERTRUD: Biol. Zbl. 66, 1 (1947a). — Planta 35, 100 (1947b). — MICHENER, H. D.: Amer. J. Bot. 29, 558 (1942). — MIRSKY, A. E., u. H. RIS: J. gen. Physiol. 31, 1 (1947). — MOREL, G.: C. r. Soc. Biol. 138, 62 (1944a); 138, 93 (1944b). — C. r. Acad. Sci. Paris 221, 78 (1945a). — Bull. Soc. bot. France 92, 102 (1945b). — C. r. Acad. Sci. Paris 223, 166 (1946a). — C. r. Soc. Biol. 140, 269 (1946b); 141, 280 (1947). — MOSEBACH, G.: Planta 33, 340 (1943). — MOEWUS, F.: Naturwiss. 31, Nr. 35/36 (1943). — Biol. Zbl. 65, 18 (1946). — Naturwiss. 34, 282 (1947). — Biol. Zbl. 67, 277 (1948a). — Z. Naturforsch. 3B, 135 (1948b). — MUIR, R.: Amer. J. Bot. 29, 716 (1942). — Proc. nat. Acad. Sci. USA. 33, 303 (1947). — MÜNCH, E.: Jb. wiss. Bot. 86, 581 (1938). — MÜLLER, W.: Beih. Bot. Cbl. A 62, 229 (1944).

NAYLOR, A. W.: Bot. Gaz. 103, 342 (1941). — NIELSEN, CH.: Bot. Gaz. 104, 99 (1942). — NICKERSON, W. J., u. K. V. THIMANN: Amer. J. Bot. 30, 94 (1943). — NOBÉCOURT, P.: C. r. Acad. Sci. Paris 221, 53 (1945); 222, 817 (1946). — NOGGLE, G. R., u. F. L. WYND: Bot. Gaz. 104, 455 (1943). — NOVIKOV, V. A.: Doklady Akad. Nauk. SSSR N. s. 46, 204 (1945). — NUTILE, G. E.: Plant Physiol. 20, 433 (1945).

ONDRATSCHEK, K.: Arch. Mikrobiol. 11, 239 (1940); 12, 46 (1941a); 12, 91 (1941b). — 12, 229 (1941c); (als REINHARDT) 13, 301 (1943). — OVERBEEK, J. VAN: Proc. nat. Acad. Sci. USA. 26, 441 (1940). — *Ann. Rev. Biochem. 13, 631 (1944). — Bot. Gaz. 108, 64 (1946). — OVERBEEK, J. VAN, MARIE E. CONKLIN u. A. F. BLAKESLEE: Amer. J. Bot. 28, 647 (1941); 29, 472 (1942). — OVERBEEK, J. VAN, u. H. J. CRUZADO: Plant Physiol. 23, 282 (1948). — OVERBEEK, J. VAN, S. A. GORDON u. L. E. GREGORY: Amer. J. Bot. 33, 100 (1946). — OVERBEEK, J. VAN, u. L. E. GREGORY: Amer. J. Bot. 32, 336 (1945). — OVERBEEK, J. VAN, R. SIU u. A. J. HAAGEN-SMITH: Amer. J. Bot. 31, 219 (1944). — OVERBEEK, J. VAN, ELBA S. DE VÁSQUEZ u. S. A. GORDON: Amer. J. Bot. 34, 266 (1947).

PARKER, M. W., u. H. A. BORTHWICK: Bot. Gaz. 104, 612 (1943). — PARKER, M. W., S. B. HENDRICKS, H. A. BORTHWICK u. N. J. SCULLY: Bot. Gaz. 108, 1 (1946). — PARKER, M. W., S. B. HENDRICKS, H. A. BORTHWICK, u. F. W. WENT: Amer. J. Bot. 36, 194 (1949). — PEARSE, H. L.: Ann. of Bot. N. s. 7, 123 (1943). — PENNINGTON, E. R.: Proc. nat. Acad. Sci. USA. 28, 272 (1942). — PLANT, W.: Nature 147, 575 (1941). — POLLACCI, G., u. M. BERGANISCHI: Boll. Soc. ital. Biol. speriment. 15, 326 (1940). — PORTER, R. H., MARY DURREL u. H. J. ROMM: Plant Physiol. 22, 149 (1947). — PUCHER, G. W., S. S. LEAVENWORTH, W. D. WINTER, u. H. B. VICKERY: Plant Physiol. 23, 123 (1948). — PURVIS, O. N.: Ann. of Bot. N. s. 8, 285 (1944); 11, 269 (1947); 12, 183 (1948). — PURVIS, O. N., u. F. G. GREGORY: Nature 155, 113 (1945).

RAKITIN, I. V.: Doklady Akad. Nauk. SSSR. N. s. 47, 590 (1945). — RAPER, J. R.: Amer. J. Bot. 29, 159 (1942a).—Proc. nat. Acad. Sci. USA. 28, 509 (1942b).— RAPER, K. B.: J. agricult. Res. 58, 157 (1939). — Amer. J. Bot. 27, 436 (1940a). — J. Elisha Mitchell sci. Soc. 56, 241 (1940b). — *GROWTH 5, Suppl. 41 (1941). — RAPER, K. B., u. C. THOM: Amer. J. Bot. 28, 69 (1941).—RAZUMOV, V. I.: Timirjazev-Gedenkband pflanzenphysiol. Arb. (Akad. Wiss. USSR), 283 (1941). — REECE, P. C., J. R. FURR u. W. C. COOPER: Amer. J. Bot. 33, 209 (1946). — REED, E. A., u. D. M. WHITACKER: J. cell. and comp. Physiol. 18, 329 (1944). — REINHARDT, K., s. ONDRATSCHEK. — RESENDE, Fl.: Portugaliae Acta biol. A 1, 391 (1946). — Bol. Soc. Broteriana 21 (2a-Sér.), 53 (1947a). — Bull. Soc. portug. Sci. nat. 15, 112 (1947b). — *RICHARDS, F. J.: Symp. Soc. exper. Biol. 2, 215 (1948). — RICHTER, A. A., u. T. A. KRASONSEL'SKAJA: Doklady Akad. Nauk. SSSR N. s. 47, 218 (1945). — RIKER, A. J., u. ALICE E. GUTSCHE: Amer. J. Bot.

35, 227 (1948). — RIKER, A. J., B. HENRY, u. B. M. DUGGAR: J. agricult. Res. 63, 395 (1941). — RIKER, A. J., MARY M. LYNEIS, u. S. B. LOCKE: Phytopathology 31, 964 (1941). — RILEY, H. P.: Genetics 21, 24 (1936). — Amer. J. Bot. 29, 323 (1942). — RILEY, H. P., u. DOROTHY MORROW: Bot. Gaz. 104, 90 (1943). — ROBBINS, W. J.: Proc. nat. Acad. Sci. USA. 29, 201 (1943). — ROBBINS, W. J., u. F. KAVANAGH: Proc. nat. Acad. Sci. USA. 28, 65 (1942). — Bull. Torrey bot. Club 71, 1 (1944). — ROBBINS, W. J., V. W. KAVANAGH u. F. KAVANAGH: Bot. Gaz. 104, 224 (1942). — ROBBINS, W. J., u. ROBERTA MA: Amer. J. Bot. 29, 833 (1942). — ROBBINS, W. J., u. MARY BARTLEY SCHMIDT: Amer. J. Bot. 32, 320 (1945). — ROODENBURG, J. W. M.: Rec. Trav. bot. néerl. 37, 301 (1940). — RÖSSGER, W., Züchter 17/18, 121 (1947) — RUGE, U.: Planta 35, 297 (1947).

SANZ, CARMEN: Proc. nat. Acad. Sci. USA. 31, 361 (1945). — SCHNEIDER, C. L.: Amer. J. Bot. 28, 878 (1941). — *SCHOPFER, W. H.: Plants and vitamins. Waltham/Mass.: Chronica Botanica (1943). — SCHOUTE, J. C.: Rec. Trav. bot. néerl. 35, 416 (1938). — SCULLY, N. J., M. W. PARKER u. H. A. BORTHWICK: Bot. Gaz. 107, 52 (1945a); 107, 218 (1945b). — SELL, H. M. W. REUTHER, E. G. FISHER u. F. S. LAGASSE: Bot. Gaz. 103, 788 (1942). — SEN, B., u. S. C. CHAKRAVARTI, Nature 157, 266 (1946); 159, 783 (1947). — SENGUPTA, J. C., u. S. K. PAYNE: Nature 160, 510 (1947). — SHANKMAN, S., M. N. CAMIEN, HARIETTE BLOCK, R. B. MERRIFIELD u. M. S. DUNN: J. of biol. Chem. 168, 23 (1947). — SHARMAN, B. C.: Ann. of Bot. N. s. 6, 245 (1942). — SIDERIS, C. P., H. Y. YOUNG, u. H. H. Q. CHUN: Plant. Physiol. 23, 38 (1948). — SINNOTT, E. W.: Amer. J. Bot. 26, 179 (1939a). — *GROWTH, Suppl. 1, 77 (1939a). — Amer. J. Bot. 29, 317 (1942a). — Proc. nat. Acad. Sci. USA. 28, 36 (1942b). — Amer. J. Bot. 32, 439 (1945a). — Growth 9, 189 (1945b). — *Amer. Naturalist 80, 497 (1946). — SINNOTT, E. W., u. R. BLOCH: Proc. nat. Acad. Sci. USA. 25, 248 (1939). — Amer. J. Bot. 28, 225 (1941a); 28, 607 (1941b). — Bot. Gaz. 105, 90 (1943). — Amer. J. Bot. 32, 151 (1945); 33, 587 (1946). — SKOOG, F.: Amer. J. Bot. 31, 19 (1944). — *Ann. Rev. Biochem. 16, 529 (1947). — SKOOG, F., u. K. V. THIMANN: Science 92, 64 (1940). — SMITH, G. M.: Amer. J. Bot. 33, 623 (1946). — SNOW, MARY, u. R. SNOW: Phil. Trans. roy. Soc. London B 221, 1 (1931); 223, 353 (1939); 225, 63 (1935a); 225, 519 (1935b). — New Phytologist 36, 1 (1937); 41, 13 (1942); 47, 5 (1947). — Symp. Soc. exper. Biol. 2, 263 (1948). — SNOW, R.: New Phytologist 41, 101 (1942a); 41, 107 (1942b); 44, 110 (1945); 46, 254 (1947). — SNYDER, W. E.: Amer. J. Bot. 35, 520 (1948). — *SONNEBORN, T. M.: Adv. in Genetics 1, 263 (1947). — SONNEBORN, T. M., u. G. H. BEALE: Proc. 8th Internat. Congr. Genet. S. 451. 1948. — SPIEGELMAN, S.: Cold Spring Harbor Symp. quant. Biol. 11, 256 (1946). — Symp. Soc. exper. Biol. 2, 286 (1948). — SPIEGELMAN, S. u. REBA DUNN: J. gen. Physiol. 31, 153 (1947). — SPIEGELMAN, S., u. J. REINER: J. gen. Physiol. 31, 175 (1947). — SPOEHR, H. A.: Plant Physiol. 17, 397 (1942). — STEPHENS, S. G.: J. of Genet. 46, 28 (1944). — STEPHENSON, R. B.: Plant Physiol. 18, 37 (1943). — STERLING, Cl.: Amer. J. Bot. 32, 380 (1945). — STOLL, R.: C. r. Soc. Biol. 137, 170 (1943). — STRAUB, J.: Z. Naturforsch. 1, 287 (1946); 2B, 433 (1947).

TANG, P.-S., u. S.-W. LOO: Amer. J. Bot. 27, 385 (1940). — TELLE, JACQUELINE, u. R. GAUTHERET: C. r. Acad. Sci. Paris 224, 1653 (1947a). — C. r. Soc. Biol. 141, 601 (1947b). — THIMANN, K. V., u. A. L. DELISLE: J. Arnold Arboretum 23, 103 (1942). — THOMPSON, W. P., u. DOROTHY JOHNSTON: Canad. J. Res. 23C, 1 (1945). — +THOMSON, H. C., u. O. SMITH: Bull. Cornell exper. Sta. Nr. 708 (1938); zit. nach HEATH u. HOLDSWORTH 1948. — TOBLER, F.: Planta 34, 34 (1944). — *TYLER, A.: Quart. Rev. Biol. 17, 197 u. 339 (1942). — TUKEY, H. B., u. R. F. CARLSON: Bot. Gaz. 106, 431 (1945a). — Plant Physiol. 20, 505 (1945b). — UPCOTT, MARGARET: J. of Genet. 39, 79 (1939).

VEGIS, A.: Symb. bot. Upsala. 10, Nr. 2 (1948a). — Physiol. Plantarum 1, 216 (1948b). — +VELDSTRA, H., u. E. HAVINGA: Rec. Trav. chim. Pays-Bas 62, 84 (1943); zit. nach AUDUS u. QUASTEL 1947a. — VINES, ALISON: Austral. J. exper. Biol. and Med. 25, 119 (1947).

*WADDINGTON, C. H.: Symp. Soc. exper. Biol. 2, 145 (1948). — WALLRABE, ELISABETH: Bot. Arch. 45, 281 (1944). — WALP, L.: GROWTH 7, 37 (1943). — WARDLAW, C. W.: Ann. of Bot. N. s. 7, 171 (1943a); 7, 357 (1943b); 8, 173 (1944a); 8, 387 (1944b); 9, 217 (1945a); 9, 383 (1945b). — *Biol. Rev. Cambridge 20, 100

(1945c). — Ann. of Bot. N. s. **10**, 97 (1946a); **10**, 117 (1946b); **10**, 223 (1946c); **11**, 203 (1947a). — Phil. Trans. roy. Soc. London B **232**, 343 (1947b). — Ann. of Bot. N. s. **12**, 97 (1948a); **12**, 369 (1948b). — *Symp. Soc. exper. Biol. **2**, 276 (1948c). — Ann. of Bot. N. s. **13**, 163 (1949a). — Phil. Trans. roy. Soc. London B **234**, 415 (1949b). — WATSON, D. P.: Ann. of Bot. N. s. **12**, 385 (1948). — WEINTRAUB, R. L.: Smithsonian misc. Coll. **107**, Nr. 20 (1948). — WEINTRAUB, R. L., u. E. D. McALISTER: Smithsonian misc. Coll. **101**, Nr. 17 (1942). — WEINTRAUB, R. L., u. L. PRICE: Smithsonian misc. Coll. **106**, Nr. 21 (1947); **107**, Nr. 17 (1948). — WENT, F. W.: Bot. Gaz. **103**, 386 (1941); **104**, 460 (1943). — Amer. J. Bot. **31**, 135 (1944a); **31**, 597 (1944b). — Ecology **29**, 242 (1948a). — *In: "Vernalisation and Photoperiodism", A Symposium, herausgeg. v. A. E. MURNEEK, u. R. O. WHYTE (Lotsya Bd. 1). Waltham/Mass: Chronica Botanica (1948b). — WENT, F. W., u. D. M. BONNER: Arch. of Biochem. **1**, 438 (1943). — WENT, F. W., u. MARCELLA CARTER: Amer. J. Bot. **35**, 95 (1948).— WESTPHAL, MARIA: Diss. Göttingen 1943. — WHALEY, W. G.: Proc. nat. Acad. Sci. USA. **25**, 445 (1939). — WHALEY, W. G., u. C. Y. WHALEY: Amer. J. Bot. **29**, 195 (1942). — WHITACKER, D. M.: J. cell. and comp. Physiol. **15**, 173 (1940a). — Biol. Bull. **78**, 111 (1940b); **82**, 127 (1942a). — J. gen. Physiol. **25**, 391 (1942b).— WHITACKER, D. M., u. E. W. LOWRANCE: Biol. Bull. **78**, 407 (1940). — WHITE, M. J. D.: Animal cytology and evolution. Cambridge/England.Univ. Press 1945.'— WHITE, PH. R.: Growth **6**, 55 (1942a). —*Ann. Rev. Biochem. **11**, 615 (1942b). — *A handbook of plant tissue culture. Lancaster: Jaques Cattell 1943. — Amer. J. Bot. **32**, 237 (1945). — Growth **10**, 381 (1946). — WHITE, PH. R., u. A. C. BRAUN: Cancer Res. **2**, 597 (1942). — *WHYTE, R. O.: Crop production and environment. London: Faber & Faber, 1. Aufl. 1946, 2. Aufl. 1948. — WIEDLING, ST.: Bot. Notiser **1941**, 375. — Naturwiss. **31**, 114 (1943). — WILDMAN, S. G., u. S. A. GARDON: Proc. nat. Acad. Sci. USA. **28**, 217 (1942). — WILSON, KATHERINE S.: Amer. J. Bot. **34**, 469 (1947). — WINGE, O.: Proc. 8th internat. Congr. Genet, S. 520. 1948. — +WITHNER, C. L.: Amer. Orchid. Soc. Bull. **11**, 112 (1942); zit. nach NOGGLE u. WYND. — WITHROW, ALICE P., u. R. B. WITHROW: Bot. Gaz. **104**, 409 (1943). — WITHROW, ALICE P., R. B. WITHROW u. J. P. BIEBEL: Plant Physiol. **18**, 294 (1943). — WITHROW, R. B., u. ALICE P. WITHROW: Plant Physiol. **19**, 6 (1944). — WRIGHT, S.: Amer. Naturalist **79**, 289 (1945).

YASUDA, S.: Proc. imp. Acad. Tokio **7**, 72 (1931). — +Bull. imp. Coll. Agricult. and Forestry Morioka Nr. 20 (1934); zit. nach EMERSON und D. LEWIS 1942.

ZANONI, GIUSEPPINA: Ann. di Bot. **22**, 46 (1941). — ZIMMERMAN, P. W., u. A. E. HITCHCOCK: Contrib. Boyce Thompson Inst. **12**, 491 (1942). — ZOLLIKOFER, CLARA: Biol. Zbl. **67**, 101 (1948).

20. Viren.

Von GEORG MELCHERS, Tübingen.

Der Beitrag folgt im Band XIII.

Sachverzeichnis.